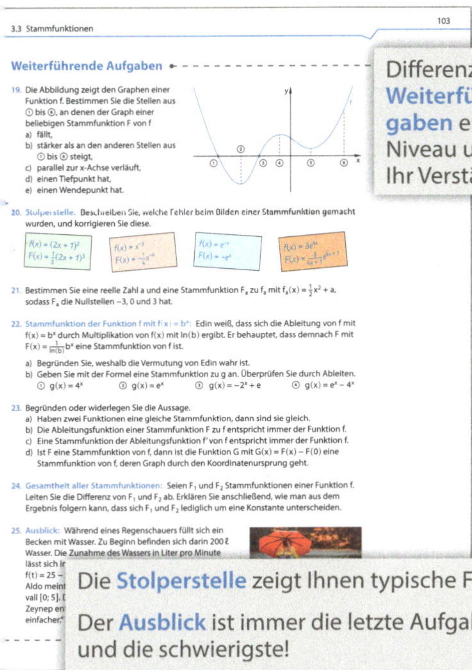

Differenziert vertiefen: **Weiterführende Aufgaben** erhöhen das Niveau und vertiefen Ihr Verständnis.

Die **Stolperstelle** zeigt Ihnen typische Fehler.

Der **Ausblick** ist immer die letzte Aufgabe – und die schwierigste!

Schwerere Aufgaben sind mit einem Kreis ● gekennzeichnet.

Zu einigen Aufgaben gibt es Lösungen in der Randspalte. Diese enthalten auch einen zusätzlichen falschen Wert.

Weitere Symbole:

- Aufgabe ohne Hilfsmittel
- CAS Computeralgebrasystem notwendig
- Partner- oder Gruppenarbeit

Sichern

Sind Sie sicher? **Prüfen Sie Ihr neues Fundament** mit den **Testaufgaben**. Vergleichen Sie Ihre Ergebnisse mit den Lösungen im Anhang und schätzen Sie Ihre Leistung selbstständig ein.

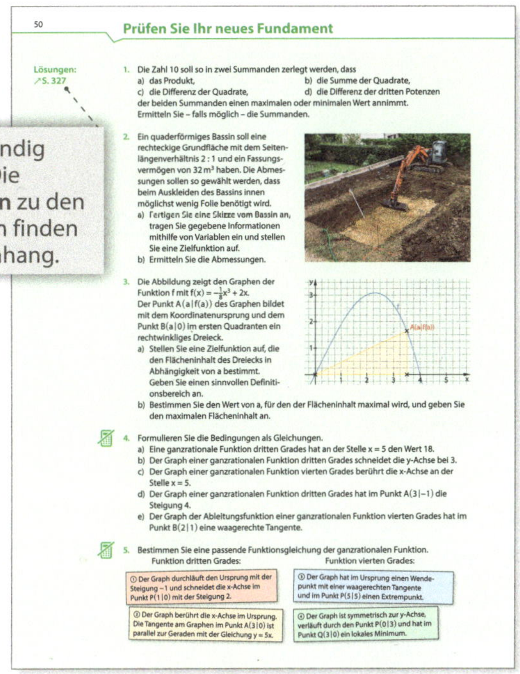

Selbstständig prüfen: Die **Lösungen** zu den Aufgaben finden Sie im Anhang.

Wissen I

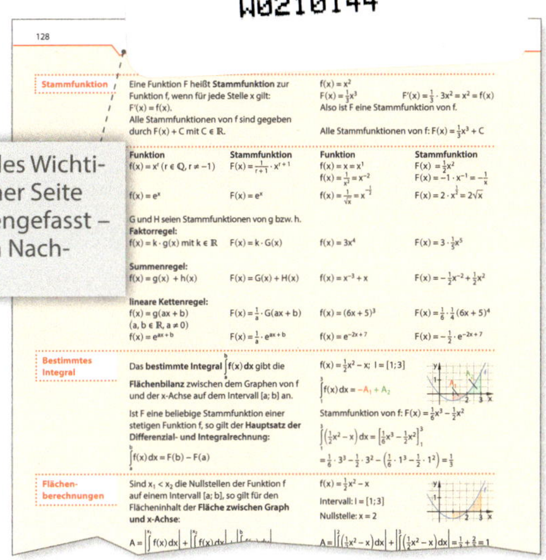

Hier ist alles Wichtige auf einer Seite zusammengefasst – ideal zum Nachschlagen.

Fundamente
| der Mathematik |

Nordrhein-Westfalen

Gymnasium G8 · Qualifikationsphase

Grundkurs

Cornelsen

Inhaltsverzeichnis

Vorwort

Liebe Lehrerin, lieber Lehrer,
hier finden Sie Hinweise zu einzelnen Kapiteln und zur Stoffverteilungsplanung.

Hinweise zur Planung

		Geschätzter Zeitaufwand
Analysis		**81 Unterrichtsstunden**
Kap. 1	Fortsetzung der Differenzialrechnung	25 Unterrichtsstunden
Kap. 2	Exponentialfunktionen und Wachstum	20 Unterrichtsstunden
Kap. 3	Integralrechnung	22 Unterrichtsstunden
Kap. 4	Zusammengesetzte Funktionen	14 Unterrichtsstunden
Analytische Geometrie		**39 Unterrichtsstunden**
Kap. 5	Geraden und Ebenen	39 Unterrichtsstunden
Stochastik		**24 Unterrichtsstunden**
Kap. 6	Grundbegriffe der Wahrscheinlichkeitsrechnung	10 Unterrichtsstunden
Kap. 7	Binomialverteilung	14 Unterrichtsstunden

Für das erste Schuljahr der Qualifikationsphase sollten 90 Unterrichtsstunden, für das kürzere zweite Schuljahr 54 Unterrichtsstunden eingeplant werden. Die für die Abiturvorbereitung benötigte Zeit ist hierbei nicht mit inbegriffen.

Kapitel 1–4

In Kapitel 1 wird die in der Einführungsphase begonnene Differenzialrechnung fortgeführt und um die Problemstellungen Optimierung und Rekonstruktion bzw. Modellierung erweitert. Es werden hierbei zunächst nur ganzrationale Funktionen betrachtet. In Kapitel 2 werden Exponentialfunktionen eingeführt und mithilfe der bekannten Methoden aus der Differenzialrechnung untersucht. Mithilfe des Logarithmus können nun auch Exponentialgleichungen gelöst werden. Kapitel 3 behandelt die Integralrechnung sowohl anhand der ganzrationalen Funktionen als auch der Exponentialfunktionen. In Kapitel 4 werden schließlich die Konzepte aus der Differenzial- und Integralrechnung auf Verknüpfungen von ganzrationalen Funktionen mit Exponentialfunktionen angewendet. Dieses Kapitel führt auf die typischen Aufgabenstellungen des Abiturs und sollte entsprechend intensiv behandelt werden.

Kapitel 5

Kapitel 5 beginnt mit der systematischen Untersuchung linearer Gleichungssysteme. Diese werden für die Parameterdarstellungen von Geraden und Ebenen sowie zur Untersuchung ihrer Lagebeziehungen benötigt und müssen auch ohne GTR beherrscht werden. Im Zusammenhang mit der Orthogonalität wird hier auch das Skalarprodukt eingeführt. Den Abschluss des Kapitels bildet die Berechnung von Winkeln zwischen Vektoren und Geraden.

Kapitel 6–7

Zu Beginn von Kapitel 6 wird das Vorwissen zur Stochastik aus der Einführungsphase mithilfe der gedoppelten Lerneinheiten 6.2 – 6.4 aufgegriffen und um die fehlenden Begriffe Varianz und Standardabweichung für Wahrscheinlichkeitsverteilungen ergänzt. Kapitel 7 behandelt die für das Abitur wichtige Binomialverteilung. Aufgabenstellungen zur Suche nach einem Parameter der Binomialverteilung werden ausführlich besprochen sowie die sigma-Regeln für Prognosen genutzt.

Das Thema Stochastische Prozesse ist nach den Vorgaben des Bildungsministeriums nicht mehr abiturrelevant und wurde daher, auch in Hinblick auf das Auslaufen der G8-Lehrpläne, weggelassen.

1. Fortsetzung der Differenzialrechnung

Beim Skispringen ist für den perfekten Sprung eine ideale Flugbahn entscheidend. Um diese zu erreichen, kann der Verlauf der Sprungschanze mithilfe von ganzrationalen Funktionen beschrieben und durch Anpassung der Parameter optimiert werden.

Nach diesem Kapitel können Sie …
- das Krümmungsverhalten von Funktionen beschreiben und Wendepunkte berechnen,
- aus Eigenschaften in Sachkontexten Bedingungen an Funktionen formulieren und daraus Terme ermitteln,
- Funktionenscharen untersuchen,
- Extremalprobleme mithilfe der Ableitung lösen.

Lösungen ↗ S. 326

Lineare Gleichungssysteme

1. Lösen Sie das lineare Gleichungssystem grafisch. Geben Sie die Lösungsmenge an.

a) $\left|\begin{array}{l} y = x - 1 \\ y = -3x + 3 \end{array}\right|$ b) $\left|\begin{array}{l} y = -x + 7 \\ y = 3x - 3 \end{array}\right|$ c) $\left|\begin{array}{r} 1{,}5x + y = 5{,}5 \\ 2x + y = 2 \end{array}\right|$ d) $\left|\begin{array}{l} 1 = \frac{1}{2} - y \\ 3 = x - y \end{array}\right|$

2. Lösen Sie das Gleichungssystem mit dem Gleichsetzungsverfahren.

a) $\left|\begin{array}{l} x + y = 10 \\ x - y = 0 \end{array}\right|$ b) $\left|\begin{array}{l} 8p = 4q - 1 \\ 4p = -4p + 2q \end{array}\right|$ c) $\left|\begin{array}{l} y = 3x + 7 \\ 6x - 2 = y \end{array}\right|$ d) $\left|\begin{array}{l} 9x = 5 + y \\ 9x = 4 + y \end{array}\right|$

3. Stellen Sie eine der Gleichungen um und lösen Sie mit dem Einsetzungsverfahren.

a) $\left|\begin{array}{r} a + b = 5 \\ -2a - 3b = -5 \end{array}\right|$ b) $\left|\begin{array}{l} 8x = 4y - 2 \\ 6y = 3x - 30 \end{array}\right|$ c) $\left|\begin{array}{l} 3y = 6x + 30 \\ 2y = 14x - 10 \end{array}\right|$ d) $\left|\begin{array}{l} 3x + 2y = 6 \\ \qquad 3y = 6x + 16 \end{array}\right|$

4. Formen Sie eine Gleichung um und lösen Sie das Gleichungssystem mit dem Additionsverfahren.

a) $\left|\begin{array}{r} 3x - 3y = 18 \\ -9x + 6y = 0 \end{array}\right|$ b) $\left|\begin{array}{l} 2x + 5y = -1 \\ 2x + 4y = 1 \end{array}\right|$ c) $\left|\begin{array}{l} 6p - \quad 3q = 30 \\ 2p - 1{,}5q = 10 \end{array}\right|$ d) $\left|\begin{array}{r} 3a - 2b = 8 \\ 2a - b = 6 \end{array}\right|$

5. Lösen Sie das lineare Gleichungssystem und geben Sie möglichst ohne viele Umformungsschritte an, wie viele Lösungen es gibt.

a) $\left|\begin{array}{l} 8y - 4x = 15 \\ 4y - 2x = 7{,}5 \end{array}\right|$ b) $\left|\begin{array}{l} 9x - 2y = 0 \\ 9x = 2y \end{array}\right|$ c) $\left|\begin{array}{l} 3x + y = 7 \\ y = -4x + 8 \end{array}\right|$ d) $\left|\begin{array}{l} 5x + \frac{1}{2}y = 3 \\ y = 7 - 10x \end{array}\right|$

6. Lösen Sie das Zahlenrätsel.

a) Die Summe zweier Zahlen ist 50, ihre Differenz ist 42.

b) Addiert man zum Produkt zweier Zahlen 14, so erhält man 150. Das 39-Fache der ersten Zahl minus 12 ist 300.

c) Das 3-Fache der Summe zweier Zahlen ist 69. Das Quadrat der Summe der beiden Zahlen ist 529.

7. Familie Krauses Stromrechnung betrug in diesem Monat 39,16 € bei einem Verbrauch von 203 kWh. Im letzten Monat waren es 49,40 € bei 267 kWh.
Berechnen Sie die Grundgebühr und den Preis pro kWh.

Ganzrationale Funktionen

8. Geben Sie den Grad und die Koeffizienten der ganzrationalen Funktion f an. Überprüfen Sie, ob die Punkte P und Q auf dem Graphen der Funktion liegen.

a) $f(x) = -x^3 + 5x^2 + 4x + 1$
$P(1\,|\,9)$, $Q(-1\,|\,3)$

b) $f(x) = 2x^5 - x^2 + 7x - 5$
$P(1\,|\,4)$, $Q(-1\,|\,-9)$

c) $f(x) = 6x^3 - 4ax^2 + x + 4a$
$P(1\,|\,-7)$, $Q(-1\,|\,-7)$

9. Beschreiben Sie ohne weitere Rechnung den Globalverlauf des Graphen von f.
Geben Sie an, ob der Graph von f punktsymmetrisch zum Ursprung oder achsensymmetrisch zur y-Achse ist.

a) $f(x) = 3x^3 - 7x$ b) $f(x) = -x^5 + 7x^4 - 2x + 3$ c) $f(x) = 2x^4 - 5x^2 + 12$

10. Bestimmen Sie die Nullstellen der Funktion f.

a) $f(x) = (x - 4)(x + 5)$ b) $f(x) = -x(x + 1)(2x - 1)$ c) $f(x) = (x^2 + 9)(2x^2 - x)$

d) $f(x) = 2x^2 - 8x$ e) $f(x) = x^4 + x^3 - 6x^2$ f) $f(x) = 3x^4 + 4x^3$

g) $f(x) = x^4 - 5x^2 + 4$ h) $f(x) = -3x^4 + 30x^2 - 27$ i) $f(x) = 2x^4 - 4x^2 - 30$

Lösungen
↗ S. 326

11. Die Abbildung zeigt den Graphen einer ganzrationalen Funktion 4. Grades.
   a) Geben Sie die Intervalle an, auf denen der Graph streng monoton steigend bzw. fallend ist.
   b) Lesen Sie die lokalen Extremstellen ab und geben Sie näherungsweise die lokalen Maxima und Minima an.
   c) Erläutern Sie, ob ein globales Maximum oder Minimum existiert. Falls ja, geben Sie es an.

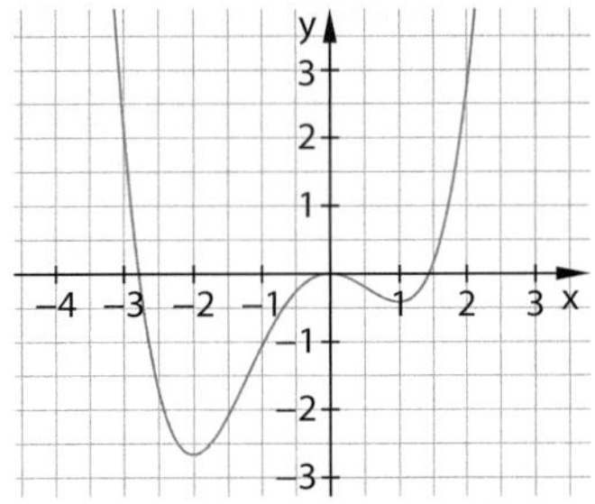

12. Ermitteln Sie die Gleichung einer ganzrationalen Funktion mit möglichst niedrigem Grad, die die angegebenen Nullstellen hat und deren Graph den Punkt P enthält.
   a) einfache Nullstelle bei $x = 2$ und doppelte Nullstelle bei $x = 4$; $P(3|5)$
   b) doppelte Nullstelle bei $x = -1$ und dreifache Nullstelle bei $x = 0$; $P(1|-2)$
   c) einfache Nullstelle bei $x = 1$ und vierfache Nullstelle bei $x = -3$; $P(-2|9)$

Ableitung

13. Bestimmen Sie die Ableitungsfunktion von f.
   a) $f(x) = 3x^2$ b) $f(x) = -2x^4$ c) $f(x) = \frac{1}{x^3}$
   d) $f(x) = -\frac{5}{x^2}$ e) $f(x) = 5x^3 - 2x$ f) $f(x) = 8x^4 + 3x^2 - 7x$
   g) $f(x) = 2\sqrt{x} - 3x^4$ h) $f(x) = -9\sqrt{x^3} + \frac{1}{\sqrt{x}}$ i) $f(x) = \sin(x) + 2\cos(x)$

14. Bestimmen Sie die Gleichung der Tangente an den Graphen von f im Punkt $P(x_0|f(x_0))$.
   a) $f(x) = 2x^3 - 1$; $x_0 = 1$ b) $f(x) = -\frac{1}{3}x^2 + x$; $x_0 = -3$ c) $f(x) = \sin(x)$; $x_0 = 3\pi$

15. Gegeben ist der Graph der Ableitungsfunktion f'. Beschreiben Sie das Monotonieverhalten von f und geben Sie die x-Werte an, an denen der Graph von f einen Hochpunkt, Tiefpunkt bzw. Sattelpunkt hat.

a) 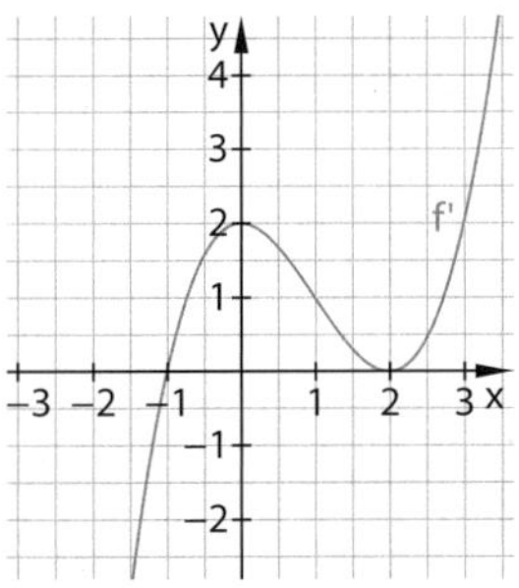

b) 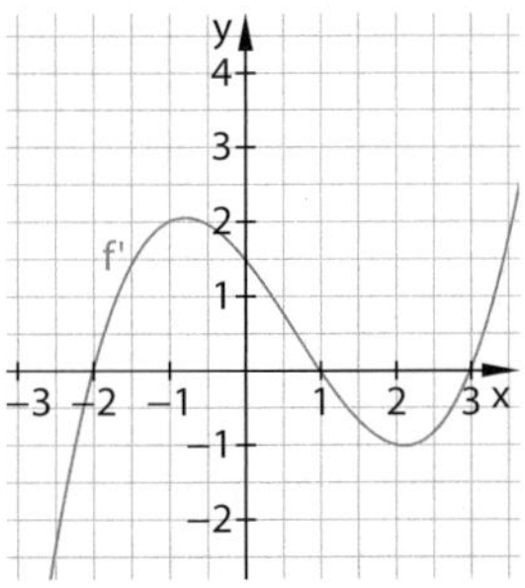

c) 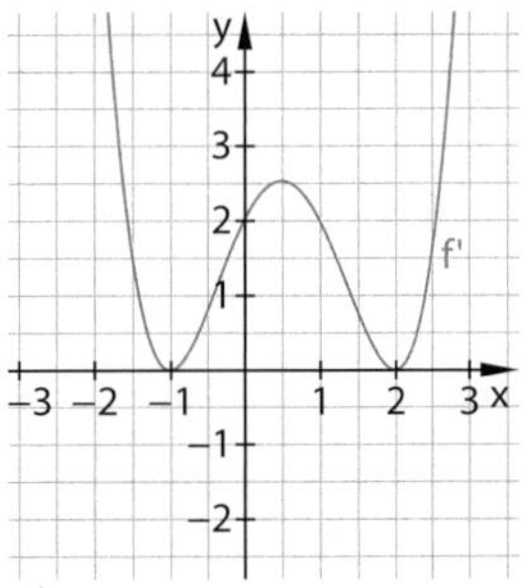

16. Untersuchen Sie die Funktion f auf Hoch-, Tief- und Sattelpunkte.
   a) $f(x) = x^2 - 4x + 2$ b) $f(x) = \frac{1}{3}x^3 - 2x^2 + 3x$
   c) $f(x) = x^3 - 6x^2 + 12x$ d) $f(x) = \frac{1}{4}x^4 - x^3 + 3$

17. Die Funktion f mit $f(t) = t^3 - 24t^2 + 150t + 100$ beschreibt für $0 \leq t \leq 14$ die Nutzerzahlen einer Spiele-App (t: Zeit in Monaten nach Veröffentlichung, f(t): Nutzerzahl in Tausend).
   a) Berechnen Sie, wie viele User pro Monat zwischen dem ersten und vierten Monat durchschnittlich hinzukommen.
   b) Berechnen Sie f'(3) und interpretieren Sie diesen Wert im Sachzusammenhang.
   c) Berechnen Sie, wann die Anzahl der Benutzer der Spiele-App am geringsten war.

1.1 Wiederholung: Ableitung und Funktionsuntersuchung

■ Bei der Fahrt eines Schnellzugs wurde in regelmäßigen Abständen die gefahrene Strecke gemessen und in einer Tabelle notiert.
a) Berechnen Sie die Durchschnittsgeschwindigkeit in den einzelnen Abschnitten.
b) Nach 70 km passierte der Zug einen Bahnübergang. Beschreiben Sie, wie die Geschwindigkeit bei der Durchfahrt möglichst genau ermittelt werden kann. ■

Zeit (in min)	0	10	20	30	40
Strecke (in km)	0	10	51	75	95

Ableitung bestimmen und Tangentengleichung aufstellen

Legt man durch zwei Punkte eines Funktionsgraphen eine Gerade als Sekante und bestimmt deren Steigung mithilfe eines Differenzenquotienten, so erhält man die mittlere Änderungsrate der Funktion zwischen diesen beiden Punkten.
Im Sachzusammenhang hat die mittlere Änderungsrate verschiedene Bedeutungen. Bei einem Zeit-Weg-Diagramm entspricht sie zum Beispiel der Durchschnittsgeschwindigkeit.

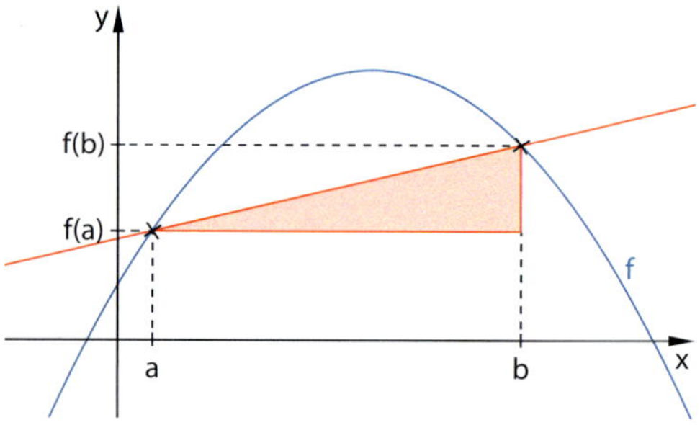

Häufig interessiert aber nicht die mittlere Änderungsrate, sondern die lokale Änderungsrate in einem Punkt (z. B. die momentane Geschwindigkeit). Diese entspricht der Steigung der Tangente an den Funktionsgraphen in diesem Punkt. Berechnet wird die lokale Änderungsrate als Grenzwert des Differenzenquotienten.

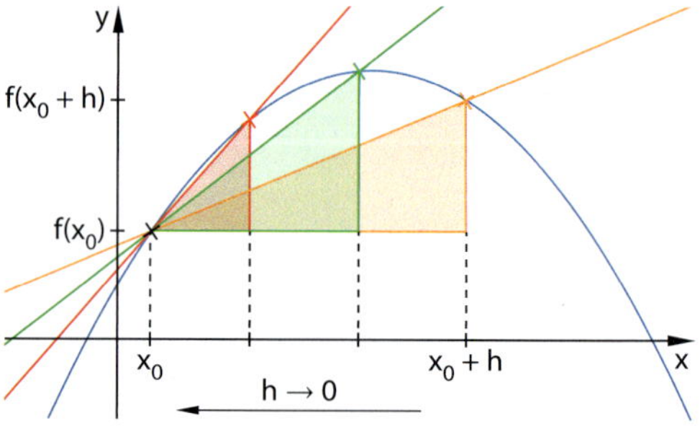

Erinnerung:
Die Ableitung $f'(x_0)$ gibt die lokale Änderungsrate der Funktion f an der Stelle x_0 an. $f'(x_0)$ entspricht der Steigung der Tangente an den Graphen von f im Punkt $P(x_0 | f(x_0))$.

Definition: Ableitung an einer Stelle
Wenn sich der Wert des Differenzenquotienten $\frac{f(x) - f(x_0)}{x - x_0}$ für $x \to x_0$ einem festen Wert annähert, so heißt dieser Wert **Ableitung der Funktion f an der Stelle x_0** und wird mit $f'(x_0)$ bezeichnet. $f'(x_0)$ kann man als **Grenzwert des Differenzenquotienten** berechnen.

$$f'(x_0) = \lim_{x \to x_0} \frac{f(x) - f(x_0)}{x - x_0} \quad \text{oder} \quad f'(x_0) = \lim_{h \to 0} \frac{f(x_0 + h) - f(x_0)}{h}$$

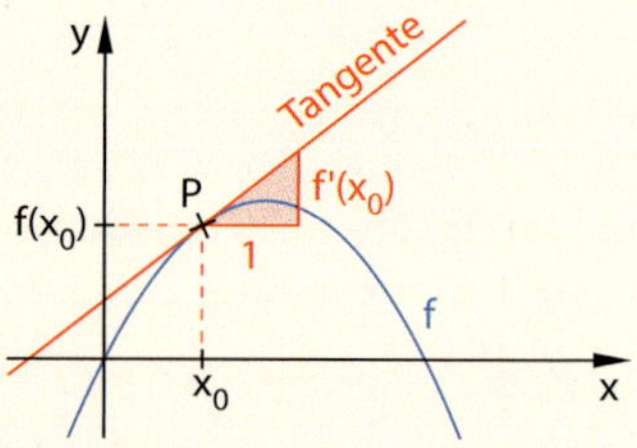

Berechnet man die Ableitung einer Funktion f an jeder Stelle ihres Definitionsbereichs, so kann man diese Zuordnung wieder als eine Funktion auffassen.

Definition: Ableitungsfunktion
Die **Ableitungsfunktion f'** zu einer Funktion f ordnet jeder Stelle x ihre Ableitung f'(x) zu.

Beispiel 1: Gegeben ist die Funktion f mit $f(x) = 0{,}5x^2 - 2x$.

a) Berechnen Sie die Steigung der Sekante durch die Punkte $A(0\,|\,f(0))$ und $B(6\,|\,f(6))$.

b) Bestimmen Sie die Ableitungsfunktion f′ von f mithilfe des Grenzwerts des Differenzenquotienten.

c) Bestimmen Sie die Koordinaten eines Punktes C auf dem Graphen von f so, dass die Tangente an den Graphen von f in C parallel zur Sekante durch A und B verläuft.

Lösung:

a) Die Steigung m der Sekante zwischen den Punkten A und B entspricht der mittleren Änderungsrate von f im Intervall [0; 6]. Sie lässt sich mit einem Differenzenquotienten berechnen.

$$m = \frac{f(6) - f(0)}{6 - 0} = \frac{(0{,}5 \cdot 36 - 12) - 0}{6 - 0} = \frac{6}{6} = 1$$

b) Zunächst wird der Differenzenquotient für beliebige Stellen x und x + h berechnet. Der Term wird vereinfacht und dann wird sein Grenzwert für h → 0 bestimmt.

$$\frac{f(x+h) - f(x)}{h} = \frac{0{,}5(x+h)^2 - 2(x+h) - (0{,}5x^2 - 2x)}{h}$$
$$= \frac{0{,}5x^2 + xh + 0{,}5h^2 - 2x - 2h - 0{,}5x^2 + 2x}{h}$$
$$= \frac{xh + 0{,}5h^2 - 2h}{h} = x + 0{,}5h - 2$$
$$f'(x) = \lim_{h \to 0}(x + 0{,}5h - 2) = x - 2$$

c) Die Sekante hat die Steigung 1. Also ist die Stelle gesucht, an der die Ableitung ebenfalls den Wert 1 hat.
Der Funktionswert von f an dieser Stelle ist dann die y-Koordinate von C.

$f'(x) = 1$ führt zur Gleichung
$x - 2 = 1$, also:
$x = 3$
$f(3) = 0{,}5 \cdot 9 - 6 = -1{,}5$
$C(3\,|\,-1{,}5)$

Mithilfe einiger Regeln kann man die Terme der Ableitungsfunktion bestimmen, ohne den Grenzwert des Differenzenquotienten berechnen zu müssen.

Wissen: Ableitungsregeln
Für Funktionen f, g und h und Konstanten $k \in \mathbb{R}$ und $r \in \mathbb{Q}$, $r \neq 0$, gelten die folgenden Regeln:

	Funktion	Ableitung
Potenzregel	$f(x) = x^r$	$f'(x) = r \cdot x^{r-1}$
Faktorregel	$f(x) = k \cdot g(x)$	$f'(x) = k \cdot g'(x)$
Summenregel	$f(x) = g(x) + h(x)$	$f'(x) = g'(x) + h'(x)$

Erinnerung:
Für $f(x) = \sin(x)$ gilt $f'(x) = \cos(x)$.
Für $g(x) = \cos(x)$ gilt $g'(x) = -\sin(x)$.

Die Tangente an den Graphen im Punkt $P(x_0\,|\,f(x_0))$ hat die Steigung $m = f'(x_0)$. Mithilfe des Punktes und der Steigung lässt sich die Geradengleichung $t(x) = mx + b$ der Tangente bestimmen.

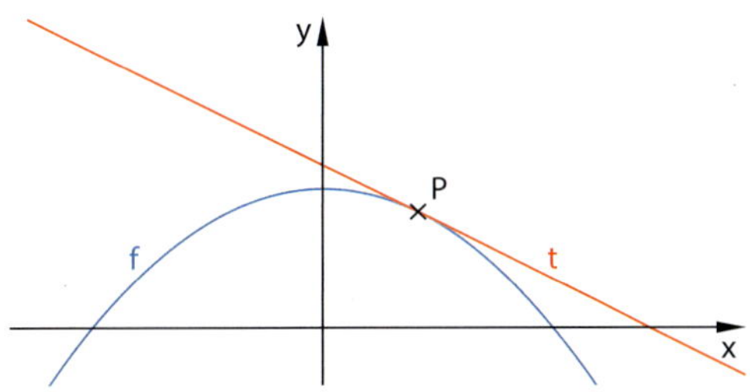

Wissen: Tangentengleichung aufstellen
Bestimmen der Gleichung $t(x) = mx + b$ der Tangente t an den Graphen von f im Punkt $P(x_0\,|\,f(x_0))$:
① Steigung $m = f'(x_0)$ berechnen.
② Einsetzen der Koordinaten von P in die Tangentengleichung ergibt $f(x_0) = m \cdot x_0 + b$.
Diese Gleichung nach b auflösen und b berechnen.

Beispiel 2: Gegeben ist die Funktion f mit $f(x) = -x^3 + 2x^2 + 4$.

a) Bestimmen Sie die Gleichung der Tangente an den Graphen von f an der Stelle $x_0 = 2$.

b) Bestimmen Sie die Stelle, an der die Tangente die x-Achse schneidet.

Lösung:

a) Bestimmen Sie die Ableitung f'. Die Ableitung an der Stelle $x_0 = 2$ ergibt die Steigung m der Tangente.
Berechnen Sie den Funktionswert an der Stelle $x_0 = 2$. Setzen Sie den x-Wert 2, den Funktionswert 4 und $m = -4$ in den Ansatz $t(x) = mx + b$ ein und lösen Sie die Gleichung nach b auf.

Ansatz: $t(x) = mx + b$

① $f'(x) = -3x^2 + 4x$

$m = f'(2) = -4$

② $f(2) = 4$

$4 = -4 \cdot 2 + b$ also $b = 12$

Tangentengleichung: $t(x) = -4x + 12$

b) Die gesuchte Stelle ist die Nullstelle von t. Setzen Sie t(x) gleich null und lösen Sie nach x auf.

$-4x + 12 = 0$ also $x = 3$

Die Tangente schneidet die x-Achse bei $x = 3$.

Basisaufgaben

1. Bestimmen Sie die Ableitungsfunktion als Grenzwert des Differenzenquotienten.

a) $f(x) = 2x - 3$ b) $f(x) = 3x^2$ c) $f(x) = -4x^2$ d) $f(x) = -x^2 + 5x$

Lösungen zu 2:

12 5 0 7 −21 0 4

2. Bestimmen Sie die Ableitung der Funktion f an der Stelle x_0.

a) $f(x) = 3x^2$ $x_0 = 2$

b) $f(x) = x^2 - 2x$ $x_0 = 1$

c) $f(x) = 5x - 1$ $x_0 = 6$

d) $f(x) = x^3 - 5x^2 + 7x$ $x_0 = 0$

e) $f(x) = 5$ $x_0 = 27$

f) $f(x) = 4x^2 - 5x + 2$ $x_0 = -2$

3. Bestimmen Sie die Ableitungsfunktion f'.

a) $f(x) = 4x^3 - 8x + 17$

b) $f(x) = -2x^2 - 8x + 15$

c) $f(x) = 3\sin(x)$

d) $f(x) = 2x^{-4}$

e) $f(x) = 5x^{\frac{1}{3}}$

f) $f(x) = 3\cos(x) - \frac{1}{4}x^{-2}$

g) $f(x) = 2x - \frac{1}{x}$

h) $f(x) = (x - 3)(x + 5)$

4. Gegeben ist die Funktion f mit $f(x) = 3x^2 - 12x + 11$.

a) Skizzieren Sie den Graphen von f. Formen Sie dazu den Funktionsterm in die Scheitelpunktform um.

b) Bestimmen Sie die Steigung der Sekante durch je zwei benachbarte Punkte:
$P(2|f(2))$, $Q(3|f(3))$, $R(4|f(4))$, $S(5|f(5))$

c) Bestimmen Sie die Punkte auf dem Graphen von f, an denen die Tangentensteigung jeweils der in b) bestimmten Sekantensteigung entspricht.

5. Bestimmen Sie die Tangente an den Graphen der gegebenen Funktion an der Stelle x_0 und die Schnittpunkte der Tangente mit den Koordinatenachsen.

a) $f(x) = -\frac{1}{2}x^2 + \frac{3}{2}$ $x_0 = 1$

b) $g(x) = x^2 - 2x + 1$ $x_0 = 0$

c) $h(x) = x^3 - 4x$ $x_0 = 1$

d) $k(x) = (x + 2)^2$ $x_0 = -5$

6. Gegeben ist die Funktion f mit $f(x) = x^3 + 3x$.

a) Bestimmen Sie die Gleichung der Tangente t an den Graphen von f bei $x = -2$.

b) Ermitteln Sie die Gleichung einer zweiten Tangente, die zu t parallel ist.

Funktionen mithilfe der Ableitung untersuchen

Die Ableitungsfunktion f′ gibt Auskunft über das Monotonieverhalten und Extrempunkte des Graphen der zugehörigen Funktion f.

Das Vorzeichen von f′ gibt Auskunft über die Monotonie.

Satz: Monotoniekriterium
Gilt **f′(x) > 0** für alle x aus dem Intervall I, so ist die Funktion f **streng monoton steigend** auf I.
Gilt **f′(x) < 0** für alle x aus dem Intervall I, so ist die Funktion f **streng monoton fallend** auf I.

Mit den Nullstellen von f′ erhält man alle Kandidaten für lokale Extremstellen.

Satz: Notwendige Bedingung für lokale Extrempunkte
Wenn der Graph einer differenzierbaren Funktion f an der Stelle x_E einen **Hochpunkt** oder **Tiefpunkt** hat, dann gilt **f′(x_E) = 0**.

Hinweis:
Notwendige Bedingung bedeutet: Ist diese Bedingung nicht erfüllt, so liegt kein lokaler Extrempunkt vor.

Nur an den Nullstellen der Ableitungsfunktion f′ kann es lokale Extrempunkte geben. Ob es sich bei diesen „Kandidaten" wirklich um Extremstellen handelt und ob die zugehörigen Extrempunkte Hoch- oder Tiefpunkte sind, hängt vom Monotonieverhalten des Graphen von f ab.

Die Bilder zeigen, dass die Steigung links von einem Hochpunkt positiv und rechts von ihm negativ ist. An einem Tiefpunkt ist es umgekehrt.

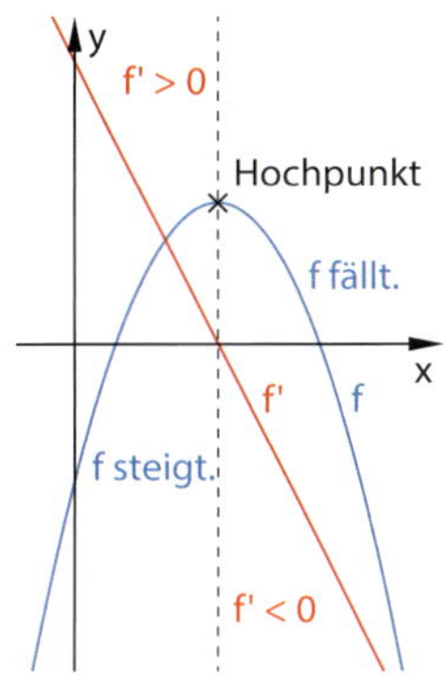

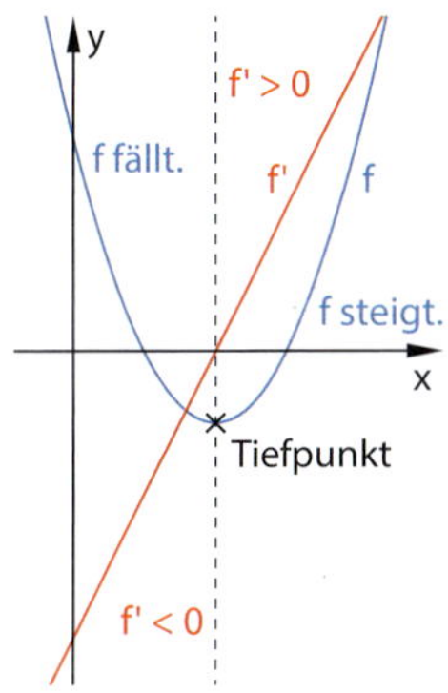

Satz: Hinreichende Bedingung für lokale Extrempunkte (Vorzeichenwechselkriterium)
- Wenn **f′(x_E) = 0** gilt und das **Vorzeichen von f′** an der Stelle x_E **von + nach** – wechselt, dann hat der Graph der Funktion f an der Stelle x_E einen **Hochpunkt.**
- Wenn **f′(x_E) = 0** gilt und das **Vorzeichen von f′** an der Stelle x_E **von – nach** + wechselt, dann hat der Graph der Funktion f an der Stelle x_E einen **Tiefpunkt.**

Hinweis:
Hinreichende Bedingung bedeutet: Ist diese Bedingung erfüllt, so liegt immer ein lokaler Extrempunkt vor.

Hinweis:
Eine auf einem Intervall streng monoton steigende bzw. fallende Funktion kann im Intervall eine Sattelstelle (waagerechte Tangente) enthalten. So ist z. B. die Funktion f mit $f(x) = x^3$ streng monoton steigend auf $\mathbb{R}$.

Wenn f an einer Stelle zwar eine waagerechte Tangente hat (f′(x) = 0), sich aber das Monotonieverhalten von f nicht ändert (kein Vorzeichenwechsel von f′), so liegt an dieser Stelle kein Extrempunkt, sondern ein **Sattelpunkt**. Die x-Koordinate eines Sattelpunktes heißt **Sattelstelle**.

Bei einer Sattelstelle von f berührt der Graph der Ableitungsfunktion f′ die x-Achse, schneidet sie aber nicht.

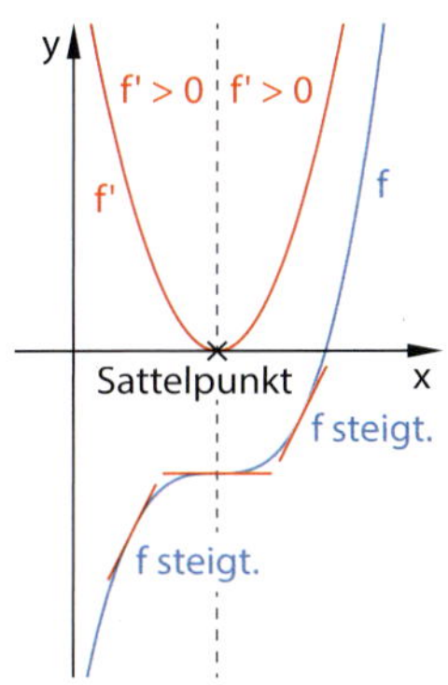

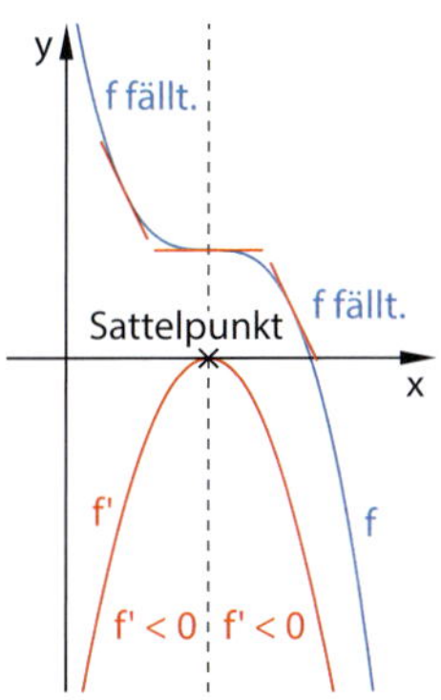

Satz: Hinreichende Bedingung für Sattelpunkte
Wenn **f′(x_S) = 0** gilt und das **Vorzeichen von f′** an der Stelle x_S **nicht** wechselt, dann hat der Graph der Funktion f an der Stelle x_S einen **Sattelpunkt.**

Beispiel 3: Untersuchen Sie die Funktion f mit $f(x) = -x^3 + 3x^2 - 3x + 3$ auf Extrem- und Sattelpunkte.

Lösung:

Bilden Sie die Ableitung.

$f(x) = -x^3 + 3x^2 - 3x + 3$
$f'(x) = -3x^2 + 6x - 3$

Die Nullstelle von f' liefert den „Kandidaten" x = 1 als mögliche Extrem- oder Sattelstelle.

$-3x^2 + 6x - 3 = 0$ also $x = 1$

Die Wertetabelle zeigt, dass bei x = 1 kein VZW stattfindet. Deshalb liegt ein Sattelpunkt vor. Es gibt keine Extrempunkte.

	x < 1	1	x > 1
Teststelle	0		2
f'(x)	–	0	–
Graph von f	↘	→	↘

Durch Einsetzen der Sattelstelle x = 1 in f(x) erhält man den Sattelpunkt S.

x = 1: kein VZW, also Sattelpunkt
$f(1) = -1 + 3 - 3 + 3 = 2$ S(1 | 2)

Hinweis:
An der Stelle eines Randmaximums ist die Ableitung meist ungleich 0.

Ist f(x) der größte bzw. kleinste Funktionswert von f in einem Intervall [a; b], so heißt f(x) das **globale Maximum** bzw. **globale Minimum** von f auf diesem Intervall.
Wird das globale Extremum auf dem Rand des Intervalls angenommen, so heißt es **Randextremum**.

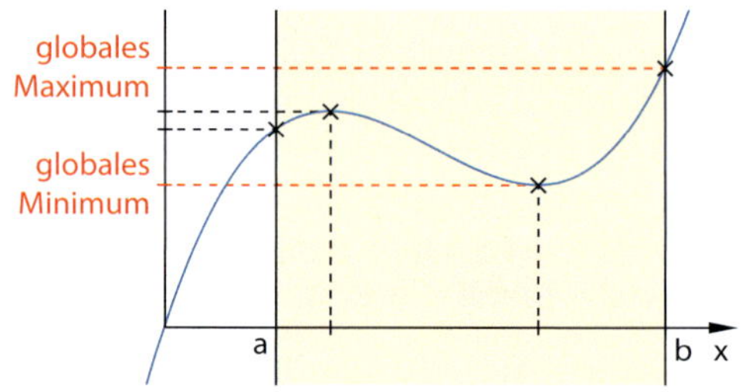

Erinnerung:
Eine Funktion heißt **differenzierbar**, wenn ihre Ableitung existiert.

Satz: Globale Extrema
Ist die Funktion f auf einem Intervall [a; b] differenzierbar, dann existiert ein **globales Maximum** und ein **globales Minimum** von f auf [a; b]. Die globalen Extrema auf [a; b] sind lokale Extrema von f oder Randextrema.

Beispiel 4: Betrachtet wird die Funktion f mit $f(x) = \frac{1}{4}x^4 - \frac{5}{3}x^3 + 3x^2$ auf dem Intervall I = [1,5; 3,5].

a) Bestimmen Sie die lokalen Maxima und Minima von f auf dem Intervall I.
b) Bestimmen Sie die globalen Maxima und Minima von f auf dem Intervall I.

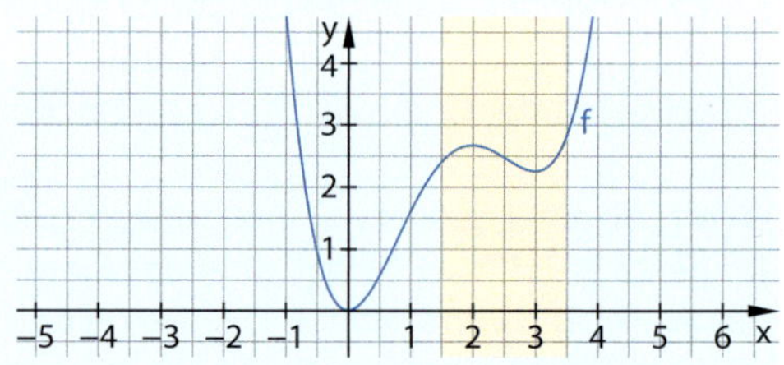

Lösung:

a) Bestimmen Sie die Stellen der Hoch- und Tiefpunkte, die im Intervall liegen.

$f'(x) = x^3 - 5x^2 + 3x$
$f'(x) = 0$ ergibt $x_1 = 0$, $x_2 = 2$ und $x_3 = 3$.
Das VZW-Kriterium ergibt im Intervall [1,5; 3,5] einen Hochpunkt bei $x_2 = 2$ und einen Tiefpunkt bei $x_3 = 3$.

Die lokalen Maxima und Minima sind die Funktionswerte bei den Hochpunkten bzw. Tiefpunkten.

lokales Maximum: $f(2) \approx 2{,}67$
lokales Minimum: $f(3) = 2{,}25$

b) Vergleichen Sie Funktionswerte an den Intervallrändern mit denen bei den Hoch- und Tiefpunkten. Der größte Funktionswert ist das globale Maximum, der kleinste das globale Minimum.

Randwerte: $f(1{,}5) \approx 2{,}39$ $f(3{,}5) \approx 2{,}81$
$2{,}81 > 2{,}67 > 2{,}39 > 2{,}25$
globales Maximum: 2,81 (Randextremum)
globales Minimum: 2,25 (lokales Minimum)

Basisaufgaben

7. Untersuchen Sie die Funktion mithilfe der Ableitung auf Monotonie.

a) $f(x) = 3x^2 - 4$ b) $f(x) = x^3 - 3x^2 - 24x + 6$ c) $f(x) = x^3 + 2x$

d) $f(x) = -5x$ e) $f(x) = -x^3 + 6x - 12$ f) $f(x) = \frac{1}{9}x^3 - \frac{1}{3}x^2 - \frac{8}{3}x + \frac{26}{9}$

Lösungen zu 24:
Monotonieintervalle
a) – c)

$x<0$ $x<-2$ $\mathbb{R}$ $x>0$ $-2<x<4$ $x<4$ $x>4$

8. Gegeben ist der Graph einer Ableitungsfunktion f'. Treffen Sie möglichst viele Aussagen über den Verlauf des Graphen der zugehörigen Funktion f.

a)
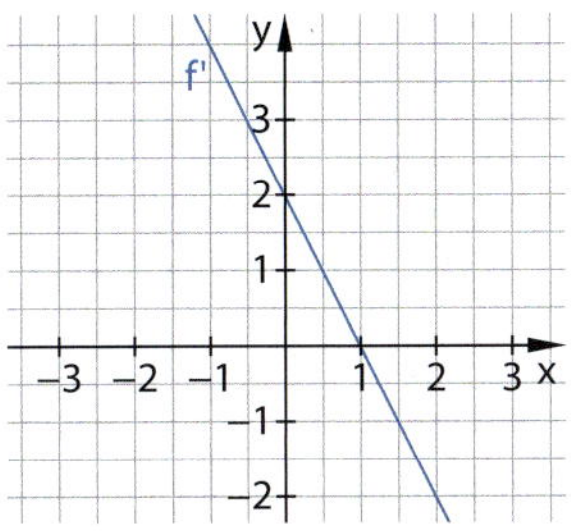

b)
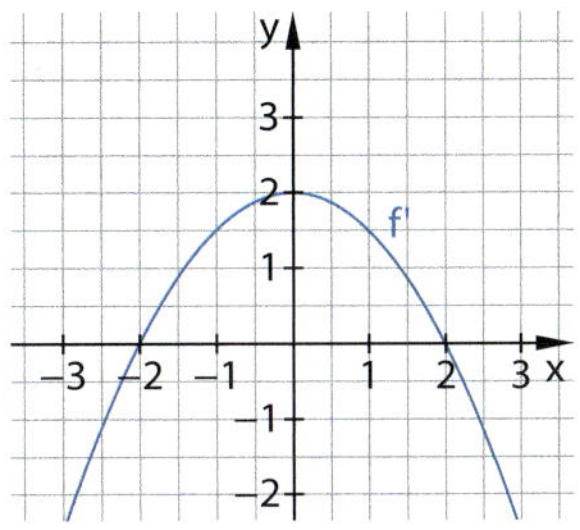

c)
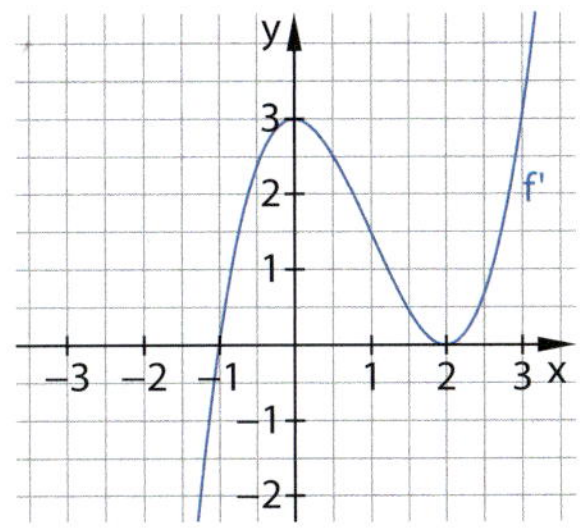

9. Entscheiden Sie, ob die Aussage richtig oder falsch ist. Begründen Sie Ihre Entscheidung und korrigieren Sie gegebenenfalls die Aussage.

a) Der Graph der Funktion f mit $f(x) = x^3$ hat einen lokalen Hochpunkt und einen lokalen Tiefpunkt.

b) Der Graph der Funktion f mit $f(x) = -x^2$ ist auf dem Intervall $I =]0; +\infty[$ streng monoton fallend.

c) Das globale Minimum der Funktion f mit $f(x) = (x-2)^2$ auf dem Intervall $[0; 1]$ befindet sich bei $x = 0$.

d) Der Graph einer ganzrationalen Funktion zweiten Grades kann keinen Sattelpunkt haben.

10. Bestimmen Sie die Hoch-, Tief- und Sattelpunkte des Graphen der Funktion.

a) $f(x) = \frac{1}{5}x^5 - \frac{4}{3}x^3 + 2$ b) $f(x) = 2x^3 - 6x^2 + 6x + 4$

c) $f(x) = x^3 - 6x^2 + 9x - 4$ d) $f(x) = 5x^4 - 40x^2 + 15$

e) $f(x) = 0{,}25x^3 + 15x - 1$ f) $f(x) = -\frac{1}{20}x^5 + \frac{3}{4}x^3 - 7$

11. Lesen Sie alle Hoch- und Tiefpunkte ab und geben Sie das globale Maximum sowie das globale Minimum mit den zugehörigen x-Werten auf dem Intervall I an.

a) $I = [-2; 5]$
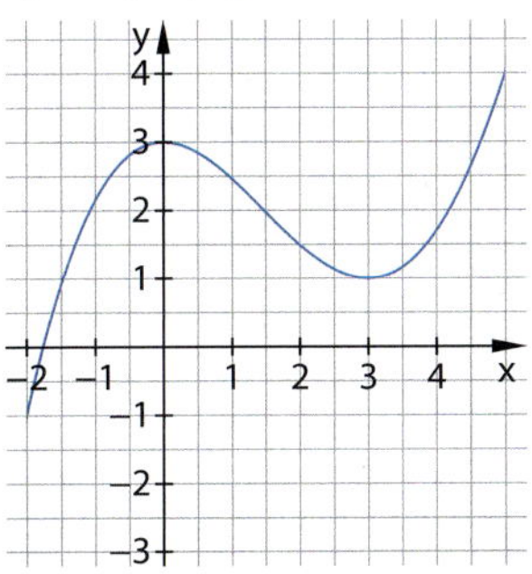

b) $I = [-4{,}2; 3]$
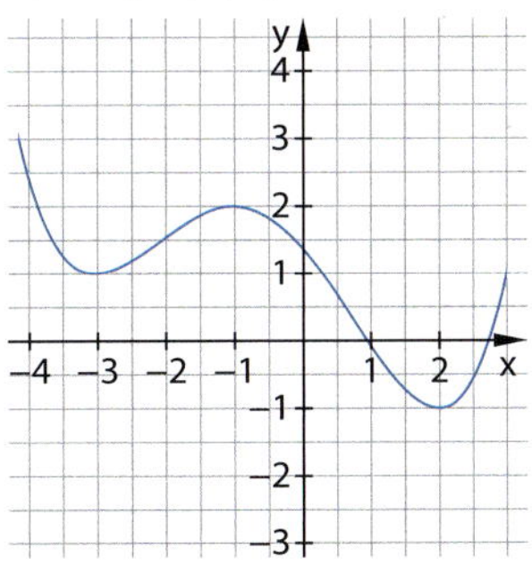

c) $I = [-5; 1]$
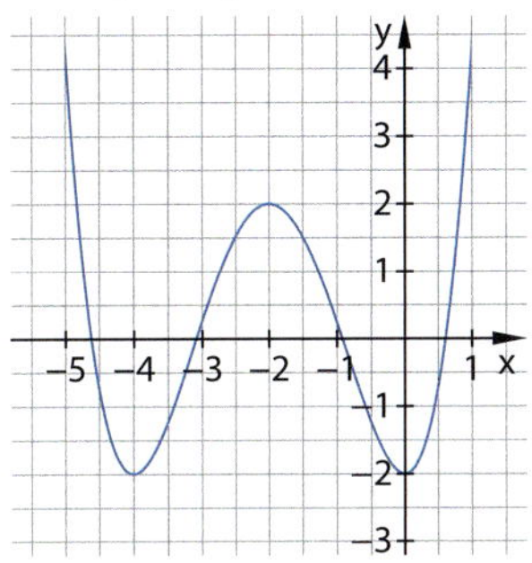

12. Bestimmen Sie das globale Maximum und Minimum von f auf dem Intervall I.

a) $f(x) = x^2 - 2x + 2$ $I = [0; 3]$ b) $f(x) = x^2 - 2x + 2$ $I = [1; 2]$

c) $f(x) = -x^2 + 4x - 7$ $I = [1; 4]$ d) $f(x) = -x^2 + 4x - 7$ $I = [3; 5]$

e) $f(x) = x^3 - 12x$ $I = [-1; 3]$ f) $f(x) = x^3 - 12x$ $I = [-4; 3]$

Weiterführende Aufgaben

13. Skizzieren Sie den Graphen einer Funktion f und geben Sie ein Intervall [a; b] mit a, b $\in \mathbb{R}$ an, sodass f auf dem Intervall die angegebenen Eigenschaften hat.

a) Der Graph von f hat einen Hoch- und einen Tiefpunkt. Das globale Minimum und das globale Maximum werden auf den Intervallrändern a und b angenommen.

b) Der Graph von f hat einen Sattelpunkt, an beiden Intervallrändern liegen globale Minima vor.

c) Der Graph von f hat genau zwei lokale Extrempunkte. Das globale Minimum und das globale Maximum werden nicht auf den Intervallrändern angenommen.

d) Der Graph von f hat genau einen lokalen Extrempunkt im Intervall [a; b], das globale Maximum liegt auf einem Intervallrand, das globale Minimum nicht.

e) Es ist möglich, einen gemeinsamen Graphen zu a) bis d) zu finden. Skizzieren Sie einen solchen Graphen und geben Sie zu jeder Teilaufgabe a) bis d) ein Intervall an, sodass die angegebenen Eigenschaften erfüllt werden.

14. Stolperstelle: Entscheiden Sie, ob die Aussage wahr oder falsch ist. Begründen Sie sie, falls die Aussage wahr ist, und geben Sie ein Gegenbeispiel an, falls sie falsch ist.

a) Wenn $f'(a) = 0$ ist, dann ist a lokale Extremstelle von f.

b) Bei einem Sattelpunkt hat der Funktionsgraph eine waagerechte Tangente.

c) Die Ableitungsfunktion f' hat Nullstellen an den lokalen Extremstellen von f.

d) Wenn die Funktion f keine Extremstellen hat, dann hat die Ableitungsfunktion f' keine Nullstellen.

e) An den Stellen mit waagerechter Tangente hat der Graph Sattelpunkte.

f) Wenn a lokale Extremstelle von f ist, dann ist $f'(a) = 0$.

g) Wenn das Vorzeichen der Steigung wechselt, dann hat der Graph an dieser Stelle einen Extrempunkt.

15. In einer kleinen Ziegelei können täglich maximal 9 Paletten à 320 Ziegelsteine produziert werden. Die Ziegel werden zu 0,75 € pro Stück, also zu 240 € pro Palette verkauft. Die Produktionskosten der Ziegelei können bei einer täglichen Produktion von x Paletten durch die Funktion k mit $k(x) = 25x^3 - 300x^2 + 765x + 950$ berechnet werden.

a) Analysieren Sie die Gewinnlage der Ziegelei in Abhängigkeit von der Produktionsmenge x. Schränken Sie dazu den Definitionsbereich von k sinnvoll ein.

b) Bestimmen Sie die Anzahl der Paletten, die die Ziegelei täglich herstellen sollte, um einen möglichst hohen Gewinn zu erwirtschaften.

16. Die Graphen der Funktionen f und g mit $f(x) = \frac{1}{5}x^4 - \frac{2}{5}x^2 - \frac{1}{2}x + 2$ und $g(x) = \frac{1}{10}x^4 - \frac{1}{5}x^2 - \frac{1}{2}x + 1$ beschreiben die Ufer eines schmalen Bachs (1 LE entspricht 1 m). Entlang der x-Achse verläuft ein Weg. Im Bereich $-2 \le x \le 2$ soll senkrecht zum Weg eine kleine Brücke gebaut werden. Bestimmen Sie, welcher Uferabstand dabei mindestens und welcher höchstens überwunden werden muss.

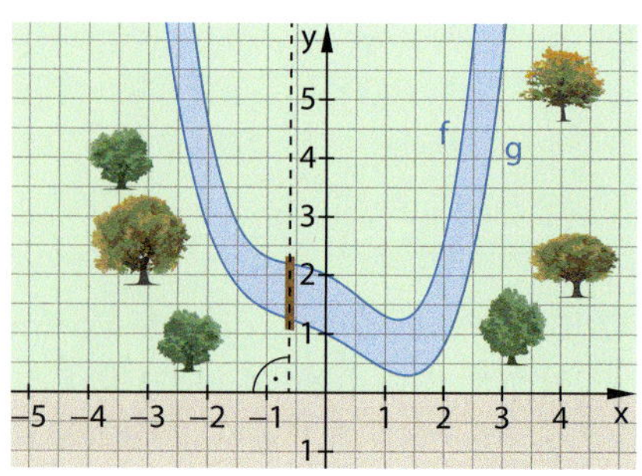

17. Ein Wanderer läuft von einem Parkplatz ein geradliniges Kanalufer entlang. Der Graph zeigt für $0 < t < 1{,}25$ die Entfernung des Wanderers s in km vom Startpunkt in Abhängigkeit von der Zeit in Stunden.

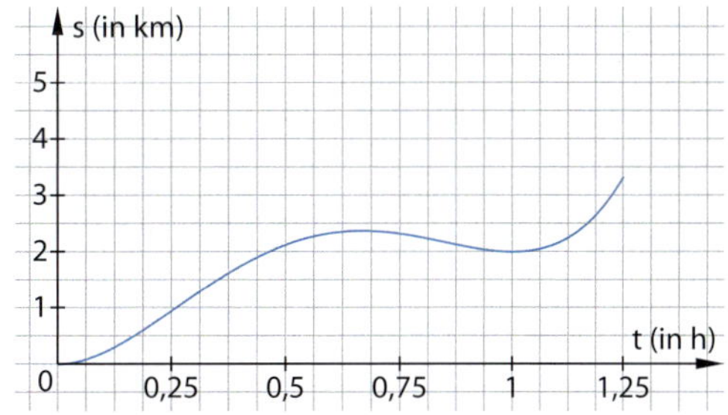

a) Beschreiben Sie den Verlauf des Graphen in Worten.

b) Machen Sie ausgehend vom Graphen Aussagen über die Geschwindigkeit des Wanderers. Wann wird er langsamer, wann schneller? Wann hat er seine höchste, wann seine niedrigste Geschwindigkeit?

c) Die Geschwindigkeit v des Wanderers wird in Abhängigkeit von der Zeit t durch die Funktion v mit $v(t) = 72t^3 - 120t^2 + 48t$ beschrieben. Belegen Sie die in b) gemachten Aussagen durch geeignete Rechnungen.

18. Tangente und Normale:
Die Tangente t an den Funktionsgraphen einer Funktion f im Punkt $P(a\,|\,f(a))$ hat die Steigung $f'(a)$.
Als **Normale** n bezeichnet man die zur Tangente senkrechte Gerade im Punkt P. Für die Steigung m der Normalen gilt dann $m = \frac{-1}{f'(a)}$.

a) Bestimmen Sie die Gleichung der Normalen an den Graphen von f mit $f(x) = 3x^2 + 1$ im Punkt $P(2\,|\,f(2))$.

b) Bestimmen Sie die Gleichung der Normalen an den Graphen von g mit $g(x) = 2 \cdot \sin(x)$ im Punkt $Q(\pi\,|\,g(\pi))$.

● c) Betrachten Sie h mit $h(x) = x^2$.
Ermitteln Sie Stellen x_1 und x_2 so, dass die Tangenten in den Punkten $P_1(x_1\,|\,h(x_1))$ und $P_2(x_2\,|\,h(x_2))$ senkrecht aufeinander stehen.

● **19.** Eine vollkommen elastische Kugel fällt von einer Höhe H aus auf eine vollkommen elastische Fläche herab. Nach dem Aufprall bewegt sich die Kugel nach oben und erreicht wieder die Anfangshöhe. Auf beiden Strecken vollzieht die Kugel eine gleichmäßige Beschleunigung. Die zurückgelegte Strecke kann daher jeweils mit der Formel $s = \frac{1}{2}gt^2$ beschrieben werden (t in Sekunden, $g = 9{,}81\,\text{m/s}^2$ Fallbeschleunigung in Mitteleuropa).

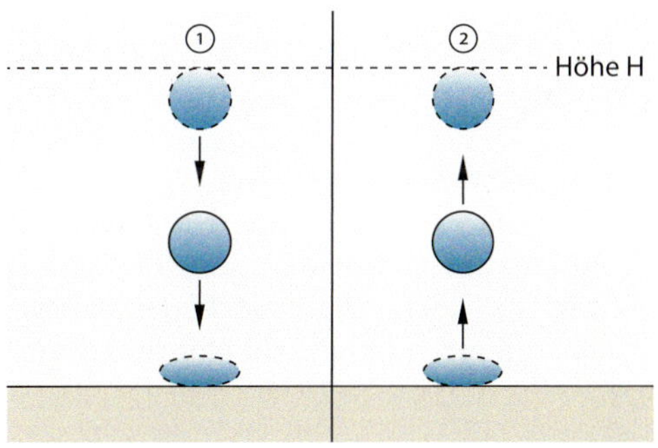

a) Begründen Sie, dass die Kugel zum Zeitpunkt $t = \sqrt{\frac{2H}{g}}$ auf der Fläche auftrifft.

b) Die Kugel soll eine vorgegebene Höhe h wieder erreichen. Erläutern Sie, warum sich die dafür benötigte Zeitdauer t in Abhängigkeit von H durch die Funktionsgleichung $t(H) = 2 \cdot \sqrt{\frac{2H}{g}} - \sqrt{\frac{2(H-h)}{g}}$ beschreiben lässt.

c) Ermitteln Sie, aus welcher Höhe H die Kugel fallen gelassen werden muss, um in möglichst kurzer Zeit eine Höhe von 0,5 m wieder zu erreichen.

● **20. Ausblick:** Gegeben ist die Funktion f mit $f(x) = x^3 + 3x^2 - bx + c$.

a) Bestimmen Sie b so, dass $x = 1$ und $x = -3$ Extremstellen sind.

b) Bestimmen Sie anschließend c so, dass der Tiefpunkt die y-Koordinate -8 hat.

c) Ermitteln Sie, für welche Werte von b die Funktion f keine Extremstellen hat.

1.2 Krümmung

■ Der Graph der Funktion f mit der Funktionsgleichung $f(x) = -\frac{1}{20}(x^3 - 9x^2 + 17x - 27)$ stellt den Verlauf einer Straße aus der Vogelperspektive dar. Ermitteln Sie die Bereiche, in denen der Fahrradfahrer eine Links- bzw. Rechtskurve durchfährt.
Beschreiben Sie auch den Graphen der Ableitungsfunktion f′ in diesen Bereichen. ■

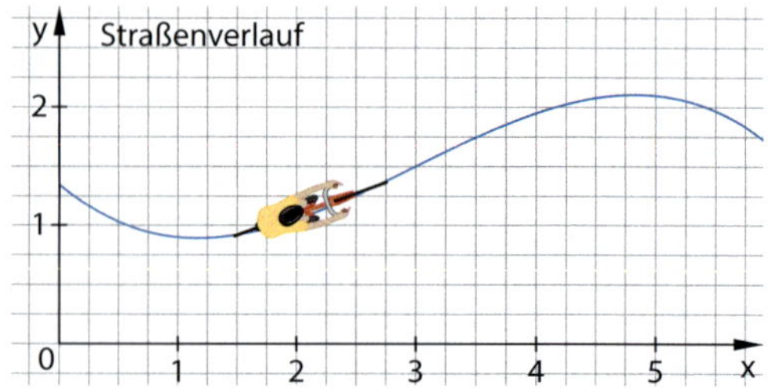

Nimmt in einem Intervall die Steigung eines Graphen von f stetig zu, so stellt man fest, dass der Graph von f dort eine Linkskrümmung hat.
Umgekehrt ist ein Graph, dessen Steigung kleiner wird, rechtsgekrümmt.

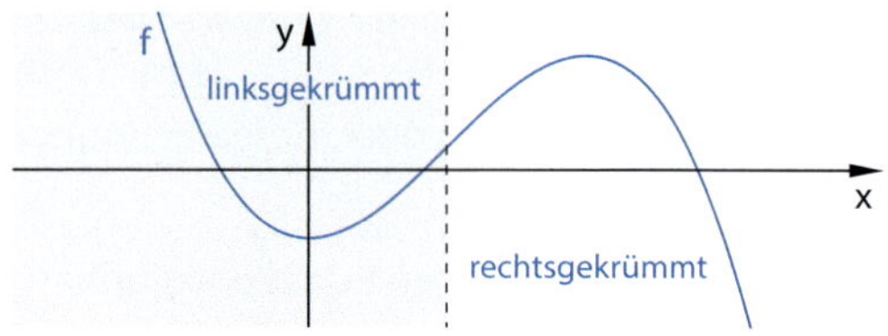

Die Steigung wird durch die Ableitung f′ beschrieben. Bei einer Linkskrümmung des Graphen von f ist die Ableitung f′ streng monoton steigend.
Ist der Graph von f hingegen rechtsgekrümmt, so ist f′ streng monoton fallend.

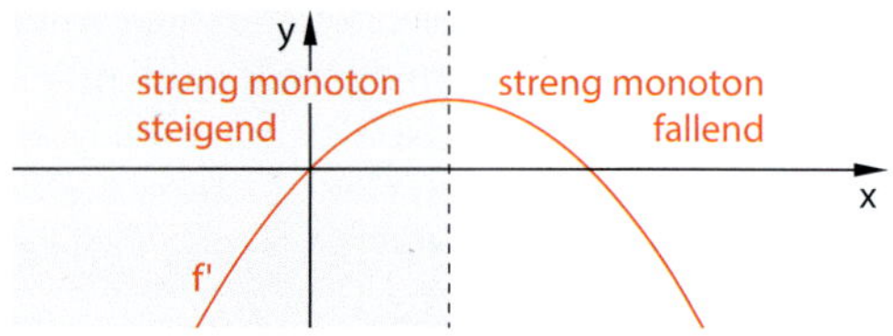

Die Änderung der Steigung wird durch die Ableitung von f′ beschrieben. Sie heißt **zweite Ableitung f″**.
f′ ist streng monoton steigend bzw. fallend, wenn die Ableitung von f′, also f″, größer als 0 bzw. kleiner als 0 ist.

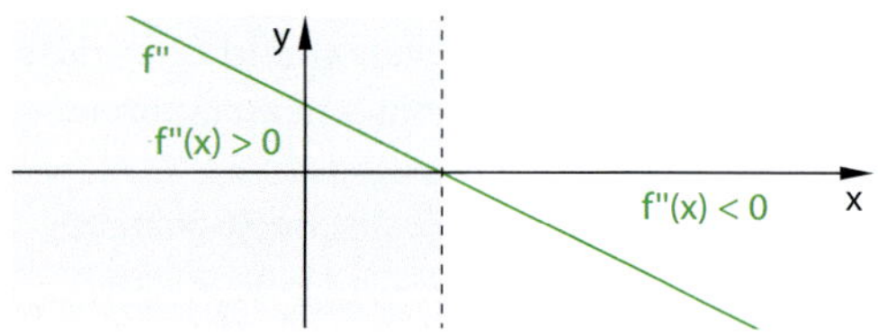

Satz: Krümmungsverhalten
- Gilt $\mathbf{f''(x) > 0}$ für alle x aus dem Intervall I, so ist der Graph der Funktion f auf I **linksgekrümmt**, er beschreibt eine **Linkskurve**.
- Gilt $\mathbf{f''(x) < 0}$ für alle x aus dem Intervall I, so ist der Graph der Funktion f auf I **rechtsgekrümmt**, er beschreibt eine **Rechtskurve**.

Beispiel 1: Untersuchen Sie die Funktion f mit $f(x) = x^3 - 3x^2$ mithilfe der zweiten Ableitung auf ihr Krümmungsverhalten.

Hinweis:
Die Ableitung f′ einer Funktion f wird auch als erste Ableitung bezeichnet.

Lösung:

Bilden Sie die erste und die zweite Ableitung von f.

$f(x) = x^3 - 3x^2$
$f'(x) = 3x^2 - 6x$ $\quad f''(x) = 6x - 6$

Berechnen Sie die Nullstelle von f″.

$6x - 6 = 0$ also $x = 1$

f″ hat eine Nullstelle. Sie teilt den Definitionsbereich von f in zwei Krümmungsintervalle auf.

$x < 1$: $f''(0) = 6 \cdot 0 - 6 = -6 < 0$
Der Graph ist für $x < 1$ rechtsgekrümmt.

Aus jedem Intervall wird eine Teststelle (0 und 4) in f″(x) eingesetzt. Das Vorzeichen gibt das Krümmungsverhalten von f an.

$x > 1$: $f''(4) = 6 \cdot 4 - 6 = 18 > 0$
Der Graph ist für $x > 1$ linksgekrümmt.

Basisaufgaben

1. Geben Sie an, auf welchen Intervallen der Graph der Funktion f linksgekrümmt bzw. rechtsgekrümmt ist.

a) 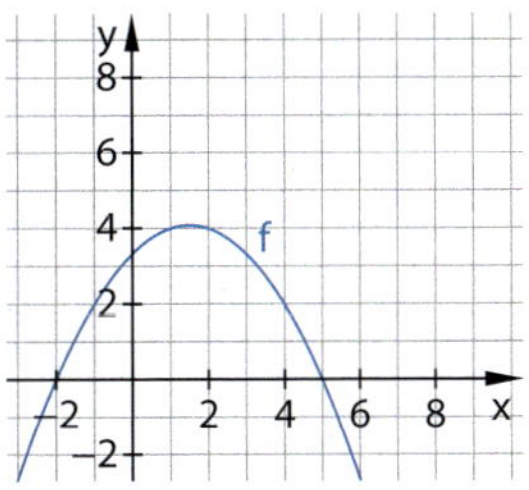

b) 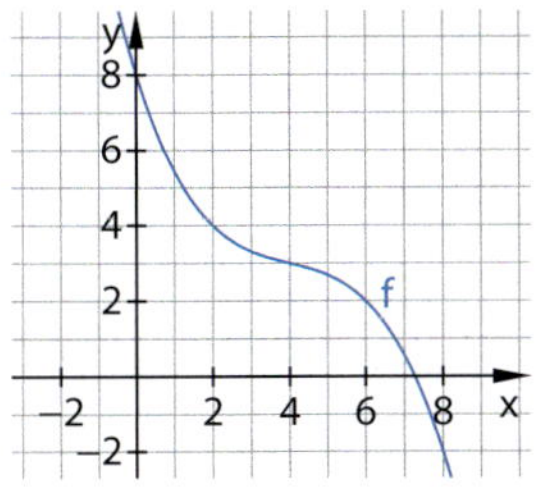

c) 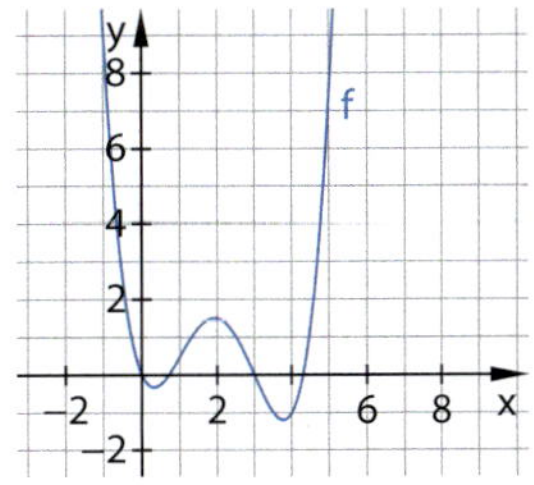

2. Zeichnen Sie einen Funktionsgraphen, der für $x < -4$ sowie $x > 1$ linksgekrümmt und für $-4 < x < 1$ rechtsgekrümmt ist.

3. Die Abbildung zeigt den Graphen der zweiten Ableitung der Funktion f. Geben Sie an, auf welchen Intervallen der Graph von f linksgekrümmt bzw. rechtsgekrümmt ist.

a) 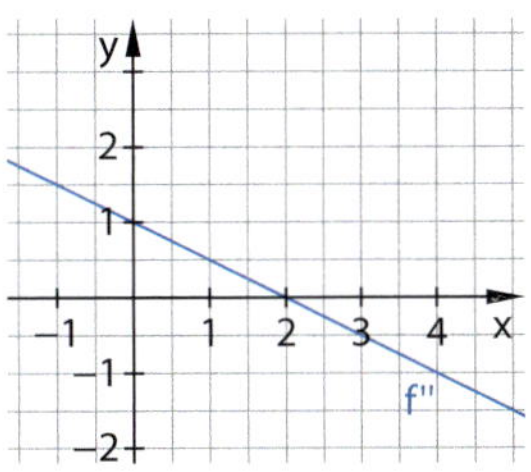

b) 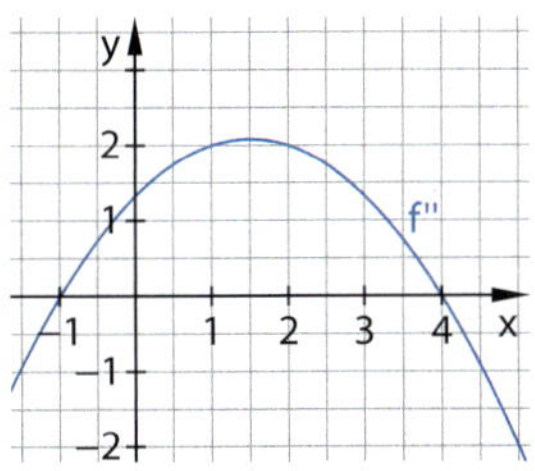

c) 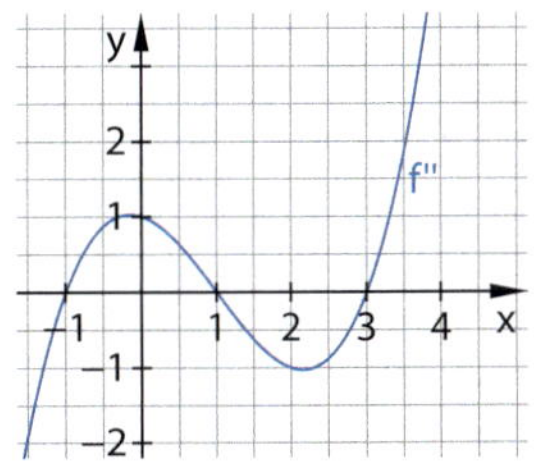

4. Berechnen Sie die erste und zweite Ableitung der Funktion f.

a) $f(x) = x^3 - 2x^2 + 5x - 1$ b) $f(x) = -x^4 - 2x^3 + 8x$ c) $f(x) = \frac{1}{x}$

5. Berechnen Sie ohne GTR die Nullstellen der zweiten Ableitung und bestimmen Sie das Krümmungsverhalten des Graphen von f. Überprüfen Sie Ihre Ergebnisse mit dem GTR.

a) $f(x) = \frac{1}{2}x^3 - 3x^2 + 3x - 6$ b) $f(x) = -\frac{1}{2}x^2 + 7x - 18$ c) $f(x) = \frac{1}{3}x^4 - 2x^2 + 4x$

d) $f(x) = 0{,}25x^5 + 10x - 1$ e) $f(x) = x^4 - 6x$ f) $f(x) = \frac{1}{3}x^3 - 2x^2 - 5x + 2$

6. Untersuchen Sie die Funktion mithilfe der zweiten Ableitung auf ihr Krümmungsverhalten.

a) $f(x) = -x^2 + 2x + 1$ b) $f(x) = x^3 - 7x^2 + 15x - 9$ c) $f(x) = -\frac{1}{12}x^4 + \frac{1}{3}x^3 + x$

d) $f(x) = -\frac{1}{12}x^4 - \frac{1}{3}x^3 - x^2$ e) $f(x) = x^4 + 3x^3 + 3x^2 + x$ f) $f(x) = \frac{1}{4}x^4 - \frac{2}{3}x^3 + \frac{1}{2}x^2 - 1$

7. Gegeben sind die Graphen von Funktionen und deren erster und zweiter Ableitung. Ordnen Sie begründet zu und erläutern Sie den Zusammenhang zwischen dem Krümmungsverhalten von f, dem Monotonieverhalten von f' und dem Graphen von f''.

Graphen zu f

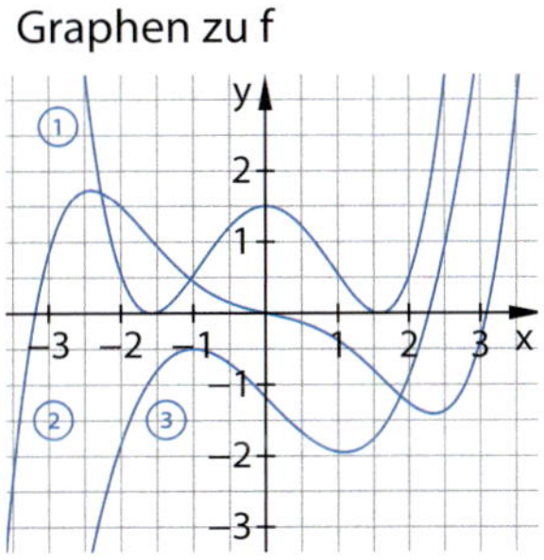

Graphen zu f'

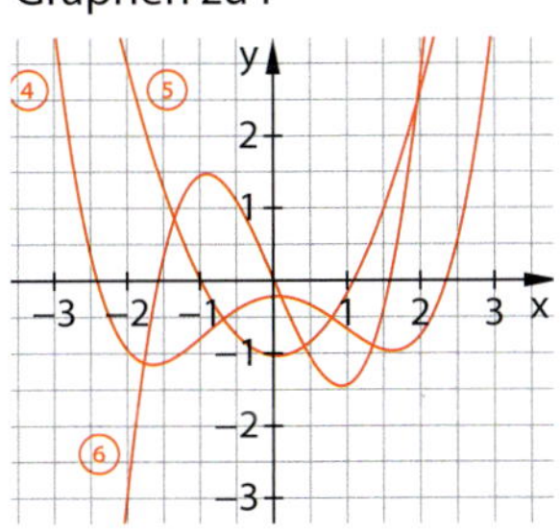

Graphen zu f''

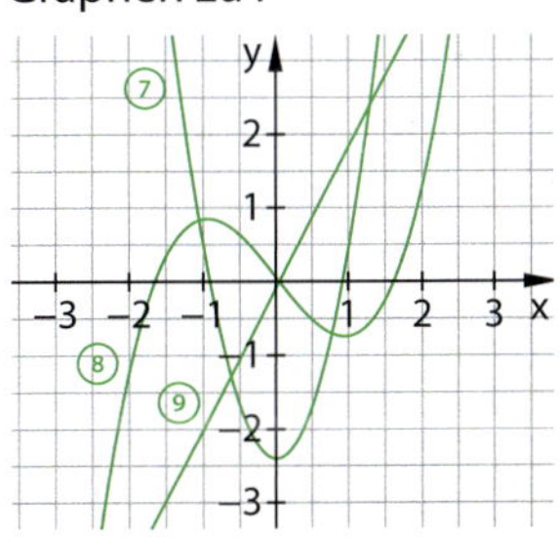

Überprüfen von lokalen Extrempunkten mithilfe der zweiten Ableitung

Im Hochpunkt eines Graphen von f liegt immer eine Rechtskrümmung und im Tiefpunkt immer eine Linkskrümmung vor. Anstatt einen Vorzeichenwechsel von f′ zu überprüfen, ist es möglich, mithilfe der zweiten Ableitung f″ zu prüfen, ob der Graph an den potentiellen Extremstellen von f eine Linkskrümmung ($f''(x) > 0$) oder eine Rechtskrümmung ($f''(x) < 0$) ausweist.

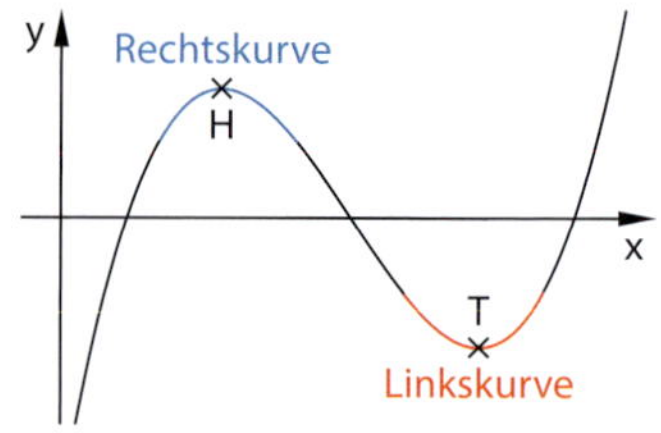

Satz: Hinreichende Bedingung für lokale Extrempunkte mit der zweiten Ableitung

- Wenn $\mathbf{f'(x_E) = 0}$ und $\mathbf{f''(x_E) < 0}$ gilt, dann hat der Graph der Funktion f an der Stelle x_E einen **Hochpunkt**.
- Wenn $\mathbf{f'(x_E) = 0}$ und $\mathbf{f''(x_E) > 0}$, gilt, dann hat der Graph der Funktion f an der Stelle x_E einen **Tiefpunkt**.

Hinweis:
Für Fälle mit $f'(x_E) = 0$ und $f''(x_E) = 0$ siehe Aufgaben 9 und 14–18.

Ist $f'(x_E) = 0$ und $f''(x_E) = 0$, so lässt sich daraus nicht folgern, dass dort keine lokale Extremstelle vorliegt. In diesem Fall zieht man das Vorzeichenwechselkriterium (VZW) hinzu.

Beispiel 2: Bestimmen Sie die Hoch- und Tiefpunkte des Graphen der Funktion f mit $f(x) = x^3 - 9x^2 + 24x - 18$ mithilfe der zweiten Ableitung.

Lösung:

Bilden Sie die die erste und die zweite Ableitung von f.	$f(x) = x^3 - 9x^2 + 24x - 18$ $f'(x) = 3x^2 - 18x + 24$ $f''(x) = 6x - 18$
Berechnen Sie die Nullstellen von f′. $x_1 = 2$ und $x_2 = 4$ sind die möglichen Extremstellen. Setzen Sie diese Stellen in die zweite Ableitung f″(x) ein. Das Ergebnis ist jeweils ungleich 0. Das Vorzeichen gibt an, ob dort ein Hoch- oder Tiefpunkt liegt.	$3x^2 - 18x + 24 = 0$ also $x_1 = 2$ und $x_2 = 4$ $f''(2) = 6 \cdot 2 - 18 = -6 < 0$ Bei 2 liegt ein Hochpunkt. $f''(4) = 6 \cdot 4 - 18 = 6 > 0$ Bei 4 liegt ein Tiefpunkt.
Die y-Koordinaten des Hochpunktes H und des Tiefpunktes T ergeben sich durch Einsetzen der Extremstellen in f(x).	$f(2) = 2^3 - 9 \cdot 2^2 + 24 \cdot 2 - 18 = 2$ $f(4) = 4^3 - 9 \cdot 4^2 + 24 \cdot 4 - 18 = -2$ $H(2\,|\,2)$ $T(4\,|\,-2)$

Basisaufgaben

Hinweis zu 8:
Unter den angegebenen Punkten finden Sie die Lösungen.

$(1\,|\,4)$ $(4\,|\,-6)$ $(0\,|\,2)$ $(4\,|\,-2)$ $(2\,|\,2)$ $\left(0\,\middle|\,\frac{12}{5}\right)$ $(-2\,|\,-4)$ $(-2\,|\,6)$ $(2\,|\,4)$ $(2\,|\,-4)$ $(-2\,|\,-2)$ $(6\,|\,0)$

8. Bestimmen Sie die Hoch- und Tiefpunkte des Graphen mithilfe der ersten und zweiten Ableitung von f.

a) $f(x) = -4x^2 + 8x$
b) $f(x) = \frac{1}{8}x^3 - \frac{3}{4}x^2 + 2$
c) $f(x) = \frac{1}{10}x^3 - \frac{3}{10}x^2 + \frac{12}{5}$
d) $f(x) = \frac{1}{8}x^3 - \frac{3}{2}x^2 + \frac{9}{2}x$
e) $f(x) = \frac{1}{9}x^3 - \frac{1}{3}x^2 - \frac{8}{3}x + \frac{26}{9}$
f) $f(x) = \frac{1}{4}x^4 - 2x^2$

9. Gegeben ist die Funktion f mit $f(x) = \frac{1}{2}x^4 - 2x^3 + 8x$.

a) Weisen Sie rechnerisch nach, dass der Graph im Punkt $P(-1\,|\,-5{,}5)$ einen lokalen Tiefpunkt hat.
b) Untersuchen Sie das Verhalten der Graphen von f′ und f″ an der Stelle $x = 2$.
c) Begründen Sie, dass der Graph der Funktion f an der Stelle $x = 2$ einen Sattelpunkt hat, und berechnen Sie die fehlende Koordinate.

Weiterführende Aufgaben

10. Ordnen Sie begründet die drei Graphen den Funktionen f, f′ und f″ zu.

a)

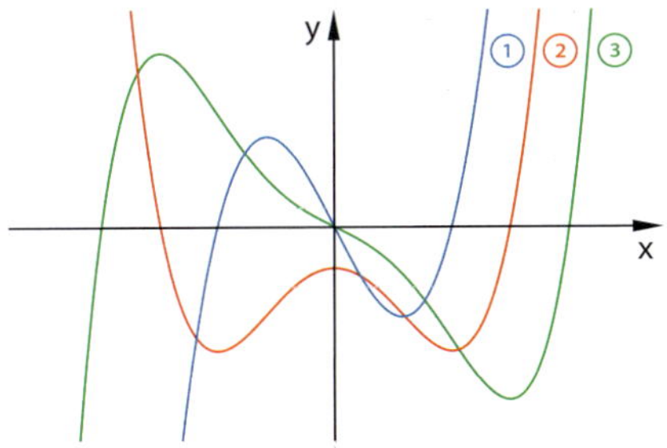

b)

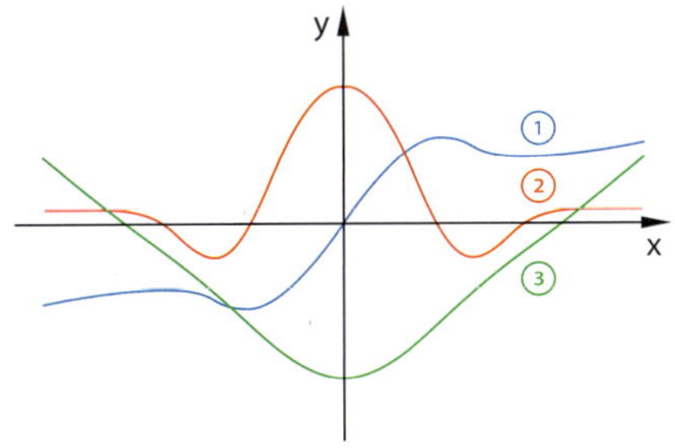

11. Skizzieren Sie einen möglichen Graphen von f.
a) Der Graph von f ist rechtsgekrümmt und hat den Hochpunkt $H(2|4)$.
b) Der Graph von f hat im Punkt $P(-3|2)$ eine waagerechte Tangente und geht in diesem Punkt von einer Links- in eine Rechtskrümmung über.
c) Der Graph von f hat zwei Stellen mit waagerechter Tangente und wechselt nur an einer dieser Stellen seine Krümmung.
d) Der Graph von f ist linksgekrümmt und hat keine Extremstellen.
e) Es gilt $f'(x) < 0$ und $f''(x) > 0$ für alle x.

12. Die Funktion h mit $h(t) = -0{,}03t^3 + 0{,}9t^2 + 4$ beschreibt für $0 \leq t \leq 20$ die Wuchshöhe einer Pflanze. Dabei bezeichnet t die Anzahl der Tage nach Beobachtungsbeginn und h(t) die Höhe der Pflanze in cm.
a) Berechnen Sie die Pflanzenhöhe nach 5 und nach 15 Tagen.
b) Weisen Sie rechnerisch nach, dass die Wachstumsgeschwindigkeit innerhalb der ersten 10 Tage ständig steigt.
c) Für $t > 10$ gilt $h''(t) < 0$. Erläutern Sie dies im Sachzusammenhang.
d) Zeigen Sie, dass die minimale und maximale Pflanzenhöhe zu Beginn und am Ende der Beobachtung angenommen werden.

● **13. Ableitungen in der Physik:** In der Physik werden Bewegungen durch die Größen s (Weg), v (Geschwindigkeit) und a (Beschleunigung) beschrieben. Die Geschwindigkeit ist die zeitliche Veränderung des Wegs, die Beschleunigung ist die zeitliche Veränderung der Geschwindigkeit. Es gilt also $s''(t) = v'(t) = a(t)$ und $s'(t) = v(t)$.
a) Erläutern Sie die Bedeutung einer positiven/negativen Beschleunigung für die Geschwindigkeit und den Weg in diesem Sachzusammenhang.
b) Auch die Schwingung eines Federpendels wird durch die Größen s, v und a beschrieben. In der Abbildung sind diese drei Größen dargestellt (T ist die Schwingdauer). Geben Sie begründet an, welcher Graph zu welcher Größe der Schwingung gehört.

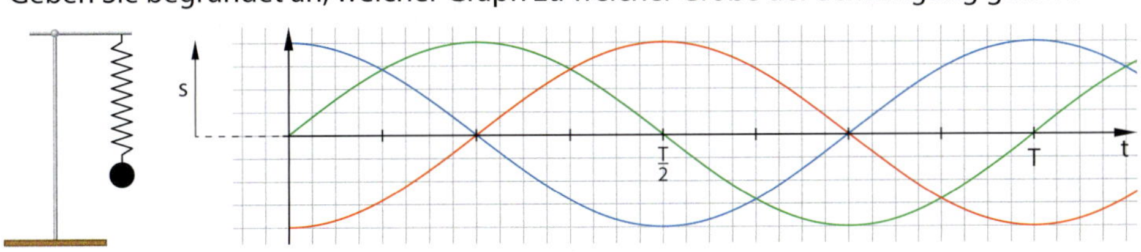

14. Stolperstelle: Max untersucht die Funktion f mit $f(x) = x^4 - 8x^3 + 24x^2 - 32x + 15$.
Er sagt: *„Zwar ist f′(2) = 0, aber weil f″(2) = 0 ist, ist 2 keine Extremstelle von f.“*
Nehmen Sie Stellung.

15. „Die notwendige Bedingung ist nicht hinreichend, die hinreichende ist nicht notwendig." Erläutern Sie diese Aussage, indem Sie die Extremstellen zu $f(x) = x^2$, $g(x) = x^3$ und $h(x) = x^4$ untersuchen.

16. Untersuchen Sie die Funktion auf Hoch- und Tiefpunkte. Verwenden Sie, falls nötig, das Vorzeichenwechselkriterium. Geben Sie auch die Sattelpunkte an.

a) $f(x) = \frac{1}{4}x^4 + x^3 - \frac{11}{4}$ b) $f(x) = 3x^5 - 5x^3$

17. Bestimmen Sie die Punkte des Graphen mit waagerechter Tangente. Untersuchen Sie, ob diese Punkte Extrempunkte sind.

a) $f(x) = x^4 - 4x^3 + 4x^2$ b) $f(x) = \frac{1}{4}x^3 - \frac{3}{2}x^2 + 8$
c) $f(x) = -\frac{1}{8}x^3 + \frac{3}{2}x$ d) $f(x) = 3x^3 - 27x^2 + 81x - 84$
e) $f(x) = \frac{3}{8}x^5 - \frac{5}{4}x^3 + \frac{15}{8}x$ f) $f(x) = -\frac{3}{8}x^4 + 2x^3 - 3x^2$

18. Vergleich der hinreichenden Bedingungen für Extrempunkte:
Bestimmen Sie in Partnerarbeit die Extrempunkte der folgenden Funktionen. Eine/r nutzt als hinreichende Bedingung die zweite Ableitung und die/der andere das Vorzeichenwechselkriterium.
$f(x) = \frac{1}{6}x^3 - \frac{3}{4}x^2 - 2x + 3$ $g(x) = \frac{1}{3}x^3 - 2x^2 + 4x$ $h(x) = x^6 - \frac{3}{2}x^4$
Vergleichen Sie anschließend die Rechenwege. Stellen Sie Vor- und Nachteile der beiden hinreichenden Bedingungen gegenüber.

19. GTR Beim Bau von Straßen, Bahngleisen oder Achterbahnen wird bei der Berechnung der Linienführung immer darauf geachtet, dass Richtungswechsel möglichst kräftearm verlaufen, um eine ruckfreie Fahrdynamik zu erreichen. Hierbei reicht es nicht, dass beim Übergang von z. B. Geraden zu Kurven und umgekehrt die Steigungen identisch sind, d. h. keine „Knicke" auftreten. Damit sich auch die Richtungsänderung nicht abrupt ändert, ist zudem zu fordern, dass auch die Krümmungen der Linien in den Übergangspunkten übereinstimmen.

Als Beispiel hierzu sollen zwei gerade Straßenenden durch eine Kurve verbunden werden. Die Straßenenden seien gegeben durch die Geraden $y = 2$ für $x \le 0$ und $y = -2x + 9$ für $x \ge 4$.

a) Zeigen Sie, dass die Kurve 1, beschrieben durch den Graphen der Funktion f mit $f(x) = -\frac{3}{32}x^3 + \frac{5}{16}x^2 + 2$ für $0 < x < 4$, an den Anschlussstellen zwar keinen Knick aufweist, die Krümmung sich aber abrupt ändert.
Skizzieren Sie auch die Graphen mit dem GTR.

b) Gegeben ist eine zweite Funktion g mit $g(x) = a \cdot x^5 - \frac{41}{256}x^4 + \frac{11}{32}x^3 + 2$ für $0 < x < 4$.
Bestimmen Sie den Koeffizienten a so, dass die Funktion g die geforderten Eigenschaften erfüllt, und weisen Sie diese nach.

20. Ausblick: Der Graph einer ganzrationalen Funktion f dritten Grades hat im Koordinatenursprung einen Tiefpunkt und ist für $x < 1$ linksgekrümmt sowie für $x > 1$ rechtsgekrümmt.

a) Bestimmen Sie einen möglichen Funktionsterm von f und zeichnen Sie den zugehörigen Graphen.

b) Geben Sie die allgemeine Funktionsgleichung aller Lösungen an.

1.3 Wendepunkte

■ Der Graph von f stellt links das Höhenprofil einer Straße und rechts die Draufsicht einer anderen Straße dar. Welche Bedeutung hat die Stelle $x = 3$ für den Radfahrer in der jeweiligen Situation? Stellen Sie einen Zusammenhang zwischen diesen beiden Bedeutungen her. Erläutern Sie, wie man diese Stelle bei gegebener Funktionsgleichung berechnen könnte. ■

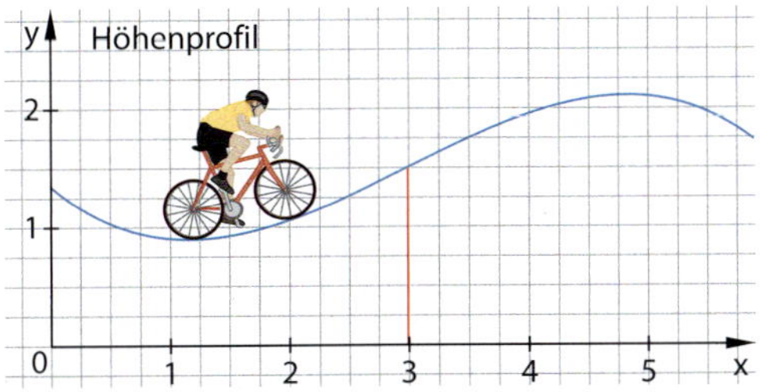

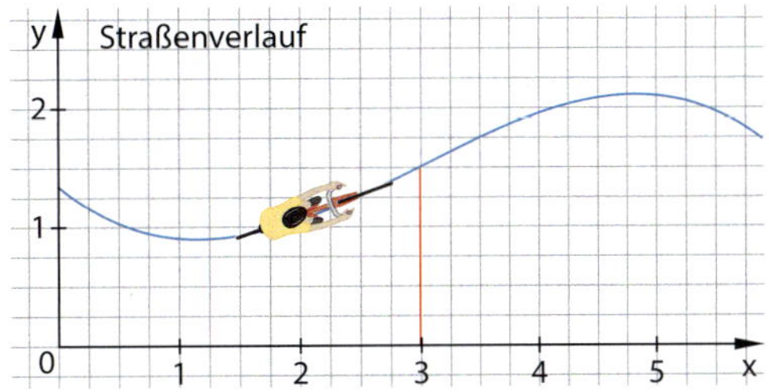

Die Grafik zeigt die Zusammenhänge zwischen den Graphen einer Funktion f und ihren ersten beiden Ableitungsfunktionen f′ und f″.

Die Stellen, an denen sich das Krümmungsverhalten des Graphen ändert, heißen **Wendestellen**.
An diesen Stellen ist die **Steigung des Graphen maximal** (beim Wechsel von Links- zu Rechtskrümmung) bzw. **minimal** (beim Wechsel von Rechts- zu Linkskrümmung).

Eine Wendestelle ist folglich eine lokale Extremstelle der ersten Ableitungsfunktion und damit eine Nullstelle der zweiten Ableitungsfunktion.

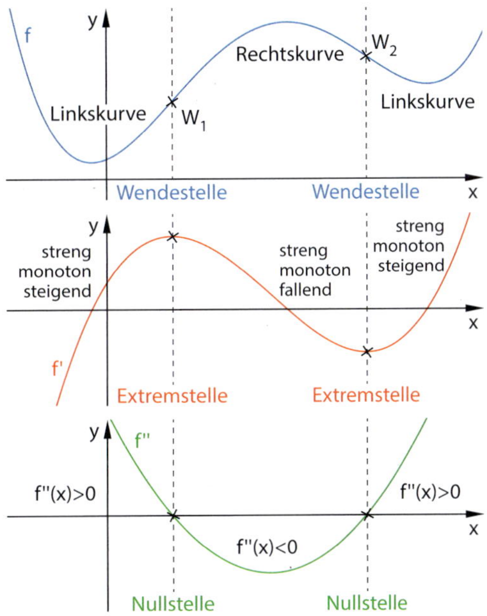

Definition: Wendepunkt
Der Graph einer Funktion f hat an der Stelle x_W einen **Wendepunkt**, wenn dort der Graph von einer Linkskrümmung in eine Rechtskrümmung übergeht oder umgekehrt.
Ein **Sattelpunkt** ist ein Wendepunkt mit einer waagerechten Tangente.

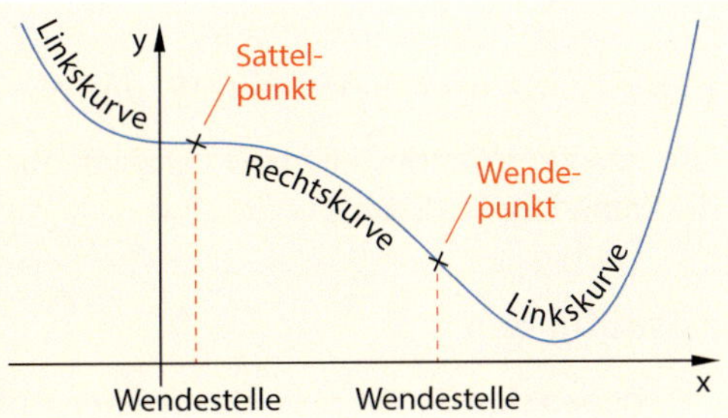

Da eine Wendestelle von f eine lokale Extremstelle der ersten Ableitung f′ ist, ist eine notwendige Bedingung, dass dort die Ableitung von f′, also die zweite Ableitung f″, den Wert 0 hat.

Satz: Notwendige Bedingung für Wendepunkte
Hat der Graph einer Funktion f an der Stelle x_W einen **Wendepunkt**, dann gilt $\mathbf{f''(x_W) = 0}$.

Da Wendestellen von f lokale Extremstellen von f' sind, lassen sich die hinreichenden Bedingungen für lokale Extremstellen auf Wendestellen übertragen.

Hinweis:
Liegt kein VZW bei f'' vor, befindet sich an der Stelle x_W kein Wendepunkt.

Satz: Hinreichende Bedingung für Wendepunkte mit VZW der zweiten Ableitung
Wenn $\mathbf{f''(x_W) = 0}$ gilt und das **Vorzeichen von f''** an der Stelle x_W wechselt, dann hat der Graph der Funktion f an der Stelle x_W einen **Wendepunkt**.

Bei einem Vorzeichenwechsel von + nach – geht der Graph von einer Links- in eine Rechtskurve über, bei einem Wechsel von – nach + von einer Rechts- in eine Linkskurve.

Satz: Hinreichende Bedingung für Wendepunkte mit der dritten Ableitung
Wenn $\mathbf{f''(x_W) = 0}$ und $\mathbf{f'''(x_W) \neq 0}$ gilt, dann hat der Graph der Funktion f an der Stelle x_W einen **Wendepunkt**.

Hinweis:
Die Ableitung der zweiten Ableitung f'' wird als dritte Ableitung f''' bezeichnet.

Beispiel 1: Bestimmen Sie rechnerisch die Wendepunkte des Graphen der Funktion f mit $f(x) = -\frac{1}{16}x^4 + \frac{1}{4}x^3$. Prüfen Sie, ob die Wendepunkte auch Sattelpunkte sind.

Lösung:

Bilden Sie die ersten drei Ableitungen von f.

$f(x) = -\frac{1}{16}x^4 + \frac{1}{4}x^3$ $\quad f'(x) = -\frac{1}{4}x^3 + \frac{3}{4}x^2$

$f''(x) = -\frac{3}{4}x^2 + \frac{3}{2}x$

$f'''(x) = -\frac{3}{2}x + \frac{3}{2}$

Die Nullstellen von f'' liefern die „Kandidaten" für mögliche Wendestellen.

$-\frac{3}{4}x^2 + \frac{3}{2}x = 0$ also $x_1 = 0$ und $x_2 = 2$.

Es gibt zwei Möglichkeiten, diese „Kandidaten" zu untersuchen.
1. Prüfen Sie mit einer Wertetabelle auf einen VZW an den möglichen Wendestellen. Setzen Sie dazu geeignete Teststellen ein.
2. Setzen Sie die potentiellen Wendestellen in $f'''(x)$ ein. Prüfen Sie, ob die Ergebnisse ungleich 0 sind.

1. Möglichkeit: VZW-Kriterium

	$x < 0$	0	$0 < x < 2$	2	$x > 2$
Teststelle	–1		1		3
f''(x)	–	0	+	0	–

VZW, also Wendepunkt

2. Möglichkeit: Einsetzen in f'''

$f'''(0) = \frac{3}{2} \neq 0$ Bei 0 liegt ein Wendepunkt.
$f'''(2) = -\frac{3}{2} \neq 0$ Bei 2 liegt ein Wendepunkt.

Einsetzen der Wendestellen in f(x) liefert die y-Koordinaten der Wendepunkte W_1 und W_2.

$f(0) = 0$ $\quad W_1(0|0)$
$f(2) = 1$ $\quad W_2(2|1)$

Einsetzen der Wendestellen in f'(x) zeigt, ob die Wendepunkte Sattelpunkte sind.

$f'(0) = 0$ $\quad W_1$ ist Sattelpunkt.
$f'(2) = 1 \neq 0$ $\quad W_2$ ist kein Sattelpunkt.

Basisaufgaben

1. Gegeben sind die Graphen der zweiten Ableitung einer Funktion. Treffen Sie Aussagen über die Existenz von Wendestellen sowie über das Krümmungsverhalten von f.

a)
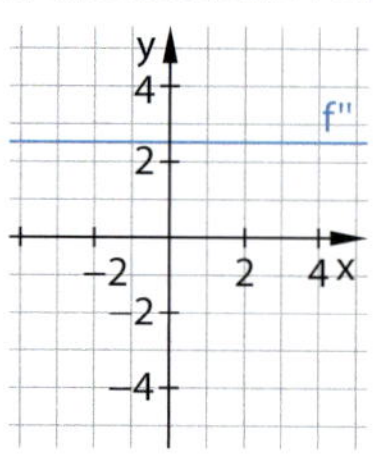

b)
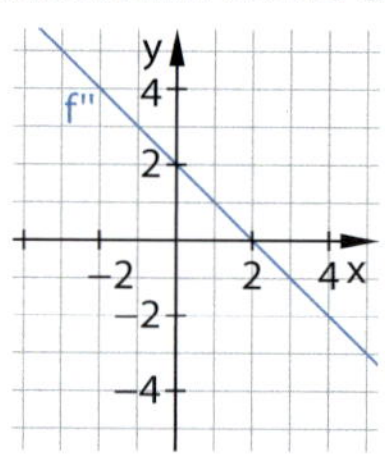

c)
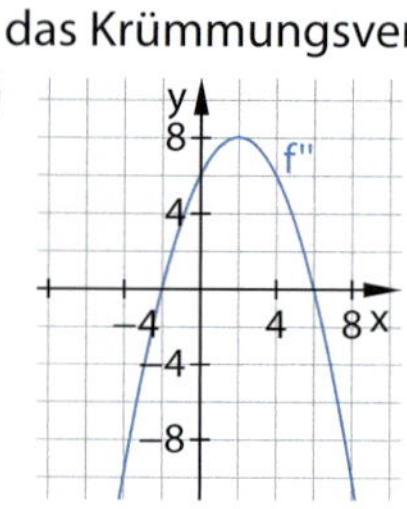

d)
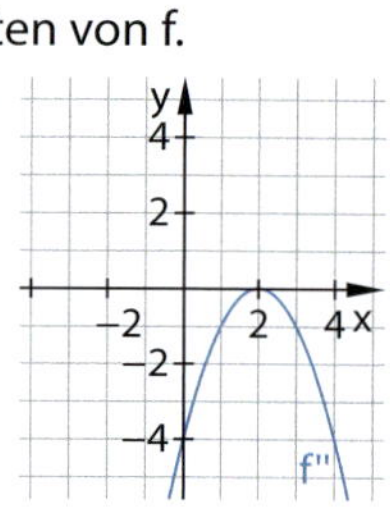

2. Lesen Sie die Koordinaten der Wendepunkte ab. Geben Sie jeweils an, ob es sich um einen Wendepunkt mit lokal minimaler oder lokal maximaler Steigung handelt und ob ein Sattelpunkt vorliegt.

a) 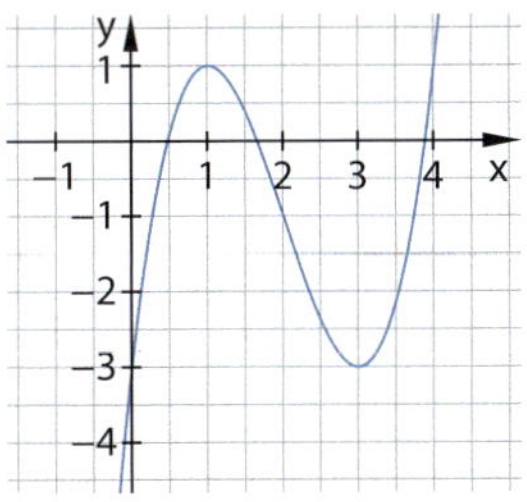

b) 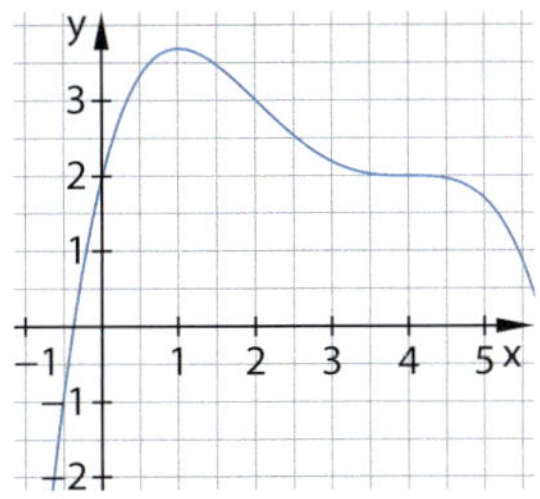

c) 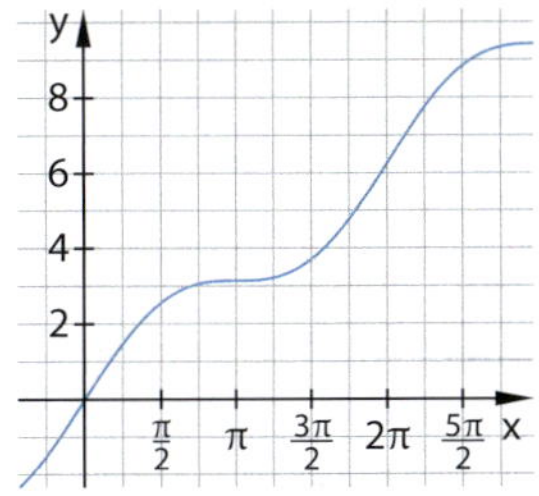

3. Gegeben ist der Graph von f'. Lesen Sie die Wendestellen von f ab und geben Sie an, welcher Krümmungswechsel beim Graphen von f an diesen Stellen vorliegt.

a) 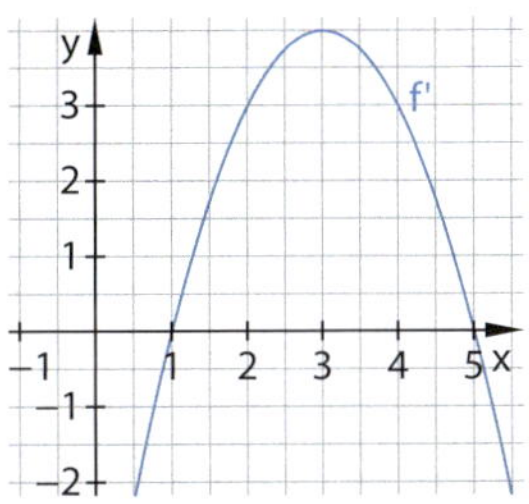

b) 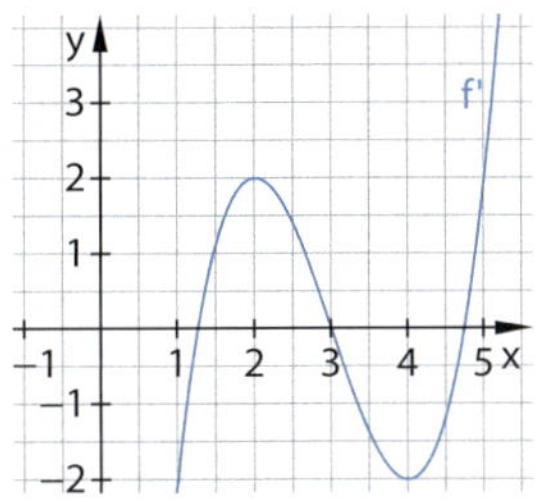

c) 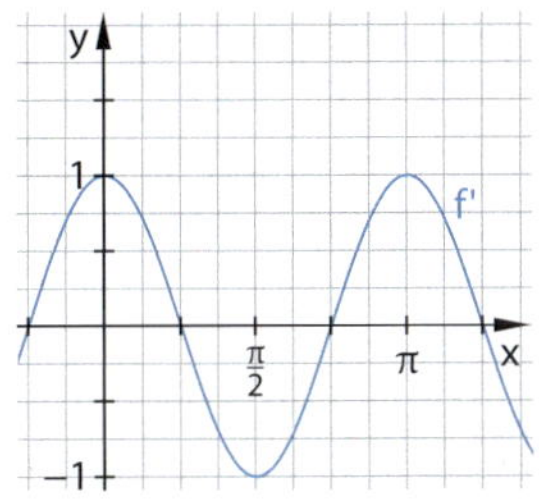

4. Bestimmen Sie, falls vorhanden, die Wendestellen des Graphen der Funktion. Beschreiben Sie, wie sich das Krümmungsverhalten des Graphen an den Wendestellen ändert.

a) $f(x) = x^3 - 3x^2$
b) $f(x) = x^4 - 24x^2 + 8x$
c) $f(x) = x^4 + 24x^2 + 8x$
d) $f(x) = \frac{1}{12}x^4 + \frac{1}{6}x^3 - x^2 + 5x$
e) $f(x) = x^4 - 12x^2 + 4x$
f) $f(x) = 6x^5 - 15x^4 + 10x^3$

5. Gegeben sind die Funktionen f, g, h und k mit den angegebenen Funktionsgleichungen.

$f(x) = x^3 - 6x^2 + 12x + 2$ $\quad g(x) = \frac{1}{2}x^3 + \frac{3}{2}x^2 + \frac{7}{2}x + \frac{3}{2}$

$h(x) = 4x^5 - \frac{10}{3}x^4 - \frac{20}{3}x^3$ $\quad k(x) = x^4 - 8x^3 + 30x^2 + 7$

a) Bestimmen Sie die Wendepunkte der Graphen der Funktionen. Geben Sie jeweils an, ob es sich um Punkte mit maximaler oder minimaler Steigung handelt.

b) Prüfen Sie, ob die in a) bestimmten Wendepunkte auch Sattelpunkte sind.

GTR c) Überprüfen Sie Ihre Ergebnisse aus a) und b) mit dem GTR.

6. Die Funktion f mit $f(t) = -0{,}32t^3 + 4{,}8t^2 + 18{,}4$ beschreibt den Temperaturverlauf eines Backofens für die ersten 10 Minuten nach dem Einschalten. Hierbei wird t in Minuten und f(t) in Grad Celsius angegeben.

a) Bestimmen Sie den Zeitpunkt, an dem sich die Temperatur am stärksten ändert.

b) Bestimmen Sie für den ermittelten Zeitpunkt die erreichte Temperatur und die Geschwindigkeit, mit der sich die Temperatur ändert.

c) Beschreiben Sie im Sachzusammenhang die Bedeutung des Krümmungsverhaltens vor und nach diesem Zeitpunkt.

7. Gegeben ist die Funktion f mit $f(x) = 5x^7 - 7x^5 + 2$. Diese Funktion hat drei Wendestellen, von denen eine Wendestelle eine Sattelstelle ist. Zeigen Sie, dass zum Nachweis dieser drei Wendestellen mindestens einmal das VZW-Kriterium genutzt werden muss.

Weiterführende Aufgaben

8. a) Begründen Sie, wie viele Wendepunkte eine ganzrationale Funktion fünften Grades haben kann.
b) Eine ganzrationale Funktion ändert viermal ihr Krümmungsverhalten. Erklären Sie, welchen Grad diese Funktion mindestens haben muss.

9. Berechnen Sie die Schnittpunkte des Graphen von f mit den Koordinatenachsen sowie die Koordinaten der Extrem- und Wendepunkte.
a) $f(x) = x^3 + 6x^2 + 9x$
b) $f(x) = x^4 - 8x^3 + 18x^2$
c) $f(x) = 3x^4 - 16x^3 + 24x^2$
d) $f(x) = x^3 + 3x^2$
e) $f(x) = \frac{1}{4}x^4 + 2x^3 + \frac{9}{2}x^2$
f) $f(x) = -\frac{3}{8}x^4 + 2x^3 - 3x^2$

10. Stolperstelle: Für eine Funktion f gilt: $f'(5) = 0$, $f''(5) = 0$, $f'''(5) = -4$. Beurteilen Sie die folgenden Aussagen.
Max sagt: *„Um zu prüfen, ob bei x = 5 ein Extremum vorliegt, muss man f′ dort auf einen Vorzeichenwechsel untersuchen, da die 2. Ableitung 0 ist."*
Farina sagt: *„Das ist nicht nötig. Da die 2. Ableitung 0 und die 3. Ableitung ungleich 0 ist, liegt bei x = 5 ein Wendepunkt und somit kein Extremum."*
Yusuf sagt: *„Man sieht sofort, dass bei x = 5 ein Sattelpunkt liegt."*

11. Ein Kinosaal wird 35 Minuten vor Filmbeginn geöffnet. Die Funktion B mit $B(t) = \frac{3}{102\,400}t^5 - \frac{3}{1024}t^4 + \frac{5}{64}t^3$, $0 \le t \le 35$, beschreibt die Anzahl der Besucher im Kinosaal t Minuten nach der Öffnung. Bestimmen Sie, wann der Andrang am größten ist.

Wissen: Wendetangente
Eine Tangente t durch einen Wendepunkt eines Graphen von f heißt **Wendetangente**.

12. Bestimmen Sie die Gleichung der Wendetangente.
a) $f(x) = x^3 - 3x$
b) $f(x) = 2x^3 - 6x^2 + 10x$
c) $f(x) = x^3 + 4x + 2$
d) $f(x) = x^3 - 3x^2 + 3x - 5$

13. Bestimmen Sie die Wende- und Sattelpunkte des Graphen von f sowie die Gleichungen aller Wendetangenten.
a) $f(x) = 7x^5$
b) $f(x) = 2x^8$
c) $f(x) = \frac{1}{4}x^4 - x^3 + 3$
d) $f(x) = \frac{3}{4}x^5 + \frac{15}{4}x^4 + 5x^3$

14. Der Graph der Funktion f mit $f(x) = \frac{1}{9}x^3 - \frac{1}{2}x^2 + \frac{3}{2}$ beschreibt für $0 \le x \le 3$ den Verlauf einer Rutschbahn. Die Einheiten der Achsen sind m.
a) Skizzieren Sie den Graphen und bestimmen Sie die Stelle, an der die Rutschbahn das größte Gefälle aufweist.
b) Geben Sie das maximale Gefälle der Rutschbahn in Grad an.
c) Luisa schlägt vor, die Rutsche so zu verändern, dass sie ab dem Wendepunkt geradlinig zum Boden verläuft. Ermitteln Sie den Punkt, an dem die Rutsche dann auf den Boden trifft.

Hinweis zu 14b:
Steigungswinkel:

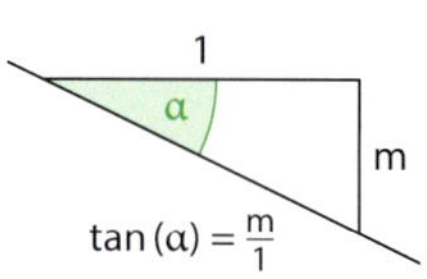

15. Die Funktion r mit $r(x) = \frac{1}{480}x^4 - \frac{1}{15}x^3 + \frac{3}{4}x^2$ gibt für 8 Stunden ab Mitternacht die gefallene Niederschlagsmenge (in mm/m^2) an.

a) Geben Sie an, wie viel Regen bis 2 Uhr (4 Uhr, 8 Uhr) gefallen ist.

b) Ermitteln Sie, wann der Regen im betrachteten Zeitraum am stärksten war.

c) Berechnen Sie, wie viel mm/m^2 Niederschlag registriert worden wäre, wenn es ab 1 Uhr für 5 Stunden konstant weiter geregnet hätte.

16. f sei eine ungerade ganzrationale Funktion n-ten Grades.

a) Zeigen Sie, dass der Graph von f für n = 5 den Wendepunkt W(0 | 0) hat.

● b) Untersuchen Sie, für welche n der Graph von f den Wendepunkt W(0 | 0) hat.

Hinweis zu 16:
Der Funktionsterm von f hat nur ungerade Exponenten.

● **17.** Die Funktion f mit $f(x) = \frac{1}{9}x^3 - x^2 + \frac{8}{3}x$ beschreibt das Höhenprofil (in 100 m) einer 6 km langen Radtour. Die Variable x ist die horizontale Entfernung vom Startpunkt in Kilometer.

a) Bestimmen Sie die durchschnittliche Steigung der Strecke, bevor es bergab geht.

b) Ermitteln Sie, um wie viel Prozent die größte Steigung auf diesem ersten Bergauf-Abschnitt größer ist als die durchschnittliche Steigung.

c) Geben Sie an, über welche horizontale Entfernung die Tour bergab verläuft.

d) Geben Sie an, welcher Höhenunterschied hierbei absolviert wird.

e) Ermitteln Sie, an welcher Stelle der Strecke es am steilsten bergab geht.

f) Berechnen Sie, an welchen Stellen der Strecke die Steigung am größten ist.

● **18.** Gegeben ist die Funktion f mit $f(x) = ax^5 + bx^3$, $a \neq 0$, $b \neq 0$.

a) Zeigen Sie, dass der Graph der Funktion f entweder einen oder drei Wendepunkte hat.

b) Geben Sie an, welche Beziehung zwischen den Koeffizienten a und b vorliegen muss, damit es drei Wendepunkte gibt.

● **19. Ausblick:** In einem Funktionsterm können außer der Variablen x noch Parameter wie z. B. a auftreten. Für jeden Wert von a gibt es die zugehörige Funktion f_a. Alle diese Funktionen bilden eine sogenannte **Funktionenschar**.
Gegeben ist die Funktionenschar f_a mit
$f_a(x) = -\frac{1}{a^2} \cdot x^3 + \frac{3}{a} \cdot x^2$ und $a > 0$.

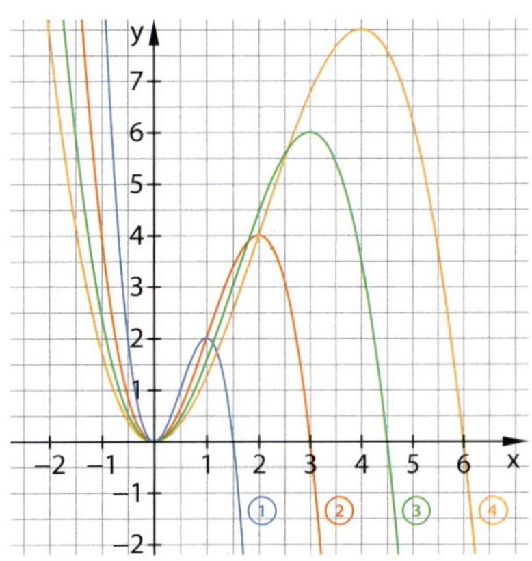

a) Geben Sie f_2 und f_3 an.

b) Berechnen Sie die Nullstellen von f_a.

c) Begründen Sie damit, welcher Graph zu f_2 gehört. Geben Sie anschließend den Parameter a zu den drei anderen Graphen an.

d) Bestimmen Sie f'_a, f''_a und f'''_a.

e) Bestimmen Sie die Extrem- und Wendepunkte des Graphen von f_a.

f) Zeigen Sie, dass alle Wendepunkte auf einer Geraden liegen.

1.4 Extremalprobleme

■ Aus einem rechteckigen Stück Pappe von der Größe einer DIN-A4-Seite (21 cm × 29,7 cm) soll eine offene Schachtel werden.

a) Stellen Sie eine Funktionsgleichung für das Volumen in Abhängigkeit von x auf.

b) Geben Sie das lokale Maximum der Funktion aus a) an. Erläutern Sie seine Bedeutung im Sachzusammenhang. ■

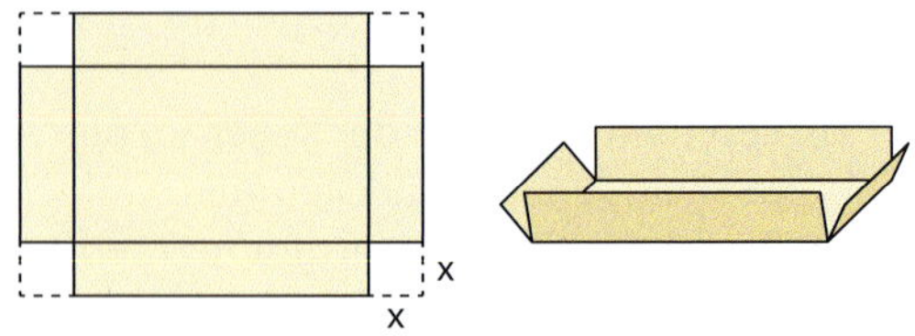

Bei einem Extremalproblem wird der kleinst- oder größtmögliche Wert einer Größe in einem bestimmten Bereich gesucht. Für die Größe wird eine Funktion (**Zielfunktion**) aufgestellt und deren globales Minimum oder Maximum in einem bestimmten Intervall bestimmt.

Wissen: Lösungsstrategie für Extremalprobleme

1. Gleichung aufstellen für die **Größe**, die **maximal/minimal** werden soll.
2. **Nebenbedingungen** finden, wenn die Größe von mehreren Variablen abhängt.
3. **Zielfunktion** (mit nur einer Variablen) für die Größe mithilfe der Nebenbedingungen aufstellen und den **Definitionsbereich** angeben.
4. **Lokale Maxima/Minima** der Zielfunktion im Definitionsbereich mithilfe der Ableitungen ermitteln.
5. **Globales Maximum/Minimum** ermitteln. Dazu prüfen, ob die Zielfunktion an den Rändern des Definitionsbereichs größere bzw. kleinere Funktionswerte annimmt.
6. Lösung im **Sachzusammenhang** interpretieren.

Beispiel 1: Ein rechteckiges Spielfeld mit Länge x und Breite y soll von einer 400 m langen, an den kurzen Rechtecksseiten halbkreisförmigen Laufbahn umgeben sein. Bestimmen Sie die Abmessungen, für die das Spielfeld maximalen Flächeninhalt hat.

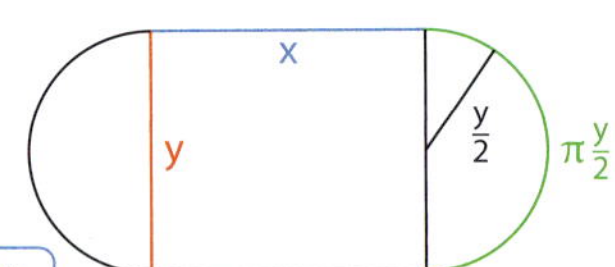

Lösung:

1. Gleichung: $A = xy$ (x und y in m) — Flächeninhalt des Spielfelds

2. Aufstellen der Nebenbedingung: Nebenbedingung (NB):
$u = 2x + \pi y = 400$ — Umfang der Laufbahn
$y = \frac{400}{\pi} - \frac{2}{\pi}x$

3. Zielfunktion und Definitionsbereich: NB in Formel einsetzen
$A(x) = x\left(\frac{400}{\pi} - \frac{2}{\pi}x\right) = \frac{400}{\pi}x - \frac{2}{\pi}x^2$ mit $0 \le x \le 200$

4. Bestimmung des lokalen Maximums: Ableitungen bestimmen: $A'(x) = \frac{400}{\pi} - \frac{4}{\pi}x$ und $A''(x) = -\frac{4}{\pi}$
Nullstelle von A' bestimmen: $\frac{400}{\pi} - \frac{4}{\pi}x = 0$ liefert $x = 100$.
Wegen $A''(100) = -\frac{4}{\pi} < 0$ liegt ein lokales Maximum vor.
$A(100) = \frac{400}{\pi} \cdot 100^2 - \frac{2}{\pi} \cdot 100^2 \approx 6366{,}2$

5. Randwerte prüfen, globales Maximum: $A(0) = A(200) = 0 < 6366{,}2$, also kein Randmaximum
Das lokale Maximum bei $x = 100$ ist auch globales Maximum.

6. Interpretation: $x = 100$ in die Nebenbedingung einsetzen:
$y = \frac{400}{\pi} - \frac{2}{\pi} \cdot 100 \approx 63{,}7$
Für eine Länge von 100 m und eine Breite von 63,7 m wird der Flächeninhalt des Spielfelds mit $A \approx 6366{,}2\ m^2$ maximal.

Basisaufgaben

1. Stellen Sie Zielfunktionen mithilfe von Nebenbedingungen auf.
   a) Ein Rechteck hat einen Umfang von 28 cm. Drücken Sie seinen Flächeninhalt in Abhängigkeit von einer Seitenlänge x aus.
   b) Bei einem Rechteck ist die Seite x doppelt so lang wie die andere Seite y. Drücken Sie den Flächeninhalt in Abhängigkeit von x aus.
   c) Geben Sie für einen Würfel das Volumen V in Abhängigkeit von der Gesamtkantenlänge K an und auch umgekehrt K in Abhängigkeit von V.
   d) Für das Volumen eines Quaders mit den Kantenlängen a, b und c gilt $a = 2b$ und $b = 2c$. Geben Sie für jede Variable a, b und c eine Formel zur Berechnung des Quadervolumens an, die nur von dieser Variablen abhängt. Also: $V(a) = \ldots, V(b) = \ldots, V(c) = \ldots$

2. Das Produkt zweier nichtnegativer Zahlen soll maximal werden. Es gilt die Nebenbedingung, dass die Summe der beiden Zahlen 20 ist.

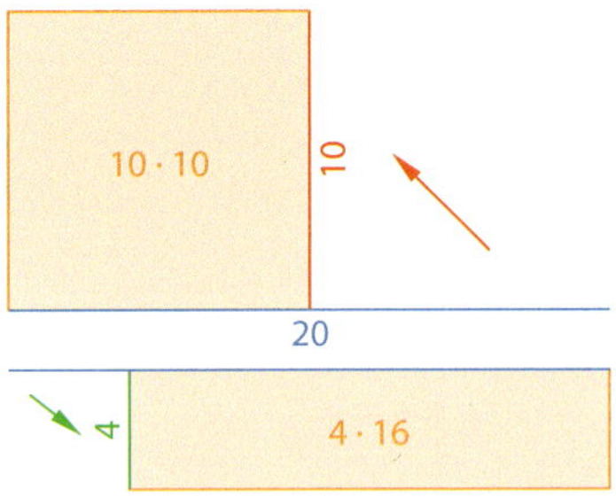

   a) Geben Sie einen Term für das Produkt an, das maximal sein soll.
   b) Stellen Sie eine Nebenbedingung auf und formen Sie sie nach einer der Variablen um.
   c) Ersetzen Sie im Term von a) eine Variable mithilfe der Gleichung aus b). Geben Sie die Zielfunktion und ihren Definitionsbereich an.
   d) Bestimmen Sie das lokale Extremum der Zielfunktion im Definitionsbereich mithilfe der Ableitungen. Zeigen Sie, dass es sich um ein lokales Maximum handelt.
   e) Prüfen Sie das Verhalten der Zielfunktion an den Rändern des Definitionsbereichs und geben Sie das globale Maximum der Zielfunktion im Definitionsbereich an.
   f) Geben Sie die beiden gesuchten Zahlen und den Wert des maximalen Produkts an.

3. Bestimmen Sie die Abmessungen eines Rechtecks mit dem Umfang 1 m, das einen möglichst großen Flächeninhalt hat.

4. Ein Bauer will für seine Kühe an einem Kanal eine möglichst große rechteckige Weide mit einem 200 m langen Zaun abstecken. Das Ufer des Kanals soll dabei eine der Rechtecksseiten sein und braucht nicht mit einem Zaun versehen zu werden.

   a) Stellen Sie eine Zielfunktion für den Flächeninhalt der Weide auf.
   b) Bestimmen Sie das Maximum der Zielfunktion mithilfe der Ableitungen.
   c) Bestimmen Sie das Maximum der Zielfunktion, indem Sie die Lage des Scheitelpunktes der Parabel ohne die Verwendung von Ableitungen ermitteln.
   d) Vergleichen Sie den Rechenaufwand der beiden Methoden aus b) und c).
   e) Geben Sie die Maße der Weide an, die den Tieren möglichst viel Platz bietet.

Tipp zu 4c:
Die Koordinaten des Scheitelpunktes können Sie durch quadratische Ergänzung oder durch seine Lage bzgl. der Nullstellen ermitteln.

5. Die Größe G hängt von den beiden Variablen a und b ab und berechnet sich mit der Formel $G = 2a^2b + 20$. Zwischen a und b gilt zudem die Bedingung $2a - b = 4$.
   a) Stellen Sie die Zielfunktion G(a) auf.
   b) Bestimmen Sie die lokalen Maxima und Minima.
   c) Bestimmen Sie die globalen Extrema auf dem Intervall [0; 1].

Figuren unter Funktionsgraphen

Extremalprobleme können sich auch im Zusammenhang mit Figuren unter Funktionsgraphen ergeben. Bei solchen Extremalproblemen liegt ein Punkt (oder mehrere Punkte) einer Figur auf dem Graphen einer Funktion. Gesucht werden nun die Koordinaten des Punkts (oder mehrerer Punkte), sodass sich zum Beispiel ein maximaler Flächeninhalt der Figur ergibt.

Beispiel 2: Gegeben ist der Graph der Funktion f mit $f(x) = -\frac{1}{3}x^2 + 3$. Der Punkt $C(a\,|\,f(a))$ wandert auf dem Graphen der Funktion f im ersten Quadranten. Die Punkte A, B, C und D bilden dabei ein Rechteck.

a) Stellen Sie eine Zielfunktion für den Flächeninhalt des Rechtecks auf und geben Sie einen sinnvollen Definitionsbereich an.

b) Bestimmen Sie den Wert für a so, dass der Flächeninhalt des Rechtecks maximal wird, und geben Sie den maximalen Flächeninhalt an.

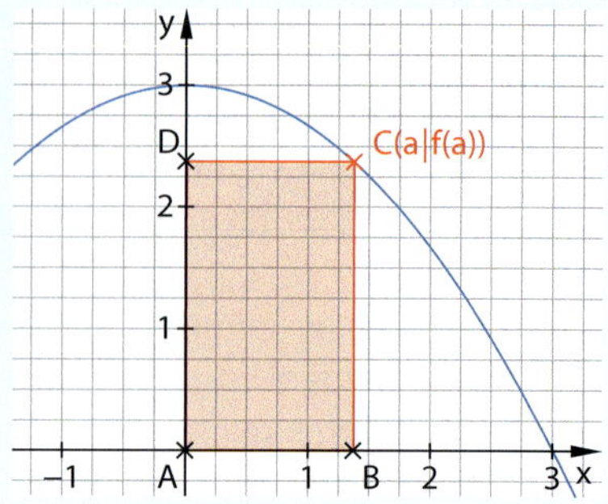

Lösung:

a) 1. Gleichung: $A = b \cdot h$ — Flächeninhalt Rechteck: Breite mal Höhe

2. Nebenbedingungen: $b = a$ und $h = f(a)$ — Punkt C liegt auf dem Graphen.

3. Zielfunktion und Definitionsbereich:

$A(a) = a \cdot f(a) = a \cdot \left(-\frac{1}{3}a^2 + 3\right) = -\frac{1}{3}a^3 + 3a$

a liegt zwischen der y-Achse und der positiven Nullstelle von f.
$f(x) = -\frac{1}{3}x^2 + 3 = 0$ ergibt $x^2 = 9$
Nullstellen von f: $x_1 = 3$; $x_2 = -3$
Definitionsbereich: $0 \le a \le 3$

b) 4. Lokale Extrema der Zielfunktion:

$A'(a) = -a^2 + 3, \quad A''(a) = -2a$
Nullstellen von A': $-a^2 + 3 = 0$
$a^2 = 3$, also $a_1 = \sqrt{3}$, $a_2 = -\sqrt{3}$ — nicht im Definitionsbereich
$A''(\sqrt{3}) = -2\sqrt{3} < 0$, also lokales Maximum bei $\sqrt{3}$
$A(\sqrt{3}) \approx 3{,}464$

5. Randwerte prüfen, globales Maximum:

$A(0) = 0$ und $A(3) = 0$, also kein Randmaximum
Das lokale Maximum 3,464 ist auch das globale Maximum.

6. Interpretation:

Für $a = \sqrt{3} \approx 1{,}7$ wird der Flächeninhalt mit $A \approx 3{,}5$ FE maximal.

Basisaufgaben

6. Gegeben ist der Graph der Funktion f mit $f(x) = -0{,}5x^3 + 2x$.
Die Punkte A, B und C mit den Koordinaten $A(0\,|\,0)$, $B(a\,|\,0)$ und $C(a\,|\,f(a))$ bilden im ersten Quadranten des Koordinatensystems ein rechtwinkliges Dreieck.

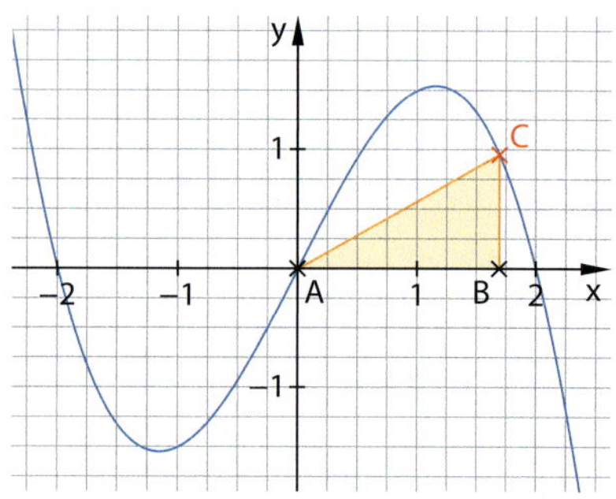

a) Stellen Sie eine Zielfunktion für den Flächeninhalt des Dreiecks auf und geben Sie einen sinnvollen Definitionsbereich an.

b) Ermitteln Sie, für welchen Wert von a der Flächeninhalt des Dreiecks maximal wird, und geben Sie den maximalen Flächeninhalt an.

7. Dem Graphen der Funktion f mit $f(x) = -\frac{1}{2}x^2 + 6$ wird ein gleichschenkliges Dreieck wie in der Abbildung einbeschrieben. Bestimmen Sie den maximalen Flächeninhalt des Dreiecks.

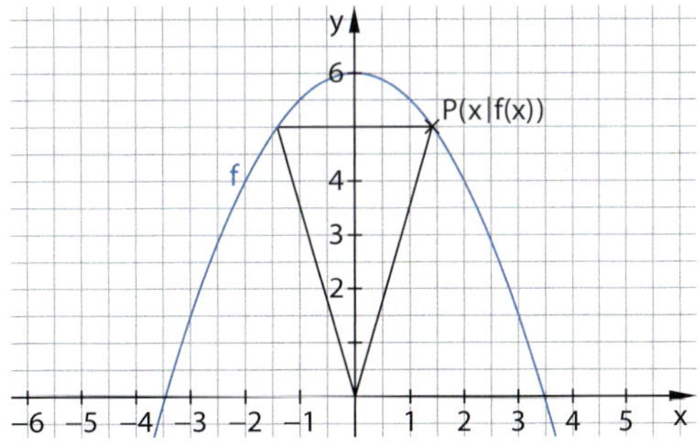

8. Dem Graphen der Funktion f mit $f(x) = -\frac{1}{2}x^2 + 6$ wird ein Rechteck oberhalb der x-Achse einbeschrieben.

a) Fertigen Sie eine Skizze an und stellen Sie einen Term für den Flächeninhalt auf.

b) Bestimmen Sie den maximalen Flächeninhalt des Rechtecks.

9. Dem Graphen der Funktion f mit $f(x) = -\frac{1}{2}x^2 + 2$ wird ein symmetrisches Trapez wie in der Abbildung einbeschrieben. Bestimmen Sie den größtmöglichen Flächeninhalt des Trapezes.

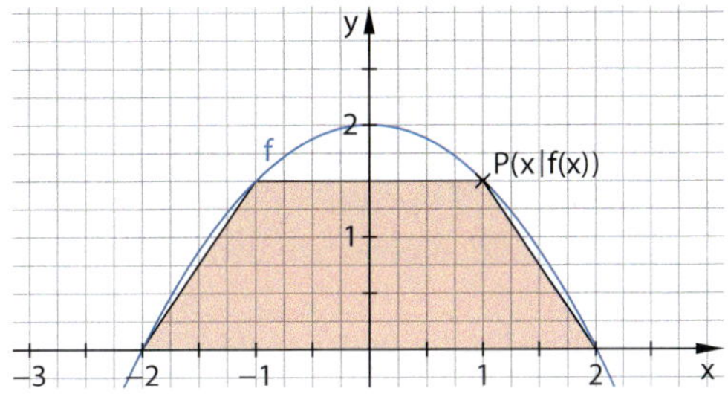

Erinnerung:
Flächeninhalt eines Trapezes

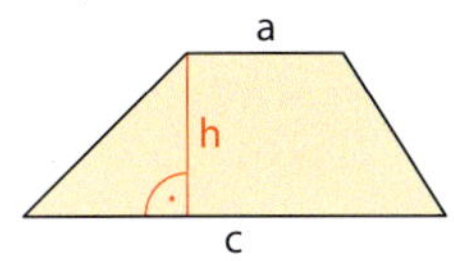

$A_{Trapez} = \frac{a+c}{2} \cdot h$

Weiterführende Aufgaben

10. Begründen Sie: Wenn die Zielfunktion eine quadratische Funktion ist und sich die Extremstelle des lokalen Maximums (Minimums) im Definitionsbereich befindet, dann ist das lokale Maximum (Minimum) auch das globale Maximum (Minimum) im Definitionsbereich.

11. Betrachten Sie alle Rechtecke mit dem Flächeninhalt 1 m².

a) Bestimmen Sie, bei welcher Seitenlänge der Umfang minimal ist.

b) Untersuchen Sie, ob es unter den Rechtecken eines mit maximalem Umfang gibt.

12. Für ein öffentliches Kunstwerk soll aus 36 m Stahlrohr das Kantenmodell eines Quaders mit quadratischer Grundfläche hergestellt werden.

a) Bestimmen Sie die Abmessungen des Quaders so, dass sein Volumen maximal wird.

b) Bestimmen Sie das maximale Volumen, wenn die Kantenlänge der Grundfläche nicht größer als 2,5 m sein darf.

c) Bestimmen Sie das maximale Volumen, wenn die Höhe auf maximal 2 m beschränkt ist.

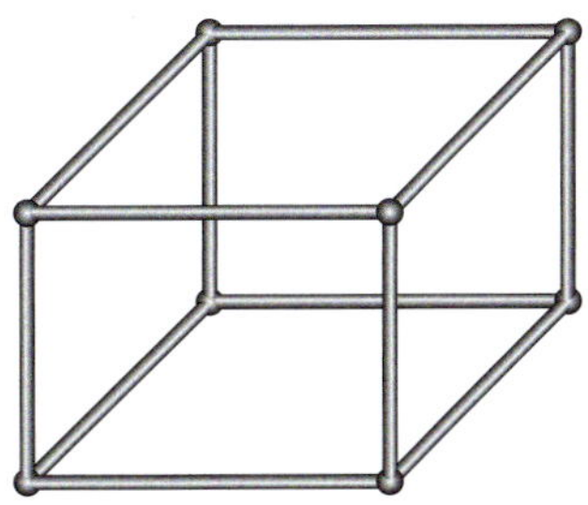

13. Typische Konservendosen können modellhaft als Zylinder mit einem Volumen von 750 mℓ aufgefasst werden.

a) Bestimmen Sie die Abmessungen einer Dose, die bei diesem vorgegebenen Volumen eine minimale Oberfläche (also einen möglichst geringen Materialverbrauch) aufweist.

b) Erläutern Sie, welche Gründe es in der Praxis geben kann, von diesen Abmessungen abzuweichen.

14. Stolperstelle: Gegeben sind die Funktionen f und g mit $f(x) = -\frac{1}{3}x^3 + x^2 + 3x + 3$ und $g(x) = -\frac{1}{3}x^3 + x^2 + 3x$.

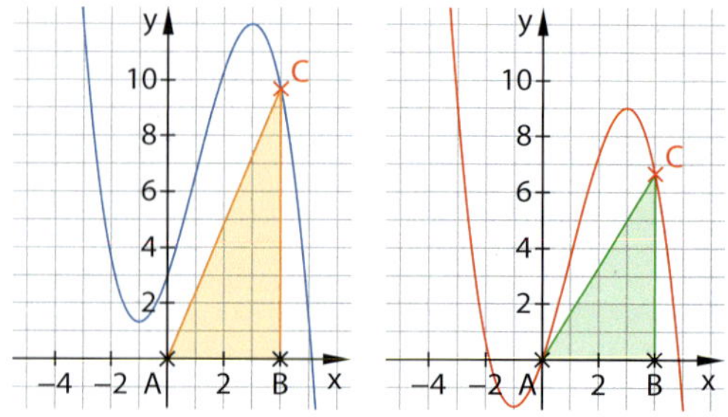

Den Graphen beider Funktionen soll wie abgebildet im 1. Quadranten ein Dreieck mit maximalem Flächeninhalt einbeschrieben werden.

Max meint: *„Der eine Graph ist ja nur um 3 Einheiten verschoben. Dann wird der maximale Flächeninhalt beim rechten Dreieck an der gleichen Stelle vorliegen, wie beim linken Dreieck. Nur der maximale Flächeninhalt wird links natürlich größer sein als rechts."*

Nehmen Sie begründet Stellung zu der Aussage.

15. Gegeben ist der Graph der Funktion f mit $f(x) = -0{,}1(x+1)^2 + 5$. Die Punkte $A(4\,|\,0)$, $B(4\,|\,2{,}5)$, $C(a\,|\,f(a))$ und $D(a\,|\,0)$ für $a \leq 4$ bilden oberhalb der x-Achse ein Trapez.

Ermitteln Sie, für welchen Wert von a der Flächeninhalt des Trapezes maximal wird.

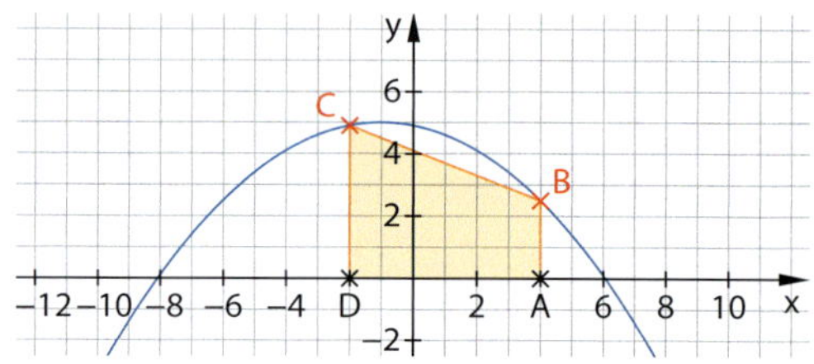

16. Aus einem rechteckigen Blechstück mit den Abmessungen 20 cm × 15 cm soll eine oben offene, zylindrische Blechdose hergestellt werden, die ein möglichst großes Volumen hat.

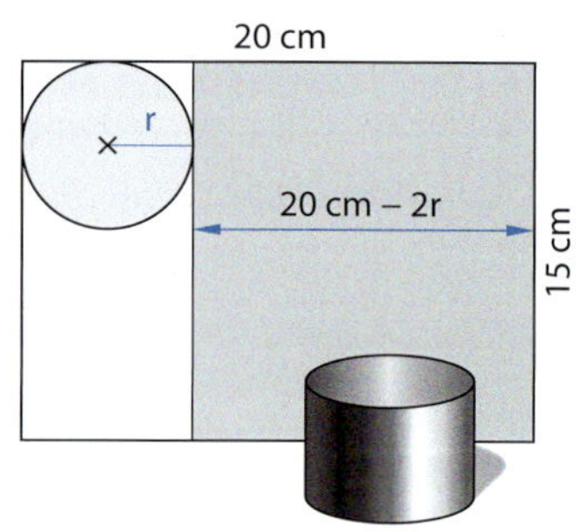

a) Tom erhält mit der Skizze V mit $V(r) = -2\pi r^3 + 20\pi r^2$ als Zielfunktion und ihr lokales Maximum bei $r \approx 6{,}67$ cm. Erläutern Sie, wie Tom zu seinen Ergebnissen kommt.

b) Erklären Sie, warum die Dose mit $r = 6{,}67$ cm nicht hergestellt werden kann.

● c) Ermitteln Sie das größtmögliche Volumen der Dose.

17. Ein Pralinenhersteller möchte eine neue prismenförmige Verpackung für seine Pralinen entwickeln. Die Grundfläche der Verpackung soll die eines gleichseitigen Dreiecks sein.

a) Berechnen Sie den minimalen Materialverbrauch für die Verpackung, wenn die Schachtel ein Volumen von 400 cm^3 haben soll.

b) Der Hersteller hat die Möglichkeit, die Verpackungen aus Pappstücken der Größe 600 cm^2 herzustellen.
Bestimmen Sie die Maße einer Verpackung mit größtmöglichem Volumen, die sich aus jeweils einem Stück Pappe herstellen lässt. Bewerten Sie Ihr gefundenes Ergebnis.

18. In ein gleichschenkliges Dreieck mit Basis g = 3 cm und Höhe h = 7 cm soll ein Rechteck einbeschrieben werden.

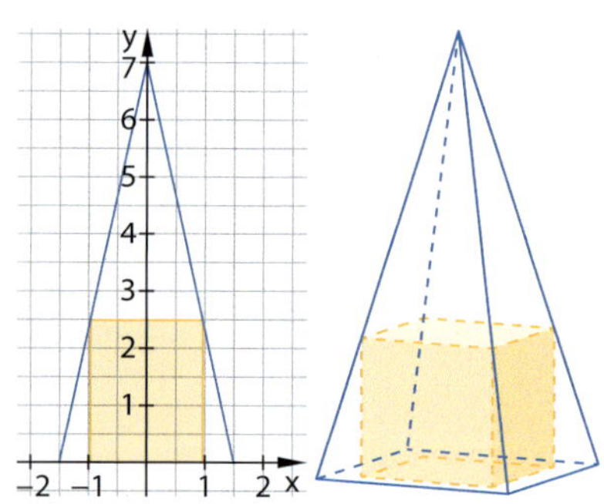

a) Berechnen Sie die Maße des Rechtecks mit maximalem Flächeninhalt.

● b) Nun soll in eine quadratische Pyramide mit der Grundseite g = 3 cm und Höhe h = 7 cm ein Quader mit maximalem Volumen einbeschrieben werden. Bestimmen Sie die Maße und das Volumen dieses Quaders.

19. Die Tragfähigkeit eines Balkens ist proportional zu seiner Breite b und zum Quadrat seiner Höhe h. Seine Tragfähigkeit T kann deshalb mit der Formel $T = b \cdot h^2$ beschrieben werden.
Bestimmen Sie die optimalen Maße eines Balkens, der aus einem Rundholz mit dem Durchmesser 30 cm geschnitten werden soll und eine möglichst große Tragfähigkeit hat.

20. Eine Firma produziert Schoko-Osterhasen. Hasen aus Edelschokolade werden für 3,50 € pro 100 g verkauft, Hasen aus billiger Schokolade für 0,49 € pro 100 g. Bei der Produktion können beide Schokoladensorten gemischt werden. Der Verkaufspreis richtet sich dann nach den Anteilen beider Sorten.

a) Berechnen Sie, wie teuer ein 100-g-Schokohase mit einem Anteil von 65 % Edelschokolade ist.

b) In den letzten Jahren wurde festgestellt: Erhöht man den Anteil der Edelschokolade, dann werden wegen des steigenden Preises weniger Schokohasen gekauft. Allerdings bleibt die Nachfrage ab einem Anteil von 40 % Edelschokolade konstant, obwohl der Preis steigt. Die Nachfrage n kann mit der folgenden Funktion beschrieben werden:
$n(x) = \begin{cases} -165x + 8000, & 0 \le x < 40 \\ 1400, & 40 \le x \le 100 \end{cases}$, wobei x den Prozentanteil von Edelschokolade und n(x) die verkaufte Anzahl an Schokohasen angibt.
Berechnen Sie, wie viel Umsatz die Firma macht, wenn sie Schokohasen mit einem Anteil von 65 % Edelschokolade herstellt.

c) Ermitteln Sie, wie hoch der Anteil der Edelschokolade bei den Schokohasen sein sollte, damit der Umsatz der Firma maximal wird.

21. Abgebildet ist der Graph der Funktion f mit $f(x) = -x^2 + 3$. Der Punkt B liegt auf dem Graphen der Funktion f im 1. Quadranten.
Berechnen Sie die Koordinaten des Punktes B, sodass der Abstand d(A, B) zwischen den Punkten A(0 | 1) und B minimal wird.
Geben Sie den minimalen Abstand an.

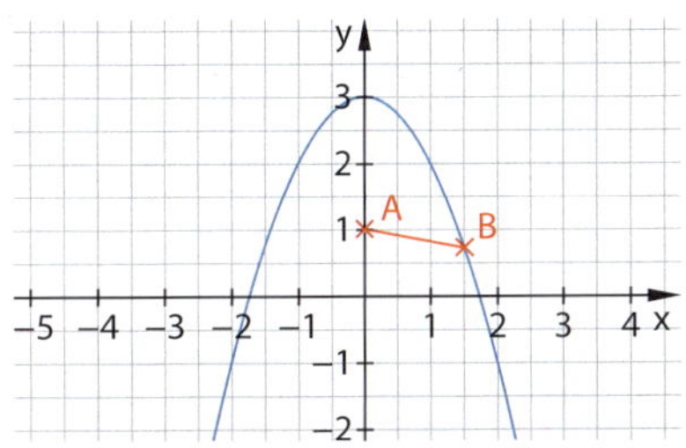

Erinnerung:
Für den Abstand zwischen zwei Punkten $P(x_1|y_2)$ und $Q(x_2|y_2)$ gilt:
$d = \sqrt{(x_2 - x_1)^2 + (y_2 - y_1)^2}$

22. Ausblick: Ein Spielautomat ist so eingestellt, dass Spieler im Durchschnitt in 1 % der Fälle das 10-Fache ihres Einsatzes ausbezahlt bekommen und in 10 % der Fälle ihren Einsatz zurückbekommen. Der Einsatz pro Spiel beträgt 50 Cent. Im Durchschnitt werden an einem Tag 200 Spiele durchgeführt.

a) Begründen Sie, dass der Term $200 \cdot (-4{,}5 \cdot 0{,}01 + 0 \cdot 0{,}1 + 0{,}5 \cdot 0{,}89)$ den im Mittel zu erwartenden Tagesgewinn des Automaten angibt. Berechnen Sie diesen.

b) Der Automaten lässt sich so einstellen, dass die Wahrscheinlichkeit p für die Erstattung des Einsatzes verändert wird. Erklären Sie die Bedeutung der Funktion f mit $f(x, p) = x \cdot (-4{,}5 \cdot 0{,}01 + 0 \cdot p + 0{,}5 \cdot (0{,}99 - p))$.

c) Aus Erfahrung ist bekannt: Erhöht man die Wahrscheinlichkeit p um jeweils 1 %, so erhöht sich die Anzahl der Spiele pro Tag um jeweils 15. Berechnen Sie die optimale Einstellung des Automaten, um den Tagesgewinn zu maximieren.

1.5 Rekonstruktion von Funktionstermen

■ Von der Flugbahn eines Balls sind die Punkte $A(0|0)$ und $B(4|4)$ bekannt. Die Flugbahn soll mit einer quadratischen Funktion f mit $f(x) = ax^2 + bx + c$ modelliert werden.

a) Erklären Sie, warum mit diesen Informationen keine eindeutige Lösung bestimmt werden kann.

b) Es ist zusätzlich bekannt, dass B der höchste Punkt der Flugbahn ist.
Ermitteln Sie mithilfe dieser Information die Stelle, an der der Ball auf dem Boden aufkommt. ■

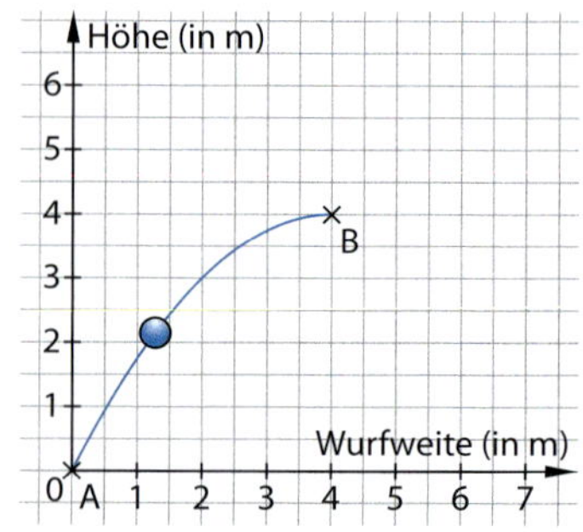

Die Funktionsgleichung einer ganzrationalen Funktion kann aus Informationen über den Graphen bestimmt werden. Dazu werden diese Informationen in Gleichungen übersetzt. Diese Gleichungen bilden ein lineares Gleichungssystem, dessen Lösung die Parameter der gesuchten Funktionsgleichung liefert.

Wissen: Schritte beim Bestimmen von ganzrationalen Funktionen

① Eigenschaften des Graphen in Bedingungen an die Funktion/Ableitungen übersetzen.
② In die allgemeine Form einsetzen und ein lineares Gleichungssystem aufstellen.
③ Das lineare Gleichungssystem lösen und den ermittelten Funktionsterm angeben.
④ Überprüfen, ob der Funktionsterm die geforderten Eigenschaften erfüllt.

Eigenschaften in Gleichungen übersetzen

Aus charakteristischen Punkten des Graphen einer Funktion f lassen sich Bedingungen an die Funktionsgleichung von f und deren Ableitungen formulieren. Mithilfe eines allgemeinen Ansatzes für ganzrationale Funktionen ergeben sich daraus Gleichungen.

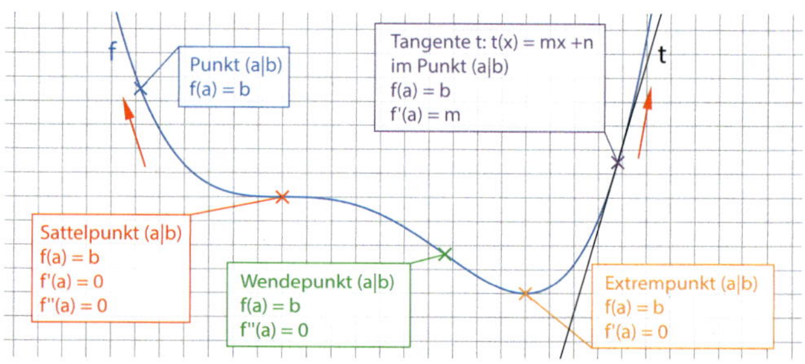

Beispiel 1: Der Graph einer quadratischen Funktion f schneidet die y-Achse bei $y = 2$. Der Graph der Funktion f verläuft durch den Punkt $P(2|6)$ und hat an der Stelle $x = 3$ einen lokalen Extrempunkt. Formulieren Sie die Eigenschaften als Gleichungen.

Lösung:

① Formulieren Sie die Eigenschaften als Bedingungen an die Funktionsgleichung von f und ihrer Ableitung f'.

(A) verläuft durch $P(2|6)$ $\Rightarrow f(2) = 6$
(B) Schnitt der y-Achse bei 2 $\Rightarrow f(0) = 2$
(C) Extremum bei $x = 3$ $\Rightarrow f'(3) = 0$

② Stellen Sie als Ansatz die allgemeine Form der Funktionsgleichung von f und ihrer Ableitung f' auf.

Ansatz: $f(x) = ax^2 + bx + c$
$f'(x) = 2ax + b$

Setzen Sie die Bedingungen aus ① in die jeweils passende allgemeine Form ein und stellen Sie so ein Gleichungssystem auf.

(A) $f(2) = 6 \Rightarrow a \cdot 2^2 + b \cdot 2 + c = 6$

$$\left|\begin{aligned} 4a + 2b + c &= 6 \\ c &= 2 \\ 6a + b &= 0 \end{aligned}\right|$$

(B) $f(0) = 2 \Rightarrow$
(C) $f'(3) = 0 \Rightarrow$

Basisaufgaben

1. Bilden Sie von den ganzrationalen Funktionen 1., 2., 3. und 4. Grades in allgemeiner Darstellung die erste, zweite und dritte Ableitung.

2. Formulieren Sie die Eigenschaft des Graphen als Bedingung an die Funktionsgleichung oder deren Ableitungen.
   a) Der Graph einer Funktion f verläuft durch den Punkt $P(7|8)$.
   b) Eine Funktion g hat an der Stelle $x = 6$ den Funktionswert -3.
   c) Der Graph einer Funktion h hat an der Stelle $x = 2$ einen Hochpunkt.
   d) Der Graph einer Funktion i schneidet an der Stelle $x = 4$ die x-Achse.
   e) Der Graph einer Funktion j berührt an der Stelle $x = 4$ die x-Achse.
   f) Der Graph einer Funktion k hat im Ursprung eine waagerechte Tangente.
   g) An der Stelle $x = 7$ hat der Graph einer Funktion m einen Sattelpunkt.

3. Formulieren Sie die Eigenschaften des Graphen von f in Textform.

① $f(7) = 0$ ② $f(-3) = 56$ ③ $f'(5) = 3$ ④ $f'(8) = 0$ ⑤ $f(3) = 0; f'(3) = 0$ ⑥ $f(1) = 1; f'(1) = -1$
⑦ $f(0) = f'(0) = f''(0) = 0$ ⑧ $f(2) = 7; f'(2) = 0; f''(2) = 0$ ⑨ $f(2) = 8; f'(2) = 0; f'(1) = 2$

4. Die Tabelle bezieht sich auf eine ganzrationale Funktion f mit $f(x) = ax^4 + bx^3 + cx^2 + dx + e$. Vervollständigen Sie die Tabelle.

Eigenschaft	Bedingung	Gleichung
Graph verläuft durch $P(0\|-1)$	$f(0) = -1$	$e = -1$
$x = 2$ ist Extremstelle	$f'(2) = 0$	$32a + 12b + 4c + d = 0$
	$f(3) = 1$	
		$a + b + c + d + e = 4$
$x = 3$ ist Nullstelle		
	$f''(3) = 0$	
		$12a + 6b + 2c = 0$
	$f'(1) = 2$	

5. Formulieren Sie die angegebenen Eigenschaften des Graphen als Gleichungssystem.
   a) Eine ganzrationale Funktion 3. Grades hat an der Stelle $x = 5$ den Funktionswert 18.
   b) Der Graph einer ganzrationalen Funktion 2. Grades verläuft durch $P(-3|4)$.
   c) Eine ganzrationale Funktion 4. Grades hat an der Stelle $x = -3$ ein Extremum.
   d) Der Graph einer ganzrationalen Funktion 3. Grades verläuft durch den Ursprung und die Stellen $x = -7$ und $x = 7$ sind Extremstellen der Funktion.
   e) Der Graph einer ganzrationalen Funktion 4. Grades hat den Hochpunkt $H(-2|7)$.
   f) Der Graph einer ganzrationalen Funktion 3. Grades verläuft durch den Punkt $P(5|3)$ und ist punktsymmetrisch zum Ursprung.

6. Geben Sie die zu dem Gleichungssystem zugehörigen Eigenschaften des Graphen an.

a) $\left| \begin{array}{l} a + b + c = 8 \\ 4a + 2b + c = 12 \\ 12a + 2b = 0 \end{array} \right|$ b) $\left| \begin{array}{l} a + b + c = 0 \\ 9a + 3b + c = 0 \\ 25a + 5b + c = 4 \end{array} \right|$ c) $\left| \begin{array}{l} -125a + 25b - 5c + d = 4 \\ 12a + 4b + c = 0 \\ 18a + 2b = 0 \\ d = -17 \end{array} \right|$

Funktionsgleichung bestimmen

Die allgemeine Funktionsgleichung einer ganzrationalen Funktion mit Grad n hat n + 1 Parameter. Also müssen mindestens n + 1 Bedingungen in Gleichungen übersetzt werden. Bei symmetrischen Graphen ist diese Zahl geringer.

Funktionsgleichungen zu achsensymmetrischen (bzw. punktsymmetrischen) Graphen haben ausschließlich gerade (bzw. ungerade) Exponenten.

Grad 4 und Achsensymmetrie:
$f(x) = ax^4 + bx^2 + c$
Grad 5 und Punktsymmetrie:
$f(x) = ax^5 + bx^3 + cx$

Beispiel 2: Der Graph einer ganzrationalen Funktion vierten Grades ist achsensymmetrisch und hat einen Wendepunkt bei x = 1. Die Gleichung der zugehörigen Wendetangente lautet $y = -4x + 3{,}5$. Bestimmen Sie die Funktionsgleichung.

Lösung:

① Setzen Sie die Wendestelle in die Tangentengleichung ein und ermitteln Sie die y-Koordinate des Wendepunkts W. Der Graph verläuft durch W (A). Lesen Sie die Steigung im Wendepunkt an der Tangentengleichung ab (B). Für W gilt die notwendige Bedingung (C).

Eigenschaften übersetzen:
Wendepunkt $W(1 \mid y_W)$:
$y_W = -4 \cdot 1 + 3{,}5 = -0{,}5$
(A) Punkt $W(1 \mid -0{,}5)$: $f(1) = -0{,}5$
(B) Steigung bei x = 1: $f'(1) = -4$
(C) Wendestelle x = 1: $f''(1) = 0$

② Stellen Sie die allgemeine Form der Funktionsgleichung von f auf. Aufgrund der Symmetrie fallen hier alle ungeraden Exponenten weg. Bilden Sie f′(x) und f″(x).

In allgemeine Form einsetzen:
$f(x) = ax^4 + bx^2 + c$
$f'(x) = 4ax^3 + 2bx$
$f''(x) = 12ax^2 + 2b$

Setzen Sie die Bedingungen aus ① ein und stellen Sie das lineare Gleichungssystem auf.

(A) $f(1) = -0{,}5$
(B) $f'(1) = -4$
(C) $f''(1) = 0$

$$\Rightarrow \left| \begin{array}{rcr} a + b + c & = & -0{,}5 \\ 4a + 2b & = & -4 \\ 12a + 2b & = & 0 \end{array} \right|$$

③ Stellen Sie die zweite Gleichung nach einer der Variablen um (hier b). Setzen Sie den Term für b in (C) ein und ermitteln Sie so a. Durch Rückeinsetzen von a erhalten Sie b. Setzen Sie nun die Werte für a und b in (A) ein und bestimmen Sie den Wert für c. Setzen Sie die Lösung in die allgemeine Form der Funktionsgleichung ein.

Gleichungssystem lösen:
umstellen von (B) $b = -2a - 2$
einsetzen in (C): $12a + 2(-2a - 2) = 0$
$8a - 4 = 0$
$\Rightarrow a = 0{,}5$
rückeinsetzen: $b = -2 \cdot 0{,}5 - 2 = -3$
einsetzen in (A): $0{,}5 + (-3) + c = -0{,}5$
$\Rightarrow c = 2$
Lösung: $a = 0{,}5; b = -3; c = 2$
$f(x) = 0{,}5x^4 - 3x^2 + 2$

④ Untersuchen Sie mithilfe von f‴, ob auch die hinreichende Bedingung für die Wendestelle erfüllt ist.

Eigenschaften überprüfen
$f'''(x) = 12x$
$f'''(1) = 12 \neq 0 \Rightarrow$ Wendepunkt liegt vor.
f erfüllt alle geforderten Eigenschaften.

Basisaufgaben

7. Der Graph einer quadratischen Funktion f schneidet die y-Achse bei y = 2. Der Graph von f verläuft durch den Punkt $P(2 \mid 6)$ und hat an der Stelle x = 3 einen lokalen Extrempunkt. Ermitteln Sie die Funktionsgleichung.

8. Der Graph einer ganzrationalen Funktion dritten Grades verläuft durch den Ursprung und hat an der Stelle $x = -1$ eine Wendestelle. Die Gleichung der zugehörigen Wendetangente lautet $y = -5x - 1$. Bestimmen Sie die Funktionsgleichung.

9. Untersuchen Sie rechnerisch, ob es eine ganzrationale Funktion dritten Grades mit den folgenden Eigenschaften gibt. Falls möglich, geben Sie die Funktionsgleichung an und skizzieren Sie ihren Graphen.

a) Der Graph verläuft durch den Ursprung mit der Steigung -1 und schneidet die x-Achse im Punkt $P(1\,|\,0)$ mit der Steigung 2.

b) Der Graph hat im Punkt $P(0\,|\,4)$ ein lokales Minimum. An der Stelle $x = 1$ beträgt die Steigung des Graphen -24 und bei $x = 2{,}5$ liegt eine Wendestelle.

c) Der Graph berührt die x-Achse an der Stelle $x = 2$ und hat einen Wendepunkt $W(0\,|\,4)$.

d) Der Graph verläuft durch den Punkt $P(1\,|\,1{,}5)$ und hat dort eine Steigung von $-13{,}5$. Zudem hat der Graph an der Stelle $x = 0$ ein lokales Minimum und bei $x = 5$ eine Wendestelle.

10. Der Steckbrief beschreibt den Graphen einer ganzrationalen Funktion vierten Grades.

a) Bestimmen Sie die passende Funktionsgleichung.

b) Berechnen Sie die Wendepunkte des Graphen dieser Funktion.

11. Der Graph einer ganzrationalen Funktion f fünften Grades ist punktsymmetrisch zum Ursprung. Der Graph hat an der Stelle $x = -2$ eine Nullstelle und verläuft durch den Punkt $P(1\,|\,24)$. Die Steigung des Graphen an der Stelle $x = 0$ beträgt 36.
Bestimmen Sie die Funktionsgleichung von f.

12. Der Steckbrief beschreibt den Graphen einer ganzrationalen Funktion f dritten Grades.

a) Stellen Sie anhand der Stichpunkte ein lineares Gleichungssystem auf und bestimmen Sie eine passende Funktionsgleichung.

b) Untersuchen Sie die Extremstellen von f und begründen Sie, warum die Skizze auf dem Steckbrief nicht zur Lösung passt.

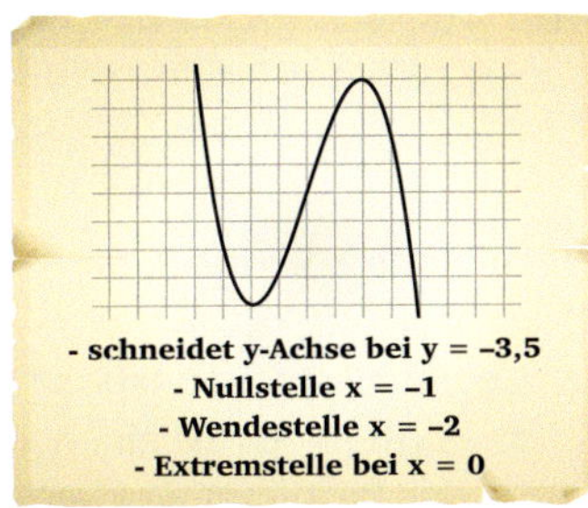

13. Die Abbildung zeigt den Graphen der ganzrationalen Funktion f dritten Grades.
Wählen Sie aus den angegebenen Gleichungen eine ausreichende Anzahl an Gleichungen aus, um die Funktionsgleichung von f zu bestimmen. Stellen Sie das entsprechende lineare Gleichungssystem auf und lösen Sie es. Erläutern Sie, welche Mindestanforderung das Gleichungssystem aufweisen muss.

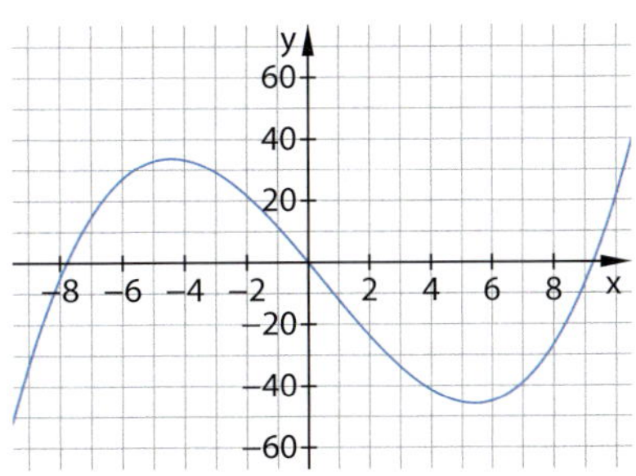

$f(4) = -41{,}25$ $\quad$ $f'(0{,}5) = -12{,}125$ $\quad$ $f'(4) = 0$ $\quad$ $f(-3) = \frac{88}{3}$

$f(1) = -12$ $\quad$ $f(0) = \frac{1}{12}$ $\quad$ $f'(-3) = 0$ $\quad$ $f''(0{,}5) = 0$ $\quad$ $f'(1) = 12$

Weiterführende Aufgaben

14. Zum abgebildeten Graphen der Funktion f soll ein Funktionsterm gefunden werden.

a) Begründen Sie, warum die Funktion f mindestens vom Grad vier sein muss.

b) Formulieren Sie eine Steckbriefaufgabe.

c) Bestimmen Sie den Funktionsterm.

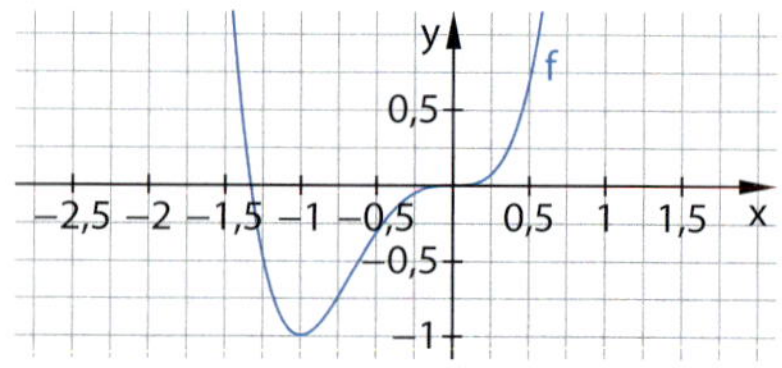

15. Bestimmen Sie eine Funktionsgleichung, die zum Graphen passt.

a)

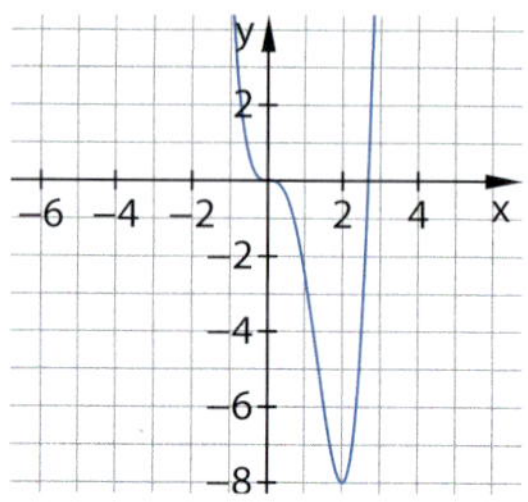

b)

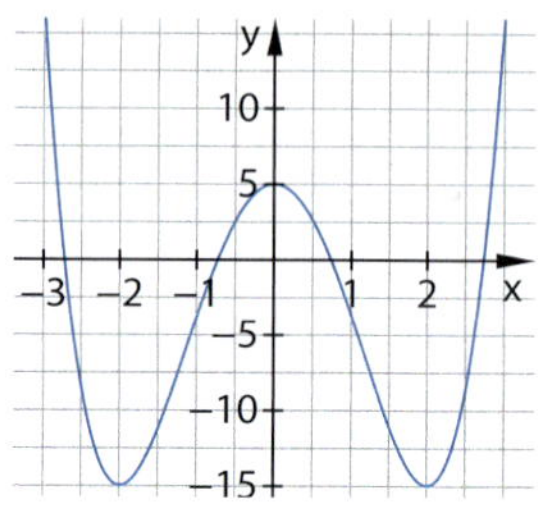

c)

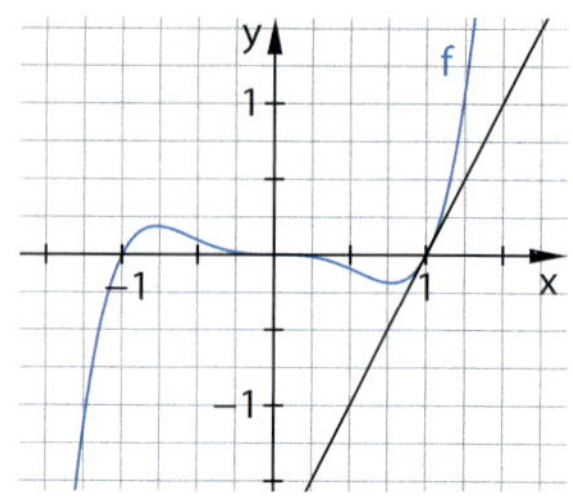

16. Stolperstelle: Tina und Joe untersuchen, ob es eine ganzrationale Funktion dritten Grades gibt, deren Graph die y-Achse bei 6 schneidet, einen Wendepunkt W(2 | 4) und einen Tiefpunkt bei x = 3 hat. Überprüfen Sie ihre Ergebnisse.

a) Tina: *„Drei Punkte reichen nicht aus, um eine Funktion zu bestimmen."*

b) Joe stellt vier Bedingungen auf und erhält f mit $f(x) = -x^3 + 6x^2 - 9x + 6$.

17. Gesucht ist eine ganzrationale Funktion fünften Grades.

a) Zeigen Sie, dass die folgenden Bedingungen an den Graphen nicht ausreichen, um die Funktion eindeutig festzulegen.

- punktsymmetrisch zum Ursprung
- waagerechte Tangente im Ursprung
- Wendepunkt bei x = 3
- Tiefpunkt bei $x = 3\sqrt{2}$

b) Ändern Sie die Bedingungen so, dass eine Funktion eindeutig bestimmt werden kann.

18. Gegeben ist die Funktion f mit $f(x) = x^4 - 8x^3 + 18x^2$.

a) Formulieren Sie einen Steckbrief, mit dem die Funktion f aus den gegebenen Bedingungen bestimmt werden kann.

b) Formulieren Sie zur Bestimmung der Funktion f einen Steckbrief, der die Funktionsgleichungen der Tangenten in den Wendepunkten enthält.

c) Beschreiben Sie, wie der Steckbrief aus a) oder b) so variiert werden kann, dass sich die Funktion nicht oder nicht eindeutig bestimmen lässt.

● **19.** Formulieren Sie selbst eine Steckbriefaufgabe, die die angegebene Lösung hat, und stellen Sie die Aufgabe Ihrem Nachbarn.

a) Genau eine Funktion zweiten Grades.

b) Unendlich viele Funktionen zweiten Grades.

c) Genau eine Funktion dritten Grades.

● **20. Ausblick:** Der Graph einer ganzrationalen Funktion f dritten Grades schneidet die x-Achse an den Stellen x = −6, x = −1 und x = 2. Darüber hinaus schneidet der Graph die y-Achse bei −6. Stellen Sie das zugehörige Gleichungssystem auf und bestimmen Sie die Funktionsgleichung von f.

1.6 Rekonstruktion in Anwendungen

■ Interpretieren Sie die Bedeutung der eingezeichneten Punkte des Graphen im angegebenen Kontext.

a) Die Funktion f modelliert die Fahrt eines Autos (t: Zeit in Minuten, f(t): Geschwindigkeit in $\frac{km}{h}$).

b) Die Funktion f modelliert die Anzahl der Kunden in einem Supermarkt (t: Zeit in Stunden nach Ladenöffnung, f(t): Anzahl der Kunden). ■

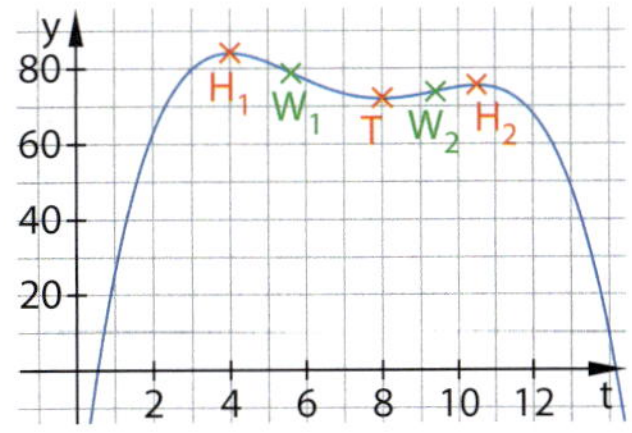

Häufig werden reale Sachverhalte mit ganzrationalen Funktionen modelliert. Je nach Sachkontext haben dabei besondere Punkte der Graphen verschiedene Bedeutungen.

Prozesse modellieren

Wird ein zeitabhängiger Vorgang (hier Prozess) durch eine Funktion f beschrieben, so steht f′ für die Geschwindigkeit und f″ für die Beschleunigung.

Beispiel 1: Eine ganzrationale Funktion dritten Grades beschreibt die Höhe eines Heißluftballons. Der Ballon startet vom Boden mit einer Geschwindigkeit von 192 Meter pro Minute nach oben. Nach 8 Minuten erreicht der Ballon seine Maximalhöhe und sinkt danach wieder. Nach 16 Minuten ist die Geschwindigkeit während des Sinkflugs maximal.

a) Bestimmen Sie eine passende Funktionsgleichung.

b) Zeigen Sie, dass der Ballon nach 24 Minuten auf dem Boden landet. Begründen Sie anhand des Graphen, dass die Landung sanft verläuft.

Lösung:

a) Wählen Sie geeignete Einheiten für t und h(t). Da t in Minuten angegeben wird, entspricht h′(t) der Geschwindigkeit in Meter pro Minute. Übersetzen Sie die Daten des Flugs in Bedingungen an die Funktion.
Der Flug startet zum Zeitpunkt t = 0 auf dem Boden (A). Die Geschwindigkeit beim Start entspricht h′(0) (B).
Nach 8 Minuten liegt eine Extremstelle (Maximum) vor, da der Ballon bis dahin steigt und danach wieder sinkt (C).
Nach 16 Minuten liegt eine Wendestelle vor, da die Geschwindigkeit und damit h′(t) extremal ist (D).
Stellen Sie damit ein Gleichungssystem auf und bestimmen Sie die Funktion h.

Ansatz:
$h(t) = at^3 + bt^2 + ct + d$
t: Zeit in Minuten, h(t): Höhe in Metern

Bedingungen:

(A) Startpunkt P(0 | 0):	$h(0) = 0$
(B) Startgeschwindigkeit:	$h'(0) = 192$
(C) Extremstelle t = 8:	$h'(8) = 0$
(D) Wendestelle t = 16:	$h''(16) = 0$

Gleichungssystem:

$$\left|\begin{array}{rl} d = & 0 \\ c = & 192 \\ 192a + 16b + c = & 0 \\ 96a + 2b \quad = & 0 \end{array}\right| \Rightarrow \begin{array}{l} a = \frac{1}{3};\ b = -16; \\ c = 192;\ d = 0 \end{array}$$

Lösung: $h(t) = \frac{1}{3}t^3 - 16t^2 + 192t$

b) Setzen Sie 24 für t in die Funktionsgleichung aus a) ein und zeigen Sie, dass eine Nullstelle vorliegt. Der Ballon landet somit auf dem Boden. Damit die Landung sanft verläuft, muss sich die Geschwindigkeit möglichst auf null verringern. Bestimmen Sie h′ und zeigen Sie, dass h′(24) = 0 ist.

$h(24) = 8 \cdot 24^3 - 16 \cdot 24^2 + 192 \cdot 24 = 0$
$h'(t) = t^2 - 32t + 192$
$h'(24) = 24^2 - 32 \cdot 24 + 192 = 0$
Bei der Landung verringert sich die Geschwindigkeit bis auf null. Die Landung verläuft sanft.

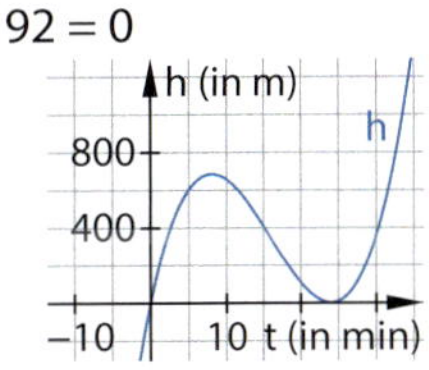

Basisaufgaben

1. An einem Sommertag beträgt die Temperatur um 6 Uhr 22 °C und um 16 Uhr wird die Tageshöchsttemperatur von 32 °C erreicht. Stellen Sie eine geeignete Funktionsgleichung auf und berechnen Sie die Temperatur bei Sonnenuntergang um 22 Uhr.

2. Eine ganzrationale Funktion f dritten Grades beschreibt zu jedem Zeitpunkt die Gesamtmenge an Sauerstoff, die von einer Pflanze seit 6 Uhr produziert worden ist. Um 6 Uhr betragen die Produktion 0 ℓ und die Produktionsrate 0 ℓ/h. Um 14 Uhr wird mit 64 ℓ/h die höchste Produktionsrate erreicht.
   a) Bestimmen Sie eine Funktionsgleichung der Funktion f.
   b) Berechnen Sie die Sauerstoffmenge, die im Zeitraum von 6 bis 20 Uhr insgesamt produziert wird.
   c) Berechnen Sie, in welchen Zeiträumen die Produktionsrate unter 10 ℓ/h liegt.

3. Übertragen Sie die Tabelle in Ihr Heft und ergänzen Sie die inhaltlichen Beschreibungen der jeweiligen Sachsituation.

Zugeordnete Größen	**f(t)**	**f′(t)**	**Hochpunkt/Tiefpunkt**	**Wendepunkt**
Minute → Zurückgelegter Weg				
Minute → Geschwindigkeit				
Jahr → Bevölkerung einer Stadt				
Tag → Anzahl Grippeerkrankter				
Uhrzeit → Pegelstand eines Flusses				

4. Tom hat auf seiner Fahrradtour zu verschiedenen Zeitpunkten seine Geschwindigkeit auf dem Fahrradcomputer abgelesen.

Zeit in Minuten	0	1	5	8
Geschwindigkeit in $\frac{km}{h}$	0	9,8	11	5,6

   a) Ermitteln Sie aus den angegebenen Daten eine ganzrationale Funktion dritten Grades, die die Geschwindigkeit von Tom zum Zeitpunkt t modelliert.
   b) Berechnen Sie die durchschnittliche Beschleunigung innerhalb der ersten zwei Minuten der Fahrradtour.
   c) Begründen Sie, dass die Funktion aus a) für die Modellierung der Geschwindigkeit während der Fahrradtour nur für einen kleinen Zeitraum geeignet ist.

5. Ein Ufo wurde für einige Minuten von der Luftraumüberwachung verfolgt. Zu Beginn der Beobachtung befand es sich in 4 km Höhe. Es begann zu steigen und wurde dabei immer schneller. Nach 1 Minute und 40 Sekunden wurde das Ufo wieder langsamer und beendete nach 4 Minuten seinen Steigflug. Danach begann es zu sinken.
   a) Bestimmen Sie in der Funktionsgleichung von f mit $f(t) = at^4 - \frac{23}{60}t^3 + bt^2 + c$ die fehlenden Parameter a, b und c, sodass die Funktion den Flug des Ufos modelliert.
   b) Nach 6 Minuten verschwand das Ufo vom Radar. Überprüfen Sie anhand der Funktion f, ob das Ufo abgestürzt ist.

Randkurven beschreiben

In manchen Fällen sollen Randkurven von Objekten mit dem Graphen einer ganzrationalen Funktion mit vorgegebenem Grad beschrieben werden.

Beispiel 2: Beschreiben Sie die obere Randkurven des abgebildeten Logos mit einer ganzrationalen Funktion vierten Grades. Wählen Sie hierzu eine günstige Lage des Koordinatensystems und lesen Sie geeignete Eigenschaften des Graphen ab.

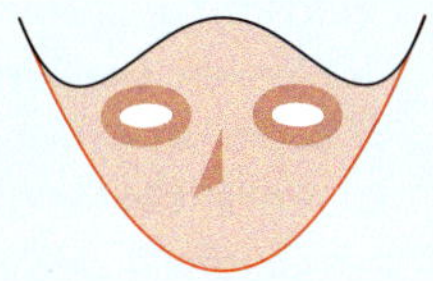

Lösung:

Das Logo ist symmetrisch. Legen Sie die y-Achse in die Mitte, um dies zu nutzen. Legen Sie den Ursprung in den Mittelpunkt der oberen Kurve, um möglichst einfache Bedingungen zu erhalten.
Lesen Sie die markanten Punkte ab.

Hochpunkt:
H(0|0)
Nullstellen:
$x_{1/2} = \pm 4$;
$x_3 = 0$
Tiefpunkte:
T_1, T_2

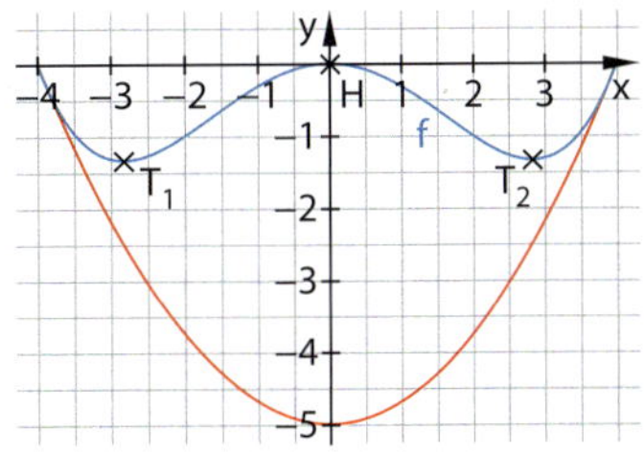

Die obere Randkurve hat drei Extrempunkte. Aufgrund der Achsensymmetrie müssen nur drei Parameter bestimmt werden.
Der Hochpunkt und die Nullstellen liefern nur zwei Bedingungen.
Eine dritte Bedingung ergibt sich durch Ablesen eines weiteren Punktes (hier P(2|−1)).
Stellen Sie ein lineares Gleichungssystem auf und ermitteln Sie die Parameter.

Der Graph von f ist achsensymmetrisch
Ansatz: $f(x) = ax^4 + bx^2 + c$

H(0|0) $\quad f(0) = 0 \Leftrightarrow c = 0$
$\quad f'(0) = 0 \Leftrightarrow 0 = 0$ (nicht hilfreich)
$N_1(-4|0)$ $\quad f(-4) = 256a + 16b = 0$
$N_2(4|0)$ $\quad f(4) = 256a + 16b = 0$ (identisch)
P(2|−1) $\quad f(2) = 16a + 4b = -1$

$$\left|\begin{aligned} 256a + 16b &= 0 \\ 16a + 4b &= -1 \end{aligned}\right| \Rightarrow a = \tfrac{1}{48};\ b = -\tfrac{1}{3}$$

$$f(x) = \tfrac{1}{48}x^4 - \tfrac{1}{3}x^2$$

Basisaufgaben

6. Für einen Skaterpark soll eine neue Rampe konstruiert werden. Die Rampe soll 3 Meter hoch sein und im höchsten Punkt waagerecht verlaufen. In der Mitte der Rampe soll das Gefälle der Rampe am größten sein.
   a) Ermitteln Sie eine ganzrationale Funktion dritten Grades, deren Graph den Verlauf der Rampe modelliert.
   b) Zeigen Sie, dass die Rampe waagerecht am Boden abschließt.

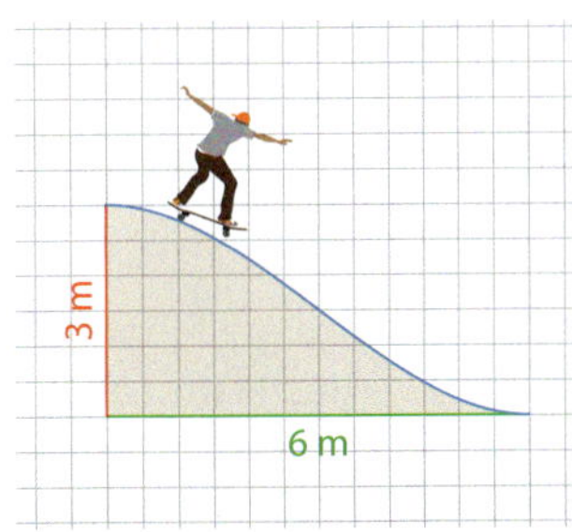

7. Das rosa gefärbte Kunststoffteil der Rutsche soll mit dem Graphen einer Funktion beschrieben werden. Die Rutsche beginnt und endet jeweils waagerecht.
   a) Bestimmen Sie eine geeignete ganzrationale Funktion dritten Grades.
   b) Berechnen Sie mit dem Ergebnis aus a) die Stelle, an der die Rutsche am steilsten ist, und geben Sie diese Steigung an.

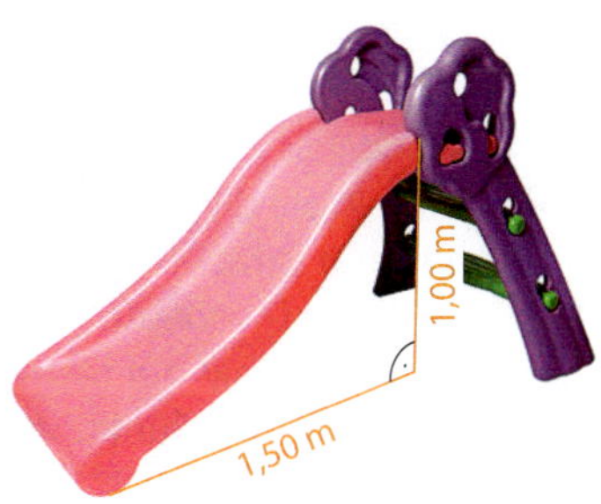

Weiterführende Aufgaben

8. Die AOV-AG hat ein neues Logo entwerfen lassen. Ein Kreis mit dem Radius 2, der den Buchstaben O bildet, wird von den Graphen der Funktionen f und g umschlossen. Die Funktion f, deren Graph den Buchstaben V bildet, ist gegeben durch $f(x) = \frac{2}{9}x^2 - 2$.

a) Ermitteln Sie die ganzrationale Funktion vierten Grades g, deren Graph den Buchstaben A bildet.

b) Durch die Wendepunkte von g soll eine waagerechte Strecke verlaufen. Berechnen Sie die Länge der Strecke.

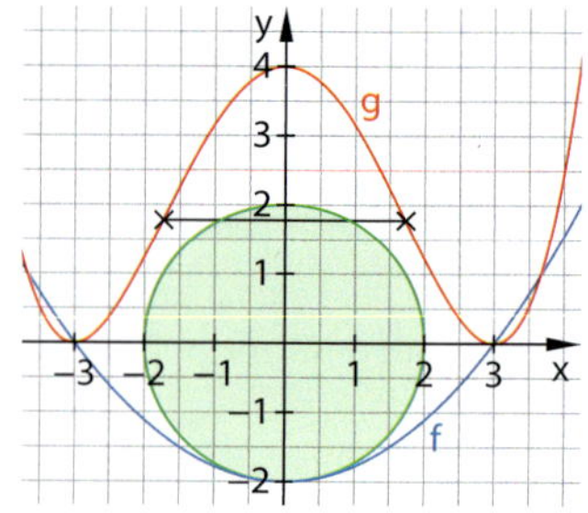

9. Bei einer Wurfparabel wird die maximale Wurfweite immer bei einem Abwurfwinkel von 45° erreicht. Zudem hängt die maximale Wurfweite von der Anfangsgeschwindigkeit der Kugel, also von der Kraft des Sportlers, ab.
Ein Kugelstoßer stößt aus einer Höhe von 2 m und unter einem Winkel von 45° die Kugel 12 m (15 m; 18 m) weit. Berechnen Sie jeweils die maximale Höhe der Flugbahn.

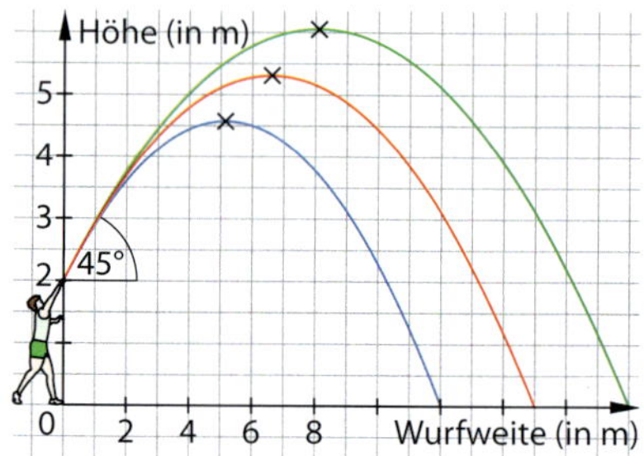

10. Stolperstelle: Der Pegelstand eines Flusses soll an einem Tag zwischen 8 Uhr und 19 Uhr mit einer ganzrationalen Funktion 3. Grades modelliert werden. Bis um 10 Uhr sank der Pegel auf 1,8 m und stieg von da an. Um 12:40 Uhr wurde ein maximaler Anstieg des Wassers mit 0,2 m/h beobachtet. Nehmen Sie Stellung zu den beiden Lösungsansätzen.

Marie

Bedingungen:

$f(0) = 1{,}8 \quad f'(0) = 0$

$f''\left(\frac{8}{3}\right) = 0 \quad f'\left(\frac{8}{3}\right) = 0{,}2$

Gleichungssystem:

$$\left|\begin{array}{r} d = 1{,}8 \\ c = 0 \\ 6 \cdot \frac{8}{3}a + 2b = 0 \\ 3 \cdot \left(\frac{8}{3}\right)^2 a + 2 \cdot \frac{8}{3}b + c = 0{,}2 \end{array}\right|$$

Lucy

Bedingungen:

$f(10) = 1{,}8 \quad f'(10) = 0$

$f''(12{,}4) = 0 \quad f'(12{,}4) = 0{,}2$

Gleichungssystem:

$$\left|\begin{array}{r} 10^3a + 10^2b + 10c + d = 1{,}8 \\ 3 \cdot 10^2a + 2 \cdot 10 \cdot b + c = 0 \\ 6 \cdot 12{,}4a + 2b = 0 \\ 3 \cdot 12{,}4^2a + 2 \cdot 12{,}4 \cdot b + c = 0{,}2 \end{array}\right|$$

11. Die Hamburger Elbphilharmonie ist seit ihrer Fertigstellung eine bedeutende Touristenattraktion der Stadt. Das Foto zeigt den seitlichen Blick auf das Gebäude. Die Punkte A und B liegen auf einer Höhe von 81,22 Meter. Der Punkt C befindet sich 17 Meter vom linken Gebäuderand auf einer Höhe von 70 Meter.

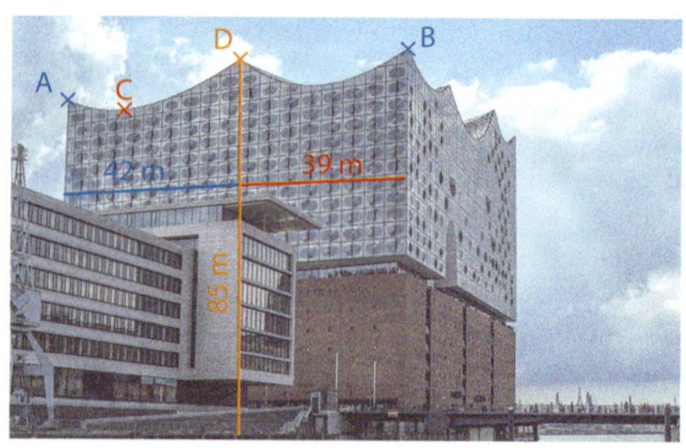

a) Ermitteln Sie die Funktionsgleichung der linken Parabel, die durch die Punkte A, C und D verläuft.

b) Der tiefste Punkt der rechten Dachlinie befindet sich auf einer Höhe von 77 Meter. Ermitteln Sie die Funktionsgleichung der rechten Parabel.

12. Das Höhenprofil einer 6 km langen Wanderstrecke lässt sich durch eine ganzrationale Funktion dritten Grades beschreiben (Einheiten auf den Achsen: x-Achse 1 km, y-Achse 100 m). Nach 2 km geht es auf einer Strecke von 2 km nur noch bergab und ausgehend von einer Höhe von 222 m wird ein Höhenunterschied von 44 m überwunden. Anschließend führt die Tour wieder bergauf.

a) Formulieren Sie möglichst viele Bedingungen an Funktionen, deren Graphen das Höhenprofil wiedergeben.

b) Zeigen Sie, dass eine Lösung des sich aus den Bedingungen ergebenden Gleichungssystems auf die Gleichung $f(x) = 0{,}11x^3 - 0{,}99x^2 + 2{,}64x + 0{,}02$ führt.

c) Untersuchen Sie, ob auch die Funktion g mit $g(x) = \frac{1}{9}x^3 - x^2 + \frac{8}{3}x$ zur Beschreibung des Sachverhalts geeignet ist.

d) Bestimmen Sie, auf welchen Streckenabschnitten die Steigung bzw. das Gefälle durchschnittlich am größten ist, wenn zur Modellierung die Funktion g aus c) verwendet wird und jeweils ansteigende bzw. absteigende Streckenabschnitte betrachtet werden.

e) Untersuchen Sie, für welche Werte von a die Funktion g_a mit $g_a(x) = ax^3 - x^2 + \frac{8}{3}x$ genau zwei Extremstellen hat.

● **13.** Im Jahr 2000 ergab eine Zählung, dass in China 1,26 Milliarden Menschen lebten. In jenem Jahr betrug die Wachstumsrate 7,5 Millionen Menschen pro Jahr. Experten gehen davon aus, dass Chinas Bevölkerungszahl bis zum Jahr 2050 schätzungsweise noch auf 1,4 Milliarden Menschen ansteigen und erst dann ein Maximum erreichen wird.

a) Bestimmen Sie eine ganzrationale Funktion dritten Grades, mit der näherungsweise die Entwicklung der Bevölkerungszahl (in Mrd.) modelliert werden kann.

b) Begründen Sie, dass sich die ermittelte Funktion nicht dazu eignet, die Bevölkerungszahl über das Jahr 2050 hinaus zu modellieren.

c) Indien ist ebenfalls ein bevölkerungsreiches Land. Die Funktion g mit $g(t) = \frac{1}{1000} \cdot (0{,}00076t^3 - 0{,}15t^2 + 16t + 1050)$ mit $0 \leq t \leq 55$ beschreibt die Bevölkerungsentwicklung Indiens (in Mrd.). Berechnen Sie, wann Indiens Bevölkerung größer als die Chinas ist.

Hinweis zu 13a:
Wählen Sie für das Jahr 2000 $t = 0$.

● **14. Ausblick:** Um das Wachstumsverhalten einer Nutzpflanze zu untersuchen, wurde eine Pflanze über einen Zeitraum von 17 Wochen nach ihrer Pflanzung beobachtet. Die Tabelle enthält die Messwerte.

Woche seit Pflanzung	0	3	17
Pflanzenhöhe in cm	$\frac{101}{21}$	$\frac{44}{3}$	$\frac{386}{3}$

a) Bestimmen Sie mithilfe des Datenmaterials eine quadratische Funktion f, die die Höhe der Pflanze zum Zeitpunkt t modelliert.

b) Nach 8 Wochen und 4,6 Tagen $\left(\text{also bei } t = \frac{26}{3}\right)$ wurde beobachtet, dass die Pflanze am schnellsten gewachsen ist. Begründen Sie, dass die in a) ermittelte Funktion diese Eigenschaft nicht aufweisen kann.
Ermitteln Sie mit der zusätzlichen Information eine ganzrationale Funktion g, die die Höhe der Pflanze zum Zeitpunkt t modelliert.

c) Ermitteln Sie rechnerisch sowohl für die Funktion aus a) als auch aus b), mit welcher Pflanzenhöhe nach einem halben Jahr zu rechnen ist.

d) Begründen Sie, dass beide Modellierungen für eine langfristige Prognose des Pflanzenwachstums ungeeignet sind.

Trassierung

■ Das Bild zeigt zwei Abschnitte von Funktionsgraphen, die im Punkt A ineinander übergehen. In A stimmen ihre Funktionswerte überein, da sonst ein Sprung entstehen würde.

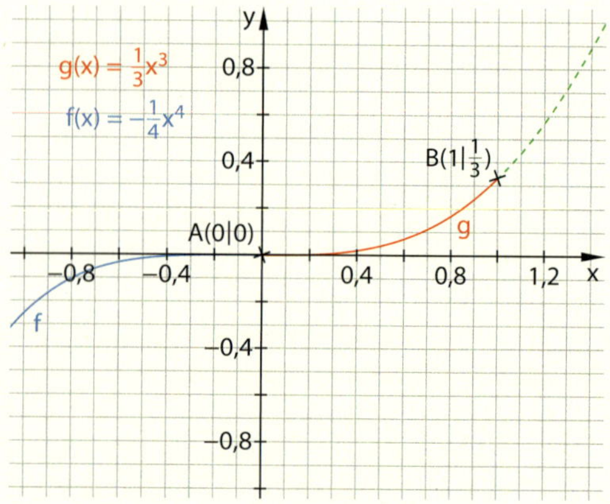

a) Begründen Sie mithilfe der ersten und zweiten Ableitungen, dass die beiden Funktionsgraphen ohne Knick und ohne Krümmungsruck ineinander übergehen.
b) Im Punkt B soll sich eine quadratische Funktion h sprung-, knick- und ruckfrei anschließen. Bestimmen Sie die Funktionsgleichung von h.
c) Erläutern Sie, warum solche Übergänge günstig sind, wenn durch die Graphen der Funktionen Straßen- oder Gleisverläufe modelliert werden. ■

Die Eigenschaft, dass die Graphen von f und g an einer Stelle x = a sprung-, knick- und ruckfrei ineinander übergehen, lässt sich wie folgt als Gleichung formulieren.

sprungfrei (stetig): $f(a) = g(a)$

knickfrei (differenzierbar): $f(a) = g(a)$ und $f'(a) = g'(a)$

ruckfrei: $f(a) = g(a)$ und $f'(a) = g'(a)$ und $f''(a) = g''(a)$

Beispiel:
Bestimmen Sie eine ganzrationalen Funktion dritten Grades, deren Graph die beiden Geraden in der Abbildung knickfrei verbindet. Prüfen Sie, ob die Übergänge auch krümmungsruckfrei sind.

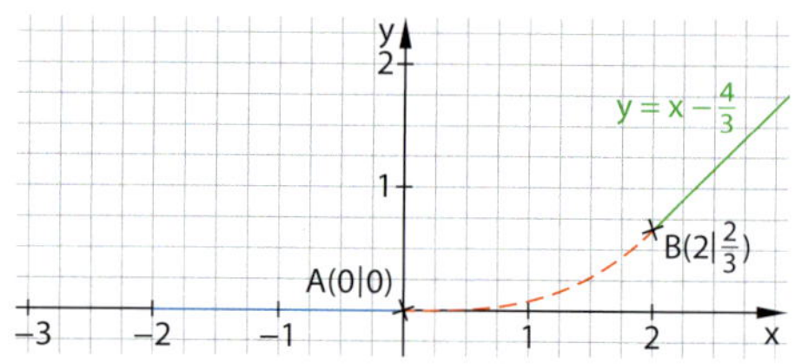

Lösung:

Stellen Sie die allgemeine Funktionsgleichung auf und bilden Sie die Ableitungen.

$f(x) = ax^3 + bx^2 + cx + d$
$f'(x) = 3ax^2 + 2bx + c, \quad f''(x) = 6ax + 2b$

Stellen Sie sämtliche Bedingungen auf.
Aus den Verbindungspunkten A(0|0) und $B\left(2\,\middle|\,\frac{2}{3}\right)$ ergeben sich zwei Bedingungen.

sprungfrei:
$f(0) = 0$: $\quad d = 0$
$f(2) = \frac{2}{3}$: $\quad 8a + 4b + 2c = \frac{2}{3}$

Ermitteln Sie die Steigungen der beiden Geraden und setzen Sie diese mit f′(0) bzw. f′(2) gleich. Somit sind die Übergänge knickfrei.

knickfrei:
$f'(0) = 0$: $\quad c = 0$
$f'(2) = 1$: $\quad 12a + 4b = 1$

Berechnen Sie die Parameter und stellen Sie die Funktionsgleichung auf.

$$\left|\begin{array}{r} 8a + 4b = \frac{2}{3} \\ 12a + 4b = 1 \end{array}\right| \Rightarrow \quad a = \frac{1}{12};\ b = 0$$

$f(x) = \frac{1}{12}x^3$

Prüfen Sie, ob auch die Werte der zweiten Ableitungen an den Verbindungsstellen übereinstimmen.

krümmungsruckfrei:
$f''(0) = 0$, d. h. im Ursprung ruckfrei.
$f''(2) = 1 \neq 0$, d. h. im Punkt B nicht ruckfrei.

Aufgaben

1. Durch das Zentrum eines kleinen Orts im Punkt $(0|1)$ verläuft eine Bundesstraße mit starkem Verkehr. Um die Bevölkerung des Orts von Lärm und Abgasen zu entlasten, soll eine Umgehungsstraße gebaut werden, die in den Punkten A und B von der Bundesstraße abzweigt. Dabei darf im Punkt A kein Knick entstehen, während der Anschluss in B unter einem beliebigen Winkel erfolgen kann. Aus Gründen der Geländebeschaffenheit muss die Umgehungsstraße durch den Punkt C verlaufen.

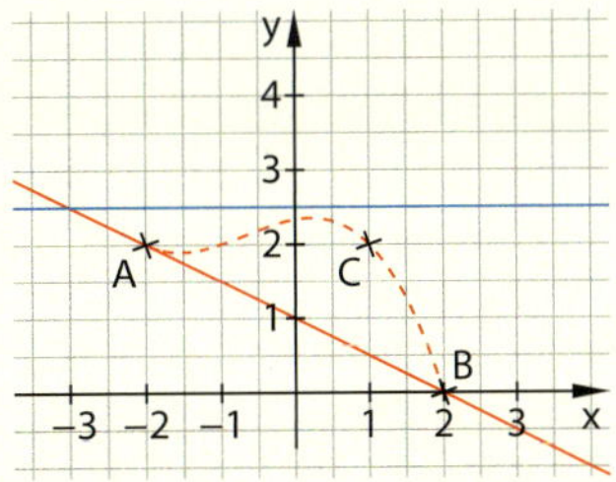

a) Stellen Sie Funktionsgleichungen auf, die den Verlauf der Bundesstraße sowie den der Umgehungsstraße beschreiben. Wählen Sie für die Umgehungsstraße eine ganzrationale Funktion dritten Grades.

b) Die Brücke bei $(-3|2{,}5)$ führt die Bundesstraße über einen Kanal (in der Abbildung blau). Die Uferwiesen dienen Erholungszwecken, weshalb die Umgehungsstraße zum Kanal einen Abstand von 0,1 nicht unterschreiten soll.
Prüfen Sie, ob der Graph der für die Umgehungsstraße ermittelten Funktion aus a) diese Anforderung erfüllt.

2. Die Rutsche zwischen den Punkten A und B soll durch eine ganzrationale Funktion dritten Grades so modelliert werden, dass sie in A und B waagerecht verläuft.

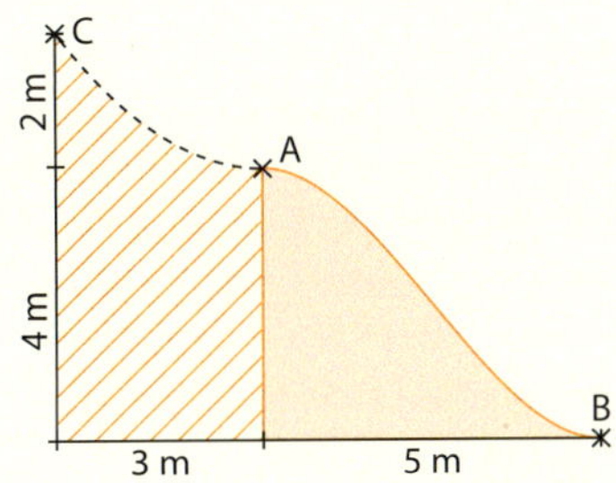

a) Wählen Sie ein geeignetes Koordinatensystem und bestimmen Sie eine Funktionsgleichung.

b) Die Rutsche soll zwischen A und C so erweitert werden, dass im Punkt A kein Knick entsteht. Bestimmen Sie eine geeignete quadratische Funktion.

3. Die beiden Gleise sollen durch den Graphen einer quadratischen Funktion f miteinander verbunden werden.

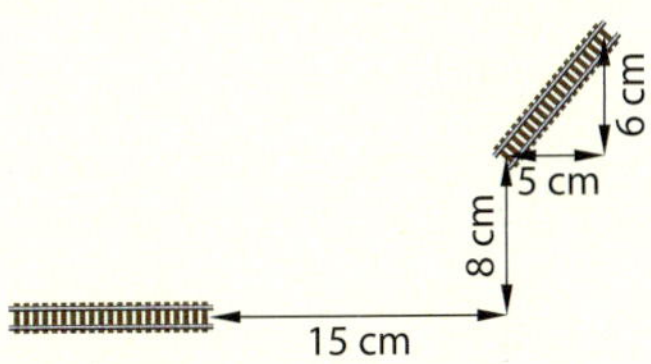

a) Bestimmen Sie die Gleichung der quadratischen Funktion f, deren Graph am waagerechten Gleis knickfrei anschließt und zum oberen Gleis führt. Prüfen Sie, ob beide Übergänge knickfrei sind.

b) Überprüfen Sie, ob sich das obere Gleis vertikal so verschieben lässt, dass beide Übergänge knickfrei sind. Bestimmen Sie die notwendigen Maße.

c) Bestimmen Sie eine ganzrationale Funktion g vom Grad 3, deren Graph die Gleise ohne eine Verschiebung knickfrei miteinander verbindet.

4. Gesucht ist ein Wert des Parameters a, sodass ein knickfreier Übergang zwischen den Graphen von f und g mit $f(x) = x^2$ und $g(x) = x^3 + a$ im Punkt S entsteht.

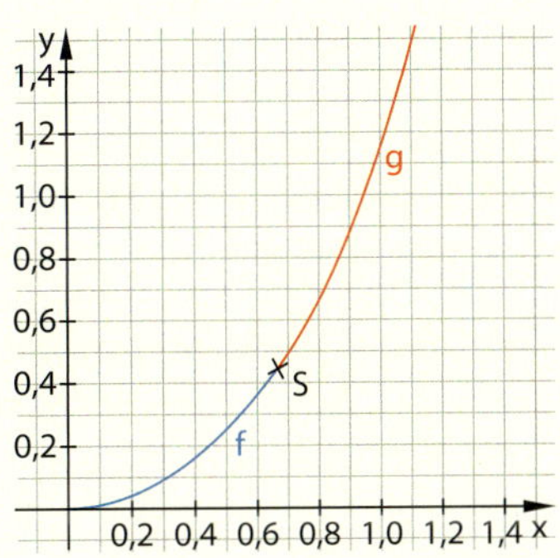

a) Bestimmen Sie zunächst die Stelle mit gleicher Steigung. Ermitteln Sie a so, dass diese Stelle gleicher Steigung auch Schnittstelle der beiden Graphen ist. Geben Sie S an.

b) Verfahren Sie ebenso mit den Funktionen
① $f(x) = x^3$ und $g(x) = x^4$,
② $f(x) = x^n$ und $g(x) = x^{n+1}$.

1.7 Funktionenscharen

■ Ein Basketballspieler versucht den Korb in 3 m Höhe und 5 m Entfernung zu treffen. Die Wurfhöhe des Balls beträgt 2 m.

a) Bestimmen Sie mit diesen Informationen verschiedene Funktionsgleichungen, die eine mögliche Wurfbahn beschreiben.
b) Nicht alle in a) ermittelten Parabeln sind sinnvolle Wurfbahnen. Geben Sie einschränkende Bedingungen an.
c) Wenn der Abwurf unter einem Winkel von 45° erfolgt, so ist die Wurfbahn eindeutig festgelegt. Bestimmen Sie die Gleichung dieser quadratischen Funktion. ■

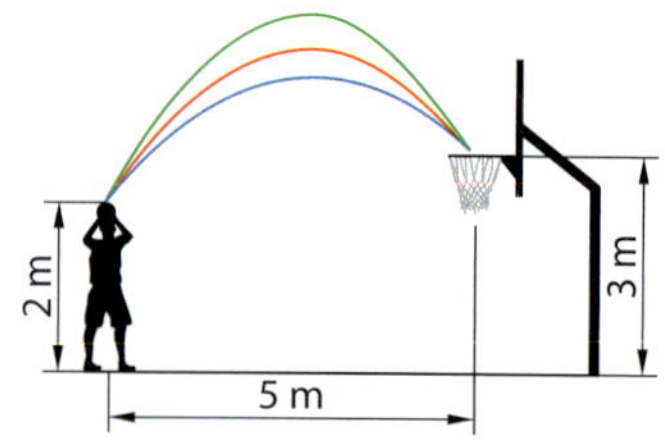

Der „Berliner Bogen" in Hamburg hat eine parabelförmige, 70 m breite Fassade. Um sie zu modellieren, wird ein Koordinatensystem über ein Foto der Fassade gelegt. Aus den Punkten P(0 | 0) und Q(70 | 0) ergibt sich ein unterbestimmtes lineares Gleichungssystem. Wählt man a als freien Parameter, so ergibt sich $b = -70a$ und damit die Funktionsgleichung. Man erhält also für jeden Wert von a eine neue Funktion.
Variiert man den Parameter a, so lassen sich die entstehenden Graphen von f_a zur Modellierung nutzen. Für $a = -0{,}03$ beschreibt die Parabel zum Beispiel gut den oberen Fassadebogen des Gebäudes.

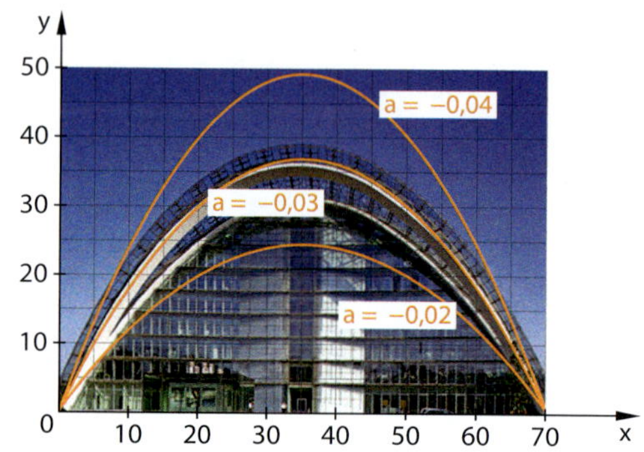

Ansatz: $f(x) = ax^2 + bx + c$

P(0 | 0): $c = 0$

Q(70 | 0): $4900a + 70b + c = 0$

Lösung: $f_a(x) = ax^2 - 70ax$

Definition: Funktionenschar
Ein Funktionsterm kann neben der Variablen x auch einen **Parameter a** enthalten. In diesem Fall ergibt sich für jeden Wert von a eine eigene Funktion. Die Menge all dieser Funktionen heißt **Funktionenschar f_a**.
Beim Ableiten wird der Parameter a wie eine konstante Zahl behandelt.

Beispiel 1: Gegeben ist die Funktionenschar f_a mit $f_a(x) = x^3 - 3ax^2$.
Zeichnen Sie die Graphen von f_a für $a = -1$, $a = -0{,}5$, $a = 0$, $a = 0{,}5$ und $a = 1$.
Beschreiben Sie den Einfluss des Parameters a auf den Verlauf des Graphen von f_a.

Lösung:
Ersetzen Sie in der Funktionsgleichung a durch die Werte −1; −0,5; 0; 0,5; 1 und zeichnen Sie jeweils den Graphen. Alle Graphen verlaufen durch den Punkt P(0 | 0).
Für $a = 0$ ist P Sattelpunkt, für $a < 0$ Tiefpunkt und für $a > 0$ Hochpunkt des Graphen. Mit größer werdendem a wandern die Extrem- und Wendestellen nach rechts.
Für $a < 0$ gibt es einen Hochpunkt und einen Wendepunkt im II. Quadranten, für $a > 0$ einen Tiefpunkt und einen Wendepunkt im IV. Quadranten.

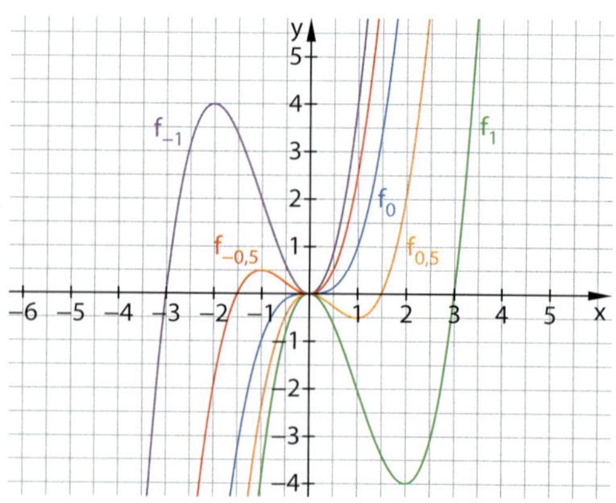

Beispiel 2: Gegeben sind die Funktionen f_a mit $f_a(x) = x^3 - 3ax^2$.

a) Untersuchen Sie, ob es einen Wert von a gibt, sodass der Graph von f_a einen Hochpunkt an der Stelle $x = 4$ hat.

b) Bestimmen Sie einen Wert von a so, dass der Wendepunkt des Graphen von f_a die y-Koordinate 54 hat.

Lösung:

a) Bestimmen Sie die erste und die zweite Ableitung von f_a.
Bestimmen Sie die möglichen Extremstellen von f_a.
Formulieren Sie die Bedingung der Aufgabe als Gleichung und lösen Sie diese nach a auf. Es ergibt sich $a = 2$.
Überprüfen Sie mit der zweiten Ableitung, ob tatsächlich ein Hochpunkt vorliegt. Dies ist nicht so, also gibt es keine solche Funktion.

$f_a(x) = x^3 - 3ax^2$
$f'_a(x) = 3x^2 - 6ax$
$f''_a(x) = 6x - 6a$
$f'_a(x) = 0 \Leftrightarrow 3x^2 - 6ax = 3x(x - 2a) = 0$
$\Leftrightarrow x = 0 \quad \text{oder} \quad x = 2a$
$2a = 4 \Leftrightarrow a = 2$
$f''_2(4) = 6 \cdot 4 - 6 \cdot 2 = 12 > 0$
Der Graph von f_2 hat einen Tiefpunkt bei $x = 4$. Es gibt keinen Wert von a, sodass der Graph von f_a bei $x = 4$ einen Hochpunkt hat.

b) Bestimmen Sie die möglichen Wendestellen. Sie erhalten $x = a$.
Berechnen Sie die y-Koordinate des allgemeinen Wendepunkts.
Formulieren Sie die Bedingung der Aufgabe als Gleichung und lösen Sie nach a auf.

$f''_a(x) = 0 \Leftrightarrow 6x - 6a = 0 \Leftrightarrow x = a$
$f'''_a(x) = 6 \neq 0$ also $x = a$ Wendestelle
$f_a(a) = a^3 - 3a \cdot a^2 = -2a^3$
$W(a\,|\,-2a^3)$ Wendepunkt von f_a
$f_a(a) = 54$: $\quad -2a^3 = 54$
$a^3 = -27 \Leftrightarrow a = -3$
$W(-3\,|\,54)$ Wendepunkt von f_{-3}

Basisaufgaben

1. Gegeben sind die Funktionen f_a mit $f_a(x) = -ax^3 - 2a^2x + 1$. Bestimmen Sie für gegebenes a den Funktionswert an der Stelle x_0.

a) $a = 2, x_0 = 1$ b) $a = 0, x_0 = 2$ c) $a = -1, x_0 = 1$ d) $a = 3, x_0 = -2$

2. Gegeben ist die Funktionenschar f_a mit $f_a(x) = -x^2 + \frac{x}{a}$ und $a \neq 0$. Bestimmen Sie, für welchen Wert von a der Punkt P auf dem Graphen von f_a liegt.

a) $P(1\,|\,0)$ b) $P(2\,|\,-3)$ c) $P(-3\,|\,-7)$ d) $P(2\,|\,-4)$

3. Gegeben sind die Funktionen f_t mit $f_t(x) = -tx^2 + 2x$. Bestimmen Sie anhand des Graphen den Wert des Parameters t.

a)
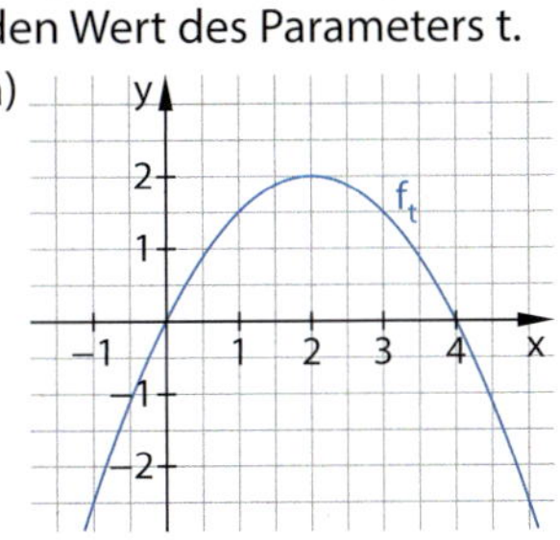

b)
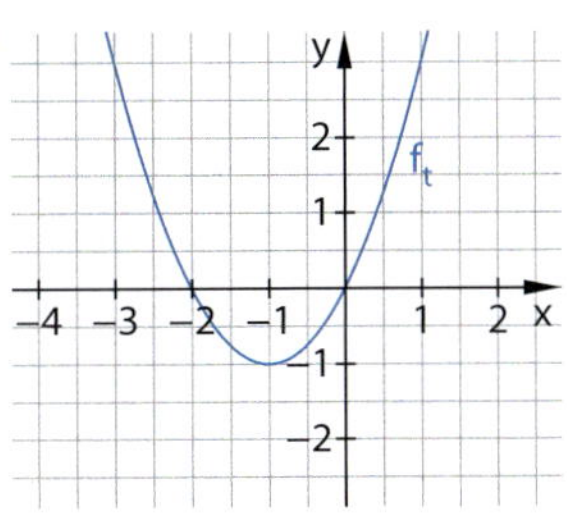

c)
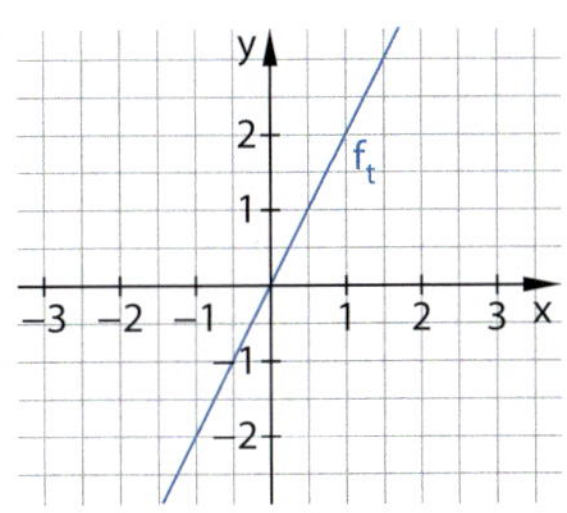

4. Bestimmen Sie die Steigung der Graphen von f_a an der Stelle x_0.

a) $f_a(x) = ax^2 + 3ax + a^2$; $x_0 = -1$
b) $f_a(x) = (a - 2)x^2 + a^2x$; $x_0 = 3$
c) $f_a(x) = \frac{1}{2}ax^4 + a^2x + 2a$; $x_0 = -2$
d) $f_a(x) = 2a^2x^3 + \frac{x}{a}\ (a \neq 0)$; $x_0 = 2$

5. Untersuchen Sie die Funktionenschar f_a auf Nullstellen, Extrem- und Wendepunkte.

a) $f_a(x) = \frac{1}{4}x^3 - \frac{3}{4}ax^2$

b) $f_a(x) = 2a^2x^3 - 3a^3x^2$

c) $f_a(x) = \frac{1}{4}x^4 - \frac{1}{2}a^2x^2$

d) $f_a(x) = a^2x^4 + 2x^2 - \frac{3}{a^2}\ (a \neq 0)$

6. Bestimmen Sie den Wert für den Parameter a so, dass der Graph der Funktionenschar f_a an der Stelle x_0 die Steigung m hat.

a) $f_a(x) = -2ax^2 + a^2x - a$ $\quad m = 5$ an der Stelle $x_0 = 1$

b) $f_a(x) = x^3 + 6ax^2 + 12a^2x$ $\quad m = \frac{1}{3}$ an der Stelle $x_0 = a$

c) $f_a(x) = \frac{a^2}{x^2}$ $\quad m = -\frac{1}{2}$ an der Stelle $x_0 = 1$

7. Bestimmen Sie Werte von a so, dass der Graph der Funktion f_a mit $f_a(x) = x^3 - 2ax^2 + a^2x$

a) den Punkt $P(2|2)$ enthält,

b) einen Tiefpunkt an der Stelle $x = -1$ hat,

c) an der Stelle $x = 2$ die Steigung 5 hat,

d) an der Stelle $x = 6$ einen Wendepunkt hat,

e) einen Sattelpunkt hat,

f) die Nullstellen $x_1 = 0$ und $x_2 = 4$ hat.

Weiterführende Aufgaben

8. **Stolperstelle:** Gegeben ist die Funktionenschar f_a mit $f_a(x) = x^3 - ax^2 + 2x$.
Anabell, Paul und Marie suchen einen Wert für a, sodass der Graph von f_a im Punkt $H(2|-2)$ einen Hochpunkt hat. Bewerten Sie die Aussagen der drei Schüler.
Anabell: *„Dann muss doch nur die Ableitung an der Stelle x = 2 gleich null sein, also a = 3,5."*
Paul: *„Nein, du musst auch prüfen, ob der Hochpunkt die y-Koordinate −2 hat. Aber das stimmt."*
Marie: *„Diese Aufgabe hat überhaupt keine Lösung."*

9. Gegeben ist die Funktionenschar f_a mit $f_a(x) = -\frac{x^3 - 3ax^2}{144}$. Für bestimmte Werte von a beschreiben die Graphen von f_a zwischen ihren Nullstellen den Querschnitt eines Deichs.

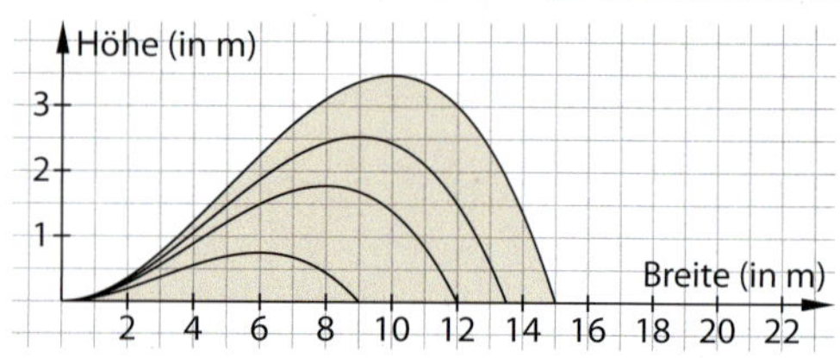

a) Bestimmen Sie den Wert von a so, dass der Deich 15 m breit ist.

b) Bestimmen Sie den Wert von a so, dass die Böschung an der rechten Seite mit 45° auf die Horizontale trifft.

c) Bestimmen Sie den Wert von a so, dass der Deich 6 m hoch ist.

d) Bestimmen Sie die maximale Breite des Deichs, für die der steilste Anstieg des Deichs maximal 30° beträgt.

● e) Zeigen Sie, dass alle Extrempunkte von f_a auf dem Graphen der Funktion g mit $g(x) = -\frac{1}{288}x^3$ liegen.

10. Ermitteln Sie, für welche Werte von m die Ursprungsgerade zu $y = mx$ den Graphen der Funktion f mit $f(x) = -\frac{1}{4}x^2 + \frac{5}{2}x - 4$ berührt. Veranschaulichen Sie die Situation zunächst mit einer Skizze.

CAS **11.** Mit einem CAS können Funktionen auch mit Parametern definiert und untersucht werden. Untersuchen Sie die Funktionenschar f_a mit $f_a(x) = \frac{x^3}{a^3} - 4ax^2$ mit dem CAS auf Nullstellen, Extrem- und Wendepunkte.

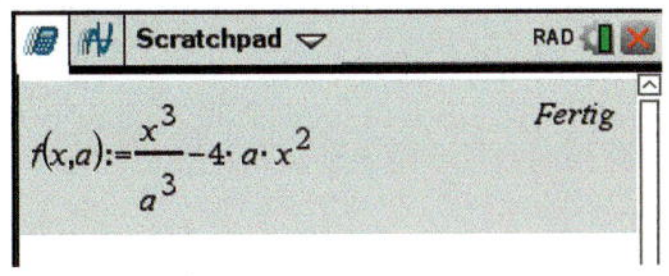

12. Die Funktionenschar f_a mit $f_a(x) = 2x^3 - (24 + 0{,}6a)x^2 + (90 + 3{,}6a)x + 35$ modelliert für $0 \le x \le 9$ die Besucherzahl in einem Sportstudio zwischen 8 Uhr und 17 Uhr. Der Parameter a gibt im Intervall [0; 20] die an diesem Tag gemessene Höchsttemperatur in °C an.

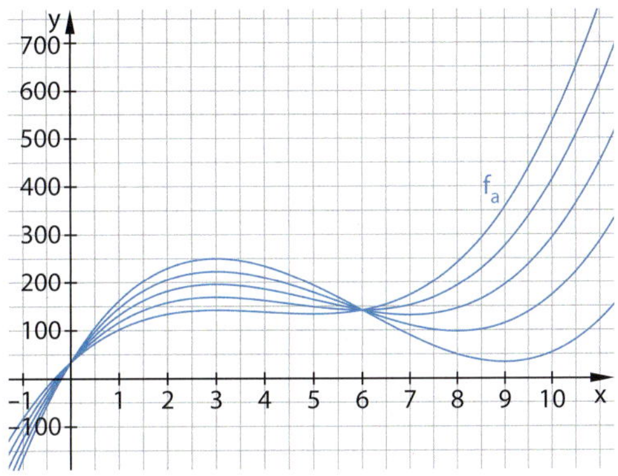

a) Geben Sie die Funktionsgleichung für f_{20} an und berechnen Sie, wie viele Besucher sich an einem Tag mit maximal 20 °C um 10 Uhr im Fitnessstudio befinden.
b) Geben Sie einen Term an, mit dem man in Abhängigkeit von a die Anzahl der Besucher um 10 Uhr berechnet.
c) Weisen Sie nach, dass jeder Graph der Funktionenschar f_a an der Stelle $x = 3$ einen Hochpunkt hat. Deuten Sie diese Erkenntnis im Sachzusammenhang.
d) Bestimmen Sie die Koordinaten des lokalen Tiefpunkts von f_a.
e) Nehmen Sie Stellung zu der Aussage „Je wärmer es draußen wird, desto weniger Leute trainieren im Sportstudio."

● **13.** An einen parabelförmigen Wall soll ein Brett angelehnt werden. Der Querschnitt des Walls wird beschrieben durch den Graphen der Funktion f mit $f(x) = -\frac{1}{10}x^2 + 0{,}9$. Das Brett wird in einem Abstand von 2 m vom Fuß des Walls aufgesetzt und auf den Wall gelegt.

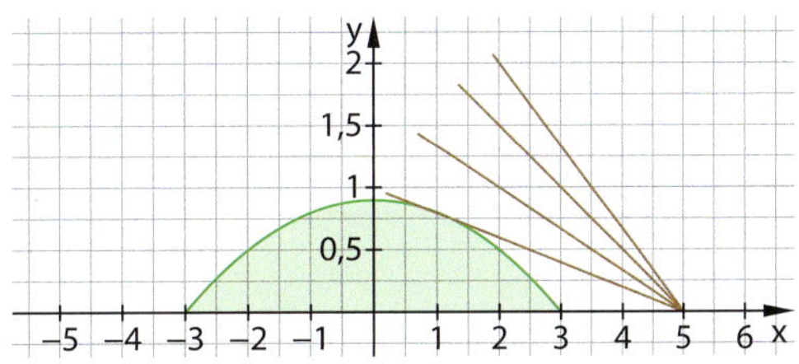

Das Brett verläuft auf einer der Geraden g_k mit $g_k(x) = kx - 5k$.
a) Bestimmen Sie den Wert des Parameters k, für den das Brett aufliegt.
b) Geben Sie die Koordinaten des Auflagepunkts an.

● **14.** Der Wert des Parameters a kann Einfluss auf die Anzahl der Extrempunkte der Graphen von f_a haben. Betrachten Sie die Funktionenschar f_a mit $f_a(x) = \frac{1}{4}x^4 - \frac{a}{3}x^3 + \frac{1}{2}x^2$.
a) Bestimmen Sie a so, dass der Graph von f_a einen oder zwei Extrempunkte hat.
b) Bestimmen Sie a so, dass der Graph von f_a die Maximalanzahl an Extrempunkten hat.

● **15. Ausblick:** Gegeben ist die Funktionenschar f_t mit $f_t(x) = -\frac{1}{t^2}x^3 + \frac{3}{t}x^2$ für $t > 0$.
a) Berechnen Sie die Nullstellen von f_t. Bestimmen Sie f_t', f_t'' und f_t'''.
b) Bestimmen Sie die Extrem- und Wendepunkte der Graphen zu f_t. Beschreiben Sie deren Lage in Abhängigkeit vom Wert des Parameters t.
c) Zeigen Sie, dass alle Extrem- und Wendepunkte auf einer Geraden liegen.

1.8 Abiturtraining

Aufgaben ohne Hilfsmittel

1. Der Graph einer quadratischen Funktion f hat an der Stelle $x = 2$ die gleiche Steigung wie die Gerade g mit $g(x) = -6x + 5$. Der Punkt $H(-1\,|\,2)$ ist ein Hochpunkt des Graphen von f. Beim Ermitteln einer Funktionsgleichung ergibt sich das lineare Gleichungssystem:

$$\left|\begin{array}{rcr} a - b + c &=& 2 \\ -2a + b &=& 0 \\ 4a + b &=& -6 \end{array}\right|$$

   a) Erläutern Sie, wie sich das lineare Gleichungssystem aus den Eigenschaften des Graphen von f ergibt.
   b) Lösen Sie das Gleichungssystem und bestimmen Sie eine Funktionsgleichung von f.

2. Der Graph einer achsensymmetrischen Funktion vierten Grades soll bei $x = 2$ eine Wendestelle haben. Ermitteln Sie, welche Beziehung in diesem Fall zwischen den Parametern a und b in der Funktionsgleichung $f(x) = ax^4 + bx^2 + c$ gelten muss.

3. Gesucht ist eine ganzrationale Funktion vierten Grades. Der Graph der gesuchten Funktion ist achsensymmetrisch zur y-Achse. Der Graph besitzt den lokalen Tiefpunkt $T(2\,|\,8)$. Zudem schneidet der Graph die y-Achse im Punkt $P(0\,|\,16)$.
   a) Skizzieren Sie den Graphen in ein geeignetes Koordinatensystem.
   b) Ermitteln Sie die Funktionsgleichung zum Graphen der Funktion.
   c) Weisen Sie rechnerisch nach, dass die Funktion keine Nullstellen hat.

4. Die Abbildung zeigt die Flugbahn eines Flugzeugs nach dem Start. Das Koordinatensystem wurde dabei so gelegt, dass der Startpunkt des Flugzeugs im Ursprung liegt. Nach 50 km hat das Flugzeug seine Reiseflughöhe von zehn Kilometer erreicht und geht tangential in den Horizontalflug über.

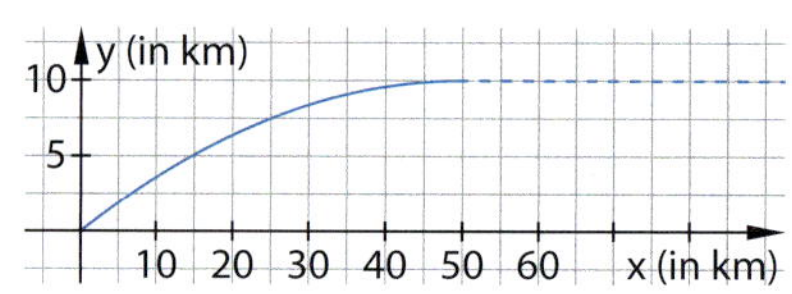

   a) Modellieren Sie den Steigflug des Flugzeugs mithilfe einer quadratischen Funktion.
   b) Passagierflugzeuge haben eine maximale Steigfähigkeit von 20° ($\approx \tan^{-1}(0{,}36)$). Begründen Sie, warum das Modell für ein Passagierflugzeug ungeeignet ist.

5. Für $a > 0$ ist die Funktionenschar f_a mit $f_a(x) = -ax^2 + 4ax - 4a + 1$ gegeben.
   a) Begründen Sie, dass alle Funktionen der Schar zwei verschiedene Nullstellen haben.
   b) Zeigen Sie, dass alle Graphen von f_a einen gemeinsamen Hochpunkt haben. Bestimmen Sie seine Koordinaten.
   c) Bestimmen Sie einen Wert von a so, dass die Tangente an den Graphen von f_a im Punkt $(1\,|\,f_a(1))$ die Steigung 3 hat.

6. Der Graph einer ganzrationalen Funktion dritten Gerades hat im Ursprung einen lokalen Tiefpunkt. Der Wendepunkt des Graphen liegt im Punkt $P(-5\,|\,250)$.
   a) Bestimmen Sie die Funktionsgleichung.
   b) Der Graph gehört zur Funktionenschar f_a mit $f_a(x) = x^3 + (12 - 0{,}75a)x^2 - (60 + 15a)x$. Bestimmen Sie den Scharparameter a zur Funktionsgleichung aus a).
   c) Bestimmen Sie, für welches a der Graph von f_a punktsymmetrisch zum Ursprung ist.
   d) Weisen Sie nach, dass alle Graphen der Funktionenschar f_a an der Stelle $x = -10$ eine waagerechte Tangente haben.

Aufgaben mit Hilfsmitteln

7. Auf einer Messe für Kinderspielzeug wird eine modulare Murmelbahn präsentiert. In einem Bauteil durchläuft die Kugel eine Tal-Berg-Fahrt. Wählt man als eine Längeneinheit 10 cm, kann die Profillinie des Bauteils im Längsschnitt mit dem Graphen einer ganzrationalen Funktion dritten Grades für $0 \leq x \leq 4$ beschrieben werden. Die Kugel startet im Punkt A in einer Höhe von 30 cm und rollt zunächst bergab. Nach einer horizontalen Entfernung von 20 cm erreicht sie den Punkt B, den tiefsten Punkt des Tals. Von dort geht es leicht bergauf über einen Hügel. Im Punkt $C(3\,|\,1)$ ist der Anstieg des Hügels am stärksten.

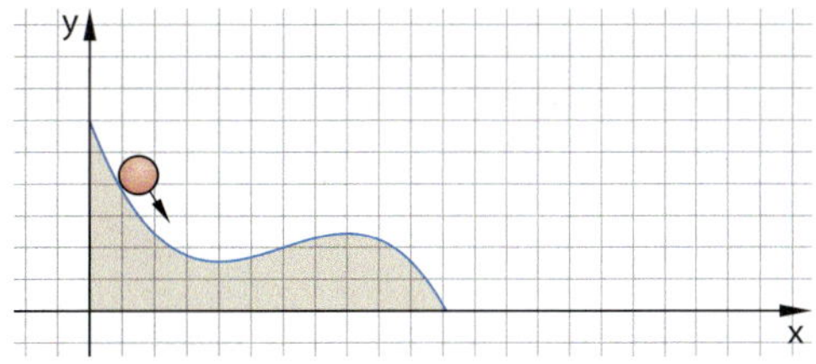

a) Bestimmen Sie eine passende Funktionsgleichung.
b) Ermitteln Sie den höchsten Punkt des Hügels.
Geben Sie die horizontale Entfernung dieses Punktes zum Punkt A an.

Das Bauteil wird ans Ende einer Bahn auf den Boden gestellt. Die Kugel kommt also mit einer bestimmten Geschwindigkeit im Punkt A an. Ist diese Geschwindigkeit zu hoch, verlässt sie im Punkt C die Bahn und geht tangential in eine parabelförmige Flugbahn über.

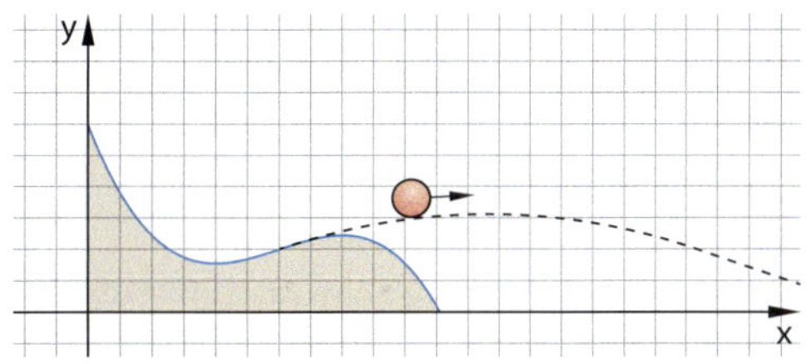

c) Die Flugbahn kann mit einer quadratischen Funktion beschrieben werden, deren Graph durch den Punkt C mit derselben Steigung wie der Graph von f verläuft. Bestimmen Sie eine passende Funktionsgleichung, wenn an der Stelle $x = \frac{19}{3}$ die maximale Höhe der Flugbahn erreicht wird.
d) Ermitteln Sie, an welcher Stelle die Kugel auf dem Boden auftritt.

8. Ein Hersteller von Getränkedosen möchte seine Kosten senken indem er den Materialverbrauch der Dosen minimiert. Die Dosen sollen einen Inhalt von 330 mℓ fassen können. Das Netz einer solchen Dose ist rechts unten abgebildet.

Hinweis:
1 mℓ = 1 cm³

a) Erläutern Sie, warum die lange Rechtecksseite im abgebildeten Netz die Länge $2\pi r$ hat.
b) Stellen Sie eine Zielfunktion auf, die den Materialbedarf der Dose in Abhängigkeit vom Radius r bestimmt. Geben Sie einen sinnvollen Definitionsbereich an.
c) Ermitteln Sie, für welche Werte von r und h der Materialverbrauch unter der vorgegebenen Nebenbedingung am geringsten ist. Geben Sie die minimale Oberfläche an.
d) Beim Materialzuschnitt bleiben Reststücke der Größe $200\,\text{cm}^2$ übrig. Der Hersteller überlegt, daraus weitere Dosen zu formen. Ermitteln Sie das maximale Fassungsvermögen einer solchen Dose.

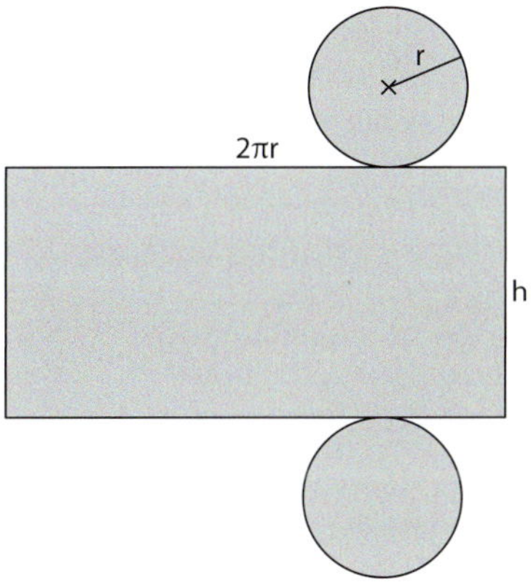

Erinnerung:
Volumen eines Zylinders mit Radius r und Höhe h: $V = \pi r^2 h$

Prüfen Sie Ihr neues Fundament

Lösungen:
↗ S. 327

1. Die Zahl 10 soll so in zwei Summanden zerlegt werden, dass
a) das Produkt,
b) die Summe der Quadrate,
c) die Differenz der Quadrate,
d) die Differenz der dritten Potenzen
der beiden Summanden einen maximalen oder minimalen Wert annimmt.
Ermitteln Sie – falls möglich – die Summanden.

2. Ein quaderförmiges Bassin soll eine rechteckige Grundfläche mit dem Seitenlängenverhältnis 2 : 1 und ein Fassungsvermögen von $32\,m^3$ haben. Die Abmessungen sollen so gewählt werden, dass beim Auskleiden des Bassins innen möglichst wenig Folie benötigt wird.

a) Fertigen Sie eine Skizze vom Bassin an, tragen Sie gegebene Informationen mithilfe von Variablen ein und stellen Sie eine Zielfunktion auf.
b) Ermitteln Sie die Abmessungen.

3. Die Abbildung zeigt den Graphen der Funktion f mit $f(x) = -\frac{1}{8}x^3 + 2x$.
Der Punkt $A(a \mid f(a))$ des Graphen bildet mit dem Koordinatenursprung und dem Punkt $B(a \mid 0)$ im ersten Quadranten ein rechtwinkliges Dreieck.

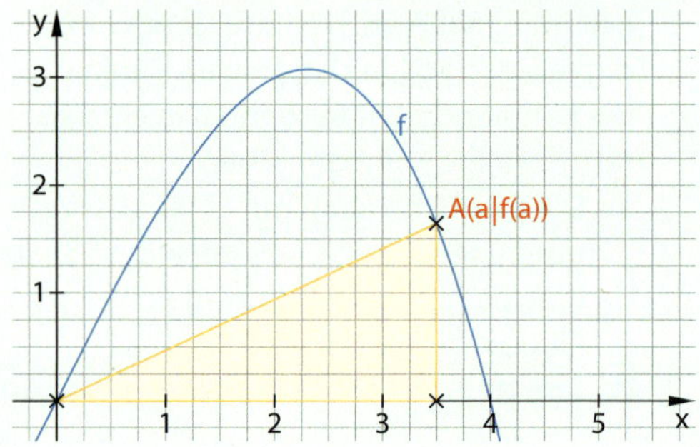

a) Stellen Sie eine Zielfunktion auf, die den Flächeninhalt des Dreiecks in Abhängigkeit von a bestimmt. Geben Sie einen sinnvollen Definitionsbereich an.
b) Bestimmen Sie den Wert von a, für den der Flächeninhalt maximal wird, und geben Sie den maximalen Flächeninhalt an.

4. Formulieren Sie die Bedingungen als Gleichungen.
a) Eine ganzrationale Funktion dritten Grades hat an der Stelle $x = 5$ den Wert 18.
b) Der Graph einer ganzrationalen Funktion dritten Grades schneidet die y-Achse bei 3.
c) Der Graph einer ganzrationalen Funktion vierten Grades berührt die x-Achse an der Stelle $x = 5$.
d) Der Graph einer ganzrationalen Funktion dritten Grades hat im Punkt $A(3 \mid -1)$ die Steigung 4.
e) Der Graph der Ableitungsfunktion einer ganzrationalen Funktion vierten Grades hat im Punkt $B(2 \mid 1)$ eine waagerechte Tangente.

5. Bestimmen Sie eine passende Funktionsgleichung der ganzrationalen Funktion.

Funktion dritten Grades:

① Der Graph durchläuft den Ursprung mit der Steigung −1 und schneidet die x-Achse im Punkt $P(1 \mid 0)$ mit der Steigung 2.

② Der Graph berührt die x-Achse im Ursprung. Die Tangente am Graphen im Punkt $A(3 \mid 0)$ ist parallel zur Geraden mit der Gleichung $y = 5x$.

Funktion vierten Grades:

③ Der Graph hat im Ursprung einen Wendepunkt mit einer waagerechten Tangente und im Punkt $P(5 \mid 5)$ einen Extrempunkt.

④ Der Graph ist symmetrisch zur y-Achse, verläuft durch den Punkt $P(0 \mid 3)$ und hat im Punkt $Q(3 \mid 0)$ ein lokales Minimum.

Lösungen:
↗ S. 327/328

6. Bei einem Indoor-Leichtathletikwettkampf wird eine Kugel aus einer Höhe von 2,20 m unter einem Winkel von 45° abgeworfen und landet 20,52 m entfernt. Modellieren Sie die Flugbahn mit einer quadratischen Funktion. Bestimmen Sie die minimale Höhe der Halle.

7. Bestimmen Sie Werte des Parameters a so, dass der Graph der Funktionenschar f_a mit $f_a(x) = x^3 + 3ax^2 - ax + a$ und $a \in \mathbb{R}$ die angegebene Eigenschaft hat.

① enthält Punkt P(3 | 1) ② Tiefpunkt an der Stelle x = 1 ③ an der Stelle x = 2 die Steigung 5

④ an der Stelle x = 3 eine Wendestelle ⑤ einen Sattelpunkt ⑥ keine Nullstelle

8. Eine ganzrationale Funktion dritten Grades soll in W(0 | 4) einen Wendepunkt und an der Stelle x = 1 einen Extrempunkt haben. Gesucht ist eine passende Funktionsgleichung.
a) Geben Sie alle Lösungen mithilfe einer Funktionsgleichung mit einem Parameter an.
b) Geben Sie eine weitere Bedingung an, sodass eine eindeutige Lösung entsteht.
c) Als zusätzliche Bedingung wird gefordert, dass sich ein weiterer Extrempunkt der Funktion an der Stelle x = −2 befindet. Ermitteln Sie, ob es hierfür eine Lösung gibt.

9. Die Abbildung lässt vermuten, dass alle Graphen der Funktionenschar f_a mit $f_a(x) = \frac{1}{3}x^3 + \frac{2a-1}{2}x^2 - 2ax$ an der Stelle x = 1 einen Tiefpunkt haben.
a) Überprüfen Sie, ob diese Behauptung stimmt.
b) Zeigen Sie, dass sich alle Graphen von f_a in den Punkten (0 | 0) und $\left(2 \middle| \frac{2}{3}\right)$ schneiden.

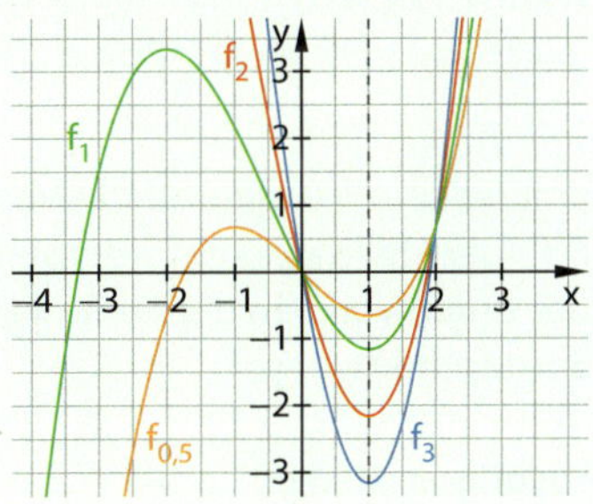

10. Zeigen Sie, dass die Tiefpunkte der Funktionen f_a mit $f_a(x) = \frac{x^3}{2a^3} - \frac{3x^2}{2a^2}$ alle die y-Koordinate −2 haben.

11. Das Eingangsportal einer neuen Mall soll durch den Graphen einer Funktion f_a mit $f_a(x) = \frac{x^4}{a^2} - 2x^2 + a^2$ (x in Meter, a > 0) modelliert werden. Dabei befindet sich der Eingang zwischen den Nullstellen der Funktion f_a.
a) Bestimmen Sie a so, dass der Abstand der beiden Nullstellen 6 m beträgt. Zeichnen Sie für den ermittelten Wert von a den Graphen der Funktion.
b) Bestimmen Sie den Wert für a so, dass die Höhe des Eingangsportals 8 m beträgt.
c) In das Portal soll ein rechteckiges Eingangstor eingebaut werden, das genau in Höhe der Wendepunkte abschließt. Bestimmen Sie den Wert für a so, dass die Höhe des Tors 2,50 m beträgt.
d) Prüfen Sie, ob die Portalkurve mit einem Graphen von f_a so modelliert werden kann, dass das Tor zwischen den Wendepunkten eine quadratische Fläche hat. Wenn ja, bestimmen Sie den entsprechenden Wert für den Parameter a.

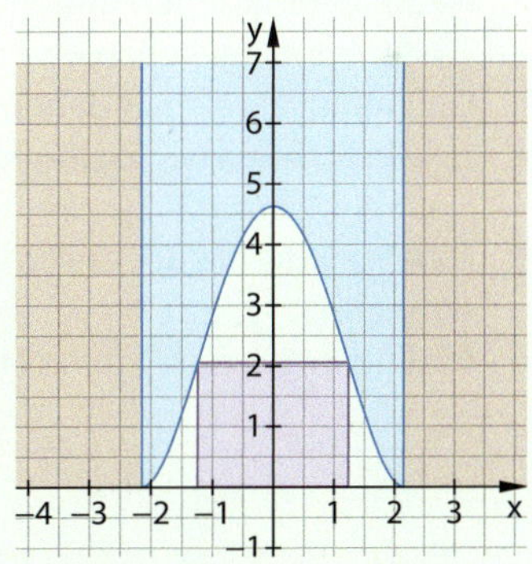

12. Das Copan-Gebäude in São Paulo gilt als eines der größten Wohngebäude der Welt. Die Abbildung zeigt ein grobes Modell seines wellenförmigen Grundrisses.
a) Ermitteln Sie eine ganzrationale Funktion dritten Grades f, die die untere Begrenzungslinie beschreibt.
b) Das Gebäude ist ca. 12 Meter breit. Begründen Sie, dass die Funktion g mit g(x) = f(x) + 12 zur Beschreibung der oberen Begrenzungslinie im Modell ungeeignet ist.

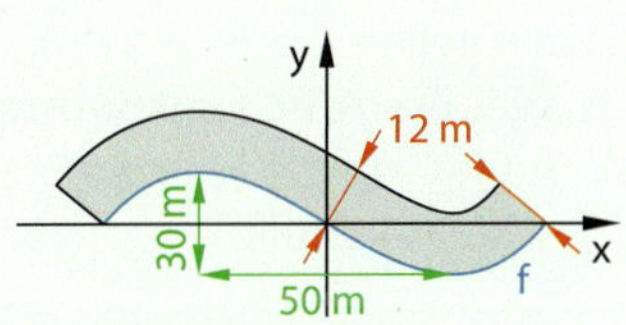

Krümmung, Wendepunkte und Sattelpunkte

Wenn $f''(x) > 0$ bzw. $f''(x) < 0$ für alle $x \in I$, so ist der Graph der Funktion f in dem Intervall I **linksgekrümmt** bzw. **rechtsgekrümmt**.

Der Graph einer Funktion f hat an der Stelle x_W einen **Wendepunkt,** wenn sich die Krümmung des Graphen ändert (Linkskrümmung ↔ Rechtskrümmung). Ein **Sattelpunkt** ist ein Wendepunkt mit einer waagerechten Tangente.

Wenn der Graph einer Funktion f an der Stelle x_W einen **Wendepunkt** hat, dann gilt $\mathbf{f''(x_W) = 0}$.

Wenn $f''(x_W) = 0$ gilt und das Vorzeichen von f'' an der Stelle x_W wechselt, dann ist $(x_W \mid f(x_W))$ ein **Wendepunkt** des Graphen von f.
Wenn $f''(x_W) = 0$ und $f'''(x_W) \neq 0$ gilt, dann ist $(x_W \mid f(x_W))$ ein **Wendepunkt** des Graphen von f.

Wenn $f'(x_W) = 0$ gilt und das Vorzeichen von f' an der Stelle x_W nicht wechselt, dann hat der Graph von f an der Stelle x_W einen **Sattelpunkt**.

$f(x) = -1{,}5x^4 + 4x^3 - 3x^2$
$f''(x) = -18x^2 + 24x - 6 = -18\left(x - \frac{1}{3}\right)(x - 1)$
$f''(x) = 0$ also $x_1 = \frac{1}{3}$ und $x_2 = 1$

$f''(x) < 0$ für $x < \frac{1}{3}$ und $x > 1$: rechtsgekrümmt

$f''(x) > 0$ für $\frac{1}{3} < x < 1$: linksgekrümmt

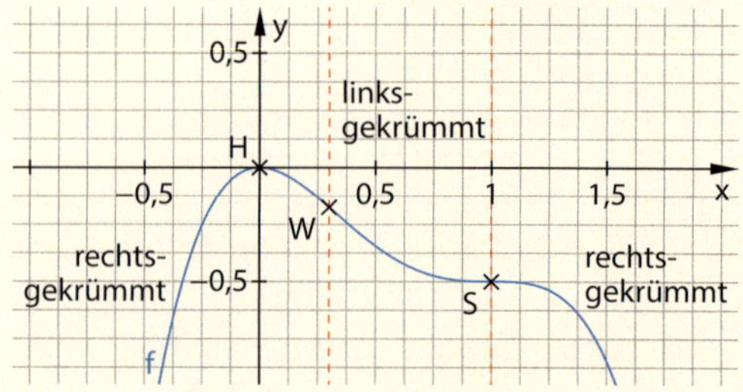

Da $f''\left(\frac{1}{3}\right) = 0$ und $f''(1) = 0$ und sich an diesen Stellen bei f'' das Vorzeichen ändert, liegen bei $x_1 = \frac{1}{3}$ und $x_2 = 1$ Wendepunkte.
Außerdem gilt: $f'''(x) = -36x + 24$
$f'''\left(\frac{1}{3}\right) = 12 \neq 0$ und $f'''(1) = -12 \neq 0$

Da $f'(1) = 0$ und f' an der Stelle 1 das Vorzeichen nicht wechselt, liegt bei $x_2 = 1$ ein Sattelpunkt.

Extremalprobleme

Lösungsstrategie:.
1. Gleichung für die Größe aufstellen
2. Nebenbedingungen finden
3. Zielfunktion aufstellen und Definitionsbereich angeben
4. Lokale Extrema der Zielfunktion im Definitionsbereich bestimmen
5. Globale Extrema der Zielfunktion ermitteln
6. Lösung im Kontext interpretieren

$f(x) = -\frac{1}{3}x^2 + 3$

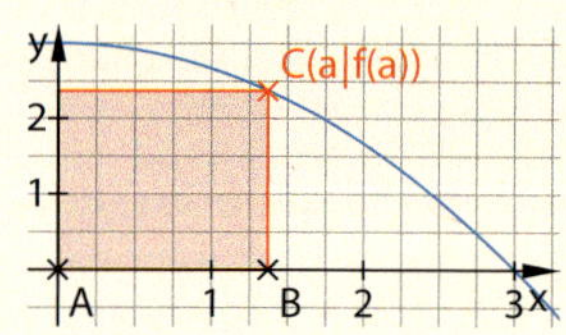

Gesucht ist a, sodass der Flächeninhalt des Rechtecks ABCD mit Eckpunkt $C(a \mid f(a))$ maximal wird.
1. $A = b \cdot h$ (Breite · Höhe)
2. $b = a$; $h = f(a)$
3. $A(a) = a \cdot f(a) = -\frac{1}{3}a^3 + 3a$; $0 \leq a \leq 3$
4. Lokales Maximum von A bei $a = \sqrt{3}$
5. Randwerte: $A(0) = A(3) = 0 < A(\sqrt{3})$
6. Flächeninhalt ist maximal für $a = \sqrt{3}$

Rekonstruktion von Funktionstermen

Schritte zur Bestimmung der ganzrationalen Funktion:
1. Eigenschaften in Bedingungen an die Funktion/Ableitung übersetzen
2. Einsetzen in die allgemeine Form und LGS aufstellen
3. LGS lösen und Funktionsterm angeben
4. Prüfen, ob der Funktionsterm die Eigenschaften erfüllt

Gesucht ist die quadratische Funktion f mit y-Achsenabschnitt 2 und lokalem Extremum bei $x = 3$, deren Graph den Punkt $(2 \mid 6)$ enthält.
1. $f(0) = 2$; $f(2) = 6$; $f'(3) = 0$
2. $f(x) = ax^2 + bx + c$; $f'(x) = 2ax + b$
   $f(0) = 2 \Rightarrow c = 2$
   $f(2) = 6 \Rightarrow 4a + 2b + c = 6$
   $f'(3) = 0 \Rightarrow 6a + b = 0$
3. Lösung: $a = -0{,}5$; $b = 3$; $c = 2$
   $f(x) = -0{,}5x^2 + 3x + 2$
4. $f''(3) = -1 \neq 0 \Rightarrow$ lok. Extremum bei 3

2. Exponentialfunktionen und Wachstum

Bei der Radiokarbonmethode wird der noch vorhandene Gehalt an radioaktivem Karbon in Fossilien gemessen und mithilfe der Halbwertszeit das Alter eines Präparats bestimmt. Da radioaktiver Zerfall exponentiell verläuft, werden zur Berechnung Exponentialfunktionen genutzt.

Nach diesem Kapitel können Sie …
- Eigenschaften der Exponentialfunktion zur Basis e beschreiben und diese ableiten,
- Exponentialgleichungen lösen,
- Wachstums- und Zerfallsprozesse mithilfe von Exponentialfunktionen beschreiben und untersuchen,
- asymptotisches Verhalten beschreiben.

Lösungen ↗ S. 328

Exponentielles Wachstum erkennen und beschreiben

1. Die Tabellen beschreiben einen exponentiellen Vorgang. Ergänzen Sie fehlende Werte.

a)

n	0	1	2	3	5
B(n)	2	6	18		

b)

n	0	1	3	5	7
B(n)	800	400			

2. Prüfen Sie, ob lineares oder exponentielles Wachstum vorliegt.

a)

n	1	2	3	5	7
B(n)	2	4	6	10	14

b)

n	1	2	3	4	6
B(n)	$\frac{1}{2}$	$\frac{1}{4}$	$\frac{1}{8}$	$\frac{1}{16}$	$\frac{1}{64}$

3. Entscheiden Sie, ob exponentielles Wachstum vorliegt, und geben Sie gegebenenfalls den Wachstumsfaktor an.
   a) Der Wert eines Autos nimmt jährlich um 20 % des Vorjahreswertes ab.
   b) Johanna spart monatlich 50 €.
   c) Eine Nachricht wird von jedem Empfänger an 7 weitere Personen geschickt.
   d) Eine spezielle Algenkultur (15 g) verdoppelt ihre Masse alle zwei Tage.

4. 1980 lebten 4,4 Milliarden Menschen auf der Erde und es wurde eine jährliche Bevölkerungszunahme von ca. 1,7 % prognostiziert.
   a) Berechnen Sie die prognostizierte Bevölkerung für die Jahre 2000, 2017 und 2018.
   b) Tatsächlich lebten 2000 6,1 Milliarden, 2017 7,5 Milliarden und 2018 7,6 Milliarden Menschen. Vergleichen Sie die Angabe mit der Prognose.
   c) Geben Sie die prozentuale Bevölkerungszunahme von 2017 zu 2018 an.

Exponentialfunktionen und Exponentialgleichungen

5. Ordnen Sie jedem Funktionsgraphen die passende Funktionsgleichung zu.
   $f(x) = 2^x$ $g(x) = 3{,}1^x$ $h(x) = 1{,}3^x$
   $j(x) = 0{,}2^x$ $k(x) = \left(\frac{1}{2}\right)^x$ $l(x) = \left(\frac{3}{4}\right)^x$

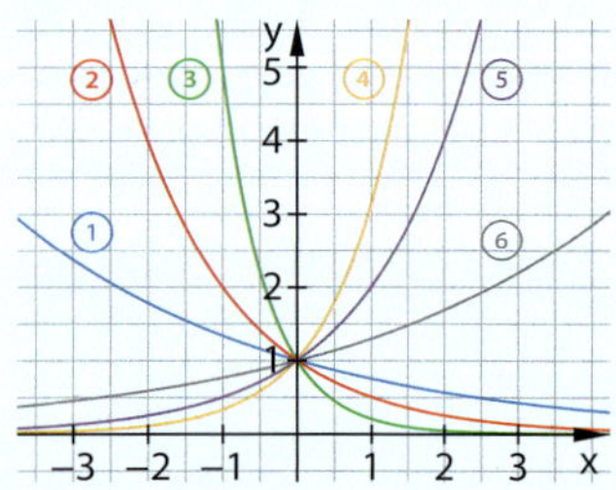

6. Lesen Sie an der Funktionsgleichung ab, ob der Graph von f steigend oder fallend ist. Geben Sie den Schnittpunkt mit der y-Achse an.
   a) $f(x) = 2 \cdot 3^x$ b) $f(x) = 4 \cdot 0{,}7^x$ c) $f(x) = (-3) \cdot 2^x$ d) $f(x) = (-0{,}2) \cdot \left(\frac{1}{3}\right)^x$

7. Ermitteln Sie den Logarithmus ohne Hilfsmittel.
   a) $\log_2(32)$ b) $\lg(1000)$ c) $\log_7(1)$ d) $\log_4\left(\frac{1}{16}\right)$

8. Lösen Sie die Exponentialgleichung. Runden Sie das Ergebnis auf Hundertstel.
   a) $2^x = 128$ b) $10^x = 350$ c) $1{,}1^x - 150 = 70$ d) $4 + 0{,}9^x = 25$
   e) $3 \cdot 1{,}2^x = 270$ f) $\frac{12}{2^x} = 4$ g) $5 : 2{,}2^x = 1$ h) $3^x = -2$

Hinweis zu 9b: Bringen Sie die exponentiellen Terme auf eine Seite der Gleichung und wenden Sie die Potenzgesetze an.

9. Gegeben sind die zwei Exponentialfunktionen f und g mit $f(x) = 1{,}5^x$ und $g(x) = 0{,}5 \cdot 2^x$.
   a) Zeichnen Sie beide Graphen und lesen Sie die Koordinaten des Schnittpunkts ab.
   b) Bestimmen Sie rechnerisch die Koordinaten des Schnittpunkts der Graphen von f und g und vergleichen Sie mit a).

10. Der Graph von g ergibt sich durch eine Spiegelung des Graphen von f an der y-Achse. Geben Sie eine Funktionsgleichung von g an.

a) $f(x) = 3^x$ b) $f(x) = \left(\frac{1}{5}\right)^x$ c) $f(x) = 0{,}25^x$ d) $f(x) = 1{,}5^x$

Lösungen
↗ S. 328/329

Exponentielle Bestandsfunktionen bestimmen

11. Ermitteln Sie eine exponentielle Bestandsfunktion zum Anfangswert a, deren Graph durch den Punkt P verläuft.

a) $a = 1500$; $P(1\,|\,750)$ b) $a = 1{,}6$; $P(5\,|\,4{,}8)$
c) $a = 32$; $P(3\,|\,4)$ d) $a = 2{,}4$; $P(0{,}5\,|\,3{,}6)$

12. Ermitteln Sie rechnerisch den Funktionsterm der Exponentialfunktion $f(x) = a \cdot b^x$, deren Graph durch die folgenden Punkte verläuft.

a) $A(0\,|\,5)$ und $B(1\,|\,7{,}5)$
b) $A(2\,|\,75)$ und $B(6\,|\,46875)$
c) $A(-3\,|\,16)$ und $B(2\,|\,0{,}5)$

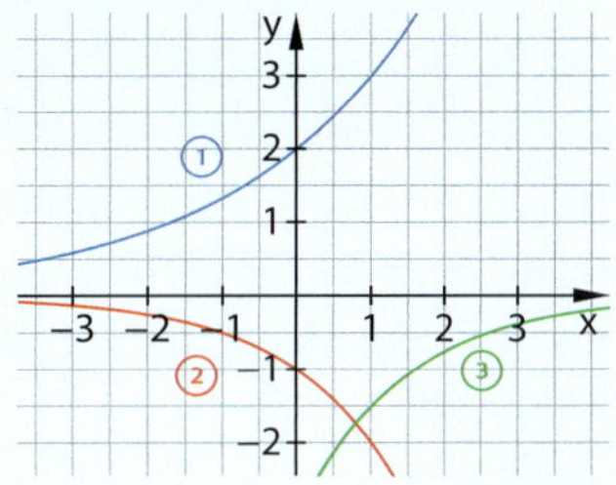

13. Die Abbildung zeigt Graphen zu Exponentialfunktionen der Form $f(x) = a \cdot b^x$. Bestimmen Sie passende Funktionsgleichungen.

14. Entscheiden Sie, ob die Wertetabelle zu einer Exponentialfunktion f der Form $f(x) = a \cdot b^x$ gehört. Wenn ja, geben Sie eine Funktionsgleichung an.

a)

x	−3	1	3	7
f(x)	0,5	8	32	512

b)

x	0	1	2	5
f(x)	2	3	4	7

c)

x	−4	−1	1	3
f(x)	6250	50	2	0,08

15. Radioaktive Strahlung kann man durch Bleiplatten abschirmen. Bei solchen Platten wird die Intensität von Gammastrahlen pro 15 mm Dicke um 50 % reduziert. Ermitteln Sie, auf welchen Teil ihres ursprünglichen Wertes die Strahlungsintensität nach Durchgang durch eine 60 mm starke Bleiplatte sinkt.

16. Eine Bakterienkultur besteht anfangs aus 150 Bakterien. Unter Laborbedingungen wächst die Kultur exponentiell um 20 % pro Stunde. Stellen Sie eine Funktionsgleichung auf, die den Wachstumsprozess in Abhängigkeit von der Zeiteinheit t beschreibt.

a) t in Stunden b) t in Minuten c) t in Tagen

Vermischtes

17. Lösen Sie die Gleichung.

a) $\frac{1}{2}x + 3 = \frac{7}{2x}$ b) $\frac{3}{x-2} = \frac{4}{x+3}$ c) $x^3 + 6x^2 = -9x$ d) $|x + 1| = \frac{1}{4}$

18. Stellen Sie die Gleichung nach den angegebenen Variablen um.

a) $v = \frac{s}{t}$ (s; t) b) $V = \pi r^2 h$ (r mit $r > 0$) c) $\frac{B}{G} = \frac{b-f}{f}$ (B; b) d) $A = \frac{a+c}{2} \cdot h$ (a; h)

19. Formulieren Sie für folgenden Sachverhalt eine Zielfunktion mit nur einer Variablen:
Die Zahl 8 soll so in zwei Summanden zerlegt werden, dass das Produkt der Summanden (die Summe der Quadrate der Summanden) einen Extremwert annimmt.

2.1 Natürliche Exponentialfunktion

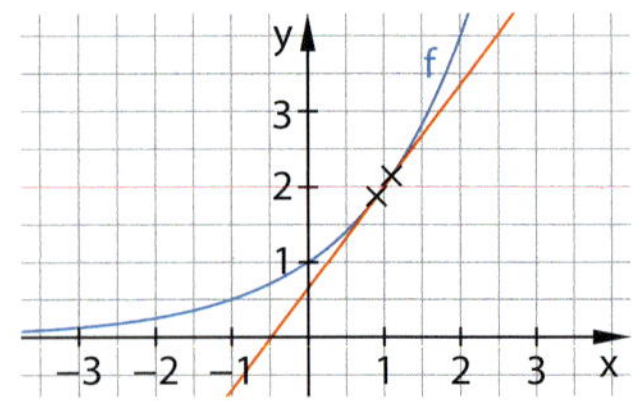

■ Abgebildet ist der Graph von f mit $f(x) = 2^x$. Die Steigung an der Stelle x = 1 kann durch die Steigung der Sekante im Intervall [0,9; 1,1] angenähert werden.

a) Bestimmen Sie $\frac{f(1{,}1) - f(0{,}9)}{0{,}2}$ und führen Sie entsprechende Rechnungen für x = −3, −2, −1, 0, 2, 3 durch.

b) Skizzieren Sie mithilfe der Werte aus a) näherungsweise den Verlauf des Graphen von f′. Was fällt Ihnen auf, wenn Sie ihn mit dem Graphen von f vergleichen? ■

Mit Exponentialfunktionen kann man exponentielles Wachstum beschreiben. Die Funktion f mit $f(x) = 2^x$ gibt zum Beispiel die Anzahl von Bakterien zum Zeitpunkt x Tage an, wenn sich der Bestand täglich verdoppelt. Mit der Ableitung von f kann die momentane Geschwindigkeit des Wachstums zu einem beliebigen Zeitpunkt bestimmt werden.

Um eine Regel zur Ableitung von Exponentialfunktionen wie $f(x) = 2^x$ zu finden, werden sowohl f als auch f′ grafisch dargestellt.

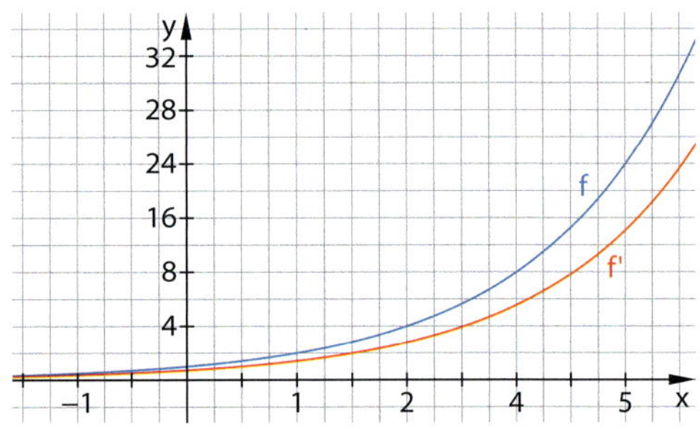

Die Graphen lassen vermuten, dass die Ableitung einer Exponentialfunktion ebenfalls eine Exponentialfunktion ist.

Der nebenstehenden Tabelle kann man auch entnehmen, dass das Verhältnis von f′(x) und f(x) stets konstant ist und der Ableitung an der Stelle 0 entspricht.

x	f(x)	f′(x)	$\frac{f'(x)}{f(x)}$
−1	0,5	0,3466	0,693
0	1	0,693	0,693
1	2	1,386	0,693
2	4	2,773	0,693
5	32	22,18	0,693

Es gilt also $f'(x) = k \cdot 2^x$ mit $k = f'(0) \approx 0{,}693$.

Die momentane Wachstumsgeschwindigkeit ist proportional zum Bestand der Bakterien.

Erinnerung:
$f'(x) = \lim\limits_{h \to 0} \frac{f(x+h) - f(x)}{h}$

Mithilfe des Differenzenquotienten kann man allgemein für $f(x) = b^x$ mit b > 0 zeigen:

$$f'(0) = \lim_{h \to 0} \frac{b^{0+h} - b^0}{h} = \lim_{h \to 0} \frac{b^h - 1}{h}$$

$$f'(x) = \lim_{h \to 0} \frac{b^{x+h} - b^x}{h} = \lim_{h \to 0} \frac{b^x \cdot b^h - b^x}{h} = \lim_{h \to 0} \frac{b^x(b^h - 1)}{h} = b^x \cdot \lim_{h \to 0} \frac{b^h - 1}{h} = b^x \cdot f'(0)$$

Bestimmt man für verschiedene Basen b näherungsweise $f'(0) = \lim\limits_{h \to 0} \frac{b^h - 1}{h}$, so lassen die Angaben in der Tabelle vermuten, dass es eine Basis b zwischen 2,71 und 2,72 gibt, für die f′(0) = 1 ist und somit f′(x) = f(x) für alle x gilt. Eine solche Basis existiert tatsächlich. Man nennt sie die **Euler´sche Zahl e**.

$f(x) = b^x$	$f'(x) = f'(0) \cdot b^x$
2^x	$0{,}693 \cdot 2^x$
$2{,}7^x$	$0{,}993 \cdot 2{,}7^x$
$2{,}71^x$	$0{,}9969 \cdot 2{,}71^x$
$2{,}72^x$	$1{,}0006 \cdot 2{,}72^x$
$2{,}8^x$	$1{,}030 \cdot 2{,}8^x$
3^x	$1{,}099 \cdot 3^x$

Info:
Leonhard Euler, 1707–1783, Schweizer Mathematiker

Für e gilt: $f'(0) = \lim\limits_{h \to 0} \frac{e^h - 1}{h} = 1$.

e ist eine irrationale Zahl, also eine unendlich lange Dezimalzahl, die nicht periodisch ist. Näherungsweise gilt $e \approx 2{,}71828$.

Wissen: Euler´sche Zahl e und natürliche Exponentialfunktion
Die Funktion f mit $f(x) = e^x$ heißt **natürliche Exponentialfunktion** (oder **e-Funktion**). Für ihre Ableitung gilt $f'(x) = e^x$.
Die Basis $e \approx 2{,}71828$ heißt **Euler´sche Zahl**.

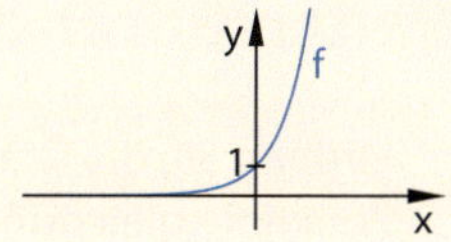

Hinweis:
Es gilt:
$e = \lim\limits_{n \to \infty} \left(1 + \frac{1}{n}\right)^n$

Beim Graphen zu $f(x) = e^x$ stimmt an jeder Stelle die Steigung mit dem Funktionswert überein. Der Graph nähert sich für $x \to -\infty$ asymptotisch der x-Achse, ohne diese zu berühren.

Basisaufgaben

1. Die Zeichnung zeigt den Graphen der natürlichen Exponentialfunktion f mit $f(x) = e^x$.
   a) Berechnen Sie die Funktionswerte von f für $x = 2$, $x = 1$, $x = 0$, $x = -1$ und $x = -2$ mit dem Taschenrechner.
   b) Geben Sie den Definitions- und Wertebereich an. Beschreiben Sie das Verhalten der Funktionswerte für $x \to -\infty$ und $x \to \infty$.
   c) Geben Sie das Monotonie- und Krümmungsverhalten des Graphen von f an.

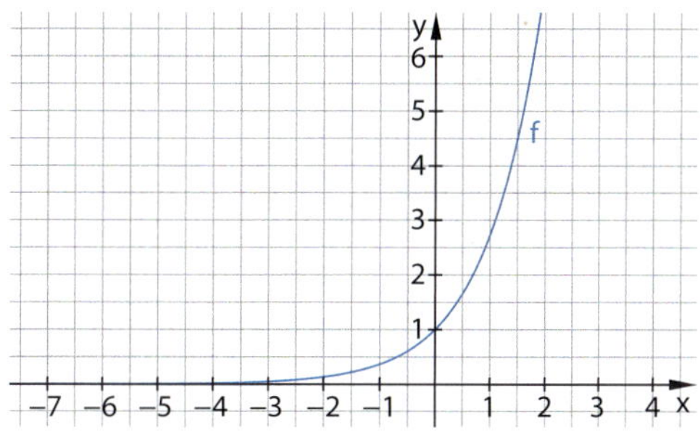

Hinweis:
Zur Berechnung von Werten von e^x gibt es auf vielen Taschenrechnern eine Taste, meist e^x oder $e^{■}$.

2. Gegeben ist die Funktion f mit $f(x) = e^x$.
   a) Begründen Sie mithilfe der Ableitungen das Monotonie- und Krümmungsverhalten des Graphen von f.
   b) Begründen Sie mithilfe der Ableitungen, dass der Graph von f keine lokalen Extrempunkte und keine Wendepunkte hat.

3. Bestimmen Sie die erste und zweite Ableitung der Funktion f.
   a) $f(x) = 5e^x$
   b) $f(x) = e^x + 7$
   c) $f(t) = -3e^t$
   d) $f(x) = 8 - e^x$
   e) $f(x) = 3e^x - 8x^2 + 2e^x - 4x$
   f) $f(x) = -\frac{1}{4}\left(e^x - \frac{3}{x}\right)$

4. Gegeben ist die natürliche Exponentialfunktion f mit $f(x) = e^x$.
   a) Begründen Sie, dass an jeder Stelle die Tangentensteigung des Graphen gleich dem Funktionswert ist.
   b) Bestimmen Sie die Gleichung der Tangente bei $x = 0$ und $x = 1$.
   c) Ermitteln Sie die Gleichung der Normalen bei $x = 1$ (im Bild grün).

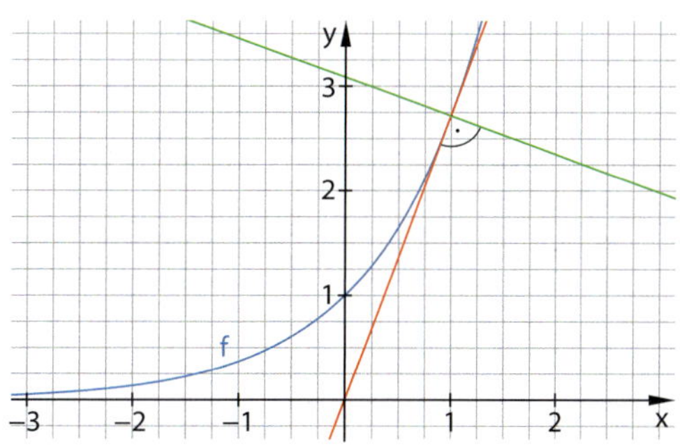

Erinnerung:
Die Gerade mit der Steigung m und die Gerade mit der Steigung $-\frac{1}{m}$ stehen senkrecht zueinander.

5. Skizzieren Sie in ein Koordinatensystem die e-Funktion sowie eine an der x-Achse und eine an der y-Achse gespiegelte e-Funktion. Geben Sie auch die Funktionsvorschrift der gespiegelten Graphen an.

6. Gegeben sind die Funktionen $f(x) = e^x$, $g(x) = e^{-x}$, $h(x) = -e^x$ und $j(x) = -e^{-x}$.
   a) Skizzieren Sie die Graphen in ein Koordinatensystem.
   b) Bestimmen Sie anhand der Zeichnung gemeinsame Punkte. Weisen Sie diese auch rechnerisch nach.
   c) Geben Sie für jede Funktion ihre Asymptote an.

Weiterführende Aufgaben

7. Ordnen Sie die Graphen ① bis ⑤ den Funktionsgleichungen zu.

$f(x) = e^x$ $g(x) = -0{,}5e^{1{,}5x}$ $h(x) = 2e^{-x}$ $i(x) = -0{,}5e^{3x}$ $j(x) = -0{,}5e^{-x}$

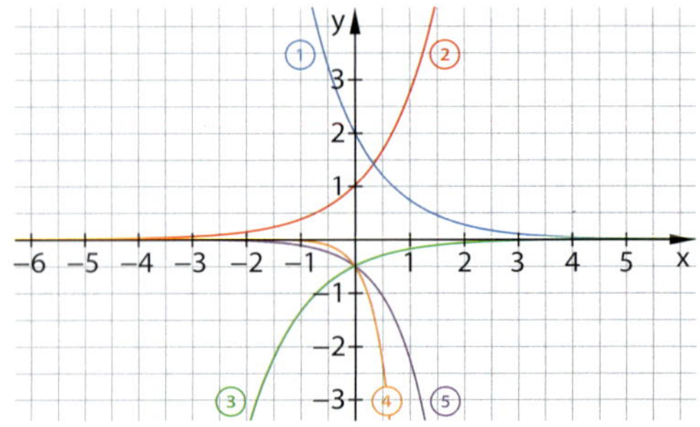

8. Stolperstelle: Jan und Eva haben die Ableitung der Funktion f mit $f(x) = e^{-x}$ gebildet. Skizzieren Sie den Graphen von f und begründen Sie damit, welche Ableitung richtig gebildet wurde.
Jan: $f'(x) = e^{-x}$ Eva: $f'(x) = -e^{-x}$

9. Der Verlauf einer Straße wird durch die Funktion f mit $f(x) = e^x$ beschrieben. Die Straße endet bisher im Dorf P mit den Koordinaten $P(1 \mid e)$. Es soll nun der weitere Verlauf der Straße geplant werden. Der neue Straßenabschnitt soll durch eine ganzrationale Funktion zweiten Grades modelliert werden. Diese Funktion schließt an die bisherige Straße knickfrei an. An der Stelle $x = 4$ hat der Straßenabschnitt seinen nördlichsten Punkt erreicht.
Ermitteln Sie die Funktionsgleichung, welche den neuen Straßenabschnitt modelliert.

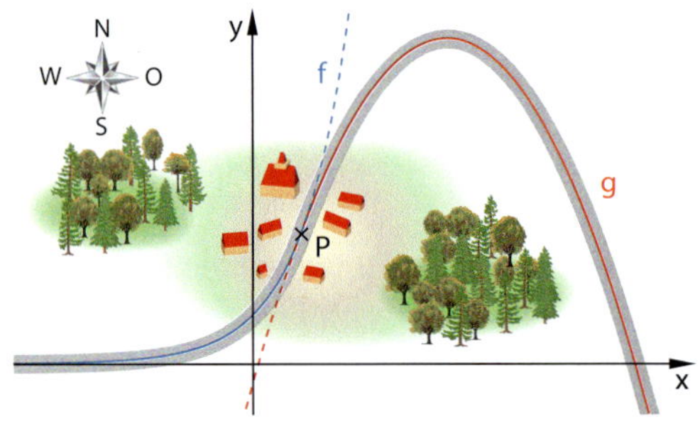

10. Gegeben ist die Funktion f mit $f(x) = e^x$.
a) Formulieren Sie Aussagen über die Existenz von Nullstellen sowie Extrem- und Wendepunkten. Begründen Sie Ihre Aussagen.
b) Prüfen Sie, welche der Aussagen aus a) sich auf alle Funktionen der Form $g(x) = c \cdot e^x$ mit $c \neq 0$ verallgemeinern lassen.

11. Geben Sie für die Funktion f mit $f(x) = c \cdot e^{ax}$ in Abhängigkeit von den Parametern a und c jeweils den Definitions- und Wertebereich, das Monotonie- und Krümmungsverhalten sowie das Verhalten der Funktionswerte für $x \to -\infty$ und $x \to \infty$ an.

● **12.** Erläutern Sie, wie der Graph der Funktion f mit $f(x) = c \cdot e^{ax+b} + d$ $(a, c \neq 0)$ aus dem Graphen der natürlichen Exponentialfunktion hervorgeht.

● **13. Ausblick:**
a) Es gilt $e = \lim\limits_{n \to \infty} \left(1 + \frac{1}{n}\right)^n$, d. h. für große $n \in \mathbb{N}$ nähert sich der Term der Euler´schen Zahl $e \approx 2{,}71828$ an. Weisen Sie dies mithilfe einer Näherungstabelle nach.
b) Gleichungen, in denen eine Funktion und ihre Ableitungen vorkommen, nennt man **Differenzialgleichungen.** Zeigen Sie, dass alle Funktionen der Form $f(x) = c \cdot e^x$ mit $c \in \mathbb{R}$ die Differenzialgleichung $f'(x) = f(x)$ erfüllen.
c) Ermitteln Sie eine Funktion f, die die Differenzialgleichung $f'(x) = f(x)$ erfüllt und deren Graph die y-Achse im Punkt $(0 \mid -3)$ schneidet.

2.2 Lineare Kettenregel

■ Lara hat rechts die Ableitung der Funktion f mit $f(x) = (2 - x)^3$ bestimmt.

a) Erläutern Sie Laras Vorgehen.

b) Überprüfen Sie Laras Ergebnis, indem Sie den Term von f ausmultiplizieren und ableiten. ■

$f(x) = (2 - x)^3$
$f'(x) = 3(2 - x)^2$

Die Ableitung der natürlichen Exponentialfunktion f mit $f(x) = e^x$ ist bekannt. Die Funktion g mit $g(x) = e^{x-2}$ ergibt sich durch Verschiebung und die Funktion h mit $h(x) = e^{2x}$ durch Stauchung des Graphen von f in x-Richtung. Die Ableitungen von g und h lassen sich allerdings nicht ohne Weiteres bestimmen.

Beim Verschieben eines Funktionsgraphen in x-Richtung verändert sich die Steigung der eingezeichneten Tangente nicht, weil diese ebenfalls nur verschoben wird.
Es gilt also $g'(x) = f'(x - 2)$.

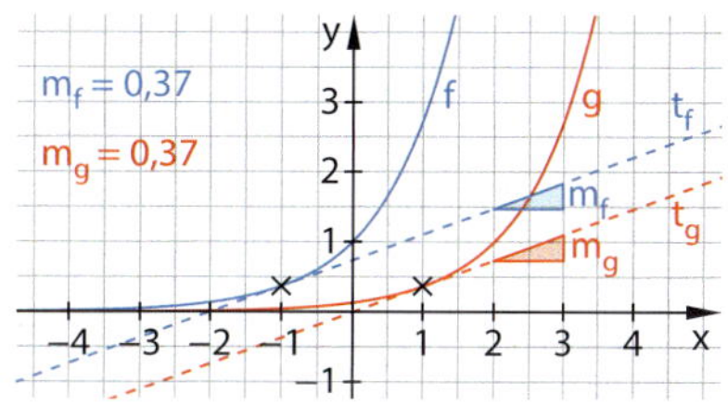

Anders ist es beim Stauchen und Strecken.
Der Graph von h entsteht aus dem Graphen von f durch Stauchung in x-Richtung. Die Steigung jeder Tangente wird dabei um den Faktor 2 erhöht. Die Steigung von h an der Stelle x ist doppelt so groß wie die von f an der Stelle 2x.
Es gilt also $h'(x) = 2 \cdot f'(2x)$.

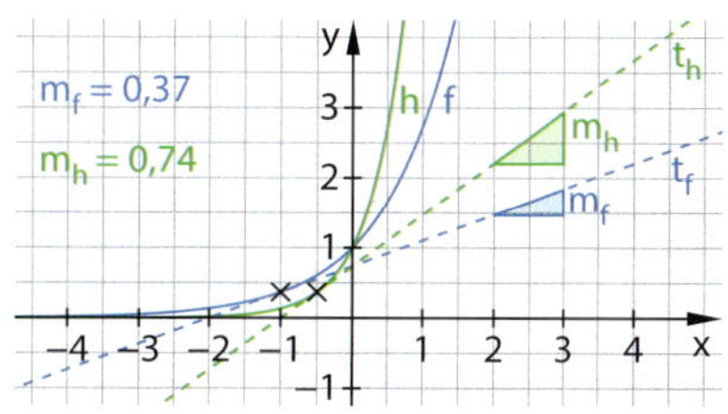

Satz: Lineare Kettenregel
Hat die Funktion g die Ableitung g′ und sind $a, b \in \mathbb{R}$, dann hat die Funktion f mit $f(x) = g(ax + b)$ die Ableitung $f'(x) = a \cdot g'(ax + b)$.
Für Funktionen der Form $f(x) = e^{ax+b}$ gilt insbesondere: $f'(x) = a \cdot e^{ax+b}$.

Beispiel: Bestimmen Sie die Ableitung der Funktion f.

a) $f(x) = e^{-2x+4}$ b) $f(x) = (3x - 9)^6$ c) $f(x) = \sqrt{-x + 7}$

Lösung:

a) Wenden Sie die Formel der linearen Kettenregel für Exponentialfunktionen an.

$f(x) = e^{-2x+4}$
$f'(x) = -2 \cdot e^{-2x+4}$

b) Ersetzen Sie im Funktionsterm den linearen Term 3x − 9 durch z, um g(z) zu erhalten. Bestimmen Sie g′(z) und wenden Sie die lineare Kettenregel an.

$f(x) = (3x - 9)^6$ $g(z) = z^6$
$z = 3x - 9$ $g'(z) = 6 \cdot z^5$
$f'(x) = 3 \cdot g'(3x - 9) = 3 \cdot 6 \cdot (3x - 9)^5$
$= 18 \cdot (3x - 9)^5$

c) Ersetzen Sie im Funktionsterm den Term −x + 7 durch z und bilden Sie g(z) sowie g′(z). Wenden Sie die lineare Kettenregel an. Setzen Sie in g′(z) wieder −x + 7 für z ein und multiplizieren Sie mit a = −1.

$f(x) = \sqrt{-x + 7}$ $g(z) = \sqrt{z}$
$z = -x + 7$ $g'(z) = \frac{1}{2\sqrt{z}}$
$f'(x) = (-1) \cdot g'(-x + 7) = (-1) \cdot \frac{1}{2\sqrt{-x + 7}}$
$= -\frac{1}{2\sqrt{-x + 7}}$

Basisaufgaben

1. Übertragen Sie die Tabelle in Ihr Heft und vervollständigen Sie sie.

$f(x) = g(ax + b)$	$z = ax + b$	$g(z)$	$g'(z)$	$f'(x) = a \cdot g'(ax + b)$
$(4x - 2)^3$	$4x - 2$	z^3	$3z^2$	$4 \cdot 3(4x - 2)^2$
$(-7x + 5)^4$				
$\sqrt{8x + 3}$				
e^{-x}				
$(2x + 3)^{-1}$				
$(9 - x)^5$				
$e^{5x - 3}$				
$(x + 3)^{-2}$				

2. Bestimmen Sie die Ableitung und vereinfachen Sie das Ergebnis.

a) $f(x) = e^{6x}$ b) $f(x) = (0{,}5x - 7)^4$ c) $f(x) = \sqrt{3x + 1}$
d) $f(x) = e^{4x - 1}$ e) $f(x) = (-5x + 12)^7$ f) $f(x) = \sqrt{4 - 2x}$
g) $f(x) = (x - 8)^{-2}$ h) $f(x) = \frac{1}{2}e^{3 + 4x} - 2$ i) $f(x) = x - e^{-2x}$

3. Bestimmen Sie die Ableitungsfunktion von f. Schreiben Sie den Quotienten als Potenz mit negativem Exponenten und wenden Sie anschließend die Kettenregel an.

Erinnerung:
Es gilt: $\frac{1}{x^n} = x^{-n}$

Beispiel: $f(x) = \frac{1}{(2x - 3)^4} = (2x - 3)^{-4}$

$f'(x) = 2 \cdot (-4) \cdot (2x - 3)^{-5} = -\frac{8}{(2x - 3)^5}$

a) $f(x) = \frac{1}{(5x + 1)^2}$ b) $f(x) = \frac{1}{x - 3}$ c) $f(x) = \frac{1}{\sqrt{1 - x}}$
d) $f(x) = \frac{2}{(-4x + 11)^6}$ e) $f(x) = \frac{1}{e^x}$ f) $f(x) = -\frac{3}{e^{4x + 5}}$

Weiterführende Aufgaben

4. Gegeben ist die Funktion f mit $f(x) = (6 - 5x)^2$.

a) Bestimmen Sie die Ableitung von f sowohl mit der linearen Kettenregel als auch durch Ausmultiplizieren und Ableiten der Summanden.

b) Wählen Sie begründet eine Methode aus, um die Funktion g mit $g(x) = (6 - 5x)^4$ abzuleiten.

5. **Stolperstelle:** Beim Ableiten wurden Fehler gemacht. Finden und korrigieren Sie diese.

a) $f(x) = (4x - 1)^2$
$f'(x) = 2(4x - 1)$

b) $f(x) = \sqrt{3x - 2}$
$f'(x) = 3\sqrt{3x - 2}$

c) $f(x) = \frac{1}{(2x - 1)^2}$
$f'(x) = 2 \cdot \frac{-2}{x^3}$

6. Bestimmen Sie die Ableitung der Funktion f mit $f(x) = (-2x + 1)^6$. Ermitteln Sie die Art und Lage des Extrempunkts des Graphen von f mit dem Vorzeichenwechselkriterium.

7. Gegeben ist die Funktion f mit $f(x) = e^{ax + b}$ $(a \neq 0, b \in \mathbb{R})$.
Zeigen Sie, dass der Graph von f weder Nullstellen, noch Extrem- oder Wendepunkte hat.

Wissen: Quadratische Kettenregel
Hat die Funktion g die Ableitung g' und sind a, b, c ∈ ℝ, dann hat die Funktion f mit $f(x) = g(ax^2 + bx + c)$ die Ableitung $f'(x) = (2ax + b) \cdot g'(ax^2 + bx + c)$.
Für Funktionen der Form $f(x) = e^{ax^2 + bx + c}$ gilt insbesondere: $f'(x) = (2ax + b) \cdot e^{ax^2 + bx + c}$.

8. Bestimmen Sie die Ableitung der Funktion f.
a) $f(x) = (3x^2 - 2)^5$ b) $f(x) = \sqrt{2x - 5x^2}$ c) $f(x) = e^{-x^2}$
d) $f(x) = e^{2x^2 - 3x + 1}$ e) $f(x) = \frac{1}{x^2 - 6x + 4}$ f) $f(x) = \frac{1}{e^{3x^2 - 1}}$

9. Bestimmen Sie die Gleichungen der Tangente an den Graphen der Funktion f und der zugehörigen Normalen an der Stelle x_0.
a) $f(x) = \left(\frac{1}{2}x - 1\right)^3$; $x_0 = 4$ b) $f(x) = \left(\frac{1}{4}x + 2\right)^4$; $x_0 = -12$
c) $f(x) = 3\sqrt{x - 2}$; $x_0 = 6$ d) $f(x) = e^{x^2+1}$; $x_0 = -1$

10. Gegeben ist die Funktion f mit $f(x) = -e^{-4x^2}$. Bestimmen Sie mithilfe des Vorzeichenwechselkriteriums die Art und Lage des Extrempunkts des Graphen von f.

11. Bestimmen Sie die Ableitung der Funktion.
a) $f(t) = (at^2 + 6)^2$ b) $g(a) = (at^2 + 6)^2$ c) $h(t) = -e^{-\omega t + \varphi}$

12. Fast überall in der Welt – bis auf die USA – wird zur Temperaturmessung die Celsius-Skala verwendet, in der 100 °C der Siedepunkt von Wasser ist. Die US-Amerikaner verwenden die Fahrenheitskala, in der 100 °F der Körpertemperatur eines gesunden Menschen entsprechen.
Zur Umrechnung dient die Formel: $T_c = \frac{5}{9} \cdot (T_F - 32)$
T_c: Temperatur in °C; T_F: Temperatur in °F
Die Funktion f mit $f(T_C) = 1000 - 0{,}007 \cdot (T_C - 4)^2$ beschreibt die Dichte von Wasser in kg/m³ in Abhängigkeit von der Temperatur in °C.

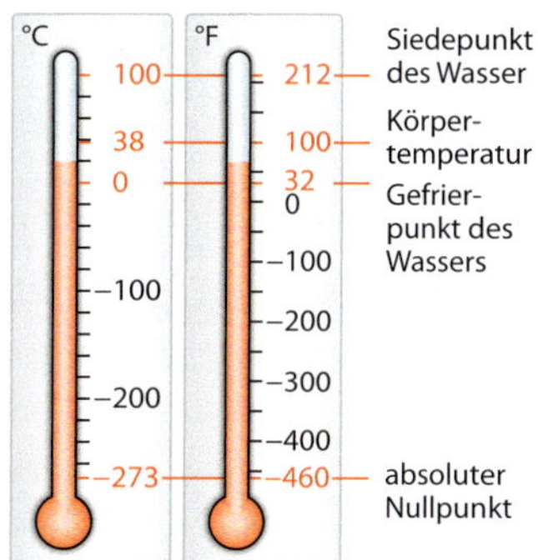

Info:
Wissenschaft und Technik bedienen sich der Kelvin-Skala, die ihren Nullpunkt bei der tiefsten theoretisch denkbaren Temperatur, dem absoluten Nullpunkt −273,15 °C, hat.

a) Geben Sie eine Funktion g an, welche die Dichte von Wasser in Abhängigkeit von der Temperatur in °F beschreibt.
b) Bestimmen Sie mit der Funktion f die Temperatur in °C, bei der Wasser die größte Dichte hat und mit der Funktion g die gleiche Temperatur in °F.
c) Bestimmen Sie die momentane Änderungsrate der Wasserdichte für die Temperaturen −5 °C und 23 °F.
d) Zeigen Sie, dass die Temperaturen von −5 °C und 23 °F gleich sind. Erläutern Sie, warum die Zahlenwerte der Änderungsraten in c) jedoch verschieden sind.

13. Gegeben sind die Funktionen f_a mit $f_a(x) = (ax - 1)^4$ sowie die Gerade g mit $g(x) = -x + 1$.
a) Zeigen Sie, dass die Graphen von f_a für alle a durch den Punkt P(0 | 1) verlaufen.
b) Bestimmen Sie a so, dass die Gerade g Tangente im Punkt P am Graphen von f_a ist.

14. Ausblick: Gegeben ist die Funktionenschar f_a mit $f_a(x) = e^{a^2x} - e^a$ $(a \neq 0)$.
a) Geben Sie den Schnittpunkt der Graphen von f_a mit der y-Achse an.
b) Zeigen Sie, dass $x = \frac{1}{a}$ Nullstelle von f_a ist.
c) Geben Sie die ersten beiden Ableitungen f_a' und f_a'' an.
d) Begründen Sie, dass kein Graph von f_a einen Extrem- oder Wendepunkt hat.
e) Bestimmen Sie die Gleichung der Tangente an den Graphen von f_a an der Stelle $x = \frac{1}{a^2}$.

Allgemeine Kettenregel

■ Gegeben ist die Funktion f mit $f(x) = (5x^3 + 1)^2$. Die Funktion lässt sich als Verkettung $f(x) = u(v(x))$ der Funktionen u mit $u(x) = x^2$ und v mit $v(x) = 5x^3 + 1$ auffassen. Gesucht ist eine Ableitungsregel für verkettete Funktionen.
Multiplizieren Sie hierzu den Term der Funktion f aus und leiten Sie f ab. Bestimmen Sie $u'(5x^3 + 1)$ und finden Sie einen Zusammenhang von f′ mit u′, v′ und v. ■

Verkettung von Funktionen

Bei der Funktion f mit $f(x) = e^{3x}$ wird der x-Wert zuerst verdreifacht und anschließend die e-Funktion angewendet. Entsprechend kann ein Funktionswert f(x) durch Hintereinanderausführung der Funktionen v mit $v(x) = 3x$ und u mit $u(x) = e^x$ gebildet werden.

$$x \xrightarrow{\text{① verdreifachen}} v(x) = 3x \xrightarrow{\text{② in } e^x \text{ einsetzen}} u(3x) = e^{3x}$$

Hinweis:
Entgegen der Leserichtung wird zunächst die innere Funktion h und dann die äußere Funktion g ausgeführt.

Die Funktion v, die zuerst ausgeführt wird, bezeichnet man auch als **innere Funktion**. Die Funktion u, die zum Schluss/als Zweites ausgeführt wird, bezeichnet man als **äußere Funktion**.

$$f(x) = u(v(x)) = u(3x) = e^{3x}$$

f bezeichnet man als **Verkettung** der Funktionen u und v.

Beim **Verketten** (Hintereinanderausführen) zweier Funktionen ist die Reihenfolge meist nicht vertauschbar. Die Verkettung g von v und u mit $g(x) = v(u(x))$ ergibt eine andere Funktion als f.

$$g(x) = v(u(x)) = v(e^x) = 3e^x \quad (\neq f(x))$$

Hinweis:
Für die verkettete Funktion f mit $f(x) = u(v(x))$ schreibt man auch $f = u \circ v$.

Definition: Verkettung von Funktionen
Die Funktion f mit $f(x) = u(v(x))$ heißt die **Verkettung** der Funktionen u und v.

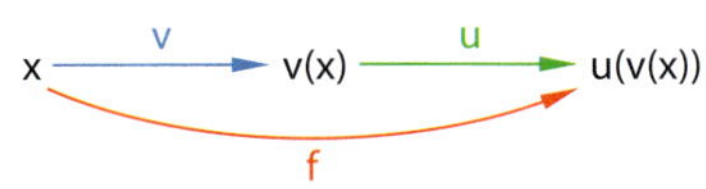

Beispiel 1: Funktionen verketten
Gegeben sind die Funktionen u und v mit $u(x) = \sqrt{x}$ und $v(x) = x^3 + 1$.
Bilden Sie die Verkettungen f mit $f(x) = u(v(x))$ und g mit $g(x) = v(u(x))$.

Lösung:
Setzen Sie für v(x) den Term $x^3 + 1$ als Argument in u(x) ein und geben Sie den Funktionswert von u an der Stelle $x^3 + 1$ an.

$$f(x) = u(v(x)) = u(x^3 + 1) = \sqrt{x^3 + 1}$$

Setzen Sie bei v(u(x)) umgekehrt für u(x) den Term $\sqrt{x}$ als Argument in v(x) ein.

$$g(x) = v(u(x)) = v(\sqrt{x}) = \sqrt{x}^3 + 1$$

Beispiel 2: Funktion als Verkettung darstellen
Bestimmen Sie zur Funktion f mit $f(x) = e^{5x-2}$ Funktionen u und v so, dass $f(x) = u(v(x))$ gilt.

Lösung:
Bei e^{5x-2} wird erst der Term $5x - 2$ berechnet und dann als Exponent von e eingesetzt. Also kann man zu $5x - 2$ die innere Funktion v und zum Einsetzen in die e-Funktion die äußere Funktion u wählen.

$v(x) = 5x - 2;\quad u(x) = e^x$

Dann gilt: $f(x) = u(v(x)) = u(5x - 2) = e^{5x-2}$

Hinweis:
Die Wahl von u und v ist nicht eindeutig. Möglich ist z. B. auch: $v(x) = 5x$, $u(x) = e^{x-2}$

Aufgaben

1. Bilden Sie die Verkettungen f mit $f(x) = u(v(x))$ und g mit $g(x) = v(u(x))$.

a) $u(x) = x - 4$ $v(x) = x^2$
b) $u(x) = e^x$ $v(x) = x + 9$
c) $u(x) = \sqrt{x}$ $v(x) = 3 - x^4$
d) $u(x) = x^{-4}$ $v(x) = 3x^2 + 7$
e) $u(x) = \frac{1}{x}$ $v(x) = e^x$
f) $u(x) = e^x$ $v(x) = \frac{3}{x^2}$

2. Gegeben sind Funktionen u, v und eine Stelle x_0. Bestimmen Sie $u(v(x_0))$ und $v(u(x_0))$.

a) $u(x) = x + 1$; $v(x) = x^2$; $x_0 = 3$
b) $u(x) = \frac{1}{x}$; $v(x) = x + 1$; $x_0 = \frac{1}{2}$
c) $u(x) = \sqrt{x}$; $v(x) = x - 7$; $x_0 = 16$
d) $u(x) = -3e^{-x}$; $v(x) = 3x^2 - 4$; $x_0 = 5$

3. Bestimmen Sie Funktionen u und v so, dass $f(x) = u(v(x))$ gilt.

a) $f(x) = (x + 5)^3$
b) $f(x) = e^{(x^2)}$
c) $f(x) = \frac{1}{4x - 1}$
d) $f(x) = 2\sqrt{x + 1}$

4. Gegeben sind die Funktionen u und v mit $u(x) = 2x - 1$ und $v(x) = \frac{1}{2}x + \frac{1}{2}$.

a) Zeigen Sie, dass $u(v(x)) = x$ ist.
b) Geben Sie vier weitere Funktionspaare mit dieser Eigenschaft an.
c) Untersuchen Sie für die Funktionspaare aus b), was sich für $v(u(x))$ ergibt.

Kettenregel

Um die Ableitung einer verketteten Funktion f mit $f(x) = u(v(x))$ zu bestimmen, wird der Grenzwert des Differenzenquotienten gebildet. Es gilt:

$$\frac{f(x+h) - f(x)}{h} = \frac{u(v(x+h)) - u(v(x))}{h}$$

$$= \frac{u(v(x+h)) - u(v(x))}{v(x+h) - v(x)} \cdot \frac{v(x+h) - v(x)}{h}$$

Erweitern mit $d = v(x + h) - v(x)$, also $v(x + h) = v(x) + d$ (vorausgesetzt, dass $v(x + h) - v(x) \neq 0$ gilt).

$$= \frac{u(v(x) + d) - u(v(x))}{d} \cdot \frac{v(x+h) - v(x)}{h}$$

Für den Grenzwert $h \to 0$ gilt $d = v(x + h) - v(x) \to 0$, wenn v' existiert.

$h \to 0$; $h \to 0$, $d \to 0$; $h \to 0$

$$f'(x) = u'(v(x)) \cdot v'(x)$$

Hinweis:
Die Kettenregel lässt sich auch ohne die Voraussetzung $v(x + h) - v(x) \neq 0$ zeigen.

Satz: Allgemeine Kettenregel
Haben die Funktionen u und v die Ableitungen u' und v', dann hat die Verkettung f mit $f(x) = u(v(x))$ die Ableitung $f'(x) = u'(v(x)) \cdot v'(x)$.
Für verkettete Funktionen der Form $f(x) = e^{v(x)}$ gilt insbesondere: $f'(x) = v'(x) \cdot e^{v(x)}$.

Merkhilfe:
$[u(■)]' = u(■)' \cdot ■'$
„äußere Ableitung mal innere Ableitung"

Beispiel 3: Berechnen Sie die Ableitung von f. a) $f(x) = (x^3 - 9x)^6$ b) $f(x) = e^{x^4 - x^2}$

Lösung:

a) Der Term $(x^3 - 9x)^6$ ist eine Potenz von $x^3 - 9x$. Wählen Sie die Funktion zu $x^3 - 9x$ als innere Funktion v und die Potenzfunktion als äußere Funktion u. Bestimmen Sie ihre Ableitungen und wenden Sie die Kettenregel an.

$v(x) = x^3 - 9x$ $u(x) = x^6$
$v'(x) = 3x^2 - 9$ $u'(x) = 6x^5$

$$f'(x) = u'(v(x)) \cdot v'(x)$$
$$= u'(x^3 - 9x) \cdot (3x^2 - 9)$$
$$= 6(x^3 - 9x)^5 \cdot (3x^2 - 9)$$

b) Multiplizieren Sie $e^{x^4 - x^2}$ mit der Ableitung des Exponenten $x^4 - x^2$.

$v(x) = x^4 - x^2$ $v'(x) = 4x^3 - 2x$
$f'(x) = v'(x) \cdot e^{v(x)} = (4x^3 - 2x) \cdot e^{x^4 - x^2}$

Aufgaben

5. Übertragen Sie die Tabelle in Ihr Heft und vervollständigen Sie sie.

$f(x) = u(v(x))$	$v(x)$	$u(x)$	$v'(x)$	$u'(x)$	$f'(x) = u'(v(x)) \cdot v'(x)$
$(4x^4 - 2)^3$	$4x^4 - 2$	x^3	$16x^3$	$3x^2$	$3(4x^4 - 2)^2 \cdot 16x^3$
$(-7x^3 + 5)^4$					
$\sqrt{2x^5 - 4x}$					
$e^{-x^3 + 2x^2}$					

6. Geben Sie die äußere und die innere Funktion an und bestimmen Sie die Ableitung.
a) $f(x) = 2e^{\sqrt{x}}$ b) $f(x) = \sqrt{3x + x^4}$ c) $f(x) = (x^3 + x^2 + x)^4$
d) $f(t) = e^{4t^6 - 5t^4 + t - 2}$ e) $f(x) = \sqrt{e^x}$ f) $f(x) = 5\sqrt{2 - 3x^4}$

7. Die Funktion f mit $f(x) = (x^4 + x^2)^3$ soll abgeleitet werden.
Beschreiben Sie, welche Fehler in den Beispielen gemacht wurden und korrigieren Sie sie.

① $f'(x) = 3(x^4 + x^2)^2$ ② $f'(x) = 3(4x^3 + 2x)^2$ ③ $f'(x) = 3(x^4 + x^2)^2 \cdot 4x^3 + 2x$

8. Bestimmen Sie die Ableitung und vereinfachen Sie das Ergebnis.
a) $f(x) = (3x^4 - x)^5$ b) $f(x) = \sqrt{3 - 2x^3}$ c) $f(t) = \sqrt{2e^t + 1}$
d) $f(x) = \left(\frac{1}{2}x^3 - 2x^2 + 5x\right)^3$ e) $f(x) = \left(5x^2 - 3\sqrt{x}\right)^4$ f) $f(x) = \left(7 - \sqrt{x}\right)^3$

9. Bestimmen Sie Funktionen u und v so, dass $f(x) = u(v(x))$ gilt. Geben Sie jeweils zwei verschiedene Möglichkeiten dafür an. Bestimmen Sie auch die Ableitung von f.
a) $f(x) = \frac{7}{x^2 + 3}$ b) $f(x) = \frac{7}{x^2} + 3$ c) $f(x) = \sqrt[3]{x^2 + 5}$
d) $f(x) = \sqrt[3]{x^2} + 5$ e) $f(x) = (3e^{7x} + 7x)^2$ f) $f(x) = \frac{3}{2e^x} + 1$

10. Lineare und quadratische Kettenregel: Gegeben sei eine Funktion f und $a, b, c \in \mathbb{R}$.
Weisen Sie die Behauptungen mithilfe der allgemeinen Kettenregel nach.
a) Für die Funktion g mit $g(x) = f(ax + b)$ gilt: $g'(x) = a \cdot f'(ax + b)$
b) Für die Funktion h mit $h(x) = f(ax^2 + bx + c)$ gilt: $h'(x) = (2ax + b) \cdot f'(ax^2 + bx + c)$

● **11.** a) Gegeben sei eine Funktion k. Zeigen Sie mithilfe der Kettenregel, dass die Funktion f mit $f(x) = \frac{1}{k(x)}$ die Ableitung $f'(x) = -\frac{k'(x)}{(k(x))^2}$ hat.
b) Bestimmen Sie mithilfe der Formel aus a) die Ableitung der Funktion f.
① $f(x) = \frac{1}{2x^4 - 4x}$ ② $f(x) = \frac{1}{\sqrt{x}}$ ③ $f(x) = \frac{1}{e^x + x^2}$

12. Bestimmen Sie die Gleichungen der Tangente an den Graphen der Funktion f und der zugehörigen Normalen an der Stelle x_0.
a) $f(x) = \sqrt{x^3 + 3}$ $x_0 = 1$ b) $f(x) = 2e^{8x^3 + 3x}$ $x_0 = 0$
c) $f(x) = e^{-x^3}$ $x_0 = -1$ d) $f(x) = \left(\frac{1}{8}x^2 + \frac{1}{2}x\right)^2$ $x_0 = -2$

● **13.** a) Zeigen Sie, dass für Funktionen f mit $f(x) = u(v(w(x)))$ gilt:
$f'(x) = u'(v(w(x))) \cdot v'(w(x)) \cdot w'(x)$
b) Bestimmen Sie mit der Formel aus a) die Ableitung der Funktion f.
① $f(x) = e^{\sqrt{x^3 + 1}}$ ② $f(x) = \sqrt{(e^{x+1})^2 - 4}$ ③ $f(x) = \left(\sqrt{e^{2x}} + 1\right)^3$

2.3 Natürlicher Logarithmus

■ Abgebildet sind die Funktionsgraphen von f und g mit $f(x) = e^x$ und $g(x) = 3$.
a) Berechnen Sie die Lösungen der Gleichungen $2^x = 3$ und $3^x = 3$.
b) Bestimmen Sie durch Probieren eine Lösung der Gleichung $e^x = 3$. Bewerten Sie die Lösung mithilfe der Grafik. ■

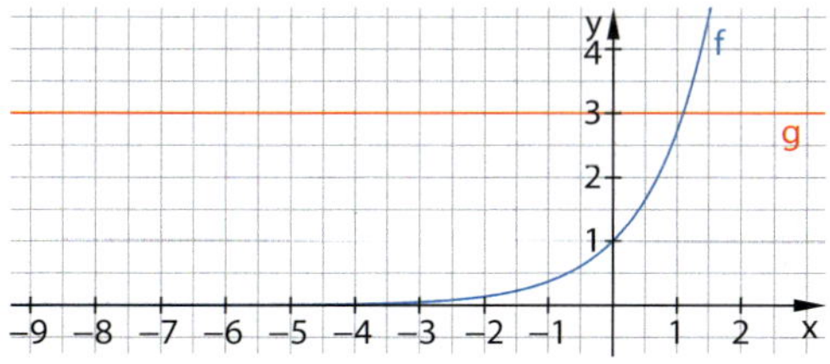

Das Logarithmieren mit der Basis b kehrt das Potenzieren mit der Basis b um.

Gleichung: $10^x = 1000$
Lösung: $x = \log_{10}(1000) = 3$

Auch zur Basis e gibt es einen Logarithmus, der das Potenzieren mit der Basis e umkehrt.

Gleichung: $e^x = 8$
Lösung: $x = \log_e(8) \approx 2{,}08$

Wissen: Der natürliche Logarithmus
Der **natürliche Logarithmus** ist der Logarithmus zur Basis e. Für $\log_e(a)$ mit $a > 0$ schreibt man $\ln(a)$. Dabei gibt $x = \ln(a)$ die Lösung der Gleichung $e^x = a$ an.
Das Anwenden des natürlichen Logarithmus kehrt das Potenzieren mit der Basis e um.
Es gilt $e^{\ln(a)} = a$ und $\ln(e^a) = a$.

Hinweis:
ln steht für logarithmus naturalis. Wichtige Eigenschaften sind:
$\ln(e) = 1$
$\ln(1) = 0$
$\ln(x)$ ist nicht definiert für $x \leq 0$.

Aus den Potenzgesetzen folgen die Rechenregeln für den ln. Für alle $a, c, r \in \mathbb{R}$ mit $a, c > 0$ gilt:
① $\ln(a \cdot c) = \ln(a) + \ln(c)$ ② $\ln\left(\frac{a}{c}\right) = \ln(a) - \ln(c)$ ③ $\ln(a^r) = r \cdot \ln(a)$

Beispiel 1: Vereinfachen Sie.
a) $\ln\left(\frac{1}{e}\right)$ b) $e^{2 \cdot \ln(6)}$ c) $\ln\left(\sqrt{e} \cdot e^x\right)$

Lösung:
a) Wenden Sie das Logarithmusgesetz für Brüche an. ln(e) ist die Lösung zu $e^x = e$.

$\ln\left(\frac{1}{e}\right) = \ln(1) - \ln(e)$
$= 0 - 1 = -1$

b) Wenden Sie das Potenzgesetz für Produkte und $e^{\ln(a)} = a$ an.

$e^{2 \cdot \ln(6)} = \left(e^{\ln(6)}\right)^2 = 6^2 = 36$

c) Wenden Sie das Logarithmusgesetz für Produkte an. Schreiben Sie die Wurzel als Potenz. ln und e heben sich gegenseitig auf.

$\ln\left(\sqrt{e} \cdot e^x\right) = \ln\left(\sqrt{e}\right) + \ln(e^x)$
$= \ln\left(e^{\frac{1}{2}}\right) + \ln(e^x)$
$= \frac{1}{2} + x$

Basisaufgaben

1. Schreiben Sie mithilfe des natürlichen Logarithmus. Beispiel: $e^3 \approx 20{,}1$ $\ln(20{,}1) \approx 3$
a) $e^1 \approx 2{,}718$ b) $e^0 = 1$ c) $e^{-1} \approx 0{,}37$ d) $0{,}82 \approx e^{-0{,}2}$ e) $e^{\frac{3}{4}} \approx 2{,}12$

2. Entscheiden Sie begründet, ob der Term definiert ist. Falls ja, berechnen Sie den Wert mit dem Taschenrechner.
a) $\ln(2)$ b) $\ln(0)$ c) $\ln(-1)$ d) $e^{3 \cdot \ln(0{,}5)}$ e) $\ln\left(\frac{\sqrt{e}}{e}\right)$

3. Vereinfachen Sie den Term.
a) $e^{\ln(1)}$ b) $\ln(e)$ c) $\ln(e^5)$ d) $e^{2 \cdot \ln(4)}$ e) $3e^{-\ln(2)}$
f) $\ln(e^2 \cdot e^3)$ g) $\ln\left(\frac{1}{e^2}\right)$ h) $\ln\left(\sqrt[3]{e}\right)$ i) $-2e^{\ln(3)+1}$ j) $-\ln\left(\frac{1}{5}\right)$

Lösungen zu 3:
8 −2 16 1,5 1 5 $\frac{1}{3}$ −6e ln(5)

Basiswechsel – Exponentialfunktionen mit allgemeiner Basis ableiten

Um Exponentialfunktionen mit beliebigen Basen ableiten zu können, werden diese mit Potenzen zur Basis e beschrieben.

Man schreibt die Basis (hier 2) mithilfe des natürlichen Logarithmus und der e-Funktion um. Anschließend wendet man das Gesetz für das Potenzieren von Potenzen an.

$2^x = \left(e^{\ln(2)}\right)^x \qquad$ (denn $2 = e^{\ln(2)}$)
$= e^{\ln(2) \cdot x}$

Satz: Exponentialfunktionen mit Basis e darstellen
Jede Exponentialfunktion mit beliebiger Basis lässt sich als eine Exponentialfunktion mit der Basis e schreiben: $f(x) = b^x = e^{\ln(b) \cdot x}$

Wendet man die Kettenregel auf die Darstellung mit der Basis e an, so ergibt sich eine Ableitungsregel für Exponentialfunktion mit beliebiger Basis.

$f(x) = b^x = e^{\ln(b) \cdot x}$
$f'(x) = \ln(b) \cdot e^{\ln(b) \cdot x}$
$= \ln(b) \cdot b^x$

Satz: Ableitung der Funktion f mit $f(x) = b^x$
Die Funktion f mit $f(x) = b^x$ und $b \in \mathbb{R}$, $b > 0$ hat die Ableitung $f'(x) = \ln(b) \cdot b^x$.

Beispiel 2: Gegeben ist die Funktion f mit $f(x) = 3 \cdot 5^x$
a) Bestimmen Sie die Ableitung der Funktion f.
b) Stellen Sie die Funktionsgleichung von f mit der Basis e dar.
c) Bestimmen Sie die Ableitung von f mit der Darstellung aus b) und überprüfen Sie das Ergebnis von a).

Lösung:
a) Schreiben Sie den Term ab und multiplizieren Sie ihn mit dem ln der Basis.
$f(x) = 3 \cdot 5^x$
$f'(x) = \ln(5) \cdot 3 \cdot 5^x \approx 4{,}83 \cdot 5^x$

b) Ersetzen Sie 5 durch $e^{\ln(5)}$ und wenden Sie das Potenzgesetz an.
$f(x) = 3 \cdot \left(e^{\ln(5)}\right)^x$
$= 3 \cdot e^{\ln(5) \cdot x}$

c) Wenden Sie die Kettenregel an. $\ln(5)$ wird als Faktor vorgezogen. Mit b) ergibt sich die Ableitung aus a).
$f'(x) = \ln(5) \cdot 3 \cdot e^{\ln(5) \cdot x}$
$= \underbrace{\ln(5) \cdot 3}_{\approx 4{,}83} \cdot 5^x$

Basisaufgaben

4. Bestimmen Sie die Ableitung der Funktion.
a) $f(x) = 2^x$ b) $f(x) = -3^x$ c) $f(x) = -0{,}5^x$ d) $f(x) = -4 \cdot 3{,}2^x$
e) $f(x) = \left(\frac{1}{2}\right)^x$ f) $f(x) = 4 \cdot \left(\frac{1}{3}\right)^x$ g) $f(x) = \frac{1}{7} \cdot 3^x + 13$ h) $f(x) = -\frac{6}{5} \cdot 0{,}25^x$

5. Schreiben Sie die Exponentialfunktion als Funktion mit der Basis e. Leiten Sie sie anschließend mithilfe der Kettenregel ab.
a) $f(x) = 2^x$ b) $f(x) = 2 \cdot 6^x$ c) $f(x) = 3^{2x}$ d) $f(x) = 1{,}5 \cdot 2^{4x-3}$

6. Gegeben ist die Exponentialfunktion f mit $f(x) = 2{,}5^x$. Bestimmen Sie die Gleichung der Tangente an den Graphen von f an der gegebenen Stelle bzw. im gegebenen Punkt.
a) $x = -4$ b) $P(1\,|\,2{,}5)$ c) $Q(4\,|\,f(4))$ d) $R(-2\,|\,f(-2))$

Exponentialgleichung

Um die nebenstehende Exponentialgleichung zu lösen, wendet man zuerst auf beiden Seiten den natürlichen Logarithmus an. Anschließend lässt sich die Gleichung nach x umstellen.

$$e^{2x} = 5 \quad |\ln$$
$$\ln(e^{2x}) = \ln(5)$$
$$2x = \ln(5) \quad |:2$$
$$x = \frac{\ln(5)}{2} \approx 0{,}8$$

Beispiel 3: Lösen Sie die Gleichung.

a) $2e^{3x-2} - 4 = 6$ b) $e^{2x}(x^2 - 4) = 0$ c) $xe^{-x} + e^{-x} = 0$

Lösung:

a) Stellen Sie die Gleichung nach dem Exponentialterm um. Wenden Sie auf beiden Seiten den natürlichen Logarithmus an und lösen Sie nach x auf.

$$2e^{3x-2} - 4 = 6 \quad |+4 \quad |:2$$
$$e^{3x-2} = 5 \quad |\ln$$
$$3x - 2 = \ln(5) \quad |+2 \quad |:3$$
$$\text{Lösung: } x = \frac{\ln(5)+2}{3} \approx 1{,}2$$

b) Setzen Sie jeden Faktor einzeln gleich 0. Für $e^{2x} = 0$ gibt es keine Lösung. Der Graph der e-Funktion nähert sich der x-Achse an, berührt diese aber nie. Die Gleichung $x^2 - 4 = 0$ liefert zwei Lösungen.

$$e^{2x}(x^2 - 4) = 0$$
$$e^{2x} = 0 \text{ hat keine Lösung}$$
$$x^2 - 4 = 0 \quad |+4$$
$$x^2 = 4 \quad |\sqrt{\ }$$
$$\text{Lösungen: } x_1 = 2,\ x_2 = -2$$

Erinnerung:
Regel vom Nullprodukt: Ein Produkt ist genau dann 0, wenn einer der Faktoren 0 ist.

c) Klammern Sie den Exponentialterm aus. Setzen Sie jeden Faktor gleich 0. Für $e^{-x} = 0$ gibt es keine Lösung. Die Gleichung $x + 1 = 0$ liefert eine Lösung.

$$xe^{-x} + e^{-x} = 0$$
$$e^{-x}(x+1) = 0 \quad |e^{-x} \neq 0$$
$$x + 1 = 0 \quad |-1$$
$$\text{Lösung: } x = -1$$

Basisaufgaben

7. Lösen Sie die Gleichung. Geben Sie die Lösung mithilfe des ln an.

a) $e^x = 7$ b) $4e^x = 8$ c) $2e^x - 6 = 0$ d) $3e^t - 8 = 4$
e) $e^{2x} = 0$ f) $e^{-x} = 3$ g) $e^{x-3} = 6$ h) $10 \cdot e^{-0{,}2t} = 5$
i) $4e^{-x} - 2 = 2$ j) $e^{2x-4} = 5$ k) $3e^{2x-7} = 6$ l) $3e^{4x-5} - 3 = 6$
m) $5e^{3x+2} - 5 = 10$ n) $11e^{-8x+4} = 22$ o) $e^8 + e^x = 142$ p) $e^4 \cdot e^x = e^8$

8. Entscheiden Sie, ob die Exponentialgleichung lösbar ist.

a) $5e^{5x} - 2 = 0$ b) $6e^{4x} = -3$ c) $-3e^{2x} = -10$ d) $(10e^{-5x} + 10) = 0$

9. Lösen Sie die Gleichung mit der Regel vom Nullprodukt. Klammern Sie aus, falls nötig.

a) $x^{ex} = 0$ b) $e^{3x}(x^2 - 9) = 0$ c) $e^{-2x}(x^3 + 1) = 0$ d) $-2(e^{2x} - 6)x^3 = 0$
e) $x^2(5 - e^{3x}) = 0$ f) $xe^x - e^x = 0$ g) $x - xe^x = 0$ h) $4e^{-3x} - x^2e^{-3x} = 0$

Lösungen zu 9:
2 $\quad -1 \quad$ 3 $\quad -2 \quad \frac{\ln(5)}{3} \quad -3 \quad$ 0 $\quad \ln(4) \quad \frac{\ln(6)}{2} \quad$ 1 $\quad -2 \quad$ 0 $\quad -3$

10. Bestimmen Sie die Lösungsmenge der Gleichung.

a) $e^{x-4} = e^{2x}$ b) $e^{2x} + 3e^{2x} = 12$ c) $5e^{-3x} = 3e^{-3x} + 8$ d) $(e^{2x} - 1)(x^4 - 1) = 0$
e) $-e^{-x-1} + 2 = 0$ f) $4e^{-x} + 2 = -2$ g) $3e^{2x-7} = -3e^{2x-7}$ h) $2e^{5x-3} = e^{5x-3} + 4$

11. Geben Sie eine Exponentialgleichung an, die

a) keine Lösung hat, b) (genau) eine Lösung hat, c) drei Lösungen hat.

12. Ordnen Sie die Gleichungen den Lösungen zu, ohne schriftlich zu rechnen.

① $e^x = e$ ② $-3e^x = 0$ ③ $x \cdot e^{4x} = 0$

(A) keine Lösung (B) $x = 0$ (C) $x = 1$

Weiterführende Aufgaben

13. Bestimmen Sie, für welche x die Ungleichung gilt. Schätzen Sie zunächst.
a) $e^x > 1\,000\,000$ b) $e^x < \frac{1}{1\,000\,000}$

14. Auf der Karte rechts sehen Sie den Nachweis einer Rechenregel für den Logarithmus.
a) Beschreiben Sie das Vorgehen.
b) Weisen Sie nun auf ähnliche Weise die zwei anderen Regeln $\ln\left(\frac{a}{b}\right) = \ln(a) - \ln(b)$ und $\ln(a^r) = r \cdot \ln(a)$ nach.

$$\begin{aligned} \ln(a \cdot b) &= \ln\left(e^{\ln(a)} \cdot e^{\ln(b)}\right) \\ &= \ln\left(e^{\ln(a) + \ln(b)}\right) \\ &= \ln(a) + \ln(b) \end{aligned}$$

15. Bestätigen Sie mithilfe der Ableitungsformel $f'(x) = \ln(b) \cdot b^x$ für $f(x) = b^x$, dass für die Ableitung von $f(x) = e^x$ gilt: $f'(x) = e^x$. Überprüfen Sie außerdem, ob es andere Exponentialfunktionen der Form $f(x) = b^x$ gibt, die abgeleitet wieder sich selbst ergeben.

16. Exponentialgleichungen mit allgemeiner Basis:
a) Erläutern Sie, wie die Gleichung $2^x = 10$ rechts gelöst wird.
b) Lösen Sie ebenso die angegebene Gleichung.
① $3^x = 8$ ② $0{,}9^x = 0{,}5$ ③ $5 \cdot 2^t = 3$ ④ $1 = 4 - 6^{2x}$
c) Diskutieren Sie mögliche Wege, die Gleichung aus a) zu lösen.

$$\begin{aligned} 2^x &= 10 \\ \ln(2^x) &= \ln(10) \\ x \cdot \ln(2) &= \ln(10) \\ x &= \frac{\ln(10)}{\ln(2)} \approx 3{,}32 \end{aligned}$$

17. In Abschnitt 2.1 wurde für die Ableitung der Funktion f mit $f(x) = b^x$, $b > 0$, die Formel $f'(x) = f'(0) \cdot b^x$ angegeben.
a) Beweisen Sie, dass diese Formel mit der Formel $f'(x) = \ln(b) \cdot b^x$ identisch ist.
b) Geben Sie an, durch welche der beiden Ableitungsformeln man die Ableitung von $f(x) = b^x$ explizit angeben kann.

18. Stolperstelle: Erläutern Sie, an welchen Stellen Amira, Bruno und Carla Fehler gemacht haben, und korrigieren Sie diese.

Amira:
$\ln(e^3 \cdot e^x) = \ln(e^3) \cdot \ln(e^x)$
$= 3x$

Bruno:
$5 + e^x = 8 \quad | \ln$
$\ln(5) + \ln(e^x) = \ln(8) \quad | -\ln(5)$
$x = \ln(8) - \ln(5)$

Carla:
$f(x) = 5^x$
$f'(x) = x \cdot 5^{x-1}$

19. Substitution: Gesucht ist die Lösungsmenge der Gleichung $e^{4x} - 3e^{2x} - 4 = 0$.
a) Bringen Sie den Term auf der linken Seite in die Form $(e^u)^2 + be^u + c$
b) Substituieren Sie e^u mit z und ermitteln Sie mit der p-q-Formel alle Lösungen für z.
c) Beim Rücksubstituieren ergeben sich zwei Exponentialgleichungen der Form $e^{2x} = z_1$ und $e^{2x} = z_2$. Lösen Sie diese mit dem natürlichen Logarithmus nach x auf.
d) Schreiben Sie alle ermittelten Lösungen als Menge auf.

20. Bestimmen Sie die Lösungsmenge der Gleichung. Häufig ist eine Substitution hilfreich.
a) $e^{2x} - 9e^x + 20 = 0$ b) $-e^{2x} = 4e^x - 21$ c) $\sqrt{6e^{2x} - e^{4x}} = 3$
d) $(e^{4x} - 2)^2 = e^{8x}$ e) $\sqrt{e^{4x}} = -4e^x + 12$ f) $\ln(x - 2) = 5$
g) $-3 \cdot \ln(2x + 1) = 0$ h) $-3e^{6x} + 12e^x = 36e^x + 36$ i) $e^x \cdot e^{x+2} = e^6$

21. Gegeben ist die Funktion f mit $f(x) = e^{2x} - 5e^x + 6$.
a) Berechnen Sie die Nullstellen von f.
b) Bestimmen Sie die Koordinaten des Extrempunktes der Funktion.
c) Skizzieren Sie den Graphen der Funktion f.

22. Der Landeanflug eines Flugzeugs wird annähernd durch den Graphen der Funktion f mit $f(x) = 10 \cdot e^{-0{,}02x} - a$ beschrieben (x und f(x) in 100 m).

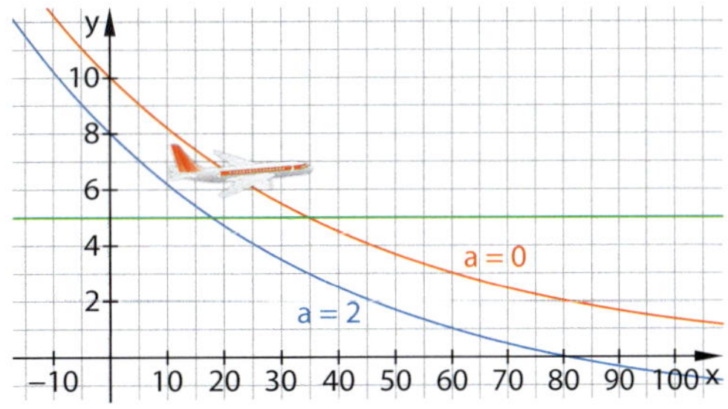

a) Spätestens beim Erreichen der Höhe von 500 m muss das Fahrwerk ausgefahren werden. Geben Sie für a = 0 die Koordinaten des Punktes an, an dem dies geschehen muss.
b) Der ideale Landewinkel eines Flugzeugs beträgt 3° zum Boden. Bestimmen Sie die Stelle, an der das Flugzeug demnach den Boden berühren sollte.
c) Bestimmen Sie a so, dass das Flugzeug an der in b) ermittelten Stelle landet.

23. GTR Ein Superheld und sein Erzrivale liefern sich ein finales Duell. Der Held fliegt von einem Dach herunter und feuert an der günstigsten Stelle seine Betäubungswaffe ab. Die Flugbahn des Helden kann durch den Graphen der Funktion f mit $f(x) = 30e^{-0{,}1x} + 52$ beschrieben werden. Der Schurke befindet sich im Punkt P(30 | 52).

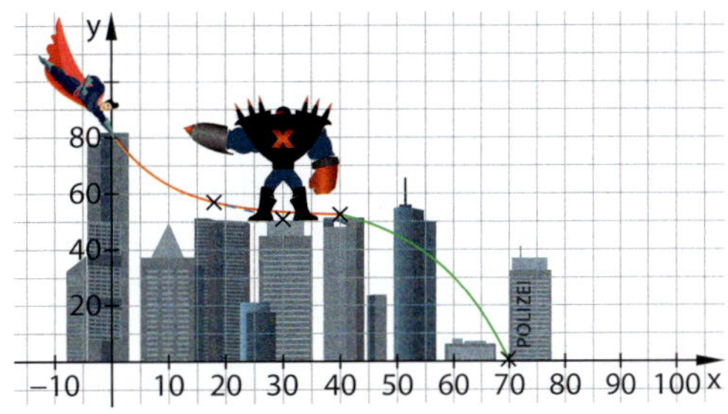

a) Das Projektil der Waffe wird entlang der Flugrichtung des Helden abgefeuert und fliegt geradlinig weiter. Stellen Sie zum Weg des Projektils eine Funktionsgleichung auf.
b) Ermitteln Sie, in welcher Höhe der Held seine Waffe betätigen sollte.
c) Der Schurke konnte dem Schuss ausweichen. Der Held kann den Schurken jedoch im Flug fangen und landet mit ihm auf einer Turmspitze im Punkt Q(40 | 52,55). Von dort fliegen beide ins Polizeirevier im Punkt R(70 | 0). Bestimmen Sie eine Funktionsgleichung vom Typ $g(x) = a \cdot b^x + 60$, die den Weg beschreibt.

Hinweis:
Tangente an den Graphen von f an der Stelle u:
$t(x) = f'(u) \cdot (x - u) + f(u)$

24. E-Coli Bakterien teilen sich unter optimalen Bedingungen alle 20 Minuten. In einer Bakterienkultur befinden sich zu Beginn 100 Bakterien.
a) Stellen Sie eine Funktionsgleichung auf, die die Anzahl der Bakterien t Stunden nach Beobachtungsbeginn modelliert.
b) Weisen Sie nach, dass auch die Funktion g mit $g(t) = 100 \cdot e^{\ln(8) \cdot t}$ die Anzahl der Bakterien t Stunden nach Beobachtungsbeginn modelliert.
c) Ermitteln Sie rechnerisch den Zeitpunkt seit Beobachtungsbeginn, an dem die Bakterienkultur aus 100 000 000 Bakterien besteht.

25. Ausblick: Da die Funktionswerte bei Exponentialfunktionen schnell wachsen, werden zur Darstellung auch Koordinatensystemen mit logarithmischer Skalierung verwendet. In der Abbildung weist die y-Achse eine logarithmische Skalierung auf. Bei dieser besonderen Skalierung entspricht der Wert k bei der normalen Skalierung dem Wert 10^k in der logarithmischen Skalierung.

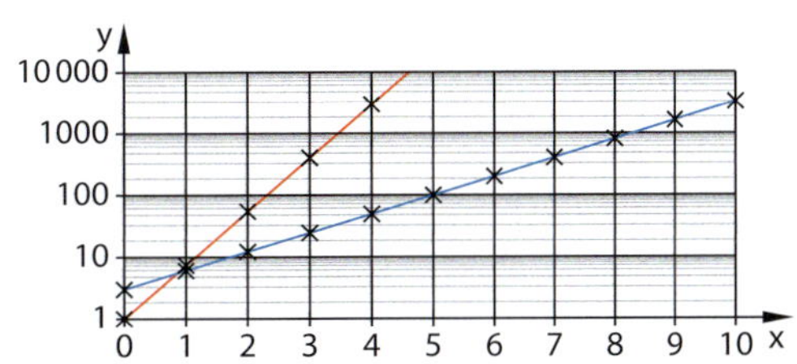

a) Bestimmen Sie jeweils die Funktion f mit $f(x) = c \cdot a^x$ zu den abgebildeten Graphen.
b) Begründen Sie, dass jede Funktion der Form $f(x) = c \cdot a^x$ als Gerade in einem Koordinatensystem mit logarithmisch skalierter y-Achse dargestellt wird.

Hinweis zu 25:
1 in der normalen Skalierung entspricht $10^1 = 10$; 2 entspricht $10^2 = 100$; 3 entspricht $10^3 = 1000$ usw.

2.4 Exponentielles Wachstum

■ Die Karten ① bis ⑨ beschreiben drei verschiedene Wachstumsprozesse auf unterschiedliche Weisen. Finden Sie die zueinander passenden Beschreibungen und erklären Sie Ihre Zuordnungen. ■

① Eine Bakterienkultur mit 1000 Bakterien verdoppelt sich jede Woche.

② Ein Guthaben von 1000 € nimmt jedes Jahr um 2,5 % zu.

③ Eine Tierpopulation von 1000 Tieren vermehrt sich jedes Jahr um 25 %.

④ $f(t) = 1000 \cdot 2^t$

⑤ $f(t) = 1000 \cdot e^{0{,}0247 \cdot t}$

⑥ $f(t) = 1000 \cdot e^{0{,}693 \cdot t}$

⑦ $f(t) = 1000 \cdot 1{,}25^t$

⑧ $f(t) = 1000 \cdot e^{0{,}223 \cdot t}$

⑨ $f(t) = 1000 \cdot 1{,}025^t$

Viele Wachstumsvorgänge im Alltag lassen sich durch Exponentialfunktionen beschreiben. Dabei ist es auch möglich, den Wachstumsprozess zur Basis e zu beschreiben, da man auf diese Weise die Wachstumsgeschwindigkeiten einfacher berechnen, beschreiben und vergleichen kann.
Beim exponentiellen Wachstum nimmt der Bestand in gleichen Zeitabständen um den gleichen Faktor zu bzw. ab. Ein Insektenvolk mit 2 Mio. Insekten vermehrt sich beispielsweise jede Woche um 40 %, also um den Faktor 1,4.

Wachstumsfaktor: $b = 1{,}4$
Anfangsbestand: $a = f(0) = 2$
Wachstumsfunktion: $f(t) = 2 \cdot 1{,}4^t$

Übergang zu Basis e:
$f(t) = 2 \cdot 1{,}4^t = 2 \cdot \left(e^{\ln(1{,}4)}\right)^t = 2 \cdot e^{\ln(1{,}4) \cdot t}$
$\approx 2 \cdot e^{0{,}3365t}$

t: Zeit in Wochen f(t): Insektenzahl in Mio.

t	0	1	2	3	4
f(t)	2	2,8	3,92	5,49	7,68

$\cdot 1{,}4$ $\cdot 1{,}4$ $\cdot 1{,}4$ $\cdot 1{,}4$

Allgemein ergibt sich für exponentielle Wachstumsprozesse mit dem Wachstumsfaktor b analog $f(t) = a \cdot b^t = a \cdot e^{k \cdot t}$. Aus $b = e^k$ folgt $k = \ln(b)$.

Eine besondere Eigenschaft von exponentiellem Wachstum ist die **Verdopplungszeit T_V**. In jedem Zeitintervall der Länge T_V verdoppelt sich der Bestand, also auch im Intervall $[0; T_V]$. Es gilt $f(T_V) = 2 \cdot f(0) = 2 \cdot a$. Mit $f(T_V) = a \cdot e^{k \cdot T_V} = 2a$ ergibt sich $T_V = \frac{\ln(2)}{k}$.

Auch bei Vorgängen mit exponentieller Abnahme ($b < 1$ und $k = \ln(b) < 0$) spricht man von exponentiellem Wachstum, für die **Halbwertszeit** erhält man analog $T_H = \frac{\ln\left(\frac{1}{2}\right)}{k}$.

Hinweis:
Die Halbwertszeit T_H gibt an, wie lange es dauert, bis sich der Bestand halbiert hat.

Wissen: Exponentielles Wachstum
Die Gleichung $f(t) = a \cdot e^{k \cdot t}$ mit $k \neq 0$ beschreibt einen exponentiellen Wachstumsprozess eines Bestands. $a = f(0)$ ist der **Anfangsbestand** zum Zeitpunkt $t = 0$ und k die **Wachstumskonstante**.

exponentielle Zunahme: $k > 0$

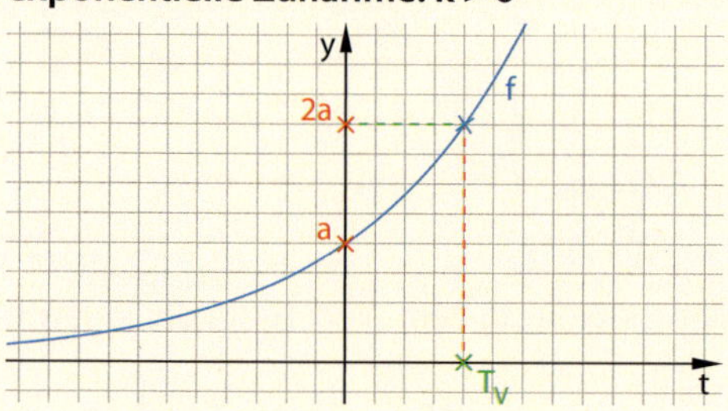

Verdopplungszeit: $T_V = \frac{\ln(2)}{k}$

exponentielle Abnahme: $k < 0$

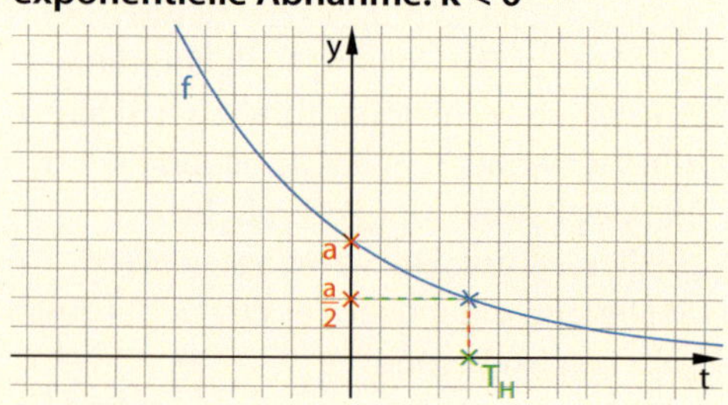

Halbwertszeit: $T_H = \frac{\ln\left(\frac{1}{2}\right)}{k}$

Hinweis:
Mit den Logarithmusgesetzen ergibt sich: $T_H = -\frac{\ln(2)}{k}$.

Beispiel 1: Werte bestimmen

Auf einer Insel leben 1000 Tiere, die sich exponentiell vermehren. Die Anzahl der Tiere in Abhängigkeit zur Zeit t in Jahren kann durch die Funktion f mit $f(t) = 1000 \cdot e^{0,14t}$ beschrieben werden.

a) Bestimmen Sie den Bestand nach 3 Jahren und nach 7 Monaten.

b) Bestimmen Sie den Zeitpunkt t, zu dem der Bestand von 5000 Tieren erreicht wird.

c) Berechnen Sie die Verdopplungszeit und erklären Sie die Bedeutung im Sachzusammenhang.

Lösung:

a) Setzen Sie die Zeiten in f(t) ein. Wandeln Sie 7 Monate in $\frac{7}{12}$ Jahre um.

$f(3) = 1000 \cdot e^{0,14 \cdot 3} \approx 1522$

$f\left(\frac{7}{12}\right) = 1000 \cdot e^{0,14 \cdot \frac{7}{12}} \approx 1085$

b) Setzen Sie in der Funktionsgleichung 5000 für f(t) ein und lösen Sie die Gleichung nach t auf.

$5000 = 1000e^{0,14t} \quad |:1000$

$5 = e^{0,14t} \quad |\ln$

$\ln(5) = 0,14t \quad |:0,14$

$t = \frac{\ln(5)}{0,14} \approx 11,5$

Nach etwa 11,5 Jahren sind es 5000 Tiere.

c) Setzen Sie den Wachstumsfaktor k = 0,14 in die Formel für die Verdopplungszeit ein.

$T_V = \frac{\ln(2)}{k} = \frac{\ln(2)}{0,14} \approx 4,95$

Alle 4,95 Jahre verdoppelt sich die Anzahl der Tiere auf der Insel.

Beispiel 2: Wachstumsfunktion aufstellen

Einem Patienten werden 5 mg eines Medikaments verabreicht. Das Medikament wird vom Körper exponentiell abgebaut. Stellen Sie eine Funktionsgleichung mit der Basis e auf, die die Menge des Medikaments im Blut des Patienten beschreibt, wenn

a) die Menge des Medikamentes im Blut pro Stunde um 15 % abnimmt,

b) nach 2 Stunden noch 3,2 mg im Blut sind,

c) die Halbwertszeit 5 Stunden ist.

Lösung:

Allgemein gilt für eine exponentielle Abnahme $f(t) = a \cdot e^{k \cdot t}$ mit $k < 0$. Hier gibt t die Zeit in Stunden und f(t) die Menge in mg an. Für den Anfangsbestand gilt $a = f(0) = 5$.

a) Bestimmen Sie aus der prozentualen Abnahme den Wachstumsfaktor b und aus diesem die Wachstumskonstante k.

$b = 1 - \frac{15}{100} = 1 - 0,15 = 0,85$

$k = \ln(b) = \ln(0,85) \approx -0,163$

Einsetzen der Werte für a und k ergibt:

$f(t) = 5e^{-0,163t}$

b) Setzen Sie die Angaben t = 2 und f(t) = 3,2 und den Anfangsbestand a = 5 in die allgemeine Funktionsgleichung ein. Lösen Sie die Gleichung nach k auf.

$3,2 = 5 \cdot e^{k \cdot 2} \quad |:5$

$0,64 = e^{k \cdot 2} \quad |\ln$

$\ln(0,64) = k \cdot 2 \quad |:2$

$k = \frac{\ln(0,64)}{2} \approx -0,223$

$f(t) = 5e^{-0,223t}$

c) Setzen Sie die Halbwertszeit $T_H = 5$ in die Formel für die Halbwertszeit $T_H = \frac{\ln\left(\frac{1}{2}\right)}{k}$ ein. Lösen Sie die Gleichung nach k auf.

Aus $5 = \frac{\ln\left(\frac{1}{2}\right)}{k}$ folgt $k = \frac{\ln\left(\frac{1}{2}\right)}{5} \approx -0,139$

$f(t) = 5e^{-0,139t}$

Erinnerung:
Der Wachstumsfaktor b ergibt sich aus der prozentualen Wachstumsrate r %:
$b = 1 + \frac{r}{100}$

Basisaufgaben

1. Entscheiden Sie, ob eine exponentielle Zu- oder Abnahme vorliegt. Geben Sie den Anfangsbestand an und berechnen Sie den Bestand zum gegebenen Zeitpunkt t.

a) $f(t) = 3 \cdot e^{0{,}65 \cdot t}$; $t = 4$
b) $f(t) = 25 \cdot e^{-0{,}2 \cdot t}$; $t = 3{,}5$
c) $f(t) = 4 \cdot t^{2{,}7}$; $t = 3$
d) $f(t) = 2{,}7 \cdot e^{1{,}2 \cdot t}$; $t = 0{,}5$

2. a) Ordnen Sie den Wachstumsfunktionen f, g, h und i die Graphen ①–④ zu.

$f(t) = 2 \cdot e^{0{,}087 \cdot t}$ $g(t) = 2 \cdot e^{-0{,}231 \cdot t}$

$h(t) = 2 \cdot e^{-0{,}116 \cdot t}$ $i(t) = 2 \cdot e^{0{,}139 \cdot t}$

b) Lesen Sie zu den Wachstumsfunktionen aus a) die Verdopplungs- bzw. die Halbwertszeit aus dem Graphen ab. Berechnen Sie die Werte und vergleichen Sie.

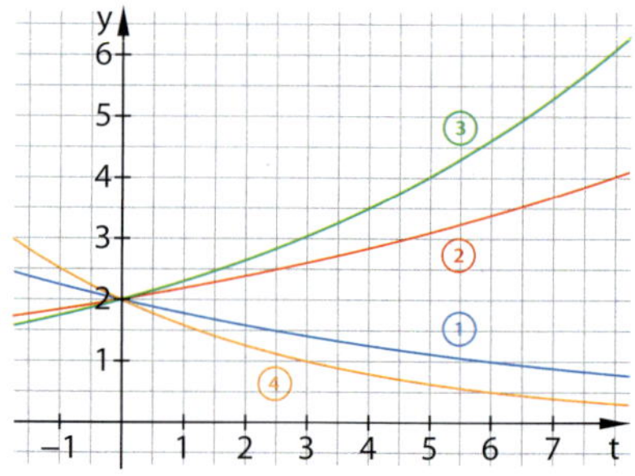

3. Ein Patient erhält 7,5 mg eines Narkosemittels, von dem stündlich 14 % abgebaut werden.

a) Bestimmen Sie eine Funktion f mit $f(t) = a \cdot e^{k \cdot t}$, welche die Menge des Narkosemittels im Blut nach t Stunden beschreibt.
b) Bestimmen Sie die Menge des Mittels im Blut nach 5 Stunden und nach 40 Minuten.
c) Bestimmen Sie den Zeitpunkt t, zu dem die Menge an Narkosemittel unter 1 mg fällt.
d) Berechnen Sie die Halbwertszeit und deuten Sie diese im Sachzusammenhang.

4. In einem großen Garten sind 1,5 m² Unkraut. Der Gärtner geht von einer exponentiellen Ausbreitung aus. 10 Tage später sind es bereits 2 m².

a) Stellen Sie die Ausbreitung des Unkrauts mit einer Funktionsgleichung der Form $f(t) = a \cdot e^{k \cdot t}$ dar.
b) Bestimmen Sie die Größe der von Unkraut bewachsenen Fläche nach 14 Tagen.
c) Berechnen Sie, nach wie vielen Tagen 3 m² von Unkraut bewachsen sein werden.
d) Bestimmen Sie die Verdopplungszeit und deuten Sie diese im Sachzusammenhang.

Hinweis:
$r > 0$: exponentielle Zunahme
$r < 0$: exponentielle Abnahme

5. Exponentielles Wachstum lässt sich durch die prozentuale Änderung in einer Zeiteinheit, durch den Wachstumsfaktor oder durch die Wachstumskonstante beschreiben. Vervollständigen Sie die Tabelle.

prozentuale Wachstumsrate r %	25 %	10 %	−3 %		
Wachstumsfaktor $b = 1 + \frac{r}{100}$	1,25			1,02	
Wachstumskonstante $k = \ln(b)$	0,223				−0,693

6. Beschreiben Sie den exponentiellen Wachstumsprozess durch eine Funktionsgleichung mit der Basis e.

a) Zu Beginn sind es 100 Zellen, die Anzahl verdreifacht sich jede Stunde

b) Eine Algenfläche von 5 m² vergrößert sich jeden Tag um 16 %.

c) Der Wert eines 20 000 € teuren Neuwagen sinkt jährlich um 20 %.

d) Anfangs 13 cm hoch, nach 22 Tagen 48 cm hoch

e) 4000 im Jahr 2010 und 500 im Jahr 2019

f) 1 Bakterie um 12 Uhr, Verdopplungszeit 3 Stunden

g) Zu Beginn sind es 200 mg, alle zwei Tage halbiert sich die Menge.

Wachstumsgeschwindigkeit

Betrachtet wird die exponentielle Ausbreitung einer Bakterienkultur, welche durch $f(t) = 100e^{0,2t}$ beschrieben wird (t: Zeit in Wochen, f(t): Bestand in Mio.).

Die **Wachstumsgeschwindigkeit** gibt an, wie sich zu einem bestimmten Zeitpunkt die Bakterienzahl pro Zeit verändert. Sie entspricht der Änderungsrate f'. Mithilfe der Kettenregel ergibt sich:
$f'(t) = 100 \cdot 0,2 \cdot e^{0,2t} = 20e^{0,2t}$

Zeit t in Wochen	0	1	2	3
Bestand f(t) in Mio.	100	122,1	149,2	182,2
Wachstumsgeschw. f'(t) in Mio./Woche	20	24,4	29,8	36,4

Wissen: Wachstumsgeschwindigkeit
Beschreibt die Funktion $f(t) = a \cdot e^{k \cdot t}$ das exponentielle Wachstum eines Bestands, so gibt f'(t) die **Wachstumsgeschwindigkeit** zum Zeitpunkt t an. Es gilt $f'(t) = a \cdot k \cdot e^{k \cdot t} = k \cdot f(t)$.
Die Wachstumsgeschwindigkeit verhält sich auch exponentiell, sie ist proportional zum Bestand.

Hinweis:
Bei exponentieller Abnahme ($k < 0$) ist die Wachstumsgeschwindigkeit negativ. Ihr Betrag nimmt ebenfalls exponentiell ab.

Beispiel 3: Die Vermehrung einer Bakterienkultur lässt sich durch die Funktion f mit $f(t) = 50e^{0,15t}$ beschreiben (t: Zeit in Stunden, f(t): Anzahl der Bakterien in Tausend).
a) Bestimmen Sie die Wachstumsgeschwindigkeit nach 4 Stunden.
b) Ermitteln Sie den Zeitpunkt, zu dem der Bestand um 15 000 Bakterien pro Stunde wächst.
c) Bestimmen Sie die durchschnittliche Wachstumsgeschwindigkeit in den ersten 4 Stunden.

Lösung:

a) Bestimmen Sie die erste Ableitung f'(t) und setzen Sie den Zeitpunkt t = 4 ein. Beachten Sie, dass f(t) die Anzahl in Tausend angibt.

$f'(t) = 50 \cdot 0,15 \cdot e^{0,15t} = 7,5e^{0,15t}$
$f'(4) = 7,5 \cdot e^{0,15 \cdot 4} \approx 13,666$
Die Wachstumsgeschwindigkeit beträgt nach 4 Stunden etwa 13 666 Bakterien pro Stunde.

b) Setzen Sie die erste Ableitung f'(t) mit 15 gleich und lösen Sie die Gleichung nach t auf.

$15 = 7,5e^{0,15t} \quad |:7,5 \quad |\ln$
$\ln(2) = 0,15t \quad |:0,15$
$t = \frac{\ln(2)}{0,15} \approx 4,62$
Der Zeitpunkt ist nach etwa 4,62 Stunden.

c) Teilen Sie die Änderung der Bakterienanzahl durch den zugehörigen Zeitraum.

$\frac{f(4) - f(0)}{4 - 0} \approx \frac{91,106 - 50}{4} \approx 10,276$
Das Wachstum beträgt durchschnittlich etwa 10 276 Bakterien pro Stunde.

Basisaufgaben

7. Die Funktion f beschreibt einen Wachstumsprozess. Bestimmen Sie die Wachstumsgeschwindigkeit zum Zeitpunkt t.
a) $f(t) = 12e^{0,7 \cdot t}$ $t = 3$
b) $f(t) = 100e^{1,2 \cdot t}$ $t = 5,5$
c) $f(t) = 0,2e^{1,8 \cdot t}$ $t = 0,75$
d) $f(t) = e^{0,7 \cdot t}$ $t = 0$

Lösungen zu 7:
47,23
88 211
42 0,7
1,39 68,60

8. Der Bestand einer Pilzkultur in Millionen lässt sich durch die Funktion f mit $f(t) = 7,5e^{0,3t}$ beschreiben. Dabei gibt t die Zeit in Wochen an.
a) Bestimmen Sie die Wachstumsgeschwindigkeit nach fünf Wochen und nach drei Tagen.
b) Bestimmen Sie den Zeitpunkt, zu dem sich die Pilzkultur mit einer Geschwindigkeit von 10 Millionen Pilzen pro Woche ausbreitet.
c) Ermitteln Sie die durchschnittliche Wachstumsgeschwindigkeit in der ersten Woche.

Weiterführende Aufgaben

9. Beschreiben Sie Ihrem Nachbarn eine passende Sachsituation, in der die Funktion f einen exponentiellen Wachstumsprozess modelliert. Verwenden Sie dabei die Begriffe „prozentuale Wachstumsrate" und „Halbwerts- oder Verdopplungszeit".
a) $f(x) = 350 \cdot e^{-0,2x}$
b) $f(x) = 3,5 \cdot e^{0,2x}$

10. Die Verdopplungszeit T_V bei einem exponentiellen Wachstumsprozess gilt unabhängig vom Zeitpunkt.
a) Begründen Sie in diesem Zusammenhang die Gleichung $f(t + T_V) = 2 \cdot f(t)$
b) Formulieren Sie eine analoge Gleichung für die Halbwertszeit T_H.
c) Begründen oder widerlegen Sie: Bei exponentiellem Wachstum haben der Wachstumsprozess und die zugehörige Wachstumsgeschwindigkeit die gleiche Verdopplungszeit.

11. Stolperstelle: Eine Pflanze ist zu Beginn 21 cm hoch. Sie wächst nach Zugabe eines besonderen Düngers um 10 % pro Tag. Hakim bestimmt die Verdopplungszeit und meint: *„In 5 Tagen beträgt die Zunahme 5 · 10 % = 50 %, also sind 5 Tage die Verdopplungszeit."*
Erläutern Sie, welchen Fehler Hakim macht.

12. Zu einem exponentiellen Wachstum sind Bestände $f(2) = 4,1$ und $f(6) = 30,1$ gegeben. Die Karten Zeigen Tims Weg zur Bestimmung einer passenden Funktionsgleichung.

Hinweis zu 12:
Mit einem CAS kann das System mit nichtlinearen Gleichungen ① direkt gelöst werden.

① $a \cdot e^{k \cdot 6} = 30,1$
$a \cdot e^{k \cdot 2} = 4,1$

② $e^{k \cdot 4} = \frac{30,1}{4,1} = 7,341$

③ $k = \frac{\ln(7,341)}{4} = 0,498$

④ $30,1 = a \cdot e^{0,498 \cdot 6}$
$a = 1,517$

⑤ $f(t) = 1,517 \cdot e^{0,498t}$

a) Bringen Sie Tims Rechenschritte in eine sinnvolle Reihenfolge und begründen Sie diese.
b) Zeynep geht anders vor: *„Als Ansatz wähle ich $f(t) = 4,1 \cdot e^{k \cdot (t-2)}$. Dann setze ich $t = 6$ und $f(t) = 30,1$ ein und löse nach k auf."* Zeigen Sie, dass auch Zeynep $k \approx 0,498$ erhält.
c) Zeigen Sie, dass die Funktionsgleichungen aus a) und b) äquivalent sind.
d) Bestimmen Sie mit der Methode von Zeynep und Tim jeweils eine exponentielle Wachstumsfunktion zu den Beständen $f(3) = 23,7$ und $f(6) = 225$ bzw. $f(1) = 4,9$ und $f(10) = 29,5$. Vergleichen Sie den Aufwand beider Methoden.

13. In lebenden Organismen ist der Anteil am radioaktiven Isotop C14 nahezu konstant. In toten Organismen wird der C14-Anteil mit einer Halbwertszeit von 5730 Jahren abgebaut.
a) Beim Fund der berühmten Alpen-Mumie Ötzi 1991 betrug der C14-Anteil 53,35 %. Bestimmen Sie in etwa das Jahr, in dem Ötzi starb.
b) Ermitteln Sie den Anteil an C14 in einem 1 Mio. Jahre alten Dinosaurierknochen.

14. In einem Tank mit 5000 Liter Wasser ist am Boden ein kleines Loch, sodass sich der Wassertank langsam leert.

t in Stunden	0	1	2	3	4
f(t) in Liter	5000	4748	4512	4291	4073

Die Tabelle zeigt das Volumen f im Wassertank innerhalb der ersten vier Stunden.
a) Bilden Sie Quotienten $\frac{f(t)}{f(t-1)}$ und zeigen Sie damit, dass das Volumen im Tank näherungsweise exponentiell abnimmt.
b) Bilden Sie den Durchschnitt aller Quotienten und erklären Sie seine Bedeutung im Sachzusammenhang. Bestimmen Sie mithilfe des Durchschnitts eine Wachstumsfunktion der Form $f(t) = a \cdot e^{k \cdot t}$. Runden Sie dabei k auf zwei Nachkommastellen.
c) Untersuchen Sie mithilfe von f, wie viel Wasser nach 10 Stunden noch im Tank ist, ab wann weniger als 1000 Liter im Tank sind und wann die Abnahmegeschwindigkeit des Wasservolumens im Tank unter 100 Liter/Stunde fällt.

15. Im „Internet der Dinge" gab es 2009 etwa 6,5 Milliarden mit dem Internet verbundene Geräte weltweit. Die Tabelle zeigt die Entwicklung in den folgenden Jahren bis zum Jahr 2020.

Jahr	2012	2014	2016	2018	2020
Geräte in Milliarden	8,7	14,2	22,9	34,8	50,1

a) Zeigen Sie, dass näherungsweise ein exponentielles Wachstum vorliegt, und stellen Sie eine passende Wachstumsfunktion auf.

GTR b) Führen Sie mithilfe des GTR eine exponentielle Regression durch und vergleichen Sie das Ergebnis mit a).

16. In Smartphones sind oft Lithium-Ionen-Akkus verbaut. Die Akkus verlieren im Durchschnitt nach 2 Jahren die Hälfte ihrer Kapazität, wenn sie stets zu 100 % aufgeladen werden.

a) Ermitteln Sie eine Funktionsgleichung, die die zeitliche Veränderung der Kapazität eines Akkus beschreibt, wenn dieser stets voll aufgeladen wird.

b) Händler empfehlen, den Akku zu wechseln, wenn das Smartphone nur noch zu 30 % geladen werden kann. Bestimmen Sie, wann der Akku ausgetauscht werden sollte.

c) Um die Lebensdauer von Akkus zu verlängern, empfehlen einige Hersteller ein sogenanntes optimiertes Laden. Dabei wird das Handy bei jedem Ladevorgang nur teilweise aufgeladen. Dafür soll der Akku erst nach 3 Jahren die Hälfte seiner Kapazität eingebüßt haben. Der Akku eines gebrauchten Handys weist nur noch 80 % seiner ursprünglichen Kapazität auf und soll von nun an nur noch optimiert geladen werden. Entscheiden Sie begründet, welche der Funktionsgleichungen den Sachverhalt beschreibt.

① $g(t) = 80 \cdot e^{\frac{\ln(0,5)}{1095} \cdot t}$

② $g(t) = 100 \cdot e^{\frac{\ln(0,5)}{1095} \cdot t}$

③ $g(t) = 80 \cdot e^{-0,000633 \cdot t}$

d) Berechnen Sie, wann ein Akku, der immer vollständig aufgeladen wird, und ein Akku, der stets optimiert geladen wird, die gleiche Kapazität haben.

17. Die drei Tragseile einer Hängebrücke werden durch die Funktionen f, g und h modelliert. Die Funktion f ist gegeben durch $f(x) = 0,4 \cdot e^{0,5x}$. Im Modell entspricht eine Einheit 100 Meter. Die beiden Stützpfeiler sind an den Punkten A(1,5 | 0) und B(8,5 | 0) befestigt. Der tiefste Punkt C des mittleren Tragseils befindet sich zwischen den beiden Stützpfeilern 50 Meter über dem Boden.

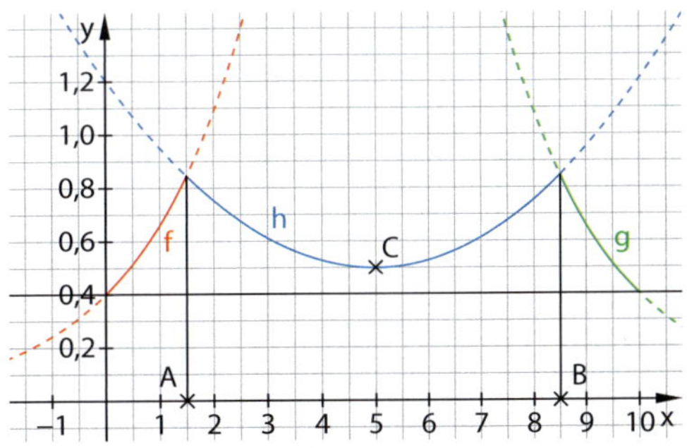

a) Es wird vorausgesetzt, dass die Brücke achsensymmetrisch ist. Beschreiben Sie, wie der Graph von g aus dem von f hervorgeht. Geben Sie eine Funktionsgleichung für g an.

b) Ermitteln Sie eine ganzrationale Funktion h zweiten Grades, deren Graph das mittlere Tragseil modelliert.

18. Ausblick: Zwei Läusepopulationen mit 1000 Läusen verändern sich unterschiedlich. Pro Tag wächst die eine um 500 Läuse und die andere um 5 % ihres aktuellen Bestands.

a) Stellen Sie für beide Wachstumsprozesse eine passende Funktionsgleichung auf.

b) Prüfen Sie, welche der Funktionsgleichungen aus a) die Gleichung $f'(t) = k \cdot f(t)$ mit einer Konstanten k erfüllt. Geben Sie den passenden Wert für k an.

c) Untersuchen Sie, welcher Funktionstyp allgemein die Gleichung aus b) erfüllt.

Begrenztes Wachstum

■ Die Grafik zeigt den Absatz an Smartphones in Deutschland in den Jahren seit 2009.

a) Beschreiben Sie den Verlauf in eigenen Worten. Gehen Sie dabei insbesondere auf Unterschiede zu bisherigen Wachstumsmodellen ein.

b) Nennen Sie inhaltliche Gründe, warum sich der Absatz scheinbar einer Grenze annähert. ■

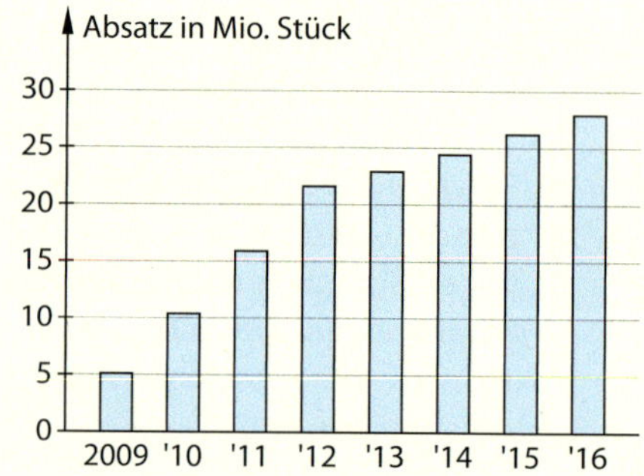

Viele Wachstumsprozesse sind nicht unbegrenzt. Vielmehr gibt es eine natürliche Grenze, welche nicht über- oder unterschritten werden kann. In solchen Fällen spricht man von einem **begrenzten Wachstum**.

Beispielsweise erwärmt sich 2 °C kalter Orangensaft bei einer Raumtemperatur von 21 °C zwar immer weiter, kann aber nicht wärmer als 21 °C werden.

Die Tabelle zeigt, dass die Differenz d(t) zwischen der Raumtemperatur 21 °C und der Safttemperatur f(t) zu Beginn 19 °C beträgt und sich dann in jeder Minute um den Faktor 0,87 ändert. Die Temperaturdifferenz nimmt also exponentiell ab.

Für die Temperaturdifferenz gilt:
$d(t) = 19 \cdot 0{,}87^t = 19 \cdot e^{\ln(0{,}87) \cdot t} \approx 19e^{-0{,}139t}$

Für die Safttemperatur folgt:
$f(t) = 21 - d(t) \approx 21 - 19e^{-0{,}139t}$

Die Safttemperatur nähert sich der **Grenze** von 21 °C beliebig dicht von unten an, ohne sie zu erreichen. Man sagt, sie nähert sich der Grenze **asymptotisch**.

Dabei wird die Wachstumsgeschwindigkeit immer geringer, sie strebt gegen 0.

Zeit t in min	0	1	2	3	4
Temperatur f(t) in °C	2	4,5	6,7	8,5	10,1
Differenz in °C d(t) = 21 − f(t)	19	16,5	14,3	12,5	10,9

· 0,87 · 0,87 · 0,87 · 0,87

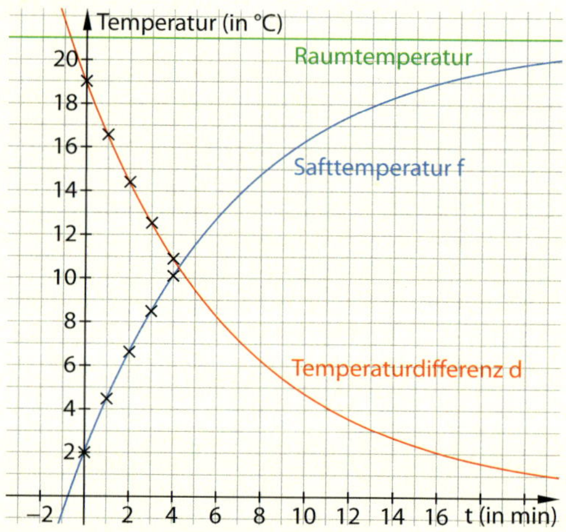

Beim begrenzten Wachstum nimmt die Differenz d(t) zwischen der Grenze S und dem Bestand f(t) exponentiell ab, sodass $d(t) = (S - f(0)) \cdot e^{-k \cdot t}$ mit $k > 0$ gilt.

Aus $d(t) = S - f(t)$ folgt für den Bestand $f(t) = S - d(t) = S - (S - f(0)) \cdot e^{-k \cdot t}$.

Wissen: Begrenztes Wachstum

Die Funktion f mit $f(t) = S - (S - a) \cdot e^{-k \cdot t}$ und $k > 0$ beschreibt einen begrenzten Wachstumsprozess eines Bestands.

$a = f(0)$ ist der **Anfangsbestand** zum Zeitpunkt $t = 0$. Der Graph von f nähert sich **asymptotisch** einer **Grenze** S an.

$a > S$: **begrenzte Abnahme** (Annäherung von oben)

$a < S$: **begrenzte Zunahme** (Annäherung von unten)

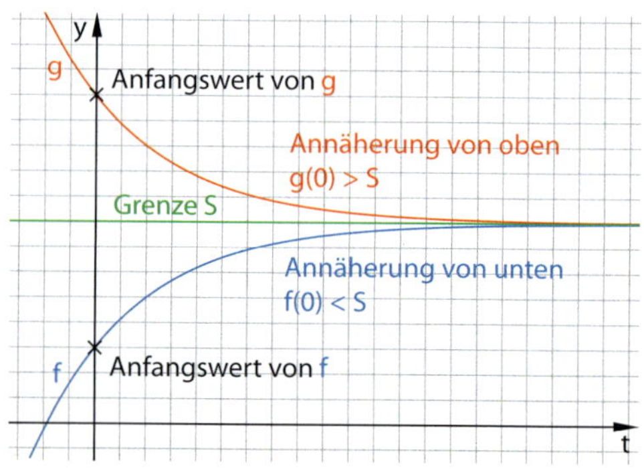

Beispiel 1: Werte bei Funktion zu begrenztem Wachstum bestimmen

Die Temperatur von Wasser in einem Glas in Abhängigkeit der Zeit t in Minuten lässt sich durch die Funktion f mit $f(t) = 35 - 20e^{-0{,}15t}$ beschreiben.

a) Geben Sie die Grenze und die Anfangstemperatur an.

b) Begründen Sie anhand des Funktionsterms, dass die Temperatur stets kleiner ist als die Grenze, sich aber asymptotisch der Grenze nähert.

c) Bestimmen Sie den Zeitpunkt, zu dem die Wassertemperatur 20 °C erreicht.

d) Bestimmen Sie den Zeitpunkt, an dem die Wachstumsgeschwindigkeit $0{,}75\,\frac{°C}{min}$ ist.

Lösung:

a) Die Grenze S und die Anfangstemperatur a ergeben sich durch einen Vergleich der allgemeinen mit der hier konkret vorgegebenen Funktionsgleichung.

$f(t) = S - (S - a) \cdot e^{-k \cdot t}$

$f(t) = 35 - 20 \quad \cdot e^{-0{,}15 \cdot t}$ $\quad S = 35$

$20 = S - a = 35 - a$, also $a = 15$

Grenze der Temperatur: 35 °C

Anfangstemperatur: 15 °C

b) Der Ausdruck $d(t) = 20 \cdot e^{-0{,}15 \cdot t}$ beschreibt die Differenz zwischen der Grenze S und der Temperatur f(t). Die Differenz d(t) ist immer positiv und sie nimmt exponentiell ab.

$f(t) = \underbrace{35}_{\text{Grenze}} - \underbrace{20 \cdot e^{-0{,}15t}}_{\text{exponentiell abnehmende Differenz zur Grenze}}$

Da die Differenz d(t) von der Grenze S subtrahiert wird, ist die Temperatur f(t) stets kleiner als die Grenze. d(t) strebt für $t \to \infty$ gegen 0 und f(t) gegen S.

c) Setzen Sie in der Funktionsgleichung 20 für f(t) ein und lösen Sie die Gleichung nach t auf.

$20 = 35 - 20e^{-0{,}15t} \quad | -35 \quad | :(-20)$

$0{,}75 = e^{-0{,}15t} \quad | \ln \quad | :(-0{,}15)$

$t = \frac{\ln(0{,}75)}{-0{,}15} \approx 1{,}92$

Der Zeitpunkt ist etwa 1,92 min (1 min 55 s).

d) Bestimmen Sie für die Wachstumsgeschwindigkeit die erste Ableitung f′(t) und setzen Sie sie gleich 0,75. Lösen Sie die Gleichung nach t auf.

$f'(t) = -20 \cdot (-0{,}15) \cdot e^{-0{,}15} = 3e^{-0{,}15t}$

$0{,}75 = 3e^{-0{,}15t} \quad | :3$

$\ln(0{,}25) = e^{-0{,}15t} \quad | \ln \quad | :(-0{,}15)$

$t = \frac{\ln(0{,}25)}{-0{,}15} \approx 9{,}24$

Der Zeitpunkt ist etwa 9,24 min (9 min 14 s).

Beispiel 2: Funktion zu begrenztem Wachstum aufstellen

Ein heißes Mikrowellenessen kommt mit 85 °C aus der Mikrowelle. Im Raum herrschen 23 °C. Nach 5 Minuten ist das Essen noch 65 °C warm.

Stellen Sie eine Funktion auf, welche den Wachstumsprozess beschreibt.

Lösung:

Die Raumtemperatur liefert die Grenze S = 23 und die Anfangstemperatur a = 85. Wenn Sie die Werte S = 23 und a = 85 in die allgemeine Funktionsgleichung einsetzen, erhalten Sie $f(t) = 23 + 62 \cdot e^{-k \cdot t}$.

Setzen Sie in diese Gleichung die Angaben t = 5 und f(t) = 65 ein und lösen Sie die Gleichung nach k auf.

allgemein: $f(t) = S - (S - a) \cdot e^{-k \cdot t}$

t: Zeit in Minuten $\quad$ f(t): Temperatur in °C

$f(t) = 23 - (23 - 85) \cdot e^{-k \cdot t} = 23 + 62e^{-k \cdot t}$

$65 = 23 + 62e^{-k \cdot 5} \quad | -23 \quad | :62$

$\frac{21}{32} = e^{-k \cdot 5} \quad | \ln$

$\ln\left(\frac{21}{32}\right) = -k \cdot 5 \quad | :(-5)$

$k = \frac{\ln\left(\frac{21}{32}\right)}{-5} \approx 0{,}078$

$f(t) = 23 + 62e^{-0{,}078t}$

Aufgaben

1. Entscheiden Sie, ob die Gleichung eine begrenzte Zu- oder Abnahme beschreibt. Geben Sie die Grenze und den Anfangsbestand an. Berechnen Sie den Bestand zum angegebenen Zeitpunkt t.

a) $f(t) = 10 - 4 \cdot e^{-0{,}5t}$; $t = 6$ b) $f(t) = 5 + 30e^{-0{,}06t}$; $t = 8$ c) $f(t) = 7 - (7 - 2)e^{-0{,}1t}$; $t = 1$

2. Ordnen Sie den Wachstumsfunktionen f, g, h und i die Graphen ①–④ zu.

$f(t) = 20 + 10e^{-0{,}05t}$ $g(t) = 20 - 20e^{-0{,}05t}$

$h(t) = 20 - 10e^{-0{,}05t}$ $i(t) = 20 + 20e^{-0{,}05t}$

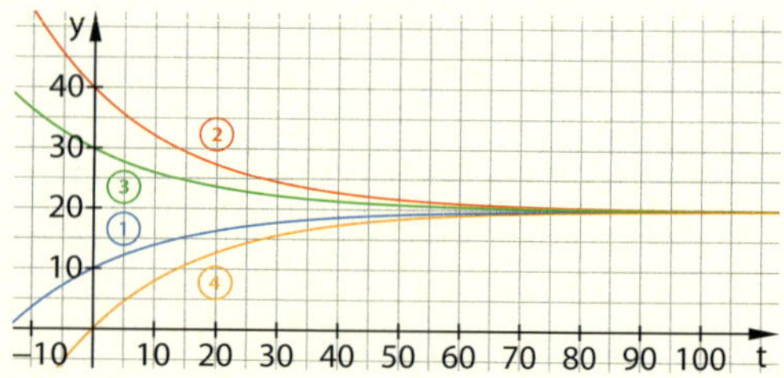

3. Die Funktion f mit $f(t) = 2000 - 1100e^{-0{,}1t}$ beschreibt den Tierbestand in einem Gebiet in Abhängigkeit von der Zeit t in Wochen.

a) Geben Sie die Grenze und den Anfangsbestand dieses Wachstumsprozesses an und deuten Sie diese im Sachzusammenhang.

b) Begründen Sie anhand des Funktionsterms, dass der Tierbestand stetig zunimmt und sich asymptotisch der Grenze nähert.

c) Bestimmen Sie den Zeitpunkt t, an dem der Tierbestand
① über 1500 Tiere steigt, ② um 50 Tiere/Monat zunimmt.

4. Flüssigkeiten mit unterschiedlichen Anfangstemperaturen werden in einem Raum mit einer Temperatur von 25 °C gestellt. Bestimmen Sie eine Funktionsgleichung für die Flüssigkeitstemperatur in Abhängigkeit von der Zeit t in Minuten.

① Kaffee: Anfangstemperatur 85 °C, nach 3 Minuten 65 °C
② Milch: Anfangstemperatur 8 °C, nach 5 Minuten 19 °C
③ Saft: Anfangstemperatur 13 °C, nach 2 Minuten 22 °C

5. Eine Herde Wildpferde hat sich innerhalb von 5 Jahren von 200 auf 250 Tiere vergrößert. Da in der Natur kein unbegrenztes Wachstum möglich ist, soll angenommen werden, dass eine Anzahl von 1000 Tieren nie überschritten wird.
Bestimmen Sie die Bestandsfunktion für die Anzahl der Tiere in der Herde.

a) Geben Sie an, wie viele Tiere nach 10 (15) Jahren in der Herde zu erwarten sind.

b) Geben Sie an, wann 95 % der Maximalanzahl erreicht sind.

c) Berechnen Sie, wie schnell die Anzahl der Tiere nach 8 Jahren anwächst.

6. Eine Tasse Tee mit einer Temperatur von 95 °C kühlt bei einer Zimmertemperatur von 20 °C innerhalb einer Viertelstunde auf 45 °C ab.

a) Bestimmen Sie eine Funktionsgleichung für eine Funktion f, die die Temperatur in Abhängigkeit von der Zeit t in Minuten beschreibt. Skizzieren Sie den Graphen von f.

b) Berechnen Sie die Temperatur nach 5 Minuten, nach 10 Minuten, nach einer halben und nach einer Stunde.

c) Untersuchen Sie, wie schnell die Temperatur nach 20 Minuten sinkt.

d) Bestimmen Sie den Zeitpunkt, an dem die Temperatur sich um 1 °C/min verändert.

7. Tim und Maike sprechen über einen begrenzten Wachstumsprozess, der durch die Gleichung $f(t) = 20 + 7e^{-0{,}04t}$ beschrieben wird. Beschreiben und korrigieren Sie die Fehler von Tim und Maike.

Tim:
„Die Grenze ist bei S = 20 und wird von unten angenähert, da der Anfangsbestand bei a = 7 ist."

Maike:
„Es handelt sich um eine begrenzte Abnahme. Für die Halbwertszeit ergibt sich $T_H = \frac{\ln(0{,}5)}{-0{,}04} \approx 17{,}33$."

8. Ein Onlineshop bietet drei Bonussysteme für die Anzahl an Bestellungen an.

① 5 Punkte für jeden Einkauf

② 1 Punkt für den ersten Einkauf, 2 Punkte für den zweiten Einkauf, 3 Punkte für den dritten Einkauf, …

③ 0,1 Punkte für den ersten Einkauf, Verdopplung der Gesamtpunktzahl bei jedem weiteren Einkauf.

a) Begründen Sie, bei welchem Bonussystem für die Punktzahl P in Abhängigkeit von n Einkäufen $P(n) = \frac{n \cdot (n+1)}{2}$ gilt. Bestimmen Sie entsprechende Funktionsgleichungen für die anderen beiden Bonussysteme.

b) Bei einem alternativen Bonussystem berechnet sich die Gesamtpunktzahl nach n Einkäufen mit $P(n) = 64 \cdot \left(1 - \frac{1}{2^n}\right)$. Beschreiben Sie die Veränderung der Punktzahl in Abhängigkeit von der Anzahl der Einkäufe.

c) Begründen Sie, bei welchem der vier Bonussysteme lineares, exponentielles bzw. begrenztes Wachstum vorliegt. Geben Sie im letzten Fall auch die Grenze an.

d) Die Kunden müssen sich bei der Registrierung für eines der Bonussysteme entscheiden. Untersuchen Sie, ab wie vielen Einkäufen sich welches Bonussystem für die Kunden rechnet. Skizzieren Sie hierfür die Graphen der in a) ermittelten Funktionen.

Hinweis zu 10d:
Dieser Aufgabenteil kann auch mithilfe eines Funkionenplotters oder einer Tabellenkalkulation gelöst werden.

9. In einem gut klimatisierten Raum mit konstant 18 °C Umgebungstemperatur wird am Morgen eine Leiche entdeckt. Der Gerichtsmediziner misst eine Körperkerntemperatur von 23,5 °C. Eine Stunde später misst er wieder, dann sind es 20,8 °C. Ein gesunder Mensch hat eine Körperkerntemperatur von 36,8 °C. Ermitteln Sie, wann die Person gestorben ist.

● **10.** Der Wettbewerb unter den Lebensmittelhändlern ist in Deutschland sehr stark. Um überall für Kunden erreichbar zu sein, gilt eine Anzahl von 3200 Supermärkten als optimal. Eine Supermarktkette expandiert seit dem Jahr 2000 stark. Die Anzahl der Märkte wird näherungsweise durch die Funktion f mit $f(t) = 3200 - 3050 \cdot e^{-0{,}08 \cdot t}$ modelliert. Dabei gibt t die Zeit in Jahren an und $t = 0$ entspricht dem Jahr 2000.

a) Begründen Sie, dass die Expansion als beschränktes Wachstum modelliert werden kann.

b) Berechnen Sie f(2), f(4) sowie $\frac{f(4) - f(2)}{4 - 2}$ und erklären Sie die Bedeutung dieser Werte im Sachzusammenhang.

c) Berechnen Sie den zweijährigen Zeitraum, in dem die Kette um durchschnittlich 150 Märkte pro Jahr wächst.

d) Berechnen Sie den Zeitpunkt, zu dem die Expansionsgeschwindigkeit der Supermarktkette 100 Märkte pro Jahr beträgt.

2.5 Abiturtraining

Aufgaben ohne Hilfsmittel

1. Die Abbildung zeigt fünf Funktionsgraphen.

a) Ordnen Sie den Funktionsgraphen den passenden Funktionsterm zu.

(A) $15 \cdot e^{-0,16t}$ (B) $-15 \cdot e^{-0,16t}$
(C) $15 \cdot e^{0,16t}$ (D) $-15 \cdot e^{0,16t}$
(E) $15 \cdot e^{0,54t}$

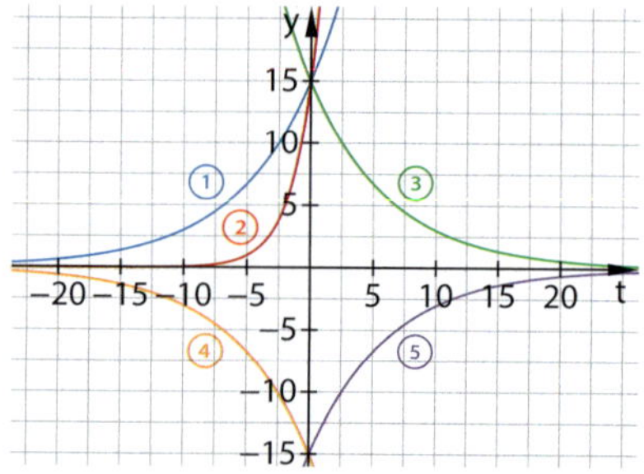

b) Ein Liter Wasser mit einer Temperatur von 15 °C wird im Winter auf das Fensterbrett gestellt. Die Temperatur des Wassers sinkt dabei um 15 % pro Stunde. Entscheiden Sie, welcher der abgebildeten Graphen sich für die Modellierung des Abkühlungsprozesses eignet. Begründen Sie, warum die anderen Graphen dafür nicht infrage kommen.

c) Die Funktion f beschreibt den Temperaturverlauf der Wassers aus b). Erläutern Sie die Bedeutung der folgenden Ausdrücke im Sachzusammenhang.

① $f(0)$ ② $f'(10)$ ③ $\frac{f(15)-f(5)}{10}$ ④ t mit $f'(t) = 0,5$

2. Bei einem exponentiellem Wachstumsprozess sind die Bestände $f(2) = 4,1$ und $f(6) = 30,1$ bekannt.

a) Die Karten rechts zeigen einen Weg zur Bestimmung der zugehörigen Funktionsgleichung. Bringen Sie die Karten in eine sinnvolle Reihenfolge und begründen Sie die einzelnen Rechenschritte.

① $a \cdot e^{k \cdot 6} = 30,1$; $a \cdot e^{k \cdot 2} = 4,1$

② $f(t) = a \cdot e^{0,498t}$

③ $f(t) = 1,517 \cdot e^{0,498t}$

④ $e^{k \cdot 4} = \frac{30,1}{4,1} \approx 7,341$

⑤ $k = \frac{\ln(7,341)}{4} \approx 0,498$

⑥ $30,1 = a \cdot e^{0,498 \cdot 6}$; $a \approx 1,517$

b) Ein Schüler wählt einen anderen Ansatz: Er setzt $t = 6$ in $f(t)=4,1 \cdot e^{k \cdot (t-2)}$ ein und löst die Gleichung $f(6) = 30,1$.
Erläutern Sie, warum der Ansatz des Schülers zu demselben Ergebnis wie in a) führt.

c) Zeigen Sie, dass der Graph einer exponentiellen Bestandsfunktion weder Extrem- noch Wendepunkte hat.

3. Das radioaktive Isotop Iod131 zerfällt exponentiell mit einer Halbwertszeit von 8 Tagen.

a) Entscheiden Sie begründet, welcher der rechts abgebildeten Graphen den Zerfallsprozess von Iod131 darstellt. Geben Sie die zu Beobachtungsbeginn vorhandene Masse an.

b) Bestimmen Sie, wie viel Milligramm Iod131 nach 24 Tagen noch vorhanden sind.

c) Ermitteln Sie, wie lange es dauert, bis nur noch $\frac{1}{32}$ der Anfangsmasse vorhanden sind.

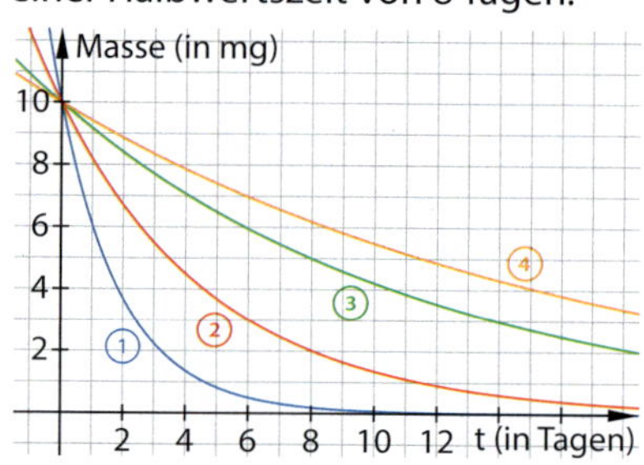

4. Gegeben ist die Funktion f mit $f(x) = 2e^{-x+3}$.

a) Bestimmen Sie die Gleichung der Tangente an den Graphen von f im Punkt $P(3\,|\,f(3))$.

b) Berechnen Sie den Flächeninhalt des Dreiecks, das von der Tangente aus a) und den Koordinatenachsen eingeschlossen wird.

Aufgaben mit Hilfsmitteln

5. Die Kanalisation einer Großstadt ist von Schädlingen befallen. Durch Anwendung eines Mittels zur Schädlingsbekämpfung soll der Schädlingsbestand pro Woche um 12 % reduziert werden. Es wird davon ausgegangen, dass es zu Anwendungsbeginn des Mittels ca. 5 Millionen Schädlinge gibt.

a) Bestimmen Sie die Anzahl der Schädlinge nach einer, nach zwei und nach drei Wochen.

b) Stellen Sie eine Funktionsgleichung auf, die den Schädlingsbestand in Abhängigkeit von der Zeit t in Wochen beschreibt. Überprüfen Sie ihre Gleichung anhand der in a) berechneten Werte.

c) Der Hersteller des Mittels zur Schädlingsbekämpfung wirbt damit, dass die Anwendung seines Mittels die Anzahl der Schädlinge innerhalb von fünf Wochen halbiert. Überprüfen Sie, ob das Mittel hält, was der Hersteller verspricht.

d) Untersuchen Sie, wann der Schädlingsbestand nur noch 1 Million Schädlinge beträgt.

e) Ermitteln Sie den Zeitpunkt, an dem der Schädlingsbestand um 100 000 Schädlinge pro Woche reduziert wird.

6. Im Durchschnitt konsumiert jede erwachsene Person in Deutschland täglich etwa 200 mg Koffein. Koffein regt den Kreislauf an und hat eine belebende Wirkung. In zu hoher Dosis kann es jedoch auch zu Nebenwirkungen kommen. Nach der Einnahme gelangt Koffein in den Blutkreislauf und wird vom Körper abgebaut. Dabei halbiert sich etwa alle drei Stunden die Dosis im Körper. Eine Tasse Kaffee enthält 120 mg. Die Funktion f beschreibt den Verlauf der Koffeinmenge im Blut nach dem Konsum einer Tasse Kaffee (t: Zeit in Stunden; f(t): Koffein in mg).

a) Stellen Sie eine passende Funktionsgleichung der Form $f(t) = a \cdot e^{k \cdot t}$ für die Funktion f auf.

$\left[\text{Kontrollergebnis: } f(t) = 120e^{\frac{\ln\left(\frac{1}{2}\right)}{3}t}\right]$

b) Bestimmen Sie die Koffeinmenge nach 4 Stunden.
Ermitteln Sie den Zeitpunkt, an dem $\frac{2}{3}$ des Koffeins abgebaut wurden.
Bestimmen Sie den Zeitpunkt, an dem die Koffeinmenge im Körper um 10 mg pro Stunde abnimmt.

c) Ab einer Koffeindosis von 1,82 mg pro kg Körpergewicht kann es bei Jugendlichen aufgrund des Herzrasens zu Schlaflosigkeit kommen. Julian (70 kg) möchte gern um 22 Uhr ruhig schlafen, ohne auf seinen 500 ml-Energydrink mit einem Koffeingehalt von 180 mg zu verzichten. Bestimmen Sie, um wie viel Uhr er spätestens seinen Energydrink trinken sollte.
Ermitteln Sie, wie viele Stunden vor dem Schlafen er sich die gleiche Menge an Schwarztee mit einem Koffeingehalt von 154 mg erlauben könnte.

d) Im Urlaub trinkt Julian einen Energy-Drink eines unbekannten Herstellers, der auf der Dose keine Angaben zum darin enthaltenen Koffeingehalt macht.
Innerhalb der ersten sechs Stunden nimmt die Koffeinmenge in Julians Blut im Mittel um 30 mg/h ab. Ermitteln Sie die Koffeinmenge, die in dem Energydrink enthalten war.

Prüfen Sie Ihr neues Fundament

Lösungen ↗S. 329

1. Bestimmen Sie die erste Ableitung der Funktion f mit der linearen Kettenregel.

a) $f(x) = (3-2x)^5$ b) $f(x) = e^{2-3x}$
c) $f(x) = \sqrt{1-x^2}$ d) $f(x) = \sqrt{(1-x)^2}$

2. Bestimmen Sie die erste und zweite Ableitung der Funktion f.

a) $f(x) = -3e^x$ b) $f(x) = -\frac{1}{2}e^{2x}$ c) $f(t) = 4e^{-t+1}$ d) $f(x) = 8 + 5e^x$
e) $f(x) = 4e^{\frac{1}{2}x}$ f) $f(x) = -5e^{5x+3}$ g) $f(t) = -4e^{-2t}$ h) $f(x) = e^x - e^{-2x}$

3. Schreiben Sie die Exponentialfunktion als Funktion mit der Basis e und leiten Sie sie anschließend mit der linearen Kettenregel ab.

a) $f(x) = 3^x$ b) $f(x) = -3 \cdot 5^x$ c) $f(t) = -4 \cdot \left(\frac{1}{2}\right)^t$ d) $f(x) = 3 \cdot 2^{5x+1}$

4. Bestimmen Sie die Lösungsmenge der Gleichung.

a) $e^{2x+3} = e^{x-1}$ b) $-3e^{3x} + 5e^{3x} = 12$
c) $-3e^{-3x} + 9 = 6e^{-3x}$ d) $(e^{2x} - 2) \cdot (x^4 + 1) = 0$
e) $e^{2x+3} - 2 = 0$ f) $5e^{4x+1} = -5e^{4x+1}$

5. Gegeben ist die Funktion f mit $f(x) = 2e^x$.

a) Ermitteln Sie die fehlende Koordinate des Punktes $P(x|4)$ auf dem Graphen von f.
b) Überprüfen Sie, an welcher Stelle der Graph von f den Graphen von g mit $g(x) = 2$ schneidet.
c) Bestimmen Sie rechnerisch den Schnittpunkt des Graphen von f mit dem Graphen von h mit $h(x) = 3e^{2x}$.

6. Bestimmen Sie die x-Werte zum gegebenen Funktionswert y.

a) $f(x) = 3e^{2x} - 7$ $y = 2$ b) $f(x) = -2 \cdot (3 - e^{x^2-8}) + 5$ $y = 2e - 1$

7. Beschreiben Sie den exponentiellen Wachstumsprozess durch eine Funktion mit der Basis e.

a) Herr G. Bauer legt 10 000 € zu einem Zinssatz von 5 % pro Jahr an.
b) Ein Ball fällt aus einer Höhe von 3 m auf den Boden und springt nach jedem Aufprall auf 80 % der letzten Höhe zurück.
c) Radioaktives Actinium 225 zerfällt täglich um 6,7 %. Zu Beginn der Beobachtung sind 200 g vorhanden.

8. Die Beleuchtungsstärke in einem See nimmt mit zunehmender Tiefe x nach der Funktionsgleichung $f(x) = 4000 \cdot 0{,}8^x$ ab (x in Meter, f(x) in Lux). An der Oberfläche werden 4000 Lux gemessen.

a) Erklären Sie, warum die Änderungsrate in jeder Tiefe negativ ist.
b) Bestimmen Sie die Änderungsrate in einer Tiefe von x = 5 m und x = 20 m.
c) Bestimmen Sie die mittlere Änderungsrate im Intervall [5; 20].
d) Bestimmen Sie die Tiefe, in der die Beleuchtungsstärke mit einer Änderungsrate von 5 Lux/Meter abnimmt.

Lösungen
↗ S. 329/330

9. Die Tabelle zeigt die Vermehrung einer Bakterienkultur in Tagen.

Tage	0	1	2	3	4	5
Bakterien in Tausend	10	13,5	18,2	24,6	33,2	44,8

a) Weisen Sie nach, dass näherungsweise exponentielles Wachstum vorliegt.
b) Stellen Sie eine passende Wachstumsfunktion f mit $f(t) = a \cdot e^{k \cdot t}$ auf, die die Vermehrung der Bakterien beschreibt (t in Tagen; f(t) Anzahl der Bakterien in Tausend).
c) Untersuchen Sie, wie viele Bakterien es nach 2 Wochen gibt.
d) Bestimmen Sie, wie lange es dauert, bis sich die Anzahl der Bakterien verdoppelt hat.
e) Ermitteln Sie den Zeitpunkt, an dem es 100 000 Bakterien gibt.

10. Ein Patient bekommt 100 mg eines Medikaments verabreicht. Der Abbau des Medikaments im Körper kann näherungsweise durch die Funktion f mit $f(t) = 100 \cdot e^{-0{,}15 \cdot t}$ beschrieben werden (t: Zeit in Stunden, f(t): Menge des Medikaments im Körper in mg).
a) Berechnen Sie die Halbwertszeit und deuten Sie diesen Wert im Sachzusammenhang.
b) Ermitteln Sie, wie viel Prozent des Medikaments im Körper pro Stunde abgebaut werden.
b) Untersuchen Sie, mit welcher Geschwindigkeit das Medikament 4 Stunden nach Einnahme abgebaut wird.
d) Bestimmen Sie den Zeitpunkt t, an dem die Menge des Medikaments
① 25 mg beträgt, ② um 7 mg pro Stunde abnimmt.

11. Ordnen Sie den Funktionsgleichungen ihre Ableitungen und Eigenschaften zu.

Funktionsgleichung	Ableitung	Eigenschaft	
$f(x) = 2e^{x^2-4x-5}$	$f(x) = (4x-8)e^{x^2-4x-5}$	$f(-1) = f(1) = 2$	Extremstelle $x = 2$
$f(x) = 2e^{x^2+4x-5}$	$f(x) = 4xe^{x^2-1}$	$f(1) = f(-5) = 2$	Extremstelle $x = -2$
$f(x) = 2e^{x^2-1}$	$f(x) = (4x+8)e^{x^2+4x-5}$	$f(-1) = f(5) = 2$	Extremstelle $x = 0$

12. Gegeben ist die Funktion f mit $f(x) = 4e^{3x} - 5x$.
a) Untersuchen Sie die Funktion f auf Extrem- und Wendepunkte.
b) Begründen Sie, dass der Graph einer Funktion der Form $f(x) = a \cdot e^{b \cdot x} + c \cdot x$ mit $a, b \neq 0$ keine Wendepunkte besitzt.

13. Eine Arena bietet Platz für 12 500 Zuschauer. Vor und während einem zweistündigen ausverkauften Konzert wird die Besucheranzahl in der Arena durch die Funktion f mit $f(t) = 12500 - 125 \cdot e^{-0{,}05 \cdot t}$ modelliert. Die Variable t wird dabei in Minuten angegeben und das Konzert beginnt zum Zeitpunkt $t = 0$.

a) Geben Sie einen geeigneten Definitionsbereich für die Funktion f an.
b) Geben Sie an, wie viele Plätze zu Konzertbeginn leer bleiben.
c) Um Gedränge bei den Einlasskontrollen zu vermeiden, gibt es mehrere Kontrollpunkte. Sobald der Besucherstrom nur noch 15 Besucher pro Minute beträgt, wird nur noch ein Kontrollpunkt benötigt. Berechnen Sie diesen Zeitpunkt.

Zusammenfassung

Lineare und quadratische Kettenregel

Hat die Funktion g die Ableitung g′ und sind a, b, c ∈ ℝ, dann hat die Funktion f mit $f(x) = g(ax + b)$ die Ableitung $f'(x) = a \cdot g'(ax + b)$.

$f(x) = (3x - 9)^6$ $\quad g(z) = z^6$
$z = 3x - 9$ $\quad g'(z) = 6 \cdot z^5$
$f'(x) = 3 \cdot g'(3x - 9) = 3 \cdot 6 \cdot (3x - 9)^5$
$= 18 \cdot (3x - 9)^5$

Hat die Funktion f die Gestalt $f(x) = g(ax^2 + bx + c,)$ so hat sie die Ableitung $f'(x) = (2ax + b) \cdot g'(ax^2 + bx + c)$.

$f(x) = \sqrt{2x^2 - 4x + 1}$ $\quad g(z) = \sqrt{z}$
$z = 2x^2 - 4x + 1$ $\quad g'(z) = \frac{1}{2\sqrt{z}}$
$f'(x) = (4x - 4) \cdot g'(2x^2 - 4x + 1)$
$= (4x - 4) \cdot \frac{1}{2\sqrt{2x^2 - 4x + 1}} = \frac{2x-2}{\sqrt{2x^2 - 4x + 1}}$

Natürliche Exponentialfunktion

Die Exponentialfunktion f mit $f(x) = e^x$ mit der Basis $e \approx 2{,}71828$ (**Euler'sche Zahl**) heißt **natürliche Exponentialfunktion**.
Für ihre Ableitung gilt $f'(x) = e^x$.

f mit $f(x) = e^x$
$D_f = \mathbb{R}$; $f(0) = 1$
$\lim\limits_{x \to \infty} f(x) = \infty$
$\lim\limits_{x \to -\infty} f(x) = 0$

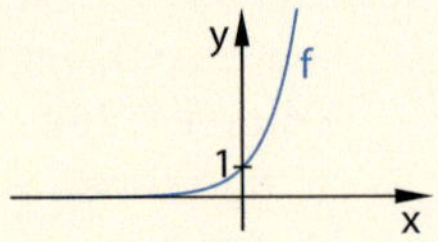

Die Funktion f mit $f(x) = e^{ax + b}$ hat die Ableitung $f'(x) = a \cdot e^{ax + b}$.

$f(x) = 5e^{-2x + 7}$
$f'(x) = (-2) \cdot 5e^{-2x + 7} = -10e^{-2x + 7}$

Die Funktion f mit $f(x) = e^{ax^2 + bx + c}$ hat die Ableitung $f'(x) = (2ax + b) \cdot e^{ax^2 + bx + c}$.

$f(x) = e^{-3x^2 + 5x}$
$f(x) = (2 \cdot (-3) \cdot x + 5) \cdot e^{-3x^2 + 5x}$
$= (-6x + 5)e^{-3x^2 + 5x}$

Natürlicher Logarithmus

Der **natürliche Logarithmus** ist der Logarithmus zur Basis e. Für $\log_e(b)$ mit $b \in \mathbb{R}$, $b > 0$ schreibt man ln(b).

$e^x = 4$ hat die Lösung $x = \ln(4) \approx 1{,}39$

Für alle $x > 0$ gilt: $\ln(e^x) = e^{\ln(x)} = x$

$\ln(e^4) = e^{\ln(4)} = 4$

Für alle $b > 0$ gilt: $b^x = e^{\ln(b) \cdot x}$
Die Funktion f mit $f(x) = b^x$ und $b \in \mathbb{R}$, $b > 0$ hat die Ableitung $f'(x) = \ln(b) \cdot b^x$.

$f(x) = 3 \cdot 5^x = 3 \cdot e^{\ln(5) \cdot x}$
$f'(x) = 3 \cdot \ln(5) \cdot e^{\ln(5) \cdot x} = 3 \cdot \ln(5) \cdot 5^x$

Exponentialgleichungen

Das Anwenden von ln macht das Potenzieren mit e rückgängig. Das kann man nutzen, um Exponentialgleichungen zu lösen.

$2e^{3x - 2} - 4 = 6$ $\quad | +4 \quad | :2$
$e^{3x - 2} = 5$ $\quad | \ln$
$3x - 2 = \ln(5)$ $\quad | +2 \quad | :3$

Gleichung: $e^x = a$ Lösung: $x = \ln(a)$

Lösung: $x = \frac{\ln(5) + 2}{3} \approx 1{,}2$

Exponentielles Wachstum

Die Funktion f mit $f(t) = a \cdot e^{k \cdot t}$ und $k \neq 0$ beschreibt einen exponentiellen Wachstumsprozess eines Bestands.
$a = f(0)$ ist der **Anfangsbestand** zum Zeitpunkt $t = 0$ und k die **Wachstumskonstante**.
$k > 0$: **exponentielle Zunahme** mit
Verdopplungszeit $T_V = \frac{\ln(2)}{k}$
$k < 0$: **exponentielle Abnahme** mit
Halbwertszeit $T_H = \frac{\ln\left(\frac{1}{2}\right)}{k}$

f mit $f(t) = 1000e^{0{,}14t}$ beschreibt eine Tierpopulation in Abhängigkeit von der Zeit t in Jahren.
Bestand nach drei Jahren:
$f(3) = 1000 \cdot e^{0{,}14 \cdot 3} \approx 1522$

Zeitpunkt, zu dem es 5000 Tiere gibt:
$5000 = 1000e^{0{,}14t}$
$t = \frac{\ln(5)}{0{,}14} \approx 11{,}5$
Verdopplungszeit: $T_v = \frac{\ln(2)}{k} = \frac{\ln(2)}{0{,}14} \approx 4{,}95$

3. Integralrechnung

Mithilfe der Integralrechnung lassen sich aus der Durchflussrate in einer Pipeline Aussagen über Bestandsänderungen in einem Rohstoffspeicher rekonstruieren.

Nach diesem Kapitel können Sie …

- aus Änderungsraten Gesamteffekte und Bestände rekonstruieren,
- den Zusammenhang zwischen Differenzieren und Integrieren angeben,
- Flächeninhalte krummlinig begrenzter Flächen berechnen,

Lösungen
↗ S. 330

Funktionen und ihre Ableitungen

1. Bestimmen Sie die Nullstellen der Funktion f.

a) $f(x) = 2x^2 - 4x - \frac{5}{2}$ b) $f(x) = \left(x + \frac{\pi}{4}\right)(x^2 - 4x + 4)$ c) $f(a) = 3a^3 + 4a^2$

d) $f(x) = x^3 - 3x^2 + 4x$ e) $f(x) = x^4 - 5x^2 + 4$ f) $f(c) = c^4 + 5c^2 - 6$

2. Gegeben sind die Funktionen f und g durch $f(x) = -x^2 + 4x + 4$ und $g(x) = -x + 4$.

a) Berechnen Sie die Koordinaten der Schnittpunkte der Graphen von f und g.

b) Zeichnen Sie die Funktionsgraphen und schraffieren Sie die Fläche, die von den Graphen beider Funktionen eingeschlossen wird.

3. Ermitteln Sie die erste und zweite Ableitung der Funktion f.

a) $f(x) = \frac{1}{3}x^3 + 1$ b) $f(x) = -\frac{1}{2}\sin(2x) + 1$ c) $f(x) = -2\sin\left(\frac{1}{2}x - 1\right)$

d) $f(t) = t + \sqrt{t}$ e) $f(x) = x^2 - \frac{1}{a^2}\ (a \neq 0)$ f) $f(t) = t^2 \cdot b^2 - \sin(t) \cdot \cos(b)$

g) $f(x) = 4cx - 2e^x$ h) $f(t) = -8e^{-0{,}5t + 1}$ i) $f(x) = 2\ln(3x)$

4. Finden Sie heraus, welche der Funktionen $g_1, \ldots, g_5$ Ableitung zu welcher der Funktionen $f_1, \ldots, f_5$ ist. Begründen Sie Ihre Zuordnung.

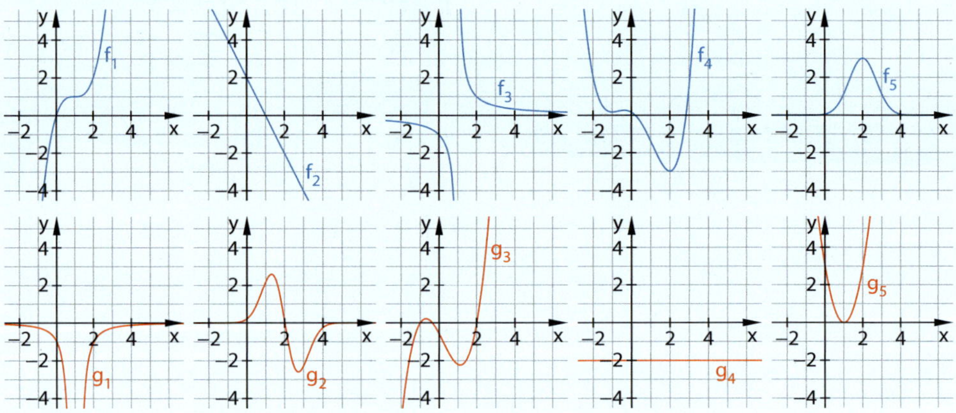

5. Eine Funktion f beschreibt das Verhalten einer Größe im Intervall $a \leq x \leq b$.
Geben Sie die Bedeutung des Wertes von $f'(x)$ an, wenn

a) x die Zeit in s und f(x) eine zurückgelegte Strecke in m angibt,

b) x die Zeit in s und f(x) die Geschwindigkeit in m/s angibt,

c) x die Zeit in Jahren und f(x) die Bevölkerungszahl eines Landes angibt,

d) x die Weglänge in km und f(x) den Kraftstoffinhalt V in einem Pkw-Tank in ℓ angibt.

6. Die Einwohnerzahl von Düsseldorf wuchs im Zeitraum vom 1.12.1875 (t = 0) bis 1.12.1905 (t = 30) näherungsweise gemäß einer Exponentialfunktion f mit $f(t) = 8 \cdot e^{a \cdot t}$. Dabei gibt t die Zeit in Jahren und f(t) die Einwohnerzahl in 10 000 an.

a) Volkszählungen ergaben am 1.12.1890 eine Einwohnerzahl von 144 642 und am 1.12.1900 von 213 711. Berechnen Sie mit diesen Angaben den Wert des Parameters a gerundet auf 3 Nachkommastellen.

b) Berechnen Sie das durchschnittliche Wachstum der Bevölkerung von 1875 bis 1905.

c) Ermitteln Sie die Wachstumsgeschwindigkeit in den Jahren 1875 und 1905.

d) Bestimmen Sie die Gleichung der Tangente g an den Graphen von f im Punkt $(30\,|\,f(30))$. Eine Volkszählung am 1.12.1916 ergab 367 371 Einwohner. Vergleichen Sie diesen Wert mit f(41) und g(41).

Lösungen
↗ S. 330/331

7. Die Funktion g mit $g(x) = -20x^3 + 240x^2 - 420x - 760$ gibt den täglichen Gewinn eines Unternehmens in Euro an, wenn das Produkt in der Stückzahl x verkauft wird.

a) Geben Sie den Gewinn des Unternehmens in einem Monat mit 30 Tagen an, wenn täglich eine Stückzahl von $x = 5$ ($x = 10$) produziert wird.
b) Bestimmen Sie, für welche Stückzahl x der Gewinn g(x) bei einer Erhöhung der Produktionsmenge maximal ansteigt.
c) Berechnen Sie die Stückzahl x, für die das Unternehmen maximalen Gewinn erreicht.

Flächeninhalte berechnen

8. Die Abbildung zeigt den Querschnitt einer Treppe. Die Treppenstufen sind jeweils 15 cm hoch und 25 cm tief.
a) Geben Sie einen Term an, mit dem man den Flächeninhalt des Querschnitts dieser Treppe berechnen kann.
b) Berechnen Sie diesen Flächeninhalt (in m^2).

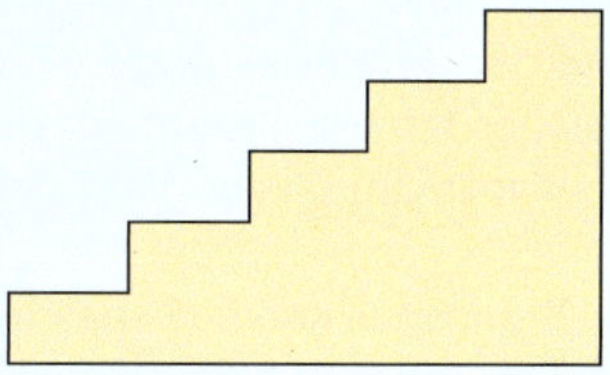

9. Die Bilder ①, ② und ③ zeigen verschiedene Möglichkeiten, den Inhalt der Fläche, den der Graph der Sinusfunktion f mit $f(x) = \frac{\pi}{2}\sin(x)$ im Intervall $[0; \pi]$ mit der x-Achse einschließt, näherungsweise zu bestimmen.
Berechnen Sie diese Näherungswerte.

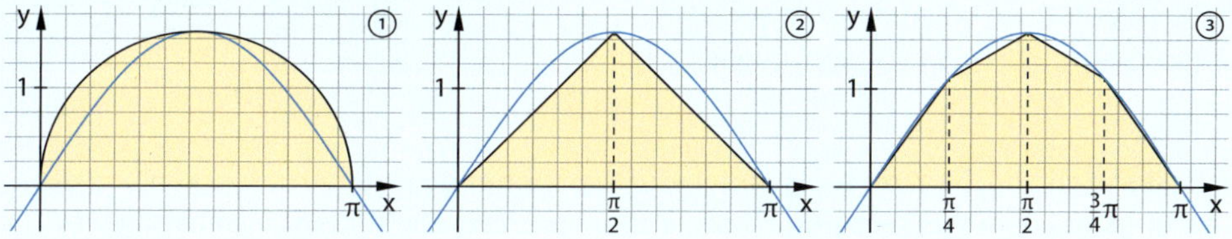

Vermischtes

10. Überprüfen Sie die Summenformel an drei Beispielen.
a) $1 + 2 + 3 + \ldots + n = \frac{n(n+1)}{2}$
b) $1^2 + 2^2 + 3^2 + \ldots + n^2 = \frac{n(n+1)(2n+1)}{6}$

11. Bestimmen Sie, wie sich der Term für $x \to \infty$ verhält. Geben Sie einen Grenzwert an, falls dieser existiert.
a) $3 + \frac{1}{x}$
b) $\frac{4}{5} - \frac{4}{x} + \frac{2}{x^2}$
c) $\frac{1}{\sqrt{x+1}}$
d) $\sqrt{x} - \frac{1}{\sqrt{x}}$
e) $\frac{x^2 - x + 6}{2x^2}$
f) e^{4x-1}
g) $5e^{-x}$
h) $\ln(x)$

12. Die vordere und hintere Seitenfläche des abgebildeten Bauteils sind Halbkreise. Mittig ist eine Nut ausgefräst. Berechnen Sie das Volumen dieses Bauteils.

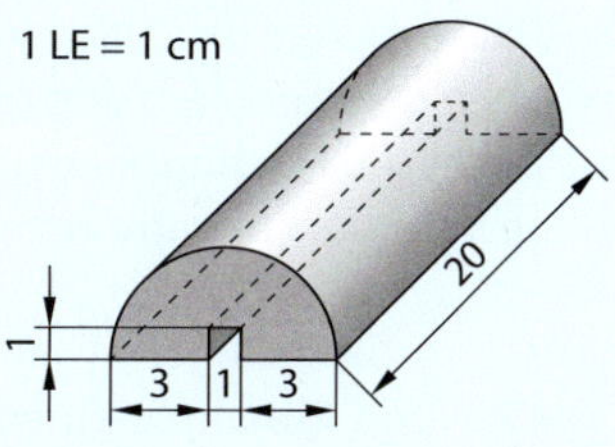

13. Zeichnen Sie den Graphen von f. Beschreiben Sie den Körper, der bei Rotation des Graphen von f um die x-Achse entsteht.
a) $f(x) = 4$ im Intervall $0 \le x \le 3$
b) $f(x) = 0{,}5x - 1$ im Intervall $2 \le x \le 4$

3.1 Rekonstruktion aus Änderungsraten

■ Ein Fahrstuhl beginnt seine Fahrt im Erdgeschoss, hält im 2. Stock, fährt weiter in den 3. Stock und nach einem kurzem Stopp direkt in die Tiefgarage. Die Abbildung zeigt den zeitlichen Verlauf der Geschwindigkeit in idealisierter Form.
Bestimmen Sie, wie hoch der 2. Stock über dem Erdgeschoss und wie tief die Tiefgarage unter dem Erdgeschoss liegt. ■

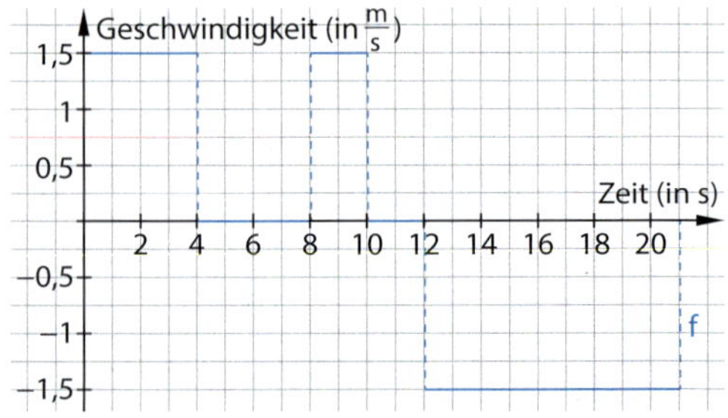

Eine Funktion F, die den zeitlichen Verlauf einer Größe beschreibt, nennt man **Bestandsfunktion**. Ihre Ableitung f = F' ist die momentane Änderungsrate des Bestandes. Durch Ableiten lässt sich leicht aus dem Bestand die **momentane Änderungsrate** bestimmen. Aber auch umgekehrt lässt sich aus der Änderungsrate der Bestand „rekonstruieren".

Ein Pumpspeicherwerk speichert elektrische Energie, indem Wasser in ein Speicherbecken hinaufgepumpt wird. Dieses Wasser lässt man später wieder ab und erzeugt über Turbinen elektrischen Strom. Für die Änderung des Wasservolumens im Speicherbecken gilt:

Im Pumpenbetrieb:	$120\,m^3/min$ Wasserzufluss
Im Turbinenbetrieb:	$200\,m^3/min$ Wasserabfluss

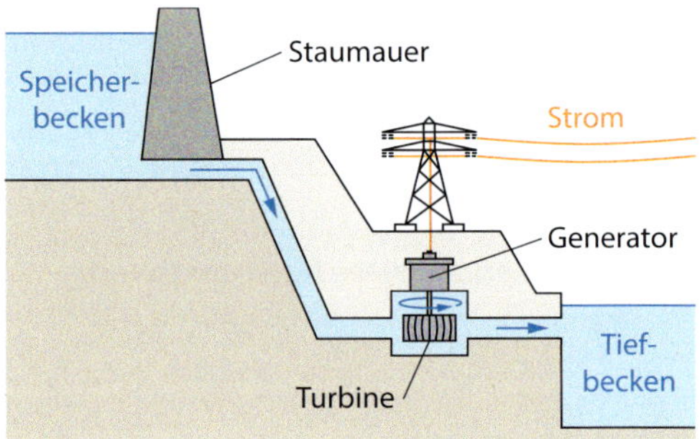

Der **Bestand** entspricht in dieser Situation der **Wassermenge** im Speicherbecken und die **Änderungsrate** dem **Wasserzufluss bzw. -abfluss pro Zeit**. Die Änderungsrate ist jeweils konstant.

Hinweis:
Die Änderungsrate hat die Einheit **m³/min**, die x-Achse hat die Einheit min. Bestandsänderungen haben also die Einheit **min · m³/min = m³**

60 min Pumpbetrieb bewirken eine Bestandszunahme von
$60\,min \cdot 120\,m^3/min = 7200\,m^3$ Wasser.

30 min Turbinenbetrieb bewirken eine Bestandsabnahme von
$30\,min \cdot 200\,m^3/min = 6000\,m^3$ Wasser.

Bilanz: $+7200\,m^3 - 6000\,m^3 = 1200\,m^3$
Die Wassermenge im Speicher nimmt insgesamt um $1200\,m^3$ zu.

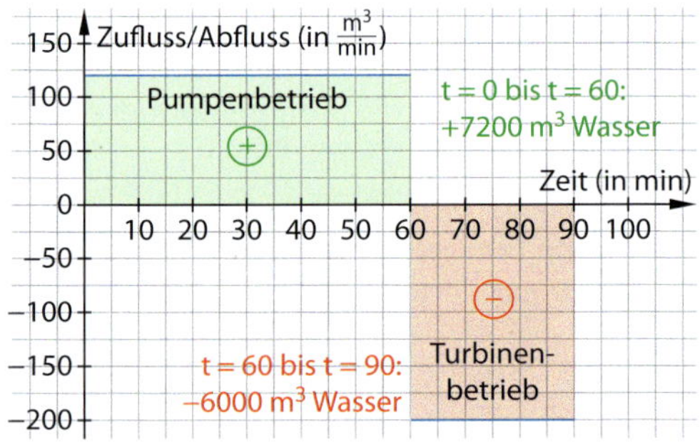

Die Wassermenge für Zufluss und Abfluss entspricht jeweils genau dem Inhalt der Fläche zwischen dem Graphen und der x-Achse. Die Gesamtänderung der Wassermenge im Becken entspricht der **Flächenbilanz**. In sie geht die Fläche oberhalb der x-Achse positiv und die Fläche unterhalb negativ ein (**orientierter Flächeninhalt**).

Hinweis:
Auch bei Änderungsraten, die nicht stückweise konstant sind, gibt die Flächenbilanz die Bestandsänderung wieder; s. Aufgabe 11.

Wissen: Zu- und Abnahme eines Bestandes als Flächenbilanz
Die **Zu- und Abnahme eines Bestandes F** in einem Zeitintervall entspricht der Flächenbilanz zwischen dem Graphen der Änderungsrate f und der x-Achse. Flächen oberhalb der x-Achse gehen positiv und Flächen unterhalb der x-Achse negativ in die Bilanz ein.

Für konstante oder lineare Änderungsraten lassen sich die Inhalte der Flächen leicht berechnen, da sie die Form von Rechtecken, Dreiecken oder Trapezen haben.

Um den Bestand zu einem konkreten Zeitpunkt angeben zu können, muss bekannt sein, welchen Wert der Bestand zu Beginn des Intervalls hatte. Erst durch diesen „Startwert" und die ermittelte Zu- bzw. Abnahme ist der Bestand rekonstruierbar.

Beispiel 1: Der Graph beschreibt die Änderungsrate der Wassermenge in einem Wasserbecken.

a) Berechnen Sie, wie sich die Wassermenge im Becken nach 50 min insgesamt geändert hat.

b) Zu Beginn ist das Becken bereits mit 35 m^3 Wasser gefüllt. Berechnen Sie die Wassermenge im Becken nach 50 min.

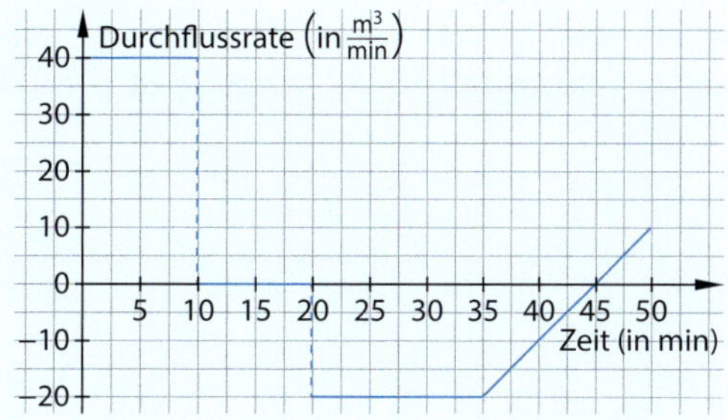

Lösung:

a) Gesucht ist die Flächenbilanz zwischen dem Graphen der Änderungsratenfunktion und der x-Achse.
Berechnen Sie dazu die Flächeninhalte der Rechtecke und Dreiecke A_1, A_2, A_3 und A_4.

Berücksichtigen Sie in der Gesamtbilanz die positive und die negative Orientierung (Zufluss oberhalb der x-Achse, Abfluss unterhalb der x-Achse).

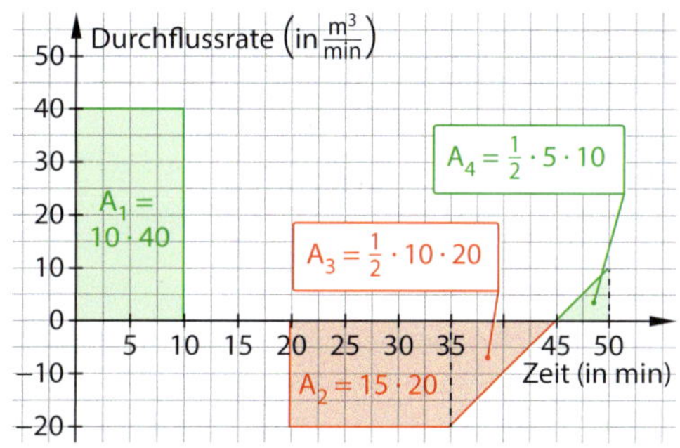

$A_1 - A_2 - A_3 + A_4 = 400 - 300 - 100 + 25 = 25$
Nach 50 min enthält das Becken 25 m^3 mehr Wasser.

b) Verrechnen Sie die Änderung der Wassermenge innerhalb der 50 min mit der Wassermenge zu Beginn.

$35\,m^3 + 25\,m^3 = 60\,m^3$
Nach 50 min sind 60 m^3 Wasser im Becken.

Basisaufgaben

1. Das Diagramm zeigt den Wasserzufluss/-abfluss im Speicherbecken eines Pumpspeicherkraftwerks.
   a) Berechnen Sie, wie sich die Wassermenge am Ende des Vorgangs verändert hat.
   b) Bestimmen Sie ein Intervall, in dem die Bestandsänderung positiv ist (negativ ist; null ist).

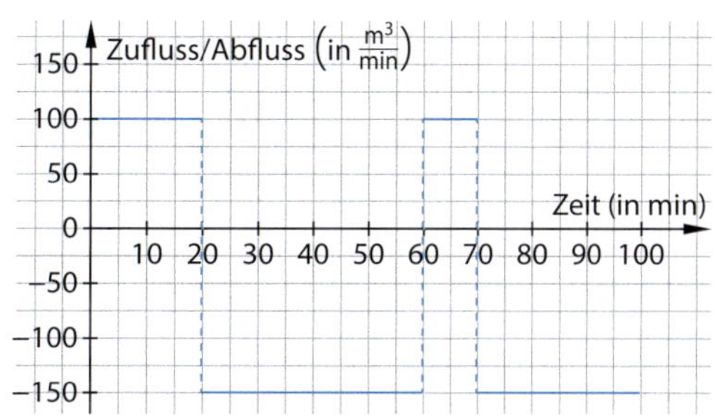

2. Erläutern Sie den Unterschied zwischen Flächeninhalt und Flächenbilanz.
   Unter welchen Bedingungen ist die Flächenbilanz dasselbe wie der Flächeninhalt?

3. Zeichnen Sie den Graphen einer Änderungsratenfunktion mit Bestandsänderung null.

4. In einem Öltank befinden sich 800 Liter Öl. Die Abbildung zeigt die Änderungsrate der Ölmenge in den nächsten 10 Minuten. Bestimmen Sie, wie viel Öl sich nach diesen 10 Minuten im Tank befindet.

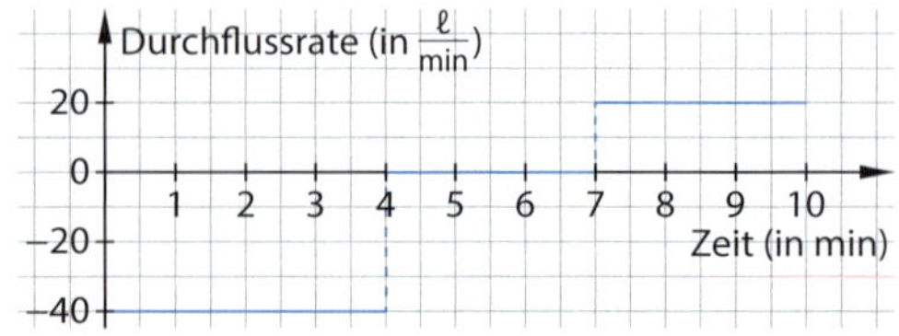

5. a) Erläutern Sie die Situation, die durch den Graphen dargestellt wird.

① Autofahrt ② freier Fall ③ Bevölkerungswachstum ④ Benzinverbrauch

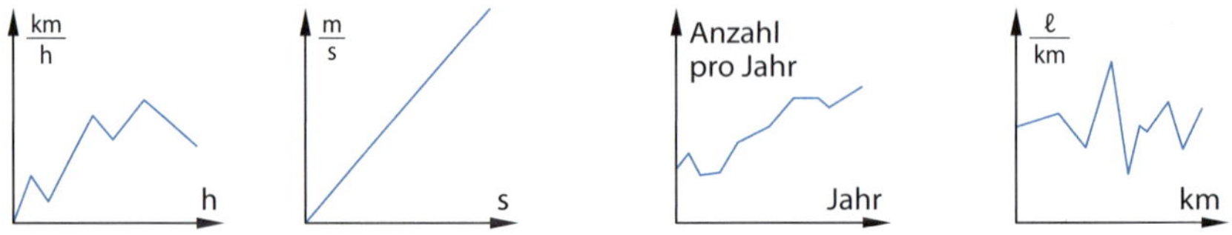

b) Bestimmen Sie die Bedeutung des Flächeninhalts zwischen Graph und x-Achse.

6. Die Abbildungen zeigen den zeitlichen Verlauf der Geschwindigkeit v für drei Aufzüge.

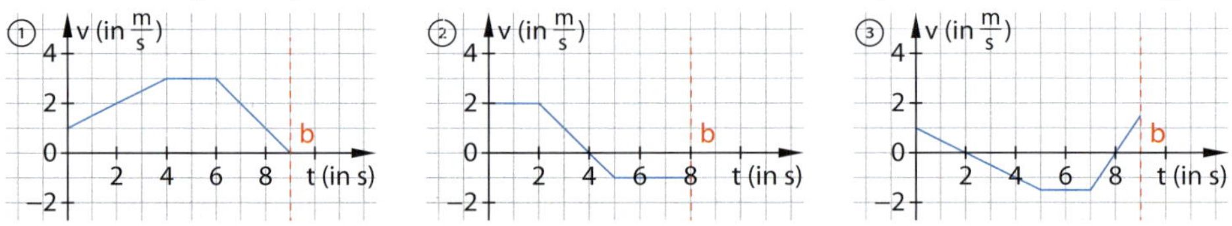

a) Beschreiben Sie die Bewegungsabläufe in wenigen Sätzen.
b) Berechnen Sie jeweils die Flächenbilanz im Intervall [0; b].
c) Geben Sie jeweils die Bedeutung des Flächeninhalts und der Flächenbilanz an.

7. In einer Abfüllanlage laufen leere Flaschen über ein Fließband, das unterschiedlich schnell laufen kann, in eine Lagerhalle. Die Abbildung zeigt die Änderungsrate f als Anzahl der Flaschen pro Minute. Zum Zeitpunkt $t = 0$ lagern bereits 2800 Flaschen in der Halle.

a) Berechnen Sie, wie viele Flaschen sich nach $t = 1$ min (2 min; 6 min; 10 min) in der Lagerhalle befinden.
b) Berechnen Sie, wie viele Flaschen weniger in die Lagerhalle gelangen, wenn die Geschwindigkeit des Fließbands von Beginn an gleichmäßig von 100 Flaschen/min auf 0 Flaschen/min reduziert wird.

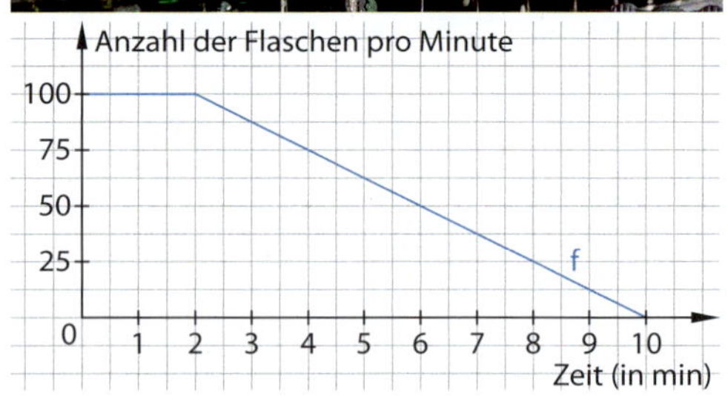

8. Beurteilen Sie die Aussage.

a) Ist die Änderungsrate positiv und konstant, so nimmt der Bestand gleichmäßig zu.
b) Wechselt die Änderungsrate das Vorzeichen von + nach −, so hat der Bestand ein Minimum.
c) Je kleiner die positive Änderungsrate ist, desto langsamer nimmt der Bestand zu.
d) Je kleiner die negative Änderungsrate ist, desto langsamer nimmt der Bestand ab.

Weiterführende Aufgaben

9. Gegeben sind die Graphen von drei Änderungsraten f und drei Beständen F.
Ordnen Sie die Graphen begründet einander zu.

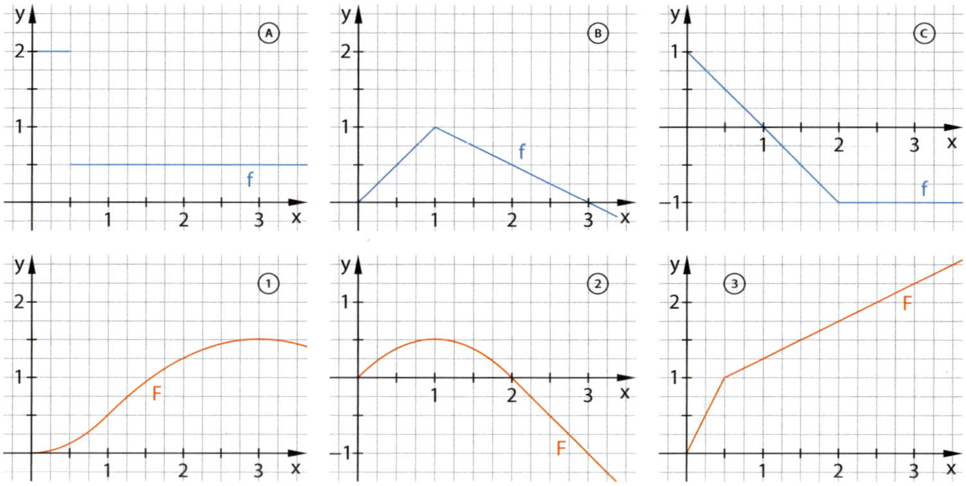

10. Stolperstelle: Ein Pumpspeicherwerk läuft 10 Minuten im Pumpbetrieb (Zufluss $120\,m^3/min$) und anschließend 15 Minuten im Turbinenbetrieb (Abfluss $200\,m^3/min$).
Marina sagt: *„Das kann doch gar nicht stimmen! Dann wären ja $-1800\,m^3$ Wasser im Becken, die Zahl kann doch nicht negativ sein!"* Nehmen Sie Stellung.

11. Die Bestandsänderung bei einer stückweise konstanten Änderungsrate f entspricht der Flächenbilanz zwischen dem Graphen von f und der x-Achse (s. Seite 88). Begründen Sie mithilfe der Abbildung, dass sich dies auf beliebige Änderungsraten übertragen lässt.

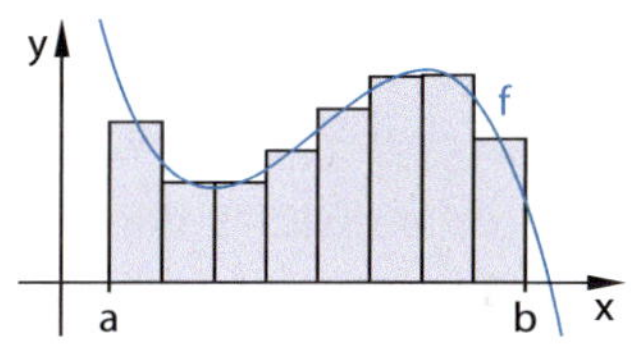

12. Der Graph beschreibt die Wachstumsgeschwindigkeit einer Pflanze, die zu Beginn 0 mm hoch ist.
a) Skizzieren Sie den Graphen der Funktion, die die Höhe der Pflanze in Abhängigkeit der Zeit angibt.
b) Wie hoch ist die Pflanze nach 120 Tagen? Nähern Sie sich dem Wert durch Flächenberechnungen.

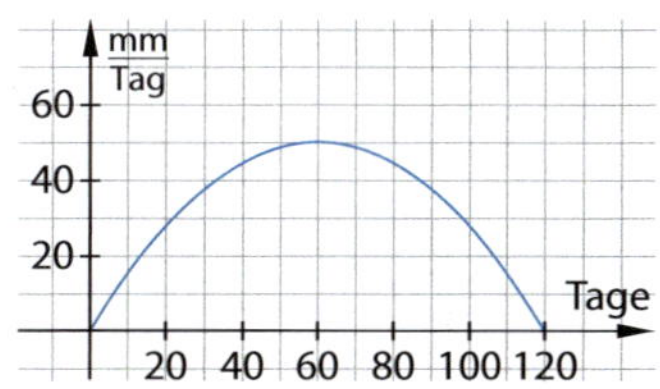

● **13.** Auf einem Streckenflug notiert sich der Copilot die Verbrauchsanzeige des Durchflussmessers in einzelnen Flugphasen. Interpretieren Sie die Flugphasen (Steigen, Sinken, Horizontalflug) und schätzen Sie den Gesamtverbrauch während des Fluges geeignet ab. Beschreiben Sie Unsicherheiten und Schwierigkeiten bei dieser Schätzung.

Zeit t in Minuten	0	5	7	8	20	23	27	30
Durchfluss in Liter/Minute	0,7	0,3	0,5	0,3	0,2	0,4	0,1	Landung

● **14. Ausblick:** Im Bild ist die Bestandsänderung unter dem Graphen einer proportionalen Änderungsratenfunktion mit der Funktionsgleichung $f(t) = a \cdot t$ durch Dreiecke dargestellt.
Ermitteln Sie die Funktionsgleichung der Bestandsfunktion F.
Bezeichnen Sie den Anfangsbestand bei $t = 0$ mit F_0.

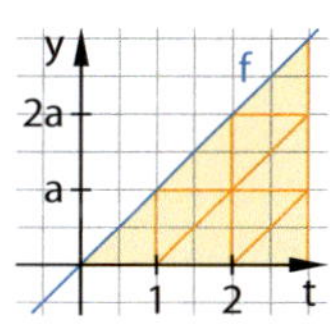

3.2 Bestimmtes Integral

■ Die zurückgelegte Strecke s eines Formel-1-Autos in den ersten 5 Sekunden nach dem Start soll näherungsweise bestimmt werden. Erklären Sie die Rechnung:

$s = 1 \cdot f(1) + 1 \cdot f(2) + 1 \cdot f(3) + 1 \cdot f(4) + 1 \cdot f(5)$
$ = 1 \cdot 15 + 1 \cdot 28 + 1 \cdot 39 + 1 \cdot 48 + 1 \cdot 56 = 186$

Wie könnte man die Näherung verbessern? ■

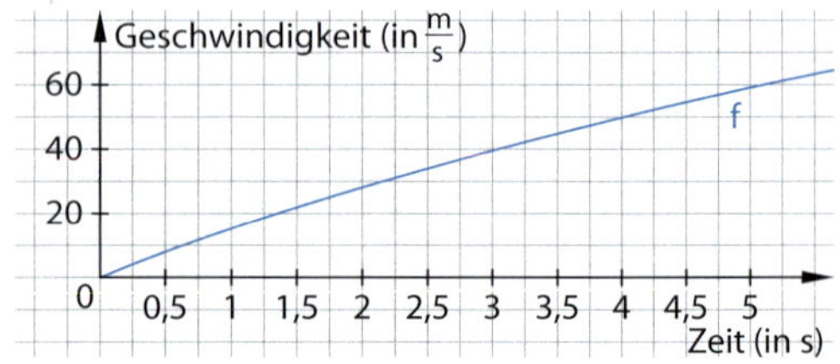

Auch bei einer nicht geradlinigen Änderungsrate entspricht die Zu- oder Abnahme des Bestandes dem Inhalt der Fläche zwischen dem Funktionsgraphen der Änderungsrate und der x-Achse. Wie dieser Flächeninhalt bestimmt werden kann, soll nun untersucht werden.

Flächen zwischen Graph und x-Achse näherungsweise bestimmen

Hinweis:
Wird die **Unter-** bzw. **Obersumme** aus den Flächeninhalten von n Rechtecken gebildet, so bezeichnet man sie mit $\mathbf{U_n}$ bzw. $\mathbf{O_n}$

Die krummlinig begrenzte Fläche zwischen dem Funktionsgraphen und der x-Achse kann durch eine Folge von Rechtecken angenähert werden. Ihr Flächeninhalt ist größer als der Flächeninhalt aller blauen (**Untersumme**) und kleiner als der Flächeninhalt aller gelben Rechtecke (**Obersumme**).

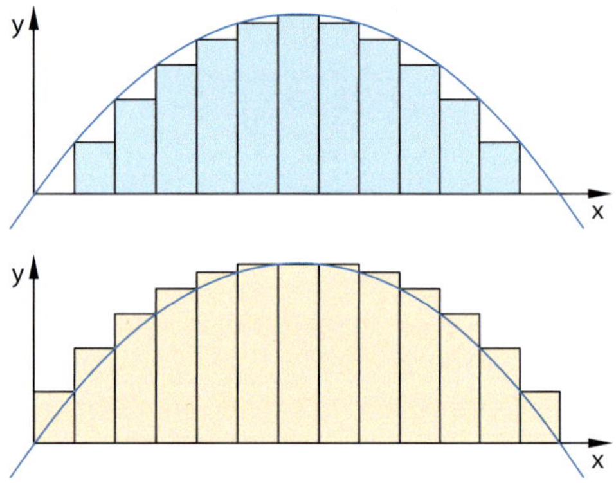

Für die Untersumme multipliziert man für jedes Rechteck die Rechteckbreite mit dem kleinsten Funktionswert im zugehörigen Teilintervall und addiert die Produkte.

Entsprechend wählt man für die Obersumme jeweils den größten Funktionswert.

Beispiel 1: Nähern Sie den Inhalt der Fläche zwischen dem Graphen der Funktion f mit $f(x) = x^2$ und der x-Achse im Intervall [0; 2] durch vier gleich breite Rechtecke von unten und von oben an. Berechnen Sie die Untersumme U_4 und die Obersumme O_4.

Lösung:

Bei vier gleich breiten Rechtecken hat jedes Rechteck die Breite 0,5.

Bei der Untersumme liegen die Rechtecke vollständig unter dem Graphen. Die Höhe jedes Rechtecks ist bei der Untersumme U_4 der kleinste Funktionswert im zugehörigen Teilintervall. Da der Funktionsgraph im gesamten Bereich steigt, wird der kleinste Funktionswert stets am linken Rand des Teilintervalls angenommen.

Bei der Obersumme O_4 ist die Höhe jedes Rechtecks der größte Funktionswert im zugehörigen Teilintervall. Hier wird dieser Funktionswert stets am rechten Rand des Teilintervalls angenommen.

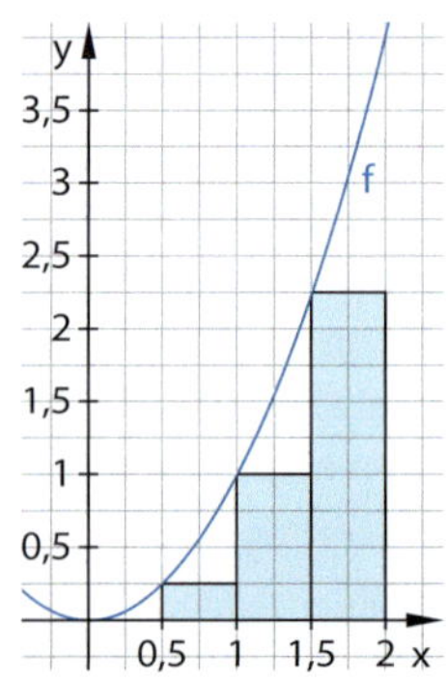

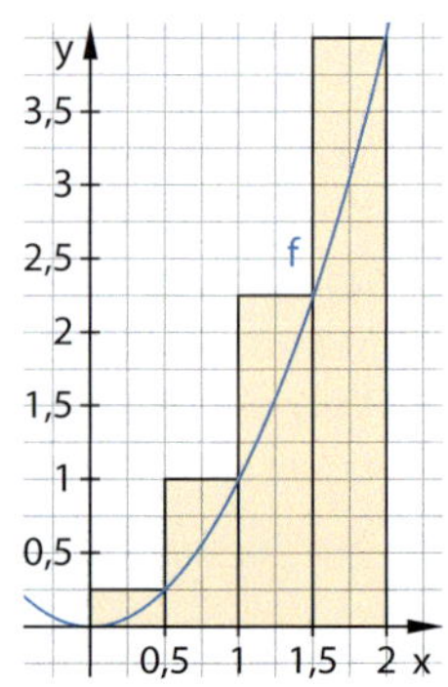

$$U_4 = \tfrac{1}{2} \cdot 0^2 + \tfrac{1}{2} \cdot \left(\tfrac{1}{2}\right)^2 + \tfrac{1}{2} \cdot 1^2 + \tfrac{1}{2} \cdot \left(\tfrac{3}{2}\right)^2 = 1{,}75$$

$$O_4 = \tfrac{1}{2} \cdot \left(\tfrac{1}{2}\right)^2 + \tfrac{1}{2} \cdot 1^2 + \tfrac{1}{2} \cdot \left(\tfrac{3}{2}\right)^2 + \tfrac{1}{2} \cdot 2^2 = 3{,}75$$

Basisaufgaben

1. Schätzen Sie die Fläche zwischen dem Graphen der Funktion f und der x-Achse
a) durch Kästchenzählen,
b) mithilfe der eingezeichneten Dreiecksfläche ab.

a)

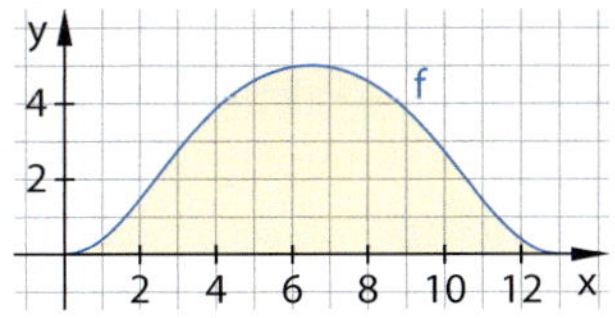

b)

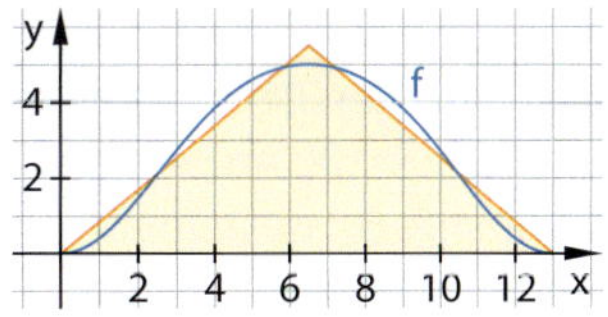

2. Zur näherungsweisen Berechnung des Inhalts der Fläche unter dem Graphen im Intervall [0; 5] wurden Rechtecke der Breite 1 eingezeichnet.
a) Bestimmen Sie diesen Näherungswert.
b) Zeigen Sie, dass sich die Näherung verbessert, wenn man entsprechende Rechtecke der Breite 0,5 einzeichnet.
c) Beschreiben Sie, wie man immer bessere Näherungswerte erhalten kann.

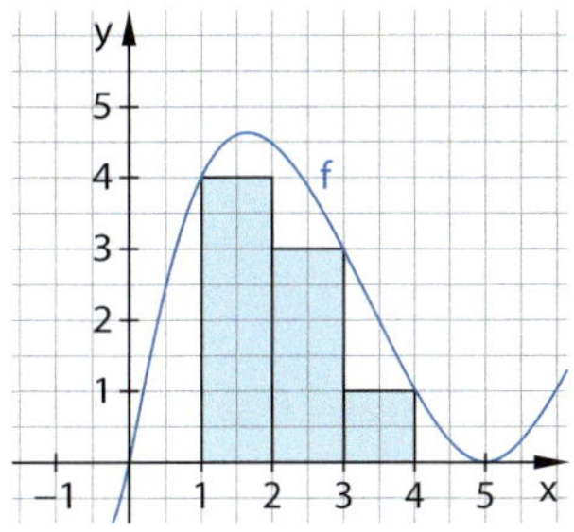

3. Untersucht wird die Funktion f mit $f(x) = x^3$ im Intervall [0; 3].
a) Berechnen Sie die Unter- und Obersummen mit 3 (bzw. 6) gleich breiten Rechtecken.
b) Geben Sie mithilfe der Ergebnisse aus a) eine untere und obere Grenze für den Inhalt der Fläche zwischen dem Graphen von f und der x-Achse an.

4. Gegeben ist die Funktion f mit $f(x) = -\frac{1}{8}x^2 + 5$.
a) Berechnen Sie die in den Bildern dargestellte Unter- und Obersumme.
b) Berechnen Sie die Unter- und Obersumme im Intervall [0; 5] mit 10 gleich breiten Rechtecken.

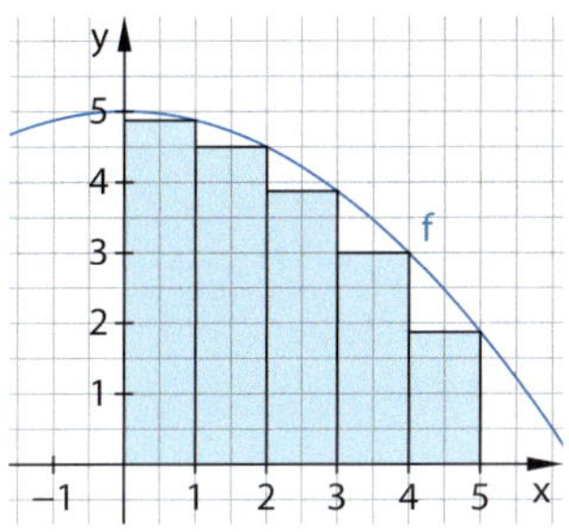

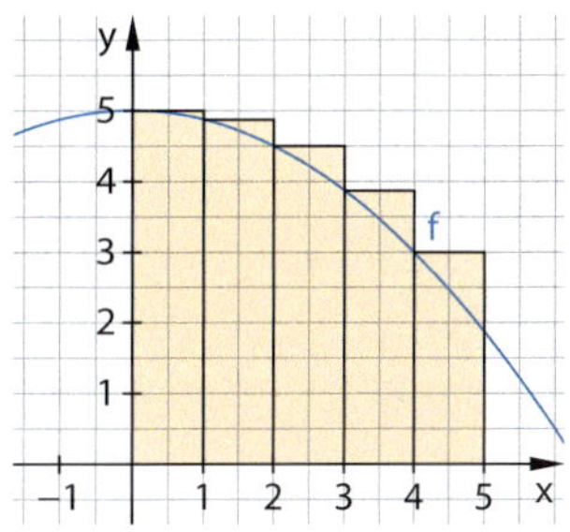

5. **Vergleich verschiedener Produktsummen:**
William schätzt die Fläche unter dem Graphen der Funktion f mit $f(x) = 0{,}2x^2 + 1$ im Intervall [0; 8] mithilfe der eingezeichneten Rechtecke ab. Er berechnet den Flächeninhalt der Rechtecke mit der Produktsumme $2 \cdot f(1) + 2 \cdot f(3) + 2 \cdot f(5) + 2 \cdot f(7)$.
a) Berechnen Sie den Wert der Produktsumme. Erläutern Sie, wie William die Breiten und Höhen der Rechtecke gewählt hat.
b) Berechnen Sie die Unter- und Obersumme für vier gleich breite Rechteckstreifen im Intervall [0; 8].
c) Welcher der Werte aus a) und b) nähert den Inhalt A der Fläche zwischen dem Graphen von f und der x-Achse am besten an? Begründen Sie.
d) Welchen Vorteil hat es, den Wert von Unter- und Obersumme zu kennen? Welche Aussage über den Flächeninhalt A können Sie dann treffen?

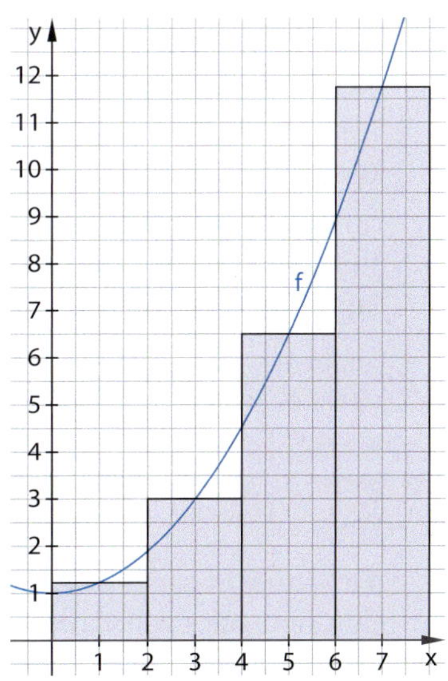

Hinweis:
Die Summe von Produkten aus der Streifenbreite und einem Funktionswert im Teilintervall bezeichnet man als **Produktsumme**. Unter- und Obersumme sind spezielle Produktsummen.

Das bestimmte Integral als Grenzwert von Ober- und Untersummen

Man kann den Inhalt der Fläche zwischen dem Funktionsgraphen und der x-Achse durch eine Annäherung mit n gleich breiten Rechtecken beliebig genau bestimmen, indem man die Anzahl n der Rechtecke immer größer und damit ihre Breite immer kleiner werden lässt.

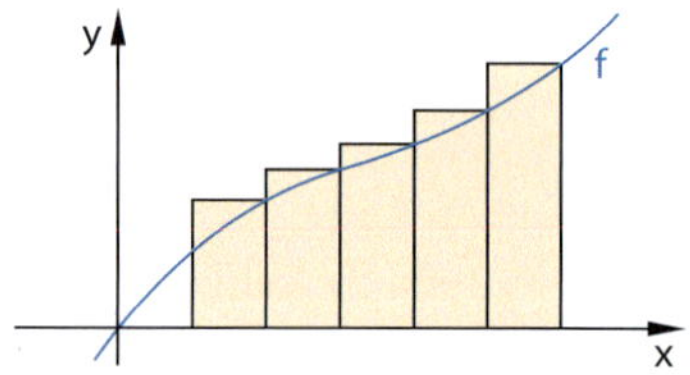

Durch eine Verfeinerung der Einteilung wird die Obersumme O_n kleiner und die Untersumme U_n größer. Im Allgemeinen streben die Ober- und Untersumme für $n \to \infty$ gegen den gleichen Grenzwert. Dieser Grenzwert entspricht bei Funktionen mit nicht-negativen Funktionswerten dem Flächeninhalt zwischen dem Funktionsgraphen und der x-Achse.

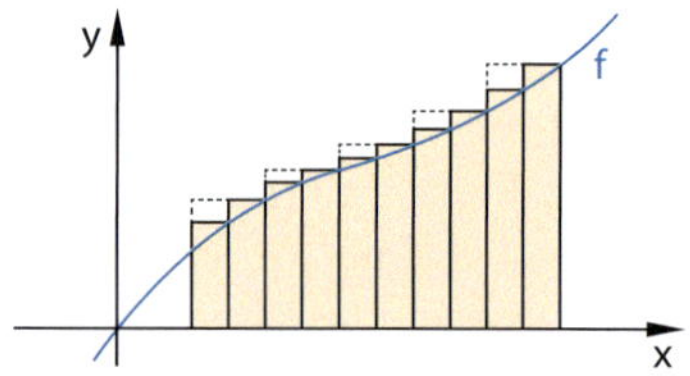

Hinweis:
Es gibt Funktionen, bei denen die Grenzwerte von Ober- und Untersumme nicht übereinstimmen oder nicht existieren.

Hinweis:
Man kann das Integral auch als Grenzwert einer beliebigen **Produktsumme** definieren.

Definition: Das bestimmte Integral als Grenzwert von Ober- und Untersummen
Wenn die Ober- und Untersummen einer Funktion f auf dem Intervall [a; b] einen gemeinsamen Grenzwert haben ($\lim\limits_{n\to\infty} O_n = \lim\limits_{n\to\infty} U_n$), so heißt die Funktion integrierbar. Der gemeinsame Grenzwert heißt dann **bestimmtes Integral** von f in den Grenzen von a bis b.

Schreibweise:

$$\int_a^b f(x)\,dx$$

obere Integrationsgrenze (b) – Integrationsvariable (x) – untere Integrationsgrenze (a) – Integrand (f(x))

Beispiel 2: Gegeben ist die Funktion f mit $f(x) = x^2$ auf dem Intervall [0; 2].

a) Teilen Sie das Intervall [0; 2] in n gleich große Teilintervalle ein und berechnen Sie die Obersumme O_n und die Untersumme U_n in Abhängigkeit von n.

b) Bestimmen Sie den Grenzwert der Obersummen und Untersummen für $n \to \infty$ und stellen Sie ihn als Integral dar.

Lösung:

a) Addieren Sie jeweils die Flächeninhalte der n Rechtecke. Ihre Breite ist $\frac{2}{n}$.
Bei der Obersumme entspricht die Höhe dem Funktionswert an den rechten Intervallrändern $1 \cdot \frac{2}{n}, 2 \cdot \frac{2}{n}, \dots, n \cdot \frac{2}{n}$.
Klammern Sie $\frac{2}{n}$ und $\frac{2^2}{n^2}$ aus. Wenden Sie auf den Ausdruck in Klammern die Summenformel aus der Randspalte an.
Fassen Sie zusammen.

$$\begin{aligned} O_n &= \tfrac{2}{n} \cdot f\left(1 \cdot \tfrac{2}{n}\right) + \tfrac{2}{n} \cdot f\left(2 \cdot \tfrac{2}{n}\right) + \dots + \tfrac{2}{n} \cdot f\left(n \cdot \tfrac{2}{n}\right) \\ &= \tfrac{2}{n} \cdot \left(f\left(1 \cdot \tfrac{2}{n}\right) + f\left(2 \cdot \tfrac{2}{n}\right) + \dots + f\left(n \cdot \tfrac{2}{n}\right)\right) \\ &= \tfrac{2}{n} \cdot \left(1^2 \cdot \tfrac{2^2}{n^2} + 2^2 \cdot \tfrac{2^2}{n^2} + \dots + n^2 \cdot \tfrac{2^2}{n^2}\right) \\ &= \tfrac{2}{n} \cdot \tfrac{2^2}{n^2} \cdot (1^2 + 2^2 + \dots + n^2) \\ &= \tfrac{8}{n^3} \cdot \left(\tfrac{n(n+1)(2n+1)}{6}\right) \\ &= \tfrac{8}{n^3} \cdot \left(\tfrac{2n^3}{6} + \tfrac{3n^2}{6} + \tfrac{n}{6}\right) = \tfrac{8}{3} + \tfrac{4}{n} + \tfrac{4}{3n^2} \end{aligned}$$

Leiten Sie analog die Formel für U_n her.

$$\begin{aligned} U_n &= \tfrac{2}{n} \cdot \left(f\left(0 \cdot \tfrac{2}{n}\right) + f\left(1 \cdot \tfrac{2}{n}\right) + \dots + f\left(n - 1 \cdot \tfrac{2}{n}\right)\right) \\ &= \dots = \tfrac{8}{3} - \tfrac{4}{n} + \tfrac{4}{3n^2} \end{aligned}$$

Hinweis:
Summenformel für Quadratzahlen:
$1^2 + 2^2 + \dots + n^2 = \frac{n \cdot (n+1) \cdot (2n+1)}{6}$

b) Bilden Sie die Grenzwerte für $n \to \infty$. Die Terme $-\frac{4}{n}, \frac{4}{n}$ und $\frac{4}{3n^2}$ nähern sich 0 an, da die Nenner gegen unendlich streben.
Die Grenzwerte von O_n und U_n sind gleich und entsprechen dem Integral.

$$\lim_{n\to\infty} O_n = \lim_{n\to\infty} \left(\tfrac{8}{3} + \tfrac{4}{n} + \tfrac{4}{3n^2}\right) = \tfrac{8}{3}$$

$$\lim_{n\to\infty} U_n = \lim_{n\to\infty} \left(\tfrac{8}{3} - \tfrac{4}{n} + \tfrac{4}{3n^2}\right) = \tfrac{8}{3}$$

$$\int_0^2 x^2\,dx = \tfrac{8}{3}$$

Basisaufgaben

6. a) Zeigen Sie, dass gilt: $1^2 + 2^2 + \ldots + (n-1)^2 = \frac{(n-1) \cdot n \cdot (2n-1)}{6}$

b) Leiten Sie den Term für U_n aus Beispiel 2 ausführlich her.

Hinweis zu 6a:
$1^2 + 2^2 + \ldots + n^2 = \frac{n \cdot (n+1) \cdot (2n+1)}{6}$

7. Gegeben ist die Funktion f mit $f(x) = \frac{1}{3}x$.

a) Berechnen Sie den Wert der Obersumme O_8 im Intervall [0; 4].

b) Berechnen Sie den Wert der Obersumme O_n mit $n > 0$ im Intervall [0; 4].

c) Zeigen Sie, dass der Grenzwert von O_n für $n \to \infty$ dem Flächeninhalt der Dreiecksfläche unter dem Graphen von f entspricht.

Hinweis zu 7:
$1 + 2 + 3 + \ldots + n = \frac{n \cdot (n+1)}{2}$

8. Gegeben ist die Funktion f mit $f(x) = 6x^2$ im Intervall [0; 1].

a) Berechnen Sie die Obersumme O_n und Untersumme U_n in Abhängigkeit von n ($n > 0$).

b) Berechnen Sie O_n und U_n für $n = 10$, $n = 100$ und $n = 1000$.

c) Ermitteln Sie den Grenzwert von O_n und U_n für $n \to \infty$. Schreiben Sie ihn als Integral.

9. Berechnen Sie mithilfe von Ober- und Untersummen den Inhalt der Fläche, die der Graph von f über dem Intervall I mit der x-Achse einschließt.

a) $f(x) = x$; $I = [0; 2]$ b) $f(x) = x^3$; $I = [0; 3]$ c) $f(x) = 3x^2$; $I = [0; a]$ mit $a > 0$

Hinweis zu 9b:
$1^3 + 2^3 + 3^3 + \ldots + n^3 = \frac{n^2(n+1)^2}{4}$

Integral als Flächenbilanz

Bei der Berechnung von Obersumme (bzw. Untersumme) wird bei jedem Rechteckstreifen der größte (bzw. kleinste) Funktionswert mit der Streifenbreite multipliziert. Bei negativen Funktionswerten sind die Produkte negativ und gehen negativ in die Obersumme (bzw. Untersumme) ein. Das bestimmte Integral stellt also eine Flächenbilanz dar.

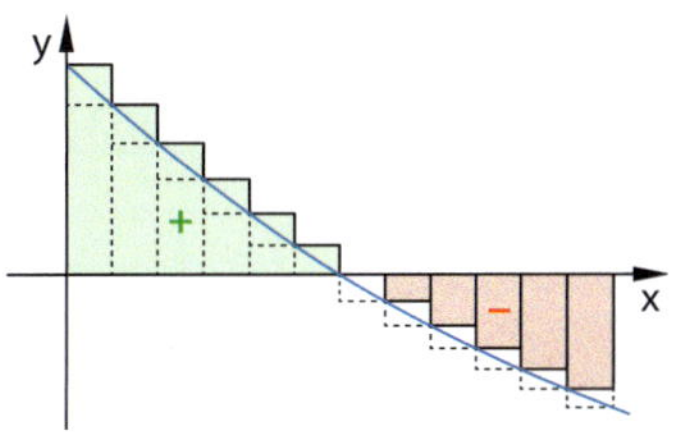

Satz: Das bestimmte Integral als Flächenbilanz

Das **bestimmte Integral** $\int_a^b f(x)\,dx$ gibt die **Flächenbilanz** zwischen dem Graphen von f und der x-Achse auf dem Intervall [a; b] an. Die Inhalte von Flächen oberhalb der x-Achse werden positiv, die Inhalte von Flächen unterhalb der x-Achse negativ bilanziert.

Beispiel 3: Skizzieren Sie den Graphen der Funktion f mit $f(x) = \frac{1}{2}x - 1$ im Intervall [−1; 4] und bestimmen Sie den Wert des Integrals $\int_{-1}^{4} \left(\frac{1}{2}x - 1\right) dx$.

Lösung:

Teilen Sie die Fläche zwischen dem Graphen und der x-Achse in eine Fläche (rot) unterhalb und eine Fläche (grün) oberhalb der x-Achse ein.

Berechnen Sie die Flächeninhalte der Teilflächen. Der Flächeninhalt des roten Dreiecks geht mit einem negativen Vorzeichen in die Flächenbilanz ein, da es unterhalb der x-Achse liegt. Der Flächeninhalt des grünen Dreiecks wird positiv bilanziert.

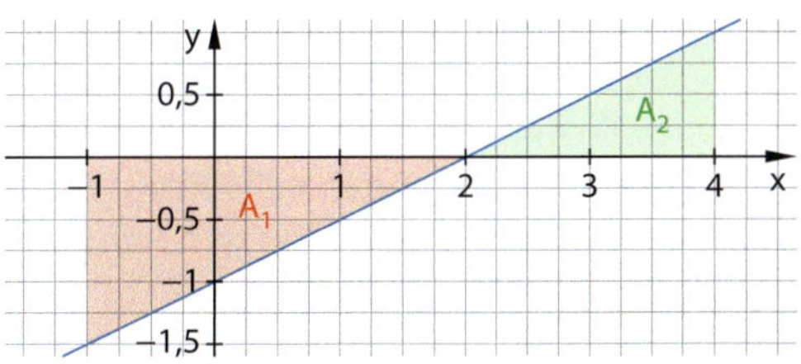

$A_1 = \frac{1}{2} \cdot 3 \cdot 1{,}5 = 2{,}25$; $A_2 = \frac{1}{2} \cdot 2 \cdot 1 = 1$

$\int_{-1}^{4} \left(\frac{1}{2}x - 1\right) dx = -A_1 + A_2 = -2{,}25 + 1 = -1{,}25$

Basisaufgaben

10. a) Geben Sie die Flächenbilanz der farbigen Fläche in Integralschreibweise an.

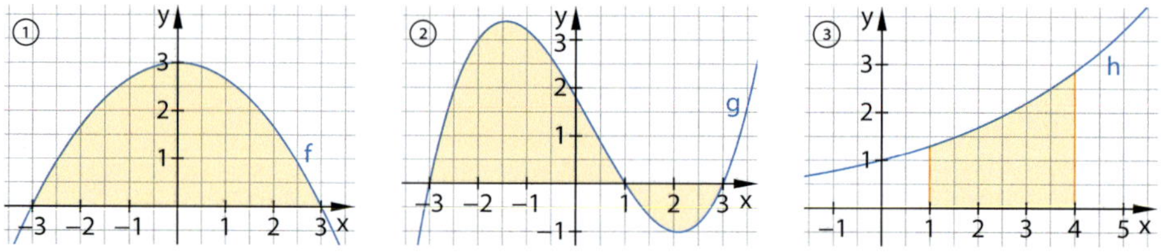

b) Erläutern Sie, in welchen Fällen das Integral gleichzeitig den gesamten Inhalt der farbigen Fläche beschreibt.

Lösungen zu 11:

6 13,5 5 12 7,5

11. Zeichnen Sie den Graphen von f mit $f(x) = \frac{1}{3}x + 1$ im Intervall $[-6; 6]$ und bestimmen Sie den Wert des Integrals.

a) $\int_{-3}^{3} f(x)\,dx$ b) $\int_{-3}^{6} f(x)\,dx$ c) $\int_{-6}^{6} f(x)\,dx$ d) $\int_{3}^{6} f(x)\,dx$

12. Berechnen Sie für die durch ihren Graphen gegebene Funktion f das Integral $\int_{a}^{b} f(x)\,dx$.

a)

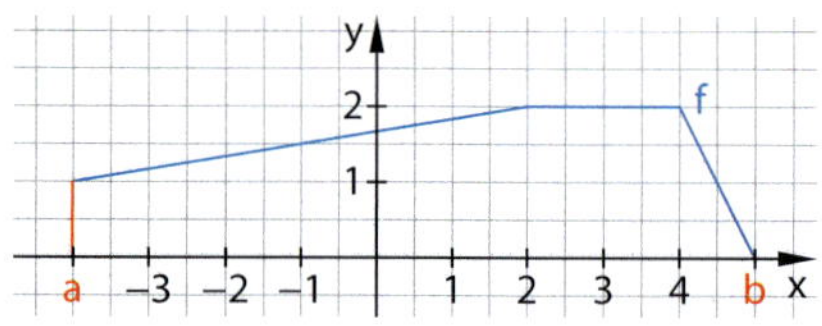

b)

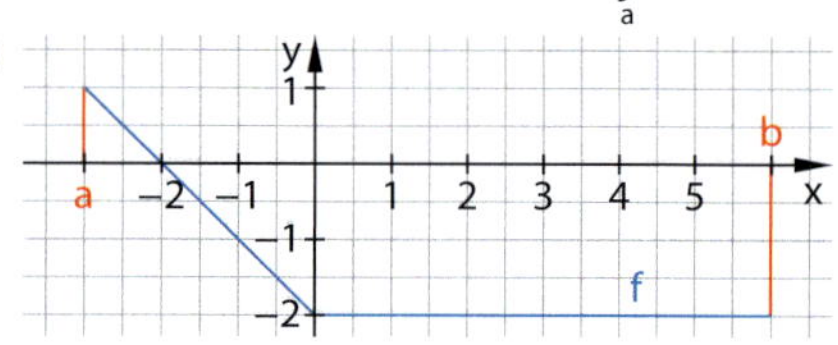

13. Skizzieren und berechnen Sie mithilfe von Dreiecks- und Rechtecksflächen.

a) $\int_{0}^{3} \frac{1}{4}x\,dx$ b) $\int_{-1}^{2} -0{,}5\,dx$ c) $\int_{0}^{3} \left(\frac{1}{2}x - 1\right)dx$ d) $\int_{-3}^{3} -7t\,dt$

14. Entscheiden Sie anhand des Graphenverlaufs, ob das Integral positiv, negativ oder null ist.

a) $\int_{-3}^{5} -x^2\,dx$ b) $\int_{0}^{4} 2u^3\,du$ c) $\int_{-2}^{1} 2x^3\,dx$ d) $\int_{-10}^{10} 4x^5\,dx$

Weiterführende Aufgaben

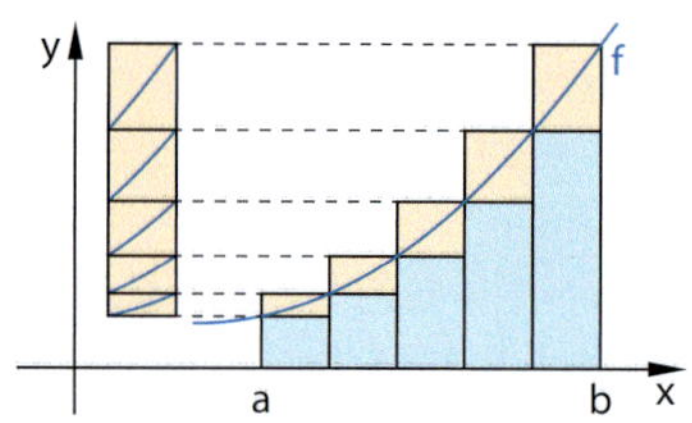

15. Die Funktion f ist auf dem Intervall [a; b] streng monoton steigend. Die Abbildung zeigt den Graphen von f sowie Säulen der Obersumme O_5 und der Untersumme U_5.

a) Begründen Sie mithilfe der Abbildung, dass der Unterschied zwischen der Obersumme O_n und der Untersumme U_n gleich $\frac{b-a}{n} \cdot (f(b) - f(a))$ ist und für wachsende n gegen null strebt.

b) Untersuchen Sie analog den Fall, dass f streng monoton fallend auf [a; b] ist.

16. Stolperstelle: Anne meint: *„Wenn ich die Obersumme bilden will, wähle ich für die Höhe eines Rechtecks immer den Funktionswert am rechten Rand des Teilintervalls."*

a) Prüfen Sie die Aussage am Beispiel der Funktion f mit $f(x) = -x^2 + 9$ im Intervall [0; 3].

b) Überlegen Sie, unter welchen Voraussetzungen Anne recht hat.

17. Begründen Sie anschaulich anhand einer Skizze die Aussage über eine Funktion f für $a > 0$.

a) Ist f punktsymmetrisch zum Koordinatenursprung, so gilt: $\int_{-a}^{a} f(x)\,dx = 0$

b) Ist f achsensymmetrisch zur y-Achse, so gilt: $\int_{-a}^{a} f(x)\,dx = 2 \cdot \int_{0}^{a} f(x)\,dx$

18. Additivität von Integralen:
Begründen Sie anhand einer Skizze, dass für $a < b < c$ gilt: $\int_{a}^{b} f(x)\,dx + \int_{b}^{c} f(x)\,dx = \int_{a}^{c} f(x)\,dx$

19. Berechnen Sie für $f(x) = 2x - 3$ das Integral.

a) $\int_{2}^{4} f(x)\,dx$ b) $\int_{2}^{2{,}5} f(x)\,dx + \int_{2{,}5}^{4} f(x)\,dx$ c) $\int_{2}^{9} f(x)\,dx - \int_{4}^{9} f(x)\,dx$

20. Mit der Funktion v mit $v(t) = 10t$ lässt sich die Geschwindigkeit eines frei fallenden Objekts zu einem beliebigen Zeitpunkt t näherungsweise berechnen.

a) Erläutern Sie die Bedeutung der Fläche zwischen dem Graphen von v und der t-Achse.

b) Berechnen Sie $\int_{0}^{4} v(t)\,dt$ und interpretieren Sie das Ergebnis im Sachzusammenhang.

c) Schreiben Sie die Strecke, die der fallende Körper zwischen der 3. und 5. Sekunde zurücklegt, als Integral und berechnen Sie dieses.

21. Das Diagramm zeigt das Füllen und Entleeren eines Wasserbassins.

a) Bestimmen Sie näherungsweise, wie viel Wasser im dargestellten Zeitraum insgesamt in das Bassin hinein- und wie viel wieder hinausgeflossen ist.

b) Stellen Sie die Gesamtänderung der Wassermenge in Liter als Integral dar.

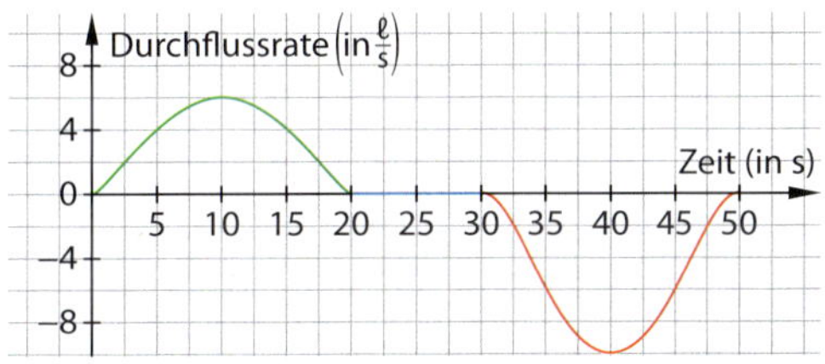

22. Beim Öffnen eines Wehrs verändert sich die Durchflussgeschwindigkeit des Wassers. Während des Öffnungsvorgangs kann diese mit der Funktion d mit $d(t) = \frac{1}{2}t^2$ beschrieben werden ($d(t)$ in $\frac{m^3}{s}$ und t in s). Der Öffnungsvorgang dauert insgesamt 8 s.

a) Berechnen Sie die Durchflussgeschwindigkeit nach 2 s, 4 s und 8 s.

b) Schätzen Sie die während des Öffnungsvorgangs durchgeflossene Wassermenge sinnvoll ab.

c) Berechnen Sie die exakte Menge des durchgeflossenen Wassers.

23. Ausblick:

a) Zeigen Sie, dass gilt: $1 + a + a^2 + \ldots + a^{n-1} = \frac{1-a^n}{1-a}$ und $a + a^2 + a^3 + \ldots + a^n = a \cdot \frac{1-a^n}{1-a}$

b) Bestimmen Sie durch Testeinsetzung $\lim\limits_{n \to \infty} n \cdot \left(1 - e^{\frac{1}{n}}\right)$.

c) Zeigen Sie mithilfe von a) und b), dass die Fläche, die der Graph von f mit $f(x) = e^x$ über dem Intervall [0; 1] mit der x-Achse einschließt, den Inhalt $e - 1$ hat.

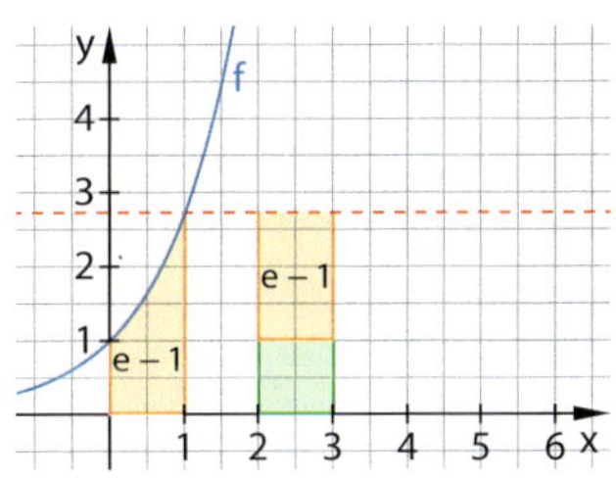

Hinweis zu 23a:
$1 + a + a^2 + \ldots + a^n = \frac{1-a^{n+1}}{1-a}$

3.3 Stammfunktionen

■ In der Tabelle sind Funktionsterme für Funktionen f und für ihre Ableitungsfunktionen f′ aufgelistet. Leider sind nicht mehr alle Terme lesbar.

f	$\frac{1}{2}x^3 + 5x$			$2x^5 - x$		
f'		$x^2 + 2x$	$\frac{1}{2}x^3 + 2x^2 - 1$		$-2e^x$	$\frac{1}{3}(x - 8)^2$

a) Bestimmen Sie die fehlenden Terme für f und f′.
b) Sind Ihre Ergebnisse immer eindeutig? ■

Zu einer Bestandsfunktion F erhält man die Funktion der Änderungsrate f = F′ durch Ableiten von F. Ist umgekehrt f gegeben, sucht man eine Funktion F, für die f = F′ gilt. Eine solche Funktion F nennt man **Stammfunktion** von f.

Definition: Stammfunktion
Eine Funktion F heißt **Stammfunktion** zur Funktion f, wenn für jede Stelle x gilt: $F'(x) = f(x)$.

Stammfunktionen sind nicht eindeutig. Ist F eine Stammfunktion von f, so ist auch G mit $G(x) = F(x) + C$ eine Stammfunktion von f, da die Konstante C beim Ableiten wegfällt. Man erhält durch die Addition einer Konstanten alle Stammfunktionen der Funktion f.

Hinweis:
Die Menge aller Stammfunktionen zu f wird als **unbestimmtes Integral** $\int f(x)\,dx$ bezeichnet.

Satz: Gesamtheit aller Stammfunktionen
Ist F eine Stammfunktion zu einer Funktion f, so sind alle Stammfunktionen von f gegeben durch $F(x) + C$ mit $C \in \mathbb{R}$.

Stammfunktionen grafisch bestimmen

Der Zusammenhang zwischen den Graphen einer Funktion f und ihrer Ableitung f′ ist bereits bekannt. Er lässt sich auf die Graphen von f und einer Stammfunktion F übertragen. Der Funktionswert von f = F′ gibt die Steigung des Graphen von F an dieser Stelle an.

Beispiel 1: Skizzieren Sie zum abgebildeten Graphen von f den Graphen einer Stammfunktion F.
Markieren Sie die Intervalle, in denen der Graph von F steigt bzw. fällt.

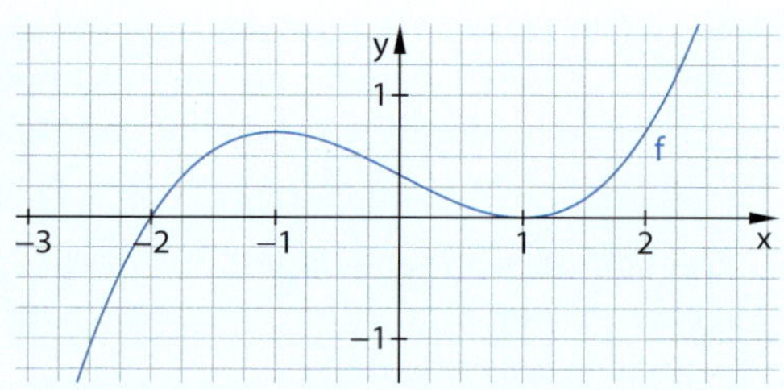

Lösung:
Im Bereich $x < -2$ ist $f(x)$ negativ. Hier fällt der Graph von F.
In den Bereichen $-2 < x < 1$ und $x > 1$ ist $f(x)$ positiv. Hier steigt der Graph von F.

Bei den Nullstellen von f gibt es beim Graphen von F eine waagerechte Tangente:
$x = -2$: Vorzeichenwechsel von – nach + bei f, daher liegt dort ein Tiefpunkt von F.
$x = 1$: kein Vorzeichenwechsel bei f, daher liegt dort ein Sattelpunkt von F.

Hinweis:
Der Graph der Stammfunktion ist nicht eindeutig, er kann nach oben oder unten verschoben sein. Dies hängt von der Wahl des Ausgangspunktes ab.

Wählen Sie sich einen beliebigen Punkt (hier $P(-2|-1)$) und skizzieren Sie eine Kurve mit den ermittelten Eigenschaften.

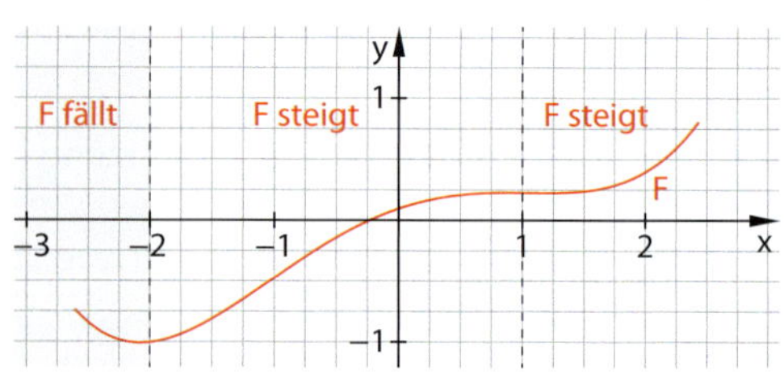

Basisaufgaben

1. Die Graphen ① bis ④ zeigen Stammfunktionen zu den Funktionen f, g, h und i. Ordnen Sie passend zu. Begründen und erläutern Sie die Zusammenhänge zwischen dem Graphen einer Funktion und ihrer Stammfunktion.

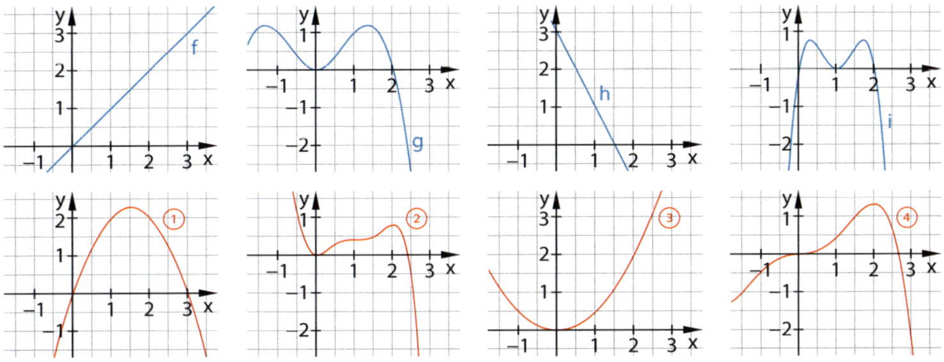

2. Ordnen Sie die Eigenschaften der Graphen von einer Funktion und ihrer Stammfunktion einander zu. Legen Sie dazu eine Tabelle an.

Graph der Funktion

- Tiefpunkt
- unterhalb der x-Achse
- parallel zur x-Achse
- oberhalb der x-Achse
- Schnittpunkt mit der x-Achse
- Hochpunkt
- entlang der x-Achse

Graph der Stammfunktion

- fallend
- steilster Anstieg
- Gerade
- Hoch- oder Tiefpunkt
- parallel zur x-Achse
- steilster Abfall
- steigend

3. Skizzieren Sie zum Graphen von f den Graphen einer Stammfunktion F.

a)
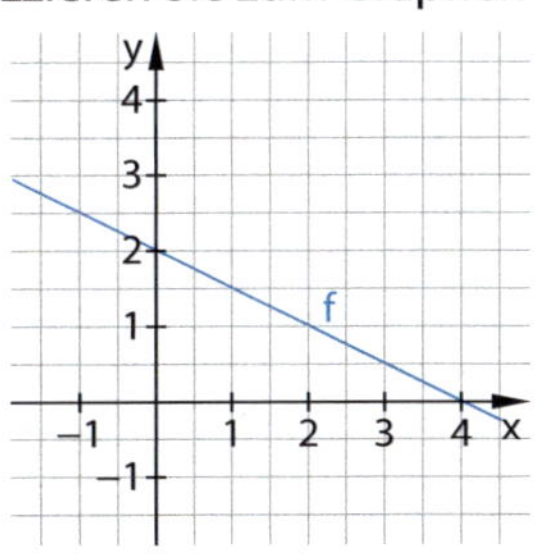

b)
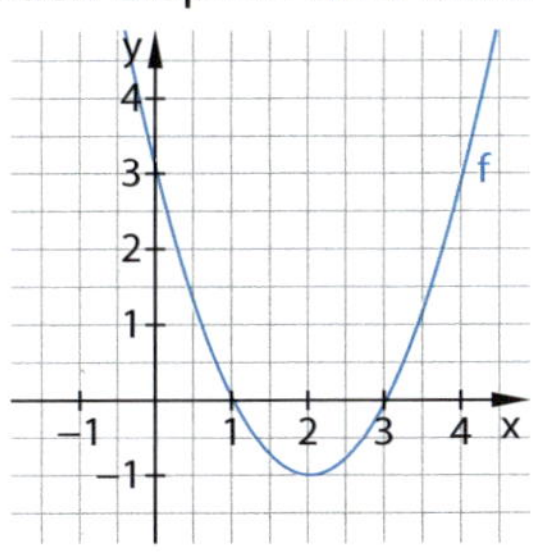

c)
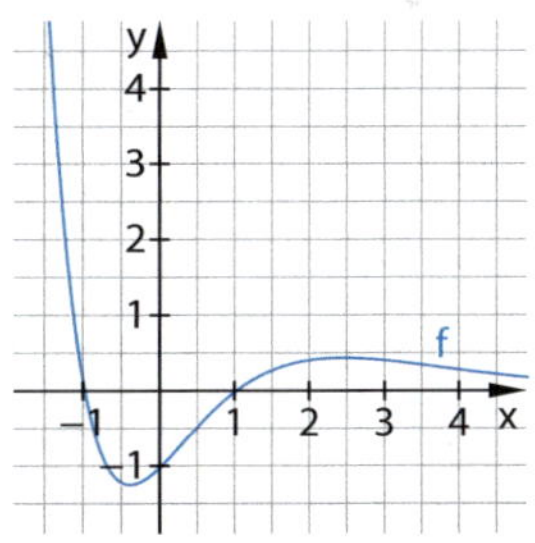

4. Bilden Sie eine Dreiergruppe und skizzieren Sie Graphen wie angegeben. Der dritte Schüler soll den ersten Graphen nicht sehen. Vergleichen Sie den Graphen des ersten und des dritten Schülers.

a) Ein Schüler gibt den Graphen einer Funktion f und einen Anfangswert F(0) vor. Ein zweiter Schüler skizziert dazu eine Stammfunktion F und der dritte Schüler zu diesem F die Ableitungsfunktion F′.

b) Ein Schüler gibt den Graphen einer Funktion F_1 vor. Ein zweiter Schüler skizziert dazu die Ableitungsfunktion f und der dritte Schüler zu diesem f eine Stammfunktion F_2.

Stammfunktionen rechnerisch bestimmen

Das Ableiten der Funktion F mit $F(x) = \frac{1}{2}x^2$ ergibt die Funktion f mit $f(x) = x$. Damit erhält man umgekehrt sofort eine Stammfunktion zu $f(x) = x$, nämlich $F(x) = \frac{1}{2}x^2$. Auf dieselbe Weise ergeben sich weitere wichtige Stammfunktionen:

Hinweis:
Zur konstanten Funktion f mit $f(x) = c$ ist F mit $F(x) = cx$ eine Stammfunktion.

Wissen: Elementare Stammfunktionen
Die Tabelle zeigt Stammfunktionen F zu elementaren Funktionen f. Es gilt $F'(x) = f(x)$.

f(x)	1	x	$\frac{1}{x^2}$	$\frac{1}{\sqrt{x}}$	e^x	$\sin(x)$	$\cos(x)$
F(x)	x	$\frac{1}{2}x^2$	$-\frac{1}{x}$	$2\sqrt{x}$	e^x	$-\cos(x)$	$\sin(x)$

Beispiel 2: Gegeben ist die Funktion f mit $f(x) = x^2$.
a) Weisen Sie nach, dass F mit $F(x) = \frac{1}{3}x^3$ eine Stammfunktion zu f ist.
b) Geben Sie alle Stammfunktionen zu f an.
c) Ermitteln Sie diejenige Stammfunktion zu f, deren Graph durch den Punkt $(-2\,|\,1)$ geht.

Lösung:
a) Leiten Sie F(x) ab und zeigen Sie, dass sich f(x) ergibt.
$\left[\frac{1}{3}x^3\right]' = \frac{1}{3} \cdot 3x^2 = x^2$
Also ist F eine Stammfunktion zu f.

b) Addieren Sie eine Konstante C, um alle Stammfunktionen zu erhalten.
$F(x) = \frac{1}{3}x^3 + C$

c) Setzen Sie −2 für x im Term von b) ein und den Term gleich 1. Lösen Sie die Gleichung nach C auf und setzen Sie das Ergebnis für C in die allgemeine Stammfunktion ein.
$F(-2) = \frac{1}{3} \cdot (-2)^3 + C = -\frac{8}{3} + C$
$-\frac{8}{3} + C = 1$ also $C = \frac{11}{3}$
$F(x) = \frac{1}{3}x^3 + \frac{11}{3}$

Hinweis:
Schreibweise als unbestimmtes Integral:
$\int x^2\,dx = \frac{1}{3}x^3 + C$

Basisaufgaben

5. Zeigen Sie durch Ableiten, dass F eine Stammfunktion von f ist.

	a)	b)	c)	d)	e)
f(x)	$4x$	$12x^2 - 4x + 3$	$-\frac{8}{x^2} - \frac{1}{2\sqrt{x}}$	e^{7x+2}	$-\frac{1}{\sqrt{4-2x}}$
F(x)	$2x^2 - 5$	$4x^3 - 2x^2 + 3x$	$\frac{8}{x} - \sqrt{x}$	$\frac{1}{7}e^{7x+2}$	$\sqrt{4-2x}$

6. Gegeben ist die Funktion f mit $f(x) = \frac{1}{2}e^{-3x+3}$.
a) Weisen Sie nach, dass F mit $F(x) = -\frac{1}{6}e^{-3x+3}$ eine Stammfunktion zu f ist.
b) Geben Sie alle Stammfunktionen zu f an.
c) Bestimmen Sie die Stammfunktion zu f, deren Graph durch den Punkt $P(1\,|\,0)$ verläuft.
d) Bestimmen Sie die Stammfunktion zu f, deren Graph durch den Punkt $Q(0\,|\,1)$ verläuft.

7. Gegeben ist die Funktion f mit $f(x) = 3x^2 - 6x + 3$.
a) Zeigen Sie, dass F mit $F(x) = x^3 - 3x^2 + 3x - 1984$ eine Stammfunktion zu f ist.
b) Geben Sie eine Stammfunktion zu f an, deren Graph durch den Punkt $(-1\,|\,-4)$ verläuft.
c) Geben Sie eine Stammfunktion zu f an, die $x = 0$ $(x = 1)$ als Nullstelle hat.
d) Geben Sie eine Stammfunktion zu f an, die den y-Achsenabschnitt π hat.

Regeln zum Bestimmen der Stammfunktion

Da das Bestimmen einer Stammfunktion die Umkehrung des Differenzierens ist, erhöht sich bei einer Stammfunktion zu einer Potenzfunktion f mit $f(x) = x^r$ der Exponent um 1 und es wird zudem durch den „neuen" Exponenten r + 1 dividiert.
Durch Umkehrung weiterer Ableitungsregeln erhält man die Regeln für Stammfunktionen:

Satz: Regeln für Stammfunktionen
Sind G und H Stammfunktionen von g bzw. h, so gilt:

	Funktion	**Stammfunktion**
Faktorregel ($k \in \mathbb{R}$)	$f(x) = k \cdot g(x)$	$F(x) = k \cdot G(x)$
Summenregel	$f(x) = g(x) + h(x)$	$F(x) = G(x) + H(x)$
lineare Kettenregel ($a, b \in \mathbb{R}, a \neq 0$)	$f(x) = g(ax + b)$	$F(x) = \frac{1}{a} \cdot G(ax + b)$
für $g(x) = e^x$:	$f(x) = e^{ax+b}$	$F(x) = \frac{1}{a} \cdot e^{ax+b}$
Potenzregel ($r \in \mathbb{Q}, r \neq -1$)	$f(x) = x^r$	$F(x) = \frac{1}{r+1} \cdot x^{r+1}$

Hinweis:
Die Stammfunktion zu $f(x) = \frac{1}{x} = x^{-1}$ kann nicht mithilfe der Potenzregel bestimmt werden, da man ansonsten durch null teilen müsste.

Beispiel 3: Stammfunktionen mit den Regeln bestimmen
Bestimmen Sie mithilfe der Regeln eine Stammfunktion zur Funktion f.

a) $f(x) = \frac{1}{x^3}$ b) $f(x) = 15x^4 - 8x^3 + 2$ c) $f(x) = (6x + 5)^3$ d) $f(x) = e^{-2x+4}$

Lösung:

a) Schreiben Sie den Funktionsterm als Potenz und wenden Sie die Potenzregel an.
$f(x) = \frac{1}{x^3} = x^{-3}$

Der Exponent −3 wird um 1 erhöht und der Faktor $\frac{1}{-3+1}$ ergänzt.
$F(x) = \frac{1}{-3+1}x^{-3+1} = -\frac{1}{2}x^{-2} = -\frac{1}{2x^2}$

b) Bestimmen Sie zu jedem Summanden einzeln eine Stammfunktion. Behalten Sie die Faktoren bei.
$F(x) = 15 \cdot \frac{1}{4+1} \cdot x^{4+1} - 8 \cdot \frac{1}{3+1} \cdot x^{3+1} + 2x$
$= 3x^5 - 2x^4 + 2x$

c) Wenden Sie die lineare Kettenregel an. Bestimmen Sie eine Stammfunktion G der äußeren Funktion g.
$f(x) = g(6x + 5)$ mit $g(x) = x^3$
Stammfunktion von g: $G(x) = \frac{1}{4}x^4$

Setzen Sie 6x + 5 in G(x) ein und ergänzen Sie den Faktor $\frac{1}{6}$.
$F(x) = \frac{1}{6} \cdot G(6x + 5)$
$= \frac{1}{6} \cdot \frac{1}{4} \cdot (6x + 5)^4 = \frac{1}{24}(6x + 5)^4$

d) Wenden Sie die lineare Kettenregel für $g(x) = e^x$ an.
$F(x) = -\frac{1}{2} \cdot e^{-2x+4}$

Wie auch beim Ableiten von Funktionenscharen, werden beim Bilden von Stammfunktionen Parameter wie Konstanten behandelt.

Beispiel 4: Stammfunktionen von Funktionenscharen
Bestimmen Sie eine Stammfunktion F_a zur Funktionenschar f_a mit $f_a(x) = -5ax^4 - ax^2 + 3$.

Lösung:
Wenden Sie die Faktor- und Summenregel an. Der Parameter a wird wie eine Konstante behandelt.
$F_a(x) = -5a \cdot \frac{1}{4+1}x^{4+1} - a \cdot \frac{1}{2+1}x^{2+1} + 3x$
$= -ax^5 - \frac{a}{3}x^3 + 3x$

Basisaufgaben

Erinnerung:
$\frac{1}{x^n} = x^{-n}$
$\sqrt[n]{x^m} = x^{\frac{m}{n}}$

8. Bestimmen Sie eine Stammfunktion zur Funktion f. Überprüfen Sie durch Ableiten.
a) $f(x) = x^2$ b) $f(x) = x^5$ c) $f(x) = \frac{1}{x^4}$ d) $f(x) = \frac{1}{x^6}$
e) $f(x) = \sqrt{x}$ f) $f(x) = \frac{1}{\sqrt{x}}$ g) $f(x) = \sqrt{x^3}$ h) $f(x) = \sqrt[3]{x^2}$

Lösungen zu 9:
$\frac{x^3}{3} + c$
$\frac{1}{6}x^3 - 2x^2 + 7x + c$
$\frac{x^4}{2} + 4x + c$
$-\frac{x^6}{2} + c$
$-\frac{1}{2}x^5 + 2x^3 - 2x^2 + c$

9. Ermitteln Sie eine Stammfunktion zur Funktion f. Überprüfen Sie durch Ableiten.
a) $f(x) = -3x^5$ b) $f(x) = 2x^3 + 4$ c) $f(x) = \frac{1}{2}x^2 - 4x + 7$ d) $f(x) = -\frac{5}{2}x^4 + 6x^2 - 4x$

10. Bestimmen Sie mithilfe der linearen Kettenregel eine Stammfunktion zu f. Überprüfen Sie Ihr Ergebnis durch Ableiten.
a) $f(x) = (3x + 1)^2$ b) $f(x) = \frac{3}{(2x + 7)^2}$ c) $f(x) = \sqrt{6x - 5}$ d) $f(x) = 3\sin(12x + 7)$

11. Bilden Sie mithilfe der Terme vier Paare aus Funktion und passender Stammfunktion.

$\frac{1}{x^6} + 6x^2$ | $\frac{2}{\sqrt{x}}$ | $\sqrt{x}$ | $-\frac{1}{5x^5} + 2x^3$ | $-\frac{1}{\sqrt{x^3}}$ | $-\frac{35}{x^6} + 36x^2$ | $\frac{1}{2\sqrt{x}}$ | $\frac{7}{x^5} + 12x^3$

12. Bestimmen Sie eine Stammfunktion zu f. Geben Sie an, welche Regeln Sie verwenden.
a) $f(x) = -3x^2$ b) $f(x) = \frac{3}{x^4}$ c) $f(x) = \sqrt[3]{x}$
d) $f(x) = x^3 - 6x^2 + 9x$ e) $f(x) = x^4 - 2x^2 + 8$ f) $f(t) = 2(1 - t^2)$
g) $f(x) = 1 - \cos(x - 1)$ h) $f(x) = x^2 - 3(2 - 2x)^5$ i) $f(t) = \frac{6}{t^2} - 3\sqrt{t}$
j) $f(x) = \frac{1}{2}x^3 + \frac{1}{2x^3}$ k) $f(x) = 1 + \frac{1}{\sqrt{x}}$ l) $f(a) = 7a^{\frac{3}{5}}$

13. Bestimmen Sie eine Stammfunktion zur Funktion f.
a) $f(x) = 2e^x$ b) $f(x) = 3 + e^x$ c) $f(t) = e^t - 4$ d) $f(x) = 4e^x$
e) $f(x) = e^{-3x} + 1$ f) $f(x) = 6e^{2x}$ g) $f(t) = -e^{-t-1}$ h) $f(x) = \frac{1}{3}e^{1-\frac{1}{4}x} + 2$
i) $f(x) = 2 - 3e^{\frac{3}{5}x+1}$ j) $f(x) = -4e^{2x-2} - 2$ k) $f(x) = -\frac{1}{3}(e^{-x} + e^x)$ l) $f(t) = e^{2+5t} - e^2$

CAS **14.** Bestimmen Sie mit dem CAS eine Stammfunktion zu f.
a) $f(x) = x^4 + 7x^2 - 2$ b) $f(x) = (x^2 - 2)^2$
c) $f(x) = \frac{x}{(x^2 + 1)^2}$ d) $f(x) = xe^{x^2+1}$

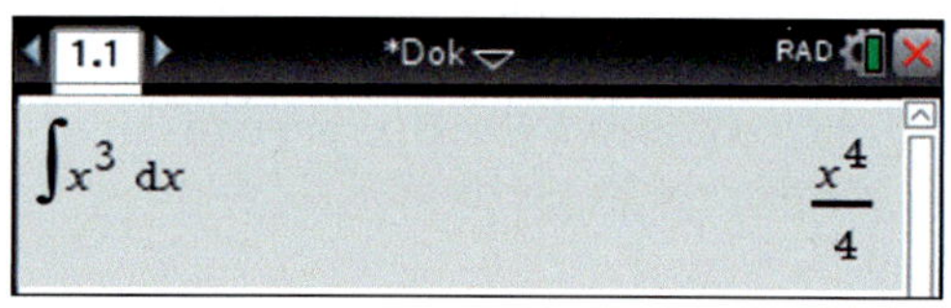

15. Bestimmen Sie alle Stammfunktionen zur gegebenen Funktion.
a) $f(x) = x^3$ b) $g(x) = 2x - 4$ c) $h(x) = \frac{3}{x^2} - \frac{1}{2\sqrt{x}}$ d) $i(t) = \frac{1}{3}t^2 + e^{3t}$

16. Bestimmen Sie die Stammfunktion von f, deren Graph durch den Punkt $P(1\,|\,2)$ verläuft.
a) $f(x) = -2x + 2$ b) $f(x) = -3x^2 + 2x$ c) $f(x) = \frac{2}{x^2}$ d) $f(x) = \frac{1}{\sqrt{x}} - x$

17. Bestimmen Sie eine Stammfunktion zur gegebenen Funktionenschar f_a.
a) $f_a(x) = 3ax^2 - 6a^2x + 3a^3$ b) $f_a(x) = \frac{x^2}{a} - \frac{a}{x^2} + \sqrt{ax}$ c) $f_a(t) = a - a \cdot e^{-0{,}2t}$

18. Bestimmen Sie zur gegebenen Funktion eine Stammfunktion.
a) $f(x) = x^{2n}$ b) $t(x) = mx + b$ c) $g(a) = ab^2$ d) $f(x) = a \cdot \cos(bx + c)$

Weiterführende Aufgaben

19. Die Abbildung zeigt den Graphen einer Funktion f. Bestimmen Sie die Stellen aus ① bis ⑥, an denen der Graph einer beliebigen Stammfunktion F von f

a) fällt,
b) stärker als an den anderen Stellen aus ① bis ⑥ steigt,
c) parallel zur x-Achse verläuft,
d) einen Tiefpunkt hat,
e) einen Wendepunkt hat.

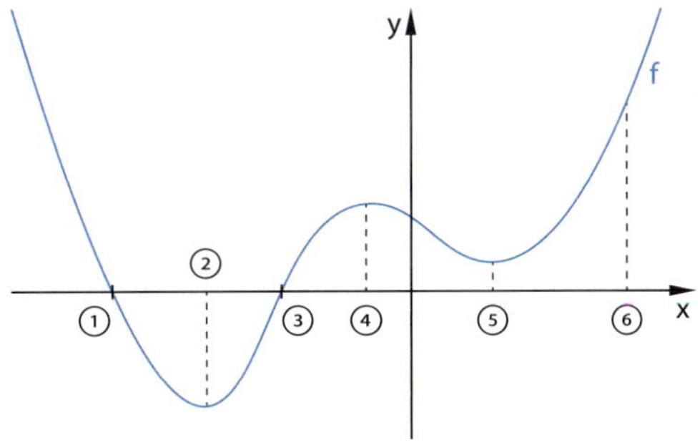

20. Stolperstelle: Beschreiben Sie, welche Fehler beim Bilden einer Stammfunktion gemacht wurden, und korrigieren Sie diese.

$f(x) = (2x + 1)^2$
$F(x) = \frac{1}{3}(2x + 1)^3$

$f(x) = x^{-3}$
$F(x) = -\frac{1}{4}x^{-4}$

$f(x) = e^{-x}$
$F(x) = -e^{x}$

$f(x) = 3e^{4x}$
$F(x) = \frac{3}{4x + 1}e^{4x + 1}$

21. Bestimmen Sie eine reelle Zahl a und eine Stammfunktion F_a zu f_a mit $f_a(x) = \frac{1}{2}x^2 + a$, sodass F_a die Nullstellen −3, 0 und 3 hat.

22. Stammfunktion der Funktion f mit $f(x) = b^x$: Edin weiß, dass sich die Ableitung von f mit $f(x) = b^x$ durch Multiplikation von f(x) mit ln(b) ergibt. Er behauptet, dass demnach F mit $F(x) = \frac{1}{\ln(b)}b^x$ eine Stammfunktion von f ist.

a) Begründen Sie, weshalb die Vermutung von Edin wahr ist.
b) Geben Sie mit der Formel eine Stammfunktion zu g an. Überprüfen Sie durch Ableiten.
① $g(x) = 4^x$ ② $g(x) = e^x$ ③ $g(x) = -2^x + e$ ④ $g(x) = e^x - 4^x$

23. Begründen oder widerlegen Sie die Aussage.

a) Haben zwei Funktionen eine gleiche Stammfunktion, dann sind sie gleich.
b) Die Ableitungsfunktion einer Stammfunktion F zu f entspricht immer der Funktion f.
c) Eine Stammfunktion der Ableitungsfunktion f′ von f entspricht immer der Funktion f.
d) Ist F eine Stammfunktion von f, dann ist die Funktion G mit $G(x) = F(x) - F(0)$ eine Stammfunktion von f, deren Graph durch den Koordinatenursprung geht.

● **24. Gesamtheit aller Stammfunktionen:** Seien F_1 und F_2 Stammfunktionen einer Funktion f. Leiten Sie die Differenz von F_1 und F_2 ab. Erklären Sie anschließend, wie man aus dem Ergebnis folgern kann, dass sich F_1 und F_2 lediglich um eine Konstante unterscheiden.

● **25. Ausblick:** Während eines Regenschauers füllt sich ein Becken mit Wasser. Zu Beginn befinden sich darin 200 ℓ Wasser. Die Zunahme des Wassers in Liter pro Minute lässt sich innerhalb der ersten 5 Minuten durch $f(t) = 25 - t^2$ beschreiben (t in Minuten).

Aldo meint: „Die Wasserzunahme entspricht der Fläche unter dem Graphen von f im Intervall [0; 5]. Die kann ich mit dem Grenzwert der Ober- und Untersumme berechnen."
Zeynep entgegnet: „Das ist viel zu aufwendig. Das geht mit einer Stammfunktion viel einfacher." Nehmen Sie Stellung und bestimmen Sie die Wassermenge nach 5 Minuten.

3.4 Hauptsatz der Differenzial- und Integralrechnung

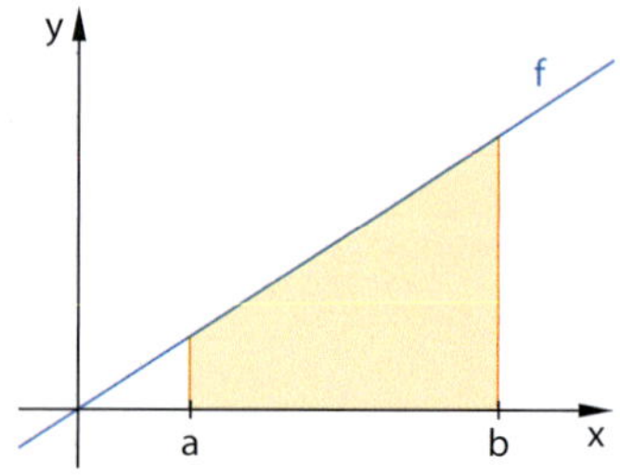

■ Gegeben ist die Funktion f mit $f(x) = x$.

a) Der Graph von f schließt über dem Intervall $[0; x]$ Dreiecke mit der x-Achse ein. Begründen Sie, dass für ihre Flächeninhalte $F(x) = \frac{1}{2}x^2$ gilt.

b) Zeigen Sie, dass F eine Stammfunktion von f ist.

c) Begründen Sie, dass $\int_a^b f(x)\,dx = F(b) - F(a)$ gilt. ■

Hinweis:
Das Integral wird auch für den Fall $a \geq b$ definiert:
$\int_a^b f(x)\,dx = -\int_b^a f(x)\,dx$
$\int_a^a f(x)\,dx = 0$
Auch in diesem Fall gilt der Hauptsatz.

Fasst man eine Stammfunktion F einer Funktion f als Bestandsfunktion auf, so stellt $f = F'$ die momentane Änderungsrate dar. Das bestimmte Integral $\int_a^b f(x)\,dx$ gibt nach Abschnitt 3.2 die Flächenbilanz zwischen dem Graphen von f und der x-Achse auf dem Intervall $[a; b]$ an, und nach Abschnitt 3.1 entspricht dies der Bestandsänderung $F(b) - F(a)$. Integrale lassen sich also mithilfe von Stammfunktionen berechnen.

Satz: Hauptsatz der Differenzial- und Integralrechnung
Ist F eine beliebige Stammfunktion einer stetigen Funktion f, so gilt:

$$\int_a^b f(x)\,dx = F(b) - F(a)$$

Beweis:

Hinweis:
Da x das Funktionsargument von F_a ist, wählt man als Integrationsvariable einen anderen Buchstaben (hier: t).

Die Funktion $F_a(x)$ gebe für $x \in [a; b]$ die Flächenbilanz zwischen dem Graphen von f und der x-Achse auf dem Intervall $[a; x]$ an.

Es gilt also $F_a(x) = \int_a^x f(t)\,dt$.

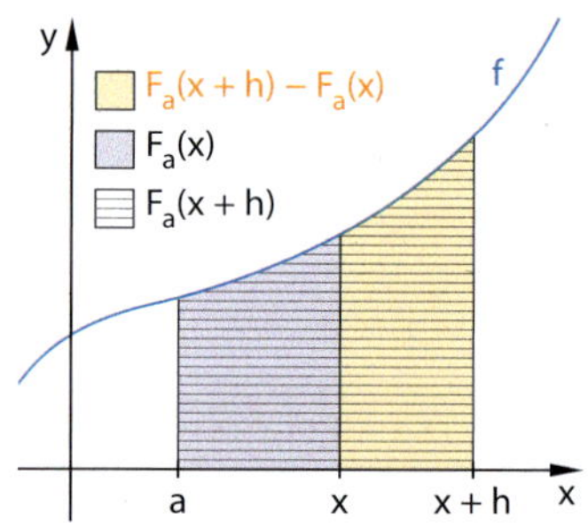

F_a ist eine Stammfunktion von f, also $F'_a = f$. Um das zu sehen, betrachtet man $\frac{F_a(x+h) - F_a(x)}{h}$.

Hinweis:
Diese Argumentation setzt voraus, dass f streng monoton steigend und $h > 0$ ist. Für streng monoton fallendes f oder $h < 0$ funktioniert der Beweis analog.

Im Bild sind die Flächenstücke $F_a(x)$ und $F_a(x+h)$ dargestellt. Die Differenz $F_a(x+h) - F_a(x)$ ist der Inhalt der gelben Fläche. Dieser Inhalt kann durch Rechtecke der Breite h mit den Höhen $f(x)$ bzw. $f(x+h)$ nach unten und oben abgeschätzt werden:

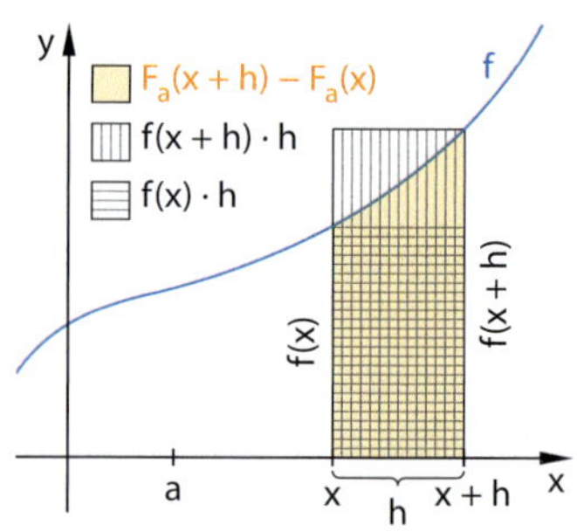

$f(x) \cdot h \leq F_a(x+h) - F_a(x) \leq f(x+h) \cdot h \quad |:h$

$f(x) \leq \frac{F_a(x+h) - F_a(x)}{h} \leq f(x+h)$

Durch den Grenzübergang $h \to 0$ ergibt sich:

$\lim_{h \to 0} f(x) \leq \lim_{h \to 0} \frac{F_a(x+h) - F_a(x)}{h} \leq \lim_{h \to 0} f(x+h)$

Da f stetig ist, gilt $\lim_{h \to 0} f(x+h) = f(x)$.

Also folgt $f(x) \leq F'_a(x) \leq f(x)$ und somit $F'_a(x) = f(x)$.

Die Funktion F_a ist also eine Stammfunktion von f und unterscheidet sich daher von jeder anderen Stammfunktion F nur durch eine additive Konstante C, also: $F_a(x) = F(x) + C$.

Wegen $F_a(a) = 0$ gilt: $\int_a^b f(x)\,dx = F_a(b) = F_a(b) - F_a(a) = (F(b) + C) - (F(a) + C) = F(b) - F(a)$

Beispiel 1: Das Bild zeigt den Graphen der Funktion f mit $f(x) = -\frac{1}{4}x^2 + \frac{3}{2}x + 1$.

a) Berechnen Sie das Integral $\int_2^5 f(x)\,dx$.

b) Geben Sie den Inhalt der gefärbten Fläche an.

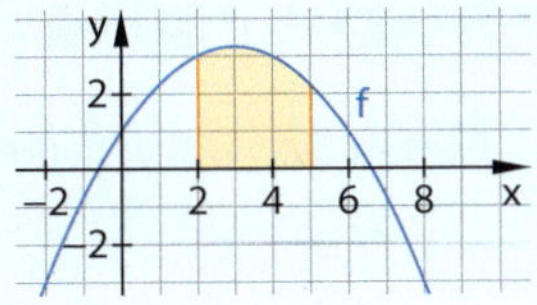

Lösung:

a) Bestimmen Sie eine Stammfunktion F zu f. Wenden Sie anschließend den Hauptsatz an. Setzen Sie dazu die Integrationsgrenzen in die Stammfunktion ein.

$F(x) = -\frac{1}{12}x^3 + \frac{3}{4}x^2 + x$

$\int_2^5 \left(-\frac{1}{4}x^2 + \frac{3}{2}x + 1\right) dx = \left[-\frac{1}{12}x^3 + \frac{3}{4}x^2 + x\right]_2^5$

$= -\frac{5^3}{12} + \frac{3 \cdot 5^2}{4} + 5 - \left(-\frac{2^3}{12} + \frac{3 \cdot 2^2}{4} + 2\right) = 9$

b) Der Flächeninhalt entspricht dem Integral aus a), da der Graph in diesem Bereich oberhalb der x-Achse verläuft.

$A = \int_2^5 f(x)\,dx = 9$ FE

Hinweis:
Häufig verwendet man als Zwischenschritt die folgende Schreibweise:

$\int_a^b f(x)\,dx = [F(x)]_a^b$

$= F(b) - F(a)$

Basisaufgaben

1. Berechnen Sie das Integral.

a) $\int_0^2 (x^3 - 4x)\,dx$ b) $\int_1^2 (x^4 - 6x^2 + 9)\,dx$ c) $\int_{-2}^4 3\,dx$ d) $\int_0^\pi \cos(x)\,dx$

e) $\int_0^\pi \sin(x)\,dx$ f) $\int_0^\pi (x + \sin(x))\,dx$ g) $\int_1^9 \frac{1}{\sqrt{x}}\,dx$ h) $\int_1^2 \left(x^3 - \frac{1}{x^2}\right) dx$

i) $\int_0^1 e^x\,dx$ j) $\int_{-1}^2 (7 - 3e^t)\,dt$ k) $\int_1^2 \left(\frac{5}{x^2} + 11\right) dx$ l) $\int_0^1 6\left(x + \sqrt{x}\right) dx$

Lösungen zu 1a)-h):

2 1,2 18 0 −4 8,5 3,25 4 6,93

2. Berechnen Sie das Integral.

a) $\int_{-4}^4 e^{0,5x}\,dx$ b) $\int_0^2 2e^{5x+8}\,dx$ c) $\int_0^3 (8e^{4-2x} + 3)\,dx$ d) $\int_2^4 (-2e^{4x-5} + x^2)\,dx$

e) $\int_1^3 \frac{1}{e^{-3x+5}}\,dx$ f) $\int_4^{10} \frac{1}{(x-3)^2}\,dx$ g) $\int_{\frac{9}{7}}^{\frac{16}{7}} \frac{2}{(7x-8)^2}\,dx$ h) $\int_0^1 \left(\frac{18}{(6x-1)^2} + e^{-x}\right) dx$

3. Berechnen Sie den Flächeninhalt der markierten Fläche.

a)

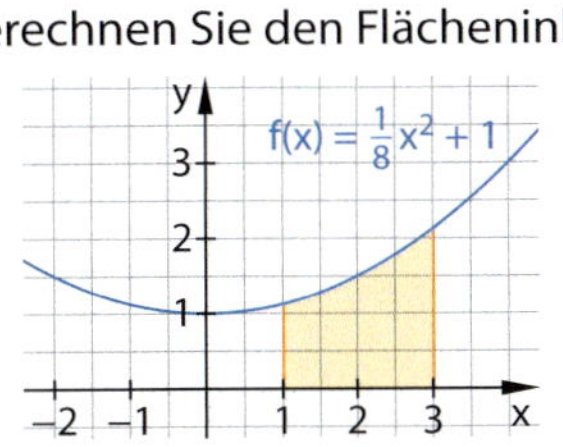

b)

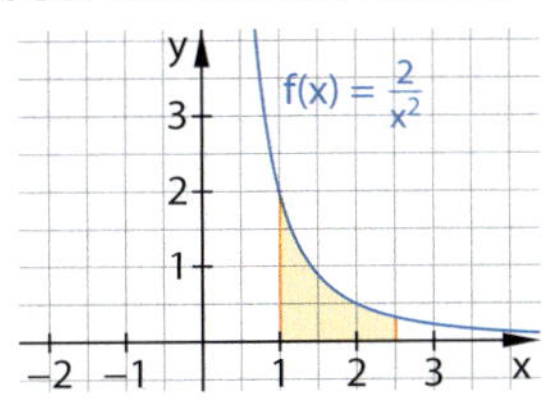

c)

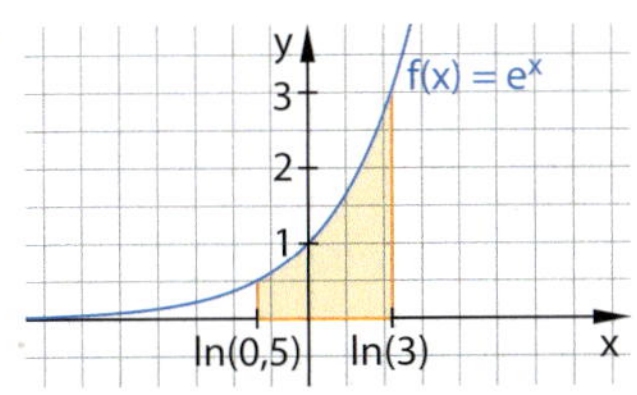

GTR **4.** Mithilfe des GTR kann man den Wert eines bestimmten Integrals berechnen. Dies ist besonders hilfreich, wenn man keine Stammfunktionen bestimmen kann.
Berechnen Sie das Integral mit dem GTR.

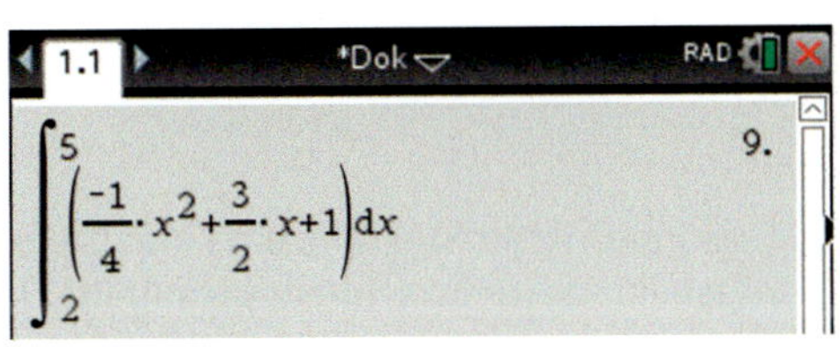

a) $\int_{-1}^1 \sqrt{1 - x^2}\,dx$ b) $\int_0^{100} 2^{-x}\,dx$ c) $\int_0^\pi (\cos(x))^2\,dx$ d) $\int_0^2 \frac{1}{\sqrt{x^2 + 1}}\,dx$

Weiterführende Aufgaben

5. Geben Sie zwei verschiedene Stammfunktionen zu f mit $f(x) = 2x - 4$ an. Berechnen Sie mit jeder dieser Stammfunktionen das Integral $\int_{-5}^{2} f(x)\,dx$. Beschreiben Sie Ihre Beobachtungen und diskutieren Sie diese mit Ihrem Nachbarn.

6. Gegeben ist die Funktion f mit $f(x) = -\frac{1}{2}x + 5$.
a) Skizzieren Sie den Graphen von f und berechnen Sie elementargeometrisch den Flächeninhalt des Trapezes, das zwischen dem Graphen von f und der x-Achse über dem Intervall [2; 6] entsteht.
b) Bestimmen Sie eine Stammfunktion F zu f und weisen Sie nach, dass die Aussage des Hauptsatzes stimmt.

7. Berechnen Sie das Integral im markierten Bereich und erläutern Sie, warum das Integral nicht dem Flächeninhalt der gefärbten Fläche entspricht.

a) 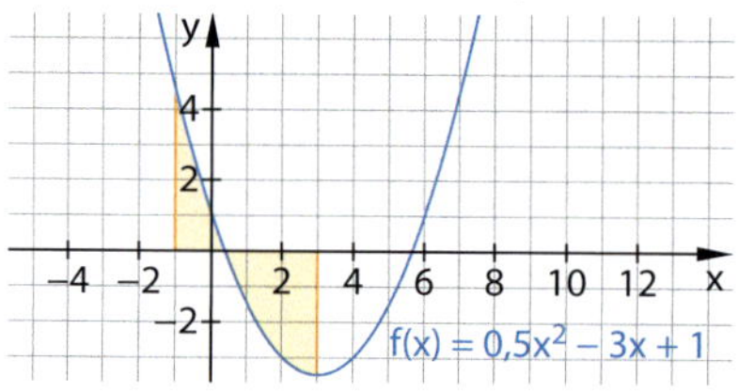

b) 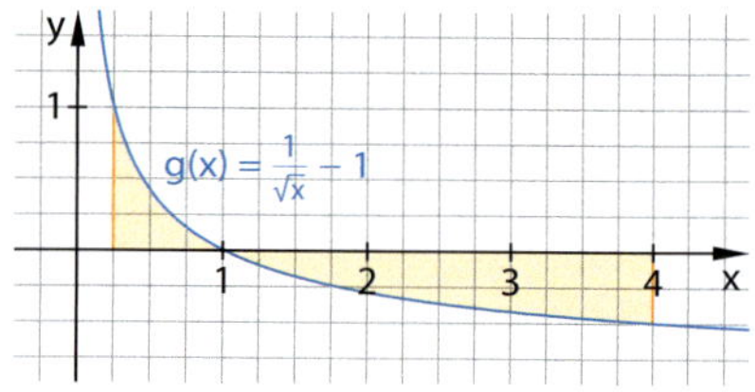

8. Berechnen Sie die Werte der Integrale in der Gleichung einzeln. Wenn Sie richtig gerechnet haben, ergibt sich eine einfache wahre Aussage.

a) $\int_0^{\pi} -\frac{1}{2}\sin(x)\,dx + \int_2^4 \frac{1}{6}x\,dx = \int_1^9 \left(\frac{2}{\sqrt{x}} - 1\right)dx$ b) $\int_{-1}^{1} (4x^3 + 3x^2 + 2x)\,dx = \int_{-2}^{2} \frac{1}{\sqrt{5-2x}}\,dx$

9. **Stolperstelle:** Überprüfen Sie die drei Rechnungen. Begründen Sie, welche Rechnungen fehlerlos durchgeführt wurden. $\int_{-2}^{-1} \left(-\frac{3}{2}x^2 - 4x\right)dx = \left[-\frac{1}{2}x^3 - 2x^2\right]_{-2}^{-1} = \ldots$

$\ldots = \frac{1}{2} + 2 + \frac{1}{2} \cdot 8 - 2 \cdot 4$ $= -\frac{3}{2}$ $= -1{,}5$	$\ldots = -\frac{1}{2} \cdot (-1)^3 - 2 \cdot (-1)^2$ $+ \frac{1}{2} \cdot (-2)^3 - 2 \cdot (-2)^2$ $= -\frac{13}{2} = -6{,}5$	$\ldots = \frac{1}{2} - 2 - 4 + 8$ $= \frac{5}{2}$ $= 2{,}5$

Wissen: Rechenregeln für bestimmte Integrale

Für Funktionen f und g und a, b, c, k ∈ ℝ gilt:

① $\int_a^b f(x)\,dx = -\int_b^a f(x)\,dx$ ② $\int_a^a f(x)\,dx = 0$ ③ $\int_a^b f(x)\,dx + \int_b^c f(x)\,dx = \int_a^c f(x)\,dx$

④ $\int_a^b k \cdot f(x)\,dx = k \cdot \int_a^b f(x)\,dx$ ⑤ $\int_a^b (f(x) + g(x))\,dx = \int_a^b f(x)\,dx + \int_a^b g(x)\,dx$

10. F sei eine Stammfunktion von f und G eine Stammfunktion von g. Weisen Sie die Rechenregeln für bestimmte Integrale mithilfe des Hauptsatzes nach.

Beispiel: ① $\int_a^b f(x)\,dx = -\int_b^a f(x)\,dx$ $\int_a^b f(x)\,dx = F(b) - F(a) = -(F(a) - F(b)) = -\int_b^a f(x)\,dx$

11. Vereinfachen Sie den Ausdruck zunächst mithilfe der Rechenregeln für bestimmte Integrale und berechnen Sie anschließend seinen Wert. Geben Sie jeweils die Regeln an, die Sie verwenden.

a) $\int_{-2}^{3}(3x^2-2x)\,dx+\int_{3}^{4}(3x^2-2x)\,dx$

b) $\int_{1}^{5}(x^2-6x)\,dx+1{,}5\cdot\int_{1}^{5}4x\,dx$

c) $\int_{0}^{2}\frac{1}{2}x^3\,dx+\int_{2}^{0}x^3\,dx-\frac{5}{2}\cdot\int_{2}^{0}x^3\,dx$

d) $2\cdot\int_{2}^{-1}x^7\,dx-5\cdot\int_{1}^{2}x^4\,dx+\int_{-1}^{2}x^4\cdot(5+2x^3)\,dx$

12. Integrale mit Parametern: Berechnen Sie das Integral mit dem Hauptsatz.

Erinnerung:
Parameter im Funktionsterm werden wie Konstanten behandelt.

Beispiel: $\int_{1}^{3}ax^2\,dx=a\cdot\int_{1}^{3}x^2\,dx=a\cdot\left[\frac{1}{3}x^3\right]_1^3=a\cdot\left(\frac{1}{3}\cdot3^3-\frac{1}{3}\cdot1^3\right)=a\cdot\left(9-\frac{1}{3}\right)=\frac{26}{3}a$

a) $\int_{-1}^{1}(ax^3-ax)\,dx$ b) $\int_{-b}^{b}(x^3-x)\,dx$ c) $\int_{1}^{2}\frac{c}{x^2}\,dx$ d) $\int_{0}^{k}(kx-x^2)\,dx$

13. Gegeben ist die Funktionenschar f_a mit $f_a(x)=ax+4$.
Die Graphen von f_a schließen mit der x-Achse über dem Intervall [2; 4] ein Flächenstück ein. Bestimmen Sie den Wert von a so, dass das Flächenstück den Inhalt 10 FE hat.

14. Bestimmen Sie einen Wert für den Parameter so, dass die Gleichung erfüllt ist.

a) $\int_{2}^{k}(x^2+1)\,dx=\frac{4}{3};\ k>0$

b) $\int_{4}^{k}\frac{3}{\sqrt{x}}\,dx=18$

c) $\int_{1}^{2}ae^{-x}\,dx=5$

d) $\int_{0}^{0,5}(a+e^{1-x})\,dx=2$

15. Integrationsvariable: Das Symbol dx innerhalb eines Integrals gibt an, nach welcher Variable im Funktionsterm integriert wird. Berechnen Sie die Integrale.

Hinweis:
dx wird Differenzial genannt.

Beispiel: $\int_{0}^{1}(kx^2+xk^2)\,dk=\left[\frac{1}{2}k^2\cdot x^2+x\cdot\frac{1}{3}k^3\right]_0^1=\frac{1}{2}x^2+\frac{1}{3}x$

a) $\int_{0}^{1}(x+c)\,dc$ b) $\int_{0}^{2}(at^2+a^3t)\,dt$ c) $\int_{0}^{2}(at^2+a^3t)\,da$ d) $\int_{-1}^{1}\frac{5k}{\sqrt{5t+2}}\,dk$

● **16. Ausblick:** Die Funktion f mit $f(x)=x^2$ ist für $x\geq0$ umkehrbar. Der Graph der Umkehrfunktion f^{-1} mit $f^{-1}(x)=\sqrt{x}$ ergibt sich durch Spiegelung an der Winkelhalbierenden y = x.

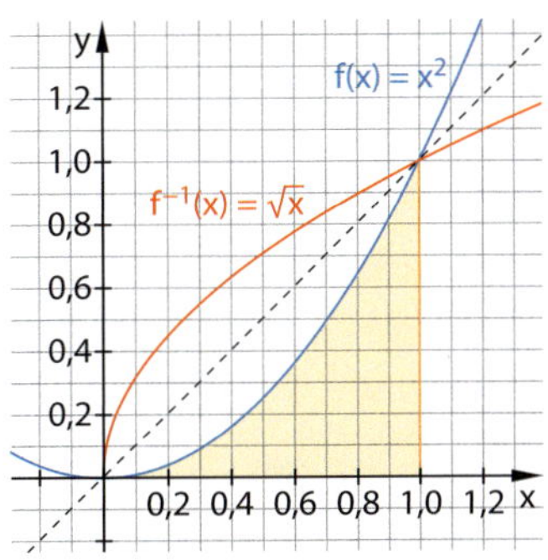

a) Ermitteln Sie den Wert des Integrals $\int_{0}^{1}\sqrt{x}\,dx$ mithilfe des Inhalts der gefärbten Fläche.

b) Wiederholen Sie das Vorgehen aus a) für die Integrale $\int_{0}^{1}\sqrt[3]{x}\,dx$ und $\int_{0}^{1}\sqrt[4]{x}\,dx$.

c) Formulieren Sie mithilfe Ihrer Ergebnisse eine Vermutung für den Wert des Integrals $\int_{0}^{1}\sqrt[n]{x}\,dx$ für eine beliebige natürliche Zahl n > 2.

d) Überprüfen Sie Ihre Vermutung aus c), indem Sie $\int_{0}^{1}\sqrt[n]{x}\,dx$ mit dem Hauptsatz berechnen.

Hinweis zu 16:
Jede Potenzfunktion f mit $f(x)=x^n$ ist für $x\geq0$ umkehrbar.
Die Umkehrfunktion ist f^{-1} mit $f^{-1}(x)=\sqrt[n]{x}\ (x\geq0)$.

3.5 Bestandsänderungen, Bestandsfunktionen und Mittelwerte

■ Die Funktion f mit $f(t) = e^{-0,2t}$ beschreibt näherungsweise die Wachstumsgeschwindigkeit einer Pflanze (t in Tagen, f(t) in cm/Tag).

a) Um wie viel ist die Pflanze in den ersten 3 Tagen gewachsen?

b) Bestimmen Sie eine Funktion, die die Höhe der Pflanze nach t Tagen angibt, wenn sie zu Beginn der Beobachtung bereits eine Höhe von 30 cm hatte. ■

Ist die Änderungsrate f einer Bestandsfunktion bekannt, lassen sich Zu- oder Abnahmen des Bestandes mit Integralen bestimmen. Da die Bestandsfunktion eine der Stammfunktionen von f ist, lässt sich der Bestand zu jedem beliebigen Zeitpunkt berechnen, falls er zu einem Zeitpunkt bekannt ist.

Hinweis zu a):
„Von der 3. bis zur 5. Woche" meint das Zeitintervall [3; 5].

Beispiel 1: Die Geschwindigkeit, mit der die Anzahl der Nutzer einer App wächst, lässt sich in der Anfangszeit durch $f(t) = 8e^{0,8t}$ beschreiben (t in Wochen, f(t) in 1 pro Woche).

a) Bestimmen Sie die Zunahme der Anzahl der Nutzer von der 3. bis zur 5. Woche.

b) Bestimmen Sie, wie lange es dauert, bis die Nutzeranzahl um 1000 zugenommen hat.

c) Bestimmen Sie die Bestandsfunktion F für die Anzahl der Nutzer, wenn zu Beginn 100 Personen die App nutzen.

Lösung:

a) Die Wachstumsgeschwindigkeit gibt die Änderungsrate des Bestandes an. Die Bestandsänderung ergibt sich mit dem Integral von f in den Grenzen 3 bis 5.

$$\int_3^5 f(t)\,dt = \int_3^5 8e^{0,8t}\,dt = \left[10e^{0,8t}\right]_3^5 \approx 436$$

Die Nutzerzahl nimmt um etwa 436 zu.

b) x sei die gesuchte Zeit in Wochen. Berechnen Sie das Integral von f in den Grenzen 0 bis x und setzen Sie das Ergebnis gleich 1000. Lösen Sie die Gleichung nach x auf.

$$\int_0^x f(t)\,dt = \left[10e^{0,8t}\right]_0^x = 10e^{0,8x} - 10$$

$$10e^{0,8x} - 10 = 1000$$

$$e^{0,8x} = 101 \quad \text{also} \quad x = \frac{\ln(101)}{0,8} \approx 5,77$$

Nach etwa 5,77 Wochen hat die Anzahl der Nutzer um 1000 zugenommen.

c) F ist eine Stammfunktion der Änderungsrate f. Bestimmen Sie alle Stammfunktionen und mithilfe des Anfangsbestandes die Konstante C.

$F(t) = 10e^{0,8t} + C$

$F(0) = 10 + C = 100 \quad \text{also } C = 90$

$F(t) = 10e^{0,8t} + 90$

Basisaufgaben

1. Gegeben ist die Änderungsrate f eines Bestandes. Bestimmen Sie die Zu- bzw. Abnahme des Bestandes im angegebenen Zeitraum.

a) $f(t) = 10t$	(t in s, f(t) in m/s)	Zeitraum: 2.–4. Sekunde
b) $f(t) = e^{-0,5t}$	(t in h, f(t) in m^3/h)	Zeitraum: 3.–10. Stunde
c) $f(t) = e^{0,2t} - 1$	(t in d, f(t) in 1/d)	Zeitraum: 6.–12. Tag

2. Ermitteln Sie die Zeit, nach der die Zu- oder Abnahme des Bestandes erreicht wird.

a) $f(t) = 7,5t$	(t in min, f(t) in m/min)	Zunahme um 40 m
b) $f(t) = -e^{1,2t}$	(t in h, f(t) in km/h)	Abnahme um 50 km
c) $f(t) = 2t + 10$	(t in Jahren, f(t) in cm/Jahr)	Zunahme um 75 cm

3. Bestimmen Sie die Bestandsfunktion F zur Änderungsrate f unter der gegebenen Voraussetzung.

a) $f(t) = -\frac{1}{8}t^2 + t$ (t in h, f(t) in °C/h) Die Anfangstemperatur beträgt 32 °C.

b) $f(t) = \sqrt{1 + 2t}$ (t in s, f(t) in ℓ/s) Der Anfangsbestand beträgt 7 Liter.

c) $f(t) = -2\sin\left(\frac{\pi}{8} \cdot t\right)$ (t in s, f(t) in cm/s) Nach 20 Sekunden beträgt die Auslenkung einer Feder 4 cm.

4. Die Funktion b mit $b(t) = \frac{1}{150}t^3 + \frac{1}{50}t + \frac{27}{4}$ beschreibt für $0 \le t \le 30$ die Anzahl an Besuchern, die pro Minute in ein Stadion strömen (t in Minuten). Zu Beginn der Beobachtung befinden sich bereits 500 Zuschauer im Stadion. Geben Sie eine Funktion B an, die für $0 \le t \le 30$ die Besucherzahl im Stadion beschreibt.

5. Während einer Grippewelle lässt sich die Geschwindigkeit, mit der sich die Anzahl der infizierten Personen verändert, durch $f(t) = -e^{-0{,}1t}$ beschreiben (t in Wochen, f(t) in 1000 Infizierte pro Woche).

a) Bestimmen Sie die Abnahme der Anzahl der Infizierten von der 10. bis zur 16. Woche.

b) Bestimmen Sie, wie lange es dauert, bis die Anzahl der Infizierten um 4000 abgenommen hat.

c) Bestimmen Sie die Bestandsfunktion F für die Anzahl der Infizierten, wenn nach 2 Wochen genau 10 000 Personen infiziert waren.

6. Beschreiben Sie die Bedeutung des Integrals $\int_0^{10} f(t)\,dt$, wenn

a) t die Zeit in h und f(t) eine positive Geschwindigkeit in km/h angibt,

b) t die Zeit in Jahren und f(t) ein Bevölkerungswachstum in Bewohner/Jahr angibt,

c) t die Zeit in s und f(t) eine Beschleunigung in m/s^2 angibt.

7. Der Luftdruck nimmt mit der Höhe ab. Die Änderungsrate wird durch die Funktion f mit $f(x) = -124{,}6 \cdot e^{-0{,}123x}$ beschrieben (x: Höhe über dem Meeresspiegel in km, f(x): Luftdruck in hPa/km).

a) Bestimmen Sie, um wie viel hPa der Luftdruck abnimmt, wenn man sich vom Meeresspiegel aus in 3000 m Höhe begibt.

b) Der Luftdruck in 100 m Höhe über dem Meeresspiegel beträgt 1000,62 hPa. Ermitteln Sie eine Funktion, die den Luftdruck in Abhängigkeit von der Höhe angibt.

c) Begründen Sie, dass es sich um eine exponentielle Abnahme handelt.

Hinweis zu 7:
Einheit des Luftdrucks:
1 hPa (Hektopascal)

Erinnerung:
Bestandsfunktionen haben bei **exponentieller** Zu- oder Abnahme die Form $F(t) = a \cdot e^{k \cdot t}$ mit Anfangsbestand a.

Mittelwert einer Funktion

Bekanntlich wird der Mittelwert von n Zahlen mit $\frac{1}{n} \cdot (x_1 + \ldots + x_n)$ berechnet. Um den Mittelwert von Funktionswerten über einem Intervall [a; b] zu berechnen, wird das Intervall in n Teilintervalle der Länge $\Delta x = \frac{b-a}{n}$ zerlegt und aus jedem dieser Intervalle eine Stelle x_i ausgewählt. Für die zugehörigen Funktionswerte erhält man den Mittelwert $m_n = \frac{1}{n} \cdot (f(x_1) + \ldots f(x_n))$.

Ersetzt man $\frac{1}{n}$ durch $\frac{\Delta x}{b-a}$, so folgt:

$m_n = \frac{1}{b-a} \cdot (f(x_1) \cdot \Delta x + \ldots f(x_n) \cdot \Delta x)$

Für $n \to \infty$ gilt $\Delta x \to 0$, also $m_n \to \overline{m} = \frac{1}{b-a} \cdot \int_a^b f(x)\,dx$.

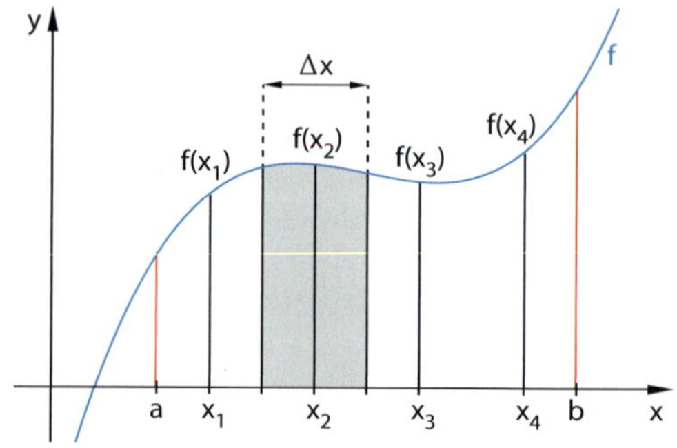

Hinweis:
Für $f(x) \geq 0$ auf [a; b] ist die Fläche zwischen dem Graphen und der x-Achse genauso groß wie ein Rechteck mit Breite (b – a) und Höhe $\overline{m}$.

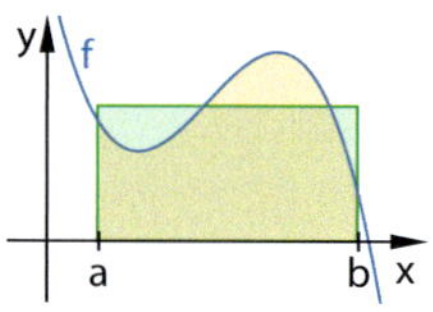

Definition: Mittelwert einer Funktion

Für eine Funktion f auf einem Intervall [a;b] heißt $\overline{m} = \frac{1}{b-a} \cdot \int_a^b f(x)\,dx$ **Mittelwert** von f.

Basisaufgaben

8. Berechnen Sie den Mittelwert der Funktion f über dem angegebenen Intervall.

a) $f(x) = -\frac{1}{8}x + 2$; [–2; 4]
b) $f(x) = -x^2 + \frac{1}{3}x - 5$; [0; 3]
c) $f(x) = \pi \cdot \sin(x)$; [0; π]
d) $f(x) = 4e^{-x}$; [–1; 1]

9. Erklären Sie die Bedeutung des Terms $\frac{1}{6-2} \cdot \int_2^6 f(t)\,dt$ im Sachzusammenhang, falls f,

a) die Geschwindigkeit eines Autos in $\frac{km}{h}$ in Abhängigkeit von der Zeit in h angibt,

b) die Geschwindigkeit eines Balls in $\frac{m}{s}$ in Abhängigkeit von der Flugstrecke in m angibt,

c) die Bevölkerungszahl einer Stadt in Abhängigkeit von der Zeit in Jahren angibt.

10. Der Graph von f mit $f(x) = -\frac{1}{80}x^3 + \frac{1}{8}x^2$ beschreibt die Flugbahn eines Fußballs, wobei x und f(x) die Einheit Meter tragen. Berechnen Sie die mittlere Flughöhe über dem Intervall [3; 9].

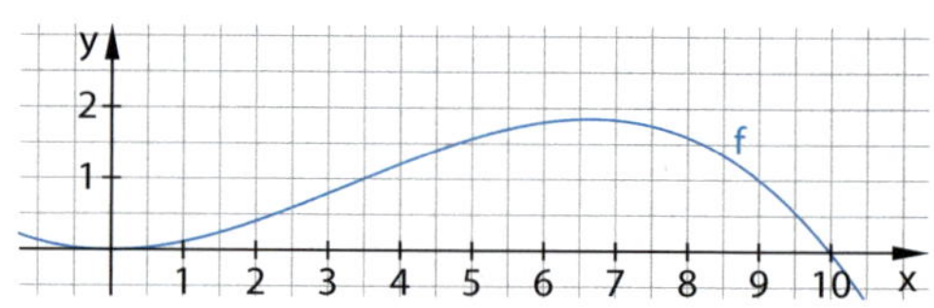

11. Die Funktion T mit $T(t) = 20 - \frac{1}{64}(x - 16)^2$ liefert eine gute Näherung für den Temperaturverlauf eines Sommertags (T(t): Temperatur in °C, t: Zeit in Stunden nach 0 Uhr).

a) Berechnen Sie die mittlere Tagestemperatur dieses Tages.
b) Berechnen Sie die mittlere Temperatur zwischen 8 Uhr und 20 Uhr.

12. Das Profil einer Skateboardrampe kann mit dem Graphen der Funktion f mit $f(x) = 1 - \sqrt{x}$ beschrieben werden.

a) Berechnen Sie die durchschnittliche Höhe der Rampe.
b) Ein Quader mit der gleichen Grundfläche soll das gleiche Volumen wie die Rampe haben. Geben Sie begründet die Höhe des Quaders an.

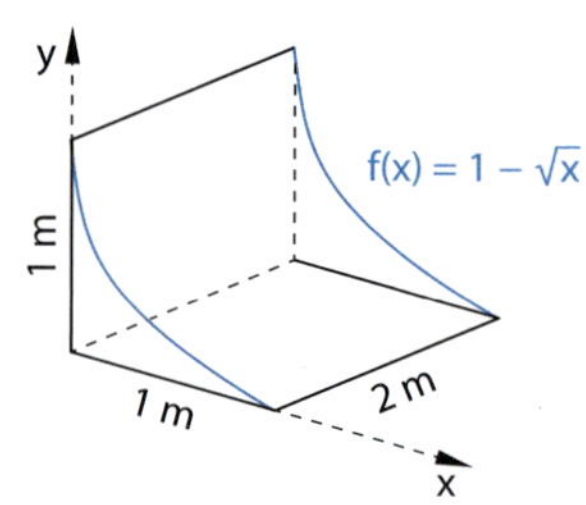

Weiterführende Aufgaben

13. Die Funktion f im linken Bild gibt die Änderungsrate einer Hasenpopulation an.

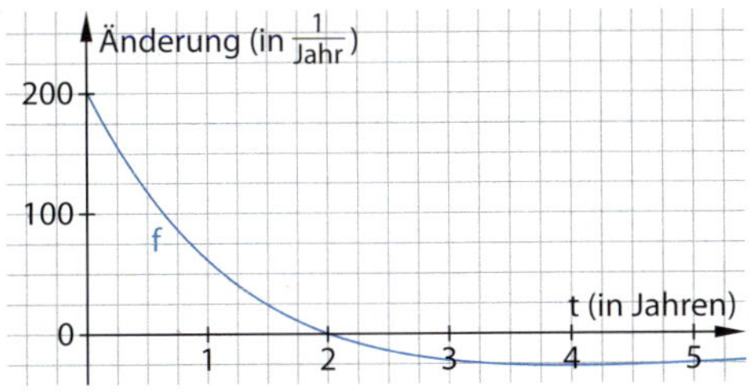

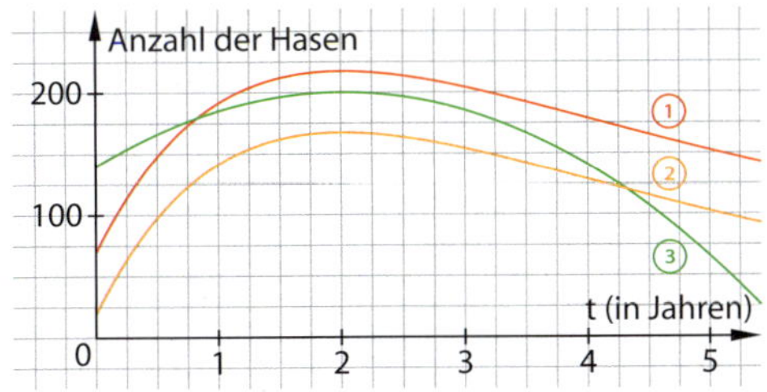

a) Begründen Sie, dass die Funktion des Hasenbestands eine Stammfunktion von f ist.
b) Überprüfen Sie, ob die Graphen ①, ② oder ③ den Hasenbestand beschreiben könnten.

14. Stolperstelle: Eine Pflanze ist zu Beginn 21 cm hoch, ihr Wachstum in cm/Tag wird durch $f(t) = 2 \cdot e^{0{,}095t}$ beschrieben. Korrigieren Sie den Fehler in der Berechnung.

a) Tina berechnet die Höhe der Pflanze nach 10 Tagen:
$f(10) = 2 \cdot e^{0{,}095 \cdot 10} \approx 5{,}17$ Nach 10 Tagen ist die Pflanze etwa 5,17 cm hoch.

b) Ahmet berechnet die durchschnittliche Höhe der Pflanze in den ersten 10 Tagen:
$\overline{m} = \frac{1}{10-0}\int_0^{10} 2 \cdot e^{0{,}095 \cdot t}dt \approx 3{,}34$ Die durchschnittliche Höhe beträgt ca. 3,34 cm.

15. Eine Draisine fährt auf einem geradlinigen Gleisabschnitt. Der Geschwindigkeitsverlauf innerhalb der ersten 70 Sekunden wird durch den Graphen der Funktion v mit $v(t) = \frac{1}{3000}t^3 - \frac{1}{30}t^2 + \frac{4}{5}t$ beschrieben.

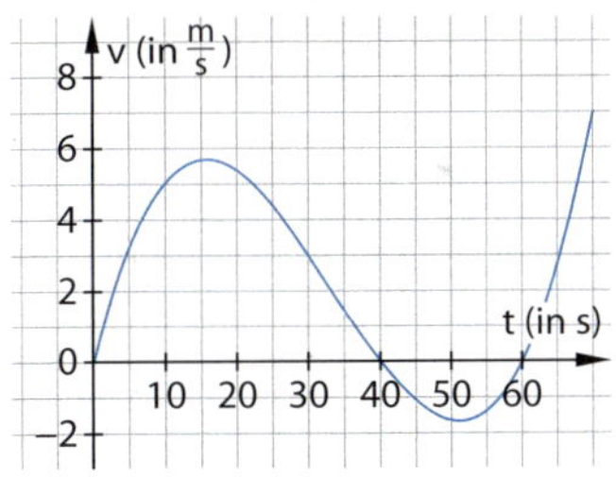

a) Berechnen Sie die Entfernung der Draisine vom Startpunkt nach 40 s und nach 60 s.
Erklären Sie mithilfe des Graphen, warum die Entfernung nach 60 s kleiner ist als nach 40 s.

b) Berechnen Sie die Fahrstrecke, die die Draisine nach 40 s und nach 60 s gefahren ist.
Erläutern Sie den Unterschied zu Aufgabenteil a).

16. Bei einer Verkehrszählung an einer Bundesstraße wurden an einem Werktag ab 6 Uhr morgens die stadteinwärts fahrenden Fahrzeuge pro Minute registriert.
Der Fahrzeugstrom wird für diesen Zeitraum modellhaft durch die Funktion f mit
$f(x) = \frac{1}{10^{10}}x^5 - \frac{1}{130\,000}x^3 + \frac{1}{6}x + 6$ dargestellt.

a) Geben Sie näherungsweise die Uhrzeit mit der höchsten Verkehrsdichte an.

b) Berechnen Sie die Anzahl der Fahrzeuge, die zwischen 6 Uhr und 9 Uhr den Messpunkt passieren.

c) Berechnen Sie den durchschnittlichen Fahrzeugstrom pro Minute zwischen 6 Uhr und 8 Uhr.

d) Ermitteln Sie möglichst einfach, wie viele Fahrzeuge in den ersten zwei Stunden gezählt wurden.

e) Bestimmen Sie eine Funktion für die Anzahl der gezählten Fahrzeuge.

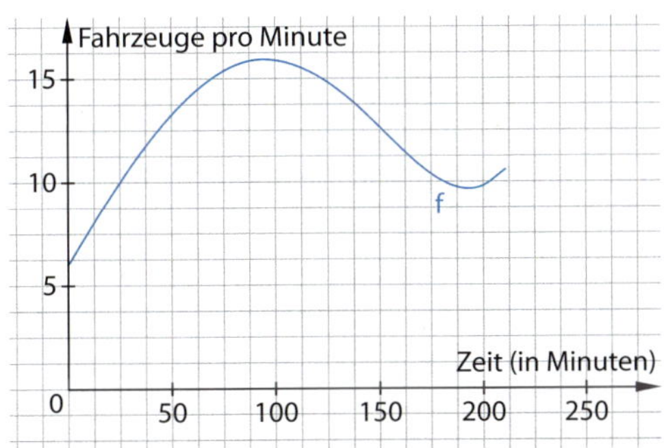

17. Die Funktion F beschreibt die zunehmende Anzahl an Läusen auf einer Pflanze in Abhängigkeit von der Zeit t in Wochen. Beschreiben Sie die Bedeutung der folgenden Ausdrücke im Sachzusammenhang, es gilt f = F'.

a) $F(0)$

e) $F(0) + \int_0^9 f(t)\,dt$

b) t mit $F(t) = 1000$

f) t mit $f(t) = 500$

g) $\frac{\int_5^{25} f(t)\,dt}{20}$

c) $f(10)$

h) $\frac{F(25) - F(5)}{20}$

d) $\int_0^{10} f(t)\,dt$

Hinweis zu 18:
Die Leistung entspricht der Energie pro Zeit.

18. Stromzähler ermitteln in vielen Haushalten die verbrauchte elektrische Energie, die in Kilowattstunden (kWh) angegeben wird. Je schneller sich die sichtbare Aluminiumdrehscheibe dreht, desto größer ist die momentan dem Stromkreis entnommene Leistung P.

a) Berechnen Sie die Energie, die eine Energiesparlampe mit 5 W Leistung im Dauerbetrieb innerhalb einer Woche verbraucht.

b) Der zeitliche Verlauf der elektrischen Leistung P (in kW) wird durch die Funktion mit $P(t) = -\frac{3}{51\,200}t^4 + \frac{11}{3200}t^3 - \frac{53}{800}t^2 + \frac{21}{50}t + \frac{1}{10}$ (t: Zeit in den 24 Stunden nach Mitternacht) beschrieben. Ermitteln Sie die Energie, die während eines Tages entnommen wird.

c) Begründen Sie anschaulich, warum ein Stromzähler als „analoger Integrierer" bezeichnet werden kann.

d) Berechnen Sie die durchschnittliche Leistung an dem betrachteten Tag. Vergleichen Sie diesen Wert mit der durchschnittlichen Leistung vor und nach 12 Uhr mittags.

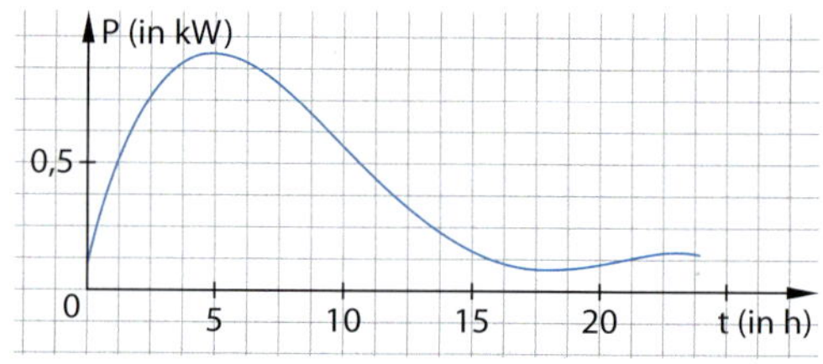

19. Stauforscher untersuchen mit verschiedenen Modellen, wie Staus entstehen. Nach Auswertung einer Luftaufnahme eines mehrere Kilometer langen Autobahnabschnitts wurde die Fahrzeugdichte (Fahrzeuge pro Meter) untersucht. Sie lässt sich durch die Funktion f mit $f(x) = \frac{1}{960}x^4 - \frac{1}{96}x^3 + \frac{1}{36}x^2 + \frac{1}{280}x + \frac{1}{300}$ (x in Kilometer, f(x) in Anzahl der Fahrzeuge pro Meter) wiedergeben.

a) Beschreiben Sie die Situation auf diesem Autobahnabschnitt.

b) Berechnen Sie die Anzahl der Fahrzeuge, die sich zur Zeit der Luftaufnahme auf den ersten 5 km der Strecke befanden.

c) Bestimmen Sie den Mittelwert von f auf der 5-km-Strecke und deuten Sie den Wert im Sachzusammenhang.

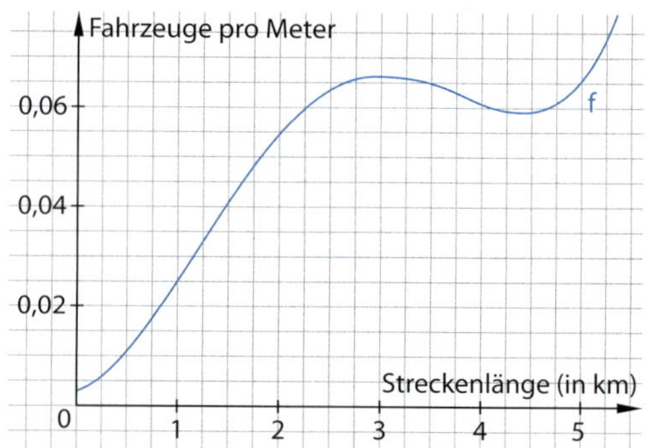

d) Ermitteln Sie den durchschnittlichen Abstand zweier Fahrzeuge zwischen den Kilometern 1 und 2 sowie 3 und 4. Treffen Sie hierzu geeignete Annahmen.

20. Ein Computervirus verbreitet sich innerhalb einiger Wochen weltweit. Durch geeignete Antivirensoftware gelingt es, die infizierten Computer zu bereinigen.
Der Graph der Funktion f mit $f(t) = -\frac{1}{10\,000}t^3 + \frac{3}{250}t^2$ beschreibt die Änderungsrate der befallenen Computer. Zu Beginn ist kein Computer infiziert.

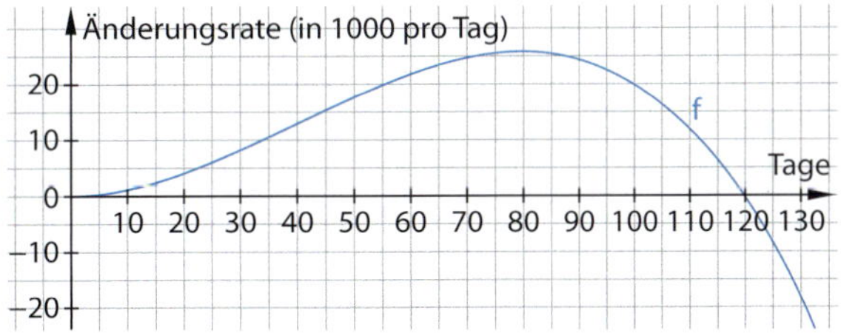

a) Interpretieren Sie den zeitlichen Verlauf der Änderungsrate.
b) Skizzieren Sie den zeitlichen Verlauf der Anzahl an infizierten Computern.
c) Bestimmen Sie eine Funktion, die die Anzahl der infizierten Computer angibt.
d) Bestimmen Sie, wann die maximale Anzahl infizierter Computer erreicht wird.
e) Geben Sie einen Zeitraum an, für den das Modell realistische Werte liefert.
f) Berechnen Sie, wie viele Computer im Zeitraum aus e) durchschnittlich infiziert sind.
g) Berechnen Sie den Mittelwert der Änderungsrate im Zeitraum aus e). Erläutern Sie, warum der Wert zur Beschreibung des Geschehens ungeeignet und gefährlich ist.

Hinweis zu 20:
Die Änderungsrate ergibt sich aus der Differenz zwischen der Anzahl täglich neuinfizierter und bereinigter Computer.

21. Ein Wasserbehälter mit einem Fassungsvermögen von 3000 Litern ist randvoll gefüllt. Durch ein Leck auf der Höhe der 1000-Liter-Markierung nimmt das Volumen im Behälter ab. Die Abnahmegeschwindigkeit in Abhängigkeit von der Zeit t in Minuten kann dabei durch die Funktion f mit $f(t) = -60e^{-0{,}03t}$ beschrieben werden ($f(t)$ in Liter/min).

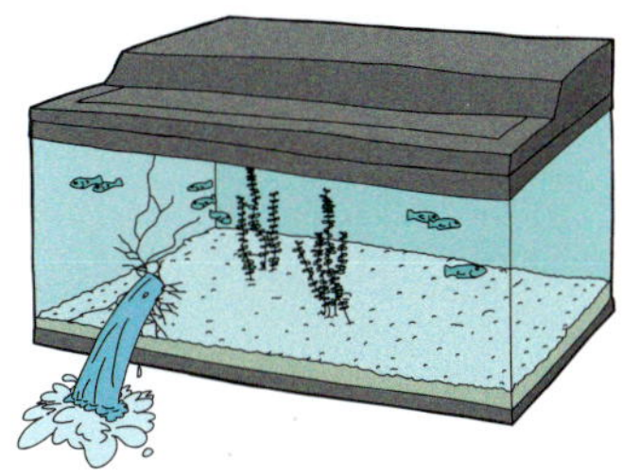

a) Deuten Sie den Ausdruck $\int_0^5 f(t)\,dt = -278{,}6$ im Sachzusammenhang.
b) Berechnen Sie die Wassermenge, die zwischen der 2. und 10. Minute ausläuft.
c) Bestimmen Sie eine Stammfunktion von f und stellen Sie eine Funktion auf, welche das Wasservolumen in Abhängigkeit der Zeit t beschreibt.
d) Erläutern Sie das asymptotische Verhalten der Abnahmegeschwindigkeit und der Volumenfunktion anhand der Funktionsgleichungen.
e) Bestimmen Sie den Zeitpunkt, zu dem sich das Volumen halbiert hat.

22. Die Wachstumsgeschwindigkeit einer Pflanze lässt sich für $0 \le t \le 15$ mit einer Funktion f mit $f(t) = 0{,}04 \cdot e^{a \cdot t - 1}$ modellieren (t: Zeit in Wochen; f(t) in Metern pro Woche). Der Parameter a hängt von Bedingungen wie der Bodenqualität und dem Klima ab.

a) Bestimmen Sie einen Wert für den Parameter a so, dass die Wachstumsgeschwindigkeit nach 2 Wochen 1,6 Zentimeter pro Woche beträgt.
b) Ermitteln Sie für $a = 0{,}042$ eine Funktion, die die Höhe der Pflanze nach t Wochen angibt, wobei zum Zeitpunkt $t = 0$ die Höhe 40 cm beträgt.
c) Berechnen Sie die Höhe der Pflanze nach 10 Wochen.

23. **Ausblick:** Gegeben sind eine stetige Funktion f und $a > 0$.
a) Unter welcher Bedingung ist der Mittelwert von f auf $[-a; a]$ stets gleich null?
b) Prüfen Sie, ob der Mittelwert von f auf $[0; a]$ halb so groß wie der auf $[-a; a]$ sein kann.
c) Begründen Sie, dass für mindestens ein $x_0 \in [0; a]$ gilt: $f(x_0) = \frac{1}{a} \cdot \int_0^a f(x)\,dx$

3.6 Flächenberechnungen

■ Der Graph der Sinusfunktion und die x-Achse schließen im Intervall $[0;\pi]$ eine Fläche von 2 FE ein. Berechnen Sie $\int_0^{\pi} \sin(x)\,dx$ und vergleichen Sie den Wert mit dem Flächeninhalt.
Vergleichen Sie die Werte der Integrale und der Flächeninhalte für die Intervalle $[\pi; 2\pi]$ und $\left[\frac{\pi}{2}; \frac{3}{2}\pi\right]$. Was fällt Ihnen auf? ■

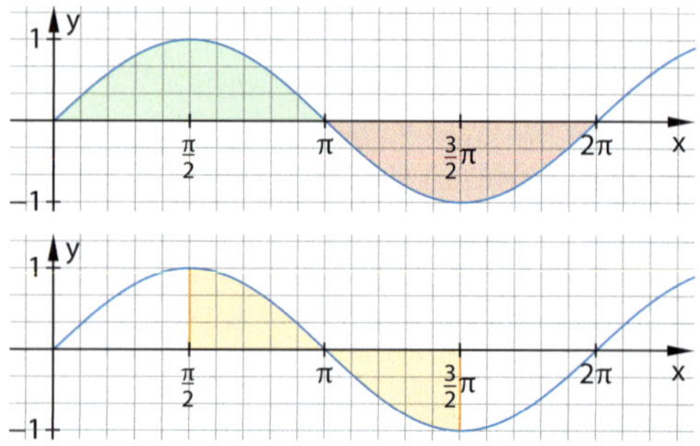

Fläche zwischen Graph und x-Achse

Das bestimmte Integral gibt die Flächenbilanz zwischen dem Graphen von f und der x-Achse auf einem Intervall an. Um den tatsächlichen Flächeninhalt zu bestimmen, muss man berücksichtigen, ob die Flächenanteile oberhalb oder unterhalb der x-Achse liegen.

$f(x) \geq 0$

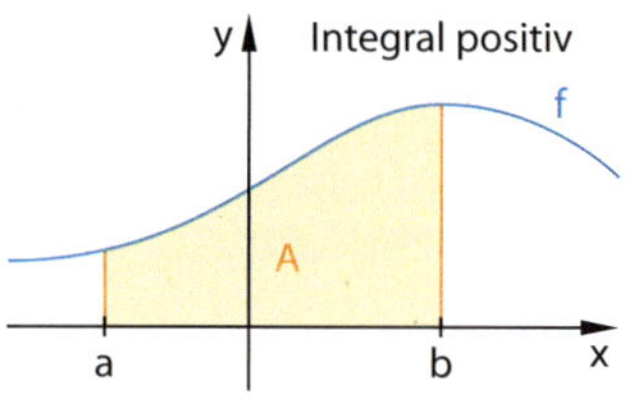

$A = \int_a^b f(x)\,dx = \left|\int_a^b f(x)\,dx\right|$

$f(x) \leq 0$

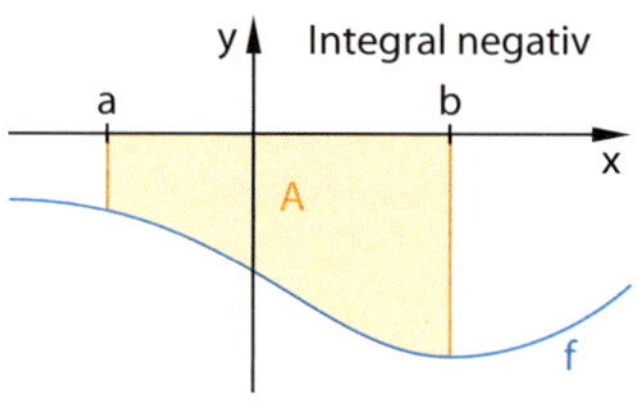

$A = -\int_a^b f(x)\,dx = \left|\int_a^b f(x)\,dx\right|$

f hat eine Nullstelle

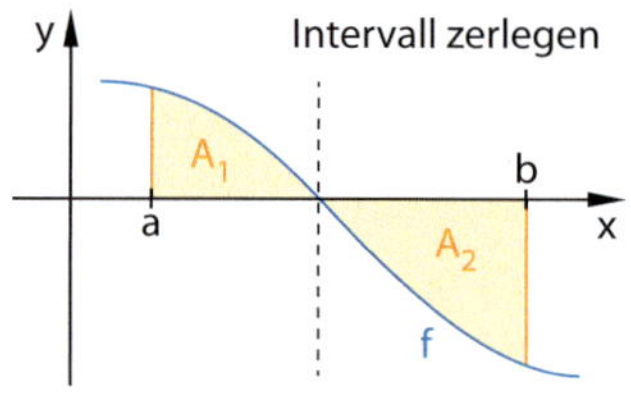

$A = A_1 + A_2$

Wissen: Fläche zwischen Graph und x-Achse
Sind $x_1 < x_2$ die Nullstellen der Funktion f auf einem Intervall $[a; b]$, so gilt für den Inhalt der Fläche zwischen Graph und x-Achse über dem Intervall $[a; b]$:

$$A = \left|\int_a^{x_1} f(x)\,dx\right| + \left|\int_{x_1}^{x_2} f(x)\,dx\right| + \left|\int_{x_2}^{b} f(x)\,dx\right|$$

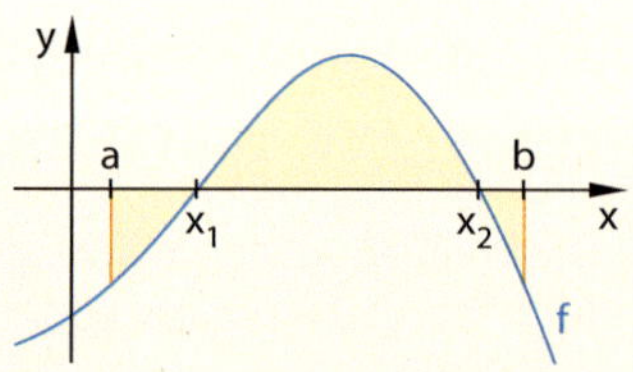

Beispiel 1: Berechnen Sie den Inhalt der Fläche zwischen dem Graphen der Funktion f mit $f(x) = \frac{1}{2}x^3 - 2x^2 + \frac{3}{2}x$ und der x-Achse im Intervall $[-1; 2]$.

Lösung:

Bestimmen Sie die Nullstellen von f.
Im betrachteten Intervall liegen die Nullstellen $x_1 = 0$ und $x_2 = 1$, sodass 3 Teilflächen entstehen.

Nullstellen: $x_1 = 0$, $x_2 = 1$ und $x_3 = 3$
Stammfunktion: $F(x) = \frac{1}{8}x^4 - \frac{2}{3}x^3 + \frac{3}{4}x^2$

Bestimmen Sie eine Stammfunktion F von f und berechnen Sie die drei Teilintegrale.

$\int_{-1}^{0} f(x)\,dx \approx -1{,}54$; $\int_{0}^{1} f(x)\,dx \approx 0{,}21$;
$\int_{1}^{2} f(x)\,dx \approx -0{,}54$

Der Inhalt der Gesamtfläche ist die Summe der Beträge der Integrale.

Flächeninhalt:
$A \approx |-1{,}54| + |0{,}21| + |-0{,}54| = 2{,}29$ FE

Basisaufgaben

1. Berechnen Sie den Wert der Integrale mithilfe der Flächeninhalte aus der Grafik. Erläutern Sie, welche Ausdrücke geeignet sind, den Inhalt der Fläche zwischen dem Graphen von f und der x-Achse auf dem Intervall [1; 6] zu berechnen.

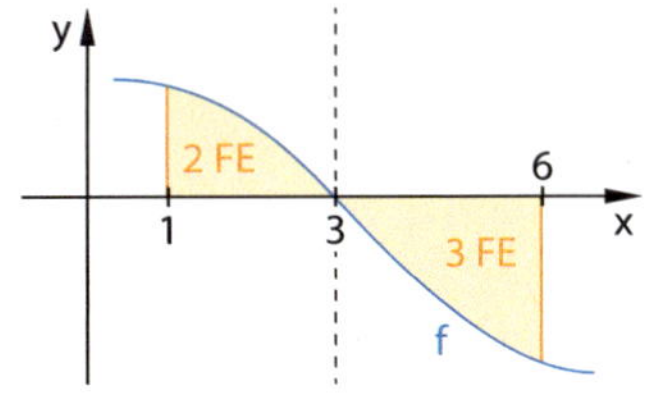

① $\left|\int_1^3 f(x)\,dx\right| + \left|\int_3^6 f(x)\,dx\right|$ ② $\int_1^3 f(x)\,dx + \int_3^6 f(x)\,dx$

③ $\int_1^6 f(x)\,dx$ ④ $\int_1^3 f(x)\,dx - \int_3^6 f(x)\,dx$

2. Lesen Sie die Nullstellen der Funktion und die Intervallgrenzen ab und berechnen Sie den Inhalt der farbigen Fläche.

a) $f(x) = -\frac{1}{2}x^2 + 2$

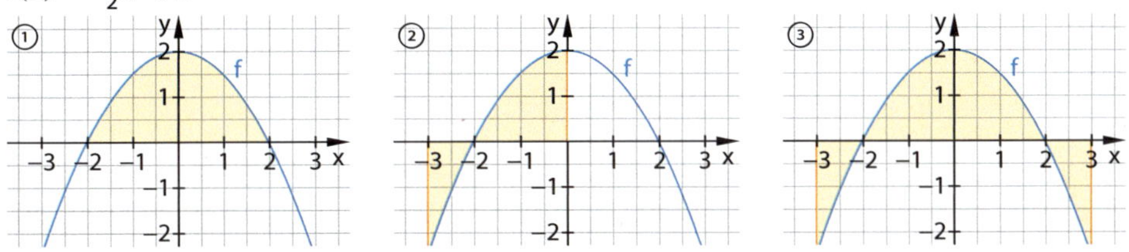

b) $g(x) = \frac{1}{2}x^3 + \frac{1}{2}x^2 - x$

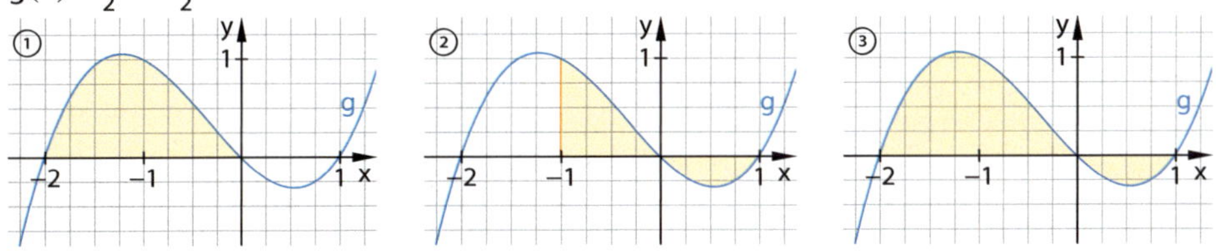

3. Berechnen Sie die Nullstellen der Funktion. Berechnen Sie anschließend den Inhalt der Fläche, die der Graph mit der x-Achse einschließt.

a) $f(x) = x^3 - 4x^2 + 4x$ b) $f(x) = 1{,}5x^3 - 4{,}5x^2$ c) $f(x) = \frac{5}{9}x^4 - 5x^2$

d) $f(x) = -\frac{1}{6}x^4 + \frac{1}{2}x^2 + \frac{2}{3}$ e) $f(x) = 6x^3(x^2 - 1)$ f) $f(x) = 6x(x^2 - 1)^2$

Lösungen zu 3:
Flächeninhalte

36 10,13 1,33 3,2 1 8 2

4. Berechnen Sie den Inhalt der Fläche zwischen dem Graphen von f und der x-Achse im Intervall I.

a) $f(x) = x^3 - 6x^2 + 8x$ $I = [0; 4]$ b) $f(x) = 0{,}5(x - 4)(x^3 - 2x^2)$ $I = [0; 4]$

c) $f(x) = \sqrt{x} - 1$ $I = [0; 4]$ d) $f(x) = \frac{1}{(x-1)^2} + 1$ $I = \left[-2; \frac{1}{2}\right]$

e) $f(x) = e^x - 1$ $I = [-1; 1]$ f) $f(x) = e^x - e$ $I = [0; 2]$

5. Die Graphen der Funktionen f mit $f(x) = \frac{1}{2}x^2 - 3x + \frac{5}{2}$ und g mit $g(x) = -\frac{1}{2}x^2 + 3x - \frac{5}{2}$ formen auf dem Intervall [0; 5] die abgebildete Figur. Berechnen Sie ihren Flächeninhalt.

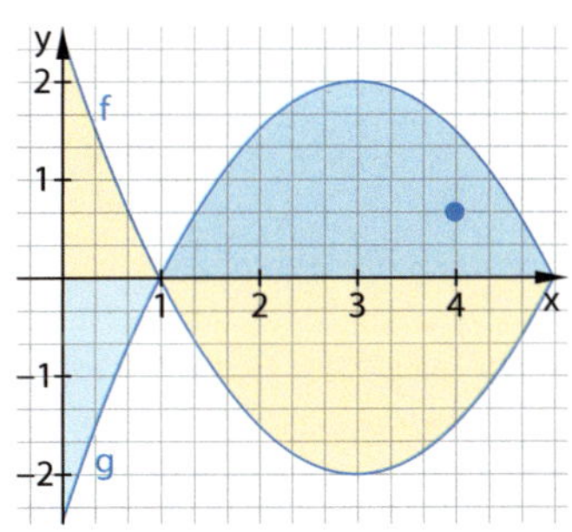

6. Der Graph der Funktion f mit $f(x) = 2x^3 - 8x$ schließt mit der x-Achse zwei Flächenstücke ein. Zeigen Sie durch Berechnung eines Integrals, dass diese Flächen gleich groß sind.

Fläche zwischen zwei Graphen

Mithilfe des Integrals können auch Flächen zwischen zwei Funktionsgraphen berechnet werden. Der einfachste Fall liegt vor, wenn beide Graphen oberhalb der x-Achse verlaufen und ein Graph überall oberhalb des anderen liegt. Man betrachtet die Flächen unter den Graphen von f und g. Von der größeren Fläche muss die kleinere abgezogen werden.

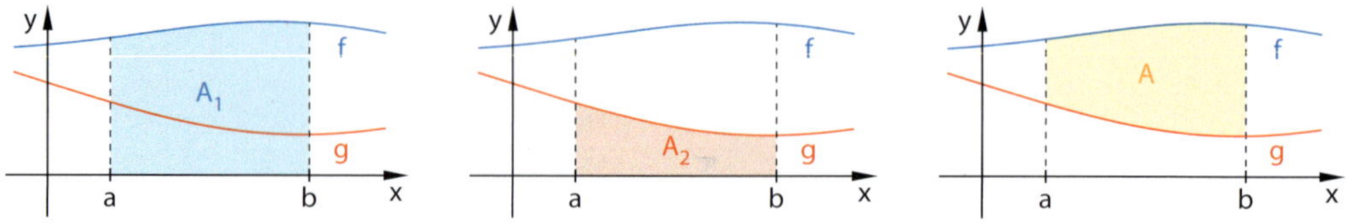

$$A = A_1 - A_2 = \int_a^b f(x)\,dx - \int_a^b g(x)\,dx = \int_a^b (f(x) - g(x))\,dx$$

Fälle, bei denen Flächen ganz oder teilweise unterhalb der x-Achse liegen, können auf diesen Fall zurückgeführt werden. Dazu hebt man beide Graphen so weit an, dass sie oberhalb der x-Achse liegen, d. h., man addiert eine hinreichend große Konstante c:

$$A = \int_a^b (f(x) + c)\,dx - \int_a^b (g(x) + c)\,dx = \int_a^b (f(x) + c) - (g(x) + c)\,dx = \int_a^b (f(x) - g(x))\,dx$$

Der Inhalt der Fläche zwischen den Graphen von f und g ergibt sich durch Integration der **Differenzfunktion h** mit $h(x) = f(x) - g(x)$. Die Schnittstellen der Funktionen sind Nullstellen von h und teilen das betrachtete Intervall in Teilintervalle. Da die Funktion h auch negative Werte liefern kann, müssen zur Flächenberechnung wieder Beträge gesetzt werden.

Wissen: Fläche zwischen Funktionsgraphen

Sind $x_1 < x_2$ die Schnittstellen der Funktionen f und g auf einem Intervall [a; b], so gilt für den Inhalt der Fläche zwischen den Graphen über dem Intervall [a; b]:

$$A = \left|\int_a^{x_1} (f(x) - g(x))\,dx\right| + \left|\int_{x_1}^{x_2} (f(x) - g(x))\,dx\right| + \left|\int_{x_2}^{b} (f(x) - g(x))\,dx\right|$$

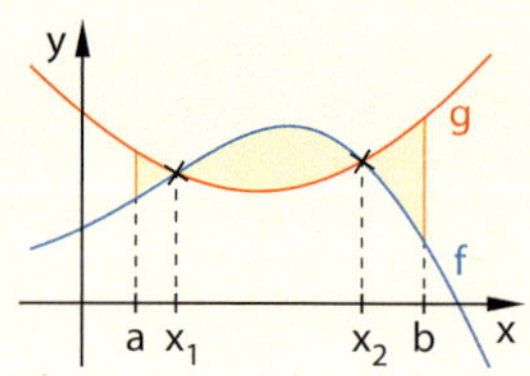

Hinweis:
Die von den Graphen von f und g eingeschlossene Fläche besteht aus den Teilflächen, die durch die Schnittstellen von f und g begrenzt werden:

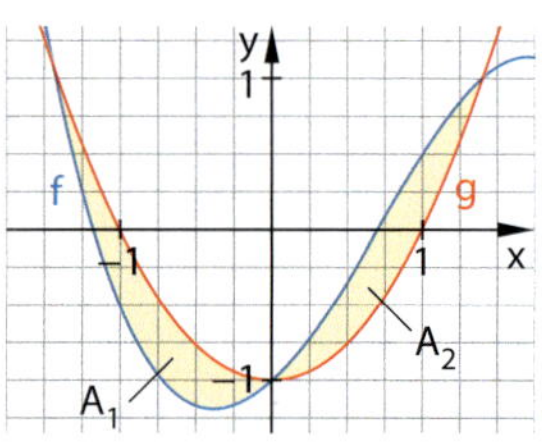

Beispiel 2: Berechnen Sie den Inhalt der Fläche, die von den Graphen von f mit $f(x) = -\frac{1}{2}x^3 + x^2 + x - 1$ und g mit $g(x) = x^2 - 1$ eingeschlossen wird.

Lösung:

Bilden Sie die Differenzfunktion h mit $h(x) = f(x) - g(x)$ und bestimmen Sie ihre Nullstellen. Diese entsprechen den Schnittstellen von f und g.

$h(x) = f(x) - g(x) = -\frac{1}{2}x^3 + x$

Nullstellen von h: $-\frac{1}{2}x(x^2 - 2) = 0$

$x_1 = -\sqrt{2}$; $x_2 = 0$ und $x_3 = \sqrt{2}$

Bestimmen Sie eine Stammfunktion von h.

Stammfunktion von h: $H(x) = -\frac{1}{8}x^4 + \frac{1}{2}x^2$

Berechnen Sie die Integrale der Differenzfunktion zwischen den Schnittstellen von f und g.

$$\int_{-\sqrt{2}}^{0} h(x)\,dx = \left[-\tfrac{1}{8}x^4 + \tfrac{1}{2}x^2\right]_{-\sqrt{2}}^{0} = -\frac{1}{2}$$

$$\int_{0}^{\sqrt{2}} h(x)\,dx = \left[-\tfrac{1}{8}x^4 + \tfrac{1}{2}x^2\right]_{0}^{\sqrt{2}} = \frac{1}{2}$$

Der Inhalt der Gesamtfläche ist die Summe der Beträge der Integrale.

Flächeninhalt:
$A = A_1 + A_2 = \left|-\frac{1}{2}\right| + \left|\frac{1}{2}\right| = 1$ FE

Basisaufgaben

7. Lesen Sie die Schnittstellen der Funktionsgraphen ab und berechnen Sie den Inhalt der farbigen Fläche zwischen den Graphen der Funktionen.

a) $f(x) = -\frac{1}{16}x^3 + \frac{1}{8}x^2 + \frac{3}{2}x + 1$ und $g(x) = \frac{1}{32}x^3 - \frac{1}{16}x^2 - \frac{3}{4}x + 1$

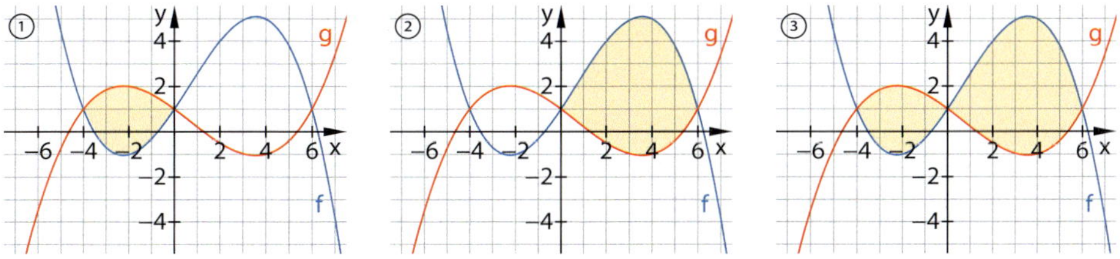

b) $f(x) = \frac{1}{16}x^3 - \frac{3}{4}x^2 + \frac{9}{4}x$ und $g(x) = -\frac{1}{4}x^2 + \frac{3}{2}x$

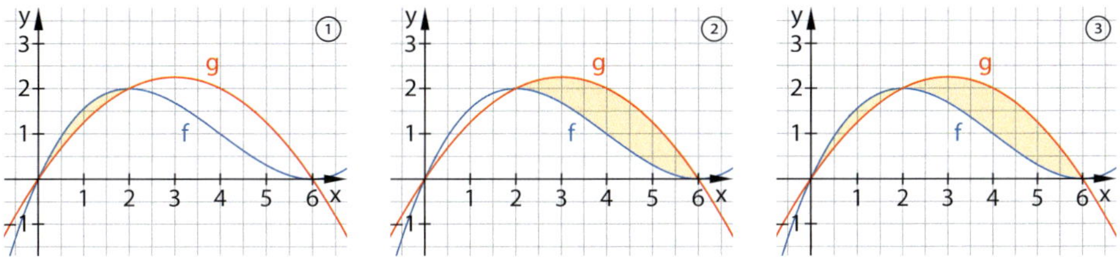

8. Berechnen Sie den Inhalt der Fläche, die von den Graphen der Funktionen f und g eingeschlossen wird.

a) $f(x) = -\frac{1}{4}x^2 + 2 \quad g(x) = \frac{1}{2}x$

b) $f(x) = -0{,}5x^2 + x + 1{,}5 \quad g(x) = x - 3$

c) $f(x) = \frac{1}{5}x^2 + 4 \quad g(x) = x + 4$

d) $f(x) = -\frac{1}{2}x^2 + x + 3 \quad g(x) = -x + 3$

9. Berechnen Sie den Inhalt der Fläche zwischen den Graphen der Funktionen f und g auf dem Intervall I.

a) $f(x) = x^3 - x^2 - 2 \quad g(x) = x^3 - 2x^2 + x \quad I = [-2; 3]$

b) $f(x) = x^3 - 5x^2 + 7x - 3 \quad g(x) = x - 3 \quad I = [0; 3]$

c) $f(x) = -x^2 - 2x + 2 \quad g(x) = x^2 + 4x + 2 \quad I = [-2; 1]$

d) $f(x) = (x^2 - 2)^2 \quad g(x) = x^2 \quad I = [-2; 1]$

10. Zeigen Sie, dass der Graph von f mit $f(x) = x^3 - 6x^2 + \frac{19}{2}x - 2$ und die Gerade g mit $g(x) = \frac{3}{2}x - 2$ zwei gleich große Flächenstücke einschließen.

11. Berechnen Sie den Inhalt der abgebildeten Fläche zwischen den Graphen von f mit $f(x) = \frac{1}{2}x^2 - 3x + \frac{5}{2}$ und g mit $g(x) = -\frac{1}{2}x^2 + 3x - \frac{5}{2}$ auf dem Intervall [0; 5]. Vergleichen Sie Ihr Ergebnis mit dem aus Aufgabe 5.

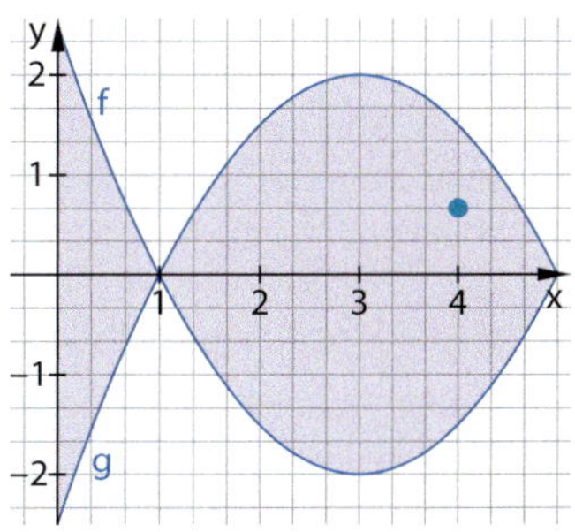

12. Die Graphen der Funktionen f mit $f(x) = x^4 - 3{,}75x^2 + 6$ und g mit $g(x) = x^4 - 3x^2 + 3$ formen auf dem Intervall [−2; 2] eine Figur. Berechnen Sie den Flächeninhalt dieser Figur.

13. Skizzieren Sie Graphen der Funktionen f mit $f(x) = -\frac{1}{4}x^2 + 2$ und g mit $g(x) = |x| - 1$ in einem gemeinsamen Koordinatensystem. Berechnen Sie den Inhalt der von den Graphen eingeschlossenen Fläche. Nutzen Sie dazu die Eigenschaften der Graphen geschickt aus.

Weiterführende Aufgaben

Hinweis zu 14:
Zeichnen Sie die Graphen mit dem GTR, um eine bessere Vorstellung zu bekommen.

14. Berechnen Sie den Inhalt der beschriebenen Fläche A.

a) A wird vom Graphen von f mit $f(x) = -x^2 + 4x - 3$ und der x-Achse begrenzt.

b) A wird von den Graphen von f mit $f(x) = -x^2 + 4x - 1$ und g mit $g(x) = x - 1$ begrenzt.

c) A wird im ersten Quadranten vom Graphen von f mit $f(x) = -\frac{1}{4}x^2 + x + 3$ begrenzt.

d) A wird im ersten Quadranten von den Graphen von f mit $f(x) = x^3 + 2x^2$ und g mit $g(x) = x + 2$ begrenzt.

e) A wird von den Graphen von f mit $f(x) = -x^2 + 4x + 1$ und g mit $g(x) = -2x + 9$ und der y-Achse begrenzt.

f) A wird von den Graphen von f mit $f(x) = \sin(x)$ und g mit $g(x) = x$ und der Geraden $x = \pi$ begrenzt.

g) A wird von den Graphen von f mit $f(x) = 2 - 0{,}5(x-1)^2$ und g mit $g(x) = 6 - x$, der x-Achse und der y-Achse begrenzt.

15. Stolperstelle: Zu den Funktionen f und g mit $f(x) = \frac{1}{3}x^3 - 3x^2 + 8x$ und $g(x) = \frac{1}{3}x^2$ soll die von den Graphen eingeschlossene Fläche berechnet werden.

Holger: *„Ich habe von 0 bis 4 integriert und erhalte $\frac{128}{9}$ FE, also rund 14,2 FE."*

Luise: *„Es gibt aber noch eine Schnittstelle bei 6. Daher habe ich von 0 bis 6 integriert und erhalte 12 FE."*

Emre: *„Das kann gar nicht sein, denn dann hätte das größere Flächenstück den kleineren Inhalt. Stattdessen muss man …"*

Diskutieren Sie das Vorgehen der Schüler. Vervollständigen Sie Emres Aussage und berechnen Sie den Flächeninhalt.

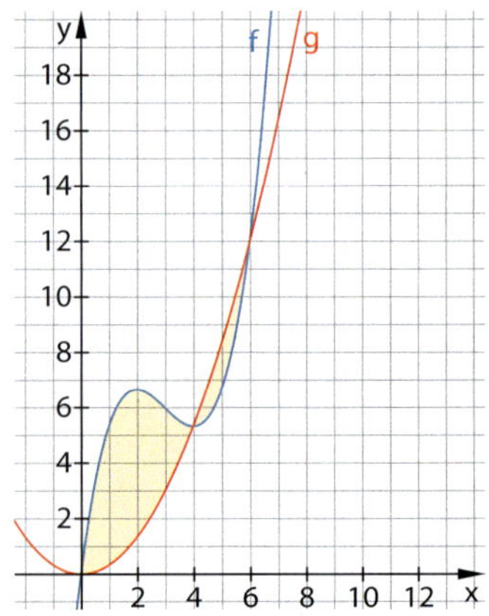

16. Gegeben ist die Funktion f mit $f(x) = -x^2 + 4x + 6$ und die Gerade g, die durch die Punkte $A(-2\,|\,f(-2))$ und $B(4\,|\,f(4))$ verläuft.

a) Skizzieren Sie den Graphen von f sowie die Gerade g.

b) Bestimmen Sie die Gleichung von g und berechnen Sie den Inhalt des Flächenstücks, das vom Graphen von f und der Geraden g eingeschlossen wird.

17. Die Graphen der Funktionen f mit $f(x) = -\frac{1}{286}x^4 - \frac{1}{15}x^2 + 2$ und g mit $g(x) = \frac{1}{15}x^2 - 3$ schließen eine Fläche ein.
Beschreiben Sie deren Form und berechnen Sie ihren Flächeninhalt.

Erinnerung:
$b^x = e^{\ln(b) \cdot x}$

18. Berechnen Sie den Inhalt der Fläche, die von dem Graphen von f und der Geraden g zwischen der y-Achse und der eingezeichneten Vertikalen eingeschlossen wird.

a) $f(x) = \frac{8}{x^2}$, $g(x) = x$

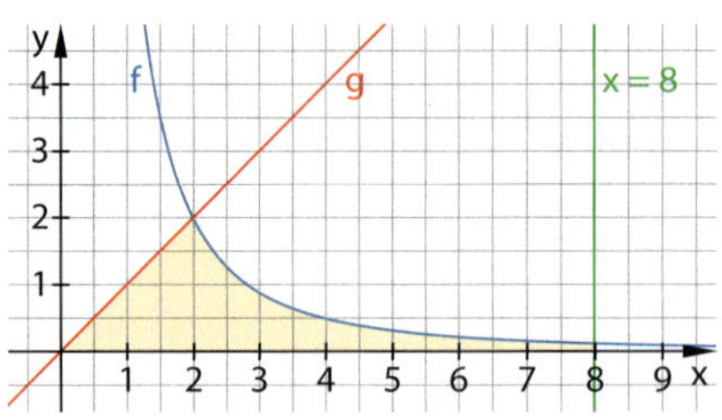

b) $f(x) = -2 \cdot 1{,}25^x + 16$, $g(x) = 14$

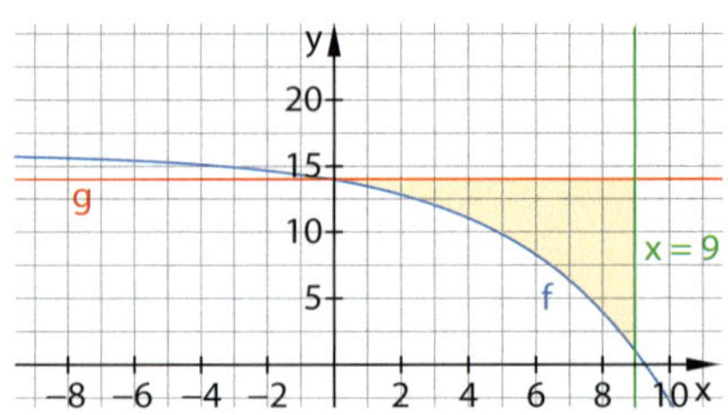

GTR **19.** Der Graph der Funktion f mit $f(x) = \frac{1}{9}(x^2 - 2x - 8)(x^2 - 2x - 2)$ schließt mit der x-Achse das in der Abbildung blau dargestellte Flächenstück ein.

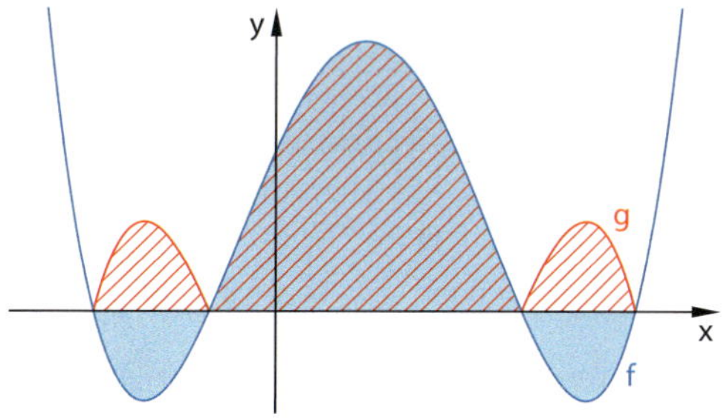

a) Berechnen Sie die Nullstellen der Funktion f.
b) Bestimmen Sie den Inhalt des blauen Flächenstücks.
c) Der Graph der Funktion g mit $g(x) = |f(x)|$ schließt ein gleich großes (rot schraffiertes) Flächenstück mit der x-Achse ein. Berechnen Sie mit dem GTR den Flächeninhalt.
d) Vergleichen Sie die Rechenwege und benennen Sie Vor- und Nachteile.

20. Die nördliche und südliche Uferlinie des Baldeneysees in Essen können in einem bestimmten Bereich näherungsweise durch die Funktionen f mit $f(x) = -0{,}25x^2 + 0{,}55$ und g mit $g(x) = -0{,}1x^4$ modelliert werden (Längeneinheit 1 km).

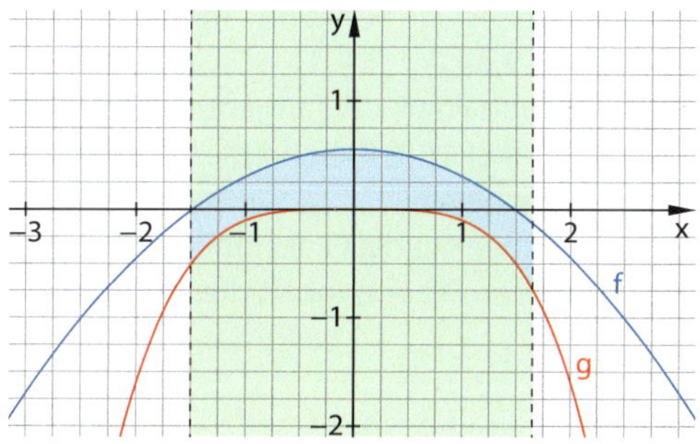

Berechnen Sie mithilfe der Funktionen f und g näherungsweise den Flächeninhalt der Wasseroberfläche des Sees im Bereich $-1{,}5 \le x \le 1{,}65$.

21. Beim Bau von Fußgängertunneln werden oft Fertigbetonteile verwendet. Hier ist ein solches Segment mit parabelförmigem Querschnitt und 2 Meter Tiefe abgebildet. Der Querschnitt des Segments kann mithilfe zweier quadratischer Funktionen f und g modelliert werden.

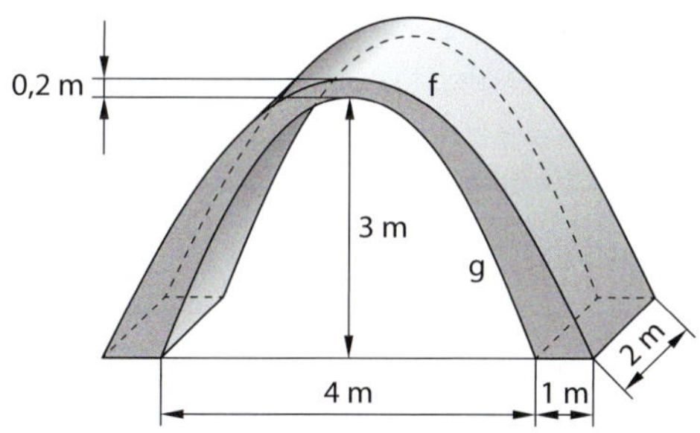

a) Bestimmen Sie eine Funktionsvorschrift für den inneren Parabelbogen.
b) Berechnen Sie das Luftvolumen eines Tunnels, der aus 12 Segmenten besteht.
c) Bestimmen Sie die Masse eines Fertigungssegments, wenn der Beton eine Dichte von $2{,}2\,\frac{g}{cm^3}$ hat.

Hinweis zu 21c:
Für die Masse m eines Körpers mit der Dichte ρ und einem Volumen V gilt: $m = \rho \cdot V$

22. Der Graph der Funktion f schließt im Intervall $I = [1; 3]$ mit der x-Achse die Fläche A ein.
a) Bestimmen Sie c so, dass die Gerade $x = c$ die Fläche A halbiert, wenn $f(x) = \frac{1}{2}x^2$ ist.
b) Bestimmen Sie c so, dass die Gerade $y = c$ die Fläche A halbiert, wenn $f(x) = \frac{1}{3}x^2$ ist.
c) Ermitteln Sie, für welches m die Gerade $y = mx$ die Fläche A halbiert, wenn $f(x) = x^2 + 2$ ist.

23. Flächen zwischen drei Funktionsgraphen:
Die Graphen der Funktionen f mit $f(x) = -\sin(x)$, g mit $g(x) = x^2$ und h mit $h(x) = -x^2 + \pi x$ schließen auf dem Intervall $I = [0; \pi]$ die farbig dargestellte Fläche ein.

a) Geben Sie alle Schnittstellen der Funktionen im Intervall I an.
b) Zerlegen Sie die Fläche in geeignete Teilflächen und geben Sie die entsprechenden Intervalle an.
c) Berechnen Sie die Flächeninhalte der Teilflächen sowie den Gesamtflächeninhalt.

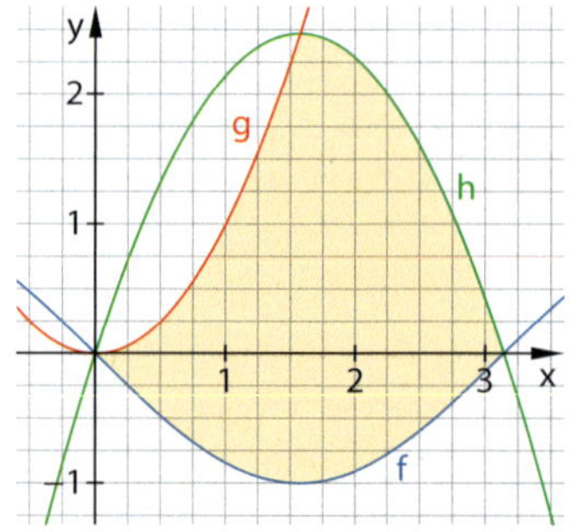

24. Berechnen Sie den Inhalt der Fläche, die von den Graphen der Funktionen f, g und h auf dem Intervall I eingeschlossen wird.

a) $f(x) = -x^2 + 4x$ $\quad g(x) = x^2 - 4x + 8$ $\quad h(x) = 5x$ $\quad I = [0; 2]$
b) $f(x) = x^3$ $\quad g(x) = 8x^2$ $\quad h(x) = -2x + 3$ $\quad I = [0; 1]$
c) $f(x) = \sqrt{x}$ $\quad g(x) = x^2 - 10x + 26$ $\quad h(x) = \frac{1}{5}x$ $\quad I = [0; 5]$

25. Gegeben ist die Funktion f mit $f(x) = -2{,}3e^{-0{,}1x+2} + 1$.
Der Graph von f, die Tangente an den Graphen von f im Punkt $P(0\,|\,f(0))$ und die x-Achse schließen eine Fläche ein.
Bestimmen Sie die Gleichung der Tangente und berechnen Sie den Inhalt dieser Fläche.

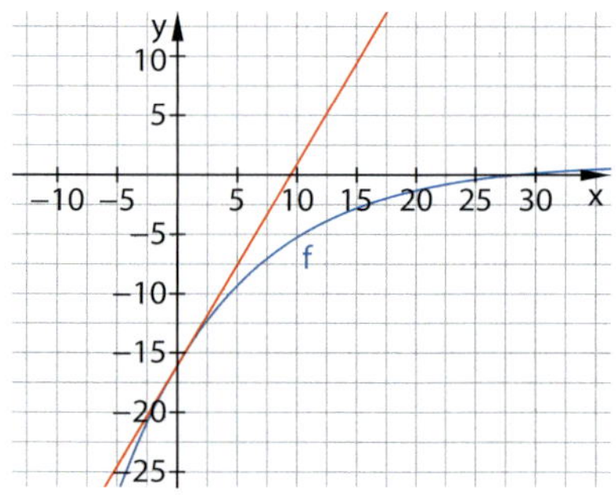

26. Gegeben ist die Funktion f mit $f(x) = \frac{1}{5}x^3 - 2x$.

a) Bestimmen Sie die Schnittstellen des Graphen von f mit den Koordinatenachsen.
b) Bestimmen Sie alle Hoch-, Tief- und Wendepunkte des Graphen von f.
c) Bestimmen Sie die Gleichung der Tangente an den Graphen von f an der Stelle $x = -2$.
d) Zeigen Sie, dass die Tangente aus c) den Graphen von f im Punkt $P(4\,|\,f(4))$ schneidet.
e) Skizzieren Sie den Graphen von f sowie die Tangente aus c).
f) Der Graph von f und die Tangente aus c) schließen eine Fläche ein. Bestimmen Sie den Flächeninhalt.

● **27.** Gegeben ist die Funktionenschar f_a mit $f_a(x) = a \cdot e^{\frac{x}{a}} - e \cdot x$, $a > 0$.

a) Bestimmen Sie den Tiefpunkt T_a von f_a.
b) Begründen Sie, dass $x = a$ die einzige Nullstelle von f_a ist.
c) Der Graph von f_a schließt mit den beiden Koordinatenachsen ein Flächenstück ein. Berechnen Sie den Flächeninhalt.
d) Die Tangente an den Graphen von f_a im Punkt $(0\,|\,a)$ schließt mit den Achsen ein Dreieck ein. Berechnen Sie den prozentualen Anteil der Dreiecksfläche an dem Flächenstück aus c).

● **28.** Gegeben ist die Funktion f mit $f(x) = \frac{1}{9}x^3 - \frac{4}{3}x$.

a) Zeichnen Sie den Graphen von f und geben Sie seine wesentlichen Eigenschaften an.
b) Die Tangente im Hochpunkt $H(x_0\,|\,f(x_0))$ schneidet den Graphen in einem weiteren Punkt $P(x_1\,|\,f(x_1))$. Zeigen Sie, dass $x_1 = -2x_0$ ist.
c) Der Graph von f und die Tangente aus b) schließen eine Fläche ein. Berechnen Sie deren Flächeninhalt.

29. Der Abschnitt eines Gehwegs muss neu gepflastert werden. In dem Abschnitt kann der Weg durch die Graphen der Funktionen f mit $f(x) = e^{-x} - 1$ (links) und g mit $g(x) = e^{-x+1}$ (rechts) beschrieben werden (alle Einheiten in m). Die Gerade h mit $h(x) = 5$ und die Vertikale durch $x = 7$ begrenzen den Abschnitt. Die Graphen von h und f schneiden sich bei $x_1 \approx -1{,}79$ und die Graphen von h und g bei $x_2 \approx -0{,}61$.
Bestimmen Sie den Flächeninhalt des Abschnitts, der neu gepflastert werden muss.

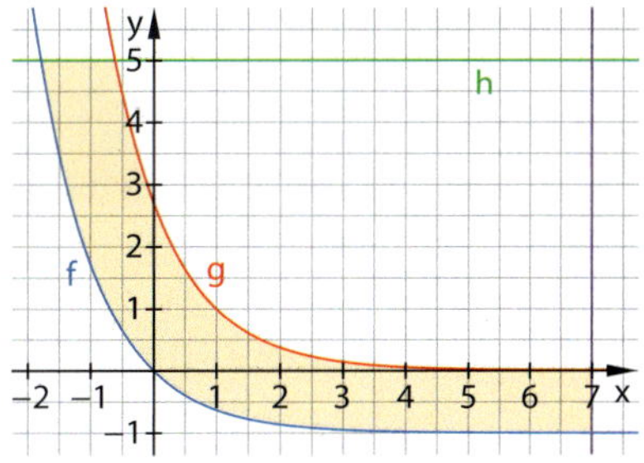

30. GTR Als Belohnung für gute Dienste möchte der König seinem Hofnarren ein 100 m breites Grundstück am Meer schenken. Die Küste kann ungefähr mit dem Graphen der Funktion f mit $f(x) = -\frac{1}{5}x^3 + x^2 + 2$ beschrieben werden (Längeneinheit 100 m).

a) Bestimmen Sie die Lage des (grünen) Grundstücks, wenn der Flächeninhalt möglichst groß sein soll.

b) Der König überlegt, dem Narren sogar die Hälfte seiner Länderei zu übertragen. Berechnen Sie die Lage einer Grenze, die das (gelbe) Gebiet in zwei gleich große Teile teilt.

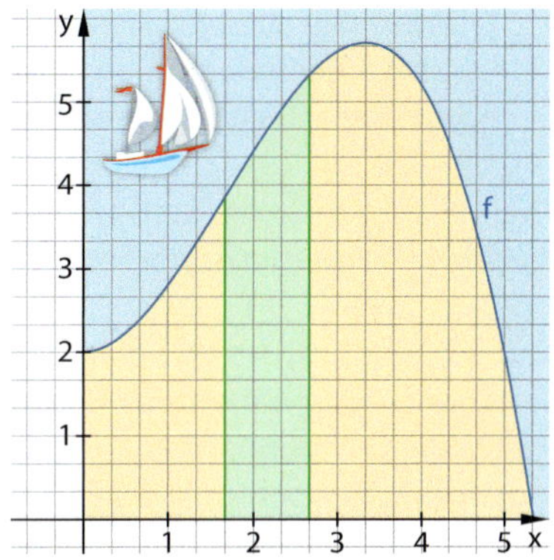

Hinweis zu 30:
Die Nullstelle von f liegt etwa bei 5,4.

31. Der Graph von f mit $f(x) = 2 - ax^2$ und $a > 0$ schließt mit der x-Achse eine Fläche ein. Bestimmen Sie a so, dass die Fläche $\frac{16}{3}$ FE groß ist.

32. Für jeden Wert von $a > 0$ ist eine Funktion f_a gegeben durch $f_a(x) = -ax^2 + a$.

a) Berechnen Sie den Inhalt der Fläche, die der Graph von f_a mit der x-Achse einschließt.

b) Ermitteln Sie den Wert von a, für den der Flächeninhalt aus a) den Wert 4 annimmt.

c) Das Rechteck mit den Eckpunkten $A(1\,|\,0)$, $B(1\,|\,a)$, $C(-1\,|\,a)$ und $D(-1\,|\,0)$ wird durch den Graphen von f_a in zwei Teilstücke zerlegt. Berechnen Sie das Verhältnis, in dem die beiden Flächeninhalte zueinander stehen.

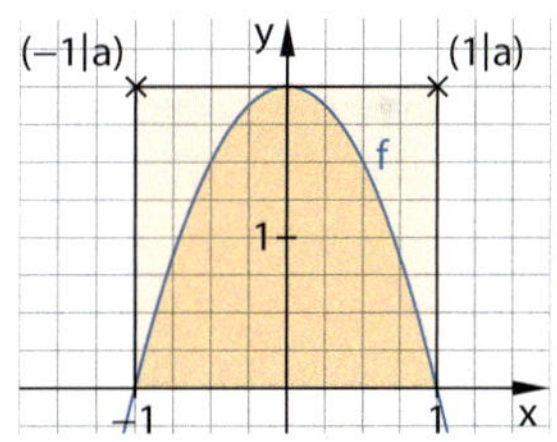

33. GTR **Ausblick** Gegeben ist die Funktionenschar f_a mit $f_a(x) = \frac{e^x}{2} + a \cdot \frac{e^{-x}}{2}; a \neq 0$.

a) Untersuchen Sie f_a auf Null-, Extrem- und Wendestellen. Zeichnen Sie mit dem GTR die Graphen von f_a für $a = 1$ und $a = -1$.

b) Geben Sie mithilfe von f'_a und f''_a ohne weitere Rechnung eine Stammfunktion zu f_a an.

c) Für $a_1 \neq a_2$ schließen die Graphen von f_{a_1} und f_{a_2} mit der y-Achse ein nach rechts unbegrenztes Flächenstück ein. Berechnen Sie zunächst den Flächeninhalt, den die beiden Graphen über einem Intervall $[0; c]$, $c > 0$, einschließen. Zeigen Sie, dass das nach rechts unbegrenzte Flächenstück einen endlichen Flächeninhalt besitzt, und geben Sie diesen an.

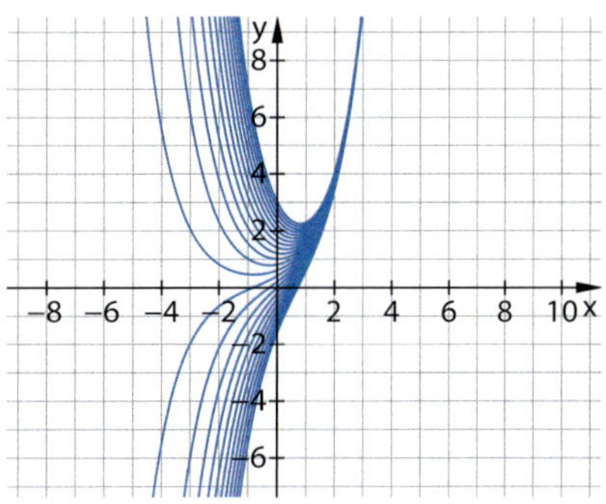

Rotationskörper

■ Wenn der Graph der Funktion f mit $f(x) = \frac{1}{4}x$ im Intervall [0; 3] um die x-Achse rotiert, so entsteht ein Kegel der Höhe h = 3 mit einem Radius von $r = \frac{3}{4}$.

a) Berechnen Sie das Volumen mithilfe der bekannten Formel für das Kegelvolumen.
b) Dem Kegel werden nun Zylinderscheiben der Dicke 0,5 einbeschrieben. Berechnen Sie das Volumen der Zylinderscheiben als Näherung des Kegelvolumens.
c) Erläutern Sie eine mögliche Vorgehensweise bei der Berechnung, um die Genauigkeit immer weiter zu erhöhen. ■

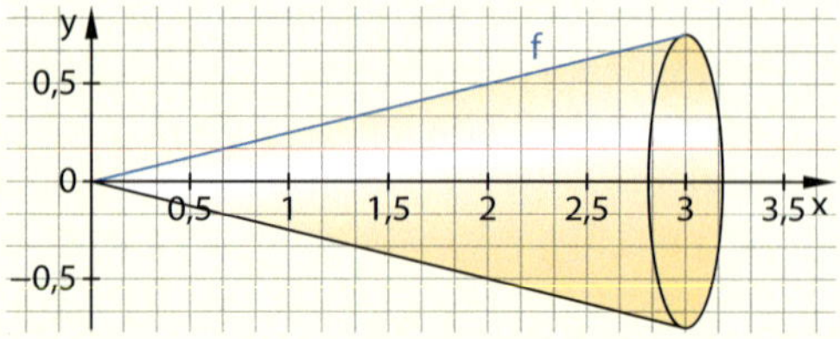

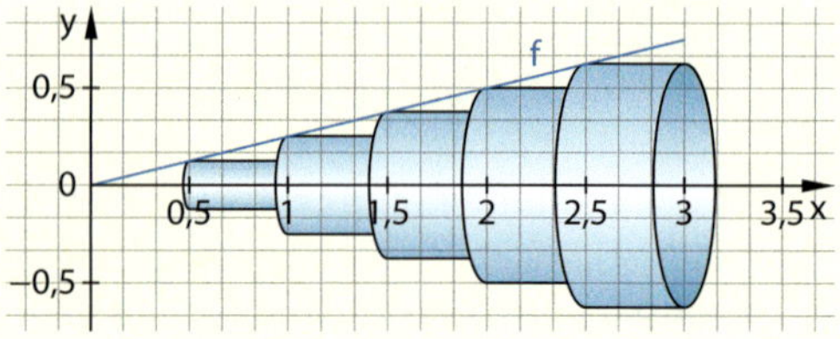

Wenn der Graph einer stetigen Funktion im Intervall [a; b] um die x-Achse rotiert, dann entsteht ein rotationssymmetrischer Körper, kurz **Rotationskörper**.

Zur Bestimmung des Volumens solcher Rotationskörper nähert man – wie bei der Flächenberechnung – den Funktionsgraphen durch eine Treppenfunktion an. Dadurch ergeben sich Rechtecke, mit denen die Fläche unter dem Graphen angenähert wird. Bei der Rotation dieser Rechtecke entstehen Zylinderscheiben, die wiederum das Volumen des Rotationskörpers annähern.

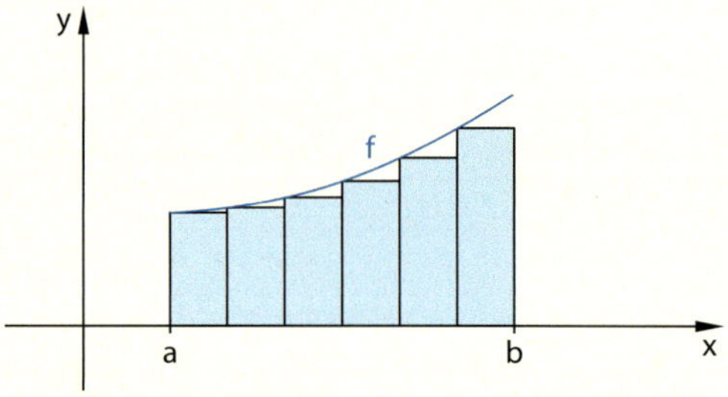

Jede Zylinderscheibe hat eine Höhe Δx und einen von der Stelle x abhängigen Radius f(x). Das Volumen des Rotationskörpers kann also durch die Summe von Zylindervolumina der Form $V_i = \pi \cdot [f(x_i)]^2 \cdot \Delta x$ angenähert werden. Bei einer Unterteilung in n Zylinderscheiben ergibt sich ein Gesamtvolumen von:

$$V = \pi \cdot (f(x_1))^2 \cdot \frac{b-a}{n} + \dots + \pi \cdot (f(x_n))^2 \cdot \frac{b-a}{n}$$

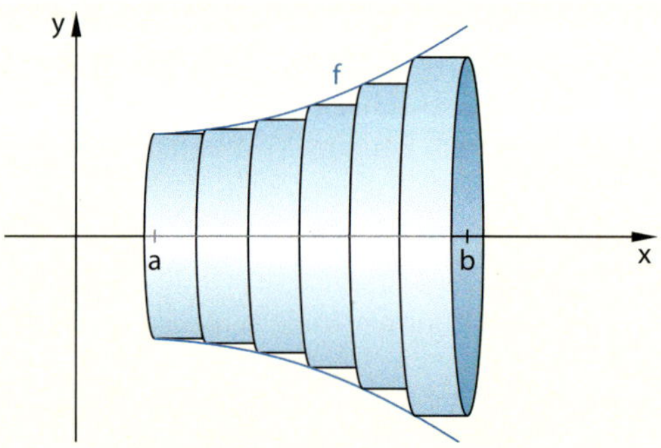

Beim Grenzübergang $n \to \infty$ ergibt sich analog zur Flächenberechnung ein Integral, welches das Volumen des Rotationskörpers angibt.

Wissen: Volumen eines Rotationskörpers
Rotiert der Graph einer stetigen Funktion f im Intervall [a; b] um die x-Achse, so entsteht ein **Rotationskörper**. Für das Volumen dieses Körpers gilt:

$$V = \pi \cdot \int_a^b (f(x))^2\,dx$$

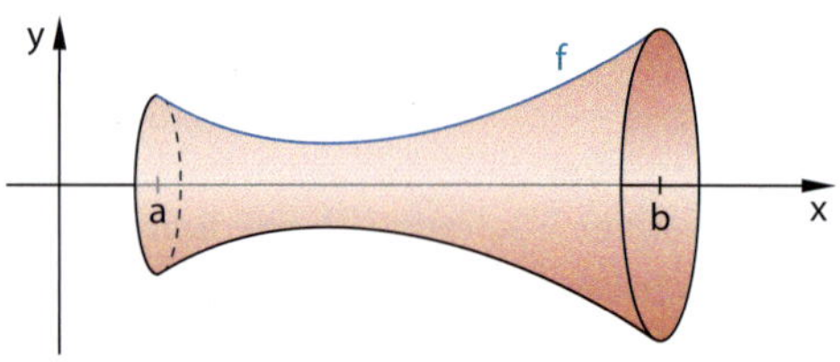

Beispiel: Berechnen Sie das Volumen des Rotationskörpers, der durch Rotation des Graphen von f mit $f(x) = \frac{1}{8}x^2 + 1$ um die x-Achse im Intervall $[-2; 2]$ entsteht.

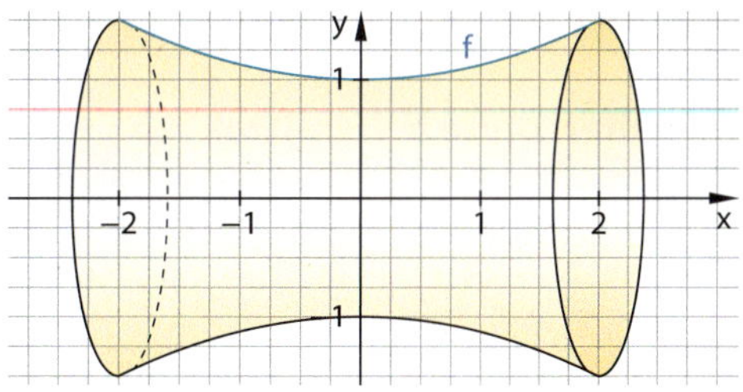

Lösung:

Berechnen Sie $g(x) = (f(x))^2$ mithilfe der 1. binomischen Formel und geben Sie eine Stammfunktion von g an.

$(f(x))^2 = \frac{1}{64}x^4 + \frac{1}{4}x^2 + 1$

$G(x) = \frac{1}{320}x^5 + \frac{1}{12}x^3 + x$

Berechnen Sie das Integral $\int_{-2}^{2} (f(x))^2\,dx$.

$\int_{-2}^{2} (f(x))^2\,dx = \left[\frac{1}{320}x^5 + \frac{1}{12}x^3 + x\right]_{-2}^{2}$

Multiplizieren Sie das Ergebnis mit π.

$= \frac{32}{320} + \frac{8}{12} + 2 - \left(-\frac{32}{320} - \frac{8}{12} - 2\right) = \frac{83}{15}$

Das Volumen beträgt rund 17,38 VE.

$V = \pi \cdot \frac{83}{15} \approx 17{,}38\text{ VE}$

Aufgaben

1. Berechnen Sie für den Rotationskörper, der durch Rotation des Graphen von f um die x-Achse im Intervall I entsteht, das Volumen als Vielfaches von π.

a) $f(x) = 3$ $\quad I = [0; 4]$
b) $f(x) = \frac{1}{4}x$ $\quad I = [0; 2]$
c) $f(x) = \frac{1}{4}x$ $\quad I = [2; 4]$
d) $f(x) = x^2$ $\quad I = [0; 3]$
e) $f(x) = e^x$ $\quad I = [0; 1]$
f) $f(x) = \sqrt{x+1}$ $\quad I = [-1; 2]$

2. Gegeben ist eine quadratische Funktion f, die zwei Nullstellen hat. Durch Rotation des Parabelbogens von f zwischen diesen Nullstellen um die x-Achse entsteht ein Körper. Berechnen Sie sein Volumen.

a) $f(x) = x^2 - 4$ b) $f(x) = x^2 - x$ c) $f(x) = x^2 - 4x + 3$ d) $f(x) = -\frac{1}{4}x^2 + 1$

3. Weisen Sie durch Integration die bekannte Formel zur Berechnung des Körpervolumens nach.

a)

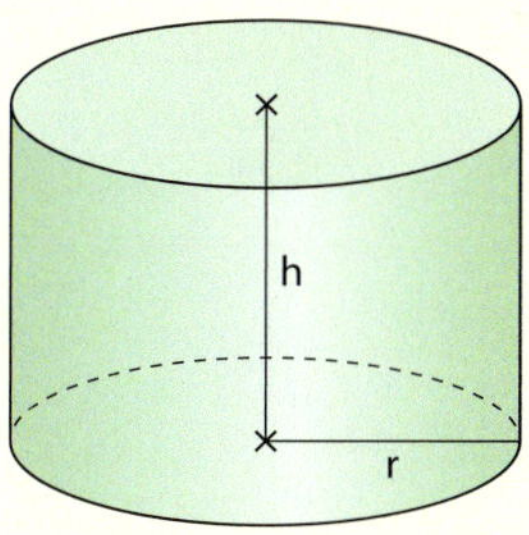

$V = \pi r^2 h$

b)

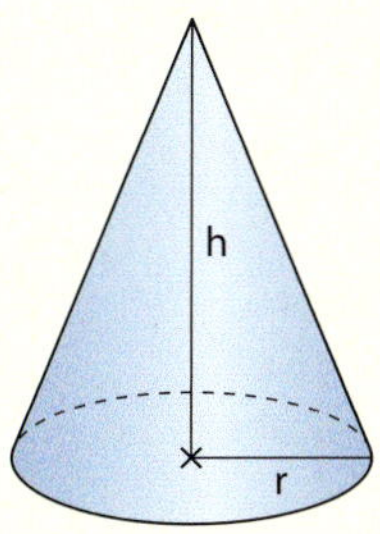

$V = \frac{1}{3}\pi r^2 h$

c)

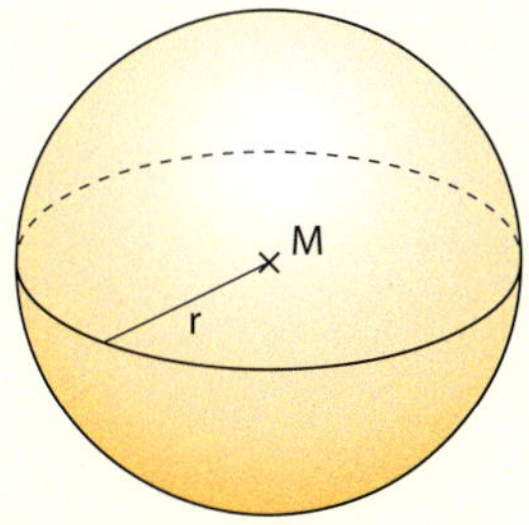

$V = \frac{4}{3}\pi r^3$

Hinweis zu 3c:
Der Graph von f mit $f(x) = \sqrt{r^2 - x^2}$, $r > 0$, beschreibt für $-r \le x \le r$ einen Halbkreis mit Radius r.

4. Die Außenhülle eines Kühlturms wird modelliert durch Rotation des Graphen von f mit $f(x) = \sqrt{0{,}05x^2 + 4x + 320}$ im Bereich $0 \le x \le 100$ um die x-Achse. Eine Längeneinheit entspricht einem Meter.
Berechnen Sie das Volumen des Kühlturms.

3.7 Abiturtraining

Aufgaben ohne Hilfsmittel

1. In der Abbildung sind die Graphen der Funktionen f mit $f(x) = \frac{1}{3}x^2$ und g mit $g(x) = 3$ dargestellt.

a) Berechnen Sie den Inhalt des eingeschlossenen Flächenstücks.

b) Das Flächenstück hat die Höhe h und die Breite b. Zeigen Sie, dass der Flächeninhalt auch mit der Formel $A = \frac{2}{3} \cdot b \cdot h$ berechnet werden kann.

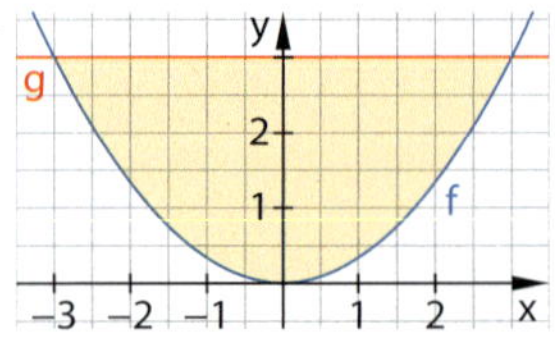

2. Das Rechteck ABCD mit $A(2|0), B(2|2), C(-2|2)$ und $D(-2|0)$ wird durch den Graphen der Funktion f mit $f(x) = -\frac{1}{8}x^4 + 2$ in zwei Teilflächen zerlegt.

a) Skizzieren Sie diese Vorgaben in einem geeigneten Koordinatensystem.

b) Berechnen Sie den Inhalt der Fläche, die der Graph von f mit der x-Achse einschließt.

c) Geben Sie an, wie viel Prozent die Fläche aus b) von dem Rechteck ABCD einnimmt.

3. Die Funktion f mit $f(x) = \frac{1}{9}x^4 - \frac{6}{5}x^2 + \frac{9}{5}$ hat die Nullstellen $x_{1,2} = \pm 3$ und $x_{3,4} = \pm a$. Der Funktionsgraph ist in der Abbildung dargestellt.

a) Berechnen Sie $\int_{-3}^{3} f(x)\,dx$ und interpretieren Sie das Ergebnis geometrisch.

b) Es gilt $\int_{0}^{a} f(x)\,dx = \frac{432}{625}\sqrt{5}$ (ein Nachweis wird nicht verlangt). Geben Sie unter Verwendung dieser Information den Inhalt der gelben Fläche an.

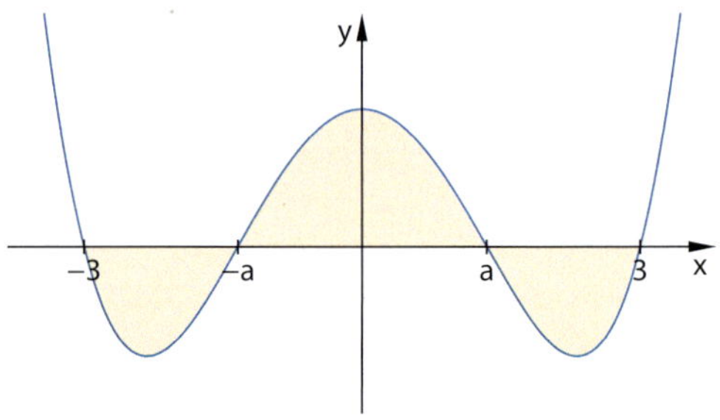

4. Gegeben ist die Funktion f mit der Gleichung $f(x) = -\frac{1}{2}x^4 + 8$.

a) Berechnen Sie die Nullstellen von f.

b) Begründen Sie mithilfe der Lage des Graphen von f im Koordinatensystem, dass gilt:

$$\int_{-2}^{2} f(x)\,dx > 0$$

c) Bestimmen Sie $a \in \mathbb{R}$ so, dass gilt: $\int_{-2}^{2} \left(-\frac{1}{2}x^4 + a\right)dx = 0$

5. Eine Drohne ändert ihre Flughöhe h in Abhängigkeit von der Zeit t mit der Geschwindigkeit v. Die abgebildete Parabel stellt die Geschwindigkeit v dar. (t in Sekunden, v(t) in Meter/Sekunde).

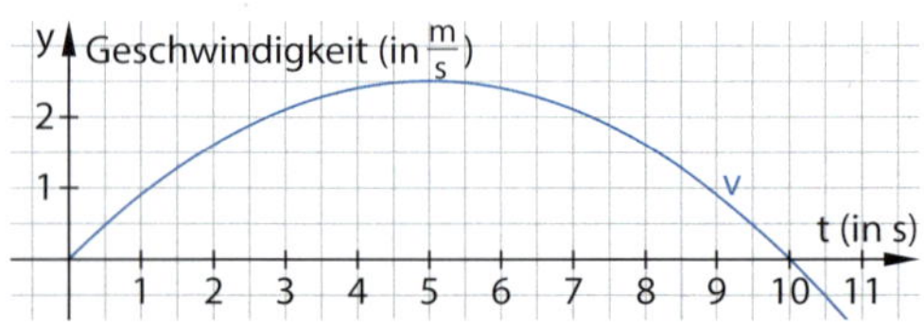

a) Lesen Sie am Graphen den Zeitpunkt ab, an dem die Drohne ihre maximale Flughöhe erreicht, und begründen Sie Ihre Wahl.

b) Ermitteln Sie eine Gleichung für die quadratische Funktion v.

c) Bestimmen Sie die Gleichung für die Höhenfunktion h, wenn die Drohne in einer Höhe von 2 Metern startet. Geben Sie die maximale Flughöhe der Drohne an.

d) Erläutern Sie die Bedeutung des Wertes $\int_{0}^{10} v(t)\,dt$ im Sachzusammenhang.

Aufgaben mit Hilfsmitteln

6. Die Firma Korbgeflecht hat sich das abgebildete Logo entwerfen lassen. In einem geeigneten Koordinatensystem wird das Logo begrenzt von den Graphen der Funktionen f und g mit $f(x) = \frac{3}{80}x^3 - \frac{27}{80}x$ und $g(x) = \frac{3}{80}x^3 + \frac{3}{32}x^2 - \frac{27}{80}x - \frac{75}{32}$.

a) Zeigen Sie rechnerisch, dass das Logo über dem Intervall [−5; 5] definiert ist.

b) Berechnen Sie mithilfe der Differenzfunktion d mit $d(x) = f(x) - g(x)$ die Länge des längsten Querschnitts in y-Richtung.

c) Die Firma möchte das Logo im Eingangsbereich anbringen. Dazu sollen die oben angegebenen x-Werte in Dezimeter gewählt werden. Die Produktionskosten für einen Quadratmeter betragen 60 €. Berechnen Sie die Kosten für die Herstellung des Logos.

7. Die Abbildung zeigt den Querschnitt eines künstlich angelegten Wasserkanals, dessen Böschungen beschrieben werden durch die Funktionen f und g mit $f(x) = \frac{1}{2}x^3 + \frac{3}{2}x^2$ über [−2; 0] und $g(x) = \frac{1}{3}x^2$ über [0; 3]. Alle Längenangaben sind in Meter angegeben.

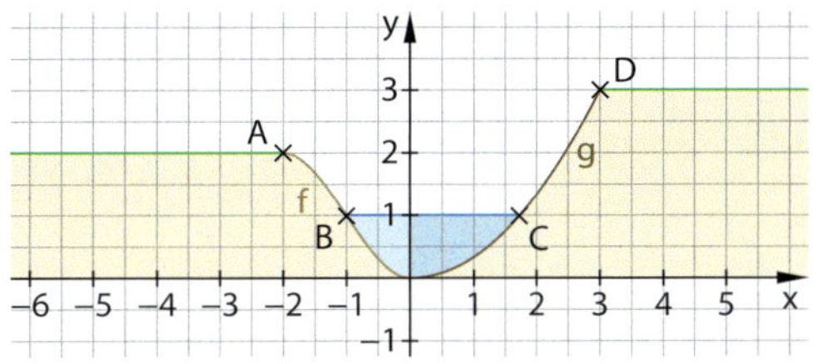

a) An der tiefsten Stelle ist das Wasser 1 m tief. Bestimmen Sie die Entfernung zwischen den Punkten B und C.

b) Berechnen Sie die blau eingefärbte Querschnittsfläche des Wassers.

c) Bestimmen Sie, wie viel Kubikmeter Wasser der Kanal pro Meter Länge fassen kann.

d) Der 120 m lange Kanal wird nicht mehr benötigt und soll so mit Erde aufgefüllt werden, dass die Verbindung der Punkte A und D eine gerade Linie ergibt. Berechnen Sie, wie viele Kubikmeter Erde hierzu benötigt werden.

8. Die Abbildung zeigt eine symmetrische Rampe. An der höchsten Stelle ist die Rampe 1 m breit. Die rechte Begrenzungslinie wird durch den Graphen einer ganzrationalen Funktion 3. Grades beschrieben. Im Punkt (1 | 1) beträgt seine Steigung $m = -1{,}5$ und seine Tangente im Punkt (3 | 0) verläuft waagerecht.

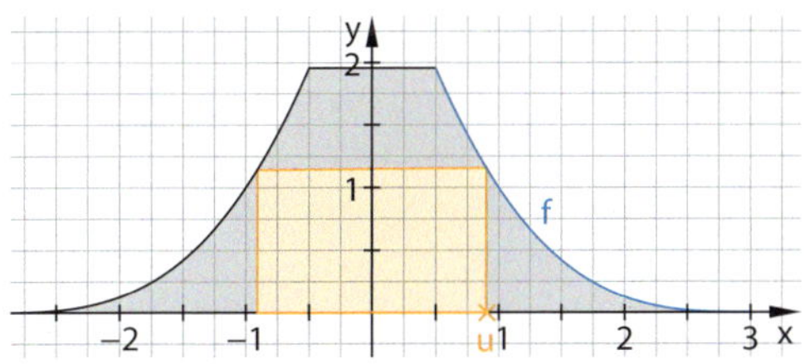

a) Weisen Sie nach, dass sich die Funktion f mit $f(x) = -\frac{1}{8}x^3 + \frac{9}{8}x^2 - \frac{27}{8}x + \frac{27}{8}$ im Bereich $0{,}5 \leq x \leq 3$ für die Modellierung der rechten Begrenzungslinie eignet.

b) Auf der vorderen Seitenfläche möchte ein Sponsor ein rechteckiges Plakat anbringen (siehe Abbildung). Für eine optimale Werbewirksamkeit sollte der Flächeninhalt des Rechtecks möglichst groß sein.
Berechnen Sie, für welchen Wert von u der Flächeninhalt maximal ist, und geben Sie diesen an. Stellen Sie hierzu zunächst eine geeignete Zielfunktion A(u) auf und zeigen Sie, dass $A'(0{,}75) = A'(3) = 0$ gilt.

c) Die hintere Seitenfläche der Rampe soll mit einer Spezialfarbe angestrichen werden. Ein Eimer dieser Farbe reicht laut Hersteller für ca. 1,3 m². Entscheiden Sie, ob drei Eimer der Farbe ausreichen.

Lösungen
↗ **S. 331**

1. Ein Gefäß mit 10 Liter Fassungsvermögen ist zu Beobachtungsbeginn zur Hälfte mit Wasser gefüllt. Zu- und Abfluss werden über ein Ventil gesteuert. Die Änderungsrate von Zu- und Abfluss in Liter pro Minute wird durch das Diagramm veranschaulicht.

a) Beschreiben Sie den Vorgang für $0 \le t \le 4$.

b) Ermitteln Sie das Wasservolumen in dem Gefäß nach vier Minuten.

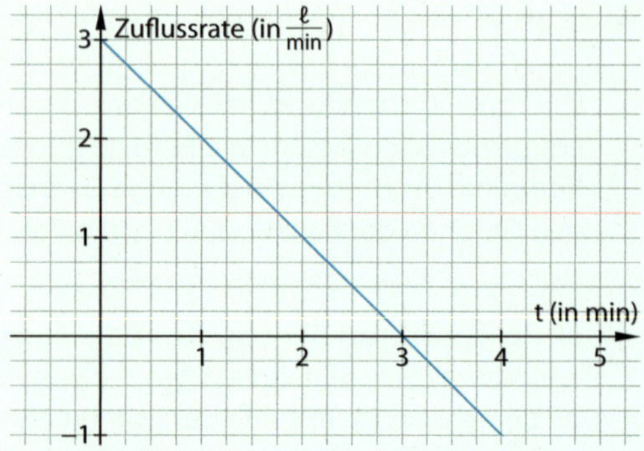

2. Einer der beiden Graphen A und B gehört zu einer Funktion f, der andere zu einer ihrer Stammfunktionen. Beurteilen Sie, welcher der zwei Graphen die Stammfunktion darstellt.

a)

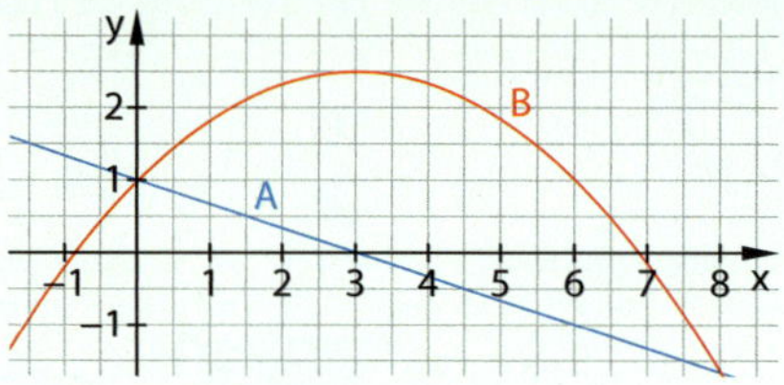

b)

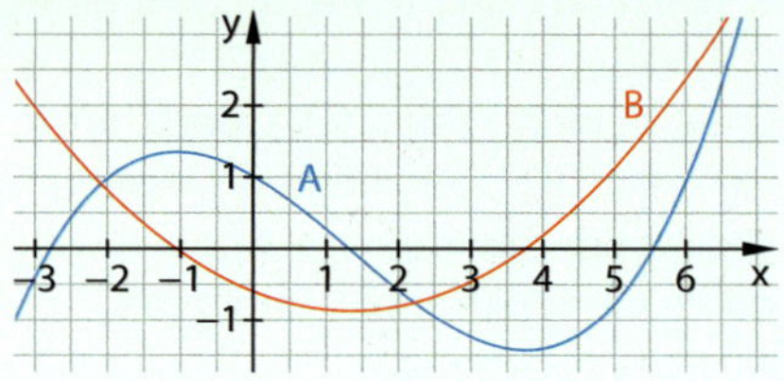

3. Der Flächeninhalt der Fläche, die der Graph von f mit $f(x) = x + 1$ und die x-Achse im Intervall $0 \le x \le 5$ einschließen, kann durch Rechtecksummen angenähert werden.

a) Berechnen Sie den Flächeninhalt der dargestellten Obersumme O_5.

b) Ermitteln Sie einen Term für die Obersumme O_n in Abhängigkeit von n für $n \in \mathbb{N}, n > 0$.

c) Zeigen Sie, dass der Grenzwert von O_n für $n \to \infty$ dem Flächeninhalt der Trapezfläche unter dem Graphen von f entspricht.

Hinweis zu 3b:
$1 + 2 + 3 + \ldots + n = \frac{n \cdot (n+1)}{2}$

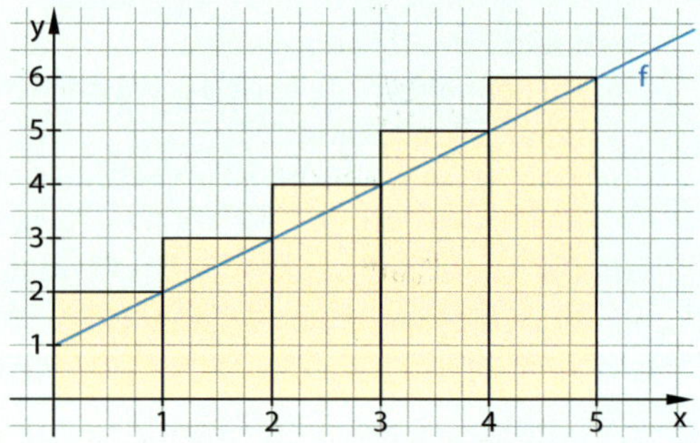

4. Ermitteln Sie eine Stammfunktion von f.

a) $f(x) = 2x + 1$
b) $f(x) = \frac{1}{4}x^3 - 2$
c) $f(x) = e^{\frac{x}{2}}$
d) $f(x) = 3x^{-2}$
e) $f_a(t) = a \cdot t^2$
f) $f(x) = (3x - 5)^{50}$
g) $f(x) = x \cdot (2x - 3)$
h) $f(x) = -\frac{1}{4x^3}$
i) $f(x) = \frac{1}{(2x+3)^2}$
j) $f(x) = 2\sqrt{x}$
k) $f(x) = -\frac{1}{\sqrt{x}}$
l) $f(x) = \sqrt{2x - 1}$

5. Berechnen Sie diejenige Stammfunktion von f, deren Graph durch den angegebenen Punkt P verläuft.

a) $f(x) = 2 - 2x$ $P(1 \mid 0)$
b) $f(x) = 2x^3 - 7x$ $P(2 \mid -2)$
c) $f(x) = e^{-3x+1}$ $P(0 \mid e)$
d) $f(x) = \frac{-1}{(x+2)^2}$ $P(-1 \mid -2)$

6. Berechnen Sie das Integral.

a) $\int_1^2 2x \cdot (x^2 - 1)\,dx$
b) $\int_0^{\ln(2)} (e^{2x} + e^{-x})\,dx$
c) $\int_5^6 \frac{1}{(3-x)^2}\,dx$
d) $\int_{\frac{5}{4}}^{\frac{5}{2}} \frac{6}{\sqrt{4x-1}}\,dx$

7. Weisen Sie durch Differenzieren nach, dass F eine Stammfunktion von f ist.

Lösungen ↗ S. 331/332

	a)	b)	c)	d)	e)
f(x)	$x^4 - 1$	$e^{0,5x} - 4e^{-4x}$	$-2x - 2x^{-3}$	$-\frac{1}{\sqrt{x^3}}$	$-\frac{12x}{(3x^2+1)^3}$
F(x)	$\frac{x^5}{5} - x$	$2e^{0,5x} + e^{-4x}$	$x^{-2} - x^2$	$\frac{2}{\sqrt{x}}$	$\frac{1}{(3x^2+1)^2}$

8. Die Wachstumsgeschwindigkeit einer Zellkultur wird durch die Funktion v mit $v(t) = 2 \cdot e^{0,4t}$ modelliert, dabei gibt t die Zeit in Tagen und v(t) die Wachstumsgeschwindigkeit in Gramm pro Tag an.

a) Berechnen Sie, um wie viel Gramm das Gewicht der Zellkultur innerhalb des ersten Tages und innerhalb des zweiten Tages zugenommen hat.

b) Berechnen Sie, wie lange es dauert, bis das Gewicht um 50 Gramm zugenommen hat.

c) Bestimmen Sie die Bestandsfunktion B für das Gewicht der Zellkultur, wenn ihr Anfangsgewicht 10 Gramm war.

d) Berechnen Sie die mittlere Wachstumsgeschwindigkeit zwischen dem 2. und 5. Tag.

9. Gegeben sind die Funktionen f mit $f(x) = \frac{1}{50}x^3 - \frac{2}{5}x^2 + 2x$ und g mit $g(x) = -\frac{1}{10}x^2 + x$. Berechnen Sie die beschriebenen Flächeninhalte.

a) Fläche A_1, die der Graph von f mit der x-Achse einschließt

b) Fläche A_2, die die Graphen von f und g einschließen

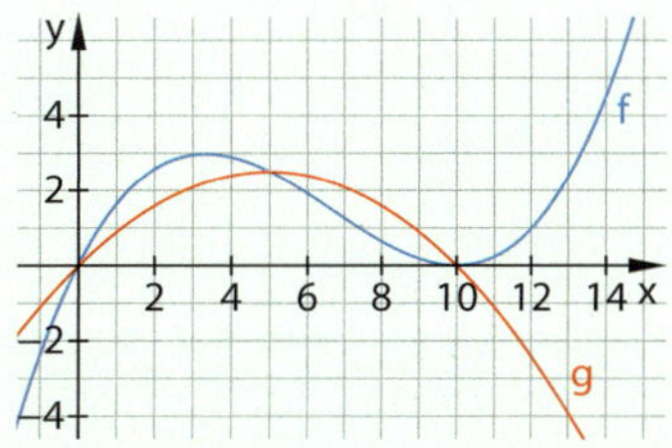

10. Schaut man von oben auf den kleinen Teich in Nachbars Garten, so kann man den nebenstehenden Umriss sehen. Die Uferbegrenzungen können durch die Funktionen f und g modelliert werden:
$f(x) = -0,2 \cdot (x^3 - 5x^2)$ für $0 \le x \le 5$ und
$g(x) = 0,6 \cdot x \cdot (x - 5)$ für $0 \le x \le 5$. Eine LE entspricht 1 m.
Der Teich ist künstlich angelegt und hat eine Tiefe von durchgängig 0,80 m.
Berechnen Sie, wie viel Wasser der Teich enthält.

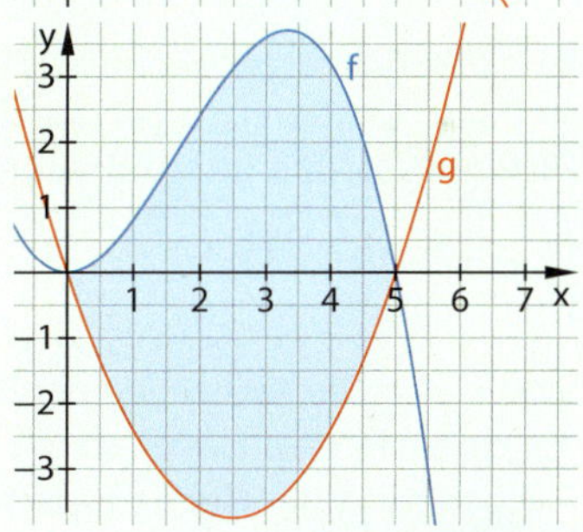

11. Beim Auftauen von gefrorenen Früchten haben diese zum Zeitpunkt t = 0 min bereits eine Temperatur von 7 °C erreicht. Die Temperaturänderung wird beschrieben durch die Funktion f mit $f(t) = 1{,}5e^{-0,1t}$ (t in min, f(t) in °C pro min).

a) Geben Sie die Temperaturänderung der Früchte nach einer Viertelstunde an.

b) Bestimmen Sie eine Funktion, die die Temperatur der Früchte nach t Minuten angibt.

c) Ermitteln Sie den Zeitpunkt, zu dem die Früchte eine Temperatur von 20 °C erreichen.

12. Bestimmen Sie eine reelle Zahl k, für die $\int_k^{4k} x\,dx = 15$ gilt.

Zusammenfassung

Stammfunktion

Eine Funktion F heißt **Stammfunktion** zur Funktion f, wenn für jede Stelle x gilt:
$F'(x) = f(x)$.
Alle Stammfunktionen von f sind gegeben durch $F(x) + C$ mit $C \in \mathbb{R}$.

$f(x) = x^2$
$F(x) = \frac{1}{3}x^3$ $\quad F'(x) = \frac{1}{3} \cdot 3x^2 = x^2 = f(x)$
Also ist F eine Stammfunktion von f.

Alle Stammfunktionen von f: $F(x) = \frac{1}{3}x^3 + C$

Regeln für Stammfunktionen

Funktion	Stammfunktion	Funktion	Stammfunktion
$f(x) = x^r \ (r \in \mathbb{Q}, r \neq -1)$	$F(x) = \frac{1}{r+1} \cdot x^{r+1}$	$f(x) = x = x^1$	$F(x) = \frac{1}{2}x^2$
		$f(x) = \frac{1}{x^2} = x^{-2}$	$F(x) = -1 \cdot x^{-1} = -\frac{1}{x}$
$f(x) = e^x$	$F(x) = e^x$	$f(x) = \frac{1}{\sqrt{x}} = x^{-\frac{1}{2}}$	$F(x) = 2 \cdot x^{\frac{1}{2}} = 2\sqrt{x}$

G und H seien Stammfunktionen von g bzw. h.

Faktorregel:

$f(x) = k \cdot g(x)$ mit $k \in \mathbb{R}$	$F(x) = k \cdot G(x)$	$f(x) = 3x^4$	$F(x) = 3 \cdot \frac{1}{5}x^5$

Summenregel:

$f(x) = g(x) + h(x)$	$F(x) = G(x) + H(x)$	$f(x) = x^{-3} + x$	$F(x) = -\frac{1}{2}x^{-2} + \frac{1}{2}x^2$

lineare Kettenregel:

$f(x) = g(ax + b)$ $(a, b \in \mathbb{R}, a \neq 0)$	$F(x) = \frac{1}{a} \cdot G(ax + b)$	$f(x) = (6x + 5)^3$	$F(x) = \frac{1}{6} \cdot \frac{1}{4}(6x + 5)^4$
$f(x) = e^{ax+b}$	$F(x) = \frac{1}{a} \cdot e^{ax+b}$	$f(x) = e^{-2x+7}$	$F(x) = -\frac{1}{2} \cdot e^{-2x+7}$

Bestimmtes Integral

Das **bestimmte Integral** $\int_a^b f(x)\,dx$ gibt die **Flächenbilanz** zwischen dem Graphen von f und der x-Achse auf dem Intervall [a; b] an.

Ist F eine beliebige Stammfunktion einer stetigen Funktion f, so gilt der **Hauptsatz der Differenzial- und Integralrechnung:**

$$\int_a^b f(x)\,dx = F(b) - F(a)$$

$f(x) = \frac{1}{2}x^2 - x$; $I = [1; 3]$

$\int_1^3 f(x)\,dx = -A_1 + A_2$

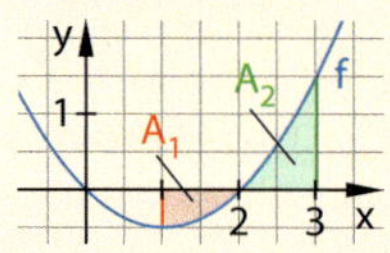

Stammfunktion von f: $F(x) = \frac{1}{6}x^3 - \frac{1}{2}x^2$

$$\int_1^3 \left(\frac{1}{2}x^2 - x\right) dx = \left[\frac{1}{6}x^3 - \frac{1}{2}x^2\right]_1^3$$
$$= \frac{1}{6} \cdot 3^3 - \frac{1}{2} \cdot 3^2 - \left(\frac{1}{6} \cdot 1^3 - \frac{1}{2} \cdot 1^2\right) = \frac{1}{3}$$

Flächenberechnungen

Sind $x_1 < x_2$ die Nullstellen der Funktion f auf einem Intervall [a; b], so gilt für den Flächeninhalt der **Fläche zwischen Graph und x-Achse**:

$$A = \left|\int_a^{x_1} f(x)\,dx\right| + \left|\int_{x_1}^{x_2} f(x)\,dx\right| + \left|\int_{x_2}^{b} f(x)\,dx\right|$$

$f(x) = \frac{1}{2}x^2 - x$

Intervall: $I = [1; 3]$

Nullstelle: $x = 2$

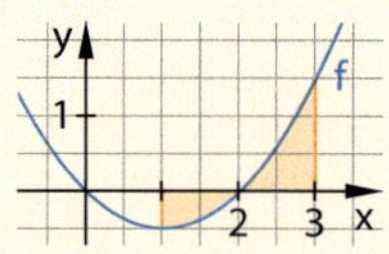

$$A = \left|\int_1^2 \left(\frac{1}{2}x^2 - x\right) dx\right| + \left|\int_2^3 \left(\frac{1}{2}x^2 - x\right) dx\right| = \frac{1}{3} + \frac{2}{3} = 1$$

Sind $x_1 < x_2$ die Schnittstellen der Funktionen f und g auf einem Intervall [a; b], so gilt für den Flächeninhalt der **Fläche zwischen den Graphen**:

$$A = \left|\int_a^{x_1} h(x)\,dx\right| + \left|\int_{x_1}^{x_2} h(x)\,dx\right| + \left|\int_{x_2}^{b} h(x)\,dx\right|$$

mit $h(x) = f(x) - g(x)$ (**Differenzfunktion**).

$g(x) = -x + 2$

$h(x) = f(x) - g(x) = \frac{1}{2}x^2 - 2$

Schnittstelle von f und g in $I = [1; 3]$: $x = 2$

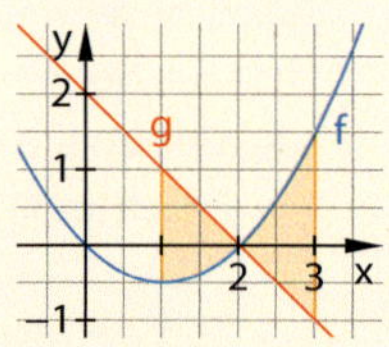

$$A = \left|\int_1^2 h(x)\,dx\right| + \left|\int_2^3 h(x)\,dx\right| = \frac{5}{6} + \frac{7}{6} = 2$$

4. Zusammengesetzte Funktionen

Die Pharmakokinetik ist die Beschreibung der Konzentration eines Medikaments im Körper. Um den gesamten Verlauf von der Einnahme, über die Verteilung im Körper, bis hin zum Abbau zu beschreiben, werden zusammengesetzte Funktionen benötigt.

Nach diesem Kapitel können Sie …
- Produkte von Funktionen ableiten,
- Eigenschaften zusammengesetzter Funktionen untersuchen,
- mithilfe von zusammengesetzten Funktionen Sachsituationen beschreiben und modellieren,
- aus Änderungsraten zusammengesetzter Funktionen Informationen über die Bestandsfunktion gewinnen.

Lösungen ↗ S. 332/333

Gleichungen lösen

1. Bestimmen Sie die Lösungsmenge der Gleichung.
   a) $x^2 - 2x - 1 = 9 - 5x$ b) $2x - 2x^3 = x^2 + x$ c) $9 - 6x^2 = \frac{1}{4}x^2 - x^4$

2. Lösen Sie die Gleichung und geben Sie die Lösung mithilfe des ln an.
   a) $e^x = 5$ b) $40 = 8e^{2x}$ c) $5e^{3x-1} = 4e^{2x}$

3. Lösen Sie die Gleichung mit dem Satz vom Nullprodukt.
   a) $xe^x = 0$ b) $e^{2x}(x^2 - 100) = 0$ c) $9e^{2x} - x^2e^{2x} + 7 = 7$

Exponentialfunktionen untersuchen

4. Bestimmen Sie die erste und zweite Ableitung der Funktion f.
   a) $f(x) = 8 - e^x$ b) $f(x) = e^{5x}$ c) $f(x) = 4e^{0,5x} + 8$
   d) $f(t) = -e^{3t-5}$ e) $f(x) = \frac{1}{2}e^{3+4x} - 2$ f) $f(x) = 1 - 2e^{\frac{1}{2}x+2}$
   g) $f(x) = -3e^{-x+4} - 9$ h) $f(x) = \frac{1}{2}(e^{-x} + e^x)$ i) $f(x) = \frac{4 - 10e^{2+4x}}{10}$

5. Bestimmen Sie die Steigung des Graphen der Funktion f an der Stelle x_0.
   a) $f(x) = 4e^x - 3$; $x_0 = 0$ b) $f(x) = e^{2x} - 3e^{-x}$; $x_0 = -1$
   c) $f(x) = \frac{1}{2} \cdot 4^x - \pi$; $x_0 = 1$ d) $f(x) = 0,5 \cdot 2^{3x-2}$; $x_0 = 0,5$

6. Ermitteln Sie die Gleichung der Tangente am Graphen der Funktion f an der Stelle x_0.
   a) $f(x) = e^x + e^{-x}$; $x_0 = 1$ b) $f(x) = \frac{1}{e^{3x}} + 5$; $x_0 = \frac{1}{3}$
   c) $f(x) = \frac{1}{2} \cdot 3^{-2x}$; $x_0 = 0$ d) $f(x) = -\frac{1}{5} \cdot 0,25^x + \frac{6}{5}$; $x_0 = -2$

7. Berechnen Sie den Inhalt der Fläche zwischen dem Graphen der Funktion f und der x-Achse auf dem Intervall I.
   a) $f(x) = \frac{1}{2}e^{-2x} + 1$; $I = [-1; 2]$ b) $f(x) = e^{\frac{x}{2}} - e^{-\frac{x}{2}}$; $I = [-2; 2]$
   c) $f(x) = 3^x$; $I = [1; 2]$ d) $f(x) = 4^{-\frac{x}{2}} - 4$; $I = [-2; 0]$

8. Bestimmen Sie eine Stammfunktion zur Funktion f.
   a) $f(x) = 4e^x$ b) $f(t) = e^t - 4$ c) $f(x) = e^{-3x} + 1$
   d) $f(x) = 6e^{2x}$ e) $f(t) = -e^{-t-1}$ f) $f(x) = 2 - 3e^{\frac{3}{5}x+1}$
   g) $f(x) = -4e^{2x-2} - 2$ h) $f(x) = -\frac{1}{3}(e^{-x} + e^x)$ i) $f(t) = e^{2+5t} - e^2$

9. Die Abbildung zeigt den Graphen der Funktion f mit $f(x) = 2e^{-x+3}$ sowie die Tangente an den Graphen von f an der Stelle $x_0 = 4$.
   a) Bestimmen Sie rechnerisch die Gleichung der abgebildeten Tangente.
   b) Berechnen Sie den Flächeninhalt des Dreiecks, das von der Tangente und den Koordinatenachsen eingeschlossen wird.

10. Geben Sie die erste Ableitung und eine Stammfunktion von f an.
    a) $f(x) = 6e^{-2ax}$ b) $f(x) = ax^2 - a \cdot e^{4x}$
    c) $f(t) = 12a \cdot e^{5a + \frac{2}{3}a \cdot t} - a^2$ d) $f(x) = (4a - 5) \cdot e^{-2x+3a} - 1$

Exponentielles Wachstum

Lösungen
↗ S. 333

11. Der radioaktive Zerfall des Elements Radium lässt sich annähernd durch die Funktion m mit $m(t) = m_0 \cdot e^{-0{,}0004t}$ beschreiben. Dabei bezeichnet m_0 die zu Beginn vorhandene Masse (in Gramm) und t die Zeit (in Jahren).
a) Ermitteln Sie die Zeitdauer, nach der von 1 g Radium 0,1 g zerfallen sind, sowie die Halbwertszeit T.
b) Berechnen Sie die Zerfallsgeschwindigkeit von 1 g Radium zum Zeitpunkt von $t_1 = 10$ (Jahren) und $t_2 = 1000$ (Jahren).

Erinnerung:
Unter der Halbwertszeit T versteht man die Zeit, nach der die Hälfte der vorhandenen Menge zerfallen ist.

12. Die Wachstumsgeschwindigkeit einer Bakterienkultur wird durch die Funktion f mit $f(t) = 2 \cdot e^{0{,}2t}$ beschrieben (t in Stunden; f(t): Anzahl der Bakterien in Tausend).
a) Berechnen Sie den Zeitpunkt t, an dem der Bestand um 5000 Bakterien zunimmt.
b) Berechnen Sie, um wie viele Bakterien diese Bakterienkultur von der 3. bis zur 6. Stunde wächst.

Vermischtes

13. Bestimmen Sie die Ableitungsfunktion f' von f mit der Kettenregel.
a) $f(x) = (1 + 2x)^2$ b) $f(x) = \sqrt{4 - x}$ c) $f(x) = \sqrt[3]{x^2 - 1}$ d) $f(x) = \sqrt{ax}\ (a > 0)$

14. Berechnen Sie das Integral.
a) $\int_0^1 x^2 - e^{-x}\,dx$ b) $\int_{-1}^1 e^{5x-5} - 2x\,dx$ c) $\int_{-1}^2 3e^{4-2x}\,dx$
d) $\int_1^3 \frac{1}{e^{-3x+5}}\,dx$ e) $\int_2^4 (-2e^{4x-5} + x^2)\,dx$ f) $\int_2^3 (a^2e^{bt-2} - 3t^2)\,dx$

15. Eine Rangierlok fährt auf einem geradlinigen Gleisabschnitt zu Beginn direkt in Richtung Norden. Der Geschwindigkeitsverlauf innerhalb der ersten 55 Sekunden wird durch den Graphen zu $v(t) = 0{,}0013\,t^3 - 0{,}1072\,t^2 + 1{,}9663t$ (t in s; v in m/s) wiedergegeben.

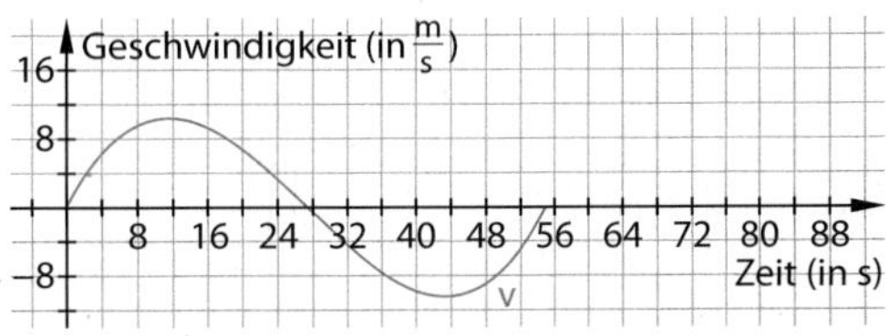

a) Beschreiben Sie den Bewegungsablauf in Worten.
b) Ermitteln Sie (ohne Integralrechnung) die Entfernung der Rangierlok zum Startpunkt nach 55 s.
c) Berechnen Sie den Gesamtweg, den die Rangierlok nach 55 s zurückgelegt hat.

16. Unter einem tropfenden Wasserhahn steht eine Auffangschale, in der sich bereits 50 mℓ Wasser befinden. Die Zunahme des Wassers lässt sich innerhalb des ersten 24 Stunden durch die Funktion f mit $f(t) = 12 - \frac{1}{50}t \cdot (1 + t)$ beschreiben. (t in h, f(t) in mℓ/h)

a) Berechnen Sie die Wassermenge, die sich nach 12 Stunden in der Schale befindet.
b) Bestimmen Sie, wie viel Wasser zwischen der 5. und 10. Stunde in die Schale tropft.
c) Die Auffangschale hat ein Fassungsvermögen von 0,25 ℓ. Untersuchen Sie, ob die Schale im Beobachtungszeitraum überläuft.

4.1 Produktregel

■ Die Funktion f mit $f(x) = x^2$ lässt sich auch als Produkt darstellen: $f(x) = x \cdot x$

a) Leiten Sie die Faktoren einzeln ab und bilden Sie das Produkt. Überprüfen Sie, ob das Ergebnis mit der Ableitung von f übereinstimmt.

b) Prüfen Sie – wie oben – auch die Funktion g mit $g(x) = 12x^3$. ■

Um die Ableitung der Summe zweier Funktionen zu bilden, leitet man summandenweise ab. Die Ableitung zu $g(x) = u(x) + v(x)$ ist also $g'(x) = u'(x) + v'(x)$.
Gilt dies auch für Produkte von Funktionen?

Bei zwei ganzrationalen Funktionen lässt sich das Produkt ausmultiplizieren und man kann die Ableitung bestimmen.

$f(x) = u(x) \cdot v(x) \qquad u(x) = x^2 \qquad v(x) = 3x + 5$
$f(x) = x^2 \cdot (3x + 5) = 3x^3 + 5x^2$
$f'(x) = 9x^2 + 10x$

Das Beispiel rechts zeigt, dass man nicht einfach faktorweise ableiten kann.

dagegen Ableitung faktorweise:
$u'(x) \cdot v'(x) = 2x \cdot 3 = 6x \neq f'(x)$

Mit dem Grenzwert des Differenzenquotienten lässt sich eine allgemeine Regel für die Ableitung von Produkten von Funktionen finden. Für eine Funktion f mit $f(x) = u(x) \cdot v(x)$ gilt:

$$
\begin{aligned}
f'(x) &= \lim_{h \to 0} \frac{f(x+h) - f(x)}{h} \\
&= \lim_{h \to 0} \frac{u(x+h) \cdot v(x+h) - u(x) \cdot v(x)}{h} \\
&= \lim_{h \to 0} \frac{u(x+h) \cdot v(x+h) - u(x) \cdot v(x+h) + u(x) \cdot v(x+h) - u(x) \cdot v(x)}{h} \\
&= \lim_{h \to 0} \left(\frac{u(x+h) - u(x)}{h} \cdot v(x+h) + u(x) \cdot \frac{v(x+h) - v(x)}{h} \right) \\
&\qquad\quad \downarrow \qquad\qquad\quad \downarrow \qquad\quad \downarrow \qquad\qquad \downarrow \\
f'(x) &= \quad u'(x) \quad \cdot \quad v(x) \quad + u(x) \cdot \quad v'(x)
\end{aligned}
$$

Diese Ergänzung ermöglicht es, die Differenzenquotienten von u und v zu bilden, ohne den Wert des Differenzenquotienten von f zu ändern.

Merke:
$(u \cdot v)' = u' \cdot v + u \cdot v'$

Satz: Produktregel
Haben die Funktionen u und v die Ableitungen u' und v', so hat die Funktion f mit $f(x) = u(x) \cdot v(x)$ die Ableitung $f'(x) = u'(x) \cdot v(x) + u(x) \cdot v'(x)$.

Beispiel: Berechnen Sie die Ableitung der Funktion f.

a) $f(x) = x^2 \cdot (3x + 5)$

b) $f(x) = x^2 \cdot e^{4x-3}$

Lösung:

a) Der Term $x^2 \cdot (3x + 5)$ ist ein Produkt. Schreiben Sie die Faktoren u(x) und v(x) auf und bestimmen Sie ihre Ableitungen. Wenden Sie die Formel der Produktregel an. Vereinfachen Sie den Term so weit wie möglich.

$u(x) = x^2 \qquad v(x) = (3x + 5)$
$u'(x) = 2x \qquad v'(x) = 3$

$$
\begin{aligned}
f'(x) &= u'(x) \cdot v(x) + u(x) \cdot v'(x) \\
&= 2x \cdot (3x + 5) + x^2 \cdot 3 \\
&= 6x^2 + 10x + 3x^2 \\
&= 9x^2 + 10x
\end{aligned}
$$

b) Leiten Sie beide Faktoren ab. Beim Ableiten des zweiten Faktors muss die Kettenregel angewendet werden. Wenden Sie die Produktregel an und vereinfachen Sie so weit wie möglich.

$u(x) = x^2 \qquad v(x) = e^{4x-3}$
$u'(x) = 2x \qquad v'(x) = 4e^{4x-3}$

$$
\begin{aligned}
f'(x) &= 2x \cdot e^{4x-3} + x^2 \cdot 4e^{4x-3} \\
&= (2x + 4x^2) \cdot e^{4x-3}
\end{aligned}
$$

Basisaufgaben

1. Vervollständigen Sie die Ableitung der Funktion f im Heft.

a) $f(x) = x^3 \cdot (4x + 3)$
$f'(x) = \blacksquare \cdot (4x + 3) + x^3 \cdot \blacksquare$

b) $f(x) = 2x \cdot e^x$
$f'(x) = \blacksquare \cdot e^x + 2x \cdot \blacksquare$

c) $f(x) = (x^2 + 1) \cdot \sqrt{x}$
$f'(x) = \blacksquare \cdot \sqrt{x} + (x^2 + 1) \cdot \blacksquare$

d) $f(x) = \frac{1}{x} \cdot e^x$
$f'(x) = \blacksquare \cdot e^x + \frac{1}{x} \cdot \blacksquare$

e) $f(x) = \frac{1}{x^2} \cdot (x^2 - 2x)$
$f'(x) = \blacksquare \cdot (x^2 - 2x) + \frac{1}{x^2} \cdot \blacksquare$

f) $f(x) = (2x^3 - 4x^2) \cdot x^{-1}$
$f'(x) = \blacksquare \cdot x^{-1} + (2x^3 - 4x^2) \cdot \blacksquare$

2. Bestimmen Sie die erste Ableitung der Funktion mit der Produktregel.

a) $f(x) = (2x^3 + 5) \cdot x^2$
b) $f(x) = (x^2 - 5) \cdot (2x + 1)$
c) $f(x) = (x^2 - 1) \cdot (x^2 + 1)$
d) $f(x) = (2x^3 - 3x^2 + x) \cdot (3x + 5)$
e) $f(x) = (x^2 + 3) \cdot \sqrt{x}$
f) $f(x) = 3x^5 \cdot e^x$
g) $f(x) = \frac{1}{x} \cdot e^x$
h) $f(x) = x \cdot e^x - e^x$
i) $f(x) = \frac{1}{x^2} \cdot \sqrt{x}$
j) $f(x) = e^x \cdot \sqrt{x}$
k) $f(t) = (3t^3 + t^2) \cdot e^t$
l) $f(t) = e^t \cdot (2t + 1) + e^t$

3. Bestimmen Sie die Ableitung der Funktion mit der Produktregel. Bei der Ableitung einzelner Faktoren muss die Kettenregel angewendet werden.

a) $f(x) = 4x \cdot e^{7x}$
b) $f(x) = x \cdot \sqrt{1 - 5x}$
c) $f(x) = (x^2 - 3)^3 \cdot (x^2 + 1)^2$
d) $f(x) = \frac{1}{2x + 1} \cdot e^{1 - x}$
e) $f(x) = \sqrt{x^2 + 2} \cdot e^{3 + 7x}$
f) $f(x) = (x^2 - 2x) \cdot (1 - 3x^2)^2$
g) $f(x) = (1 - x^2)^3 \cdot (x^2 - 1)^2$
h) $f(x) = (x^2 - 2)^2 \cdot e^{x^2 + 1}$

4. In einigen Fällen können Produkte auch ohne die Produktregel abgeleitet werden.

a) Bestimmen Sie die erste Ableitung zuerst mit der Produktregel und anschließend ohne die Produktregel. Fassen Sie für den zweiten Weg den Funktionsterm zusammen. Entscheiden Sie jeweils, welcher Weg günstiger ist.

① $f(x) = x \cdot (x + 2)$
② $f(x) = x^2 \cdot x^8$
③ $f(x) = (1 - x^4) \cdot (x - 3x^4)$
④ $f(x) = (\sqrt{x} + 1) \cdot (\sqrt{x} - 1)$
⑤ $f(x) = (x^3 - 4) \cdot \frac{1}{x}$
⑥ $f(x) = \left(\frac{1}{x} + \sqrt{x}\right) \cdot \left(\sqrt{x} - \frac{1}{x}\right)$

b) Geben Sie drei möglichst vielfältige Funktionsterme mit Produkten an, bei denen eine Vereinfachung des Terms die Anwendung der Produktregel umgeht.

c) Entwerfen Sie drei Funktionsterme, bei denen die Produktregel zur Bestimmung der Ableitungsfunktion notwendig ist.

5. Die Abbildung zeigt die Graphen der Funktionen f und g sowie zwei ihrer Tangenten.

a) Maria behauptet, dass sie mithilfe der Zeichnung die Steigung von $f \cdot g$ an der Stelle $x_0 = 2$ angeben kann.
Sie berechnet:
$(f \cdot g)'(2) = 0 \cdot (-3{,}5) + 2 \cdot (-3) = -6$
Erklären Sie Marias Rechnung.

b) Ermitteln Sie auf dieselbe Weise die Steigung von $f \cdot g$ an der Stelle $x_0 = -1$.

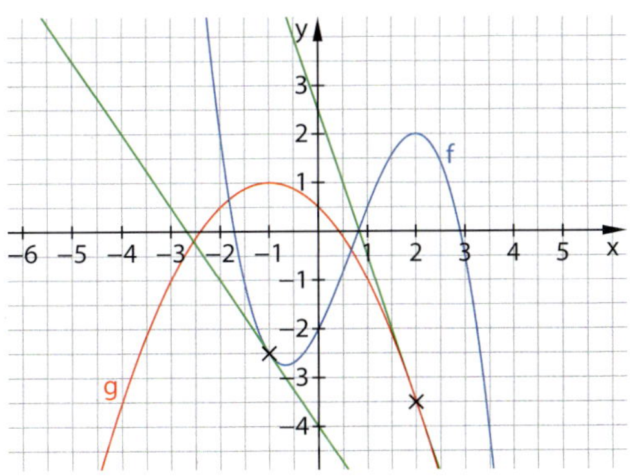

Hinweis zu 5:
Für die Produktfunktion $f \cdot g$ gilt die Definition:
$(f \cdot g)(x) = f(x) \cdot g(x)$

Weiterführende Aufgaben

6. Gegeben sei eine Funktion f und $a \in \mathbb{R}$. Zeigen Sie, dass die Faktorregel $(a \cdot f(x))' = a \cdot f'(x)$ ein Spezialfall der Produktregel ist.

7. Stolperstelle: Die Funktion f mit $f(x) = x^2 \cdot \sqrt{x}$ wurde mithilfe der Produktregel abgeleitet. Finden Sie die Fehler und korrigieren Sie diese.

① $f'(x) = 2x \cdot \frac{1}{2\sqrt{x}}$

② $f'(x) = 2x \cdot \sqrt{x} - x^2 \cdot \frac{1}{2\sqrt{x}}$

③ $f'(x) = 2x \cdot x^2 + \sqrt{x} \cdot \frac{1}{2\sqrt{x}}$

8. Leiten Sie die Funktion f ab ($a, b, c \in \mathbb{R}$).

a) $f(x) = x^3 \cdot (ax + b)$
b) $f(x) = \frac{a}{x^2} \cdot (bx + c)$
c) $f(x) = (ax + b) \cdot e^{cx}$
d) $f(x) = (ax + b) \cdot \sqrt{cx}$

9. Bestimmen Sie die Gleichung der Tangente an den Graphen der Funktion f an der Stelle x_0.

a) $f(x) = 3xe^{-x}$; $x_0 = 0$
b) $f(x) = \sqrt{x} \cdot (2x - 2)$; $x_0 = 1$
c) $f(x) = (1 - x) \cdot e^{2x^2 - 1}$; $x_0 = 1$
d) $f(x) = \frac{1}{x} \cdot (x^2 + 1) + x$; $x_0 = -1$

10. Beurteilen Sie folgende Aussage:
„Haben die Graphen der Funktionen g und h an der Stelle x_0 eine waagerechte Tangente, dann gilt dies auch für die Funktion f mit $f(x) = g(x) \cdot h(x)$."
Formulieren Sie die Umkehrung dieser Aussage und entscheiden Sie, ob diese gilt.

11. Gegeben ist die Funktion f mit $f(x) = (x - 1) \cdot \sqrt{x}$.

a) Bestimmen Sie den maximalen Definitionsbereich von f sowie alle Nullstellen.
b) Untersuchen Sie das Verhalten der Funktionswerte von f an den Rändern des Definitionsbereichs.
c) Ermitteln Sie die Koordinaten und die Art des Extrempunkts des Graphen von f. Verwenden Sie hierzu das Vorzeichenwechselkriterium.
d) Die zweite Ableitung von f ist gegeben durch $f''(x) = \frac{3x + 1}{\sqrt{x}}$. Weisen Sie nach, dass der Graph von f keine Wendepunkte hat.
e) Skizzieren Sie den Graphen von f.

12. Schreiben Sie den Funktionsterm zunächst als Produkt und leiten Sie f anschließend ab.

a) $f(x) = \frac{x}{e^x}$
b) $f(x) = \frac{x + 1}{2\sqrt{x}}$
c) $f(x) = \left(\sqrt{x} + 1\right)^2$
d) $f(x) = \frac{x^2 - 9}{x(x - 3)}$
e) $f(x) = \frac{x^3 - \sqrt{x}}{x}$
f) $f(x) = \frac{x^2 - 4}{x + 2}$
g) $f(x) = \frac{e^x}{x}$
h) $f(x) = \frac{e^{2x + 1}}{\sqrt{2x}}$

13. Quotientenregel: Gegeben seien die Funktionen u und v mit den Ableitungen u' und v'. Weisen Sie mithilfe der Produkt- und Kettenregel nach, dass die Regeln ① und ② für eine lineare oder quadratische Funktion v gelten.

① Für eine Funktion f mit $f(x) = \frac{1}{v(x)}$ gilt: $f'(x) = \frac{v'(x)}{(v(x))^2}$

② Für eine Funktion f mit $f(x) = \frac{u(x)}{v(x)}$ gilt: $f'(x) = \frac{u'(x) \cdot v(x) - u(x) \cdot v'(x)}{(v(x))^2}$

14. Bestimmen Sie die Ableitung der Funktion mit den Regeln aus Aufgabe 13.

a) $f(x) = \frac{3x}{2x - 5}$
b) $f(x) = \frac{e^x}{x - 1}$
c) $f(x) = \frac{1}{5x - x^2}$
d) $f(x) = \frac{e^{4x}}{x^2 + 1}$
e) $f(x) = \frac{8(4 + 3x)^2}{3(2x - 1)}$
f) $f(x) = \frac{x^2 + 1}{x^2 - 1}$
g) $f(x) = \frac{e^x + x}{x^2}$
h) $f(x) = \frac{\sqrt{x}}{1 - 2x^2}$

15. Gegeben ist die Funktion f mit $f(x) = \frac{4x}{x^2+1}$.

a) Bestimmen Sie den maximalen Definitionsbereich sowie alle Nullstelle der Funktion.
b) Untersuchen Sie das Verhalten der Funktionswerte von f an den Rändern des Definitionsbereichs.
c) Untersuchen Sie das Symmetrie- und Monotonieverhalten des Graphen von f.
d) Bestimmen Sie die Hoch-, Tief- und Wendepunkte des Graphen von f.
e) Geben Sie die Gleichungen der Wendetangente und der Normalen bei der mittleren der drei Wendestellen an.

Hinweis zu 15b:
Für $x \neq 0$ gilt: $\frac{4x}{x^2+1} = \frac{4}{x+\frac{1}{x}}$

16. Gegeben ist die Funktion f mit $f(x) = (4x - 3)^2$.

a) Bestimmen Sie die Ableitungsfunktion von f
① mit der Kettenregel, ② mit der Produktregel,
③ durch Ausmultiplizieren und Ableiten der Summanden.
b) Vergleichen Sie die Ergebnisse und die drei Vorgehensweisen aus a).

● **17.** Gegeben ist die Funktion f mit $f(x) = (x^2 - 4x + 3) \cdot \sqrt{x}$.

a) Bestimmen Sie die Nullstellen und Extrempunkte des Graphen von f.
b) Für die zweite Ableitung von f gilt $f''(x) = (15x^2 - 12x - 3) \cdot \frac{1}{4}x^{-\frac{3}{2}}$. Bestimmen Sie den Wendepunkt sowie die Gleichung der zugehörigen Wendetangente.

18. Mit einer Baggerschaufel entsteht auf einer horizontalen Fläche ein Loch, dessen Querschnittsfläche durch den Graphen der Funktion f mit $f(x) = \sqrt{x} \cdot \left(\frac{1}{2}x - 1\right)$ beschrieben wird.

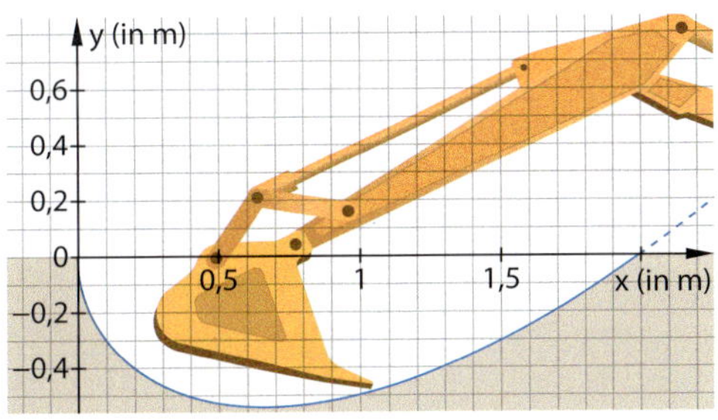

a) Bestimmen Sie die maximale Tiefe des Lochs.
b) An der Stelle x = 0 sticht die Baggerschaufel lotrecht in die Erde. Berechnen Sie den Winkel, unter dem die Baggerschaufel das Loch wieder verlässt.

Erinnerung:
$\alpha = \tan^{-1}(f'(x_0))$

● **19.** Gegeben ist eine differenzierbare Funktion f.

a) Zeigen Sie, dass der Graph der Funktion g mit $g(x) = x^2 \cdot f(x)$ im Ursprung eine waagerechte Tangente hat.
b) Bestimmen Sie ohne ausführliche Rechnung eine Stelle x_0, an der der Graph der Funktion g mit $g(x) = x^2 \cdot e^x \cdot f(x)$ eine waagerechte Tangente hat.

● **20.** Gegeben ist die Funktion f mit $f(x) = x \cdot 2^x$. Die n-te Ableitung von f ist gegeben durch $f^{(n)}(x) = 2^x \cdot (\ln(2))^{n-1} \cdot (n + \ln(2) \cdot x)$ für $n \in \mathbb{N}, n \geq 1$.

a) Weisen Sie die Richtigkeit der Formel für n = 1, 2 und 3 nach.
b) Die „nullte Ableitung" entspricht der Ursprungsfunktion. Zeigen Sie, dass die oben angegebene Formel auch für n = 0 gilt.
c) Bestimmen Sie die Extrem- und Wendestellen des Graphen von f.

Erinnerung:
$(b^x)' = \ln(b) \cdot b^x$

● **21.** **Ausblick:** Durch zweifaches Anwenden der Produktregel lässt sich auch eine Ableitungsregel für Produkte mit drei Faktoren finden.

a) Bestimmen Sie die erste Ableitung der Funktion f.
① $f(x) = x^2 \cdot (3x - 4) \cdot \sqrt{x}$ ② $f(x) = e^{3x} \cdot x^5 \cdot (2x - x^2)$
b) Formulieren Sie eine Ableitungsregel für die Funktion f mit $f(x) = u(x) \cdot v(x) \cdot w(x)$.

4.2 Untersuchung zusammengesetzter Funktionen

■ g und h seien zwei beliebige Funktionen und f das Produkt, also $f(x) = g(x) \cdot h(x)$.

a) Skizzieren Sie im Heft zu den abgebildeten Graphen von g und h den Graphen von f im Intervall $-1,5 \leq x \leq 1,5$.

b) Geben Sie an, was man für f folgern kann,
① wenn x eine Nullstelle von h ist,
② wenn $g(x) = 1$ gilt,
③ wenn $g(x)$ positiv und $h(x)$ negativ ist,
④ wenn für $x \to -\infty$ gilt: $g(x) \to \infty$ und $h(x) \to -\infty$.

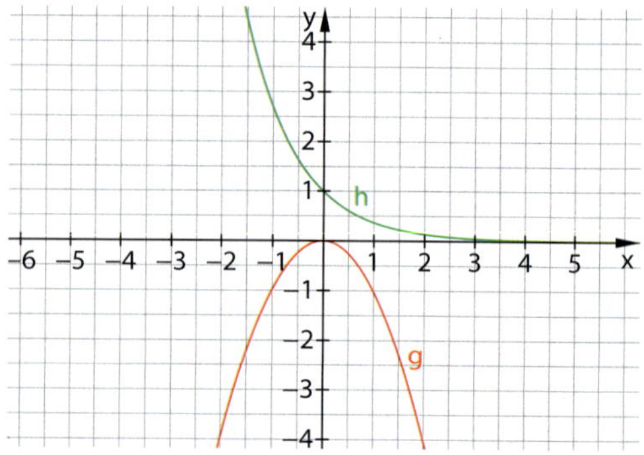

c) Bilden Sie die Ableitungsfunktion f' und zeigen Sie:
Haben g und h an der Stelle $x = a$ eine waagerechte Tangente, so auch f. ■

Die Graphen von Exponentialfunktionen mit Gleichungen der Form $f(x) = a \cdot e^{bx+c} - d$ haben weder Extrem- noch Wendepunkte. Die Graphen von ganzrationalen Funktionen haben wiederum keine Asymptoten. Verknüpft man diese Funktionstypen, so ergeben sich Funktionen, bei denen beide Eigenschaften vorkommen können.

f mit $f(x) = x^2$

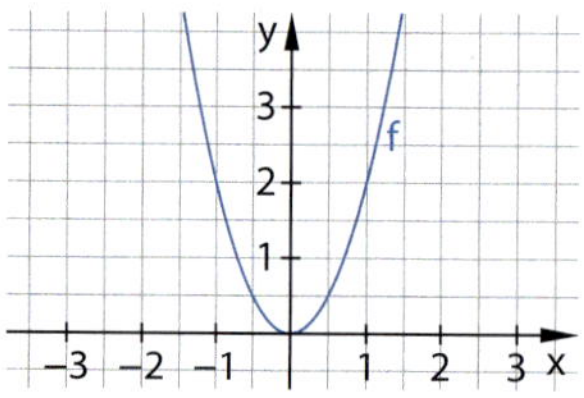

g mit $g(x) = e^x$

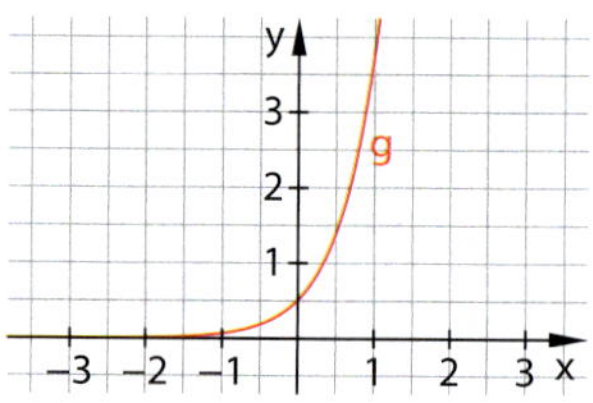

h mit $h(x) = x^2 \cdot e^x$

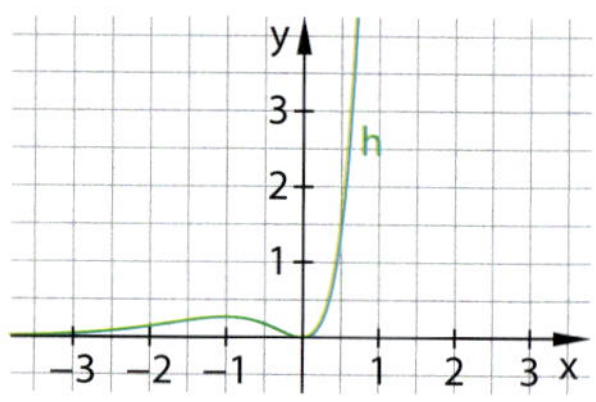

Ist eine Funktion das Produkt einer ganzrationalen Funktion und einer Exponentialfunktion, so sind auch alle ihre Ableitungen von dieser Form. Somit muss beim Bestimmen von charakteristischen Punkten stets eine Gleichung der Form $g(x) \cdot e^{■} = 0$ gelöst werden.
Es gilt: $g(x) \cdot e^{■} = 0 \Leftrightarrow g(x) = 0$, da stets $e^{■} \neq 0$.
Daher ist es oft hilfreich, Exponentialterme auszuklammern, wenn man die Nullstellen von Funktionen oder ihren Ableitungen bestimmt.

Beispiel:
Berechnen Sie die Nullstellen, Extrempunkte und Wendepunkte der Funktion f mit $f(x) = 3xe^{-2x}$.

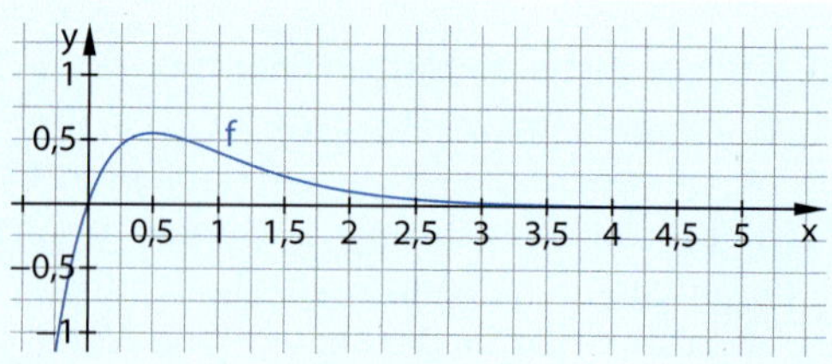

Lösung:
Nullstellen: Setzen Sie $f(x) = 0$.
Prüfen Sie, für welche x die einzelnen Faktoren 0 werden. Da die e-Funktion keine Nullstelle hat, gilt $e^{-2x} \neq 0$.

$3xe^{-2x} = 0 \quad | \, e^{-2x} \neq 0$
$3x = 0 \quad | :3$
$x = 0$
Nullstelle: $x = 0$

Erinnerung:
Regel vom Nullprodukt: Ein Produkt ist genau dann 0, wenn einer der beiden Faktoren 0 ist.

<u>Extrempunkte:</u> Leiten Sie die Funktion zweimal ab.

$f(x) = 3x \cdot e^{-2x}$
$f'(x) = 3 \cdot e^{-2x} + 3x \cdot (-2e^{-2x}) = e^{-2x}(3 - 6x)$
$f''(x) = -2e^{-2x} \cdot (3 - 6x) + e^{-2x} \cdot (-6)$
$\quad = e^{-2x}(-2 \cdot (3 - 6x) - 6) = e^{-2x}(12x - 12)$

Setzen Sie $f'(x) = 0$.

$e^{-2x}(3 - 6x) = 0 \quad | \, e^{-2x} \neq 0$
$3 - 6x = 0 \quad | -3 \quad | : (-6)$
$x = 0{,}5$

Bestimmen Sie den y-Wert durch Einsetzen in f(x) und die Art des Extrempunkts durch Einsetzen in f″(x).

$f(0{,}5) \approx 0{,}55$
$f''(0{,}5) \approx -2{,}21 < 0$,
also Hochpunkt bei $H(0{,}5 \,|\, 0{,}55)$

<u>Wendepunkte:</u> Setzen Sie $f''(x) = 0$.

$e^{-2x}(12x - 12) = 0 \quad | \, e^{-2x} \neq 0$
$12x - 12 = 0 \quad | +12 \quad | : 12$
$x = 1$

Bestimmen Sie den y-Wert durch Einsetzen in f(x).

$f(1) \approx 0{,}41$

Bestimmen Sie die dritte Ableitung von f und setzen Sie zur Kontrolle den x-Wert in f‴(x) ein.

$f'''(x) = -2e^{-2x} \cdot (12x - 12) + e^{-2x} \cdot 12$
$\quad = e^{-2x}(-2 \cdot (12x - 12) + 12)$
$\quad = e^{-2x}(-24x + 36)$
$f'''(1) \approx 1{,}62 \neq 0$,
also Wendepunkt bei $W(1 \,|\, 0{,}41)$

Basisaufgaben

1. Bestimmen Sie die erste und zweite Ableitung.

a) $f(x) = e^x + x$ b) $f(x) = 8x^4 - e^x$ c) $f(x) = -e^{-6x} + 10x$

d) $f(x) = 3e^{3x} - e^x$ e) $f(x) = e^{2x} - 2e^{-x}$ f) $f(x) = 3e^{\left(\frac{8}{3} - \frac{2}{3}x\right)} - \frac{3}{5}e^{\left(\frac{5}{3}x - \frac{2}{3}\right)}$

2. Bestimmen Sie die erste und zweite Ableitung. Klammern Sie im Ergebnis jeweils den Exponentialterm aus.

a) $f(x) = x \cdot e^x$ b) $f(x) = e^x \cdot (1 - x)$ c) $f(x) = (4x + 5) \cdot e^x$

d) $f(t) = -t^2 \cdot e^{-t}$ e) $f(x) = (x^3 + 1) \cdot e^{2 + 10x}$ f) $f(x) = 3(x^2 - 1) \cdot e^{-\frac{1}{2}x + 7}$

g) $f(x) = e^{2x^2 + 3}$ h) $f(x) = 5e^{4x^2 + 2x - 1}$ i) $f(x) = 2x \cdot e^{-x^2}$

3. Bestimmen Sie die Nullstellen der Funktion f.

a) $f(x) = 2xe^{11x - 22}$ b) $f(x) = (x + 2)e^{-\frac{1}{3}x}$ c) $f(x) = -\frac{1}{2}(3x + 7)e^{8x - 8}$

d) $f(x) = xe^x - 4e^x$ e) $f(x) = 2xe^{8x} + e^{8x}$ f) $f(t) = (t^3 - 27)e^{-t - 1}$

g) $f(x) = x^2e^{2x + 1} - 9e^{2x + 1}$ h) $f(x) = (2x^2 + 10x + 8)e^{-2x}$ i) $f(x) = x^2e^x - 8xe^x + 12e^x$

Erinnerung:
p-q-Formel:
Die Gleichung
$x^2 + px + q = 0$
hat die Lösungen
$x_{1,2} = -\frac{p}{2} \pm \sqrt{\left(\frac{p}{2}\right)^2 - q}$.

4. Berechnen Sie die Extremstellen der Funktion f.

a) $f(x) = xe^x$ b) $f(x) = -xe^{2x}$ c) $f(x) = 2x^2e^x$

d) $f(x) = x^2e^{-x} - 2$ e) $f(x) = 2e^{-x^2 + 4x}$ f) $f(x) = -3e^{x^2 - 12x}$

Lösungen zu 4:

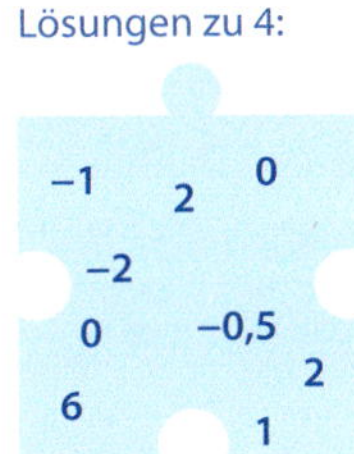

5. Bestimmen Sie die Wendestellen der Funktion f.

a) $f(x) = xe^x$ b) $f(x) = e^x - 8x^2 + 11x - 9$ c) $f(x) = xe^{-x} - e^{-x}$

6. Bestimmen Sie eine Stammfunktion zur Funktion f.

a) $f(x) = 4x^2 - x - 2e^{3x - 4}$ b) $f(t) = \frac{1}{3}t^3 - 5 + e^{\frac{2}{5}t - 3}$ c) $f(x) = 2x^3 - 4e^{\frac{2}{3} - \frac{4}{5}x}$

Erinnerung:
Zu f mit $f(x) = e^{ax+b}$ ist F mit $F(x) = \frac{1}{a}e^{ax+b}$ eine Stammfunktion.

7. Bestimmen Sie den Inhalt der Fläche, die der rechts abgebildete Graph von f mit $f(x) = 2e^{0,5x} - 6$ mit den Koordinatenachsen einschließt.

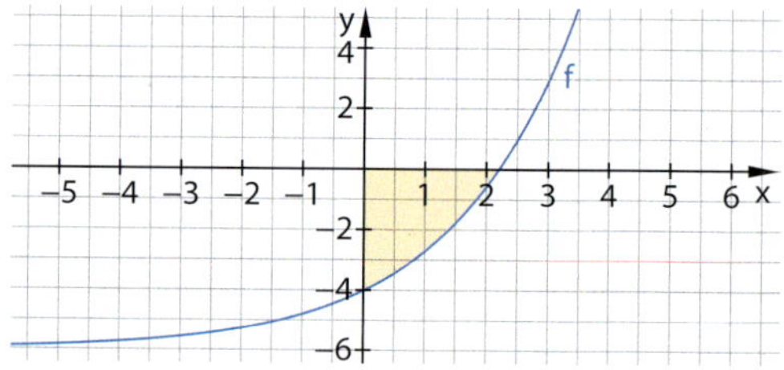

8. Zeigen Sie, dass die Funktion F mit $F(x) = x^2 e^{5x} - 9$ eine Stammfunktion zur Funktion f mit $f(x) = (5x^2 + 2x)e^{5x}$ ist. Bestimmen Sie anschließend den Inhalt der Fläche, die der Graph von f im Intervall [0; 1] mit der x-Achse einschließt.

9. Die Graphen der Funktionen f und g mit $f(x) = x^2 - 6x - e^{0,5x}$ und $g(x) = 6 - e^{0,5x} - x$ schließen ein Flächenstück ein. Berechnen Sie seinen Inhalt.

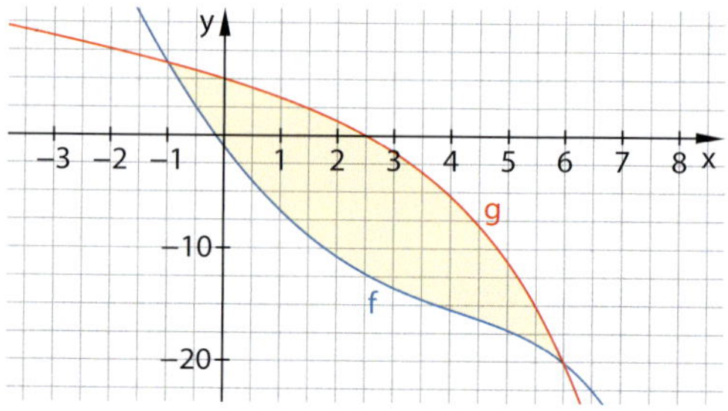

GTR **10.** Bestimmen Sie mit dem GTR die Nullstellen sowie die Koordinaten der Extrem- und Wendepunkte des Graphen von f.

a) $f(x) = -15x^2 e^{x-3}$ b) $f(x) = 0{,}1x^3 - e^{-0{,}1x}$ c) $f(x) = 0{,}3xe^{-x} + 5x^2$

GTR **11.** Ermitteln Sie mit dem GTR das Integral $\int_{-1}^{3} (-5xe^{0{,}5x} + 20x)\,dx$.

CAS **12.** Bilden Sie mit dem CAS zu f die erste und zweite Ableitung sowie eine Stammfunktion.

a) $f(x) = -xe^{3x-1}$ b) $f(x) = 2(x-3)e^{1-x}$ c) $f(x) = e^{0{,}2x}(x^2 + 8x - 2)$

Weiterführende Aufgaben

13. Untersuchen Sie den Graphen der Funktion f auf Symmetrie, Nullstellen, Extrema und Wendepunkte.

a) $f(x) = e^{-x^2}$ b) $f(x) = x \cdot e^{-x^2}$ c) $f(x) = x^2 \cdot e^{-x^2}$

14. Stolperstelle: Sven untersucht die Funktion f mit $f(x) = -5x \cdot e^{-2x}$ und findet eine Wendestelle bei $x = 1$. Er folgert, dass der Graph an dieser Stelle am stärksten abfällt Prüfen Sie, ob Sven recht hat.

15. Gegeben ist die Funktion f mit $f(x) = (x-1)e^x$.

a) Gegeben Sie die Nullstellen von f an.
b) Gegeben Sie das Monotonieverhalten von f durch Ermitteln der Extrempunkte an.
c) Ermitteln Sie die Gleichung der Wendetangente von f.
d) Untersuchen Sie das Symmetrieverhalten des Graphen von f.
e) Zeigen Sie, dass durch $F(x) = (x-2)e^x$ eine Stammfunktion zu f gegeben ist, und bestimmen Sie den Inhalt der Fläche, die vom Graphen von f und den Koordinatenachsen eingeschlossen wird.

16. Funktionenschar: Gegeben ist f_a mit $f_a(x) = (x-a) \cdot e^x$ und $a \in \mathbb{R}$.

a) Bestimmen Sie die Ableitungen f_a', f_a'' und f_a'''.
b) Ermitteln Sie den Wert des Parameters a so, dass f_a an der Stelle $x = 3$
① eine Nullstelle, ② einen Tiefpunkt, ③ einen Wendepunkt hat.

17. Gegeben ist die Funktion f mit $f(x) = (x + 2)e^{-x}$.

a) Bestimmen Sie die Nullstelle von f.
Begründen Sie, für welche x der Funktionswert f(x) positiv bzw. negativ ist.

b) Untersuchen Sie f auf Extrem- und Wendestellen. Geben Sie auch die zugehörigen Punkte des Graphen an.

c) Zeigen Sie, dass F mit $F(x) = (-x - 3) \cdot e^{-x}$ eine Stammfunktion zu f ist.

d) Der Graph von f schließt mit den Koordinatenachsen ein abgeschlossenes Flächenstück ein. Berechnen Sie den Flächeninhalt.

● e) Der Graph von f und die Wendetangente schließen mit der x-Achse ein abgeschlossenes Flächenstück ein. Berechnen Sie den Flächeninhalt.

18. Durch den Graphen der Funktion f mit der Gleichung $f(x) = -0,5xe^{0,1x+2} + 2$ kann eine Sprungschanze für Motorräder dargestellt werden. Dabei gibt x die horizontale Länge und f(x) die Höhe der Schanze an (beide Angaben in Meter).

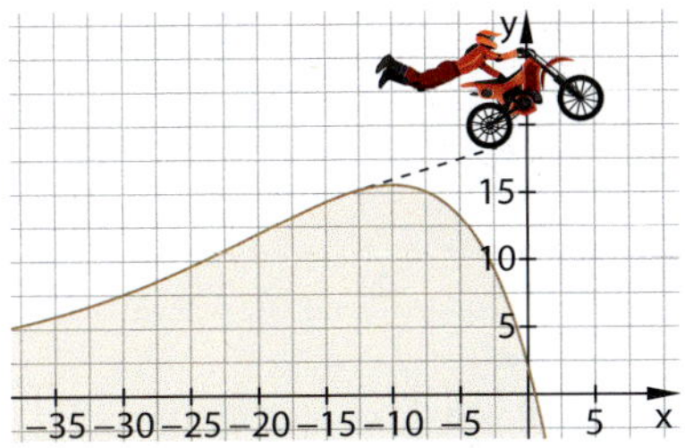

a) Berechnen Sie die maximale Höhe der Schanze.

b) Berechnen Sie die Koordinaten des Punkts, an dem die Steigung der Schanze am größten ist.

c) An der Stelle $x = -13$ springt der Motorradfahrer ab und bewegt sich für eine Weile näherungsweise auf einer Bahn, die durch die Tangente an der Absprungstelle beschrieben werden kann. Geben Sie die Gleichung dieser Tangente an.

19. Gegeben ist die Funktion f durch $f(x) = x^2e^{-x+2}$.

a) Untersuchen Sie f in Bezug auf Nullstellen und Extrempunkte. Zeigen Sie, dass der Graph von f zwei Wendepunkte hat. Skizzieren Sie den Graphen von f.

b) Weisen Sie nach, dass $F(x) = (-x^2 - 2x - 2)e^{-x+2}$ eine Stammfunktion von f ist.

c) Die Gerade g verläuft durch den Hochpunkt des Graphen von f und hat die Steigung $m = -2$. Der Graph von f und die Gerade g schließen mit der x-Achse zwischen ihren Nullstellen eine Fläche ein. Berechnen Sie den Inhalt dieser Fläche.

d) Untersuchen Sie ohne erneute Rechnung die Funktion F auf Monotonie, Extrem- und Wendestellen.

20. Globalverhalten zusammengesetzter Funktionen: Gegeben sind die Funktionen f mit $f(x) = x^2 \cdot e^{-x}$ und g mit $g(x) = x^2 \cdot e^x$.

a) Erläutern Sie, warum sich das Verhalten der Funktionswerte von f für $x \to \infty$ und der Funktionswerte von g für $x \to -\infty$ nicht direkt bestimmen lässt.

b) Untersuchen Sie mithilfe einer Näherungstabelle das Verhalten von f(x) für $x \to \infty$ und g(x) für $x \to -\infty$.

c) Begründen Sie die folgende Aussage für $n \in \mathbb{N}$:
Für $x \to \infty$ gilt $x^n \cdot e^{-x} \to 0$ und für $x \to -\infty$ gilt $x^n \cdot e^x \to 0$.

21. Waagerechte Asymptote: Streben die Funktionswerte einer Funktion für $x \to \infty$ oder $x \to -\infty$ gegen eine reelle Zahl a, so hat der Graph der Funktion dort eine waagerechte Asymptote mit der Gleichung $y = a$.

a) Bestimmen Sie die Gleichung der waagerechten Asymptote von f mit $f(x) = x \cdot e^{-x^2}$.

b) Untersuchen Sie f auf Nullstellen, Extrem- und Wendepunkte.

c) Skizzieren Sie den Verlauf des Graphen von f sowie die waagerechte Asymptote.

d) Erläutern Sie, durch welche Eigenschaft sich die Asymptote der Funktion auszeichnet.

22. Das Querschnittsprofil eines Geländes kann im Intervall $0 \leq x \leq 6000$ durch die Funktion f mit $f(x) = 300 + 4xe^{-0{,}001x}$ dargestellt werden. Dabei gibt x die horizontale Länge und f(x) die Höhe des Querschnittsprofils jeweils in Meter an.

a) Bestimmen Sie die maximale Höhe des Geländes.

b) Ermitteln Sie die Stelle mit der größten Steigung sowie die Stelle mit dem maximalen Gefälle. Untersuchen Sie auch die Randbereiche des Graphen.

c) Zeigen Sie, dass F mit $F(x) = 300x + (-4000x - 4 \cdot 10^6)\,e^{-0{,}001x}$ eine Stammfunktion zu f ist, und geben Sie die Querschnittsfläche des Geländes im Intervall [0; 6000] an.

23. In einem Freizeitpark soll eine Achterbahn gebaut werden. Der Verlauf des Endabschnitts der Achterbahn kann im Intervall [0; 40] durch den Graphen der Funktion f mit $f(x) = (4x + 8)\,e^{-0{,}125x}$ dargestellt werden. Dabei gibt x die horizontale Länge und f(x) die Höhe des Endabschnittes der Achterbahn jeweils in m an.

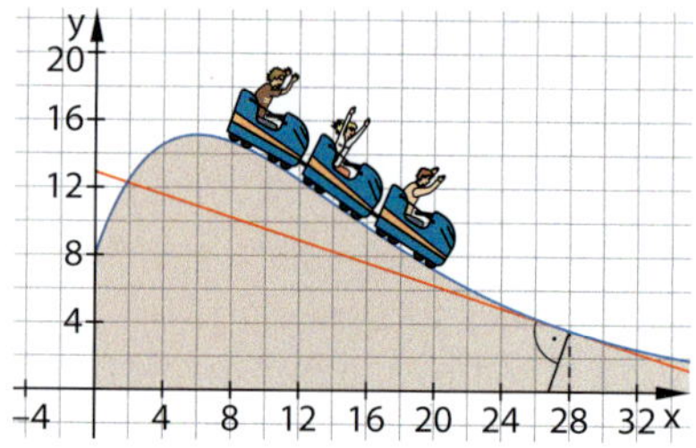

a) Ermitteln Sie die Gesamthöhe des Endabschnitts.

b) Wenn das maximale Gefälle größer als 40° ist, wird Kindern, die kleiner als 100 cm sind, das Fahren der Achterbahn ohne Eltern nicht gestattet. Prüfen Sie, ob diese Bedingung im Endabschnitt erfüllt ist.

c) Die Seitenfläche des Endabschnitts wird beidseitig gestrichen. Berechnen Sie die Gesamtfläche, die gestrichen werden muss.
Hinweis: $F(x) = (-32x - 320)\,e^{-0{,}125x}$ ist eine Stammfunktion von f.

d) Aufgrund der Statik der Bahn muss eine Stütze aufgestellt werden, die an der Stelle $x = 28$ senkrecht zur Bahnkurve steht und am Boden verankert wird. Bestimmen Sie die Koordinaten des Punktes, an dem sich der Bodenpunkt der Stütze befindet, und geben Sie die Länge der Stütze an.

Erinnerung:
Für den Abstand zwischen zwei Punkten $P(x_1|y_2)$ und $Q(x_2|y_2)$ gilt:
$d = \sqrt{(x_2 - x_1)^2 + (y_2 - y_1)^2}$

● **24.** Der Vogelschutzverein VoSchu möchte als Vereinslogo das stilisierte Seitenbild eines Wiedehopfs benutzen. Dabei soll im Intervall [−6; −0,2] der Graph von f mit $f(x) = (-15x - 10)\,e^{3x}$ die obere und der Graph von g mit $g(x) = -10e^x$ die untere Kurve des Bildes darstellen (Längeneinheit cm). Die Federhaube soll bei Berechnungen nicht berücksichtigt werden.

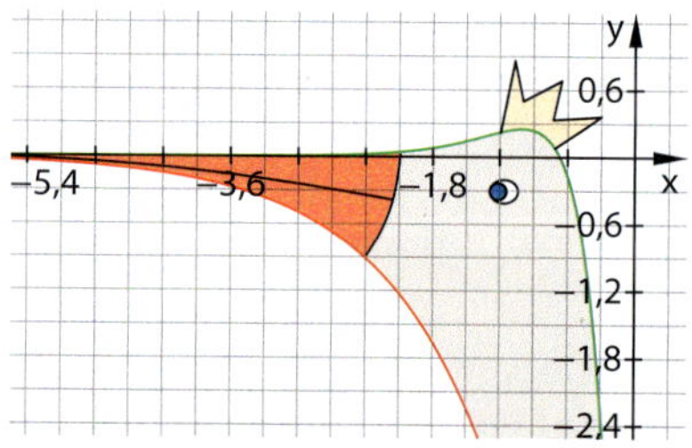

a) Berechnen Sie die waagerechte Länge auf der Höhe $y = 0$ von der Schnabelspitze bis zum Hinterkopf des Wiedehopfs.

b) Das Auge des Wiedehopfs soll genau 0,3 cm senkrecht unterhalb der Stelle angesetzt werden, an der die Steigung der oberen Kurve am höchsten ist. Berechnen Sie die Koordinaten dieses Punktes.

c) Zeigen Sie, dass F mit $F(x) = -\frac{5}{3}(3x + 1)\,e^{3x}$ eine Stammfunktion von f ist.

d) Bestimmen Sie den Flächeninhalt des Vereinslogos, wenn das Logo unten durch die Gerade $y = f(-0{,}2)$ begrenzt wird.

● **25. Ausblick:** Gegeben ist die Funktion f mit $f(x) = \frac{e^x}{x}$.

a) Bestimmen Sie den Definitionsbereich von f.

b) Untersuchen Sie das Grenzwertverhalten von f(x) für $x \to \pm\infty$ und in der Umgebung von $x = 0$ mithilfe einer Näherungstabelle.

c) Berechnen Sie die Nullstellen, Extrempunkte und Wendepunkte.

d) Skizzieren Sie den Graphen von f.

4.3 Bestände und Änderungsraten bei zusammengesetzten Funktionen

■ Der abgebildete Graph von f mit $f(t) = 2{,}64te^{-0{,}091t}$ gibt für eine Dauer von 60 Sekunden den Geschwindigkeitsverlauf eines Läufers in m/s an; Zeit t in s. Erläutern Sie den Geschwindigkeitsverlauf. Berechnen Sie, nach wie vielen Sekunden der Läufer seine maximale Geschwindigkeit erreicht, und geben Sie diese an. ■

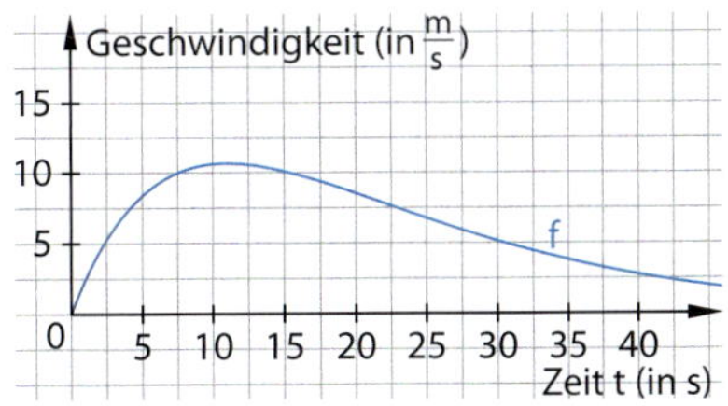

Bestandsfunktionen

Die zeitliche Entwicklung einer Größe lässt sich häufig durch eine Bestandsfunktion beschreiben, deren Funktionsterm eine Exponentialfunktion enthält. Dies ist beispielsweise bei vielen Wachstumsvorgängen der Fall.
Durch die Darstellung des Graphen einer Bestandsfunktion kann man wie im folgenden Beispiel den Sachverhalt veranschaulichen und den mathematischen Eigenschaften der Funktion die Bedeutung im konkreten Sachverhalt gegenüberstellen.

Hinweis:
Bei einem Rechts-Links-Wendepunkt (Übergang von Rechts- zu Linkskurve) ist die Änderungsrate lokal minimal ($f'' = 0$; $f''' > 0$).
Bei einem Links-Rechts-Wendepunkt (Übergang von Links- zu Rechtskurve) ist die Änderungsrate lokal maximal ($f'' = 0$; $f''' < 0$).

Zeitliche Entwicklung eines Hasenbestands

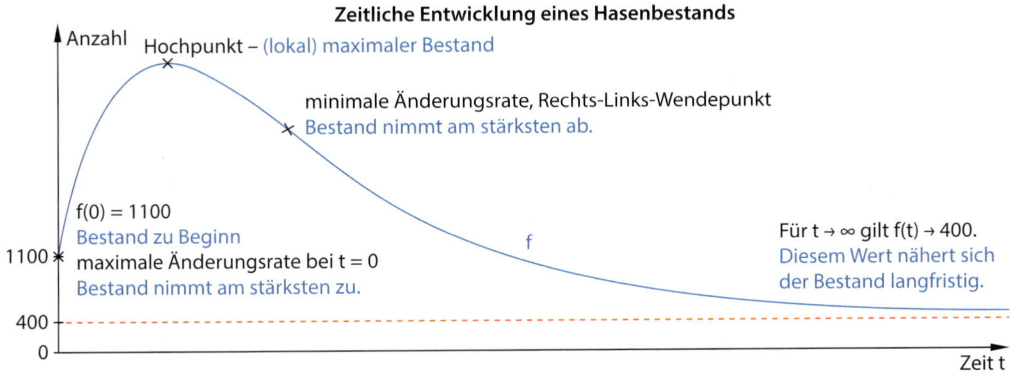

Hinweis:
Ist Y die Einheit einer Bestandsfunktion f(t) und X die Einheit der Zeit t, so gilt:
Einheit der Änderungsrate f': Y/X
Einheit von f'': Y/X^2

Allgemein gilt:

Eigenschaft Funktion/Graph	Bedeutung für den Bestand
y-Achsenabschnitt	Anfangsbestand zum Zeitpunkt t = 0
f(t)	Bestand zum Zeitpunkt t
Nullstelle	Bestand gleich null
f'(t) positiv/negativ	Zunahme/Abnahme des Bestands
f''(t) positiv/negativ	Zunahme/Abnahme der Änderungsrate
f(t) maximal, z. B. Hochpunkt	maximaler Bestand
f(t) minimal, z. B. Tiefpunkt	minimaler Bestand
f'(t) maximal, z. B. Links-Rechts-Wendepunkt	maximale Änderungsrate, Bestand nimmt am stärksten zu (falls $f'(t) > 0$) oder am geringsten ab (falls $f'(t) < 0$)
f'(t) minimal, z. B. Rechts-Links-Wendepunkt	minimale Änderungsrate, Bestand nimmt am geringsten zu (falls $f'(t) > 0$) oder am stärksten ab (falls $f'(t) < 0$)
Grenzwert von f(t) für $t \to \infty$	Langfristige Entwicklung des Bestands

Mathematische Funktionen können Sachverhalte nur in einem bestimmten Intervall realistisch beschreiben. Deshalb sollten die Ergebnisse stets auf den Sachzusammenhang übertragen und interpretiert werden.

Beispiel 1: Die Funktion f mit $f(t) = 0{,}5te^{-0{,}05t+2} - 1$ beschreibt den Temperaturverlauf eines Getränks im Zeitraum $0 \le t \le 300$, das sich in einer Umgebung mit einer Temperatur von −1 °C befindet, kurz erwärmt wird und danach wieder abkühlt. t gibt die Zeit in Minuten und f(t) die Temperatur in °C an.

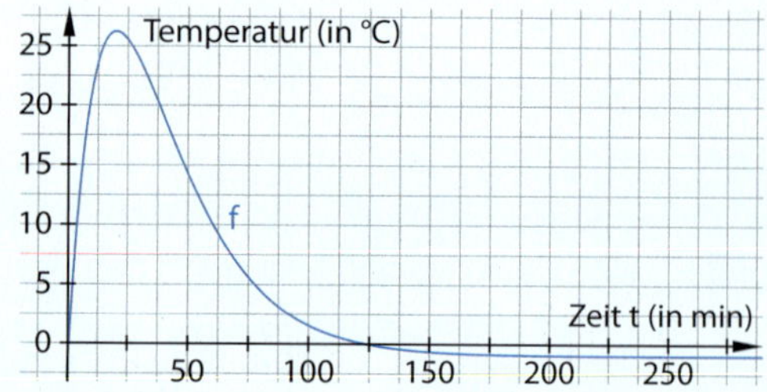

a) Geben Sie die Temperatur des Getränks nach einer Stunde an.
b) Bestimmen Sie den Zeitraum, in dem die Temperatur über 20 °C liegt.
c) Berechnen Sie die maximale Temperatur des Getränks.
d) Ermitteln Sie die Zeitpunkte, an denen die Temperatur am stärksten zu- bzw. abnimmt.

Lösung:

a) Wandeln Sie die Stunden in Minuten um. Berechnen Sie den Funktionswert.

$f(60) = 30 \cdot e^{-1} - 1 \approx 10{,}04$
Das Getränk hat nach einer Stunde eine Temperatur von 10,04 °C.

b) Setzen Sie $f(t) = 20$. Bestimmen Sie die Lösungen der Gleichung.

$20 = 0{,}5te^{-0{,}05t+2} - 1$
$t_1 \approx 8{,}85; \quad t_2 \approx 38$

Berechnen Sie den Funktionswert an einer Teststelle im Intervall [8,85; 38], um zu zeigen, dass die Temperatur über 20 °C liegt.

$f(10) \approx 21{,}4 > 20$
Zwischen 8,85 und 38 Minuten liegt die Temperatur über 20 °C.

c) Leiten Sie die Funktion f zweimal ab.

$f'(t) = \frac{1}{40} e^{-0{,}05t+2}(-t + 20)$
$f''(t) = \frac{1}{800} e^{-0{,}05t+2}(t - 40)$

Setzen Sie $f'(t) = 0$, um die Extremstellen zu bestimmen.
Bestimmen Sie die Art des Extrempunkts durch Einsetzen in $f''(t)$ und den y-Wert durch Einsetzen in $f(t)$.

$\frac{1}{40} e^{-0{,}05t+2}(-t + 20) = 0 \mid : e^{-0{,}05t+2} \neq 0$
$-t + 20 = 0$ also $t = 20$
$f''(20) < 0$, also Hochpunkt bei $t = 20$
$f(20) \approx 26{,}2$

Untersuchen Sie, ob es an den Rändern des Definitionsbereichs größere Funktionswerte gibt.

Randwerte: $f(0) = -1 \quad f(300) \approx -1$
Die größte Temperatur beträgt etwa 26,2 °C.

d) Setzen Sie $f''(t) = 0$, um die Wendestellen zu bestimmen.
Ermitteln Sie f''' und damit die Art des Wendepunkts.
Die Temperatur nimmt am stärksten ab, wenn die Änderungsrate f' minimal und negativ ist.

$\frac{1}{800} e^{-0{,}05t+2}(t - 40) = 0 \mid : e^{-0{,}05t+2} \neq 0$
$t - 40 = 0$ also $t = 40$
$f'''(t) = \frac{1}{16000} e^{-0{,}05t+2}(-t + 60) \quad f''(40) > 0$
Bei $t = 40$ liegt ein Rechts-Links-Wendepunkt, dort ist die Änderungsrate lokal minimal und wegen $f'(40) = -0{,}5$ negativ.

Bestimmen Sie zum Vergleich auch die Änderungsrate an den Rändern des Definitionsbereichs. Da es keinen Links-Rechts-Wendepunkt gibt, ist die Änderungsrate an einem der Ränder maximal.

Randwerte: $f'(0) \approx 3{,}7 \quad f'(300) \approx 0$
Zu Beginn bei $t = 0$ ist die Änderungsrate maximal und positiv, d. h. die Temperatur nimmt am stärksten zu, nach 40 Minuten nimmt sie am stärksten ab.

Basisaufgaben

1. Eine Blume wird 24 Stunden lang von einer Lichtquelle bestrahlt. Der Graph von f gibt im Intervall [0; 24] die Beleuchtungsstärke in Lux in Abhängigkeit von der Uhrzeit t an.

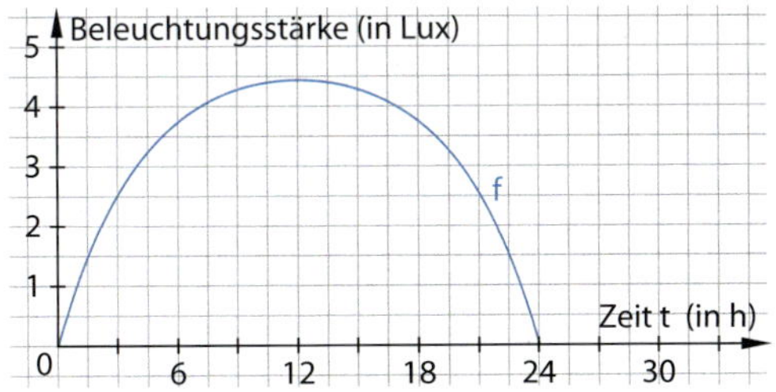

a) Erklären Sie, welche Bedeutung die Nullstellen vom Graphen von f im Sachzusammenhang haben.

b) Geben Sie an, wie viele Stunden nach Beobachtungsbeginn die Beleuchtungsstärke maximal wird.

c) Ermitteln Sie mithilfe des Graphen, zu welchem Zeitpunkt die Zunahme der Beleuchtungsstärke am höchsten ist und wann sie am stärksten abnimmt.

2. Die Funktion f mit $f(t) = -2te^{-0,5t} + 5$ beschreibt vereinfacht den Höhenverlauf einer Drohne. $t \geq 0$ gibt die Zeit in s nach Beobachtungsbeginn und f(t) die Höhe in m an.

a) Bestimmen Sie die Anfangshöhe der Drohne.

b) Die Drohne verliert nach einer kurzzeitigen Störung an Höhe und steigt anschließend wieder. Berechnen Sie den Zeitpunkt der minimalen Höhe.

c) Die Funktion f hat eine Wendestelle. Bestimmen Sie diese. Entscheiden Sie, ob es sich um einen Rechts-Links-Wendepunkt oder um einen Links-Rechts-Wendepunkt handelt. Beschreiben Sie die Bedeutung der Wendestelle im Sachzusammenhang.

3. Die Funktion f mit $f(t) = -0{,}025\,(t-4)^3 \cdot e^{-0{,}3t+1{,}2} + 20$ beschreibt für $0 \leq t \leq 60$ den Temperaturverlauf eines Zimmers innerhalb einer Stunde (t Zeit in min, f(t) Temperatur in °C).

a) Ermitteln Sie die Zimmertemperatur für $t = 0$.

b) Geben Sie die maximale und die minimale Temperatur des Zimmers an.

c) Bestimmen Sie den Zeitpunkt, an dem die Temperatur am schnellsten steigt.

d) Ermitteln Sie mithilfe einer Näherungstabelle den Wert, dem sich die Temperatur langfristig nähert, wenn die Funktion f die Temperatur für alle $t \geq 0$ beschreibt.

4. Die normale Körpertemperatur eines gesunden Menschen liegt bei 36,5 °C. Die Funktion f mit $f(t) = te^{-0,1t} + 36{,}5$ beschreibt modellhaft den Verlauf einer Fieberkurve bei einem Erkrankten. Dabei ist t die Zeit in Stunden nach Ausbruch der Krankheit und f(t) die Körpertemperatur in Grad Celsius. Der Graph von f ist in der Abbildung dargestellt.

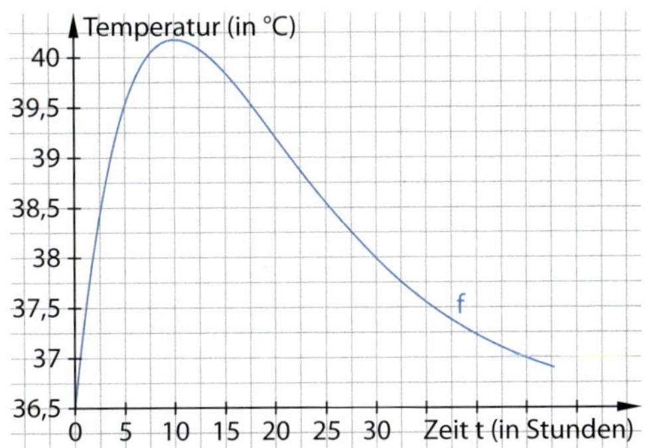

a) Beschreiben Sie die Entwicklung der Körpertemperatur innerhalb der ersten 48 Stunden nach Ausbruch der Krankheit.

b) Berechnen Sie den Zeitpunkt innerhalb der ersten 48 Stunden, an dem die Temperatur am höchsten ist. Geben Sie diese Temperatur an.

c) Bestimmen Sie den Zeitpunkt innerhalb der ersten 48 Stunden, an dem die Körpertemperatur am stärksten abnimmt, und berechnen Sie, um wie viel Grad pro Stunde die Temperatur zu diesem Zeitpunkt abnimmt.

d) Ermitteln Sie, wann die Körpertemperatur in den ersten 48 Stunden am stärksten zunimmt.

Rekonstruktion aus Änderungsraten

Hinweis:
Änderungsraten erkennt man daran, dass zu ihnen Einheiten pro Zeitraum gehören (z. B. Liter pro Minute, Anzahl pro Tag, km/h).

Durch die Funktion der Änderungsrate einer Bestandsfunktion kann man Informationen über das Verhalten der Funktionswerte und den Verlauf der Bestandsfunktion gewinnen. Auch im Sachkontext können Rückschlüsse von der Änderungsrate auf den Bestand nützlich sein.

Mithilfe des Graphen einer Änderungsrate f kann man wie im folgenden Beispiel den mathematischen Eigenschaften der Änderungsrate die Bedeutung für den Bestand im konkreten Sachkontext gegenüberstellen.

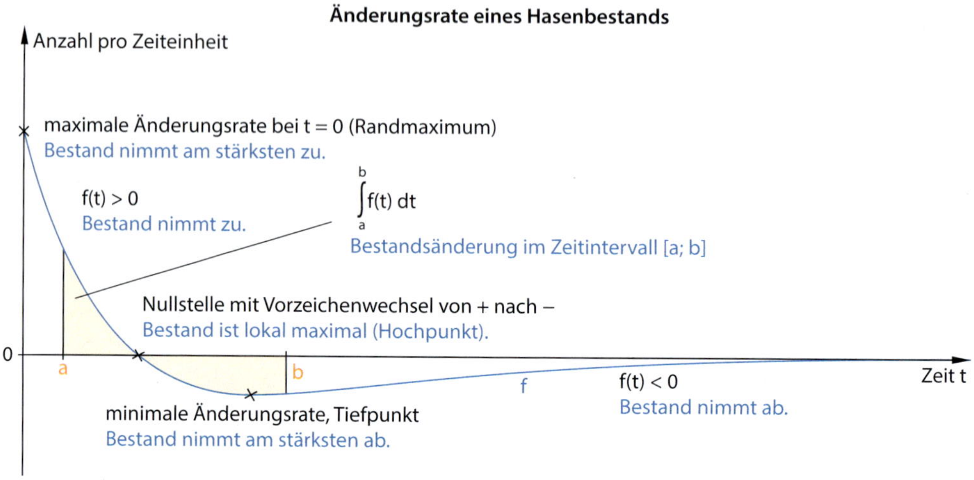

Hinweis:
Bei einer Nullstelle der Änderungsrate mit VZW von + nach – hat der Bestand einen Hochpunkt, bei einer Nullstelle mit VZW von – nach + hat der Bestand einen Tiefpunkt.

Beispiel 2: Aus einem Schwimmbecken wird Wasser abgelassen, bevor es wieder gefüllt wird. Die Zuflussrate des Wassers wird in den ersten 60 Minuten durch $f(t) = (t-5)\,e^{-0{,}1t}$ mit der Zeit t in min und $f(t)$ in m^3/min beschrieben.

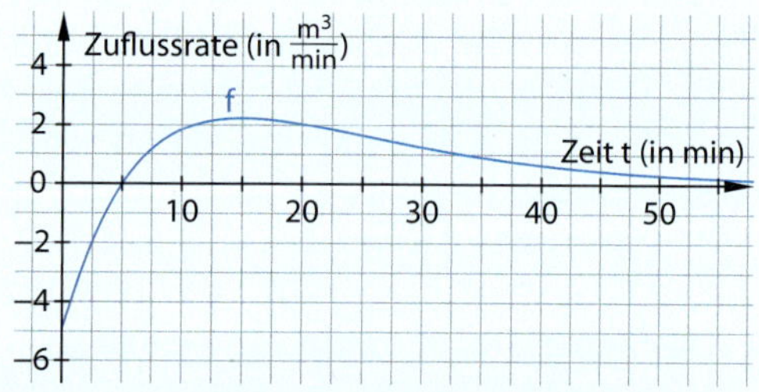

a) Bestimmen Sie den Zeitpunkt, an dem die Wassermenge im Becken minimal ist.
b) Berechnen Sie, nach wie vielen Minuten die Wassermenge am stärksten zunimmt.
c) Erläutern Sie, welche Bedeutung $\int_0^5 f(t)dt \approx -10{,}65$ im Sachkontext hat, und geben Sie die Einheit von $-10{,}65$ an.
d) Zu Beginn befinden sich 11 m^3 Wasser im Becken. Bestimmen Sie eine Funktionsgleichung für die Wassermenge $V(t)$ im Becken.
Hinweis: $F(t) = (-10t - 50)\,e^{-0{,}1t}$ beschreibt eine Stammfunktion von f.

Lösung:

a) Berechnen Sie die Nullstelle von f.

$(t-5) \cdot e^{-0{,}1t} = 0 \mid : e^{-0{,}1t} \neq 0$
$t - 5 = 0$ also $t = 5$

Zeigen Sie, dass die Wassermenge bei der Nullstelle $t = 5$ minimal ist, indem Sie das Vorzeichen der Änderungsrate $f(t)$ für $t < 5$ und $t > 5$ untersuchen.

Für $t < 5$ nimmt die Wassermenge wegen $f(t) < 0$ ab, für $t > 5$ nimmt sie wegen $f(t) > 0$ zu.
Nach 5 min ist die Wassermenge minimal.

b) Leiten Sie die Funktion f zweimal ab.

$f'(t) = e^{-0{,}1t}(-0{,}1t + 1{,}5)$
$f''(t) = e^{-0{,}1t}(0{,}01t - 0{,}25)$

Setzen Sie $f'(t) = 0$, um die Extremstellen der Änderungsrate zu bestimmen. Bestimmen Sie die Art der Extremstelle durch Einsetzen in $f''(t)$.	$e^{-0,1t}(-0,1t + 1,5) = 0 \quad \mid e^{-0,1t} \neq 0$ $-0,1t + 1,5 = 0 \quad \mid -1,5 \mid :(-0,1)$ $t = 15$ $f''(15) < 0$, also Hochpunkt bei $t = 15$
Die Wassermenge nimmt am stärksten zu, wenn die Änderungsrate f maximal und positiv ist. Untersuchen Sie, ob es an den Rändern des Definitionsbereichs größere Funktionswerte gibt.	$f(15) \approx 2,23$ Randwerte: $f(0) = -5$; $f(60) \approx 0,14$ Nach 15 min nimmt die Wassermenge im Becken am stärksten zu.
c) Da f die Änderungsrate des Bestands ist, gibt das Integral die Bestandsänderung innerhalb der Integrationsgrenzen an. Die Einheit ergibt sich aus denen von f und der Zeit: $m^3/min \cdot min = m^3$	Der Term $\int_0^5 f(t)\,dt \approx -10,65$ gibt an, dass die Wassermenge im Becken in den ersten 5 min um $10,65\,m^3$ abnimmt.
d) Die Funktion $V(t)$ der Wassermenge in m^3 ist eine Stammfunktion von f. Alle Stammfunktionen sind durch $F(t) + C$ gegeben. Bestimmen Sie C so, dass die Anfangsmenge $11\,m^3$ berücksichtigt wird, also $V(0) = 11$ gilt.	$V(t) = F(t) + C = (-10t - 50)\,e^{-0,1t} + C$ $V(0) = 11$ $(-10 \cdot 0 - 50)\,e^{-0,1 \cdot 0} + C = 11$ $-50 \cdot 1 + C = 11 \quad \mid +50$ $C = 61$ $V(t) = (-10t - 50)\,e^{-0,1t} + 61$

Basisaufgaben

5. Der abgebildete Graph zeigt die Wachstumsgeschwindigkeit der Fuchspopulation in einem Naturpark im Intervall [0; 24]. t gibt die Zeit in Jahren nach Beobachtungsbeginn an und $f(t)$ die Anzahl der Füchse pro Jahr.

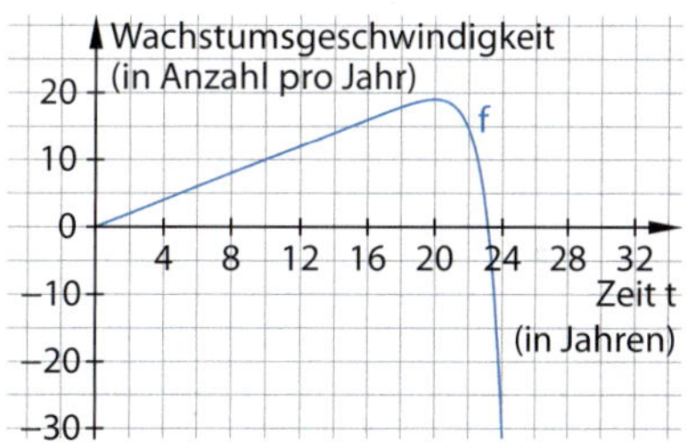

a) Geben Sie anhand des Graphen an, wie viele Jahre nach Beobachtungsbeginn die Fuchspopulation am stärksten zunimmt.

b) Lesen Sie aus dem Graphen den Zeitraum ab, in dem die Anzahl der Füchse abnimmt.

c) Geben Sie die Bedeutung der Nullstelle bei $t \approx 23$ für den Sachkontext an.

d) Es gilt $\int_0^{24} f(t)\,dt \approx 233$. Erläutern Sie, welche Bedeutung dies für die Fuchspopulation hat.

6. Die Funktion k mit $k(t) = (t^2 - 7t)\,e^{-0,25t}$ beschreibt die Änderungsrate des Kontostands eines Unternehmens in 1000 Euro/Monat in Abhängigkeit von der Zeit in Monaten in einem Zeitraum von vier Jahren. Zu Beginn beträgt der Kontostand −11 000 Euro.

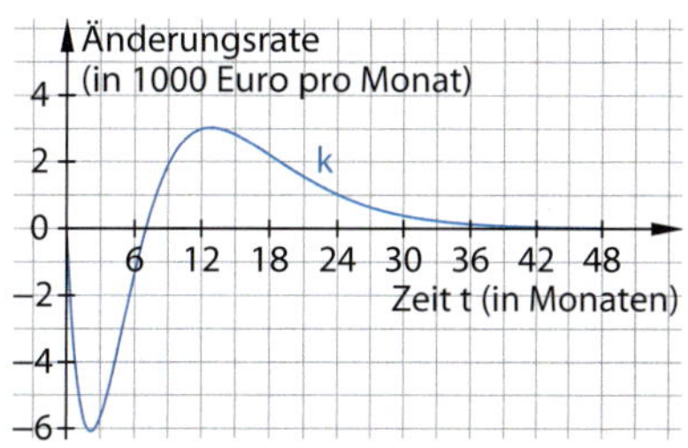

a) Berechnen Sie, in welchem Zeitraum der Kontostand niedriger wird und zu welchem Zeitpunkt er am niedrigsten ist.

b) Lesen Sie am Graphen näherungsweise ab, zu welchen Zeitpunkten der Kontostand am stärksten abnimmt bzw. zunimmt und wie hoch die Änderungsraten zu diesen Zeitpunkten sind.

c) Bestimmen Sie eine Funktionsgleichung für den Kontostand $K(t)$ des Unternehmens. Zeigen Sie hierzu, dass $F(t) = (-4t^2 - 4t - 16)\,e^{-0,25t}$ eine Stammfunktion von k beschreibt.

7. Die Wasserzuflussrate in einem See wird in den ersten 13 Monaten nach Beobachtungsbeginn annähernd durch die Funktion f mit $f(t) = (t^2 - 1) \cdot e^{-t}$ dargestellt (t in Monaten nach Beobachtungsbeginn, f(t) in 1000 m^3/Monat).
   a) Berechnen Sie die Wasserzuflussrate 4 Monate nach Beobachtungsbeginn.
   b) Ermitteln Sie die Zeiträume, in denen die Wassermenge im See geringer wird. Geben Sie die Zeitpunkte an, an denen die Wassermenge lokal minimal bzw. maximal ist.
   c) Bestimmen Sie, nach wie vielen Monaten die Wassermenge im See am stärksten zunimmt bzw. abnimmt.
   d) Berechnen Sie $\int_0^{13} f(t)\,dt$ und geben Sie in Worten die Bedeutung dieser Zahl im Sachzusammenhang wieder. (Hinweis: $F(t) = -(t+1)^2 e^{-t}$ ist eine Stammfunktion von f.)

Weiterführende Aufgaben

8. Eine unerwünschte Gewichtszunahme direkt nach einer Diät bezeichnet man als Jojo-Effekt. Die Funktion f mit $f(t) = -0{,}125\,t^2 e^{-0{,}1t} + 60$ beschreibt für t in Tagen und f(t) in kg den Gewichtsverlauf einer Person nach Diätbeginn bei $t = 0$.
   a) Ermitteln Sie das Anfangsgewicht der Person.
   b) Bestimmen, wie viel Gewicht die Person nach 23 Tagen verloren hat.
   c) Berechnen Sie den Zeitpunkt, an dem die Person das niedrigste Gewicht erreicht, und geben Sie dieses Gewicht an.
   d) Beurteilen Sie die Aussage: *„Das Integral $\int_0^{10} f(t)dt$ gibt die gesamte Gewichtsabnahme in den ersten 10 Tagen an."*

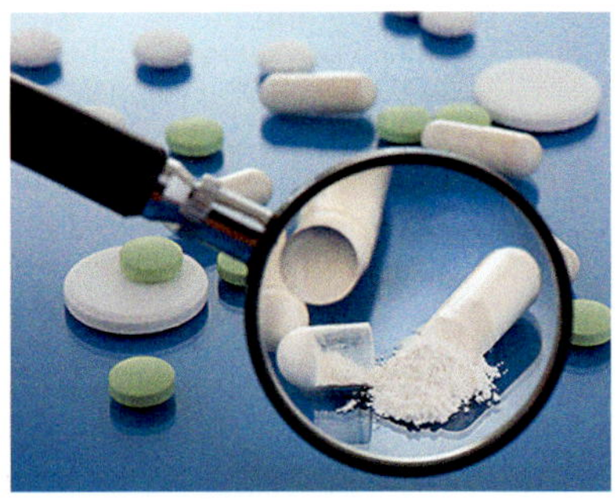

9. Ein Medikament, das in Tablettenform verabreicht wird, wird in unterschiedlichen Wirkstoffdosierungen produziert. In den ersten 24 Stunden nach Einnahme einer Tablette kann die Wirkstoffkonzentration des Medikaments im Blut eines Patienten näherungsweise durch $f(t) = 2{,}5te^{-0{,}2t}$ beschrieben werden. Dabei gibt t die Zeit seit der Einnahme in Stunden und f(t) die Wirkstoffkonzentration im Blut in Milligramm pro Liter an.
   a) Berechnen Sie die Wirkstoffkonzentration im Blut des Patienten nach 3 Stunden.
   b) Bestimmen Sie die maximale Wirkstoffkonzentration im Blut des Patienten.
   c) Das Medikament ist nur wirksam, wenn die Konzentration im Blut mindestens 1,5 mg pro Liter beträgt. Zeigen Sie, dass für eine durchgehende Wirksamkeit spätestens nach 16 Stunden und 36 Minuten eine neue Verabreichung erfolgen muss.
   d) Berechnen Sie den Zeitpunkt, an dem die Konzentration am stärksten abnimmt.
   e) Eine neuere Untersuchung hat gezeigt, dass im Gegensatz zum oben angegebenen Modell die Konzentration ab dem in d) berechneten Zeitpunkt weiter konstant abnimmt. Berechnen Sie den Zeitpunkt, zu dem nach diesem neuen Modell kein Wirkstoff mehr im Blut vorhanden ist.

10. Stolperstelle: Die Funktion f beschreibt die momentane Änderungsrate einer Menge in kg/Tag in Abhängigkeit von der Zeit t in Tagen. F ist eine Stammfunktion von f und F(0) gibt die Anfangsmenge an. Ordnen Sie jeder Beschreibung A bis C einen passenden Term der Terme ① bis ⑤ zu.

A: Gewicht nach 2 Tagen

B: momentane Änderungsrate nach 2 Tagen

C: Differenz zwischen dem Gewicht nach 2 Tagen und dem Anfangsgewicht

① $f(2)$

② $\int_0^2 F(t)dt$

③ $f(2) - f(0)$

④ $\int_0^2 f(t)dt$

⑤ $F(2)$

11. Die Funktion f mit $f(t) = 1{,}25e^{0{,}5t} + 1{,}25t^2 - 10t + 20$ beschreibt die Datenübertragungsrate in MB/s (Megabyte pro Sekunde) in Abhängigkeit von der Zeit t in Sekunden, die beim Herunterladen einer Datei gemessen wird. Die Übertragung dauert 14 Sekunden.

a) Geben Sie die Übertragungsrate am Anfang sowie nach 4 Sekunden an.

b) Zeigen Sie, dass die Datenübertragungsrate in den ersten 2,92 Sekunden ab- und danach wieder zunimmt. Geben Sie die minimale Datenübertragungsrate an.

c) Überprüfen Sie, ob ein USB-Stick mit einem freien Speicherplatz von 4 GB (Gigabyte) ausreicht, um die gesamte Datei zu speichern.

d) Ermitteln Sie die durchschnittliche Übertragungsrate in den ersten 10 Sekunden.

● **12.** Die Änderungsrate einer Bakterienpopulation kann mittels einer Funktion vom Typ $f(t) = at^2e^{bt}$ mit $a, b \in \mathbb{R}$ modelliert werden (t: Zeit in Tagen nach Beobachtungsbeginn, f(t): Anzahl der Bakterien pro Tag). Dabei wurde nach 8 Tagen eine Änderungsrate von 16 Bakterien pro Tag und nach 12 Tagen eine Änderungsrate von 6 Bakterien pro Tag festgestellt.

a) Stellen Sie ein Gleichungssystem auf und ermitteln Sie damit die Parameter a und b.

b) Zeigen Sie, dass F mit $F(t) = 9e^{-\frac{\ln(6)}{4}t} \cdot \left(-\frac{4}{\ln(6)}t^2 - \frac{32}{\ln(6)^2}t - \frac{128}{\ln(6)^3}\right)$ eine Stammfunktion von f ist.

c) Bestimmen Sie die Funktion, die die Bakterienpopulation in Abhängigkeit von t beschreibt, wenn zu Beginn der Beobachtung 11 Bakterien zu sehen waren.

Erinnerung:
$\ln\left(\frac{u}{v}\right) = \ln(u) - \ln(v)$.

● **13. Ausblick:** Die Große Hungersnot in Irland war die Folge mehrerer Missernten von Kartoffeln, dem damaligen Hauptnahrungsmittel der Iren. Die Bevölkerung, die 1845 etwa 8 Millionen Einwohner betrug, sank in Folge der Hungersnöte so stark, dass sich das Land bis heute nicht davon erholen konnte.

Die Bevölkerungsentwicklung Irlands seit 1845 kann annähernd durch die Funktion f mit $f(t) = 8 - \frac{1}{10000}t^2 e^{-0{,}02t + 3{,}5}$ modelliert werden. t gibt die Zeit in Jahren nach 1845 und f(t) die Bevölkerungszahl in Millionen an.

a) Bestimmen Sie die Bevölkerungszahl Irlands im Jahr 2019. Geben Sie das Ergebnis auch als Anteil an der ursprünglichen Bevölkerungszahl im Jahr 1845 an.

b) Ermitteln Sie die niedrigste Bevölkerungszahl Irlands seit 1845.

c) Ermitteln Sie die mittlere Bevölkerungsänderung in der Abnahmephase von 1845 bis 1945 sowie in der Anstiegsphase von 1945 bis 2019.

d) Aufgrund des Bevölkerungsschubs der letzten Jahre ist anzunehmen, dass sich ab 2019 die Einwohnerzahl so entwickelt, dass schon im Jahr 2020 die 5-Millionen-Marke erreicht wird. Bestimmen Sie eine Funktion vom Typ $g(t) = ae^{kt}$, die den weiteren Verlauf ab 2019 beschreibt.

4.4 Abiturtraining

Aufgaben ohne Hilfsmittel

1. Gegeben sind die Funktion f und ihre Ableitungsfunktion f':
$f(x) = x^2 \cdot e^{-x}$ und $f'(x) = (2x - x^2) \cdot e^{-x}$

a) Bestimmen Sie die zweite Ableitung von f und leiten Sie die Koordinaten der Extrempunkte des Graphen von f her.

b) Zeigen Sie, dass F mit $F(x) = -(x^2 + 2x + 2) \cdot e^{-x}$ eine Stammfunktion von f ist.

c) Begründen Sie mithilfe der bisherigen Ergebnisse, dass der Graph jeder Stammfunktion F zu f den Sattelpunkt $S(0 \mid F(0))$ hat.

d) Die Ableitungsfunktion f' schließt zwischen ihren Nullstellen ein Flächenstück mit der x-Achse ein. Berechnen Sie den Inhalt dieser Fläche.

2. Gegeben ist eine Funktion f mit $f(x) = (x + 3) \cdot e^{-x}$, $x \in \mathbb{R}$.

a) Entscheiden Sie, welcher der Terme ①–④ zur Ableitung f' passt.
① $(x - 2) \cdot e^{-x}$ ② $2(x - 2) \cdot e^{-x}$ ③ $-(x + 2) \cdot e^{-x}$ ④ $-(x + 2) \cdot e^{x}$

b) Die zweite Ableitung von f ist gegeben durch $f''(x) = (x + 1) \cdot e^{-x}$, $x \in \mathbb{R}$. Argumentieren Sie damit und mit dem Resultat aus a), dass $x = -2$ eine mögliche Extremstelle und $x = -1$ eine mögliche Wendestelle von f sind.

c) Die Abbildung zeigt die Graphen der Ableitungsfunktionen f' und f''. Entscheiden Sie begründet, welcher Graph zur f' gehört. Begründen Sie anhand der Verläufe der Graphen von f' und f'', dass der Graph von f den Hochpunkt $H(-2 \mid f(-2))$ und den Wendepunkt $W(-1 \mid f(-1))$ hat.

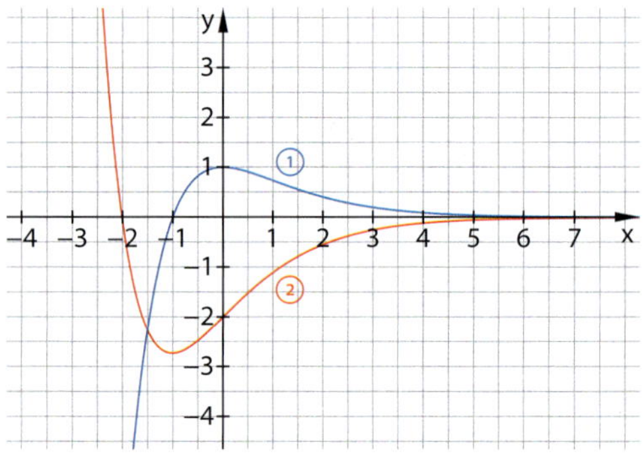

3. Gegeben ist eine Funktion f mit $f(x) = \frac{1}{2}(x - 2) \cdot e^{-2x}$, $x \in \mathbb{R}$.

a) Bestimmen Sie die erste Ableitung f' und geben Sie alle Nullstellen von f und f' an.

b) Zeigen Sie, dass $F(x) = -\frac{1}{4}\left(x - \frac{3}{2}\right) \cdot e^{-2x}$, $x \in \mathbb{R}$ eine Stammfunktion von f ist. Geben Sie eine weitere Stammfunktion G an, für die $G(1{,}5) = 3$ gilt.

c) Bestimmen Sie die Stelle sowie die Art des Extrempunkts des Graphen von F.

4. Die Funktion n mit $n(t) = 3te^{-\frac{1}{5}t}$ beschreibt für $t \geq 0$ die Rate der Neuerkrankungen während einer Läuseepidemie an einer Schule. (t in Wochen, n(t) in Neuerkrankte/Woche)

a) Weisen Sie nach, dass die Anzahl an Neuerkrankungen in der 5. Woche nach Beobachtungsbeginn am stärksten gestiegen ist.

b) Beschreiben Sie die Bedeutung des Terms $\int_2^8 n(t)\,dt$ im Sachzusammenhang.

c) Entscheiden Sie, welcher Funktionsterm zu einer Stammfunktion von n gehört. Begründen Sie Ihre Wahl.
① $-15te^{-\frac{1}{5}t}$ ② $(-5t - 25)e^{-\frac{1}{5}t}$ ③ $-15(t + 5)e^{-\frac{1}{5}t}$

d) Zu Beobachtungsbeginn sind drei Schüler von Läusen befallen. Ermitteln Sie die Gleichung einer Funktion, die die Anzahl der Neuerkrankten an der Schule beschreibt.

Aufgaben mit Hilfsmitteln

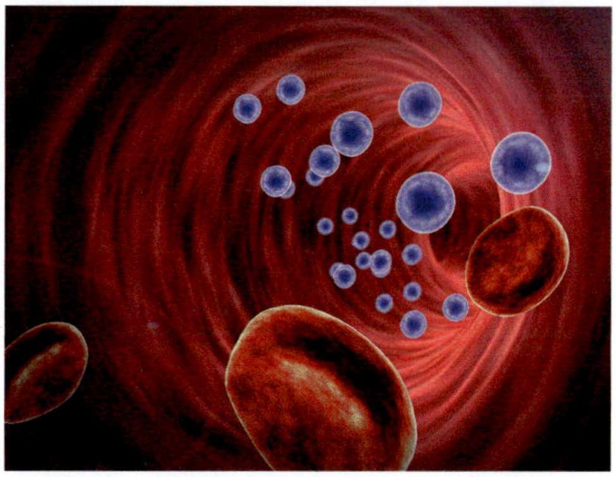

5. Die Funktion f mit $f(t) = 15t \cdot e^{-0,2t}$ beschreibt die Entwicklung des Wirkstoffgehalts im Blut eines Patienten nach der Einnahme eines Medikaments. Dabei ist t die Zeit in Stunden und f(t) die Wirkstoffmenge in mg pro Liter Blut.

a) Das Medikament beginnt ab einer Konzentration von 7,5 mg pro Liter Blut zu wirken.

① Berechnen Sie die Menge des Wirkstoffs, die sich nach 150 Minuten im Blut befindet.

② Weisen Sie nach, dass das Medikament etwa 33,6 Minuten nach Einnahme des Medikaments Wirkung zeigt.

③ Bestimmen Sie den Zeitpunkt, zu dem der Wirkstoffgehalt maximal ist, und geben Sie den maximalen Wirkstoffgehalt an.

b) Die mittlere Wirkstoffmenge in einem Zeitintervall [a; b] lässt sich berechnen als

$$\frac{1}{b-a} \cdot \int_a^b f(t)\,dt.$$

① Zeigen Sie, dass F mit $F(t) = -75(t+5) \cdot e^{-0,2t}$ eine Stammfunktion von f ist.

② Berechnen Sie die mittlere Wirkstoffmenge in den ersten 20 Stunden.

c) Bestimmen Sie den Zeitpunkt, zu dem die Wirkstoffmenge am stärksten abnimmt, und geben Sie an, mit welcher Geschwindigkeit die Wirkstoffmenge zu diesem Zeitpunkt abnimmt.

d) In einem abgewandelten Modell wird angenommen, dass ab der Wendestelle die Wendetangente den linearen Abbau der Wirkstoffmenge beschreibt. Berechnen Sie, wann nach diesem Modell der Wirkstoff vollständig abgebaut ist.

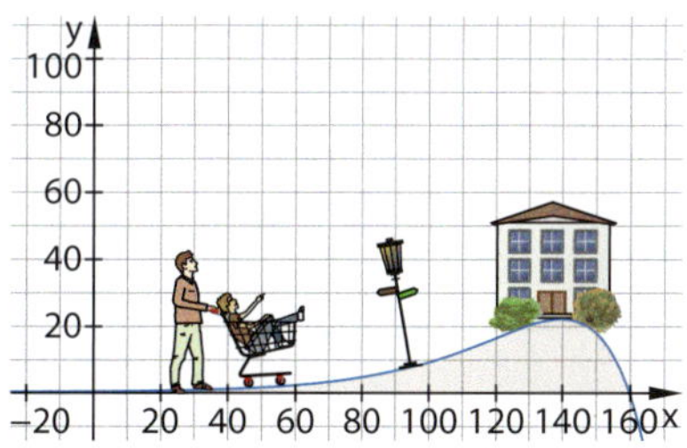

6. Herr Lebhaft unternimmt während einer Klassenfahrt mit seinen Schülern einen Ausflug. Sein Schüler Hamza verletzt sich während des Ausflugs am Bein und muss zurück zur Jugendherberge gebracht werden, die sich auf dem Gipfel eines Hügels befindet. Dazu wird er von Herrn Lebhaft in einem Einkaufswagen den Hügel hochgeschoben, dessen Querschnitt für $0 \leq x \leq 160$ durch die Funktion f mit $f(x) = 0{,}001(-x + 160)e^{0,05x}$ beschrieben wird. Dabei gibt x die horizontale Länge des Profils in Meter und f(x) die Höhe in Meter über NN an.

a) Bestimmen Sie die Koordinaten der Jugendherberge.
[Kontrollergebnis: H(140 | 21,93)]

b) Berechnen Sie die durchschnittliche Steigung des Hügels bis zur Herberge.

c) Herr Lebhaft kann mir dem Einkaufswagen einen Anstieg von bis zu 20° überwinden. Prüfen Sie, ob er es schafft den Einkaufswagen bis zur Herberge hochzuschieben. Geben Sie die Stelle an, an der der Hügel den steilsten Anstieg hat.

d) An der Stelle mit der maximalen Steigung steht eine Straßenlaterne senkrecht zur Straße. Geben Sie die Gleichung der Geraden an, in der die Straßenlaterne enthalten ist.

Lösungen ↗ S. 333/334

1. Bestimmen Sie erste und zweite Ableitung.

a) $f(x) = 2x \cdot e^x$ b) $f(x) = (1 - x^2) \cdot e^{2x}$ c) $f(t) = (t^2 - t) \cdot e^{-0,5t}$
d) $f(x) = \frac{x}{e^x}$ e) $f_a(x) = ax^2 \cdot e^{-2ax}$ f) $g(x) = \sqrt{x+1} \cdot e^x$

2. Ermitteln Sie die Nullstellen sowie die Extrem- und Wendepunkte der Funktion f.

a) $f(x) = (x^2 - 1) \cdot e^{x-1}$ b) $f(x) = (x - 1)^2 \cdot e^x$
c) $f(t) = (t + 1) \cdot (t - 2) \cdot e^{2t}$ d) $f(t) = 4t \cdot e^{-2t}$
e) $f(x) = x^3 \cdot e^{-x}$ f) $f(x) = 8x^2 \cdot \sqrt{1 - 2x}$

3. Bestimmen Sie eine Stammfunktion von f.

a) $f(x) = 2x + e^{3x+1}$ b) $f(x) = e^{-x-1} - 1$ c) $f(t) = t^{\frac{1}{2}} - 2e^{5t+2} - t$

4. Gegeben ist die Funktion f mit $f(x) = 4(x - 1) \cdot e^{-(x-1)}$

a) Geben Sie die Nullstellen von f und den Schnittpunkt des Graphen mit der y-Achse an.
b) Geben Sie das Monotonieverhalten von f durch Ermitteln der Extrempunkte an.
c) Bestimmen Sie die Gleichung der Wendetangente von f.
d) Prüfen Sie den Graphen von f auf Achsensymmetrie zur y-Achse und Punktsymmetrie zum Ursprung.
e) Skizzieren Sie den Graphen von f.
f) Zeigen Sie, dass durch F mit $F(x) = -4 \cdot x \cdot e^{1-x}$ eine Stammfunktion zu f gegeben ist Bestimmen Sie den Inhalt der Fläche, die vom Graphen von f und der x-Achse im Intervall [1; 5] eingeschlossen wird.

5. Die Funktion f mit $f(t) = (t - 3)^2 \cdot e^{-\frac{t}{4}}$ sei für $0 \le t \le 15$ ein Modell für die Wachstumsgeschwindigkeit einer Bakterienkultur. Dabei beschreibt t die Zeit in Stunden. Die Wachstumsgeschwindigkeit wird in Tausend pro Stunde angegeben. Zum Beobachtungsbeginn (Zeitpunkt $t = 0$) waren 2000 Bakterien vorhanden.

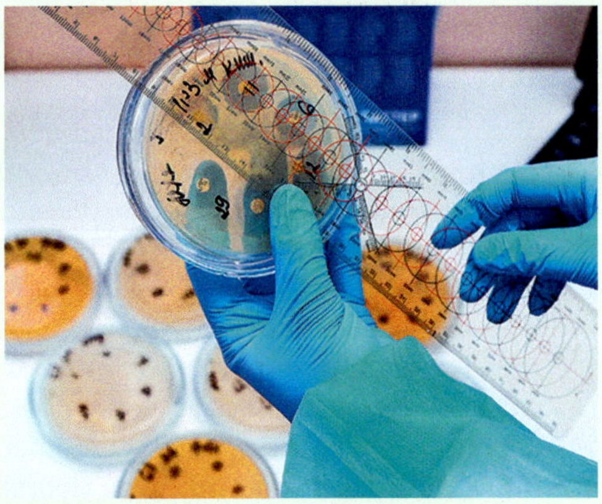

a) Ermitteln Sie die Extrem- und Wendepunkte von f im Intervall $0 \le t \le 15$.
b) Zeichnen Sie den Graphen von f im angegebenen Intervall.
c) Untersuchen Sie den Wahrheitsgehalt folgender Aussagen.
A: Im Zeitraum $0 \le t \le 3$ nimmt die Anzahl der Bakterien ab.
B: Für $t = 3$ ist die Bakterienanzahl gleich null.
C: Zum Zeitpunkt $t = 11$ ist die Bakterienanzahl am größten.
d) Weisen Sie nach, dass F mit $F(t) = (-4t^2 - 8t - 68)e^{-\frac{t}{4}}$ eine Stammfunktion von f ist.
e) Ermitteln Sie näherungsweise die Bakterienanzahl fünf Stunden nach Beobachtungsbeginn.

6. Gegeben ist die Funktionenschar f_a mit $f_a(x) = x \cdot e^{ax}$ und $a \neq 0$.

a) Bestimmen Sie die Ableitungen f'_a, f''_a und f'''_a.
b) Ermitteln Sie die Extrem- und die Wendestelle von f_a. Unterscheiden Sie die Fälle $a > 0$ und $a < 0$ und geben Sie die Koordinaten und Art des Extrem- und Wendepunkts des Graphen von f in Abhängigkeit von a an.
c) Zeigen Sie, dass F_a mit $F_a(x) = \frac{1}{a^2}(ax - 1) \cdot e^{ax}$ eine Stammfunktion von f_a ist.

Lösungen
↗ S. 334/335

7. Das Laden eines Smartphoneakkus lässt sich durch die Funktionenschar mit der Gleichung $L(t) = 100 - 80e^{-k \cdot t}$ mit $k > 0$ beschreiben. Hierbei ist $L(t)$ der Ladezustand in Prozent zum Zeitpunkt t in Stunden.

a) Begründen Sie anhand des Funktionsterms, dass sich der Ladestand mit wachsendem t 100 % nähert.
b) Beschreiben Sie, wie sich die Ladegeschwindigkeit mit wachsendem t ändert.
c) Bestimmen Sie, für welche Werte von k der Ladestand 1,5 Stunden nach Beginn des Ladevorgangs größer als 60 % ist.
d) Der voll aufgeladene Akku ist ohne Benutzung nach 12 Stunden auf 75 % gesunken. Stellen Sie für den exponentiellen Entladevorgang eine Funktionsgleichung auf.

8. Bei einem Test wird die Geschwindigkeit v eines Autos (v in Meter pro Sekunde) in Abhängigkeit von der Zeit t (t in Sekunden) durch die Funktion $v(t) = 10t \cdot e^{-0,2t}$ für den Zeitraum $0 \leq t \leq 30$ beschrieben.

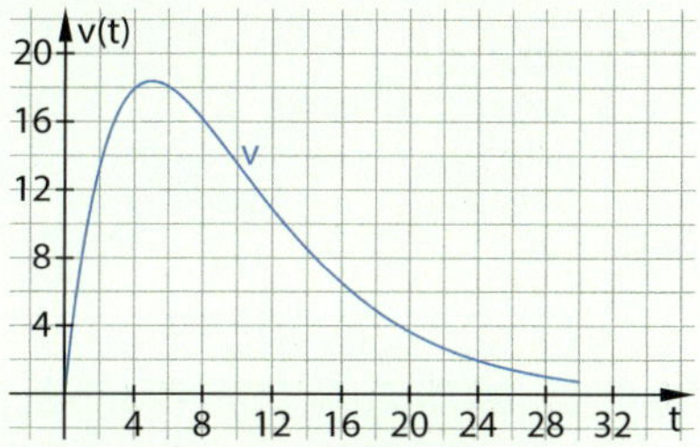

a) Berechnen Sie die maximale Geschwindigkeit des Autos (in km/h) im Zeitraum $0 \leq t \leq 30$.
b) Begründen Sie, dass die Funktion a mit $a(t) = (10 - 2t) \cdot e^{-0,2t}$ die Beschleunigung des Autos für $0 \leq t \leq 30$ beschreibt.
c) Ermitteln Sie den Zeitpunkt, an dem das Auto am wenigsten beschleunigt. Geben Sie die Geschwindigkeit des Autos (in km/h) zu diesem Zeitpunkt an.
d) Begründen Sie, weshalb die Funktion s mit $s(t) = -50 \cdot (t + 5) \cdot e^{-0,2t} + 250$ den Zusammenhang zwischen zurückgelegtem Weg s (s in Meter) und der Zeit t (t in Sekunden) beschreibt.
e) Berechnen Sie den Weg, den das Auto in den ersten fünf Sekunden zurücklegt. entfernen

9. Nach Betriebsunfällen in einer Chemiefabrik kommt es immer wieder zu einer erhöhten Schadstoffkonzentration in einem nahegelegenen See. Diese kann in den ersten Wochen nach einem Unfall durch die Funktion $f(t) = 5te^{-0,5t}$ modelliert werden, (t: Anzahl der Wochen nach dem Unfall, f(t): Schadstoffkonzentration in $\frac{mg}{\ell}$)

a) Ermitteln Sie die Schadstoffkonzentration im See 10 Tage nach einem Unfall.
b) Bestimmen Sie, wann die höchste Schadstoffkonzentration erreicht wird, und geben Sie diese an.
c) Zeigen Sie, dass F mit $F(t) = (-10t - 20) \cdot e^{-0,5t}$ eine Stammfunktion von f ist.
d) Die mittlere Schadstoffkonzentration über einem Zeitintervall [c; d] lässt sich mit $\frac{1}{d-c} \cdot \int_c^d f(t)dt$ ermitteln. Berechnen Sie die mittlere Schadstoffkonzentration für die ersten 5 Wochen nach einem Unfall.
e) Berechnen Sie den Zeitpunkt, zu dem die Schadstoffkonzentration am stärksten abnimmt.
f) Es wird angenommen, dass ab dem Zeitpunkt der stärksten Abnahme die Schadstoffkonzentration mit gleicher Geschwindigkeit linear abnimmt. Berechnen Sie, wann die Schadstoffkonzentration nach diesem Modell auf null zurückgegangen ist.

Produktregel

Haben die Funktionen u und v die Ableitungen u′ und v′, so hat die Funktion f mit $f(x) = u(x) \cdot v(x)$ die Ableitung $f'(x) = u'(x) \cdot v(x) + u(x) \cdot v'(x)$.

$f(x) = x^2 \cdot (3x + 5)$

$u(x) = x^2 \qquad v(x) = 3x + 5$

$u'(x) = 2x \qquad v'(x) = 3$

$f'(x) = 2x \cdot (3x + 5) + x^2 \cdot 3 = 9x^2 + 10x$

Bestandsfunktionen

Durch die Darstellung des Graphen einer Bestandsfunktion kann man wie im folgenden Beispiel den Sachverhalt veranschaulichen und den mathematischen Eigenschaften der Funktion die Bedeutung im konkreten Sachverhalt gegenüberstellen.

Zeitliche Entwicklung eines Hasenbestands

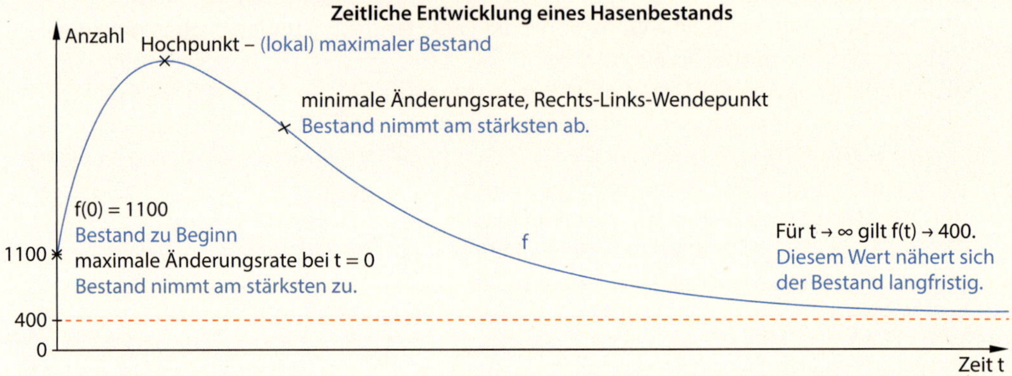

Mathematische Funktionen können Sachverhalte nur in einem bestimmten Intervall realistisch beschreiben. Deshalb sollten die Ergebnisse stets auf den Sachzusammenhang übertragen und interpretiert werden.

Änderungsraten

Durch die Funktion der Änderungsrate einer Bestandsfunktion kann man Informationen über das Verhalten der Funktionswerte und den Verlauf der Bestandsfunktion gewinnen. Auch im Sachkontext können Rückschlüsse von der Änderungsrate auf den Bestand nützlich sein.

Mithilfe des Graphen einer Änderungsrate f kann man wie im folgenden Beispiel den mathematischen Eigenschaften der Änderungsrate die Bedeutung für den Bestand im konkreten Sachkontext gegenüberstellen.

Änderungsrate eines Hasenbestands

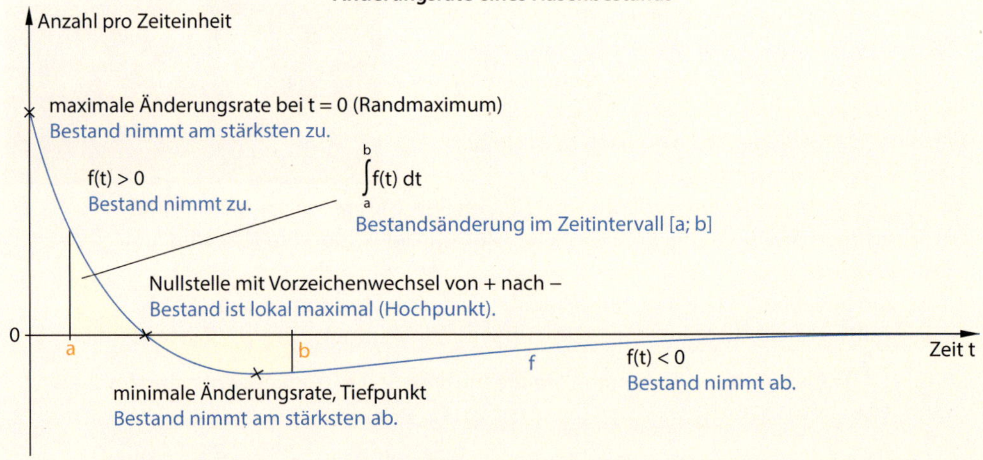

5. Geraden und Ebenen

Basstölpel können Fische aus großer Höhe erspähen und stürzen zur Jagd mit bis zu 100 km/h auf die Wasseroberfläche zu. Ihre Flugbahn verläuft dabei nahezu geradlinig. Zu welcher Zeit sie ihre Beute erreichen, lässt sich gut mit Geraden und Ebenen modellieren.

Nach diesem Kapitel können Sie …
- Geraden und Ebenen mit Parametergleichungen beschreiben,
- Lagebeziehungen von Geraden untersuchen,
- Spurpunkte bestimmen,
- Skalarprodukte berechnen und geometrisch deuten.

Lösungen
↗ S. 335

Figuren und ebenes Koordinatensystem

1. a) Nennen Sie Eigenschaften eines gleichschenkligen und eines gleichseitigen Dreiecks.
b) Berechnen Sie die Höhe eines gleichseitigen Dreiecks mit Seitenlänge a = 5 cm.

2. Gegeben sind die folgenden Vierecke.

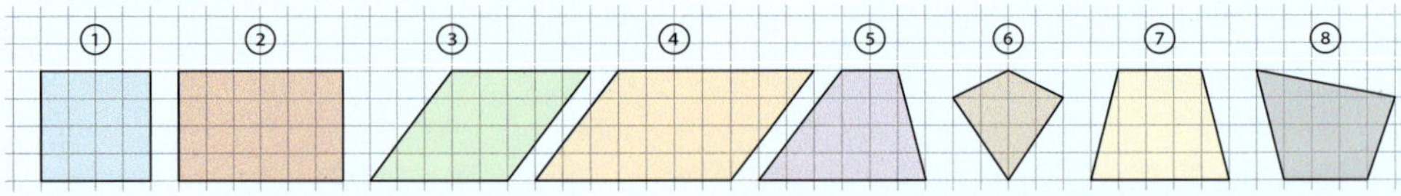

a) Ordnen Sie jedem abgebildeten Viereck eine passende Vierecksart zu. Verwenden Sie dabei jede der folgenden Vierecksarten genau einmal: gleichschenkliges Trapez, Rechteck, allgemeines Viereck, Parallelogramm, Quadrat, Drachenviereck, Trapez, Raute.
b) Definieren Sie die Vierecke ① bis ⑤ anhand der Eigenschaften ihrer Seiten.
c) Skizzieren Sie die Vierecke ① bis ⑦ ins Heft und zeichnen Sie die Diagonalen ein. Nennen Sie Eigenschaften ihrer Diagonalen.
d) Geben Sie an, welche der Vierecke auch Parallelogramme sind.

3. Gegeben sind die Punkte A(3 | 1), B(3 | 4) und C(1 | 2,5).
a) Zeichnen Sie das Dreieck ABC im Koordinatensystem.
b) Spiegeln Sie das Dreieck ABC an der x-Achse und geben Sie die Koordinaten der Spiegelpunkte A', B' und C' an.
c) Berechnen Sie die Längen der Strecken $\overline{AB}$, $\overline{BC}$ und $\overline{AC}$.
d) Geben Sie die Koordinaten der Mittelpunkte der Strecken $\overline{AB}$, $\overline{BC}$ und $\overline{AC}$ an.

Körper und räumliches Koordinatensystem

4. Zeichnen Sie ein Schrägbild des Körpers.
a) Würfel mit Kantenlänge a = 4 cm
b) Quader mit den Kantenlängen a = 3 cm, b = 4 cm und c = 6 cm
c) gerade Pyramide mit quadratischer Grundfläche der Seitenlänge a = 5 cm und Höhe h = 7 cm

5. Die Skizze zeigt einen Quader und eine quadratische Pyramide. Es gilt a = 4 cm, b = 2 cm, c = 3 cm und h = 5 cm.

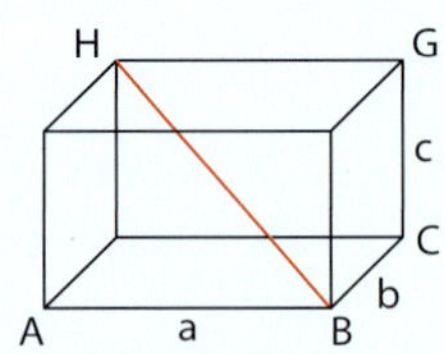

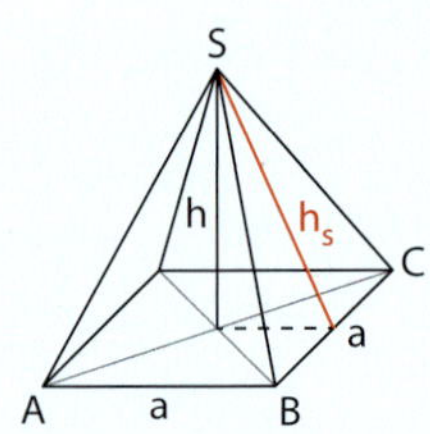

a) Berechnen Sie die Länge der Raumdiagonalen $\overline{BH}$ des Quaders.
b) Berechnen Sie Volumen und Oberfläche des Quaders.
c) Berechnen Sie das Volumen der Pyramide.
d) Berechnen Sie die Länge der Höhe h_s des Seitendreiecks und die Oberfläche der Pyramide.

6. Die fünf Punkte sind Eckpunkte eines Quaders. Zeichnen Sie den Quader in ein Koordinatensystem ein. Geben Sie die Koordinaten der übrigen drei Ecken an.
a) A(2 | −1 | −2), B(2 | 3 | −2), C(−2 | 3 | −2), D(−2 | −1 | −2), E(2 | −1 | 3)
b) A(1 | −1 | 0), C(−2 | 2 | 0), D(−2 | −1 | 0), F(1 | 2 | 2), H(−2 | −1 | 2)
c) B(3 | 3 | 0), C(0 | 3 | 0), E(3 | 0 | 3), G(0 | 3 | 3), H(0 | 0 | 3)

Vektoren

Lösungen
↗ S. 335/336

7. Die Figur ist ein dreiseitiges Prisma.
   a) Geben Sie die Koordinaten der Verbindungsvektoren $\overrightarrow{AB}$, $\overrightarrow{BC}$ und $\overrightarrow{AC}$ an.
   b) Berechnen Sie die Seitenlängen des Dreiecks ABC.
   c) Zeigen Sie: $\overrightarrow{BC} = \overrightarrow{EF}$
   d) Berechnen Sie die Koordinaten von D so, dass ABCD ein Parallelogramm ist.

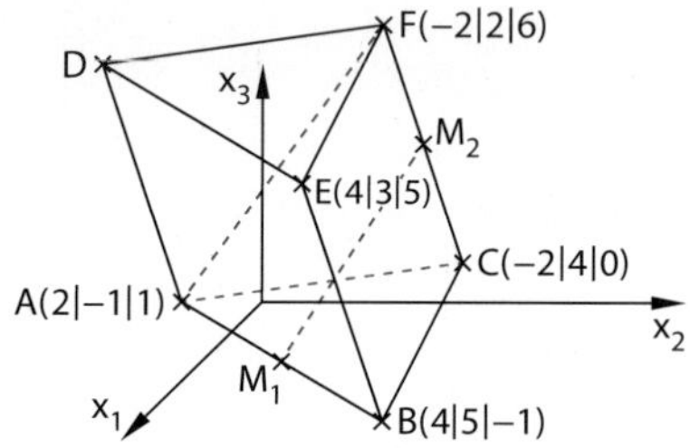

8. M_1 und M_2 sind Seitenmittelpunkte des Prismas aus Aufgabe 7.
   a) Zeigen Sie (Skizze!), dass für den Ortsvektor von M_1 gilt:
   $\overrightarrow{OM_1} = \overrightarrow{OA} + \frac{1}{2}\overrightarrow{AB}$
   b) Zeigen Sie durch Umformen, dass gilt:
   $\overrightarrow{OM_1} = \overrightarrow{OA} + \frac{1}{2}\overrightarrow{AB} = \frac{1}{2}\left(\overrightarrow{OA} + \overrightarrow{OB}\right)$
   c) Berechnen Sie die Koordinaten von M_1 und M_2.
   d) Prüfen Sie rechnerisch, ob $\overline{AF}$ parallel zu $\overline{M_1M_2}$ ist.

9. Eine Fähre legt im Punkt A(−100 | 500) am Ufer eines Flusses ab. Bei stehendem Gewässer würde sie sich pro Minute um den Vektor $\vec{v} = \begin{pmatrix} 150 \\ -100 \end{pmatrix}$ bewegen (1 LE = 1 m). Die Fließgeschwindigkeit des Wassers pro Minute ist durch $\vec{w} = \begin{pmatrix} -100 \\ -50 \end{pmatrix}$ gegeben.
   a) Geben Sie den Vektor der tatsächlichen Bewegung der Fähre pro Minute an.
   b) Berechnen Sie die Geschwindigkeit der Fähre in m/min und km/h.
   c) Ermitteln Sie, nach wie vielen Minuten die Fähre den Punkt B(100 | −100) am anderen Ufer erreicht.

Lineare Gleichungssysteme

10. Lösen Sie das Gleichungssystem. Geben Sie jeweils an, welches Lösungsverfahren besonders geeignet ist (Gleichsetzungs-, Einsetzungs-, Additionsverfahren).

a) $\left|\begin{array}{l} y = -2x + 19 \\ y = x - 2 \end{array}\right|$ b) $\left|\begin{array}{l} y = 3x - 7 \\ 4x + 2y = 16 \end{array}\right|$ c) $\left|\begin{array}{l} 2x + 5y = 2 \\ 6x - 2y = 40 \end{array}\right|$ d) $\left|\begin{array}{l} 2x + 5y = 16 \\ 5x + 7y = 18 \end{array}\right|$

11. Lösen Sie mit dem Additionsverfahren. Nicht alle Aufgaben sind eindeutig lösbar.

a) $\left|\begin{array}{l} 2x - 3y = 14 \\ 4x + 3y = 10 \end{array}\right|$ b) $\left|\begin{array}{l} -x + 6y = 3 \\ 3x - 2y = 7 \end{array}\right|$ c) $\left|\begin{array}{l} \frac{1}{2}x + \frac{3}{4}y = 5 \\ -2x + y = 12 \end{array}\right|$ d) $\left|\begin{array}{l} 27x - 2y = 1 \\ -12x + y = 0 \end{array}\right|$

e) $\left|\begin{array}{l} 4x - 2y = 3 \\ 8x - 4y = 4 \end{array}\right|$ f) $\left|\begin{array}{l} -3x - 2y = -6 \\ 5x + 32y = 8 \end{array}\right|$ g) $\left|\begin{array}{l} \frac{1}{2}x - \frac{3}{4}y = -6 \\ \frac{1}{3}x - \frac{1}{2}y = -4 \end{array}\right|$ h) $\left|\begin{array}{l} 19x - 3y = -23 \\ -7x - 2y = 24 \end{array}\right|$

Vermischtes

12. a) Überprüfen Sie mit dem Taschenrechner die Gültigkeit der Gleichung:
    $\sqrt{(3 \cdot 12)^2 + (3 \cdot 5)^2} = 3\sqrt{12^2 + 5^2}$
    b) Zeigen Sie durch Umformungen, dass $\sqrt{(3a)^2 + (3b)^2} = 3\sqrt{a^2 + b^2}$ für a, b ∈ ℝ gilt.

5.1 Wiederholung: Vektoren

■ Beschreiben Sie die Lage des Punktes A im dreidimensionalem Koordinatensystem. Lesen Sie die Koordinaten des Punktes B ab. Geben Sie an, wie viel man in x_1-, x_2- und x_3-Richtung gehen muss, um von A nach B zu gelangen. ■

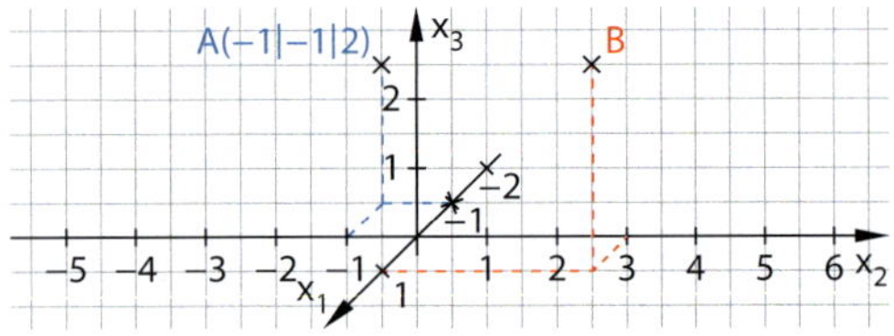

Punkte und Vektoren

Die Lage eines **Punktes P im Raum** gibt man mit drei Koordinaten an: $P(x_1|x_2|x_3)$. Das dreidimensionale Achsenkreuz kann als Schrägbild dargestellt werden. Wie bei diesem wird die x_1-Achse, die nach vorne aus dem Blatt herausragen müsste, schräg und verkürzt gezeichnet.

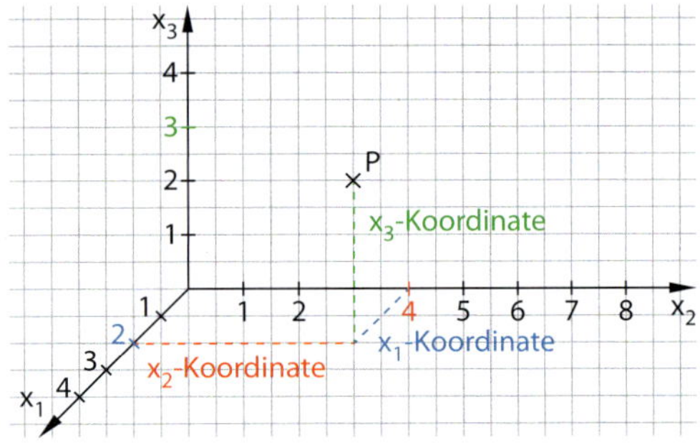

Die Bewegung eines Punktes im Raum kann mithilfe eines Vektors beschrieben werden. Hier wird das Dreieck ABC zu A'B'C' verschoben. Dabei bewegen sich alle Eckpunkte um 3 Einheiten in x_1-Richtung und 2 Einheiten in x_2-Richtung.

Diese **Bewegung** kann mit dem **Vektor** $\vec{v} = \begin{pmatrix} 3 \\ 2 \end{pmatrix}$ mit den **Koordinaten** 3 und 2 beschrieben werden. Vektoren werden mit Kleinbuchstaben und einem Pfeil darüber bezeichnet und im Koordinatensystem durch **Vektorpfeile** dargestellt. Alle Vektorpfeile mit gleicher **Länge** und gleicher **Richtung** beschreiben dieselbe Bewegung und sind damit Darstellungen desselben Vektors. Gleiche Richtung bedeutet, dass die Vektorpfeile **parallel zueinander** sind und die gleiche **Orientierung** (Richtung der Pfeilspitze) haben. Ein Vektor ist nicht an einen Ort gebunden. Im Raum hat ein Vektor drei Koordinaten, die angeben, wie viel man in x_1-, x_2- und x_3- Richtung geht.

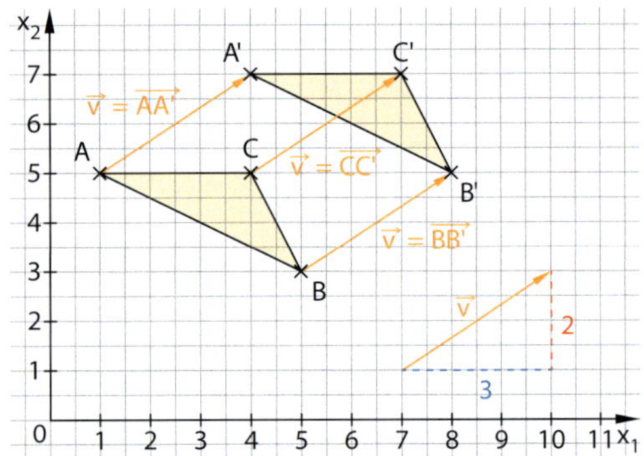

Hinweis:
Die abgebildeten Pfeile sind parallel zueinander, aber haben eine entgegengesetzte Richtung (Orientierung).

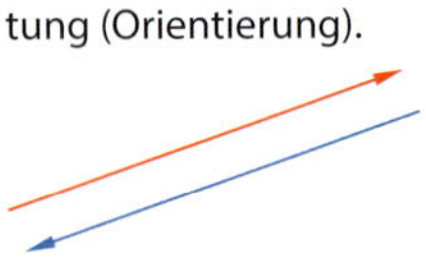

Wissen: Ortsvektor und Verbindungsvektor

Zu jedem Punkt $B(b_1|b_2|b_3)$ gibt es einen Vektor $\overrightarrow{OB}$, der den Weg vom Ursprung O zu diesem Punkt B beschreibt. Man nennt ihn den **Ortsvektor** von B.

$$\overrightarrow{OB} = \begin{pmatrix} b_1 \\ b_2 \\ b_3 \end{pmatrix}$$

Der Vektor $\overrightarrow{AB}$, der von einem Punkt $A(a_1|a_2|a_3)$ zu einem Punkt $B(b_1|b_2|b_3)$ führt, heißt **Verbindungsvektor** von A und B. Seine Koordinaten geben an, wie viel man zu den Koordinaten von A addieren muss, um die Koordinaten von B zu erhalten.

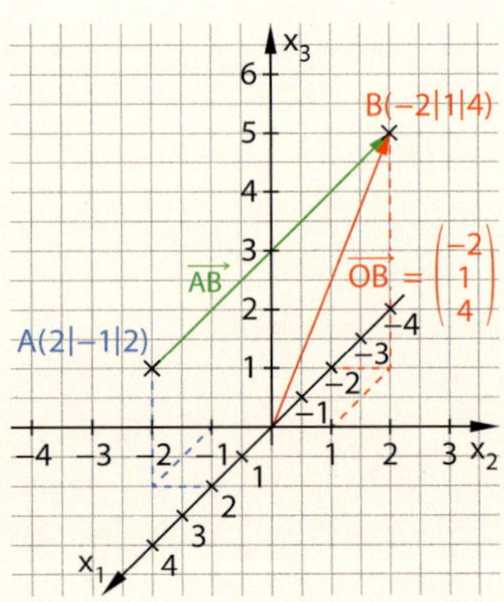

Hinweis:
Für den Verbindungsvektor wird häufig die Formel $\overrightarrow{AB} = \begin{pmatrix} b_1 - a_1 \\ b_2 - a_2 \\ b_3 - a_3 \end{pmatrix}$ angegeben.
Beim Vorgehen wie in Beispiel 1a) ist anschaulicher, ob man $\overrightarrow{AB}$ oder $\overrightarrow{BA}$ berechnet.

Beispiel 1: Die Punkte A, B, C, D, E, F, G und H sind die Ecken eines Quaders im dreidimensionalen Koordinatensystem.

a) Bestimmen Sie die Koordinaten der Punkte B und G und damit den **Verbindungsvektor $\overrightarrow{BG}$**.

b) Zeigen Sie, dass zwei weitere Ecken des Quaders denselben Verbindungsvektor haben.

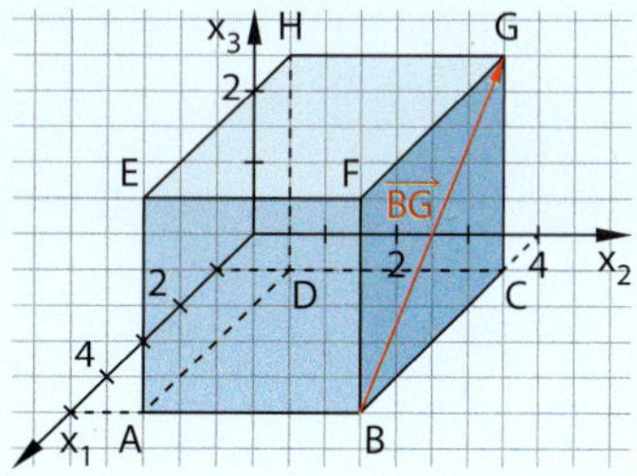

Lösung:

a) Lesen Sie die Koordinaten von B und G aus der Zeichnung ab.
Berechnen Sie, wie viel man zu den Koordinaten von B addieren muss, um die von G zu erhalten.

B(5 | 4 | 0), G(1 | 4 | 3)

$$\begin{pmatrix} 5+(-4) \\ 4+0 \\ 0+3 \end{pmatrix} = \begin{pmatrix} 1 \\ 4 \\ 3 \end{pmatrix}, \overrightarrow{BG} = \begin{pmatrix} -4 \\ 0 \\ 3 \end{pmatrix}$$

b) Wählen Sie eine Diagonale, die parallel zu $\overline{BG}$ verläuft, und bestimmen Sie den Verbindungsvektor der Eckpunkte.

A(5 | 1 | 0), H(1 | 1 | 3), $\overline{AH}$ parallel zu $\overline{BG}$

$$\begin{pmatrix} 5+(-4) \\ 1+0 \\ 0+3 \end{pmatrix} = \begin{pmatrix} 1 \\ 1 \\ 3 \end{pmatrix}, \overrightarrow{AH} = \begin{pmatrix} -4 \\ 0 \\ 3 \end{pmatrix} = \overrightarrow{BG}$$

Basisaufgaben

1. Bestimmen Sie die Koordinaten der Punkte A bis H in der Zeichnung.

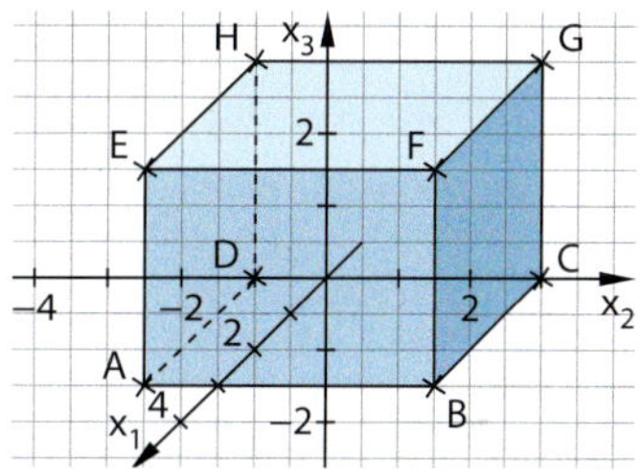

Lösungen zu 1:

(3 | –1 | 0) (0 | –1 | 0) (0 | –1 | 3) (0 | 0 | 0) (0 | 3 | 3) (0 | 3 | 0) (3 | 3 | 0) (3 | –1 | 3) (3 | 3 | 3)

2. Zeichnen Sie ein Koordinatensystem und tragen Sie die Punkte ein.

a) A(2 | 3 | 0), B(–3 | 2 | 1) und C(3 | –1 | 2)

b) A(3 | 0 | 0), B(0 | 1 | 0) und C(0 | 0 | 2)

c) A(3 | 0 | –1), B(–1 | 1 | –1), C(–1 | 1 | 3) und D(3 | 0 | 3)

3. Erklären Sie mithilfe der Zeichnung, warum beim Eintragen eines Punktes die Reihenfolge, in der die Koordinaten abgezählt werden, keine Rolle spielt.

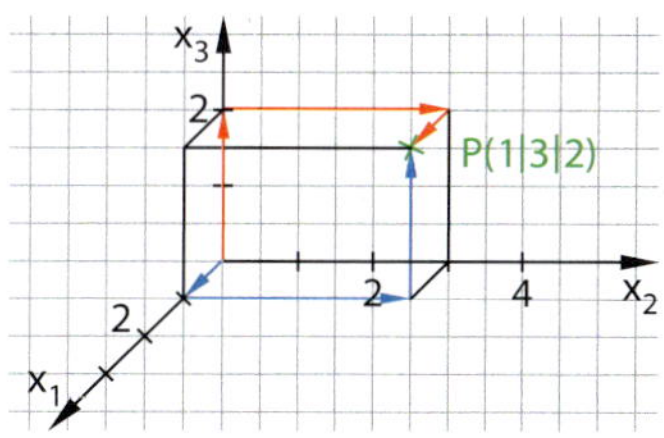

4. Zeichnen Sie die dreiseitige Pyramide mit der Grundfläche A(–1 | –4 | 1), B(3 | 0 | 0), C(–2 | 0 | 0) und der Spitze S(1 | 0 | 5) in ein Koordinatensystem.

5. Zeichnen Sie zum Vektor drei Vektorpfeile in ein Koordinatensystem. Geben Sie jeweils die Anfangs- und Endpunkte der Pfeile an.

a) $\begin{pmatrix} 1 \\ 2 \end{pmatrix}$ b) $\begin{pmatrix} 0 \\ -1 \end{pmatrix}$ c) $\begin{pmatrix} 2 \\ 0 \end{pmatrix}$ d) $\begin{pmatrix} -1 \\ -3 \end{pmatrix}$

e) $\begin{pmatrix} 1 \\ 0 \\ 0 \end{pmatrix}$ f) $\begin{pmatrix} 1 \\ 0 \\ -1 \end{pmatrix}$ g) $\begin{pmatrix} 1 \\ 3 \\ -2 \end{pmatrix}$ h) $\begin{pmatrix} -2 \\ -1 \\ 3 \end{pmatrix}$

6. Zeichnen Sie die Punkte und den Vektor $\overrightarrow{PQ}$ in ein Koordinatensystem. Berechnen Sie die Koordinaten des Vektors $\overrightarrow{PQ}$ und vergleichen Sie mit der Skizze.

a) P(0 | 0), Q(5 | –2) b) P(2 | 3), Q(7 | 4) c) P(–4 | –3 | –1), Q(0 | 4 | –2)

d) P(–1 | 4 | –2), Q(2 | –3 | –4) e) P(4 | 6 | 5), Q(0 | 0 | 0) f) P(7 | 3 | 1), Q(7 | 3 | 1)

7. Ergänzen Sie die fehlenden Eckpunkte so, dass die Gleichung stimmt.

a) $\overrightarrow{AB} = \overrightarrow{E●}$ b) $\overrightarrow{AB} = \overrightarrow{●G}$
c) $\overrightarrow{FE} = \overrightarrow{C●}$ d) $\overrightarrow{H●} = \overrightarrow{GC}$
e) $\overrightarrow{EH} = \overrightarrow{A●} = \overrightarrow{●G}$ f) $\overrightarrow{DG} = \overrightarrow{A●}$
g) $\overrightarrow{HF} = \overrightarrow{●●}$ h) $\overrightarrow{●●} = \overrightarrow{EH}$

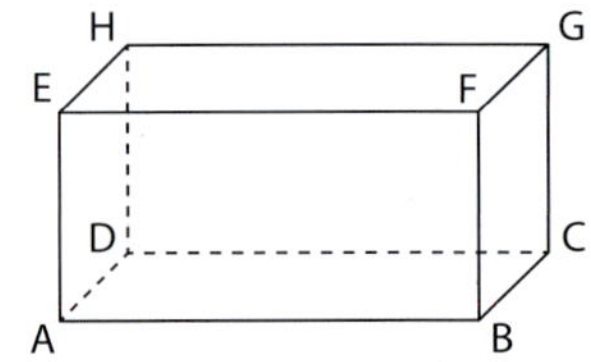

8. Die Zeichnung zeigt ein Prisma im dreidimensionalen Koordinatensystem.
a) Lesen Sie die Koordinaten der Punkte A, B, C und D ab. Bestimmen Sie damit die Verbindungsvektoren $\overrightarrow{AB}$, $\overrightarrow{AC}$, $\overrightarrow{AD}$ und $\overrightarrow{BC}$.
b) Geben Sie zu jedem Verbindungsvektor aus a) zwei weitere Punkte an, die diesen beschreiben.

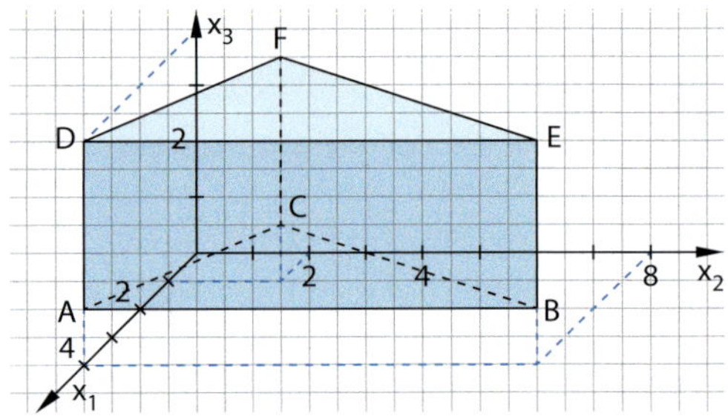

Betrag eines Vektors – Abstand zweier Punkte

Hinweis:
Ein besonderer Vektor ist der Nullvektor
$\vec{0} = \begin{pmatrix} 0 \\ 0 \end{pmatrix}$ bzw. $\vec{0} = \begin{pmatrix} 0 \\ 0 \\ 0 \end{pmatrix}$.
Er hat den Betrag $|\vec{0}| = 0$.

Der Betrag $|\vec{v}|$ eines Vektors $\vec{v}$ bezeichnet die gemeinsame Länge seiner Pfeile.
Die Formeln, die man für den Betrag mithilfe des Satzes von Pythagoras gewinnt, gelten auch in den Fällen, in denen Koordinaten null oder negativ sind:

Definition: Betrag eines Vektors in der Ebene und im Raum
Der **Betrag** oder die **Länge** eines Vektors ist die Länge seiner Vektorpfeile.
Für $\vec{v} = \begin{pmatrix} v_1 \\ v_2 \end{pmatrix}$ gilt: $|\vec{v}| = \sqrt{v_1^2 + v_2^2}$. Für $\vec{v} = \begin{pmatrix} v_1 \\ v_2 \\ v_3 \end{pmatrix}$ gilt: $|\vec{v}| = \sqrt{v_1^2 + v_2^2 + v_3^2}$.

Der Abstand zweier Punkte P und Q ist gleich dem Betrag des Verbindungsvektors $\overrightarrow{PQ}$.

Beispiel 2: Betrag eines Vektors und Abstand zweier Punkte
Berechnen Sie den Betrag von $\overrightarrow{PQ}$ und so den Abstand der Punkte $P(1|-6|-2)$ und $Q(-3|0|4)$.

Lösung:
Bestimmen Sie den Verbindungsvektor $\overrightarrow{PQ}$ und berechnen Sie den **Betrag** von $\overrightarrow{PQ}$.

$$\overrightarrow{PQ} = \begin{pmatrix} -3-1 \\ 0-(-6) \\ 4-(-2) \end{pmatrix} = \begin{pmatrix} -4 \\ 6 \\ 6 \end{pmatrix}$$
$$|\overrightarrow{PQ}| = \sqrt{(-4)^2 + 6^2 + 6^2} = \sqrt{16+36+36}$$
$$= \sqrt{88} \approx 9{,}38$$

Basisaufgaben

Lösungen zu 10:
teilweise gerundet

8 9 0 3 6,16 2,83

9. Zeichnen Sie einen Vektorpfeil des Vektors $\vec{v}$ in ein Koordinatensystem (LE: 1 cm) und messen Sie die Länge des Pfeils. Kontrollieren Sie, indem Sie den Betrag des Vektors berechnen.
a) $\vec{v} = \begin{pmatrix} 0 \\ 4 \end{pmatrix}$ b) $\vec{v} = \begin{pmatrix} -2 \\ 0 \end{pmatrix}$ c) $\vec{v} = \begin{pmatrix} 3 \\ 4 \end{pmatrix}$ d) $\vec{v} = \begin{pmatrix} 3 \\ -4 \end{pmatrix}$ e) $\vec{v} = \begin{pmatrix} 2 \\ -5 \end{pmatrix}$

10. Berechnen Sie den Betrag des Vektors.
a) $\vec{v} = \begin{pmatrix} 4 \\ 1 \\ 8 \end{pmatrix}$ b) $\vec{v} = \begin{pmatrix} 3 \\ 0 \\ 0 \end{pmatrix}$ c) $\vec{v} = \begin{pmatrix} 2 \\ -2 \\ 0 \end{pmatrix}$ d) $\vec{v} = \begin{pmatrix} 5 \\ -2 \\ -3 \end{pmatrix}$ e) $\vec{v} = \begin{pmatrix} 0 \\ 0 \\ 0 \end{pmatrix}$

11. Berechnen Sie den Abstand der Punkte P und Q.
a) P(3 | −2 | 6), Q(0 | 2 | 6) b) P(4 | 1), Q(−2 | −2) c) P(0 | 5), Q(12 | 0)
d) P(5 | −3 | 1), Q(6 | −2 | −1) e) P(3 | 9 | 2), Q(0 | 0 | 0) f) P(2 | 13 | 7), Q(2 | 13 | 7)

12. Zeichnen Sie in ein Koordinatensystem das Dreieck A(3 | 0 | 1), B(3 | 6 | 1), C(−2 | 1 | 3) und berechnen Sie seine Seitenlängen.

13. Erklären Sie mithilfe der Zeichnungen die Formeln aus dem Wissenskasten zum Betrag eines Vektors.

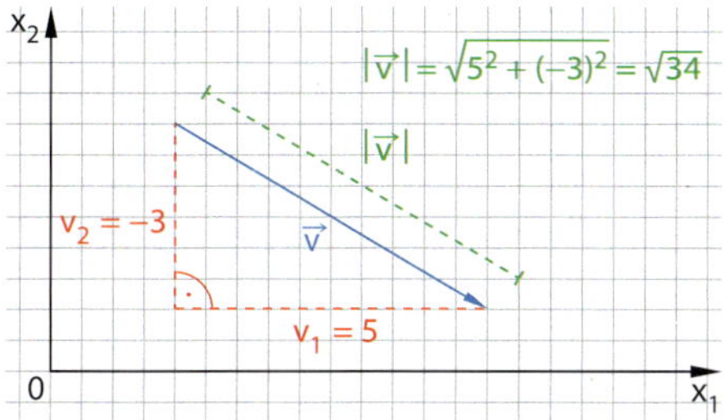

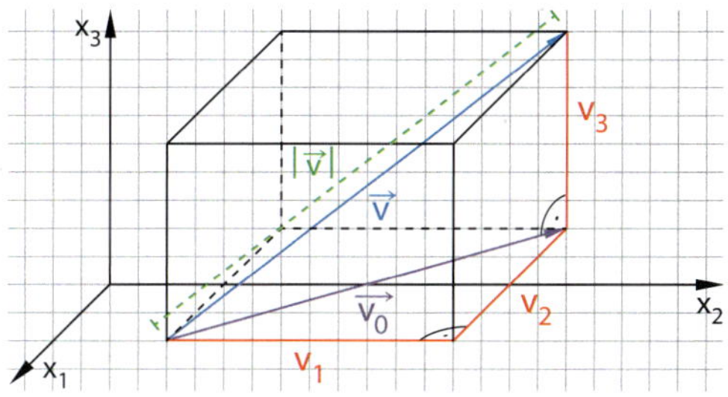

14. Untersuchen Sie, ob das Dreieck ABC gleichschenklig oder sogar gleichseitig ist.
a) A(3 | 1 | 2), B(1 | 5 | 5), C(−2 | −1 | 2) b) A(5 | −5 | 10), B(2 | −2 | 3), C(2 | −5 | 10)

15. Skizzieren Sie das Viereck ABCD in ein Koordinatensystem. Prüfen Sie, ob es eine Raute ist.
a) A(0 | −2 | 1), B(−4 | 1 | −1), C(−4 | 6 | 1), D(0 | 3 | 3)
b) A(1 | −2 | 1), B(5 | 1 | 0), C(3 | 3 | −2), D(−1 | 0 | −1)

Addition und Subtraktion von Vektoren

Die Koordinaten des Summenvektors $\vec{a} + \vec{b}$ ergeben sich durch Addition der entsprechenden Koordinaten von $\vec{a}$ und $\vec{b}$. Dies ist auch bei dreidimensionalen Vektoren der Fall.

Wissen: Addition von Vektoren
Vektoren werden koordinatenweise addiert:

$$\begin{pmatrix} a_1 \\ a_2 \end{pmatrix} + \begin{pmatrix} b_1 \\ b_2 \end{pmatrix} = \begin{pmatrix} a_1 + b_1 \\ a_2 + b_2 \end{pmatrix} \qquad \begin{pmatrix} a_1 \\ a_2 \\ a_3 \end{pmatrix} + \begin{pmatrix} b_1 \\ b_2 \\ b_3 \end{pmatrix} = \begin{pmatrix} a_1 + b_1 \\ a_2 + b_2 \\ a_3 + b_3 \end{pmatrix}$$

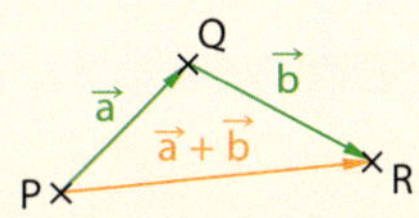

Setzt man an der Pfeilspitze von $\vec{a}$ einen Vektorpfeil von $\vec{b}$ an, so zeigt der Summenvektor $\vec{a} + \vec{b}$ vom Anfang von $\vec{a}$ zur Spitze von $\vec{b}$. Es gilt: $\overrightarrow{PQ} + \overrightarrow{QR} = \overrightarrow{PR}$

Zu jedem Vektor $\vec{v} = \begin{pmatrix} v_1 \\ v_2 \\ v_3 \end{pmatrix}$ gibt es einen **Gegenvektor** $-\vec{v} = \begin{pmatrix} -v_1 \\ -v_2 \\ -v_3 \end{pmatrix}$.

Mit ihm lässt sich die Subtraktion von Vektoren festlegen: $\vec{a} - \vec{b} = \vec{a} + (-\vec{b}) = (-\vec{b}) + \vec{a}$.
Man subtrahiert also, indem man den Gegenvektor addiert.

Hinweis:
$\vec{v}$ und $-\vec{v}$ sind gleich lang und parallel, aber entgegengesetzt orientiert.

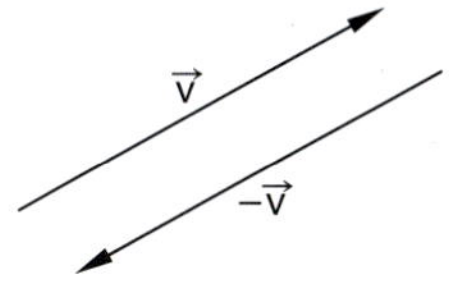

Wissen: Subtraktion von Vektoren
Vektoren werden koordinatenweise subtrahiert:

$$\begin{pmatrix} a_1 \\ a_2 \end{pmatrix} - \begin{pmatrix} b_1 \\ b_2 \end{pmatrix} = \begin{pmatrix} a_1 - b_1 \\ a_2 - b_2 \end{pmatrix} \qquad \begin{pmatrix} a_1 \\ a_2 \\ a_3 \end{pmatrix} - \begin{pmatrix} b_1 \\ b_2 \\ b_3 \end{pmatrix} = \begin{pmatrix} a_1 - b_1 \\ a_2 - b_2 \\ a_3 - b_3 \end{pmatrix}$$

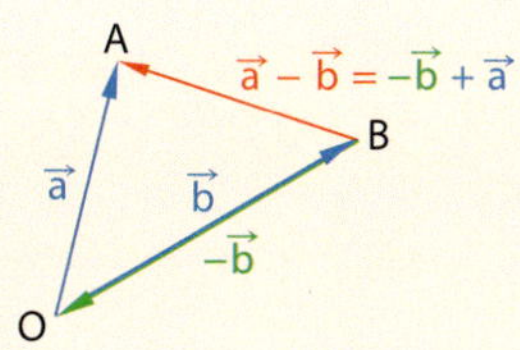

Sind $\vec{a}$ und $\vec{b}$ Ortsvektoren der Punkte A und B, so ist der Differenzvektor $\vec{a} - \vec{b} = -\vec{b} + \vec{a}$ gleich dem Verbindungsvektor $\overrightarrow{BA}$.

Für die Addition von Vektoren gelten die üblichen Rechengesetze:
Kommutativgesetz: $\vec{a} + \vec{b} = \vec{b} + \vec{a}$ Assoziativgesetz: $(\vec{a} + \vec{b}) + \vec{c} = \vec{a} + (\vec{b} + \vec{c})$.

Beispiel 3: Die Vektoren $\vec{a} = \begin{pmatrix} 3 \\ 5 \\ -1 \end{pmatrix}$, $\vec{b} = \begin{pmatrix} -2 \\ 10 \\ -6 \end{pmatrix}$ und $\vec{c} = \begin{pmatrix} -1 \\ 0 \\ 7 \end{pmatrix}$ spannen vom Punkt A aus einen Spat auf (ein Spat wird von Parallelogrammen begrenzt).

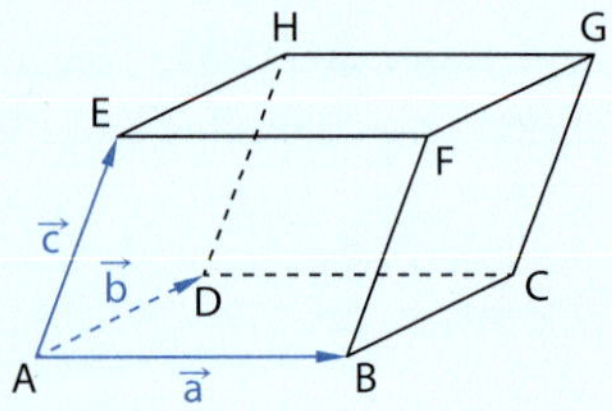

a) Berechnen Sie $\vec{a} + \vec{b}$, $\vec{b} - \vec{c}$ und $\vec{a} + \vec{b} - \vec{c}$.
b) Drücken Sie die Vektoren $\overrightarrow{AH}$ und $\overrightarrow{HB}$ durch die Vektoren $\vec{a}$, $\vec{b}$ und $\vec{c}$ aus.
c) Drücken Sie $\vec{b} - \vec{a}$ als Verbindungsvektor zweier Eckpunkte aus.

Lösung:

a) Addieren Sie die Koordinaten der Vektoren $\vec{a}$ und $\vec{b}$.

$$\vec{a} + \vec{b} = \begin{pmatrix} 3 \\ 5 \\ -1 \end{pmatrix} + \begin{pmatrix} -2 \\ 10 \\ -6 \end{pmatrix} = \begin{pmatrix} 3 + (-2) \\ 5 + 10 \\ -1 + (-6) \end{pmatrix} = \begin{pmatrix} 1 \\ 15 \\ -7 \end{pmatrix}$$

Subtrahieren Sie die Koordinaten des Vektors $\vec{c}$ von denen des Vektors $\vec{b}$.

$$\vec{b} - \vec{c} = \begin{pmatrix} -2 \\ 10 \\ -6 \end{pmatrix} - \begin{pmatrix} -1 \\ 0 \\ 7 \end{pmatrix} = \begin{pmatrix} -2 - (-1) \\ 10 - 0 \\ -6 - 7 \end{pmatrix} = \begin{pmatrix} -1 \\ 10 \\ -13 \end{pmatrix}$$

Subtrahieren Sie die Koordinaten von $\vec{b}$ von denen des Vektors $\vec{a}$ und addieren Sie die Koordinaten von $\vec{c}$.

$$\vec{a} - \vec{b} + \vec{c} = \begin{pmatrix} 3 - (-2) - 1 \\ 5 - 10 + 0 \\ -1 - (-6) + 7 \end{pmatrix} = \begin{pmatrix} 4 \\ -5 \\ 12 \end{pmatrix}$$

b) Beschreiben Sie einen „Weg" von A nach H mithilfe von Verbindungsvektoren. Ersetzen Sie diese durch die gegebenen Kantenvektoren. Beachten Sie dabei, dass $\overrightarrow{EH} = \overrightarrow{AD} = \vec{b}$ gilt.

$$\overrightarrow{AH} = \overrightarrow{AE} + \overrightarrow{EH} = \vec{c} + \vec{b}$$

Verfahren Sie wie bei $\overrightarrow{AH}$. Nutzen Sie dabei, dass $\overrightarrow{HE} = -\overrightarrow{EH}$ gilt: Gehen Sie gegen die Pfeilrichtung eines Kantenvektors, erhält dieser ein Minus als Vorzeichen.

$$\begin{aligned} \overrightarrow{HB} &= \overrightarrow{HE} + \overrightarrow{EA} + \overrightarrow{AB} \\ &= -\overrightarrow{EH} - \overrightarrow{AE} + \overrightarrow{AB} \\ &= -\vec{b} - \vec{c} + \vec{a} \end{aligned}$$

c) Wegen $-\vec{a}$ starten Sie am rechten Rand des Spats, etwa bei B.

$$\vec{b} - \vec{a} = \overrightarrow{BC} + \overrightarrow{CD} = \overrightarrow{BD}$$

Hinweis:
In Beispiel 3c) gibt es eine zweite Lösung: Möglich wäre auch:
$\vec{b} - \vec{a} = \overrightarrow{FG} + \overrightarrow{GH} = \overrightarrow{FH}$

Basisaufgaben

Lösungen zu 16:
Koordinaten der Vektoren a)–c)

-1 4 13 -12 2,2 4,3 -18,3 -16 11

16. Berechnen Sie.

a) $\begin{pmatrix} 2 \\ 3 \\ 6 \end{pmatrix} + \begin{pmatrix} -3 \\ 1 \\ 5 \end{pmatrix}$ b) $\begin{pmatrix} 3{,}7 \\ 4 \\ -6{,}2 \end{pmatrix} + \begin{pmatrix} -1{,}5 \\ 0{,}3 \\ -12{,}1 \end{pmatrix}$ c) $\begin{pmatrix} -4 \\ -11 \\ 3 \end{pmatrix} - \begin{pmatrix} -8 \\ 5 \\ -10 \end{pmatrix}$ d) $\begin{pmatrix} 7 \\ 3 \\ -4 \end{pmatrix} - \begin{pmatrix} 2 \\ 4 \\ 8 \end{pmatrix} + \begin{pmatrix} 0 \\ 1 \\ -2 \end{pmatrix}$

17. Ermitteln Sie zeichnerisch und rechnerisch den Summenvektor $\vec{a} + \vec{b}$ und den Differenzvektor $\vec{a} - \vec{b}$.

a) $\vec{a} = \begin{pmatrix} 3 \\ -1 \end{pmatrix}$, $\vec{b} = \begin{pmatrix} 2 \\ 3 \end{pmatrix}$ b) $\vec{a} = \begin{pmatrix} 5 \\ 2 \end{pmatrix}$, $\vec{b} = \begin{pmatrix} -4 \\ 2 \end{pmatrix}$ c) $\vec{a} = \begin{pmatrix} 2 \\ -4 \end{pmatrix}$, $\vec{b} = \begin{pmatrix} 0 \\ 3 \end{pmatrix}$

18. a) Geben Sie den Gegenvektor zu $\vec{v}$ an. ① $\vec{v} = \begin{pmatrix} 10 \\ 4 \\ -6 \end{pmatrix}$ ② $\vec{v} = \begin{pmatrix} -2 \\ -11 \\ 0 \end{pmatrix}$

b) Beschreiben Sie, wie sich Länge, Richtung und Orientierung von Vektor und Gegenvektor zueinander verhalten.

19. Der Verbindungsvektor $\overrightarrow{PQ}$ zu $P(2|-3|1)$ und $Q(-4|2|3)$ kann auf verschiedene Arten berechnen werden. Entscheiden Sie, welche Art Sie am besten finden.

a) Berechnen Sie $\overrightarrow{PQ}$ mit der Methode von Beispiel 1: Lösen Sie $\begin{pmatrix} 2 \\ -3 \\ 1 \end{pmatrix} + \overrightarrow{PQ} = \begin{pmatrix} -4 \\ 2 \\ 3 \end{pmatrix}$.

b) Berechnen Sie $\overrightarrow{PQ}$ mit der Formel aus dem Randkasten S. 210.

c) Berechnen Sie $\overrightarrow{PQ}$ mittels $\overrightarrow{PQ} = -\overrightarrow{OP} + \overrightarrow{OQ}$. Fertigen Sie hierzu eine Skizze an.

20. Gegeben ist das regelmäßige Sechseck ABCDEF.

a) Drücken Sie die Summe $\vec{a} + \vec{b} + \vec{a}$ als Verbindungsvektor zweier Eckpunkte aus.

b) Drücken Sie die Vektoren $\overrightarrow{CD}$, $\overrightarrow{DE}$, $\overrightarrow{AC}$, $\overrightarrow{BE}$, $\overrightarrow{CF}$ und $\overrightarrow{AD}$ mithilfe von $\vec{a}$ und $\vec{b}$ aus. Verwenden Sie hierzu auch Summen und Gegenvektoren.

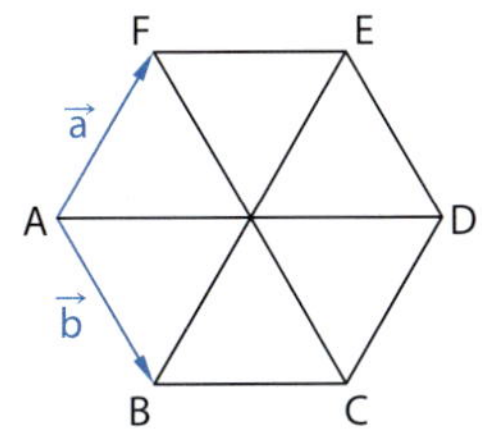

21. Vereinfachen Sie so, dass das Ergebnis aus einem einzigen Vektor besteht.
Beispiel: $\overrightarrow{CA} - \overrightarrow{BA} = \overrightarrow{CA} + \overrightarrow{AB} = \overrightarrow{CB}$

a) $\overrightarrow{BC} + \overrightarrow{CA}$ b) $\overrightarrow{PQ} - \overrightarrow{RQ}$ c) $\overrightarrow{TS} + \overrightarrow{ST}$ d) $\overrightarrow{DC} + \overrightarrow{CB} + \overrightarrow{BA}$

e) $\overrightarrow{FG} + \overrightarrow{HI} + \overrightarrow{GH}$ f) $-\overrightarrow{PR} + \overrightarrow{ST} + \overrightarrow{PS}$ g) $\overrightarrow{KN} - \overrightarrow{KM} + \overrightarrow{LM}$ h) $\overrightarrow{UV} + \overrightarrow{WU} + \overrightarrow{VW}$

Hinweis zu 21:
Für alle Punkte P gilt:
$\overrightarrow{PP} = \vec{O}$ und $-\overrightarrow{PQ} = \overrightarrow{QP}$

22. Die Zeichnung zeigt einen aus zwei Würfeln zusammengesetzten Quader.
Drücken Sie die Vektoren $\overrightarrow{OE}$, $\overrightarrow{AC}$, $\overrightarrow{DH}$, $\overrightarrow{EB}$ und $\overrightarrow{BD}$ durch die drei Vektoren $\vec{a}$, $\vec{b}$ und $\vec{c}$ aus. Verwenden Sie hierzu auch Summen und Gegenvektoren.

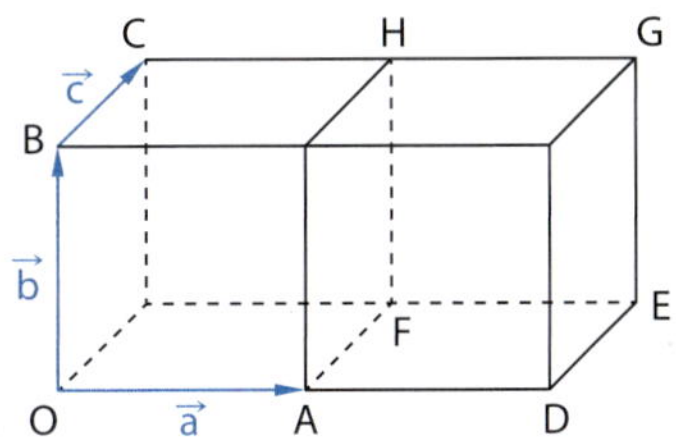

23. Zeichnen Sie die gegebenen Punkte jeweils in ein Koordinatensystem.

a) Prüfen Sie, ob die Punkte A, B, C, D ein Parallelogramm bilden.
① $A(3|-1|1)$, $B(1|3|-1)$, $C(-3|4|-1)$, $D(1|1|2)$
② $A(3|-1|1)$, $B(1|4|2)$, $C(-3|5|5)$, $D(-1|0|4)$

b) Berechnen Sie die Koordinaten des fehlenden Punktes, so dass ABCD ein Parallelogramm ist.
① $A(0|-2|1)$, $B(1|2|4)$, $C(-2|-2|4)$ ② $A(2|-1|-2)$, $B(1|3|1)$, $D(-1|0|2)$

Vielfache von Vektoren

Die mehrfache Addition desselben Vektors lässt sich (wie bei reellen Zahlen) einfacher durch eine Multiplikation beschreiben.

Wissen: Multiplikation eines Vektors mit einer reellen Zahl

Bei der Multiplikation eines Vektors $\vec{a}$ mit einer reellen Zahl r wird jede Koordinate des Vektors mit der Zahl r multipliziert:

$$r \cdot \begin{pmatrix} a_1 \\ a_2 \end{pmatrix} = \begin{pmatrix} r \cdot a_1 \\ r \cdot a_2 \end{pmatrix} \qquad r \cdot \begin{pmatrix} a_1 \\ a_2 \\ a_3 \end{pmatrix} = \begin{pmatrix} r \cdot a_1 \\ r \cdot a_2 \\ r \cdot a_3 \end{pmatrix}$$

Geometrisch wird ein Vektorpfeil durch die Multiplikation mit r mit dem Faktor $|r|$ verlängert. Bei negativem r wird außerdem die Orientierung geändert.

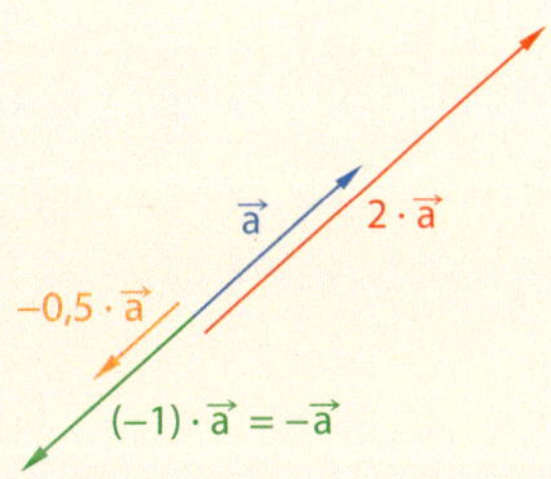

Die Pfeile von $\vec{a}$ und $r \cdot \vec{a}$ sind für $\vec{a} \neq \vec{0}$ parallel zueinander. Umgekehrt lässt sich rechnerisch erkennen, ob die Pfeile zweier Vektoren zueinander parallel sind:

Definition: Kollineare Vektoren
Zwei Vektoren $\vec{a}$ und $\vec{b}$ heißen **kollinear zueinander**, wenn es eine reelle Zahl r gibt mit $\vec{b} = r \cdot \vec{a}$. Die Vektorpfeile kollinearer Vektoren $(\neq \vec{0})$ sind parallel zueinander.

Beispiel 4: Gegeben sind die Vektoren $\vec{a} = \begin{pmatrix} 3 \\ 1{,}5 \\ -6 \end{pmatrix}$, $\vec{b} = \begin{pmatrix} -2 \\ -1 \\ 4 \end{pmatrix}$ und $\vec{c} = \begin{pmatrix} 9 \\ 4{,}5 \\ -9 \end{pmatrix}$.
a) Berechnen Sie $(-2) \cdot \vec{a}$.
b) Prüfen Sie, ob $\vec{b}$ und $\vec{c}$ kollinear zu $\vec{a}$ sind.

Lösung:
a) Multiplizieren Sie jede Koordinate des Vektors mit dem Faktor −2.

$$(-2) \cdot \begin{pmatrix} 3 \\ 1{,}5 \\ -6 \end{pmatrix} = \begin{pmatrix} -2 \cdot 3 \\ -2 \cdot 1{,}5 \\ -2 \cdot (-6) \end{pmatrix} = \begin{pmatrix} -6 \\ -3 \\ 12 \end{pmatrix}$$

b) Setzen Sie den einen Vektor mit dem r-Fachen des anderen Vektors gleich. Sie erhalten dann für jede Koordinate eine Gleichung. Hat jede Gleichung für r dieselbe Lösung, so ist die Vektorgleichung mit diesem Wert lösbar und die Vektoren sind kollinear.
Sind die Lösungen unterschiedlich, so ist die Vektorgleichung nicht lösbar und die Vektoren sind nicht kollinear.

$$\begin{pmatrix} -2 \\ -1 \\ 4 \end{pmatrix} = r \cdot \begin{pmatrix} 3 \\ 1{,}5 \\ -6 \end{pmatrix} \Leftrightarrow \begin{vmatrix} -2 = 3r \\ -1 = 1{,}5r \\ 4 = -6r \end{vmatrix} \Leftrightarrow \begin{vmatrix} -\frac{2}{3} = r \\ -\frac{2}{3} = r \\ -\frac{2}{3} = r \end{vmatrix}$$

$$\Leftrightarrow -\tfrac{2}{3} = r$$

$\vec{a}$ und $\vec{b}$ sind kollinear.

$$\begin{pmatrix} 9 \\ 4{,}5 \\ -9 \end{pmatrix} = r \cdot \begin{pmatrix} 3 \\ 1{,}5 \\ -6 \end{pmatrix} \Leftrightarrow \begin{vmatrix} 9 = 3r \\ 4{,}5 = 1{,}5r \\ -9 = -6r \end{vmatrix} \Leftrightarrow \begin{vmatrix} 3 = r \\ 3 = r \\ 1{,}5 = r \end{vmatrix}$$

$\vec{a}$ und $\vec{c}$ sind nicht kollinear.

Hinweis:
Die folgenden Rechenregeln werden Sie spontan richtig anwenden:
Distributivgesetze:
$(r + s) \cdot \vec{a} = r \cdot \vec{a} + s \cdot \vec{a}$
$r \cdot (\vec{a} + \vec{b}) = r \cdot \vec{a} + r \cdot \vec{b}$

Assoziativgesetz:
$r \cdot (s \cdot \vec{a}) = (rs) \cdot \vec{a}$

Betrag:
$|r \cdot \vec{a}| = |r| \cdot |\vec{a}|$

Der Ortsvektor des **Mittelpunkts M einer Strecke** $\overline{AB}$ kann durch die Ortsvektoren von A und B ausgedrückt werden:

$$\overrightarrow{OM} = \overrightarrow{OA} + \overrightarrow{AM} = \overrightarrow{OA} + \tfrac{1}{2}\overrightarrow{AB} = \overrightarrow{OA} + \tfrac{1}{2}\left(-\overrightarrow{OA} + \overrightarrow{OB}\right)$$
$$= \overrightarrow{OA} - \tfrac{1}{2}\overrightarrow{OA} + \tfrac{1}{2}\overrightarrow{OB} = \tfrac{1}{2}\overrightarrow{OA} + \tfrac{1}{2}\overrightarrow{OB} = \tfrac{1}{2}\left(\overrightarrow{OA} + \overrightarrow{OB}\right)$$

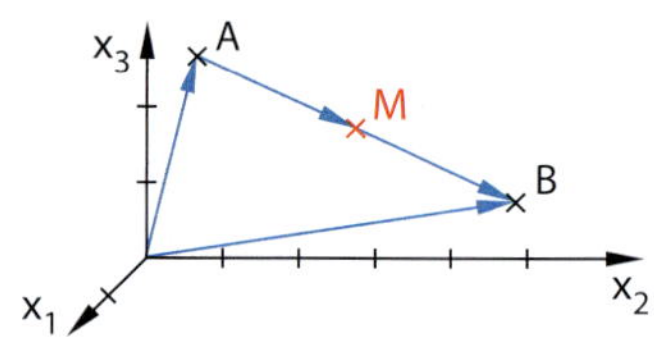

Basisaufgaben

24. Berechnen Sie.

a) $5 \cdot \begin{pmatrix} 0 \\ 3 \\ 0 \end{pmatrix}$ b) $(-4) \cdot \begin{pmatrix} 7 \\ -1 \\ 4 \end{pmatrix}$ c) $\frac{1}{4} \cdot \begin{pmatrix} 8 \\ -12 \\ 2 \end{pmatrix}$ d) $0 \cdot \begin{pmatrix} 6 \\ 3{,}4 \\ -14 \end{pmatrix}$ e) $3 \cdot \begin{pmatrix} 1 \\ 4 \\ -1 \end{pmatrix} + 2 \cdot \begin{pmatrix} 0 \\ 3 \\ 4 \end{pmatrix}$

25. Berechnen Sie den Betrag des Vektors vorteilhaft mit der Regel $|r \cdot \vec{a}| = |r| \cdot |\vec{a}|$.

a) $\begin{pmatrix} 26 \\ 13 \\ -39 \end{pmatrix}$ b) $\begin{pmatrix} 15 \\ -10 \\ 45 \end{pmatrix}$ c) $\begin{pmatrix} 8 \\ 12 \\ 20 \end{pmatrix}$ d) $\begin{pmatrix} \frac{1}{6} \\ \frac{7}{3} \\ \frac{1}{3} \end{pmatrix}$ e) $\begin{pmatrix} 0{,}5 \\ 4 \\ 1{,}5 \end{pmatrix}$

26. Prüfen Sie, ob die Vektoren $\vec{a}$ und $\vec{b}$ kollinear sind.

a) $\vec{a} = \begin{pmatrix} 3 \\ 2 \\ 1 \end{pmatrix}; \vec{b} = \begin{pmatrix} 6 \\ 4 \\ 2 \end{pmatrix}$ b) $\vec{a} = \begin{pmatrix} 1 \\ 2 \\ 0 \end{pmatrix}; \vec{b} = \begin{pmatrix} 4 \\ 0 \\ 8 \end{pmatrix}$ c) $\vec{a} = \begin{pmatrix} 1 \\ 3 \end{pmatrix}; \vec{b} = \begin{pmatrix} 2 \\ 4 \end{pmatrix}$

d) $\vec{a} = \begin{pmatrix} 14 \\ 0 \\ 7 \end{pmatrix}; \vec{b} = \begin{pmatrix} -10 \\ 0 \\ -5 \end{pmatrix}$ e) $\vec{a} = \begin{pmatrix} 2 \\ -4 \\ -8 \end{pmatrix}; \vec{b} = \begin{pmatrix} 5 \\ -10 \\ 20 \end{pmatrix}$ f) $\vec{a} = \begin{pmatrix} \frac{7}{3} \\ \frac{8}{5} \end{pmatrix}; \vec{b} = \begin{pmatrix} \frac{7}{4} \\ \frac{6}{5} \end{pmatrix}$

Weiterführende Aufgaben

27. Der Schiffsarzt schlendert über das Deck eines Kreuzfahrtschiffs. Seine Bewegung entspricht den Vektoren $\vec{a} = \begin{pmatrix} 6 \\ 6 \end{pmatrix}$ gefolgt von $\vec{b} = \begin{pmatrix} -6 \\ 6 \end{pmatrix}$.

a) Drücken Sie die Bewegung des Arztes durch einen einzigen Vektor aus.

b) Im gleichen Zeitraum legt das Schiff einen Weg gemäß $\vec{s} = \begin{pmatrix} 30 \\ 30 \end{pmatrix}$ zurück. Berechnen Sie die Positionsänderung des Arztes relativ zum Heimathafen.

28. Stolperstelle: Diskutieren Sie die Aussage. Korrigieren Sie Fehlvorstellungen.

a) Maja: *„Das Produkt einer Zahl r und eines Vektors $\vec{a}$ hat den r-fachen Betrag von $\vec{a}$."*

b) Tom: *„Ein Vektor und sein Gegenvektor sind nicht kollinear, da sie in entgegengesetzte Richtungen zeigen."*

c) Lea: *„Wenn $\vec{a}$ den Betrag 3 und $\vec{b}$ den Betrag 4 hat, dann hat $\vec{a} + \vec{b}$ den Betrag 7."*

29. Senkrechte Projektion und Spiegelung

a) Der Punkt B entsteht durch senkrechte Projektion des Punktes A auf die x_1x_2-Ebene. Geben Sie die Koordinaten von B an.

b) Spiegeln Sie die Punkte A und C(4 | −1 | 3) an der x_1x_2-Ebene.

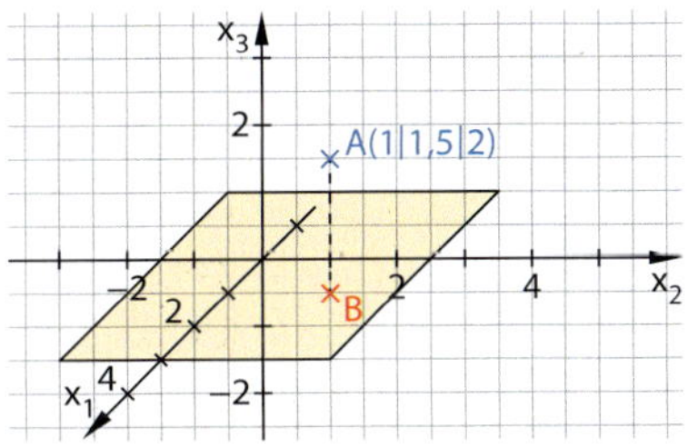

30. Ein mit Helium gefüllter Luftballon bewegt sich durch Wind und seinen Auftrieb durch die Luft. Innerhalb einer Sekunde bewegt er sich von P(0 | 0 | 7) nach Q(2 | −1 | 9) (1 LE entspricht 1 m). Bestimmen Sie die Geschwindigkeit des Ballons in km/h.

31. Der Körper besteht aus zwei gleichen Quadern. Es ist A(1 | 2 | 0), B(−5 | 5 | −2), F(3 | 8 | 3) und G(−2 | 0 | 6).

a) Zeigen Sie rechnerisch, dass die Kanten $\overline{AB}$, $\overline{AF}$ und $\overline{AG}$ gleich lang sind.

b) Berechnen Sie die Koordinaten des Punktes L.

c) Berechnen Sie die Vektoren $\overrightarrow{CH}$ und $\overrightarrow{DG}$.

d) Prüfen Sie, ob $\overrightarrow{CN}$ doppelt so lang ist wie $\overrightarrow{BN}$.

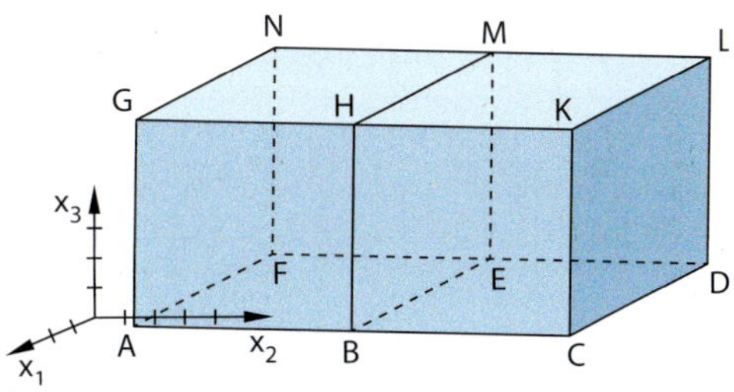

32. a) Zeigen Sie rechnerisch, dass das Dreieck ABC gleichseitig ist.

b) Es sei M_{AB} der Mittelpunkt der Strecke $\overline{AB}$. Berechnen Sie den Punkt S mit $\overrightarrow{OS} = \overrightarrow{OA} + \frac{2}{3}\overrightarrow{AM_{BC}}$.

c) Das Dreieck ABC bildet zusammen mit dem Punkt D ein regelmäßiges Tetraeder, welches (s. Skizze) einem Würfel einbeschrieben ist. Ermitteln Sie die Koordinaten des Eckpunktes W des in der Abbildung dargestellten Würfels.

d) Untersuchen Sie, welche speziellen Eigenschaften das Seitenmittenviereck $M_{AB}M_{BC}M_{CD}M_{DA}$ besitzt.

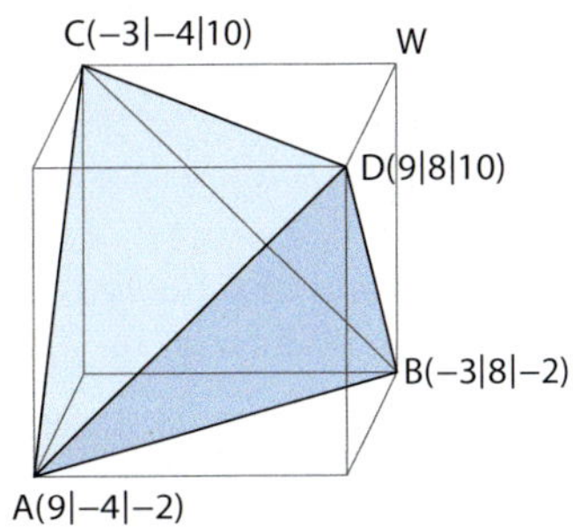

Hinweis:
Die Seitenhalbierenden eines Dreiecks schneiden sich im **Schwerpunkt S**. Dieser teilt die Seitenhalbierenden im Verhältnis 1 : 2.

33. Ausblick: Die Koordinaten der Punkte A, B und C eines Dreiecks ABC seien bekannt. Zeigen Sie, dass für den Ortsvektor des Schwerpunktes des Dreiecks gilt:
$\overrightarrow{OS} = \frac{1}{3} \cdot \left(\overrightarrow{OA} + \overrightarrow{OB} + \overrightarrow{OC}\right)$

5.2 Lineare Gleichungssysteme

■ a) Lösen Sie das folgende lineare Gleichungssystem (LGS) mit dem Additionsverfahren.
b) Zeigen Sie, dass sich aus dem linken LGS das rechte LGS herleiten lässt, ohne dass sich dabei die Lösungsmenge ändert. ■

$$\left| \begin{array}{l} 3x + 4y = 5 \\ 2x - 2y = 8 \end{array} \right|$$

$$\left| \begin{array}{r} 2x + 3y + z = 10 \\ 2y - z = -1 \\ -2y + 2z = 4 \end{array} \right| \qquad \left| \begin{array}{r} 2x + 3y + z = 10 \\ 2y - z = -1 \\ z = 3 \end{array} \right|$$

Lösungsverfahren

Ein lineares Gleichungssystem mit drei oder mehr Variablen ist leicht lösbar, wenn es in der nebenstehenden Form vorliegt.

$$\left| \begin{array}{r} x + y - z = -4 \\ 8y + z = -11 \\ 2z = 10 \end{array} \right|$$

Aus der dritten Gleichung ergibt sich der Wert von $z = 5$. Durch Rückeinsetzen in die zweite Gleichung ergibt sich $y = -2$. Rückeinsetzen von $y = -2$ und $z = 5$ in die erste Gleichung liefert schließlich $x = 3$.

$2z = 10$	also $z = 5$	Rückeinsetzung in II
$8y + 5 = -11$	also $y = -2$	Rückeinsetzung in I
$x - 2 - 5 = -4$	also $x = 3$	

Lösungsmenge: $L = \{(3 \mid -2 \mid 5)\}$

Diese Gestalt, bei der jede Gleichung eine Variable weniger hat als die über ihr stehende, wird als **Zeilenstufenform (ZSF)** bezeichnet. Ein beliebiges lineares Gleichungssystem kann mit drei Arten von Umformungen auf Zeilenstufenform gebracht werden, ohne dass sich dabei die Lösungsmenge ändert.

Wissen: Äquivalenzumformungen zur Herstellung einer Zeilenstufenform

Die folgenden Umformungen ändern die Lösungsmenge eines linearen Gleichungssystems nicht.

① Zwei Gleichungen werden vertauscht.
② Eine Gleichung wird mit einer Zahl $c \neq 0$ multipliziert.
③ Eine Gleichung wird durch die Summe/Differenz dieser Gleichung mit einer anderen Gleichung ersetzt.

Weniger Schreibaufwand und mehr Übersichtlichkeit erzielt man, wenn man nur die Koeffizienten (der linken Seiten) und die Konstanten (der rechten Seiten) aufschreibt. Ein solches Schema nennt man **Matrix**. Es ist günstig, oberhalb der Spalten den Variablennamen zu schreiben.

Lineares Gleichungssystem

$$\left| \begin{array}{r} x - 3y + 4z = -5 \\ 2x + 5y + 2z = 27 \\ 4x - y - 2z = -19 \end{array} \right|$$

Matrixschreibweise

$$\begin{array}{ccc} x & y & z \end{array}$$
$$\left(\begin{array}{rrr|r} 1 & -3 & 4 & -5 \\ 2 & 5 & 2 & 27 \\ 4 & -1 & -2 & -19 \end{array} \right)$$

Der GTR kann Gleichungssysteme lösen (Befehl: *linsolve()*) und Matrizen in Zeilenstufenform umformen (Befehl: *ref()*).

Hinweis:
Zu einem LGS gibt es keine eindeutige Zeilenstufenform. Der GTR erzeugt eine mit 1en auf der Diagonalen.

1.1 *Dok RAD

$$\text{linSolve}\left(\begin{cases} x-3\cdot y+4\cdot z=-5 \\ 2\cdot x+5\cdot y+2\cdot z=27 \\ 4\cdot x-y-2\cdot z=-19 \end{cases}, \{x,y,z\}\right) \qquad \{-2,5,3\}$$

1.1 *Dok RAD

$$\text{ref}\left(\begin{bmatrix} 1 & -3 & 4 & -5 \\ 2 & 5 & 2 & 27 \\ 4 & -1 & -2 & -19 \end{bmatrix}\right) \qquad \begin{bmatrix} 1 & \frac{-1}{4} & \frac{-1}{2} & \frac{-19}{4} \\ 0 & 1 & \frac{6}{11} & \frac{73}{11} \\ 0 & 0 & 1 & 3 \end{bmatrix}$$

Beispiel 1: Bestimmen Sie die Lösung des linearen Gleichungssystems.

$$\left|\begin{array}{rcrcrcr} & & 8y & + & 3z & = & -1 \\ -2x & + & 6y & + & 3z & = & -3 \\ x & + & y & - & z & = & -4 \end{array}\right|$$

Lösung:

	LGS	Matrix
Sie können das LGS als Matrix schreiben, um Schreibaufwand zu sparen. In der ersten Gleichung kommt die Variable x nicht vor. Tauschen Sie diese mit der dritten Gleichung.	$\left\|\begin{array}{rcrcrcr} & & 8y & + & 3z & = & -1 \\ -2x & + & 6y & + & 3z & = & -3 \\ x & + & y & - & z & = & -4 \end{array}\right\|$	$\begin{array}{ccc} x & y & z \end{array}$ $\left(\begin{array}{rrr\|r} 0 & 8 & 3 & -1 \\ -2 & 6 & 3 & -3 \\ 1 & 1 & -1 & -4 \end{array}\right)$ (Zeile 1 und 3 tauschen)
Addieren Sie das 2-Fache der (neuen) ersten Gleichung zur zweiten Gleichung, um dort das x zu entfernen.	$\left\|\begin{array}{rcrcrcr} x & + & y & - & z & = & -4 \\ -2x & + & 6y & + & 3z & = & -3 \\ & & 8y & + & 3z & = & -1 \end{array}\right\|$	$\left(\begin{array}{rrr\|r} 1 & 1 & -1 & -4 \\ -2 & 6 & 3 & -3 \\ 0 & 8 & 3 & -1 \end{array}\right)$ $\|\cdot 2$ $+$
Nun wird das y in der dritten Gleichung entfernt. Addieren Sie dazu das (-1)-Fache der zweiten Gleichung zur dritten Gleichung.	$\left\|\begin{array}{rcrcrcr} x & + & y & - & z & = & -4 \\ & + & 8y & + & z & = & -11 \\ & + & 8y & + & 3z & = & -1 \end{array}\right\|$	$\left(\begin{array}{rrr\|r} 1 & 1 & -1 & -4 \\ 0 & 8 & 1 & -11 \\ 0 & 8 & 3 & -1 \end{array}\right)$ $\|\cdot(-1)$ $+$
Das lineare Gleichungssystem ist in Zeilenstufenform.	$\left\|\begin{array}{rcrcrcr} x & + & y & - & z & = & -4 \\ & + & 8y & + & z & = & -11 \\ & & & & 2z & = & 10 \end{array}\right\|$	$\left(\begin{array}{rrr\|r} 1 & 1 & -1 & -4 \\ 0 & 8 & 1 & -11 \\ 0 & 0 & 2 & 10 \end{array}\right)$

Der Wert für z ergibt sich aus der letzten Zeile. Setzen Sie diesen in die zweite Gleichung ein und lösen Sie nach y auf. Setzen Sie beide Werte in die erste Gleichung ein und lösen Sie nach x auf.

$2z = 10$ also $z = 5$ (einsetzen in II)
$8y + 5 = -11$ also $y = -2$ (einsetzen in I)
$x + (-2) - 5 = -4$ also $x = 3$

Lösungsmenge: $L = \{(3\,|\,-2\,|\,5)\}$

Info:
Dieses Lösungsverfahren für lineare Gleichungssysteme wurde vom deutschen Mathematiker Carl Friedrich Gauß entwickelt. Es wird daher als **Gauß-Algorithmus** oder **Gaußsches Eliminationsverfahren** bezeichnet.

Basisaufgaben

1. Das lineare Gleichungssystem befindet sich in Zeilenstufenform. Bestimmen Sie die Lösung.

a) $\left|\begin{array}{rcrcrcr} 5x & - & 3y & + & z & = & 10 \\ & & 2y & + & 5z & = & 16 \\ & & & - & 2z & = & 22 \end{array}\right|$
b) $\left|\begin{array}{rcrcrcr} 3x & + & 7y & - & 5z & = & 15 \\ & & 8y & + & 7z & = & 1 \\ & & & & 13z & = & -13 \end{array}\right|$
c) $\left|\begin{array}{rcrcrcr} x & + & y & + & z & = & 9 \\ & & y & - & z & = & -1 \\ & & & & 3z & = & 9 \end{array}\right|$

d) $\left(\begin{array}{rrr|r} 4 & 5 & 6 & 6 \\ 0 & 3 & 7 & 10 \\ 0 & 0 & 6 & 6 \end{array}\right)$
e) $\left(\begin{array}{rrr|r} 3 & 1 & -1 & 0 \\ 0 & 6 & 2 & 22 \\ 0 & 0 & 3 & 15 \end{array}\right)$
f) $\left(\begin{array}{rrr|r} 1 & 1 & 1 & 21 \\ 0 & 2 & -1 & 6 \\ 0 & 0 & 12 & 96 \end{array}\right)$

Lösungen zu 1:
$(25{,}5\,|\,35{,}5\,|\,-11)$
$(-1{,}25\,|\,1\,|\,1)$
$(3\,|\,2\,|\,4)$
$(1\,|\,1\,|\,-1)$
$(1\,|\,2\,|\,5)$
$(6\,|\,7\,|\,8)$ $(4\,|\,2\,|\,3)$

2. Bringen Sie das lineare Gleichungssystem in Zeilenstufenform und bestimmen Sie die Lösung.

a) $\left|\begin{array}{rcrcrcr} 4x & + & 5y & - & z & = & -3 \\ 2x & + & 3y & + & z & = & 1 \\ & & y & - & z & = & 1 \end{array}\right|$
b) $\left|\begin{array}{rcrcrcr} -x & + & y & + & 2z & = & 4 \\ 3x & - & 5y & + & z & = & -1 \\ & & & & 7z & = & 21 \end{array}\right|$
c) $\left|\begin{array}{rcrcrcr} 2x & - & 3y & + & z & = & 0 \\ & & 12y & - & 11z & = & 5 \\ 4x & + & y & - & z & = & 20 \end{array}\right|$

d) $\left|\begin{array}{rcrcrcr} 2x & + & 3y & - & z & = & 2 \\ 4x & - & y & + & z & = & 3 \\ 6x & + & y & - & 3z & = & -2 \end{array}\right|$
e) $\left|\begin{array}{rcrcrcr} 3x & + & y & + & 2z & = & 2 \\ 6x & - & 4y & + & 4z & = & -8 \\ 3x & + & y & + & 6z & = & 0 \end{array}\right|$
f) $\left|\begin{array}{rcrcrcr} x & + & y & + & z & = & 0 \\ 2x & - & y & - & z & = & 3 \\ x & - & 4y & - & z & = & 2 \end{array}\right|$

Hinweis zu 2:
Anstelle der Variablen x, y und z werden auch häufig die Bezeichnungen x_1, x_2 und x_3 verwendet.

3. Bestimmen Sie die Lösung des linearen Gleichungssystems.

a) $\left(\begin{array}{rrr|r} 3 & 1 & -2 & -11 \\ -2 & 0 & 3 & 17 \\ 1 & 1 & 0 & 1 \end{array}\right)$
b) $\left(\begin{array}{rrr|r} 5 & -1 & 2 & 5 \\ 0 & 2 & -3 & -7 \\ -4 & 0 & 1 & 3 \end{array}\right)$
c) $\left(\begin{array}{rrr|r} 2 & 6 & 5 & 1 \\ 8 & -12 & 0 & -8 \\ -1 & 1 & 1 & \frac{5}{6} \end{array}\right)$

4. Die Abbildung zeigt drei Rechnungszettel. Ermitteln Sie die Einzelpreise für Wasser, Eistee und Kaffee.

5. Der Graph einer quadratischen Funktion f mit $f(x) = ax^2 + bx + c$ verläuft durch die Punkte $A(-1\,|\,4)$, $B(1\,|\,1)$ und $C(3\,|\,0)$. Stellen Sie ein lineares Gleichungssystem mit den Variablen a, b und c auf. Lösen Sie es und geben Sie die Funktionsgleichung für f an.

GTR **6.** Bestimmen Sie mit dem GTR die Lösung des linearen Gleichungssystems.

a) $\left| \begin{array}{l} -2x + 4y - 6z = 2 \\ 24x + 18y + 30z = 23 \\ 10x - 76y + 138z = -74 \end{array} \right|$

b) $\left(\begin{array}{ccc|c} 1 & -3 & 4 & -5 \\ 2 & 5 & 2 & 27 \\ 4 & -1 & -2 & -19 \end{array} \right)$

c) $\left| \begin{array}{l} x_1 + x_2 + x_3 + 2x_4 = 6 \\ x_1 + x_2 + 2x_3 + x_4 = 7 \\ x_1 - x_2 + x_3 - x_4 = 5 \\ x_1 + x_2 - x_3 - x_4 = -1 \end{array} \right|$

d) $\left(\begin{array}{cccc|c} 2 & 1 & 1 & 1 & 7 \\ 1 & 1 & 2 & 1 & 4 \\ 1 & -1 & -1 & 1 & 5 \\ 1 & 1 & -1 & 1 & 7 \end{array} \right)$

7. Bestimmen Sie die Lösung des linearen Gleichungssystems. Bringen Sie zunächst alle Variablen auf die linke Seite und alle konstanten Summanden auf die rechte Seite.

a) $\left| \begin{array}{l} x + 2z = 17 - y \\ x - 4 = y - z \\ 2x - 2 = 3 + z - y \end{array} \right|$

b) $\left| \begin{array}{l} 3x - 11 = y - z \\ 3y - z = -(x + 9) \\ 2x + z = 8 - y \end{array} \right|$

c) $\left| \begin{array}{l} 2a + c = 11 - 3b \\ a + 12 = c - b \\ \frac{1}{2}b + \frac{1}{3}c = 13 - a \end{array} \right|$

d) $\left| \begin{array}{l} 3x + 3 = 4y - 9z \\ 2x + y = 3z - 5 \\ 3z + 7 = -(4x + y) \end{array} \right|$

Lösungsmengen linearer Gleichungssysteme

An der Zeilenstufenform eines linearen Gleichungssystems lässt sich ablesen, ob es eine eindeutige, gar keine oder unendlich viele Lösungen hat.

Die letzte Zeile ist eine **Widerspruchszeile**, da es für die Gleichung $0x + 0y + 0z = 3$ keine Lösung gibt. Das LGS hat **keine Lösung**.

$$\left(\begin{array}{ccc|c} 5 & 2 & 0 & 6 \\ 0 & -2 & 1 & -8 \\ 0 & 0 & 0 & 3 \end{array} \right)$$ Widerspruchszeile

$L = \{\,\}$

Das LGS enthält keine Widerspruchszeile, also gibt es Lösungen. Die Anzahl der Variablen ist gleich der Anzahl der Gleichungen. Das LGS ist **eindeutig lösbar**.

$$\left(\begin{array}{ccc|c} 3 & 1 & 1 & 17 \\ 0 & 2 & 1 & 6 \\ 0 & 0 & 2 & 8 \end{array} \right)$$

$L = \{(4\,|\,1\,|\,4)\}$

Das LGS enthält keine Widerspruchszeile, also gibt es Lösungen. Die letzte Zeile ist eine **Nullzeile**, es entfällt eine Gleichung. Es bleiben noch zwei Gleichungen für drei Variablen. Eine Variable (hier z) ist frei wählbar und kann durch einen Parameter t ersetzt werden. Damit erhält man die Lösungsmenge mit **unendlich vielen Lösungen**.

$$\left(\begin{array}{ccc|c} 6 & 1 & 2 & 12 \\ 0 & -1 & 4 & 6 \\ 0 & 0 & 0 & 0 \end{array} \right)$$ Nullzeile

$z = t$ ergibt:
$y = -6 + 4t$
$x = 3 - t$

$L = \{(3 - t\,|\,-6 + 4t\,|\,t);\ t \in \mathbb{R}\}$

Wissen: Lösbarkeit linearer Gleichungssysteme

Ein lineares Gleichungssystem kann keine, genau eine oder unendlich viele Lösungen haben. Die Art der Lösungsmenge erkennt man an der Zeilenstufenform:
- Es gibt eine Widerspruchszeile → keine Lösung
- Keine Widerspruchszeile und die Anzahl der verbliebenen Gleichungen ist gleich der Anzahl der Variablen → eindeutige Lösung
- Keine Widerspruchszeile und mehr Variablen als Gleichungen (ohne Nullzeilen) → unendlich viele Lösungen

Hinweis:
Die Fallunterscheidung der Lösungsmengen ist erst nach Herstellung einer Zeilenstufenform (ZSF) möglich.

Beispiel 2: Bestimmen Sie die Lösungsmenge des linearen Gleichungssystems.

a) $\left|\begin{array}{l} 2x + 3y - 4z = 1 \\ x - y + z = 1 \\ -2x + 2y - 2z = 3 \end{array}\right|$ b) $\left|\begin{array}{l} 2x + 3y - 4z = 1 \\ x + y - z = 1 \\ -3x - 3y + 3z = -3 \end{array}\right|$

Lösung:

a) Übertragen Sie das lineare Gleichungssystem in die Matrixschreibweise und bringen Sie es auf Zeilenstufenform. Die letzte Zeile ergibt einen Widerspruch, also hat das LGS keine Lösung.

$$\begin{array}{c} \quad x \quad y \quad z \\ \left(\begin{array}{rrr|r} 2 & 3 & -4 & 1 \\ 1 & -1 & 1 & 1 \\ -2 & 2 & -2 & 3 \end{array}\right) \end{array} \xrightarrow{ZSF} \left(\begin{array}{rrr|r} 2 & 3 & -4 & 1 \\ 0 & 5 & -6 & -1 \\ 0 & 0 & 0 & 5 \end{array}\right)$$

$L = \{\}$

b) Übertragen Sie das lineare Gleichungssystem in die Matrixschreibweise und bringen Sie es auf Zeilenstufenform. Die letzte Zeile ist eine Nullzeile, also hat das LGS unendlich viele Lösungen. Ersetzen Sie eine Variable (hier z) durch einen Parameter (hier t) und bestimmen Sie die allgemeine Lösung.

$$\begin{array}{c} \quad x \quad y \quad z \\ \left(\begin{array}{rrr|r} 2 & 3 & -4 & 1 \\ 1 & 1 & -1 & 1 \\ -3 & -3 & 3 & -3 \end{array}\right) \end{array} \xrightarrow{ZSF} \left(\begin{array}{rrr|r} 2 & 3 & -4 & 1 \\ 0 & 1 & -2 & -1 \\ 0 & 0 & 0 & 0 \end{array}\right)$$

$z = t$ in Gleichung II einsetzen:
$y - 2t = -1$ also $y = 2t - 1$
$z = t$ und $y = 2t - 1$ in Gleichung I einsetzen:
$2x + 3(2t - 1) - 4t = 1$ also $x = 2 - t$

$L = \{(2 - t \mid 2t - 1 \mid t);\ t \in \mathbb{R}\}$

Hinweis:
Hilfestellung zur Umformung in die Zeilenstufenform (ZSF) finden Sie in Beispiel 1.

Ein lineares Gleichungssystem mit weniger Gleichungen als Variablen heißt **unterbestimmt**. Ein unterbestimmtes LGS kann nie eindeutig lösbar sein.
Ein lineares Gleichungssystem mit mehr Gleichungen als Variablen heißt **überbestimmt**. Es kann nur erfüllbar sein, wenn in der Zeilenstufenform mindestens so viele Gleichungen entfallen (Nullzeilen), dass die Anzahl der Gleichungen nicht mehr größer ist als die der Variablen.

Basisaufgaben

8. Das lineare Gleichungssystem befindet sich in Zeilenstufenform. Entscheiden Sie, ob es eine, keine oder unendlich viele Lösungen hat.

a) $\left|\begin{array}{r} 2x - 4y + 3z = 2 \\ 3y + z = 1 \\ 7z = 28 \end{array}\right|$ b) $\left|\begin{array}{r} 2x + 4y + 6z = 6 \\ 2y + 4z = 8 \\ 0 = 0 \end{array}\right|$ c) $\left|\begin{array}{r} x + 2y + 3z = 9 \\ 7y - 4z = 3 \\ 0 = 6 \end{array}\right|$

d) $\left(\begin{array}{rrr|r} 2 & 3 & -4 & 1 \\ 0 & -1 & 1 & 1 \\ 0 & 0 & 0 & 0 \end{array}\right)$ e) $\left(\begin{array}{rrr|r} 3 & -3 & 8 & 7 \\ 0 & 5 & 1 & -2 \\ 0 & 0 & 2 & -4 \end{array}\right)$ f) $\left(\begin{array}{rrr|r} -1 & 3 & 5 & -3 \\ 0 & 1 & 5 & 1 \\ 0 & 0 & 0 & -1 \end{array}\right)$

9. Das lineare Gleichungssystem hat unendlich viele Lösungen. Bestimmen Sie die Lösungsmenge.

a) $\left|\begin{array}{r} x + y - z = 0 \\ 2y + 6z = 4 \end{array}\right|$ b) $\left|\begin{array}{r} 0{,}5x - z = 2 \\ y + 2z = 8 \end{array}\right|$ c) $\left|\begin{array}{r} x - 2y + 3z = -1 \\ y - z = 2 \\ x + y \quad = 5 \end{array}\right|$

10. Gegeben ist eine Lösungsmenge $L = \{(1-3t\,|\,5+2t\,|\,t); t \in \mathbb{R}\}$ eines linearen Gleichungssystems. Überprüfen Sie, ob das Zahlentripel zur Lösungsmenge gehört.
a) $(4\,|\,3\,|\,-1)$ b) $(-5\,|\,8\,|\,2)$ c) $(1\,|\,5\,|\,0)$ d) $(31\,|\,-15\,|\,-10)$ e) $\left(-1\,\middle|\,6\,\middle|\,\frac{1}{2}\right)$

11. Bestimmen Sie die Lösungsmenge des linearen Gleichungssystems.

a) $\left|\begin{array}{rcl} -2x+3y+z &=& 2 \\ x-2y+2z &=& -4 \\ -y+5z &=& 1 \end{array}\right|$ b) $\left|\begin{array}{rcl} -2x+3y+z &=& 2 \\ x-2y+2z &=& -4 \\ -y+5z &=& -6 \end{array}\right|$ c) $\left|\begin{array}{rcl} 4x-2z &=& -8 \\ -x+y &=& 1 \\ 5x+2y+3z &=& 1 \end{array}\right|$

d) $\left|\begin{array}{rcl} 2x-3y+z &=& 1 \\ x+y-2z &=& 2 \\ x+6y-7z &=& 5 \end{array}\right|$ e) $\left|\begin{array}{rcl} 0{,}2x+1{,}4y-0{,}8z &=& 6 \\ 0{,}8x-0{,}2y+0{,}1z &=& 0 \\ -0{,}2x+0{,}4y+0{,}5z &=& 0 \end{array}\right|$ f) $\left|\begin{array}{rcl} x+2y+3z &=& 1 \\ x+y+z &=& 1 \\ 3x+2y+z &=& 1 \end{array}\right|$

12. Das lineare Gleichungssystem ist über- oder unterbestimmt. Bestimmen Sie die Lösungsmenge.

a) $\left|\begin{array}{rcl} x+y &=& 1 \\ 2x-y &=& -7 \\ 5x+2y &=& -4 \end{array}\right|$ b) $\left|\begin{array}{rcl} x+y &=& 1 \\ 2x-y &=& -7 \\ 5x+2y &=& 2 \end{array}\right|$ c) $\left|\begin{array}{rcl} x+2y+3z &=& 1 \\ x+3y+4z &=& 2 \end{array}\right|$

13. Beschreiben Sie die Lösung des linearen Gleichungssystems (eindeutig, nicht lösbar, Anzahl der frei wählbaren Variablen).

a) $\left(\begin{array}{cccc|r} 3 & 2 & 1 & 0 & 5 \\ 0 & 2 & 2 & 1 & -1 \\ 0 & 0 & 0 & 0 & 0 \end{array}\right)$ b) $\left(\begin{array}{cc|c} 3 & 1 & 5 \\ 0 & 4 & 2 \\ 0 & 0 & 0 \end{array}\right)$ c) $\left(\begin{array}{ccc|c} 1 & 2 & 1 & 4 \\ 0 & 2 & 1 & 1 \\ 0 & 0 & 0 & 1 \end{array}\right)$

d) $\left(\begin{array}{rrr|r} 1 & -1 & 1 & -2 \\ 0 & 2 & 1 & 1 \\ 0 & 0 & 0 & 0 \\ 0 & 2 & 0 & 0 \end{array}\right)$ e) $\left(\begin{array}{rrr|r} 2 & 2 & -2 & 1 \\ 1 & 0 & 0 & 0 \\ 0 & 0 & 0 & 0 \end{array}\right)$ f) $\left(\begin{array}{ccccc|c} 1 & 0 & 0 & 0 & 2 & 4 \\ 0 & 1 & 0 & 5 & 3 & 1 \\ 0 & 0 & 1 & 2 & 1 & 3 \\ 0 & 0 & 0 & 0 & 0 & 0 \end{array}\right)$

Weiterführende Aufgaben

14. Entscheiden Sie, ob die Aussage wahr oder falsch ist. Geben Sie ein Gegenbeispiel an, wenn die Aussage falsch ist.
a) Jedes überbestimmte lineare Gleichungssystem ist unlösbar.
b) Jedes überbestimmte lineare Gleichungssystem ist lösbar.
c) Kein unterbestimmtes lineares Gleichungssystem ist eindeutig lösbar.
d) Jedes unterbestimmte lineare Gleichungssystem hat mindestens eine Lösung.
e) Es gibt kein lineares Gleichungssystem mit drei Gleichungen und drei Variablen, das die eindeutige Lösung $\{(0\,|\,0\,|\,0)\}$ hat.

15. Stolperstelle: Ein Schüler erhält als Lösung eines linearen Gleichungssystems $\{(1\,|\,1\,|\,1)\}$. Erklären Sie den Fehler und ermitteln Sie die korrekte Lösung.

$$\left(\begin{array}{rrr|r} 1 & -3 & 4 & 2 \\ -1 & 7 & 1 & 7 \\ 0 & 3 & 2 & 4 \end{array}\right) \; II + I \rightarrow \left(\begin{array}{rrr|r} 1 & -3 & 4 & 2 \\ 0 & 4 & 5 & 9 \\ 0 & 3 & 2 & 4 \end{array}\right) \; III + I \rightarrow \left(\begin{array}{rrr|r} 1 & -3 & 4 & 2 \\ 0 & 4 & 5 & 9 \\ 0 & 0 & 6 & 6 \end{array}\right)$$

16. Berechnen Sie die Lösungsmenge des linearen Gleichungssystems.

a) $\left|\begin{array}{rcl} x+2y-4z &=& -6 \\ 2x+y+3z &=& 5 \\ -3x+y+6z &=& -2 \end{array}\right|$ b) $\left|\begin{array}{rcl} x-2y-z &=& -2 \\ -3x+6y+3z &=& 6 \\ 2x-4y+2z &=& -4 \end{array}\right|$ c) $\left|\begin{array}{rcl} x-2y-3z+u &=& 4 \\ 2x+y-z+2u &=& -2 \\ 3x-y-4z+3u &=& 3 \end{array}\right|$

17. Reduzierte Zeilenstufenform: Lisa untersucht eine Matrix in Zeilenstufenform. Statt die Lösungsmenge durch Rückeinsetzen zu bestimmen, formt Lisa weiter um und erhält so eine sogenannte **reduzierte Zeilenstufenform**.
Aus dieser liest sie die Lösung einfach ab. Beschreiben Sie die besondere Form der Matrix. Erklären Sie, mit welchen Umformungsschritten Lisa auf diese Matrix gekommen ist.

$$\left(\begin{array}{ccc|c} 2 & 8 & -4 & 6 \\ 0 & 3 & 6 & 9 \\ 0 & 0 & -2 & 4 \end{array}\right) \overset{?}{\rightarrow} \left(\begin{array}{ccc|c} 1 & 0 & 0 & -29 \\ 0 & 1 & 0 & 7 \\ 0 & 0 & 1 & -2 \end{array}\right)$$

$L = \{(-29|7|-2)\}$

18. Gegeben ist die reduzierte Zeilenstufenform eines linearen Gleichungssystems. Geben Sie die Lösungsmenge an.

a) $\left(\begin{array}{ccc|c} 1 & 0 & 0 & 3 \\ 0 & 1 & 0 & -2 \\ 0 & 0 & 1 & 4 \end{array}\right)$ b) $\left(\begin{array}{ccc|c} 1 & 0 & 1 & -2 \\ 0 & 1 & 2 & 1 \\ 0 & 0 & 0 & 0 \end{array}\right)$ c) $\left(\begin{array}{ccc|c} 1 & 0 & 1 & -2 \\ 0 & 1 & 0 & 1 \\ 0 & 0 & 0 & 3 \end{array}\right)$

Hinweis:
Ist in jeder Zeile einer ZSF die erste Zahl, die keine 0 ist, eine 1 und sind alle darüberliegenden Einträge 0, so spricht man von einer **reduzierten Zeilenstufenform.** Jede Matrix lässt sich in solch eine Form umwandeln.

19. Bringen Sie die Matrix in reduzierte Zeilenstufenform und lesen Sie die Lösung ab.

a) $\left(\begin{array}{ccc|c} 2 & 0 & 0 & 8 \\ 0 & -3 & 0 & 6 \\ 0 & 0 & 4 & -4 \end{array}\right)$ b) $\left(\begin{array}{ccc|c} 1 & 0 & -4 & 6 \\ 0 & 1 & 3 & 9 \\ 0 & 0 & 1 & 4 \end{array}\right)$ c) $\left(\begin{array}{ccc|c} 3 & -6 & 9 & 6 \\ 0 & 1 & 0 & 5 \\ 0 & 0 & 1 & 3 \end{array}\right)$

GTR **20.** Bringen Sie die Matrix mit dem *rref()*-Befehl des GTR in reduzierte Zeilenstufenform und lesen Sie die Lösungsmenge des zugehörigen linearen Gleichungssystems ab.

a) $\left(\begin{array}{ccc|c} \frac{2}{3} & \frac{1}{4} & -\frac{1}{5} & 11 \\ \frac{5}{6} & -\frac{3}{8} & \frac{1}{3} & 6 \\ \frac{7}{4} & \frac{5}{12} & -\frac{17}{15} & 14 \end{array}\right)$ b) $\left(\begin{array}{ccc|c} 2 & 3 & 4 & 10 \\ 2 & -4 & -10 & -23 \\ 6 & 2 & -2 & -13 \end{array}\right)$ c) $\left(\begin{array}{ccc|c} 4 & 3 & -5 & 10 \\ 1 & 1 & -1 & 3 \\ 2 & 3 & -1 & 8 \end{array}\right)$

GTR **21.** Bestimmen Sie mit dem GTR die Lösung des linearen Gleichungssystems.

a) $\left|\begin{array}{r} 193x - 89y + 157z = 789 \\ 59x + 114y + 217z = 438 \\ -75x + 317y + 277z = 87 \\ 13x + 904y + 632z = 386 \end{array}\right|$ b) $\left|\begin{array}{r} 311x_1 + 415x_2 + 116x_3 + 88x_4 = 1018 \\ 405x_1 + 617x_2 - 314x_3 + 71x_4 = 850 \\ 91x_1 - 219x_2 + 803x_3 - 105x_4 = 465 \\ 503x_1 - 419x_2 + 601x_3 + 77x_4 = 839 \end{array}\right|$

22. Auf einer Farm leben Rinder, Hühner und Enten. Es sind 135 Tiere, die zusammen 420 Beine und 120 Flügel besitzen.
a) Stellen Sie ein LGS auf und bestimmen Sie die Lösungsmenge.
b) Bestimmen Sie die Anzahl der Rinder, Hühner und Enten, wenn es 3-mal so viele Hühner wie Enten gibt.

23. Spülbecken oder Trommeln von Waschmaschinen sind aus rostfreiem Stahl. Dieser enthält Eisen, 18 % Chrom und 8 % Nickel. Bei der Herstellung werden Stahlsorten mit anderen Chrom- und Nickelanteilen zusammengeschmolzen.

a) Berechnen Sie, wie eine Tonne rostfreier Stahl aus einer Legierung mit 14 % Chrom und 10 % Nickel und einer zweiten mit 24 % Chrom und 5 % Nickel erzeugt werden kann.
b) Aus vier Legierungen soll eine Tonne rostfreier Stahl hergestellt werden. Bestimmen Sie das Mischungsverhältnis.

Legierung 1: 24 % Chrom und 4 % Nickel

Legierung 2: 4 % Chrom und 12 % Nickel

Legierung 3: 14 % Chrom

Legierung 4: 14 % Chrom und 16 % Nickel

24. Die Tabelle gibt den Nährstoffgehalt von fünf Speisen A, B, C, D und E an.

	A	B	C	D	E
Eiweiß	70 %	20 %	50 %	30 %	60 %
Kohlenhydrate	30 %	70 %	30 %	30 %	30 %
Fett	0 %	10 %	20 %	40 %	10 %

a) Zeigen Sie, dass der Nährstoffgehalt von E nicht durch eine Mischung aus den Speisen B, C und D erreicht werden kann.

b) Zeigen Sie, dass eine Mischung aus den Speisen A, B, C und D den Nährstoffgehalt von E haben kann. Geben Sie alle möglichen Lösungen an und erklären Sie, welche Werte die frei wählbare Variable in diesem Kontext annehmen darf.

c) Geben Sie an, auf welche der Speisen A, B, C und D bei der Herstellung einer Speise mit dem Nährstoffgehalt von E verzichtet werden kann und welche unverzichtbar sind.

25. In der Tabelle ist für vier Düngemischungen A, B, C und D ihre prozentuale Zusammensetzung aus den Substanzen 1, 2, 3 und 4 angegeben.

	A	B	C	D
Substanz 1	20 %	40 %	30 %	10 %
Substanz 2	60 %	0 %	30 %	10 %
Substanz 3	0 %	10 %	5 %	70 %
Substanz 4	20 %	50 %	35 %	10 %

a) Eine Firma stellte eine neue Mischung $Z = \frac{1}{2}A + \frac{1}{4}B + \frac{1}{4}C$ her. Bestimmen Sie, wie sich Z prozentual aus den vier Substanzen zusammensetzt.

b) Prüfen Sie, ob Z sich auch mit einem geringeren Anteil von A erzeugen lässt, indem Sie alle Arten, Z aus A, B und C zu mischen, ermitteln.

c) Prüfen Sie, ob Z auch aus A, B und D hergestellt werden kann.

26. Der durchschnittliche Tagesbedarf eines Menschen an Vitamin E beträgt 4 mg. Die Tabelle enthält Angaben zum Vitamin-E- und Eiweißgehalt verschiedener Gemüsesorten.

	Spinat 	Rotkohl 	Paprika 	Pastinake 
Vitamin E (in mg/100g)	1,4	1,7	2,5	0,9
Eiweiß (in g/100g)	2,5	1,4	1,1	1,4

a) Untersuchen Sie, ob man den Tagesbedarf an Vitamin E mit einem 200-g-Smoothie, der aus allen vier Gemüsen besteht, exakt abdecken kann.

b) Isabel möchte mit einem 200-g-Smoothie aus Spinat, Rotkohl und Paprika ihren täglichen Vitamin-E-Bedarf exakt abdecken und dabei 2,97 g Eiweiß zu sich nehmen. Untersuchen Sie, ob diese Bedingungen erfüllbar sind.

27. Prüfen Sie, ob die Vektoren $\vec{v} = \begin{pmatrix} 5 \\ 1 \\ 1 \end{pmatrix}$ und $\vec{w} = \begin{pmatrix} 3 \\ 1 \\ -2 \end{pmatrix}$ in der Form $\vec{v} = r \cdot \vec{a} + s \cdot \vec{b} + t \cdot \vec{c}$ bzw. $\vec{w} = r \cdot \vec{a} + s \cdot \vec{b} + t \cdot \vec{c}$ mit r, s, t aus $\mathbb{R}$ dargestellt werden können.

a) $\vec{a} = \begin{pmatrix} 1 \\ -1 \\ 0 \end{pmatrix}, \vec{b} = \begin{pmatrix} -2 \\ 0 \\ 1 \end{pmatrix}, \vec{c} = \begin{pmatrix} -1 \\ 1 \\ 2 \end{pmatrix}$

b) $\vec{a} = \begin{pmatrix} 1 \\ -1 \\ 0 \end{pmatrix}, \vec{b} = \begin{pmatrix} -2 \\ 0 \\ 1 \end{pmatrix}, \vec{c} = \begin{pmatrix} 1 \\ 3 \\ -2 \end{pmatrix}$

Hinweis:
Ist die Gleichung $\vec{v} = r \cdot \vec{a} + s \cdot \vec{b} + t \cdot \vec{c}$ erfüllt, so sagt man, $\vec{v}$ ist als Linearkombination von $\vec{a}$, $\vec{b}$ und $\vec{c}$ darstellbar.

28. Lösen Sie das Rätsel mithilfe eines linearen Gleichungssystems.
Großmutter, Mutter und Tochter sind zusammen 140 Jahre alt. Die Mutter ist um 28 Jahre älter als ihre Tochter, aber um 36 Jahre jünger als die Großmutter. Wie alt sind die drei?

29. Eine chemische Reaktionsgleichung ist eine Kurzschreibweise für eine chemische Reaktion.

a) Finden Sie möglichst kleine natürliche Zahlen für die Variablen x_1, x_2, x_3 und x_4.

① Verbrennung von Erdgas (Methan): $x_1\,CH_4 + x_2\,O_2 \rightarrow x_3\,H_2O + x_4\,CO_2$

② Verbrennung von Oktan (Benzinbestandteil): $x_1\,C_8H_{18} + x_2\,O_2 \rightarrow x_3\,CO_2 + x_4\,H_2O$

③ Reaktion von Schwefelsäure mit Aluminiumhydroxid:
$x_1\,H_2SO_4 + x_2\,Al(OH)_3 \rightarrow x_3\,H_2O + x_4\,Al_2(SO_4)_3$

④ Kupfer in konzentrierter Salpetersäure:
$x_1\,Cu + x_2\,HNO_3 \rightarrow x_3\,NO + x_1\,Cu(NO_3)_2 + x_4\,H_2O$

⑤ Herstellung kleiner Mengen von Chlor mit Salzsäure und Kaliumpermanganat:
$x_1\,HCl + x_2\,KMnO_4 \rightarrow x_3\,Cl_2 + x_2\,MnCl_2 + x_2\,KCl + x_4\,H_2O$

b) Begründen Sie, weshalb es sinnvoll ist, dass in der Lösung dieser linearen Gleichungssysteme immer eine Variable frei wählbar ist.

30. Lineare Gleichungssysteme mit Parametern:

a) Gegeben ist ein lineares Gleichungssystem in Matrixform. Untersuchen Sie die Lösbarkeit in Abhängigkeit von c.

$$\left(\begin{array}{ccc|c} 3 & 0 & 2c+3 & 5 \\ 1 & 1 & 2 & 2 \\ 1 & 0 & c+1 & 2 \end{array}\right)$$

b) Gegeben ist ein lineares Gleichungssystem in Matrixform. Zeigen Sie, dass es für $c = 1$ genau eine, für $c = 0$ keine und für $c = 2$ unendlich viele Lösungen hat.

$$\left(\begin{array}{ccc|c} 4 & 2c+4 & 2c-4 & 16 \\ 1 & 2 & 0 & 4 \\ 1 & c+1 & -1 & 6 \end{array}\right)$$

GTR **31.** Bestimmen Sie eine ganzrationale Funktion dritten Grades, deren Graph die geforderten Eigenschaften hat. Skizzieren Sie den Verlauf des Graphen mit dem GTR.

a) Der Graph verläuft durch den Punkt $P(1\,|\,3)$ und $x = 3$ ist Wendestelle von f. Die zugehörige Wendetangente hat die Gleichung $y = -\frac{3}{2}x + \frac{11}{2}$.

b) Der Graph besitzt den Hochpunkt $H(1\,|\,0{,}5)$ und den Wendepunkt $W(2\,|\,0)$.

c) Der Graph verläuft durch den Punkt $P(2\,|\,1)$, hat im Punkt $B(1\,|\,0)$ eine Tangente mit der Gleichung $y = \frac{1}{2}x - \frac{1}{2}$ und besitzt im Ursprung die Steigung $-1{,}5$

32. Der Graph einer ganzrationalen Funktion 3. Grades geht durch den Punkt $P(2\,|\,-3)$ und hat den Wendepunkt $W(4\,|\,y_w)$ mit der zugehörigen Wendetangente $t(x) = -3x + 11$. Bestimmen Sie eine passende Funktionsgleichung.

33. Gesucht sind alle ganzrationalen Funktionen vierten Grades, deren Graph auf der y-Achse einen Extrempunkt hat und die x-Achse im Punkt $(1\,|\,0)$ mit der Steigung 2 und im Punkt $(-1\,|\,0)$ mit der Steigung -2 schneidet.
Stellen Sie das LGS auf und lösen Sie es. Zeigen Sie dabei, dass es entgegen dem ersten Anschein unterbestimmt ist.

34. Ausblick: Die Straßenstücke s_1 und s_2 sind gegeben durch $s_1(x) = 7{,}4x - 7{,}4$ und $s_2(x) = -x + 5$. Von P nach Q sollen sie auf einer Umgehungsstraße verbunden werden.

a) Ermitteln Sie eine ganzrationale Funktion f_1 dritten Grades, deren Graph in P und Q knickfrei an s_1 bzw. s_2 anschließt.

b) Zeigen Sie, dass in etwa auch der Graph zu $f_2(x) = (x-1)\,e^{3-x}$ eine geeignete Trasse für die Umgehung liefert.

c) Ordnen Sie begründet die Graphen der Abbildung den Funktionen f_1 und f_2 zu.

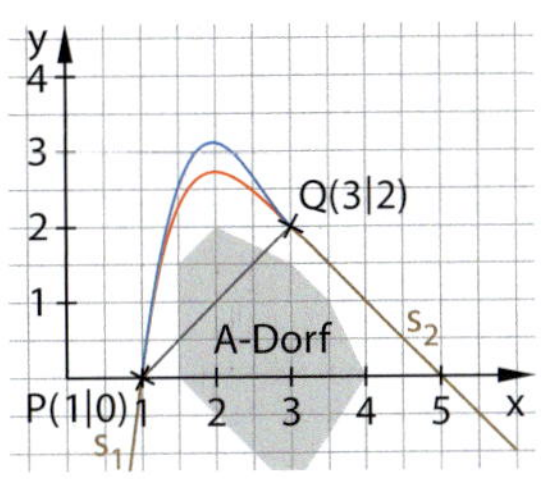

5.3 Parametergleichung einer Geraden

■ Ein Flugzeug befindet sich beim Landeanflug zum Zeitpunkt t = 0 (Zeit in Minuten) über dem Punkt A(6|5). Von oben betrachtet bewegt es sich pro Minute um den Vektor $\vec{u} = \begin{pmatrix} -4 \\ -3 \end{pmatrix}$. Eine LE entspricht 2 km.
Berechnen Sie die Position des Flugzeugs für t = 1, t = 2, t = 0,5 und t = −1. Stellen Sie die Situation in einem Koordinatensystem dar. ■

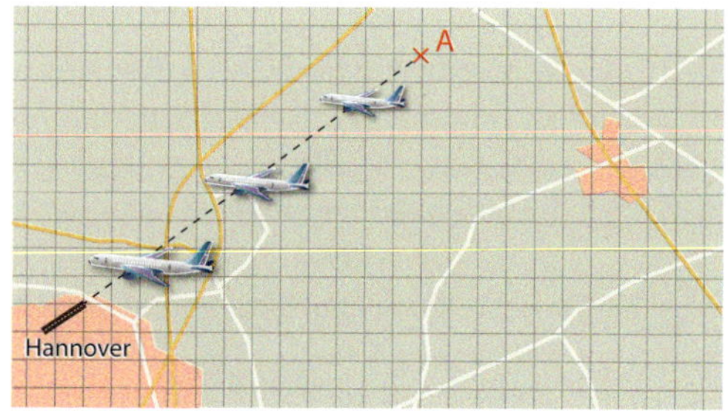

Erinnerung:
Bei der Geradengleichung y = mx + b ist mit (0|b) ein Punkt der Geraden und durch den Steigungsfaktor m eine Richtung gegeben.

Eine Gerade ist durch einen Punkt und ihre Richtung festgelegt. Trägt man am Punkt A(1|2|3) Vielfache des Vektors $\vec{u} = \begin{pmatrix} 2 \\ 4 \\ 2 \end{pmatrix}$ ab, so erhält man alle Punkte $X(x_1|x_2|x_3)$ der Geraden g durch A, deren Richtung durch $\vec{u}$ festgelegt ist:

$$\begin{pmatrix} x_1 \\ x_2 \\ x_3 \end{pmatrix} = \begin{pmatrix} 1 \\ 2 \\ 3 \end{pmatrix} + r\begin{pmatrix} 2 \\ 4 \\ 2 \end{pmatrix}, r \in \mathbb{R}$$

Die Koordinaten der Geradenpunkte werden durch den Parameter r bestimmt.

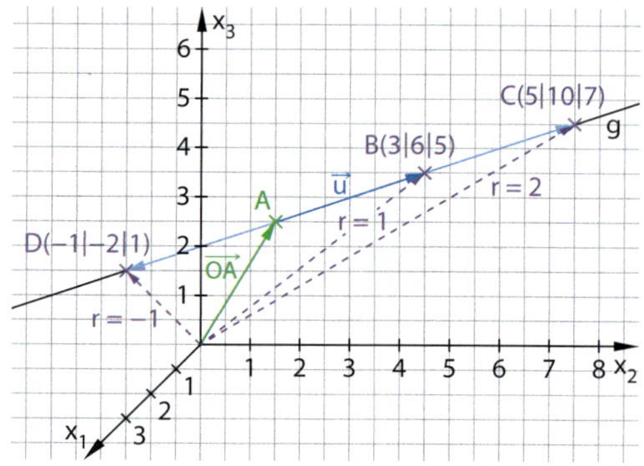

Merkhilfe:
Gehe vom Ursprung O aus zum Punkt A der Geraden und von dort aus weiter mit $r \cdot \vec{u}$ in Richtung der Geraden.

Wissen: Parametergleichung einer Geraden

Ist A ein Punkt einer Geraden g und ist $\vec{u}$ ein Vektor in Richtung der Geraden, dann lässt sich die Gerade beschreiben durch die **Parametergleichung**

$$\vec{x} = \overrightarrow{OA} + r \cdot \vec{u} \ (r \in \mathbb{R}).$$

Der **Stützvektor** $\overrightarrow{OA}$ ist der Ortsvektor des **Stützpunktes A.**
$\vec{u}$ ist ein **Richtungsvektor** der Geraden.
Für jeden Wert des **Parameters** r erhält man den Ortsvektor $\vec{x}$ des entsprechenden Punktes X der Geraden.

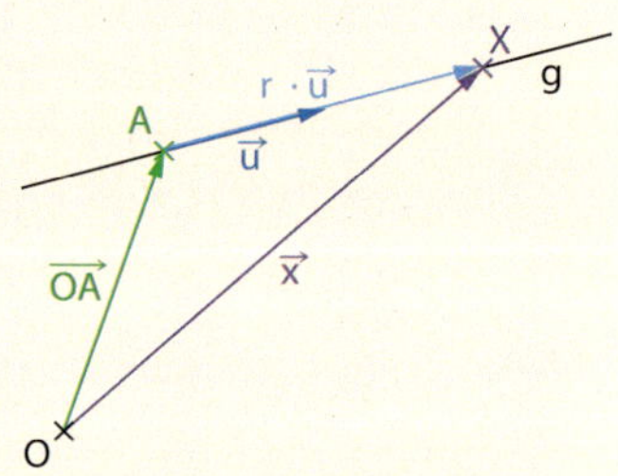

Die Parametergleichung einer Geraden ist nicht eindeutig bestimmt. Jeder Punkt der Geraden kann als Stützpunkt und jeder Vektor in Richtung der Geraden kann als Richtungsvektor gewählt werden.

Beispiel 1: Gerade durch zwei Punkte

Geben Sie eine Parametergleichung der Geraden an, die durch die Punkte B(1|1|3) und D(−1|5|1) verläuft.

Hinweis:
In der Vektorrechnung wird die Gerade BD auch mit g_{BD} bezeichnet.

Lösung:

Wählen Sie einen der beiden Punkte als Stützpunkt.

Stützvektor: $\overrightarrow{OB} = \begin{pmatrix} 1 \\ 1 \\ 3 \end{pmatrix}$

Als Richtungsvektor eignet sich der Vektor, der vom Stützpunkt B aus zum zweiten Geradenpunkt D verläuft.

Richtungsvektor: $\overrightarrow{BD} = \begin{pmatrix} -1-1 \\ 5-1 \\ 1-3 \end{pmatrix} = \begin{pmatrix} -2 \\ 4 \\ -2 \end{pmatrix}$

Das ergibt die Gleichung der Geraden.

Geradengleichung: $g_{BD}: \vec{x} = \begin{pmatrix} 1 \\ 1 \\ 3 \end{pmatrix} + r\begin{pmatrix} -2 \\ 4 \\ -2 \end{pmatrix}$

Beispiel 2: Punktprobe

Prüfen Sie, ob der Punkt auf der Geraden g: $\vec{x} = \begin{pmatrix} 2 \\ -1 \\ 4 \end{pmatrix} + r\begin{pmatrix} 1 \\ -2 \\ 1 \end{pmatrix}$ liegt.

a) B(1 | 1 | 3) b) C(4 | −1 | 6)

Lösung:

a) B liegt auf g, wenn $\overrightarrow{OB}$ Ortsvektor eines Geradenpunktes ist: $\overrightarrow{OB} = \overrightarrow{OA} + r \cdot \vec{u}$

$$\begin{pmatrix} 1 \\ 1 \\ 3 \end{pmatrix} = \begin{pmatrix} 2 \\ -1 \\ 4 \end{pmatrix} + r\begin{pmatrix} 1 \\ -2 \\ 1 \end{pmatrix} = \begin{pmatrix} 2 + r \\ -1 - 2r \\ 4 + r \end{pmatrix}$$

Es ergibt sich ein lineares Gleichungssystem aus drei Gleichungen für r. In allen drei Gleichungen ergibt sich derselbe Wert r = −1.

$1 = 2 + r \quad \Leftrightarrow r = -1$
$1 = -1 - 2r \quad \Leftrightarrow r = -1$
$3 = 4 + r \quad \Leftrightarrow r = -1$

B liegt auf g.

b) Einsetzen von $\overrightarrow{OC}$ in die Geradengleichung ergibt ein Gleichungssystem mit drei Gleichungen für r. Lösen Sie die drei einzelnen Gleichungen. Es ergibt sich kein einheitlicher Wert für r; das LGS ist nicht lösbar.

$$\begin{pmatrix} 4 \\ -1 \\ 6 \end{pmatrix} = \begin{pmatrix} 2 \\ -1 \\ 4 \end{pmatrix} + r\begin{pmatrix} 1 \\ -2 \\ 1 \end{pmatrix} = \begin{pmatrix} 2 + r \\ -1 - 2r \\ 4 + r \end{pmatrix}$$

$4 = 2 + r \quad \Leftrightarrow r = 2$
$-1 = -1 - 2r \quad \Leftrightarrow r = 0$
$6 = 4 + r \quad \Leftrightarrow r = 2$

C liegt nicht auf g.

Basisaufgaben

1. Geben Sie die Koordinaten von vier Punkten an, die auf der Geraden g liegen.

a) g: $\vec{x} = \begin{pmatrix} -6 \\ -1 \end{pmatrix} + r\begin{pmatrix} 3 \\ -2 \end{pmatrix}$ b) g: $\vec{x} = \begin{pmatrix} 0 \\ 2 \\ -3 \end{pmatrix} + r\begin{pmatrix} 2 \\ -1 \\ 3 \end{pmatrix}$

2. Zeichnen Sie in ein Koordinatensystem diejenigen Punkte, die sich ergeben, wenn Sie in die Geradengleichung für r die Werte 0, 1, 2, 3, 4, 5 einsetzen.

a) g: $\vec{x} = \begin{pmatrix} -6 \\ -1 \end{pmatrix} + r\begin{pmatrix} 3 \\ 1 \end{pmatrix}$ b) g: $\vec{x} = \begin{pmatrix} 4 \\ -1 \\ 6 \end{pmatrix} + r\begin{pmatrix} -1 \\ 1 \\ -2 \end{pmatrix}$

3. Geben Sie zur Geraden g: $\vec{x} = \begin{pmatrix} -2 \\ 4 \\ 7 \end{pmatrix} + r\begin{pmatrix} 2 \\ -4 \\ -6 \end{pmatrix}$ eine weitere Parametergleichung mit einem anderen Stützvektor und einem anderen Richtungsvektor an.

4. Geben Sie eine Parametergleichung der Geraden an, die durch die Punkte A und B geht. Vergleichen Sie Ihre Gleichung mit der Ihres Nachbarn oder Ihrer Nachbarin.

a) A(3 | −4 | 1) B(−6 | 8 | −2) b) A(8 | −1 | 1) B(−4 | −3 | 5)
c) A(2 | 1 | 3) B(0 | 0 | 0) d) A(0 | 2 | 5) B(0 | 2 | −1)

5. Prüfen Sie, ob die Punkte P und Q auf der Geraden g liegen.

a) P(−1 | −8) Q(2 | −2) g: $\vec{x} = \begin{pmatrix} 2 \\ -5 \end{pmatrix} + r\begin{pmatrix} 3 \\ 3 \end{pmatrix}$

b) P(8 | 3 | 6) Q(7 | −1 | −6) g: $\vec{x} = \begin{pmatrix} 7 \\ 2 \\ 3 \end{pmatrix} + s\begin{pmatrix} 0 \\ 1 \\ 3 \end{pmatrix}$

c) P(−3 | 10 | 5) Q(3 | 4 | −1) g: $\vec{x} = \begin{pmatrix} 3 \\ 4 \\ -1 \end{pmatrix} + t\begin{pmatrix} -1 \\ 1 \\ 1 \end{pmatrix}$

d) P(1 | 6 | 2) Q(0 | 0 | 7) g: $\vec{x} = \begin{pmatrix} 0 \\ 2 \\ 3 \end{pmatrix} + r\begin{pmatrix} 0 \\ 3 \\ -6 \end{pmatrix}$

6. Die Gerade durch die Punkte A und B mit dem Stützpunkt A und dem Richtungsvektor $\overline{AB}$ hat die Gleichung $\vec{x} = \overrightarrow{OA} + r \cdot \overrightarrow{AB}$. Geben Sie an, für welche Werte des Parameters r man die Ortsvektoren der folgenden Punkte auf der Geraden erhält. Verdeutlichen Sie die Lage der Punkte durch eine Skizze.

a) Punkt A
b) Punkt B
c) Punkte zwischen A und B
d) Mittelpunkt von A und B
e) Punkte, die von A aus gesehen hinter B liegen
f) Punkte, die von B aus gesehen hinter A liegen

7. Darstellung einer Strecke: Eine Strecke $\overline{AB}$ lässt sich durch die Gleichung $\vec{x} = \overrightarrow{OA} + r \cdot \overrightarrow{AB}$ mit $0 \leq r \leq 1$ beschreiben.

a) Erläutern Sie die Parametergleichung der Strecke anhand einer Skizze. Welcher Unterschied besteht zu einer Parametergleichung der Geraden AB?
b) Bestimmen Sie zu den Punkten $A(-5|-8|11)$ und $B(7|0|7)$ die Parametergleichung der Strecke $\overline{AB}$.
c) Bestimmen Sie die Koordinaten von drei Punkten der Strecke $\overline{AB}$ aus b).

8. Gegeben ist die Strecke $\overline{PQ}$ mit $P(-2|1|7)$ und $Q(1|-8|13)$.

a) Geben Sie eine Parametergleichung der Strecke an.
b) Überprüfen Sie, welche der Punkte $A(-5|10|1)$, $B(0|-5|11)$, $C(2|-11|15)$ und $D(-1|4|9)$ auf der Strecke liegen.

9. Die Punkte A, B, C, D und E aus der Abbildung bilden eine Pyramide. Geben Sie eine Parameterform für die Gerade oder Strecke an.

a) Gerade g durch C und D
b) Gerade h durch A und C
c) Strecke $\overline{BC}$
d) Strecke $\overline{BE}$

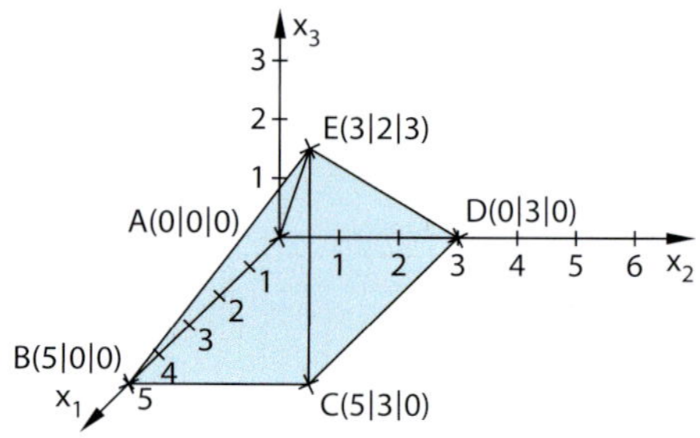

10. Ein Flugzeug befindet sich zum Zeitpunkt t = 0 im Punkt $A(10|-12|1{,}8)$ und zum Zeitpunkt t = 1 im Punkt $B(7|-7|1{,}9)$ (t in Minuten, Längeneinheit 2 km).

a) Geben Sie eine Gleichung der (in den ersten 20 Minuten geradlinigen) Flugbahn an.
b) Im Punkt $P(-11|23|2{,}5)$ schwebt ein Luftballon. Prüfen Sie, ob er sich in der Flugbahn befindet.

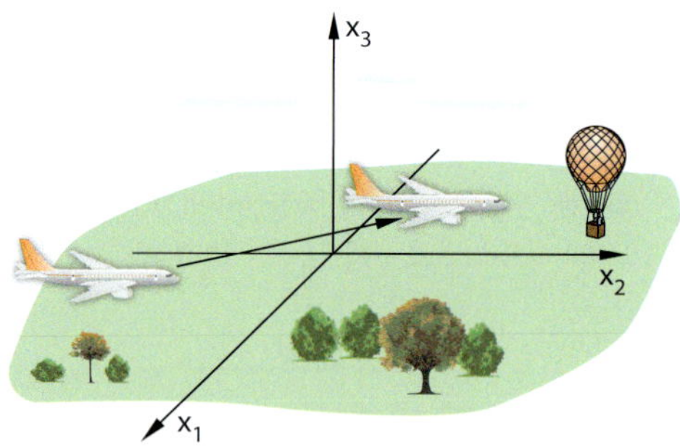

11. Die Punkte $A(-1|0|1)$, $B(3|8|-3)$ und $C(-5|6|5)$ bilden ein Dreieck.

a) Geben Sie Parameterformen zu den (blauen) Seitenhalbierenden des Dreiecks an.
b) Geben Sie Parametergleichungen zu den (roten) Mittelparallelen an.
c) Geben Sie einen inneren Punkt der Strecke $\overline{M_c M_a}$ an.

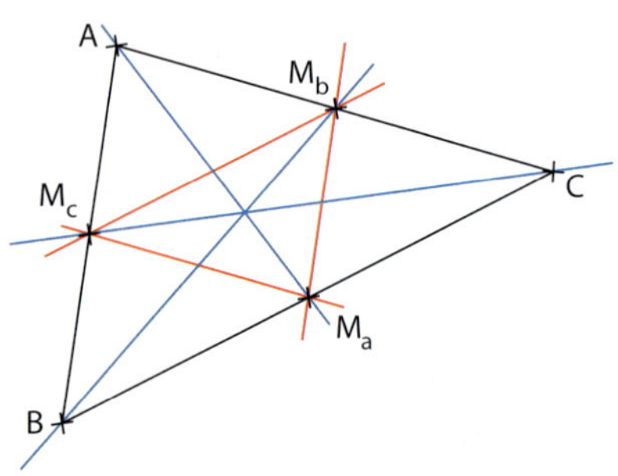

Lage von Geraden im Koordinatensystem – Spurpunkte

Die Schnittpunkte einer Geraden mit den Koordinatenebenen heißen **Spurpunkte**. Sie helfen oft, die Lage einer Geraden im dreidimensionalen Koordinatensystem zu verdeutlichen.

Beispiel 3:

a) Bestimmen Sie die Spurpunkte der Geraden $g\colon \vec{x} = \begin{pmatrix}-2\\-4\\4\end{pmatrix} + r\begin{pmatrix}2\\2\\-1\end{pmatrix}$.

b) Zeichnen Sie die Gerade g mithilfe der Spurpunkte in ein Koordinatensystem.

Lösung:

a) Der Spurpunkt S_{12} ist der Schnittpunkt von g mit der x_1x_2-Ebene.
Es gilt: $x_3 = 0$, also $4 - r = 0 \Leftrightarrow r = 4$

$$\overrightarrow{OS_{12}} = \begin{pmatrix}-2\\-4\\4\end{pmatrix} + 4\cdot\begin{pmatrix}2\\2\\-1\end{pmatrix} = \begin{pmatrix}-2+8\\-4+8\\4-4\end{pmatrix} = \begin{pmatrix}6\\4\\0\end{pmatrix}$$

$S_{12}(6\,|\,4\,|\,0)$

S_{13}: $x_2 = 0$, also $-4 + 2r = 0 \Leftrightarrow r = 2$

$$\overrightarrow{OS_{13}} = \begin{pmatrix}-2\\-4\\4\end{pmatrix} + 2\cdot\begin{pmatrix}2\\2\\-1\end{pmatrix} = \begin{pmatrix}-2+4\\-4+4\\4-2\end{pmatrix} = \begin{pmatrix}2\\0\\2\end{pmatrix}$$

$S_{13}(2\,|\,0\,|\,2)$

S_{23}: $x_1 = 0$, also $-2 + 2r = 0 \Leftrightarrow r = 1$

$$\overrightarrow{OS_{23}} = \begin{pmatrix}-2\\-4\\4\end{pmatrix} + 1\cdot\begin{pmatrix}2\\2\\-1\end{pmatrix} = \begin{pmatrix}-2+2\\-4+2\\4-1\end{pmatrix} = \begin{pmatrix}0\\-2\\3\end{pmatrix}$$

$S_{23}(0\,|\,-2\,|\,3)$

b)

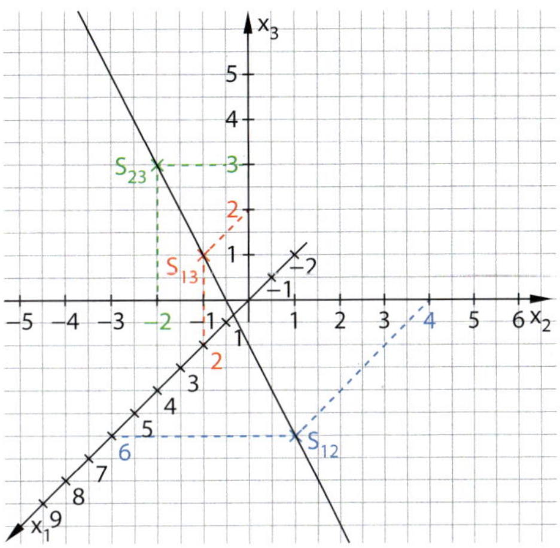

Erinnerung:
Die x_1x_2-Ebene ist eine Koordinatenebene. Sie besteht aus allen Punkten, deren x_3-Koordinate gleich 0 ist.

Hinweis:
Nicht jede Gerade hat drei Spurpunkte. Solche Fälle werden in Aufgabe 19 behandelt.

Basisaufgaben

12. Die Zeichnung zeigt die Gerade g und ihre Spurpunkte S_{12}, S_{13} und S_{23}.

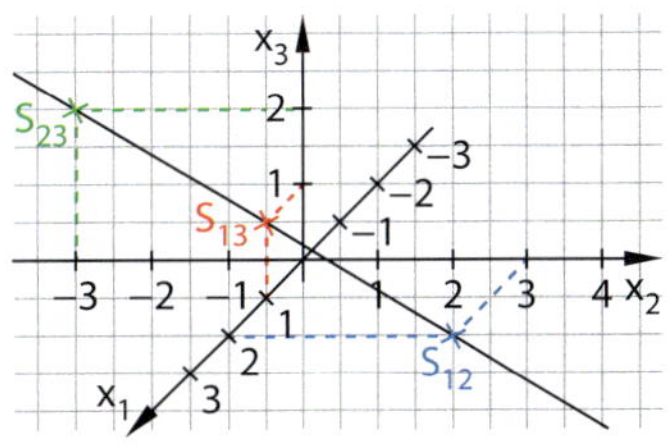

a) Lesen Sie die Koordinaten der Spurpunkte ab.
b) Stellen Sie mithilfe der Spurpunkte S_{12} und S_{13} eine Parametergleichung von g auf.
c) Berechnen Sie mithilfe der Gleichung aus b) die Koordinaten des Spurpunktes S_{23}.

13. Bestimmen Sie die Spurpunkte der Geraden und skizzieren Sie die Gerade.

a) $g\colon \vec{x} = \begin{pmatrix}2\\1\\2\end{pmatrix} + r\begin{pmatrix}-1\\-1\\2\end{pmatrix}$ b) $g\colon \vec{x} = \begin{pmatrix}-4\\3\\-3\end{pmatrix} + r\begin{pmatrix}-2\\1\\-2\end{pmatrix}$ c) $g\colon \vec{x} = \begin{pmatrix}1\\2\\2\end{pmatrix} + r\begin{pmatrix}2\\-4\\-2\end{pmatrix}$

d) h verläuft durch $A(2\,|\,8\,|\,9)$ und $B(-1\,|\,2\,|\,4{,}5)$.
e) k verläuft parallel zu h durch $P(3\,|\,6\,|\,6)$.

14. Schattenwurf: Im Punkt $P(-2\,|\,2{,}5\,|\,0)$ der x_1x_2-Ebene steht ein Stab mit der Spitze $S(-2\,|\,2{,}5\,|\,3)$. Die Sonnenstrahlen fallen in Richtung $\vec{v} = \begin{pmatrix}2\\-0{,}5\\-1\end{pmatrix}$ ein.
Berechnen Sie den Schattenpunkt S' von S in der x_1x_2-Ebene. Skizzieren Sie den Stab und seinen Schatten in einem Koordinatensystem.

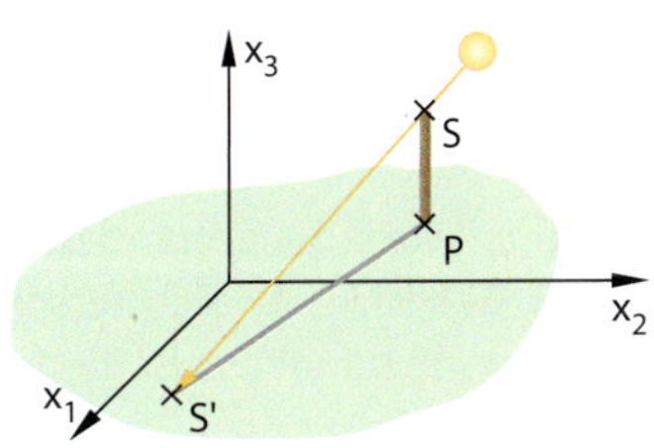

Weiterführende Aufgaben

Hinweis zu 15:
Stellen Sie eine Gleichung auf für die Gerade durch zwei der angegebenen Punkte. Prüfen Sie, ob der dritte Punkt auf dieser Geraden liegt.

15. Prüfen Sie, ob die drei Punkte auf einer Geraden liegen.
a) $A(-2|1|7)$, $B(-3|5|5)$, $C(1|-11|13)$ b) $A(14|0|2)$, $B(-2|3|8)$, $C(-10|1{,}5|11)$

16. Stolperstelle: Mia und Moritz untersuchen die Gerade $g\colon \vec{x} = \begin{pmatrix} 0 \\ 2 \\ 0 \end{pmatrix} + r\begin{pmatrix} 0 \\ 1 \\ -2 \end{pmatrix}$

Mia verdoppelt den Richtungsvektor und behauptet, dass die Gleichung $\vec{x} = \begin{pmatrix} 0 \\ 2 \\ 0 \end{pmatrix} + r\begin{pmatrix} 0 \\ 2 \\ -4 \end{pmatrix}$ ebenfalls die Gerade g beschreibt.

Moritz verdoppelt den Stützvektor und meint, dass auch die Gleichung $\vec{x} = \begin{pmatrix} 0 \\ 4 \\ 0 \end{pmatrix} + r\begin{pmatrix} 0 \\ 1 \\ -2 \end{pmatrix}$ zur Geraden g gehört.
Überprüfen Sie die beiden Aussagen. Begründen Sie sie oder widerlegen Sie sie mit einem Gegenbeispiel.

Hinweis:
Haben eine Gerade und eine Ebene keine gemeinsamen Punkte, dann verläuft die Gerade (echt) parallel zur Ebene.

17. Beschreiben Sie die besondere Lage der Geraden im Koordinatensystem.

a) $g\colon \vec{x} = \begin{pmatrix} -2 \\ 0 \\ 0 \end{pmatrix} + r\begin{pmatrix} 0 \\ 2 \\ 2 \end{pmatrix}$ b) $g\colon \vec{x} = \begin{pmatrix} 0 \\ 0 \\ 3 \end{pmatrix} + r\begin{pmatrix} 0 \\ 1 \\ 0 \end{pmatrix}$

c) $g\colon \vec{x} = \begin{pmatrix} 2 \\ 2 \\ 2 \end{pmatrix} + r\begin{pmatrix} 1 \\ 1 \\ 1 \end{pmatrix}$ d) $g\colon \vec{x} = r\begin{pmatrix} 0 \\ 0 \\ 1 \end{pmatrix}$

e) $g\colon \vec{x} = r\begin{pmatrix} 5 \\ 0 \\ -3 \end{pmatrix}$ f) $g\colon \vec{x} = \begin{pmatrix} 0 \\ 2 \\ 0 \end{pmatrix} + r\begin{pmatrix} 0 \\ -3 \\ 5 \end{pmatrix}$

Hinweis:
Zwei Geraden sind parallel zueinander, wenn ihre Richtungsvektoren parallel verlaufen (kollinear sind).

18. Geben Sie eine Parametergleichung für die Gerade mit den angegebenen Eigenschaften an.
a) g verläuft durch $A(2|-2|3)$ und ist parallel zur x_1-Achse.
b) h verläuft durch den Ursprung und hat den Richtungsvektor $\vec{v} = \begin{pmatrix} 2 \\ 5 \\ 3 \end{pmatrix}$.
c) k verläuft durch $B(-2|7|-1)$ und ist parallel zu h.
d) l ist die x_2-Achse.
e) m liegt in der x_1x_2-Ebene und in der x_1x_3-Ebene.
f) n schneidet die x_3-Achse an der Stelle $x_3 = -2$, liegt in der x_2x_3-Ebene und verläuft parallel zur x_1x_2-Ebene.

● **19. Sonderfälle für Spurpunkte:**
a) Lesen Sie die Koordinaten der Spurpunkte S_{12} und S_{13} der Geraden h ab und geben Sie eine Parametergleichung für h an.
b) Beschreiben Sie die besondere Lage der Geraden h im Koordinatensystem und geben Sie an, weshalb h nur zwei Spurpunkte hat.
c) Berechnen Sie die Spurpunkte der Geraden g_1 bis g_4.

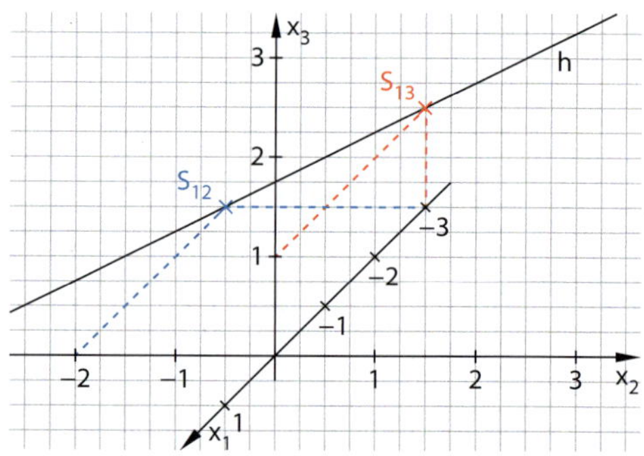

$g_1\colon \vec{x} = \begin{pmatrix} 2 \\ -4 \\ 6 \end{pmatrix} + r\begin{pmatrix} -1 \\ 2 \\ -3 \end{pmatrix}$ $g_2\colon \vec{x} = \begin{pmatrix} 6 \\ -8 \\ -1 \end{pmatrix} + r\begin{pmatrix} -3 \\ 8 \\ 1 \end{pmatrix}$ $g_3\colon \vec{x} = \begin{pmatrix} 4 \\ 6 \\ 4 \end{pmatrix} + r\begin{pmatrix} 0 \\ 3 \\ 2 \end{pmatrix}$ $g_4\colon \vec{x} = \begin{pmatrix} 2 \\ 1 \\ 0 \end{pmatrix} + r\begin{pmatrix} 0 \\ 0 \\ 1 \end{pmatrix}$

d) Erklären Sie anhand der Ergebnisse aus c) die besondere Lage von g_1 bis g_4.
e) Geben Sie zwei unterschiedliche Möglichkeiten dafür an, dass eine Gerade genau zwei voneinander verschiedene Spurpunkte hat.

20. Die Grundfläche der abgebildeten Pyramide ist ein Parallelogramm. Die Punkte B, S und M haben die Koordinaten $B(0|8|0)$, $S(-2|3|6)$ und $M(-3|4{,}5|3)$. Der Punkt M ist der Mittelpunkt der Kante $\overline{CS}$.

a) Geben Sie Parametergleichungen für die Geraden g_{SB}, g_{SC} und g_{CB} an.

b) Es sei $A(0|0|0)$. Zeigen Sie, dass $F(-2|3|0)$ auf der Geraden g_{BD} und senkrecht unterhalb von S liegt.

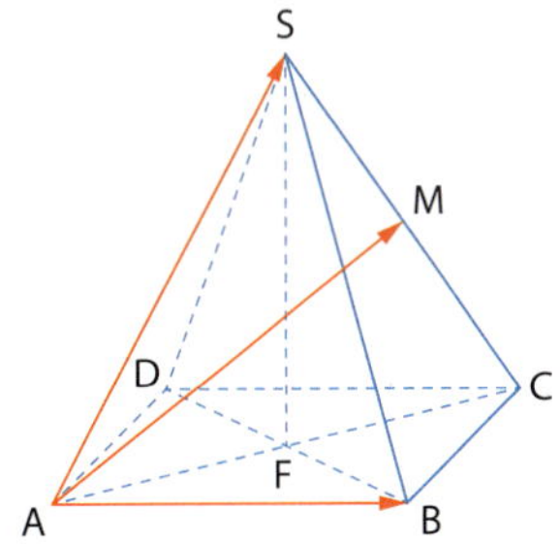

21. Die Punkte $A(2|-1|0)$, $B(2|5|-1)$ und $C(-2|3|1)$ bilden die Grundseite einer dreiseitigen Pyramide mit Spitze $T(0|1|6)$.

a) Zeichnen Sie die Pyramide in ein Koordinatensystem und zeigen Sie, dass der Ursprung (entgegen dem Anschein) nicht auf g_{AC} liegt. Geben Sie die Gleichung einer Ursprungsgeraden an, welche in der Zeichnung mit g_{AC} zusammenfällt.

b) Geben Sie eine Gleichung von g_{AB} sowie die Koordinaten zweier von A und B verschiedener Punkte auf g_{AB} an.

c) Zeigen Sie, dass $P\left(2\middle|2\middle|-\frac{1}{2}\right)$ auf g_{AB} liegt. Geben Sie an, welcher besondere Punkt auf g_{AB} P ist.

d) Die Seitenhalbierende g_c des Grunddreiecks ABC verläuft durch C und durch den Mittelpunkt M der Strecke $\overline{AB}$. Auf dieser Seitenhalbierenden liegt der Schwerpunkt S des Dreiecks ABC, und zwar so, dass gilt: $\overrightarrow{CS} = \frac{2}{3}\overrightarrow{CM}$. Geben Sie die Koordinaten von S an und prüfen Sie, ob T, S und $Q(2|5|-12)$ auf einer Geraden liegen.

22. An der Zwischenwand wurden mehrere Punkte markiert. Die Wand soll so durchbohrt werden, dass der Punkt Z vom Punkt T aus zu sehen ist. Alle Angaben sind in Meter.

a) Geben Sie an, welcher der markierten Punkte A bis D als Bohrstelle gewählt werden sollte.

b) Lösen Sie Teil a) mithilfe des Strahlensatzes.

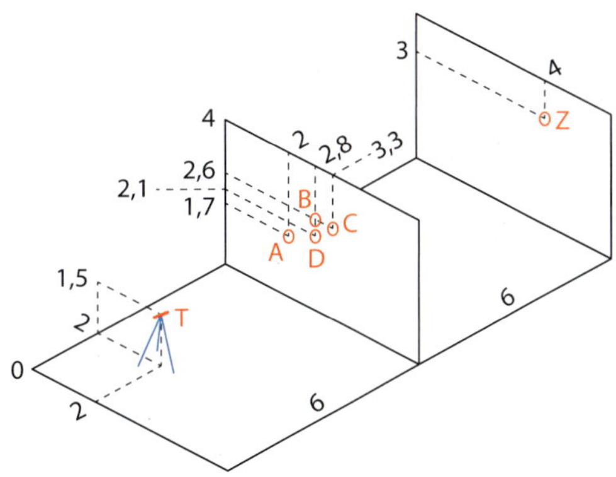

23. Der abgebildete Quader wird von einer punktförmigen Lichtquelle im Punkt $L(-1|-2|4)$ aus beleuchtet.

a) Berechnen Sie die Koordinaten der Schattenpunkte der Würfelecken F, G und H in der x_1x_2-Ebene.

b) Zeichnen Sie den Quader, die Lichtquelle und den Schatten in ein Koordinatensystem.

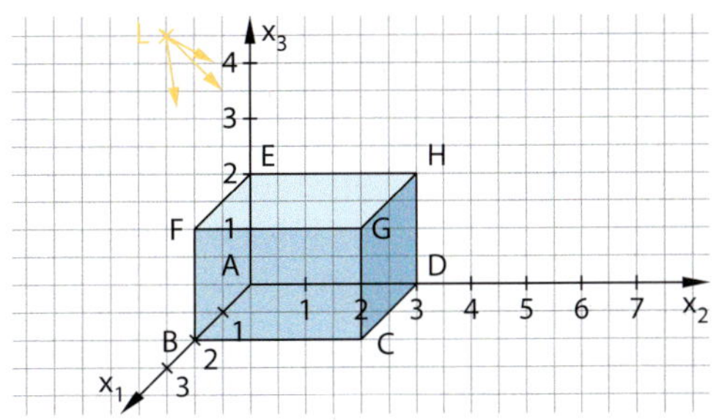

24. Die Punkte $A(-7|3|-8)$, $B(-3|5|2)$ und $C(-1|6|7)$ liegen auf einer Geraden.

a) Bestimmen Sie, welcher der drei Punkte zwischen den beiden anderen liegt. Begründen Sie Ihr Vorgehen.

b) Stina sagt: *„Ich kann das ohne Rechnung. Ich schaue mir nur die erste Koordinate an."* Erläutern Sie, was Stina meint.

25. Zwei Jollensegler streben dem Hafen zu, an dem noch eine Anlegestelle im Punkt H(400 | −150) frei ist. Einer der Segler befindet sich im Punkt $A_0(-50\,|\,70)$. Sein Kurs wird durch $\begin{pmatrix} 100 \\ -50 \end{pmatrix}$ gegeben (zurückgelegter Weg in Meter nach einer Minute). Der zweite Segler befindet sich in $B_0(-200\,|\,-350)$. Zwei Minuten später befindet er sich im Punkt $B_2(-50\,|\,-300)$.

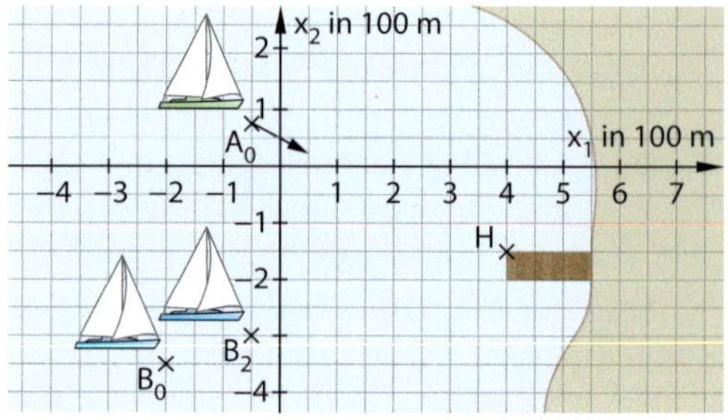

a) Zeigen Sie, dass sich beide Segler auf richtigem Kurs zum Anlegepunkt H befinden.
b) Prüfen Sie, welcher Segler den Anlegeplatz als erster erreicht.

26. Kurz nach dem Start geht ein Flugzeug im Punkt P(1,5 | 9 | 0,5) in eine geradlinige Flugbahn über, wobei sein in einer Minute zurückgelegter Weg dem Vektor

$\vec{v} = \begin{pmatrix} -1 \\ 5 \\ 0{,}2 \end{pmatrix}$ entspricht.

Eine Längeneinheit beträgt 1 km, x_3 gibt die Flughöhe über dem flachen Erdboden an.

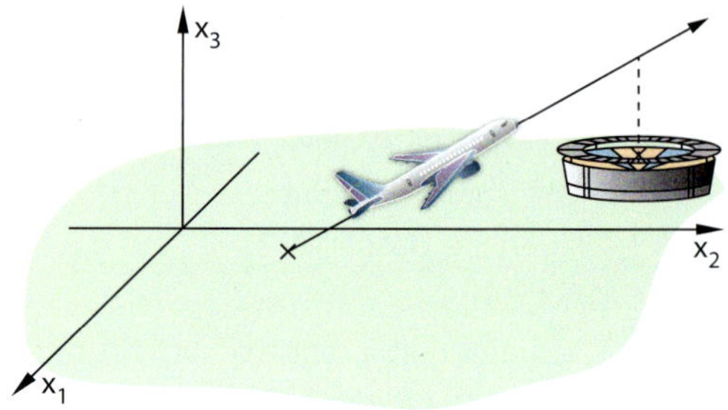

a) Nach 4 Minuten erreicht das Flugzeug den Rand einer nahegelegenen Großstadt. Berechnen Sie seine Flughöhe zu diesem Zeitpunkt.
b) Bei einer Flughöhe von 2500 m ändert der Pilot die Flugrichtung. Berechnen Sie die Koordinaten des Punktes, in dem sich das Flugzeug zu diesem Zeitpunkt befindet. Geben Sie an, welche Zeit vergangen ist, seit sich das Flugzeug im Punkt P befand.
c) Der Punkt A(−4,5 | 39 | 0,1) entspricht dem Anstoßpunkt eines Fußballstadions. Ermitteln Sie, in welcher Höhe das Flugzeug dieses Stadion überfliegt.

● **27.** Es ist Flugschau auf dem Sportflugplatz. Ein Fesselballon wird im Punkt B(280 | 600 | 0) losgelassen (1 Längeneinheit entspricht 1 m). Der Ballon steigt genau senkrecht hoch, es ist windstill. Er steigt pro Sekunde um 5 m. Zur gleichen Zeit befindet sich ein Flugzeug im Punkt F(0 | −1350 | 650). Es fliegt mit einer Geschwindigkeit von 40 m pro Sekunde parallel zur x_2-Achse in positive x_2-Richtung. Der Sicherheitsabstand zwischen Ballon und Flugzeug sollte jederzeit 500 m betragen.

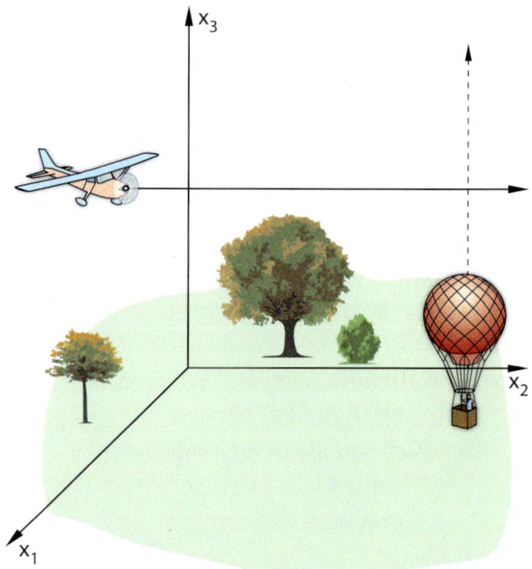

a) Zeigen Sie, dass für jeden Zeitpunkt t (in s) der Abstand beider Flugobjekte gegeben ist durch $\overrightarrow{FB_t} = \begin{pmatrix} 280 \\ 1950 - 40t \\ -650 + 5t \end{pmatrix}$.
b) Ermitteln Sie den minimalen Abstand der beiden Flugobjekte, also den minimalen Betrag des Vektors $\overrightarrow{FB_t}$. Entscheiden Sie, ob der Pilot reagieren muss.
c) Bestimmen Sie den Zeitpunkt, in dem der Sicherheitsabstand zwischen Flugzeug und Ballon zum ersten Mal unterschritten wird.

28. Der rote Quader wurde in ein Koordinatensystem gezeichnet, um ein zentralperspektivisches Bild von ihm zu erhalten. Die x_2x_3-Ebene ist die Bildfläche.
Der Quader soll so gezeichnet werden, wie er vom Punkt Z aus gesehen auf dieser Bildfläche erscheint.
Für den Eckpunkt A des Quaders ist sein Bildpunkt A' gleich dem Spurpunkt der Geraden ZA in der x_2x_3-Ebene.

a) Ermitteln Sie die Bildpunkte aller sichtbaren Quaderecken.
b) Zeichnen Sie mithilfe eines zweidimensionalen Achsenkreuzes ein perspektivisches Bild des Quaders.

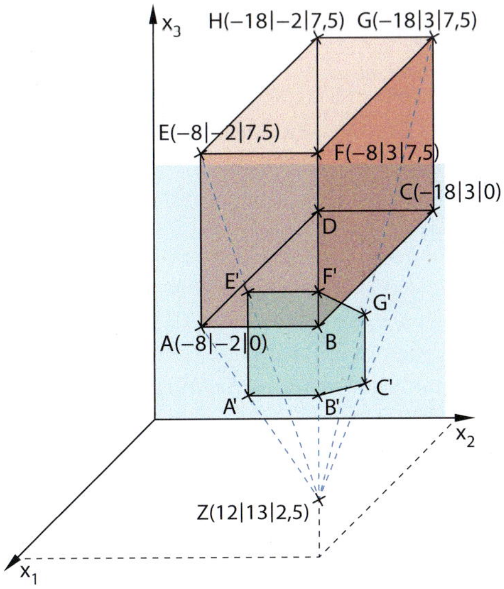

29. Geraden im ebenen Koordinatensystem werden auch durch Gleichungen der Form $y = mx + b$ charakterisiert. Werden die Achsen mit x_1- bzw. x_2-Achse bezeichnet, so wird daraus $x_2 = mx_1 + b$.

a) Skizzieren Sie in ein Koordinatensystem die Gerade g: $x_2 = 2x_1 - 3$. Erklären Sie an diesem Beispiel die Bedeutung von m und b.
b) Gewinnen Sie aus m und b einen Richtungs- und einen Stützvektor und schreiben Sie eine Parametergleichung von g auf.
c) Stellen Sie zu den Geraden h: $x_2 = -\frac{1}{2}x_1 + 1$, j: $x_2 = -x_1$ sowie k: $x_2 = 4$ Parametergleichungen auf. Überprüfen Sie Ihre Ergebnisse durch eine Skizze im Koordinatensystem.

● **30.** Gibt es auch für eine Gerade im Raum eine Koordinatengleichung? Wenn ja, dann müsste sie in etwa aussehen wie $x_3 = 2x_1 + \frac{1}{2}x_2 - 1$. Mit einer solchen Gleichung wird jedem Zahlenpaar $(x_1 | x_2)$ ein x_3-Wert zugeordnet. Begründen Sie, weshalb durch diese Gleichung keine Gerade beschrieben wird.

● **31.** Untersucht wird die Gerade g: $\vec{x} = \begin{pmatrix} 2 \\ 4 \\ 2 \end{pmatrix} + r\begin{pmatrix} 1 \\ 1 \\ -1 \end{pmatrix}$.

a) Bestimmen Sie die Spurpunkte von g.
b) Die Gerade h entsteht, indem man die Gerade g an der x_1x_2-Ebene spiegelt. Stellen Sie eine Parametergleichung von h auf.

Hinweis zu 31b:
Beim Spiegeln einer Geraden an einer Ebene wird jeder Punkt der Geraden an der Ebene gespiegelt.

● **32. Ausblick:** Die Lösung des linearen Gleichungssystems enthält eine frei wählbare Variable

$$\begin{aligned} x + y + z &= 7 \\ 3x + y + 7z &= 11 \\ 2x + y + 4z &= 9 \end{aligned}$$

a) Bestimmen Sie die Lösungsmenge des Gleichungssystems.
b) Geben Sie vier verschiedene Lösungen des LGS an. Diese kann man als Koordinaten von Punkten im Raum auffassen.
Zeichnen Sie diese vier Punkte in ein Koordinatensystem. Was beobachten Sie?
c) Schreiben Sie die Lösungsmenge des linearen Gleichungssystems in Form einer Parametergleichung einer Geraden g.
d) Zeigen Sie, dass auch alle Punkte der Geraden h: $\vec{x} = \begin{pmatrix} -1 \\ 7 \\ 1 \end{pmatrix} + r\begin{pmatrix} 6 \\ -4 \\ -2 \end{pmatrix}$ Lösung sind.
e) Mia meint: *„Die Geraden g und h sind gleich."* Nehmen Sie dazu Stellung.

5.4 Lagebeziehungen zwischen Geraden

■ Beschreiben Sie mithilfe zweier Stifte, wie zwei Geraden im Raum zueinander liegen können.
Welcher dieser Fälle kommt bei zwei Geraden in einer Ebene nicht vor? ■

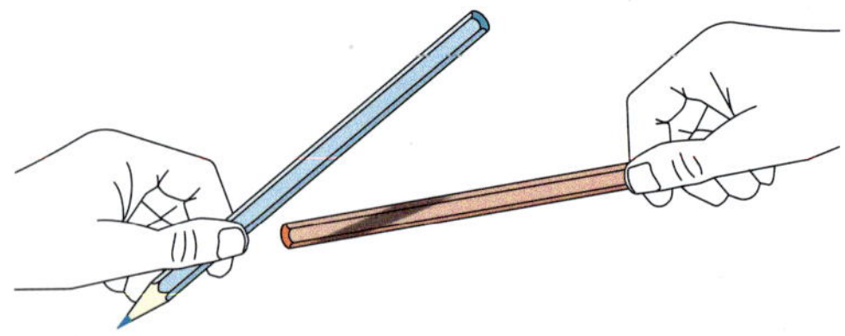

Zwei Geraden im Raum haben zueinander eine von vier möglichen Lagebeziehungen:
Sie können genau einen **Schnittpunkt** haben. Nicht-parallele Geraden ohne gemeinsamen Punkt heißen **windschief** zueinander. Parallele Geraden nennt man **echt parallel**, wenn sie keinen gemeinsamen Punkt haben, anderenfalls sind sie **identisch**.

g und h schneiden sich.

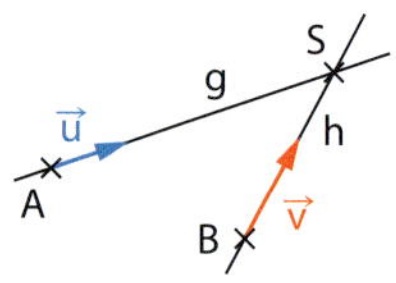

$\vec{u}$ und $\vec{v}$ nicht kollinear; ein gemeinsamer Punkt S

g und h sind windschief.

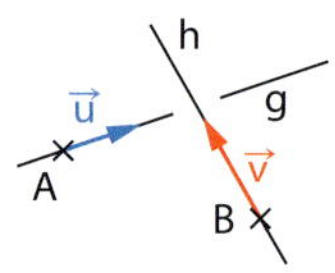

$\vec{u}$ und $\vec{v}$ nicht kollinear; kein gemeinsamer Punkt

g und h sind echt parallel zueinander.

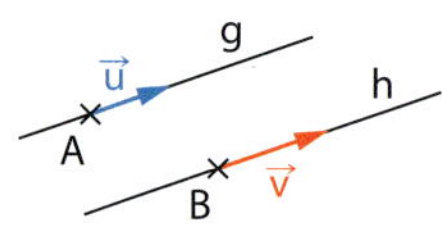

$\vec{u}$ und $\vec{v}$ kollinear; kein gemeinsamer Punkt

g und h sind identisch.

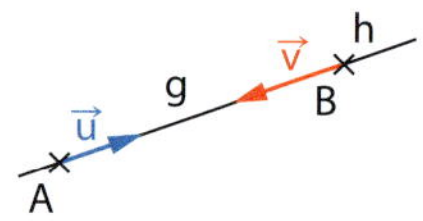

$\vec{u}$ und $\vec{v}$ kollinear; alle Punkte gemeinsam

Ein möglicher gemeinsamer Punkt muss beide Geradengleichungen erfüllen. Daraus ergibt sich ein lineares Gleichungssystem. Die Lagebeziehung der Geraden ergibt sich aus der Art der Lösungsmenge.

Beispiel 1: Zeigen Sie, dass sich die Geraden g und h schneiden. Berechnen Sie die Koordinaten des Schnittpunktes. $g: \vec{x} = \begin{pmatrix} 1 \\ 2 \\ -1 \end{pmatrix} + r\begin{pmatrix} 2 \\ -1 \\ 3 \end{pmatrix}$ $\quad h: \vec{x} = \begin{pmatrix} 3 \\ 6 \\ 6 \end{pmatrix} + s\begin{pmatrix} -2 \\ 6 \\ 1 \end{pmatrix}$

Lösung:

Durch Gleichsetzen der Geradengleichungen erhalten Sie die Schnittbedingung.

Geradengleichungen gleichsetzen:

$$\begin{pmatrix} 1 \\ 2 \\ -1 \end{pmatrix} + r\begin{pmatrix} 2 \\ -1 \\ 3 \end{pmatrix} = \begin{pmatrix} 3 \\ 6 \\ 6 \end{pmatrix} + s\begin{pmatrix} -2 \\ 6 \\ 1 \end{pmatrix}$$

Die Schnittbedingung entspricht einem linearen Gleichungssystem mit drei Gleichungen und zwei Variablen. Stellen Sie das LGS um und bringen Sie es auf Zeilenstufenform.

$$\left|\begin{array}{r} 1 + 2r = 3 - 2s \\ 2 - r = 6 + 6s \\ -1 + 3r = 6 + s \end{array}\right| \xrightarrow{\text{umstellen}} \left|\begin{array}{r} 2r + 2s = 2 \\ -r - 6s = 4 \\ 3r - s = 7 \end{array}\right|$$

Das LGS ist eindeutig lösbar, also schneiden sich die Geraden.

$$\left(\begin{array}{rr|r} 2 & 2 & 2 \\ -1 & -6 & 4 \\ 3 & -1 & 7 \end{array}\right) \xrightarrow{\text{ZSF}} \left(\begin{array}{rr|r} 1 & 1 & 1 \\ 0 & -1 & 1 \\ 0 & 0 & 0 \end{array}\right) \qquad r = 2;\ s = -1$$

Setzen Sie r = 2 in die Gleichung von g ein (oder s = −1 in die Gleichung von h) und berechnen Sie so die Koordinaten des Schnittpunktes S.

Schnittpunkt berechnen:

$$\overrightarrow{OS} = \begin{pmatrix} 1 \\ 2 \\ -1 \end{pmatrix} + 2 \cdot \begin{pmatrix} 2 \\ -1 \\ 3 \end{pmatrix} = \begin{pmatrix} 5 \\ 0 \\ 5 \end{pmatrix}$$

Schnittpunkt: S(5 | 0 | 5)

Beispiel 2:
Ermitteln Sie die gegenseitige Lage der Geraden $g: \vec{x} = \begin{pmatrix} 1 \\ 2 \\ -1 \end{pmatrix} + r\begin{pmatrix} 2 \\ -1 \\ 3 \end{pmatrix}$ und h.

a) $h: \vec{x} = \begin{pmatrix} 3 \\ 6 \\ 6 \end{pmatrix} + s\begin{pmatrix} -4 \\ 2 \\ -6 \end{pmatrix}$ b) $h: \vec{x} = \begin{pmatrix} 3 \\ 6 \\ 6 \end{pmatrix} + s\begin{pmatrix} 1 \\ -3 \\ 0 \end{pmatrix}$ c) $h: \vec{x} = \begin{pmatrix} -1 \\ 3 \\ -4 \end{pmatrix} + s\begin{pmatrix} 1 \\ -0{,}5 \\ 1{,}5 \end{pmatrix}$

Lösung:

a) Setzen Sie die beiden Geradengleichungen gleich.
Formen Sie die Gleichung in ein LGS um und bringen Sie es auf Zeilenstufenform.
Die zweite Zeile ist eine Widerspruchszeile, also hat das LGS keine Lösung.

$$\begin{pmatrix} 1 \\ 2 \\ -1 \end{pmatrix} + r\begin{pmatrix} 2 \\ -1 \\ 3 \end{pmatrix} = \begin{pmatrix} 3 \\ 6 \\ 6 \end{pmatrix} + s\begin{pmatrix} -4 \\ 2 \\ -6 \end{pmatrix}$$

$$\left(\begin{array}{cc|c} 2 & 4 & 2 \\ -1 & -2 & 4 \\ 3 & 6 & 7 \end{array}\right) \xrightarrow{\text{ZSF}} \left(\begin{array}{cc|c} 2 & 4 & 2 \\ 0 & 0 & 5 \\ 0 & 0 & 0 \end{array}\right)$$

keine Lösung, also kein gemeinsamer Punkt

Die Geraden sind windschief oder echt parallel. Überprüfen Sie, ob die Richtungsvektoren kollinear sind.
Hier ist das der Fall, also sind die Geraden echt parallel zueinander.

$$\begin{pmatrix} -4 \\ 2 \\ -6 \end{pmatrix} = -2 \cdot \begin{pmatrix} 2 \\ -1 \\ 3 \end{pmatrix}, \text{ also Vielfache}$$

g ist echt parallel zu h.

b) Die Schnittbedingung führt zu einem Gleichungssystem, dessen Matrix in Stufenform umgewandelt wird.
Die letzte Zeile ist eine Widerspruchszeile, also hat das LGS keine Lösung.

$$\begin{pmatrix} 1 \\ 2 \\ -1 \end{pmatrix} + r\begin{pmatrix} 2 \\ -1 \\ 3 \end{pmatrix} = \begin{pmatrix} 3 \\ 6 \\ 6 \end{pmatrix} + s\begin{pmatrix} 1 \\ -3 \\ 0 \end{pmatrix}$$

$$\left(\begin{array}{cc|c} 2 & -1 & 2 \\ -1 & 3 & 4 \\ 3 & 0 & 7 \end{array}\right) \xrightarrow{\text{ZSF}} \left(\begin{array}{cc|c} 2 & -1 & 2 \\ 0 & 1 & 2 \\ 0 & 0 & \frac{1}{3} \end{array}\right)$$

keine Lösung, also kein gemeinsamer Punkt

Da die Richtungsvektoren nicht kollinear sind, sind die Geraden windschief zueinander.

$$\begin{pmatrix} 1 \\ -3 \\ 0 \end{pmatrix} = k \cdot \begin{pmatrix} 2 \\ -1 \\ 3 \end{pmatrix} \text{ ergibt } \begin{array}{lcl} 1 = 2k & \Leftrightarrow & k = 0{,}5 \\ -3 = -k & \Leftrightarrow & k = 3 \\ 0 = 3k & \Leftrightarrow & k = 0 \end{array}$$

Widerspruch, also keine Vielfachen
g und h sind windschief.

c) Die Schnittbedingung führt zu einem Gleichungssystem. In dessen Stufenform ist die Zahl der Nichtnullzeilen kleiner als die Zahl der Variablen. Also hat das LGS unendlich viele Lösungen.
Jeder Punkt von g ist auch ein Punkt von h. Also sind die Geraden identisch.

$$\begin{pmatrix} 1 \\ 2 \\ -1 \end{pmatrix} + r\begin{pmatrix} 2 \\ -1 \\ 3 \end{pmatrix} = \begin{pmatrix} -1 \\ 3 \\ -4 \end{pmatrix} + s\begin{pmatrix} 1 \\ -0{,}5 \\ 1{,}5 \end{pmatrix}$$

$$\left(\begin{array}{cc|c} 2 & -1 & -2 \\ -1 & 0{,}5 & 1 \\ 3 & -1{,}5 & -3 \end{array}\right) \xrightarrow{\text{ZSF}} \left(\begin{array}{cc|c} 2 & -1 & -2 \\ 0 & 0 & 0 \\ 0 & 0 & 0 \end{array}\right)$$

unendlich viele Lösungen
g und h sind identisch.

Basisaufgaben

1. Berechnen Sie die Koordinaten des Schnittpunktes der beiden Geraden.

a) $g: \vec{x} = \begin{pmatrix} 1 \\ 0 \\ 2 \end{pmatrix} + r\begin{pmatrix} 2 \\ 1 \\ 0 \end{pmatrix}$ $h: \vec{x} = \begin{pmatrix} 3 \\ 8 \\ -5 \end{pmatrix} + s\begin{pmatrix} 0 \\ 1 \\ -1 \end{pmatrix}$

b) $g: \vec{x} = \begin{pmatrix} -1 \\ 4 \\ 0 \end{pmatrix} + r\begin{pmatrix} 1 \\ -1 \\ 1 \end{pmatrix}$ $h: \vec{x} = \begin{pmatrix} -7 \\ 6 \\ -5 \end{pmatrix} + s\begin{pmatrix} 4 \\ 0 \\ 3 \end{pmatrix}$

c) $g: \vec{x} = \begin{pmatrix} 4 \\ 1 \\ 4 \end{pmatrix} + r\begin{pmatrix} -1 \\ 2 \\ 2 \end{pmatrix}$ $h: \vec{x} = \begin{pmatrix} -1 \\ -1 \\ 0 \end{pmatrix} + s\begin{pmatrix} 3 \\ 0 \\ 1 \end{pmatrix}$

d) $g: \vec{x} = \begin{pmatrix} 1 \\ 5 \\ 2 \end{pmatrix} + r\begin{pmatrix} -3 \\ 1 \\ -2 \end{pmatrix}$ $h: \vec{x} = \begin{pmatrix} -2 \\ 6 \\ 0 \end{pmatrix} + s\begin{pmatrix} 5 \\ -5 \\ 2 \end{pmatrix}$

Lösungen zu 1:

(−1 | 3 | 5)
(−3 | 6 | −2)
(−2 | 6 | −2)
(3 | 1 | 2) (5 | −1 | 2)

2. Die Geraden g und h haben keinen Punkt gemeinsam. Prüfen Sie, ob sie echt parallel oder windschief zueinander sind.

a) $g: \vec{x} = \begin{pmatrix} 2 \\ -3 \\ 1 \end{pmatrix} + r\begin{pmatrix} 8 \\ -4 \\ 2 \end{pmatrix}$ $\quad h: \vec{x} = \begin{pmatrix} -2 \\ -2 \\ 0 \end{pmatrix} + s\begin{pmatrix} -4 \\ 2 \\ 1 \end{pmatrix}$

b) $g: \vec{x} = \begin{pmatrix} 2 \\ -3 \\ 1 \end{pmatrix} + r\begin{pmatrix} 8 \\ -4 \\ 2 \end{pmatrix}$ $\quad h: \vec{x} = \begin{pmatrix} -2 \\ -1 \\ 6 \end{pmatrix} + s\begin{pmatrix} -4 \\ 2 \\ -1 \end{pmatrix}$

c) $g: \vec{x} = \begin{pmatrix} 0 \\ 2 \\ -5 \end{pmatrix} + r\begin{pmatrix} 2 \\ -4 \\ 1 \end{pmatrix}$ $\quad h: \vec{x} = \begin{pmatrix} -1 \\ 0 \\ 1 \end{pmatrix} + s\begin{pmatrix} -1 \\ -1 \\ 2 \end{pmatrix}$

3. Samira untersucht die Lage der Geraden g und h. Sie behauptet: „Ich muss nicht immer eine Schnittbedingung aufstellen. An den Geradengleichungen erkenne ich, ob die Richtungsvektoren Vielfache voneinander sind. Wenn ja, sind die Geraden echt parallel oder identisch. Dann muss ich nur prüfen, ob der Stützvektor von g auch auf h liegt."
Nehmen Sie Stellung zu Samiras Behauptung. Prüfen Sie möglichst ohne Schnittbedingung die gegenseitige Lage von g und h.

a) $g: \vec{x} = \begin{pmatrix} 1 \\ 0 \\ -5 \end{pmatrix} + r\begin{pmatrix} 2 \\ -4 \\ 2 \end{pmatrix}$ $\quad h: \vec{x} = \begin{pmatrix} 3 \\ -4 \\ -5 \end{pmatrix} + s\begin{pmatrix} 1 \\ -2 \\ 1 \end{pmatrix}$

b) $g: \vec{x} = \begin{pmatrix} 2 \\ 8 \\ 0 \end{pmatrix} + r\begin{pmatrix} -15 \\ 9 \\ 21 \end{pmatrix}$ $\quad h: \vec{x} = \begin{pmatrix} 7 \\ -1 \\ 7 \end{pmatrix} + s\begin{pmatrix} 5 \\ -9 \\ 7 \end{pmatrix}$

c) $g: \vec{x} = \begin{pmatrix} -5 \\ 0 \\ 0 \end{pmatrix} + r\begin{pmatrix} 2 \\ 3 \\ -4 \end{pmatrix}$ $\quad h: \vec{x} = \begin{pmatrix} 0 \\ 7{,}5 \\ 10 \end{pmatrix} + s\begin{pmatrix} -1 \\ -1{,}5 \\ 2 \end{pmatrix}$

4. Aufgabe 3 führt zu einem anderen Vorgehen bei der Überprüfung der gegenseitigen Lage zweier Geraden. Vervollständigen Sie das Diagramm in Ihrem Heft und erläutern Sie es.

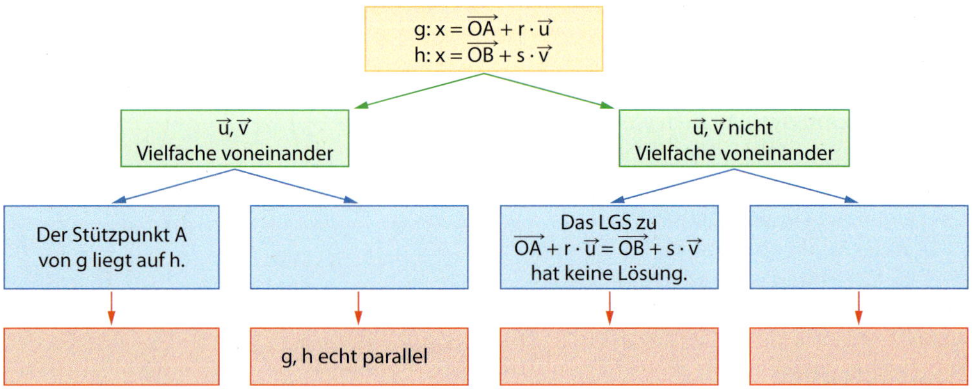

5. Ermitteln Sie die gegenseitige Lage der Geraden g und h. Berechnen Sie gegebenenfalls ihren Schnittpunkt. Es gilt $g: \vec{x} = \begin{pmatrix} 3 \\ -2 \\ 4 \end{pmatrix} + r\begin{pmatrix} 6 \\ 2 \\ -4 \end{pmatrix}$.

a) $h: \vec{x} = \begin{pmatrix} 1 \\ 4 \\ 2 \end{pmatrix} + s\begin{pmatrix} -3 \\ -1 \\ 2 \end{pmatrix}$

b) $h: \vec{x} = \begin{pmatrix} 0 \\ -3 \\ 3 \end{pmatrix} + s\begin{pmatrix} 2 \\ 1 \\ -2 \end{pmatrix}$

c) $h: \vec{x} = \begin{pmatrix} -3 \\ -4 \\ 8 \end{pmatrix} + s\begin{pmatrix} 1{,}5 \\ 0{,}5 \\ -1 \end{pmatrix}$

d) $h: \vec{x} = \begin{pmatrix} 3 \\ -2 \\ 4 \end{pmatrix} + s\begin{pmatrix} 1 \\ 0 \\ 1 \end{pmatrix}$

e) h ist die x_1-Achse.

f) h geht durch $A(0\,|\,3\,|\,3)$ und $B(-3\,|\,2\,|\,5)$.

6. Hier wurde das LGS zur Schnittbedingung mit dem GTR gelöst. Erläutern Sie, was sich anhand des Screenshots über die gegenseitige Lage der beiden Geraden aussagen lässt.

a) $\text{linSolve}\left(\begin{cases} 3-6\cdot r=1+s \\ 1=2-s \\ -2+r=4-2\cdot s \end{cases},\{r,s\}\right)$ "Keine Lösung gefunden"

b) $\text{linSolve}\left(\begin{cases} 2-2\cdot r=3+s \\ 1+6\cdot r=-2-3\cdot s \\ -2-4\cdot r=2\cdot s \end{cases},\{r,s\}\right)$ $\left\{\frac{-(c1+1)}{2},c1\right\}$

c) $\text{linSolve}\left(\begin{cases} 4+3\cdot r=-2+s \\ 6+4\cdot r=8-2\cdot s \\ -6-r=-8+s \end{cases},\{r,s\}\right)$ $\{-1,3\}$

d) $\text{rref}\left(\begin{bmatrix} -2 & 1 & 1 \\ 5 & 3 & 0 \\ 4 & 0 & 9 \end{bmatrix}\right)$ $\begin{bmatrix} 1 & 0 & 0 \\ 0 & 1 & 0 \\ 0 & 0 & 1 \end{bmatrix}$

e) $\text{rref}\left(\begin{bmatrix} 6 & -4 & 2 \\ -9 & 5 & 7 \\ 3 & -2 & 1 \end{bmatrix}\right)$ $\begin{bmatrix} 1 & 0 & \frac{-19}{3} \\ 0 & 1 & -10 \\ 0 & 0 & 0 \end{bmatrix}$

f) $\text{rref}\left(\begin{bmatrix} 6 & -4 & 2 \\ -9 & 6 & -3 \\ 3 & -2 & 5 \end{bmatrix}\right)$ $\begin{bmatrix} 1 & \frac{-2}{3} & 0 \\ 0 & 0 & 1 \\ 0 & 0 & 0 \end{bmatrix}$

GTR **7.** Ermitteln Sie die gegenseitige Lage beider Geraden mit dem GTR und berechnen Sie gegebenenfalls ihren Schnittpunkt.

a) $g: \vec{x} = \begin{pmatrix} 2,1 \\ -0,3 \\ 4 \end{pmatrix} + r\begin{pmatrix} 1,2 \\ -0,8 \\ 5,6 \end{pmatrix}$ $\quad h: \vec{x} = \begin{pmatrix} 3,7 \\ -5 \\ 1,1 \end{pmatrix} + s\begin{pmatrix} -0,9 \\ 0,6 \\ -4,2 \end{pmatrix}$

b) $g: \vec{x} = \begin{pmatrix} 4,6 \\ 2,2 \\ -3,7 \end{pmatrix} + r\begin{pmatrix} 5,6 \\ 0,8 \\ 2 \end{pmatrix}$ $\quad h: \vec{x} = \begin{pmatrix} 0,8 \\ 2 \\ 0 \end{pmatrix} + s\begin{pmatrix} -1,2 \\ 0 \\ 2,1 \end{pmatrix}$

c) $g: \vec{x} = \begin{pmatrix} 2,7 \\ 0 \\ 1 \end{pmatrix} + r\begin{pmatrix} -1,2 \\ 0,4 \\ 1,6 \end{pmatrix}$ $\quad h: \vec{x} = \begin{pmatrix} 0,3 \\ 0,8 \\ 4,2 \end{pmatrix} + s\begin{pmatrix} 30 \\ -10 \\ -40 \end{pmatrix}$

d) $g: \vec{x} = \begin{pmatrix} 2 \\ 0,4 \\ 0 \end{pmatrix} + r\begin{pmatrix} 1,2 \\ 0 \\ 2,6 \end{pmatrix}$ $\quad h: \vec{x} = \begin{pmatrix} -8,4 \\ 0,1 \\ -20,5 \end{pmatrix} + s\begin{pmatrix} 9,8 \\ 2,1 \\ 7 \end{pmatrix}$

Hinweis zu 7:
Hier lohnt es sich, den Befehl *linSolve* zu verwenden. So spart man sich das Umsortieren innerhalb der Gleichungen.

8. g, h und k sind Geraden in der Ebene.

$g: \vec{x} = \begin{pmatrix} 7 \\ 4 \end{pmatrix} + r\begin{pmatrix} 2 \\ -1 \end{pmatrix}$ $\quad h: \vec{x} = \begin{pmatrix} -2 \\ 1 \end{pmatrix} + s\begin{pmatrix} 1 \\ 1 \end{pmatrix}$ $\quad k: \vec{x} = \begin{pmatrix} 3 \\ 0 \end{pmatrix} + t\begin{pmatrix} -4 \\ 2 \end{pmatrix}$

a) Stellen Sie die drei Geraden in einem Koordinatensystem dar.
b) Berechnen Sie den Schnittpunkt von g und h.
c) Zeigen Sie rechnerisch, dass g und k parallel zueinander sind.
d) Erläutern Sie allgemein, wie man die Lage zweier Geraden in der Ebene ermitteln kann und welche Fälle dabei auftreten können.

9. a) Zeichnen Sie die Geraden g und h mithilfe ihrer Stütz- und Richtungsvektoren in ein Koordinatensystem.

$g: \vec{x} = \begin{pmatrix} 1 \\ 3 \\ 3 \end{pmatrix} + r\begin{pmatrix} 1 \\ 2 \\ -1 \end{pmatrix}$ $\quad h: \vec{x} = \begin{pmatrix} 2 \\ -1 \\ 0 \end{pmatrix} + s\begin{pmatrix} -1 \\ 1 \\ 2 \end{pmatrix}$ $\quad k: \vec{x} = \begin{pmatrix} 1 \\ 0 \\ 0 \end{pmatrix} + t\begin{pmatrix} -1 \\ 1 \\ 0 \end{pmatrix}$

b) Ermitteln Sie anhand der Zeichnung, für welches r und s sich eventuell ein Schnittpunkt von g und h ergibt.
c) Bestätigen Sie Ihr Ergebnis aus b) rechnerisch. Berechnen Sie den Schnittpunkt.
d) Lesen Sie entsprechend für g und k geeignete Werte für r und t aus der Skizze ab und überprüfen Sie das Ergebnis rechnerisch.

Hinweis zu 10:
Beachten Sie, dass die Gleichungen für AB und CD in der Schnittbedingung unterschiedliche Parameter haben müssen.

10. Bestimmen Sie die gegenseitige Lage der Geraden AB und CD. Berechnen Sie gegebenenfalls die Koordinaten des Schnittpunktes.

a) A(−5 | 1 | 8), B(−1 | 1 | 6), C(−5 | 7 | 2), D(7 | −2 | 5)

b) A(1 | 4 | −1), B(3 | 0 | 3), C(5 | 1 | 0), D(4 | 3 | −2)

11. Solange es nur die Leitungen $\overline{DC}$, $\overline{FE}$ und $\overline{HG}$ gab, war alles in Ordnung. Als eine Leitung von A nach B gezogen wurde, gab es einen Knall und der Strom fiel aus.

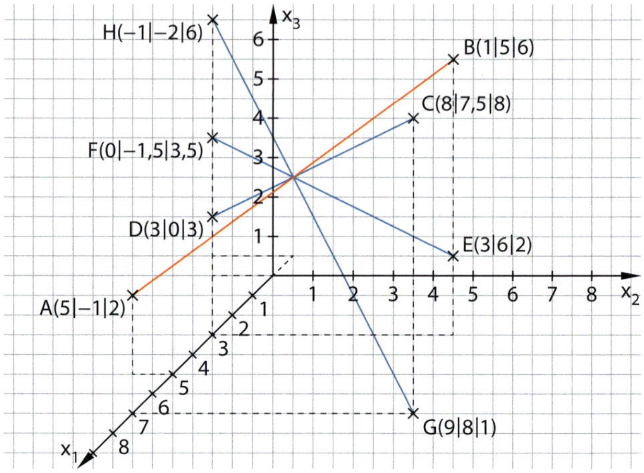

Finden Sie heraus, mit welcher der Leitungen die neue Leitung $\overline{AB}$ in Kontakt kam.

12. Gegeben ist die Gerade g: $\vec{x} = \begin{pmatrix} 2 \\ 3 \\ -1 \end{pmatrix} + r\begin{pmatrix} 5 \\ 0 \\ -2 \end{pmatrix}$.

Geben Sie eine Parametergleichung einer Geraden h an, die

a) den Punkt P(−8 | 3 | 3) enthält und parallel zu g ist,

b) parallel, aber nicht identisch zu g ist,

c) genau einen Schnittpunkt mit g hat,

d) windschief zu g ist.

Weiterführende Aufgaben

13. Beurteilen Sie die Aussage. Veranschaulichen Sie die Situation mit Stiften.

a) Wenn die Geraden g und h parallel zueinander sind und die Gerade k windschief zu g ist, dann können h und k nicht parallel zueinander sein.

b) Wenn die Geraden g und h sich schneiden und ebenso die Geraden g und k, dann können h und k nicht windschief sein.

c) Wenn im dreidimensionalen Koordinatensystem zwei Geraden parallel aussehen, dann sind sie auch in Wirklichkeit parallel.

14. Ermitteln Sie den Schnittpunkt der Geraden g und h, ohne ein lineares Gleichungssystem aufzustellen. Beschreiben Sie Ihr Vorgehen.

a) g: $\vec{x} = \begin{pmatrix} 3 \\ 3 \\ 3 \end{pmatrix} + r\begin{pmatrix} 1 \\ 1 \\ 1 \end{pmatrix}$ h: $\vec{x} = \begin{pmatrix} -8 \\ 0 \\ 0 \end{pmatrix} + s\begin{pmatrix} 5 \\ 0 \\ 0 \end{pmatrix}$ b) g: $\vec{x} = r\begin{pmatrix} -1 \\ 5 \\ 3 \end{pmatrix}$ h: $\vec{x} = \begin{pmatrix} 8 \\ 2 \\ 2 \end{pmatrix} + s\begin{pmatrix} 4 \\ 1 \\ 1 \end{pmatrix}$

15. Begründen Sie, dass die beiden Geraden windschief zueinander sind.

g: $\vec{x} = \begin{pmatrix} 3 \\ 0 \\ 0 \end{pmatrix} + r\begin{pmatrix} 0 \\ 1 \\ 0 \end{pmatrix}$ h: $\vec{x} = \begin{pmatrix} -2 \\ 2 \\ 0 \end{pmatrix} + s\begin{pmatrix} 0 \\ 4 \\ -2 \end{pmatrix}$

16. Stolperstelle: Gegeben sind die Geraden g: $\vec{x} = \begin{pmatrix} 2 \\ 6 \\ -1 \end{pmatrix} + r\begin{pmatrix} 5 \\ 0 \\ -2 \end{pmatrix}$ und h: $\vec{x} = s\begin{pmatrix} 1 \\ 3 \\ 9 \end{pmatrix}$.

Die Gerade k verläuft durch die Punkte A(−7 | 7 | 5) und B(−1 | 8 | 5). Überprüfen Sie die Rechnung, erläutern Sie die Fehler und korrigieren Sie diese.

a) Lage von g und h:

Schnittbedingung: $\begin{pmatrix} 2 \\ 6 \\ -1 \end{pmatrix} + r\begin{pmatrix} 5 \\ 0 \\ -2 \end{pmatrix} = s\begin{pmatrix} 1 \\ 3 \\ 9 \end{pmatrix}$

An der mittleren Gleichung 6 = 3s erkennt man, dass s = 2 sein muss.
Aus 2 + 5r = 2 · 1 erhält man r = 0.
Also schneiden sich die Geraden im Punkt S mit

$\overrightarrow{OS} = \begin{pmatrix} 2 \\ 6 \\ -1 \end{pmatrix} + 0 \cdot \begin{pmatrix} 5 \\ 0 \\ -2 \end{pmatrix} = \begin{pmatrix} 2 \\ 6 \\ -1 \end{pmatrix}$.

b) Lage von g und k:

k: $\vec{x} = \begin{pmatrix} -7 \\ 7 \\ 5 \end{pmatrix} + r\begin{pmatrix} 6 \\ 1 \\ 0 \end{pmatrix}$

$\begin{pmatrix} 2 \\ 6 \\ -1 \end{pmatrix} + r\begin{pmatrix} 5 \\ 0 \\ -2 \end{pmatrix} = \begin{pmatrix} -7 \\ 7 \\ 5 \end{pmatrix} + r\begin{pmatrix} 6 \\ 1 \\ 0 \end{pmatrix}$

$\begin{pmatrix} 9 \\ -1 \\ -6 \end{pmatrix} = r\begin{pmatrix} 1 \\ 1 \\ 2 \end{pmatrix}$ $\begin{cases} r = 9 \\ r = -1 \\ r = -3 \end{cases}$

Das LGS hat keine Lösung.
Die Geraden sind windschief oder parallel zueinander.

17. Die drei Geraden g_1, g_2 und g_3 schließen ein Dreieck ein. Berechnen Sie die Koordinaten seiner Eckpunkte und die Längen seiner Seiten.

$g_1: \vec{x} = \begin{pmatrix} 3 \\ -3 \\ 2 \end{pmatrix} + r\begin{pmatrix} 2 \\ 1 \\ -3 \end{pmatrix}$ $\quad g_2: \vec{x} = \begin{pmatrix} 2 \\ 1 \\ -1 \end{pmatrix} + s\begin{pmatrix} 1 \\ -4 \\ 3 \end{pmatrix}$ $\quad g_3: \vec{x} = \begin{pmatrix} 1 \\ 2 \\ -1 \end{pmatrix} + t\begin{pmatrix} 1 \\ -1 \\ 0 \end{pmatrix}$

18. Gegeben sind die Höhen h_1 bzw. h_2 der Dreiecke ABC_1 und ABC_2:
A(1 | −3 | 3), B(−2 | 3 | −3), C_1(−3 | 2 | 1), C_2(3 | 2 | −5),

$h_1: \vec{x} = \begin{pmatrix} -3 \\ 2 \\ 1 \end{pmatrix} + r\begin{pmatrix} -2 \\ 1 \\ 2 \end{pmatrix}$ $\quad h_2: \vec{x} = \begin{pmatrix} 3 \\ 2 \\ -5 \end{pmatrix} + s\begin{pmatrix} -2 \\ 1 \\ 0 \end{pmatrix}$

Berechnen Sie die Schnittpunkte H_1 und H_2 von h_1 bzw. h_2 mit der Grundgeraden AB. Prüfen Sie jeweils, ob der Höhenschnittpunkt innerhalb der Strecke $\overline{AB}$ liegt. Prüfen Sie anschließend Ihr Ergebnis anhand einer Skizze im Koordinatensystem.

19. Die Punkte L(−4 | 0 | −1), M(−2 | 5 | 1), N(1 | 8 | 3) und P(2 | 6 | 3) sind die Eckpunkte eines Vierecks.

a) Zeigen Sie, dass LMNP ein Trapez ist, das nicht gleichschenklig ist.
b) Berechnen Sie die Koordinaten des Diagonalenschnittpunktes von LMNP.
c) Berechnen Sie die Koordinaten des Schnittpunktes der nicht parallelen Seiten.

20. Schwerpunkt eines Dreiecks: Gegeben ist ein Dreieck mit den Eckpunkten A(0 | 0), B(8 | −2) und C(6 | 2). Die Seitenhalbierende s_c ist die Gerade durch C und den Mittelpunkt M_c der Strecke $\overline{AB}$.

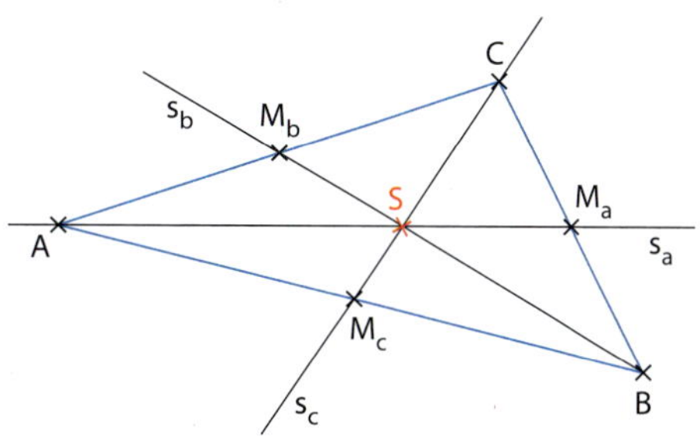

a) Stellen Sie Parametergleichungen für die drei Seitenhalbierenden auf. Zeigen Sie, dass sich die Seitenhalbierenden in einem Punkt S schneiden.
b) Der Punkt S teilt die Strecken $\overline{AM_a}$, $\overline{BM_b}$ und $\overline{CM_c}$ in je zwei Teile. Bestimmen Sie das Verhältnis der beiden Teilstrecken zueinander.
c) Lösen Sie Teil a) und b) für das Dreieck im Raum mit den Eckpunkten A(3 | −1 | −2), B(3 | 5 | 0) und C(−3 | 5 | 2).

21. Bei einem Tetraeder mit den Eckpunkten $A(4\,|\,0\,|\,-4)$, $B(4\,|\,4\,|\,-4)$, $C(-2\,|\,2\,|\,-4)$ und der Spitze $O(0\,|\,0\,|\,0)$ sind N_a, N_b und N_c die Mittelpunkte der Kanten zur Spitze. M_a, M_b und M_c sind Mittelpunkte der Seiten des Grunddreiecks ABC. g_a bezeichnet die Gerade durch die Punkte M_a und N_a. Entsprechend sind auch die Geraden g_b und g_c festgelegt.

a) Zeigen Sie, dass sich die Geraden g_a, g_b und g_c in einem Punkt S schneiden.

b) Zeigen Sie, dass für diesen Punkt S gilt: $\overrightarrow{OS} = \frac{1}{4}\left(\overrightarrow{OA} + \overrightarrow{OB} + \overrightarrow{OC}\right)$

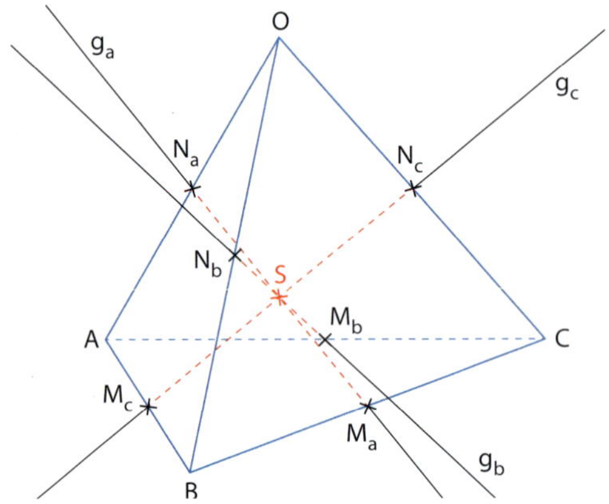

22. Die Pyramide befindet sich im Bau. Momentan ist der Stumpf 3 m hoch. Die zukünftige Spitze der Pyramide ist der Schnittpunkt der Geraden durch die Seitenkanten.

a) Passen Sie die Pyramide in ein Koordinatensystem ein und berechnen Sie die Koordinaten der Spitze.

b) Berechnen Sie das Volumen der fertiggestellten Pyramide.

c) Berechnen Sie das Volumen des Pyramidenstumpfs.

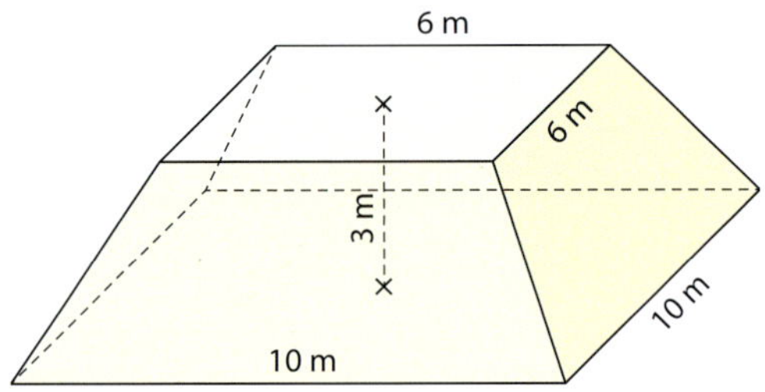

Hinweis zu 23:
Ein Viereck ist eben, wenn sich seine Diagonalen schneiden.

DGS **23. Ebene Vierecke im Raum:** Vier Punkte im Raum bilden ein Viereck. Dieses muss aber nicht eben sein. Aus einem ebenen Viereck erhalten Sie ein nicht ebenes Viereck, indem Sie es längs einer Diagonalen knicken.

a) Überprüfen Sie rechnerisch, ob das Viereck ABCD eben ist.

① $A(4\,|\,-2\,|\,0)$, $B(4\,|\,4\,|\,-1)$, $C(0\,|\,3\,|\,-2)$, $D(-4\,|\,0\,|\,-2)$

② $A(3\,|\,0\,|\,0)$, $B(5\,|\,4\,|\,-1)$, $C(1\,|\,5\,|\,-1)$, $D(-2\,|\,1\,|\,0)$

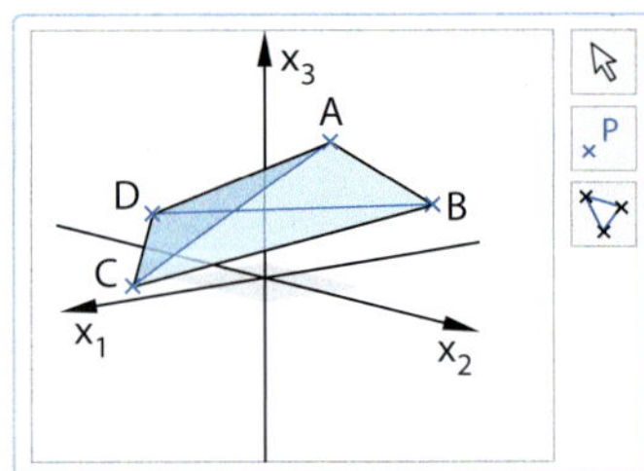

b) Zeichnen Sie die Vierecke aus a) mit einer dynamischen Geometriesoftware und überprüfen Sie Ihre Ergebnisse.

c) Ergänzen Sie einen Punkt C zu $A(1\,|\,-3\,|\,2)$, $B(6\,|\,4\,|\,0)$ und $D(-2\,|\,4\,|\,1)$, sodass das Viereck ABCD eben wird. Beschreiben Sie Ihr Vorgehen.

● d) Ergänzen Sie einen Punkt C zu A, B und D aus Teil c), sodass das Viereck ABCD nicht eben wird. Beschreiben Sie Ihr Vorgehen.

24. Die Terrasse liegt in der x_1x_2-Ebene. In den Punkten $A(-10\,|\,-22\,|\,26)$ und $D(-14\,|\,-10\,|\,24)$ der Hauswand soll ein Sonnensegel befestigt werden, dessen äußere Eckpunkte bei Straffung des Segels $B(20\,|\,32\,|\,23)$ und $C(19\,|\,35\,|\,22{,}5)$ sind (1 Längeneinheit entspricht 1 dm).

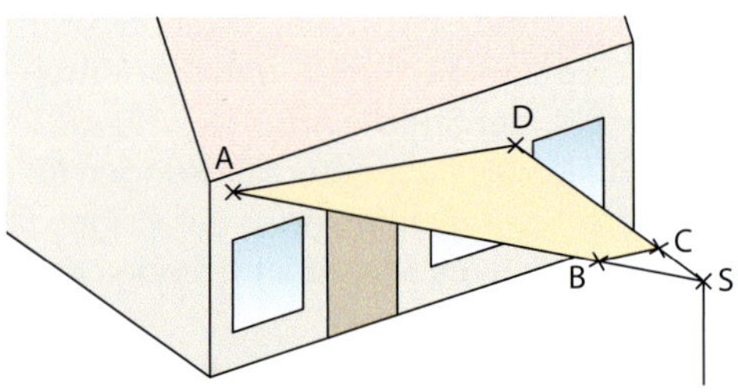

a) Zeigen Sie, dass das Segel die Form eines Trapezes hat. Prüfen Sie, ob das Trapez gleichschenklig ist.

b) Das Segel wird an einer Stange mit Spitze S befestigt. Berechnen Sie, wie hoch die Stange sein muss und in welchem Punkt der x_1x_2-Ebene sie aufgestellt werden muss.

25. Untersuchen Sie, für welchen Wert der Variablen k sich die beiden Geraden schneiden.

a) $g: \vec{x} = \begin{pmatrix} 1 \\ -2 \\ 3 \end{pmatrix} + r\begin{pmatrix} -4 \\ 1 \\ 2 \end{pmatrix}$ $\quad h: \vec{x} = \begin{pmatrix} 2-k \\ k-9 \\ 4-k \end{pmatrix} + s\begin{pmatrix} 3 \\ -2 \\ -3 \end{pmatrix}$

b) $g: \vec{x} = \begin{pmatrix} 5 \\ 0 \\ 1 \end{pmatrix} + r\begin{pmatrix} 3 \\ 7 \\ 2 \end{pmatrix}$ $\quad h: \vec{x} = \begin{pmatrix} 7+3k \\ 2k \\ 9-4k \end{pmatrix} + s\begin{pmatrix} 2 \\ 4 \\ -1 \end{pmatrix}$

26. Die Positionen von zwei Flugzeugen zur Zeit t lassen sich in einem geeigneten Koordinatensystem durch die Gleichungen

$g_1: \vec{x} = \begin{pmatrix} 11{,}4 \\ -2{,}28 \\ 0{,}66 \end{pmatrix} + t\begin{pmatrix} -0{,}45 \\ 0{,}36 \\ 0{,}03 \end{pmatrix}$ und

$g_2: \vec{x} = \begin{pmatrix} 0{,}1 \\ 9 \\ 1{,}4 \end{pmatrix} + t\begin{pmatrix} 0{,}32 \\ -0{,}48 \\ -0{,}02 \end{pmatrix}$ beschreiben

(Längeneinheit 1 km, Zeiteinheit 10 s).

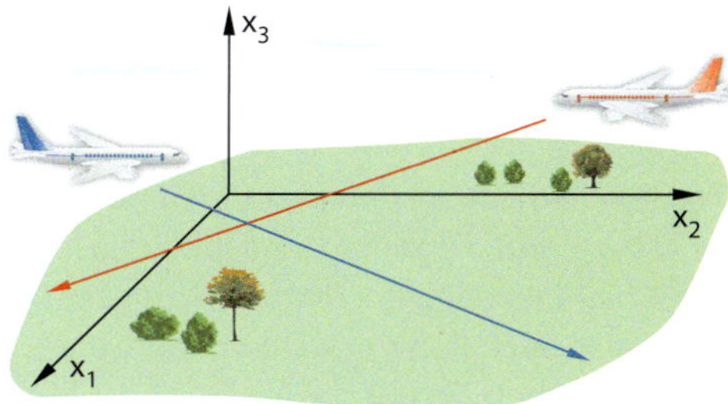

a) Berechnen Sie, in welchen Punkten sich die Flugzeuge nach 10, nach 50 und nach 140 Sekunden befinden und wie weit sie jeweils voneinander entfernt sind.
b) Prüfen Sie, ob die Flugbahnen sich kreuzen.
c) Prüfen Sie, ob es zu einer Kollision kommt.

27. Ein Boot der Küstenwache im Hafen K(1,5 | 0) erhält die Nachricht, dass soeben in E(2 | 7) ein Schmugglerboot in Richtung des Inselhafens B(12 | 3) gestartet ist. Das Wetter erlaubt nur eine Sicht von 1000 Metern. Nach Einschätzung des vermutlichen Kurses und der Geschwindigkeit des Schmugglerboots entschließt sich der Kapitän, mit einer Geschwindigkeit zu fahren, welche in 5 Minuten dem Vektor $\begin{pmatrix} 2 \\ 1 \end{pmatrix}$ entspricht. Das Schmugglerschiff legt in 5 Minuten den Weg $\begin{pmatrix} 2{,}5 \\ -1 \end{pmatrix}$ zurück.

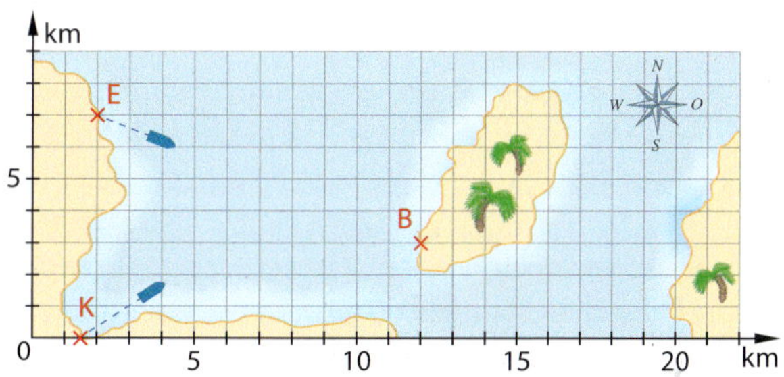

a) Berechnen Sie die Koordinaten des Schnittpunktes der beiden Schiffskurse.
b) Überprüfen Sie, ob die Küstenwache das Schmugglerboot wird sehen können.

28. **Ausblick:** Soll der Schnittpunkt zweier Seitenhalbierender eines beliebigen Dreiecks berechnet werden, kann man ein schiefes Koordinatensystem einführen, dessen Ursprung der Punkt A des Dreiecks ist und dessen Achsen durch die (eventuell ungleich langen) Seitenvektoren $\vec{u} = \overrightarrow{AB} = \begin{pmatrix} 1 \\ 0 \end{pmatrix}$ und $\vec{v} = \overrightarrow{AC} = \begin{pmatrix} 0 \\ 1 \end{pmatrix}$ festgelegt werden. Der Punkt D hat in diesem System die Koordinaten (2 | −1).

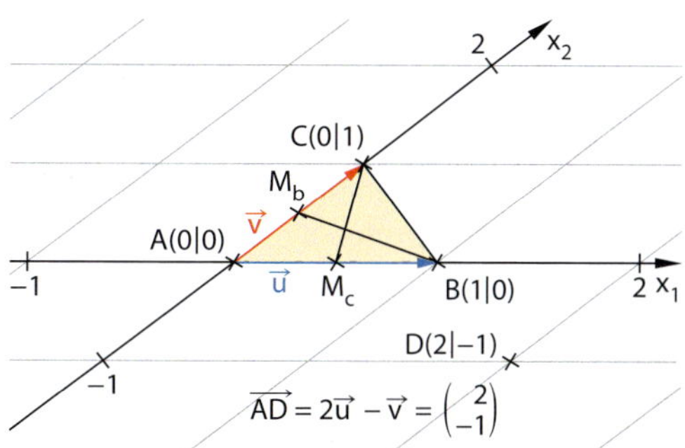

a) Geben Sie in diesem Koordinatensystem die Koordinaten der Seitenmittelpunkte M_c und M_b an und berechnen Sie den Schnittpunkt der beiden Seitenhalbierenden.
b) Im üblichen Koordinatensystem sind die Eckpunkte A(1 | 1), B(4 | 1) und C(3 | 2). Geben Sie die Koordinaten des Schnittpunktes aus a) im üblichen Koordinatensystem an.

5.5 Parametergleichung einer Ebene

■ Nutzen Sie die Geraden

$g: \vec{x} = \begin{pmatrix} -1 \\ 0,5 \\ 1 \end{pmatrix} + r\begin{pmatrix} 0 \\ 2 \\ 1 \end{pmatrix}$ und $h: \vec{x} = \begin{pmatrix} -1 \\ 0,5 \\ 1 \end{pmatrix} + s\begin{pmatrix} 1 \\ 2,5 \\ 0 \end{pmatrix}$,

um die Koordinaten des Punktes K zu berechnen. Geben Sie an, welche Punkte sich prinzipiell mithilfe von g und h bestimmen lassen. ■

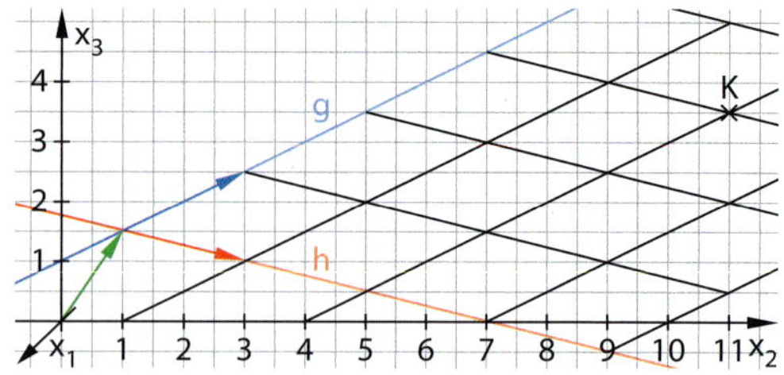

Die Gerade g hat die Parametergleichung $\vec{x} = \overrightarrow{OA} + r \cdot \overrightarrow{AB}$. Fügt man Vielfache des zu $\overrightarrow{AB}$ nicht kollinearen Vektors $\overrightarrow{AC}$ hinzu, so lassen sich auch Punkte „seitlich" der Geraden g erreichen. So gilt etwa

$$\overrightarrow{OP} = \overrightarrow{OA} + 3 \cdot \overrightarrow{AB} + (-1) \cdot \overrightarrow{AC}.$$

Daher wird durch die Punkte A, B und C, die nicht auf einer Geraden liegen, eine **Ebene** im Raum festgelegt. Eine Parametergleichung der Ebene ist $\vec{x} = \overrightarrow{OA} + r \cdot \overrightarrow{AB} + s \cdot \overrightarrow{AC}$.

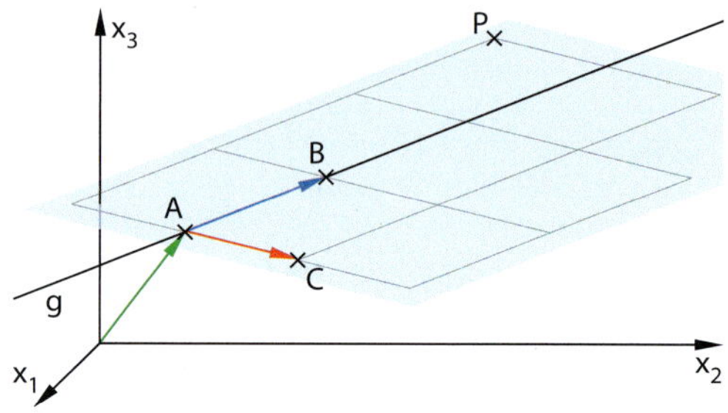

Hinweis:
Üblich ist auch die Bezeichnung **Parameterform der Ebene**.

Wissen: Parametergleichung einer Ebene

Ist A ein Punkt einer Ebene E und sind $\vec{u}$ und $\vec{v}$ zwei nicht kollineare Vektoren in Richtung der Ebene, dann lässt sich die Ebene beschreiben durch die Parametergleichung

$$\vec{x} = \overrightarrow{OA} + r \cdot \vec{u} + s \cdot \vec{v} \ (r, s \in \mathbb{R}).$$

Der **Stützvektor** $\overrightarrow{OA}$ ist der Ortsvektor des **Stützpunktes** A.
$\vec{u}$ und $\vec{v}$ sind **Richtungsvektoren** der Ebene.
Für jedes Wertepaar der **Parameter** r und s erhält man den Ortsvektor $\vec{x}$ eines Punktes X der Ebene.

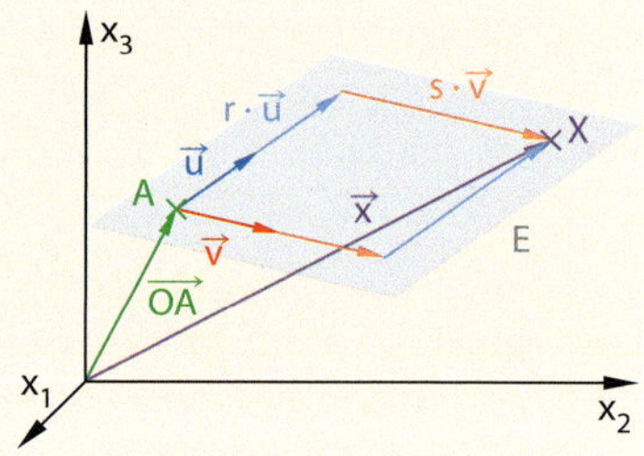

Die Parametergleichung einer Ebene ist nicht eindeutig bestimmt. Als Stützpunkt kann man jeden Punkt der Ebene wählen und als Richtungsvektoren zwei beliebige nicht kollineare Vektoren, deren Vektorpfeile sich in die Ebene legen lassen.

Beispiel 1: Ebene durch drei Punkte

Prüfen Sie, ob die Punkte A(1 | −5 | 1), B(3 | 1 | 0) und C(0 | 4 | −8) eine Ebene aufspannen. Falls ja, geben Sie eine Parametergleichung der Ebene an.

Lösung:

Bilden Sie die beiden Richtungsvektoren $\overrightarrow{AB}$ und $\overrightarrow{AC}$ und prüfen Sie, ob diese kollinear sind.

$$\overrightarrow{AB} = \begin{pmatrix} 3-1 \\ 1+5 \\ 0-1 \end{pmatrix} = \begin{pmatrix} 2 \\ 6 \\ -1 \end{pmatrix} \quad \overrightarrow{AC} = \begin{pmatrix} 0-1 \\ 4+5 \\ -8-1 \end{pmatrix} = \begin{pmatrix} -1 \\ 9 \\ -9 \end{pmatrix}$$

Sind $\overrightarrow{AB}$ und $\overrightarrow{AC}$ nicht kollinear, so legen die Punkte A, B und C eine Ebene fest.

$\overrightarrow{AC}$ ist kein Vielfaches von $\overrightarrow{AB}$, also sind die beiden Vektoren nicht kollinear.

Wählen Sie zum Beispiel als Stützpunkt den Punkt A und $\overrightarrow{AB}$ und $\overrightarrow{AC}$ als Richtungsvektoren. Stellen Sie damit die Parametergleichung der Ebene auf.

$$E: \vec{x} = \overrightarrow{OA} + r \cdot \overrightarrow{AB} + s \cdot \overrightarrow{AC} = \begin{pmatrix} 1 \\ -5 \\ 1 \end{pmatrix} + r\begin{pmatrix} 2 \\ 6 \\ -1 \end{pmatrix} + s\begin{pmatrix} -1 \\ 9 \\ -9 \end{pmatrix}$$

Beispiel 2: Punktprobe

Prüfen Sie, ob der Punkt in der Ebene E: $\vec{x} = \begin{pmatrix} 2 \\ 0 \\ -5 \end{pmatrix} + r\begin{pmatrix} -1 \\ 2 \\ 1 \end{pmatrix} + s\begin{pmatrix} 3 \\ -1 \\ -1 \end{pmatrix}$ liegt.

a) P(−4|7|−1) b) Q(−4|5|−3)

Lösung:

a) P liegt in E, wenn $\overrightarrow{OP}$ Ortsvektor eines Ebenenpunktes ist:
$\overrightarrow{OP} = \overrightarrow{OA} + r \cdot \vec{u} + s \cdot \vec{v}$
Es ergibt sich ein lineares Gleichungssystem aus drei Gleichungen für r und s. Bringen Sie das LGS auf Zeilenstufenform und prüfen Sie, ob es lösbar ist.

$$\begin{pmatrix} -4 \\ 7 \\ -1 \end{pmatrix} = \begin{pmatrix} 2 \\ 0 \\ -5 \end{pmatrix} + r\begin{pmatrix} -1 \\ 2 \\ 1 \end{pmatrix} + s\begin{pmatrix} 3 \\ -1 \\ -1 \end{pmatrix}$$

$$\left(\begin{array}{cc|c} -1 & 3 & -6 \\ 2 & -1 & 7 \\ 1 & -1 & 4 \end{array}\right) \xrightarrow{\text{ZSF}} \left(\begin{array}{cc|c} -1 & 3 & -6 \\ 0 & 5 & -5 \\ 0 & 0 & 0 \end{array}\right)$$

Das LGS ist lösbar, P liegt in E.

Zur Probe kann man r und s berechnen und in die Ebenengleichung einsetzen.

Probe mit r = 3 und s = −1:

$$\begin{pmatrix} -4 \\ 7 \\ -1 \end{pmatrix} = \begin{pmatrix} 2 \\ 0 \\ -5 \end{pmatrix} + 3 \cdot \begin{pmatrix} -1 \\ 2 \\ 1 \end{pmatrix} + (-1) \cdot \begin{pmatrix} 3 \\ -1 \\ -1 \end{pmatrix}$$

b) Einsetzen von $\overrightarrow{OQ}$ in die Ebenengleichung ergibt ein Gleichungssystem mit drei Gleichungen für r und s.
Bringen Sie das LGS auf Zeilenstufenform und prüfen Sie, ob es lösbar ist.
Die letzte Zeile ist eine Widerspruchszeile, also hat das LGS keine Lösung.

$$\begin{pmatrix} -4 \\ 5 \\ -3 \end{pmatrix} = \begin{pmatrix} 2 \\ 0 \\ -5 \end{pmatrix} + r\begin{pmatrix} -1 \\ 2 \\ 1 \end{pmatrix} + s\begin{pmatrix} 3 \\ -1 \\ -1 \end{pmatrix}$$

$$\left(\begin{array}{cc|c} -1 & 3 & -6 \\ 2 & -1 & 5 \\ 1 & -1 & 2 \end{array}\right) \xrightarrow{\text{ZSF}} \left(\begin{array}{cc|c} -1 & 3 & -6 \\ 0 & 5 & -7 \\ 0 & 0 & -5 \end{array}\right)$$

Das LGS ist nicht lösbar, Q liegt nicht in E.

Basisaufgaben

1. Berechnen Sie die Koordinaten des Punktes der Ebene E: $\vec{x} = \begin{pmatrix} -3 \\ 2 \\ 1 \end{pmatrix} + r\begin{pmatrix} 2 \\ 3 \\ 2 \end{pmatrix} + s\begin{pmatrix} -2 \\ 2 \\ -2 \end{pmatrix}$, der durch r und s festgelegt ist. Zeichnen Sie den Punkt in ein Koordinatensystem.
   a) r = 1; s = 3 b) r = 3; s = 1 c) r = 4; s = −1 d) r = 1; s = 0
   e) r = 0; s = 1 f) r = −1; s = 2 g) r = 2; s = 1,5 h) r = 1,5; s = −1,5

2. Prüfen Sie, ob die Punkte A, B und C eine Ebene aufspannen. Falls ja, geben Sie eine Parametergleichung der Ebene an.
   a) A(2|−4|1); B(1|7|−3); C(−4|2|1) b) A(4|0|0); B(0|5|0); C(0|0|6)
   c) A(4|6|8); B(−3|6|0); C(−1|2|0) d) A(3|−2|4); B(7|−4|−2); C(9|−5|−5)

3. Begründen Sie, warum die Parametergleichung $\vec{x} = \overrightarrow{OA} + r \cdot \vec{u} + s \cdot \vec{v}$ keine Ebene beschreibt, wenn die Richtungsvektoren $\vec{u}$ und $\vec{v}$ kollinear sind. Was wird durch die Parametergleichung in diesem Fall beschrieben?

4. Geben Sie zur Ebene E: $\vec{x} = \begin{pmatrix} -3 \\ 0 \\ 1 \end{pmatrix} + r\begin{pmatrix} 0,5 \\ -1 \\ 0,25 \end{pmatrix} + s\begin{pmatrix} \frac{2}{3} \\ \frac{1}{3} \\ -2 \end{pmatrix}$ eine weitere Parametergleichung an, sodass
   a) der Stützvektor auf den Punkt gerichtet ist, den man für r = 4 und s = 3 erhält,
   b) die Richtungsvektoren ganzzahlige Koordinaten haben,
   c) kein Richtungsvektor zu $\vec{v} = \begin{pmatrix} \frac{2}{3} \\ \frac{1}{3} \\ -2 \end{pmatrix}$ kollinear ist,
   d) der Stützvektor die x_3-Koordinate 0 hat.

5. Prüfen Sie, ob die angegebenen Punkte in der Ebene E liegen.

a) P(−4 | 6 | 7), Q(−4 | 1 | −2) $\quad E\colon \vec{x} = \begin{pmatrix} -2 \\ 5 \\ 1 \end{pmatrix} + r\begin{pmatrix} -2 \\ 0 \\ 3 \end{pmatrix} + s\begin{pmatrix} 1 \\ 1 \\ 0 \end{pmatrix}$

b) P(1 | 0 | −8), Q(6 | 10 | −1) $\quad E\colon \vec{x} = \begin{pmatrix} 1 \\ 7 \\ -9 \end{pmatrix} + r\begin{pmatrix} 4 \\ 2 \\ 6 \end{pmatrix} + s\begin{pmatrix} -1 \\ 3 \\ -2 \end{pmatrix}$

c) P(13 | 5 | −10), E enthält die Punkte A(2 | 1 | 3), B(−5 | 0 | 6) und C(−1 | 3 | −4).

6. Die Ebene E wird vom Punkt $D_4(1\,|\,-1\,|\,3)$ aus durch die beiden Richtungsvektoren $\vec{u} = \begin{pmatrix} -3 \\ 1{,}5 \\ -3 \end{pmatrix}$ und $\vec{v} = \begin{pmatrix} -6 \\ 2 \\ -2 \end{pmatrix}$ aufgespannt.

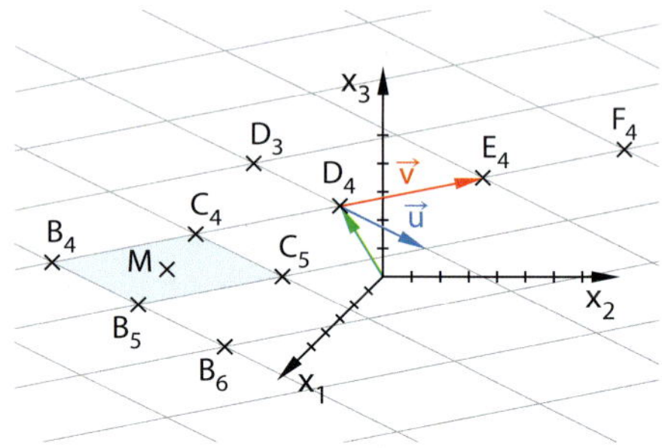

a) Bestimmen Sie die Koordinaten der Punkte E_4, D_3, C_5, B_5 und B_6.

b) Der Punkt M ist der Mittelpunkt des Parallelogramms $B_5C_5C_4B_4$. Berechnen Sie die Koordinaten von M.

c) Prüfen Sie, ob die Punkte P(−11 | 4 | −5), Q(−2 | 1,5 | −4), R(−5 | 1,5 | −1), S(−4 | −2,5 | 6) und T(−12 | 3,5 | −2) in E liegen. Wenn ja, beschreiben Sie ihre Lage im Parallelogrammgitter.

7. Die Dachfläche ABCD soll mit Solarpaneelen ausgelegt werden. Zum Einsatz kommt ein vollautomatischer Hebekran, in den nur die rechte obere Ecke jedes Paneels einprogrammiert werden muss. In dem dazu gewählten Koordinatensystem hat der Punkt P die Koordinaten P(8 | 7 | 11). Die Ausmaße und die Ausrichtung jedes Paneels auf dem Dach ist gegeben durch die Vektoren $\vec{u} = \begin{pmatrix} -2 \\ 1 \\ 0 \end{pmatrix}$ und $\vec{v} = \begin{pmatrix} -2 \\ -4 \\ 2 \end{pmatrix}$.

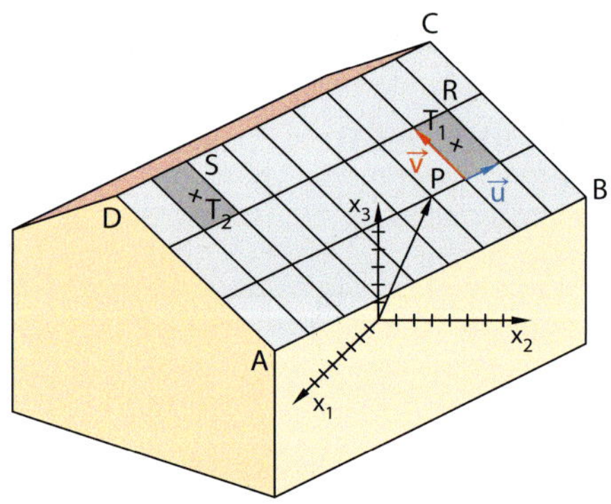

a) Geben Sie eine Gleichung der Ebene an, in der die Dachfläche ABCD enthalten ist.

b) Ermitteln Sie die Koordinaten der Punkte R, S, T_1 und T_2, wobei T_1 und T_2 die Mittelpunkte der dunkelgrauen Paneele sind.

c) Prüfen Sie, ob die Punkte K(10 | 1 | 13) und L(2 | 15 | 9) in der Fläche ABCD liegen.

d) Geben Sie an, für welche Werte für r und s in $\vec{x} = \overrightarrow{OP} + r \cdot \vec{u} + s \cdot \vec{v}$ man Punkte der Dachfläche ABCD erhält.

Hinweis zu 8:
Zwei Ebenen mit gleichen Richtungsvektoren sind parallel zueinander.

8. Bestimmen Sie eine Parametergleichung der Ebene E mit den angegebenen Eigenschaften.

a) E ist die x_1x_3-Koordinatenebene.

b) E enthält den Punkt P(2 | −3 | 5) und ist parallel zur x_1x_3-Koordinatenebene.

c) E enthält den Punkt P(1 | −1 | 4) und ist parallel zur Ebene

$$E_0\colon \vec{x} = \begin{pmatrix} -3 \\ 0 \\ 5 \end{pmatrix} + r\begin{pmatrix} 3 \\ -1 \\ -5 \end{pmatrix} + s\begin{pmatrix} 6 \\ -8 \\ 1 \end{pmatrix}.$$

d) Die Geraden $g\colon \vec{x} = \begin{pmatrix} -5 \\ 4 \\ -1 \end{pmatrix} + r\begin{pmatrix} 1 \\ 1 \\ 0 \end{pmatrix}$ und $h\colon \vec{x} = \begin{pmatrix} -5 \\ 4 \\ -1 \end{pmatrix} + r\begin{pmatrix} -3 \\ 0 \\ 5 \end{pmatrix}$ liegen in E.

Weiterführende Aufgaben

9. Beschreiben Sie die besondere Lage der Ebene E bezüglich der Koordinatenebenen und des Koordinatenursprungs.

a) E: $\vec{x} = \begin{pmatrix} 0 \\ 0 \\ 2 \end{pmatrix} + r\begin{pmatrix} 0 \\ 1 \\ 0 \end{pmatrix} + s\begin{pmatrix} 1 \\ 0 \\ 0 \end{pmatrix}$

b) E: $\vec{x} = r\begin{pmatrix} 1 \\ -5 \\ 2 \end{pmatrix} + s\begin{pmatrix} -6 \\ 3 \\ 7 \end{pmatrix}$

c) E: $\vec{x} = \begin{pmatrix} 5 \\ 3 \\ 7 \end{pmatrix} + r\begin{pmatrix} 0 \\ 2 \\ 2 \end{pmatrix} + s\begin{pmatrix} 0 \\ 0 \\ 1 \end{pmatrix}$

d) E: $\vec{x} = \begin{pmatrix} 3 \\ 0 \\ 0 \end{pmatrix} + r\begin{pmatrix} 0 \\ 6 \\ 0 \end{pmatrix} + s\begin{pmatrix} -3 \\ 0 \\ 5 \end{pmatrix}$

10. Eine Ebene E enthält die Gerade g: $\vec{x} = \begin{pmatrix} 6 \\ 0 \\ 0 \end{pmatrix} + k\begin{pmatrix} -2 \\ 0 \\ 1 \end{pmatrix}$ und den Punkt P(0 | 5 | 0).

a) Zeigen Sie, dass der Punkt A(4 | 0 | 1) in E liegt.

b) Begründen Sie, dass die Gerade h: $\vec{x} = \begin{pmatrix} 4 \\ 0 \\ 1 \end{pmatrix} + k\begin{pmatrix} -2 \\ 0 \\ 1 \end{pmatrix}$ in E liegt.

c) Geben Sie die Gleichung einer weiteren Geraden an, die durch A geht und in E liegt.

11. Die Ebene durch die Punkte A, B und C mit dem Stützpunkt A und den nicht kollinearen Richtungsvektoren $\overrightarrow{AB}$ und $\overrightarrow{AC}$ hat die Gleichung
$\vec{x} = \overrightarrow{OA} + r \cdot \overrightarrow{AB} + s \cdot \overrightarrow{AC}$.
Geben Sie an, für welche Werte der Parameter r und s man die Ortsvektoren der angegebenen Punkte erhält.

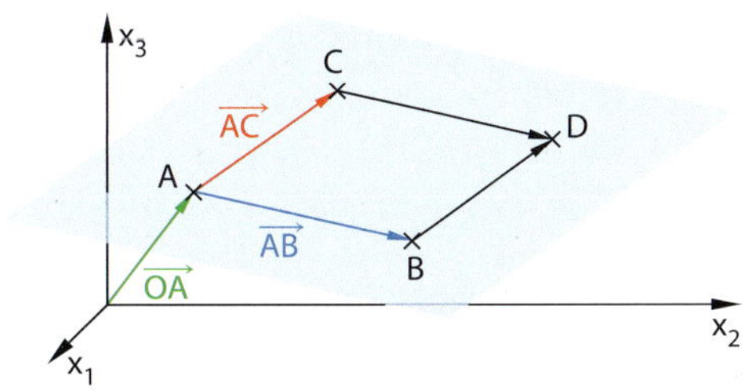

a) Punkt A
b) Punkte B und C
c) Punkte auf der Strecke $\overline{AB}$
d) Punkte auf der Strecke $\overline{AC}$
e) Punkt D des Parallelogramms ABDC
f) Punkte auf der Strecke $\overline{BD}$
g) Punkte auf der Strecke $\overline{CD}$
h) Mittelpunkt der Strecke $\overline{AD}$
i) Punkte im Inneren des Parallelogramms ABDC

12. Stolperstelle: Die Ebene E enthält den Punkt A(16 | −4 | 0) und wird durch die Vektoren $\vec{u} = \begin{pmatrix} 56 \\ 28 \\ -14 \end{pmatrix}$ und $\vec{v} = \begin{pmatrix} 27 \\ 18 \\ 27 \end{pmatrix}$ aufgespannt. Korrigieren und erläutern Sie den Fehler.

a) Lara: *„Vereinfacht ist auch* $\vec{x} = \begin{pmatrix} 4 \\ -1 \\ 0 \end{pmatrix} + k\begin{pmatrix} 4 \\ 2 \\ -1 \end{pmatrix} + s\begin{pmatrix} 3 \\ 2 \\ 3 \end{pmatrix}$ *eine Gleichung für E."*

b) Dennis: *„Der Punkt P mit* $\overrightarrow{OP} = \begin{pmatrix} 16 \\ -4 \\ 0 \end{pmatrix} + 2 \cdot \begin{pmatrix} 4 \\ 2 \\ -1 \end{pmatrix} + 3 \cdot \begin{pmatrix} 3 \\ 2 \\ 3 \end{pmatrix}$ *liegt nicht in dem Parallelogramm, das von A aus durch* $\vec{u}$ *und* $\vec{v}$ *aufgespannt wird."*

13. Prüfen Sie, ob die Punkte A(3 | 5 | 6), B(1 | 0,5 | 2,5) und C(−1 | 2 | 1) in dem Parallelogramm liegen, welches vom Punkt P(−1 | −2 | 1) aus durch die Vektoren $\vec{u} = \begin{pmatrix} 3 \\ 4{,}5 \\ 3 \end{pmatrix}$ und $\vec{v} = \begin{pmatrix} 2 \\ 2 \\ 1 \end{pmatrix}$ aufgespannt wird. Begründen Sie Ihre Antwort mit einer Skizze.

14. Eine Ebene lässt sich durch drei Punkte A, B und C, die nicht auf einer Geraden liegen, festlegen. Nennen Sie weitere Möglichkeiten, eine Ebene durch Punkte und/oder Geraden zu beschreiben. Geben Sie zu jeder Möglichkeit ein Beispiel in Form einer Parametergleichung und einer Skizze an.

15. Prüfen Sie, ob es eine eindeutige Ebene gibt, in der die Gerade g und der Punkt P liegen. Falls ja, geben Sie eine Parametergleichung der Ebene an.

a) $g: \vec{x} = \begin{pmatrix} -2 \\ 3 \\ 7 \end{pmatrix} + r \begin{pmatrix} 15 \\ -5 \\ 10 \end{pmatrix}$ $P(-8|5|3)$

b) $g: \vec{x} = \begin{pmatrix} 1 \\ 0 \\ -5 \end{pmatrix} + r \begin{pmatrix} 3 \\ -2 \\ 4 \end{pmatrix}$ $P(7|-4|-1)$

16. Prüfen Sie, ob es eine Ebene gibt, in der die Geraden g und h liegen. Falls ja, geben Sie eine Parametergleichung der Ebene an.

a) $g: \vec{x} = \begin{pmatrix} 5 \\ 2 \\ -6 \end{pmatrix} + r \begin{pmatrix} -2 \\ 5 \\ 1 \end{pmatrix}$ $h: \vec{x} = \begin{pmatrix} -1 \\ -16 \\ 0 \end{pmatrix} + s \begin{pmatrix} -4 \\ -1 \\ 3 \end{pmatrix}$

b) $g: \vec{x} = \begin{pmatrix} 0 \\ 1 \\ 0 \end{pmatrix} + r \begin{pmatrix} 2 \\ 0 \\ -1 \end{pmatrix}$ $h: \vec{x} = \begin{pmatrix} 0 \\ 0 \\ 5 \end{pmatrix} + s \begin{pmatrix} 1 \\ -1 \\ 0 \end{pmatrix}$

c) $g: \vec{x} = \begin{pmatrix} 2 \\ -1 \\ 0 \end{pmatrix} + r \begin{pmatrix} -2 \\ 0 \\ 1 \end{pmatrix}$ $h: \vec{x} = \begin{pmatrix} 1 \\ 0 \\ 4 \end{pmatrix} + s \begin{pmatrix} 4 \\ 0 \\ -2 \end{pmatrix}$

d) $g: \vec{x} = \begin{pmatrix} 2 \\ 1 \\ 1 \end{pmatrix} + r \begin{pmatrix} -0{,}5 \\ 2 \\ 1 \end{pmatrix}$ $h: \vec{x} = \begin{pmatrix} 5 \\ -11 \\ -5 \end{pmatrix} + s \begin{pmatrix} 1 \\ -4 \\ -2 \end{pmatrix}$

17. Prüfen Sie, ob die Punkte A, B, C und D in einer gemeinsamen Ebene liegen. Erläutern Sie Ihre Vorgehensweise.

a) $A(5|-7|9)$, $B(3|-7|10)$, $C(6|-4|13)$, $D(4|-4|14)$

b) $A(3|-1|0)$, $B(4|-1|1)$, $C(5|0|0)$, $D(7|1|3)$

18. Geben Sie zu jeder Seiten- oder Diagonalfläche des Quaders, die Punkt A enthält, eine Parametergleichung derjenigen Ebene an, in der die Fläche liegt.

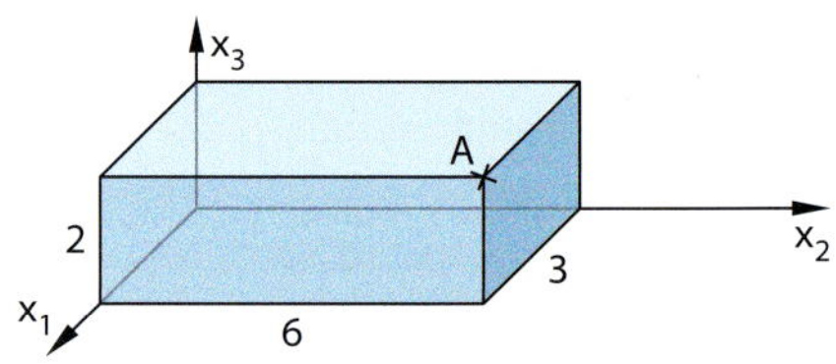

19. Die Abbildung zeigt einen Carport (2 LE entsprechen 1 m). Wegen eines Baums ist die Rückwand schmaler als die Einfahrtswand. Der Boden des Carports liegt in der x_1x_2-Ebene. Damit das Dach ein Gefälle hat, sind die Stützen unterschiedlich lang.
Berechnen Sie, wie lang die Stütze unter dem Punkt B sein muss, damit das Dach auch hier aufliegt.

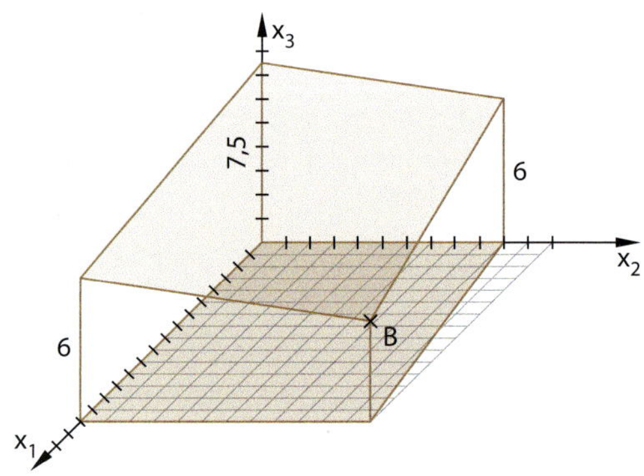

20. Die Skizze zeigt ein Hausdach.

a) Zeigen Sie, dass die Vierecke ABCD, ABEF und DCEF Parallelogramme sind.

b) Prüfen Sie, in welchem dieser Parallelogramme der Punkt $P(1|4|1)$ liegt.

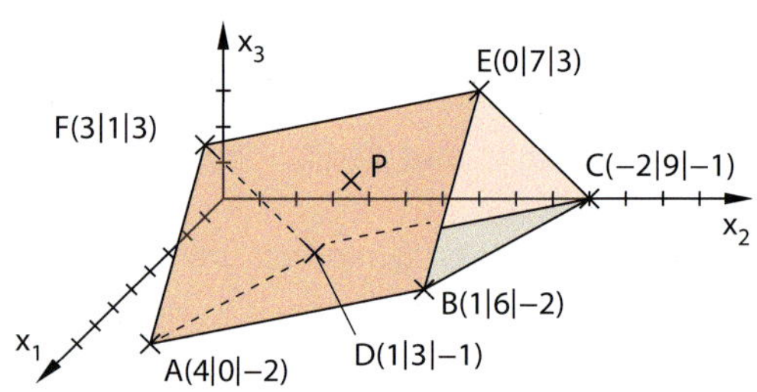

21. Gegeben sind die Punkte $A(3|0|-3)$, $B(3|5|-3)$ und $D(-1|0|0)$.

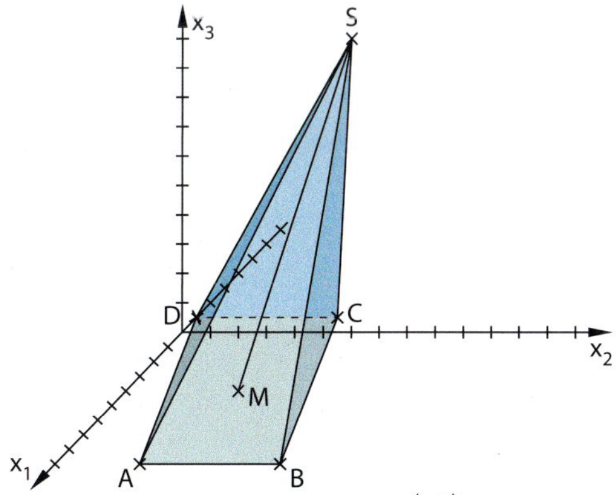

a) Berechnen Sie die Koordinaten des Punktes C, sodass ABCD ein Parallelogramm ist.

b) Zeigen Sie, dass das Parallelogramm sogar ein Quadrat ist, indem Sie die Längen der Seiten miteinander vergleichen und auch die Längen der Diagonalen.

c) Berechnen Sie die Koordinaten des Mittelpunktes M des Quadrats ABCD. Zeigen Sie, dass M auf der Geraden h liegt, welche durch $S(-7|2{,}5|6{,}5)$ verläuft und den Richtungsvektor $\vec{v} = \begin{pmatrix} -1 \\ 0 \\ 1 \end{pmatrix}$ hat.

d) Zeigen Sie, dass der Punkt S von den vier Eckpunkten des Quadrats gleich weit entfernt ist. Geben Sie an, welche Bedeutung dann die Strecke $\overline{MS}$ für die Pyramide mit Grundfläche ABCD und Spitze S hat.

e) Berechnen Sie das Volumen der Pyramide.

22. Spurpunkte: Die Schnittpunkte einer Ebene mit den Koordinatenachsen heißen Spurpunkte. Mit ihnen lässt sich die Lage einer Ebene im Koordinatensystem verdeutlichen. Es sei

$$E: \vec{x} = \begin{pmatrix} x_1 \\ x_2 \\ x_3 \end{pmatrix} = \begin{pmatrix} 1 \\ -2 \\ 2 \end{pmatrix} + r\begin{pmatrix} 0 \\ 8 \\ -2 \end{pmatrix} + s\begin{pmatrix} -3 \\ 14 \\ -2 \end{pmatrix}$$

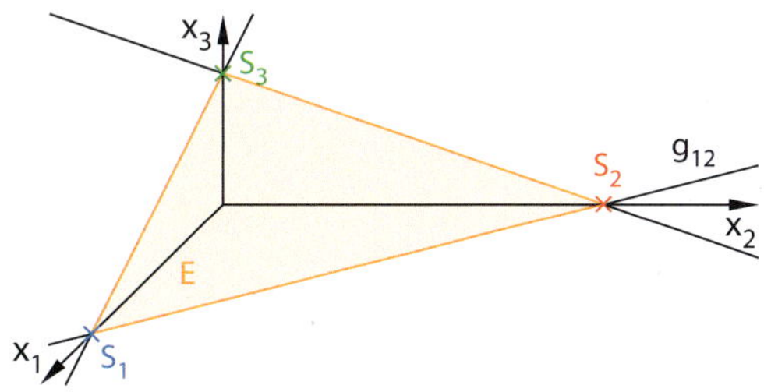

a) Zeigen Sie, dass $S_1(4|0|0)$ der Spurpunkt von E mit der x_1-Achse ist. Erklären Sie, weshalb zwei der Koordinaten dieses Punktes 0 sind.

b) Berechnen Sie, für welche Werte der Parameter r und s man $x_1 = 0$ und $x_3 = 0$ erhält. Dazu müssen Sie ein 2×2-LGS lösen. Beschreiben Sie, welche Punkte Sie durch die ermittelten Parameterwerte angeben können.

c) Bestimmen Sie den Spurpunkt S_3 der Ebene E mit der x_3-Achse.

d) Stellen Sie E mithilfe der Spurpunkte in einem Koordinatensystem dar.

23. Ausblick: Es seien A, B und C drei beliebige Punkte, die nicht auf einer Geraden liegen, und $\vec{b}$ und $\vec{c}$ Vektoren wie in der Abbildung festgelegt. Für einen Punkt Q im von den Vektoren $\vec{b}$ und $\vec{c}$ von A aus aufgespannten Parallelogramm gilt $\overrightarrow{OQ} = \overrightarrow{OA} + r \cdot \vec{b} + s \cdot \vec{c}$ mit $0 \le r \le 1$ und $0 \le s \le 1$. In dieser Aufgabe sollen Sie ein Kriterium dafür entwickeln, dass ein gegebener Punkt P im Dreieck ABC liegt.

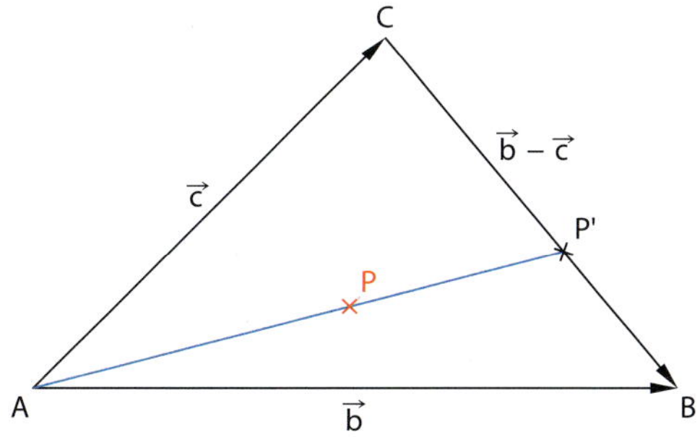

a) Zeigen Sie: Der Punkt P' liegt genau dann auf der Strecke $\overline{CB}$, wenn die Gleichung $\overrightarrow{OP'} = \overrightarrow{OA} + r \cdot \vec{b} + s \cdot \vec{c}$ mit $0 \le r$, s und $r + s = 1$ gilt. Setzen Sie dazu $s = 1 - r$ im Ausdruck für $\overrightarrow{OP'}$ und vereinfachen Sie den Ausdruck.

b) Zu jedem Punkt P im Dreieck ABC gibt es einen Punkt P' auf der Strecke $\overline{CB}$, sodass gilt $\overrightarrow{AP} = k \cdot \overrightarrow{AP'}$ mit $0 \le k \le 1$. Nutzen Sie das Ergebnis aus Teil a), um herauszufinden, für welche r, s ein Punkt P mit $\overrightarrow{OP} = \overrightarrow{OA} + r \cdot \vec{b} + s \cdot \vec{c}$ im Dreieck ABC liegt.

5.6 Lagebeziehungen zwischen Ebene und Gerade

■ Beschreiben Sie mit einem Stift und einem Blatt Papier, wie eine Ebene E und eine Gerade g zueinander liegen können.
Vergleichen Sie die Fälle mit den Lagebeziehungen zwischen zwei Geraden. Beschreiben Sie Gemeinsamkeiten und Unterschiede. ■

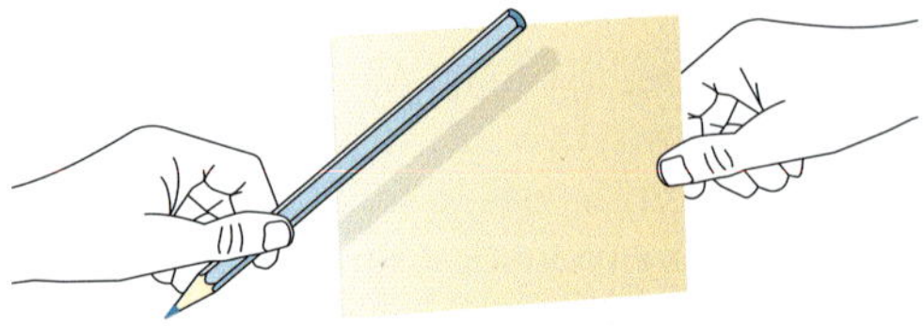

Durch E: $\vec{x} = \begin{pmatrix} 3 \\ 1 \\ -4 \end{pmatrix} + r\begin{pmatrix} 1 \\ -3 \\ -1 \end{pmatrix} + s\begin{pmatrix} 2 \\ 4 \\ 0 \end{pmatrix}$ und g: $\vec{x} = \begin{pmatrix} 2 \\ 0 \\ -2 \end{pmatrix} + t\begin{pmatrix} -3 \\ 1 \\ 2 \end{pmatrix}$ sind alle Ortsvektoren der Punkte der

Ebene E und der Geraden g beschrieben. Für einen gemeinsamen Punkt von Ebene und Gerade muss es Werte für r, s und t geben, zu denen sich derselbe Ortsvektor ergibt.

Schnittbedingung:

$$\begin{pmatrix} 3 \\ 1 \\ -4 \end{pmatrix} + r\begin{pmatrix} 1 \\ -3 \\ -1 \end{pmatrix} + s\begin{pmatrix} 2 \\ 4 \\ 0 \end{pmatrix} = \begin{pmatrix} 2 \\ 0 \\ -2 \end{pmatrix} + t\begin{pmatrix} -3 \\ 1 \\ 2 \end{pmatrix}$$

Das der Schnittbedingung entsprechende LGS hat 3 Gleichungen mit 3 Variablen.

$$\begin{aligned} r + 2s + 3t &= -1 \\ -3r + 4s - t &= -1 \\ -r \qquad - 2t &= 2 \end{aligned}$$

An der Zeilenstufenform der zugehörigen Matrix erkennt man, dass das LGS eindeutig lösbar ist.

$$\left(\begin{array}{ccc|c} 1 & 2 & 3 & -1 \\ -3 & 4 & -1 & -1 \\ -1 & 0 & -2 & 2 \end{array}\right) \xrightarrow{ZSF} \left(\begin{array}{ccc|c} 1 & 2 & 3 & -1 \\ 0 & 10 & 8 & -4 \\ 0 & 0 & 3 & -9 \end{array}\right)$$

$r = 4;\ s = 2;\ t = -3$

Die Koordinaten des Schnittpunktes S erhält man durch Einsetzen von $t = -3$ in die Gleichung von g (oder von $r = 4$, $s = 2$ in die Gleichung von E).

$$\overrightarrow{OS} = \begin{pmatrix} 2 \\ 0 \\ -2 \end{pmatrix} - 3 \cdot \begin{pmatrix} -3 \\ 1 \\ 2 \end{pmatrix} = \begin{pmatrix} 11 \\ -3 \\ -8 \end{pmatrix}$$

Schnittpunkt: $S(11\,|\,-3\,|\,-8)$

Haben eine Ebene und eine Gerade mehr als einen Punkt gemeinsam, dann liegt die Gerade in der Ebene. Gibt es keine gemeinsamen Punkte, so verläuft die Gerade **echt parallel** zu der Ebene.

Die gegenseitige Lage einer durch ihre Parameterform gegebenen Ebene E und einer Geraden g ergibt sich aus der Lösungsmenge des LGS:

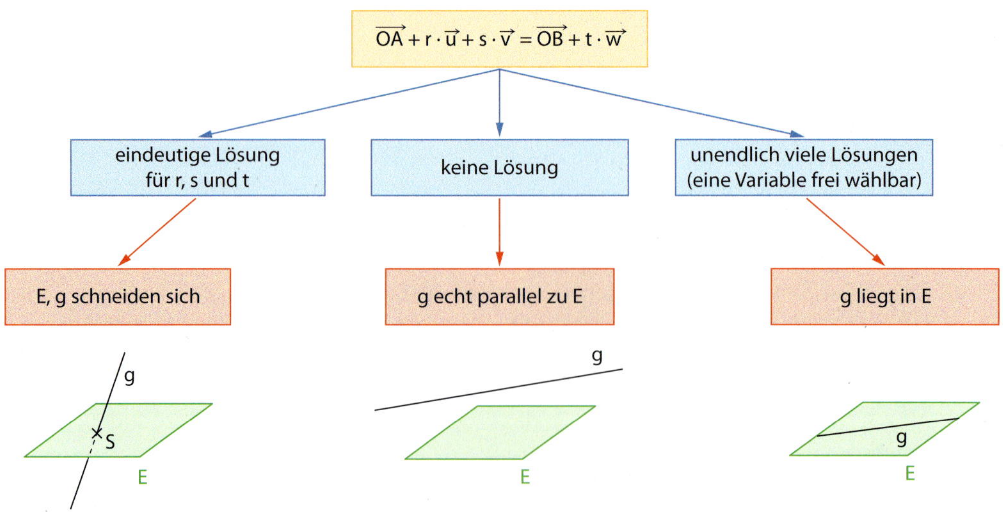

Beispiel 1:
Ermitteln Sie die gegenseitige Lage der Geraden g und der Ebene E: $\vec{x} = \begin{pmatrix} 3 \\ 1 \\ -4 \end{pmatrix} + r\begin{pmatrix} 1 \\ -3 \\ -1 \end{pmatrix} + s\begin{pmatrix} 2 \\ 4 \\ 0 \end{pmatrix}$.

a) g: $\vec{x} = \begin{pmatrix} 4 \\ 0 \\ 5 \end{pmatrix} + t\begin{pmatrix} 2 \\ -1 \\ -1 \end{pmatrix}$

b) g: $\vec{x} = \begin{pmatrix} 3 \\ -9 \\ -6 \end{pmatrix} + t\begin{pmatrix} 2 \\ -1 \\ -1 \end{pmatrix}$

Lösung:

a) Setzen Sie die Parametergleichungen von g und E gleich.
Formen Sie die Gleichung in ein LGS um und bringen Sie dieses auf Zeilenstufenform.
Wegen der Widerspruchszeile (letzte Zeile) hat das LGS keine Lösung.
Also sind g und E parallel zueinander.

$$\begin{pmatrix} 3 \\ 1 \\ -4 \end{pmatrix} + r\begin{pmatrix} 1 \\ -3 \\ -1 \end{pmatrix} + s\begin{pmatrix} 2 \\ 4 \\ 0 \end{pmatrix} = \begin{pmatrix} 4 \\ 0 \\ 5 \end{pmatrix} + t\begin{pmatrix} 2 \\ -1 \\ -1 \end{pmatrix}$$

$$\left(\begin{array}{ccc|c} 1 & 2 & -2 & 1 \\ -3 & 4 & 1 & -1 \\ -1 & 0 & 1 & 9 \end{array}\right) \xrightarrow{\text{ZSF}} \left(\begin{array}{ccc|c} 1 & 2 & -2 & 1 \\ 0 & 10 & -5 & 2 \\ 0 & 0 & 0 & -48 \end{array}\right)$$

keine Lösung, also kein gemeinsamer Punkt:
g verläuft echt parallel zu E.

b) Die Schnittbedingung führt zu einem Gleichungssystem. In dessen Stufenform ist die Zahl der Nichtnullzeilen kleiner als die Zahl der Variablen. Also hat das LGS unendlich viele Lösungen.
Jeder Punkt von g ist auch ein Punkt von E. Also liegt die Gerade in der Ebene.

$$\left(\begin{array}{ccc|c} 1 & 2 & -2 & 0 \\ -3 & 4 & 1 & -10 \\ -1 & 0 & 1 & -2 \end{array}\right) \xrightarrow{\text{ZSF}} \left(\begin{array}{ccc|c} 1 & 2 & -2 & 0 \\ 0 & 2 & -1 & -2 \\ 0 & 0 & 0 & 0 \end{array}\right)$$

unendlich viele Lösungen
Alle Punkte von g sind auch Punkte von E.
g liegt in E.

Hinweis zu b:
Zur Probe kann man die Lösung $s = -1 + \frac{1}{2}t$; $r = 2 + t$ in die Gleichung von E einsetzen. Es ergibt sich nach Zusammenfassen die Gleichung von g (vgl. Aufgabe 6).

Basisaufgaben

1. Berechnen Sie die Koordinaten des Schnittpunktes der Geraden mit der Ebene.

a) E: $\vec{x} = \begin{pmatrix} 2 \\ -8 \\ 1 \end{pmatrix} + r\begin{pmatrix} 3 \\ -2 \\ 0 \end{pmatrix} + s\begin{pmatrix} 1 \\ -1 \\ 4 \end{pmatrix}$, g: $\vec{x} = \begin{pmatrix} 10 \\ 1 \\ 9 \end{pmatrix} + t\begin{pmatrix} 4 \\ 5 \\ -2 \end{pmatrix}$

b) E: $\vec{x} = \begin{pmatrix} -1 \\ 3 \\ 1 \end{pmatrix} + r\begin{pmatrix} 1 \\ -1 \\ 2 \end{pmatrix} + s\begin{pmatrix} 4 \\ -5 \\ 7 \end{pmatrix}$, g: $\vec{x} = \begin{pmatrix} -6 \\ 9 \\ -4 \end{pmatrix} + t\begin{pmatrix} 3 \\ 0 \\ -3 \end{pmatrix}$

c) E: $\vec{x} = \begin{pmatrix} -6 \\ 7 \\ 1 \end{pmatrix} + r\begin{pmatrix} 1 \\ -5 \\ 8 \end{pmatrix} + s\begin{pmatrix} 2 \\ -8 \\ 6 \end{pmatrix}$, g: $\vec{x} = \begin{pmatrix} -4 \\ 1 \\ -21 \end{pmatrix} + t\begin{pmatrix} 1 \\ -4 \\ -3 \end{pmatrix}$

d) E: $\vec{x} = \begin{pmatrix} -5 \\ 2 \\ 4 \end{pmatrix} + r\begin{pmatrix} 1 \\ -2 \\ 3 \end{pmatrix} + s\begin{pmatrix} 4 \\ 0 \\ -7 \end{pmatrix}$, g: $\vec{x} = \begin{pmatrix} -1 \\ 3 \\ 4 \end{pmatrix} + t\begin{pmatrix} 2 \\ -6 \\ -8 \end{pmatrix}$

2. Die Matrix in Zeilenstufenform ergibt sich aus der Schnittbedingung zwischen einer Geraden g und einer Ebene E. Beschreiben Sie die gegenseitige Lage von E und g.

a) $\left(\begin{array}{ccc|c} 1 & 3 & -1 & 2 \\ 0 & 2 & 3 & -4 \\ 0 & 0 & 0 & 1 \end{array}\right)$ b) $\left(\begin{array}{ccc|c} 2 & 5 & -1 & 2 \\ 0 & 4 & 1 & 8 \\ 0 & 0 & 2 & 3 \end{array}\right)$ c) $\left(\begin{array}{ccc|c} 1 & 0 & 3 & 2 \\ 0 & 1 & 0 & 9 \\ 0 & 0 & 1 & 1 \end{array}\right)$ d) $\left(\begin{array}{ccc|c} -2 & 4 & 5 & -1 \\ 0 & 1 & 3 & 9 \\ 0 & 0 & 0 & 0 \end{array}\right)$

3. Ermitteln Sie die gegenseitige Lage der Ebene E: $\vec{x} = \begin{pmatrix} 4 \\ -8 \\ 1 \end{pmatrix} + r\begin{pmatrix} 2 \\ -4 \\ -2 \end{pmatrix} + s\begin{pmatrix} 1 \\ -1 \\ -4 \end{pmatrix}$ und der Geraden g. Berechnen Sie gegebenenfalls ihren Schnittpunkt.

a) g: $\vec{x} = \begin{pmatrix} 1 \\ -2 \\ 1 \end{pmatrix} + t\begin{pmatrix} 1 \\ -3 \\ 2 \end{pmatrix}$

b) g: $\vec{x} = \begin{pmatrix} 6 \\ 4 \\ -1 \end{pmatrix} + t\begin{pmatrix} -1 \\ -4 \\ 3 \end{pmatrix}$

c) g: $\vec{x} = \begin{pmatrix} 4 \\ 1 \\ -3 \end{pmatrix} + t\begin{pmatrix} -1 \\ 2 \\ 1 \end{pmatrix}$

d) g: $\vec{x} = \begin{pmatrix} 5 \\ -9 \\ -3 \end{pmatrix} + t\begin{pmatrix} 0 \\ -1 \\ 3 \end{pmatrix}$

e) g ist die x_3-Achse.

f) g geht durch $A(6|-9|-10)$ und $B(0|-2|11)$.

4. Die Schnittbedingung einer Ebene mit einer Geraden wurde mit dem GTR bearbeitet. Interpretieren Sie das Ergebnis in Bezug auf die Lagebeziehung.

a) 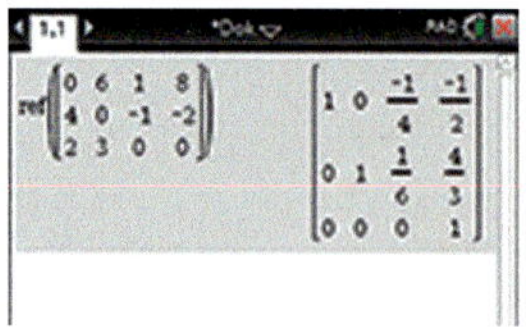

b) 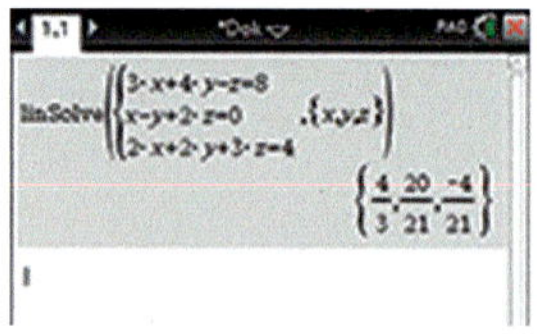

c) 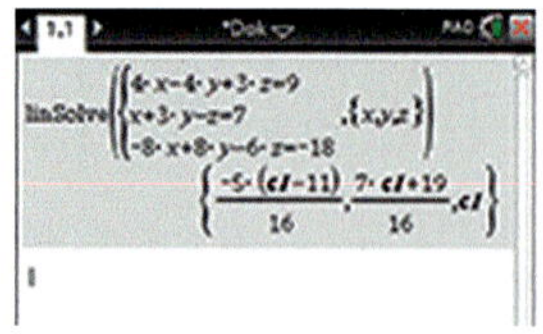

GTR 5. Ermitteln Sie die gegenseitige Lage der Geraden g_1, g_2, g_3 und der Ebenen E_1, E_2 mit dem GTR. Berechnen Sie gegebenenfalls deren Schnittpunkt.

$g_1: \vec{x} = \begin{pmatrix} -55 \\ -94 \\ -436 \end{pmatrix} + t\begin{pmatrix} 13 \\ 4 \\ 72 \end{pmatrix}$ $g_2: \vec{x} = \begin{pmatrix} 194 \\ -32 \\ 230 \end{pmatrix} + t\begin{pmatrix} 79 \\ -3 \\ 111 \end{pmatrix}$ $E_1: \vec{x} = \begin{pmatrix} 94 \\ -38 \\ 80 \end{pmatrix} + r\begin{pmatrix} 50 \\ 3 \\ 75 \end{pmatrix} + s\begin{pmatrix} 58 \\ -12 \\ 72 \end{pmatrix}$

$g_3: \vec{x} = \begin{pmatrix} -9 \\ 30 \\ 52 \end{pmatrix} + t\begin{pmatrix} -8 \\ 15 \\ 3 \end{pmatrix}$ $E_2: \vec{x} = \begin{pmatrix} -1 \\ 15 \\ -55 \end{pmatrix} + r\begin{pmatrix} -29 \\ 26 \\ -66 \end{pmatrix} + s\begin{pmatrix} -45 \\ 56 \\ -60 \end{pmatrix}$

6. Bei der Untersuchung der Lagebeziehung einer Ebene E und einer Geraden g führt die Schnittbedingung $\begin{pmatrix} 3 \\ -1 \\ 0 \end{pmatrix} + r\begin{pmatrix} 1 \\ -2 \\ 1 \end{pmatrix} + s\begin{pmatrix} 2 \\ 1 \\ -3 \end{pmatrix} = \begin{pmatrix} 5 \\ -5 \\ 2 \end{pmatrix} + t\begin{pmatrix} -1 \\ -8 \\ 9 \end{pmatrix}$ zur Lösung $s = -2t$, $r = 2 + 3t$.

a) Geben Sie an, was sich daraus für die gegenseitige Lagebeziehung von E und g ergibt.
b) Setzen Sie die Lösungen für r und s in die Gleichung ein und überprüfen Sie, ob beide Seiten der Schnittbedingung gleich werden.

Weiterführende Aufgaben

7. Aus einer punktförmigen Lichtquelle in $L(10|1|0)$ scheint Licht auf den abgebildeten Würfel der Kantenlänge 3. Es entsteht ein Schatten auf der zur x_2x_3-Ebene parallelen Ebene E durch $P(-4|0|0)$. Berechnen Sie die Koordinaten der Schattenpunkte. Skizzieren Sie den Schatten im Koordinatensystem.

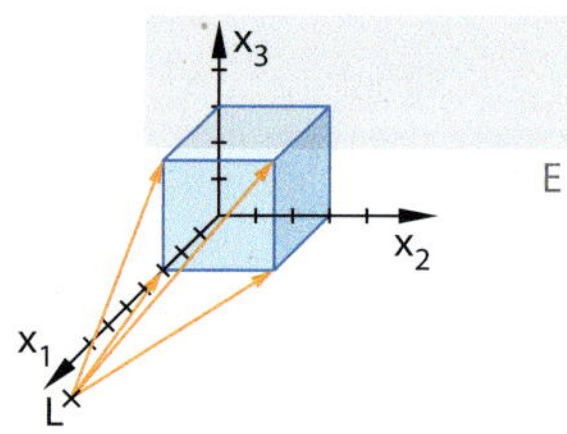

8. **Stolperstelle:** Überprüfen Sie die Aussagen von Tina und Steve.
Tina: *„Stimmt der Richtungsvektor einer Geraden mit einem der Richtungsvektoren einer Ebene überein, so verlaufen diese echt parallel oder sind identisch."*
Steve: *„Entspricht der Richtungsvektor einer Geraden keinem der Richtungsvektoren einer Ebene, so schneiden sich diese auf jeden Fall."*

9. Vom Punkt $L(13|-11|12)$ fällt Licht durch den Schlitz mit den Endpunkten $A(1|-3|6)$ und $B(3|-1|6)$. Auf der gegenüberliegenden Zeltwand entsteht das Bild $\overline{CD}$ des Schlitzes. Diese Zeltwand liegt in der Ebene
$E: \vec{x} = \begin{pmatrix} 0 \\ 0 \\ 12 \end{pmatrix} + r\begin{pmatrix} -8 \\ 0 \\ -12 \end{pmatrix} + s\begin{pmatrix} 0 \\ 8 \\ -12 \end{pmatrix}$.
Berechnen Sie die Koordinaten von C und D.
Vergleichen Sie die Längen der Strecken $\overline{CD}$ und $\overline{AB}$.

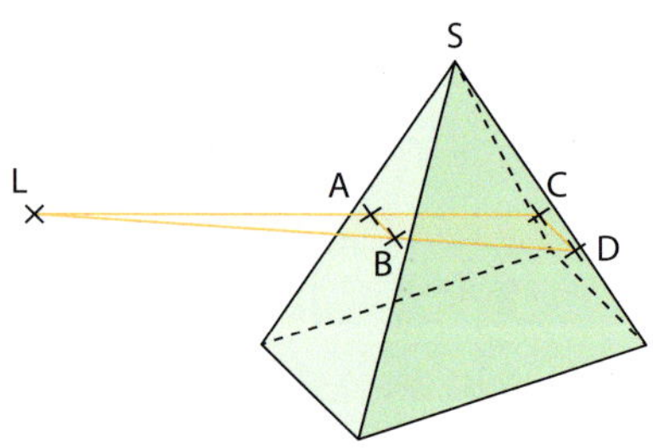

10. Gegeben sind die Punkte A(2 | 1 | 0), B(8 | 5 | 2), C(2 | 14 | 5) und die Gerade
$g: \vec{x} = \begin{pmatrix} 3 \\ 19 \\ -23 \end{pmatrix} + t\begin{pmatrix} -1 \\ -5 \\ 13 \end{pmatrix}$.

a) Bestimmen Sie die Koordinaten des Punktes D so, dass ABCD ein Parallelogramm ist.

b) Berechnen Sie den Schnittpunkt S von g und E_{ABC} und zeigen Sie, dass S im Parallelogramm ABCD liegt.

c) Zeigen Sie, dass die Gerade g senkrecht auf der Ebene E_{ABC} steht. Bestimmen Sie den Abstand des Geradenstützpunktes P(3 | 19 | −23) zur Ebene E_{ABC}.

Hinweis:
E_{ABC} bezeichnet die Ebene durch die Punkte A, B und C.

11. Das Rechteck ABCD mit A(5 | 1 | −0,1), B(2 | 10 | 0,1), C(−7 | 7 | 0,1) und D(−4 | −2 | −0,1) stellt die Landebahn eines Sportflugplatzes dar. Eine Längeneinheit entspricht 100 m.
Prüfen Sie, ob ein entlang der Geraden $g: \vec{x} = \begin{pmatrix} -1 \\ -46 \\ 5 \end{pmatrix} + t\begin{pmatrix} 0 \\ 10 \\ -1 \end{pmatrix}$ anfliegendes Flugzeug auf der Landebahn aufsetzen wird.

● **12.** Bei diesem Haus ist P(8 | 7 | 11), E(12 | −15 | 11) und $\vec{u} = \begin{pmatrix} -2 \\ 1 \\ 0 \end{pmatrix}$, $\vec{v} = \begin{pmatrix} -2 \\ -4 \\ 2 \end{pmatrix}$. Die Dachvierecke ABCD und EDCF sind Parallelogramme.
Eine Längeneinheit entspricht einem Meter.

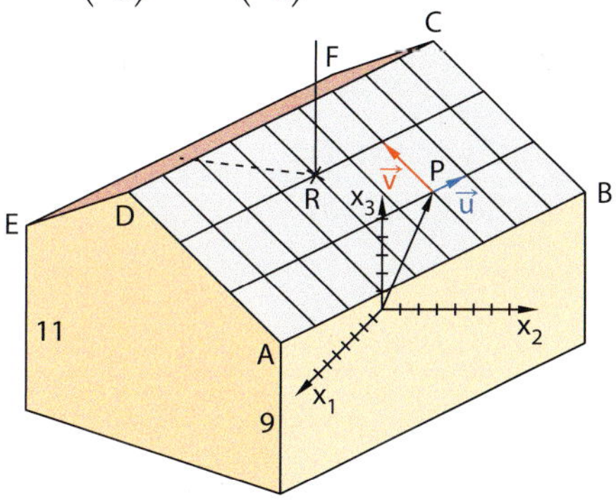

a) Zeigen Sie, dass die Dachvierecke ABCD und EDCF Rechtecke sind.

b) Die Dachfläche ABCD ist mit 27 gleich großen Paneelen vollständig bedeckt. Geben Sie an, wie viele dieser Paneele man auf EDCF unterbringen kann.

c) Im Punkt R(10 | 1 | 13) soll ein Mast angebracht werden. Zeigen Sie, dass dieser Punkt im Viereck ABCD, aber nicht im Inneren eines Paneels liegt.

d) Der Mast soll mit einem Drahtseil verbunden werden. Das Seil wird vom Punkt R durch den Dachboden gespannt und verläuft auf der Geraden $g: \vec{x} = \begin{pmatrix} 10 \\ 1 \\ 13 \end{pmatrix} + t\begin{pmatrix} -2 \\ -9 \\ 0 \end{pmatrix}$.
Berechnen Sie, in welchem Punkt S der Dachfläche EDCF das Seil befestigt wird.

e) Der Mast ist 8 m lang. Entlang des Vektors $\vec{s} = \begin{pmatrix} 0 \\ 1 \\ -2 \end{pmatrix}$ fallen Sonnenstrahlen ein.
Berechnen Sie die Länge des Schattens, den der Mast auf die Dachfläche ABCD wirft.

● **13.** Gegeben ist die Ebene $E: \vec{x} = \begin{pmatrix} -3 \\ -6 \\ 8 \end{pmatrix} + r\begin{pmatrix} 1 \\ 1 \\ -2 \end{pmatrix} + s\begin{pmatrix} 4 \\ 6 \\ -6 \end{pmatrix}$ und für jede reelle Zahl a eine Gerade $g_a: \vec{x} = \begin{pmatrix} 6 \\ 9 \\ a-5 \end{pmatrix} + t\begin{pmatrix} 4-a \\ 1-3a \\ -10-a^2 \end{pmatrix}$. Bestimmen Sie alle Werte von a so, dass

a) sich E und g_a schneiden, b) g_a in E liegt, c) g_a und E parallel verlaufen.

● **14.** **Ausblick:** Gegeben ist die Ebene $E: \vec{x} = \begin{pmatrix} 7 \\ 1 \\ -8 \end{pmatrix} + r\begin{pmatrix} 2 \\ 2 \\ -1 \end{pmatrix} + s\begin{pmatrix} 1 \\ -2 \\ -5 \end{pmatrix}$ und der Punkt P(−4 | 2 | −28).

a) Ermitteln Sie die Gleichung einer Geraden g, welche senkrecht zu E durch P verläuft.

b) Berechnen Sie den Schnittpunkt S von g und E und bestimmen Sie mithilfe dieses Schnittpunktes den **Abstand des Punktes P von der Ebene E.**

c) Das Viereck ABCD mit A(5 | 1 | −1), B(5 | 6 | −1), C(1 | 6 | 2) und D(1 | 1 | 2) ist die Grundfläche einer Pyramide mit Spitze T(9 | 4 | 8,5). Zeigen Sie, dass die Grundfläche ein Quadrat ist. Berechnen Sie das Volumen der Pyramide.

5.7 Skalarprodukt und orthogonale Vektoren

■ Zum Vektor $\vec{v} = \binom{2}{2}$ wird ein Vektor gesucht, dessen Pfeile senkrecht auf denen von $\vec{v}$ stehen.

a) Schätzen Sie mithilfe der Zeichnung, welcher der Vektoren $\vec{a}$, $\vec{b}$ und $\vec{c}$ dies erfüllt.

b) Für die Summe der Koordinatenprodukte von $\vec{a}$ und $\vec{v}$ gilt: $(-2) \cdot 2 + 1 \cdot 2 = -2$. Berechnen Sie diese für $\vec{b}$ und $\vec{v}$ sowie $\vec{c}$ und $\vec{v}$. Beschreiben Sie Ihre Beobachtung. ■

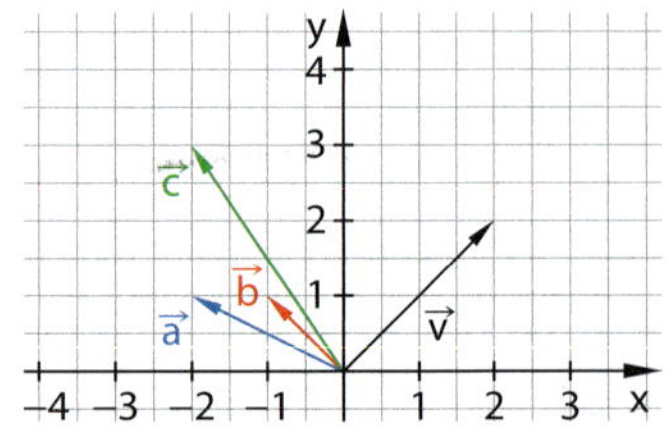

Orthogonale Vektoren

Zwei Vektoren nennt man zueinander **orthogonal** (senkrecht), wenn ihre Vektorpfeile zueinander senkrecht sind.

Nach dem Satz des Pythagoras sind die Vektoren $\vec{a}$ und $\vec{b}$ genau dann zueinander orthogonal, wenn gilt:

$|\vec{a}|^2 + |\vec{b}|^2 = |\vec{a} - \vec{b}|^2$

Mit $\vec{a} = \binom{a_1}{a_2}$ und $\vec{b} = \binom{b_1}{b_2}$ und $\vec{a} - \vec{b} = \binom{a_1 - b_1}{a_2 - b_2}$ lässt sich die Gleichung umformen:

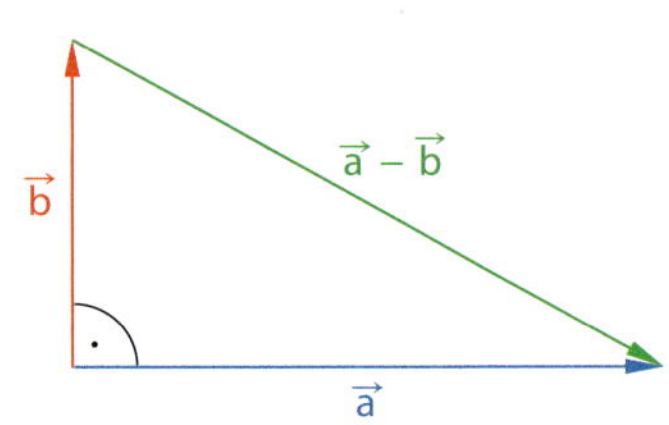

Erinnerung:
Wegen $|\vec{a}| = \sqrt{a_1^2 + a_2^2}$ ist $|\vec{a}|^2 = a_1^2 + a_2^2$.

$$\left(a_1^2 + a_2^2\right) + \left(b_1^2 + b_2^2\right) = (a_1 - b_1)^2 + (a_2 - b_2)^2 \qquad |\ \text{2. binomische Formel}$$
$$a_1^2 + a_2^2 + b_1^2 + b_2^2 = a_1^2 - 2a_1b_1 + b_1^2 + a_2^2 - 2a_2b_2 + b_2^2 \qquad |\ -\left(a_1^2 + a_2^2 + b_1^2 + b_2^2\right) \qquad |:(-2)$$
$$0 = a_1b_1 + a_2b_2$$

Der Ausdruck $a_1b_1 + a_2b_2$ entscheidet also darüber, ob die Vektoren $\vec{a}$ und $\vec{b}$ zueinander orthogonal sind. Das gilt auch für den entsprechenden Ausdruck für Vektoren im Raum.

Hinweis:
Für Vektoren in der Ebene gilt:
$\vec{a} \cdot \vec{b} = \binom{a_1}{a_2} \cdot \binom{b_1}{b_2} = a_1b_1 + a_2b_2$

Definition: Skalarprodukt zweier Vektoren

Für die Vektoren $\vec{a}$ und $\vec{b}$ heißt $\vec{a} \cdot \vec{b} = \begin{pmatrix} a_1 \\ a_2 \\ a_3 \end{pmatrix} \cdot \begin{pmatrix} b_1 \\ b_2 \\ b_3 \end{pmatrix} = a_1b_1 + a_2b_2 + a_3b_3$ das **Skalarprodukt** von $\vec{a}$ und $\vec{b}$.

Das Ergebnis eines Skalarprodukts ist eine reelle Zahl (ein Skalar) und kein Vektor. Mithilfe des Skalarprodukts lässt sich kurz formulieren:

Hinweis:
$a_1b_1 + a_2b_2 + a_3b_3$ ist eigentlich eine Summe. Man spricht dennoch vom Skalarprodukt, da z. B. gilt:
$\vec{a} \cdot (\vec{b} + \vec{c}) = \vec{a} \cdot \vec{b} + \vec{a} \cdot \vec{c}$

Satz: Orthogonale Vektoren

Zwei Vektoren $\vec{a} \neq \vec{0}$ und $\vec{b} \neq \vec{0}$ sind genau dann zueinander orthogonal (senkrecht), wenn ihr Skalarprodukt null ist, also $\vec{a} \cdot \vec{b} = 0$ gilt.

Beispiel 1: Orthogonalität prüfen

Prüfen Sie, ob der Vektor $\vec{a} = \begin{pmatrix} 7 \\ -3 \\ 5 \end{pmatrix}$ orthogonal zu $\vec{b} = \begin{pmatrix} 2 \\ 8 \\ 2 \end{pmatrix}$ oder $\vec{c} = \begin{pmatrix} -1 \\ 5 \\ 4 \end{pmatrix}$ ist.

Lösung:

Berechnen Sie die Skalarprodukte $\vec{a} \cdot \vec{b}$ und $\vec{a} \cdot \vec{c}$. Bilden Sie dazu die Produkte a_1b_1, a_2b_2, a_3b_3 (bzw. a_1c_1, a_2c_2, a_3c_3) und addieren Sie diese.
Ist das Skalarprodukt null, so sind die Vektoren orthogonal zueinander.

$\vec{a} \cdot \vec{b} = \begin{pmatrix} 7 \\ -3 \\ 5 \end{pmatrix} \cdot \begin{pmatrix} 2 \\ 8 \\ 2 \end{pmatrix} = 7 \cdot 2 - 3 \cdot 8 + 5 \cdot 2 = 0$

$\vec{a}$ ist orthogonal zu $\vec{b}$.

$\vec{a} \cdot \vec{c} = \begin{pmatrix} 7 \\ -3 \\ 5 \end{pmatrix} \cdot \begin{pmatrix} -1 \\ 5 \\ 4 \end{pmatrix} = -7 - 15 + 20 = -2 \neq 0$

$\vec{a}$ ist nicht orthogonal zu $\vec{c}$.

Beispiel 2: Orthogonalen Vektor aufstellen

Bestimmen Sie einen Vektor $\vec{n}$, der zu $\vec{a} = \begin{pmatrix} 3 \\ -6 \\ 2 \end{pmatrix}$ und zu $\vec{b} = \begin{pmatrix} -3 \\ 4 \\ 1 \end{pmatrix}$ orthogonal ist.

Lösung:

Damit $\vec{n}$ orthogonal zu $\vec{a}$ und zu $\vec{b}$ ist, muss gelten $\vec{n} \cdot \vec{a} = 0$ und $\vec{n} \cdot \vec{b} = 0$.

$\vec{n} \cdot \vec{a} = 0 \quad 3 \cdot n_1 - 6 \cdot n_2 + 2 \cdot n_3 = 0$

$\vec{n} \cdot \vec{b} = 0 \quad -3 \cdot n_1 + 4 \cdot n_2 + 1 \cdot n_3 = 0$

Stellen Sie mit diesen Gleichungen ein LGS auf und bilden Sie die Zeilenstufenform.

$$\left(\begin{array}{ccc|c} 3 & -6 & 2 & 0 \\ -3 & 4 & 1 & 0 \end{array}\right) \xrightarrow{\text{ZSF}} \left(\begin{array}{ccc|c} 3 & -6 & 2 & 0 \\ 0 & -2 & 3 & 0 \end{array}\right)$$

Wählen Sie eine Variable (hier n_3) als t und stellen Sie den allgemeinen Lösungsvektor $\vec{n_t}$ auf. Ersetzen Sie dort den Faktor t so durch einen Wert, dass der Vektor möglichst bruchfrei wird. So ergibt sich eine konkrete Lösung.

$n_3 = t$ frei wählbar: $n_2 = \frac{3}{2}t \quad n_1 = \frac{7}{3}t$

$$\vec{n_t} = \begin{pmatrix} \frac{7}{3}t \\ \frac{3}{2}t \\ t \end{pmatrix} = t\begin{pmatrix} \frac{7}{3} \\ \frac{3}{2} \\ 1 \end{pmatrix}$$

Mit $t = 6$ ergibt sich $\vec{n} = \begin{pmatrix} 14 \\ 9 \\ 6 \end{pmatrix}$.

Da dieser Rechenweg fehleranfällig ist, sollten Sie immer eine **Probe** machen.

$\vec{n} \cdot \vec{a} = 42 - 54 + 12 = 0$

$\vec{n} \cdot \vec{b} = -42 + 36 + 6 = 0$

Hinweis:
Da nur gefordert wird, dass $\vec{n}$ zu $\vec{a}$ und $\vec{b}$ orthogonal ist, ist die Länge von $\vec{n}$ nicht festgelegt. Dies drückt der Faktor t aus.

Basisaufgaben

1. Berechnen Sie.

a) $\begin{pmatrix} 2 \\ -1 \\ 7 \end{pmatrix} \cdot \begin{pmatrix} -3 \\ -5 \\ 1 \end{pmatrix}$ b) $\begin{pmatrix} 6 \\ 2 \\ 3 \end{pmatrix} \cdot \begin{pmatrix} 1 \\ 0 \\ -2 \end{pmatrix}$ c) $\begin{pmatrix} 1 \\ 1 \\ 1 \end{pmatrix} \cdot \begin{pmatrix} 3 \\ -7 \\ 8 \end{pmatrix}$

d) $\begin{pmatrix} 2 \\ 5 \end{pmatrix} \cdot \begin{pmatrix} 4 \\ -1 \end{pmatrix}$ e) $\begin{pmatrix} 3 \\ -1 \\ 4 \end{pmatrix} \cdot \left(\begin{pmatrix} -2 \\ 5 \\ 1 \end{pmatrix} + \begin{pmatrix} 6 \\ 0 \\ 5 \end{pmatrix}\right)$ f) $\begin{pmatrix} 3 \\ -1 \\ 4 \end{pmatrix} \cdot \begin{pmatrix} -2 \\ 5 \\ 1 \end{pmatrix} + \begin{pmatrix} 3 \\ -1 \\ 4 \end{pmatrix} \cdot \begin{pmatrix} 6 \\ 0 \\ 5 \end{pmatrix}$

2. Prüfen Sie, ob die Vektoren $\vec{a}$ und $\vec{b}$ zueinander orthogonal sind.

a) $\vec{a} = \begin{pmatrix} 2 \\ 0 \\ 0 \end{pmatrix}$ $\vec{b} = \begin{pmatrix} 0 \\ 3 \\ 5 \end{pmatrix}$ b) $\vec{a} = \begin{pmatrix} 2 \\ 3 \\ -9 \end{pmatrix}$ $\vec{b} = \begin{pmatrix} 5 \\ 1 \\ 1 \end{pmatrix}$ c) $\vec{a} = \begin{pmatrix} 1 \\ 1 \\ 7 \end{pmatrix}$ $\vec{b} = \begin{pmatrix} -3 \\ -4 \\ 1 \end{pmatrix}$

d) $\vec{a} = \begin{pmatrix} 0 \\ 9 \\ 17 \end{pmatrix}$ $\vec{b} = \begin{pmatrix} 21 \\ 17 \\ -9 \end{pmatrix}$ e) $\vec{a} = \begin{pmatrix} 13 \\ 1 \\ -6 \end{pmatrix}$ $\vec{b} = \begin{pmatrix} -2 \\ 1 \\ -3 \end{pmatrix}$ f) $\vec{a} = \begin{pmatrix} -4 \\ 9 \\ -3 \end{pmatrix}$ $\vec{b} = \begin{pmatrix} 3 \\ 7 \\ 17 \end{pmatrix}$

3. Zeichnen Sie je einen Vektorpfeil von $\vec{a}$ und $\vec{b}$ in ein Koordinatensystem und schätzen Sie, ob die Pfeile senkrecht sind. Kontrollieren Sie rechnerisch.

a) $\vec{a} = \begin{pmatrix} -1 \\ -2 \end{pmatrix}$ $\vec{b} = \begin{pmatrix} 5 \\ -2 \end{pmatrix}$ b) $\vec{a} = \begin{pmatrix} 2 \\ 3 \end{pmatrix}$ $\vec{b} = \begin{pmatrix} 1{,}5 \\ -1 \end{pmatrix}$ c) $\vec{a} = \begin{pmatrix} -1 \\ -2 \end{pmatrix}$ $\vec{b} = \begin{pmatrix} 4 \\ -2 \end{pmatrix}$

4. Gegeben sind die Vektoren $\vec{a} = \begin{pmatrix} 0 \\ 7 \\ 5 \end{pmatrix}$, $\vec{b} = \begin{pmatrix} -7 \\ 0 \\ 2 \end{pmatrix}$ und $\vec{c} = \begin{pmatrix} 5 \\ 2 \\ 0 \end{pmatrix}$ sowie $\vec{v} = \begin{pmatrix} 2 \\ -5 \\ 7 \end{pmatrix}$ und $\vec{w} = \begin{pmatrix} 6 \\ 3 \\ -8 \end{pmatrix}$.

a) Zeigen Sie, dass $\vec{a}$, $\vec{b}$ und $\vec{c}$ orthogonal zu $\vec{v}$ sind.

b) Vergleichen Sie die Koordinaten von $\vec{a}$, $\vec{b}$ und $\vec{c}$ mit denen von $\vec{v}$ und beschreiben Sie Besonderheiten. Geben Sie auf die gleiche Weise drei orthogonale Vektoren zu $\vec{w}$ an.

Hinweis zu 4b:
Hier muss kein LGS aufgestellt werden.

5. Bestimmen Sie einen zu $\vec{a}$ und $\vec{b}$ orthogonalen Vektor.

a) $\vec{a} = \begin{pmatrix} 5 \\ 0 \\ 0 \end{pmatrix}$ $\vec{b} = \begin{pmatrix} 0 \\ 2 \\ 0 \end{pmatrix}$ b) $\vec{a} = \begin{pmatrix} 2 \\ 1 \\ 0 \end{pmatrix}$ $\vec{b} = \begin{pmatrix} 0 \\ 0 \\ 4 \end{pmatrix}$ c) $\vec{a} = \begin{pmatrix} 3 \\ 0 \\ 1 \end{pmatrix}$ $\vec{b} = \begin{pmatrix} 2 \\ 4 \\ 2 \end{pmatrix}$

d) $\vec{a} = \begin{pmatrix} 1 \\ -1 \\ 4 \end{pmatrix}$ $\vec{b} = \begin{pmatrix} -1 \\ 2 \\ 1 \end{pmatrix}$ e) $\vec{a} = \begin{pmatrix} 2 \\ 6 \\ 4 \end{pmatrix}$ $\vec{b} = \begin{pmatrix} -1 \\ 5 \\ 2 \end{pmatrix}$ f) $\vec{a} = \begin{pmatrix} 3 \\ 5 \\ -1 \end{pmatrix}$ $\vec{b} = \begin{pmatrix} -2 \\ 1 \\ 0 \end{pmatrix}$

Hinweis zu 5:
In manchen Teilaufgaben muss man kein LGS aufstellen.

Orthogonalität bei Geraden und Ebenen

Da die Richtung einer Geraden durch ihren Richtungsvektor festgelegt ist, kann man anhand der Richtungsvektoren entscheiden, ob zwei Geraden orthogonal zueinander sind.

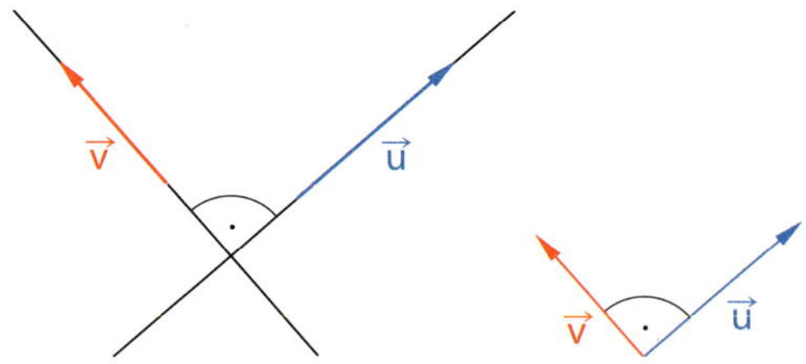

Definition: Orthogonale Geraden
Zwei Geraden verlaufen zueinander orthogonal genau dann, wenn ihre Richtungsvektoren zueinander orthogonal sind.

Nach dieser Definition können zwei Geraden auch dann orthogonal zueinander sein, wenn sie windschief zueinander sind. Ein Beispiel dafür sind die Geraden g und h entlang der Kanten des abgebildeten Würfels.

Die Gerade g ist auch orthogonal zu der Ebene E, in der die Grundfläche des Würfels liegt, da g zu allen Geraden in E orthogonal ist. Insbesondere ist der Richtungsvektor von g orthogonal zu den Richtungsvektoren von E.

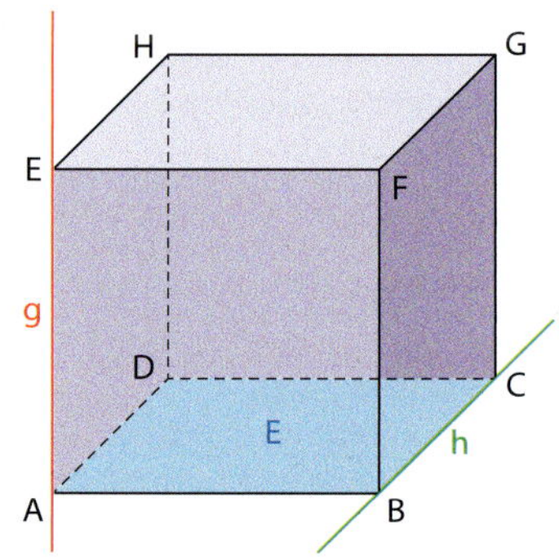

Definition: Gerade orthogonal zu einer Ebene
Eine Gerade verläuft orthogonal zu einer Ebene, wenn der Richtungsvektor der Geraden zu beiden Richtungsvektoren der Ebene orthogonal ist.

Beispiel 3: Gegeben ist die Gerade g: $\vec{x} = \begin{pmatrix} -7 \\ 8 \\ 8 \end{pmatrix} + r\begin{pmatrix} 4 \\ 5 \\ 1 \end{pmatrix}$. Prüfen Sie, ob die Gerade g orthogonal verläuft

a) zur Geraden h: $\vec{x} = \begin{pmatrix} 2 \\ -1 \\ 0 \end{pmatrix} + s\begin{pmatrix} 2 \\ 0 \\ -8 \end{pmatrix}$,

b) zur Ebene E: $\vec{x} = \begin{pmatrix} 4 \\ 0 \\ 1 \end{pmatrix} + s\begin{pmatrix} 1 \\ -1 \\ 1 \end{pmatrix} + t\begin{pmatrix} -2 \\ -1 \\ 8 \end{pmatrix}$.

Lösung:

a) Prüfen Sie mithilfe des Skalarprodukts, ob die Richtungsvektoren zueinander orthogonal sind. Wenn ja, verlaufen auch die Geraden orthogonal.

$$\begin{pmatrix} 4 \\ 5 \\ 1 \end{pmatrix} \cdot \begin{pmatrix} 2 \\ 0 \\ -8 \end{pmatrix} = 8 + 0 - 8 = 0$$

Die Geraden g und h verlaufen orthogonal zueinander.

b) Prüfen Sie mithilfe des Skalarprodukts, ob der Richtungsvektor der Geraden zu den Richtungsvektoren der Ebene orthogonal ist. Nur wenn beide Skalarprodukte null sind, dann ist die Gerade orthogonal zur Ebene.

$$\begin{pmatrix} 4 \\ 5 \\ 1 \end{pmatrix} \cdot \begin{pmatrix} 1 \\ -1 \\ 1 \end{pmatrix} = 4 - 5 + 1 = 0$$

$$\begin{pmatrix} 4 \\ 5 \\ 1 \end{pmatrix} \cdot \begin{pmatrix} -2 \\ -1 \\ 8 \end{pmatrix} = -8 - 5 + 8 = -5$$

Die Gerade g verläuft nicht orthogonal zur Ebene E.

Basisaufgaben

6. Prüfen Sie, ob die Geraden g und h zueinander orthogonal verlaufen.

a) $g: \vec{x} = \begin{pmatrix} 2 \\ -1 \\ 5 \end{pmatrix} + r\begin{pmatrix} 3 \\ 4 \\ -1 \end{pmatrix}$ $\quad h: \vec{x} = \begin{pmatrix} 5 \\ 0 \\ -2 \end{pmatrix} + s\begin{pmatrix} 1 \\ 1 \\ 5 \end{pmatrix}$

b) $g: \vec{x} = \begin{pmatrix} 3 \\ 1 \\ 0 \end{pmatrix} + r\begin{pmatrix} 4 \\ 5 \\ -2 \end{pmatrix}$ $\quad h: \vec{x} = \begin{pmatrix} -1 \\ 2 \\ 3 \end{pmatrix} + s\begin{pmatrix} 2 \\ 2 \\ 9 \end{pmatrix}$

c) $g: \vec{x} = \begin{pmatrix} 1 \\ 0 \\ 0 \end{pmatrix} + r\begin{pmatrix} 13 \\ -2 \\ 4 \end{pmatrix}$ $\quad h: \vec{x} = \begin{pmatrix} 0 \\ 0 \\ 3 \end{pmatrix} + s\begin{pmatrix} -2 \\ -1 \\ 6 \end{pmatrix}$

d) $g: \vec{x} = \begin{pmatrix} 4 \\ 5 \\ 4 \end{pmatrix} + r\begin{pmatrix} 2 \\ 3 \\ 1 \end{pmatrix}$ $\quad h: \vec{x} = \begin{pmatrix} -2 \\ 1 \\ 1 \end{pmatrix} + s\begin{pmatrix} 2 \\ -4 \\ 3 \end{pmatrix}$

7. Die Verlängerungen der 12 Würfelkanten sind 12 Geraden. Geben Sie an, welche dieser Geraden

a) zu AB orthogonal verlaufen und AB schneiden,

b) zu AB orthogonal verlaufen und AB nicht schneiden,

c) zur Ebene durch die Punkte A, E und H orthogonal verlaufen.

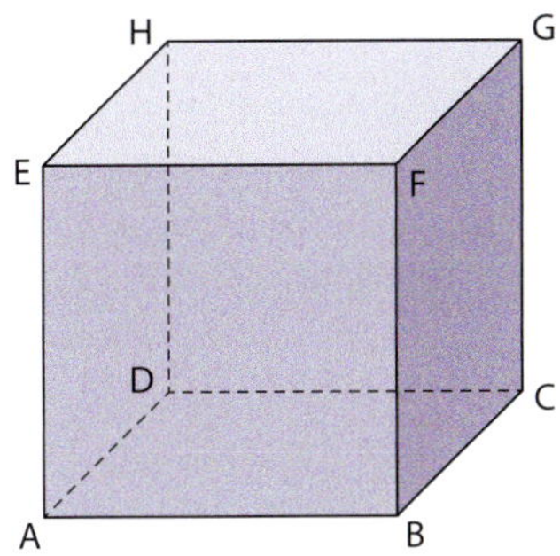

8. Zeigen Sie, dass sich die Geraden g und h schneiden. Prüfen Sie, ob g und h orthogonal zueinander verlaufen.

a) $g: \vec{x} = \begin{pmatrix} 3 \\ 1 \\ 4 \end{pmatrix} + r\begin{pmatrix} 2 \\ -7 \\ 5 \end{pmatrix}$ $\quad h: \vec{x} = \begin{pmatrix} 5 \\ -6 \\ 9 \end{pmatrix} + s\begin{pmatrix} 1 \\ 1 \\ 1 \end{pmatrix}$

b) $g: \vec{x} = \begin{pmatrix} 3 \\ 0 \\ 1 \end{pmatrix} + r\begin{pmatrix} -3 \\ 1 \\ -1 \end{pmatrix}$ $\quad h: \vec{x} = \begin{pmatrix} 0 \\ 1 \\ 0 \end{pmatrix} + s\begin{pmatrix} 1 \\ 2 \\ 2 \end{pmatrix}$

9. Prüfen Sie, ob die Gerade g orthogonal zur Ebene E verläuft.

a) $g: \vec{x} = \begin{pmatrix} 2 \\ 1 \\ 1 \end{pmatrix} + k\begin{pmatrix} 3 \\ -1 \\ 4 \end{pmatrix}$ $\quad E: \vec{x} = \begin{pmatrix} -1 \\ 1 \\ 1 \end{pmatrix} + r\begin{pmatrix} 3 \\ 5 \\ -1 \end{pmatrix} + s\begin{pmatrix} 1 \\ 0 \\ -2 \end{pmatrix}$

b) $g: \vec{x} = \begin{pmatrix} 3 \\ 4 \\ -5 \end{pmatrix} + k\begin{pmatrix} 5 \\ -6 \\ 2 \end{pmatrix}$ $\quad E: \vec{x} = \begin{pmatrix} 1 \\ 0 \\ 3 \end{pmatrix} + r\begin{pmatrix} 2 \\ 2 \\ 1 \end{pmatrix} + s\begin{pmatrix} 6 \\ 4 \\ -3 \end{pmatrix}$

c) $g: \vec{x} = \begin{pmatrix} 3 \\ -6 \\ 1 \end{pmatrix} + k\begin{pmatrix} 3 \\ 0 \\ 5 \end{pmatrix}$ $\quad E: \vec{x} = \begin{pmatrix} 2 \\ 1 \\ 1 \end{pmatrix} + r\begin{pmatrix} 5 \\ 1 \\ 3 \end{pmatrix} + s\begin{pmatrix} 1 \\ 2 \\ -1 \end{pmatrix}$

10. Bestimmen Sie die Parameterform einer Geraden h, die die Gerade g senkrecht schneidet.

a) $g: \vec{x} = \begin{pmatrix} 4 \\ 1 \\ 1 \end{pmatrix} + k\begin{pmatrix} 3 \\ 0 \\ 4 \end{pmatrix}$ $\quad$ b) $g: \vec{x} = \begin{pmatrix} 2 \\ 7 \\ -2 \end{pmatrix} + k\begin{pmatrix} 5 \\ 1 \\ -3 \end{pmatrix}$ $\quad$ c) $g: \vec{x} = \begin{pmatrix} -5 \\ 0 \\ 2 \end{pmatrix} + k\begin{pmatrix} 2 \\ -1 \\ 2 \end{pmatrix}$

11. a) Bestimmen Sie die Parametergleichungen dreier zueinander nicht paralleler Geraden, die senkrecht zur x_1-Achse verlaufen und diese in P(3|0|0) schneiden. Vergleichen Sie die Ergebnisse mit Ihrem Nachbarn.

b) Die Gerade g geht durch den Ursprung und den Punkt Q(0|3|3). Bestimmen Sie eine Parametergleichung einer Ebene durch den Punkt Q, die senkrecht zu g verläuft.

Weiterführende Aufgaben

12. Für das Skalarprodukt eines Vektors $\vec{a}$ mit sich selbst gilt: $\vec{a} \cdot \vec{a} = |\vec{a}|^2$

a) Überprüfen Sie die Formel an zwei selbst gewählten Beispielen.

b) Zeigen Sie allgemein, dass die Formel für jeden dreidimensionalen Vektor gilt.

c) Begründen Sie, dass für den Betrag eines Vektors $\vec{a}$ gilt: $|\vec{a}| = \sqrt{\vec{a} \cdot \vec{a}}$

13. Prüfen Sie, ob die Aussage richtig ist, und begründen Sie mithilfe einer Skizze.

a) Wenn in der Ebene ein Vektor $\vec{a}$ orthogonal zu einem Vektor $\vec{b}$ ist und $\vec{b}$ orthogonal zu $\vec{c}$, dann sind die Vektoren $\vec{a}$ und $\vec{c}$ kollinear.

b) Wenn im Raum ein Vektor $\vec{a}$ orthogonal zu einem Vektor $\vec{b}$ ist und $\vec{b}$ orthogonal zu $\vec{c}$, dann sind die Vektoren $\vec{a}$ und $\vec{c}$ kollinear. (Prüfen Sie dies an einem Würfel.)

c) Wenn im Raum ein Vektor $\vec{a}$ orthogonal zu einem Vektor $\vec{b}$ ist und die Vektoren $\vec{a}$ und $\vec{c}$ kollinear sind, dann sind die Vektoren $\vec{b}$ und $\vec{c}$ orthogonal zueinander.

14. a) Skizzieren Sie im zweidimensionalen Koordinatensystem das Dreieck ABC mit $A(-2|-1)$, $B(4|-3)$, $C(4|2)$.

b) Geben Sie die Gleichung einer Geraden h_c an, welche durch den Punkt C verläuft und orthogonal zu $\overrightarrow{AB}$ ist.

c) Berechnen Sie die Koordinaten des Schnittpunktes H von h_c und AB.

d) Berechnen Sie den Flächeninhalt des Dreiecks mithilfe von $|\overrightarrow{AB}|$ und $|\overrightarrow{CH}|$. Erläutern Sie Ihre Rechnung an der Skizze.

e) Ermitteln Sie ebenso den Flächeninhalt des Dreiecks ABC mit $A(0|-3)$, $B(6|0)$, $C(-1|4)$.

15. Stolperstelle: Michael möchte die Höhe des Dreiecks ABC bestimmen. Er überlegt sich ein Vorgehen, beginnt zu rechnen und kommt aber auf kein Ergebnis. Erläutern Sie seinen Rechenweg und finden Sie heraus, weshalb dieser Weg scheitert.

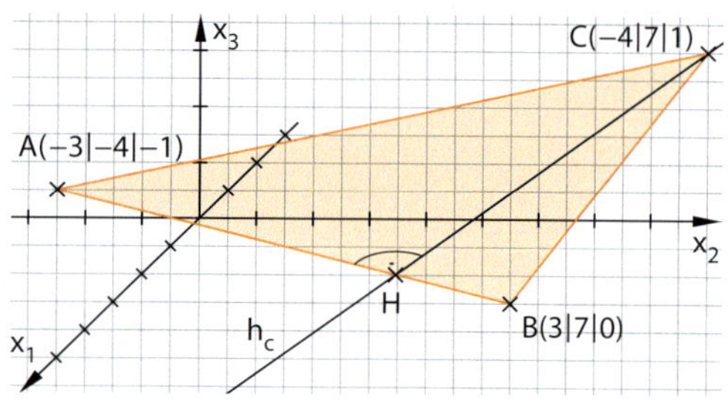

① AB: $\vec{x} = \begin{pmatrix} -3 \\ -4 \\ -1 \end{pmatrix} + r\begin{pmatrix} 6 \\ 11 \\ 1 \end{pmatrix}$

② $\vec{v} = \begin{pmatrix} 1 \\ 0 \\ -6 \end{pmatrix}$, da $\begin{pmatrix} 1 \\ 0 \\ -6 \end{pmatrix} \cdot \begin{pmatrix} 6 \\ 11 \\ 1 \end{pmatrix} = 0$, also ③ h_c: $\vec{x} = \begin{pmatrix} -4 \\ 7 \\ 1 \end{pmatrix} + s\begin{pmatrix} 1 \\ 0 \\ -6 \end{pmatrix}$

Der Fußpunkt H der Höhe ist der Schnittpunkt von h_c mit AB: ④ $\begin{pmatrix} -3 \\ -4 \\ -1 \end{pmatrix} + r\begin{pmatrix} 6 \\ 11 \\ 1 \end{pmatrix} = \begin{pmatrix} -4 \\ 7 \\ 1 \end{pmatrix} + s\begin{pmatrix} 1 \\ 0 \\ 6 \end{pmatrix}$

Das LGS hat keine Lösung, also gibt es keinen Schnittpunkt.

16. Rechengesetze des Skalarprodukts:

a) Claudia sagt, dass die Vektoren $\vec{u} = \begin{pmatrix} 14 \\ 21 \\ -28 \end{pmatrix}$ und $\vec{v} = \begin{pmatrix} 7 \\ -2 \\ 2 \end{pmatrix}$ zueinander orthogonal sind, denn es gilt $\begin{pmatrix} 2 \\ 3 \\ -4 \end{pmatrix} \cdot \begin{pmatrix} 7 \\ -2 \\ 2 \end{pmatrix} = 14 - 6 - 8 = 0$. Erklären Sie ihren Rechenvorteil.

b) Bestätigen Sie am Beispiel $\vec{a} = \begin{pmatrix} 2 \\ 3 \\ -4 \end{pmatrix}$, $\vec{b} = \begin{pmatrix} 3 \\ 2 \\ -1 \end{pmatrix}$ und $r = 7$ die Gültigkeit des Gesetzes $(r \cdot \vec{a}) \cdot \vec{b} = r \cdot (\vec{a} \cdot \vec{b})$.

c) Erläutern Sie, inwiefern in Aufgabe 1 das Distributivgesetz überprüft wird.

17. Ermitteln Sie einen Vektor, der zum Vektor $\vec{a}$ orthogonal ist und die Länge b hat.

a) $\vec{a} = \begin{pmatrix} 2 \\ 1 \\ 2 \end{pmatrix}$ $b = \sqrt{5}$

b) $\vec{a} = \begin{pmatrix} 12 \\ -3 \\ 4 \end{pmatrix}$ $b = 5$

c) $\vec{a} = \begin{pmatrix} 3 \\ -6 \\ 2 \end{pmatrix}$ $b = 3 \cdot \sqrt{5}$

18. Untersuchen Sie, ob das Dreieck ABC rechtwinklig ist.
a) A(3 | 0 | 3), B(−2 | 6 | 2), C(−1 | 2 | 6)
b) A(−1 | 1 | 4), B(1 | 7 | 2), C(−3 | 9 | 4)

19. Prüfen Sie, ob das Viereck ABCD ein Rechteck, eine Raute oder ein Quadrat ist.
a) A(4 | −2 | 1), B(1 | 0 | 1), C(1 | 0 | 5), D(4 | −2 | 5)
b) A(1 | −3 | 4), B(3 | −4 | 10), C(−3 | −2 | 11), D(−5 | −1 | 5)
c) A(−3 | −2 | 1), B(2 | −2 | 1), C(2 | −5 | 5), D(−3 | −5 | 5)
d) A(5 | 0 | −1), B(9 | −3 | 1), C(11 | 3 | 4), D(9 | 6 | 0)

20. Zeigen Sie, dass die Diagonalen des Vierecks ABCD mit A(−5 | 0 | −6), B(2 | 5 | −2), C(5 | 5 | 4) und D(−3 | −5 | 8) gleich lang sind und senkrecht aufeinander stehen. Entscheiden Sie, ob ABCD ein Quadrat ist.

● **21.** Gegeben sind die Punkte A(4 | −6 | −1), B(0 | 6 | −5) und D(0 | −4 | 9).
a) Zeigen Sie, dass die Vektoren $\overrightarrow{AB}$ und $\overrightarrow{AD}$ von A aus ein Rechteck aufspannen und dass P(−1 | 4 | 1) ein innerer Punkt dieses Rechtecks ist.
b) Die geradlinige Flugbahn eines Balls ist gegeben durch g: $\vec{x} = \begin{pmatrix} 31 \\ 18 \\ 11 \end{pmatrix} + r\begin{pmatrix} -16 \\ -7 \\ -5 \end{pmatrix}$.
Zeigen Sie, dass der Ball im Punkt P auf die durch die Punkte A, B und D festgelegte rechteckige Wand trifft.
c) Der Ball fliegt ohne Spin. Zeigen Sie, dass er von der Wand wieder in Richtung des Spielers zurückfliegen wird.

● **22.** Eine Pyramide hat die rechteckige Grundfläche ABCD mit A(3 | 1 | −1), B(−3 | 4 | 2), D(4 | −1 | 3).
a) Zeigen Sie: $\overrightarrow{AB}$ und $\overrightarrow{AD}$ stehen senkrecht aufeinander. Berechnen Sie Punkt C des Rechtecks ABCD.
b) Zeigen Sie, dass der Punkt P(−0,5 | 2 | 3) im Rechteck ABCD liegt, aber nicht dessen Mittelpunkt ist.
c) Ermitteln Sie eine Gleichung der Geraden g, welche durch den Punkt P senkrecht zur Ebene E_{ABD} verläuft.
d) Zeigen Sie, dass die Spitze S(5,5 | 11 | 6) der Pyramide auf der Geraden g liegt.
e) Berechnen Sie das Volumen der Pyramide.

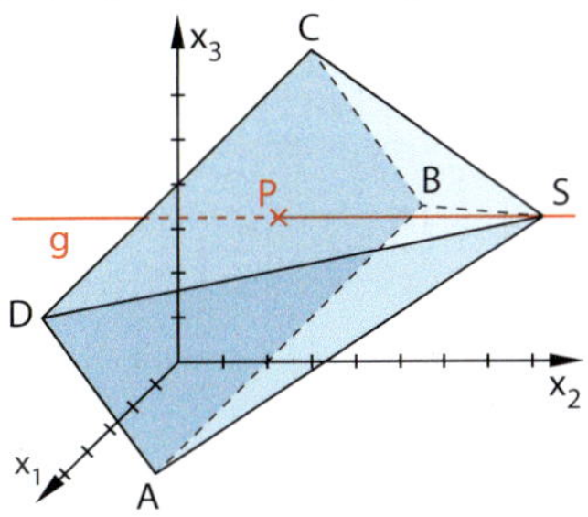

Hinweis zu 22c:
E_{ABD} bezeichnet die Ebene durch die Punkte A, B und D.

● **23. Ausblick: Lotfußpunktverfahren**
Gesucht ist der Abstand des Punktes P(6 | 4 | 8) von der Geraden g: $\vec{x} = \begin{pmatrix} 2 \\ -1 \\ 1 \end{pmatrix} + t\begin{pmatrix} -4 \\ 6 \\ 2 \end{pmatrix}$. Dazu wird ein Punkt Q auf g so lange verschoben, bis die Strecke $\overline{PQ}$ senkrecht auf g steht. Es ist also $\overrightarrow{OQ_t} = \begin{pmatrix} 2 \\ -1 \\ 1 \end{pmatrix} + t\begin{pmatrix} -4 \\ 6 \\ 2 \end{pmatrix}$.

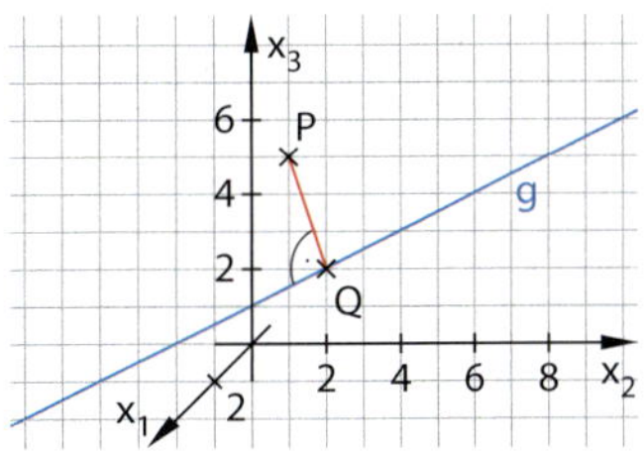

a) Bestimmen Sie für t = 0 (t = 1; t = 2) den Vektor $\overrightarrow{PQ_t}$ und prüfen Sie, ob er senkrecht auf g steht.
b) Berechnen Sie das Skalarprodukt von $\overrightarrow{PQ_t}$ und dem Richtungsvektor von g für allgemeines t. Setzen Sie das Skalarprodukt gleich null und bestimmen Sie, für welches t der Vektor $\overrightarrow{PQ_t}$ senkrecht auf g steht. Bestimmen Sie für dieses t den Wert von $|\overrightarrow{PQ_t}|$ und begründen Sie, dass der Wert der Abstand von P zu g ist.
c) Bestimmen Sie den Abstand des Punktes P(10 | 11 | 8) von der Geraden g: $\vec{x} = \begin{pmatrix} 7 \\ -6 \\ 5 \end{pmatrix} + r\begin{pmatrix} 2 \\ -3 \\ 1 \end{pmatrix}$.
d) Im Dreieck ABC mit A(2 | 0 | 3), B(11 | −12 | 9), C(−1 | −6 | 10) entspricht die Länge der Höhe h_c dem Abstand des Punktes C von der Geraden g_{AB} durch die Ecken A und B. Berechnen Sie den Flächeninhalt des Dreiecks.

5.8 Winkel zwischen Vektoren und Geraden

■ Im zweidimensionalen Koordinatensystem sei α der Winkel zwischen den Vektoren $\vec{a}$ und $\vec{b}$ aus der Abbildung. Die x_2-Koordinate von $\vec{a}$ ist also gleich 0.

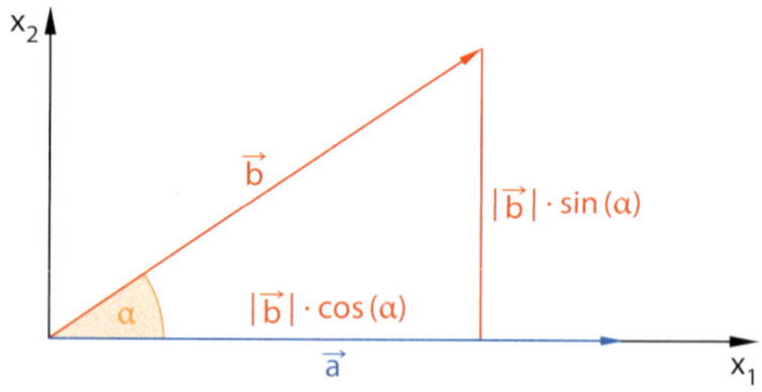

a) Begründen Sie, dass $\vec{b} = \begin{pmatrix} |\vec{b}|\cos(\alpha) \\ |\vec{b}|\sin(\alpha) \end{pmatrix}$ und $\vec{a} = \begin{pmatrix} |\vec{a}| \\ 0 \end{pmatrix}$ gilt, und berechnen Sie das Skalarprodukt $\vec{a} \cdot \vec{b}$.

b) Es sei α der Winkel zwischen $\vec{a} = \begin{pmatrix} 6 \\ 0 \end{pmatrix}$ und $\vec{b} = \begin{pmatrix} 2 \\ 3 \end{pmatrix}$. Berechnen Sie $\cos(\alpha)$ mithilfe der in a) gewonnenen Formel für $\vec{a} \cdot \vec{b}$. Geben Sie die Größe dieses Winkels an. Überprüfen Sie Ihr Ergebnis an einer Skizze. ■

Neben der Prüfung auf Orthogonalität können mit dem Skalarprodukt allgemein Winkel zwischen Vektoren, Geraden und Strecken untersucht werden.

Winkel zwischen zwei Vektoren

Hinweis:
Im Gegensatz zur Einstiegsaufgabe sind $\vec{a}$ und $\vec{b}$ hier zwei beliebige Vektoren im Raum oder in der Ebene.

Stellt man die Vektorpfeile von zwei Vektoren $\vec{a}$ und $\vec{b}$ von einem gemeinsamen Punkt ausgehend dar, entstehen zwei Winkel. Den kleineren Winkel a bezeichnet man als den **Winkel zwischen den Vektoren** $\vec{a}$ und $\vec{b}$.

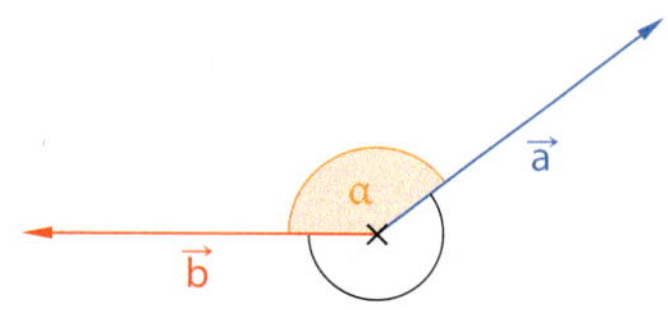

Für kollineare Vektoren $\vec{a}$ und $\vec{b}$, welche in die gleiche Richtung zeigen, ist $\vec{b} = r \cdot \vec{a}$ mit $r > 0$ und es gilt: $|\vec{b}| = |r \cdot \vec{a}| = r \cdot |\vec{a}|$

Es folgt: $\vec{a} \cdot \vec{b} = \vec{a} \cdot (r \cdot \vec{a}) = r \cdot (\vec{a} \cdot \vec{a}) = r \cdot |\vec{a}|^2 = |\vec{a}| \cdot (r \cdot |\vec{a}|) = |\vec{a}| \cdot |\vec{b}|$

Ist der Winkel α zwischen zwei Vektoren $\vec{a}$ und $\vec{b}$ kleiner als 90°, so kann man $\vec{b}$ in einen zu $\vec{a}$ parallelen Vektor $\vec{b_p}$ und einen zu $\vec{a}$ orthogonalen Vektor $\vec{b_o}$ zerlegen: $\vec{b} = \vec{b_p} + \vec{b_o}$

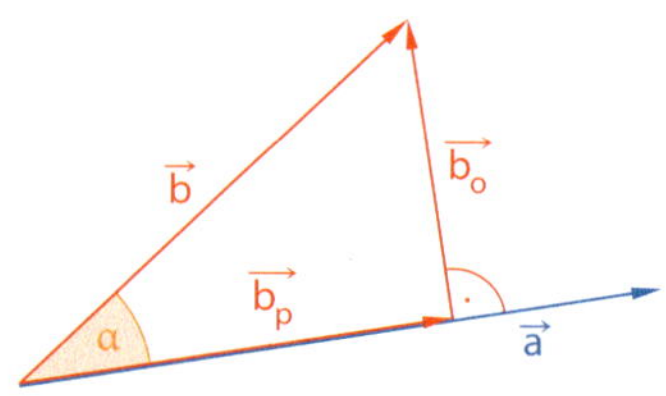

Es folgt:

$$
\begin{aligned}
\vec{a} \cdot \vec{b} &= \vec{a} \cdot \left(\vec{b_p} + \vec{b_o}\right) && \mid \text{Distributivgesetz} \\
&= \vec{a} \cdot \vec{b_p} + \vec{a} \cdot \vec{b_o} && \mid \vec{a} \cdot \vec{b_o} = 0, \text{ da orthogonal} \\
&= \vec{a} \cdot \vec{b_p} && \mid \vec{a} \text{ und } \vec{b_p} \text{ zeigen in die gleiche Richtung.} \\
&= |\vec{a}| \cdot |\vec{b_p}| && \mid \cos(\alpha) = \frac{|\vec{b_p}|}{|\vec{b}|}, \text{ also } |\vec{b_p}| = |\vec{b}| \cdot \cos(\alpha) \\
&= |\vec{a}| \cdot |\vec{b}| \cdot \cos(\alpha)
\end{aligned}
$$

Man kann in ähnlicher Weise zeigen, dass diese Formel für das Skalarprodukt zweier Vektoren auch für die Fälle $\alpha = 0°$, $\alpha = 90°$, $\alpha = 180°$ und für $90° < \alpha < 180°$ gilt.

Hinweis:
Beachten Sie, dass der Malpunkt verschiedene Bedeutungen hat, je nachdem ob die Faktoren reelle Zahlen oder Vektoren sind.

Wissen: Winkel zwischen zwei Vektoren

Für den Winkel α zwischen zwei Vektoren $\vec{a} \neq \vec{0}$ und $\vec{b} \neq \vec{0}$ gilt:

$\vec{a} \cdot \vec{b} = |\vec{a}| \cdot |\vec{b}| \cdot \cos(\alpha)$ bzw. $\cos(\alpha) = \frac{\vec{a} \cdot \vec{b}}{|\vec{a}| \cdot |\vec{b}|}$ $(0° \leq \alpha \leq 180°)$

Beispiel 1: Berechnen Sie den Winkel zwischen $\vec{a} = \begin{pmatrix} -2 \\ 6 \\ 4 \end{pmatrix}$ und $\vec{b} = \begin{pmatrix} 3 \\ 1 \\ -1 \end{pmatrix}$.

Lösung:

In der Formel für $\cos(\alpha)$ steht im Zähler das Skalarprodukt von $\vec{a}$ und $\vec{b}$. Das Produkt der Beträge im Nenner ist das Produkt zweier Wurzeln.

$$\cos(\alpha) = \frac{\vec{a} \cdot \vec{b}}{|\vec{a}| \cdot |\vec{b}|} = \frac{\begin{pmatrix} -2 \\ 6 \\ 4 \end{pmatrix} \cdot \begin{pmatrix} 3 \\ 1 \\ -1 \end{pmatrix}}{\sqrt{(-2)^2 + 6^2 + 4^2} \cdot \sqrt{3^2 + 1^2 + (-1)^2}}$$

$$= \frac{-6 + 6 - 4}{\sqrt{56} \cdot \sqrt{11}}$$

Berechnen Sie mit dem Taschenrechner einen Näherungswert für $\cos(\alpha)$.

$$= \frac{-4}{\sqrt{56} \cdot \sqrt{11}} \approx -0{,}161$$

Mit der Taste $\cos^{-1}$ erhalten Sie den Wert des Winkels zwischen $\vec{a}$ und $\vec{b}$.

$$\alpha \approx \cos^{-1}(-0{,}161) \approx 99{,}3°$$

Hinweis:
Achten Sie darauf, dass das Winkelmaß Ihres Taschenrechners auf DEG (Grad) eingestellt ist.

Basisaufgaben

1. Berechnen Sie das Skalarprodukt der Vektoren $\vec{a}$ und $\vec{b}$ und den Winkel zwischen ihnen.

a) $\vec{a} = \begin{pmatrix} 2 \\ 4 \\ 1 \end{pmatrix}$ $\vec{b} = \begin{pmatrix} 1 \\ 3 \\ 0 \end{pmatrix}$

b) $\vec{a} = \begin{pmatrix} -4 \\ 7 \\ -2 \end{pmatrix}$ $\vec{b} = \begin{pmatrix} 1 \\ -6 \\ -3 \end{pmatrix}$

c) $\vec{a} = \begin{pmatrix} 3 \\ 6 \\ 5 \end{pmatrix}$ $\vec{b} = \begin{pmatrix} -2 \\ -4 \\ -7 \end{pmatrix}$

d) $\vec{a} = \begin{pmatrix} 4 \\ 0 \\ -8 \end{pmatrix}$ $\vec{b} = \begin{pmatrix} 1 \\ 1 \\ 1 \end{pmatrix}$

2. Zeichnen Sie je einen Vektorpfeil von $\vec{a}$ und $\vec{b}$ von einem gemeinsamen Punkt ausgehend in ein zweidimensionales Koordinatensystem. Schätzen und messen Sie den Winkel zwischen den Pfeilen. Kontrollieren Sie rechnerisch.

a) $\vec{a} = \begin{pmatrix} 6 \\ 1 \end{pmatrix}; \vec{b} = \begin{pmatrix} 3 \\ 5 \end{pmatrix}$ b) $\vec{a} = \begin{pmatrix} 6 \\ 0 \end{pmatrix}; \vec{b} = \begin{pmatrix} 4 \\ 6 \end{pmatrix}$ c) $\vec{a} = \begin{pmatrix} 5 \\ 2 \end{pmatrix}; \vec{b} = \begin{pmatrix} -3 \\ 4 \end{pmatrix}$ d) $\vec{a} = \begin{pmatrix} 5 \\ 2 \end{pmatrix}; \vec{b} = \begin{pmatrix} 2 \\ -5 \end{pmatrix}$

3. a) Berechnen Sie den Winkel zwischen den Vektoren $\vec{a} = \begin{pmatrix} -4 \\ 0 \\ -3 \end{pmatrix}$ und $\vec{b} = \begin{pmatrix} 2 \\ 4 \\ 1 \end{pmatrix}$.

b) Überlegen Sie anhand einer Skizze, wie groß der Winkel zwischen den folgenden Vektoren ist. Kontrollieren Sie durch eine Rechnung.
① $2\vec{a}$ und $2\vec{b}$ ② $\vec{a}$ und $-\vec{b}$ ③ $-\vec{a}$ und $\vec{b}$ ④ $-\vec{a}$ und $-\vec{b}$

4. a) Begründen Sie: Ist das Skalarprodukt zweier Vektoren größer als 0, so ist der Winkel zwischen ihnen ein spitzer Winkel. Ist das Skalarprodukt kleiner als 0, so ist der Winkel zwischen den Vektoren ein stumpfer Winkel.

b) Sandra meint: *„Je größer der Winkel zwischen zwei Vektoren gleicher Länge ist, desto kleiner ist ihr Skalarprodukt.“* Ist das richtig? Begründen Sie.

Erinnerung:
$\cos(\alpha)$ am Einheitskreis:

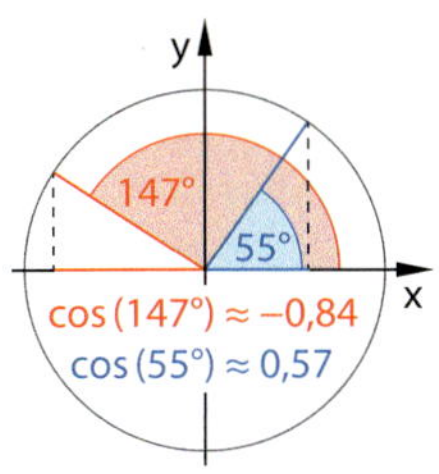

5. Geben Sie anhand des Skalarprodukts an, ob der Winkel zwischen $\vec{a}$ und $\vec{b}$ spitz oder stumpf ist.

a) $\vec{a} = \begin{pmatrix} 2 \\ -3 \\ 4 \end{pmatrix}$ $\vec{b} = \begin{pmatrix} 1 \\ -6 \\ -2 \end{pmatrix}$

b) $\vec{a} = \begin{pmatrix} -3 \\ 4 \\ 1 \end{pmatrix}$ $\vec{b} = \begin{pmatrix} 5 \\ 2 \\ 1 \end{pmatrix}$

6. Geben Sie die Koordinaten zweier dreidimensionaler Vektoren $\vec{a}$ und $\vec{b}$ an, für die gilt:

a) $\vec{a} \cdot \vec{b} = |\vec{a}| \cdot |\vec{b}|$

b) $\vec{a} \cdot \vec{b} = -|\vec{a}| \cdot |\vec{b}|$

7. Formulieren Sie einen Satz über das Skalarprodukt $\vec{a} \cdot \vec{b}$, wenn $\vec{a}$ und $\vec{b}$ kollinear sind. Unterscheiden Sie dabei die Fälle $\alpha = 0°$ und $\alpha = 180°$.

Winkel zwischen zwei Geraden

Als Winkel γ zwischen zwei sich schneidenden Geraden bezeichnet man den kleineren Winkel an der Geradenkreuzung.
Bei jeder Orientierung der Richtungsvektoren $\vec{u}$ und $\vec{v}$ gilt $\cos(\gamma) = |\cos(\alpha)|$.

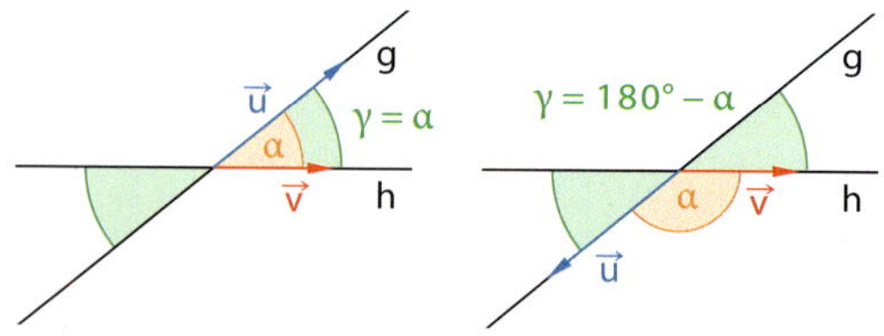

Also gilt für den Winkel zwischen den Geraden: $\cos(\gamma) = \frac{|\vec{u} \cdot \vec{v}|}{|\vec{u}| \cdot |\vec{v}|}$

Beispiel 2: Bestimmen Sie den Winkel zwischen den sich schneidenden Geraden
$g: \vec{x} = \begin{pmatrix} -7 \\ 1 \\ 0 \end{pmatrix} + r\begin{pmatrix} 5 \\ -1 \\ 2 \end{pmatrix}$ und $h: \vec{x} = \begin{pmatrix} 3 \\ -1 \\ 4 \end{pmatrix} + s\begin{pmatrix} -3 \\ -2 \\ 1 \end{pmatrix}$.

Lösung:
Vergessen Sie nicht, um den Zähler Betragsstriche zu setzen. Sie erhalten den Kosinus des Winkels zwischen den Geraden.

$$\cos(\gamma) = \frac{\left|\begin{pmatrix} 5 \\ -1 \\ 2 \end{pmatrix} \cdot \begin{pmatrix} -3 \\ -2 \\ 1 \end{pmatrix}\right|}{\sqrt{30} \cdot \sqrt{14}} = \frac{|-11|}{\sqrt{30} \cdot \sqrt{14}} \approx 0{,}537$$

$\gamma \approx \cos^{-1}(0{,}537) \approx 57{,}5°$

Basisaufgaben

Lösungen zu 8:

128,72°
90°
75,04°
62°
180°

8. Bestimmen Sie den Winkel zwischen den sich schneidenden Geraden g und h.

a) $g: \vec{x} = \begin{pmatrix} 4 \\ -7 \\ -1 \end{pmatrix} + r\begin{pmatrix} 3 \\ 0 \\ -1 \end{pmatrix}$ $\quad h: \vec{x} = \begin{pmatrix} 5 \\ -9 \\ -8 \end{pmatrix} + s\begin{pmatrix} 1 \\ -2 \\ 1 \end{pmatrix}$

b) $g: \vec{x} = \begin{pmatrix} -1 \\ 7 \\ 1 \end{pmatrix} + r\begin{pmatrix} 8 \\ 1 \\ -2 \end{pmatrix}$ $\quad h: \vec{x} = \begin{pmatrix} -9 \\ 6 \\ 3 \end{pmatrix} + s\begin{pmatrix} -1 \\ 1 \\ 1 \end{pmatrix}$

c) $g: \vec{x} = \begin{pmatrix} -2 \\ 0 \\ 3 \end{pmatrix} + r\begin{pmatrix} 7 \\ -2 \\ 3 \end{pmatrix}$ $\quad h: \vec{x} = \begin{pmatrix} 0 \\ 4 \\ 1 \end{pmatrix} + s\begin{pmatrix} 1 \\ 2 \\ -1 \end{pmatrix}$

d) $g: \vec{x} = \begin{pmatrix} 4{,}2 \\ 1 \\ -0{,}3 \end{pmatrix} + r\begin{pmatrix} 2{,}1 \\ -3{,}1 \\ 1{,}6 \end{pmatrix}$ $\quad h: \vec{x} = \begin{pmatrix} 4{,}2 \\ 1 \\ -0{,}3 \end{pmatrix} + s\begin{pmatrix} -6{,}3 \\ 9{,}3 \\ -4{,}8 \end{pmatrix}$

9. Bestimmen Sie den Schnittpunkt und den Schnittwinkel der Geraden g und h.

a) $g: \vec{x} = \begin{pmatrix} 1 \\ -3 \\ -3 \end{pmatrix} + r\begin{pmatrix} 2 \\ 1 \\ -1 \end{pmatrix}$ $\quad h: \vec{x} = \begin{pmatrix} 0 \\ 0 \\ -8 \end{pmatrix} + s\begin{pmatrix} 3 \\ -2 \\ 4 \end{pmatrix}$

b) $g: \vec{x} = \begin{pmatrix} 1 \\ 0 \\ -2 \end{pmatrix} + r\begin{pmatrix} 1 \\ 3 \\ 0 \end{pmatrix}$ $\quad h: \vec{x} = \begin{pmatrix} 3 \\ 2 \\ 1 \end{pmatrix} + s\begin{pmatrix} 1 \\ -1 \\ 3 \end{pmatrix}$

10. Berechnen Sie die Seitenlängen und die Größen der Innenwinkel des Dreiecks ABC.
a) $A(2|-1)$, $B(-5|0)$, $C(-1|3)$ $\quad$ b) $A(5|-1|-3)$, $B(1|3|4)$, $C(5|-1|2)$

11. Es sei g die Flugbahn beim Landeanflug eines Flugzeugs und g′ die senkrechte Projektion von g auf die x_1x_2-Ebene:

$g: \vec{x} = \begin{pmatrix} 20 \\ -40 \\ 30 \end{pmatrix} + t\begin{pmatrix} 50 \\ 10 \\ -3 \end{pmatrix}$ $\quad g': \vec{x} = \begin{pmatrix} 20 \\ -40 \\ 0 \end{pmatrix} + s\begin{pmatrix} 50 \\ 10 \\ 0 \end{pmatrix}$

Berechnen Sie, mit welchem Winkel das Flugzeug auf die in der x_1x_2-Ebene liegende Landebahn auftreffen wird.

Weiterführende Aufgaben

12. α sei der Winkel zwischen $\vec{a}$ und $\vec{b}$. Prüfen Sie die Aussage.

a) Wenn $\vec{a} \cdot \vec{b} = |\vec{a}| \cdot |\vec{b}|$ für $\vec{a} \neq 0$ und $\vec{b} \neq 0$ gilt, dann sind $\vec{a}$ und $\vec{b}$ kollinear.

b) Wenn $\alpha > 90°$ ist, dann ist das Skalarprodukt $\vec{a} \cdot \vec{b}$ negativ.

c) Wenn $\vec{a}$ und $\vec{b}$ beide den Betrag 1 haben, so ist ihr Skalarprodukt gleich $\cos(\alpha)$.

d) Wenn $\vec{a} \cdot \vec{b} = \vec{a} \cdot \vec{c}$ für $\vec{a} \neq \vec{0}$ gilt, dann muss $\vec{b} = \vec{c}$ sein.

e) Es gilt $\vec{a} \cdot \vec{b} = \vec{b} \cdot \vec{a}$.

13. Stolperstelle: Mike hat herausgefunden, dass beim Dreieck ABC mit $A(-2\,|\,1\,|\,3)$, $B(-5\,|\,5\,|\,4)$ und $C(3\,|\,2\,|\,1)$ zwei Innenwinkel größer als 90° sind. Weshalb kann das nicht stimmen? Finden Sie den Fehler in seiner Rechnung und korrigieren Sie.

$$\cos(\alpha) = \frac{\overrightarrow{AB} \cdot \overrightarrow{AC}}{|\overrightarrow{AB}| \cdot |\overrightarrow{AC}|} = \frac{\begin{pmatrix} -3 \\ 4 \\ 1 \end{pmatrix} \cdot \begin{pmatrix} 5 \\ 1 \\ -2 \end{pmatrix}}{\sqrt{26} \cdot \sqrt{30}} \approx -0{,}47$$

$$\alpha \approx 118°$$

$$\cos(\beta) = \frac{\overrightarrow{AB} \cdot \overrightarrow{BC}}{|\overrightarrow{AB}| \cdot |\overrightarrow{BC}|} = \frac{\begin{pmatrix} -3 \\ 4 \\ 1 \end{pmatrix} \cdot \begin{pmatrix} 8 \\ -3 \\ -3 \end{pmatrix}}{\sqrt{26} \cdot \sqrt{82}} \approx -0{,}84$$

$$\beta \approx 147°$$

14. Die Abbildung zeigt ein Haus mit einem Walmdach. Dabei ist M ist der Mittelpunkt der Strecke $\overline{AB}$.

a) Berechnen Sie die eingezeichneten Neigungswinkel der Dachflächen.

b) Es sei $S_a(0\,|\,-1\,|\,5 + a)$. Bestimmen Sie $a > 0$ so, dass der Winkel zwischen $\overrightarrow{MS_a}$ und $\overrightarrow{BC}$ 60° beträgt.

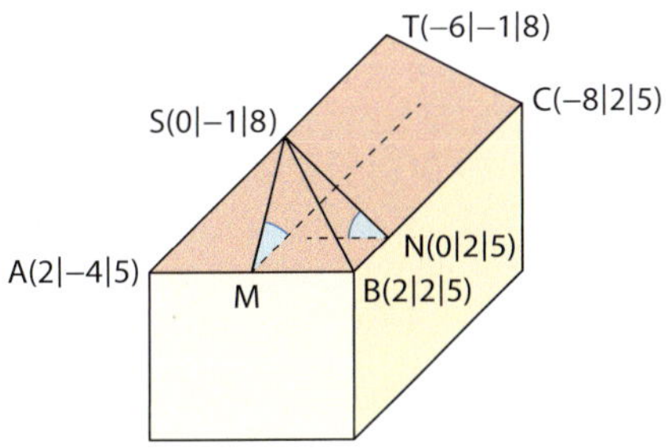

15. Zeigen Sie, dass die Vektoren $\vec{a}$, $\vec{b}$ und $\vec{c}$ einen Würfel aufspannen. Ermitteln Sie die Größen der Winkel, die von je zwei Raumdiagonalen des Würfels eingeschlossen werden.

a) $\vec{a} = \begin{pmatrix} 4 \\ 3 \\ 0 \end{pmatrix}, \vec{b} = \begin{pmatrix} -3 \\ 4 \\ 0 \end{pmatrix}, \vec{c} = \begin{pmatrix} 0 \\ 0 \\ 5 \end{pmatrix}$

b) $\vec{a} = \begin{pmatrix} 2 \\ -14 \\ 5 \end{pmatrix}, \vec{b} = \begin{pmatrix} 11 \\ -2 \\ -10 \end{pmatrix}, \vec{c} = \begin{pmatrix} -10 \\ -5 \\ -10 \end{pmatrix}$

16. Ein Parallelepiped ist ein Körper mit 6 Parallelogrammen als Seitenflächen, bei dem gegenüberliegende Flächen zueinander kongruent sind. Die Vektoren $\overrightarrow{AB} = \begin{pmatrix} 7 \\ 24 \\ 0 \end{pmatrix}, \overrightarrow{AD} = \begin{pmatrix} -20 \\ 12 \\ 9 \end{pmatrix}$ und $\overrightarrow{AE} = \begin{pmatrix} -12 \\ -15 \\ 16 \end{pmatrix}$ spannen vom Punkt $A(0\,|\,0\,|\,0)$ aus ein solches Parallelepiped auf.

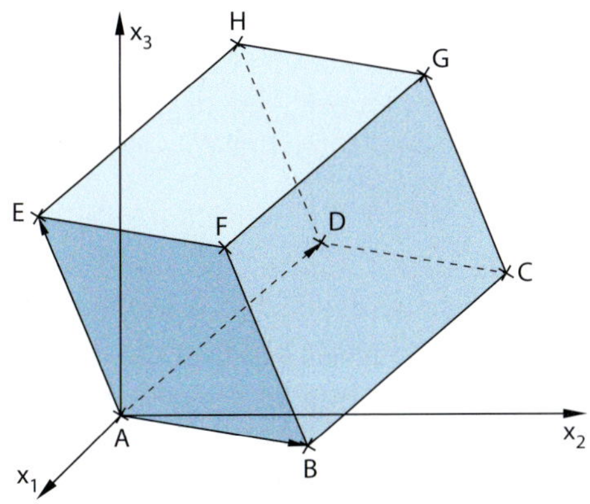

a) Geben Sie die Koordinaten aller Eckpunkte des Körpers an.

b) Zeigen Sie, dass alle Seitenflächen sogar Rauten sind.

c) Berechnen Sie die Innenwinkel jeder Raute und weisen Sie so nach, dass die Figur entgegen dem Anschein kein Würfel ist.

d) Zeigen Sie, dass die Raumdiagonalen AG, BH und CE sich in einem Punkt schneiden. Vergleichen Sie den Winkel zwischen AG und BH mit dem zwischen AG und CE.

17. Gegeben ist das Viereck mit den Eckpunkten $A(2|-1|0)$, $B(0|0|0)$, $C(-2|1|-1)$, $D(-2|2|4)$.

a) Zeigen Sie, dass das Viereck nicht eben ist.

b) Prüfen Sie, ob die Summe der Innenwinkel dieses Vierecks 360° beträgt.

c) Kann bei einem Dreieck im Raum die Summe der Innenwinkel von 180° abweichen? Begründen Sie Ihre Antwort.

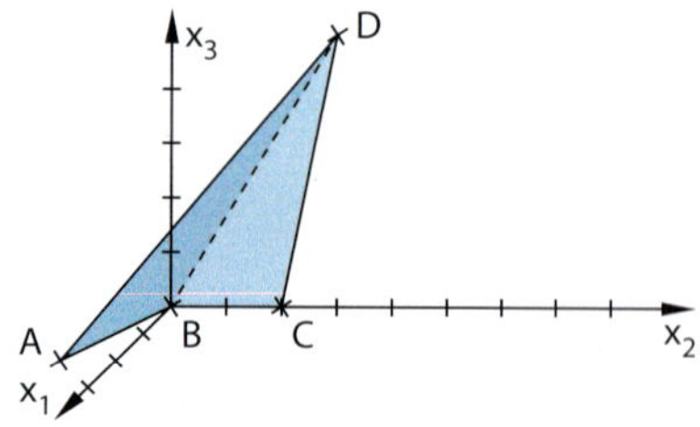

18. Gegeben ist das Dreieck ABC mit $A(4|-1|-3)$, $B(-2|5|-3)$ und $C(-2|-1|3)$.

a) Berechnen Sie den Winkel α bei A.

b) Zeigen Sie, dass das Dreieck gleichschenklig ist.

c) Zeigen Sie, dass die Gerade $s_c\colon \vec{x} = \begin{pmatrix} -2 \\ 5 \\ -3 \end{pmatrix} + t\begin{pmatrix} 1 \\ -2 \\ 1 \end{pmatrix}$ eine Seitenhalbierende des Dreiecks ist. Zeigen Sie auch, dass s_c zur Strecke $\overline{AC}$ orthogonal ist.

d) Berechnen Sie den Flächeninhalt des Dreiecks ABC.

19. In Formelsammlungen findet man für den Flächeninhalt eines Dreiecks ABC die Formel $\mathbf{A = \frac{1}{2}ab\sin(\gamma)}$.

a) Berechnen Sie im Dreieck ABC den Winkel γ und dann mithilfe dieser Formel den Flächeninhalt.

① $A(-1|2)$, $B(5|1)$, $C(3|3)$

② $A(3|1|4)$, $B(-1|5|-2)$, $C(0|3|7)$

b) Zeigen Sie, wie die obige Formel aus der üblichen Flächenformel $A = \frac{1}{2}gh$ entsteht. Verwenden Sie b als Grundseite.

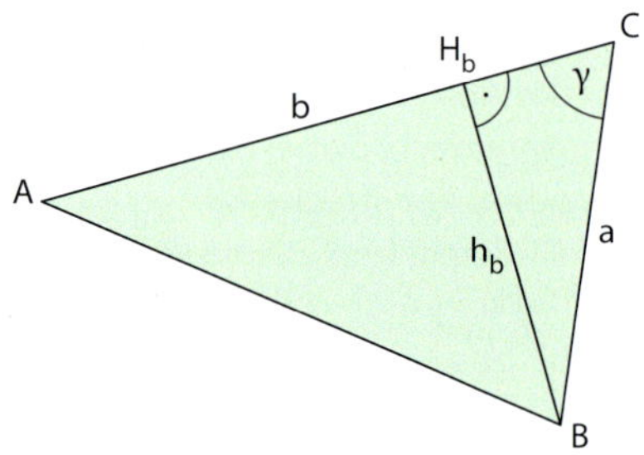

Erinnerung:
Spurpunkte einer Ebene sind die Schnittpunkte der Ebene mit den Koordinatenachsen (siehe Aufgabe 22 auf Seite 193).

20. Gegeben ist die Ebene $E\colon \vec{x} = \begin{pmatrix} 5 \\ -4 \\ 3 \end{pmatrix} + r\begin{pmatrix} -5 \\ -4 \\ 6 \end{pmatrix} + s\begin{pmatrix} 10 \\ -12 \\ 3 \end{pmatrix}$.

a) Berechnen Sie die Spurpunkte der Ebene E und skizzieren Sie die Ebene anhand der Spurpunkte in ein Koordinatensystem.

b) Die drei Spurpunkte bilden zusammen mit dem Ursprung eine dreiseitige Pyramide. Berechnen Sie ihr Volumen. (Betrachten Sie einen der Spurpunkte als Pyramidenspitze.)

c) Beim Spurpunkt S_1 auf der x_1-Achse bilden die Pyramidenkanten drei Winkel. Berechnen Sie deren Größe.

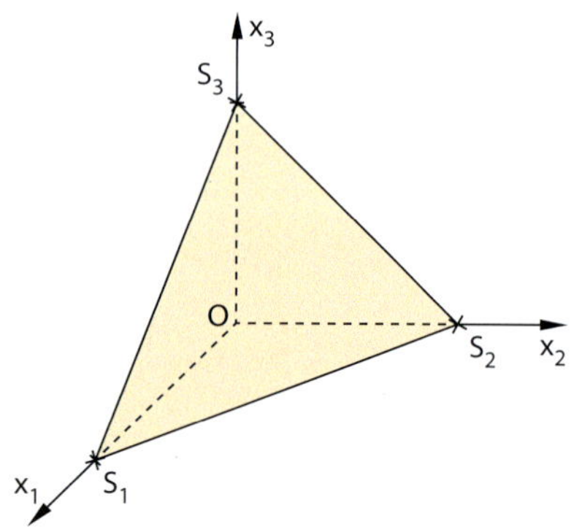

21. Geometrische Interpretation des Skalarprodukts:
Von der Spitze des Vektors $\vec{b}$ wurde das Lot auf den Vektor $\vec{a}$ gefällt, sodass ein rechtwinkliges Dreieck SB'B entsteht. Man nennt $\vec{b_P} = \overrightarrow{SB'}$ die **senkrechte Projektion von $\vec{b}$ auf $\vec{a}$**.

a) Begründen Sie, dass für $0° < \alpha < 90°$ gilt:

① $|\vec{b_P}| = |\vec{b}|\cos(\alpha)$ ② $\vec{a} \cdot \vec{b} = |\vec{a}| \cdot |\vec{b_P}|$

③ $\vec{a} \cdot \vec{b} = \vec{a} \cdot \vec{b_P}$

④ Das Skalarprodukt gibt die Fläche des Rechtecks SB''PA an.

b) Formulieren Sie ② und ③ aus a) in Worten.

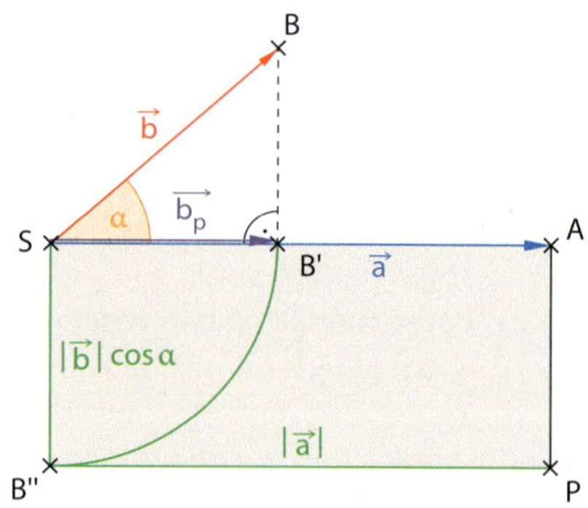

22. Für die physikalische Arbeit gilt:
Arbeit = Kraft · Weg
Die Person im Bild zieht mit der Kraft $\vec{F} = \begin{pmatrix} 3 \\ 2 \end{pmatrix}$ (in N) den Kasten einen Hang hoch. Die Kraft wird in einem Winkel φ zum Hang ausgeübt. Nur der Teil der Kraft, welcher in Richtung des Weges wirkt, darf in die Berechnung eingehen. Man benötigt also die senkrechte Projektion $\vec{F_H}$ von $\vec{F}$ auf den Wegvektor $\vec{s} = \begin{pmatrix} 12 \\ 4 \end{pmatrix}$ (in m). Nutzen Sie Aufgabe 21, um möglichst einfach die beim Hochziehen geleistete Arbeit zu berechnen.

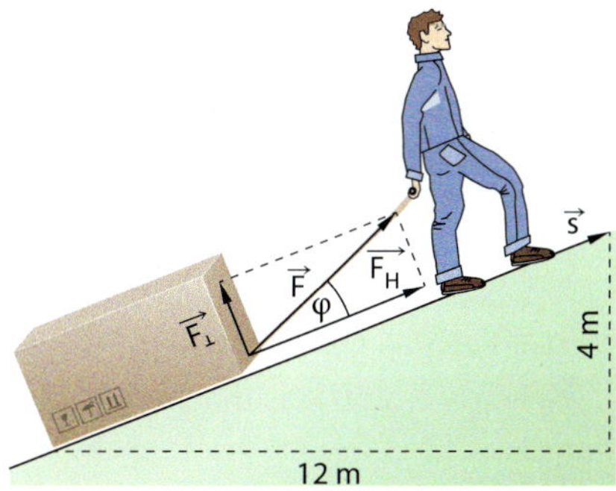

Hinweis zu 22 und 23:
Einheit der Kraft:
1 N (Newton)
Einheit der Arbeit:
1 Nm = 1 J (Joule)

23. Früher wurden Schiffe auf Kanälen von Pferden gezogen, die auf Treidelpfaden am Ufer gingen. Berechnen Sie, welche Arbeit ein Pferd verrichtet, wenn es mit der angegebenen Kraft (in N) ziehend den Weg $\vec{s}$ (in m) zurücklegt.

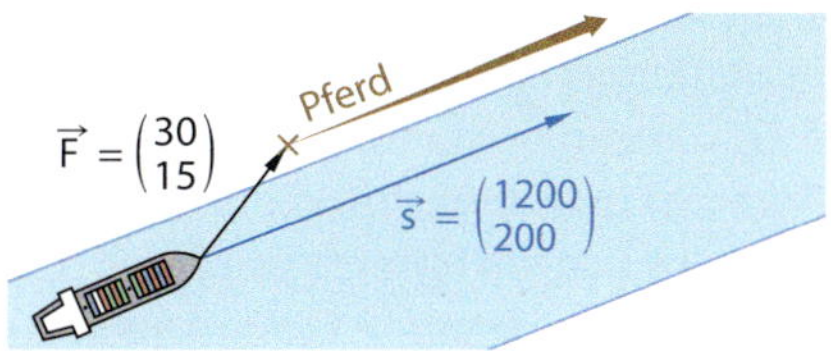

24. In einem Koordinatensystem, bei dem die ebene Erdoberfläche der x_1x_2-Ebene entspricht, beschreiben die Geraden g_1, g_2 und g_3 näherungsweise die Flugbahnen dreier Flugzeuge F_1, F_2 und F_3 für einen betrachteten Zeitraum. Dabei entspricht eine Längeneinheit 1 km und r, s, t geben die Zeit in Minuten seit 8:00 Uhr an.

$g_1: \vec{x} = \begin{pmatrix} 0 \\ -5 \\ 1 \end{pmatrix} + r \cdot \begin{pmatrix} 4 \\ 3 \\ 1 \end{pmatrix}$ mit $-1 \le r \le 12$

$g_2: \vec{x} = \begin{pmatrix} 26 \\ 18 \\ 6 \end{pmatrix} + s \cdot \begin{pmatrix} 3{,}5 \\ 3{,}5 \\ 0{,}5 \end{pmatrix}$ mit $-6 \le s \le 12$

$g_3: \vec{x} = \begin{pmatrix} -8 \\ -4 \\ 14 \end{pmatrix} + t \cdot \begin{pmatrix} 3 \\ 3 \\ -1 \end{pmatrix}$ mit $0 \le t \le 12$

a) Zeigen Sie, dass sich g_1 und g_2 schneiden, und berechnen Sie den Schnittwinkel.
b) Berechnen Sie den Abstand der Flugzeuge F_1 und F_2 für den Augenblick, in dem F_1 die Flugbahn von F_2 kreuzt.
c) Zeigen Sie, dass die Geraden g_1 und g_3 windschief zueinander sind.
Im Punkt $P(10\,|\,14\,|\,8)$ kommt F_3 der Flugbahn von F_1 am nächsten.
Bestimmen Sie, zu welchem Zeitpunkt das der Fall ist.
d) h sei die Gerade durch P, welche zu g_1 und g_3 senkrecht verläuft. Geben Sie eine Gleichung von h an.
e) Zeigen Sie, dass h auch die Gerade g_1 schneidet, und bestimmen Sie den Abstand der beiden Flugbahnen g_1 und g_3.
f) Berechnen Sie, zu welchem Zeitpunkt die Flugzeuge F_1 und F_3 den kürzesten Abstand zueinander haben, und vergleichen Sie diesen Abstand mit dem ihrer Flugbahnen.

25. Ausblick: Es soll gezeigt werden, dass $|\vec{a} \times \vec{b}| = |\vec{a}| \cdot |\vec{b}| \cdot \sin(\alpha)$ gilt und dass $|\vec{a} \times \vec{b}|$ gleich der Flächenmaßzahl des von $\vec{a}$ und $\vec{b}$ aufgespannten Parallelogramms ist. Dabei ist α der Winkel zwischen $\vec{a}$ und $\vec{b}$.

a) Berechnen Sie $|\vec{a} \times \vec{b}|^2 = \left| \begin{pmatrix} a_2b_3 - a_3b_2 \\ a_3b_1 - a_1b_3 \\ a_1b_2 - a_2b_1 \end{pmatrix} \right|^2$.
b) Berechnen Sie $|\vec{a}|^2 \cdot |\vec{b}|^2 - |\vec{a} \cdot \vec{b}|^2$ und zeigen Sie so, dass gilt:
$|\vec{a} \times \vec{b}|^2 = |\vec{a}|^2 \cdot |\vec{b}|^2 - |\vec{a} \cdot \vec{b}|^2$
c) Zeigen Sie mithilfe von b) und den Formeln $\vec{a} \cdot \vec{b} = |\vec{a}| \cdot |\vec{b}| \cdot \cos(\alpha)$ und $(\cos(\alpha))^2 = 1 - (\sin(\alpha))^2$, dass gilt: $|\vec{a} \times \vec{b}| = |\vec{a}| \cdot |\vec{b}| \cdot \sin(\alpha)$
d) Zeigen Sie, dass $|\vec{a}| \cdot |\vec{b}| \cdot \sin(\alpha)$ gleich der Flächenmaßzahl des von $\vec{a}$ und $\vec{b}$ aufgespannten Parallelogramms ist.

Hinweis zu 25:
Mehr Informationen zum Vektorprodukt $\vec{a} \times \vec{b}$ finden Sie im Streifzug auf den folgenden Seiten.

Vektorprodukt

■ Gegeben sind die Vektoren $\vec{a} = \begin{pmatrix} 2 \\ 1 \\ -5 \end{pmatrix}$ und $\vec{b} = \begin{pmatrix} -3 \\ 4 \\ -2 \end{pmatrix}$.

a) Bestimmen Sie mithilfe eines Gleichungssystems alle Vektoren $\vec{n_t}$, die orthogonal zu $\vec{a}$ und zu $\vec{b}$ sind.

b) Zeigen Sie, dass der Vektor $\vec{n}$ eine spezielle Lösung aus a) ist. Beschreiben Sie, wie sich der Vektor $\vec{n}$ aus dem abgebildeten Schema ergibt. Was macht $\vec{n}$ besonders? ■

$$\vec{n} = \begin{pmatrix} -2-(-20) \\ 15-\ (-4) \\ 8-\ (-3) \end{pmatrix}$$

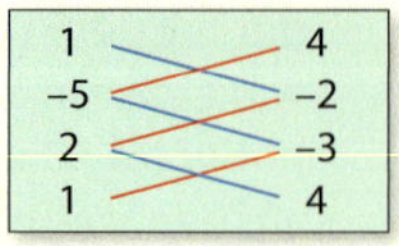

Soll $\vec{n}$ ein **Lotvektor** zu zwei nicht kollinearen Vektoren $\vec{a}$ und $\vec{b}$ sein, so müssen zwei Bedingungen erfüllt sein:
$\vec{a} \cdot \vec{n} = 0$ und $\vec{b} \cdot \vec{n} = 0$
Damit ist die Länge von $\vec{n}$ nicht festgelegt; es ergibt sich ein unterbestimmtes LGS.
Die rechts hergeleitete Lösung stellt ein Schema für einen möglichen Lotvektor dar.
Mit diesem Schema wird eine neue Verknüpfung zwischen zwei Vektoren definiert, das sogenannte Vektorprodukt.

$$\vec{a} = \begin{pmatrix} a_1 \\ a_2 \\ a_3 \end{pmatrix}, \vec{b} = \begin{pmatrix} b_1 \\ b_2 \\ b_3 \end{pmatrix}, \vec{n} = \begin{pmatrix} n_1 \\ n_2 \\ n_3 \end{pmatrix}$$

$$\left| \begin{aligned} a_1n_1 + a_2n_2 + a_3n_3 &= 0 \\ b_1n_1 + b_2n_2 + b_3n_3 &= 0 \end{aligned} \right| \quad \begin{aligned} &| \cdot (-b_1) \\ &| \cdot a_1 \end{aligned} \quad +$$

$$\left| \begin{aligned} a_1n_1 + a_2n_2 + a_3n_3 &= 0 \\ (a_1b_2 - a_2b_1)n_2 + (a_1b_3 - a_3b_1)n_3 &= 0 \end{aligned} \right|$$

Gleichung II ist erfüllt für:
$n_2 = a_3b_1 - a_1b_3$ und $n_3 = a_1b_2 - a_2b_1$
Einsetzen in Gleichung I ergibt für $a_1 \neq 0$:
$n_1 = a_2b_3 - a_3b_2$

Definition: Das Vektorprodukt

$\vec{a} \times \vec{b} = \begin{pmatrix} a_1 \\ a_2 \\ a_3 \end{pmatrix} \times \begin{pmatrix} b_1 \\ b_2 \\ b_3 \end{pmatrix} = \begin{pmatrix} a_2b_3 - a_3b_2 \\ a_3b_1 - a_1b_3 \\ a_1b_2 - a_2b_1 \end{pmatrix}$ heißt **Vektorprodukt** von $\vec{a}$ und $\vec{b}$.

Hinweis:
Eine andere Bezeichnung für das Vektorprodukt ist **Kreuzprodukt**. Diese findet sich beispielsweise im GTR.

Satz: Eigenschaft des Vektorprodukts

Sind $\vec{a} \neq \vec{0}$ und $\vec{b} \neq \vec{0}$ nicht kollinear, so ist der Vektor $\vec{a} \times \vec{b}$ orthogonal zu $\vec{a}$ und zu $\vec{b}$.

Beispiel 1: Ermitteln Sie einen Vektor mit ganzzahligen Koordinaten von möglichst kleinem Betrag, der zu $\vec{a} = \begin{pmatrix} 3 \\ 2 \\ -4 \end{pmatrix}$ und zu $\vec{b} = \begin{pmatrix} 1 \\ -2 \\ 2 \end{pmatrix}$ orthogonal ist. Machen Sie die Probe.

Lösung:
Berechnen Sie das Vektorprodukt mithilfe der Definition. Der Ergebnisvektor hat ganzzahlige Koordinaten und ist orthogonal zu $\vec{a}$ und $\vec{b}$. „Kürzen" Sie seine Koordinaten möglichst weit.
Überprüfen Sie zur Probe, ob die Skalarprodukte von $\vec{a}$ und $\vec{b}$ mit $\vec{n}$ jeweils 0 ergeben.

$$\begin{pmatrix} 3 \\ 2 \\ -4 \end{pmatrix} \times \begin{pmatrix} 1 \\ -2 \\ 2 \end{pmatrix} = \begin{pmatrix} 2 \cdot 2 - (-4) \cdot (-2) \\ (-4) \cdot 1 - 3 \cdot 2 \\ 3 \cdot (-2) - 2 \cdot 1 \end{pmatrix} = \begin{pmatrix} -4 \\ -10 \\ -8 \end{pmatrix}$$

$$\vec{n} = \begin{pmatrix} 2 \\ 5 \\ 4 \end{pmatrix}$$

$$\vec{a} \cdot \vec{n} = \begin{pmatrix} 3 \\ 2 \\ -4 \end{pmatrix} \cdot \begin{pmatrix} 2 \\ 5 \\ 4 \end{pmatrix} = 6 + 10 - 16 = 0$$

$$\vec{b} \cdot \vec{n} = \begin{pmatrix} 1 \\ -2 \\ 2 \end{pmatrix} \cdot \begin{pmatrix} 2 \\ 5 \\ 4 \end{pmatrix} = 2 - 10 + 8 = 0$$

Hinweis:
Bei der Berechnung des Vektorprodukts können schnell Fehler passieren. Daher sollten Sie stets eine Probe machen.

Basisaufgaben

1. Berechnen Sie das Vektorprodukt von $\vec{a}$ und $\vec{b}$.

a) $\vec{a} = \begin{pmatrix} 2 \\ -1 \\ 3 \end{pmatrix}$ $\vec{b} = \begin{pmatrix} 1 \\ 4 \\ -1 \end{pmatrix}$ b) $\vec{a} = \begin{pmatrix} 3 \\ -2 \\ 1 \end{pmatrix}$ $\vec{b} = \begin{pmatrix} -6 \\ 4 \\ -2 \end{pmatrix}$ c) $\vec{a} = \begin{pmatrix} 0 \\ 3 \\ -2 \end{pmatrix}$ $\vec{b} = \begin{pmatrix} 2 \\ 5 \\ 4 \end{pmatrix}$

2. Ermitteln Sie mithilfe des Vektorprodukts einen zu $\vec{a}$ und $\vec{b}$ orthogonalen Vektor mit möglichst kleinen ganzzahligen Koordinaten. Machen Sie die Probe.

a) $\vec{a} = \begin{pmatrix} 4 \\ -6 \\ 3 \end{pmatrix}$ $\vec{b} = \begin{pmatrix} 2 \\ 4 \\ -1 \end{pmatrix}$ b) $\vec{a} = \begin{pmatrix} 4 \\ -7 \\ 5 \end{pmatrix}$ $\vec{b} = \begin{pmatrix} 8 \\ 3 \\ 3 \end{pmatrix}$ c) $\vec{a} = \begin{pmatrix} -3 \\ -1 \\ 5 \end{pmatrix}$ $\vec{b} = \begin{pmatrix} 1 \\ 7 \\ -3 \end{pmatrix}$

GTR **3.** Berechnen Sie das Vektorprodukt von $\vec{a}$ und $\vec{b}$ mit dem GTR.

a) $\vec{a} = \begin{pmatrix} 3 \\ -1 \\ -3 \end{pmatrix}$ $\vec{b} = \begin{pmatrix} 4 \\ 2 \\ 1 \end{pmatrix}$ b) $\vec{a} = \begin{pmatrix} 0 \\ -1 \\ 5 \end{pmatrix}$ $\vec{b} = \begin{pmatrix} 9 \\ 13 \\ 28 \end{pmatrix}$ c) $\vec{a} = \begin{pmatrix} 8 \\ 19 \\ -1 \end{pmatrix}$ $\vec{b} = \begin{pmatrix} 16 \\ 11 \\ 7 \end{pmatrix}$

4. Berechnen Sie das Vektorprodukt von $\vec{a}$ und $\vec{b}$ und erklären Sie das Ergebnis.

a) $\vec{a} = \begin{pmatrix} 3 \\ 1 \\ 0 \end{pmatrix}$ $\vec{b} = \begin{pmatrix} 1 \\ -2 \\ 0 \end{pmatrix}$ b) $\vec{a} = \begin{pmatrix} 4 \\ 0 \\ 0 \end{pmatrix}$ $\vec{b} = \begin{pmatrix} 0 \\ 0 \\ 3 \end{pmatrix}$ c) $\vec{a} = \begin{pmatrix} 3 \\ 1 \\ -1 \end{pmatrix}$ $\vec{b} = \begin{pmatrix} -6 \\ -2 \\ 2 \end{pmatrix}$

Weiterführende Aufgaben

5. Zeigen Sie, dass die Vektoren $\vec{a}$ und $\vec{b}$ ein Quadrat aufspannen.
Bestimmen Sie einen Vektor $\vec{c}$ so, dass $\vec{a}$, $\vec{b}$ und $\vec{c}$ einen Quader mit dem angegebenen Volumen V aufspannen. Beschreiben Sie die Form des sich ergebenden Quaders.

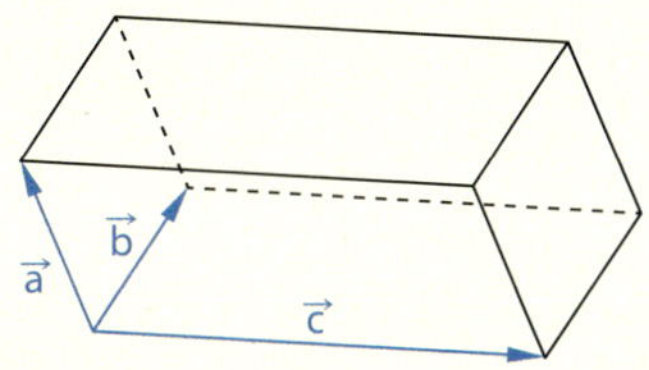

a) $\vec{a} = \begin{pmatrix} 3 \\ 8 \\ 5 \end{pmatrix}; \vec{b} = \begin{pmatrix} 9 \\ -4 \\ 1 \end{pmatrix}; V = 686$ b) $\vec{a} = \begin{pmatrix} 8 \\ 4 \\ 1 \end{pmatrix}; \vec{b} = \begin{pmatrix} -4 \\ 7 \\ 4 \end{pmatrix}; V = 729$

6. **Stolperstelle:** Beschreiben Sie die Fehler, die bei der Berechnung des Vektorprodukts gemacht wurden, und korrigieren Sie diese.

$$\begin{pmatrix} -2 \\ 3 \\ 5 \end{pmatrix} \times \begin{pmatrix} 1 \\ 4 \\ -6 \end{pmatrix} = \begin{pmatrix} 5 \cdot 4 - 3 \cdot (-6) \\ 5 \cdot 1 + 2 \cdot 6 \\ (-2) \cdot 1 - 3 \cdot 4 \end{pmatrix} = \begin{pmatrix} 38 \\ 17 \\ -14 \end{pmatrix}$$

7. Zeigen Sie allgemein, dass der Vektor $\vec{a} \times \vec{b}$ orthogonal zu $\vec{a}$ und $\vec{b}$ ist.

8. **Weitere Eigenschaften des Vektorprodukts:** Für $\vec{a} \neq \vec{0}$ und $\vec{b} \neq \vec{0}$ gelten:
① $\vec{a} \times \vec{b} = -\vec{b} \times \vec{a}$ ② $(r\vec{a}) \times \vec{b} = \vec{a} \times (r\vec{b}) = r(\vec{a} \times \vec{b})$
③ $\vec{a} \times \vec{b} = \vec{0}$, falls $\vec{a}$ und $\vec{b}$ kollinear sind.

a) Zeigen Sie, dass ① für $\vec{a} = \begin{pmatrix} 3 \\ -1 \\ -3 \end{pmatrix}, \vec{b} = \begin{pmatrix} -1 \\ 2 \\ 3 \end{pmatrix}$ und allgemein für $\vec{a} = \begin{pmatrix} a_1 \\ a_2 \\ a_3 \end{pmatrix}, \vec{b} = \begin{pmatrix} b_1 \\ b_2 \\ b_3 \end{pmatrix}$ gilt.

b) Bestätigen Sie Eigenschaft ② anhand der zwei Beispiele
$r = 2, \vec{a} = \begin{pmatrix} 3 \\ -5 \\ 1 \end{pmatrix}, \vec{b} = \begin{pmatrix} 1 \\ 2 \\ -1 \end{pmatrix}$ und $r = -3, \vec{a} = \begin{pmatrix} 2 \\ 2 \\ -1 \end{pmatrix}, \vec{b} = \begin{pmatrix} -1 \\ 4 \\ 2 \end{pmatrix}$.

● c) Beweisen Sie Eigenschaft ③.

Hinweis zu 8:
Eigenschaft ① bedeutet, dass das Vektorprodukt antikommutativ ist.

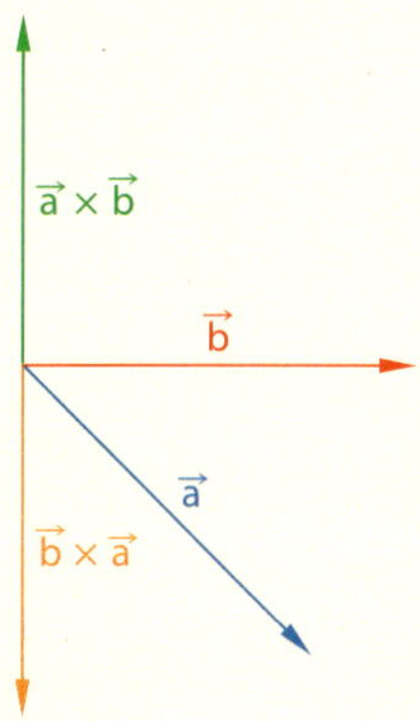

● **9.** **Ausblick:** Zwei orthogonale Vektoren $\vec{a}$ und $\vec{b}$ spannen ein Rechteck auf.

a) Zeigen Sie: Aus $(\vec{a} \cdot \vec{b})^2 = 0$ folgt die Gleichung
$a_1^2 b_1^2 + a_2^2 b_2^2 + a_3^2 b_3^2$
$= -2(a_1 a_2 b_1 b_2 + a_1 a_3 b_1 b_3 + a_2 a_3 b_2 b_3)$.

b) Berechnen Sie $|\vec{a} \times \vec{b}|^2$ und $|\vec{a}|^2 \cdot |\vec{b}|^2$.

c) Zeigen Sie, dass $|\vec{a} \times \vec{b}|^2 = |\vec{a}|^2 \cdot |\vec{b}|^2$ gilt. Folgern Sie daraus, dass $|\vec{a} \times \vec{b}|$ dem Flächeninhalt des Rechtecks entspricht.

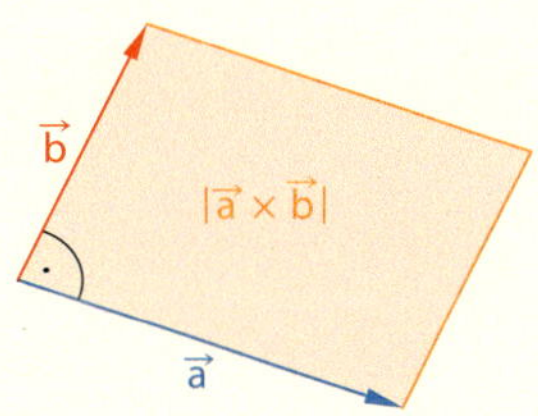

5.9 Abiturtraining

Aufgaben ohne Hilfsmittel

1. Gegeben sind die Punkte $A(5|0|0)$, $B(4|-3|2)$, $D(6|1|1)$ und $P(6|-1|4)$.
   a) Zeigen Sie, dass die Punkte A, B und D nicht auf einer Geraden liegen.
   b) Geben Sie eine Parametergleichung der Ebene E an, die die Punkte A, B und D enthält. Prüfen Sie, ob P in der Ebene liegt und ob P im Parallelogramm liegt, welches durch $\overrightarrow{AB}$ und $\overrightarrow{AD}$ von A aus aufgespannt wird.
   c) Prüfen Sie, ob es sich bei dem durch $\overrightarrow{AB}$ und $\overrightarrow{AD}$ aufgespannten Parallelogramm um ein Rechteck oder eine Raute handelt.

2. Gegeben ist die Gerade $g\colon \vec{x} = \begin{pmatrix} -1 \\ 4 \\ 9 \end{pmatrix} + r\begin{pmatrix} 2 \\ -3 \\ 6 \end{pmatrix}$ und der Punkt $P(-5|10|-3)$.
   a) Zeigen Sie, dass P auf g liegt.
   b) Geben Sie zwei nicht kollineare Vektoren an, welche zum Richtungsvektor von g orthogonal sind.
   c) E sei die Ebene, welche durch P und senkrecht zu g verläuft. Geben Sie eine Parametergleichung von E an.

3. Gegeben sind die Geraden $g_1\colon \vec{x} = \begin{pmatrix} -2 \\ 1 \\ 0 \end{pmatrix} + r\begin{pmatrix} 1 \\ -1 \\ 1 \end{pmatrix}$ und $g_2\colon \vec{x} = \begin{pmatrix} 4 \\ 0 \\ 1 \end{pmatrix} + s\begin{pmatrix} 1 \\ 2 \\ 0 \end{pmatrix}$.
   Die Gerade g_3 verläuft parallel zu g_1 durch $P(4|4|2)$.
   a) Zeigen Sie, dass g_1 und g_2 windschief zueinander sind.
   b) Geben Sie eine Gleichung zu g_3 an.
   c) Geben Sie eine Gleichung der Ebene E_1 an, welche g_2 und den Punkt P enthält.
   d) Geben Sie eine Gleichung der Ebene E_2 an, welche g_1 und g_3 enthält.

4. Die Gerade g verläuft durch die Punkte $A(1|-1|1)$ und $B(3|2|-5)$.
   a) Geben Sie alle Punkte der Geraden g an, welche von B den Abstand 7 haben.
   b) Geben Sie eine Parametergleichung der Ebene E durch A, $C(4|-1|2)$ und $D(4|1|3)$ an. Berechnen Sie die Skalarprodukte $\overrightarrow{AB} \cdot \overrightarrow{AC}$ sowie $\overrightarrow{AB} \cdot \overrightarrow{AD}$ und argumentieren Sie, dass g orthogonal zu E verläuft.

5. Die Ebene E hat die Spurpunkte $S_1(4|0|0)$, $S_2(0|-6|0)$ und $S_3(0|0|6)$.
   a) Geben Sie eine Parametergleichung von E an.
   b) M ist der Mittelpunkt der Strecke S_2S_3. Geben Sie eine Gleichung der Geraden g an, welche durch M und den Ursprung verläuft.
   c) Zeigen Sie, dass g senkrecht zu der Geraden verläuft, die die Spurpunkte S_2 und S_3 enthält.

6. Gegeben seien die Punkte $A(2|4|-1)$, $B(4|3|2)$ und $C(8|2|8)$ und $R_k(-4|k|-3-k)$.
   a) Zeigen Sie, dass A, B und C nicht auf einer Geraden liegen.
   b) Bestimmen Sie k so, dass R_k auf der Geraden g durch A und B liegt.
   c) Ermitteln Sie den Spurpunkt der Geraden g mit der x_1x_3-Ebene.
   d) Ermitteln Sie die gegenseitige Lage von g und $h\colon \vec{x} = \begin{pmatrix} 9 \\ 0 \\ 0 \end{pmatrix} + s\begin{pmatrix} -4 \\ 2 \\ -6 \end{pmatrix}$.

7. Berechnen Sie das Skalarprodukt der Vektoren $\vec{a}$ und $\vec{b}$. Entscheiden Sie damit, ob der Winkel zwischen den Vektoren ein spitzer, ein stumpfer oder ein rechter Winkel ist.
   a) $\vec{a} = \begin{pmatrix} 2 \\ 0 \\ -3 \end{pmatrix}$ $\vec{b} = \begin{pmatrix} 3 \\ 4 \\ 1 \end{pmatrix}$ b) $\vec{a} = \begin{pmatrix} 2 \\ 0 \\ -3 \end{pmatrix}$ $\vec{b} = \begin{pmatrix} -3 \\ 4 \\ 1 \end{pmatrix}$ c) $\vec{a} = \begin{pmatrix} 2 \\ 0 \\ -3 \end{pmatrix}$ $\vec{b} = \begin{pmatrix} 3 \\ 4 \\ 2 \end{pmatrix}$

Aufgaben mit Hilfsmitteln

8. Gegeben sind die Ebene E: $\vec{x} = \begin{pmatrix} 3 \\ 2 \\ 3 \end{pmatrix} + r\begin{pmatrix} 1 \\ -2 \\ 1 \end{pmatrix} + s\begin{pmatrix} -1 \\ 0 \\ 2 \end{pmatrix}$ und die Gerade g: $\vec{x} = \begin{pmatrix} 0 \\ 8 \\ 0 \end{pmatrix} + t\begin{pmatrix} 1 \\ -2 \\ 1 \end{pmatrix}$.

a) Berechnen Sie die Spurpunkte S_1, S_2 und S_3 von E und stellen Sie die Ebene anhand der Spurpunkte in einem Koordinatensystem dar.

b) Begründen Sie, dass die Gerade g in der Ebene E liegt und alle Punkte dieser Ebene enthält, deren x_1- und x_3-Koordinate gleich sind.

c) Ermitteln Sie, für welche t die Punkte von g im Dreieck $S_1S_2S_3$ liegen.

d) A und B sind die Mittelpunkte von $\overline{S_1S_3}$ bzw. $\overline{S_2S_3}$, ferner ist $C(-3|0|6)$ gegeben. Bestimmen Sie den Punkt D so, dass ABCD ein Parallelogramm ist. Zeigen Sie, dass es sich sogar um eine Raute handelt.
Tragen Sie in Ihre Zeichnung die Pyramide mit Grundfläche ABCD und Spitze S_3 ein.

e) Berechnen Sie den Flächeninhalt der Raute ABCD und das Volumen der Pyramide.

f) Berechnen Sie den Winkel zwischen den Kanten $\overline{S_3A}$ und $\overline{S_3C}$.
Bestimmen Sie alle z, für die das Dreieck AT_zC mit $T_z(0|0|z)$ bei T_z einen rechten Winkel hat.

g) Bestimmen Sie die Koordinaten eines Punktes P der Ebene E, dessen drei Koordinaten gleich sind.

h) Die Ursprungsgerade h verläuft durch den Punkt P. Geben Sie die besondere Eigenschaft aller Punkte dieser Geraden an. Begründen Sie, dass nicht jede beliebige Ebene einen Punkt mit drei gleichen Koordinaten enthält.

9. Ein Flugzeug befindet sich im Landeanflug auf den Flughafen Köln-Bonn. In einem Koordinatensystem, bei dem der Flughafen sich in der x_1x_2-Ebene befindet, beträgt seine Position um 10:05 Uhr $P(-7|-2|1{,}5)$ und um 10:06 Uhr $Q(-3{,}5|1|1{,}25)$.
Eine Längeneinheit entspricht 1 km.

a) Bestimmen Sie, wo sich das Flugzeug bei gleichbleibender Geschwindigkeit und konstantem Kurs um 10:07 Uhr und um 10:08 Uhr befindet.

b) Ermitteln Sie, zu welcher Uhrzeit und an welchem Punkt das Flugzeug auf dem Flughafen aufsetzt.

c) Die Spitzen der Türme des Kölner Doms haben die Koordinaten $(7|10|0{,}16)$. Entscheiden Sie, ob sich der Kurs des Flugzeugs eignet, um den Dom gefahrlos zu überfliegen. Bewerten Sie die Aussicht, die sich den Fluggästen auf den Dom bietet.

d) Berechnen Sie die Geschwindigkeit des Flugzeugs.

e) g' sei die Gerade, welche durch senkrechte Projektion der Flugbahn auf die x_1x_2-Ebene entsteht. Ermitteln Sie mithilfe von g' den Gleitwinkel des Flugzeugs (den Winkel zwischen Flugbahn und Erdboden).

f) Auf den Rheinwiesen im Punkt $W(9{,}25|13|0)$ lassen Kinder um 10:03 Uhr einen Luftballon steigen.
Er wird vom Wind etwas abgetrieben und steigt pro Minute um den Vektor $\begin{pmatrix} 0{,}25 \\ 0 \\ 0{,}05 \end{pmatrix}$.
Prüfen Sie, ob der Luftballon die Flugbahn des Flugzeugs kreuzt, und ob er mit dem Flugzeug kollidiert.

g) Ermitteln Sie den Zeitpunkt, an dem der Abstand zwischen dem Flugzeug und dem Ballon am kleinsten ist.

Prüfen Sie Ihr neues Fundament

Lösungen
↗ S. 336-338

1. Bringen Sie das LGS auf die ZSF und geben Sie die Lösungsmenge an.

a) $\left|\begin{array}{l} x_1 - 2x_2 + x_3 = 4 \\ 2x_1 + x_2 - x_3 = 7 \\ -3x_1 - x_2 + 4x_3 = -5 \end{array}\right|$
b) $\left|\begin{array}{l} 2x_1 - 4x_2 + x_3 - 6x_4 = 1 \\ 6x_1 - 4x_2 - 5x_3 + 2x_4 = -1 \\ -2x_1 + 2x_2 + x_3 + x_4 = 2 \end{array}\right|$
c) $\left|\begin{array}{l} 2x_1 + 4x_2 + 6x_3 = 2 \\ 2x_1 + 2x_2 + 9x_3 = 3 \\ 4x_1 + 10x_2 + 9x_3 = 3 \\ 4x_1 + 6x_2 + 15x_3 = 5 \end{array}\right|$

2. Die Punkte $A(1\,|\,-1\,|\,0)$ und $B(0\,|\,1\,|\,1)$ legen eine Gerade g fest.

a) Beurteilen Sie, welche der folgenden Gleichungen die Gerade g beschreiben. Es gilt jeweils $r \in \mathbb{R}$.

① $\vec{x} = \begin{pmatrix} 1 \\ -1 \\ 0 \end{pmatrix} + r\begin{pmatrix} 0 \\ 1 \\ 1 \end{pmatrix}$

② $\vec{x} = \begin{pmatrix} 0 \\ 1 \\ 1 \end{pmatrix} + r\begin{pmatrix} -1 \\ 2 \\ 1 \end{pmatrix}$

② $\vec{x} = \begin{pmatrix} -3 \\ 7 \\ 4 \end{pmatrix} + r\begin{pmatrix} 2 \\ -4 \\ -2 \end{pmatrix}$

b) Geben Sie eine weitere Parametergleichung für die Gerade g an.

3. Gegeben sind drei Punkte $O(0\,|\,0\,|\,0)$, $A(1\,|\,2\,|\,1)$ und $B(2\,|\,4\,|\,6)$.

a) Geben Sie eine Parametergleichung der Geraden g durch A und B an.
b) Weisen Sie nach, dass der Punkt O nicht auf g liegt.
c) Erläutern Sie, was durch die Gleichung $\vec{x} = \overrightarrow{OA} + r \cdot \overrightarrow{AB}$ mit $r \in \mathbb{R}$ und $0 \leq r \leq 2$ beschrieben wird.
d) Der Punkt C liegt auf der Geraden g und ist vom Punkt B doppelt so weit entfernt wie vom Punkt A. Beschreiben Sie, wie der Ortsvektor von C mit einer Parametergleichung der Geraden g berechnet werden kann.
e) Die Gerade h geht durch den Punkt $D(2\,|\,3\,|\,4)$ und verläuft parallel zur Geraden g. Geben Sie eine Parametergleichung der Geraden h an.

4. Gegeben sind die Punkte $A(-2\,|\,1\,|\,0)$ und $B(3\,|\,4\,|\,5)$.

a) Geben Sie eine Parametergleichung der Strecke $\overline{AB}$ an.
b) Ermitteln Sie die Länge der Strecke $\overline{AB}$.
c) Bestimmen Sie die Koordinaten des Mittelpunktes M der Strecke $\overline{AB}$.

5. Ermitteln Sie die gegenseitige Lage der Geraden g: $\vec{x} = \begin{pmatrix} 1 \\ -2 \\ 4 \end{pmatrix} + r\begin{pmatrix} 3 \\ 1 \\ 0 \end{pmatrix}$ und h
① ohne GTR, ② mit dem GTR.
Berechnen Sie gegebenenfalls den Schnittpunkt von g und h.

a) h: $\vec{x} = \begin{pmatrix} 8 \\ 1 \\ 2 \end{pmatrix} + s\begin{pmatrix} 1 \\ 1 \\ -2 \end{pmatrix}$
b) h: $\vec{x} = \begin{pmatrix} -1 \\ 6 \\ 5 \end{pmatrix} + s\begin{pmatrix} 1 \\ 1 \\ 1 \end{pmatrix}$
c) h: $\vec{x} = \begin{pmatrix} 2 \\ 0 \\ 4 \end{pmatrix} + s\begin{pmatrix} -6 \\ -2 \\ 0 \end{pmatrix}$

6. Ermitteln Sie den Schnittpunkt und den Schnittwinkel der Geraden
g: $\vec{x} = \begin{pmatrix} -1 \\ 0 \\ -1 \end{pmatrix} + r\begin{pmatrix} 3 \\ 1 \\ -2 \end{pmatrix}$ und h: $\vec{x} = \begin{pmatrix} 2 \\ 1 \\ -3 \end{pmatrix} + t\begin{pmatrix} 1 \\ 1 \\ 1 \end{pmatrix}$.

7. Untersuchen Sie, ob das Dreieck ABC einen rechten Innenwinkel hat, und berechnen Sie die Größe aller Innenwinkel.

a) $A(3\,|\,4\,|\,1)$, $B(7\,|\,4\,|\,3)$, $C(1\,|\,5\,|\,15)$
b) $A(1\,|\,2\,|\,4)$, $B(2\,|\,-3\,|\,1)$, $C(5\,|\,6\,|\,4)$

8. Gegeben ist der Vektor $\vec{a} = \begin{pmatrix} 4 \\ 2 \\ 1 \end{pmatrix}$.

a) Bestimmen Sie einen Vektor $\vec{b}$, sodass $\vec{a}$ und $\vec{b}$ senkrecht zueinander sind.
b) Ermitteln Sie einen dritten Vektor $\vec{c}$, der sowohl zu $\vec{a}$ als auch zu $\vec{b}$ orthogonal ist.

Lösungen
↗ S. 338/339

9. Die Punkte $P_t(-t\,|\,3+t\,|\,3)$ mit $t \in \mathbb{R}$ liegen auf einer Geraden g.

a) Geben Sie eine Parametergleichung für die Gerade g an und beschreiben Sie die Lage dieser Geraden im Koordinatensystem.

b) Geben Sie je eine Parametergleichung einer Geraden h an, die
① parallel, aber nicht identisch zu g ist, ② genau einen Schnittpunkt mit g hat,
③ windschief zu g ist.

10. Gegeben sind die Punkte $P(-1\,|\,0\,|\,0)$, $Q(0\,|\,3\,|\,0)$ und $R(0\,|\,0\,|\,2)$.

a) Begründen Sie, dass P, Q und R eine Ebene E festlegen.

b) Beurteilen Sie, ob folgende Gleichungen eine Parametergleichung von E beschreiben. Es gilt jeweils $s, t \in \mathbb{R}$.

① $\vec{x} = \begin{pmatrix} -1 \\ 0 \\ 0 \end{pmatrix} + s\begin{pmatrix} 1 \\ 3 \\ 0 \end{pmatrix} + t\begin{pmatrix} 1 \\ 0 \\ 2 \end{pmatrix}$

② $\vec{x} = \begin{pmatrix} -2 \\ 0 \\ -4 \end{pmatrix} + s\begin{pmatrix} 1 \\ 0 \\ 2 \end{pmatrix} + t\begin{pmatrix} 0 \\ -3 \\ 2 \end{pmatrix}$

c) Geben Sie eine weitere Parametergleichung für E an.

d) Geben Sie die Koordinaten zweier weiterer Punkte S und T an, die in E liegen.

e) Untersuchen Sie, ob die Punkte $O(0\,|\,0\,|\,0)$ und $U(2\,|\,3\,|\,4)$ in E liegen.

11. Gegeben sind die Punkte $A(5\,|\,2\,|\,1)$, $B(2\,|\,4\,|\,6)$ und $C(4\,|\,4\,|\,4)$.

a) Stellen Sie eine Parametergleichung der Ebene auf, in der A, B und C liegen.

b) Ermitteln Sie die Koordinaten eines Punktes D, sodass das Viereck ABCD ein Parallelogramm beschreibt. Erläutern Sie Ihr Vorgehen.

c) Zeigen Sie, dass sich die Diagonalen in diesem Parallelogramm halbieren. Geben Sie die Koordinaten des Diagonalenschnittpunktes an.

d) Prüfen Sie, ob die Diagonalen im Parallelogramm ABCD senkrecht aufeinander stehen.

12. Die Abbildung zeigt eine Pyramide OABC.

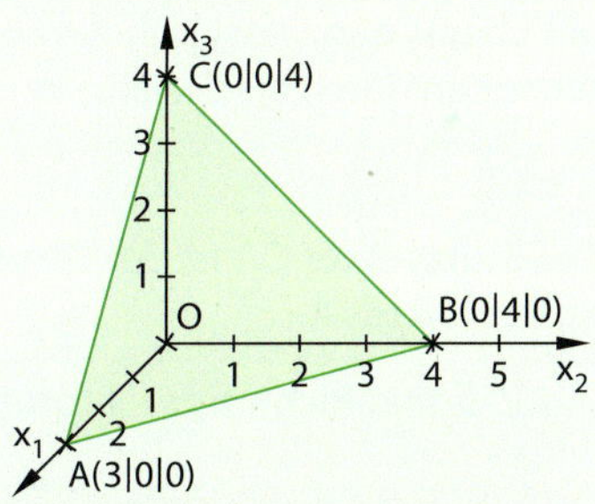

a) Stellen Sie zu den vier Ebenen, in denen die vier Seitenflächen der Pyramide liegen, Parametergleichungen auf.

b) Ermitteln Sie die Koordinaten des Mittelpunktes M der Strecke $\overline{AB}$. Berechnen Sie den Winkel, den die Strecken $\overline{OM}$ und $\overline{MC}$ einschließen.

c) Ermitteln Sie die Koordinaten des Schnittpunktes S der Seitenhalbierenden des Dreiecks ABC.

d) Geben Sie eine Parametergleichung einer Ebene E an, welche die Pyramide in zwei volumengleiche Teilkörper zerlegt.

13. Ein quadratisches Sonnensegel ist 2 m parallel über dem ebenen Boden angebracht. Vereinfachend wird angenommen, dass das Sonnensegel eine ebene Fläche bildet. Die Eckpunkte des Sonnensegels seien $A(0\,|\,-2\,|\,2)$, $B(2\,|\,-2\,|\,2)$, $C(2\,|\,0\,|\,2)$ und $D(0\,|\,0\,|\,2)$. Die parallelen Sonnenstrahlen haben die Richtung $\begin{pmatrix} -6 \\ 4 \\ -2 \end{pmatrix}$.

a) Ermitteln Sie die Koordinaten der Schattenpunkte A′, B′, C′ und D′ auf dem Erdboden.

b) Beschreiben Sie die Gestalt des Schattens des Sonnensegels.

c) Ermitteln Sie den Inhalt der Schattenfläche.

Zusammenfassung

Parametergleichung einer Geraden

Ist A ein Punkt einer Geraden und $\vec{u}$ ein Vektor in Richtung der Geraden, dann lässt sich die Gerade beschreiben durch die Gleichung:

$\vec{x} = \overrightarrow{OA} + r \cdot \vec{u} \quad (r \in \mathbb{R})$

Der **Stützvektor** $\overrightarrow{OA}$ ist der Ortsvektor des **Stützpunktes** A und $\vec{u}$ ist der **Richtungsvektor** der Geraden.

Für jeden Wert des **Parameters** r erhält man den Ortsvektor $\vec{x}$ des entsprechenden Punktes X der Geraden.

Gesucht ist die Gleichung der Geraden durch die Punkte A(1 | 1 | 3) und B(−1 | 5 | 1).

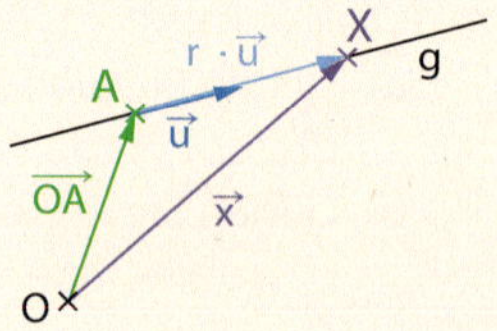

Stützvektor: $\overrightarrow{OA} = \begin{pmatrix} 1 \\ 1 \\ 3 \end{pmatrix}$

Richtungsvektor: $\overrightarrow{AB} = \begin{pmatrix} -1-1 \\ 5-1 \\ 1-3 \end{pmatrix} = \begin{pmatrix} -2 \\ 4 \\ -2 \end{pmatrix}$

Geradengleichung: $g_{AB}: \vec{x} = \begin{pmatrix} 1 \\ 1 \\ 3 \end{pmatrix} + r\begin{pmatrix} -2 \\ 4 \\ -2 \end{pmatrix}$

Lagebeziehungen zweier Geraden

Zwei Geraden im Raum können sich schneiden, identisch sein, echt parallel oder windschief zueinander verlaufen.

Durch Gleichsetzen der Geradengleichungen ergibt sich ein LGS. Die Lösungsmenge und die Lage der Richtungsvektoren bestimmen, welcher Fall vorliegt.

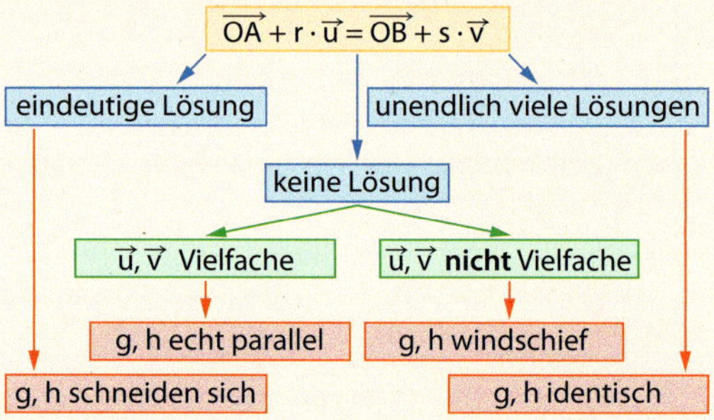

Parametergleichung einer Ebene

Ist A ein Punkt einer Ebene und sind $\vec{u}$ und $\vec{v}$ zwei nicht kollineare Vektoren in Richtung der Ebene, dann lässt sich die Ebene beschreiben durch die Gleichung:

$\vec{x} = \overrightarrow{OA} + r \cdot \vec{u} + s \cdot \vec{v} \quad (r, s \in \mathbb{R})$

Der **Stützvektor** $\overrightarrow{OA}$ ist der Ortsvektor des **Stützpunktes** A.

$\vec{u}$ und $\vec{v}$ sind **Richtungsvektoren** der Ebene.

Gesucht: Ebene durch die Punkte A(1 | −5 | 1), B(3 | 1 | 0) und C(0 | 4 | −8)

$\overrightarrow{AB} = \begin{pmatrix} 2 \\ 6 \\ -1 \end{pmatrix}, \overrightarrow{AC} = \begin{pmatrix} -1 \\ 9 \\ -9 \end{pmatrix}$

$\overrightarrow{AC}$ und $\overrightarrow{AB}$ sind nicht kollinear.

$E: \vec{x} = \overrightarrow{OA} + r \cdot \overrightarrow{AB} + s \cdot \overrightarrow{AC}$

$= \begin{pmatrix} 1 \\ -5 \\ 1 \end{pmatrix} + r\begin{pmatrix} 2 \\ 6 \\ -1 \end{pmatrix} + s\begin{pmatrix} -1 \\ 9 \\ -9 \end{pmatrix}$

Skalarprodukt und orthogonale Vektoren

Für Vektoren $\vec{a}$ und $\vec{b}$ heißt

$\vec{a} \cdot \vec{b} = \begin{pmatrix} a_1 \\ a_2 \\ a_3 \end{pmatrix} \cdot \begin{pmatrix} b_1 \\ b_2 \\ b_3 \end{pmatrix} = a_1b_1 + a_2b_2 + a_3b_3$

das **Skalarprodukt** von $\vec{a}$ und $\vec{b}$.

Zwei Vektoren $\vec{a} \neq \vec{0}$ und $\vec{b} \neq \vec{0}$ sind genau dann zueinander **orthogonal** (senkrecht), wenn ihr Skalarprodukt gleich null ist, also $\vec{a} \cdot \vec{b} = 0$ gilt.

Gegeben: $\vec{a} = \begin{pmatrix} 7 \\ -3 \\ 5 \end{pmatrix}, \vec{b} = \begin{pmatrix} 2 \\ 8 \\ 2 \end{pmatrix}, \vec{c} = \begin{pmatrix} -1 \\ 5 \\ 4 \end{pmatrix}$

$\vec{a} \cdot \vec{b} = \begin{pmatrix} 7 \\ -3 \\ 5 \end{pmatrix} \cdot \begin{pmatrix} 2 \\ 8 \\ 2 \end{pmatrix} = 14 - 24 + 10 = 0$

$\vec{a}$ ist orthogonal zu $\vec{b}$.

$\vec{a} \cdot \vec{c} = \begin{pmatrix} 7 \\ -3 \\ 5 \end{pmatrix} \cdot \begin{pmatrix} -1 \\ 5 \\ 4 \end{pmatrix} = -7 - 15 + 20 = -2 \neq 0$

$\vec{a}$ ist nicht orthogonal zu $\vec{c}$.

Winkel

Für den **Winkel α zwischen zwei Vektoren** $\vec{a} \neq \vec{0}$ und $\vec{b} \neq \vec{0}$ gilt:

$\cos(\alpha) = \frac{\vec{a} \cdot \vec{b}}{|\vec{a}| \cdot |\vec{b}|} \quad (0° \leq \alpha \leq 180°)$

Gegeben: $\vec{a} = \begin{pmatrix} -2 \\ 6 \\ 4 \end{pmatrix}$ und $\vec{b} = \begin{pmatrix} 3 \\ 1 \\ -1 \end{pmatrix}$

$\cos(\alpha) = \frac{-2 \cdot 3 + 6 \cdot 1 + 4 \cdot (-1)}{\sqrt{(-2)^2 + 6^2 + 4^2} \cdot \sqrt{3^2 + 1^2 + (-1)^2}} \approx -0{,}161$

$\alpha \approx \cos^{-1}(-0{,}161) \approx 99{,}3°$

6. Grundbegriffe der Wahrscheinlichkeitsrechnung

Wenn man Lose auf dem Rummel kauft, dann entscheidet der Zufall, ob man gewinnt. Mithilfe des Erwartungswerts aber lässt sich errechnen, bei wie vielen der gekauften Lose man einen Gewinn erwarten kann.

Nach diesem Kapitel können Sie …

- zufällige Vorgänge mithilfe von Zufallsgrößen beschreiben und Wahrscheinlichkeitsverteilungen untersuchen,
- mit dem Erwartungswert faire Spiele erkennen,
- Lage- und Streumaße von Häufigkeitsverteilungen berechnen und interpretieren.

Lösungen
↗ S. 339

Durchschnitte und Häufigkeiten ermitteln

1. Ergänzen Sie die Tabelle im Heft.

Gruppe	A	B	C	gesamt
absolute Häufigkeit			45	60
relative Häufigkeit	20 %			

2. Beim Sportfest erreichten die Jungen einer Klasse beim Kugelstoßen (5 kg) folgende Ergebnisse: 6,85 m; 10,00 m; 11,20 m; 7,95 m; 7,00 m; 9,50 m; 7,00 m; 9,35 m; 9,85 m; 10,50 m
Bestimmen Sie das Maximum, das Minimum, die Spannweite, den Median und das arithmetische Mittel der erzielten Weiten.

3. Berechnen Sie den Zensurendurchschnitt der Mathematik-Klausur der beiden Klassen.

Klasse 10a:

Zensur	1	2	3	4	5	6
Anzahl	2	3	10	3	2	0

Klasse 10b:

Zensur	1	2	3	4	5	6
Anzahl	2	4	9	6	2	1

Ermitteln Sie, in welcher Klasse es absolut (relativ) mehr Schüler gab, die die Zensuren 1 und 2 erhalten haben.

4. Gegeben ist der Messwert 10,5 cm. Geben Sie weitere Messwerte so an, dass eine Messreihe mit fünf Werten und folgenden Eigenschaften entsteht:
a) Ihr arithmetisches Mittel ist 10,0 cm.
b) Ihr größter Messwert ist 12,0 cm und das arithmetische Mittel ist 9,0 cm.
c) Ihr Median ist 10,5 cm, ihre Spannweite 2,0 cm und ihr arithmetisches Mittel 9,7 cm.

Diagramme erstellen und auswerten

5. Das Diagramm stellt die Anzahl der Jungen (J) und Mädchen (M) der Klassen 10a, 10b und 10c einer Schule dar.
a) Entnehmen Sie dem Diagramm, wie viele Jungen insgesamt die drei zehnten Klassen besuchen.
b) Ermitteln Sie, wie viele Schüler insgesamt die drei zehnten Klassen besuchen.

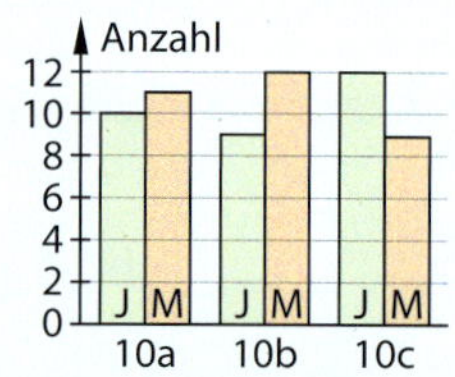

6. Im Schuljahr 2015/16 besuchten in Deutschland 2,8 Millionen Schüler die Primarstufe, 4,1 Millionen die Sekundarstufe I und etwa 1 Million die Sekundarstufe II. Nach Schätzungen werden 2030 ca. 3,2 Millionen die Primarstufe, 4,5 Millionen die Sekundarstufe I und etwa 0,9 Millionen die Sekundarstufe II besuchen.
a) Stellen Sie die Schülerzahlen des Schuljahrs 2015/16 in einem Säulen- und in einem Kreisdiagramm dar.
b) Stellen Sie die Entwicklung der Schülerzahlen in einem geeigneten Diagramm dar.

7. Die Veranstalter einer Kunstausstellung erfassten anhand der verkauften Eintrittskarten die Anzahl der Besucher. Stellen Sie den Sachverhalt in einem Diagramm dar.

ermäßigt	normal	Kinder und Jugendliche
354	412	257

Zufallsexperimente

Lösungen
↗ S. 340

8. Überprüfen Sie, ob es sich um ein Laplace-Experiment handelt. Wenn ja, ermitteln Sie die Wahrscheinlichkeit für das Ereignis E.
   a) Ein Glücksrad mit 9 gleich großen Sektoren, die mit den Zahlen 1 bis 9 bezeichnet sind, wird gedreht. E: Eine gerade Zahl wird gedreht.
   b) Aus dem Wort ABITUR wird zufällig ein Buchstabe ausgewählt. E: Der Buchstabe T wird gewählt.
   c) Ein Elfmeter wird geschossen. E: Der Schuss wird gehalten.

9. Die Tabelle zeigt die Wahrscheinlichkeiten beim Drehen eines Glücksrads mit Sektoren 1 bis 5.

Sektor X	1	2	3	4	5
P(X)	$\frac{1}{5}$	$\frac{1}{4}$	$\frac{1}{3}$	$\frac{1}{6}$	

   a) Ergänzen Sie die Tabelle im Heft und zeichnen Sie das Glücksrad.
   b) Ermitteln Sie die Wahrscheinlichkeit für das Ereignis E: Eine ungerade Zahl wird gedreht.
   c) Geben Sie die Ergebnisse zum Gegenereignis $\overline{E}$ und die Wahrscheinlichkeit $P(\overline{E})$ an.

10. Ein Rubbellos enthält 6 Felder. Hinter zwei Feldern verbirgt sich „GEWINN" und hinter vier Feldern „NIETE". Es werden zufällig zwei Felder freigerubbelt. Ein Los, bei dem zweimal GEWINN erscheint, gewinnt. Erstellen Sie dazu ein Baumdiagramm und tragen Sie alle Pfadwahrscheinlichkeiten ein.

11. In einer Klasse sind 14 Mädchen und 12 Jungen. 10 Jungen und 9 Mädchen dieser Klasse haben als 2. Fremdsprache Französisch.
Ein Mitglied der Klasse soll zufällig ausgewählt werden. Stellen Sie diesen Zufallsversuch unter Angabe aller Pfadwahrscheinlichkeiten mithilfe eines Baumdiagramms dar, das zuerst nach Mädchen oder Junge verzweigt.

Vermischtes

12. Berechnen Sie ohne Taschenrechner.
   a) $\frac{2\cdot3\cdot4\cdot5}{4\cdot5\cdot6}+\frac{5\cdot6\cdot7}{3\cdot4\cdot5}$ b) $\frac{(1{,}5-1{,}3)^2+2\cdot(1{,}2-1{,}3)^2+(1{,}6-1{,}3)^2}{3}$ c) $\frac{2-7+4+1}{4}+\frac{1\cdot2\cdot3}{2+3+4}$
   d) $0{,}1\cdot(24{,}4-24{,}5)^2+0{,}2\cdot(24{,}7-24{,}5)^2+0{,}7\cdot(25{,}0-24{,}5)^2$ e) $\frac{4+3+1}{3}+\frac{3+4+5}{5}$

13. Vervollständigen Sie die Tabelle.

Anteil als Bruch	$\frac{1}{100}$			$\frac{2}{5}$			$\frac{2}{3}$
Anteil als Dezimalzahl			0,25			0,125	
Anteil in Prozent		10 %			$33,\overline{3}$ %		

14. Geben Sie den Anteil in Prozent an.
   a) Jeder zehnte Junge des Schiller-Gymnasiums spielt ein Instrument.
   b) Jedes sechste Mädchen des Gymnasiums treibt regelmäßig Sport.
   c) Jedes zweite Mädchen des Gymnasiums liest gern.
   d) 3 von 12 Jungen spielen Gitarre.
   e) $\frac{2}{5}$ der Mädchen haben ein Haustier.

6.1 Lage- und Streumaße von Stichproben

■ Max möchte wissen, wie viel die Schüler seiner Jahrgangsstufe durchschnittlich pro Monat für ihre Handygebühren ausgeben.
a) Beschreiben Sie ein mögliches Vorgehen.
b) Erläutern Sie, ob es reicht, wenn Max 3, 10 oder 25 Mitschüler befragt. ■

Lagemaße

Kennzahlen wie der Median oder das arithmetische Mittel zählen zu den **Lagemaßen**. Sie geben Auskunft über den „typischen Wert" oder das Zentrum einer Liste.

Ein Mathematik-Grundkurs mit 20 Schülern erzielte das nebenstehende Klausurergebnis. Das arithmetische Mittel gibt den Klassendurchschnitt an.

Note	1	2	3	4	5	6
Anzahl	0	3	8	3	4	2

Arithmetisches Mittel:

$$\bar{x} = \frac{2+2+2+3+3+\ldots+6+6}{20} = \frac{74}{20} = 3{,}7$$

Liegt die Häufigkeitsverteilung vor, so ist es einfacher die Werte mit ihren absoluten Häufigkeiten zu multiplizieren, anstatt sie alle einzeln aufzusummieren.

jeweils Anzahl mal Note

$$\bar{x} = \frac{0\cdot 1+2\cdot 3+8\cdot 3+3\cdot 4+4\cdot 5+2\cdot 6}{20}$$

$$= \frac{6+24+12+20+12}{20} = \frac{74}{20}$$

Man kann das arithmetische Mittel aber auch mithilfe von relativen Häufigkeiten bestimmen. Dazu teilt man die absoluten Häufigkeiten durch die Anzahl $n = 20$.
Die vorkommenden Werte werden also mit ihrem „Anteil am Ganzen" gewichtet.

$$\bar{x} = \frac{0}{20}\cdot 1 + \frac{3}{20}\cdot 2 + \frac{8}{20}\cdot 3 + \frac{3}{20}\cdot 4 + \frac{4}{20}\cdot 5 + \frac{2}{20}\cdot 6$$

$$= 0{,}1 + 0{,}15\cdot 2 + 0{,}4\cdot 3 + 0{,}15\cdot 4 + 0{,}2\cdot 5 + 0{,}1\cdot 6$$

$$= 3{,}7$$

Erinnerung:
Merkmale sind die Eigenschaften von Daten, die untersucht, gemessen oder beobachtet werden sollen.

Definition: Arithmetisches Mittel
Bei einer Liste mit n Daten $x_1, x_2, \ldots, x_n$ gilt für das arithmetische Mittel: $\bar{x} = \frac{x_1 + x_2 + \ldots + x_n}{n}$
Das arithmetische Mittel eines Merkmals mit den Werten x_i und ihren relativen Häufigkeiten h_i errechnet sich durch: $\bar{x} = h_1 \cdot x_1 + h_2 \cdot x_2 + \ldots + h_k \cdot x_k$

Beispiel 1: Bei einem Quiz wurden fünf Fragen gestellt. Die Tabelle zeigt, wie viele richtige Antworten von wie vielen Kandidaten gegeben wurden.

Anzahl richtige Antworten	1	2	3	4	5
Anzahl Kandidaten	4	7	12	9	2

Berechnen Sie die relativen Häufigkeiten und ermitteln Sie damit, wie viele richtige Antworten im Mittel gegeben wurden.

Lösung:
Insgesamt haben 34 Kandidaten teilgenommen (Summe der Kandidaten).
Teilen Sie die absoluten Häufigkeiten durch die Gesamtzahl. Setzen Sie die errechneten relativen Häufigkeiten in die Formel ein.
Im Mittel wurden knapp 3 Fragen richtig beantwortet.

$$h_1 = \frac{4}{34};\ h_2 = \frac{7}{34};\ h_3 = \frac{12}{34};\ h_4 = \frac{9}{34};\ h_5 = \frac{2}{34}$$

$$\bar{x} = h_1 \cdot x_1 + h_2 \cdot x_2 + \ldots + h_5 \cdot x_5$$

$$= \frac{4}{34}\cdot 1 + \frac{7}{34}\cdot 2 + \frac{12}{34}\cdot 3 + \frac{9}{34}\cdot 4 + \frac{2}{34}\cdot 5$$

$$= \frac{100}{34} = \frac{50}{17} \approx 2{,}94$$

Basisaufgaben

1. Bestimmen Sie den Median und das arithmetische Mittel.
a) 5; 6; 8; 7; 1; 2; 4; 6
b) 8; 9; 7; 7; 7; 0; 5; 2; 3; 4
c) 120 g; 508 g; 407 g; 256 g; 845 g; 87 g
d) 3 m; 45 cm; 65 cm; 2,5 m; 80 cm; 1 m

Erinnerung:
Der Median ist der mittlere Wert einer geordneten Datenliste (bei ungerader Anzahl) bzw. das arithmetische Mittel der beiden mittleren Werte (bei gerader Anzahl).

2. Das Diagramm zeigt das Ergebnis einer Klassenarbeit.
a) Geben Sie an, wie viele Schüler die Klausur mitgeschrieben haben.
b) Ermitteln Sie das arithmetische Mittel der erteilten Zensuren.

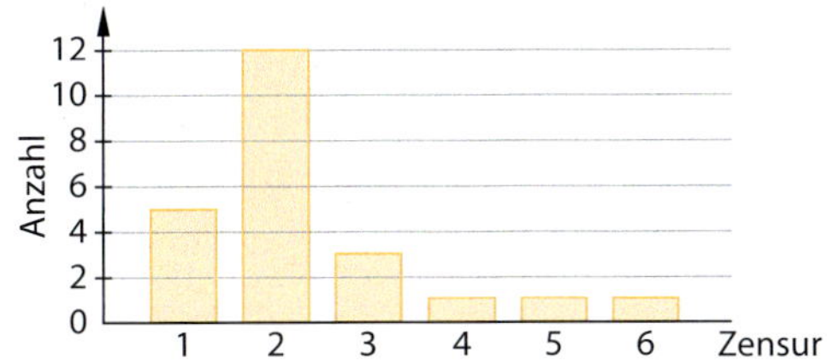

3. Die Tabelle zeigt einen Klausurspiegel.

Note	1	2	3	4	5	6
Anzahl	2	3	10	11	7	2

a) Berechnen Sie das arithmetische Mittel, indem Sie jeden Wert mit seiner absoluten Häufigkeit multiplizieren und die Gesamtsumme durch die Gesamtzahl teilen.
b) Berechnen Sie das arithmetische Mittel mithilfe der relativen Häufigkeiten. Vergleichen Sie die beiden Methoden.

4. **Median bei einer Häufigkeitsverteilung:**
Eine Gruppe von Personen wurde nach der Anzahl ihrer Geschwister befragt.

Geschwister	0	1	2	3	4	7
Nennungen	34	56	21	11	4	1

a) Geben Sie die Gesamtzahl an.
b) Erläutern Sie, wie man den Median berechnen kann, und geben Sie seinen Wert an.

5. Gegeben ist eine Häufigkeitsverteilung.

Messwert	3	1	8	4	0	6
Häufigkeit	2	7	7	4	3	0

a) Zeichnen Sie ein Säulendiagramm.
b) Berechnen Sie das arithmetische Mittel.
c) Ermitteln Sie den Median.

Streumaße

Neben den Lagemaßen als komprimierte, aussagekräftige Maßzahlen für Daten gibt es **Streumaße**. Sie geben Auskunft darüber, wie stark die Daten um einen Mittelwert streuen bzw. von ihm abweichen. Ein bereits bekanntes Streumaß ist die **Spannweite**. Diese berücksichtigt aber nur den größten und kleinsten Wert der Datenliste.

Trotz gleichem Mittelwert kann die Streuung variieren. Die Diagramme zeigen die Anzahl der Fehler zweier Schüler in den letzten sechs Vokabeltests. Das arithmetische Mittel beträgt für beide Schüler 5.

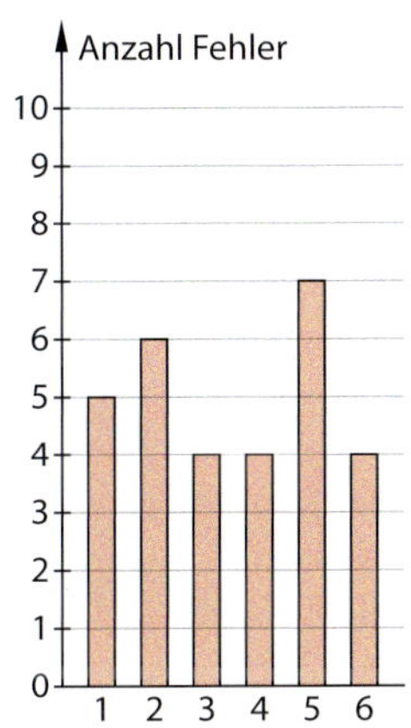

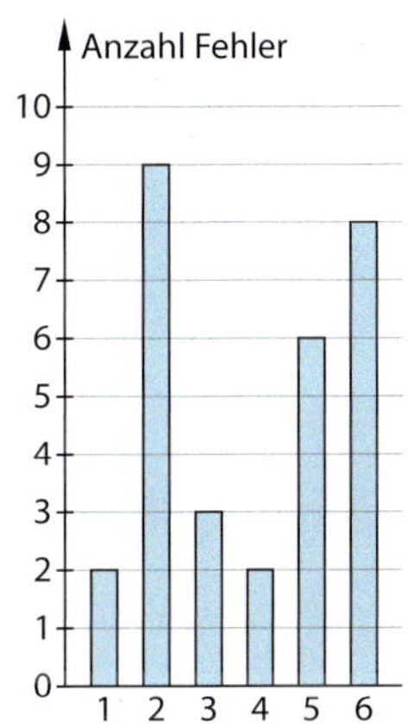

Für ein aussagekräftiges Streumaß um den Mittelwert sollen große Abweichungen stärker ins Gewicht fallen als kleine. Ferner sollen sich die Abweichungen nicht aufheben können, alle Werte sollen positiv sein. Daher geht man zum Quadrat der Differenz zwischen dem jeweiligen Wert x_i und dem Mittelwert $\overline{x}$ über, also zu $(x_i - \overline{x})^2$.

Die **mittlere quadratische Abweichung** (die **Varianz**) der Werte vom arithmetischen Mittel berechnet sich für die Diagramme wie folgt:

rot: $s^2 = \frac{1}{6} \cdot ((5-5)^2 + (6-5)^2 + (4-5)^2 + (4-5)^2 + (7-5)^2 + (4-5)^2) = \frac{8}{6} = \frac{4}{3}$

blau: $s^2 = \frac{1}{6} \cdot ((2-5)^2 + (9-5)^2 + (3-5)^2 + (2-5)^2 + (6-5)^2 + (8-5)^2) = \frac{48}{6} = 8$

Hinweis:
Der Begriff „empirisch" bedeutet, dass sich die Daten auf Stichproben beziehen.

Definition: Empirische Varianz und empirische Standardabweichung

Bei einer Liste mit n Daten $x_1, x_2, \ldots, x_n$ und dem arithmetischen Mittel $\overline{x}$ heißt die mittlere quadratische Abweichung s^2 der Daten vom Mittelwert **empirische Varianz**:

$$s^2 = \frac{1}{n} \cdot ((x_1 - \overline{x})^2 + (x_2 - \overline{x})^2 + \ldots + (x_n - \overline{x})^2)$$

Die Wurzel s aus der empirischen Varianz ist die **empirische Standardabweichung.**

Oft wird die Standardabweichung statt der Varianz betrachtet, damit das Streumaß und die Daten die gleiche Einheit haben.

Hinweis:
Die quadratischen Abweichungen der Werte von $\overline{x}$ werden mit ihren relativen Häufigkeiten gewichtet.

Definition: Empirische Standardabweichung mit relativen Häufigkeiten

Bei einer Liste mit Daten x_i, ihren relativen Häufigkeiten h_i und dem arithmetischen Mittel $\overline{x}$ gilt für die **empirische Standardabweichung:**

$$s = \sqrt{h_1 \cdot (x_1 - \overline{x})^2 + h_2 \cdot (x_2 - \overline{x})^2 + \ldots + h_k \cdot (x_k - \overline{x})^2}$$

Beispiel 1: Die Tabelle zeigt das Ergebnis der letzten Klausur von zwei Kursen.

Note	1	2	3	4	5	6
Kurs 1	3	5	16	12	3	1
Kurs 2	8	10	5	5	5	7

a) Berechnen Sie jeweils das arithmetische Mittel.
b) Vergleichen Sie die Ergebnisse mithilfe der empirischen Standardabweichungen.

Lösung:

a) Beide Kurse haben trotz deutlicher Unterschiede in der Notenverteilung die gleiche Durchschnittsnote.

Kurs 1:
$\overline{x} = \frac{3 \cdot 1 + 5 \cdot 2 + 16 \cdot 3 + 12 \cdot 4 + 3 \cdot 5 + 1 \cdot 6}{40} = 3{,}25$

Kurs 2:
$\overline{x} = \frac{8 \cdot 1 + 10 \cdot 2 + 5 \cdot 3 + 5 \cdot 4 + 5 \cdot 5 + 7 \cdot 6}{40} = 3{,}25$

b) Die unterschiedliche Notenverteilung wird in der deutlichen Abweichung im Streumaß deutlich.
Die empirische Standardabweichung s ist in Kurs 1 geringer als in Kurs 2.
Es gibt in Kurs 1 mehr Noten in der Nähe des arithmetischen Mittels und weniger Ausreißer (Einsen und Sechsen).

Kurs 1: $s^2 = \frac{3}{40} \cdot (1 - 3{,}25)^2 + \frac{5}{40} \cdot (2 - 3{,}25)^2 + \frac{16}{40} \cdot (3 - 3{,}25)^2 + \frac{12}{40} \cdot (4 - 3{,}25)^2 + \frac{3}{40} \cdot (5 - 3{,}25)^2 + \frac{1}{40} \cdot (6 - 3{,}25)^2 = 1{,}1875$

$s \approx 1{,}1$

Kurs 2: $s^2 = \frac{8}{40} \cdot (1 - 3{,}25)^2 + \frac{10}{40} \cdot (2 - 3{,}25)^2 + \frac{5}{40} \cdot (3 - 3{,}25)^2 + \frac{5}{40} \cdot (4 - 3{,}25)^2 + \frac{5}{40} \cdot (5 - 3{,}25)^2 + \frac{7}{40} \cdot (6 - 3{,}25)^2 = 3{,}1875$

$s \approx 1{,}8$

Hinweis zu 6:
Unter den Werten finden Sie die gerundeten Maßzahlen der Lösungen.

11
3,14
62,86
3,3
7,93
1,82

Basisaufgaben

6. Bestimmen Sie das arithmetische Mittel, die empirische Varianz und die empirische Standardabweichung.
a) 1; 5; 6; 10; 10; 25; 20
b) 2 cm; 3 cm; 5 cm; 1 cm; 1 cm; 6 cm; 40 mm

7. Eine schulinterne Vergleichsklausur zum Ende der Mittelstufe ergab in zwei Kursen folgendes Ergebnis:

Kurs 1: 1: 3; 2: 3; 3: 5; 4: 2; 5: 8; 6: 4   Kurs 2: 1: 0; 2: 4; 3: 11; 4: 5; 5: 4; 6: 0

a) Schätzen Sie begründet, welcher der Kurse eine größere Standardabweichung haben wird, und erläutern Sie, worauf Sie dabei besonders achten.

b) Überprüfen Sie Ihre Vermutung aus a) mit einer Rechnung.

8. Berechnen Sie das arithmetische Mittel, die Varianz sowie die empirische Standardabweichung der Häufigkeitsverteilung. Visualisieren Sie die Häufigkeitsverteilung dann in einer geeigneten Form.

a)

x	1	2	3	4
f(x)	$\frac{1}{8}$	$\frac{2}{8}$	$\frac{3}{8}$	$\frac{2}{8}$

b)

x	−1	0	4	5	6
f(x)	$\frac{1}{8}$	$\frac{2}{8}$	$\frac{3}{8}$	$\frac{1}{8}$	$\frac{1}{8}$

9. Eine Klausur in einer Klasse mit 31 Schülerinnen und Schülern fiel wie folgt aus:

Noten Mädchen:

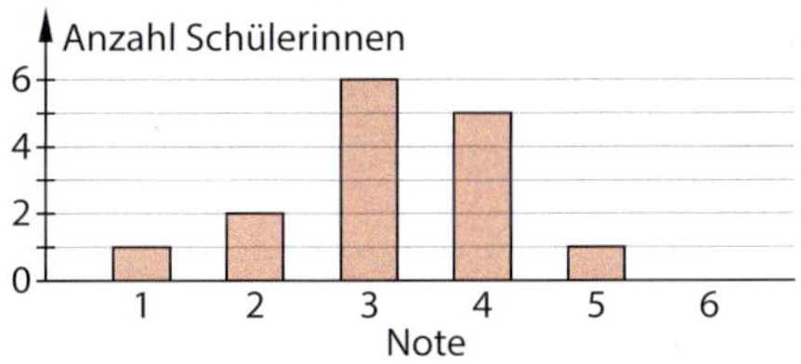

Noten Jungen:

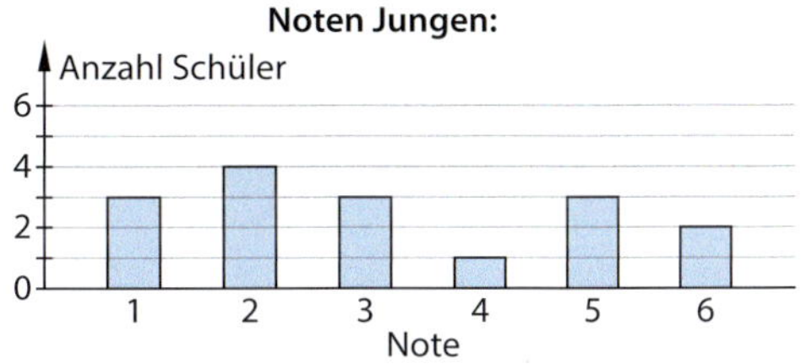

a) Berechnen Sie Durchschnittsnote und Spannweite für beide Geschlechter.

b) Berechnen Sie die Standardabweichung für beide Geschlechter und interpretieren Sie sie. Haben die Mädchen oder die Jungen besser abgeschnitten? Erläutern Sie.

10. Zwei Sportler eines Teams vergleichen ihre Leistungen im Kniebeugen über das letzte Trainingshalbjahr hinweg. Es ergeben sich folgende Werte:

Monat	1	2	3	4	5	6
Sportler A	150 kg	170 kg	175 kg	175 kg	180 kg	180 kg
Sportler B	180 kg	183 kg	185 kg	184 kg	188 kg	180 kg

a) Vergleichen Sie die Ergebnisse der beiden Sportler hinsichtlich der Kenngrößen Median, arithmetisches Mittel, Standardabweichung und Spannweite. Interpretieren Sie diese Größen, bewerten Sie ihre Aussagekraft und geben Sie mögliche Ursachen für die unterschiedliche Entwicklungskurve der beiden Sportler im Sachkontext an.

b) Verglichen werden ein professioneller Gewichtheber und ein Hobbysportler in diesem Bereich.
Begründen Sie, welcher der beiden jeweils die größere Spannweite, den größeren Mittelwert, die größere Standardabweichung und das größere Maximum haben wird.

11. 30 Schüler einer Klasse haben ein Durchschnittsgewicht von 70 kg. Nach langer Krankheit hat ein Schüler 20 kg abgenommen.

a) Geben Sie an, wie sich das arithmetische Mittel ändert.

b) Tom behauptet, dass auch die Standardabweichung kleiner wird.
Beurteilen Sie seine Aussage. Geben Sie verschiedene Beispiele an.

Weiterführende Aufgaben

12. Im Pfadfinderlager gibt es einen Hindernislauf durch den Wald. Die schnellere Gruppe soll einen Preis bekommen. Die Zeiten aller Teilnehmer sind:
Gruppe A: 50 s; 58 s; 1 min 2 s; 53 s   Gruppe B: 59 s; 51 s; 1 min 23 s; 45 s; 52 s
Finden Sie für beide Gruppen eine Begründung, warum sie den Preis verdienen.

13. **Stolperstelle:** Chris erzählt seinen Freunden vom letzten Mathe-Test. Er hat eine 3 bekommen und behauptet: „Ich war besser als der Durchschnitt, also gibt es mehr Schüler mit einer schlechteren Note als Schüler mit einer besseren Note."
Beurteilen Sie die Aussage von Chris. Finden Sie verschiedene Beispiele für die Situation.

14. 20 Schrauben in einer Kiste wiegen durchschnittlich 5 g.
a) Eine 7 g schwere Schraube wird in die Kiste gelegt. Berechnen Sie das neue Durchschnittsgewicht der Schrauben.
b) Geben Sie an, wie schwer die neue Schraube sein müsste, um das Durchschnittsgewicht um 1 g anzuheben.
c) Bearbeiten Sie Teilaufgabe b) für den Fall, dass in der Kiste 15 Schrauben mit einem Durchschnittsgewicht von 6 g liegen.

15. Das arithmetische Mittel der Zahlen 10, 32, 11, x, 20, 10 und 47 ist 30. Bestimmen Sie x.

16. Eine Kursarbeit ist wie in der Tabelle angegeben ausgefallen. Ermitteln Sie die Durchschnittsnote.

Note	1	2	3	4	5	6
Anzahl	2 %	10 %	45 %	25 %	18 %	0 %

17. In vielen Sportarten erfolgt eine Einteilung in Gewichtsklassen. Beim Karate gibt es für 16- und 17-jährige Kämpferinnen die Gewichtsklassen unter 48 kg, 48–53 kg, 53–59 kg und über 59 kg. Es werden 40 Kämpferinnen gemeldet, 10 pro Gewichtsklasse.
Diskutieren Sie die Problematiken, die hier bei der Berechnung des Mittelwerts der Körpergewichte der 40 Kämpferinnen auftreten, und schlagen Sie eine Lösung vor.

18. **Histogramm:** Während eines Sportfests wurden beim Weitsprung die angegebenen Weiten erreicht.
a) Teilen Sie die Daten in Klassen mit gleicher Breite ein und bestimmen Sie die absoluten Häufigkeiten.
b) Informieren Sie sich über Histogramme und visualisieren Sie die Erhebung mithilfe eines Histogramms.
c) Reflektieren Sie die Unterschiede zu Balken- und Säulendiagrammen. Erläutern Sie, warum die Klassenbreite dafür entscheidend ist.

3,14 m; 2,98 m; 4,12 m; 2,90 m; 3,18 m; 3,62 m; 4,65 m; 2,92 m; 3,77 m; 2,99 m; 3,89 m; 3,95 m; 4,35 m; 4,77 m; 3,88 m; 3,76 m; 4,26 m; 4,12 m; 4,41 m; 3,88 m; 4,48 m; 3,46 m; 3,48 m; 3,79 m; 4,72 m; 4,75 m; 4,26 m; 4,81 m; 3,96 m; 3,75 m

19. Mike Powell stellte 1991 bei der Leichtathletik-WM mit 8,95 m einen Weltrekord im Weitsprung auf. Die Tabelle zeigt seine Versuche sowie die seines größten Rivalen Carl Lewis.

Versuch	1	2	3	4	5	6
Powell	7,85 m	8,54 m	8,29 m	x	8,95 m	x
Lewis	8,68 m	x	8,83 m	8,91 m	8,87 m	8,84 m

Bestimmen Sie die Standardabweichung der Sprungserien auf zwei Weisen: Ignorieren Sie ungültige Sprünge (x) oder werten Sie sie mit einer Weite von 0 m. Erläutern Sie, weshalb man argumentieren könnte, dass Carl Lewis den Sieg mehr verdient hätte.

20. Teilen Sie Ihren Kurs in drei Gruppen auf. Aus jeder Gruppe wird ein Vermesser ernannt. Der Vermesser misst die Körpergrößen aller Mitglieder einer Gruppe mit einem Maßband und hält die Ergebnisse in einer Tabelle fest.
Berechnen Sie nun in der Gruppe geeignete Kenngrößen und vergleichen Sie die Ergebnisse der verschiedenen Gruppen miteinander.

21. Nehmen Sie Stellung zu folgender Aussage:
„Bei zwei Datenreihen hat die mit der größeren Spannweite auch die größere empirische Standardabweichung."

22. Das Säulendiagramm zeigt 10 Messwerte aus einem Experiment.

a) Geben Sie den Stichprobenumfang an.
b) Geben Sie an, ob es sich hier um die Darstellung von relativen oder absoluten Häufigkeiten handelt, und grenzen Sie kurz diese Begriffe voneinander ab.
c) Berechnen Sie den Median, das arithmetische Mittel und die empirische Standardabweichung.

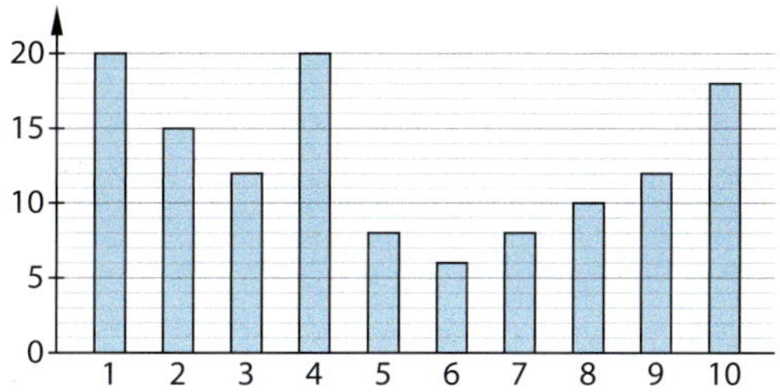

d) Erläutern Sie, welche dieser Sachkontexte realistisch sind und welche nicht.
① Anzahl vorbeifahrender Autos pro Minute
② maximale Dauer in Sekunden, die ein Jugendlicher die Luft anhalten kann
③ Gewicht einer Katze in Kilogramm
④ Höhe eines Gebäudes in Meter

23. Bei einem Sportwettbewerb wurden die Wurfweiten (in m) von 13 Schülern visualisiert.

a) Berechnen Sie den Median, die empirische Standardabweichung und die Spannweite.
b) Erklären Sie die Probleme, die bei dieser Art der Datenauswertung auf Grund ihrer Visualisierung entstehen, und bewerten Sie deren Relevanz.

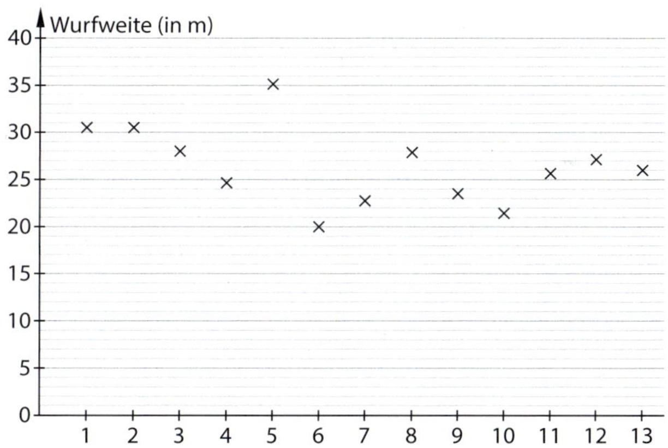

24. Ausblick: Zwei unterschiedlich farbige Würfel werden geworfen.

a) Nehmen Sie an, dass bei 36 Würfen jedes mögliche Resultat genau einmal vorkam.
Erstellen Sie eine Tabelle und ein Säulendiagramm mit den relativen Häufigkeiten der Augensummen.
b) Was fällt Ihnen am Säulendiagramm auf? Welche Schlussfolgerungen kann man anhand dieser besonderen Verteilung direkt ziehen? Erläutern Sie.
c) Berechnen Sie das arithmetische Mittel, den Median und die Standardabweichung.
d) Jemand schlägt Ihnen ein Spiel vor: Sie würfeln mit beiden Würfeln und gewinnen 1 €, falls Ihre Augensumme 6, 7 oder 8 beträgt. Andernfalls verlieren Sie 1 €.
Erklären Sie, ob Sie sich auf das Spiel einlassen sollten.

6.2 Simulation von Zufallsexperimenten

■ Zielt Alexander beim Dart auf das Feld „Doppel-20“, trifft er im Schnitt mit 2 von 6 Pfeilen. Im Training wirft er auf die Doppel-20 in Serien von drei Pfeilen.

a) Beschreiben Sie eine Möglichkeit, eine Trainingsserie mithilfe von Würfeln zu simulieren.
b) Führen Sie 50 Simulationen durch.
c) Zählen Sie, wie oft in der Simulation 0, 1, 2 oder 3 Treffer erzielt wurden. ■

Es ist nicht immer möglich oder zumindest sehr aufwendig, ein Zufallsexperiment durchzuführen. Deswegen greift man gern auf Simulationen zurück. In bestimmten Fällen kann eine Simulation mit Münzen oder Würfeln durchgeführt werden. Allerdings ist die Anzahl der möglichen Ausgänge festgelegt und die Durchführung immer noch zeitaufwendig.

Hinweis:
Solche Simulationen können auch mit dem GTR durchgeführt werden. Der kleine Bildschirm macht es aber oft unübersichtlich.

Ein entscheidendes Hilfsmittel sind Simulationen mit Tabellenkalkulationen. Damit können zufällige Werte aus vorgegebenen Bereichen erzeugt werden.

=ZUFALLSBEREICH(n;m)
Der Befehl liefert eine ganzzahlige Zufallszahl zwischen n und m.

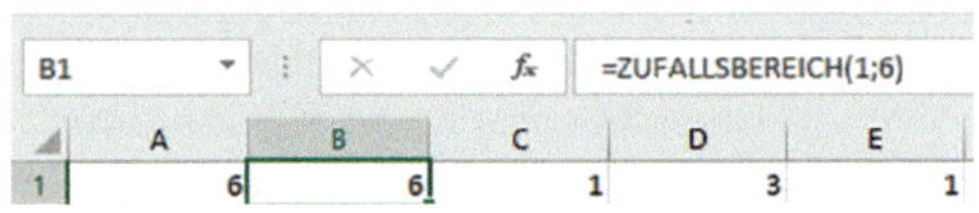

B1 | =ZUFALLSBEREICH(1;6)

	A	B	C	D	E
1	6	6	1	3	1

=ZUFALLSZAHL()
Der Befehl liefert eine Zufallszahl zwischen 0 und 1.

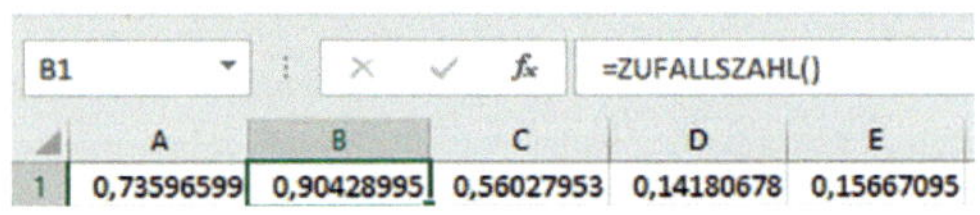

B1 | =ZUFALLSZAHL()

	A	B	C	D	E
1	0,73596599	0,90428995	0,56027953	0,14180678	0,15667095

Wird der Inhalt einer Zelle verändert, so werden alle Zufallszahlen der gesamten Tabelle neu bestimmt. Um in einer Spalte beliebig viele Zufallszahlen zu erzeugen, kann die untere rechte Ecke der Zelle mit der Zufallszahl „heruntergezogen“ werden und so die Formel zur Erzeugung der Zufallszahl in die neuen Zellen kopiert werden.

Es gibt eine Vielzahl an Funktionen und Befehlen, um die zufälligen Ergebnisse zu verarbeiten und auszuwerten. Einige davon werden hier vorgestellt.

Befehl	Bedeutung	Beispiel/Hinweis
=ZÄHLENWENN(Bereich; Kriterium)	Zählt die Anzahl der Zellen in einem Bereich, die ein vorgegebenes Kriterium erfüllen.	*=ZÄHLENWENN(A2:A100;3)* In den Zellen A2 bis A100 wird die Anzahl der „3“ gezählt. Der Bereich wird durch zwei Zellen getrennt durch „:“ angegeben.
=WENN(Wahrheitstest; [Wert_wenn_wahr]; [Wert_wenn_falsch])	Testet eine Bedingung und gibt abhängig vom Ergebnis einen Wert bzw. Text aus.	*=WENN(A1>0,5;"ja";"nein")* Gibt ja aus, wenn der Wert in A1 größer als 0,5 ist, und nein, wenn dies nicht erfüllt ist.
=SUMME(Bereich)	Addiert alle Werte in einem Bereich.	*=SUMME(A1:A10)* Berechnet die Summe A1 + A2 + … + A10.
=MAX(Bereich) *=MIN(Bereich)*	Gibt von den Werten in einem Bereich den größten bzw. kleinsten Wert aus.	*=MAX(A:A)* Gibt den größten Wert aus Spalte A aus.

Beispiel 1: Paula und Mario würfeln jeder mit einem normalen Spielwürfel. Wer die höhere Zahl würfelt, gewinnt.

a) Simulieren Sie mit einer Tabellenkalkulation 100 Durchgänge des Würfelspiels.

b) Bestimmen Sie die Anzahl der Durchgänge, in denen Paula bzw. Mario gewinnt.

Lösung:

a) Simulieren Sie den Ausgang eines Wurfs mit dem Befehl *=ZUFALLSBEREICH(1;6)*. Ziehen Sie die untere rechte Ecke der Zellen A2 und B2 von Zeile 2 bis Zeile 101 herunter, um 100 Würfe zu simulieren.

A3 | =ZUFALLSBEREICH(1;6)

	A	B	C	D
1	Paula	Mario		
2	2	3		
3	6	3		

b) Bilden Sie in Spalte C die Differenz (Spalte A – Spalte B) der Ergebnisse. Diese wird wieder bis Zeile 101 heruntergezogen.
Ist der Wert in Spalte C größer als 0, so gewinnt Paula. Ist der Wert kleiner als 0, so gewinnt Mario. Bei einer 0 endet das Spiel unentschieden.
Zählen Sie mit dem Befehl *=ZÄHLENWENN(C2:C101;">0")* die Anzahl der Siege von Paula und mit dem Befehl *=ZÄHLENWENN(C2:C101;"<0")* die Anzahl der Siege von Mario.

Die Differenz wird ermittelt:

C2 | =A2-B2

	A	B	C	D
1	Paula	Mario	Differenz	
2	2	3	-1	
3	6	3	3	

Paulas und Marios Siege werden gezählt:

D2 | =ZÄHLENWENN(C2:C101;">0")

	A	B	C	D
1	Paula	Mario	Differenz	Paula gewinnt
2	2	3	-1	37
3	6	3	3	Mario gewinnt
4	4	6	-2	50

Basisaufgaben

1. Beim Fußballtraining unterteilt der Trainer ein Tor in sechs Felder (siehe Abbildung). Drei Spieler schießen gleichzeitig und ohne Absprache auf das Tor. Jedes Feld wird mit gleicher Wahrscheinlichkeit getroffen. Kein Spieler schießt am Tor vorbei.

Das Team bekommt einen bis drei Punkte, je nachdem, wie viele Felder getroffen wurden.
   a) Diskutieren Sie mit Ihrem Nachbarn, wie viele Punkte am wahrscheinlichsten sind.
   b) Beschreiben Sie, wie das Training mit drei Spielwürfeln simuliert werden kann.
   c) Bilden Sie Gruppen und simulieren Sie 100 Wiederholungen des Trainings.
   d) Vergleichen Sie die Ausgänge der Simulation mit der Vermutung aus Aufgabenteil a).

TK 2. Zwei Spieler würfeln mit je zwei Würfeln. Die höhere Augensumme gewinnt. Simulieren Sie 100 Durchgänge dieses Spiels mit einer Tabellenkalkulation.

Hilfe zu TK
↗ S. 324

TK 3. **WENN-Befehl:** Jonas hat von der Freiwurflinie eine Trefferquote von 78 %. Die Tabellenkalkulation simuliert 50 Würfe mit Zufallszahlen. Zur Auswertung in Spalte B wird der WENN-Befehl verwendet.
   a) Erklären Sie den Aufbau der Tabelle.
   b) Erstellen Sie eine Simulation für 80 Würfe.

D2 | =ZÄHLENWENN(B2:B51;"Treffer")

	A	B	C	D
1	Zufallszahl	Auswertung		Treffer
2	0,5405257	Treffer		40
3	0,3716289	Treffer		
4	0,520804	Treffer		vorbei
5	0,3765757	Treffer		10

Hinweis:
Erklärungen zum WENN-Befehl finden Sie auf der vorherigen Seite.

Weiterführende Aufgaben

Spielwürfel:

Tetraeder-Würfel:

TK **4.** Patrick würfelt mit einem normalen Spielwürfel, Nina mit einem Tetraeder-Würfel. Ninas Würfelergebnis wird verdoppelt. Wer das höhere Ergebnis hat, gewinnt.

a) Erklären Sie, welcher der Befehle das Würfelergebnis von Nina simuliert.
① *=ZUFALLSBEREICH(2;8)* ② *=2*ZUFALLSBEREICH(1;4)*

b) Simulieren Sie 1000 Spiele und zählen Sie, wie oft Nina bzw. Patrick gewinnt.

c) Patrick schlägt vor, die Regeln zu ändern: Ninas Würfelergebnis wird
① mit 1,5 multipliziert. ② um 1 erhöht.
Untersuchen Sie anhand von 1000 Simulationen, welche dieser Varianten fairer zu sein scheint.

TK **5. Augensummen beim Würfeln:**
Mithilfe einer Tabellenkalkulation soll die Verteilung der Augensumme beim Würfeln mit mehreren Würfeln simuliert werden.

G2 =ZÄHLENWENN(D:D;F2)

	A	B	C	D	E	F	G
1	Würfel A	Würfel B	Würfel C	Summe		Summe	Häufigkeit
2	6	5	1	12		3	5
3	6	5	3	14		4	23
4	3	2	5	10		5	50

a) Erstellen Sie eine solche Tabellenkalkulation für die Augensumme bei drei Würfeln. Erklären Sie den Unterschied zwischen Spalte D und Spalte F.

b) Führen Sie insgesamt fünf Durchgänge mit je 1500 Simulationen durch. Bestimmen Sie jeweils die absolute und relative Häufigkeit der Würfe, in denen die Augensumme zwischen 8 und 13 liegt.

c) Erklären Sie, warum die Ergebnisse aus b) in jedem Durchgang zwar unterschiedlich, aber doch sehr ähnlich sind.

d) Simulieren Sie (mit möglichst wenig Änderungen an der Tabellenkalkulation)
① das Produkt der Augenzahlen beim dreifachen Würfelwurf,
② die Augensumme beim Werfen von fünf Würfeln.

Hinweis zu 6:
Der Befehl *=ABS(A1)* bestimmt den Betrag des Eintrags in der Zelle A1.

6. Stolperstelle: In den Spalten A und B simuliert Lea zwei Zufallszahlen zwischen 1 und 6. In Spalte C bestimmt sie den Betrag der Differenz. Um die Häufigkeiten aller Differenzbeträge zu zählen, trägt Lea in Zelle E3 den abgebildeten Befehl ein und zieht die untere rechte Ecke der Zelle nach rechts bis Zelle J3.

E3 =ZÄHLENWENN(C:C;E1)

	A	B	C	D	E	F	G
1	Zahl 1	Zahl 2	Differenz	Differenz	0	1	2
2	3	3	0				
3	2	6	4	Anzahl	12	0	0

a) Erklären Sie, warum das Zählen nicht wie gewünscht funktioniert.

b) Beschreiben Sie, wie man den Fehler korrigieren kann.

● TK **7.** Ein Glücksrad besteht aus unterschiedlich großen Feldern.

a) Feld A nimmt 30 % und Feld B 70 % der Fläche ein. Simulieren Sie 500 Drehungen des Glücksrads mithilfe der Befehle *=ZUFALLSZAHL() und =WENN()*.

b) Ein anderes Glücksrad hat drei Felder. A nimmt 50 %, B 30 % und C 20 % ein. Simulieren Sie 500 Drehungen dieses Glücksrads.

c) Ein drittes Glücksrad hat vier unterschiedlich große Felder. Feld A nimmt 10 % ein, Feld B 30 %, Feld C 40 % und Feld D 20 %. Simulieren Sie 1000 Drehungen.

d) Zählen Sie, wie oft in den einzelnen Simulationen das Feld A gedreht wurde. Vergleichen Sie die Anzahl mit der theoretischen Trefferwahrscheinlichkeit.

Hinweis zu 7:
Der WENN-Befehl kann auch mehrfach verwendet werden.
=WENN(A1 < 0,2;"A"; WENN(A1 < 0,4;"B";"C"))
gibt A für A1 < 0,2, B für 0,2 ≤ A1 < 0,4 und C für A1 ≥ 0,4 aus.

● TK **8. Ausblick:** Entwerfen Sie eine Simulation, bei der eine beliebige Startzahl so lange um eine beliebige Zahl zwischen a und b erhöht wird, bis sie eine vorgegebene Grenze erreicht. Die Simulation soll zusätzlich die Anzahl der benötigten Schritte zählen.

6.3 Zufallsgrößen und Wahrscheinlichkeitsverteilungen

■ Die beiden Würfel werden geworfen und es wird das Produkt der beiden Augenzahlen gebildet.

a) Nennen Sie die möglichen Produkte.

b) Geben Sie zu jedem möglichen Produkt die zugehörigen Ergebnisse der Würfel an.

c) Bestimmen Sie die Wahrscheinlichkeiten der auftretenden Produkte. ■

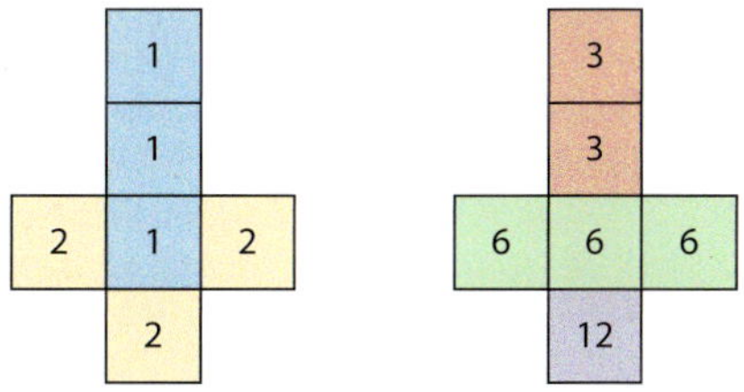

Häufig interessiert man sich bei einem Zufallsexperiment nicht für jedes einzelne Ergebnis, sondern für eine Größe, die vom Ausgang des Experiments abhängt, zum Beispiel für die Höhe eines Gewinns bei einem Glücksspiel oder für die Häufigkeit von Ereignissen.

Beim Werfen zweier normaler Spielwürfel gibt es 36 verschiedene Ergebnisse. Addiert man die beiden Augenzahlen, so ergibt sich eine Zahl zwischen 2 und 12. Die Augensumme ist eine **Zufallsgröße X**, die jedem Ergebnis einen Wert von 2 bis 12 zuordnet.

Ergebnisse

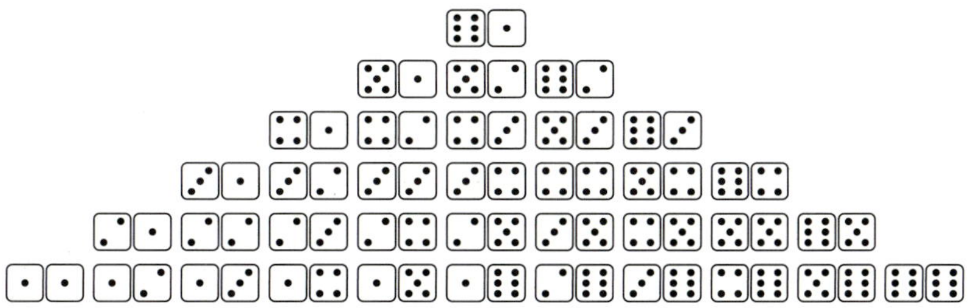

Wert x der Augensumme	2	3	4	5	6	7	8	9	10	11	12
Wahrscheinlichkeit P(X = x)	$\frac{1}{36}$	$\frac{2}{36}$	$\frac{3}{36}$	$\frac{4}{36}$	$\frac{5}{36}$	$\frac{6}{36}$	$\frac{5}{36}$	$\frac{4}{36}$	$\frac{3}{36}$	$\frac{2}{36}$	$\frac{1}{36}$

Durch die Zufallsgröße werden meist mehrere Ergebnisse zusammengefasst.
Mit X = 4 bezeichnet man z. B. das Ereignis, dass die Augensumme 4 ist. Zu diesem Ereignis gehören die Ergebnisse 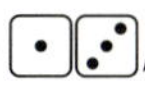, 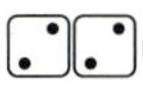 und 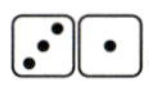. Da dies 3 von 36 möglichen, gleich wahrscheinlichen Ergebnissen sind, gilt für die Wahrscheinlichkeit, dass die Augensumme 4 ist:
$P(X = 4) = \frac{3}{36} = \frac{1}{12}$

Definition: Zufallsgröße und Wahrscheinlichkeitsverteilung
Eine **Zufallsgröße X** ist eine Zuordnung, die jedem Ergebnis eines Zufallsexperiments eine reelle Zahl x zuordnet.
Die Zuordnung, die jedem Wert x, den eine Zufallsgröße X annehmen kann, die Wahrscheinlichkeit P(X = x) zuordnet, heißt **Wahrscheinlichkeitsverteilung** von X.

Hinweis:
P(X = x) ist die Wahrscheinlichkeit, dass die Zufallsgröße X den Wert x annimmt.

Alle Wahrscheinlichkeiten einer Wahrscheinlichkeitsverteilung addieren sich zu 1. Wahrscheinlichkeitsverteilungen können mit Tabellen dargestellt werden. Wenn die Zufallsgröße nur ganzzahlige Werte annimmt, verwendet man auch spezielle Säulendiagramme, sogenannte **Histogramme**. Die Säulen mit der Breite 1 werden im Koordinatensystem dargestellt, die Höhe entspricht der Wahrscheinlichkeit.

Hinweis:
In einem Histogramm entspricht der Flächeninhalt einer Säule der Wahrscheinlichkeit des zugehörigen Werts der Zufallsgröße.
Der Flächeninhalt aller Säulen zusammen ist 1.

Beispiel 1: Das Glücksrad wird zweimal gedreht und der Betrag der Differenz der beiden Ergebnisse berechnet. Die Zufallsgröße X gibt diesen Betrag an.

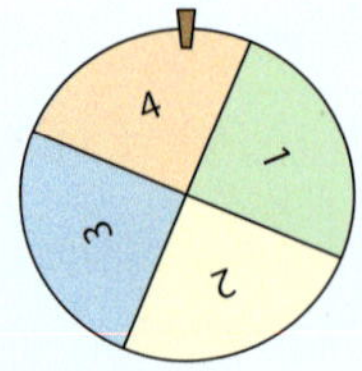

a) Bestimmen Sie, welche Werte die Zufallsgröße annehmen kann, und geben Sie die zugehörigen Ergebnisse an.
b) Bestimmen Sie die Wahrscheinlichkeitsverteilung der Zufallsgröße.
c) Stellen Sie die Wahrscheinlichkeitsverteilung in einem Histogramm dar.

Lösung:

a) Die blaue Zeile steht für das Ergebnis beim ersten Drehen, die blaue Spalte für das Ergebnis beim zweiten Drehen. Die weißen Zellen geben den Betrag x der Differenz an. Möglich sind die Werte 0, 1, 2, 3.

	1	**2**	**3**	**4**
1	0	1	2	3
2	1	0	1	2
3	2	1	0	1
4	3	2	1	0

Erinnerung:
Bei einem **Laplace-Experiment** ergibt sich die Wahrscheinlichkeit eines Ereignisses, indem man die Anzahl der Ergebnisse, die zu diesem Ereignis gehören, durch die Anzahl aller möglichen Ergebnisse teilt.

b) Die Wahrscheinlichkeiten $P(X = x)$ ergeben sich mithilfe der Laplace-Regel. Alle Wahrscheinlichkeiten der Wahrscheinlichkeitsverteilung addieren sich zu 1.

$P(X = 0) = \frac{4}{16} = \frac{1}{4}$ $P(X = 1) = \frac{6}{16} = \frac{3}{8}$

$P(X = 2) = \frac{4}{16} = \frac{1}{4}$ $P(X = 3) = \frac{2}{16} = \frac{1}{8}$

x	0	1	2	3
P(X = x)	$\frac{1}{4}$	$\frac{3}{8}$	$\frac{1}{4}$	$\frac{1}{8}$

c) Zeichnen Sie eine x- und eine y-Achse. Tragen Sie auf der x-Achse für jeden möglichen Wert x der Zufallsgröße eine Säule ein. Es ist günstig, die Säule für x = 0 rechts neben die y-Achse zu zeichnen. Wählen Sie als Säulenbreite 1 und als Höhe die Wahrscheinlichkeit $P(X = x)$.

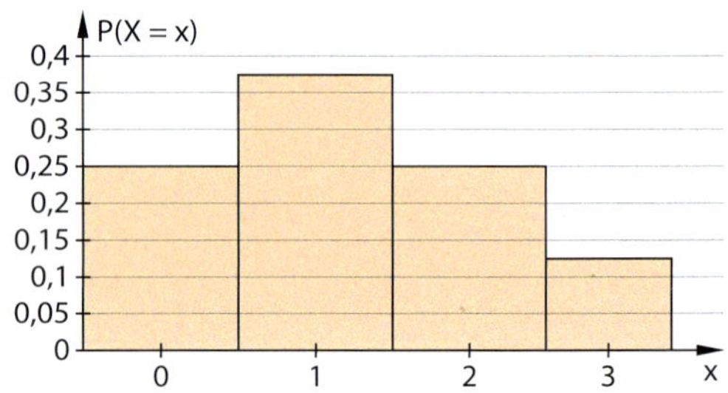

Basisaufgaben

1. Ein Glücksrad mit 20 gleich großen Feldern von 1 bis 20 wird einmal gedreht. Ist die gedrehte Zahl gerade, so bekommt man 1 €. Bei einer einstelligen ungeraden Zahl bekommt man 2 €, bei einer zweistelligen ungeraden Zahl bekommt man 3 €. Die Zufallsgröße X gibt den ausgezahlten Betrag in Euro an.
a) Bestimmen Sie, welche Werte die Zufallsgröße X annehmen kann, und geben Sie die zugehörigen Ergebnisse an.
b) Bestimmen Sie die Wahrscheinlichkeitsverteilung der Zufallsgröße X.
c) Addieren Sie alle Wahrscheinlichkeiten der Wahrscheinlichkeitsverteilung und erklären Sie das Ergebnis.

Lösungen zu 2:
0,15 0,5 0,3 0,35 0,2

2. Die angegebene Wahrscheinlichkeitsverteilung ist unvollständig. Ergänzen Sie begründet die fehlende Wahrscheinlichkeit. Geben Sie ein passendes Zufallsexperiment an.

a)

x	1	2	3
P(X = x)	0,5	0,2	

b)

x	2	3	5	7	11
P(X = x)	0,2		0,2	0,2	0,2

c)

x	0	1	2
P(X = x)	0,25		0,25

d)

x	0	1	2	3	4
P(X = x)	0,1	0,45	0,25		0,05

3. Stellen Sie die Wahrscheinlichkeitsverteilung in einem Histogramm dar.

a)

x	0	1	2	3
P(X = x)	0,25	0,2	0,15	0,4

b)

x	0	3	5	10
P(X = x)	0,3	0,2	0,45	0,05

GTR **4.** Informieren Sie sich, wie Sie mit dem GTR ein Histogramm erzeugen können. Stellen Sie die Wahrscheinlichkeitsverteilung in einem Histogramm dar.

Hilfe zu GTR/CAS
↗ S. 323

a)

x	0	1	2	3
P(X = x)	0,3	0,3	0,2	0,2

b)

x	0	5	10	15
P(X = x)	0,6	0,3	0,05	0,05

5. Mit einem Tetraeder-Würfel können Zahlen von 1 bis 4 gewürfelt werden. Der Würfel wird zweimal geworfen. Die Zufallsgröße X beschreibt die Augensumme. Die Zufallsgröße Y beschreibt das Produkt der beiden gewürfelten Zahlen.

a) Geben Sie an, welche Werte die Zufallsgrößen jeweils annehmen können.
b) Bestimmen Sie die Wahrscheinlichkeitsverteilungen der beiden Zufallsgrößen.
c) Stellen Sie die Wahrscheinlichkeitsverteilungen in Histogrammen dar.

6. In einer Urne sind 2 rote und 8 grüne Kugeln. Nacheinander werden drei Kugeln
① mit Zurücklegen, ② ohne Zurücklegen
gezogen. Die Zufallsgröße X gibt die Anzahl der roten Kugeln an.
a) Stellen Sie das Zufallsexperiment für beide Fälle in einem Baumdiagramm dar.
b) Bestimmen Sie jeweils die Wahrscheinlichkeitsverteilung der Zufallsgröße X.

7. Mit dem abgebildeten Quader wird gewürfelt. Die Zufallsgröße X gibt die Augenzahl an. Die Tabelle zeigt die Wahrscheinlichkeitsverteilung von X.

x	1	2	3	4	5	6
P(X = x)	0,1	0,15	0,25	0,25	0,15	0,1

Ordnen Sie jedem Ereignis das passende Kärtchen zu und berechnen Sie die zugehörige Wahrscheinlichkeit.

Beispiel: Die Augenzahl ist höchstens 2.
$P(X \leq 2) = P(X = 1) + P(X = 2) = 0{,}1 + 0{,}15 = 0{,}25$

Die Augenzahl ist
① höchstens 3, ② mindestens 3, ③ größer als 3, ④ kleiner als 3,
⑤ mindestens 3 und höchstens 5, ⑥ größer als 3 und kleiner als 5.

$3 < X < 5$ | $X < 3$ | $X \geq 3$ | $X \leq 3$ | $3 \leq X \leq 5$ | $X > 3$

8. Das Histogramm steht für die Wahrscheinlichkeitsverteilung einer Zufallsgröße X. Stellen Sie das Ereignis wie in Aufgabe 7 mithilfe von X dar und berechnen Sie seine Wahrscheinlichkeit.
Der Wert der Zufallsgröße X ist
a) höchstens 2,
b) kleiner als 3,
c) nicht größer als 3,
d) zwischen 1 und 4,
e) größer als 4,
f) höchstens 5,
g) mindestens 2,
h) 0.

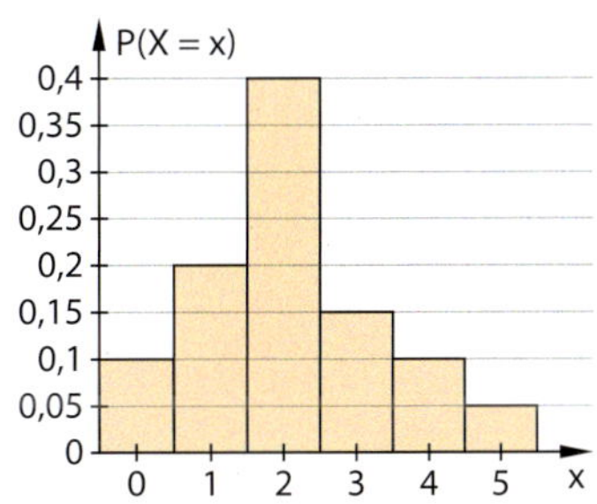

Hinweis zu 8d:
„Zwischen 1 und 4“ bedeutet hier „mindestens 1 und höchstens 4“.

Weiterführende Aufgaben

9. Ein Glücksrad mit 10 Feldern von 1 bis 10 wird einmal gedreht. Ist die gedrehte Zahl durch 2, 3 bzw. 5 teilbar, so bekommt man 2 €, 3 € bzw. 5 €. Ist die Zahl durch zwei dieser Zahlen teilbar, so bekommt man die Summe dieser Beträge ausgezahlt.
Die Zufallsgröße X beschreibt den ausgezahlten Betrag in Euro.

a) Bestimmen Sie, welche Werte die Zufallsgröße X annehmen kann, und geben Sie die zugehörigen Ergebnisse an.
b) Bestimmen Sie die Wahrscheinlichkeitsverteilung von X.

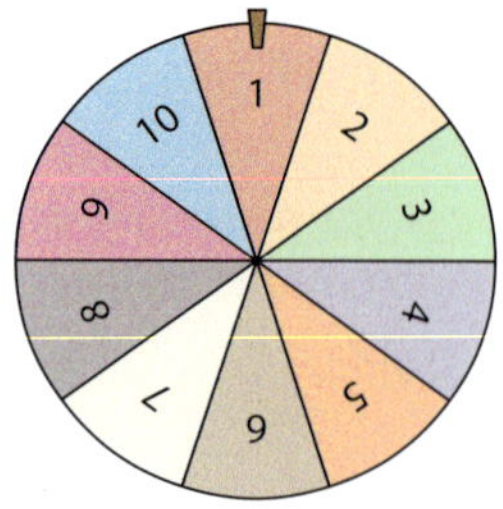

10. In einem Zufallsexperiment wird mit zwei normalen Würfeln gewürfelt und das Maximum der beiden Zahlen notiert. Carolin und Nadine würfeln beide 50-mal und führen eine Strichliste. Die Tabellen zeigen die absoluten Häufigkeiten der Ergebnisse.

Carolin:

Max.	1	2	3	4	5	6
Anz.	2	4	8	12	9	15

Nadine:

Max.	1	2	3	4	5	6
Anz.	3	7	5	10	13	12

a) Berechnen Sie die relative Häufigkeitsverteilung der Ergebnisse von Carolin und Nadine.
b) Führen Sie das Experiment selbst durch und bestimmen Sie die absolute und relative Häufigkeitsverteilung. Vergleichen Sie Ihre Häufigkeitsverteilung mit denen von Carolin und Nadine.
c) Die Zufallsgröße X gibt das Maximum der beiden gewürfelten Zahlen an. Bestimmen Sie die Wahrscheinlichkeitsverteilung der Zufallsgröße X.
d) Vergleichen Sie die relativen Häufigkeitsverteilungen aus a) und b) mit der Wahrscheinlichkeitsverteilung. Erklären Sie Gemeinsamkeiten und Unterschiede.

Oktaeder-Würfel:

11. Stolperstelle: Beim Würfeln mit einem Oktaeder-Würfel bekommt man 10 Punkte, wenn man eine Primzahl würfelt. Sonst bekommt man einen Punkt. Die Zufallsgröße X gibt die Punktzahl an. Tim, Ilka und Lisa bestimmen die Wahrscheinlichkeitsverteilung der Zufallsgröße X.

Tim:

x	*2, 3, 5, 7*	*1, 4, 6, 8*
P(X = x)	*0,5*	*0,5*

Lisa:

x	*1*	*10*
P(X = x)	*0,5*	*0,5*

Ilka:

x	*1*	*2*	*3*	*4*	*5*	*6*	*7*	*8*
P(X = x)	$\frac{1}{8}$	$\frac{1}{8}$	$\frac{1}{8}$	$\frac{1}{8}$	$\frac{1}{8}$	$\frac{1}{8}$	$\frac{1}{8}$	$\frac{1}{8}$

a) Kontrollieren Sie, welche der Wahrscheinlichkeitsverteilungen richtig sind.
b) Beschreiben Sie, welche Fehler gemacht wurden.

12. Für ein Zufallsexperiment wurden die unvollständige Wahrscheinlichkeitsverteilung der Zufallsgröße X sowie einzelne Berechnungen übermittelt.

x	0	1	2	3	4	5	6	7	8
P(X = x)	0,05	0,1				0,1	0,1	0,05	0,05

$P(X < 3) = 0{,}3$
$P(1 \leq X \leq 3) = 0{,}5$

a) Vervollständigen Sie die Wahrscheinlichkeitsverteilung im Heft.
b) Marie behauptet: *„$P(X \leq 7)$ kann mit der unvollständigen Wahrscheinlichkeitsverteilung nicht berechnet werden, denn es gilt:*
$P(X \leq 7) = P(X = 0) + P(X = 1) + P(X = 2) + P(X = 3) + P(X = 4) + P(X = 5) + P(X = 6) + P(X = 7)$."
Maximilian erwidert: *„Klar geht das, deine Rechnung ist nur zu umständlich."*
Untersuchen Sie, wer von beiden recht hat. Erklären Sie gegebenenfalls, wie die Wahrscheinlichkeit $P(X \leq 7)$ einfacher berechnet werden kann.

13. In einer Urne sind 2 rote und 3 schwarze Kugeln. Aus der Urne wird dreimal ohne Zurücklegen gezogen.

a) Stellen Sie das Zufallsexperiment in einem Baumdiagramm dar.

b) Es werden die Zufallsgrößen X und Y mit den angegebenen Wahrscheinlichkeitsverteilungen betrachtet. Untersuchen Sie, was die jeweilige Zufallsgröße beschreibt.

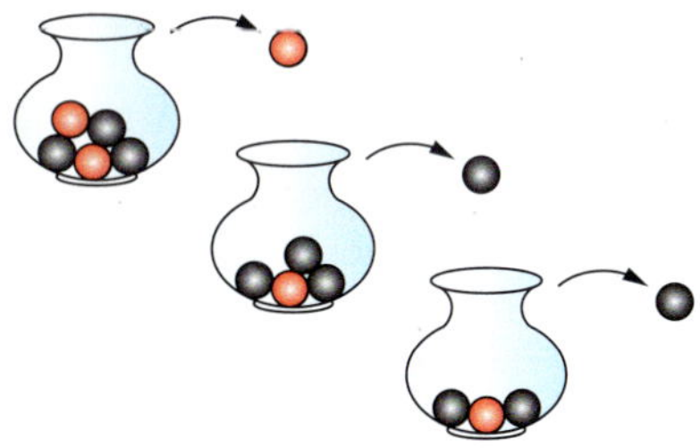

x	0	1	2	3
P(X = x)	0,1	0,6	0,3	0

y	0	1	2	3
P(Y = y)	0	0,3	0,6	0,1

● c) Die Größe W beschreibt die Anzahl der Ziehungen bis zur ersten roten Kugel. Die Wahrscheinlichkeiten in der Tabelle addieren sich nicht zu 1. Erläutern Sie dies und beschreiben Sie die Problematik.

w	1	2	3
P(W = w)	0,4	0,3	0,2

TK **14.** Es wird ein normaler Spielwürfel geworfen und ein Glücksrad mit vier gleich großen Feldern mit den Zahlen 0, 2, 4 und 6 als Aufschrift gedreht. X gibt die höhere Zahl an.

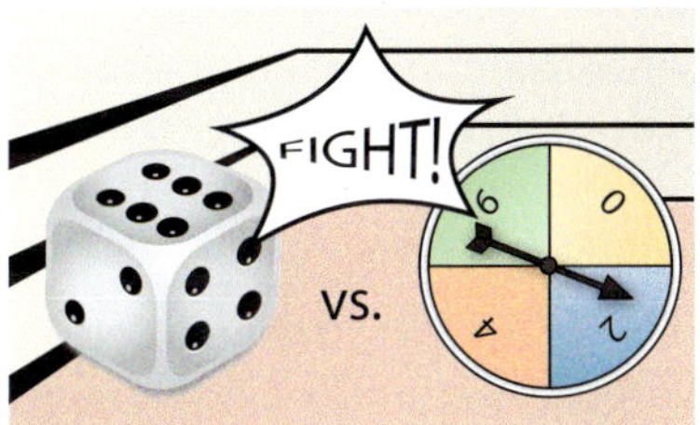

a) Erstellen Sie eine Tabellenkalkulation zur Simulation dieses Zufallsexperiments.

b) Erhöhen Sie schrittweise die Anzahl der Wiederholungen von 50 auf 100, 200, 500 und 1000. Notieren Sie jeweils die relative Häufigkeitsverteilung von X.

c) Bestimmen Sie die theoretische Wahrscheinlichkeitsverteilung von X.

● d) Benjamin behauptet: *„Mit ansteigender Anzahl an Wiederholungen nähert sich die relative Häufigkeitsverteilung in jedem Fall immer mehr der theoretischen Wahrscheinlichkeitsverteilung an."* Nehmen Sie Stellung zu dieser Aussage.

Hinweis zu 14:
Die Simulation kann auch mit einem GTR durchgeführt werden.

Hilfe zu TK
↗ S. 324

● TK **15.** Drei Glücksräder mit je vier gleich großen Feldern mit den Werten 1, 2, 3 und 4 werden gleichzeitig gedreht. Die Zufallsgröße X gibt den kleinsten der drei gedrehten Werte an.

a) Simulieren Sie mithilfe einer Tabellenkalkulation 1000 Drehungen der Glücksräder und bestimmen Sie die absolute und relative Häufigkeitsverteilung von X.

b) Bestimmen Sie die theoretische Wahrscheinlichkeitsverteilung von X und erklären Sie die Unterschiede zu den Werten der Verteilung aus a).

c) Die Zufallsgröße Y gibt die Summe des größten und des kleinsten gedrehten Werts an. Wiederholen Sie die Teilaufgaben a) und b) für die Zufallsgröße Y.

Hinweis zu 15:
Die Simulation kann auch mit einem GTR durchgeführt werden.

● **16. Ausblick:** In einem Zufallsexperiment wird mit zwei Tetraeder-Würfeln gewürfelt. Die Zufallsgröße X beschreibt den Betrag der Differenz der Augenzahlen. Die Zufallsgröße Y beschreibt die maximale Augenzahl. Für die Zufallsgröße Z gilt $Z = X + Y$.

	1	2	...
1	$X = 0, Y = 1,$ $Z = 1$	$X = 1, Y = 2,$ $Z = 3$	
2	$X = 1, Y = 2,$ $Z = 3$		
...			

a) Bestimmen Sie alle Würfelergebnisse, die zu $Z = 4$ führen, und geben Sie damit $P(Z = 4)$ an.

b) Notieren Sie in einer 4×4-Tabelle in jedem Feld die Werte der Zufallsgröße X, Y und Z (Ausschnitt siehe Abbildung) und bestimmen Sie mithilfe der Tabelle die Wahrscheinlichkeitsverteilung der Zufallsgröße Z.

c) Bestimmen Sie analog zu Aufgabenteil b) die Wahrscheinlichkeitsverteilung der Zufallsgrößen W und U mit $W = X - Y$ und $U = 2 \cdot X - Y$.

6.4 Erwartungswert

■ Auf einem Jahrmarkt wird ein Glücksspiel mit dem abgebildeten Glücksrad angeboten. Dreht man ein rotes Feld, dann bekommt man 5 €, dreht man ein gelbes Feld, dann bekommt man 1 €.

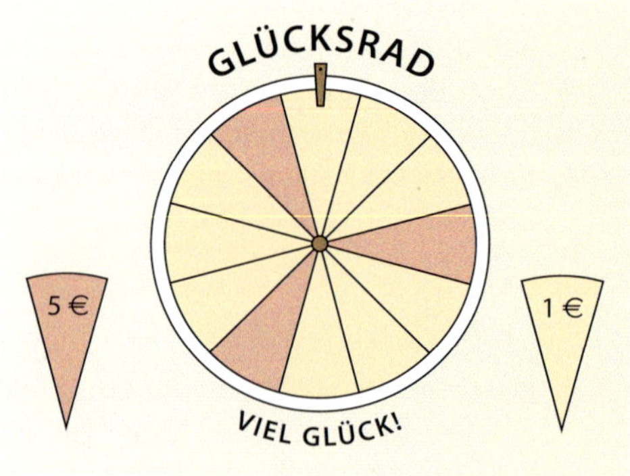

a) Tim behauptet: *„Ein fairer Einsatz sind 3 €, da dies der Mittelwert von 5 € und 1 € ist."* Beziehen Sie Stellung zu dieser Aussage.
b) Untersuchen Sie auf der Grundlage von 1000 (theoretischen) Spielen, mit welchen Auszahlungen der Betreiber rechnen muss.
c) Leiten Sie aus der Berechnung einen fairen Einsatz für das Glücksspiel ab. ■

Aus der Statistik ist bekannt, dass man erhobene und bereits vorliegende Datenmengen durch Kenngrößen wie das arithmetische Mittel beschreibt.
In der Wahrscheinlichkeitsrechnung werden analog Kenngrößen für Zufallsexperimente herangezogen, um im Vorfeld der Durchführung die Erwartungen an die Ausgänge des Zufallsexperiments ausdrücken zu können.

In einer Urne mit 20 Kugeln sind 14 schwarze, fünf gelbe und eine grüne Kugel. Zieht man gelb, so bekommt man 4 €, und bei grün bekommt man 20 €. Die Zufallsgröße X beschreibt die Auszahlung.

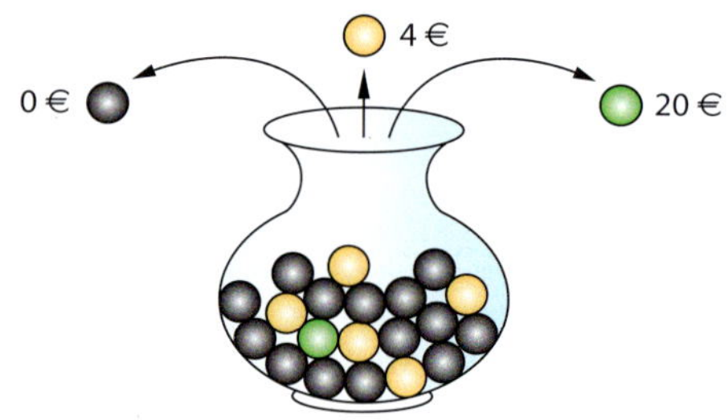

Langfristig, also bei häufiger Wiederholung des Zufallsexperiments, kann man davon ausgehen, dass die relativen Häufigkeiten der Ergebnisse in der Nähe der theoretischen Wahrscheinlichkeiten liegen, dass also $\frac{14}{20}$ der gezogenen Kugeln schwarz sind, $\frac{5}{20}$ gelb und $\frac{1}{20}$ grün.

X: Höhe der Auszahlung in €
Wahrscheinlichkeitsverteilung von X:

x	0	4	20
P(X = x)	$\frac{14}{20}$	$\frac{5}{20}$	$\frac{1}{20}$

Mit diesen Werten lässt sich ein arithmetischer Mittelwert für die Auszahlung berechnen. Dieses (theoretische) arithmetische Mittel bezeichnet man als **Erwartungswert** der Zufallsgröße.

arithmetisches Mittel:
$0 \cdot \frac{14}{20} + 4 \cdot \frac{5}{20} + 20 \cdot \frac{1}{20} = 2$
Langfristig ist mit einer Auszahlung von durchschnittlich 2 € pro Spiel zu rechnen.

Erinnerung:
Bei einem Merkmal mit Werten $x_1, x_2, \ldots, x_n$ und relativen Häufigkeiten $h_1, h_2, \ldots, h_n$ gilt für das arithmetische Mittel:
$\bar{x} = h_1x_1 + \ldots + h_nx_n$

Definition: Erwartungswert einer Zufallsgröße
Für den **Erwartungswert** einer Zufallsgröße X, die die Werte $x_1, x_2, \ldots, x_n$ annehmen kann, gilt: $E(X) = x_1 \cdot P(X = x_1) + x_2 \cdot P(X = x_2) + \ldots + x_n \cdot P(X = x_n)$

Den Erwartungswert E(X) bezeichnet man auch mit μ („mü"), wenn klar ist, welche Zufallsgröße X gemeint ist.

Der Erwartungswert stellt eine Prognose für das arithmetische Mittel der Zufallsgröße dar. Das tatsächliche arithmetische Mittel kann vom Erwartungswert abweichen. Es wird sich aber dem Erwartungswert annähern, wenn das Experiment sehr häufig durchgeführt wird.

Beispiel 1: Bei einem Glücksspiel würfelt man einmal mit einem normalen Spielwürfel. Ist die Augenzahl gerade, so bekommt man den gewürfelten Betrag in Euro ausgezahlt. Ist die Augenzahl ungerade, so bekommt man nichts.
a) Berechnen Sie den Erwartungswert der Auszahlung.
b) Geben Sie einen Einsatz für das Spiel an, sodass das Spiel fair ist.

Lösung:

a) Die Zufallsgröße X beschreibt die Höhe der Auszahlung. Sie kann die Werte 0, 2, 4 und 6 annehmen. Drei Ergebnisse führen zu X = 0 und je ein Ergebnis zu X = 2, X = 4 und X = 6. Daraus ergeben sich die Wahrscheinlichkeiten.
Multiplizieren Sie die Auszahlungen mit den zugehörigen Wahrscheinlichkeiten und addieren Sie diese Produkte.

X: Höhe der Auszahlung in €

$P(X=0)=\frac{3}{6}=\frac{1}{2}$ $\quad P(X=2)=\frac{1}{6}$

$P(X=4)=\frac{1}{6}$ $\quad P(X=6)=\frac{1}{6}$

x	0	2	4	6
P(X = x)	$\frac{1}{2}$	$\frac{1}{6}$	$\frac{1}{6}$	$\frac{1}{6}$

$E(X)=0\cdot\frac{1}{2}+2\cdot\frac{1}{6}+4\cdot\frac{1}{6}+6\cdot\frac{1}{6}=2$

b) Das Spiel ist fair, wenn die langfristig zu erwartende durchschnittliche Auszahlung dem Einsatz entspricht.

Langfristig erwartet man eine durchschnittliche Auszahlung von 2 € pro Spiel. Das Spiel ist also bei einem Einsatz von 2 € fair.

Hinweis:
Ein Spiel ist **fair**, wenn weder Spieler noch Anbieter langfristig einen Vorteil erwarten können.

Basisaufgaben

1. Berechnen Sie den Erwartungswert der Zufallsgröße X.

a)

x	1	2	3	4
P(X = x)	0,1	0,2	0,3	0,4

b)

x	5	10	15	20	25
P(X = x)	0,1	0,3	0,4	0,1	0,1

c)

x	10	100	200	300	1000
P(X = x)	0,5	0,2	0,15	0,1	0,05

d)

x	−5	−2	0	1	10
P(X = x)	0,2	0,1	0,4	0,2	0,1

2. Bei einem Glücksspiel würfelt man einmal mit einem Oktaeder-Würfel mit den Zahlen von 1 bis 8. Bei einer 1, 2 und 3 bekommt man 1 €, bei einer 4, 5 und 6 bekommt man 2 €, bei einer 7 gibt es 5 € und bei einer 8 gibt es 10 €.
a) Berechnen Sie den Erwartungswert der Auszahlung.
b) Geben Sie einen Einsatz für das Spiel an, sodass das Spiel fair ist.

GTR **3.** Eine Wahrscheinlichkeitsverteilung kann auch im Listen-Menü des GTR untersucht werden.

x	0	2	4	6
P(X = x)	0,1	0,6	0,2	0,1

a) Übertragen Sie die Wahrscheinlichkeitsverteilung in das Listen-Menü des Taschenrechners und bestimmen Sie den Erwartungswert.
b) Variieren Sie die Wahrscheinlichkeiten P(X = 2) und P(X = 4) in 0,05er-Schritten und beschreiben Sie die Auswirkungen auf den Erwartungswert.

Hinweis zu 3b:
Achten Sie beim Variieren darauf, dass die Summe aller Wahrscheinlichkeiten 1 bleibt.

4. Die Wahrscheinlichkeitsverteilung einer Zufallsgröße X ist gegeben durch das abgebildete Histogramm. Schätzen Sie den Erwartungswert E(X) und berechnen Sie ihn zur Kontrolle.

a)
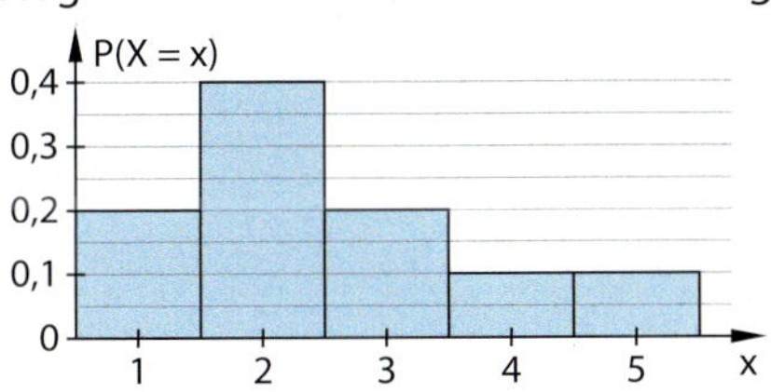

b)
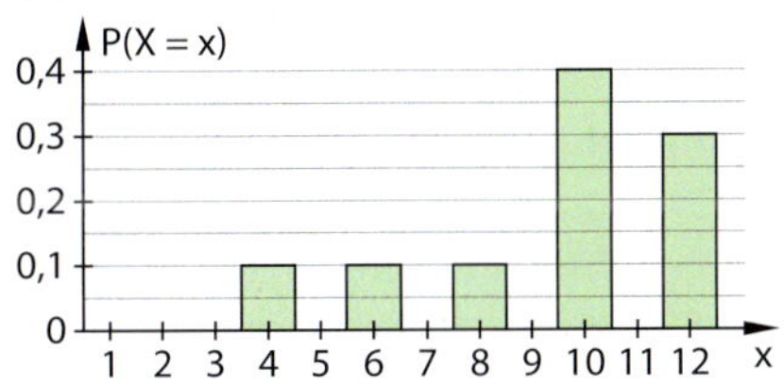

Hinweis:
Gewinn
= Auszahlung – Einsatz

5. Zwei Glücksräder mit je drei gleich großen Feldern 1 €, 2 € und 4 € werden gleichzeitig gedreht. Ausgezahlt wird der größere der beiden Beträge. Der Einsatz beträgt 2,50 €.
a) Berechnen Sie den Erwartungswert der Auszahlung.
b) Geben Sie den langfristig zu erwartenden durchschnittlichen Gewinn für den Spieler an. Erläutern Sie, warum das Spiel nicht fair ist.
c) Bestimmen Sie, bei welchem Einsatz das Spiel fair wäre.

Hilfe zu GTR/CAS GTR
↗ **S. 323**

6. Bei besonderen Verteilungen kann man den Erwartungswert einfacher bestimmen, ohne die Formel für den Erwartungswert zu verwenden.

① Augenzahl beim Würfeln

② ganzzahlige Zufallsziffer von 0 bis 9 mit dem GTR

③ Anzahl der Mädchen bei drei Kindern, wenn Mädchengeburten zu 50 % auftreten

④ Glücksrad mit fünf gleich großen Feldern mit den Zahlen 1 bis 5

⑤ Augensumme beim zweifachen Würfeln

⑥ Anzahl von Wappen bei zweifachem Münzwurf

a) Geben Sie die Wahrscheinlichkeitsverteilungen der beschriebenen Zufallsgrößen an.
b) Stellen Sie die Verteilungen mit dem GTR in Histogrammen dar.
c) Stellen Sie ohne Rechnung Vermutungen für die Erwartungswerte auf.
d) Überprüfen Sie Ihre Vermutungen aus c) mit der Formel für den Erwartungswert.
e) Formulieren Sie eine Regel für den Erwartungswert solcher Verteilungen.

Weiterführende Aufgaben

7. Bei einem Anbieter stehen zwei Arten von Glücksspielen zur Auswahl. Die Tabellen zeigen den Einsatz und die Wahrscheinlichkeitsverteilungen der Auszahlungen.

Spiel 1: Einsatz 0,60 €, X: Auszahlung in €

x	0	1	2
P(X = x)	0,3	0,6	0,1

Spiel 2: Einsatz 2 €, Y: Auszahlung in €

y	0	1	2	5	8
P(Y = y)	0,3	0,25	0,2	0,15	0,1

a) Untersuchen Sie für beide Glücksspiele, ob sie fair sind.
b) Erklären Sie, warum beide Glücksspiele so wohl nie angeboten werden.
c) Welches der beiden Spiele halten Sie für riskanter? Begründen Sie Ihre Meinung.
d) Formulieren Sie konkrete Spielregeln für Glücksspiele, die zu den beiden gegebenen Wahrscheinlichkeitsverteilungen passen.

8. Für einen Einsatz von 4 € werden zwei Spielwürfel geworfen. Ist die Augensumme ungerade, so werden 0 € ausgezahlt. Ist die Augensumme gerade, so bekommt man die Augensumme ausgezahlt. Betrachten Sie die Zufallsgrößen X und Y.

x	0	2	4	6	8	10	12
P(X = x)	$\frac{1}{2}$	$\frac{1}{36}$	$\frac{3}{36}$	$\frac{5}{36}$	$\frac{5}{36}$	$\frac{3}{36}$	$\frac{1}{36}$

y	−4	−2	0	2	4	6	8
P(Y = y)	$\frac{1}{2}$	$\frac{1}{36}$	$\frac{3}{36}$	$\frac{5}{36}$	$\frac{5}{36}$	$\frac{3}{36}$	$\frac{1}{36}$

a) Beschreiben Sie den Zusammenhang zwischen den Zufallsgrößen und dem Spiel.
b) Berechnen Sie die Erwartungswerte von X und Y.
c) Erklären Sie die Ergebnisse aus b) im Sachzusammenhang.
d) Erläutern Sie, welchen Erwartungswert die Zufallsgröße Y haben müsste, damit das Glücksspiel als fair bezeichnet werden könnte.

9. **Stolperstelle:** Die Zufallsgröße X beschreibt die Auszahlung bei einem Glücksspiel mit einem Einsatz von 2 €. Timo, Michelle und André berechnen den Erwartungswert und bewerten das Spiel. Beurteilen Sie die Lösungen der Schüler.

x	0	4	10
P(X = x)	$\frac{6}{10}$	$\frac{3}{10}$	$\frac{1}{10}$

a) Timo:
$E(X) = \frac{\left(0 \cdot \frac{6}{10} + 4 \cdot \frac{3}{10} + 10 \cdot \frac{1}{10}\right)}{3} \approx 0{,}733 < 2$ *Der Spieler wird benachteiligt.*

b) Michelle:
$E(X) = 0 \cdot \frac{6}{10} + 4 \cdot \frac{3}{10} + 10 \cdot \frac{1}{10} = \frac{22}{10} = 2{,}2$ *Durchschnittlich gewinnt man 2,20 € bei dem Spiel.*

c) André:
$E(X) = -2 \cdot \frac{6}{10} + 2 \cdot \frac{3}{10} + 8 \cdot \frac{1}{10} = 0{,}20 < 2$ *Das Spiel ist zum Nachteil des Spielers.*

10. Beurteilen Sie die Aussage. Geben Sie bei einer falschen Aussage ein Gegenbeispiel an.
a) Wenn eine Zufallsgröße nur ganze Zahlen als Werte annimmt, dann ist auch der Erwartungswert der Zufallsgröße ganzzahlig.
b) Der Erwartungswert liegt in der Nähe des Werts, den die Zufallsgröße mit der größten Wahrscheinlichkeit annimmt.
c) Der Erwartungswert einer Zufallsgröße liegt immer zwischen dem kleinsten und dem größten Wert, den die Zufallsgröße annehmen kann.

11. Auf einem Schulfest bietet ein Mathematikkurs einen Lottostand nach dem Verfahren „3 aus 5" an. Dabei sind die Zahlen 1 bis 5 in der Lostrommel und die Spieler müssen drei dieser Zahlen auf ihrem Lottoschein tippen.
Auf dem Schulfest wurde an zwei unterschiedlichen Ständen gespielt. Die Tabellen zeigen die Häufigkeitsverteilungen der Anzahl der Richtigen pro Lottoschein.

Stand 1 (120 Lottoscheine)

Richtige	0	1	2	3
Anzahl	0	31	79	10
relativ	0	0,26	0,66	0,08

Stand 2 (150 Lottoscheine)

Richtige	0	1	2	3
Anzahl	0	54	84	12
relativ	0	0,36	0,56	0,08

a) Spielen Sie im Kurs einige Runden Lotto „3 aus 5". Notieren Sie in einer Tabelle die absoluten und relativen Häufigkeiten der Anzahl der Richtigen pro Lottoschein.
b) Berechnen Sie mit den relativen Häufigkeiten das arithmetische Mittel der Anzahl der Richtigen pro Lottoschein an den beiden Ständen des Schulfests und für den Kurs.
c) Bestimmen Sie die Wahrscheinlichkeitsverteilung der Anzahl der Richtigen pro Lottoschein sowie den zugehörigen Erwartungswert.
d) Erläutern Sie anhand der Ergebnisse aus b) und c) die unterschiedliche Aussagekraft des arithmetischen Mittels und des Erwartungswerts.

12. **Ausblick:** Zufallsgrößen können auch genutzt werden, um die Anzahl an Wiederholungen eines Zufallsexperiments bis zu einem gewünschten Ausgang zu beschreiben. Berechnen Sie den Erwartungswert der Zufallsgröße X und beschreiben Sie seine Bedeutung im Sachzusammenhang.

① Es wird so lange gewürfelt, bis eine 6 kommt. Nach 5 Würfen wird abgebrochen. X beschreibt die Anzahl der Würfe.

② Zwei gleich gute Teams spielen im Modus „Best-of-five" gegeneinander. X beschreibt die Anzahl der Spiele.

③ Aus der Vergangenheit ist bekannt, dass Team A gegen Team B zu 60 % gewinnt. A und B spielen im Modus „Best-of-five" gegeneinander. X beschreibt die Anzahl der Spiele.

④ Zwei gleich gute Tischtennisspieler spielen ein Spiel über 5 Gewinnsätze. Es steht nach Sätzen bereits 3 : 1 für Spieler A. X beschreibt die Anzahl der noch zu spielenden Sätze, bis ein Sieger feststeht.

6.5 Varianz und Standardabweichung

Spielwürfel:

Quader-Würfel:

■ Die Zufallsgrößen X und Y beschreiben die Augenzahl beim Werfen mit verschiedenen Würfeln. Die Histogramme zeigen die Verteilungen von X und Y.

X: Augenzahl Spielwürfel

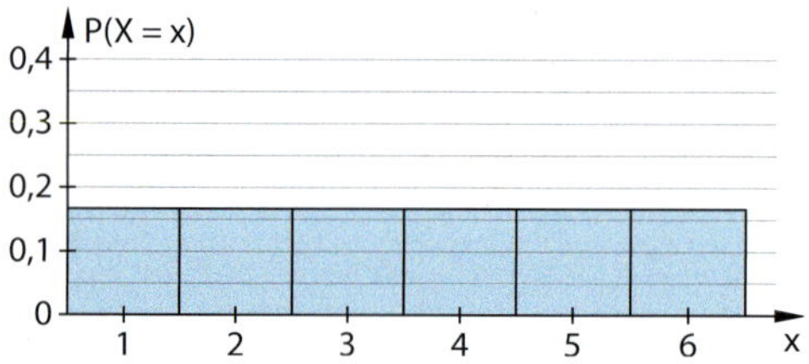

Y: Augenzahl Quader-Würfel

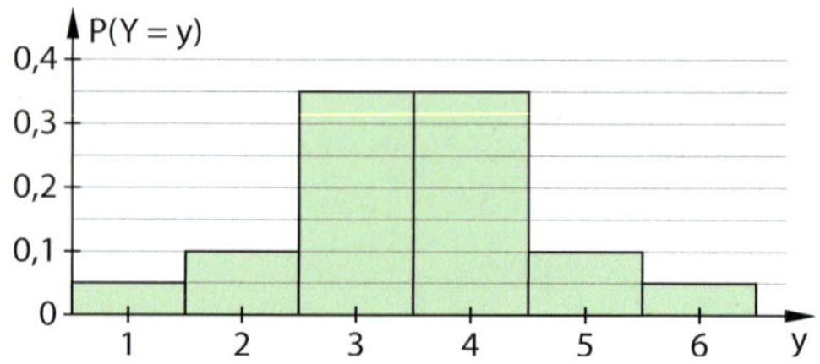

Beschreiben Sie Unterschiede der beiden Verteilungen und erklären Sie, warum der Erwartungswert dafür ungeeignet ist. ■

Der Erwartungswert allein ist häufig nicht sehr aussagekräftig. Interessant ist auch, mit welchen Wahrscheinlichkeiten die Werte einer Zufallsgröße stärker oder schwächer vom Erwartungswert abweichen. Zur Beschreibung dieser Streuung definiert man eine (theoretische) Varianz bzw. Standardabweichung. Dies ist eine Prognose für die empirischen Werte bei vielen Versuchsdurchführungen. Bei der Berechnung verwendet man statt der relativen Häufigkeiten die Wahrscheinlichkeiten $P(X = x)$.

Definition: Varianz und Standardabweichung einer Zufallsgröße

Für eine Zufallsgröße X, die die Werte $x_1, x_2, \ldots, x_n$ annehmen kann und den Erwartungswert $\mu = E(X)$ hat, heißt

$V(X) = (x_1 - \mu)^2 \cdot P(X = x_1) + (x_2 - \mu)^2 \cdot P(X = x_2) + \ldots + (x_n - \mu)^2 \cdot P(X = x_n)$ **Varianz** von X und $\sigma(X) = \sqrt{V(X)}$ **Standardabweichung** von X.

Beispiel 1: Gegeben sind die Wahrscheinlichkeitsverteilungen der Zufallsgrößen X und Y.

x	1	2	3	4
P(X = x)	0,3	0,3	0,2	0,2

y	1	2	3	4
P(Y = y)	0,5	0,1	0	0,4

X und Y haben beide den gleichen Erwartungswert $E(X) = E(Y) = 2{,}3$.

a) Berechnen Sie die Varianz und die Standardabweichung von X und Y.

b) Vergleichen Sie die Ergebnisse und erklären Sie ihre Bedeutung für die Wahrscheinlichkeitsverteilungen.

Lösung:

a) Berechnen Sie die Differenzen der Werte zum Erwartungswert, quadrieren Sie die Ergebnisse und multiplizieren Sie sie mit den zugehörigen Wahrscheinlichkeiten (z. B.: $(x_1 - \mu)^2 \cdot P(X = x_1) = (1 - 2{,}3)^2 \cdot 0{,}3$). Die Summe der Produkte ist die Varianz von X (bzw. Y). Durch Ziehen der Wurzel erhalten Sie die Standardabweichung.

$V(X) = (1 - 2{,}3)^2 \cdot 0{,}3 + (2 - 2{,}3)^2 \cdot 0{,}3 + (3 - 2{,}3)^2 \cdot 0{,}2 + (4 - 2{,}3)^2 \cdot 0{,}2 = 1{,}21$

$\sigma(X) = \sqrt{V(X)} = 1{,}1$

$V(Y) = (1 - 2{,}3)^2 \cdot 0{,}5 + (2 - 2{,}3)^2 \cdot 0{,}1 + (3 - 2{,}3)^2 \cdot 0 + (4 - 2{,}3)^2 \cdot 0{,}4 = 2{,}01$

$\sigma(Y) = \sqrt{V(Y)} \approx 1{,}418$

b) Die Ergebnisse aus a) geben einen Eindruck, welche Verteilung stärker streut.

Es gilt $V(Y) > V(X)$ und $\sigma(Y) > \sigma(X)$.
Die Wahrscheinlichkeitsverteilung von Y streut stärker um den Erwartungswert 2,3 als die von X.

Basisaufgaben

1. Berechnen Sie den Erwartungswert und die Varianz der Zufallsgröße X.

a)

x	1	2	4	5	6
P(X = x)	0,3	0,3	0,1	0,1	0,2

b)

x	5	10	15	20	25
P(X = x)	0,1	0,3	0,2	0,3	0,1

c)

x	−2	−1	0	1	2
P(X = x)	0,6	0,1	0,1	0,1	0,1

d)

x	1	2	3	4	8
P(X = x)	0,5	0,3	0,1	0,05	0,05

Lösungen zu 1:

−1 3,8 15 3,2 3 0,8 2 1,6 35 2,6

2. Bestimmen Sie den Erwartungswert und die Varianz der Zufallsgröße.

a) W: Anzahl von „Kopf“ beim einfachen Münzwurf
b) X: Augenzahl beim einfachen Würfelwurf
c) Y: Augensumme beim zweifachen Würfelwurf mit einem Tetraeder
d) Z: Anzahl der korrekten Antworten bei 2 Multiple-Choice-Fragen mit je 3 Möglichkeiten, von denen genau eine richtig ist, wenn die Antworten geraten werden

3. Ordnen Sie die Wahrscheinlichkeitsverteilungen nach der Größe der Standardabweichung, ohne zu rechnen.

①

x	1	2	3	4	5	6
P(X = x)	$\frac{1}{6}$	$\frac{1}{6}$	$\frac{1}{6}$	$\frac{1}{6}$	$\frac{1}{6}$	$\frac{1}{6}$

②

x	1	2	3	4	5	6
P(X = x)	0	0	0,5	0,5	0	0

③

x	1	2	3	4	5	6
P(X = x)	0,5	0	0	0	0	0,5

④

x	1	2	3	4	5	6
P(X = x)	0,05	0,15	0,3	0,3	0,15	0,05

4. Die Histogramme stellen drei unterschiedliche Wahrscheinlichkeitsverteilungen dar.

①
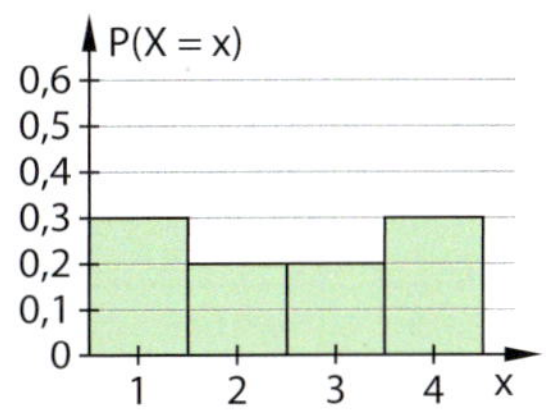

②
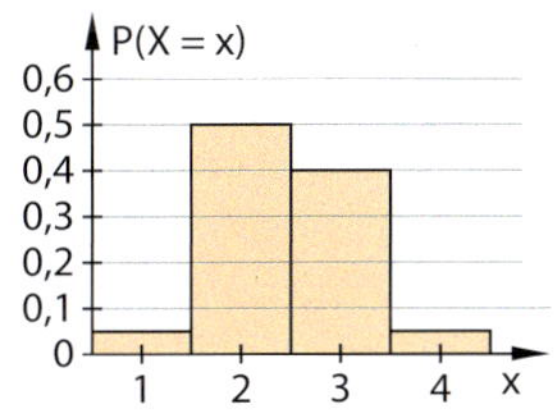

③
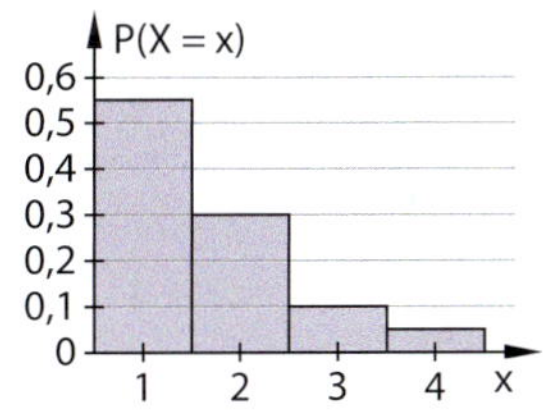

a) Orden Sie die Wahrscheinlichkeitsverteilungen ① bis ③ ohne konkrete Berechnungen nach dem Wert ihrer Standardabweichung von groß nach klein.
b) Lesen Sie aus den Histogrammen die Wahrscheinlichkeitsverteilungen ab und bestimmen Sie die Standardabweichungen. Überprüfen Sie damit Ihre Einschätzung aus a).

5. In einer Urne liegen zwei rote und eine gelbe Kugel. Für einen Einsatz von 1 € bietet ein Glücksspielanbieter zwei unterschiedliche Glücksspiele an.

① Es wird eine Kugel aus der Urne gezogen. Ist die Kugel rot, so bekommt man 0,50 € ausgezahlt. Ist die Kugel gelb, so bekommt man 2 € ausgezahlt.

② Es werden zwei Kugeln mit Zurücklegen gezogen. Sind beide Kugeln rot, so bekommt man 1 € ausgezahlt. Sind beide gelb, so bekommt man 5 €. In anderen Fällen ist der Einsatz verloren.

a) Entscheiden Sie sich spontan für eines der Glücksspiele. Begründen Sie Ihre Wahl.
b) Bestimmen Sie für beide Glücksspiele die Wahrscheinlichkeitsverteilung der Auszahlung.
c) Berechnen Sie den Erwartungswert und die Varianz für beide Glücksspiele.
d) Vergleichen Sie die Ergebnisse aus c) und erklären Sie ihre Bedeutung im Sachzusammenhang.

Weiterführende Aufgaben

6. Für einen Einsatz von 4 € werden zwei Spielwürfel geworfen. Ist die Augensumme ungerade, so werden 0 € ausgezahlt. Ist die Augensumme gerade, so bekommt man die Augensumme ausgezahlt.
Betrachten Sie die Zufallsgrößen X und Y.

x	0	2	4	6	8	10	12
P(X = x)	$\frac{1}{2}$	$\frac{1}{36}$	$\frac{3}{36}$	$\frac{5}{36}$	$\frac{5}{36}$	$\frac{3}{36}$	$\frac{1}{36}$

y	−4	−2	0	2	4	6	8
P(Y = y)	$\frac{1}{2}$	$\frac{1}{36}$	$\frac{3}{36}$	$\frac{5}{36}$	$\frac{5}{36}$	$\frac{3}{36}$	$\frac{1}{36}$

a) Beschreiben Sie den Zusammenhang zwischen den Zufallsgrößen und dem Spiel.
b) Berechnen Sie Erwartungswert, Varianz und Standardabweichung zu X und Y.
c) Erklären Sie die Ergebnisse aus b) im Sachzusammenhang.
d) Erläutern Sie, welchen Erwartungswert die Zufallsgröße Y haben müsste, damit das Glücksspiel als fair bezeichnet werden könnte.

7. **Stolperstelle:** In den Klassen 10a, 10b und 10c wurde ein Test geschrieben. Der Klassenspiegel ist hier für alle drei Klassen abgebildet. Vergleichen Sie die drei Verteilungen.

	1	2	3	4	5	6
10a	1	4	10	10	4	1
10b	5	5	5	5	5	5
10c	0	0	15	15	0	0

8. Die Tabelle zeigt für zwei Firmen, wie viel Prozent der Mitarbeiter welches monatliche Bruttoeinkommen bekommen.

Einkommen	**2200 €**	**2600 €**	**2900 €**	**3100 €**	**3400 €**	**3600 €**	**4000 €**
Firma A	4 %	14 %	18 %	24 %	21 %	16 %	3 %
Firma B	23 %	16 %	7 %	5 %	8 %	16 %	25 %

Aus jeder Firma wird zufällig ein Mitarbeiter ausgewählt und nach dem Gehalt befragt. Die Zufallsgrößen X und Y beschreiben das Gehalt der Person aus Firma A bzw. B.
a) Erstellen Sie Histogramme zu beiden Zufallsgrößen.
b) Berechnen Sie zu X und Y den Erwartungswert und die Standardabweichung.
c) Begründen Sie mit den Ergebnissen aus a) und b), in welcher Firma Sie lieber arbeiten würden.

9. Nia möchte ein Glücksspiel entwickeln und hat dazu einen Spielwürfel und ein Glücksrad zur Auswahl. Ein Spieler würfelt oder dreht und erhält das Ergebnis in Euro ausgezahlt.
a) Berechnen Sie für beide Spiele faire Einsätze.
b) Berechnen Sie für beide Spiele die Standardabweichung für den Gewinn bei fairem Einsatz. Vergleichen Sie damit beide Spiele hinsichtlich der Chancen und Risiken für den Gewinn eines Spielers.

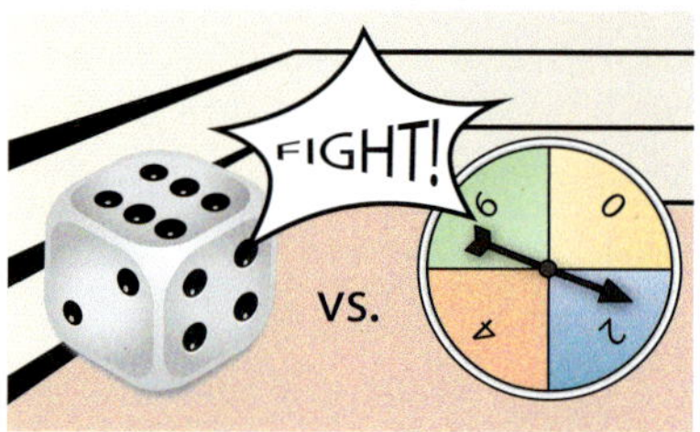

10. In Formelsammlungen findet man für die Varianz häufig die Formel $V(X) = E((X - E(X))^2)$. Betrachten Sie zunächst die Zufallsgröße X mit der angegebenen Wahrscheinlichkeitsverteilung.

x	2	4	6	8
P(X = x)	0,1	0,5	0,2	0,2

a) Berechnen Sie E(X) und V(X) mit den Formeln aus der Definition.
b) Bestimmen Sie die Verteilung von $(X - E(X))^2$ und berechnen Sie den zugehörigen Erwartungswert.
● c) Begründen Sie die Formel $V(X) = E((X - E(X))^2)$ allgemein.

11. In einer Urne sind zwei gelbe und eine unbekannte Anzahl roter Kugeln. Es wird zweimal aus der Urne gezogen. Sind beide Kugeln gelb, so gewinnt man 5 €.

a) Legt man die erste gezogene Kugel wieder zurück, so ist das Spiel bei einem Einsatz von 0,80 € fair. Bestimmen Sie die Anzahl der roten Kugeln in der Urne.
b) Wird das Spiel ohne Zurücklegen der ersten gezogenen Kugel gespielt, so ist es bei einem Einsatz von 0,50 € fair. Bestimmen Sie die Anzahl der roten Kugeln in der Urne.
c) Untersuchen Sie, welche der beiden Varianten risikoreicher ist.

● **12.** Ein Glücksrad besteht aus fünf unterschiedlich großen Sektoren, die mit 0 €, 4 €, 8 €, 12 € und 16 € beschriftet sind. Für das einmalige Drehen des Glücksrads beschreibt die Zufallsgröße X die Auszahlung in €. Das einmalige Drehen des Glücksrads ist bei einem Einsatz von 7 € fair.

x	0	4	8	12	16
P(X = x)	c	$\frac{1}{4}$	$\frac{1}{8}$	$\frac{1}{4}$	d

a) Bestimmen Sie die Wahrscheinlichkeiten $P(X = 0)$ und $P(X = 16)$.
b) Beim zweimaligen Drehen wird der höhere der beiden gedrehten Beträge ausgezahlt. Bestimmen Sie einen fairen Einsatz für dieses Glücksspiel, falls möglich.
c) Berechnen Sie die Standardabweichung für den Gewinn beim einmaligen und zweimaligen Drehen bei jeweils fairem Einsatz. Bewerten Sie damit die Risiken und Chancen der beiden Glücksspiele.

● **13. Ausblick:** Die **Tschebyscheff-Ungleichung** besagt, dass bei einer Zufallsgröße X mit Erwartungswert E(X) und Varianz V(X) für jede Zahl $k > 0$ gilt:
$P(|X - E(X)| > k) \leq \frac{V(X)}{k^2}$

a) Begründen Sie, dass die Tschebyscheff-Ungleichung äquivalent ist zu
$P(|X - E(X)| \leq k) \geq 1 - \frac{V(X)}{k^2}$.
b) Ein Verlag lässt die Verkaufsaussichten eines neuen Buchs erforschen. Die Marktforschung liefert die Aussage, dass mit einem Verkauf von 75 000 Büchern bei einer zu erwartenden Standardabweichung von 2500 Büchern zu rechnen sei. Schätzen Sie die Wahrscheinlichkeit ab, dass der Verlag zwischen 70 000 und 80 000 Bücher verkauft.
c) Beschreiben Sie in eigenen Worten die Aussage der folgenden Ungleichung:
$P\left(E(X) - \sqrt{2 \cdot V(X)} \leq X \leq E(X) + \sqrt{2 \cdot V(X)}\right) \geq 0,5$
d) Beweisen Sie die Aussage aus Aufgabenteil c) mithilfe der Tschebyscheff-Ungleichung.

6.6 Abiturtraining

Aufgaben ohne Hilfsmittel

1. Bei einem Test können 15 Punkte erreicht werden. Ab einer Punktzahl von 10 gilt der Test als bestanden. Die Grafik zeigt die Ergebnisse von 8 Teilnehmern.

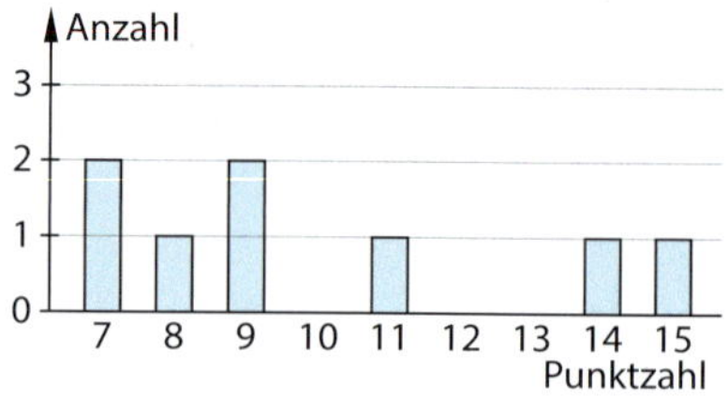

a) Berechnen Sie das arithmetische Mittel und bewerten Sie die Aussage „Im Durchschnitt haben die Teilnehmer bestanden."

b) Beschreiben Sie die Bedeutung des Medians im Sachzusammenhang und ermitteln Sie diesen Wert.

c) Fügen Sie zur Liste zwei Ergebnisse hinzu, sodass das arithmetische Mittel 12 wird und die Aussage aus a) zutrifft.

2. An zwei verschiedenen Orten wird 10 Tage in Folge um 12 Uhr mittags die Außentemperatur gemessen. Die Tabelle enthält die Ergebnisse in °C.

Tag	1	2	3	4	5	6	7	8	9	10
Ort A	12	12	13	18	19	20	19	19	14	14
Ort B	15	16	16	14	16	18	18	15	16	16

a) Zeigen Sie, dass in beiden Fällen das arithmetische Mittel der Temperaturen gleich ist. Erläutern Sie, warum dieser Wert nur bedingt aussagekräftig ist.

b) Entscheiden Sie begründet, an welchem Ort die empirische Standardabweichung der Daten höher ist.

3. Ein Glücksrad hat ein rotes, ein gelbes und ein grünes Feld (siehe Abbildung).

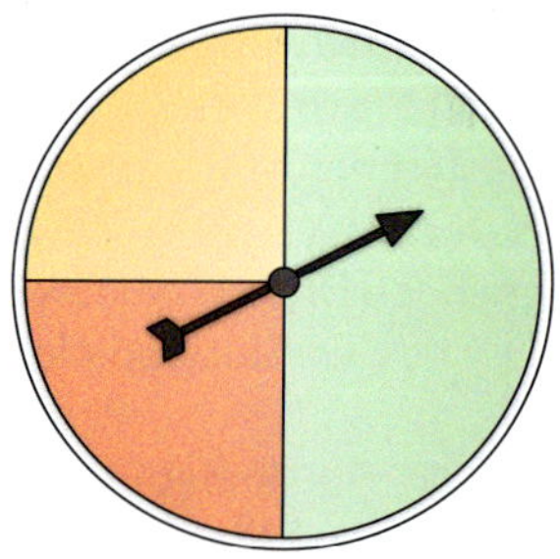

a) Berechnen Sie die Wahrscheinlichkeit, dass

① beim dreimaligen Drehen die Kombination (rot; gelb; grün) gedreht wird,

② beim zweimaligen Drehen zwei unterschiedliche Farben gedreht werden,

③ beim vierten Dreh das erste Mal grün gedreht wird.

b) Beschreiben Sie die Bedeutung des Terms $2 \cdot 0{,}25^2 + 0{,}5^2$ im Sachzusammenhang.

c) Geben Sie einen Term an, mit dem die Wahrscheinlichkeit dafür, dass beim dreimaligen Drehen des Glücksrads alle drei Farben erscheinen, berechnet werden kann.

4. Die Zufallsgröße X steht für die Auszahlung bei einem Glücksspiel. Der Einsatz beträgt 2 €.

k	0 €	1 €	3 €	10 €
P(X = k)	0,4	0,3	0,2	0,1

a) Zeigen Sie, dass das Spiel nicht fair ist.

b) Die 10 € sollen so durch einen neuen Betrag ersetzt werden, dass das Spiel fair ist. Bestimmen Sie den gesuchten Auszahlungsbetrag.

c) Die Zufallsgröße Y beschreibt die Auszahlung in einer neuen Variante des Glücksspiels. Diese Variante soll bei einem Einsatz von 1,50 € fair sein. Bestimmen Sie die passenden Werte für a und b.

k	0 €	1 €	3 €	10 €
P(Y = k)	a	0,3	0,2	b

Aufgaben mit Hilfsmitteln

5. Die Abbildung zeigt die Körpernetze zweier Würfel A und B.

A:

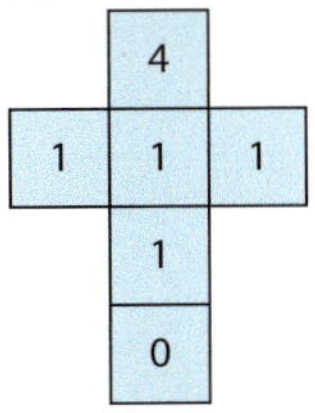

B:

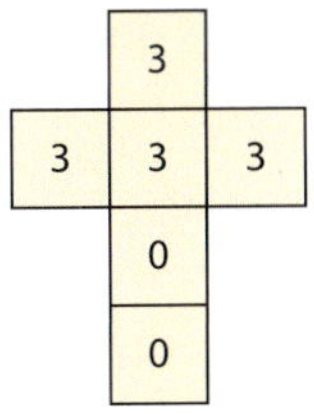

a) Bestimmen Sie für den Würfel A die Wahrscheinlichkeiten der folgenden Ereignisse.
① Es wird zweimal hintereinander eine „1" gewürfelt.
② Es wird dreimal in Folge keine „4" gewürfelt.
③ Es wird dreimal gewürfelt. Dabei werden drei unterschiedliche Augenzahlen gewürfelt.

b) Tim und Martin spielen mit den Würfeln A und B gegeneinander. Derjenige, der die höhere Zahl würfelt, gewinnt das Spiel. Würfeln beide die gleiche Zahl, so endet das Spiel unentschieden. Vor Spielbeginn darf Tim einen Würfel auswählen.
Untersuchen Sie, ob Tim durch die Auswahlmöglichkeit des Würfels im Vorteil ist.

c) Mit dem Würfel B wird ein Glücksspiel in zwei unterschiedlichen Varianten angeboten. Der Spieler muss vor Spielbeginn eine Variante auswählen und einen (noch unbekannten) Einsatz zahlen. Dann wird der Würfel B zweimal geworfen. Die Auszahlung erfolgt je nach Variante nach den folgenden Regeln.
Variante A: Ausgezahlt wird die Augensumme der beiden Würfe in Euro.
Variante B: Ausgezahlt wird das Produkt der Augenzahlen der beiden Würfe in Euro.
Zeigen Sie, dass der faire Einsatz für dieses Glücksspiel unabhängig von der gewählten Variante ist. Untersuchen Sie, ob eine der beiden Varianten risikoreicher ist.

d) Bei Würfel A wird die „0" durch eine weitere „4" ersetzt. Die Abbildung zeigt das angepasste Körpernetz des Würfels. Mit dem neuen Würfel A wird so lange gewürfelt, bis die Augensumme insgesamt mindestens 6 beträgt. Bestimmen Sie die Wahrscheinlichkeitsverteilung der Zufallsgröße Z, die die Anzahl der Würfe zählt.

A neu:

6. Um eine Ausbreitung der BSE-Seuche unter Rindern zu verhindern, wurden in Deutschland im Jahr 2000 etwa 500 000 Rinder geschlachtet. 500 der Tiere waren tatsächlich erkrankt. Der dabei verwendete Schnelltest identifiziert mit einer Wahrscheinlichkeit von 95 % die erkrankten Rinder korrekt. Ein gesundes Tier wird mit einer Wahrscheinlichkeit von 3 % als „BSE-krank" identifiziert.

a) Stellen Sie die Situation in einer Vierfeldertafel mit absoluten Zahlen und in einem Baumdiagramm mit Wahrscheinlichkeiten dar. Bestimmen Sie die Wahrscheinlichkeit,
① dass ein Rind gesund und das Testergebnis negativ ist,
② dass ein Rind krank ist und das Testergebnis positiv ist,
③ dass ein Rind mit dem Testergebnis „BSE-krank" wirklich an BSE erkrankt war.

b) Bestimmte Gebiete der Bundesrepublik galten als besondere Risikobereiche für BSE. In diesen Bereichen kann angenommen werden, dass die relative Häufigkeit von BSE-erkrankten Rindern teilweise deutlich erhöht war. Nehmen Sie nun an, dass der Anteil p der tatsächlich an BSE erkrankten Rinder variabel sei.
Erläutern Sie, dass die Funktion f mit $f(p) = \frac{p \cdot 0{,}95}{p \cdot 0{,}95 + (1-p) \cdot 0{,}03}$ die bedingte Wahrscheinlichkeit $P(\text{krank} \mid \text{Test positiv})$ in Abhängigkeit von p beschreibt.
Geben Sie den Funktionswert $f(0{,}01)$ an und deuten Sie diesen im Sachzusammenhang.
Bestimmen Sie mithilfe der Funktion f, wie hoch der Anteil p der erkrankten Rinder sein müsste, damit die Wahrscheinlichkeit, dass ein positiv getestetes Rind tatsächlich krank war, größer als 50 % ist.

Prüfen Sie Ihr neues Fundament

Lösungen
↗ S. 340

1. a) Ermitteln Sie von folgenden Punktzahlen das arithmetische Mittel und den Median:
11; 6; 9; 16; 9; 7; 8

b) Ermitteln Sie die Mittelwerte für diese Datenliste unter Hinzunahme der Punktzahlen 1 und 3. Wie verändern sich dadurch die Mittelwerte?

c) Fügen Sie zur Datenliste in a) eine Punktzahl hinzu, so dass das arithmetische Mittel 12 wird. Wie groß ist nun Median?

2. Im Training einer Sportgruppe mussten die Teilnehmer möglichst viele Klimmzüge machen. Dabei wurde folgendes Ergebnis erzielt:

Name	Paul	Leo	Tom	Timo	Amir	Karl	Jakub	Mark	Jan	Sven
Anzahl	20	18	16	20	18	20	16	18	22	19

a) Berechnen Sie das arithmetische Mittel der in der Gruppe gemachten Klimmzüge.

b) Ermitteln Sie den Median und die Spannweite.

c) Stellen Sie den Sachverhalt in einem geeigneten Diagramm dar.

3. Das Diagramm zeigt die Anzahl richtiger Antworten von 20 Schülern bei einem Quiz mit 10 Fragen. Bestimmen Sie den Median und das arithmetische Mittel der Anzahl der richtigen Antworten.

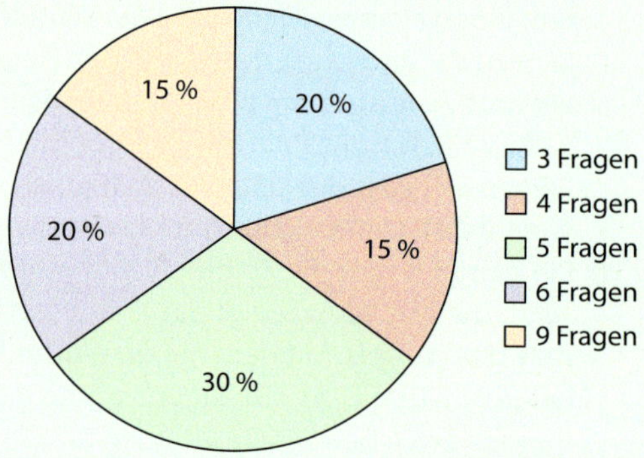

4. Bestimmen Sie das arithmetische Mittel, die Varianz und die empirische Standardabweichung.

a) 2; 5; 7; 7; 8; 8; 10; 12; 12; 14

b) 2,5 g; 3,0 g; 2,5 g; 1,8 g; 3,0 g

5. Die Datenreihen sind Weitsprungergebnisse von Janin und Paula aus dem letzten Training.
Janin: 4,60 m; 4,10 m; 3,95 m; 4,55 m; 4,60 m   Paula: 4,50 m; 4,55 m; 4,50 m; 4,15 m; 4,60 m

a) Schätzen Sie begründet, welche Datenreihe die größere Standardabweichung hat.

b) Überprüfen Sie Ihre Vermutung mit einer Rechnung.

6. Die Tabelle zeigt die Anzahl richtig gegebener Antworten der Klassen 10a und 10b in einem Multiple-Choice-Test in Mathematik mit fünf Aufgaben.

Anzahl der richtigen Antworten	0	1	2	3	4	5
10a	0	4	6	4	4	2
10b	2	4	5	1	3	5

Vergleichen Sie die Ergebnisse der beiden Klassen mithilfe von Lagemaßen und Streumaßen und interpretieren Sie das Ergebnis.

Hinweis zu 7c:
„Zwischen 2 und 5" bedeutet hier „mindestens 2 und höchstens 5".

7. Das Histogramm stellt die Wahrscheinlichkeitsverteilung einer Zufallsgröße X dar. Beschreiben Sie das Ereignis mit einer Ungleichung (z. B. $X > 3$). Ermitteln Sie seine Wahrscheinlichkeit. Die Zufallsgröße X

a) ist kleiner als 5, b) ist höchstens 2,

c) liegt zwischen 2 und 5, d) ist mindestens 1.

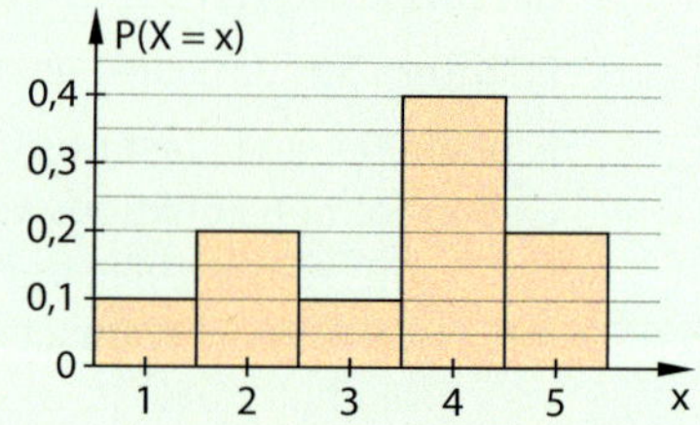

Lösungen
↗ S. 340/341

8. Die Histogramme stellen drei verschiedene Wahrscheinlichkeitsverteilungen dar.

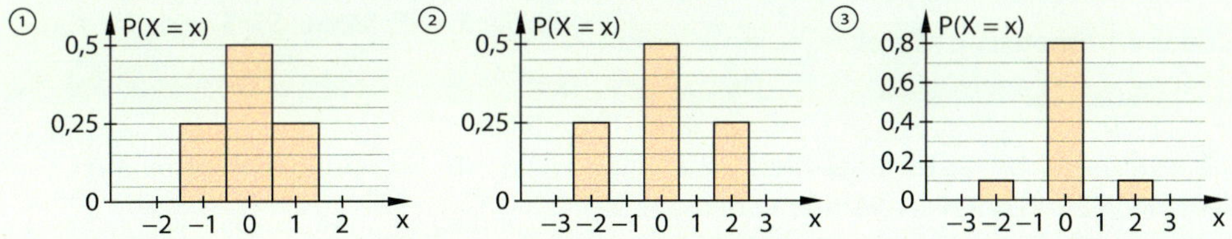

a) Entscheiden Sie, ohne zu rechnen, welche der Zufallsgrößen die größte Standardabweichung hat.
b) Berechnen Sie die Standardabweichungen. Vergleichen Sie mit Ihrem Ergebnis aus a).

9. Für das Glücksspiel mit dem abgebildeten Glücksrad muss der Spieler einen Einsatz von 1 € bezahlen. Das Glücksrad wird zweimal gedreht.
Zeigt der Zeiger beide Male auf ein rotes Feld, erhält der Spieler 5 €. Zeigt er beide Male auf ein grünes Feld, erhält der Spieler 8 €. Zeigt er beide Male auf das blaue Feld, erhält der Spieler 13 €. Zeigt der Zeiger auf verschiedene Farben, erhält der Spieler nichts.

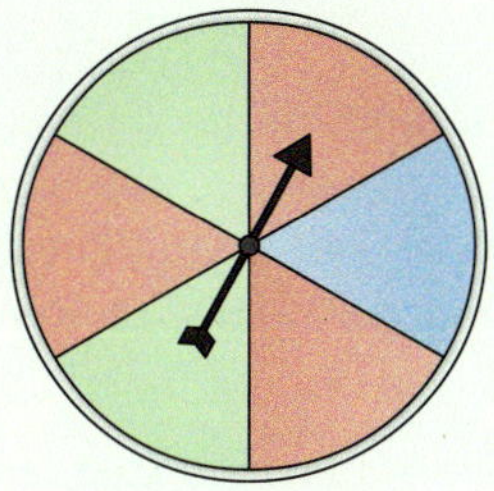

a) Berechnen Sie den Erwartungswert der Auszahlung.
b) Ermitteln Sie, wie groß der Einsatz des Spielers sein muss, damit das Spiel fair ist.

10. Betrachten Sie die Zufallsgrößen auf den Karten.

① Augenzahl beim Werfen eines Tetraeder-Würfels mit den Augenzahlen 1, 2, 3 und 4.

② Summe der Zahlen beim zweimaligen Drehen eines Glücksrads mit drei gleich großen Sektoren mit den Zahlen 2, 4 und 6.

③ Anzahl „Wappen" beim dreifachen Münzwurf.

④ Erzeugen einer ganzzahligen Zufallszahl aus dem Bereich [−3; 3] mit dem GTR.

a) Geben Sie für jede Zufallsgröße eine Wahrscheinlichkeitsverteilung als Tabelle an.
b) Stellen Sie jede Wahrscheinlichkeitsverteilung in einem Histogramm dar.
c) Sortieren Sie ohne Rechnung die Zufallsgrößen aufsteigend nach der Größe ihres vermutlichen Erwartungswerts.
d) Überprüfen Sie Ihre Vermutungen aus Teilaufgabe c) rechnerisch.

11. Zwei sechsseitige Spielwürfel werden geworfen. Für einen Einsatz von 1 € werden zwei Glücksspiele angeboten.

Glücksspiel 1: Fallen zwei gleiche Augenzahlen (Pasch), so erhält der Spieler 6 € ausgezahlt. In allen anderen Fällen ist der Einsatz verloren.

Glücksspiel 2: Ist die Augensumme 12, so werden dem Spieler 14 € ausgezahlt, bei der Augensumme 11 werden 11 € ausgezahlt. Sonst gibt es keine Auszahlung.

a) Entscheiden Sie sich aus der Sicht des Spielers spontan für eines der Glücksspiele und begründen Sie Ihre Entscheidung.
b) Bestimmen Sie für jedes der beiden Glücksspiele die Wahrscheinlichkeitsverteilung des Gewinns des Spielers.
c) Berechnen Sie für jedes der beiden Glücksspiele den Erwartungswert und die Standardabweichung des Gewinns des Spielers.
d) Vergleichen Sie die Erwartungswerte und die Standardabweichungen. Erklären Sie ihre Bedeutung im Sachzusammenhang.

Mittelwerte

Bei einer Reihe mit n Daten $x_1, x_2, \ldots, x_n$ gilt für das **arithmetische Mittel:**

$\overline{x} = \frac{x_1 + x_2 + \ldots + x_n}{n}$

Das **arithmetische Mittel eines Merkmals bei einer Häufigkeitsverteilung** mit den Werten x_i und ihren relativen Häufigkeiten h_i errechnet sich durch

$\overline{x} = h_1 \cdot x_1 + h_2 \cdot x_2 + \ldots + h_n \cdot x_n$.

Ergebnisse einer Messreihe (in mm):
58; 57; 57; 55; 54; 56; 55; 57; 55; 54

$\overline{x} = \frac{58 + 57 + 57 + 55 + 54 + 56 + 55 + 57 + 55 + 54}{10}$
$= 55{,}8$

Messreihe als Häufigkeitsverteilung:

x_i (in mm)	54	55	56	57	58
Anzahl a_i	2	3	1	3	1
$h_i = \frac{a_i}{n}$	0,2	0,3	0,1	0,3	0,1

$\overline{x} = 0{,}2 \cdot 54 + 0{,}3 \cdot 55 + 0{,}1 \cdot 56 + 0{,}3 \cdot 57 + 0{,}1 \cdot 58 = 55{,}8$

Streumaße

Die **empirische Varianz** bei einer Liste mit n Daten $x_1, x_2, \ldots, x_n$ und dem arithmetischen Mittel $\overline{x}$ ist die mittlere quadratische Abweichung s^2 der Daten vom Mittelwert:

$s^2 = \frac{1}{n}\left((x_1 - \overline{x})^2 + (x_2 - \overline{x})^2 + \ldots + (x_n - \overline{x})^2\right)$

Die **empirische Standardabweichung** ist die Wurzel s aus der empirischen Varianz.

Sind die Daten als Häufigkeitsverteilung gegeben (relative Häufigkeiten h_i), gilt die Formel:

$s = \sqrt{h_1 \cdot (x_1 - \overline{x})^2 + h_2 \cdot (x_2 - \overline{x})^2 + \ldots + h_n \cdot (x_n - \overline{x})^2}$

$\frac{1}{10}\left((58 - 55{,}8)^2 + (57 - 55{,}8)^2 + (57 - 55{,}8)^2 + (55 - 55{,}8)^2 + (54 - 55{,}8)^2 + (56 - 55{,}8)^2 + (55 - 55{,}8)^2 + (57 - 55{,}8)^2 + (55 - 55{,}8)^2 + (54 - 55{,}8)^2\right) \approx 1{,}76$

bzw.

$0{,}2 \cdot (54 - 55{,}8)^2 + 0{,}3 \cdot (55 - 55{,}8)^2 + 0{,}1 \cdot (56 - 55{,}8)^2 + 0{,}3 \cdot (57 - 55{,}8)^2 + 0{,}1 \cdot (58 - 55{,}8)^2 \approx 1{,}76$

Empirische Varianz dieser Messreihe: $s^2 \approx 1{,}76\,\text{mm}^2$

Empirische Standardabweichung dieser Messreihe: $s = \sqrt{1{,}76\,\text{mm}^2} \approx 1{,}33\,\text{mm}$

Zufallsgrößen und Wahrscheinlichkeitsverteilungen

Eine **Zufallsgröße X** ist eine Zuordnung, die jedem Ergebnis eines Zufallsexperiments eine reelle Zahl x zuordnet.

Die Zuordnung, die jedem Wert x, den eine Zufallsgröße X annehmen kann, die Wahrscheinlichkeit $P(X = x)$ zuordnet, heißt **Wahrscheinlichkeitsverteilung** von X.

Ein Glücksrad mit drei gleich großen Feldern mit Werten 1, 2 und 3 wird zweimal gedreht.
X: Betrag der Differenz der gedrehten Werte

Ergebnisse	(1;1), (2;2), (3;3)	(1;2), (2;3), (2;1), (3;2)	(1;3), (3;1)
x	0	1	2
$P(X = x)$	$\frac{3}{9}$	$\frac{4}{9}$	$\frac{2}{9}$

Erwartungswert

Für den **Erwartungswert** einer Zufallsgröße X, die die Werte $x_1, x_2, \ldots, x_n$ annehmen kann, gilt:

$E(X) = x_1 \cdot P(X = x_1) + \ldots + x_n \cdot P(X = x_n)$

Der Erwartungswert gibt den langfristig zu erwartenden Durchschnittswert an.

Wahrscheinlichkeitsverteilung von X:

x	1	2	3	4
$P(X = x)$	0,3	0,3	0,2	0,2

$E(X) = 1 \cdot 0{,}3 + 2 \cdot 0{,}3 + 3 \cdot 0{,}2 + 4 \cdot 0{,}2 = 0{,}3 + 0{,}6 + 0{,}6 + 0{,}8 = 2{,}3$

Varianz und Standardabweichung

Für eine Zufallsgröße X, die die Werte $x_1, x_2, \ldots, x_n$ annehmen kann und den Erwartungswert $\mu = E(X)$ hat, heißt

$V(X) = (x_1 - \mu)^2 \cdot P(X = x_1) + (x_2 - \mu)^2 \cdot P(X = x_2) + \ldots + (x_n - \mu)^2 \cdot P(X = x_n)$

Varianz von X und

$\sigma(X) = \sqrt{V(X)}$ **Standardabweichung von X.**

Beide Kenngrößen sind ein Maß für die Streuung der Verteilung um ihren Erwartungswert.

Wahrscheinlichkeitsverteilung von X:

x	1	2	3	4
$P(X = x)$	0,3	0,3	0,2	0,2

$E(X) = 2{,}3$

Varianz:

$V(X) = (1 - 2{,}3)^2 \cdot 0{,}3 + (2 - 2{,}3)^2 \cdot 0{,}3 + (3 - 2{,}3)^2 \cdot 0{,}2 + (4 - 2{,}3)^2 \cdot 0{,}2 = 1{,}21$

Standardabweichung: $\sigma(X) = \sqrt{1{,}21} = 1{,}1$

7. Binomialverteilung

Spieleabende sind ein schöner Zeitvertreib, erst recht, wenn man eine Glückssträhne hat. Um eine erfolgversprechende Spielstrategie zu finden, kann man bei vielen Spielen seine Chancen mit der Binomialverteilung berechnen.

Nach diesem Kapitel können Sie …
- Situationen mit Bernoulli-Ketten beschreiben und Wahrscheinlichkeiten für die Anzahl von Treffern berechnen,
- Wahrscheinlichkeiten und Parameter bei binomialverteilten Zufallsgrößen bestimmen,
- Eigenschaften der Binomialverteilung nutzen und Prognosen aufstellen.

Lösungen
↗ S. 341/342

Baumdiagramme und Wahrscheinlichkeit

1. Bei einem Glücksrad mit sechs gleich großen Sektoren ergibt die Farbe „Rot" einen Hauptgewinn. Es wird dreimal gedreht.

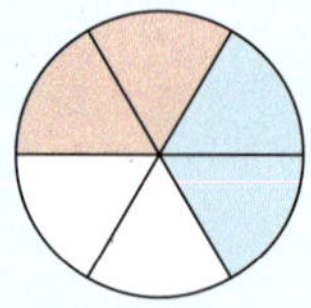

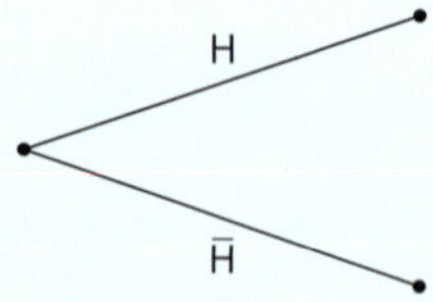

a) Vervollständigen Sie das Baumdiagramm und geben Sie alle zugehörigen Pfadwahrscheinlichkeiten an.
b) Berechnen Sie die Wahrscheinlichkeit, dass genau zweimal ein Hauptgewinn „erdreht" wird.

2. In einer Urne befinden sich 3 weiße Kugeln und 9 rote Kugeln. Es werden nacheinander zwei Kugeln ohne Zurücklegen gezogen.

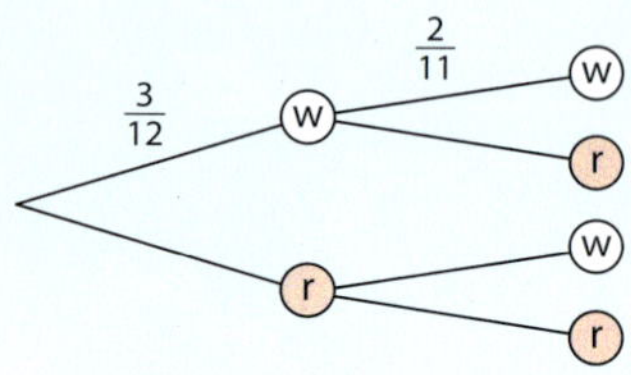

a) Vervollständigen Sie das Baumdiagramm durch Angabe aller Pfadwahrscheinlichkeiten.
b) Erläutern Sie eine Kontrollmöglichkeit.

3. Auf einem Flughafen werden für Reisen innerhalb der EU stichprobenartig Pass- und Zollkontrollen unabhängig voneinander durchgeführt.
Es wird angenommen, dass Passkontrollen mit einer Wahrscheinlichkeit von 0,1 und Zollkontrollen mit einer Wahrscheinlichkeit von 0,2 stattfinden.

a) Zeichnen Sie ein passendes Baumdiagramm mit allen Pfadwahrscheinlichkeiten.
b) Mit einem Flugzeug kommen 200 Fluggäste an. Berechnen Sie, wie viele dieser Fluggäste wahrscheinlich sowohl die Pass- als auch die Zollkontrolle durchlaufen werden.

Zufallsgrößen und Wahrscheinlichkeitsverteilung

4. Die Zufallsgröße X wird durch die Wahrscheinlichkeitsverteilung in der Tabelle beschrieben.

mögliche Werte x	2	4	6	8
P(X = x)	$\frac{1}{2}$	$\frac{1}{4}$	$\frac{1}{8}$	$\frac{1}{8}$

a) Ermitteln Sie die Wahrscheinlichkeiten.
① $P(X < 4)$ ② $P(X \le 4)$ ③ $P(X \ge 4)$ ④ $P(X > 6)$
b) Berechnen Sie Erwartungswert, Varianz und Standardabweichung dieser Zufallsgröße.

5. Die Anzahl der Muttern in einer Packung schwankt bei der maschinellen Abpackung zufällig zwischen 38 und 42 Muttern. Die Zufallsgröße X beschreibt die Anzahl der Muttern in einer Packung. Die Wahrscheinlichkeitsverteilung der Zufallsgröße X ist aus langjähriger Erfahrung bekannt und in der Tabelle unvollständig dargestellt.

x	38	39	40	41	42
P(X = x)		0,253	0,362	0,231	0,054

a) Berechnen Sie die Wahrscheinlichkeit $P(X = 38)$ sowie den Erwartungswert $E(X)$.
b) Interpretieren Sie die Ergebnisse aus a) in diesem Sachzusammenhang.

6. Erstellen Sie ein Histogramm für die Zufallsgröße X. Erklären Sie, wie in diesem Fall der Erwartungswert am Histogramm abgelesen werden kann.

x	0	1	2	3	4
P(X = x)	0,1	0,2	0,4	0,2	0,1

7. Das Histogramm stellt die Wahrscheinlichkeitsverteilung einer Zufallsgröße X dar.

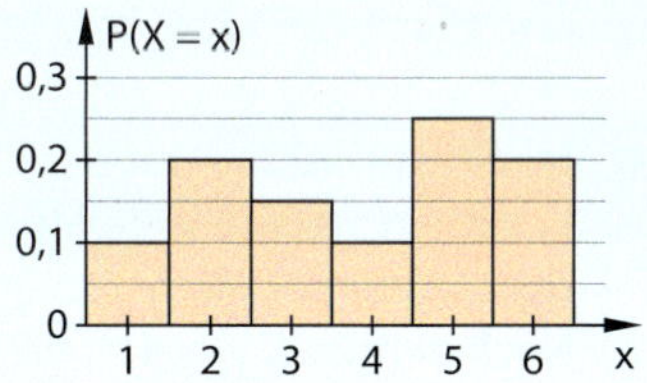

a) Erstellen Sie eine passende Tabelle zur Wahrscheinlichkeitsverteilung von X.

b) Ordnen Sie jedem Ereignis ein passendes Kärtchen zu und ermitteln Sie die zugehörige Wahrscheinlichkeit. Der Wert von X ist
① mindestens 4, ② kleiner als 3, ③ höchstens 3, ④ größer als 4,
⑤ mindestens 2 und höchstens 5, ⑥ größer als 2 und kleiner als 5.

$X < 3$ | $X > 4$ | $2 < X < 5$ | $2 \leq X \leq 5$ | $X \geq 4$ | $X \leq 3$

Lösungen
↗ **S. 342/343**

8. Bei einem Spiel mit zwei Würfeln, die gleichzeitig geworfen werden, erhält man für jede gewürfelte „6" 1 €. Wird keine „6" gewürfelt, so muss der Spieler 1 € zahlen.
Die Zufallsgröße X beschreibt den Gewinn bzw. Verlust bei einem Spiel und kann folglich die Werte −1 €, 1 € und 2 € annehmen.

a) Ermitteln Sie die Wahrscheinlichkeitsverteilung der Zufallsgröße X sowie ihren Erwartungswert.

b) Stellen Sie die Wahrscheinlichkeitsverteilung von X in einem Histogramm dar.

c) Erklären Sie, warum dieses Spiel nicht als fair bezeichnet werden kann.

d) Ermitteln Sie, wie viel der Spieler anstatt 1 € zahlen muss, damit das Spiel fair ist.

TK **9.** Das abgebildete Glücksrad hat 8 gleich große Segmente.

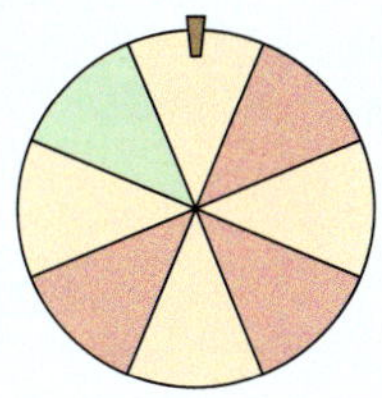

a) Es wird einmal gedreht. Geben Sie die theoretischen Wahrscheinlichkeiten für ein rotes, gelbes bzw. grünes Segment an.

b) Simulieren Sie mit einer Tabellenkalkulation 100 Drehungen des Glücksrads. Ermitteln Sie die relativen Häufigkeiten. Vergleichen Sie diese mit den theoretischen Wahrscheinlichkeiten.

Vermischtes

10. Bestimmen Sie die Anzahl der möglichen dreistelligen Zahlen, die sich aus den Ziffern 1, 2 und 3 bilden lassen, wenn

a) jede Ziffer genau einmal in jeder Zahl vorkommen soll,

b) die Ziffern mehrfach in jeder Zahl vorkommen können.

11. Berechnen Sie ohne Taschenrechner möglichst vorteilhaft.

a) $\frac{7 \cdot 6 \cdot 5 \cdot 4}{4 \cdot 3 \cdot 2 \cdot 1}$ b) $\frac{10 \cdot 9 \cdot 8 \cdot 7 \cdot 6}{5 \cdot 4 \cdot 3 \cdot 2 \cdot 1}$ c) $\frac{6^2 \cdot 4^2}{2^4}$ d) $\frac{(5 \cdot 4 \cdot 3)^2}{10 \cdot 9 \cdot 8}$

12. Berechnen Sie.

a) $\frac{2 \cdot 1 + 5 \cdot 2 + 8 \cdot 3 + 6 \cdot 4 + 3 \cdot 5 + 1 \cdot 6}{25}$ b) $2 \cdot \frac{2}{5} + 3 \cdot \frac{1}{5} + 4 \cdot \frac{1}{10} + 5 \cdot \frac{3}{10}$

c) $\sqrt{0{,}4 \cdot (2 - 2{,}6)^2 + 0{,}6 \cdot (3 - 2{,}6)^2}$

d) $\frac{3}{25}(1 - 3{,}24)^2 + \frac{5}{25}(2 - 3{,}24)^2 + \frac{8}{25}(3 - 3{,}24)^2 + \frac{6}{25}(4 - 3{,}24)^2 + \frac{3}{25}(5 - 3{,}24)^2$

13. Ermitteln Sie den Termwert.

a) $\lg(2) \cdot \lg(0{,}2)$ b) $\lg(2^4)$ c) $\frac{\lg(10)}{\lg(0{,}5)}$ d) $\lg(10^{-1}) \cdot \lg(10^{-2})$

Erinnerung:
Die Abkürzung lg steht für den Logarithmus zur Basis 10.
$\lg(x) = \log_{10}(x)$

14. Lösen Sie die Gleichung. Runden Sie gegebenenfalls auf 2 Nachkommastellen.

a) $12^x = 324$ b) $0{,}4^x = 0{,}01$ c) $0{,}6^n = 0{,}07776$ d) $4^x = 256$

7.1 Binomialkoeffizienten

■ Bei einem 100-m-Lauf treten 8 Sprinter an.

a) Ermitteln Sie, wie viele Möglichkeiten es für die Verteilung der ersten drei Plätze gibt.

b) Nach dem Lauf werden die ersten drei Läufer – ohne Berücksichtigung ihrer Platzierung – einem Dopingtest unterzogen. Zeigen und begründen Sie, dass die Anzahl der Möglichkeiten für diese Auswahl deutlich kleiner ist als das Ergebnis aus a). ■

Viele Zufallsexperimente lassen sich auf das Ziehen von Kugeln aus einer Urne zurückführen. Dabei wird unterschieden, ob mit oder ohne Zurücklegen gezogen wird und ob die Reihenfolge beim Ziehen beachtet werden muss.

Hier wird eine Urne mit 5 verschiedenen Kugeln betrachtet. Es wird dreimal gezogen.

Ziehen mit Zurücklegen:

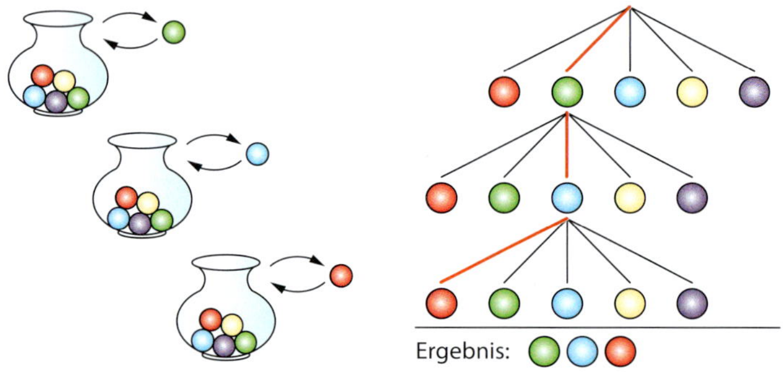

Anzahl der möglichen Ergebnisse: $5 \cdot 5 \cdot 5 = 125$ verschiedene Ergebnisse

Hinweis:
Beim Ziehen mit Zurücklegen gibt es deutlich mehr mögliche Ergebnisse, da ein Objekt mehrfach gezogen werden kann.

Ziehen ohne Zurücklegen:

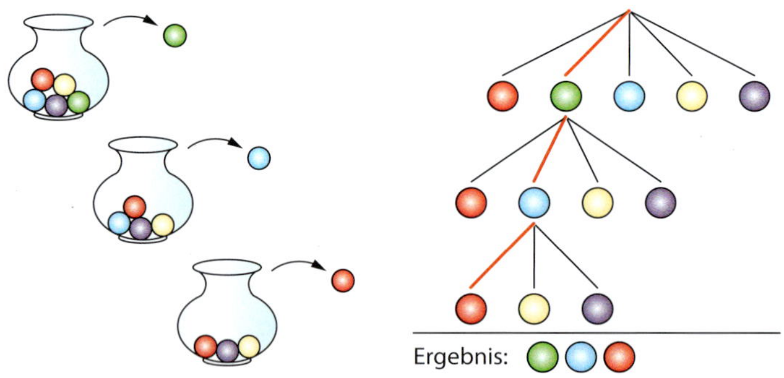

Anzahl der möglichen Ergebnisse: $5 \cdot 4 \cdot 3 = 60$ verschiedene Ergebnisse

Beim Ziehen mit und ohne Zurücklegen wurde jeweils die **Reihenfolge berücksichtigt**. Alle rechts abgebildeten Ergebnisse wurden einzeln gezählt, obwohl in allen Ergebnissen die gleichen Farben auftreten.

Ergebnisse mit …, … und …

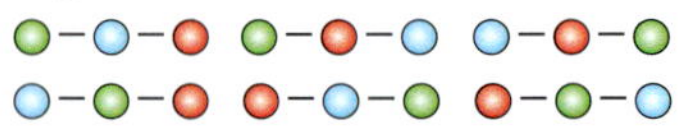

$3 \cdot 2 \cdot 1 = 6$ Möglichkeiten.

Wird die **Reihenfolge nicht berücksichtigt**, werden alle Ergebnisse, in denen die gleichen Farben gezogen wurden, als ein Ergebnis gezählt. Beim Ziehen ohne Zurücklegen wird die Anzahl aller Ergebnisse also durch 6 geteilt.
Der Bruch lässt sich erweitern und umschreiben. Dabei steht n! für das Produkt $n \cdot (n-1) \cdot \ldots \cdot 2 \cdot 1$.

Ziehen ohne Zurücklegen ohne Berücksichtigung der Reihenfolge:

$\frac{5 \cdot 4 \cdot 3}{3 \cdot 2 \cdot 1} = \frac{60}{6} = 10$ Möglichkeiten

$\frac{5 \cdot 4 \cdot 3}{3 \cdot 2 \cdot 1} = \frac{5 \cdot 4 \cdot 3 \cdot 2 \cdot 1}{3 \cdot 2 \cdot 1 \cdot 2 \cdot 1} = \frac{5!}{3! \cdot 2!}$

Definition: Fakultät und Binomialkoeffizient

Für natürliche Zahlen n und k mit $k \leq n$ ist
$n! = n \cdot (n-1) \cdot \ldots \cdot 2 \cdot 1$ **(n Fakultät)** und $\binom{n}{k} = \frac{n!}{k! \cdot (n-k)!}$ **(Binomialkoeffizient n über k).**

Hinweis:
Es wird festgelegt, dass $0! = 1$ gilt. Daraus folgt $\binom{n}{0} = 1$ und $\binom{n}{n} = 1$.

Damit lässt sich die vorangegangene Rechnung für eine Urne mit n Kugeln verallgemeinern.

Satz: Ziehen ohne Zurücklegen und ohne Berücksichtigung der Reihenfolge

Es gibt $\binom{n}{k}$ Möglichkeiten, aus einer Urne mit n verschiedenen Kugeln einen Satz von k Kugeln ohne Zurücklegen zu entnehmen, wenn die Reihenfolge nicht berücksichtigt wird.

Hinweis:
$\binom{n}{k}$ ist die Anzahl der Möglichkeiten, aus einer Menge mit n Elementen k Elemente auszuwählen.

Beispiel 1: Auf einem Parkplatz sind sechs Plätze frei. Nacheinander steuern drei Autos den Parkplatz an und stellen sich auf jeweils einen der freien Plätze. Bestimmen Sie, wie viele Möglichkeiten es gibt, drei der sechs Plätze zu belegen.

Lösung:

Modellieren Sie die Situation mit einer Ziehung aus einer Urne.
Ein Platz kann nicht zweimal als belegt markiert werden (Ziehen ohne Zurücklegen). Die Reihenfolge, in der die Plätze ausgewählt werden, spielt keine Rolle.
Berechnen Sie den Binomialkoeffizienten n = 6 über k = 3.

Aus n = 6 Kugeln (freie Plätze) werden k = 3 Kugeln (Plätze, die belegt werden) ohne Zurücklegen und ohne Berücksichtigung der Reihenfolge gezogen.

$$\binom{6}{3} = \frac{6!}{3! \cdot (6-3)!} = \frac{6!}{3! \cdot 3!}$$
$$= \frac{6 \cdot 5 \cdot 4 \cdot \cancel{3 \cdot 2 \cdot 1}}{3 \cdot 2 \cdot 1 \cdot \cancel{3 \cdot 2 \cdot 1}} = \frac{6 \cdot 5 \cdot 4}{3 \cdot 2 \cdot 1} = 20$$

Es gibt 20 Möglichkeiten.

Basisaufgaben

1. Berechnen Sie den Wert.
   a) 3!   b) 2!   c) 5!   d) 4!   e) $\binom{4}{2}$ f) $\binom{5}{3}$ g) $\binom{10}{1}$ h) $\binom{10}{10}$

2. a) Zeigen Sie mit der Definition von $\binom{n}{k}$, dass $\binom{11}{3} = \frac{11 \cdot 10 \cdot 9}{3 \cdot 2 \cdot 1}$ und $\binom{15}{4} = \frac{15 \cdot 14 \cdot 13 \cdot 12}{4 \cdot 3 \cdot 2 \cdot 1}$ gilt.
   b) Formulieren Sie eine Regel, wie man in a) die Produkte im Zähler und Nenner bildet.
   c) Berechnen Sie mit der Regel aus b).   ① $\binom{7}{3}$ ② $\binom{12}{2}$ ③ $\binom{12}{10}$ ④ $\binom{10}{6}$

3. Nach einem 100-m-Lauf werden drei der ersten vier Läufer für eine Dopingkontrolle ausgewählt. Berechnen Sie die Anzahl der Möglichkeiten für die Auswahl.

GTR 4. Fakultäten und Binomialkoeffizienten können mit dem GTR direkt berechnet werden. Berechnen Sie den Wert.
   a) 7!   b) 10!   c) $\binom{8}{3}$ d) $\binom{15}{10}$

GTR 5. In einer Kleinstadt gibt es 5500 Telefonanschlüsse. Berechnen Sie mit dem GTR die Anzahl der möglichen Gesprächspaarungen.

6. Bei einem Spiel soll ein vierstelliger Code aus gelben, roten, grünen und blauen Kugeln geknackt werden. Ermitteln Sie die Anzahl der möglichen Kombinationen,
   a) wenn jede Farbe genau einmal benutzt wird,
   b) wenn die Farben beliebig oft verwendet werden.

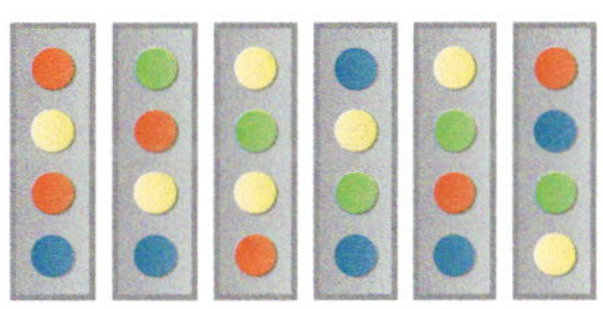

Weiterführende Aufgaben

7. a) Entscheiden Sie, welche der Situationen ① bis ⑤ als das Ziehen aus einer Urne ohne Zurücklegen und ohne Berücksichtigung der Reihenfolge interpretiert werden können.

① Anzahl aller Möglichkeiten, 7 verschiedene Bücher in ein Bücherregal zu stellen.

② Anzahl der vierstelligen Zahlen mit den Ziffern 1, 2, 3, 4, 5.

③ Von den Buchstaben M, A, T, H, E werden 3 verschiedene ausgewählt.

④ Anzahl der vierstelligen Zahlen mit den Ziffern 1, 2, 3, 4, 5, bei denen jede Ziffer genau einmal auftritt.

⑤ In einer Schublade sind 10 Paar Socken. Es werden zufällig zwei Socken ausgewählt.

b) Schreiben Sie für die in a) gefundenen Situationen die gesuchte Anzahl als Binomialkoeffizienten und berechnen Sie den Wert.

c) Schreiben Sie zu Situation ③ alle Möglichkeiten auf. Vergleichen Sie diese mit b).

8. Stolperstelle: Mark, Lisa und Franz berechnen die Anzahl der Möglichkeiten, 4 aus 10 Kugeln ohne Zurücklegen und ohne Berücksichtigung der Reihenfolge zu ziehen. Beschreiben Sie ihre Fehler und korrigieren Sie die Rechnungen.

Mark:
$\binom{4}{10} = \frac{4!}{4! \cdot 6!} = \frac{1}{6!} = \frac{1}{720}$

Lisa:
$\binom{10}{4} = \frac{10}{4 \cdot 6} = \frac{10}{24}$

Franz:
$\binom{10}{4} = \frac{10!}{4!} = 151\,200$

9. Der Weg von A(0|0) nach B(5|4) soll durch Vektoren $\vec{v} = \binom{1}{0}$ und $\vec{w} = \binom{0}{1}$ beschrieben werden. Das Bild zeigt die Kombination
$\vec{v} \to \vec{v} \to \vec{w} \to \vec{v} \to \vec{w} \to \vec{w} \to \vec{v} \to \vec{w} \to \vec{v}$.

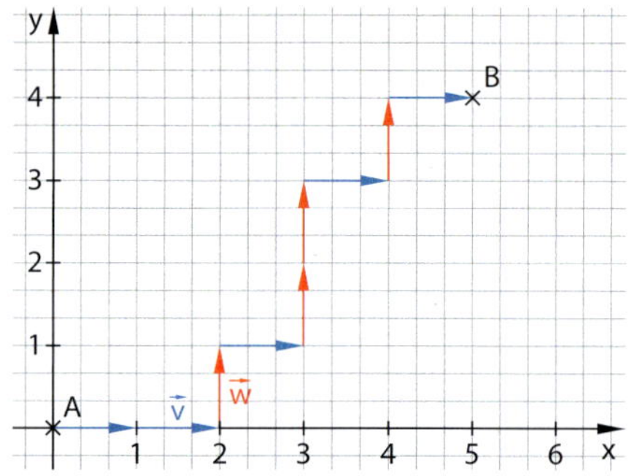

a) Bestimmen Sie die Anzahl aller möglichen Kombinationen aus $\vec{v}$ und $\vec{w}$.

b) Geben Sie begründet eine Formel für die Anzahl aller möglichen Wege von A(0|0) nach B(m|n) für m, n ∈ ℕ an.

10. Pascal'sches Dreieck: Das Pascal'sche Dreieck ist nach dem französischen Mathematiker Blaise Pascal (17. Jh.) benannt.

a) Beschreiben Sie den Aufbau des Pascal'schen Dreiecks auf der blauen Karte. Tipp: Achten Sie dabei besonders auf Additionen.

b) Zeigen Sie anhand mehrerer Beispiele, inwieweit jede Zahl interpretiert werden kann als die Anzahl der Wege, die zur Position der Zahl im Dreieck führen.

c) Die untere Abbildung zeigt das Dreieck mit Binomialkoeffizienten. Begründen Sie, dass die beiden Dreiecke die gleichen Werte enthalten.

1
1 1
1 2 1
1 3 3 1
1 4 6 4 1
1 5 10 10 5 1
⋮

$\binom{0}{0}$
$\binom{1}{0}$ $\binom{1}{1}$
$\binom{2}{0}$ $\binom{2}{1}$ $\binom{2}{2}$
$\binom{3}{0}$ $\binom{3}{1}$ $\binom{3}{2}$ $\binom{3}{3}$
$\binom{4}{0}$ $\binom{4}{1}$ $\binom{4}{2}$ $\binom{4}{3}$ $\binom{4}{4}$
$\binom{5}{0}$ $\binom{5}{1}$ $\binom{5}{2}$ $\binom{5}{3}$ $\binom{5}{4}$ $\binom{5}{5}$
⋮

11. Untersuchen Sie, ob die Aussage korrekt ist.

a) Für festes n gilt: Je größer k ist, desto größer ist $\binom{n}{k}$.

b) Für jedes n gilt: Es gibt genau ein k, bei dem $\binom{n}{k}$ den größten Wert hat.

12. Rechenregeln für Binomialkoeffizienten: Es gelten folgende Regeln:

① $\binom{n}{0} = \binom{n}{n} = 1$ ② $\binom{n}{1} = \binom{n}{n-1}$ ③ $\binom{n}{k} = \binom{n}{n-k}$ ④ $\binom{n}{k} + \binom{n}{k+1} = \binom{n+1}{k+1}$

a) Erklären Sie die Rechenregeln anhand des Pascal'schen Dreiecks.

b) Setzen Sie den folgenden Beweis der Rechenregel ③ fort.

$$\binom{n}{n-k} = \frac{n!}{(n-k)! \cdot (n-(n-k))!} = \ldots$$

c) Beweisen Sie die Rechenregeln ①, ② und ④.

Erinnerung:
$0! = 1$

13. Der allgemeine binomische Lehrsatz lautet: $(a+b)^n = \sum_{k=0}^{n} \binom{n}{k} a^{n-k} \cdot b^k$

a) Zeigen Sie, dass für n = 2 die bekannte 1. binomische Formel entsteht.

b) Begründen Sie, warum der Binomialkoeffizient in dieser Formel vorkommt.

c) Geben Sie $(a+b)^5$, $(a+b)^8$ und $(a-1)^{10}$ als Summe an.

Hinweis:
Eine Summe mit vielen Summanden gleicher Art kann kurz mit dem Summenzeichen geschrieben werden.
$\sum_{k=0}^{n} \binom{n}{k} a^{n-k} \cdot b^k$
$= \binom{n}{0} a^n \cdot b^0 + \binom{n}{1} a^{n-1}$
$\cdot b^1 + \ldots + \binom{n}{n} a^0 \cdot b^n$

14. Laura und ihre Freundin Melissa gehören zu einem Handballteam. Unter allen 20 Mitgliedern des Teams werden zwei Freikarten für ein Bundesligaspiel verlost. Berechnen Sie mit einem Binomialkoeffizienten die Wahrscheinlichkeit, dass Laura und Melissa die beiden Karten gewinnen.

● **15. Geburtstagsparadoxon:** Wenn sich zwei Personen zufällig treffen, dann ist es sehr unwahrscheinlich, dass beide am selben Tag (ohne Geburtsjahr) Geburtstag haben. Die Wahrscheinlichkeit wird aber erstaunlich schnell größer, wenn mehr und mehr Personen dazukommen. Die Wahrscheinlichkeit für das Gegenereignis lässt sich leichter bestimmen.

E: „Von n Personen haben mindestens zwei am gleichen Tag Geburtstag."
$\overline{E}$: „n Personen haben alle an verschiedenen Tagen Geburtstag."

a) Erläutern Sie die folgende Berechnung der Wahrscheinlichkeiten für n = 2 und n = 3.

$n = 2$: $P(E) = 1 - \frac{365 \cdot 364}{365^2} \approx 0{,}003$ *$n = 3$: $P(E) = 1 - \frac{365 \cdot 364 \cdot 363}{365^3} \approx 0{,}008$*

b) Zeigen Sie, dass für die Wahrscheinlichkeit P(E) gilt: $P(E) = 1 - \frac{n! \cdot \binom{365}{n}}{365^n}$

c) Zeigen Sie, dass bei 23 Personen die Wahrscheinlichkeit, dass mindestens zwei Personen am gleichen Tag Geburtstag haben, bereits über 0,5 liegt.

d) Bestimmen Sie die Personenzahl, ab der die Wahrscheinlichkeit dafür, dass mindestens zwei Personen am gleichen Tag Geburtstag haben, größer als 0,99 ist.

Erinnerung:
Für die Wahrscheinlichkeit des Gegenereignisses $\overline{E}$ zu einem Ereignis E gilt:
$P(\overline{E}) = 1 - P(E)$

● **16. Ausblick:** Ein Skatspiel wird mit 3 Spielern und 32 Karten gespielt. Zu Beginn erhält jeder Spieler 10 Karten. Die übrigen 2 Karten werden extra abgelegt.
Bestimmen Sie die Anzahl aller Möglichkeiten, die 32 Karten zu verteilen.

Lottomodell

■ Bei einer Tombola werden aus einer Urne mit fünf nummerierten Kugeln drei Kugeln ohne Zurücklegen gezogen. Wer die drei gezogenen Nummern richtig tippt, gewinnt.

a) Berechnen Sie die Wahrscheinlichkeit eines Hauptgewinns.

b) Berechnen Sie die Wahrscheinlichkeiten dafür, dass nur zwei oder eine der drei Nummern richtig vorhergesagt werden. ■

Beim LOTTO „6 aus 49" werden aus 49 nummerierten Kugeln 6 Kugeln ohne Zurücklegen gezogen. Ziel ist es, vorher alle Zahlen richtig zu tippen („6 Richtige").

Es werden auch schon Gewinne ausgezahlt, wenn weniger als 6 Zahlen richtig getippt wurden. Mit der Ziehung der 6 Kugeln werden die 49 Zahlen gedanklich in einen Topf mit Gewinnzahlen und einen Topf mit Nicht-Gewinnzahlen eingeteilt. Ein Tipp mit zum Beispiel genau 4 Richtigen bedeutet, dass 4 Zahlen aus der Menge der Gewinnzahlen und 2 Zahlen aus der Menge der Nicht-Gewinnzahlen ausgewählt wurden. Hierfür gibt es insgesamt $\binom{6}{4} \cdot \binom{43}{2}$ Möglichkeiten. Daraus ergibt sich die Wahrscheinlichkeit.

$\binom{49}{6} = \frac{49!}{6! \cdot 43!} = 13\,983\,816$ Möglichkeiten

Wahrscheinlichkeit für „6 Richtige"

$P(\text{„6 Richtige"}) = \frac{1}{13\,983\,816} \approx 0{,}00000007$

Wahrscheinlichkeit für „4 Richtige"

6 Gewinnzahlen („richtige" Kugeln)

43 Nicht-Gewinnzahlen („falsche" Kugeln)

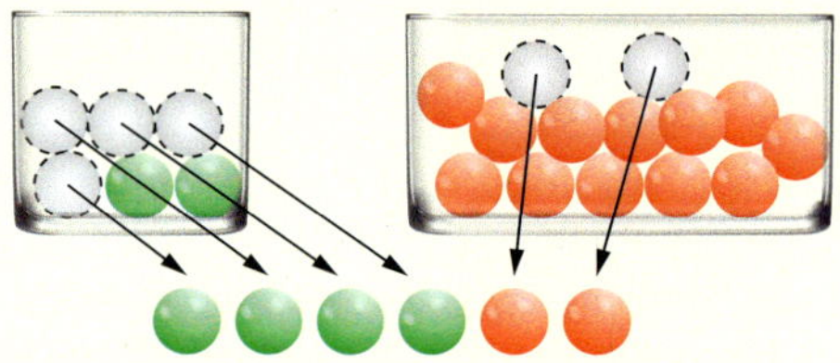

$P(\text{„4 Richtige"}) = \frac{\binom{6}{4} \cdot \binom{43}{2}}{\binom{49}{6}} = \frac{15 \cdot 903}{13\,983\,816} \approx 0{,}001$

Für weitere Situationen kann das Modell auch allgemeiner formuliert werden.

Hinweis:
Das obige Modell zum Lotto ist ein Spezialfall, bei dem r = k gilt.

Wissen: Verallgemeinertes Lottomodell

In einer Urne mit n Kugeln sind r Kugeln als „Richtige" gekennzeichnet. Für die Wahrscheinlichkeit, dass beim Ziehen ohne Zurücklegen von k Kugeln genau N Richtige gezogen werden, gilt: $P(\text{„N Richtige"}) = \frac{\binom{r}{N} \cdot \binom{n-r}{k-N}}{\binom{n}{k}}$ mit $r, n, N, k \in \mathbb{N}$ mit $N \le k \le n$.

Beispiel 1:

a) Berechnen Sie die Wahrscheinlichkeit für 2 Richtige beim LOTTO „6 aus 49".

b) Von 25 LEDs in einem Karton sind 7 defekt. Berechnen Sie die Wahrscheinlichkeit dafür, dass bei einer Qualitätskontrolle genau 3 von 4 getesteten LEDs defekt sind.

Lösung:

a) Wählen Sie k, n (6 aus 49) und N (2 Richtige). Es werden 6 Zahlen getippt (r = k). Setzen Sie die Werte in die Formel ein.

$N = 2;\ k = r = 6;\ n = 49$

$P(\text{„2 Richtige"}) = \frac{\binom{6}{2} \cdot \binom{43}{4}}{\binom{49}{6}} = \frac{15 \cdot 123\,410}{13\,983\,816} \approx 0{,}13$

b) Es werden 4 von 25 LEDs getestet, dafür gibt es $\binom{25}{4}$ Möglichkeiten. Gedanklich werden aus Topf eins mit 7 defekten LEDs 3 gewählt und aus Topf zwei mit 18 nicht defekten LEDs wird eine gezogen.

$N = 3;\ r = 7;\ k = 4;\ n = 25$

$P(\text{„3 defekte LEDs"}) = \frac{\binom{7}{3} \cdot \binom{18}{1}}{\binom{25}{4}} = \frac{35 \cdot 18}{12\,650} \approx 0{,}05$

Die Wahrscheinlichkeit beträgt etwa 5 %.

Aufgaben

1. Berechnen Sie die Wahrscheinlichkeit für das Ereignis.
   a) 5 Richtige beim Lotto „6 aus 49"
   b) 3 Richtige beim Lotto „6 aus 49"
   c) 2 Richtige beim Lotto „8 aus 25"
   d) 5 Richtige beim Lotto „7 aus 35"

2. Berechnen Sie beim Lotto „6 aus 49" die Wahrscheinlichkeiten der Ereignisse:

   eine Richtige | keine Richtigen | mindestens zwei Richtige | höchstens vier Richtige

3. Aus den 18 Schülerinnen und Schülern eines Kurses werden zufällig 5 für die Teilnahme an einem Wettbewerb ausgewählt. Daniel und sein Freund hoffen, beide dabei zu sein.
   a) Erklären Sie, wie dieses Problem mit dem Lottomodell beschrieben werden kann.
   b) Berechnen Sie die Wahrscheinlichkeit, dass Daniel und sein Freund beim Wettbewerb dabei sind.

4. Im Abi-Jahrgang eines Gymnasiums sind unter 100 Schülern 55 Mädchen. Gesucht ist die Wahrscheinlichkeit dafür, dass bei einer Umfrage unter 10 zufällig ausgewählten Schülern genau 6 Mädchen sind.
   Beschreiben und korrigieren Sie den Fehler, der bei der Berechnung gemacht wurde.
   a) $P(\text{„6 Mädchen"}) = \frac{\binom{55}{6}}{\binom{100}{10}} \approx 0$
   b) $P(\text{„6 Mädchen"}) = \frac{\binom{55}{6} \cdot \binom{45}{4}}{\binom{100}{55}} \approx 0$

5. Unter den 87 Fahrgästen einer Straßenbahn haben 20 eine Monatskarte und der Rest einen Fahrschein. Ein zugestiegener Kontrolleur kann bis zur nächsten Haltestelle 20 Fahrgäste kontrollieren.

   a) Berechnen Sie die Anzahl der Möglichkeiten, 20 Fahrgäste für eine Kontrolle auszuwählen.
   b) Berechnen Sie die Wahrscheinlichkeit, dass der Kontrolleur ausschließlich Fahrgäste mit einer Monatskarte kontrolliert.
   c) Berechnen Sie die Wahrscheinlichkeit, dass unter den kontrollierten Fahrgästen genau vier mit einer Monatskarte sind.
   d) Berechnen Sie die Wahrscheinlichkeit, dass der Kontrolleur nur Fahrgäste mit einem Fahrschein kontrolliert.
   e) Unter den Fahrgästen ohne Monatskarte haben vier Fahrgäste einen Fahrschein, der nach dem Tarifwechsel nicht mehr gültig ist, sie gelten daher als „Schwarzfahrer". Berechnen Sie die Wahrscheinlichkeit, dass der Kontrolleur keinen (mindestens einen) der Schwarzfahrer kontrolliert.

● 6. An einem Sportwettbewerb nehmen 10 Deutsche, 5 Italiener und 8 Spanier teil. Berechnen Sie die Anzahl der Möglichkeiten.
   a) Alle Teilnehmer stellen sich vor dem Anmeldebüro in einer Schlange auf.
   b) Die Teilnehmer stellen sich nach Nationen sortiert in einer Schlange auf.
   c) 7 der Teilnehmer werden für einen Dopingtest ausgewählt.
   d) Aus allen Teilnehmern werden 3 aus Deutschland und 2 aus Italien für einen Dopingtest ausgewählt.
   e) Pro Nation werden 4 Teilnehmer für einen Dopingtest ausgewählt.

7.2 Bernoulli-Ketten

■ Ein Tourist steht in Manhattan an der Metro Ecke 50th Street/8th Avenue. Er ist ohne Stadtplan unterwegs und bewegt sich nur auf „Streets“ und „Avenues“ und dem „Broadway“. An jeder Ecke entscheidet er per Münzwurf, ob er in östliche oder in nördliche Richtung weitergeht. Das führt er 7-mal aus.

a) Geben Sie alle Kreuzungen an, die der Tourist mit drei Richtungsentscheidungen erreichen kann.
b) Der Tourist möchte zur Metro am Museum of Modern Art. Bestimmen Sie, mit welcher Wahrscheinlichkeit er genau den eingezeichneten Weg geht.
c) Bestimmen Sie, mit welcher Wahrscheinlichkeit der Tourist nach sieben Richtungsentscheidungen an der Metro ankommt. ■

Bernoulli-Experiment und Bernoulli-Kette

Bei Zufallsexperimenten wird häufig nur beobachtet, ob ein bestimmtes Ereignis eintritt oder nicht. Tritt das Ereignis ein, spricht man von einem **Treffer**. Insbesondere ist interessant, wie oft ein Treffer bei mehrmaligen Wiederholungen des gleichen Experiments erzielt wird.

Beim Würfeln mit einem Spielwürfel kann man sich nur für das Ereignis „6 gewürfelt“ interessieren und untersuchen, wie viele Sechsen bei 10 Würfen gewürfelt werden.

Definition: Bernoulli-Experiment und Bernoulli-Kette
Ein **Bernoulli-Experiment** ist ein Zufallsexperiment, bei dem nur zwei mögliche Ausgänge („Treffer“ und „kein Treffer“) unterschieden werden. Die Wahrscheinlichkeit für das Eintreten eines Treffers wird **Trefferwahrscheinlichkeit p** genannt.
Wird ein Bernoulli-Experiment n-mal mit konstanter Trefferwahrscheinlichkeit wiederholt, dann spricht man von einer **Bernoulli-Kette der Länge n.**

Für Treffer wird auch der Begriff „Erfolg“ verwendet. Tritt bei einem Bernoulli-Experiment kein Treffer ein, so spricht man auch von „Nichttreffer“, „Niete“ oder „Fehlversuch“. Die Wahrscheinlichkeit für das Eintreten eines Fehlversuchs ist die **Gegenwahrscheinlichkeit** zu p, sie beträgt $1 - p$.

Beispiel 1: Es wird mit einem Spielwürfel zehnmal gewürfelt. Das Würfeln einer „6“ wird als Treffer bezeichnet. Begründen Sie, dass eine Bernoulli-Kette vorliegt, und bestimmen Sie die Trefferwahrscheinlichkeit p, die Wahrscheinlichkeit für einen Fehlversuch bei einem Wurf sowie die Länge der Bernoulli-Kette.

Lösung:
Beim Würfeln wird hier nur unterschieden, ob eine „6“ gewürfelt wird (Treffer) oder nicht. Die Trefferwahrscheinlichkeit $p = \frac{1}{6}$ gilt für jeden Wurf, sie ist unabhängig vom Ausgang vorheriger Würfe. Die Wahrscheinlichkeit für einen Fehlversuch ist die Gegenwahrscheinlichkeit $1 - p = \frac{5}{6}$. Da zehnmal gewürfelt wird, hat die Bernoulli-Kette die Länge $n = 10$.

Basisaufgaben

1. Begründen Sie, ob ein Bernoulli-Experiment vorliegt. Geben Sie, wenn möglich, die Trefferwahrscheinlichkeit p an sowie die Wahrscheinlichkeit, dass es keinen Treffer gibt.
   a) Eine Münze wird geworfen. Es wird notiert, ob „Zahl" oben liegt.
   b) Es wird festgestellt, ob eine Person die Blutgruppe A, B, AB oder 0 hat.
   c) Es wird so lange gewürfelt, bis eine 6 kommt. Die Anzahl der Würfe wird notiert.
   d) Beim Werfen zweier Würfel wird notiert, ob die Augensumme 8 beträgt.
   e) Beim Werfen eines Würfels wird notiert, ob die Augenzahl größer als 2 ist.
   f) Beim Werfen dreier Münzen wird notiert, wie viele Münzen „Zahl" zeigen.

2. Begründen Sie, ob man das Zufallsexperiment als Bernoulli-Kette auffassen kann. Falls ja, beschreiben Sie, was ein Treffer ist, und geben Sie die Länge der Bernoulli-Kette an.
   a) Ein Würfel wird viermal geworfen. Bei jedem Wurf wird notiert, ob die Augenzahl gerade ist.
   b) Fünf Spieler einer Fußballmannschaft treten zum Elfmeterschießen an.
   c) Bei der Herstellung eines Bauteils ist ein Bauteil zu 2 % fehlerhaft. Zehn hergestellte Bauteile werden auf Fehler überprüft.
   d) Aus der abgebildeten Urne werden nacheinander drei Kugeln ohne Zurücklegen gezogen.
   e) Aus der abgebildeten Urne werden nacheinander drei Kugeln mit Zurücklegen gezogen.

3. Geben Sie an, unter welchen Bedingungen eine Bernoulli-Kette vorliegt. Legen Sie fest, was ein Treffer ist. Geben Sie die Länge n der Bernoulli-Kette und, wenn möglich, die Trefferwahrscheinlichkeit p an.
   a) Vier Münzen werden gleichzeitig geworfen.
   b) Aus einer Urne mit fünf blauen und drei roten Kugeln wird viermal nacheinander eine Kugel gezogen.
   c) In einem Land sind 21 % der Bevölkerung älter als 60 Jahre. 100 zufällig ausgewählte Personen werden nach ihrem Alter befragt.
   d) Ein Fußballer schießt dreimal auf das untere Loch einer Torwand.
   e) Es werden 100 Neugeborene betrachtet.

4. Die Zufallsgröße X gibt die Anzahl der Treffer bei einer Bernoulli-Kette der Länge n an.
   a) Es sei $n = 5$. Geben Sie alle Werte k an, die X annehmen kann.
   b) Geben Sie an, wie viele verschiedene Werte X für beliebiges n annehmen kann.

5. Eine Basketballspielerin hat beim Freiwurf eine Trefferquote von 75 %. Zum Abschluss des Trainings wirft sie immer drei Freiwürfe und zählt die Anzahl ihrer Treffer.
   a) Stellen Sie das Werfen dieser drei Freiwürfe in einem Baumdiagramm dar und tragen Sie die Wahrscheinlichkeiten an den Zweigen und den Pfadenden ein.
   b) Berechnen Sie die Wahrscheinlichkeit für 0, 1, 2 und 3 Treffer.
   c) Beschreiben Sie, unter welchen Bedingungen das Werfen der Freiwürfe eine Bernoulli-Kette ist.

Wahrscheinlichkeiten bei Bernoulli-Ketten

Der Baum zeigt alle Pfade einer Bernoulli-Kette der Länge $n = 3$. Alle Pfade mit 2 Treffern ($X = 2$) haben die gleiche Wahrscheinlichkeit $p^2 \cdot (1-p)$. Es gibt $\binom{3}{2}$ Möglichkeiten, 2 Treffer auf 3 Abschnitte zu verteilen. Insgesamt ergibt sich daraus:

$$P(X = 2) = \binom{3}{2} \cdot p^2 \cdot (1-p)$$

Anzahl der Pfade — Pfadwahrscheinlichkeit

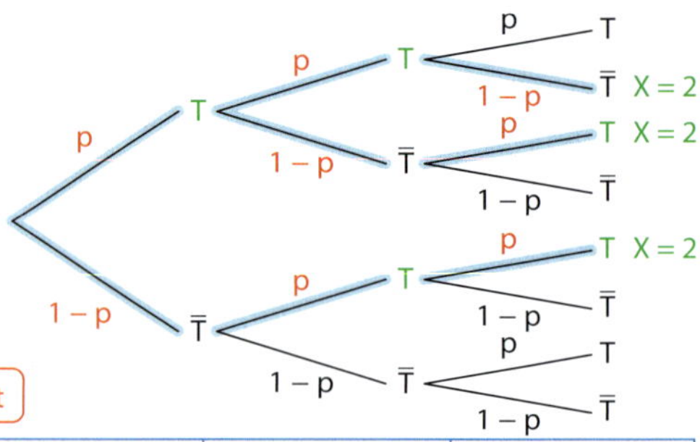

Trefferanzahl k	3	2	1	0
Wahrscheinlichkeit eines Pfads	p^3	$p^2 \cdot (1-p)$	$p \cdot (1-p)^2$	$(1-p)^3$
Anzahl der Pfade	$\binom{3}{3} = 1$	$\binom{3}{2} = 3$	$\binom{3}{1} = 3$	$\binom{3}{0} = 1$
P(X = k)	$1 \cdot p^3$	$3 \cdot p^2 \cdot (1-p)$	$3 \cdot p \cdot (1-p)^2$	$1 \cdot (1-p)^3$

Dies kann für Bernoulli-Ketten mit beliebiger Länge n verallgemeinert werden.

Erinnerung:
Der **Binomialkoeffizient** $\binom{n}{k} = \frac{n!}{k! \cdot (n-k)!}$ gibt die Anzahl der Möglichkeiten an, aus n Objekten ohne Zurücklegen und Berücksichtigung der Reihenfolge k Objekte auszuwählen.

Satz: Bernoulli-Formel
Gibt die Zufallsgröße X bei einer Bernoulli-Kette der Länge n mit der Trefferwahrscheinlichkeit p die Anzahl der Treffer an, so gilt für die Wahrscheinlichkeit, dass es genau k Treffer gibt:

$$P(X = k) = \binom{n}{k} \cdot p^k (1-p)^{n-k} \qquad (k = 0, 1, \ldots, n)$$

Häufig werden Ereignisse mit mehreren Trefferzahlen betrachtet.

„höchstens k Treffer" $P(X \leq k)$ — „mehr als k Treffer" $P(X > k)$

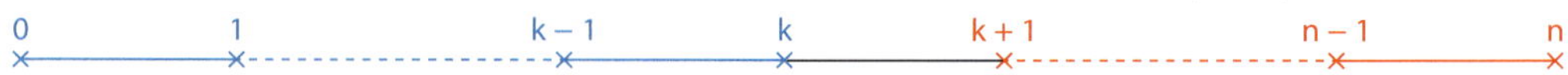

$P(X = 0) + P(X = 1) + \ldots + P(X = k-1) + P(X = k)$ — $P(X = k+1) + \ldots + P(X = n-1) + P(X = n)$

„weniger als k Treffer" $P(X < k)$ — „mindestens k Treffer" $P(X \geq k)$

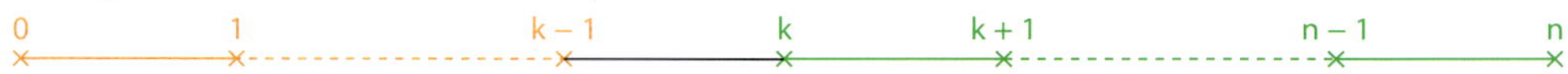

$P(X = 0) + P(X = 1) + \ldots + P(X = k-1)$ — $P(X = k) + P(X = k+1) + \ldots + P(X = n-1) + P(X = n)$

Beispiel 2: Ein Tetraeder-Würfel wird zehnmal geworfen. Die Zufallsgröße X zählt dabei die Anzahl der Einsen. Bestimmen Sie die Wahrscheinlichkeit, dass die „1" so oft gewürfelt wird:
a) genau 3-mal
b) höchstens 2-mal
c) mindestens 3-mal
d) weniger als 6-mal, aber mehr als 2-mal

Lösung:

a) Wenden Sie die Bernoulli-Formel mit $n = 10$, $k = 3$ und $p = \frac{1}{4} = 0{,}25$ an.

$$P(X = 3) = \binom{10}{3} \cdot 0{,}25^3 \cdot (1 - 0{,}25)^{10-3} = \binom{10}{3} \cdot 0{,}25^3 \cdot 0{,}75^7 \approx 0{,}250$$

b) Addieren Sie die einzelnen Wahrscheinlichkeiten für 0-, 1- und 2-mal die „1".

$$P(X \leq 2) = P(X = 0) + P(X = 1) + P(X = 2) \approx 0{,}056 + 0{,}188 + 0{,}282 = 0{,}526$$

c) „Mindestens 3 Einsen" ist das Gegenereignis zu „höchstens 2 Einsen".

$$P(X \geq 3) = 1 - P(X \leq 2) \approx 1 - 0{,}526 = 0{,}474$$

d) Addieren Sie die einzelnen Wahrscheinlichkeiten für 3-, 4- und 5-mal die „1".

$$P(2 < X < 6) = P(X = 3) + P(X = 4) + P(X = 5) \approx 0{,}250 + 0{,}146 + 0{,}058 = 0{,}454$$

Basisaufgaben

6. Eine faire Münze wird sechsmal geworfen. Die Zufallsgröße X zählt, wie oft die Zahl oben liegt. Bestimmen Sie die Wahrscheinlichkeit, dass die Zahl
a) genau 3-mal oben liegt, b) genau 4-mal oben liegt, c) keinmal oben liegt.

Hinweis:
Bei einer **fairen Münze** haben Kopf und Zahl jeweils die Wahrscheinlichkeit $\frac{1}{2}$.

7. Die Zufallsgröße X gibt die Anzahl der Treffer bei einer Bernoulli-Kette mit $n = 5$ und $p = 0{,}5$ an. Berechnen Sie die Wahrscheinlichkeit.
a) $P(X = 2)$ b) $P(X = 5)$ c) $P(X = 3)$ d) $P(X = 0)$ e) $P(X > 0)$
f) $P(X \le 1)$ g) $P(X > 1)$ h) $P(X \ge 4)$ i) $P(0 < X < 4)$ j) $P(2 \le X \le 4)$

Lösungen zu 7a)–e):
0,03 0,31 0,31 0,97 0,03 0,5

8. Die Zufallsgröße X gibt die Anzahl der Treffer bei einer Bernoulli-Kette mit $n = 8$ und $p = 0{,}6$ an. Berechnen Sie die Wahrscheinlichkeit für die Anzahl der Treffer.

① höchstens 3 ② mehr als 5 ③ weniger als 3 ④ mindestens 4

9. In einer Schule kommen durchschnittlich 40 % aller Kinder mit dem Fahrrad zur Schule.
a) Erklären Sie die Bedeutung des Terms $\binom{10}{3} \cdot 0{,}4^3 \cdot 0{,}6^7$ in diesem Zusammenhang.
b) Es werden 5 Kinder der Schule befragt. Berechnen Sie die Wahrscheinlichkeit, dass davon genau 3 (mehr als 3; weniger als 2) mit dem Fahrrad zur Schule kommen.

10. In einem Multiple-Choice-Test werden insgesamt 25 Fragen gestellt. Bei jeder Frage gibt es 4 Antwortmöglichkeiten, von denen genau eine richtig ist.

a) Erklären Sie, unter welchen Umständen das Ausfüllen des Tests eine Bernoulli-Kette ist. Geben Sie die Werte von n und p an.
b) Beschreiben Sie in dieser Sachsituation die Bedeutung des Terms
$\binom{25}{3} \cdot 0{,}25^3 \cdot 0{,}75^{22} + \binom{25}{2} \cdot 0{,}25^2 \cdot 0{,}75^{23} + \binom{25}{1} \cdot 0{,}25^1 \cdot 0{,}75^{24} + \binom{25}{0} \cdot 0{,}25^0 \cdot 0{,}75^{25}$.
c) Bestimmen Sie die Wahrscheinlichkeit, dass der Prüfling mehr als 10, aber weniger als 15 Antworten richtig hat, wenn er bei jeder Frage rät.

11. Aus den Ziffern 0 bis 9 wird zufällig ein sechsstelliger Code gebildet. Es soll die Wahrscheinlichkeit berechnet werden, dass genau vier Ziffern des Codes nicht 0 sind.
Erläutern Sie die Vorgehensweise von Yannik und Fabian, überprüfen Sie ihre Richtigkeit und vergleichen Sie. Bestimmen Sie auch die gesuchte Wahrscheinlichkeit.

Yannik:
X: Anzahl der Ziffern ungleich 0.
$p = \frac{9}{10} = 0{,}9$ und $n = 6$
$P(X = 4) = \binom{6}{4} \cdot 0{,}9^4 \cdot 0{,}1^2$

Fabian:
Y: Anzahl der Ziffern gleich 0.
$p = \frac{1}{10} = 0{,}1$ und $n = 6$
$P(Y = 2) = \binom{6}{2} \cdot 0{,}1^2 \cdot 0{,}9^4$

12. Ein normaler Spielwürfel wird insgesamt 10-mal geworfen.
a) Berechnen Sie die Wahrscheinlichkeit, dass so oft die „6" gewürfelt wird:
① 3- oder 4-mal ② höchstens 4-mal ③ mindestens 2-mal ④ weniger als 5-mal
b) Beschreiben Sie das Ereignis E, dessen Wahrscheinlichkeit mit dem Term
$1 - \left(\binom{10}{10} \cdot \left(\frac{1}{6}\right)^{10} \cdot \left(\frac{5}{6}\right)^{0} + \binom{10}{9} \cdot \left(\frac{1}{6}\right)^{9} \cdot \left(\frac{5}{6}\right)^{1}\right)$ berechnet wird.
c) Bestimmen Sie die Wahrscheinlichkeit, dass genau 7-mal keine „6" gewürfelt wird.
d) Berechnen Sie die Wahrscheinlichkeit, dass erst 3-mal die „6" und dann 7-mal keine „6" gewürfelt wird.

Weiterführende Aufgaben

13. Ein Glücksrad wird gedreht.

a) Beschreiben Sie, unter welchen Bedingungen das Drehen des Glücksrads ein Bernoulli-Experiment ist.

b) Skizzieren Sie ein Glücksrad und geben Sie ein Ereignis dazu an, dessen Wahrscheinlichkeit durch den Term $\binom{5}{2} \cdot 0{,}2^2 \cdot 0{,}8^3$ berechnet wird.

c) Betrachten Sie den Term $\binom{10}{4} \cdot p^4 \cdot (1-p)^6$ für $p = \frac{1}{5}$, $p = \frac{2}{5}$, $p = \frac{3}{5}$ und $p = \frac{4}{5}$. Stellen Sie ohne Berechnung eine Vermutung auf, für welchen Wert von p der Term den größten Wert hat.

d) Überprüfen Sie Ihre Vermutung aus c) durch Berechnung des Terms.

14. Stolperstelle: Lina, Kai und Anna haben in einer Studie gelesen, dass etwa 63,5 % der Deutschen eine Brille tragen. Unter dieser Annahme berechnen sie im Vorfeld einer Befragung die Wahrscheinlichkeiten unterschiedlicher Ereignisse.

Lina:
„Unter 10 Befragten sind genau 8 Brillenträger."
$P(X = 8) = \binom{10}{8} \cdot 0{,}635^8$
$\approx 1{,}19$

Kai:
„Unter 5 Befragten sind mehr als 3 Brillenträger."
$P(X \geq 3) = P(X = 3) + P(X = 4) + P(X = 5)$
$\approx 0{,}341 + 0{,}297 + 0{,}103 = 0{,}741$

Anna:
„Unter 6 Befragten ist mehr als ein Brillenträger."
$P(X > 1) = 1 - P(X < 1)$
$= 1 - P(X = 0)$
$= 1 - 0{,}0024$
$= 0{,}9976$

a) Beschreiben Sie die Fehler in den Rechnungen der Schüler.

b) Berechnen Sie die korrekten Wahrscheinlichkeiten.

15. Bei einem Glücksspiel sind in einer Box 40 rote und 60 gelbe Kugeln. Es wird dreimal eine Kugel gezogen. Die Höhe des Preisgelds richtet sich nach der Anzahl der gezogenen roten Kugeln. Der Einsatz beträgt 2 €.

rote Kugeln	Preisgeld
0	2,00 €
1	1,00 €
2	1,50 €
3	10,00 €

a) Erklären Sie, warum es sich nur dann um eine Bernoulli-Kette handelt, wenn das Spiel mit Zurücklegen der gezogenen Kugel gespielt wird.

b) Das Spiel wird mit Zurücklegen der gezogenen Kugel gespielt. Bestimmen Sie die Wahrscheinlichkeitsverteilung des Preisgelds.

c) Weisen Sie rechnerisch nach, dass das Spiel nicht fair ist. Erklären Sie dabei, ob das Spiel langfristig für den Anbieter oder den Spieler lukrativ ist.

d) Passen Sie den Gewinn für drei gezogene rote Kugeln so an, dass das Spiel fair wird.

16. Ausblick: Betrachten Sie eine Urne mit 40 roten und 60 gelben Kugeln. Es wird dreimal ohne Zurücklegen gezogen und die Anzahl X der gezogenen roten Kugeln gezählt.

a) Erklären Sie, warum $P(X = 2) = \binom{3}{2} \cdot \frac{40 \cdot 39 \cdot 60}{100 \cdot 99 \cdot 98}$ gilt.

b) Bestimmen Sie die Wahrscheinlichkeitsverteilung für die Anzahl der roten Kugeln.

c) Vergleichen Sie die Wahrscheinlichkeitsverteilung aus b) mit den Wahrscheinlichkeiten, die in Aufgabe 15b) mit der Bernoulli-Formel berechnet wurden. Erläutern Sie, warum die Abweichungen gering sind, obwohl das Ziehen ohne Zurücklegen keine Bernoulli-Kette darstellt.

7.3 Binomialverteilung

■ Bei einem Würfelexperiment ist es unerheblich, ob ein Würfel fünfmal hintereinander geworfen wird oder fünf Würfel einmal gleichzeitig geworfen werden. Bei diesem Würfelspiel gilt eine geworfene 6 als Treffer.

a) Schätzen Sie, welche Trefferzahl am wahrscheinlichsten ist.
Berechnen Sie anschließend die Wahrscheinlichkeiten für alle möglichen Trefferzahlen.

b) Stellen Sie die in a) berechneten Wahrscheinlichkeiten als Histogramm dar. ■

Binomialverteilte Zufallsgrößen

Ein Galtonbrett ist ein mechanisches Modell zur Veranschaulichung von Bernoulli-Ketten. Es besteht aus regelmäßig angeordneten Hindernissen, an denen von oben eingeworfene Kugeln jeweils nach links oder rechts abprallen. Unten angekommen werden die Kugeln, wie nach dem Durchlaufen der gesamten Bernoulli-Kette, in Fächern aufgefangen und können gezählt werden.

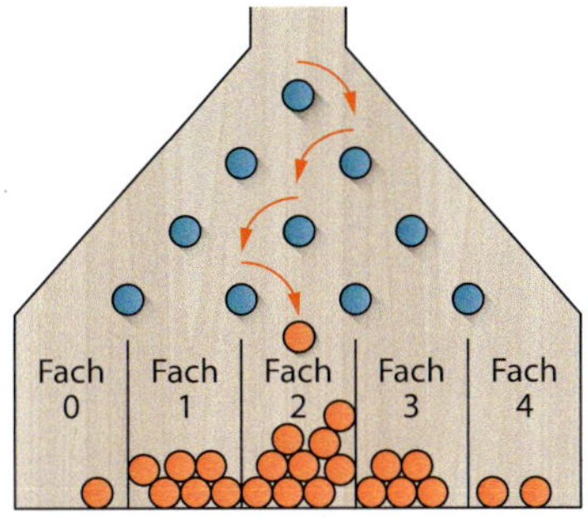

Ablenkung k nach rechts	0	1	2	3	4
$P(X = k)$	0,06	0,25	0,38	0,25	0,06

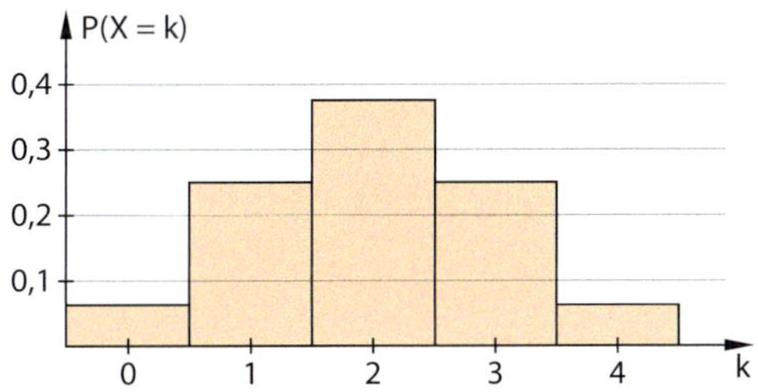

Steht ein Galtonbrett mit 4 Stufen von Hindernissen gerade und bezeichnet man „nach rechts ablenken" als Treffer, erhält man eine Bernoulli-Kette der Länge $n = 4$ mit Trefferwahrscheinlichkeit $p = 0{,}5$.
Die Wahrscheinlichkeiten für die jeweiligen Fächer lassen sich mit der Bernoulli-Formel berechnen.
Die zugehörige Wahrscheinlichkeitsverteilung heißt **Binomialverteilung**.

Definition: Binomialverteilung, binomialverteilte Zufallsgrößen
Eine Zufallsgröße X heißt **binomialverteilt** mit den Parametern n und p (kurz $X \sim B_{n;\,p}$), wenn sie die Werte $k = 0, 1, 2, \ldots, n$ mit den Wahrscheinlichkeiten
$$B_{n;\,p}(k) = P(X = k) = \binom{n}{k} \cdot p^k \cdot (1 - p)^{n-k} \qquad (0 < p < 1)$$
annimmt. Die zugehörige Wahrscheinlichkeitsverteilung heißt **Binomialverteilung**.

Häufig interessiert man sich nicht für die Wahrscheinlichkeit einer konkreten Trefferzahl, sondern dafür, dass höchstens k Treffer erzielt werden. In diesem Fall spricht man von einer kumulierten Wahrscheinlichkeit.

Hinweis:
Eine Summe mit vielen Summanden gleicher Art kann kurz mit dem Summenzeichen geschrieben werden.
$\sum_{i=0}^{k} P(X = i)$
$= P(X = 0) + P(X = 1) + \ldots + P(X = k)$

Definition: Kumulierte Wahrscheinlichkeit
Bei einer binomialverteilten Zufallsgröße X nennt man die Wahrscheinlichkeit, dass die Anzahl der Treffer höchstens k ist, **kumulierte Wahrscheinlichkeit**:
$$F_{n;\,p}(k) = P(X \le k) = P(X = 0) + P(X = 1) + \ldots + P(X = k)$$

Auch die kumulierte Binomialverteilung lässt sich als Histogramm darstellen. Die Höhe eines Balkens zum Wert k ergibt sich durch Aufstapeln der ersten k + 1 Balken der Binomialverteilung.
Somit steigen die Werte mit größer werdendem k und es gilt
$\mathbf{F_{n;\,p}(k) = P(X \leq k) \leq P(X \leq n) = 1}$.

Im Beispiel gilt n = 4 und p = 0,5.

k	0	1	2	3	4
$\mathbf{B_{4;\,0,5}(k)}$	0,06	0,25	0,38	0,25	0,6
$\mathbf{F_{4;\,0,5}(k)}$	0,06	0,31	0,69	0,94	1

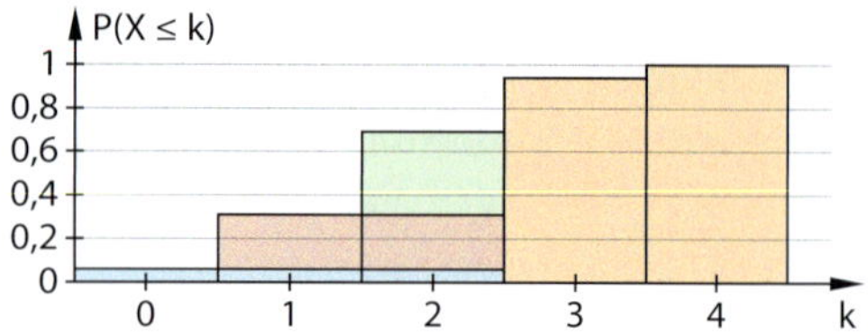

Beispiel 1: Ein Tetraeder-Würfel wird 50-mal geworfen. Die Zufallsgröße X zählt dabei die Anzahl der Einsen. Bestimmen Sie die Wahrscheinlichkeit, dass … gewürfelt wird.
a) … genau 15-mal die „1" …
b) … höchstens 10-mal die „1" …
c) … mindestens 15-mal die „1" …
d) … höchstens 20-mal, aber mindestens 15-mal die „1" …

Lösung:
Das 50-malige Würfeln ist eine Bernoulli-Kette, X ist binomialverteilt mit n = 50 und p = 0,25.

a) Berechnen Sie die Einzelwahrscheinlichkeit $P(X = 15) = B_{50;\,0,25}(15)$ mit dem GTR-Befehl *binomPdf(n,p,k)*.
$P(X = 15) \approx 0{,}089$
binomPdf(50,0.25,15) 0.088836

b) Berechnen Sie die kumulierte Wahrscheinlichkeit $P(X \leq 10) = F_{50;\,0,25}(10)$ mit dem GTR-Befehl *binomCdf(n,p,k)*.
$P(X \leq 10) = P(X = 0) + P(X = 1) + \ldots + P(X = 10)$
$\approx 0{,}262$
binomCdf(50,0.25,10) 0.262202

Hinweis zu c:
Alternativ ist auch der Befehl *binomCdf(50,0.25,15,50)* möglich.

c) Das Ereignis „mindestens 15 Treffer" ist das Gegenereignis zu „höchstens 14 Treffer". Verwenden Sie den GTR-Befehl *binomCdf(n,p,k)*.
$P(X \geq 15) = P(X = 15) + P(X = 16) + \ldots + P(X = 50)$
$= 1 - P(X \leq 14) \approx 0{,}252$
1-binomCdf(50,0.25,14) 0.251919

d) Das Ereignis „höchstens 20-mal, aber mindestens 15-mal" bedeutet $X \leq 20$ und $X \geq 15$. Verwenden Sie den GTR-Befehl *binomCdf(n,p,a,b)*.
$P(15 \leq X \leq 20)$
$= P(X = 15) + P(X = 16) + \ldots + P(X = 20) \approx 0{,}246$
binomCdf(50,0.25,15,20) 0.245656

Basisaufgaben

Hilfe zu GTR/CAS ↗ S. 322/323

GTR **1.** Erstellen Sie eine Tabelle zur Binomialverteilung mit den gegebenen Werten n und p. Stellen Sie diese in einem Histogramm dar.
a) n = 8; p = 0,6 b) n = 12; p = 0,8 c) n = 10; p = 0,5 d) n = 15; p = 0,4

2. Das Histogramm zeigt eine Binomialverteilung mit n = 10 und p = 0,6.
a) Bestimmen Sie aus dem Histogramm näherungsweise die Werte für die Wahrscheinlichkeiten $P(X \leq 3)$, $P(X = 6)$, $P(X \geq 8)$, $P(X < 8)$, $P(5 \leq X \leq 8)$ und $P(X > 3)$.

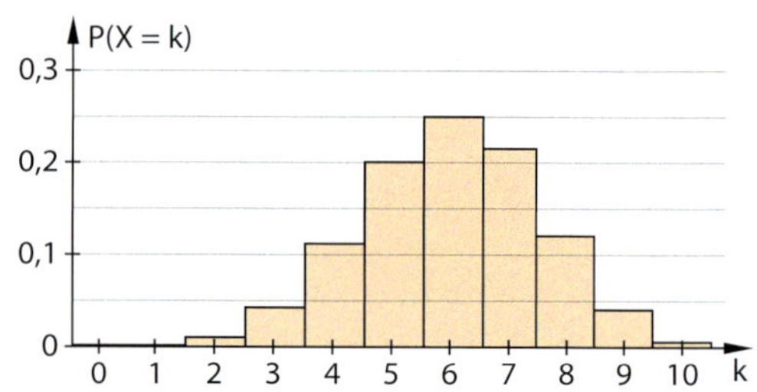

GTR b) Berechnen Sie die Werte aus a) mit dem GTR und vergleichen Sie.
c) Fertigen Sie das Histogramm der kumulierten Verteilung an.

3. Die Abbildungen zeigen Histogramme unterschiedlicher Wahrscheinlichkeitsverteilungen.

a) Entscheiden Sie, welches der Histogramme ① bis ③ zu einer Bernoulli-Kette mit $n = 5$ und $p = 0{,}25$ passt.

b) Das Histogramm ④ gehört auch zu einer Bernoulli-Kette. Begründen Sie, ob die Trefferwahrscheinlichkeit p größer, kleiner oder gleich 0,5 ist.

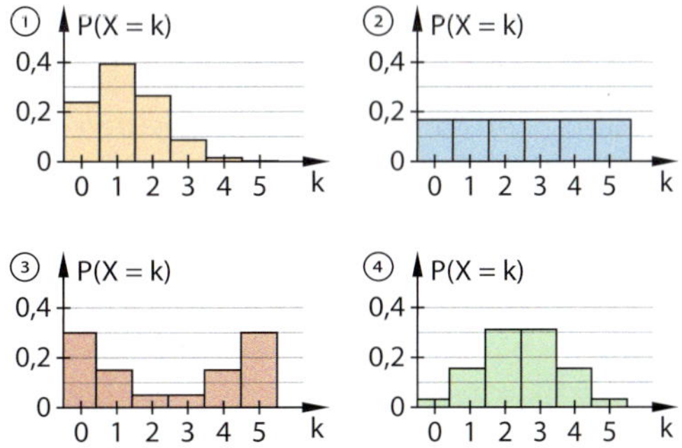

4. Die Abbildung zeigt das Histogramm einer kumulierten Wahrscheinlichkeitsverteilung einer binomialverteilten Zufallsgröße X mit $n = 6$. Bestimmen Sie mithilfe der Abbildung näherungsweise die Wahrscheinlichkeit.

a) $P(X \leq 4)$ b) $P(X > 3)$
c) $P(X \geq 5)$ d) $P(X = 3)$

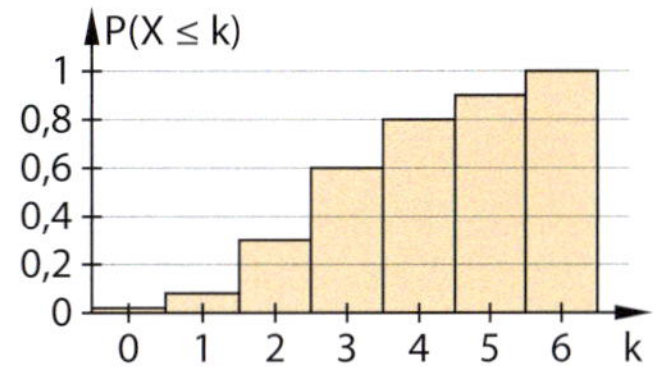

GTR **5.** Gegeben ist eine Binomialverteilung mit $n = 40$ und $p = 0{,}4$. Schreiben Sie die Wahrscheinlichkeit für die Trefferzahl als kumulierte Wahrscheinlichkeit und berechnen Sie diese mit dem GTR.

a) höchstens 25 Treffer b) mindestens 10 Treffer c) zwischen 15 und 30 Treffer

Hinweis:
Eine Zahl „zwischen x und y" soll hier als „mindestens x, höchstens y" verstanden werden.

GTR **6.** Jeder Term berechnet eine Wahrscheinlichkeit zu einer binomialverteilten Zufallsgröße X.

① $\binom{25}{3} \cdot 0{,}25^3 \cdot 0{,}75^{25-3}$

② $\binom{10}{0} \cdot 0{,}3^0 \cdot 0{,}7^{10} + \binom{10}{1} \cdot 0{,}3^1 \cdot 0{,}7^9$

③ $1 - \left(\binom{15}{13} \cdot 0{,}8^{13} \cdot 0{,}2^2 + \binom{15}{14} \cdot 0{,}8^{14} \cdot 0{,}2 + 0{,}8^{15}\right)$

④ $\binom{60}{20} \cdot 0{,}6^{20} \cdot 0{,}4^{40} + \binom{60}{21} \cdot 0{,}6^{21} \cdot 0{,}4^{39} + \ldots + \binom{60}{39} \cdot 0{,}6^{39} \cdot 0{,}4^{21} + \binom{60}{40} \cdot 0{,}6^{40} \cdot 0{,}4^{20}$

a) Geben Sie jeweils n und p an und formulieren Sie das betrachtete Ereignis in Worten.

b) Berechnen Sie die Wahrscheinlichkeiten möglichst einfach mit dem GTR.

GTR **7.** Die Produktionsabteilung einer Elektronikfirma gibt an, dass ein Bauteil nur mit einer Wahrscheinlichkeit von 0,1 % einen Fehler aufweist.

a) Erklären Sie in diesem Zusammenhang die Bedeutung des Terms.

① $0{,}999^{10} + \binom{10}{1} \cdot 0{,}001 \cdot 0{,}999^9 + \binom{10}{2} \cdot 0{,}001^2 \cdot 0{,}999^8$

② $\binom{50}{48} \cdot 0{,}999^{48} \cdot 0{,}001^2 + \binom{50}{49} \cdot 0{,}999^{49} \cdot 0{,}001 + 0{,}999^{50}$

b) In einer Woche produziert die Firma am Montag 5000 und am Dienstag 7500 Bauteile. Berechnen Sie die Wahrscheinlichkeit, dass

① am Montag höchstens 10 Bauteile fehlerhaft sind,
② am Dienstag mindestens 7450 Bauteile in Ordnung sind,
③ an beiden Tagen zusammen mindestens 12 450 Bauteile in Ordnung sind,
④ am Montag höchstens 5 und am Dienstag höchstens 10 Bauteile fehlerhaft sind.

GTR **8.** Gegeben ist eine Trefferwahrscheinlichkeit p zu einer Binomialverteilung mit $n = 20$. Schätzen Sie, welche Trefferanzahl k die größte Wahrscheinlichkeit hat. Erstellen Sie mit dem GTR ein Histogramm und überprüfen Sie Ihre Schätzung.

a) $p = 0{,}5$ b) $p = 0{,}3$ c) $p = 0{,}8$ d) $p = 0{,}1$

Erwartungswert und Standardabweichung

Der Erwartungswert $\mu = E(X)$ und die Standardabweichung σ können bei binomialverteilten Zufallsgrößen einfach berechnet werden. Der Beweis erfolgt mit den bekannten Ansätzen:
$\mu = E(X) = x_1 \cdot P(X = x_1) + \ldots + x_n \cdot P(X = x_n)$ und
$V(X) = (x_1 - \mu)^2 \cdot P(X = x_1) + \ldots + (x_n - \mu)^2 \cdot P(X = x_n)$

Satz: Erwartungswert und Standardabweichung bei der Binomialverteilung
Für eine binomialverteilte Zufallsgröße X mit den Parametern n und p gilt:

Erwartungswert	$\mu = E(X) = n \cdot p$
Standardabweichung	$\sigma = \sqrt{V(X)} = \sqrt{n \cdot p \cdot (1 - p)}$

Der Erwartungswert $\mu = E(X)$ einer binomialverteilten Zufallsgröße X liegt immer in der Nähe des größten Werts der Verteilung. Die Standardabweichung σ ist ein Maß für die Streuung der Verteilung und damit für die Breite des Histogramms. Mit deutlich mehr als 50 % Wahrscheinlichkeit liegt die Trefferzahl innerhalb eines Intervalls der Breite 2σ um den Erwartungswert μ.

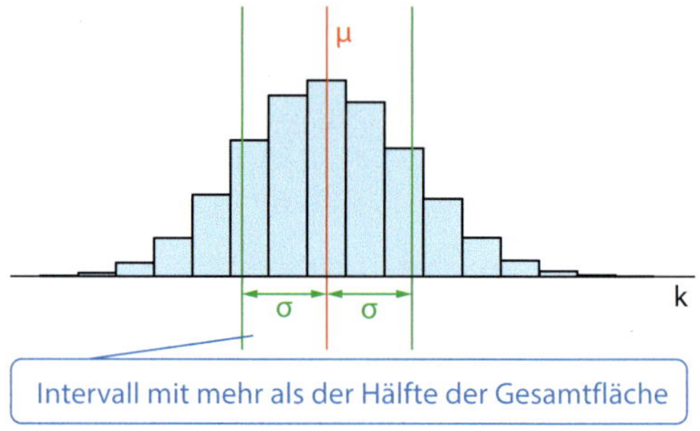

Beispiel 2: Das abgebildete Glücksrad wird 20-mal gedreht. Bei jeder Drehung erhält der Spieler 2 €, wenn das Rad bei „rot“ stehen bleibt.

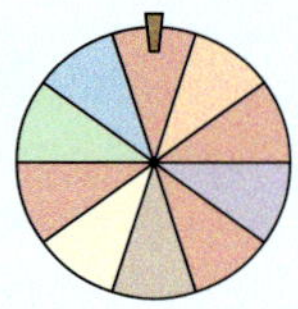

a) Der Einsatz beträgt 15 €. Entscheiden Sie, ob das Spiel fair ist.
b) Berechnen Sie die Standardabweichung der Binomialverteilung und erklären Sie ihre Bedeutung im Sachzusammenhang.

Lösung:

a) Das Spiel kann als Bernoulli-Kette modelliert werden. Es wird ein Treffer erzielt, wenn das Ereignis „rotes Feld“ eintritt. Multiplizieren Sie den Erwartungswert μ der Trefferanzahl mit 2 €, um die mittlere erwartete Auszahlung zu erhalten.

X: Anzahl der Treffer
X ist binomialverteilt mit $n = 20$ und $p = 0{,}4$

$\mu = n \cdot p = 20 \cdot 0{,}4 = 8$

Mittlere erwartete Auszahlung: $8 \cdot 2\,€ = 16\,€$

Prüfen Sie, ob diese Auszahlung dem Einsatz entspricht.

Dieser Betrag entspricht nicht dem Einsatz von 15 €, also ist das Spiel nicht fair.

b) Die Standardabweichung ist ein Maß für die Streuung der Trefferanzahl und somit auch für das Risiko des Glücksspiels.

$\sigma = \sqrt{n \cdot p \cdot (1 - p)}$
$= \sqrt{20 \cdot 0{,}4 \cdot 0{,}6} \approx 2{,}2$

Hinweis:
Ein Spiel heißt **fair**, wenn bei häufiger Durchführung die durchschnittliche Auszahlung dem Einsatz entspricht. Weder Spieler noch Anbieter können also im Mittel einen Gewinn erwarten.

Basisaufgaben

Lösungen zu 9:

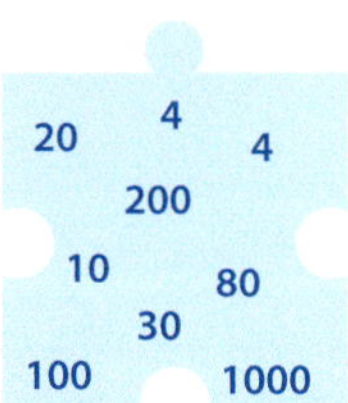

9. Berechnen Sie den Erwartungswert μ und die Standardabweichung σ einer binomialverteilten Zufallsgröße X mit den angegebenen Parametern n und p.
a) $n = 100; p = 0{,}2$ b) $n = 400; p = 0{,}5$ c) $n = 100; p = 0{,}8$ d) $n = 10\,000; p = 0{,}1$

10. Luna meint: „Mit einem Spielwürfel würfle ich bei etwa einem Sechstel aller Würfe eine Sechs. Bei 60 Würfen erhalte ich im Schnitt $\frac{1}{6} \cdot 60 = 10$ Sechsen.“ Nehmen Sie dazu Stellung und erläutern Sie, was dies mit dem Erwartungswert einer Zufallsgröße zu tun hat.

11. Bei einem Spiel wird 10-mal mit einem fairen Würfel gewürfelt. Für jede geworfene 6 erhält der Spieler 1 €. Prüfen Sie, ob das Spiel bei einem Einsatz von 2 € fair ist.

12. Ein Glücksspiel wird in zwei Varianten angeboten.
Variante A: Ein Spielwürfel wird 20-mal geworfen. Jedes Mal, wenn der Würfel eine 5 oder eine 6 zeigt, bekommt der Spieler 1,50 €. Der Einsatz beträgt 10 €.
Variante B: Ein Spielwürfel wird 40-mal geworfen. Jedes Mal, wenn der Würfel eine 6 zeigt, bekommt der Spieler 1,50 €. Der Einsatz beträgt 10 €.
a) Erklären Sie, warum beide Varianten auf eine Bernoulli-Kette zurückzuführen sind. Geben Sie jeweils n und p an.
b) Weisen Sie durch geeignete Rechnungen nach, dass beide Spielvarianten fair sind.
c) Bestimmen Sie die Standardabweichungen beider Binomialverteilungen, vergleichen Sie die Werte und erklären Sie ihre Bedeutung im Sachzusammenhang.
d) Bei einer Variante C werden zwei Würfel 20-mal geworfen und man bekommt 3 €, wenn die Augensumme 8 oder größer ist. Bestimmen Sie einen fairen Einsatz für dieses Spiel.

Weiterführende Aufgaben

GTR **13.** Im 11. Jahrgang eines Gymnasiums kommen im Schnitt 55 % der 80 Schüler mit dem Bus zur Schule, 30 % kommen mit dem Fahrrad und 15 % kommen auf anderen Wegen zur Schule.

a) Die Zufallsgröße X zählt die Anzahl derjenigen Schüler, die an einem zufälligen Tag mit dem Bus zur Schule kommen. Erläutern Sie, unter welchen Annahmen X als binomialverteilt angenommen werden kann. Geben Sie die Parameter n und p an.
b) In der 11a sind 25 Schüler. Berechnen Sie die Wahrscheinlichkeit, dass
① höchstens 15 von ihnen mit dem Bus zur Schule kommen,
② zwischen 15 und 20 Schülern mit dem Fahrrad zur Schule kommen,
③ mindestens 10 mit dem Fahrrad zur Schule kommen.
c) Berechnen Sie den Erwartungswert und die Standardabweichung von X und interpretieren Sie die beiden Werte im Sachzusammenhang.

Hinweis:
Eine Zahl „zwischen x und y" soll hier als „mindestens x, höchstens y" verstanden werden.

GTR **14.** **Stolperstelle:** Bei einer Wahl bekam eine Partei 32 % der Stimmen. Nach der Wahl werden 200 zufällig ausgesuchte Wähler befragt. Erklären und korrigieren Sie den Fehler.
a) Tim: *„Die Wahrscheinlichkeit, dass unter den Befragten weniger als 70 Wähler der Partei sind, ist $P(X \leq 70) = P(X = 0) + P(X = 1) + \ldots + P(X = 70) \approx 0{,}838$; mit binomCdf()."*
b) Sabrina: *„Die Wahrscheinlichkeit, dass zwischen 60 und 80 Wähler der Partei befragt wurden, ist $P(60 \leq X \leq 80) = P(X \leq 80) - P(X \leq 60) \approx 0{,}693$; mit binomCdf()."*
c) Ian: *„Die Wahrscheinlichkeit, dass mehr als 60 Wähler der Partei dabei sind, ist $P(X > 60) = P(X \geq 61) = \text{binomCdf}(200, 0.32, 61) \approx 0{,}355$."*

GTR **15.** In der Schulmensa können alle Personen der Schule ein warmes Mittagessen bestellen. Die Bestellungen müssen bis zum Vortag abgegeben werden. Die Erfahrung zeigt, dass durchschnittlich nur 90 % der bestellten Essen auch tatsächlich gekauft werden.
a) Es gehen 550 Vorbestellungen ein. Untersuchen Sie, mit welcher Wahrscheinlichkeit die Zubereitung von 500 Mittagessen ausreichen würde.
b) Prüfen Sie, ob die Wahrscheinlichkeit, dass bei 450 Vorbestellungen 410 zubereitete Essen nicht ausreichen, unter 20 % liegt.

GTR **16.** Zehn Reißzwecken werden gleichzeitig geworfen. Eine Reißzwecke landet beim Werfen mit einer Wahrscheinlichkeit von $p = 0{,}4$ mit der Spitze nach oben. Die Zufallsgröße X beschreibt bei diesem Bernoulli-Experiment die Anzahl der Reißzwecken, die mit der Spitze nach oben landen.

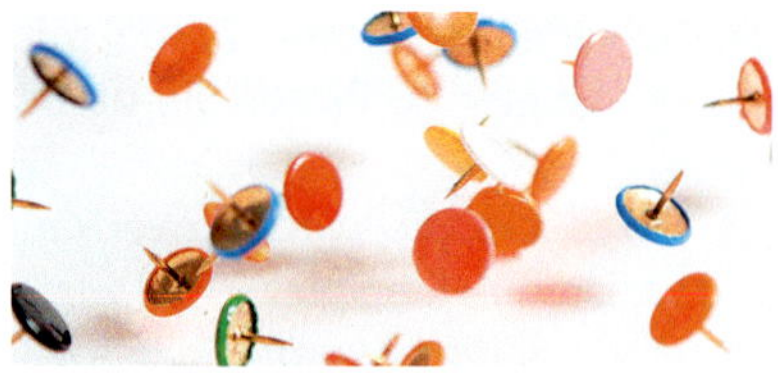

a) Berechnen Sie die Verteilung von X und erstellen Sie ein Histogramm.
b) Berechnen Sie $P(X < 2)$ und $P(X \geq 2)$ und markieren Sie diese Wahrscheinlichkeiten als Flächen im Histogramm.
c) Erstellen Sie ein Histogramm der kumulierten Verteilung.
d) Bestimmen Sie, welchem Wert sich die durchschnittliche Zahl der Reißzwecken, die mit der Spitze nach oben landen, bei häufiger Wiederholung des Experiments nähert.
e) Die Zufallsgröße Y zählt die Anzahl der Reißzwecken, die auf der Seite landen. Berechnen Sie den Erwartungswert und die Standardabweichung von Y und vergleichen Sie sie mit den Werten von X.

Hinweis zu 17:
Die **empirische Standardabweichung** bezieht sich auf die Versuchsdaten: Man verwendet statt der Wahrscheinlichkeiten $P(X = x_i)$ die relativen Häufigkeiten h_i der Versuchsdaten $x_1, x_2, \ldots, x_n$.

GTR **17.** Beim Werfen von 4 Münzen gibt X die Anzahl der Münzen an, die Wappen zeigen. Das Diagramm zeigt, wie sich die Wappenanzahl bei 500 Versuchen verteilt.

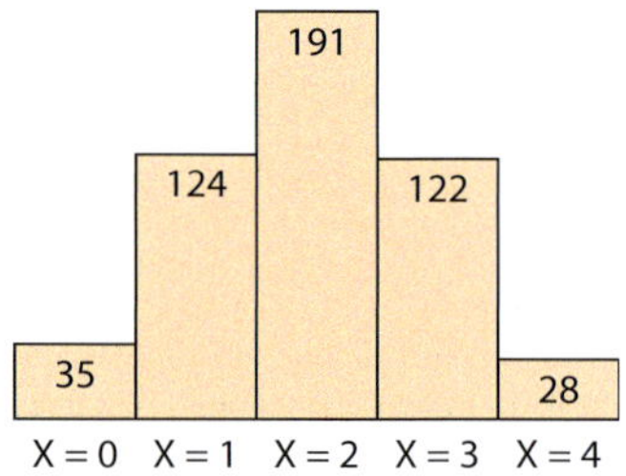

a) Berechnen Sie das arithmetische Mittel und die empirische Standardabweichung der Wappenanzahl.
b) Berechnen Sie für jede Wappenanzahl die relative Häufigkeit sowie die Wahrscheinlichkeitsverteilung von X. Erklären Sie den Unterschied und den Zusammenhang zwischen einer Häufigkeits- und einer Wahrscheinlichkeitsverteilung.
c) Berechnen Sie den Erwartungswert und die Standardabweichung von X und vergleichen Sie sie mit den Werten aus a).

18. Eine binomialverteilte Zufallsgröße X hat den Erwartungswert 12 und die Varianz 4,8. Bestimmen Sie die Werte von n und p.

19. Bestimmen Sie die Trefferwahrscheinlichkeit p.
a) Für eine binomialverteilte Zufallsgröße X mit $n = 6$ gilt: $P(X = 5) = 3 \cdot P(X = 6)$
b) Für eine binomialverteilte Zufallsgröße X mit $n = 4$ gilt: $P(X = 2) = 4 \cdot P(X = 4)$

20. X ist eine binomialverteilte Zufallsgröße mit den Parametern n und p.
Begründen Sie, ob die Aussage richtig oder falsch ist. Korrigieren Sie, wenn nötig.
a) $P(X \leq n) = 1$ b) $P(X \leq 0) = 0$ c) $P(X \leq k) + P(X \geq k) = 1$
d) Für $k = 0, 1, \ldots, n$ gilt: Je größer k ist, desto größer ist $P(X \leq k)$.
e) Für $k = 1, 2, \ldots, n$ gilt: Je größer n ist, desto größer ist $P(X \geq k)$.

GTR **21.** Eine Zufallsgröße X ist binomialverteilt mit $p = 0{,}5$.
a) Berechnen Sie mit dem GTR die Wahrscheinlichkeiten der Binomialverteilung für $n = 7$ $(n = 8)$ und stellen Sie die Verteilung in einem Histogramm dar.
b) Erläutern Sie, welche Symmetrieeigenschaft die Verteilungen in a) haben.
c) Zeigen Sie mithilfe der Bernoulli-Formel, dass für beliebiges n und für $k = 0, 1, \ldots, n$ gilt: $P(X = k) = P(X = n - k)$
d) Untersuchen Sie, ob die Symmetrieeigenschaft auch für $p \neq 0{,}5$ gilt.

22. Betrachten Sie eine binomialverteilte Zufallsgröße $X \sim B_{n;\,p}$. Untersuchen Sie, wie sich μ und σ verändern, wenn sich
a) n vervierfacht, b) n verneunfacht, c) n auf ein Viertel verringert.

GTR **23. Maximalstelle der Binomialverteilung:**

a) Untersuchen Sie mit dem GTR, bei welcher Trefferanzahl k das Maximum der Binomialverteilung mit den Parametern n und p liegt. Vergleichen Sie die Beobachtungen mit dem Erwartungswert.

① $n = 20; p = 0{,}7$ ② $n = 10; p = 0{,}6$ ③ $n = 40; p = 0{,}25$
④ $n = 10; p = 0{,}25$ ⑤ $n = 15; p = 0{,}75$ ⑥ $n = 16; p = 0{,}6$

b) Stellen Sie eine Regel für die Lage des Maximums auf, wenn
① $n \cdot p$ eine natürliche Zahl ist, ② $n \cdot p$ keine natürliche Zahl ist.

24. X sei eine binomialverteilte Zufallsgröße mit $n = 25$ bzw. $n = 50$.

a) Berechnen Sie die Standardabweichung σ für $p = 0{,}4$, $p = 0{,}5$ und $p = 0{,}6$.

b) Begründen Sie, dass σ für jeden beliebigen Wert von n für $p = 0{,}5$ maximal wird.

GTR **25.** Ein Bio-Bauer beliefert einen Großmarkt mit Bio-Eiern. Dabei garantiert er, dass 95 % der Eier unbeschädigt sind. Der Großhändler überprüft bei Eintreffen der Lieferung eine Stichprobe von 50 Eiern. Wenn er mehr als 5 beschädigte Eier findet, dann braucht er nur 50 % des Preises zu bezahlen.

a) Berechnen Sie die Wahrscheinlichkeit, dass der Großhändler
① eine Lieferung mit 95 % unbeschädigten Eiern zum halben Preis bekommt,
② für eine Lieferung mit nur 85 % unbeschädigten Eiern den vollen Preis bezahlt.

b) Der Großhändler entnimmt einer Lieferung nun eine Stichprobe von 200 Eiern und akzeptiert dabei höchstens 20 beschädigte Eier. Untersuchen Sie, wie sich die Wahrscheinlichkeiten aus a) verändern.

● GTR **26.** Bei einer überwiegend von Geschäftsleuten genutzten Flugverbindung treten durchschnittlich nur 95 % der Kunden einen gebuchten Flug auch an. Deshalb verkauft die Fluggesellschaft mehr Tickets als die 150 zur Verfügung stehenden Sitzplätze. Ein Flugticket kostet 100 €. Passagiere, die wegen einer Überbuchung nicht mitfliegen können, verursachen Kosten (inkl. Entschädigung) in Höhe von 300 €.

a) Berechnen Sie die Wahrscheinlichkeit, dass bei einem ausgebuchten Flug
① alle 150, ② mehr als 145, ③ weniger als 140 Passagiere erscheinen.

b) Berechnen Sie die Wahrscheinlichkeit, dass bei 160 verkauften Tickets alle Passagiere mitfliegen können, die tatsächlich zum Flug erscheinen.

c) Gehen Sie wieder von 160 verkauften Tickets aus. Die Zufallsgröße Z zählt die Anzahl der Passagiere, die aufgrund der Überbuchung nicht mitfliegen können.
① Bestimmen Sie die Wahrscheinlichkeitsverteilung von Z.
② Bestimmen Sie die zu erwartenden Kosten bei einem Verkauf von 160 Tickets.
③ Beurteilen Sie, ob sich der Verkauf von 160 Tickets wirtschaftlich lohnt.

● **27. Ausblick:** Manchmal interessiert man sich nicht für die Anzahl von Treffern, sondern für die Anzahl der Versuche bis zum ersten Treffer. Beim Würfeln kann man sich zum Beispiel fragen, wie oft gewürfelt werden muss, bis zum ersten Mal eine „6" auftritt.
Zu einer Bernoulli-Kette mit Trefferwahrscheinlichkeit $p = 0{,}25$ zählt die Zufallsgröße X die Anzahl der notwendigen Bernoulli-Versuche, bis der erste Treffer erzielt wird.

a) Berechnen Sie die Wahrscheinlichkeiten $P(X = 2)$ und $P(X = 10)$.

b) Erläutern Sie, dass gilt: $P(X = k) = p \cdot (1 - p)^{k-1}$.

c) Richtig oder falsch? Begründen Sie: $P(X = k) > 0$ für alle Werte $k \in \mathbb{N}$ mit $k \geq 1$.

d) Erklären Sie am Beispiel eines Spielwürfels, dass für den Erwartungswert gilt: $E(X) = \frac{1}{p}$.

7.4 Parameter der Binomialverteilung

■ An einer Schule kommen durchschnittlich 30 % der Schüler mit dem Fahrrad zum Unterricht. Ein Kurs mit 20 Schülern wird hierzu als Stichprobe befragt.

a) Zeigen Sie, dass bei einer Anzahl von 9 Radfahrenden in dieser Stichprobe zum ersten Mal die kumulierte Wahrscheinlichkeit von 90 % überschritten wird.
b) Beschreiben Sie, welchen Einfluss eine Vergrößerung der Stichprobe (n) oder eine Veränderung des Anteils der Radfahrenden (p) auf die kumulierte Wahrscheinlichkeit hat, wenn nach wie vor mindestens 9 Radfahrende in der Stichprobe sein sollen. ■

Häufig ergeben sich Fragestellungen nach den Parametern n, p und k einer binomialverteilten Zufallsgröße. Diese lassen sich oft nicht mit einer Rechnung beantworten. Die Parameter können aber durch Anlegen einer Tabelle oder systematisches Probieren bestimmt werden.

Der Parameter k ist gesucht

Wird eine Problemstellung mit einer binomialverteilten Zufallsgröße X modelliert, so ergeben sich die Parameter n und p häufig aus dem Kontext. Dann kann man nach einer Mindesttrefferzahl k suchen, die mit einer gegebenen **Mindestwahrscheinlichkeit** eintritt. In den Abbildungen und in der Tabelle ist zu sehen, dass bei einer Stichprobe der Länge $n = 20$ bei einer Trefferzahl $k = 10$ erstmals $P(X \leq k) > 0{,}8$ gilt.

k	…	8	9	10	11	12	…
$P(X \leq k)$	…	0,59	0,75	0,87	0,94	0,97	…

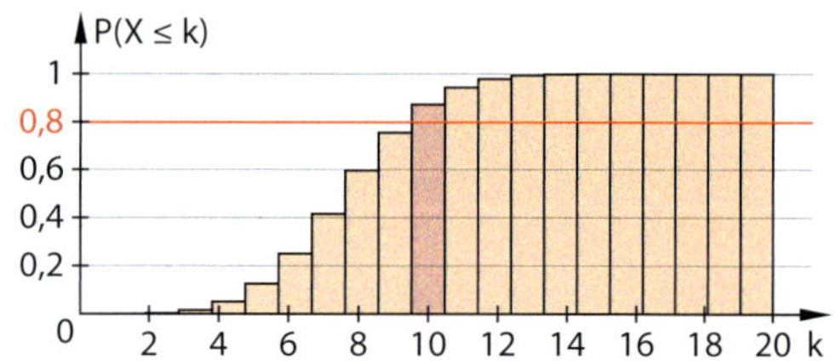

Beispiel 1: Eine Firma hat 200 Mitarbeiter. Jeder Mitarbeiter kommt unabhängig von den anderen mit einer Wahrscheinlichkeit von 0,7 mit dem Auto zur Arbeit. An einem zufällig gewählten Tag kann die Anzahl der Autofahrer als binomialverteilte Zufallsgröße X aufgefasst werden.
a) Bestimmen Sie die Wahrscheinlichkeit, dass an einem beliebigen Tag 145 Parkplätze ausreichend sind.
b) Bestimmen Sie, wie viele Parkplätze mindestens nötig sind, damit diese mit einer Wahrscheinlichkeit von mindestens 90 % ausreichen.

Lösung:

a) Gesucht ist die kumulierte Wahrscheinlichkeit $P(X \leq 145)$. Berechnen Sie diese.

$P(X \leq 145) \approx 0{,}801$
Die Parkplätze reichen mit einer Wahrscheinlichkeit von ca. 80 % aus.

b) Das Ergebnis in a) zeigt, dass die Wahrscheinlichkeit dafür, dass 145 Parkplätze ausreichen, nur 80 % beträgt. Berechnen Sie die Wahrscheinlichkeiten $P(X \leq k)$ für $k > 145$, bis der Wert über 0,9 liegt.

$P(X \leq 146) \approx 0{,}842$
$P(X \leq 147) \approx 0{,}877$
$P(X \leq 148) \approx 0{,}907 > 0{,}9$
Es sind mindestens 148 Parkplätze nötig.

Basisaufgaben

GTR **1.** Betrachten Sie eine binomialverteilte Zufallsgröße mit $n = 70$ und $p = 0{,}35$.
a) Erstellen Sie eine Wertetabelle zu $P(X \le k)$ für $20 \le k \le 30$.
b) Bestimmen Sie mithilfe der Wertetabelle aus a) den kleinsten Wert von k, sodass gilt:
① $P(X \le k) \ge 0{,}7$ ② $P(X \le k) > 0{,}9$ ③ $P(X > k) < 0{,}5$
c) Bestimmen Sie den größten Wert von k, sodass gilt:
① $P(X > k) \ge 0{,}4$ ② $P(X > k) > 0{,}75$ ③ $P(X \le k) < 0{,}5$

Lösungen zu 1b und 1c:
21 27 24 24 23 30

GTR **2.** In einer Kiste mit Schrauben ist jede Schraube mit 10 % Wahrscheinlichkeit defekt.
a) Berechnen Sie die Wahrscheinlichkeit, dass in einer Stichprobe von 40 Schrauben höchstens 3 defekte Schrauben sind.
b) Berechnen Sie den kleinsten Wert k, sodass in einer Stichprobe von 40 Schrauben mit einer Wahrscheinlichkeit von mindestens 99 % höchstens k Schrauben defekt sind.

GTR **3.** Im Stehplatzblock L eines Handballvereins sind alle 350 Plätze an Dauerkarteninhaber vergeben. Erfahrungsgemäß ist Block L während eines Spiels nur zu 85 % gefüllt. Daher überlegt der Verein, für diesen Block zusätzlich Tageskarten anzubieten.
a) Bestimmen Sie, mit welcher Wahrscheinlichkeit mehr als 300 Dauerkarteninhaber an einem Spieltag in Block L sind.
b) Untersuchen Sie, wie viele Plätze der Verein in Block L für Dauerkarteninhaber freihalten sollte, damit sie mit einer Wahrscheinlichkeit von mindestens 95 % (90 %) ausreichen.
c) Erläutern Sie die Bedeutung des folgenden Terms in diesem Sachzusammenhang:

$$\binom{350}{k} \cdot 0{,}85^k \cdot 0{,}15^{350-k} + \binom{350}{k+1} \cdot 0{,}85^{k+1} \cdot 0{,}15^{350-(k+1)} + \ldots + \binom{350}{350} \cdot 0{,}85^{350} \cdot 0{,}15^0$$

GTR **4.** Eine Firma hat 3 Telefonleitungen, die von 10 Angestellten in einem Großraumbüro genutzt werden. Jeder Angestellte belegt eine Leitung durchschnittlich für 15 Minuten pro Stunde.

a) Die Anzahl der benötigten Leitungen kann man als binomialverteilt mit $n = 10$ und $p = \frac{1}{4}$ betrachten. Erläutern Sie dies.
b) Bestimmen Sie die Wahrscheinlichkeit, dass die vorhandenen Leitungen zu einem bestimmten Zeitpunkt ausreichen.
c) Die Firma plant den Zukauf einer vierten Leitung. Entscheiden Sie, ob dies die Erreichbarkeit der Firma deutlich verbessert.
d) Untersuchen Sie, wie viele Leitungen die Firma mindestens benötigt, damit sie mit einer Wahrscheinlichkeit von mindestens 98 % ausreichen.
e) Die Firma stellt fünf neue Mitarbeiter ein. Bestimmen Sie die Anzahl der notwendigen Leitungen, damit diese mit einer Wahrscheinlichkeit von mindestens 98 % ausreichen.

5. Ein Basketballspieler hat bei 3-Punkt-Würfen eine Trefferquote von 40 %. Die Abbildung zeigt in Blau den Graphen der Funktion $F_{50;\,0,4}$.

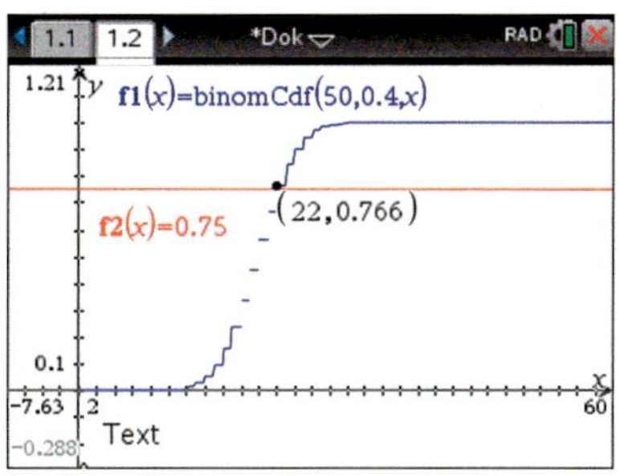

a) Erklären Sie, warum der Graph einen treppenartigen und keinen stetigen Verlauf nimmt.
b) Schneidet man den Graphen von $F_{50;\,0,4}$ mit der roten Horizontalen $y = 0{,}75$, so liefert der GTR das eigenartige Ergebnis $S(22\,|\,0{,}766)$. Begründen Sie, warum S kein echter Schnittpunkt der Graphen ist. Beschreiben Sie die Bedeutung dieses Punktes für den Sachzusammenhang.

Der Parameter n ist gesucht

Wenn sowohl die Erfolgswahrscheinlichkeit p als auch die Trefferzahl k vorgegeben ist, so führt eine Vergrößerung der Stichprobe (n) auch zu einer Vergrößerung der Wahrscheinlichkeit, dass mindestens k Treffer in der Stichprobe enthalten sind. Mit größer werdendem n vergrößern sich auch der Erwartungswert μ und die Standardabweichung σ.

Hinweis:
Bei sehr großem n ist die größte Einzelwahrscheinlichkeit zwar sehr klein, aber in der Nähe des Erwartungswerts immer noch am größten.

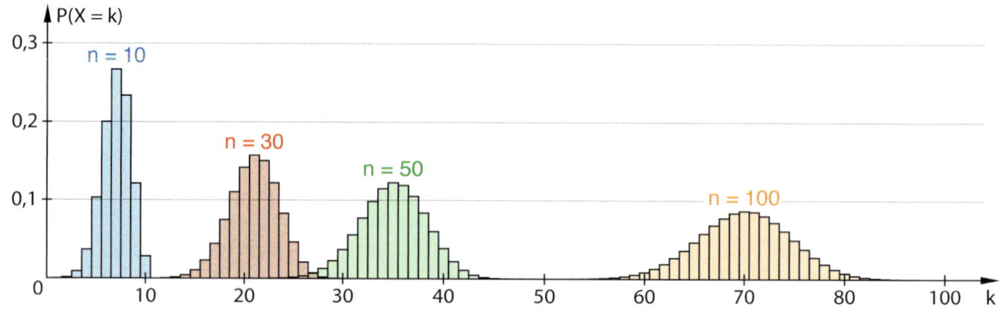

Eine rechnerische Bestimmung eines Mindeststichprobenumfangs n ist nur möglich, wenn nach mindestens einem Treffer gefragt wird. In allen anderen Fällen ist wieder das Anlegen einer Tabelle, eine grafische Untersuchung oder systematisches Probieren notwendig.

Beispiel 2: Von den Mitarbeitern einer Firma kommen durchschnittlich 70 % mit dem Auto zur Arbeit. An einem Tag wird eine Umfrage unter den Mitarbeitern durchgeführt. Die Befragung wird als Bernoulli-Kette modelliert.

a) Bestimmen Sie, wie viele Mitarbeiter mindestens befragt werden müssen, damit mit einer Wahrscheinlichkeit von mindestens 95 % mindestens einer der Befragten mit dem Auto zur Arbeit gekommen ist.

b) Bestimmen Sie, wie viele Mitarbeiter mindestens befragt werden müssen, damit mit einer Wahrscheinlichkeit von mindestens 80 % mindestens 5 der Befragten mit dem Auto zur Arbeit gekommen sind.

Lösung:

a) Gesucht ist das kleinste n, für das gilt: $P(X \geq 1) \geq 0{,}95$
Drücken Sie $P(X \geq 1)$ mit der Gegenwahrscheinlichkeit aus und stellen Sie nach $P(X = 0)$ um.
Ersetzen Sie $P(X = 0) = 0{,}3^n$ und lösen Sie nach n auf. Beim Logarithmieren dreht sich das Relationszeichen um, da die Basis zwischen 0 und 1 liegt.
Runden Sie das Ergebnis auf, damit $P(X \geq 1) \geq 0{,}95$ gilt.

X: Anzahl der Befragten, die mit dem Auto kommen; X ist binomialverteilt mit $p = 0{,}7$

$$P(X \geq 1) \geq 0{,}95$$ Gegenwahrscheinlichkeit
$$1 - P(X = 0) \geq 0{,}95 \quad | -0{,}95 \,|\, + P(X = 0)$$
$$P(X = 0) \leq 0{,}05$$ Seiten wurden getauscht
$$\binom{n}{0} \cdot 0{,}7^0 \cdot (0{,}3)^n \leq 0{,}05$$
$$0{,}3^n \leq 0{,}05$$
$$n \geq \log_{0{,}3}(0{,}05) \approx 2{,}49$$

Es müssen mindestens 3 Mitarbeiter befragt werden.

Hinweis zu b:
Ist die Wahrscheinlichkeit für den Testwert kleiner als gefordert, muss n verringert werden.

b) Gesucht ist das kleinste n, für das gilt: $P(X \geq 5) \geq 0{,}8$
Verwenden Sie die Gegenwahrscheinlichkeit und stellen Sie um.
Berechnen Sie $P(X \leq 4)$ für einen Testwert (hier $n = 6$). Erhöhen Sie n und berechnen Sie $P(X \leq 4)$ so lange, bis das Ergebnis erstmals kleiner als 0,2 ist.

$$P(X \geq 5) \geq 0{,}8$$
$$1 - P(X \leq 4) \geq 0{,}8$$
$$P(X \leq 4) \leq 0{,}2$$

$n = 6$: $P(X \leq 4) \approx 0{,}580$
$n = 7$: $P(X \leq 4) \approx 0{,}353$ Wert größer 0,2, also n erhöhen
$n = 8$: $P(X \leq 4) \approx 0{,}194$

Mindestens 8 Mitarbeiter müssen befragt werden.

Basisaufgaben

GTR **6.** Die Histogramme zeigen Binomialverteilungen mit $p = 0{,}4$ für unterschiedliche n.

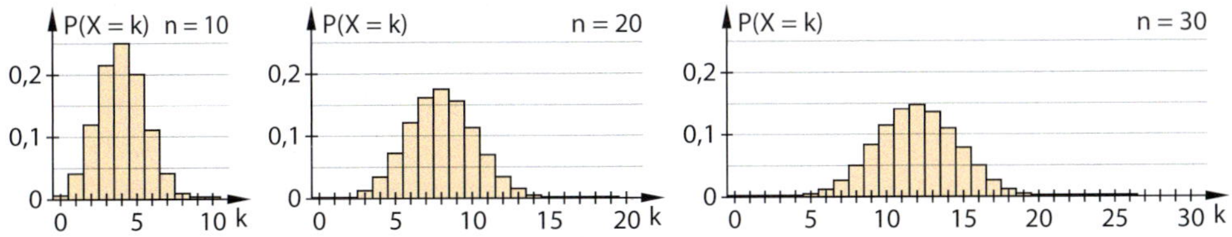

a) Beschreiben Sie, wie sich die Gestalt der Verteilung in Abhängigkeit von n verändert.
b) Erstellen Sie mit dem GTR Histogramme für $p = 0{,}3$ $(p = 0{,}9)$ für verschiedene n. Prüfen Sie, ob die Beobachtungen aus a) auch hier gelten.
c) Erläutern Sie, welche Beobachtungen man mit den Formeln für μ und σ erklären kann.

7. Ermitteln Sie, für welche n die Ungleichung erfüllt ist.
a) $0{,}1^n \leq 0{,}001$ b) $0{,}85^n \leq 0{,}3$ c) $1 - 0{,}7^n \geq 0{,}9$

8. Berechnen Sie, wie oft man mit einem fairen Spielwürfel mindestens würfeln muss, um mit einer Wahrscheinlichkeit von mindestens 99 % mindestens einmal eine Sechs zu würfeln.

9. Linda nimmt jede Woche an einem Gewinnspiel teil. Da es etwa 1000 Teilnehmer gibt, kann man annehmen, dass sie jede Woche mit einer Wahrscheinlichkeit von 0,1 % den Preis gewinnt. Berechnen Sie, wie lange Linda mindestens teilnehmen muss, um mit einer Wahrscheinlichkeit von 90 % oder mehr den Preis wenigstens einmal zu gewinnen.

GTR **10.** Betrachtet werden binomialverteilte Zufallsgrößen mit $p = 0{,}25$.
a) Erstellen Sie eine Wertetabelle für $P(X \leq 6)$ für $10 < n < 30$.
b) Bestimmen Sie das größte n, sodass $P(X \leq 6) \geq 0{,}9$.
c) Bestimmen Sie das kleinste n, sodass $P(X \leq 6) \leq 0{,}75$.
d) Bestimmen Sie das kleinste n, sodass $P(X \geq 7) \geq 0{,}6$.

GTR **11.** Malte hat beim Torwandschießen eine Trefferquote von 30 %.
a) Berechnen Sie, wie oft Malte mindestens schießen muss, um mit einer Wahrscheinlichkeit von mindestens 99 % mindestens einmal zu treffen.
b) Ermitteln Sie, wie viele Versuche Malte mindestens benötigt, um mit einer Wahrscheinlichkeit von mindestens 90 % mindestens 4 Treffer zu landen.
c) Lösen Sie die Fragestellung in b) mit einer Mindestwahrscheinlichkeit von 80 %.

12. Es werden binomialverteilte Zufallsgrößen X mit $p = 0{,}2$ betrachtet. Die Abbildung zeigt die Wahrscheinlichkeiten $1 - P(X \leq 1)$ in Abhängigkeit von n. Lesen Sie die „Schnittpunkte" mit den Geraden $y = 0{,}4$, $y = 0{,}6$ und $y = 0{,}8$ ab und geben Sie ihre Bedeutung in einem möglichen Sachzusammenhang an.

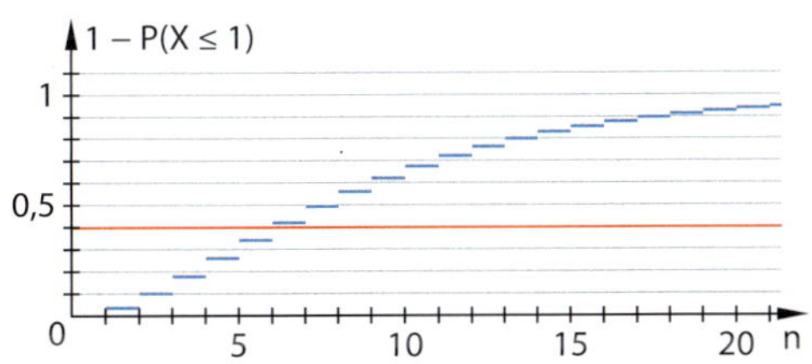

Informationen über den Parameter p sind gesucht

Das Histogramm einer binomialverteilten Zufallsgröße X ähnelt einem Hügel. Das Maximum liegt etwa bei $\mu = n \cdot p$ und nach links und rechts fallen die Werte ab. Der Parameter p legt also fest, wo sich die Trefferzahlen mit den größten Wahrscheinlichkeiten (der „Hügel") im möglichen Bereich 1, …, n aufhalten.

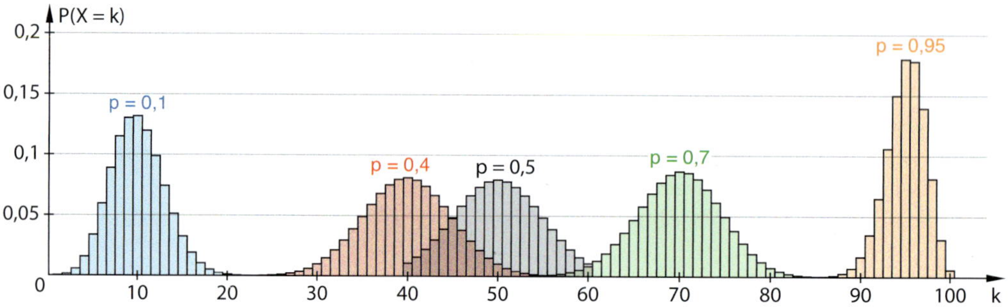

Eine rechnerische Bestimmung von p ist auch hier nur möglich, wenn nach mindestens einem Treffer gefragt wird. In allen anderen Fällen ist wieder das Anlegen einer Tabelle, eine grafische Untersuchung oder systematisches Probieren notwendig.

Beispiel 3: In einer Firma ist der Anteil p der Mitarbeiter, die mit dem Auto zur Arbeit kommen, unbekannt. Es werden 20 Mitarbeiter dazu befragt.

a) Ermitteln Sie, wie groß der Anteil p mindestens sein muss, damit mit einer Wahrscheinlichkeit von mindestens 80 % mindestens ein Befragter mit dem Auto kommt.

b) Ermitteln Sie, wie groß der Anteil p mindestens sein muss, damit mit einer Wahrscheinlichkeit von mindestens 80 % mindestens 3 Befragte mit dem Auto kommen.

Lösung:

a) Gesucht ist das kleinste p, für das gilt: $P(X \geq 1) \geq 0{,}8$
Drücken Sie $P(X \geq 1)$ mit der Gegenwahrscheinlichkeit aus und stellen Sie nach $P(X = 0)$ um.
Ersetzen Sie den Term für $P(X = 0)$ und wenden Sie die 20-te Wurzel an.
Lösen Sie die Ungleichung nach p auf und formulieren Sie eine Antwort.

X: Anzahl der Befragten, die mit dem Auto kommen; X ist binomialverteilt mit n = 20

$$P(X \geq 1) \geq 0{,}8$$
$$1 - P(X = 0) \geq 0{,}8 \mid + P(X = 0) \mid - 0{,}8$$
$$P(X = 0) \leq 0{,}2$$
$$\binom{20}{0} \cdot p^0 \cdot (1-p)^{20} \leq 0{,}2$$
$$1 - p \leq \sqrt[20]{0{,}2} \mid + p \mid - \sqrt[20]{0{,}2}$$
$$p \geq 1 - \sqrt[20]{0{,}2} \approx 0{,}077$$

Unter den Befragten müssten mindestens 7,7 % angeben, mit dem Auto zu kommen.

Hinweis zu b:
Berechnung von $P(X \geq 3)$ mit dem GTR:
binomCdf(20,0.21,3,20)

b) Gesucht ist das kleinste p, für das gilt: $P(X \geq 3) \geq 0{,}8$
Bestimmen Sie zunächst mit dem GTR einen Näherungswert, für den $P(X \geq 3) = 0{,}8$ gilt. Geben Sie dabei $p = 0{,}5$ als Startwert an, damit ein Ergebnis aus dem Intervall [0;1] berechnet wird.
Runden Sie den Näherungswert auf und ab und prüfen Sie jeweils, ob die Bedingung $P(X \geq 3) \geq 0{,}8$ erfüllt ist.

Näherungslösung für p mit $P(X \geq 3) = 0{,}8$:

```
nSolve(binomCdf(20,p,3,20)=0.8,p=0.5)
                                0.201998
```

Gerundete Näherungswerte prüfen:
$p = 0{,}2$: $P(X \geq 3) \approx 0{,}79$
$p = 0{,}21$: $P(X \geq 3) \approx 0{,}82$
Ab einem Anteil von ca. 21 % kommen mit einer Wahrscheinlichkeit von mindestens 80 % mindestens 3 Befragte mit dem Auto.

Basisaufgaben

13. Die Histogramme gehören zu Binomialverteilungen mit $n = 10$.

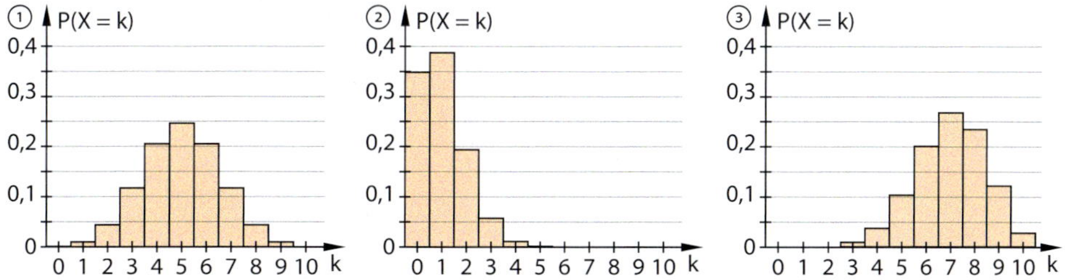

a) Ordnen Sie die Trefferwahrscheinlichkeiten $p = 0{,}5$ und $p = 0{,}7$ den Histogrammen zu.
b) Schätzen Sie begründet eine Trefferwahrscheinlichkeit für das übrige Histogramm.
c) Beschreiben Sie, wie sich die Gestalt der Verteilung in Abhängigkeit von p verändert.

GTR **14.** Betrachtet wird eine binomialverteilte Zufallsgröße X mit $n = 50$. Bestimmen Sie näherungsweise die Trefferwahrscheinlichkeit p mit der angegebenen Eigenschaft.
a) kleinstes p mit $P(X < 11) \leq 0{,}7$
b) kleinstes p mit $P(X \leq 18) \leq 0{,}4$
c) größtes p mit $P(X \geq 30) \leq 0{,}8$
d) größtes p mit $P(X \geq 10) \leq 0{,}9$

Hinweis zu 14:
Bestimmen Sie p bis auf zwei Nachkommastellen.

GTR **15.** Ein Süßwarenhersteller wirbt damit, dass ein bestimmter Prozentsatz seiner Überraschungseier eine Spielfigur enthält.
a) Berechnen Sie, wie groß der Prozentsatz mindestens sein muss, um in 7 Eiern mit einer Wahrscheinlichkeit von mindestens 90 % mindestens eine Figur zu finden.
b) Berechnen Sie, wie groß der Prozentsatz mindestens sein muss, um in 35 Eiern mit einer Wahrscheinlichkeit von mindestens 95 % mindestens 5 Figuren zu finden.

GTR **16.** Es sollen 150 Vegetarier befragt werden. Bestimmen Sie den Anteil, den Vegetarier mindestens in der Bevölkerung haben müssten, damit unter 2000 zufällig ausgewählten Personen mit einer Wahrscheinlichkeit von mindestens 85 % mindestens 150 Vegetarier sind.

17. Mark trainiert für einen Wettkampf beim Tontaubenschießen. Im Training hat er eine Trefferquote von $p = 0{,}8$. Um beim Wettkampf die erste Runde zu überstehen, muss er mindestens 20 von 25 Scheiben treffen.

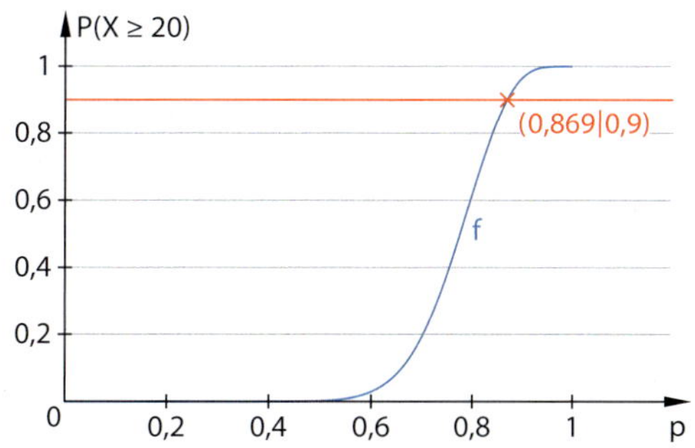

a) Berechnen Sie die Wahrscheinlichkeit, dass Mark die erste Runde übersteht.
b) Die Abbildung zeigt den Graphen der Funktion f mit $f(p) = P(X \geq 20)$ in Abhängigkeit von der unbekannten Trefferwahrscheinlichkeit p.
Erklären Sie, warum der Graph nur für $0 < p < 1$ definiert ist und monoton steigt.
c) Erklären Sie die Bedeutung des Punktes $(0{,}869 \mid 0{,}9)$ im Sachzusammenhang.

Hinweis zu 17:
Der Graph kann mit einem CAS durch den Befehl *binomCdf(25,x,20,25)* erzeugt werden.

Weiterführende Aufgaben

GTR **18.** Mithilfe von Listenmenüs lassen sich binomialverteilte Zufallsgrößen sehr effektiv darstellen. In der Abbildung ist in Spalte A eine Liste von 0 bis 250 notiert. Die Werte in Spalte B werden berechnet durch „=binomcdf(250,0.4,a[])".

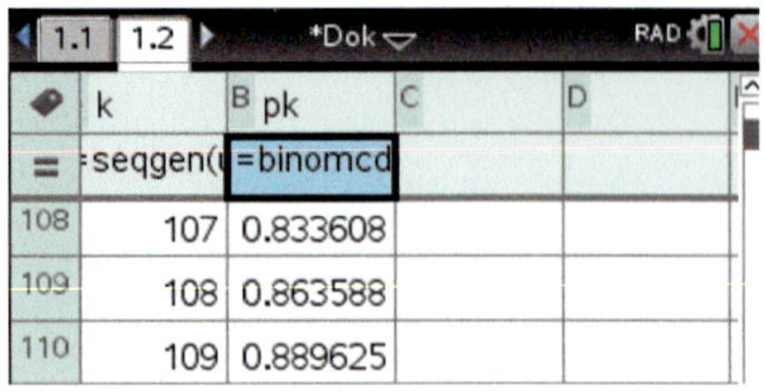

a) Beschreiben Sie die Bedeutung der Werte in Spalte B.

b) Bestimmen Sie mit einer solchen Tabelle
① den kleinsten Wert von k mit $P(X \leq k) > 0{,}5$,
② den größten Wert von k mit $P(X > k) < 0{,}1$.

c) Der Befehl in Spalte B wird in „=binomcdf(250,0.4,a[]–10, a[]+10)" geändert. Bestimmen Sie das Maximum in Spalte B und beschreiben Sie dessen Bedeutung.

d) Bestimmen Sie für $n = 500$ und $p = 0{,}7$ die passenden Werte für k.
① $P(X \leq k) < 0{,}4$ ② $P(X > k) > 0{,}5$
③ $P(X = 15) + P(X = 16) + \ldots + P(X = k) > 0{,}2$ ④ $P(k < X < k + 20)$ ist maximal.

19. Die Abbildungen zeigen je einen Abschnitt eines Histogramms einer Binomialverteilung mit $p = 0{,}15$ und unterschiedlichem n.

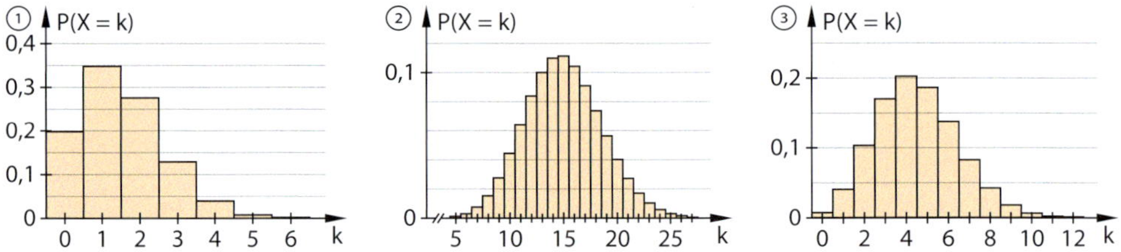

a) Ordnen Sie begründet die Histogramme aufsteigend nach dem Wert von n.

b) Beschreiben Sie, wie sich die Form der Histogramme mit steigendem n verändert.

20. **Stolperstelle:** Ein Kurs für Sozialwissenschaften möchte eine Wahlprognose machen. Dazu befragen die Kursteilnehmer an einem Dienstagvormittag 186 Passanten. 94 Befragte geben dabei an, dass sie am kommenden Wahlsonntag die Partei A wählen.

a) Beurteilen Sie die Vorgehensweise allgemein.

b) Beurteilen Sie die folgende Aussage, die der Kurs aufgrund der Befragung in einem Thesenpapier vertritt: „Die Partei A wird die absolute Mehrheit bekommen."

21. Beim Bogenschießen trifft ein Schütze mit einer Wahrscheinlichkeit von 85 % ins Ziel. In einer Trainingseinheit schießt er so lange, bis er mindestens 10 Treffer erzielt hat.

a) Beschreiben Sie in diesem Zusammenhang die Gleichung $P(X \geq 10) = 1 - P(X \leq 9)$.

b) Untersuchen Sie, wie viele Versuche der Schütze ausführen muss, damit er mit einer Wahrscheinlichkeit von mindestens 95 % mindestens 10 Treffer erzielt.

c) Ein zweiter Schütze mit einer geringeren durchschnittlichen Trefferquote möchte ebenfalls 10 Treffer erzielen. Ermitteln Sie, wie hoch die Trefferquote mindestens sein muss, damit dies bei 20 Versuchen mit einer Wahrscheinlichkeit von mindestens 95 % gelingt.

22. In Deutschland werden 42 % aller Haushalte von einem Single bewohnt. Für eine Umfrage unter Singles werden Haushalte zufällig ausgesucht.

a) Berechnen Sie die Wahrscheinlichkeit dafür, dass von 100 zufällig ausgewählten Haushalten mindestens 50 Single-Haushalte sind.

b) Berechnen Sie, wie viele Haushalte ausgesucht werden müssen, um mit einer Wahrscheinlichkeit von mindestens 90 % mindestens einen Single-Haushalt vorzufinden.

c) Ermitteln Sie, wie viele Haushalte ausgesucht werden müssen, um mit einer Wahrscheinlichkeit von mindestens 90 % mindestens 40 Single-Haushalte vorzufinden.

23. Mira ist Mittelfeldspielerin. Sie hat eine durchschnittliche Passquote von 85 %.

Hinweis:
Eine Zahl „zwischen x und y" soll hier als „mindestens x, höchstens y" verstanden werden.

a) In einem Spiel spielt sie insgesamt 75 Pässe. Berechnen Sie die Wahrscheinlichkeiten dafür, dass davon höchstens 70 Pässe, mindestens 60 Pässe bzw. zwischen 55 und 65 Pässe ankommen.

b) Die Zufallsgröße Y zählt die Anzahl der Fehlpässe, die Mira in einem Spiel mit 80 eigenen Pässen spielt. Berechnen Sie $P(Y \le 10)$ und erklären Sie die Bedeutung der Wahrscheinlichkeit.

c) Bestimmen Sie den kleinsten Wert von k mit $P(Y \le k) > 0{,}9$. Erklären Sie das Ergebnis.

d) Berechnen Sie, wie viele Pässe Mira mindestens spielen muss, damit mit einer Wahrscheinlichkeit von mindestens 90 % mindestens ein Pass ankommt.

e) Miras Freundin Sina spielt im Sturm. Ermitteln Sie, wie hoch Sinas Trefferquote mindestens sein müsste, damit sie bei 10 Torschüssen mit einer Wahrscheinlichkeit von mindestens 99 % mindestens dreimal trifft.

GTR **24.** Marcel spricht 150 Passanten an, um Unterschriften für ein Bürgerbegehren zu sammeln. Er hofft, dabei mehr als 100 Unterschriften zu bekommen.

a) Zeichnen Sie den Graphen der Funktion f mit $f(x) = 1 - \text{binomCdf}(150,x,100)$ mit dem GTR und beschreiben Sie seinen Verlauf.

b) Es gilt $f(0{,}65) \approx 0{,}3$. Erläutern Sie die Bedeutung des Punktes $(0{,}65 \mid 0{,}3)$ des Graphen.

c) Untersuchen Sie mithilfe des Graphen, mit welcher Wahrscheinlichkeit Marcel sein Ziel erreicht, wenn ein zufällig ausgewählter Passant mit einer Wahrscheinlichkeit von mindestens 75 % das Begehren unterschreibt.

d) Untersuchen Sie am Graphen, mit welcher Wahrscheinlichkeit ein zufällig ausgewählter Passant unterschreiben müsste, damit Marcel sein Ziel mit einer Wahrscheinlichkeit von mindestens 90 % erreicht.

● **25. Ausblick:** Das abgebildete Glücksrad besteht aus blauen, roten und grünen Sektoren. Bei 10 Drehungen soll insgesamt r-mal ein roter, b-mal ein blauer und g-mal ein grüner Sektor gedreht werden.

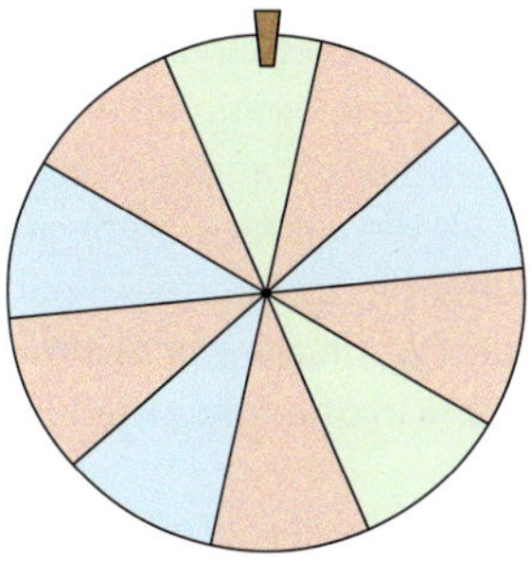

a) Beschreiben Sie, welche Eigenschaften einer Bernoulli-Kette das beschriebene Zufallsexperiment erfüllt und welche nicht.

b) Begründen Sie, dass es für dieses Ereignis $\binom{10}{r} \cdot \binom{10-r}{b} \cdot \binom{10-r-b}{g}$ Möglichkeiten gibt.

c) Zeigen Sie: $\binom{10}{r} \cdot \binom{10-r}{b} \cdot \binom{10-r-b}{g} = \frac{10!}{r! \cdot b! \cdot g!}$

d) Berechnen Sie mithilfe der Ergebnisse aus b) und c) die Wahrscheinlichkeit für das Ereignis, dass 5-mal rot, 3-mal blau und 2-mal grün gedreht wird.

7.5 Prognosen

■ Die Abbildung zeigt das Ergebnis der Bundestagswahl 2017. Im Wahlkreis Hannover II wurden 148 090 Stimmen abgegeben.

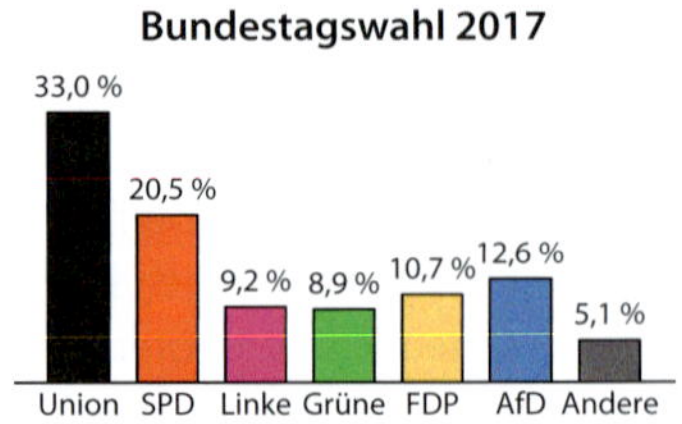

a) Bestimmen Sie die 2σ-Umgebung für die Anzahl an Unions- und an SPD-Wählern im Wahlkreis Hannover II.

b) Geben Sie näherungsweise die Wahrscheinlichkeit zu den in a) berechneten 2σ-Umgebungen an

c) Im Wahlkreis Hannover II bekam die SPD 37 911 und die Union 36 134 Stimmen. „Signifikante Abweichungen in Hannover", urteilte am nächsten Tag ein politischer Wahlbeobachter. Beurteilen Sie die Aussage anhand der Ergebnisse aus a) und b). ■

Ein Bereich der beurteilenden Statistik beschäftigt sich mit dem **Schluss von der Gesamtheit auf die Stichprobe**. Der Anteil p der Objekte mit einer bestimmten Eigenschaft innerhalb einer Gesamtheit ist bekannt. Es werden Prognosen über den Anteil innerhalb einer Stichprobe abgegeben. Dazu wird die Situation mit einer Bernoulli-Kette beschrieben.

Gesamtheit	Eigenschaft	Anteil	Stichprobe
Bevölkerung Deutschlands	weiblich	51 %	1000 Personen

Eine plausible Prognose für den zu erwartenden Wert von X liefert der Erwartungswert μ. Die Wahrscheinlichkeit für einzelne Werte wie μ ist jedoch sehr gering. Aussagekräftiger sind Intervalle um den Erwartungswert, in denen der Wert von X mit einer Mindestwahrscheinlichkeit liegt. Diese nennt man **Sicherheitswahrscheinlichkeit** (hier 80 %).
Mit einer Wahrscheinlichkeit von mindestens 80 % liegt die Zahl der Frauen zwischen 490 und 530.
Üblicherweise werden Intervalle zu Sicherheitswahrscheinlichkeiten von 90 %, 95 % und 99 % verwendet. Diese lassen sich schnell mithilfe von **σ-Regeln** bestimmen.

X: Anzahl der Frauen innerhalb der Stichprobe $(X \sim B_{1000;\,0,51})$

Prognosewert:
$\mu = 1000 \cdot 0,51 = 510 \quad P(X = \mu) \approx 0,025$

Intervall als Prognose:

k	$[\mu - k; \mu + k]$	$P(\mu - k \le X \le \mu + k)$
1	[509; 511]	0,0756
2	[508; 512]	0,1256
3	[507; 513]	0,1752
…	…	…
19	[491; 529]	0,7826
20	[490; 530]	0,8053
21	[489; 531]	0,8262

Hinweis:
Ist μ nicht ganzzahlig, kann man im ersten Schritt die nächstkleinere und -größere ganze Zahl als Intervallgrenze wählen.
Beispiel: $n = 100,\ p = \frac{1}{6},\ \mu = 16,\overline{6}$

[a; b]	$P(a \le X \le b)$
[16; 17]	0,2117
[15; 18]	0,4090
[14; 19]	0,5802
…	…

Satz: σ-Regeln für 90 %, 95 % und 99 %
X sei eine binomialverteilte Zufallsgröße mit den Parametern n und p, dem Erwartungswert μ und der Standardabweichung σ.
Falls die Laplace-Bedingung σ > 3 erfüllt ist, liegt die Trefferanzahl näherungsweise mit den Wahrscheinlichkeiten **90 %, 95 % und 99 %** in den folgenden Intervallen.

Wahrscheinlichkeit	Intervall
90 %	$[\mu - 1,64\sigma; \mu + 1,64\sigma]$
95 %	$[\mu - 1,96\sigma; \mu + 1,96\sigma]$
99 %	$[\mu - 2,58\sigma; \mu + 2,58\sigma]$

Stichprobenergebnisse außerhalb des 95 %- bzw. 99 %-Intervalls sind sehr unwahrscheinlich. Man spricht dann von **signifikanten** bzw. **hochsignifikanten Abweichungen** vom Erwartungswert.

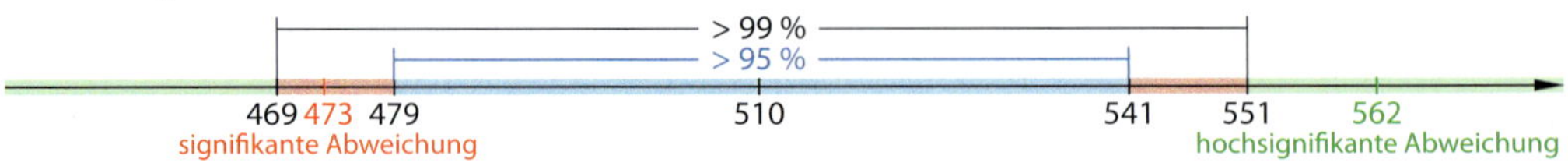

Beispiel 2: Der Anteil an Linkshändern beträgt deutschlandweit etwa 12 %. In einem Tennisverein mit 150 Mitgliedern wird die Anzahl der Linkshänder gezählt. Gesucht sind Prognosen für die zu erwartende Anzahl an Linkshändern im Verein.

a) Geben Sie als Prognose ein Intervall um den Erwartungswert an, in dem die Anzahl der Linkshänder im Verein mit einer Wahrscheinlichkeit von mindestens 95 % bzw. 99 % liegt.

b) Die Zählung ergibt 27 Linkshänder. Beurteilen Sie diesen Wert mithilfe von a).

Lösung:

a) Die Laplace-Bedingung $\sigma > 3$ ist erfüllt. Berechnen Sie die Grenzen des 95 %-Intervalls. Runden Sie nach innen und prüfen Sie die Wahrscheinlichkeit des Intervalls. Diese liegt hier unter 95 %. Die Intervallgrenzen müssen also nach außen gerundet werden.

$\sigma = \sqrt{150 \cdot 0{,}12 \cdot 0{,}88} \approx 3{,}97 > 3$
$\mu - 1{,}96\sigma \approx 10{,}22$; $\mu + 1{,}96\sigma \approx 25{,}78$
95 %-Intervall: $[10{,}22; 25{,}78]$
$P(11 \le X \le 25) \approx 0{,}9421 < 95\,\%$
$P(10 \le X \le 26) \approx 0{,}9684 > 95\,\%$
Prognose zu mindestens 95 %: zwischen 10 und 26 Linkshänder

Berechnen Sie die Grenzen des 99 %-Intervalls und runden Sie nach innen. Die Wahrscheinlichkeit des Intervalls liegt bereits über 99 %. Für das nächstkleinere Intervall gilt das nicht.

$\mu - 2{,}58\sigma \approx 7{,}76$; $\mu + 2{,}58\sigma \approx 28{,}24$
99 %-Intervall: $[7{,}76; 28{,}24]$
$P(8 \le X \le 28) \approx 0{,}9918 > 99\,\%$
$P(9 \le X \le 27) \approx 0{,}9833 < 99\,\%$
Prognose zu mindestens 99 %: zwischen 8 und 28 Linkshänder

b) 27 liegt außerhalb des 95 %-Intervalls, aber innerhalb des 99 %-Intervalls.

Die Zahl der Linkshänder weicht signifikant, aber nicht hochsignifikant vom Durchschnitt in Deutschland ab.

Hinweis:
Beim „Runden nach innen“ wird die untere Grenze auf- und die obere Grenze abgerundet. Das Intervall wird kleiner. Beim „Runden nach außen“ wird die untere Grenze ab- und die obere Grenze aufgerundet. Das Intervall wird größer.

Basisaufgaben

GTR **1.** Der Anteil an Rechtshändern beträgt in Deutschland etwa 88 %. Ein Handballverein hat insgesamt 250 Mitglieder.

a) Geben Sie einen Wert als Prognose für die zu erwartende Anzahl an Rechtshändern im Verein an.

b) Geben Sie als Prognose ein möglichst kleines Intervall um den Erwartungswert an, in dem die Anzahl der Rechtshänder im Verein mit einer Wahrscheinlichkeit von mindestens 95 % bzw. 99 % liegt.

c) Im Verein gibt es 215 Rechtshänder. Beurteilen Sie diesen Wert mithilfe von b).

GTR **2.** Eine Handballspielerin hat bei ihren 7-m-Würfen eine Trefferquote von 65 %. Im Training wirft sie immer 80 Siebenmeter. X zählt dabei die Anzahl der Treffer.

a) Berechnen Sie den Erwartungswert E(X) und die Wahrscheinlichkeit $P(X = E(X))$. Erklären Sie beides im Sachzusammenhang.

b) Erklären Sie, warum zur Prognose nicht allein der Erwartungswert, sondern vielmehr Intervalle herangezogen werden sollten.

c) Bestimmen Sie ein um den Erwartungswert symmetrisches Intervall, in dem die Trefferanzahl mit einer Wahrscheinlichkeit von mindestens 95 % liegt.

d) Beim letzten Training hat die Spielerin 75 von 100 Siebenmetern getroffen. Beurteilen Sie, ob sie damit signifikant besser geworfen hat.

Lösungen zu 3:

[223; 277] [70; 90]
[85; 115]
[215; 285]
[72; 88] [80; 120]

GTR **3.** Gegeben sind ein Stichprobenumfang n und eine Trefferwahrscheinlichkeit p.

① n = 250; p = 0,4 ② n = 1000; p = 0,25 ③ n = 100; p = 0,8

a) Bestimmen Sie für ①, ② und ③ das 95 %- und das 99 %-Intervall.
b) Geben Sie jeweils eine Trefferanzahl an, welche vom Erwartungswert signifikant bzw. hochsignifikant abweicht.

GTR **4.** Max ist sich sicher, dass er beim Würfeln immer Pech hat und selten eine 6 würfelt. Deswegen hat er heute mitgezählt, wie viele Sechsen er tatsächlich gewürfelt hat. Alle 100 Würfe hat er den Zwischenstand notiert.

Würfe	1–100	101–200	201–300	301–400	401–500
Anzahl „6"	11	8	12	19	24

a) Bestimmen Sie für n = 100 und $p = \frac{1}{6}$ das 95 %- und das 99 %-Intervall.
b) Beurteilen Sie anhand der Intervalle aus a), in welchem Block von 100 Würfen Max tatsächlich „Pech gehabt hat".

GTR **5.** In Deutschland beträgt der Anteil der Jungen etwa 49 %. Die Tabelle zeigt die Größen der Jahrgänge 5 bis 10 eines Gymnasiums und die jeweilige Anzahl an Jungen.

Jahrgang	Schülerzahl	Anzahl Jungen
5	120	46
6	135	60
7	110	66
8	90	41
9	95	38
10	85	52

a) Bestimmen Sie für jeden Jahrgang das 95%- und das 99 %-Intervall.
b) Beschreiben Sie die Bedeutung der Intervalle aus a).
c) Beurteilen Sie für jeden Jahrgang, ob die tatsächliche Anzahl der Jungen signifikant oder hochsignifikant vom Erwartungswert abweicht.
d) Beurteilen Sie die Zahl der Jungen der gesamten Mittelstufe bezüglich der 49 %.

TK **6.** Gegeben ist eine binomialverteilte Zufallsgröße X mit n = 100 und p = 0,5.

a) Erklären Sie den Aufbau der Tabelle. Lesen Sie ein Intervall zur Sicherheitswahrscheinlichkeit von 50 % (30 %; 70 %) ab.
b) Berechnen Sie mit einer Tabellenkalkulation 60 %-, 70 %- und 80 %-Intervalle für

① n = 100; p = 0,15, ② n = 150; p = 0,7, ③ n = 200; p = 0,9.

C3 | =“[“& 50-B3&”;”&50+B3&”]”

	A	B	C	D
1		k	[50 - k; 50 + k]	P(μ-k ≤X≤ μ+k)
2		1	[49;51]	0,235646566
3		2	[48;52]	0,382700586
4		3	[47;53]	0,515881586
5		4	[46;54]	0,631798383
6		5	[45;55]	0,728746976
7		6	[44;56]	0,806652096

Hinweis zu 6b:
Man kann auch mit dem GTR solche Tabellen erstellen und damit die Aufgabe bearbeiten.

GTR **7.** Laura bestimmt für den 100-fachen Wurf einer Münze ein Intervall zur Sicherheitswahrscheinlichkeit von 80 % im Grafikmenü des GTR.

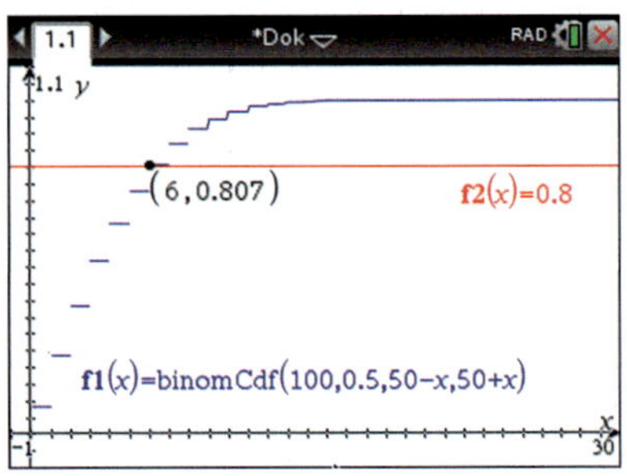

a) Beschreiben Sie ihr Vorgehen anhand der Abbildung und geben Sie das 80 %-Intervall an.
b) Bestimmen Sie mit Lauras Methode auch das 90 %- und das 99 %-Intervall.
c) Verwenden Sie nun als Trefferwahrscheinlichkeit p = 0,1 (p = 0,3; p = 0,9) und bestimmen Sie das 95 %-Intervall für n = 100. Beschreiben Sie, wie sich die Graphen und die Intervalle verändern.

Verträglichkeit von p mit einer Stichprobe

Der genaue Wert der Trefferwahrscheinlichkeit p ist häufig nicht bekannt. Oft aber gibt es für p eine Angabe aus früheren Untersuchungen oder Umfragen. Dieser Wert von p kann mithilfe einer Stichprobe beurteilt werden (**Schluss von der Stichprobe auf die Gesamtheit**).

Definition: Verträglichkeit von p mit einer Stichprobe
Ein vermuteter Wert für den Parameter p heißt **verträglich mit einer Stichprobe** zur Sicherheitswahrscheinlichkeit von 95 %, wenn die Trefferanzahl der Stichprobe im 95 %-Intervall von p liegt.

Hinweis:
Die Verträglichkeit von p wird stets zu einer Sicherheitswahrscheinlichkeit angegeben. Neben den üblichen 95 % oder 99 % können auch andere Werte auftreten.

Ist ein vermuteter Wert von p nicht verträglich mit einer Stichprobe, so kann dessen Gültigkeit angezweifelt werden.

Beispiel 3: Bei der letzten Erhebung lag der Anteil an Vegetariern bei $p = 0{,}06$. In einer aktuellen Umfrage von 300 Personen geben 25 Personen an, Vegetarier zu sein.
Prüfen Sie, ob der Wert von p bei einer Sicherheitswahrscheinlichkeit von 95 % mit der Stichprobe verträglich ist.

Lösung:

Berechnen Sie für $n = 300$ und $p = 0{,}06$ das 95 %-Intervall (Laplace-Bedingung $\sigma > 3$ ist erfüllt).

$\mu = 300 \cdot 0{,}06 = 18$ $\sigma \approx 4{,}11 > 3$
$\mu - 1{,}96\sigma \approx 9{,}94$; $\mu + 1{,}96\sigma \approx 26{,}06$
95 %-Intervall: $[9{,}94; 26{,}06]$

Das Stichprobenergebnis 25 ist im Intervall enthalten. Also ist p verträglich mit der Stichprobe.

$25 \in [9{,}94; 26{,}06]$
$p = 0{,}06$ ist verträglich mit der Stichprobe.

Basisaufgaben

GTR **8.** Auf einem Jahrmarkt wirbt eine Losbude damit, dass 20 % aller Lose Gewinne seien. Eine Schülergruppe beobachtet den Stand eine Stunde lang. In dieser Zeit werden 255 Lose verkauft und dabei 42 Gewinne ausgegeben.

a) Bestimmen Sie unter der Annahme von $p = 0{,}2$ und $n = 255$ das 95 %-Intervall.
b) Beurteilen Sie $p = 0{,}2$ anhand des konkreten Stichprobenergebnisses.
c) Untersuchen Sie, ob der Wert von $p = 0{,}2$ mit den Beobachtungen in den folgenden drei Stunden verträglich ist (Sicherheitswahrscheinlichkeit 95 %).

① 205 Lose, 33 Gewinne ② 310 Lose, 42 Gewinne ③ 280 Lose, 71 Gewinne

GTR **9.** Eine Süßigkeitenfirma produziert Kaubonbons in unterschiedlichen Geschmacksrichtungen. Zum Firmenjubiläum gibt es eine Sondermischung mit 50 % Erdbeerbonbons. Thomas kauft zwei Familienpackungen mit jeweils 40 Bonbons und zählt die Anzahl der Erdbeerbonbons.

a) Berechnen Sie $P(X = 40)$ sowie $P(X \geq 40)$ für eine geeignete Zufallsvariable X und deuten Sie die Ergebnisse im Sachzusammenhang.
b) In beiden Familienpackungen zusammen findet Thomas 50 Erdbeerbonbons. Begründen Sie, dass er mithilfe dieser Stichprobe den Anteil von 50 % Erdbeerbonbons aufgrund eines 95 %-Intervalls anzweifeln sollte.
c) Untersuchen Sie, ob Thomas den Anteil von 50 % Erdbeerbonbons auch aufgrund eines 99 %-Intervalls anzweifeln sollte.

GTR **10.** Ein Würfel soll darauf getestet werden, ob er ideal ist. Er wird 800-mal geworfen.

a) Bestimmen Sie ein 95 %-Intervall für die Anzahl der Sechsen.

b) Geben Sie zwei Intervalle für die Anzahl an Sechsen an, innerhalb derer der Würfel als „nicht ideal" bezeichnet werden muss.

c) Wiederholen Sie das Vorgehen in a) und b) mit einer Sicherheitswahrscheinlichkeit von 80 % statt 95 %. Beschreiben Sie, wie sich die Ergebnisse verändern.

GTR **11.** Es wird angenommen, dass 30 % der Bevölkerung Deutschlands an einer Allergie leiden. In einer aktuellen Umfrage werden jeweils 1000 Personen in verschiedenen Bundesländern befragt.

Bundesland	Allergiker in der Umfrage
Bayern	321
Berlin	617
Hamburg	235
Hessen	262
Niedersachsen	317
Saarland	285
Thüringen	305

a) Begründen Sie, dass die Anzahl der Allergiker in einer Stichprobe als binomialverteilt angenommen werden kann.

b) Überprüfen Sie, mit welchen Umfrageergebnissen der vermutete Anteil an Allergikern verträglich ist (Sicherheitswahrscheinlichkeit 99 %).

c) Die Umfrage in Berlin wurde vor einem Ärztezentrum für Allergologie durchgeführt. Erklären Sie damit das Ergebnis der Umfrage aus Berlin. Begründen Sie, dass diese Stichprobe nicht repräsentativ ist und daher vernachlässigt werden sollte.

Weiterführende Aufgaben

12. Nehmen Sie begründet Stellung zur Aussage.

a) Das 90 %-Intervall ist immer im 95 %-Intervall enthalten.

b) Wenn ein Ergebnis signifikant vom Erwartungswert abweicht, dann gilt dies auch für alle Ergebnisse, die noch weiter vom Erwartungswert entfernt sind.

c) Wenn ein vermuteter Wert von p nicht verträglich mit dem Ergebnis einer Stichprobe ist, dann bedeutet das, dass der Wert von p falsch ist.

d) Wird ein Wert von p anhand einer Stichprobe verworfen, so entspricht der Anteil der Treffer beim Stichprobenergebnis dem richtigen Wert von p.

GTR **13.** Bei den von der Firma Untec in Massenproduktion hergestellten Mikrochips ist jeder mit einer Wahrscheinlichkeit von 7,5 % fehlerhaft. In Stichproben von jeweils 300 Chips wird geprüft, ob sich der Anteil fehlerhafter Chips verändert.

a) Geben Sie einen Wert als Prognose für die zu erwartende Anzahl an fehlerhaften Chips in einer Stichprobe von 300 Exemplaren an.

b) Simon sagt: „Wenn in einer Stichprobe nicht genau 7,5 % der Chips fehlerhaft sind, dann deutet das auf eine Veränderung des Anteils hin." Beurteilen Sie diese Aussage.

c) Bestimmen Sie das kleinstmögliche Intervall mit dem Mittelpunkt 22,5, in dem bei einer Stichprobe von 300 Chips die Anzahl der fehlerhaften Chips mit einer Wahrscheinlichkeit von mindestens 95 % liegt.

d) Beschreiben Sie, wie Sie dieses Intervall nutzen können, um Stichproben von 300 Chips zu beurteilen. Nutzen Sie dabei auch den Begriff „Streuung".

14. Stolperstelle: Nehmen Sie Stellung zu den folgenden Aussagen von Max und Julia.

> Max:
> „Wenn das Ergebnis einer Stichprobe im 95 %-Intervall liegt, dann bedeutet dies, dass der angenommene Wert von p zu 95 % stimmt."

> Julia:
> „Man kann jeden beliebigen Wert von p immer anzweifeln. Man muss nur so viele Stichproben erheben, bis der Wert von p mit einer von ihnen nicht mehr verträglich ist."

GTR **15. Testen von p:** Es wird vermutet, dass eine Reißzwecke mit einer Wahrscheinlichkeit von $p = 0{,}4$ mit der Spitze nach oben landet. Dieser Wert soll mit einer Stichprobe von 200 Würfen zur Sicherheitswahrscheinlichkeit von 95 % überprüft werden. Es wird eine **Entscheidungsregel** formuliert, die den Wert von p verwirft, wenn dieser nicht mit dem Stichprobenergebnis verträglich ist.

a) Vervollständigen Sie die folgende Entscheidungsregel: „Der angenommene Wert $p = 0{,}4$ wird genau dann verworfen, wenn in der Stichprobe …"

b) Bei den 200 Würfen landet die Reißzwecke 74-mal (94-mal) mit der Spitze nach oben. Entscheiden Sie mit der Regel aus a), ob $p = 0{,}4$ verworfen werden sollte.

c) Erläutern Sie, welche Fehler auftreten können, wenn man sich nach der Regel in a) anhand einer konkreten Stichprobe für bzw. gegen den Wert von p entscheidet.

d) Beim Testen von p liefert eine Stichprobe ein Ergebnis, welches signifikant vom Erwartungswert abweicht. Geben Sie zwei mögliche Gründe für solch ein Ergebnis an.

GTR **16.** Erfahrungsgemäß essen in einer Kantine einer Firma durchschnittlich 40 % der Belegschaft zum Mittag das Nudelgericht. Es kommen 360 Personen zum Mittagessen.

a) Bestimmen Sie Intervalle, in denen die Anzahl der Nudelesser zu

① mindestens 95 %, ② mindestens 99 %, ③ mindestens 90 % liegen.

b) Die Anzahl der Nudelesser wird eine Woche lang stichprobenartig untersucht. Formulieren Sie auf der Grundlage der Intervalle aus Aufgabenteil a) Entscheidungsregeln, wann der Anteil von 40 % Nudelessern bestätigt bzw. verworfen werden sollte.

● GTR **17.** Bei einem Supermarkt kann jeder Kunde, der für mindestens 20 € einkauft, ein Los ziehen und mit etwas Glück ein Getränk oder einen 10-€-Gutschein gewinnen. Der Supermarkt behauptet, dass die Chancen für ein Getränk und einen Gutschein gleich sind. An einem Tag gibt es insgesamt 48 Gewinne, darunter sind nur 18 Gutscheine. Prüfen Sie, ob diese Anzahl so signifikant abweichend ist (Sicherheitswahrscheinlichkeit 95 %), dass man die Behauptung des Supermarkts anzweifeln sollte.

● **18. Ausblick: Einseitiger Test:** Laut einer Studie soll der Anteil der Smartphonenutzer 2018 weltweit 66 % betragen. Man möchte testen, ob der Anteil in Deutschland höher ist. Der Anteil von 66 % soll mit einem Test mit einer Sicherheitswahrscheinlichkeit von 95 % überprüft und nur dann verworfen werden, wenn die Umfrage signifikant zu viele Smartphonenutzer ergibt. Dazu werden 1000 Leute in Deutschland befragt.

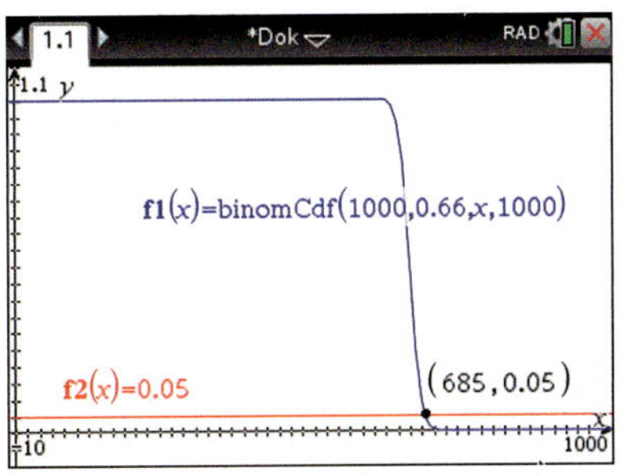

a) Erklären Sie in diesem Zusammenhang die Abbildung.

b) Formulieren Sie auf der Grundlage der Abbildung eine Entscheidungsregel.

c) Drei unterschiedliche Umfragen unter 1000 Leuten haben die folgenden Anzahlen an Smartphonenutzern ergeben: ① 805 ② 670 ③ 745
Überprüfen Sie jeweils, ob der Anteil von $p = 0{,}66$ verworfen werden sollte.

Geometrische Verteilung

■ Bei einem Gesellschaftsspiel muss zu Beginn eine „6" gewürfelt werden, um eine der eigenen Figuren auf das Spielbrett zu setzen. Jeder Spieler hat dafür pro Runde drei Versuche. Ermitteln Sie die Wahrscheinlichkeit dafür, dass ein Spieler in einer Runde eine Figur setzen kann. ■

Ein Würfel wird so lange geworfen, bis zum ersten Mal eine „6" auftritt. Die Zufallsgröße X zählt die Anzahl der Versuche. Das Ereignis „erster Erfolg nach n Versuchen" bedeutet, dass zuerst n − 1 Misserfolge auftreten und dann ein Erfolg.

$P(X = 1) = \frac{1}{6}$ (kein Misserfolg)

$P(X = 2) = \frac{5}{6} \cdot \frac{1}{6}$ (1 Misserfolg)

$P(X = n) = \left(\frac{5}{6}\right)^{n-1} \cdot \frac{1}{6}$ (n − 1 Misserfolge)

Hinweis:
Die Bezeichnung geometrisch kommt von der Eigenschaft, dass $\frac{P(X = n+1)}{P(X = n)}$ gleich 1 − p und damit konstant ist. Folgen (a_n) mit konstanten Quotienten $\frac{a_{n+1}}{a_n}$ heißen geometrische Folgen.

Definition: Geometrische Verteilung, geometrisch verteilte Zufallsgrößen
Eine Zufallsgröße X heißt **geometrisch verteilt** mit dem Parameter p (kurz $X \sim G_p$), wenn sie die Werte n = 1, 2, 3, … mit Wahrscheinlichkeiten
$G_p(n) = P(X = n) = p \cdot (1 - p)^{n-1}$ $(0 < p < 1)$
annimmt. Die zugehörige Wahrscheinlichkeitsverteilung heißt **geometrische Verteilung**.

Um die kumulierte Wahrscheinlichkeit $P(X \le 3)$ zu bestimmen, wird $q = 1 - p$ gesetzt.
Dann wird mit $\frac{1-q}{1-q}$ erweitert.
Anschließend wird der Zähler 1 − q in die Klammer multipliziert.

$$P(X \le 3) = p + pq + pq^2$$
$$= p \cdot (1 + q + q^2) \cdot \frac{1-q}{1-q}$$
$$= p \cdot (1 - q + q - q^2 + q^2 - q^3) \cdot \frac{1}{1-q}$$
$$= p \cdot \frac{1-q^3}{1-q} = p \cdot \frac{1-(1-p)^3}{1-(1-p)} = 1 - (1-p)^3$$

Dieses Vorgehen lässt sich verallgemeinern.

Hinweis:
Zur Berechnung des Erwartungswerts wird die Summe $\sum_{k=1}^{n} k \cdot P(X = k)$ umgeformt und der Grenzwert für $n \to \infty$ gebildet.

Satz: Eigenschaften geometrisch verteilter Zufallsgrößen
Ist eine Zufallsgröße X geometrisch verteilt mit dem Parameter p, dann gilt für die **kumulierte Wahrscheinlichkeit**:
$$F_p(n) = P(X \le n) = \sum_{k=1}^{n} P(X = k) = 1 - (1-p)^n$$
Für den **Erwartungswert** und die **Varianz** von X gelten:
$E(X) = \frac{1}{p}$ $V(X) = \frac{1}{p^2} - \frac{1}{p}$

Beispiel 1: Ein Würfel mit sechs Flächen wird so lange geworfen, bis die Augenzahl größer als zwei ist. Die Zufallsgröße X zählt die Anzahl der Versuche.
Bestimmen Sie die Wahrscheinlichkeit dafür, dass
① genau 3-mal, ② höchstens 4-mal, ③ mindestens 5-mal geworfen wird.

Lösung:
Die Wahrscheinlichkeit für „Augenzahl größer 2" ist $\frac{4}{6}$. Das Ereignis ② bedeutet $X \le 4$. Verwenden Sie dafür die kumulierte Wahrscheinlichkeit. ③ bedeutet $X \ge 5$, also das Gegenereignis von Ereignis ②.

Mit $p = \frac{4}{6} = \frac{2}{3}$ und $q = 1 - \frac{2}{3} = \frac{1}{3}$ folgt:
① $P(X = 3) = \frac{2}{3} \cdot \left(\frac{1}{3}\right)^2 = \frac{2}{27} \approx 0{,}074$
② $P(X \le 4) = 1 - \left(\frac{1}{3}\right)^4 = \frac{80}{81} \approx 0{,}988$
③ $P(X \ge 5) = 1 - P(X \le 4) = \frac{1}{81} \approx 0{,}012$

Aufgaben

1. X ist eine geometrisch verteilte Zufallsgröße mit Parameter $p = \frac{7}{10}$ $\left(p = \frac{1}{4}\right)$.

a) Berechnen Sie die Wahrscheinlichkeiten $P(X = 4)$ und $P(X \leq 3)$.
b) Bestimmen Sie den Erwartungswert und die Varianz von X.
c) Vergleichen Sie die Ergebnisse aus b) für die verschiedenen Werte von p.

2. Ein Würfel wird so lange gewürfelt, bis das Ergebnis kleiner als 3 ist. Die Zufallsgröße X zählt die Anzahl der Versuche.
a) Bestimmen Sie die Wahrscheinlichkeit dafür, dass … geworfen wird.
① genau 4-mal ② genau 5-mal ③ höchstens 3-mal ④ höchstens 4-mal
b) Berechnen Sie den Erwartungswert von X und geben Sie an, wie stark die Streuung der Zufallsgröße ist.

3. Die Abbildung zeigt Ausschnitte aus Diagrammen zu geometrischen Verteilungen mit verschiedenen Parametern.

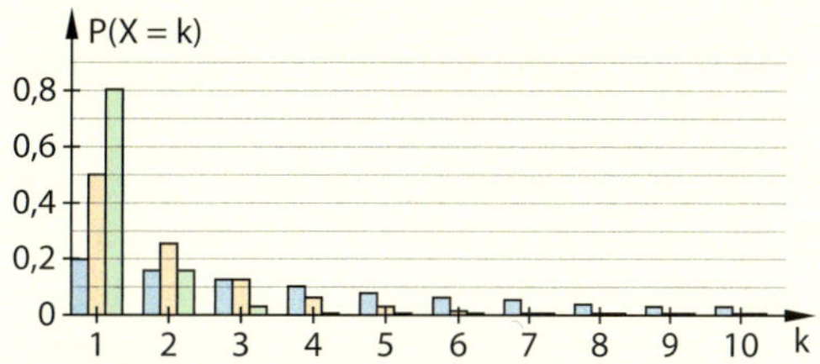

a) Beschreiben Sie den allgemeinen Verlauf unabhängig von der Wahl des Parameters.
b) Geben Sie an, welcher der Parameter zu welchem der Diagramme passt.
① p = 0,5 ② p = 0,1 ③ p = 0,75 ④ p = 0,2 ⑤ p = 0,8
c) Skizzieren Sie die Diagramme zu den übrigen Parametern aus b). Beschreiben Sie, wie sich das Diagramm in Abhängigkeit von der Wahl des Parameters verändert.

4. Gedächtnislosigkeit der geometrischen Verteilung:
Eine faire Münze mit einer grünen und einer roten Seite wird so lange geworfen, bis zum ersten Mal „grün" erscheint. Die Zufallsgröße X zählt die Anzahl der Versuche.
a) Berechnen Sie die Wahrscheinlichkeiten $P(X = 2)$ und $P(X = 4)$.
b) Lina hat bisher dreimal geworfen und immer kam „rot". Bestimmen Sie die bedingten Wahrscheinlichkeiten $P_E(X = 5)$ und $P_E(X = 7)$ mit dem Ereignis E: „$X > 3$".
Vergleichen Sie die Ergebnisse mit denen aus a).
● c) Zeigen Sie, dass bei einer geometrisch verteilten Zufallsgröße X mit Parameter p gilt: $P_E(X = n + k) = P(X = n)$, mit E: „$X > k$" für natürliche Zahlen $k < n$. Erklären Sie, warum die geometrische Verteilung als gedächtnislose Verteilung bezeichnet wird.

● **5.** Micha war im Casino und berichtet stolz: „Ich habe immer gewartet, bis an einem Tisch mindestens 6-mal nacheinander keine rote Zahl kam. Dann habe ich an diesem Tisch immer auf Rot gesetzt. Am ganzen Abend habe ich das sechsmal probiert und davon viermal gewonnen. Das ist eine erfolgreiche Strategie."

Hinweis zu 5:
Zur Vereinfachung können Sie die „Null" ignorieren und annehmen, dass eine Roulettescheibe nur 18 rote und 18 schwarze Felder hat.

a) Bestimmen Sie die Gewinnwahrscheinlichkeiten bei Michas Strategie und erklären Sie, warum diese keinen Vorteil bietet.
b) Micha glaubt der Wahrscheinlichkeitsrechnung nicht und sagt: „Es passiert ganz selten, dass siebenmal nacheinander keine rote Zahl kommt. Also ist meine Strategie doch gut." Erklären Sie seinen Denkfehler und überlegen Sie mit Ihrem Nachbarn, wie man Micha überzeugen könnte.

7.6 Abiturtraining

Aufgaben ohne Hilfsmittel

1. Nach 120 Minuten steht es bei einem Fußballspiel unentschieden und es kommt zu einem Elfmeterschießen. Dabei treten zunächst 5 Spieler aus jedem Team als Schützen an. Die Versuche der Spieler aus Mannschaft A können modellhaft durch eine Bernoulli-Kette mit der Länge 5 und der Trefferwahrscheinlichkeit p modelliert werden. Die Zufallsgröße X zählt die Anzahl der Treffer.
   a) Beschreiben Sie die Ereignisse, deren Wahrscheinlichkeiten mit $P(X \leq 4)$ und $P(X > 2)$ bestimmt werden können.
   b) Entscheiden Sie, mit welchem der Terme die Wahrscheinlichkeit für genau 3 Treffer bestimmt werden kann.
   ① $\binom{5}{3} \cdot p^2 \cdot (1-p)$ ② $\binom{5}{3} \cdot p^3 \cdot (1-p)^2$ ③ $\binom{5}{2} \cdot p^2 \cdot (1-p)^3$
   c) Erläutern Sie beispielhaft, warum diese Modellierung eines Elfmeterschießens mit einer Bernoulli-Kette nicht der Realität entspricht.

2. An einem Gymnasium ist bekannt, dass 30 % der Schüler mit dem Fahrrad zur Schule kommen. An einem ausgewählten Tag werden alle 20 Schüler eines Mathematikkurses dieser Schule befragt, wie sie zur Schule gekommen sind. Die Zufallsgröße X beschreibt die Anzahl der Schüler, die mit dem Fahrrad gefahren sind.
   a) Beschreiben Sie, unter welchen Annahmen die Zufallsgröße X als binomialverteilt angenommen werden kann.
   b) X wird als binomialverteilt angenommen. Geben Sie Ereignisse an, die mit den folgenden Termen berechnet werden können.
   ① $\binom{20}{3} \cdot 0{,}3^3 \cdot 0{,}7^{17}$ ② $1 - \binom{20}{0} \cdot 0{,}3^0 \cdot 0{,}7^{20}$ ③ $\sum_{k=3}^{10} \binom{20}{k} \cdot 0{,}3^k \cdot 0{,}7^{20-k}$
   c) Beschreiben Sie in diesem Sachzusammenhang ein Zufallsexperiment, bei dem die Wahrscheinlichkeit eines Ereignisses mit dem Term $1 - \left(\binom{15}{14} \cdot 0{,}3^{14} \cdot 0{,}7^1 + \binom{15}{15} \cdot 0{,}3^{15}\right)$ berechnet werden kann, und geben Sie das Ereignis an.

3. Eine binomialverteilte Zufallsgröße X beschreibt bei 6 Versuchen die Anzahl der Treffer. Die Trefferwahrscheinlichkeit liegt bei $p = 0{,}6$.
   a) Geben Sie einen Term an, mit dem die Wahrscheinlichkeit für das Ereignis „genau fünf Treffer" berechnet werden kann.
   b) Geben Sie das Gegenereignis zum Ereignis „höchstens ein Treffer" an. Entscheiden Sie, welcher der Terme die Wahrscheinlichkeit dieses Ereignisses angibt.
   ① $1 - \left(\binom{6}{1} \cdot 0{,}6^1 \cdot 0{,}4^5 + \binom{6}{0} \cdot 0{,}6^0 \cdot 0{,}4^6\right)$ ② $1 - \left(\binom{6}{1} \cdot 0{,}6^5 \cdot 0{,}4^1 + \binom{6}{0} \cdot 0{,}6^6 \cdot 0{,}4^0\right)$
   c) Geben Sie ein Ereignis an, dessen Wahrscheinlichkeit mit dem Term $\binom{6}{3} \cdot 0{,}6^3 \cdot 0{,}4^3 + \binom{6}{4} \cdot 0{,}6^4 \cdot 0{,}4^2 + \binom{6}{5} \cdot 0{,}6^5 \cdot 0{,}4^1$ berechnet werden kann.
   d) Entscheiden Sie, welche der Abbildungen die Wahrscheinlichkeitsverteilung von X darstellt.

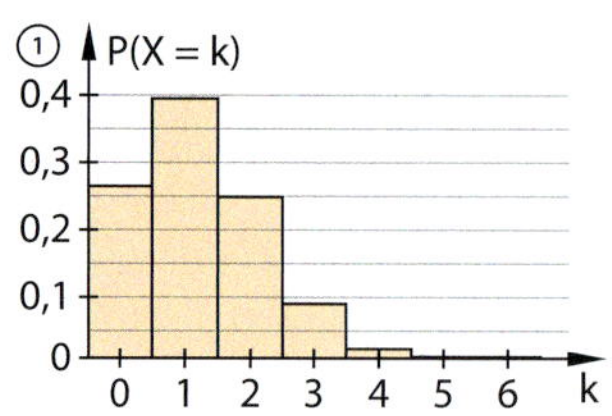

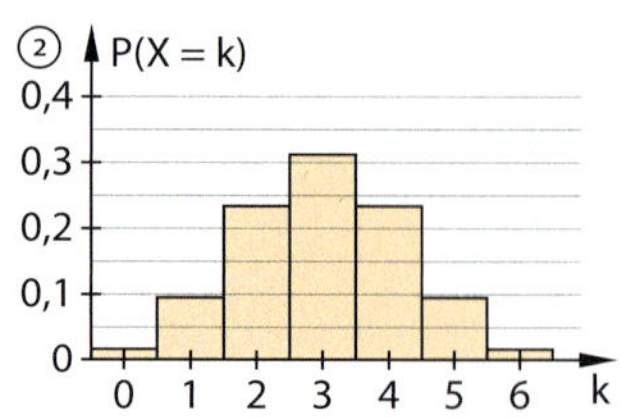

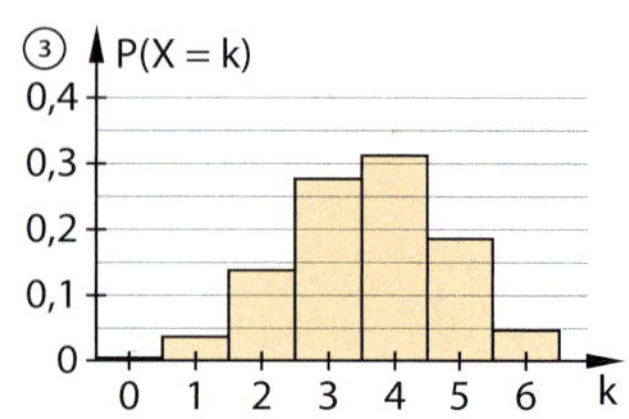

Aufgaben mit Hilfsmitteln

4. Die Abbildungen zeigen Ausschnitte aus Histogrammen zu Binomialverteilungen, bei denen der Erwartungswert und die Standardabweichung ganzzahlig sind.

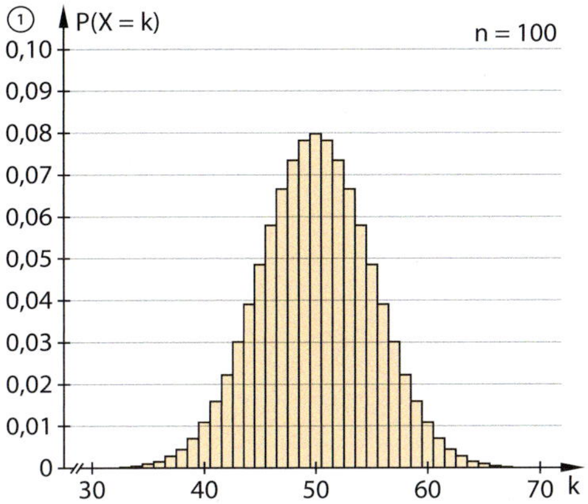

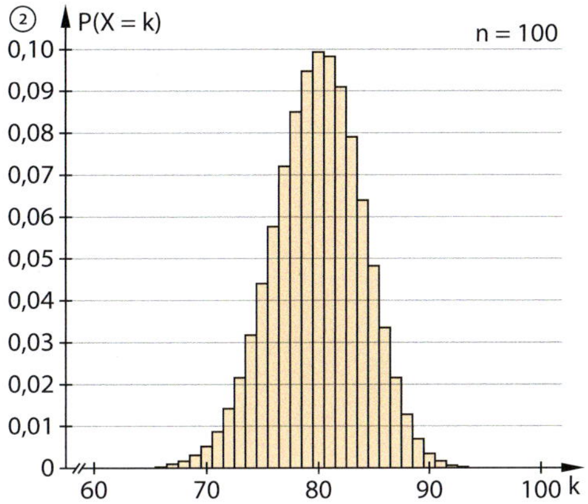

a) Geben Sie für beide Histogramme die Trefferwahrscheinlichkeit, den Erwartungswert und die Standardabweichung der dargestellten Zufallsgröße an.

b) Ermitteln Sie für beide dargestellten Zufallsgrößen ein Intervall, in dem die Werte etwa mit einer Wahrscheinlichkeit von 95,5 % (99,7 %) liegen.

5. Anlässlich der anstehenden Europameisterschaft produziert ein Hersteller von Überraschungseiern eine Sonderserie. Jedes zehnte Ei soll ein sogenanntes EM-Ei sein und eine witzige EM-Figur enthalten. Äußerlich unterscheiden sich die EM-Eier nicht von den normalen Überraschungseiern. Zum Versand werden Paletten zufällig mit Eiern bestückt.

a) Vor der Auslieferung wird die Verteilung der EM-Eier in Stichproben geprüft.

① 50 Eier werden zufällig ausgewählt. Bestimmen Sie die Wahrscheinlichkeit dafür, dass sich darunter mindestens 5 EM-Eier befinden.

② 400 Eier werden zufällig ausgewählt. Bestimmen Sie die Wahrscheinlichkeit dafür, dass die Anzahl der EM-Eier vom Erwartungswert der Anzahl der EM-Eier um höchstens 20 % abweicht.

b) Wer 10 EM-Figuren gesammelt hat, kann an einem Gewinnspiel teilnehmen. Mia hat bereits neun Figuren. Bestimmen Sie, wie viele der Überraschungseier Mia mindestens noch kaufen muss, um mit einer Wahrscheinlichkeit von mindestens 99 % eine weitere EM-Figur zu bekommen.

c) An einer Palette mit 25 Überraschungseiern macht ein Supermarkt bisher 5 € Gewinn. In einer Werbeaktion werden jedem Kunden 50 € versprochen, der eine ganze 25er Palette kauft und keine einzige EM-Figur findet. Der Marktleiter geht vom ungünstigsten Fall aus, dass alle Kunden, die keine EM-Figur finden, sich auch melden und die Prämie einfordern.
Bestimmen Sie den mittleren Gewinn pro Palette, den der Supermarkt während der Werbeaktion erwarten kann.

d) Max kauft für die Geburtstagsfeier seines Sohnes 50 Überraschungseier. Bestimmen Sie das kleinste um den Erwartungswert symmetrische Intervall, in dem die Anzahl der enthaltenen EM-Eier mit einer Wahrscheinlichkeit von mindestens 95 % liegt.

e) Nach mehreren Beschwerdebriefen plant der Hersteller, den Anteil der EM-Figuren zu erhöhen. Bestimmen Sie, wie groß der Anteil der EM-Eier an den Überraschungseiern mindestens sein müsste, damit die Kunden mit wenigstens 99 %iger Wahrscheinlichkeit erwarten können, in zehn gekauften Eiern wenigstens eine EM-Figur zu finden.

Lösungen
↗ S. 343/344

1. Berechnen Sie den Wert.

a) $3!$ b) $\frac{10!}{9!}$ c) $\frac{n!}{(n-2)!}$ d) $\binom{10}{2}$ e) $\binom{100}{0}$ f) $\binom{3}{2} \cdot \left(\frac{1}{3}\right)^2 \cdot \frac{2}{3}$

2. Zweitausendeinhundert zufällig ausgewählte Bundesbürger wurden befragt, ob sie Probleme mit dem Schlaf haben. Etwa jeder Dritte der Befragten bejahte diese Frage.

a) Erläutern Sie, unter welchen Voraussetzungen bei diesem Sachverhalt eine Bernoulli-Kette vorliegt. Geben Sie an, was man dann als Treffer zählen kann und wie groß die Länge der Bernoulli-Kette ist.

b) Geben Sie einen plausiblen Wert für die Trefferwahrscheinlichkeit an.

3. Der Urne werden mit Zurücklegen zufällig drei Kugeln entnommen und deren Farben notiert.

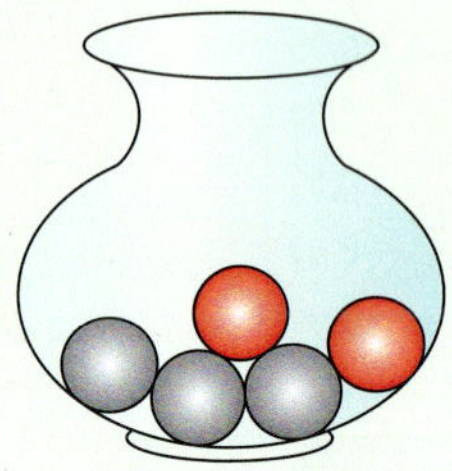

a) Die Zufallsgröße X zählt die Anzahl der schwarzen Kugeln. Begründen Sie, dass X binomialverteilt ist.

b) Zeichnen Sie ein Baumdiagramm, mit dem man die Berechnung der Wahrscheinlichkeiten für die Zufallsgröße X nachvollziehen kann. Stellen Sie die Wahrscheinlichkeitsverteilung von X tabellarisch und in einem Histogramm dar.

4. Gegeben ist eine binomialverteilte Zufallsgröße X mit $n = 4$ und $p = 0{,}1$. Berechnen Sie die Wahrscheinlichkeit.

a) $P(X = 0)$ b) $P(X > 0)$ c) $P(X < 2)$ d) $P(1 \le X \le 3)$

5. Beschreiben Sie den angegebenen Zufallsversuch so, dass es sich um eine Bernoulli-Kette der Länge 5 handelt, und geben Sie die Trefferwahrscheinlichkeit an. Stellen Sie zur Zufallsgröße X Terme für die Wahrscheinlichkeiten $P(X = 2)$, $P(X \le 3)$ und $P(X > 3)$ auf.

a) Werfen eines regelmäßigen Tetraeders. X: Anzahl der „3en"

b) Werfen von drei 1-Euro-Münzen. X: Anzahl „alle drei gleichzeitig Kopf"

c) An einer Losbude gewinnt jedes fünfte Los. X: Anzahl der Gewinne

6. Bei einem Aufnahmetest werden 10 Fragen mit jeweils drei Antworten gestellt, von denen genau eine richtig ist. Ein Prüfling kreuzt bei jeder Frage zufällig eine Antwort an. Berechnen Sie, mit welcher Wahrscheinlichkeit er

a) genau 3 richtige Antworten hat,
b) mindestens fünf richtige Antworten hat,
c) mehr als drei richtige Antworten hat,
d) höchstens 5 richtige Antworten hat,
e) keine richtige Antwort hat,
f) nur die letzten beiden Fragen richtig hat.

7. Die Abbildungen zeigen Histogramme zu einer binomialverteilten Zufallsgröße X mit $n = 10$ und $p = 0{,}2$, $p = 0{,}5$ sowie $p = 0{,}8$.

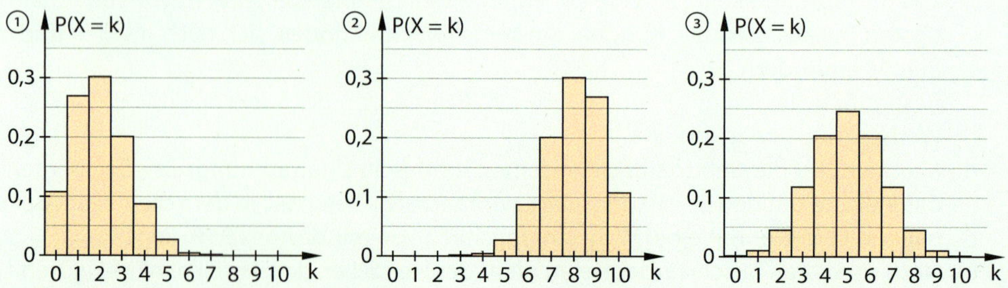

a) Ordnen Sie jedem Histogramm die passende Trefferwahrscheinlichkeit p zu und geben Sie den Erwartungswert und die Standardabweichung an.

b) Beschreiben Sie zu jedem Histogramm einen passenden Zufallsversuch und geben Sie die Zufallsgröße X an.

Lösungen
↗ S. 344

8. Die Zufallsgröße X ist binomialverteilt mit dem Erwartungswert $\mu = 4$ und der Standardabweichung $\sigma = \sqrt{3}$. Berechnen Sie n und p.

GTR **9.** Ein Hersteller von Teegläsern rechnet bei der Produktion mit einem Ausschuss von 5 %.

a) Berechnen Sie, mit welcher Wahrscheinlichkeit eine Stichprobe von 60 Gläsern weniger als fünf fehlerhafte Gläser enthält.
b) Ermitteln Sie, wie viele Gläser man mindestens entnehmen müsste, um mit einer Wahrscheinlichkeit von mindestens 95 % mindestens zwei fehlerhafte Gläser zu erhalten.

10. Ein Glücksrad hat drei gleich große Sektoren in Rot, Gelb und Blau. Es wird fünfmal gedreht und die Farbe notiert.
a) Berechnen Sie die Wahrscheinlichkeiten für folgende Ereignisse:
A: Rot tritt genau dreimal auf. B: Blau tritt mindestens einmal auf.
C: Gelb tritt höchstens einmal auf. D: Blau kommt nicht vor.
b) Ordnen Sie jedem Ereignis aus a) einen der angegebenen Lösungsvorschläge zu.
① $\binom{5}{3} \cdot \left(\frac{1}{3}\right)^3 \cdot \left(\frac{2}{3}\right)^2$ ② $\left(\frac{2}{3}\right)^5$ ③ $\left(\frac{1}{3}\right)^5$ ④ $1 - \left(\frac{2}{3}\right)^5$ ⑤ $\left(\frac{2}{3}\right)^5 + 5 \cdot \left(\frac{1}{3}\right)^1 \cdot \left(\frac{2}{3}\right)^4$

11. Eine Jugendstudie ergab, dass 41 % aller Jugendlichen an Politik interessiert sind.
a) Es werden 300 Jugendliche für eine Befragung ausgewählt. Berechnen Sie die Wahrscheinlichkeit, dass davon 130 an Politik interessiert sind.
b) Berechnen Sie, wie viele Jugendliche mindestens befragt werden müssen, damit mit einer Wahrscheinlichkeit von mindestens 95 % mindestens einer der Befragten an Politik interessiert ist.
c) Bestimmen Sie, wie viele Jugendliche mindestens befragt werden müssen, damit mit einer Wahrscheinlichkeit von mindestens 80 % mindestens 12 der Befragten an Politik interessiert sind.

12. Mit einer Umfrage in einer Schule wird der Anteil p der Schüler, die in einem Verein aktiv sind, untersucht. Ermitteln Sie, wie groß dieser Anteil p mindestens sein müsste, damit mit einer Wahrscheinlichkeit von mindestens 80 %
a) unter 15 Befragten mindestens ein Befragter in einem Verein aktiv ist,
b) unter 50 Befragten mindestens 10 Befragte in einem Verein aktiv sind.

GTR **13.** In Deutschland beträgt der Anteil der Linkshänder etwa 12 %. Die Tabelle zeigt die Schülerzahlen der Jahrgänge 10 bis 12 eines Gymnasiums und die jeweilige Anzahl an Linkshändern.

Jahrgang	Schüler	Anzahl Linkshänder
10	120	17
11	135	5
12	110	20

a) Bestimmen Sie für jeden Jahrgang das 95 %- und das 99 %-Intervall für die Anzahl der Linkshänder.
b) Beurteilen Sie für jeden Jahrgang, ob die tatsächliche Anzahl der Linkshänder signifikant oder hochsignifikant vom Erwartungswert abweicht.

GTR **14.** Ein Baumarkt erhält eine Sendung von 500 Blumenzwiebeln. Der Lieferant garantiert eine Keimfähigkeit von 90 %.
a) Ermitteln Sie eine Prognose zu einer Sicherheitswahrscheinlichkeit von 95 % für die Anzahl der keimenden Zwiebeln innerhalb der Lieferung.
b) 57 der gelieferten Zwiebeln keimen nicht. Untersuchen Sie, ob die Angabe des Lieferanten angezweifelt werden sollte.

Zusammenfassung

Bernoulli-Ketten

Ein **Bernoulli-Experiment** ist ein Zufallsexperiment, bei dem nur die Ausgänge „Treffer" und „kein Treffer" unterschieden werden. Das Ereignis „Treffer" tritt mit einer **Trefferwahrscheinlichkeit p** ein.

Eine **Bernoulli-Kette** der **Länge n** ist eine n-fache Wiederholung eines Bernoulli-Experiments.
Zählt die Zufallsgröße X dabei die Anzahl der Treffer, so gilt die **Bernoulli-Formel**:

$P(X = k) = \binom{n}{k} \cdot p^k \cdot (1-p)^{n-k}, (k = 0, 1, \ldots, n)$

Ein Würfel wird fünfmal gewürfelt und das Ergebnis „6" wird als Treffer gewertet.

Die Ergebnisse der einzelnen Würfe sind unabhängig voneinander, bei jedem Wurf ist die Wahrscheinlichkeit für eine Sechs $\frac{1}{6}$. Also liegt eine Bernoulli-Kette der Länge $n = 5$ mit Trefferwahrscheinlichkeit $p = \frac{1}{6}$ vor.

Wahrscheinlichkeit für 3 Treffer:

$P(X = 3) = \binom{5}{3} \cdot \left(\frac{1}{6}\right)^3 \cdot \left(\frac{5}{6}\right)^2 = 10 \cdot \frac{5^2}{6^6} = \frac{250}{7776}$
$\approx 0{,}032$

Binomialverteilte Zufallsgrößen

Eine Zufallsgröße X, die die Anzahl der Treffer in einer Bernoulli-Kette der Länge n beschreibt, heißt **binomialverteilt** mit den Parametern n und p. Die zugehörige Wahrscheinlichkeitsverteilung heißt **Binomialverteilung.**

Die Wahrscheinlichkeit, dass die Anzahl der Treffer höchstens k ist, heißt **kumulierte Wahrscheinlichkeit.** Es gilt:
$F_{n,p}(k) = P(X = 0) + P(X = 1) + \ldots + P(X = k)$

Für den **Erwartungswert μ** und die **Standardabweichung σ** gilt:
$\mu = E(X) = n \cdot p \qquad \sigma = \sqrt{n \cdot p \cdot (1-p)}$

Es wird eine binomialverteilte Zufallsgröße X mit $n = 10$ und $p = 0{,}5$ betrachtet.
$P(X = 0) = \binom{10}{0} \cdot 0{,}5^0 \cdot 0{,}5^{10} \approx 0{,}001$
$P(X = 1) = \binom{10}{1} \cdot 0{,}5^1 \cdot 0{,}5^9 \approx 0{,}010$
$P(X \le 1) = P(X = 0) + P(X = 1) \approx 0{,}011$

Kenngrößen:
$\mu = 10 \cdot 0{,}5 = 5$
$\sigma = \sqrt{5 \cdot 0{,}5}$
$= \sqrt{2{,}5} \approx 1{,}58$

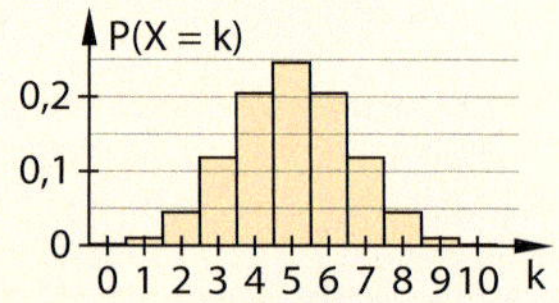

Der Erwartungswert liegt in der Nähe des Maximums, die Standardabweichung ist ein Maß für die Breite der Verteilung.

σ-Regeln

Falls die **Laplace-Bedingung** $\sigma > 3$ erfüllt ist, liegt die Trefferanzahl einer binomialverteilten Zufallsgröße näherungsweise mit den folgenden Wahrscheinlichkeiten in den angegebenen Intervallen.

Intervall	Wahrscheinlichkeit
$[\mu - \sigma; \mu + \sigma]$	68 %
$[\mu - 2\sigma; \mu + 2\sigma]$	95,5 %
$[\mu - 3\sigma; \mu + 3\sigma]$	99,7 %

Durchschnittlich 40 % der 1100 Schüler fahren mit dem Bus zur Schule. Die Zufallsgröße X zählt die Busfahrenden an einem Tag.
$X \sim B_{1100; 0,4} \qquad \mu = 440$
$\sigma \approx 16{,}25 > 3$ (Laplace-Bedingung ist erfüllt.)
$\mu - 2\sigma \approx 407{,}5; \quad \mu + 2\sigma \approx 472{,}5$
2σ-Umgebung: [408; 472]
(Hier wurde das Intervall nach innen gerundet.)

Mit etwa 95,5 % Wahrscheinlichkeit kommen zwischen 408 und 472 Schüler mit dem Bus.

Prognosen und Verträglichkeit

Falls ein Anteil p bekannt ist, sind Prognosen für die Trefferzahl innerhalb einer Stichprobe interessant. Dazu werden Intervalle um den Erwartungswert angegeben, in denen die Trefferanzahl mindestens mit einer **Sicherheitswahrscheinlichkeit** (häufig 95 %) liegt.

Ein vermuteter Wert für p heißt **verträglich mit einer Stichprobe zur Sicherheitswahrscheinlichkeit von 95 %**, wenn die Trefferanzahl der Stichprobe im 95 %-Intervall von p liegt.

In Deutschland liegt der Anteil der Menschen mit blauen Augen bei etwa 30 %.
Für eine Stichprobe von 1000 Personen ergibt sich ein 95 %-Intervall von [272; 328] (mit GTR, TK oder σ-Regeln).

Ist die Zahl der Menschen mit blauen Augen kleiner als 272 oder größer als 328, so ist der Wert $p = 0{,}3$ nicht verträglich mit der Stichprobe (Sicherheitswahrscheinlichkeit 95 %).

8. Abiturvorbereitung

Hier finden Sie abiturähnliche Aufgaben zur Vorbereitung auf die schriftlichen Prüfungen. Die Aufgaben sind nach den Themengebieten Analysis, Analytische Geometrie und Stochastik sortiert. Es gibt jeweils Aufgaben mit und ohne Hilfsmittel.

8.1 Hinweise zur Abiturprüfung

Eine Abiturprüfung beinhaltet einen Pflichtteil (ohne Hilfsmittel) und einen Wahlteil (mit zugelassenen Hilfsmitteln). Jeder Teil enthält Aufgaben aus den drei Sachgebieten Analysis, Analytische Geometrie und Stochastik. Neben den Ergebnissen fließen auch die Dokumentation der Lösungswege in die Bewertung ein. Der Umfang der erwarteten Dokumentation ergibt sich aus der Aufgabenstellung. Zur Orientierung finden Sie im Folgenden eine Liste mit allen erwarteten inhaltlichen Kompetenzen aus allen drei Sachgebieten.

Inhaltliche Anforderungen der Analysis

Geforderte Kompetenz	Beispiele im Lehrbuch
Extremalprobleme mithilfe der Ableitung lösen	Q-Phase: S. 26–31 S. 27 Nr. 4; S. 29 Nr. 7; S. 30 Nr. 17
Extrem- und Wendepunkte von Funktionen ermitteln	Q-Phase: S. 11–25 S. 18 Nr. 8; S. 20 Nr. 17 S. 23 Nr. 4; S. 24 Nr. 11
Vorzeichenwechselkriterien anwenden	Q-Phase: S. 11; S. 22 S. 20 Nr. 16 + 18; S. 23 Nr. 5 + 7
Krümmungsverhalten von Funktionen mithilfe der 2. Ableitung beschreiben	Q-Phase: S. 16–20 S. 17 Nr. 3 + 6; S. 19 Nr. 11
Funktionenscharen: Auswirkung eines Parameters auf die Eigenschaften von Funktionen untersuchen und im Sachzusammenhang interpretieren	Q-Phase: S. 44–47 S. 46 Nr. 5; 47 Nr. 11
Parameter einer Funktion mithilfe von Bedingungen bestimmen („Steckbriefaufgaben")	Q-Phase: S. 32–41 S. 34 Nr. 7; S. 35 Nr. 10; S. 38 Nr. 2; S. 41 Nr. 12
Summen-, Faktor- und Potenzregel zur Berechnung von Ableitungsfunktionen anwenden	Q-Phase: S. 9–10 S. 10 Nr. 1 + 2
Ableitungsfunktionen von natürlichen Exponentialfunktionen bilden	Q-Phase: S. 56–58 S. 57 Nr. 2 + 3; S. 60 Nr. 2
zusammengesetzte Funktionen bilden (Summe, Produkt, Verkettung)	Q-Phase: S. 62–63 S. 63 Nr. 1 + 4
Produktregel und Kettenregel zur Berechnung von Ableitungsfunktionen anwenden	Q-Phase: S. 59–64; S. 132–135 S. 60 Nr. 1; S. 61 Nr. 8; S. 133 Nr. 2 + 3; S. 135 Nr. 12
Eigenschaften von Exponentialfunktionen beschreiben	E-Phase: S. 17–19 S. 18 Nr. 3 + 5; S. 19 Nr. 14
Eigenschaften der Exponentialfunktion zur Basis e beschreiben	Q-Phase: S. 56–58 S. 57 Nr. 1 + 6; S. 58 Nr. 11
Wachstums- und Zerfallsprozesse durch Exponentialfunktionen beschreiben	Q-Phase: S. 70–75 S. 72 Nr. 3 + 4; S. 73 Nr. 8; S. 74 Nr. 14
Gesamteffekte und Bestände aus Änderungsraten rekonstruieren	Q-Phase: S. 88–91; S. 108–113 S. 89 Nr. 1; S. 90 Nr. 6; S. 91 Nr. 12; S. 108 Nr. 1; S. 109 Nr. 4 + 5
Inhalt von orientierten Flächen im Sachzusammenhang deuten	Q-Phase: S. 89 Nr. 1; S. 90 Nr. 6; S. 113 Nr. 20; S. 145 Nr. 5 + 6
Zusammenhang zwischen Differenzieren und Integrieren erläutern	Q-Phase: S. 98–103 S. 99 Nr. 1 + 3; S. 100 Nr. 5 + 6
Grenzwert von Produktsummen zur Berechnung von bestimmten Integralen nutzen	Q-Phase: S. 94–95 S. 95 Nr. 7 + 8 + 9

Geforderte Kompetenz	Beispiele im Lehrbuch
Stammfunktionen von ganzrationalen Funktionen bestimmen	Q-Phase: S. 100–103 S. 102 Nr. 9; S. 103 Nr. 21
Rechengesetze der Integralrechnung anwenden	Q-Phase: S. 106–107 S. 107 Nr. 11 + 12 + 14
Integrale numerisch und rechnerisch bestimmen	Q-Phase: S. 105–107 S. 105 Nr. 2 + 4
Flächeninhalte mithilfe bestimmter Integrale ermitteln	Q-Phase: S. 114–121 S. 115 Nr. 2; S. 117 Nr. 7; S. 119 Nr. 20

Inhaltliche Anforderungen der Analytischen Geometrie

Geforderte Kompetenz	Beispiele im Lehrbuch
lineare Gleichungssysteme in Matrix-Vektor-Schreibweise darstellen	Q-Phase: S. 164–166 S. 165 Nr. 1; S. 166 Nr. 4 + 5
Gauß-Algorithmus beschreiben und zur Lösung linearer Gleichungssysteme anwenden	Q-Phase: S. 164–166 S. 165 Nr. 1 + 2; S. 166 Nr. 7
Lösungsmengen von linearen Gleichungssystemen interpretieren	Q-Phase: S. 166–168 S. 167 Nr. 8; S. 170 Nr. 24 + 26
Geraden in Parameterform darstellen	Q-Phase: S. 172–174 S. 173 Nr. 4; S. 174 Nr. 8 + 9; S. 176 Nr. 18
Parameter von Geradengleichungen interpretieren	Q-Phase: S. 172–179 S. 174 Nr. 6 + 10; S. 178 Nr. 25
Ebenen in Parameterform darstellen	Q-Phase: S. 188–193 S. 189 Nr. 2; S. 190 Nr. 5; S. 192 Nr. 15 + 17
Lagebeziehung von Geraden untersuchen und Schnittpunkte berechnen	Q-Phase: S. 180–187 S. 181 Nr. 1; S. 182 Nr. 5; S. 184 Nr. 13
Lagebeziehungen zwischen Geraden und Ebenen untersuchen und Schnittpunkte berechnen	Q-Phase: S. 194–197 S. 195 Nr. 1 + 3; S. 197 Nr. 10
Skalarprodukt geometrisch deuten und berechnen	Q-Phase: S. 198–199 S. 199 Nr. 1 + 3; S. 202 Nr. 16
Orthogonalität mithilfe des Skalarprodukts untersuchen	Q-Phase: S. 198–203 S. 199 Nr. 2 + 4; S. 201 Nr. 8 + 9
Winkelgrößen in Ebene und Raum mithilfe des Skalarprodukts bestimmen	Q-Phase: S. 204–209 S. 205 Nr. 1 + 5; S. 206 Nr. 9; S. 207 Nr. 15
Längenberechnung in Ebene und Raum mithilfe des Skalarprodukts	Q-Phase: S. 202 Nr. 12 + 17; S. 203 Nr. 19 + 20

Inhaltliche Anforderungen der Stochastik

Geforderte Kompetenz	Beispiele im Lehrbuch
arithmetisches Mittel, Median, empirische Varianz, empirische Standardabweichung und Spannweite bestimmen	Q-Phase: S. 220–225 S. 221 Nr. 1 + 5; S. 222 Nr. 6; S. 223 Nr. 8; S. 225 Nr. 21 + 22
den Begriff der Zufallsgröße erläutern	Q-Phase: S. 229–233 S. 230 Nr. 1; S. 231 Nr. 5

Geforderte Kompetenz	Beispiele im Lehrbuch
Erwartungswert und Standardabweichung von Zufallsgrößen berechnen	Q-Phase: S. 234–241 S. 235 Nr. 1 + 4; S. 236 Nr. 7 S. 239 Nr. 3; S. 240 Nr. 6 + 8
mit Erwartungswert und Standardabweichung Prognosen aufstellen	Q-Phase: S. 236 Nr. 5; S. 240 Nr. 9; S. 241 Nr. 12
Bernoulli-Ketten zur Beschreibung von Zufallsexperimenten verwenden	Q-Phase: S. 256–260 S. 257 Nr. 2 + 4; S. 259 Nr. 6 + 7 + 10
mit der Binomialverteilung Wahrscheinlichkeiten berechnen	Q-Phase: S. 261–267 S. 262 Nr. 2; S. 263 Nr. 5–7; S. 264 Nr. 9
Einfluss der Parameter n und p auf die Binomialverteilung und ihren Graphen beschreiben	Q-Phase: S. 270–275 S. 271 Nr. 6; S. 273 Nr. 13
Prognosen mithilfe der Sigma-Regeln aufstellen	Q-Phase: S. 276–278 S. 277 Nr. 1; S. 278 Nr. 5
die Binomialverteilung zur Lösung von Problemstellungen nutzen	Q-Phase: S. 268–275 S. 269 Nr. 3; S. 271 Nr. 9; S. 273 Nr. 16; S. 275 Nr. 23

8.2 Aufgaben ohne Hilfsmittel

Die folgenden Aufgaben sollen ohne technische Hilfsmittel (Taschenrechner, GTR, CAS, Tabellenkalkulation etc.) sowie ohne Formelsammlung gelöst werden.
Eine Abiturprüfung enthält in der Regel fünf solcher Aufgaben aus den Bereichen Analysis, analytische Geometrie und Stochastik. Die Bearbeitungszeit beträgt maximal 60 Minuten.

Aufgaben zur Analysis

1. Gegeben ist die Funktion f mit $f(x) = 5 \cdot e^{\frac{x}{5}} - 2$.
   a) Berechnen Sie die Nullstelle der Funktion f.
   Ermitteln Sie die Steigung der Tangente an den Graphen von f im Punkt $P(0|3)$.
   b) Zeigen Sie, dass diese Tangente mit den Koordinatenachsen ein gleichschenkliges Dreieck einschließt.
   c) Erläutern Sie, warum auch für eine beliebige Zahl $a > 0$ die Tangente an den Graphen von $f_a(x) = 5 \cdot e^{\frac{x}{5}} - a$ im Punkt $P_a(0|5 - a)$ mit den Koordinatenachsen ein gleichschenkliges Dreieck einschließt.

2. Ein Tank enthält zu Beginn der Beobachtung $20\,m^3$ Wasser. Für die anschließenden 6 Stunden gibt die Funktion f mit $f(t) = -(t-2)(t-4)$ die Zu-/Abflussrate in m^3/h an.
   a) Begründen Sie anhand des Funktionsterms von f, dass im Zeitraum [2; 4] ein Zufluss von Wasser stattfindet.
   b) Begründen Sie anhand der Abbildung des Graphen von f, dass in den ersten 2 Stunden weniger als $8\,m^3$ abfließen.
   c) Geben Sie an, welche der Aussagen wahr ist:
   ① Bei $t = 3$ hat der Wasserstand im Tank ein Maximum.
   ② Bei $t = 2$ hat der Wasserstand im Tank ein lokales Minimum.
   d) Geben Sie einen Term an, mit dem das Wasservolumen im Tank nach 3 Stunden berechnet werden kann.

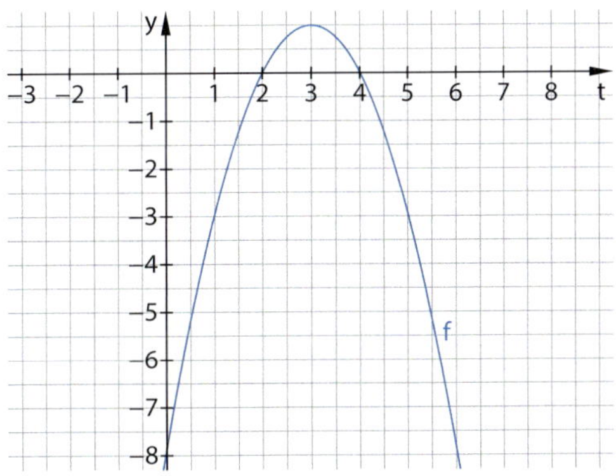

3. Die Abbildung zeigt den Graphen der Funktion f mit $f(x) = 3x - x^3$.
   a) Leiten Sie her, dass die Funktion f die Nullstellen $x_1 = -\sqrt{3}$, $x_2 = 0$ und $x_3 = \sqrt{3}$ hat.
   b) Berechnen Sie $A = \int_0^{\sqrt{3}} f(x)\,dx$ und erläutern Sie die geometrische Bedeutung der Zahl A.
   c) Erläutern Sie, dass der Inhalt der Fläche, die vom Graphen von f mit der x-Achse eingeschlossen wird, $2 \cdot A$ beträgt.

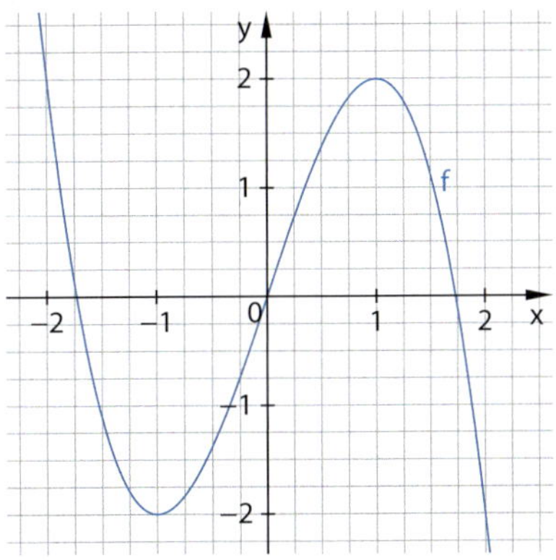

4. Die ganzrationale Funktion f dritten Grades ist punktsymmetrisch zum Ursprung. Die Tangente t an den Graphen von f im Punkt $B(1|0)$ hat die Gleichung $t(x) = 2x - 2$.
   a) Bestimmen Sie eine Funktionsgleichung von f. [Kontrollergebnis: $f(x) = x^3 - x$]
   b) Bestimmen Sie die Gleichung der Wendetangente des Graphen von f.

5. Gegeben sind die Parabeln f_a mit $f_a(x) = 4a \cdot x - 2x^2$ für $a > 0$.

a) Bestimmen Sie a so, dass der Hochpunkt des Graphen von f_a die y-Koordinate 162 hat.

b) Berechnen Sie den Inhalt des Flächenstücks, das der Graph von f_a mit der x-Achse einschließt. [Kontrollergebnis: $A(a) = \frac{8}{3}a^3$]

c) Berechnen Sie a so, dass das Flächenstück aus b) den Inhalt 72 FE hat.

6. Gegeben ist die Funktion f mit $f(x) = (x^2 - 17) \cdot e^x$.

a) Zeigen Sie, dass die Funktion F mit $F(x) = (x^2 - 2x - 15) \cdot e^x$ eine Stammfunktion der Funktion f ist.

b) Berechnen Sie die Lösung der Gleichung $\int_0^u f(x)\,dx = 15$.

7. Gegeben ist die Funktion f mit $f(x) = (x - x^2) \cdot e^{-x}$. Die Abbildung zeigt den Graphen von f.

a) Zeigen Sie, dass die Funktion F mit $F(x) = (x^2 + x + 1) \cdot e^{-x}$ eine Stammfunktion zu f ist.

b) Berechnen Sie den Inhalt der Fläche, die der Graph von f zwischen seinen Nullstellen mit der x-Achse einschließt.

c) Geben Sie die Extremstellen der Funktion F an und erläutern Sie ohne weitere Berechnungen, um was für eine Art von Extremum es sich jeweils handelt.

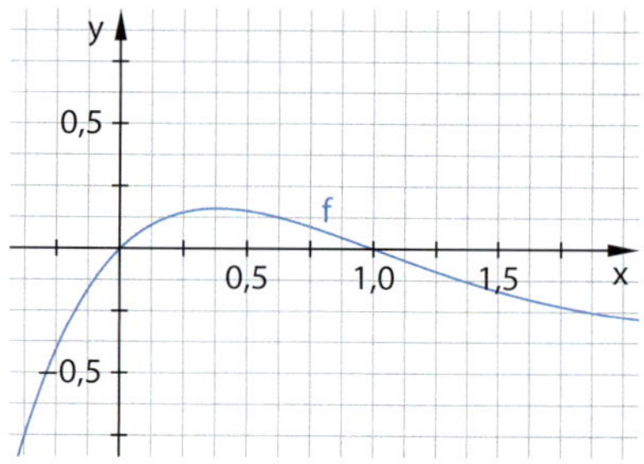

8. Gegeben ist die Funktion f mit $f(x) = (2x - 4) \cdot e^{-x}$.

a) Bestimmen Sie das Verhalten der Funktion f für $x \to \pm\infty$.

b) Zeigen Sie, dass f bei $x = 3$ ein globales Maximum annimmt.

c) Bestimmen Sie die Gleichung der Tangente an den Graphen von f im Punkt $P(4\,|\,4e^{-4})$.

9. Gegeben ist die Funktion f mit $f(x) = -2 \cdot e^x$, $x \in \mathbb{R}$.

a) Bestimmen Sie die Ableitungsfunktion f′ und treffen Sie mit ihrer Hilfe eine Aussage über das Monotonieverhalten von f.

b) Die Tangente an den Graphen von f im Schnittpunkt mit der y-Achse begrenzt mit den Koordinatenachsen ein Dreieck.
Weisen Sie nach, dass dieses Dreieck einen Flächeninhalt von 1 FE hat.

10. Gegeben sind die auf $\mathbb{R}$ definierten Funktionen f mit $f(x) = 2 + e^x$, g mit $g(x) = -e^{-x}$ und h mit $h(x) = -e^{(x-2)} + 1$.

a) Jeder der Graphen I, II und III in der oberen Abbildung stellt eine der Funktionen f, g und h dar. Ordnen Sie die Graphen den passenden Funktionsgleichungen zu. Begründen Sie Ihre Entscheidung.
Beschreiben Sie, wie die Graphen I, II und III aus dem Graphen der Funktion k mit $k(x) = e^x$ hervorgehen.

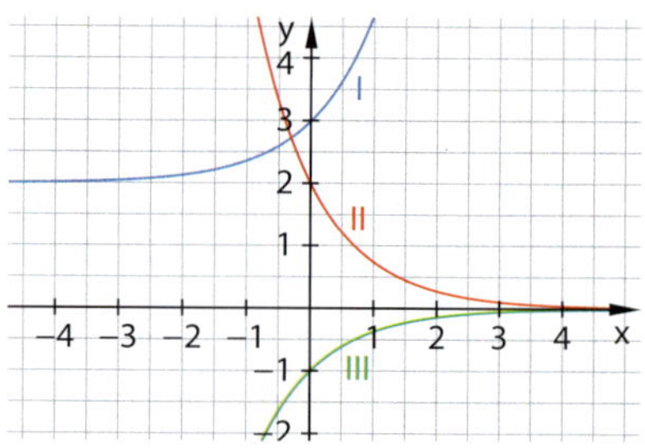

b) Die zwei Graphen in der unteren Abbildung stellen zwei der drei Ableitungsfunktionen f′, g′ und h′ von f, g und h dar. Entscheiden Sie, um welche Ableitungsfunktionen es sich dabei handelt. Skizzieren Sie den Graphen der dritten Ableitungsfunktion und geben Sie deren Funktionsgleichung an.

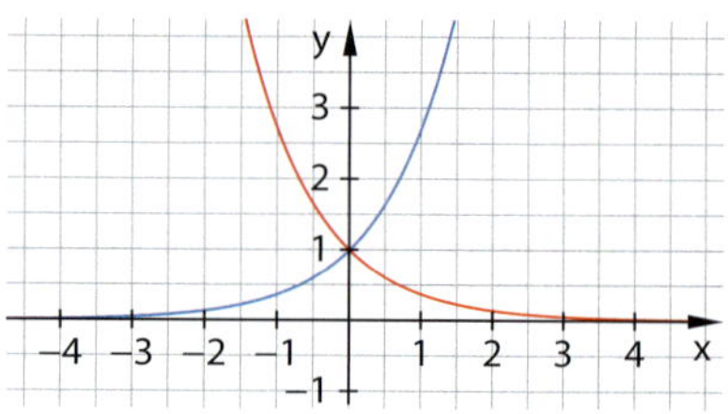

Aufgaben zur Analytischen Geometrie

11. Gegeben ist ein lineares Gleichungssystem mit Parameter a.

$$\left| \begin{aligned} x_1 - 2x_2 - 3x_3 &= -3 \\ x_2 + 5x_3 &= 4 \\ 2x_2 + ax_3 &= 4 \end{aligned} \right|$$

a) Lösen Sie das Gleichungssystem für $a = 6$.
b) Begründen Sie, dass das Gleichungssystem für $a = 10$ keine Lösung hat.

12. Das Haus hat die Eckpunkte $A(0|0|0)$, $B(0|4|0)$, $D(-3|0|0)$ und $E(0|0|2)$.

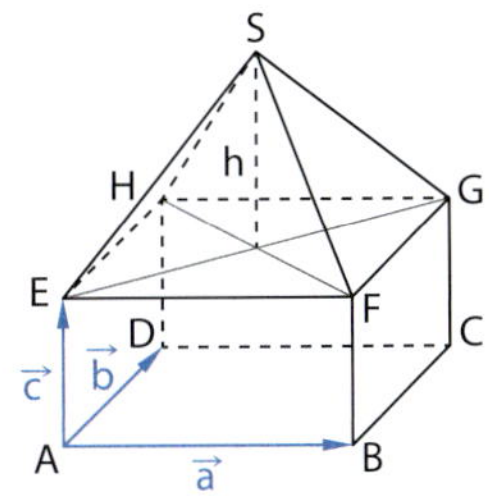

a) In der Skizze sind die Vektoren $\vec{a}$, $\vec{b}$ und $\vec{c}$ eingezeichnet. Bestimmen Sie die Koordinaten der folgenden Vektoren.
$\vec{v_1} = \vec{a} + \vec{b}$; $\quad \vec{v_2} = \vec{a} - \vec{c}$;
$\vec{v_3} = \vec{a} - \vec{b} + \vec{c}$; $\quad \vec{v_4} = \vec{a} - (\vec{b} + \vec{c})$
b) Zeigen Sie, dass die Strecke $\overline{BD}$ eine Länge von 5 LE hat.
c) Die Spitze S des Dachs befindet sich 2,5 LE oberhalb des Mittelpunktes des Rechtecks EFGH. Geben Sie die Koordinaten von S an.
d) Berechnen Sie das Volumen des abgebildeten Körpers.

13. In einem kartesischen Koordinatensystem sind die Gerade $g: \vec{x} = \begin{pmatrix} 4 \\ 4 \\ -1 \end{pmatrix} + r \cdot \begin{pmatrix} 1 \\ 2 \\ 2 \end{pmatrix}$ und die Punkte $A(3|2|-3)$ und $B(1|2|-5)$ gegeben.
a) Die Gerade h verläuft durch die Punkte A und B. Ermitteln Sie die Parameterdarstellung von h.
b) Weisen Sie nach, dass sich die Geraden g und h in genau einem Punkt schneiden.
c) Weisen Sie nach, dass die Geraden einen Winkel von 45° einschließen.
$\left(\text{Hilfe: } \cos(45°) = \frac{1}{\sqrt{2}}\right)$

14. Ein Flugzeug befindet sich zum Zeitpunkt $t = 0$ im Punkt $P(4|-1|5)$. Die Bewegung des Flugzeugs innerhalb einer Minute wird durch den Vektor $\vec{v} = \begin{pmatrix} 3 \\ 4 \\ 0 \end{pmatrix}$ beschrieben. 1 LE = 1 km

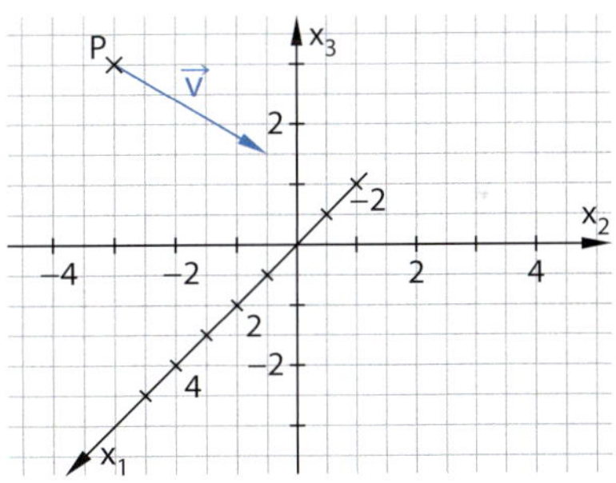

a) Ermitteln Sie die Position des Flugzeugs nach 2 Minuten und nach 10 Minuten.
b) Überprüfen Sie, welche der Punkte $Q(1|5|0)$ und $R(-0{,}5|-7|0)$ senkrecht unter der Flugbahn liegen.
c) Begründen Sie, dass das Flugzeug auf diesem Kurs niemals den Erdboden in der x_1x_2-Ebene berührt.
d) Zeigen Sie, dass sich das Flugzeug mit einer Geschwindigkeit von 300 km/h bewegt.

15. Gegeben sind die Punkte $A(1|-1|6)$, $B(10|8|6)$, $C(4|5|0)$ und $P(2|y|4)$ mit $y \in \mathbb{R}$.

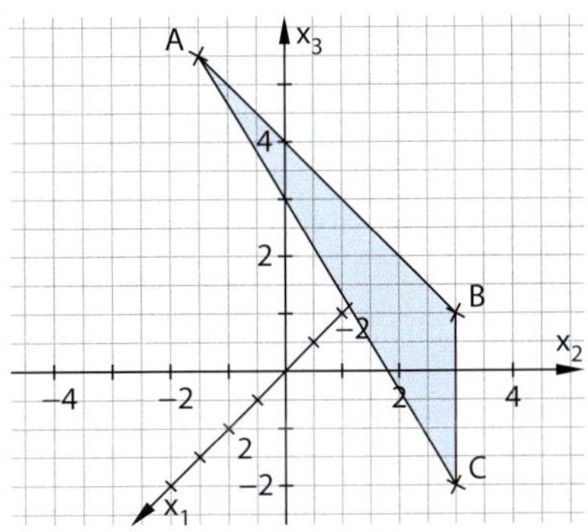

a) Bestimmen Sie y so, dass P auf der Geraden g durch A und C liegt.
b) Zeigen Sie, dass das Dreieck ABC im Punkt C einen rechten Winkel besitzt und gleichschenklig ist.
c) Berechnen Sie mithilfe des Ergebnisses aus b) den Flächeninhalt des Dreiecks ABC.
d) Bestimmen Sie den Punkt D so, dass das Dreieck ABC zum Quadrat ergänzt wird.

16. Gegeben ist die Ebene E: $\vec{x} = \begin{pmatrix} 3 \\ 2 \\ 2 \end{pmatrix} + r \cdot \begin{pmatrix} 0 \\ 2 \\ 1 \end{pmatrix} + s \cdot \begin{pmatrix} 3 \\ 0 \\ 1 \end{pmatrix}$, $r, s \in \mathbb{R}$ und die Gerade g: $\vec{x} = u \cdot \begin{pmatrix} 0 \\ 2 \\ 1 \end{pmatrix}$.

a) Zeigen Sie, dass der Punkt $P(0\,|\,0\,|\,0)$ in der Ebene E liegt.

b) Begründen Sie ohne weitere Berechnungen, dass alle Punkte der Geraden g in der Ebene E enthalten sind.

c) Bestimmen Sie a so, dass der Ortsvektor von $Q_a(2\,|\,3\,|\,a)$ senkrecht auf E steht.

d) Begründen Sie, dass die Gerade h: $\vec{x} = \begin{pmatrix} 2 \\ 3 \\ -6 \end{pmatrix} + t\begin{pmatrix} 0 \\ 2 \\ 1 \end{pmatrix}$ parallel zu E im Abstand $d = 7$ verläuft.

17. In einem kartesischen Koordinatensystem modelliert die x_1x_2-Ebene eine Dachfläche. Eine Längeneinheit entspricht 1 m. Im Punkt $P(9\,|\,2\,|\,0)$ ist eine 5 m lange Antenne senkrecht zur Dachfläche angebracht. Der Vektor $\vec{v} = \begin{pmatrix} -1 \\ 1 \\ -1 \end{pmatrix}$ gibt die Richtung der Sonnenstrahlen an.

a) Geben Sie die Koordinaten des Punktes S, der die Spitze des Mastes darstellt, an, und berechnen Sie die Koordinaten seines Schattens S' in der x_1x_2-Ebene.

b) Zeigen Sie, dass die Länge des Schattens, den die Antenne auf die Dachfläche wirft, $\sqrt{50}\,\text{m} \approx 7{,}07\,\text{m}$ beträgt.

c) Die Gerade g: $\vec{x} = \begin{pmatrix} 5 \\ 3 \\ 5 \end{pmatrix} + t \cdot \begin{pmatrix} 4 \\ -1 \\ -3 \end{pmatrix}$, $t \in \mathbb{R}$, schneidet die Gerade g_{PS} durch P und S, in der die Antenne liegt. Weisen Sie nach, dass der Schnittpunkt auf der Strecke $\overline{PS}$ und somit auf der Antenne liegt.

18. Gegeben ist der Punkt $P(-1\,|\,1\,|\,-1)$ und für $t \in \mathbb{R}$ der Punkt $Q_t(3\,|\,1+t\,|\,2)$.

a) Geben Sie eine Parameterform der Geraden g an, welche durch $S(3\,|\,1\,|\,2)$ parallel zur x_2-Achse verläuft.

b) Zeigen Sie, dass alle Punkte Q_t auf g liegen.

c) Zeigen Sie rechnerisch, dass für den Abstand d von P zu Q_t gilt: $d \geq 5$

d) Der Vektor $\overrightarrow{PQ_0}$ für $t = 0$ steht senkrecht auf g. Geben Sie einen Punkt A auf g an, sodass das Dreieck AQ_0P einen Flächeninhalt von 10 FE hat.

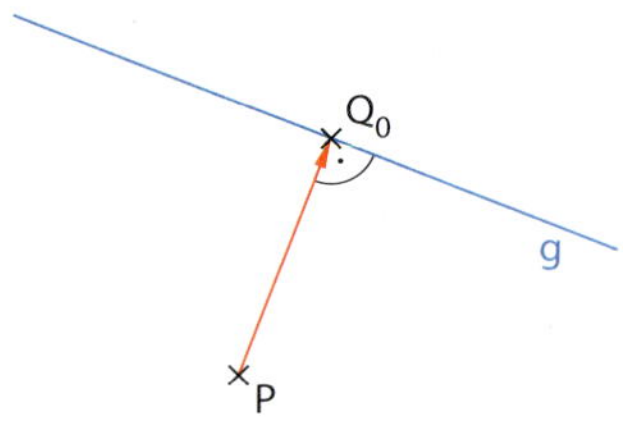

19. Gegeben sind zwei Geraden g_1 und g_2 durch folgende Gleichungen:

$g_1: \vec{x} = \begin{pmatrix} 3 \\ 1 \\ 4 \end{pmatrix} + r \cdot \begin{pmatrix} 1 \\ 4 \\ 1 \end{pmatrix}$, $r \in \mathbb{R}$ und $g_2: \vec{x} = \begin{pmatrix} 1 \\ 2 \\ 2 \end{pmatrix} + s \cdot \begin{pmatrix} 2 \\ -1 \\ 2 \end{pmatrix}$, $s \in \mathbb{R}$

a) Bestimmen Sie x und z so, dass der Punkt $P(x\,|\,1\,|\,z)$ auf der Geraden g_2 liegt.

b) Geben Sie die Koordinaten des Schnittpunktes S der Geraden g_1 und g_2 an und zeigen Sie, dass g_1 und g_2 senkrecht zueinander verlaufen.

c) Geben Sie eine Parametergleichung der Ebene E an, die g_1 und g_2 enthält.

d) Die Richtungsvektoren von g_1 und g_2 spannen vom Punkt $(3\,|\,1\,|\,4)$ aus ein Rechteck auf. Bestimmen Sie die Koordinaten der anderen Eckpunkte dieses Rechtecks.

20. Gegeben sind die Punkte $A(0\,|\,0\,|\,0)$, $B(4\,|\,0\,|\,0)$ und $C(0\,|\,6\,|\,0)$.

a) Der Punkt S liegt auf der positiven x_3-Achse so, dass die Pyramide mit Grundfläche ABC und Spitze S ein Volumen von 32 VE hat. Bestimmen Sie die Koordinaten von S.

b) Geben Sie eine Parametergleichung der Ebene E durch die Punkte B, C und S an.

c) Zeigen Sie, dass $P(0\,|\,3\,|\,4)$ auf E liegt.

d) Geben Sie eine Gleichung der Geraden g an, die durch P senkrecht zu E verläuft.

Aufgaben zur Stochastik

21. In einem Zufallsexperiment wird ein Würfel mit dem abgebildeten Körpernetz zweimal nacheinander geworfen. Die Zufallsgröße X beschreibt das Produkt der beiden Augensummen.

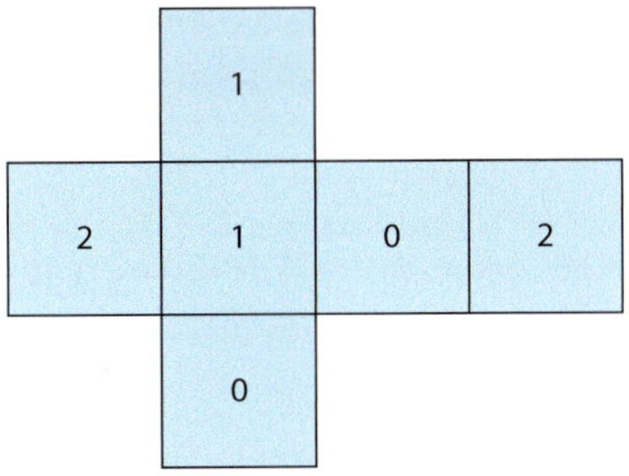

a) Bestimmen Sie die fehlenden Einträge in der Tabelle zur Wahrscheinlichkeitsverteilung von X.

x	0	1	2	
P(X = x)		$\frac{1}{9}$		

b) Berechnen Sie die Wahrscheinlichkeit für die Ereignisse E und F.
E: Das Produkt der Augenzahlen ist eine ungerade Zahl.
F: Das Produkt der Augenzahlen ist mindestens 2.

c) Auf Basis des Zufallsexperiments soll ein Glücksspiel angeboten werden. Der Spieler erhält 9 €, falls $X = 2$, und 18 €, falls $X = 4$. In den anderen Fällen erhält der Spieler keine Auszahlung. Als Einsatz für das Spiel werden 3 €, 4 € oder 5 € vorgeschlagen. Entscheiden Sie, bei welchem Einsatz das Spiel fair ist. Begründen Sie Ihre Entscheidung.

22. Von zwei Ereignissen A und B ist die Wahrscheinlichkeit dafür, dass beide eintreffen, gegeben durch $P(A \cap B) = \frac{1}{20}$.

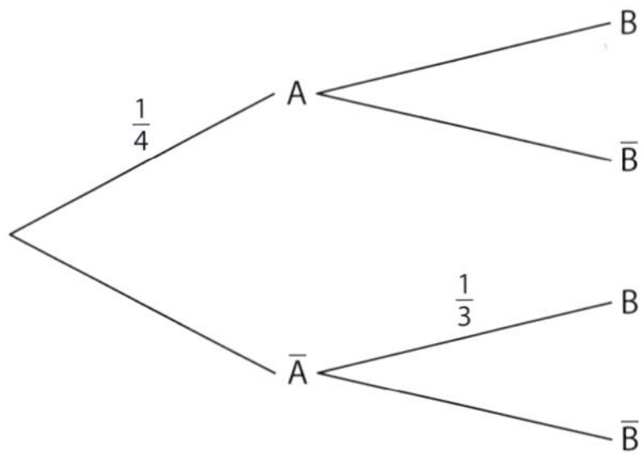

a) Übertragen Sie das Baumdiagramm und ergänzen Sie die fehlenden Wahrscheinlichkeiten.

b) Bestimmen Sie die Wahrscheinlichkeiten dafür, dass:
– B eintrifft und A nicht eintrifft
– B eintrifft, nachdem $\overline{A}$ eingetroffen ist
– B eintrifft
– A eintrifft, nachdem B eingetroffen ist

23. In einem Kartendeck befinden sich 12 Karten, darunter sechs Joker, vier Asse und zwei Buben. Es wird nacheinander je eine Karte ohne Zurücklegen gezogen. Es werden die folgenden Ereignisse betrachtet.
A: Nach zweimaligem Ziehen wurde mindestens ein Joker gezogen.
B: Unter drei gezogenen Karten befindet sich höchstens ein Bube.

a) Formulieren Sie die Gegenereignisse $\overline{A}$ und $\overline{B}$.

b) Berechnen Sie die Wahrscheinlichkeiten von A und $\overline{B}$.

24. Die 20 Sachbearbeiter und Sachbearbeiterinnen müssen in 20 % ihrer Arbeitszeit nach draußen telefonieren. Dafür stehen 10 Leitungen bereit.

a) Erläutern Sie in diesem Zusammenhang die Bedeutung des Terms $0{,}8^{20} \approx 0{,}01$.
Der Arbeitstag ist 480 Minuten lang. Geben Sie an, wie viele Minuten keine Leitung benötigt wird.

b) Geben Sie an, wie viele Leitungen im Durchschnitt gleichzeitig benötigt werden.

c) Die Anzahl der Leitungen soll auf 3 reduziert werden. Erläutern Sie in diesem Zusammenhang die Bedeutung des Terms
$0{,}8^{20} + 20 \cdot 0{,}2^1 \cdot 0{,}8^{19} + \binom{20}{2} \cdot 0{,}2^2 \cdot 0{,}8^{18} + \binom{20}{3} \cdot 0{,}2^3 \cdot 0{,}8^{17}$

25. Bei einem Glücksspiel wird eine faire Münze mit den Seiten „Kopf" und „Zahl" viermal geworfen. Zeigt die Münze bei jedem Wurf „Kopf", so erhält der Spieler einen Gewinn.

a) Ermitteln Sie die Anzahl der zu erwartenden Gewinne, wenn das Spiel 74-mal durchgeführt wird.

b) Bestimmen Sie die Höhe des Gewinns so, dass das Spiel bei einem Einsatz von 2 € fair ist.

c) Hannes behauptet, dass er bei 30 Durchführungen des Spiels mit einer Wahrscheinlichkeit von über 95 % mindestens einmal gewinnt.
Erklären Sie in diesem Zusammenhang die Bedeutung der Ausdrücke ① und ②.
① $\left(\frac{15}{16}\right)^n = 0{,}05$ ② $n = \frac{\ln(0{,}05)}{\ln\left(\frac{15}{16}\right)} \approx 46{,}42$
Beurteilen Sie damit die Aussage von Hannes.

26. Zum Karneval produziert ein Konditor Berliner Ballen. 5 % dieser Berliner enthalten Senf statt Marmelade. Nacheinander kaufen zehn Kunden einen Berliner.

a) Geben Sie je einen Term an, mit dem die Wahrscheinlichkeit der Ereignisse A, B und C berechnet werden kann.
A: Die ersten zwei Kunden bekommen einen Berliner mit Marmelade.
B: Genau zwei der zehn Kunden erwischen einen Berliner mit Senf.
C: Mindestens zwei Kunden bekommen einen Berliner mit Senf.

b) Die Zufallsgröße X zählt die Anzahl der Kunden, die einen Berliner mit Senf bekommen. Entscheiden Sie, welche der Abbildung die Wahrscheinlichkeitsverteilung X darstellt.

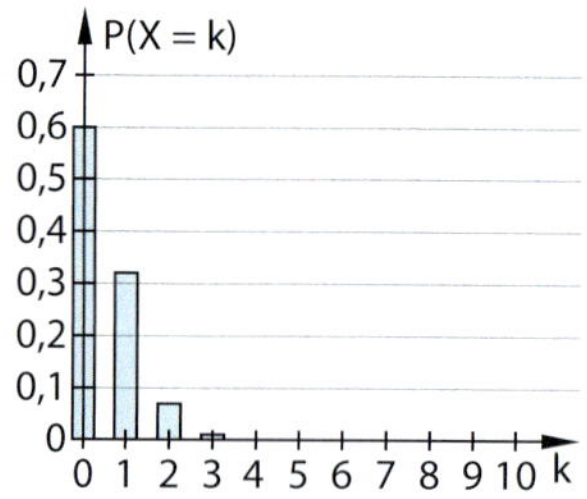

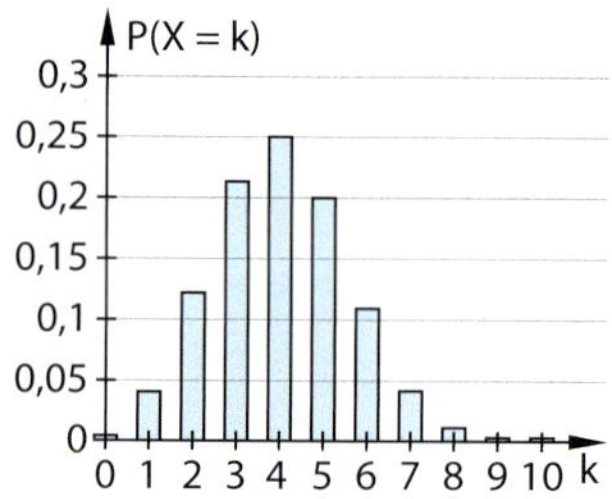

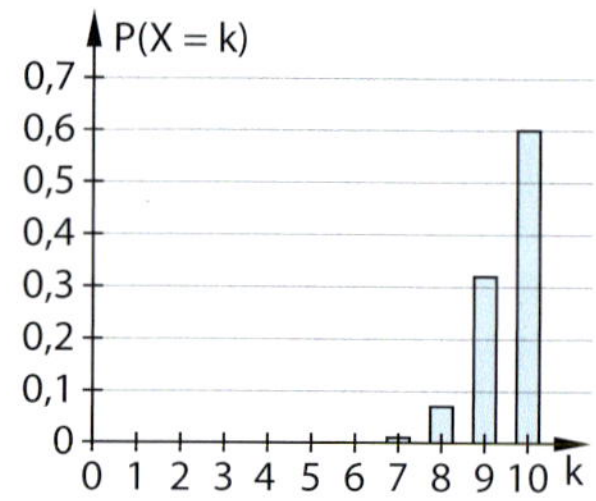

Begründen Sie, dass eine der anderen Abbildungen die Verteilung der Anzahl der Kunden mit einem Marmeladen-Berliner beschreibt.

27. Die Abbildung zeigt das Histogramm einer binomialverteilten Zufallsgröße X mit $n = 25$.

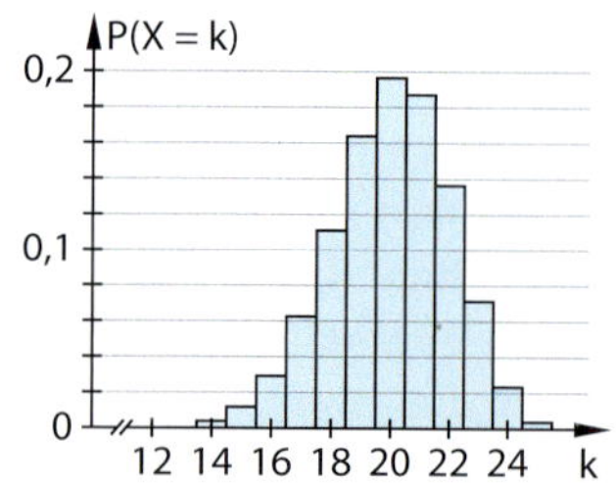

a) Entnehmen Sie dem Histogramm den Erwartungswert μ. Berechnen Sie die Erfolgswahrscheinlichkeit p und die Standardabweichung σ.

b) Entnehmen Sie dem Histogramm die Wahrscheinlichkeit $P(20 - 2 \leq X \leq 20 + 2)$. Runden Sie beim Ablesen der Werte jeweils auf zwei Nachkommastellen.

28. Die Zufallsgröße X ist binomialverteilt mit einer Erfolgswahrscheinlichkeit p zu einer Bernoulli-Kette der Länge n.

a) Erklären Sie in diesem Zusammenhang die Bedeutung der Terme ①, ② und ③.
① $(1-p)^3$ ② $\binom{n}{5} \cdot p^5 \cdot (1-p)^{n-5}$ ③ $1 - \left((1-p)^n + n \cdot p \cdot (1-p)^{n-1}\right)$

b) Der Erwartungswert von X ist $\mu = 20$. Die Standardabweichung von X ist $\sigma = 2$. Bestimmen Sie n und p.

8.3 Aufgaben mit Hilfsmitteln

Bei der Bearbeitung der folgenden Aufgaben können digitale Mathematikwerkzeuge (GTR, CAS) sowie Formelsammlungen verwendet werden. Der Lösungsweg sollte vollständig nachvollziehbar dokumentiert werden. Die Dokumentation geht in die Bewertung ein. Bei der Übertragung von Graphen von Rechnern sollen die Skalierungen der Achsen, die Terme der dargestellten Funktionen und die Zuordnung „Term – Graph" mit dokumentiert werden.
Eine Abiturprüfung enthält aus jedem Gebiet eine Aufgabe. Die Bearbeitungszeit beträgt ca. 165 Minuten.

Aufgaben zur Analysis

1. **Download**
Der Graph der Funktion f mit $f(t) = -\frac{1}{8}t^3 + \frac{3}{4}t^2$ beschreibt zwischen seinen Nullstellen die Übertragungsrate während eines Downloads einer App. Dabei gibt t die Zeit in Sekunden an und f(t) die Downloadgeschwindigkeit in Megabyte pro Sekunde $\left(\frac{\text{MB}}{\text{s}}\right)$.

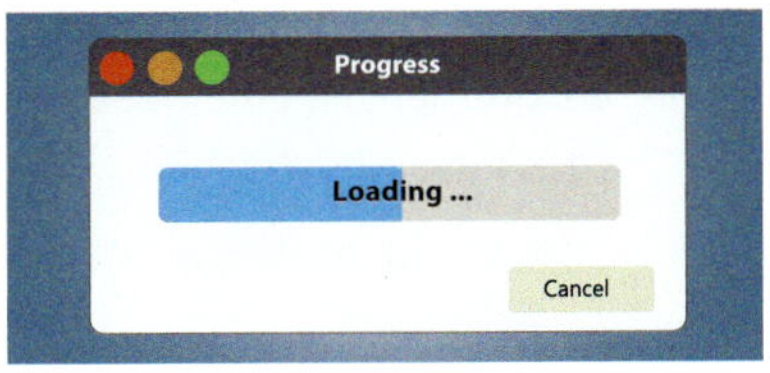

a) Bestimmen Sie die Gesamtdauer des Downloads und die Downloadgeschwindigkeit nach 2 Sekunden.
Berechnen Sie den Zeitpunkt mit der höchsten Übertragungsrate.
Zeigen Sie, dass f bei $t = 2$ eine Wendestelle hat, und erklären Sie deren Bedeutung im Sachzusammenhang.

b) Berechnen Sie, wie viele Megabyte insgesamt heruntergeladen werden.
Zeigen Sie, dass nach 2 Sekunden erst weniger als 12,5 % und nach 5 Sekunden bereits über 85 % der Daten heruntergeladen sind.
Bestimmen Sie den Zeitpunkt, zu dem 50 % der Daten heruntergeladen sind.

c) Unabhängig vom Sachzusammenhang wird nun die Funktion f mit $f(x) = -\frac{1}{8}x^3 + \frac{3}{4}x^2$ für alle $x \in \mathbb{R}$ betrachtet.
Zeigen Sie, dass der Graph der Funktion h mit $h(x) = -\frac{1}{8}x^3 + \frac{3}{2}x$, $x \in \mathbb{R}$, aus einer Verschiebung des Graphen von f um 2 Einheiten nach links und um 2 Einheiten nach unten hervorgeht.
Begründen Sie mithilfe Ihrer bisherigen Ergebnisse, dass der Ursprung ein Wendepunkt des Graphen der Funktion h ist. Leiten Sie damit eine Symmetrieeigenschaft des Graphen von f her.

d) Die Graphen der Funktionen f und h schließen eine Fläche ein. Berechnen Sie deren Inhalt.
Es sei t die Tangente an den Graphen der Funktion f im Punkt $P(6\,|\,0)$. Bestimmen Sie den Inhalt der Fläche A, die von dem Graphen der Funktion f, der Geraden t und der y-Achse eingeschlossen wird.
Die Gerade g durch die Schnittpunkte der Graphen von f und h zerlegt das Dreieck, welches durch die Tangente t und die Koordinatenachsen begrenzt wird, in zwei Teile. Geben Sie eine Gleichung der Geraden g an. Bestimmen Sie das Verhältnis, in dem das Dreieck durch die Gerade g zerlegt wird.

2. Containerkran

Beim Be- und Entladen eines Containerschiffs bewegt sich ein Kran entlang einer Schiene hin und her. Zum Zeitpunkt $t = 0$ steht der Kran still im Ausgangspunkt und startet einen Ladevorgang. Nach 6 Sekunden hat der Kran 9 Meter zurückgelegt und entfernt sich weiter mit einer Geschwindigkeit von $1{,}5\,\frac{m}{s}$. Die Entfernung zum Startpunkt soll während eines Ladevorgangs mit einer ganzrationalen Funktion f dritten Grades beschrieben werden (t in s; f(t) in m).

a) Bestimmen Sie eine geeignete Funktionsgleichung zu f.
(Zur Kontrolle: $f(x) = -\frac{1}{24}t^3 + \frac{1}{2}t^2$)
Erklären Sie die Bedeutung der folgenden Terme im Sachzusammenhang:
① $\frac{f(5) - f(3)}{5 - 3}$, ② $\frac{f(t) - f(3)}{t - 3}, t \geq 3$ und ③ $\lim\limits_{h \to 0} \frac{f(3 + h) - f(3)}{h}$
Berechnen Sie den Zeitpunkt, an dem der Abstand zum Ausgangspunkt am größten ist.
Bestimmen Sie den Zeitpunkt der Rückkehr zum Ausgangspunkt.
Zeigen Sie, dass $t = 4$ eine Wendestelle von f ist, und geben Sie die Geschwindigkeit zu diesem Zeitpunkt an. Deuten Sie das Ergebnis im Sachzusammenhang.
Bestimmen Sie den Zeitpunkt t für $0 \leq t \leq 12$, an dem sich der Kran am schnellsten bewegt.

b) Unabhängig vom Sachzusammenhang wird für jede reelle Zahl $a > 0$ die in $\mathbb{R}$ definierte Funktion f_a mit $f_a(x) = -\frac{1}{6}x^3 + \frac{a}{2} \cdot x^2$ betrachtet.
Zeigen Sie, dass alle Graphen zu f_a den gleichen Tiefpunkt haben.
Berechnen Sie die Koordinaten des Hochpunktes H_a des Graphen von f_a in Abhängigkeit von a. Begründen Sie, dass f_a in H_a kein globales Maximum annimmt.
Zeigen Sie, dass die Stelle $x = a$ für jedes $a > 0$ eine Wendestelle ist, und bestimmen Sie die Gleichung der zugehörigen Wendetangente in Abhängigkeit von a.
Bestimmen Sie $a > 0$ so, dass der Graph von f_a mit der x-Achse eine Fläche mit dem Inhalt $A = 703{,}125$ FE einschließt.

c) Für die folgenden Aufgabenteile sei $a = 2$, also $f_2(x) = -\frac{1}{6}x^3 + x^2$.
Der Graph dieser Funktion ist in der Abbildung dargestellt.
Berechnen Sie die Größe der Fläche, die der Graph von f_2 mit dem Graphen der Funktion g mit $g(x) = -\frac{1}{6}x^3 - 3x^2 + 12x + 40$ einschließt.
Die Punkte $A(-1\,|\,0)$, $B(u\,|\,0)$ und $C(u\,|\,f_2(u))$ mit $0 \leq u \leq 6$ bilden die Eckpunkte des Dreiecks ABC.

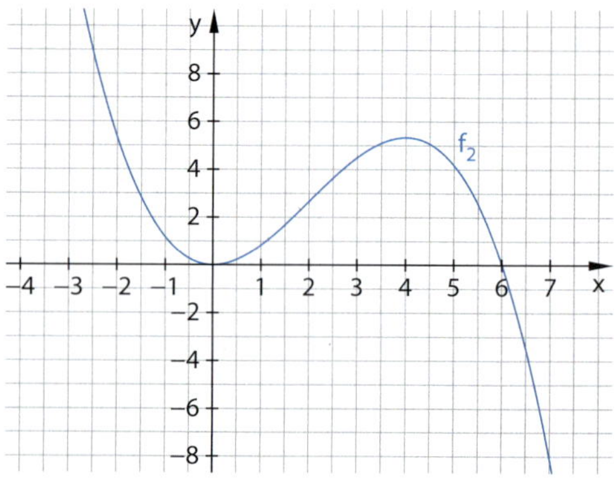

① Übertragen Sie die Abbildung und zeichnen Sie ein Dreieck ein, das diese Bedingungen erfüllt.
② Berechnen Sie u so, dass der Flächeninhalt dieses Dreiecks maximal wird. Geben Sie diesen maximalen Flächeninhalt an.
(Zur Kontrolle: $A(u) = -\frac{1}{12}u^4 + \frac{5}{12}u^3 + \frac{1}{2}u^2$)

3. Firmenlogo

Eine Firma designt ein neues Firmenlogo, das an die Hauswand ihrer Firmenzentrale gezeichnet werden soll. Die gefärbte symmetrische Fläche im Koordinatensystem stellt einen ersten Entwurf dar (siehe Abbildung).
Es sind $B(3|0)$, $C(0|-6)$ und $E(1|0)$.

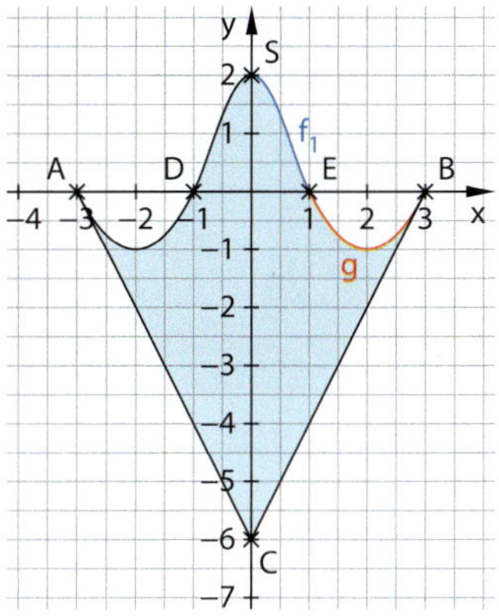

1 Längeneinheit entspricht 1 m.

a) Geben Sie die Gleichung der Geraden an, die durch C und B verläuft.
Ermitteln Sie die Funktionsgleichung des Parabelbogens g, welcher durch die Punkte E und B verläuft und in B dieselbe Steigung hat wie die Gerade durch C und B.
Begründen Sie, dass der Graph von g im Punkt E die Steigung -2 hat.

b) Eine Grafikerin liefert einen Entwurf, in dem die obere Randkurve durch die Graphen der Funktionen f und g mit $f(x) = x^4 - 3x^2 + 2$ und $g(x) = x^2 - 4x + 3$ beschrieben wird.
Das Logo soll mit einer sehr teuren Spezialfarbe aufgetragen werden. Ein Liter dieser Farbe kostet 199,– € und reicht für eine Fläche von $3\,m^2$.
Untersuchen Sie, ob ein Budget von 1200 € ausreicht, um genug Farbe zu kaufen.

c) Unabhängig vom Sachzusammenhang wird für jedes $a > 0$ die auf $\mathbb{R}$ definierte Funktion f_a mit der folgenden Gleichung betrachtet:
$f_a(x) = a \cdot \left(x^4 - \left(2 + \frac{1}{a}\right)x^2 + \left(1 + \frac{1}{a}\right)\right)$
Geben Sie an, für welches a gilt: $f = f_a$
Berechnen Sie, für welches a gilt: $f_a(-2) = 24$
Begründen Sie, dass die Graphen zu f_a achsensymmetrisch zur y-Achse sind und auf der y-Achse einen Hochpunkt haben.
Zeigen Sie zudem, dass die Anstiege der Tangenten an den Graphen von f_a und g im Punkt E übereinstimmen und die Verbindung somit ohne „Knick“ ist.
Ermitteln Sie, für welchen Wert von a die gefärbte Fläche in der Abbildung und das Dreieck ABC den gleichen Flächeninhalt haben.

4. Abkühlung

Der Abkühlungsprozess von Flüssigkeiten kann mithilfe exponentieller Funktionen modelliert werden.
In einem Versuch wird heißes Wasser mit einer Temperatur von 85 °C in eine Umgebung mit 30 °C gebracht. Nach 30 Minuten wird im Wasser eine Temperatur von 48 °C gemessen.

a) Sie können davon ausgehen, dass die Temperaturdifferenz mit der Zeit exponentiell abnimmt. Ermitteln Sie mithilfe des Messwerts eine Funktion f, die den Verlauf der Wassertemperatur in Abhängigkeit von der Zeit t (in Minuten) modellhaft beschreibt.
[Kontrollergebnis: $f(t) = 30 + 55e^{-0{,}037t}$]
Bestimmen Sie damit die Wassertemperatur nach einer Stunde und den Zeitpunkt, an dem eine Temperatur von 40 °C erreicht wird.
Im Versuch wird nach einer Stunde eine Temperatur von 36 °C gemessen. Geben Sie die prozentuale Abweichung dieses Messwerts vom mit f errechneten Wert an.
Bestimmen Sie die Geschwindigkeit, mit der die Temperatur nach 45 Minuten abnimmt.
Zeigen Sie, dass sich der Graph der Ableitungsfunktion f′ für $t \to \infty$ asymptotisch der t-Achse annähert. Deuten Sie dies im Sachzusammenhang.

b) Unabhängig vom Sachzusammenhang wird die auf ganz $\mathbb{R}$ definierte Funktion f mit $f(x) = (x^2 - 1) \cdot e^{-x}$ betrachtet.
Beschreiben Sie das Verhalten des Graphen von f für $x \to \infty$ und $x \to -\infty$.
Zeigen Sie, dass durch $F(x) = -(x + 1)^2 \cdot e^{-x}$ eine Stammfunktion von f gegeben ist.
Geben Sie eine weitere Stammfunktion von f an.
Berechnen Sie den Inhalt der Fläche, die der Graph von f und die x-Achse einschließen.

c) Ermitteln Sie die Funktionsgleichung der ganzrationalen Funktion g zweiten Grades, also $g(x) = ax^2 + bx + c$, welche die gleichen Nullstellen wie f hat und in der positiven Nullstelle die Steigung 2 hat. Skizzieren Sie den Graphen von g in das Koordinatensystem. [Kontrollergebnis: $g(x) = x^2 - 1$]
Berechnen Sie den Inhalt der Fläche, die von den Graphen von f und g sowie der x-Achse eingeschlossen ist (siehe Abbildung).

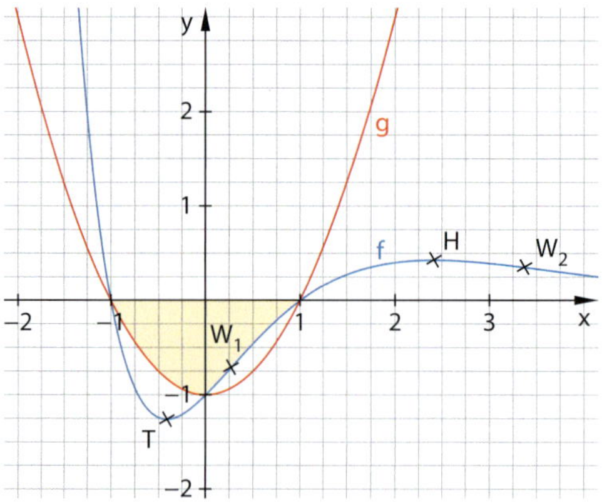

5. Sprengung

Bei Abbrucharbeiten durch Sprengung entstehen in der Umgebung hohe Feinstaubkonzentrationen.
Bei einer solchen Sprengung konnten die entsprechenden Messwerte in den ersten zwei Stunden sehr gut durch die Funktion f mit $f(t) = 10t \cdot e^{-0{,}05t}$ und $0 \leq t \leq 120$ modelliert werden. Dabei gibt t die Zeit in Minuten seit der Zündung an und f(t) die Feinstaubkonzentration in Mikrogramm pro Kubikmeter Luft $\left(\frac{\mu g}{m^3}\right)$.
Die Tatsache, dass sich unabhängig von der Sprengung immer eine verschwindend geringe Menge Feinstaub in der Luft befindet, wird in dieser Aufgabe vernachlässigt.

a) Berechnen Sie die Feinstaubkonzentration 10 Minuten nach der Sprengung.
Von der Europäischen Union wird ein Grenzwert von $50\,\frac{\mu g}{m^3}$ vorgeschrieben, der nicht überschritten werden soll. Untersuchen Sie rechnerisch, ob die Feinstaubkonzentration eine halbe Stunde nach der Sprengung über diesem Grenzwert liegt.
Berechnen Sie f″(10) und interpretieren Sie das Ergebnis im Sachzusammenhang.
[Kontrollergebnis: $f''(t) = e^{-0{,}05t} \cdot (-0{,}5t + 10)$]

b) Berechnen Sie, um wie viel $\frac{\mu g}{m^3}$ die Feinstaubkonzentration in den ersten 10 Minuten nach der Sprengung durchschnittlich pro Minute ansteigt.
Berechnen Sie den Zeitpunkt, zu dem die Feinstaubkonzentration am höchsten ist, und geben Sie diesen maximalen Wert an.
Berechnen Sie den Zeitpunkt, zu dem der Feinstaub am stärksten reduziert wird. Geben Sie auch die zugehörige Abbaugeschwindigkeit an.
Berechnen Sie, zu welchem Zeitpunkt die Feinstaubkonzentration am stärksten zunimmt.

c) Zeigen Sie, dass die Funktion F mit $F(t) = (-200t - 4000) \cdot e^{-0{,}05t}$ eine Stammfunktion zu f ist.
Berechnen Sie $\int_0^{120} f(t)\,dt$ und deuten Sie die Bedeutung des Terms $\frac{1}{120} \cdot \int_0^{120} f(t)\,dt$ im Sachzusammenhang.

d) In einem anderen Modell wird von einem linearen Abbau ab 40 Minuten nach der Sprengung ausgegangen. Zur Modellierung wird die Tangente g an den Graphen von f im Punkt $P(40\,|\,f(40))$ verwendet.
Bestimmen Sie die Gleichung dieser Tangente g und berechnen Sie den Zeitpunkt t_0, zu dem gemäß dieser Tangente der Feinstaub wieder vollständig abgebaut ist.
[Kontrollergebnis: $g(t) = -10e^{-2}t + 800e^{-2}$]
Eine Umweltschutzorganisation geht auch von einem linearen Abbau ab einem bestimmten Zeitpunkt aus, legt aber aufgrund eigener Messungen den Zeitpunkt für die Nullbelastung auf 125 Minuten nach der Explosion fest.
Berechnen Sie den Zeitpunkt, ab dem eine lineare Fortsetzung des Abbaus so erfolgen kann, dass nach 125 Minuten keine Belastung mehr vorliegt.

6. Feinstaub an Neujahr

Die Luftbelastung mit gesundheitsgefährdendem Feinstaub ist vielerorts am ersten Tag des neuen Jahres so hoch wie sonst im ganzen Jahr nicht.
So wurde in der „Millenniumsnacht" am 1. Januar 2000 in Dresden mit mehr als $2000\,\frac{\mu g}{m^3}$ der höchste jemals in Sachsen gemessene Wert erreicht. Normal war zu dieser Zeit in Dresden eine ständige Belastung von $35\,\frac{\mu g}{m^3}$.
Für die ersten zwei Stunden des Jahres 2000 kann die Feinstaubkonzentration durch die Funktion f mit $f(t) = 300t \cdot e^{-0{,}05t} + 35$ modelliert werden. Dabei gibt t die Zeit in Minuten seit Mitternacht an und f(t) die Feinstaubkonzentration in $\frac{\mu g}{m^3}$. Nach zwei Stunden erfolgt der weitere Abbau näherungsweise linear.

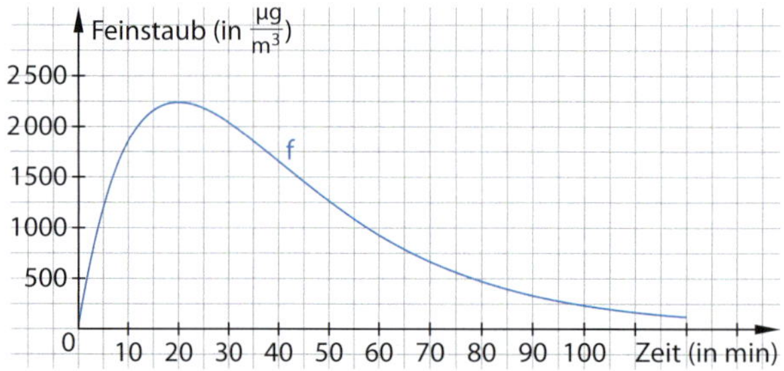

a) Berechnen Sie die Feinstaubkonzentration 10 Minuten nach dem Jahreswechsel.
Berechnen Sie f′(5) und interpretieren Sie das Ergebnis im Sachzusammenhang.
[Kontrollergebnis: $f'(t) = (300 - 15t) \cdot e^{-0{,}05t}$]

b) Berechnen Sie die maximale Feinstaubkonzentration in der Luft sowie den zugehörigen Zeitpunkt. Begründen Sie, dass es sich um ein globales Maximum handelt.
Bestimmen Sie den Zeitpunkt, zu dem der Feinstaub am stärksten reduziert wird, und geben Sie auch die zugehörige Abbaugeschwindigkeit an.

c) Zeigen Sie, dass die Funktion F mit $F(t) = (-6000t - 120000) \cdot e^{-0{,}05t} + 35t$ eine Stammfunktion zu f ist.
Begründen Sie, dass der Wert des Terms $\frac{1}{b-a} \cdot \int_a^b f(t)\,dt$ der mittleren Feinstaubkonzentration im Zeitintervall [a; b] entspricht.
Berechnen Sie die mittlere Feinstaubkonzentration für die Zeit von 0:00 Uhr bis 2:00 Uhr.

d) Der lineare Abbau nach 2 Stunden wird näherungsweise durch die Tangente g an den Graphen von f im Punkt $(120\,|\,f(120))$ beschrieben. Bestimmen Sie die Gleichung der Tangente g. Zeigen Sie, dass die Feinstaubkonzentration 144 Minuten nach dem Jahreswechsel wieder genauso hoch ist wie um Mitternacht, nämlich $35\,\frac{\mu g}{m^3}$.
Berechnen Sie $\frac{1}{144} \cdot \left(\int_0^{120} f(t)\,dt + \int_{120}^{144} g(t)\,dt \right)$ und interpretieren Sie das Ergebnis im Sachzusammenhang.

Aufgaben zur analytischen Geometrie

7. **Haus mit Anbau**

Ein Haus mit Walmdach hat einen Anbau mit einem Flachdach. Auf dem Flachdach steht ein 7 m hoher Mast. Die Abbildung unten zeigt zwei der Dachflächen in einem Koordinatensystem (1 LE = 1 m).

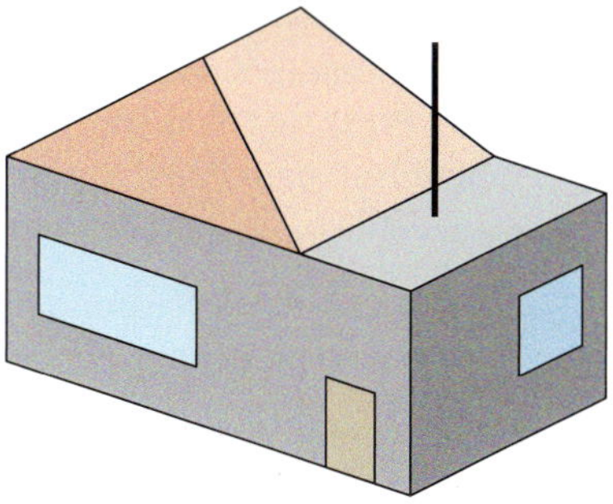

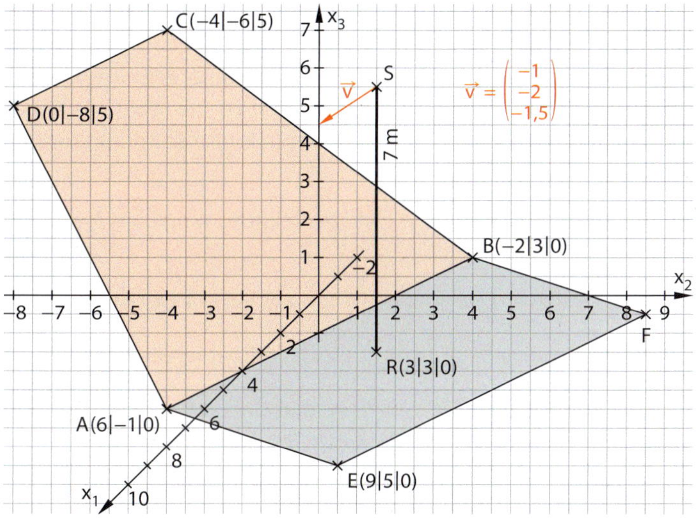

a) Berechnen Sie die Koordinaten des Punktes F so, dass AEFB ein Parallelogramm ist.
Zeigen Sie, dass AEFB dann auch ein Rechteck ist.
Zeigen Sie, dass das Viereck ABCD ein gleichschenkliges Trapez ist. Begründen Sie dabei insbesondere, dass es kein Parallelogramm ist.

b) Ermitteln Sie eine Gleichung der Ebene E_{ABD}.
Bestimmen Sie die Spurgerade g in der x_1x_2-Ebene, an welcher die beiden Dachflächen aneinanderstoßen.

c) Die Sonnenstrahlen fallen in Richtung des Vektors $\vec{v}$ ein. Der an der Geraden g geknickte Schatten des Mastes $\overline{RS}$ soll berechnet werden.
Zeigen Sie, dass S'(0 | −3 | 2,5) der Schatten der Mastspitze S ist und dass S im Trapez ABCD liegt.
Ein Punkt T des Mastes wird durch die Sonnenstrahlen auf den Punkt T'(2 | 1 | 0) projiziert. Zeigen Sie, dass T' auf g liegt, und berechnen Sie die Koordinaten von T.
Ermitteln Sie nun die Länge des an der Geraden g geknickten Schattens des Mastes $\overline{RS}$.

d) Zeigen Sie, dass die Geraden $g_{RT'}$ und $g_{T'S'}$ senkrecht auf g stehen. Nutzen Sie dies, um den Winkel zwischen beiden Dachflächen zu berechnen.
Bestimmen Sie so den Flächeninhalt des Trapezes ABCD.

8. Meteorit

Ein faustgroßer Meteorit wurde zuerst zum Zeitpunkt $t = 0$ (t in Sekunden) im Punkt $M(-33\,|\,-18\,|\,118)$ geortet und eine Sekunde später im Punkt $N(-5\,|\,-9\,|\,82)$ (1 LE entspricht 1 km). Die Flugbahn ab dem Punkt M kann durch eine Gerade modelliert werden.

a) Geben Sie eine Gleichung der Geraden g an, durch die die Flugbahn modelliert werden kann, und berechnen Sie die Geschwindigkeit des Meteorits in km/h.

b) Der Meteorit schlägt auf der Erde auf, und zwar auf einer ebenen Fläche F mit den Punkten $A(1\,|\,2\,|\,1)$, $B(5\,|\,2\,|\,2)$ und $C(10\,|\,6\,|\,3)$. Bestimmen Sie eine Gleichung der Ebene F. Zeigen Sie, dass der Meteorit im Punkt $S(23\,|\,10\,|\,6)$ aufschlägt, und geben Sie den Zeitpunkt des Aufschlags an.

c) Zwei Hobby-Astronomen behaupten, sie hätten den Meteoriten bereits im Punkt $Q(-93\,|\,-48\,|\,z_1)$ bzw. im Punkt $R(-51\,|\,-9\,|\,z_2)$ gesichtet. Prüfen Sie, ob diese Behauptungen stimmen können, und berechnen Sie gegebenenfalls den Zeitpunkt dieser Beobachtung und die fehlende x_3-Koordinate.

d) Ermitteln Sie, welcher der Punkte A, B und C die kürzeste Entfernung zum Aufschlagpunkt S hat.

e) Zum Zeitpunkt $t = 0$ befindet sich ein Flugzeug im Punkt $T(1\,|\,3\,|\,9)$. Der Vektor $\vec{w} = \begin{pmatrix} 16 \\ 4{,}8 \\ 0{,}8 \end{pmatrix}$ beschreibt die Bewegung des Flugzeugs innerhalb einer Minute. Zeigen Sie, dass sich die Flugbahnen des Flugzeugs und des Meteorits schneiden. Geben Sie an, nach wie vielen Sekunden jeweils der Meteorit und das Flugzeug diesen Schnittpunkt der Flugbahnen erreichen. Berechnen Sie den Winkel zwischen beiden Flugbahnen.

f) Sämtliche Vektoren, die von T zu einem Punkt der Geraden g führen, sind gegeben durch $\vec{u}_t = \left[\begin{pmatrix} -33 \\ -18 \\ 118 \end{pmatrix} + t\begin{pmatrix} 18 \\ 9 \\ -36 \end{pmatrix} - \begin{pmatrix} 1 \\ 3 \\ 9 \end{pmatrix}\right]$.
Berechnen Sie das t, für welches $\vec{u}_t$ senkrecht auf g steht. Berechnen Sie für dieses t die Länge von $\vec{u}_t$ und interpretieren Sie diese Länge im Sachzusammenhang.

g) Urteilen Sie anhand der bisherigen Ergebnisse, ob der Meteorit eine Gefahr für das Flugzeug darstellt.

9. Die Abbildung gibt vereinfacht ein Gerät auf einem Spielplatz wieder. In einem Koordinatensystem mit 1 LE = 0,3 m, bei dem die x_1x_2-Ebene dem ebenen Erdboden entspricht, sind die Koordinaten $A(-2|-4|3)$, $B(0|0|3)$, $C(-6|3|6)$ und $S(1|-3|8)$ gegeben.

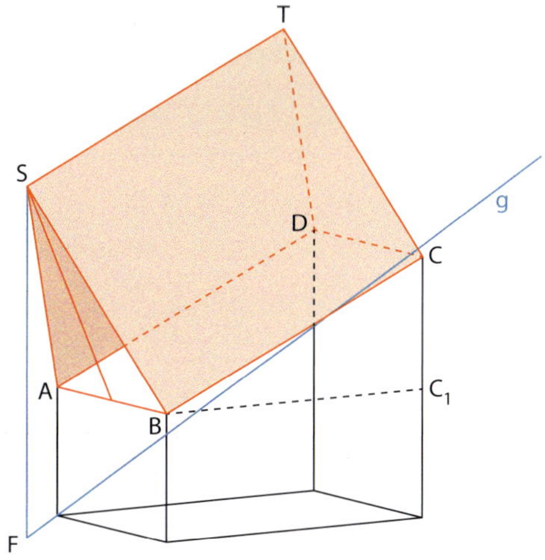

a) Bestimmen Sie den Punkt D so, dass ABCD ein Parallelogramm ist, und zeigen Sie, dass es sogar ein Rechteck ist. Die Punkte A′, B′, C′, D′ und F liegen senkrecht unter A, B, C, D und S in der x_1x_2-Ebene. Geben Sie ihre Koordinaten an und die Länge der Stange (in m), welche im Modell der Strecke $\overline{FS}$ entspricht.

b) Zeigen Sie, dass die Ebene E mit E: $\vec{x} = \begin{pmatrix} 0 \\ 0 \\ 3 \end{pmatrix} + r\begin{pmatrix} -2 \\ -4 \\ 0 \end{pmatrix} + s\begin{pmatrix} 0 \\ -1 \\ 1 \end{pmatrix}$ die Punkte A, B und S enthält.
Geben Sie eine Gleichung der zu E parallelen Ebene E′ durch C an.

c) Bestimmen Sie die Koordinaten des Mittelpunktes M der Strecke $\overline{AB}$. Zeigen Sie, dass $\overline{MS}$ orthogonal zu $\overline{AB}$ und $\overline{BC}$ ist.
Berechnen Sie den Flächeninhalt des Dreiecks ABS.

d) Der Körper ABSDCT ist ein Prisma (alle Seitenflächen sind Parallelogramme). Zeigen Sie, dass seine Seitenfläche BCTS rechteckig ist, und berechnen Sie das Volumen des Prismas. Geben Sie das Volumen in m^3 an.

e) Berechnen Sie den Winkel zwischen $\overline{BC}$ und der horizontalen Strecke $\overline{BC_1}$.

f) Vom Punkt F aus wird ein Seil gespannt, welches durch die Gerade zu
g: $\vec{x} = \begin{pmatrix} 1 \\ -3 \\ 0 \end{pmatrix} + t\begin{pmatrix} -1 \\ 1 \\ 1 \end{pmatrix}$ modelliert werden kann. Zeigen Sie, dass das Seil in einem Punkt P der Strecke $\overline{BC}$ befestigt werden kann. Berechnen Sie die Koordinaten von P und geben Sie an, in welchem Verhältnis P die Strecke $\overline{BC}$ teilt.

g) Ein Punkt des Seils, also der Geraden g, befindet sich senkrecht unterhalb der Strecke $\overline{AB}$. Von dieser aus möchte ein Kind, senkrecht nach unten greifend, das Seil an diesem Punkt fassen. Berechnen Sie, wie lang es dazu seinen Arm ausstrecken muss.

h) Berechnen Sie, wie weit die Stange $\overline{SF}$ von der Strecke $\overline{AB}$ entfernt ist. Geben Sie diese Entfernung auch in Meter an.

10. Tetraeder

In einem kartesischen Koordinatensystem sind die Punkte A(20 | −4 | −10), C(−22 | 2 | −10), F(2 | 20 | 20) und P(−3 | −15 | 15) gegeben.

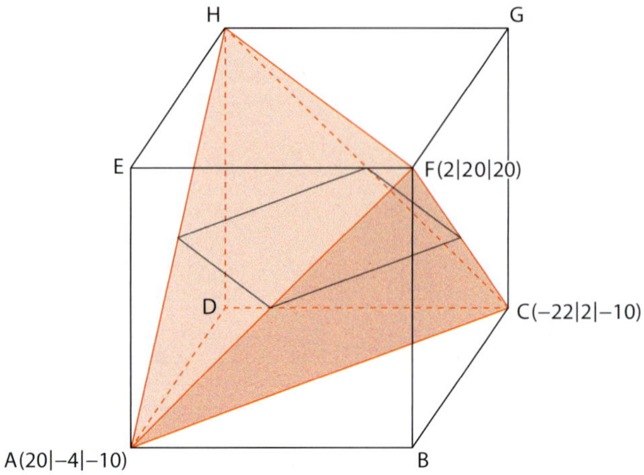

a) Zeigen Sie rechnerisch, dass das Dreieck ACF gleichseitig ist.
Bestimmen Sie eine Gleichung der Ebene E_{ACF} durch die Punkte A, C und F.

b) Die Gerade g wird durch den Punkt P und den Vektor $\vec{v} = \begin{pmatrix} 1 \\ 7 \\ -5 \end{pmatrix}$ festgelegt.
Zeigen Sie, dass g die Ebene E_{ACF} rechtwinklig schneidet, und ermitteln Sie die Koordinaten des Schnittpunktes S.

c) Zeigen Sie, dass jeder Punkt $P_k(-3 + k \mid -15 + 7k \mid 15 - 5k)$ auf g gleich weit von A und C entfernt ist.
Ab hier können Sie benutzen, dass jeder Punkt von g von allen Eckpunkten des Dreiecks ACF gleich weit entfernt ist.

d) Das Dreieck ACF soll Seitenfläche eines regelmäßigen Tetraeders ACFH sein. Bestimmen Sie die beiden Punkte der Geraden g aus Teilaufgabe b), die als vierter Eckpunkt H des Tetraeders ACFH in Frage kommen.

e) Der Punkt H(−4 | −22 | 20) spannt zusammen mit den Punkten A, C und F ein regelmäßiges Tetraeder auf. Berechnen Sie das Volumen des Tetraeders ACFH.

f) Zeigen Sie, dass sich die Mittelpunkte M_{AF}, M_{FC}, M_{CH} und M_{HA} der Strecken $\overline{AF}$, $\overline{FC}$, $\overline{CH}$ und $\overline{HA}$ zu einem Quadrat verbinden lassen.

g) Das Tetraeder ACFH ist einem Würfel einbeschrieben (siehe Abbildung). Berechnen Sie die Koordinaten des Punktes B dieses Würfels.

Aufgaben zur Stochastik

11. Lotto „3 aus 5"

Beim Lotto „3 aus 5" gibt es nur die Kugeln mit den Zahlen 1 bis 5. Auf dem Wettschein muss man sich für drei dieser Zahlen entscheiden. Dann werden drei Kugeln ohne Zurücklegen gezogen. Die Zufallsgröße X zählt die Anzahl der richtig getippten Zahlen.

a) Stellen Sie das Spiel mithilfe des abgebildeten Baumdiagramms dar. Zeigen Sie mithilfe des Baumdiagramms, dass die Zufallsvariable X die folgende Wahrscheinlichkeitsverteilung hat.

k	1	2	3
P(X = k)	0,3	0,6	0,1

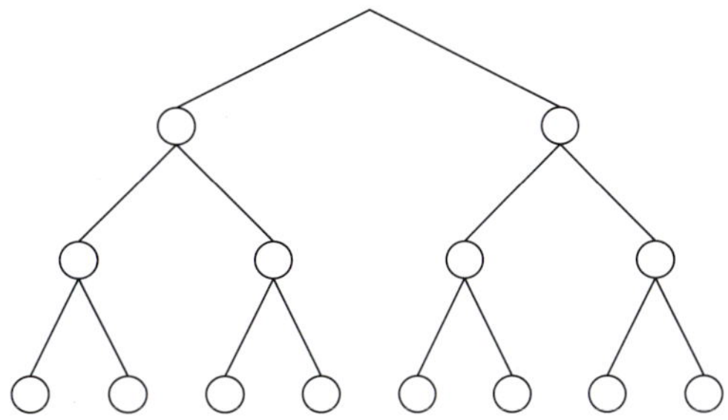

b) Ein Anbieter möchte Lotto „3 aus 5" mit unterschiedlichen Auszahlungsvarianten spielen. Diese sind in der folgenden Tabelle dargestellt. Der Einsatz beträgt 5 €.

k	1	2	3
Variante 1	7,50 €	3 €	10 €
Variante 2	5 €	0,50 €	a €; $a \in \mathbb{R}^+$

Zeigen Sie, dass ein Spieler bei der ersten Auszahlungsvariante langfristig 0,05 € pro Spiel Gewinn macht.
Bestimmen Sie den Wert für a so, dass der Spieler bei der Auszahlung nach Variante 2 ebenfalls langfristig 0,05 € Gewinn macht.
Der Einsatz beträgt weiter 5 €. Verändern Sie Auszahlungsvariante 1 an einer Stelle so, dass der Spieler langfristig einen Verlust von 0,10 € pro Spiel macht.

c) Auf einem Jahrmarkt bietet ein Anbieter A das Spiel stündlich mit jeweils 100 Spielern an. Ein anderer Anbieter B spielt nur einmal am letzten Tag mit 10 000 Spielern.
Die Zufallsgröße Y zählt die Anzahl an Spielern mit drei Richtigen bei Anbieter A.
Die Zufallsgröße Z zählt die Anzahl an Spielern mit drei Richtigen bei Anbieter B.
Die Zufallsgrößen Y und Z sind binomialverteilt. Erklären Sie, welche Voraussetzungen dafür erfüllt sein müssen.
Erläutern Sie die Bedeutung des Terms $\binom{100}{8} \cdot 0{,}1^8 \cdot 0{,}9^{92}$ in diesem Zusammenhang.
Berechnen Sie die Wahrscheinlichkeit, dass …
① … bei Anbieter A in einer Stunde mehr als 10 Spieler drei Richtige haben.
② … bei Anbieter B mindestens 950, aber höchstens 1050 Spieler drei Richtige haben.
③ … bei Anbieter B weniger als 1000 Spieler drei Richtige haben.
④ … bei Anbieter A in einer Stunde genau 10 Spieler und in der nächsten Stunde weniger als 10 Spieler drei Richtige haben.
E(Z) bezeichnet den Erwartungswert der Zufallsgröße Z. Bestimmen Sie den kleinsten Wert für c, sodass $P(E(Z) - c \le Z \le E(Z) + c) \ge 0{,}75$ ist.

d) Geben Sie im Kontext ein Ereignis an, dessen Wahrscheinlichkeit durch $1 - P_{100;\,0{,}1}(5 \le Y \le 15)$ gegeben ist.

12. Der Bus eines Reiseunternehmens bietet Platz für 58 Reisende. Erfahrungsgemäß treten nur p = 90 % der Personen, die eine Reise gebucht haben, diese auch wirklich an. Der Anbieter verkauft deshalb mehr als 58 Reiseplätze (Überbuchung).

Die Zufallsgröße X gibt an, wie viele Personen ihre gebuchte Reise tatsächlich antreten. Dabei kann davon ausgegangen werden, dass die Zufallsgröße X binomialverteilt ist.

a) Es wurden 60 Buchungen für eine Reise angenommen.
Berechnen Sie die Wahrscheinlichkeit dafür, dass …
① … genau 58 Personen die Reise tatsächlich antreten.
② … mehr als 58 Personen die Reise tatsächlich antreten wollen.
③ … mehr als 55, aber höchstens 58 Personen die Reise tatsächlich antreten.

b) Die Reise kostet pro Person 350 Euro. Dem Unternehmen entstehen für die Reise Kosten von 19 000 Euro. Zusätzlich zahlt es jeder Person, die wegen Überbuchung die Fahrt nicht antreten kann, eine Entschädigung in Höhe von 500 € inklusive Reisekostenerstattung.
Begründen Sie, dass der zu erwartende Gewinn bei 60 verkauften Reisen mit dem folgenden Term berechnet werden kann.
$60 \cdot 350 - 19\,000 - 1 \cdot 500 \cdot \binom{60}{59} \cdot 0{,}9^{59} \cdot 0{,}1^{1} - 2 \cdot 500 \cdot 0{,}9^{60}$
Berechnen und vergleichen Sie den zu erwartenden Gewinn für den Fall, dass 58, 60 oder sogar 61 Buchungen angenommen werden.

c) Das Unternehmen erwägt, künftig 61 Reiseplätze zu verkaufen. Allerdings leidet der Ruf des Unternehmens, wenn zu viele Kunden bei Reiseantritt abgewiesen werden.
① Berechnen Sie die Wahrscheinlichkeit dafür, dass bei 61 verkauften Plätzen Kunden bei Reiseantritt abgewiesen werden müssen.
② Häufiges Abweisen von überbuchten Reisenden schädigt den Ruf des Unternehmens. Nur wenn bei 61 angenommenen Buchungen die Wahrscheinlichkeit für Abweisungen bei höchstens 1,4 % läge, wäre ein Überbuchen bis auf 61 Tickets vertretbar. Erläutern Sie mithilfe des nebenstehenden Screenshots, für welchen Anteil p derer, die ihre Buchungen tatsächlich antreten, Abweisungen in weniger als 1,4 % der Fälle notwendig würden.

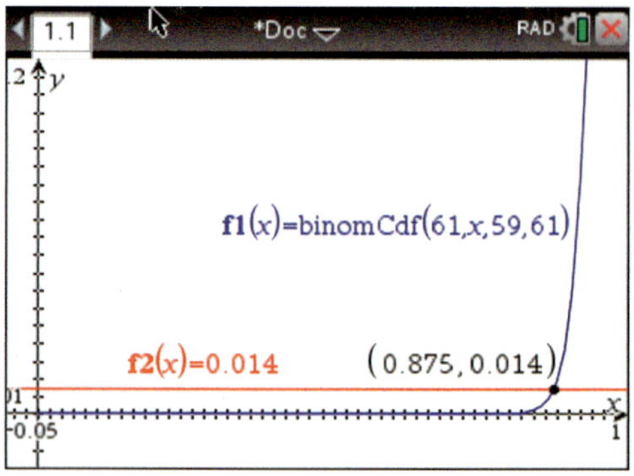

d) Wenn bei den nächsten 800 Buchungen weniger als 706 ihre Reise tatsächlich antreten, will der Unternehmer davon ausgehen, dass der Anteil p kleiner als 90 % ist.
Beschreiben Sie in diesem Kontext, welches Risiko durch $P_{800;0{,}875}(X \geq 706) = 0{,}28$ berechnet wird.

13. Türverkleidung

Bei der Herstellung eines PKW wird die Innenverkleidung der Fahrertür mittels Spreiznieten aus Kunststoff befestigt. In den metallenen Rahmen der Tür werden dazu Löcher gebohrt.

a) Die Nietenproduktion ist nicht völlig präzise. Ein Arbeiter am Fließband hat in einer Schachtel 40 Spreiznieten. Für ihre Durchmesser in Zehntelmillimeter gilt:

Durchmesser in 0,1 mm	57	58	59	60	61	62	63
Häufigkeit	1	4	9	12	10	2	2

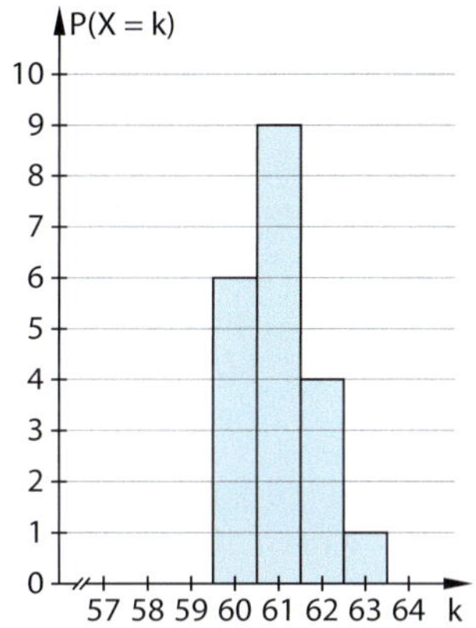

Die auf Zehntelmillimeter genauen Durchmesser der nächsten 20 Löcher sind gemäß dem Diagramm verteilt. Eine Niete soll zur Montage mindestens um 1 Zehntelmillimeter dünner sein als die Bohrung.

- Zeigen Sie, dass der Mittelwert der Nietendurchmesser um 1 Zehntelmillimeter kleiner ist als der Mittelwert der Bohrungsdurchmesser.
- Je kleiner die Standardabweichung, desto präziser ist die Produktion. Prüfen Sie, ob das Bohren oder die Nietenherstellung präziser verläuft.
- Erläutern Sie, dass die Wahrscheinlichkeit dafür, dass ein Arbeiter zufällig eine 60 Zehntelmillimeter weite Bohrung auswählt und aus der Schachtel eine passende Spreizniete greift, durch den Term $\frac{6}{20} \cdot \frac{1+4+9}{40}$ gegeben ist.
- Ermitteln Sie, mit welcher Wahrscheinlichkeit zu einem zufällig ausgewählten Loch eine zufällig aus der Schachtel ausgewählte Spreizniete passt.

b) Über einen längeren Zeitraum zeigt sich, dass $p = 84\,\%$ der Montagevorgänge auf Anhieb gelingen, ohne dass eine Spreizniete ausgetauscht werden müsste. Berechnen Sie die Wahrscheinlichkeit dafür, dass sich von 5000 Türverkleidungen

- mehr als 85 %,
- höchstens als 4200 auf Anhieb montieren lassen.
- Berechnen Sie, wie groß der Anteil p sein müsste, damit sich von 5000 Verkleidungen im Durchschnitt 4400 auf Anhieb montieren lassen.

c) Ein anderer Zulieferer bietet Spreiznieten zu einem höheren Preis an, mit denen angeblich mehr als 84 % der Montagevorgänge auf Anhieb gelingen. Der Automobilhersteller möchte sich für diese teuren Nieten entscheiden, wenn mit ihnen bei den nächsten 1000 Montagevorgängen mindestens 860 auf Anhieb gelingen.

- Berechnen Sie, wie hoch das Risiko ist, dass der Automobilhersteller bei dieser Entscheidungsregel teure Spreiznieten einsetzt, obwohl sie den Montagevorgang nicht verbessern.
- Tatsächlich gelingen mit den teuren Spreiznieten 88 % der Montagevorgänge auf Anhieb. Berechnen Sie, mit welcher Wahrscheinlichkeit der Automobilhersteller bei seinem Test nicht bemerkt, dass die teuren Spreiznieten besser sind.

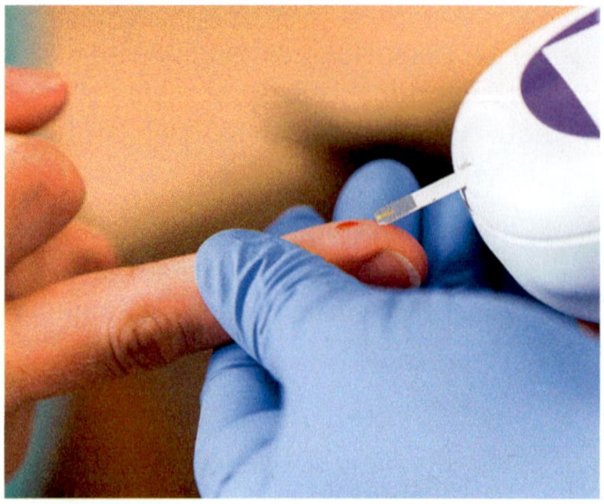

14. Diabetes

Diabetes wird umgangssprachlich auch Zuckerkrankheit genannt. Es handelt sich um eine chronische Stoffwechselkrankheit, die auf einem (absoluten oder relativen) Mangel des in der Bauchspeicheldrüse produzierten Insulin beruht. In Deutschland sind etwa 10 von 100 Erwachsenen erkrankt (Prävalenz). Beim medizinischen Test auf Diabetes wird ein Glukosetoleranztest durchgeführt. Dieser erkennt Diabetes in 72 % aller Fälle korrekt (Sensitivität). Gesunde Personen werden in 73 % aller Fälle korrekt erkannt (Spezifität).

a) Bestimmen Sie anhand eines Baumdiagramms die Wahrscheinlichkeit dafür, dass eine zufällig ausgewählte Person …
   ① … an Diabetes erkrankt ist und einen positiven Test bekommt.
   ② … gesund ist und einen negativen Test bekommt.
   ③ … krank ist, wenn der Test positiv ausfällt.
   ④ … gesund ist, wenn der Test negativ ausfällt.

b) In Teil a) ergibt sich eine erstaunlich geringe Wahrscheinlichkeit dafür, dass man bei einem positiven Testergebnis tatsächlich krank ist. Deshalb wird bei positiv getesteten Personen der Glukosetoleranztest wiederholt. Ergänzen Sie das Baumdiagramm aus a) und prüfen Sie mit seiner Hilfe, ob sich die Aussagekraft positiver Tests verbessern lässt, wenn alle positiv getesteten Personen ein zweites Mal getestet werden. Berechnen Sie dazu die Wahrscheinlichkeit dafür, dass eine zweimal positiv getestete Person tatsächlich an Diabetes erkrankt ist.
   Berechnen Sie auch die Wahrscheinlichkeit dafür, dass eine beliebige Person gesund ist, wenn sie erst einen positiven und dann einen negativen Test bekommt.

c) Die Zufallsgröße X zähle die Anzahl der an Diabetes Erkrankten in einer Stichprobe von 5000 Erwachsenen.
   ① Begründen Sie, dass X als binomialverteilt angenommen werden kann.
   ② Bestimmen Sie das kleinste um den Erwartungswert symmetrische Intervall, in dem die Werte von X mit einer Wahrscheinlichkeit von mindestens 95 % liegen.
   ③ Als Länge L einer 2σ-Umgebung des Erwartungswertes wird die Differenz zwischen der oberen und der unteren Grenze der Umgebung bezeichnet. Bei unbekanntem Umfang n einer Stichprobe hat die 2σ-Umgebung eine Länge von $L = 84$. Bestimmen Sie den Umfang n der Stichprobe.

d) Es soll untersucht werden, ob Diabetes bei gesunder („mediterraner") Ernährung seltener auftritt. Wenn von 5000 Erwachsenen, die angeben, sich gesund zu ernähren, weniger als 465 Diabetes haben, sollen Empfehlungen zur Ernährung herausgegeben werden.
   Es gilt $P_{5000;0,1}(X \leq 464) = 0{,}046$. Erläutern Sie die Bedeutung dieser Wahrscheinlichkeit in Bezug auf die mögliche Herausgabe von Ernährungsempfehlungen.

9. Digitale Mathematikwerkzeuge

Hier können Sie nachschlagen, wenn Sie Hilfe bei der Arbeit mit einem GTR oder einem CAS benötigen.

Anleitungen zum GTR/CAS

Hier finden Sie Anleitungen zu wichtigen Funktionen des GTR-Modells **TI-Nspire CX** und des CAS-Modells **TI-Nspire CX CAS**. Die Navigation ist bei beiden Geräten ähnlich. Ein CAS kann Berechnungen sowohl numerisch als auch algebraisch durchführen und verfügt daher über mehr Funktionen als ein GTR. Die Unterschiede erkennen Sie an den Symbolen GTR und CAS in der Randspalte.

Anwendungen des TI-Nspire CX CAS

Auf dem Homescreen kann man eine der folgenden **Anwendungen** starten.

1 Calculator (Rechenblatt)

3 Geometry (dynamische Geometrie)

5 Data&Statistics (Daten darstellen und auswerten)

7 VernierDataQuest (Messwerte sammeln und auswerten)

2 Graphs (grafische Darstellungen)

4 Lists&Spreadsheets (Tabellenkalkulation)

6 Notes (Textverarbeitung, interaktive Arbeitsblätter)

Dokumente erstellen und verwalten

Beim Starten einer Anwendung wird eine neue **Seite** im aktuellen Dokument angelegt.
Eine oder mehrere Seiten können in einem **Dokument** gespeichert werden. Die Seiten innerhalb des Dokuments sind verbunden.
Dokumente werden über die Taste ***doc*** oder über den Homescreen ***/on*** erstellt oder verwaltet.

Tastenkürzel	
esc	Befehl rückgängig machen
Kursor hinter das Zeichen setzen, ***del***	Zeichen löschen
shift ◀▶	Ausdruck markieren
Ausdruck markieren und ***ctrl*** + ***x***	Ausdruck ausschneiden
Ausdruck markieren und ***ctrl*** + ***c***	Ausdruck kopieren
ctrl + ***v***	Ausdruck einfügen
ctrl + ***del***	markierten Ausdruck löschen
ctrl + ***esc*** oder ***ctrl*** + ***z***	Arbeitsschritte rückgängig machen
ctrl + ***y***	Arbeitsschritt erneut aufrufen
menu – Aktionen – Protokoll löschen	alle Einträge auf einer Seite löschen
doc – Seitenlayout – Seite löschen	Seite in einem Dokument löschen

Standardeinstellungen des Rechners wiederherstellen

/on – Einstellungen – Dokumenteinstellungen – Zurücksetzen - enter - enter - enter
Der Wechsel zwischen den Bereichen bei ***Dokumenteinstellungen*** erfolgt mit ***tab***.

Terme eingeben

GTR CAS

In der Anwendung ***Calculator*** lassen sich Terme eingeben.

Manche Terme vereinfacht der CAS-Rechner automatisch. Deshalb kann das CAS auch zur **Selbstkontrolle** von handschriftlichen Lösungen dienen. Gleichartige Summanden werden automatisch zusammengefasst und meistens alphabetisch geordnet.

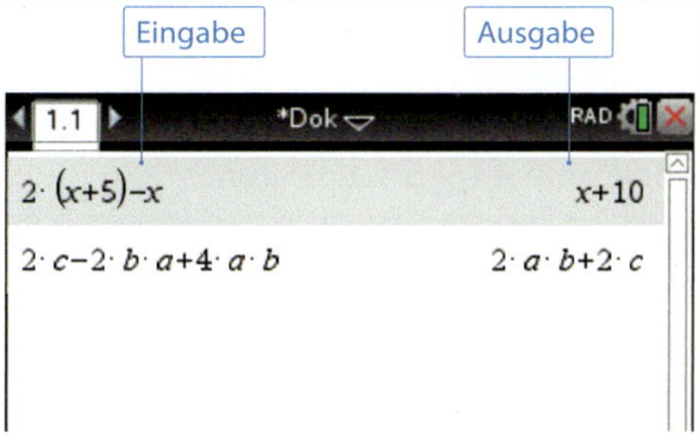

Hinweis:
Produkte zweier Variablen, wie a · b, müssen mit einem Malpunkt eingegeben werden. Anderenfalls wird der Ausdruck als eine Variable ab erkannt.

Gleichungen und Ungleichungen lösen

CAS

Rufen Sie im ***Calculator*** den Befehl ***solve*** auf. Geben Sie dann die Gleichung oder Ungleichung und die Variable ein, die berechnet werden soll.

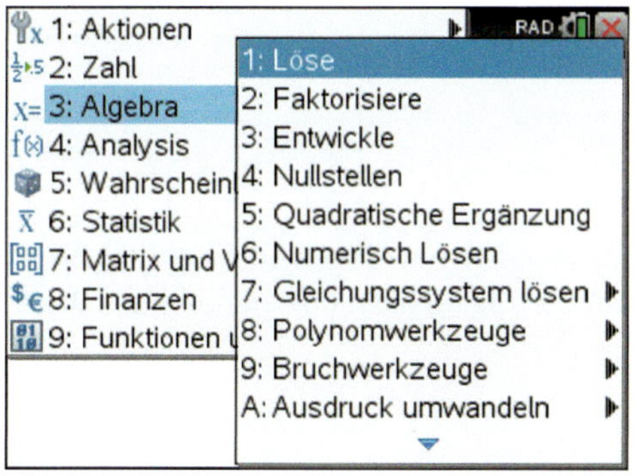

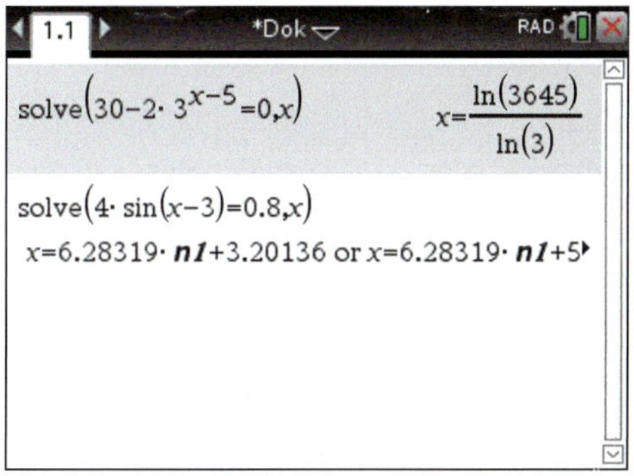

Der Rechner zeigt alle Lösungen an. Wenn die Gleichung oder Ungleichung keine Lösung hat, zeigt der Rechner ***false*** als Ergebnis an.

Mit dem ***WITH-Operator*** können Sie unter anderem Definitionsbereiche einschränken oder Variablen ersetzen.

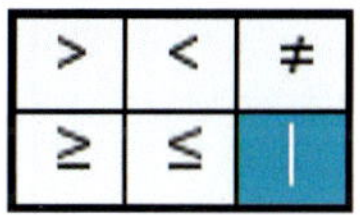

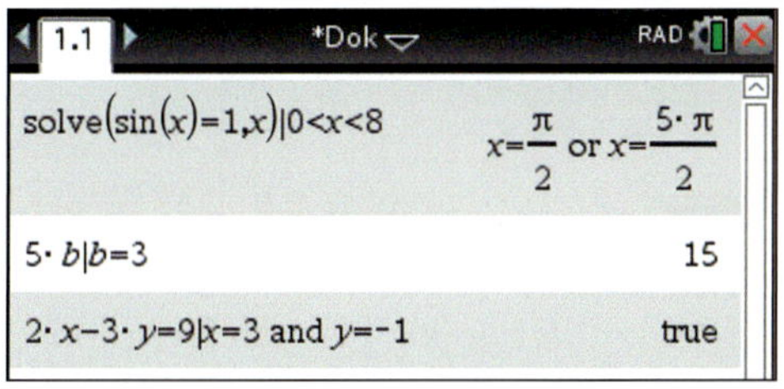

Gleichungen und Ungleichungen numerisch lösen

GTR CAS

Rufen Sie im ***Calculator*** den Befehl ***nsolve*** auf. Geben Sie dann die Gleichung oder Ungleichung und die Variable ein, die berechnet werden soll.

Der Rechner ermittelt ausgehend vom Startwert x = 0 iterativ eine Näherungslösung und zeigt diese an.

Der Startwert kann geändert werden, um weitere Näherungslösungen zu ermitteln. Wenn die Gleichung oder Ungleichung keine Lösung hat, gibt der Rechner eine entsprechende Rückmeldung.

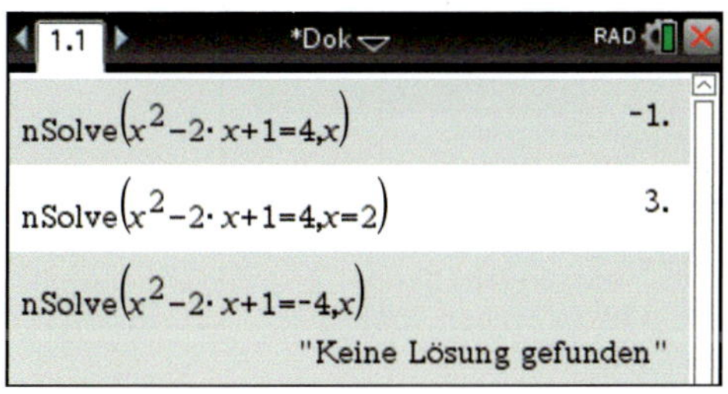

GTR CAS

Funktionen grafisch darstellen

Bitte öffnen Sie die Anwendung ***Graphs.*** Geben Sie hinter f1(x) = den Funktionsterm ein oder die Funktionsbezeichnung einer anderen Seite (z. B. Calculator).

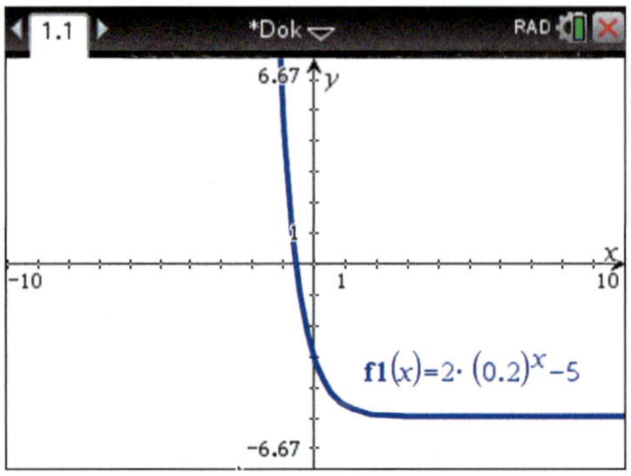

Passen Sie, wenn nötig, die Fenstereinstellungen an.

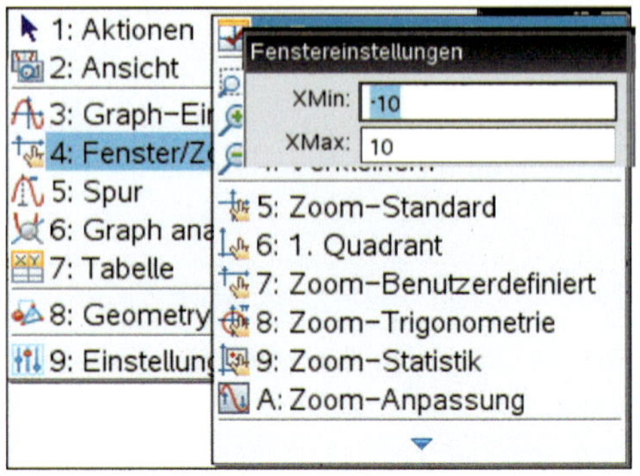

GTR CAS

Nullstellen grafisch ermitteln

Zeichnen Sie den Graphen der Funktion.

Mit dem Befehl ***Nullstelle*** können Sie eine Nullstelle in einem gewählten Intervall anzeigen lassen. Besitzt die Funktion mehrere Nullstellen, müssen Sie für jede ein eigenes Intervall auswählen.

Prüfen Sie die abgelesenen Lösungen.

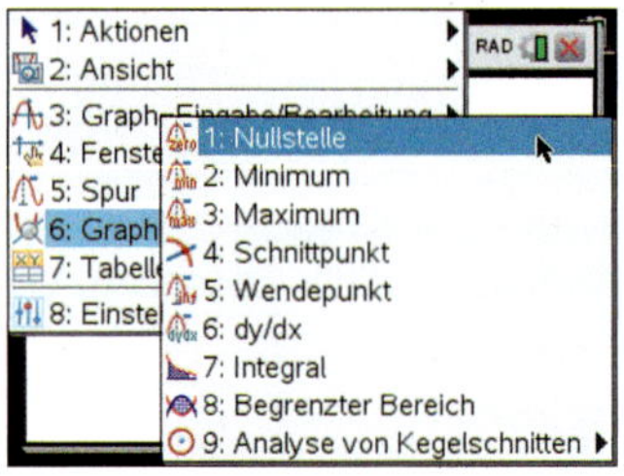

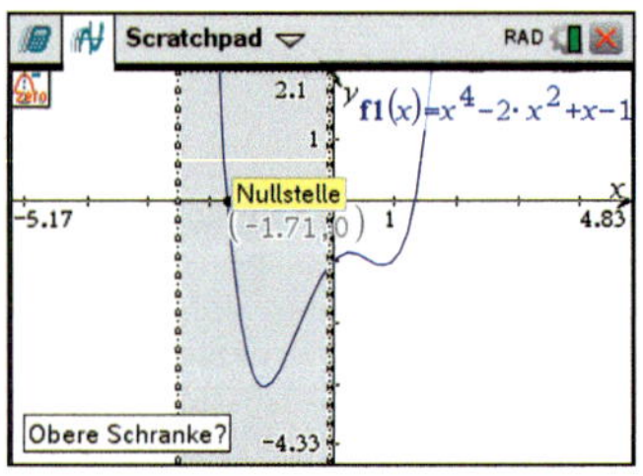

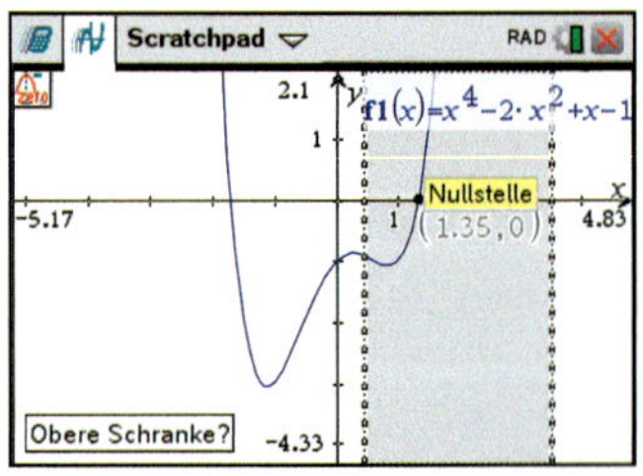

GTR CAS

Hoch- und Tiefpunkte grafisch ermitteln

Zeichnen Sie den Graphen der Funktion. Lassen Sie sich mit dem Befehl ***Minimum*** bzw. ***Maximum*** aus dem Menü ***Graph*** den tiefsten bzw. höchsten Funktionswert in einem gewählten Intervall anzeigen.

Prüfen Sie die abgelesenen Lösungen.

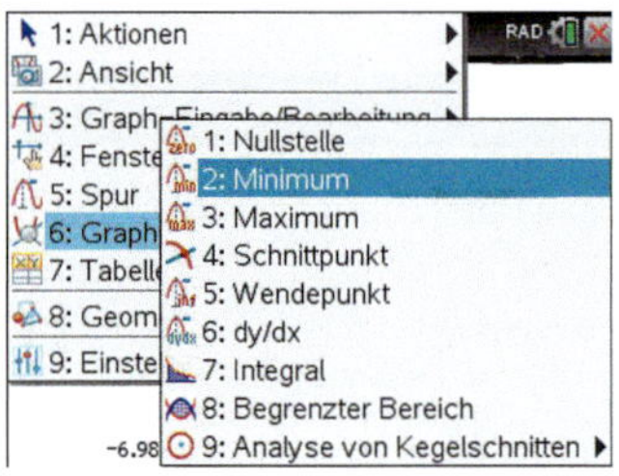

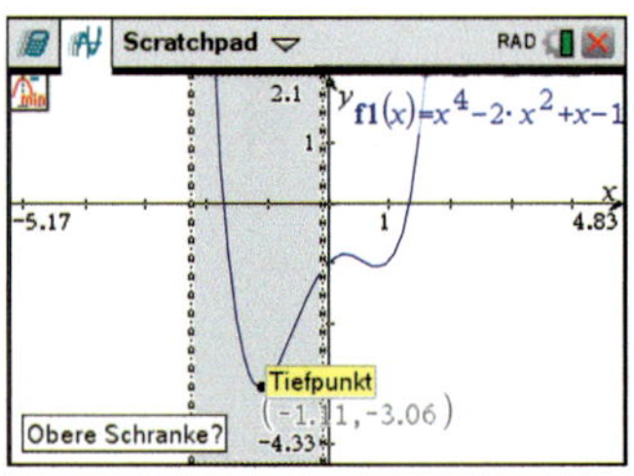

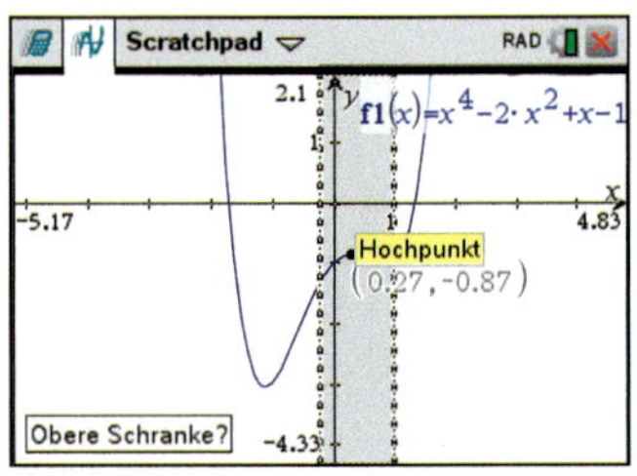

Globale Maxima und Minima bestimmen

CAS

Definieren Sie die Funktion im ***Calculator.***
Mit dem Befehl ***fMin()*** bzw. ***fMax()*** werden globale Maxima und Minima bestimmt.
Liegt kein globales Maximum oder Minimum vor, ist das Ergebnis
$x = -\infty$ or $x = \infty$.
Mit dem WITH-Operator kann die Suche auf ein Intervall begrenzt werden.

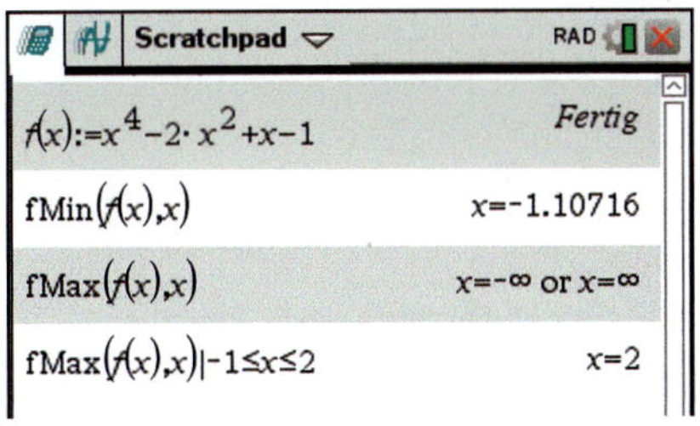

Symmetrie überprüfen

CAS

Definieren Sie die Funktion im ***Calculator.***
Sie können nun überprüfen, ob die allgemeinen Bedingungen für Achsensymmetrie zur y-Achse oder Punktsymmetrie zum Ursprung erfüllt sind.

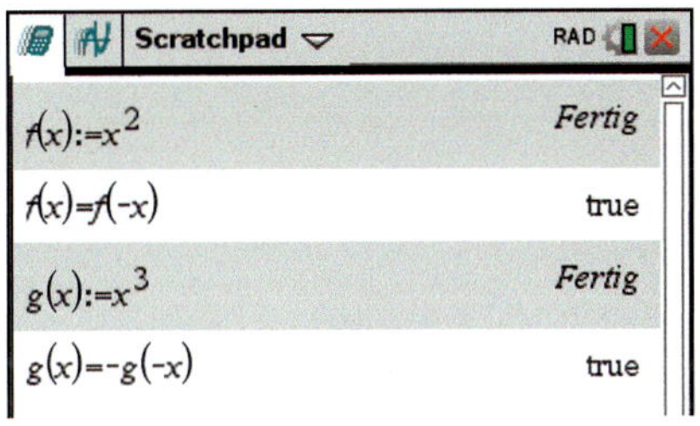

Nullstellen rechnerisch ermitteln

GTR CAS

Geben Sie die Funktionsgleichung ein und lösen Sie die Gleichung $f(x) = 0$ mit dem Befehl ***solve.***

Alternativ können Sie auch den Befehl ***zeros*** verwenden.

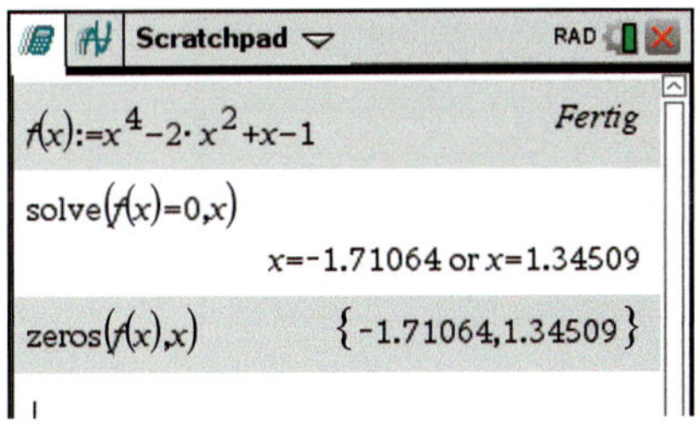

Schnittpunkte grafisch bestimmen

GTR CAS

Zeichnen Sie die Graphen der gegebenen Funktionen.
Mit dem Befehl ***Schnittpunkt*** können Sie die Lösung im gewählten Intervall ablesen.

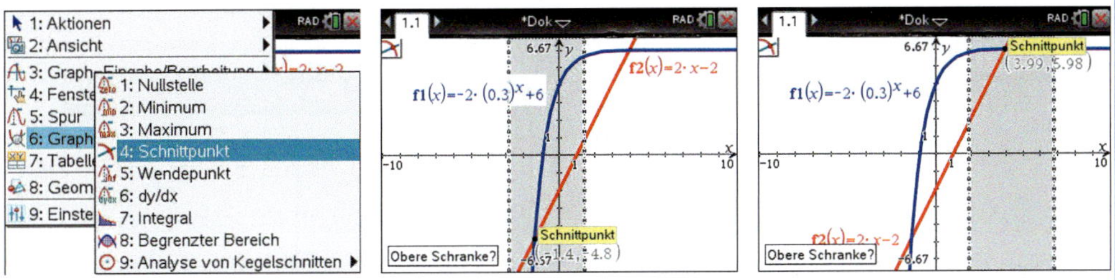

Auf diese Weise können Sie zum Beispiel Schnittpunkte der Graphen von linearen Funktionen und Exponentialfunktionen finden.
So können Sie auch Gleichungssysteme lösen. Zeichnen Sie dafür die Graphen aller Funktionen, die zum Gleichungssystem gehören. Mit dem Befehl Schnittpunkt erhalten Sie dann die Lösungen (wenn vorhanden).

GTR CAS

Steigung an einer Stelle grafisch ermitteln

Zeichnen Sie den Graphen der Funktion. Wählen Sie im Menü unter ***Graph analysieren*** den Befehl ***dy/dx***. Klicken Sie auf einen Punkt des Graphen und Ihnen wird die Steigung an dieser Stelle angezeigt.

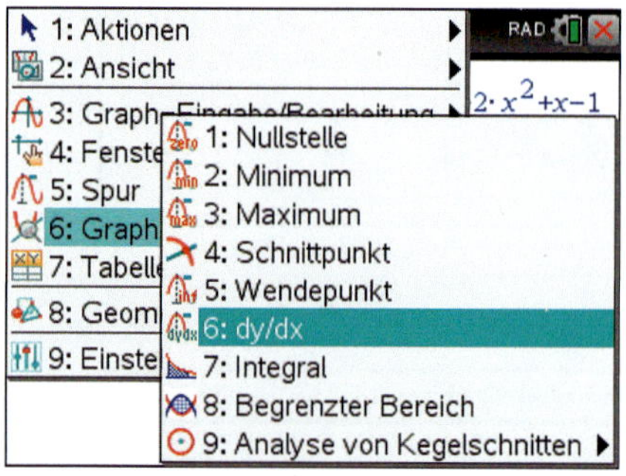

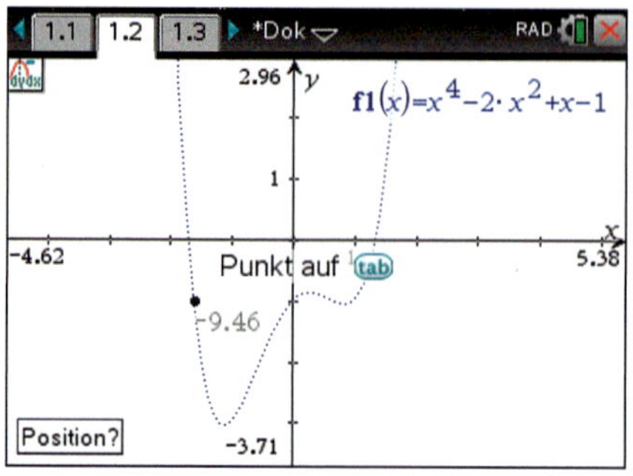

GTR CAS

Ableitung an einer Stelle rechnerisch ermitteln

Definieren Sie die Funktion im ***Calculator*** oder einem ***Notes-Fenster.*** Verwenden Sie den Befehl ***Ableitung an einer Stelle*** im Menü ***Analysis.*** Geben Sie den Wert der Stelle ein und bestätigen Sie. Die Ableitung an der Stelle wird Ihnen angezeigt.

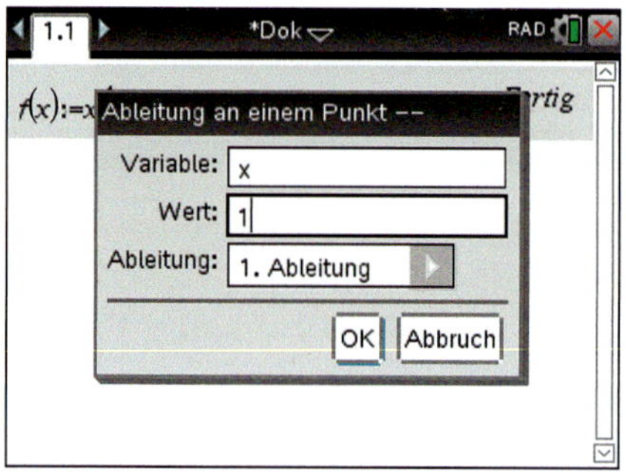

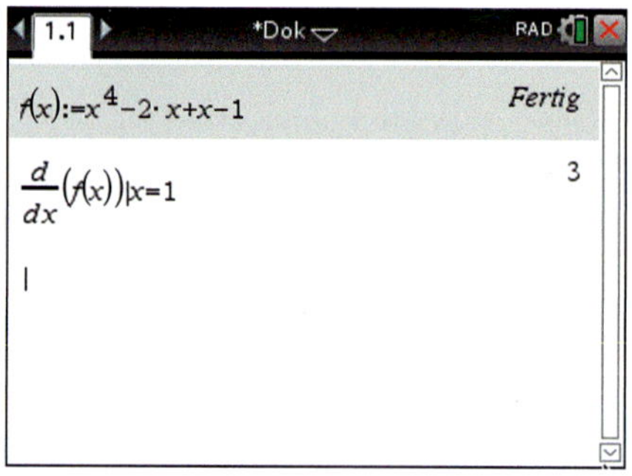

GTR CAS

Ableitungsfunktion bestimmen und zeichnen

Definieren Sie die Funktion f im ***Calculator*** oder einem ***Notes-Fenster.*** Definieren Sie dann eine Hilfsfunktion (hier a(x)) als Ableitungsfunktion von f. Verwenden Sie dazu den Befehl ***Ableiten*** im Menü ***Analysis.*** Öffnen Sie anschließend die Anwendung ***Graphs*** und zeichnen Sie die Funktion f und die Ableitungsfunktion a.

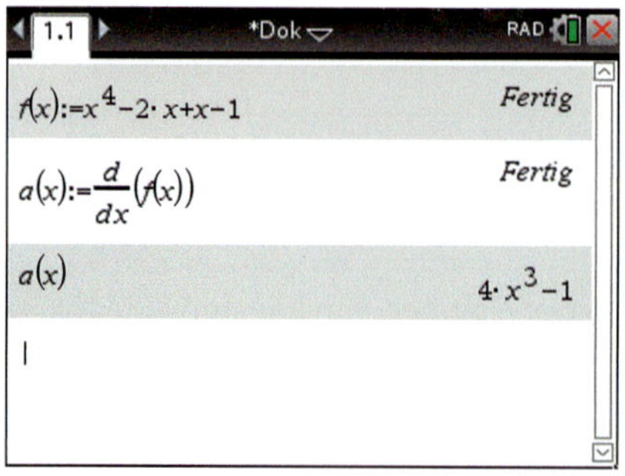

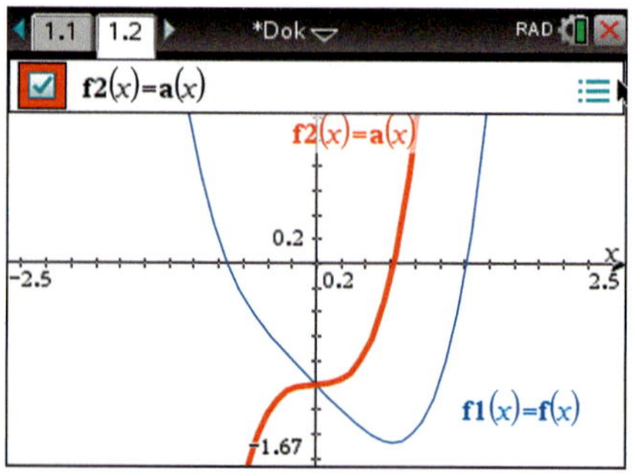

Tangenten- und Normalengleichungen bestimmen

CAS

Definieren Sie die Funktion im ***Calculator*** oder einem ***Notes-Fenster.*** Verwenden Sie im Menü ***Analysis*** die Befehle ***tangentLine()*** für Tangenten und ***normalLine()*** für Normalen. Geben Sie die Funktion, die Variable und die Stelle, an der die Tangente oder Normale anliegt, an.

Der Rechner zeigt Ihnen den Term der Tangente oder Normale an.

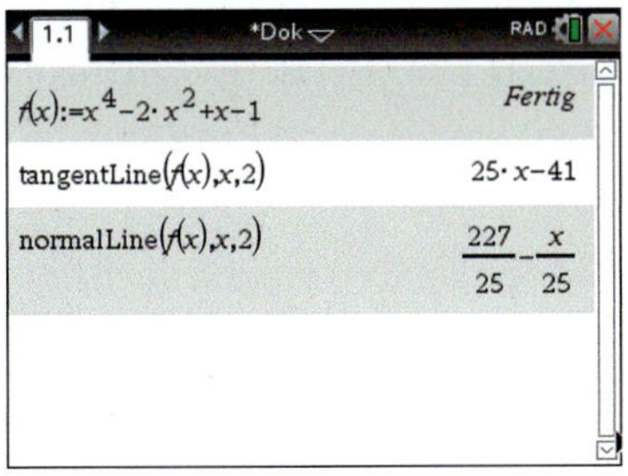

$t(x) = 25x - 41$

$n(x) = -\frac{227}{25}x + \frac{x}{25}$

Wendepunkte grafisch ermitteln

GTR CAS

Zeichnen Sie den Graphen der Funktion. Mit dem Befehl ***Wendepunkt*** im Menüpunkt ***Analysis*** können Sie sich einen Wendepunkt in einem gewählten Intervall anzeigen lassen.

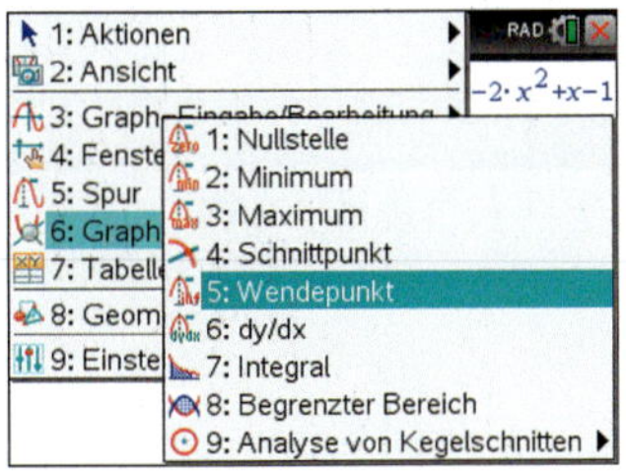

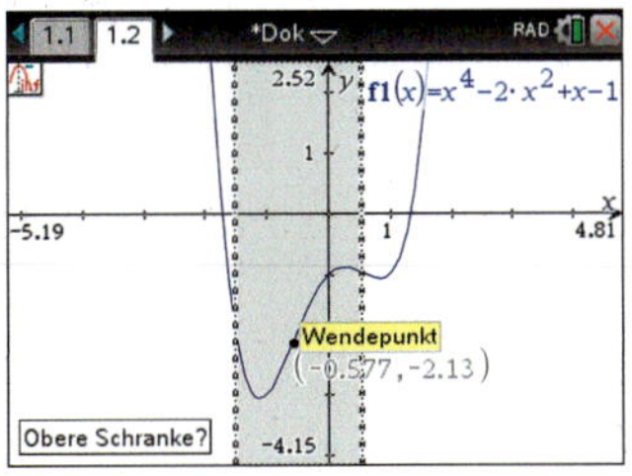

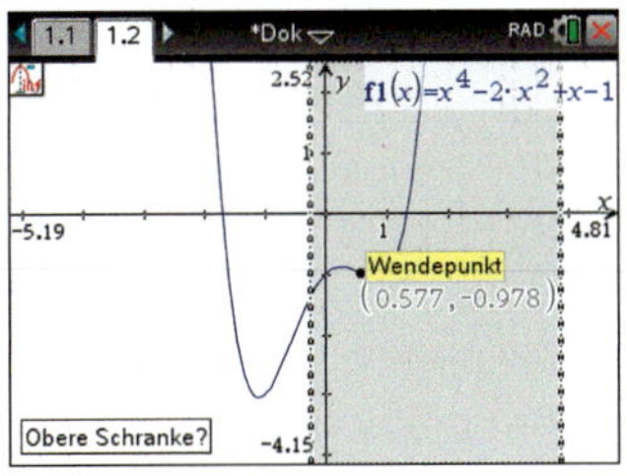

Funktionen mit Parametern untersuchen

GTR CAS

Definieren Sie im ***Calculator*** die Funktion mit mehreren Variablen.

Bei der weiteren Arbeit mit der Funktion sollte man Folgendes beachten:

Die Ableitungsfunktionen dürfen nicht direkt definiert werden, sondern der Term (hier $2x + t$) muss erst berechnet und dann abgespeichert werden.

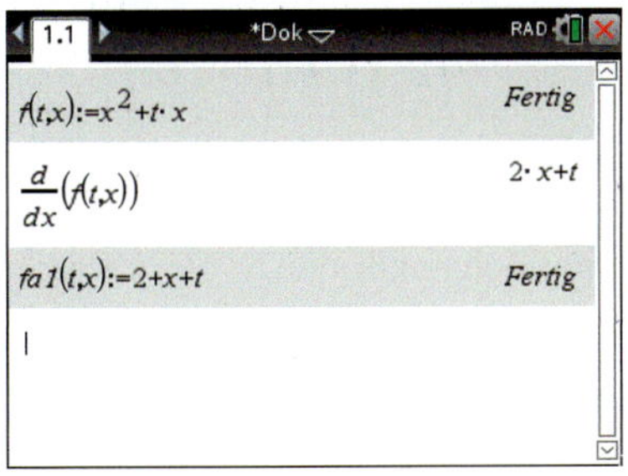

Erstellen Sie im Grafikmenü einen Schieberegler, indem Sie eine Funktion mit Parametern definieren (hier $f(x) = (x - a)^2 + b$).

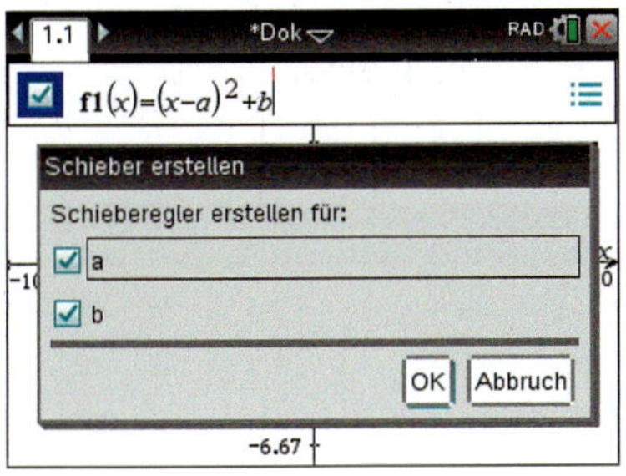

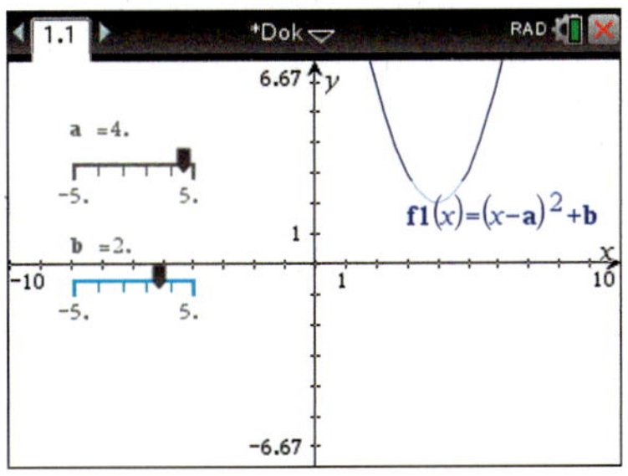

Bewegen Sie den Schieberegler und beobachten Sie die Veränderung des Graphen.

GTR CAS

Bestimmte Integrale berechnen

Wählen Sie im ***Calculator*** im Menü ***Analysis*** den Befehl ***Integral.*** Ergänzen Sie den Funktionsterm, die Integrationsgrenzen und die Integrationsvariablen.

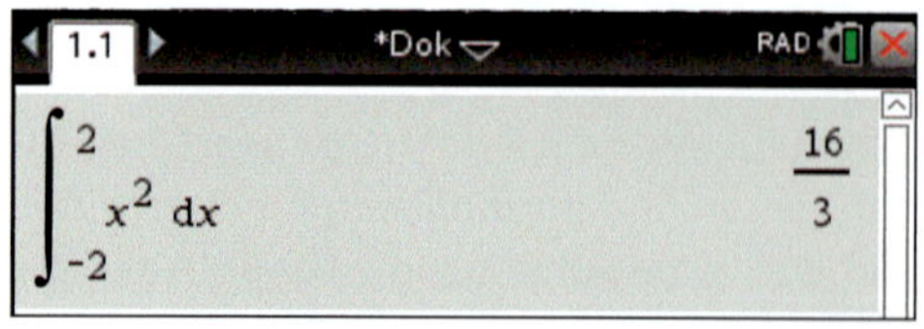

Alternativ können Sie das Integral auch im Bereich ***Graphs*** berechnen. Definieren Sie dazu die Funktion, wählen Sie anschließend im Menü ***Graph analysieren*** den Befehl ***Integral*** und legen Sie den Integrationsbereich fest. Der Rechner zeigt die Fläche zwischen Graph und x-Achse in diesem Bereich an und gibt deren Flächeninhalt an.

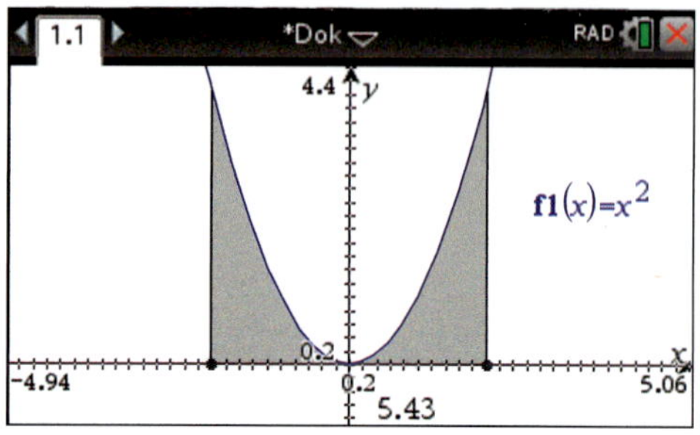

CAS

Stammfunktionen ermitteln

Wählen Sie im ***Calculator*** im Menü ***Analysis*** den Befehl ***Integral.*** Tragen Sie den Funktionsterm sowie die Integrationsvariable ein und lassen Sie die Integrationsgrenzen leer. Der Rechner gibt als Lösung den Term einer Stammfunktion aus.

GTR CAS

Matrizen erzeugen und in Zeilenstufenform umformen

Definieren Sie im Calculator eine Matrix. Wählen Sie dazu im Menü ***Matrix und Vektor*** den Befehl ***Erstellen*** und geben Sie die Anzahl der Zeilen und der Spalten an. Der Rechner erzeugt eine leere Matrix, die Sie mit Zahlen füllen können.

Mit dem Befehl ***ref()*** wird die Zeilenstufenform erzeugt.

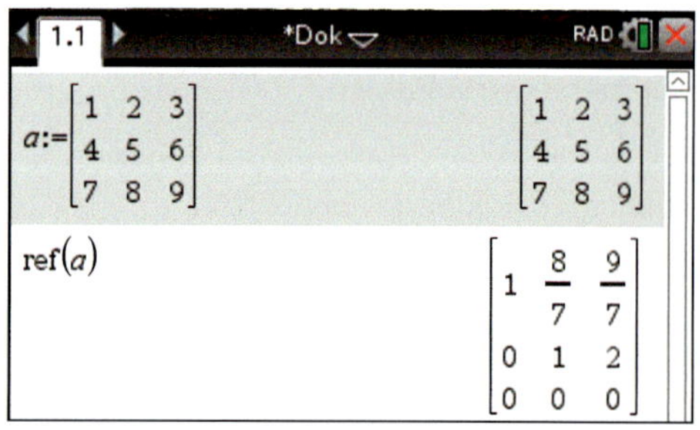

GTR CAS

Lineare Gleichungssysteme mit dem GTR lösen

Gesucht ist die Lösung des Gleichungssystems mit drei Gleichungen und drei Variablen. Erzeugen Sie eine Matrix mit drei Zeilen und vier Spalten und übertragen Sie die Koeffizienten des LGS. Die rechte Spalte enthält die Ergebnisse der Gleichungen.

Mit dem Befehl ***rref()*** bringen Sie die Matrix in die reduzierte Zeilenstufenform und können daraus die Lösungen ablesen.

$$\left|\begin{array}{r} 8y + 3z = -1 \\ -2x + 6y + 3z = -3 \\ x + y - z = -4 \end{array}\right|$$

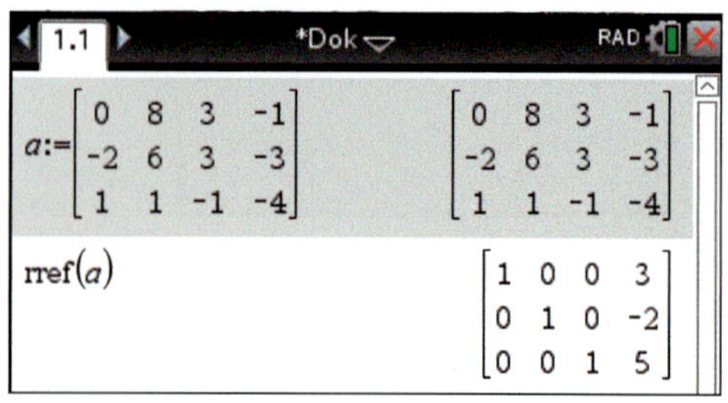

Lösung: $(3|-2|5)$

Gleichungssysteme mit dem CAS lösen

CAS

Wählen Sie im Menü **Algebra** den Punkt ***Gleichungssysteme lösen*** und dann den Befehl ***System linearer Gleichungen lösen (linsolve()).*** Legen Sie die Anzahl der Gleichungen und die Bezeichnung der Variablen fest. Geben Sie nacheinander die Gleichungen ein. Der Rechner liefert die Lösungsmenge. Hat das LGS unendlich viele Lösungen, so werden alle Lösungen mithilfe des Parameters c2 dargestellt. Gibt es keine Lösung, so erscheint eine entsprechende Meldung.

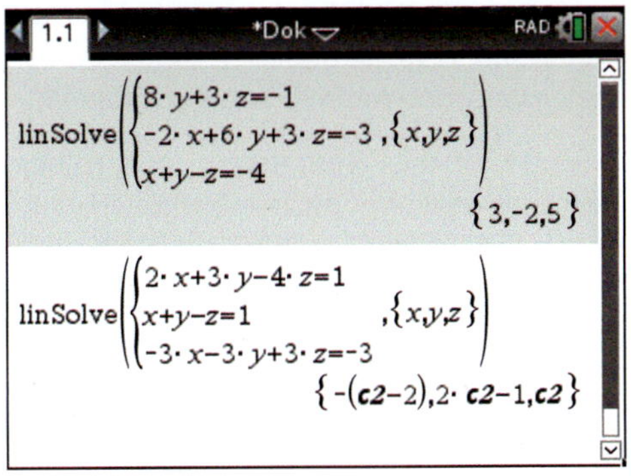

Mit einem CAS können auch Gleichungssysteme mit nichtlinearen Gleichungen gelöst werden. Verwenden Sie dazu den Befehl solve(), geben Sie die Gleichungen ein und definieren Sie die Variablen.

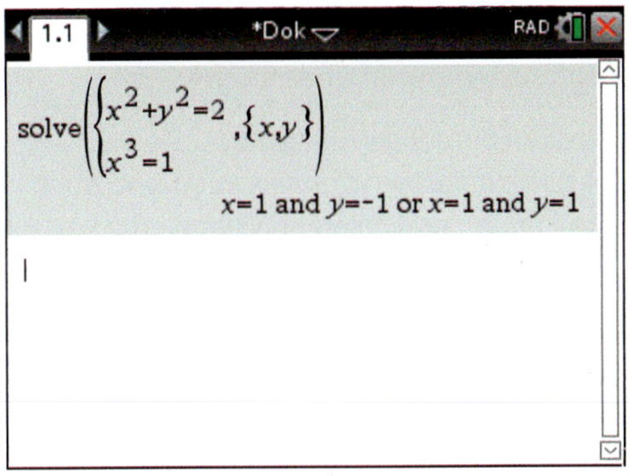

Vektoren definieren

GTR CAS

Erzeugen Sie mit der Vorlage [⊟] einen zweidimensionaler Vektor. Mit der Taste [↵] können Sie weitere Zeilen erzeugen. Tragen Sie die Koordinaten ein.
Sie können Vielfache berechnen und Vektoren addieren. Mit dem Befehl ***norm()*** können Sie den Betrag des Vektors berechnen

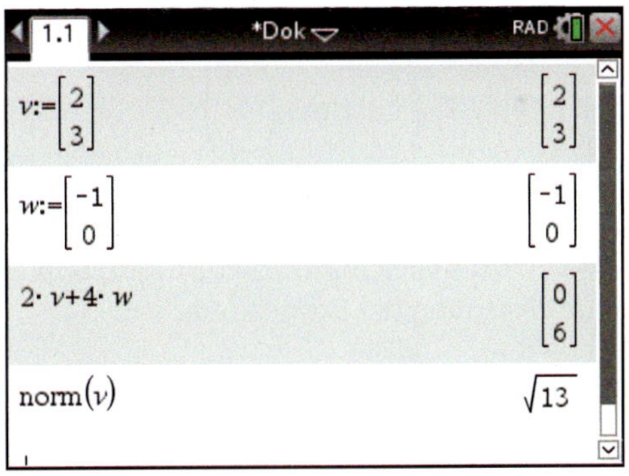

Skalarprodukt und Kreuzprodukt berechnen

GTR CAS

Definieren Sie zwei Vektoren v und w. Mit dem Befehl ***dotp(,)*** wird das Skalarprodukt berechnet. Der Befehl ***cross(,)*** bestimmt das Vektorprodukt.

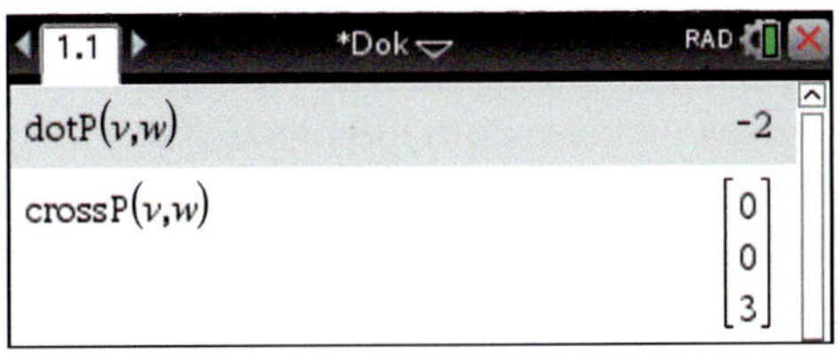

GTR CAS

Geraden und Ebenen definieren

Geraden können als Funktion mit einer Variable definiert werden. Geben Sie die Parametergleichung mithilfe von Vektoren ein.

Analog kann die Parametergleichung einer Ebene als Funktion mit zwei Variablen eingegeben werden.

Durch Einsetzen von Parametern erhalten Sie Vektoren der Gerade oder der Ebene.

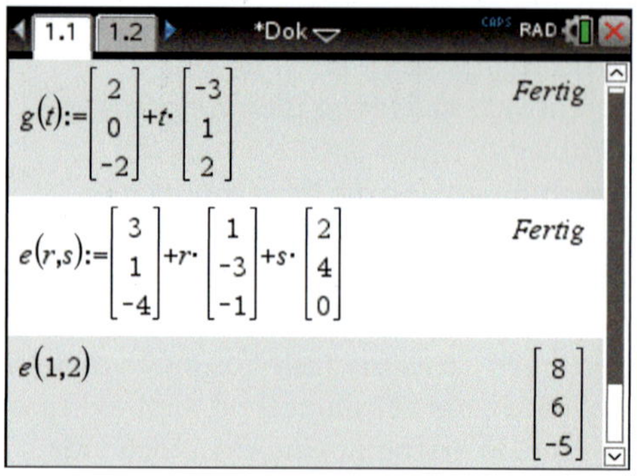

CAS

Lagebeziehungen untersuchen

Mit dem Befehl solve() können Sie Parametergleichungen von Geraden und auch von Ebenen gleichsetzen. Hier ist die Lösung eindeutig. Der Schnittpunkt ergibt sich durch Einsetzen des Parameters t in die Gleichung von g.

Wird die Lösung mit einem Parameter angegeben, so gibt es unendlich viele gemeinsame Punkte.

Analog kann auch die Lage zweier Ebenen untersucht werden. Hier werden die Ebenen e und e2 mit

$\vec{x} = \begin{pmatrix} 4 \\ -2 \\ -5 \end{pmatrix} + l \cdot \begin{pmatrix} 2 \\ 1 \\ 3 \end{pmatrix} + m \cdot \begin{pmatrix} -4 \\ 5 \\ 2 \end{pmatrix}$

betrachtet. Die Lösung enthält einen Parameter. Durch Einsetzen der Lösungen für l und m in die Gleichung von e2 ergibt sich eine Gleichung der Schnittgerade g:

$\vec{x} = \begin{pmatrix} 4 \\ -2 \\ -5 \end{pmatrix} + t \cdot \begin{pmatrix} \frac{11}{3} \\ \frac{31}{6} \\ \frac{5}{2} \end{pmatrix}.$

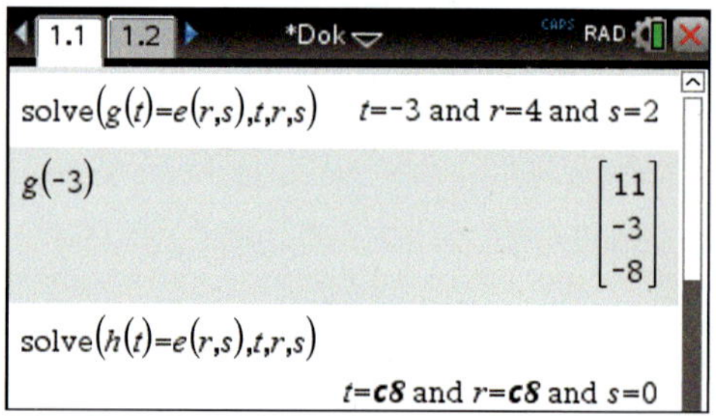

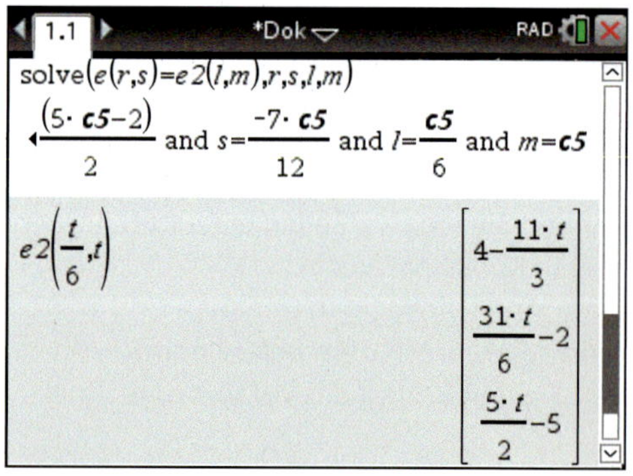

GTR CAS

Wahrscheinlichkeiten binomialverteilter Zufallsgrößen berechnen

Für eine binomialverteilte Zufallsgröße mit n Versuchen und einer Erfolgswahrscheinlichkeit p gibt es die folgenden Befehle.

***binomPdf*(*n*,*p*,*k*)** $= P(X = k)$

***binomCdf*(*n*,*p*,*k*)** $= P(X \leq k)$

***binomCdf*(*n*,*p*,*a*,*b*)** $= P(a \leq X \leq b)$

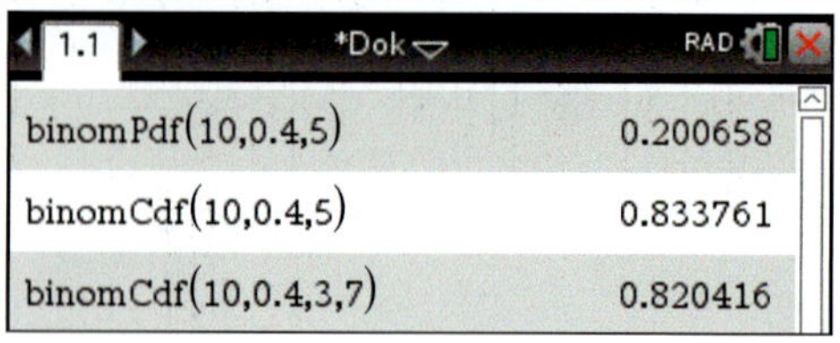

Zufallszahlen erzeugen

GTR CAS

Im *Calculator* kann mit dem Befahl ***rand()*** eine zufällige Zahl zwischen 0 und 1 erzeugt werden. Der Befehl ***randInt(a,b)*** erzeugt eine zufällige ganze Zahl aus dem Intervall [a; b]. Durch Eingabe eines weiteren Arguments n wird eine Liste mit n Zufallszahlen erzeugt.

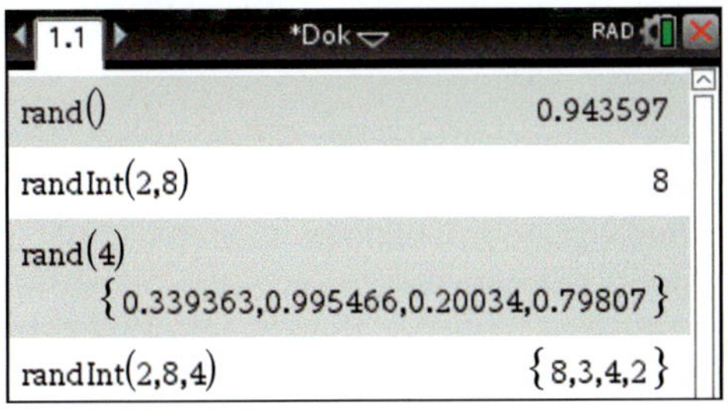

Erwartungswert und Standardabweichung berechnen

GTR CAS

Definieren Sie eine Liste mit den Werten k und eine Liste mit den Wahrscheinlichkeiten P(X = k). Mit dem Befehl ***sum()*** können Sie die Produkte k · P(X = k) aufsummieren und so den Erwartungswert berechnen. Definieren Sie diesen als Variable und geben Sie damit die Formel für die Standardabweichung oder die Varianz ein.

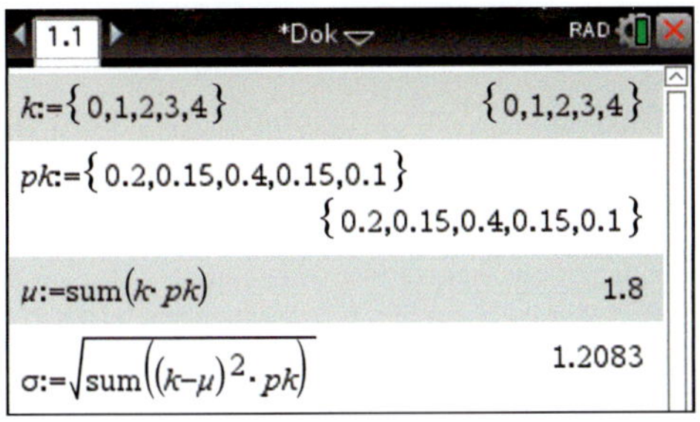

Zufallsgrößen in Tabellen erfassen und auswerten

GTR CAS

Zu einer gegebenen Zufallsgröße sollen der Erwartungswert berechnet und ein Histogramm erzeugt werden.

k	0	1	2	3	4
P(X = k)	0,2	0,15	0,4	0,15	0,1

Im Fenster ***Lists&Spreadsheets*** können Sie die Zufallsgröße in einer Tabelle erfassen.

1. Spalte: Werte der Zufallsgröße eintragen oder mit ***seq(n,n,0,4,1)*** erzeugen
2. Spalte: Wahrscheinlichkeiten manuell eintragen
3. Spalte: Produkte k · P(X = k) mit dem Befehl ***seq(k[i]*p[i],i,1,5,1)*** erzeugen

Berechnen Sie die den Erwartungswert als Summe dieser Produkte in Zelle D1 mit dem Befehl ***=sum(kp).***

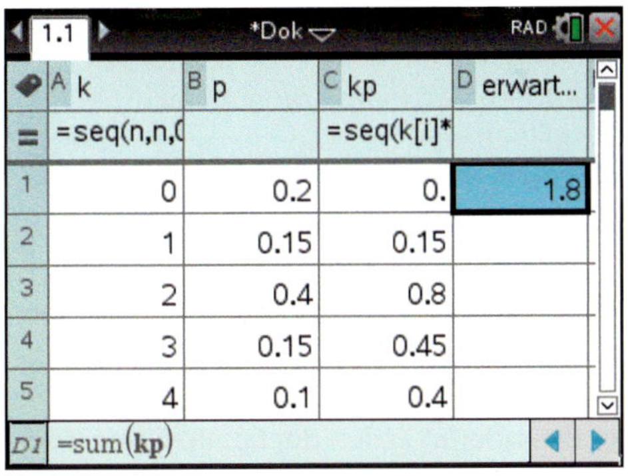

Zur grafischen Darstellung wählen Sie im Menü unter Daten den Befehl Ergebnisdiagramm. Legen Sie als X-Liste die Werte und als Ergebnisliste die Wahrscheinlichkeiten fest.

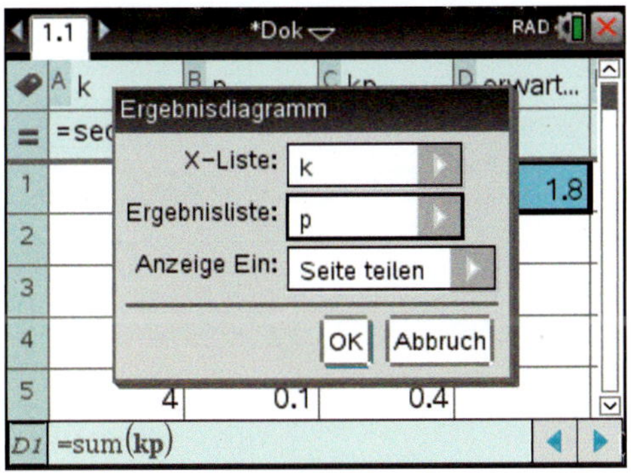

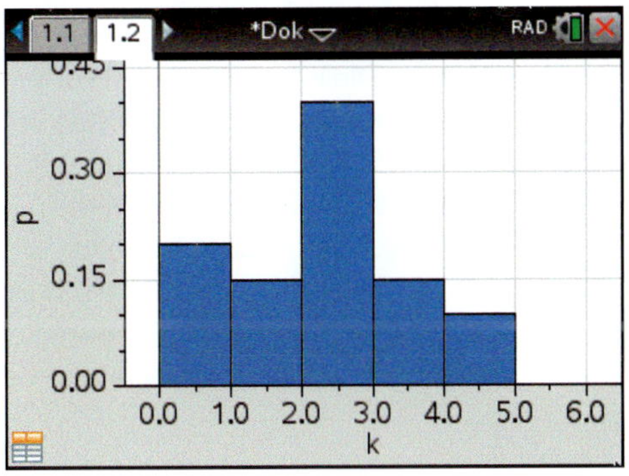

Anleitungen zu Tabellenkalkulationen

Hier finden Sie einen kurzen Überblick über wichtige Funktionen und Prinzipien einer Tabellenkalkulation.

Hinweis:
Neben Zahlen können auch Zellen oder Bereiche von Zellen als Argumente eingegeben werden.
=SUMME(C1;C4) berechnet C1 + C4 und =***SUMME(C1:C4)*** berechnet C1 + C2 + C3 + C4.

Formeln in Zellen eingeben

Jede Zelle einer Tabelle ist durch ihre Zeile und ihre Spalte festgelegt (C3 in Spalte C und Zeile 3). Formeln werden in Zellen immer mit einem ***Gleichheitszeichen*** = begonnen.

Funktionen

=SUMME()	Summe von zwei oder mehr Zahlen
=Max(); =Min()	größter oder kleinster Wert in einem Bereich
=MITTELWERT()	arithmetisches Mittel einer Datenreihe
=GANZZAHL()	Rundet eine Zahl auf die nächstkleinere ganze Zahl ab
=WENN()	Überprüft eine Bedingung und gibt wahr oder falsch zurück
=ZÄHLENWENN()	Zählt die Zellen in einem Bereich, die ein Kriterium erfüllen
=ZUFALLSZAHL()	Zufallszahl zwischen 0 und 1
=ZUFALLSBEREICH	ganze Zufallszahl aus einem Bereich
=BINOM.VERT()	Einzel- oder kumulierte Wahrscheinlichkeit zu einer binomialverteilten Zufallsgröße
=BINOM.VERT.BEREICH()	Intervallwahrscheinlichkeit zu einer binomialverteilten Zufallsgröße

Formeln/Zellen kopieren

Beim Kopieren von Zellen mit Formeln muss der Unterschied zwischen relativen und absoluten Zellverweisen beachtet werden. Angaben wie A2 sind relative Bezüge. Beim Kopieren passen sich Zeilen-und Spaltennummer an die neue Zelle an. Absolute Bezüge wie $A$1 verändern sich beim Kopieren nicht.

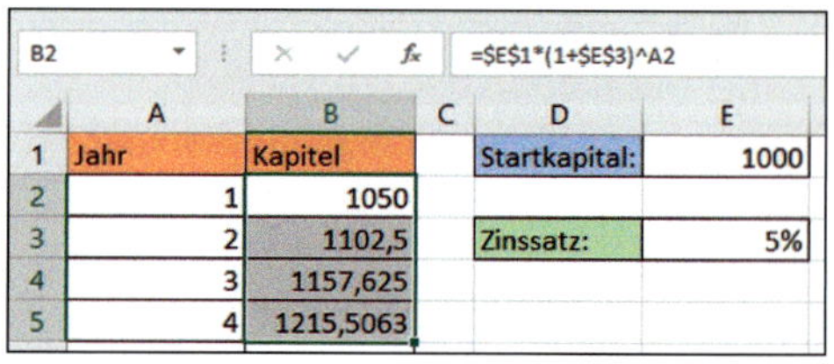

B2 | =$E$1*(1+$E$3)^A2

	A	B	C	D	E
1	Jahr	Kapitel		Startkapital:	1000
2	1	1050			
3	2	1102,5		Zinssatz:	5%
4	3	1157,625			
5	4	1215,5063			

In Spalte B wird das Kapital nach n Jahren mit der Formel $K(n) = 1000 \cdot (1 + 0{,}05)^n$ berechnet. Der Zinssatz $E$3 und das Startkapital $E$1 sind fest und daher mit absoluten Zellbezügen. Der Exponent A2 ist abhängig vom Jahr (also der Zeile) und wird als relativer Zellbezug erzeugt. Durch Ziehen der Zelle an der unteren rechten Ecke wird die Formel in die anderen Zellen der Spalte B übertragen.

Hinweis:
Mit dem Befehl =***ABS()*** wird der Betrag einer Zahl ermittelt.

Simulation von Zufallsgrößen

Mit der Tabelle wird das Würfeln mit zwei Würfeln simuliert. Die Ergebnisse der Würfe werden mit =***ZUFALLSBEREICH(1,6)*** als Zufallszahlen in den Spalten A und B simuliert. In Spalte C wird der Unterschied als Betrag der Differenz berechnet =***ABS(A2-B2).*** In Zelle F1 wird gezählt, wie oft der Unterschied gleich 3 ist. Die Bedingung wird dabei in Anführungszeichen eingegeben. Mit dem Befehl =***(ZÄHLENWENN(C2:C20,">3"))*** wird in Zelle F3 gezählt, wie oft der Unterschied größer als 3 ist.

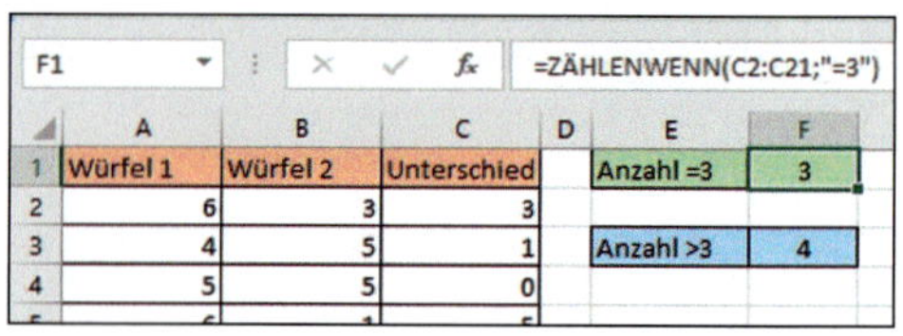

F1 | =ZÄHLENWENN(C2:C21;"=3")

	A	B	C	D	E	F
1	Würfel 1	Würfel 2	Unterschied		Anzahl =3	3
2	6	3	3			
3	4	5	1		Anzahl >3	4
4	5	5	0			

10. Anhang

Lösungen zu
- Ihr Fundament
- Prüfen Sie Ihr neues Fundament

Bildquellenverzeichnis
Stichwortverzeichnis

Lösungen zu Kapitel 1: Fortsetzung der Differenzialrechnung

Ihr Fundament (S. 6/7)

S. 6, 1.
a) $L = \{(1|0)\}$ b) $L = \{(2{,}5|4{,}5)\}$
c) $L = \{(-7|16)\}$ d) $L = \{(2{,}5|-0{,}5)\}$

S. 6, 2.
a) $L = \{(5|5)\}$ b) $L = \left\{\left(\frac{1}{8}\middle|\frac{1}{2}\right)\right\}$
c) $L = \{(3|16)\}$ d) $L = \{\,\}$

S. 6, 3.
a) $L = \{(10|-5)\}$ b) $L = \left\{\left(-\frac{11}{3}\middle|-\frac{41}{6}\right)\right\}$
c) $L = \{(3|16)\}$ d) $L = \left\{\left(-\frac{2}{3}\middle|4\right)\right\}$

S. 6, 4.
a) $L = \{(-12|-18)\}$ b) $L = \left\{\left(\frac{9}{2}\middle|-2\right)\right\}$
c) $L = \{(5|0)\}$ d) $L = \{(4|2)\}$

S. 6, 5.
a) unendlich viele Lösungen
b) unendlich viele Lösungen
c) genau eine Lösung
d) keine Lösung

S. 6, 6.
a) Die beiden Zahlen lauten 46 und 4.
b) Die beiden Zahlen lauten 8 und 17.
c) Alle Zahlen x und y, deren Summe 23 ist. Also $L = \{(x|y)\,|\,x + y = 23\}$.

S. 6, 7.
x: Preis pro kWh in €; y: Grundgebühr in €
$x \cdot 203 + y = 39{,}16$
$x \cdot 267 + y = 49{,}40$
Lösen des linearen Gleichungssystems ergibt eine Grundgebühr von 6,68 € und einen Preis pro kWh von 0,16 €.

S. 6, 8.
a) Grad: 3; Koeffizienten: $a_3 = -1$; $a_2 = 5$; $a_1 = 4$; $a_0 = 1$
$f(1) = 9$, $f(-1) = 3$
P und Q liegen auf dem Graphen von f.
b) Grad: 5; Koeffizienten: $a_5 = 2$; $a_4 = 0$; $a_3 = 0$; $a_2 = -1$; $a_1 = 7$; $a_0 = -5$
$f(1) = 3$, $f(-1) = -15$
P und Q liegen nicht auf dem Graphen von f.
c) Grad: 3; Koeffizienten: $a_3 = 6$; $a_2 = -4a$; $a_1 = 1$; $a_0 = 4a$
$f(1) = 7$, $f(-1) = -7$
P liegt nicht auf dem Graphen von f, Q schon.

S. 6, 9.
a) Für $x \to \infty$ gilt $f(x) \to \infty$, für $x \to -\infty$ gilt $f(x) \to -\infty$.
Der Graph ist punktsymmetrisch zum Ursprung.
b) Für $x \to \infty$ gilt $f(x) \to -\infty$, für $x \to -\infty$ gilt $f(x) \to \infty$.
Der Graph ist weder punktsymmetrisch zum Ursprung noch achsensymmetrisch zur y-Achse.
c) Für $x \to \infty$ und für $x \to -\infty$ gilt $f(x) \to \infty$.
Der Graph ist achsensymmetrisch zur y-Achse.

S. 6, 10.
a) $x_1 = 4$; $x_2 = -5$ b) $x_1 = 0$; $x_2 = -1$; $x_3 = 0{,}5$
c) $x_1 = 0$; $x_2 = 0{,}5$ d) $x_1 = 0$; $x_2 = 4$
e) $x_1 = 0$; $x_2 = 2$; $x_3 = -3$ f) $x_1 = 0$; $x_2 = -\frac{4}{3}$
g) $x_1 = 2$; $x_2 = -2$; $x_3 = 1$; $x_4 = -1$
h) $x_1 = 3$; $x_2 = -3$; $x_3 = 1$; $x_4 = -1$
i) $x_1 = \sqrt{5}$; $x_2 = -\sqrt{5}$

S. 7, 11.
a) streng monoton steigend für $-2 < x < 0$ und $x > 1$, streng monoton fallend für $x < -2$ und $0 < x < 1$.
b) $H(0|0)$, $T_1(-2|-2{,}7)$, $T_2(1|-0{,}4)$
lokales Maximum: 0; lokale Minima: −2,7 und −0,4
c) Das globale Minimum ist das kleinere lokale Minimum: −2,7. Ein globales Maximum existiert nicht, da $f(x) \to \infty$ für $x \to \pm\infty$.

S. 7, 12.
a) $f(x) = 5(x-2)(x-4)^2$
b) $f(x) = -\frac{1}{2}(x+1)^2x^3$
c) $f(x) = -3(x-1)(x+3)^4$

S. 7, 13.
a) $f'(x) = 6x$ b) $f'(x) = -8x^3$
c) $f'(x) = -\frac{3}{x^4}$ d) $f'(x) = \frac{10}{x^3}$
e) $f'(x) = 15x^2 - 2$ f) $f'(x) = 32x^3 + 6x - 7$
g) $f'(x) = \frac{1}{\sqrt{x}} - 12x^3$ h) $f'(x) = \frac{-27x^2}{2\cdot\sqrt{x^3}} - \frac{1}{2\cdot\sqrt{x^3}}$
i) $f'(x) = \cos(x) - 2\sin(x)$

S. 7, 14.
a) $t(x) = 6x - 5$ b) $t(x) = 3x + 3$ c) $t(x) = 3\pi - x$

S. 7. 15.

Graph von f	a)	b)	c)
steigend	$x > -1$	$-2 < x < 1$ und $x > 3$	auf ganz $\mathbb{R}$
fallend	$x < -1$	$x < -2$ und $1 < x < 3$	–
Hochpunkte	–	bei $x = 1$	–
Tiefpunkte	bei $x = -1$	bei $x = -2$ und $x = 3$	–
Sattelpunkte	bei $x = 2$	–	bei $x = -1$ und $x = 2$

S. 7, 16.
a) $T(2|-2)$ b) $H\left(1\middle|\frac{4}{3}\right)$ $T(3|0)$
c) $S(2|8)$ d) $T\left(3\middle|-\frac{15}{4}\right)$ $S(0|3)$

S. 7, 17.
a) $\frac{f(4) - f(1)}{3} = 51$
Durchschnittlich nimmt die Useranzahl um 51 000 Personen pro Monat zu.
b) $f'(x) = 3x^2 - 48x + 150$; $f'(3) = 33$
Genau im dritten Monat kommen 33 000 Nutzer der App hinzu.
c) lokales Minimum ca. $T(11{,}74|171{,}2)$; globales Minimum am Rand des Definitionsbereichs: $P(0|100)$. Bei $t = 0$ war die Nutzerzahl am geringsten.

Prüfen Sie Ihr neues Fundament (S. 50/51)

S. 50, 1.
Es gilt stets $x + y = 10$ bzw. $y = 10 - x$.
a) $p(x) = x \cdot y = 10x - x^2$
$p'(x) = 10 - 2x$
$p'(x) = 0 \Rightarrow x = 5$
$p''(x) = -2 < 0$
Das Produkt ist für die Summanden 5 und 5 am größten.
b) $s(x) = x^2 + (10 - x)^2 = 2x^2 - 20x + 100$
$s'(x) = 4x - 20$
$s'(x) = 0 \Rightarrow x = 5$
$s''(x) = 4 > 0$
Die Summe der Quadrate ist für die Summanden 5 und 5 am kleinsten.
c) $d(x) = x^2 - (10 - x)^2 = 20x - 100$
$d'(x) = 20 > 0$
Es gibt keinen Extremwert.
d) $d(x) = x^3 - (10 - x)^3 = 2x^3 - 30x^2 + 300x - 1000$
$d'(x) = 6x^2 - 60x + 300$
$d'(x) = 0$ hat keine Lösung.
Es gibt keinen Extremwert.

S. 50, 2.
a)
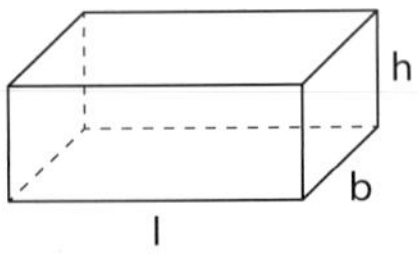

b : Länge der kürzeren Grundseite (in m)
l: Länge der längeren Grundseite (in m); $l = 2b$
h: Höhe des Bassins (in m)
Nebenbedingung:
$V = b \cdot l \cdot h = 32 \Rightarrow 32 = 2b^2 \cdot h \Rightarrow h = \frac{16}{b^2}$
Zielfunktion:
$A = 2b^2 + 6bh$
$A(b) = 2b^2 + \frac{96}{b}$ $(b > 0)$
b) $A'(b) = 4b - \frac{96}{b^2}$
Aus $A'(b) = 0$ folgt $b^3 = 24$ und damit $b = \sqrt[3]{24} \approx 2{,}88$.
$A''(b) = 4 + \frac{192}{b^3}$
$A''(\sqrt[3]{24}) = 12 > 0 \Rightarrow b = \sqrt[3]{24}$ ist lokale Minimumstelle.
Da $A(b) \to \infty$ für $b \to 0$ mit $b > 0$ und für $b \to \infty$ gilt, ist das einzige lokale Minimum an der Stelle $b = \sqrt[3]{24}$ auch das globale Minimum.
Das Bassin ist ca. 2,88 m breit, 5,77 m lang und 1,92 m hoch.

S. 50, 3.
a) Flächeninhalt: $A = \frac{1}{2} g \cdot h$
Nebenbedingungen: $g = a - 0 = a$ und $h = f(a)$
Zielfunktion: $A(a) = \frac{1}{2} a \cdot f(a) = -\frac{1}{16}a^4 + a^2$
a liegt zwischen der y-Achse und der positiven Nullstelle von f.
$f(x) = -\frac{1}{8}x(x^2 - 16) = 0$ ergibt $x_1 = 0$, $x_2 = 4$ und $x_3 = -4$.
Definitionsbereich von A: $0 \le a \le 4$
b) $A'(a) = -\frac{1}{4}a^3 + 2a$
$A'(a) = -\frac{1}{4}a(a^2 - 8) = 0$ ergibt $a_1 = 0$, $a_2 = \sqrt{8} \approx 2{,}83$ und $a_3 = -\sqrt{8}$.
$A''(a) = -\frac{3}{4}a^2 + 2$
$A''(0) = 2 > 0$, also lokales Minimum bei 0
$A''(\sqrt{8}) = -4 < 0$, also lokales Maximum bei $\sqrt{8}$;
$A(\sqrt{8}) = 4$
Randwerte: $A(0) = 0$ und $A(4) = 0$, also kein Randmaximum
Das lokale Maximum 4 bei $a = \sqrt{8}$ ist auch globales Maximum.
Der Flächeninhalt wird für $a = \sqrt{8} \approx 2{,}83$ mit 4 FE maximal.

S. 50, 4.
zu a), b) und d) $f(x) = ax^3 + bx^2 + cx + d$
a) $f(5) = 18$ $\quad a \cdot 5^3 + b \cdot 5^2 + c \cdot 5 + d = 18$
b) $f(0) = 3$ $\quad a \cdot 0^3 + b \cdot 0^2 + c \cdot 0 + d = 3$
c) $f(x) = ax^4 + bx^3 + cx^2 + dx + e$
$f(5) = 0$ und $f'(5) = 0$
$a \cdot 5^4 + b \cdot 5^3 + c \cdot 5^2 + d \cdot 5 + e = 0$
$4 \cdot a \cdot 5^3 + 3 \cdot b \cdot 5^2 + 2 \cdot c \cdot 5 + d = 0$
d) $f(3) = -1$ und $f'(3) = 4$
$a \cdot 3^3 + b \cdot 3^2 + c \cdot 3 + d = -1$
$3 \cdot a \cdot 3^2 + 2 \cdot b \cdot 3 + c = 4$

S. 50, 5.
① $f(x) = x^3 - x$
② $f(x) = \frac{5}{9}x^3 - \frac{5}{3}x^2$
③ $f(x) = -\frac{3}{125}x^4 + \frac{4}{25}x^3$
④ $f(x) = \frac{1}{27}x^4 - \frac{2}{3}x^2 + 3$

S. 51, 6.
Die Flugbahn lässt sich modellieren mithilfe der Funktion f mit $f(x) = -0{,}054x^2 + x + 2{,}2$. Der Graph von f hat den Hochpunkt $H(9{,}26 \mid 6{,}83)$. Die Halle muss für den Wurf mindestens 6,83 m hoch sein.

S. 51, 7.
① $a = -1{,}04$ ② $a = -0{,}6$ ③ $a = -\frac{7}{11}$
④ $a = -3$ ⑤ $a_1 = 0$ und $a_2 = -\frac{1}{3}$
⑥ keine Lösung, Funktionen dritten Grades haben immer mindestens eine Nullstelle.

S. 51, 8.
a) $f_a(x) = ax^3 - 3ax + 4$ mit $a \in \mathbb{R}$; $a \neq 0$
b) Individuelle Lösungen; z. B. ergibt die Eigenschaft, dass der Graph den Punkt $P(2 \mid 6)$ enthält, $a = 1$ und $f_1(x) = x^3 - 3x + 4$.
c) $f_a'(x) = 3ax^2 - 3a$ $\quad f_a'(-2) = 9a \neq 0$, da $a \neq 0$
Es gibt keine Lösung mit einem weiteren Extrempunkt bei $x = -2$.

S. 51, 9.
a) $f_a'(x) = x^2 + (2a - 1) - 2a$ $\quad f_a''(x) = 2x + 2a - 1$
$f_a''(1) = 1 + 2a$, also nur für $a > -0{,}5$ TP bei $x = 1$.
b) $f_a(0) = 0$ und $f_a(2) = \frac{2}{3}$ für alle Werte von a.

S. 51, 10.

$f_a'(x) = \frac{3}{2a^3}x^2 - \frac{3}{a^2}x = 0 \quad f_a''(x) = \frac{3}{a^3}x - \frac{3}{a^2}$

$f_a'(x) = 0$ für $x = 0$ und $x = 2a$.

$f_a''(0) < 0$: Hochpunkt; $f_a''(2a) > 0$: Tiefpunkt

y-Koordinate des Tiefpunkts: $f(2a) = -2$

S. 51, 11.

a) $a = 3$ ergibt die Nullstellen $x_1 = -3$ und $x_2 = 3$.

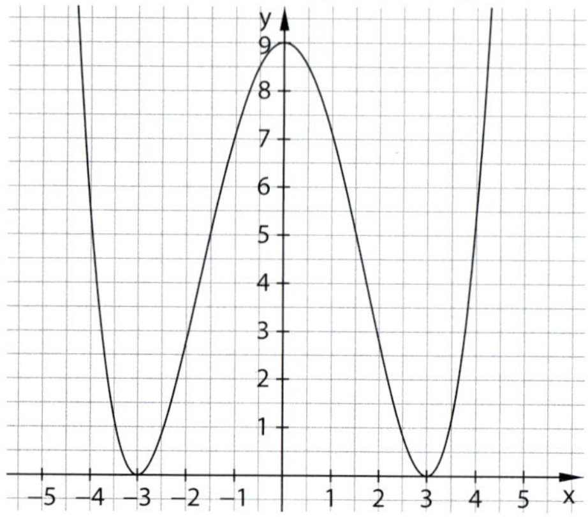

b) $a = \sqrt{8} \approx 2{,}83$

c) $f_a'(x) = \frac{4x^3}{a^2} - 4x \qquad f_a''(x) = \frac{12x^2}{a^2} - 4$

Die Wendepunkte sind $W_1\left(\frac{a}{\sqrt{3}} \middle| \frac{4}{9}a^2\right)$ und $W_2\left(-\frac{a}{\sqrt{3}} \middle| \frac{4}{9}a^2\right)$.

$f_a\left(\frac{1}{\sqrt{3}}\right) = 2{,}5$ ergibt den Wert $a = \frac{3}{2}\sqrt{2{,}5} \approx 2{,}37$.

d) $2 \cdot \frac{a}{\sqrt{3}} = \frac{4}{9}a^2$ ergibt $a = \frac{3}{2}\sqrt{3}$. Für $a = \frac{3\sqrt{3}}{2} \approx 2{,}60$ hat das Tor eine quadratische Fläche.

S. 51, 12.

a) $f(x) = \frac{3}{6250}x^3 - 0{,}9$

b) Die Breite des Gebäudes (12 m) entspricht nicht dem Abstand der Begrenzungslinien in y-Richtung.

Lösungen zu Kapitel 2: Exponentialfunktionen und Wachstum

Ihr Fundament (S. 54/55)

S. 54, 1.

a) Faktor 3, also $B(3) = 3 \cdot B(2) = 54$, $B(5) = 9 \cdot B(3) = 486$

b) Faktor 0,5, also $B(3) = 0{,}5^2 \cdot B(1) = 100$, $B(5) = 0{,}5^2 \cdot B(3) = 25$ und $B(7) = 0{,}5^2 \cdot B(5) = 6{,}25$

S. 54, 2.

a) lineares Wachstum, denn $B(2) - B(1) = B(3) - B(2) = 2$ und $B(5) - B(3) = B(7) - B(5) = 4 = 2 \cdot 2$

b) exponentielles Wachstum, denn $\frac{B(2)}{B(1)} = \frac{B(3)}{B(2)} = \frac{B(4)}{B(3)} = \frac{1}{2}$ und $B(6) = \frac{1}{64} = \frac{1}{16} \cdot \frac{1}{4} = B(4) \cdot \left(\frac{1}{2}\right)^2$

S. 54, 3.

a) exponentielles Wachstum mit Wachstumsfaktor 0,8

b) kein exponentielles Wachstum, sondern lineares Wachstum, da Zunahme konstant 50 €/Monat

c) exponentielles Wachstum mit Wachstumsfaktor 7

d) exponentielles Wachstum mit Wachstumsfaktor $\sqrt{2}$

S. 54, 4.

a) $B(0) = 4{,}4$ (in Mrd.),
Wachstumsfaktor $1 + 1{,}7\,\% = 1{,}017$
$B(n) = 4{,}4 \cdot 1{,}017^n$ (n in Jahren)
im Jahr 2000: $B(20) \approx 6{,}2$ Mrd.
im Jahr 2017: $B(37) \approx 8{,}2$ Mrd.
im Jahr 2018: $B(38) \approx 8{,}3$ Mrd.

b) Der Wert im Jahr 2000 entspricht ungefähr der Prognose. Die Bevölkerungszahlen in den Jahren 2017 und 2018 sind jeweils etwa 700 Mio. geringer als in der Prognose.

c) $\frac{7{,}6}{7{,}5} = 1{,}01\overline{3}$
Die Bevölkerung ist um etwa 1,3 % gewachsen.

S. 54, 5.

① $l(x) = \left(\frac{3}{4}\right)^x$ ② $k(x) = \left(\frac{1}{2}\right)^x$ ③ $j(x) = 0{,}2^x$

④ $g(x) = 3{,}1^x$ ⑤ $f(x) = 2^x$ ⑥ $h(x) = 1{,}3^x$

S. 54, 6.

a) steigend; $S_y(0|2)$ b) fallend; $S_y(0|4)$

c) fallend; $S_y(0|-3)$ d) steigend; $S_y(0|-0{,}2)$

S. 54, 7.

a) 5, denn $2^5 = 32$ b) 3, denn $10^3 = 1000$

c) 0, denn $7^0 = 1$ d) −2, denn $4^{-2} = \frac{1}{16}$

S. 54, 8.

a) $x = \log_2(128) = 7$ b) $x = \lg(350) \approx 2{,}54$

c) $x = \log_{1,1}(220) \approx 56{,}59$ d) $x = \log_{0,9}(21) \approx -28{,}90$

e) $x = \log_{1,2}(90) \approx 24{,}68$ f) $x = \log_2(3) \approx 1{,}58$

g) $x = \log_{2,2}(5) \approx 2{,}04$ h) keine Lösung

S. 54, 9.

a)

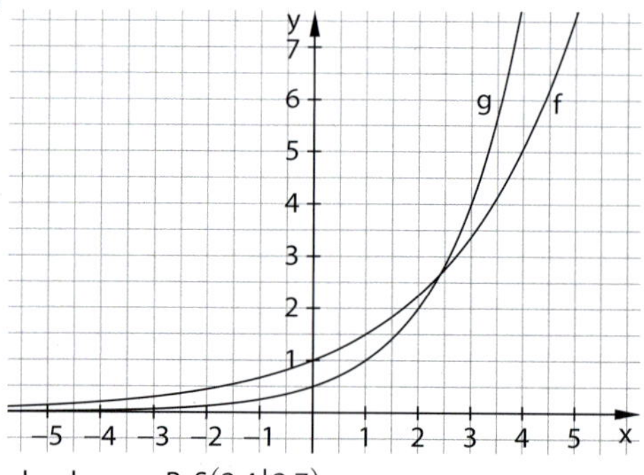

abgelesen z. B. $S(2{,}4|2{,}7)$

b) $\left(\frac{1{,}5}{2}\right)^x = 0{,}5 \Rightarrow x = \log_{0,75}(0{,}5) \approx 2{,}41 \quad S(2{,}41|2{,}66)$

S. 55, 10.

a) $g(x) = \left(\frac{1}{3}\right)^x$ b) $g(x) = 5^x$ c) $g(x) = 4^x$ d) $g(x) = \left(\frac{2}{3}\right)^x$

S. 55, 11.

$f(x) = a \cdot b^x$

a) $b = \frac{750}{1500} = 0{,}5 \qquad f(x) = 1500 \cdot 0{,}5^x$

b) $b = \sqrt[5]{\frac{4{,}8}{1{,}6}} = \sqrt[5]{3} \approx 1{,}246 \qquad f(x) = 1{,}6 \cdot 1{,}246^x$

c) $b = \sqrt[3]{\frac{4}{32}} = 0{,}5 \qquad f(x) = 32 \cdot 0{,}5^x$

d) $b = \left(\frac{3{,}6}{2{,}4}\right) = 2{,}25 \qquad f(x) = 2{,}4 \cdot 2{,}25^x$

S. 55, 12.

a) Aus $a = 5$ und $5 \cdot b^1 = 7{,}5$ folgt $b = 1{,}5$, also $f(x) = 5 \cdot 1{,}5^x$.

b) Aus $a \cdot b^2 = 75$ und $a \cdot b^6 = 46\,875$ folgt $b^4 = \frac{46\,875}{75}$ und $b = 5$ sowie $a = 3$, also $f(x) = 3 \cdot 5^x$.

c) Aus $a \cdot b^{-3} = 16$ und $a \cdot b^2 = 0{,}5$ folgt $b^5 = \frac{0{,}5}{16}$ und $b = 0{,}5$ sowie $a = 2$, also $f(x) = 2 \cdot 0{,}5^x$.

S. 55, 13.

① $f(x) = 2 \cdot 1{,}5^x$ ② $f(x) = -1 \cdot 2^x$ ③ $f(x) = -3 \cdot 0{,}5^x$

S. 55, 14.

a) $f(x) = 4 \cdot 2^x$ b) nicht exponentiell

c) $f(x) = 10 \cdot 0{,}2^x$

S. 55, 15.

Es gilt 60 mm = 4 · 15 mm. Also verändert sich die Intensität auf das $\left(\frac{1}{2}\right)^4 = \frac{1}{16}$-Fache. Sie sinkt auf 6,25 % des Ausgangswerts.

S. 55, 16.

a) $f(t) = 150 \cdot 1{,}2^t$

b) $f(t) = 150 \cdot 1{,}2^{\frac{t}{60}} \approx 150 \cdot 1{,}00304^t$

c) $f(t) = 150 \cdot 1{,}2^{24t} \approx 150 \cdot 79{,}5^t$

S. 55, 17.

a) $x^2 + 6x - 7 = 0$, also $x = 1$ oder $x = -7$

b) $3x + 9 = 4x - 8$, also $x = 17$

c) $x \cdot (x^2 + 6x + 9) = 0$, also $x = 0$ oder $x = -3$

d) $x + 1 = \frac{1}{4}$ oder $x + 1 = -\frac{1}{4}$, also $x = -\frac{3}{4}$ oder $x = -\frac{5}{4}$

S. 55, 18.

a) $s = v \cdot t$ und $t = \frac{s}{v}$ b) $r = \sqrt{\frac{V}{\pi h}}$

c) $B = G \cdot \frac{b-f}{h}$ und $b = \frac{Bf}{G} + f$

d) $a = \frac{2A}{h} - c$ und $h = \frac{2A}{a+c}$

S. 55, 19.

Nebenbedingung: $x + y = 8$

① $x \cdot y$ maximal/minimal $f(x) = x(8 - x) = 8x - x^2$

$f'(x) = 8 - 2x$ $f''(x) = -2$

Maximum bei $x = 4$ ($f'(4) = 0$ und $f''(4) < 0$) und $y = 4$

② $x^2 + y^2$ maximal/minimal $f(x) = x^2 + (8 - x)^2$

$f'(x) = 4x - 16$ $f''(x) = 4$

Minimum bei $x = 4$ ($f'(4) = 0$ und $f''(4) > 0$) und $y = 4$

Prüfen Sie Ihr neues Fundament (S. 82/83)

S. 82, 1

a) $f'(x) = -10(3 - 2x)^4$ b) $f'(x) = -3e^{2-3x}$

c) $f'(x) = -\frac{x}{\sqrt{1-x^2}}$ d) $f'(x) = \frac{x-1}{\sqrt{(1-x)^2}}$

S. 82, 2.

a) $f'(x) = -3e^x$ $f''(x) = -3e^x$

b) $f'(x) = -e^{2x}$ $f''(x) = -2e^{2x}$

c) $f'(t) = -4e^{-t+1}$ $f''(t) = 4e^{-t+1}$

d) $f'(x) = 5e^x$ $f''(x) = 5e^x$

e) $f'(x) = 2e^{\frac{1}{2}x}$ $f''(x) = e^{\frac{1}{2}x}$

f) $f'(x) = -25e^{5x+3}$ $f''(x) = -125e^{5x+3}$

g) $f'(t) = 8e^{-2t}$ $f''(t) = -16e^{-2t}$

h) $f'(x) = e^x + 2e^{-2x}$ $f''(x) = e^x - 4e^{-2x}$

S. 82, 3.

a) $f(x) = e^{\ln(3) \cdot x}$; $f'(x) = \ln(3)\,e^{\ln(3) \cdot x} = \ln(3) \cdot 3^x$

b) $f(x) = -3e^{\ln(5) \cdot x}$; $f'(x) = -3\ln(5) \cdot 5^x$

c) $f(t) = -4e^{\ln(0{,}5) \cdot t}$; $f'(t) = -4\ln(0{,}5) \cdot 0{,}5^t$

d) $f(x) = 3 \cdot e^{\ln(2) \cdot (5x+1)}$; $f'(x) = 15\ln(2) \cdot 2^{5x+1}$

S. 82, 4.

a) $L = \{-4\}$ b) $L = \left\{\frac{\ln(6)}{3}\right\}$ c) $L = \{0\}$

d) $L = \left\{\frac{\ln(2)}{2}\right\}$ e) $L = \left\{\frac{\ln(2) - 3}{2}\right\}$ f) $L = \{\ \}$

S. 82, 5.

a) $2e^x = 4$, also $x = \ln(2) \approx 0{,}69$

b) $2e^x = 2$, also $x = 0$

c) $2e^x = 3e^{2x} \Rightarrow \ln(2) + x = \ln(3) + 2x$, also $x = \ln\left(\frac{2}{3}\right) \approx 0{,}41$

Schnittpunkt: $S\left(\ln\left(\frac{2}{3}\right) \middle| \frac{4}{3}\right)$

S. 82, 6.

a) $3e^{2x} - 7 = 2 \Rightarrow x = 0{,}5 \cdot \ln(3)$

b) $-2 \cdot \left(3 - e^{x^2 - 8}\right) + 5 = 2e - 1 \Rightarrow x = \pm 3$

S. 82, 7.

a) Wachstumsfaktor: 1,05 $f(t) = 10\,000e^{\ln(1{,}05) \cdot t}$

b) Wachstumsfaktor: 0,8 $f(x) = 3e^{\ln(0{,}8) \cdot x}$

c) Wachstumsfaktor: 0,933 $f(t) = 200e^{\ln(0{,}933) \cdot t}$

S. 82, 8.

a) $f(x) = 4000e^{\ln(0{,}8) \cdot x}$; $f'(x) = \ln(0{,}8) \cdot 4000e^{\ln(0{,}8) \cdot x}$

Da $\ln(0{,}8) \approx -0{,}22$, gilt $f'(x) < 0$ für alle x.

b) $f'(5) \approx -292{,}5$ $f'(20) \approx -10{,}3$

c) $\frac{f(20) - f(5)}{20 - 5} = \frac{4000(0{,}8^{20} - 0{,}8^5)}{15} \approx -84{,}3$

d) $f'(x) = -5$, also $x = \ln\left(\frac{-5}{4000\ln(0{,}8)}\right) : \ln(0{,}8) \approx 23{,}235$

In etwa 23 m Tiefe nimmt die Beleuchtungsstärke mit 5 Lux/m ab.

S. 83, 9.

a) Es gilt näherungsweise:

$\frac{13{,}5}{10} = \frac{18{,}2}{13{,}5} = \frac{24{,}6}{18{,}2} = \frac{33{,}2}{24{,}6} = \frac{44{,}8}{33{,}2} = 1{,}35$

b) $k = \ln(1{,}35) \approx 0{,}3$; $f(t) = 10 \cdot e^{0{,}3t}$

c) $f(14) = 666{,}86331$. Also etwa 666 863 Bakterien.

d) $T_V = \frac{\ln(2)}{0{,}3} = 2{,}31$ Tage

e) $f(t) = 100 \Rightarrow t = 7{,}68$ Tage

S. 83, 10.

a) $T_H = \frac{\ln(0{,}5)}{-0{,}15} = 4{,}62$ Stunden

b) $1 + \frac{r}{100} = b = e^{-0{,}15}$ $\Rightarrow r = -13{,}93\,\%$

Pro Stunde werden 13,93 % des Medikaments abgebaut.

c) $f'(t) = -15 \cdot e^{-0{,}15t}$; $f'(4) = -8{,}23$

Nach 4 Stunden wird das Medikament mit einer Geschwindigkeit von 8,23 mg/h abgebaut.

d) ① $f(t) = 25 \Rightarrow t = 9{,}24$ h ② $f'(t) = 7 \Rightarrow t = 5{,}08$ h

S. 83, 11.

① $f(x) = 2e^{x^2-4x-5}$ $f'(x) = (4x - 8)\,e^{x^2-4x-5}$

$f(-1) = f(5) = 2$ Extremstelle $x = 2$

② $f(x) = 2e^{x^2+4x-5}$ $f'(x) = (4x + 8)\,e^{x^2+4x-5}$

$f(1) = f(-5) = 2$ Extremstelle $x = -2$

③ $f(x) = 2e^{x^2-1}$ $f'(x) = 4xe^{x^2-1}$

$f(-1) = f(1) = 2$ Extremstelle $x = 0$

S. 83, 12.

a) $f'(x) = 12e^{3x} - 5$; $f''(x) = 36e^{3x}$

$f'(x) = 0 \Rightarrow e^{3x} = \frac{5}{12}$, also $x = \frac{1}{3}\ln\left(\frac{5}{12}\right) \approx -0{,}29$

$f''\left(\frac{1}{2}\ln\left(\frac{5}{12}\right)\right) = 15 > 0$, also lokales Minimum

$f\left(\frac{1}{3}\ln\left(\frac{5}{12}\right)\right) = \frac{5}{3} - \frac{5}{3}\ln\left(\frac{5}{12}\right) \approx 3{,}13$;

Tiefpunkt $T(-0{,}29 \mid 3{,}13)$

$f''(x) \neq 0$, also keine Wendepunkte

b) $f'(x) = abe^{bx} + c$; $f''(x) = ab^2e^{bx}$

Wegen $f''(x) \neq 0$ kann es keine Wendepunkte geben.

S. 83, 13.

a) $f(t) = 0 \Rightarrow 12\,500 - 125e^{-0{,}05t} = 0 \Rightarrow 100 = e^{-0{,}05t}$,
also $t = \frac{\ln(100)}{-0{,}05} \approx -92{,}1$
Die ersten Besucher kommen etwa 92,1 Minuten vor Konzertbeginn. Da das Konzert 120 Minuten dauert, ist ein möglicher Definitionsbereich $D_f = [-92{,}1; 120]$.

b) $f(0) = 12\,500 - 125$
Zu Konzertbeginn bleiben 125 Plätze leer.

c) $f'(t) = 15 \Rightarrow 6{,}25e^{-0{,}05t} = 15 \Rightarrow e^{-0{,}05t} = 2{,}4$,
also $t = \frac{\ln(2{,}4)}{-0{,}05} \approx -17{,}5$
Etwa 17,5 Minuten vor Konzertbeginn reicht es aus, nur noch einen Kontrollpunkt offen zu halten.

Lösungen zu Kapitel 3: Integralrechnung

Ihr Fundament (S. 86/87)

S. 86, 1.

a) $x_1 = -\frac{1}{2}$; $x_2 = \frac{5}{2}$ b) $x_1 = -\frac{\pi}{4}$; $x_2 = 2$

c) $a_1 = -\frac{4}{3}$; $a_2 = 0$ d) $x = 0$

e) $x_1 = -2$; $x_2 = -1$; $x_3 = 1$; $x_4 = 2$

f) $c_1 = -1$; $c_2 = 1$

S. 86, 2.

a) $f(x) = -x^2 + 4x + 4 = -x + 4 = g(x)$
$x_1 = 0$; $x_2 = 5$; $g(0) = 4$; $g(5) = -1$
Die Schnittpunkte sind $P(0 \mid 4)$ und $Q(5 \mid -1)$.

b)

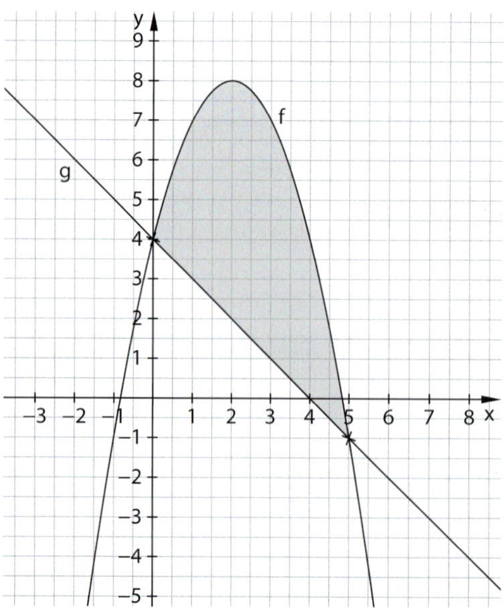

S. 86, 3.

a) $f(x) = \frac{1}{3}x^3 + 1$; $f'(x) = x^2$; $f''(x) = 2x$

b) $f(x) = -\frac{1}{2}\sin(2x) + 1$; $f'(x) = -\cos(2x)$;
$f''(x) = 2\sin(2x)$

c) $f(x) = -2\sin\left(\frac{1}{2}x - 1\right)$; $f'(x) = -\cos\left(\frac{1}{2}x - 1\right)$;
$f''(x) = \frac{1}{2}\sin\left(\frac{1}{2}x - 1\right)$

d) $f(t) = t + \sqrt{t}$; $f'(t) = \frac{1}{2\sqrt{t}} + 1$; $f''(t) = -\frac{1}{4\sqrt{t^3}}$

e) $f(x) = x^2 - \frac{1}{a^2}$; $f'(x) = 2x$; $f''(x) = 2$

f) $f(t) = t^2 \cdot b^2 - \sin(t) \cdot \cos(b)$;
$f'(t) = 2t \cdot b^2 - \cos(t) \cdot \cos(b)$;
$f''(t) = 2b^2 + \sin(t) \cdot \cos(b)$

g) $f(x) = 4cx - 2e^x$; $f'(x) = 4c - 2e^x$; $f''(x) = -2e^x$

h) $f(t) = -8e^{-0{,}5t+1}$; $f'(t) = 4e^{-0{,}5t+1}$; $f''(t) = -2e^{-0{,}5t+1}$

i) $f(x) = 2\ln(3x)$; $f'(x) = \frac{2}{x}$; $f''(x) = -\frac{2}{x^2}$

S. 86, 4.

Die Funktion g_1 ist die Ableitung zur Funktion f_3, da f_3 auf dem gesamten Intervall eine negative Steigung hat und um die Polstelle $x = 1$ die Steigung gegen $-\infty$ geht. Die Funktion g_2 ist die Ableitung zur Funktion f_5, da die Steigung von f_5 links von $x = 2$ positiv, bei $x = 2$ null und rechts von $x = 2$ negativ ist.
Die Funktion g_3 ist die Ableitung zur Funktion f_4, da die Steigung links vom Tiefpunkt (z. B. bei $x = 2$) negativ, im Tiefpunkt null und rechts davon positiv ist.
Die Funktion g_4 ist die Ableitung zur Funktion f_2, da f_2 eine lineare Funktion ist und ihre Ableitung damit eine konstante Funktion.
Die Funktion g_5 ist die Ableitung zur Funktion f_1, da die Steigung von f_1 bei $x = 1$ null und sonst für alle x positiv ist.

S. 86, 5.

a) $f'(x)$ gibt die Geschwindigkeit in m/s an.

b) $f'(x)$ gibt die Beschleunigung in m/s^2 an.

c) $f'(x)$ gibt das Bevölkerungswachstum in Personen pro Jahr an.

d) $f'(x)$ gibt den Kraftstoffverbrauch in l/km an.

S. 86, 6.

a) $14{,}4642 = 8e^{a \cdot 15} \Rightarrow a = \frac{1}{15}\ln\left(\frac{14{,}4642}{8}\right) \approx 0{,}039$

$21{,}3711 = 8e^{a \cdot 25} \Rightarrow a = \frac{1}{25}\ln\left(\frac{21{,}3711}{8}\right) \approx 0{,}039$

b) $\frac{f(30) - f(0)}{30 - 0} = \frac{8e^{0{,}039 \cdot 30} - 8}{30} \approx \frac{25{,}7759 - 8}{30} \approx 0{,}5925$
Das durchschnittliche Wachstum beträgt ca. 5925 pro Jahr.

c) $f'(t) = 0{,}312e^{0{,}039t}$ $f'(0) = 0{,}312$ $f'(30) \approx 1{,}0053$
Die Wachstumsgeschwindigkeit beträgt 3120 pro Jahr im Jahr 1875 und ca. 10 053 pro Jahr im Jahr 1905.

d) $g(t) = 1{,}0053t - 4{,}3831$
$f(41) \approx 39{,}5847$ $g(41) \approx 36{,}8342$
Von 1905 bis 1916 wird die Bevölkerungsentwicklung besser durch das lineare Wachstum der Tangente g als durch das exponentielle Wachstum der Funktion f beschrieben.

S. 87, 7.

a) $30 \cdot g(5) = 30(-20 \cdot 5^3 + 240 \cdot 5^2 - 420 \cdot 5 - 760)$
$= 30 \cdot 640 = 19\,200$
$30 \cdot g(10) = 30 \cdot (-960) = -28\,800$
In einem Monat, in dem täglich 5 Stück produziert werden, macht das Unternehmen einen Gewinn

von 19 200 €. Produziert das Unternehmen aber täglich 10 Stück, macht es einen Verlust von 28 800 € pro Monat.

b) $g'(x) = -60x^2 + 480x - 420$; $g''(x) = -120x + 480$
Gesucht ist eine Stelle, an der die Steigung von g am stärksten ist, also eine Maximalstelle von g' und damit eine Wendestelle von g.
$g''(x) = -120x + 480 = 0$; $x = 4$
Da der Graph von g' eine nach unten geöffnete Parabel ist, ist g' bei x = 4 maximal.
Bei einer Stückzahl von 4 hat eine Erhöhung der Produktionsmenge die größte positive Auswirkung auf den Gewinn.

c) Gesucht ist eine Stelle, an der die Funktion ihr Maximum annimmt.
$g'(x) = -60x^2 + 480x - 420 = 0$; $x_1 = 1$; $x_2 = 7$
$g''(1) = 360 > 0$, also lokales Minimum
$g''(7) = -360 < 0$, also lokales Maximum; $g(7) = 1200$
Randwerte: $g(0) = -760$, für $x \to \infty$ gilt $g(x) \to -\infty$.
Bei einer täglichen Stückzahl von 7 erreicht das Unternehmen den maximalen Gewinn.

S. 87, 8.

a) $A = (1 + 2 + 3 + 4 + 5)(15\,cm \cdot 25\,cm)$

b) $A = 15 \cdot 375\,cm^2 = 5625\,cm^2 = 0{,}5625\,m^2$

S. 87, 9.

① $A_1 = \frac{1}{2}\pi\left(\frac{\pi}{2}\right)^2 = \frac{\pi^3}{8} \approx 3{,}88$

② $A_2 = 2 \cdot \left(\frac{1}{2} \cdot \frac{\pi}{2} \cdot f\left(\frac{\pi}{2}\right)\right) = \frac{\pi^2}{4} \approx 2{,}47$

③ $A_3 = 2 \cdot \left(\frac{1}{2} \cdot \frac{\pi}{4} \cdot f\left(\frac{\pi}{4}\right)\right) + 2 \cdot \left(\frac{1}{2}\left(f\left(\frac{\pi}{4}\right) + f\left(\frac{\pi}{2}\right)\right) \cdot \frac{\pi}{4}\right)$
$= \frac{\pi}{4} \cdot \left(2 \cdot f\left(\frac{\pi}{4}\right) + f\left(\frac{\pi}{2}\right)\right)$
$= \frac{\pi}{4} \cdot \left(\frac{1}{\sqrt{2}}\pi + \frac{1}{2}\pi\right) \approx 2{,}98$

Hinweis: $f\left(\frac{\pi}{4}\right) = f\left(\frac{3\pi}{4}\right)$

S. 87, 10.

a) z. B. $1 + 2 = 3 = \frac{2 \cdot 3}{2}$
$1 + 2 + 3 + 4 + 5 = 15 = \frac{5 \cdot 6}{2}$
$1 + 2 + 3 + 4 + 5 + 6 = 21 = \frac{6 \cdot 7}{2}$

b) z. B. $1^2 + 2^2 = 5 = \frac{2 \cdot 3 \cdot 5}{6}$
$1^2 + 2^2 + 3^2 = 14 = \frac{3 \cdot 4 \cdot 7}{6}$
$1^2 + 2^2 + 3^2 + 4^2 + 5^2 = 55 = \frac{5 \cdot 6 \cdot 11}{6}$

S. 87, 11.

a) 3 b) $\frac{4}{5}$ c) 0 d) $\to \infty$

e) $\frac{1}{2}$, da $\frac{x^2 - x + 6}{2x^2} = \frac{1}{2} - \frac{1}{2x} + \frac{1}{3x^2}$ f) $\to \infty$ g) 0 h) $\to \infty$

S. 87, 12.

$V = V_{Halbzylinder} - V_{Quader}$
$V = \frac{1}{2} \cdot \pi \cdot 3{,}5^2 \cdot 20 - 1 \cdot 1 \cdot 20 \approx 364{,}8$
Das Bauteil hat ein Volumen von etwa $364{,}8\,cm^3$.

S. 87, 13.

a) ein Zylinder mit Radius 4 und Höhe 3

b) ein Kegel mit Radius 1 und Höhe 2

Prüfen Sie Ihr neues Fundament (S. 126/127)

S. 126, 1.

a) Zu Beginn der Beobachtung fließt das Wasser mit einer Zuflussrate von 3 l/min in das Gefäß. Die Zuflussrate nimmt gleichmäßig ab, das heißt, es wird weiterhin Wasser in das Gefäß gefüllt, nur die Menge an Wasser, die hinzugefüllt wird, nimmt stetig ab. Bei 3 Minuten liegt der Schnittpunkt mit der x-Achse, also stoppt der Zufluss zu diesem Zeitpunkt. Danach ist die Zuflussrate negativ; es wird also Wasser aus dem Gefäß abgelassen, und zwar mit zunehmender Zeit mehr.

b) Flächenbilanz unter dem Graphen im Intervall [0; 4]:
$$\int_0^4 (-x + 3)\,dx = \left[-\frac{1}{2}x^2 + 3x\right]_0^4 = 4 - 0 = 4$$
4 l Wasser sind nach 4 Minuten in das Gefäß geflossen. Da zu Beginn der Beobachtungen bereits die Hälfte des Gefäßes gefüllt war (5 l), befinden sich nach 4 Minuten 9 l Wasser in dem Gefäß.

S. 126, 2.

a) Der Graph B gehört zur Stammfunktion F und der Graph A zur Funktion f, da A eine lineare und B eine quadratische Funktion darstellt.

b) Der Graph A gehört zur Stammfunktion F und der Graph B zur Funktion f, da die Extremstellen von A Nullstellen von B sind.

S. 126, 3.

a) $O_5 = \frac{5}{5}((1 + 1) + (2 + 1) + (3 + 1) + (4 + 1) + (5 + 1))$
$= 2 + 3 + 4 + 5 + 6 = 20$

b) $O_n = \frac{5}{n}\left(\left(1 \cdot \frac{5}{n} + 1\right) + \ldots + \left(n \cdot \frac{5}{n} + 1\right)\right)$
$= \frac{5}{n} \cdot \frac{5}{n}(1 + \ldots + n) + \frac{5}{n} \cdot n = \frac{25}{n^2}\frac{n(n+1)}{2} + 5$
$= \frac{25(n+1)}{2n} + 5$

c) $\lim\limits_{n \to \infty}\left(\frac{25(n+1)}{2n} + 5\right) = \lim\limits_{n \to \infty}\left(\frac{25}{2} + \frac{25}{2n} + 5\right) = \frac{35}{2} = 17{,}5$
Trapezfläche: $A = (f(0) + f(5)) \cdot \frac{5}{2} = (1 + 6) \cdot \frac{5}{2} = \frac{35}{2}$

S. 126, 4.

a) $F(x) = x^2 + x$ b) $F(x) = \frac{1}{16}x^4 - 2x$

c) $F(x) = 2e^{\frac{x}{2}}$ d) $F(x) = -3x^{-1} = -\frac{3}{x}$

e) $F_a(t) = \frac{a}{3}t^3$ f) $F(x) = \frac{1}{153}(3x - 5)^{51}$

g) $F(x) = \frac{2}{3}x^3 - \frac{3}{2}x^2$ h) $F(x) = \frac{1}{8x^2}$

i) $F(x) = -\frac{1}{4x + 6}$ j) $F(x) = \frac{4}{3}\sqrt{x^3}$

k) $F(x) = -2\sqrt{x}$ l) $F(x) = \frac{1}{3}\sqrt{(2x - 1)^3}$

S. 126, 5.

a) $F(x) = 2x - x^2 - 1$ b) $F(x) = \frac{1}{2}x^4 - \frac{7}{2}x^2 + 4$

c) $F(x) = -\frac{1}{3}e^{-3x + 1} + \frac{4}{3}e$ d) $F(x) = \frac{1}{(x + 2)} - 3$

S. 126, 6.

a) $\left[\frac{1}{2}x^4 - x^2\right]_1^2 = \frac{9}{2}$ b) $\left[\frac{1}{2}e^{2x} - e^{-x}\right]_0^{\ln(2)} = 2$

c) $\left[\frac{1}{3 - x}\right]_5^6 = \frac{1}{6}$ d) $\left[3\sqrt{4x - 1}\right]_{\frac{5}{4}}^{\frac{5}{2}} = 3$

S. 127, 7.

a) $F'(x) = 5 \cdot \frac{x^{5-1}}{5} - 1 = x^4 - 1 = f(x)$

b) $F'(x) = 2 \cdot 0{,}5\,e^{0{,}5x} + (-4)\,e^{-4x} = e^{0{,}5x} - 4\,e^{-4x}$

c) $F'(x) = (-2) \cdot x^{-2-1} - 2 \cdot x^{2-1} = -2x^{-3} - 2x = f(x)$

d) $F'(x) = 2 \cdot \left(-\frac{1}{2}\right) \cdot x^{-\frac{1}{2}-1} = -x^{-\frac{3}{2}} = -\frac{1}{\sqrt{x^3}} = f(x)$

e) $F'(x) = (-2) \cdot \left(\sqrt{x}+1\right)^{-2-1} \cdot \frac{1}{2\sqrt{x}} = -\frac{1}{\left(\sqrt{x}+1\right)^3 \cdot \sqrt{x}} = f(x)$

S. 127, 8.

a) Zunahme in Gramm innerhalb des ersten Tages:

$\int_0^1 2e^{0,4t}\,dt = \left[5e^{0,4t}\right]_0^1 \approx 2,46$

Zunahme in Gramm innerhalb des zweiten Tages:

$\int_1^2 2e^{0,4t}\,dt = \left[5e^{0,4t}\right]_1^2 \approx 3,67$

b) $\int_0^T 2e^{0,4t}\,dt = \left[5e^{0,4t}\right]_0^T = 5e^{0,4T} - 5$

$5e^{0,4T} - 5 = 50 \Rightarrow e^{0,4T} = 11$, also $T = 2,5\ln(11) \approx 6$

Es dauert etwa 6 Tage, bis das Gewicht um 50 Gramm zugenommen hat.

c) $B(t) = 5 + 5e^{0,4t}$

d) mittlere Wachstumsgeschwindigkeit in g pro Tag:

$\frac{1}{5-2}\int_2^5 v(t)dt = \frac{1}{5-2}\int_2^5 2e^{0,4t}\,dt = \frac{1}{3}\left[5e^{0,4t}\right]_2^5 \approx \frac{25,82}{3} \approx 8,61$

alternativ: $\frac{B(5)-B(2)}{5-2} \approx \frac{25,82}{3} \approx 8,61$

S. 127, 9.

a) Es gilt: $f(0) = f(10) = 0$

$A_1 = \int_0^{10} \left(\frac{1}{50}x^3 - \frac{2}{5}x^2 + 2x\right)dx$

$= \left[\frac{1}{200}x^4 - \frac{2}{15}x^3 + x^2\right]_0^{10} = \frac{50}{3}$

b) Es gilt: $f(0) = g(0) = 0$; $f(5) = g(5) = 2,5$;

$f(10) = g(10) = 0$

$A_2 = \left|\int_0^5 (f(x) - g(x))\,dx\right| + \left|\int_5^{10} (f(x) - g(x))\,dx\right|$

$h(x) = f(x) - g(x) = \frac{1}{50}x^3 - \frac{3}{10}x^2 + x$

$H(x) = \frac{1}{200}x^4 - \frac{1}{10}x^3 + \frac{1}{2}x^2$

$A_2 = \left|\left[H(x)\right]_0^5\right| + \left|\left[H(x)\right]_5^{10}\right| = \left|\frac{25}{8}\right| + \left|\frac{-25}{8}\right| = \frac{50}{8}$

S. 127, 10.

$A = \int_0^5 (f(x) - g(x))\,dx = \int_0^5 (-0,2x^3 + 0,4x^2 + 3x)\,dx$

$= \left[-0,05x^4 + \frac{0,4}{3}x^3 + 1,5x^2\right]_0^5 \approx 22,917$

Wassermenge im Teich: $V \approx 22,917\,m^2 \cdot 0,8\,m \approx 18,33\,m^3$

S. 127, 11.

a) $f(15) = 1,5e^{-1,5} \approx 0,335$ (°C pro Minute)

b) $F(t) = -15e^{-0,1x} + c$

$F(0) = -15 + c = 7 \Rightarrow c = 22$

$F(t) = 22 - 15e^{-0,1t}$ gibt die Temperatur der Früchte nach t Minuten an.

c) $F(t) = 20 \Rightarrow 15e^{-0,1t} = 2$, also $t = -10\ln\left(\frac{2}{15}\right)$

$\approx 20,15$ (min)

S. 127, 12

$\int_k^{4k} x\,dx = \left[\frac{1}{2}x^2\right]_k^{4k} = 8k^2 - \frac{1}{2}k^2 = \frac{15}{2}k^2 = 15 \Rightarrow k^2 = 2$

Die Gleichung ist für $k = \pm\sqrt{2}$ erfüllt.

Lösungen zu Kapitel 4: Zusammengesetzte Funktionen

Ihr Fundament (S. 130/131)

S. 130, 1.

a) $L = \{-5; 2\}$ b) $L = \left\{-1; 0; \frac{1}{2}\right\}$ c) $L = \left\{-2; -\frac{3}{2}; \frac{3}{2}; 2\right\}$

S. 130, 2.

a) $x = \ln(5)$ b) $x = \frac{1}{2}\ln(5)$ c) $x = 1 + \ln(0,8)$

S. 130, 3.

a) $x = 0$ b) $x_1 = 10$; $x_2 = -10$ c) $x_1 = 3$; $x_2 = -3$

S. 130, 4.

a) $f'(x) = -e^x$; $f''(x) = -e^x$

b) $f'(x) = 5e^{5x}$; $f''(x) = 25e^{5x}$

c) $f'(x) = 2e^{0,5x}$; $f''(x) = e^{0,5x}$

d) $f'(x) = -3e^{3t-5}$; $f''(x) = -9e^{3t-5}$

e) $f'(x) = 2e^{3+4x}$; $f''(x) = 8e^{3+4x}$

f) $f'(x) = -e^{\frac{1}{2}x+2}$; $f''(x) = -\frac{1}{2}e^{\frac{1}{2}x+2}$

g) $f'(x) = 3e^{-x+4}$; $f''(x) = -3e^{-x+4}$

h) $f'(x) = \frac{1}{2}(-e^{-x} + e^x)$; $f''(x) = \frac{1}{2}(e^{-x} + e^x)$

i) $f'(x) = -4e^{2+4x}$; $f''(x) = -16e^{2+4x}$

S. 130, 5.

a) $f'(0) = 4e^0 = 4$

b) $f'(-1) = 2e^{2\cdot(-1)} + 3e^{-(-1)} = \frac{2}{e^2} + 3e \approx 8,43$

c) $f'(1) = \frac{1}{2} \cdot \ln(4) \cdot 4^1 = 2 \cdot \ln(4) \approx 2,77$

d) $f'(0,5) = \frac{1}{2} \cdot 3 \cdot \ln(2) \cdot 2^{-0,5} = \frac{3}{2\sqrt{2}}\ln(2) \approx 0,74$

S. 130, 6.

a) $t(x) = \left(e - \frac{1}{e}\right)x + \frac{2}{e}$

b) $t(x) = -\frac{3}{e}x + 5 + \frac{2}{e}$

c) $t(x) = -\ln(3)x + \frac{1}{2}$

d) $t(x) = -\frac{16}{5} \cdot \ln(0,25) \cdot x - \frac{32}{5} \cdot \ln(0,25) - 2$

S. 130, 7.

a) $\int_{-1}^{2} \left(\frac{1}{2}e^{-2x} + 1\right)dx = \left[-\frac{1}{4}e^{-2x} + x\right]_{-1}^{2}$

$= \frac{1}{4}(e^2 - e^{-4}) + 3 \approx 4,84$

b) $2 \cdot \left|\int_0^2 \left(e^{\frac{x}{2}} - e^{-\frac{x}{2}}\right)dx\right| = 2 \cdot \left|\left[2e^{\frac{x}{2}} + 2e^{-\frac{x}{2}}\right]_0^2\right|$

$= 2 \cdot \left|2e^1 + 2e^{-1} - (2+2)\right| = 4\left(e + \frac{1}{e}\right) - 8 \approx 4,34$

c) $\int_1^2 3^x\,dx = \left[\frac{1}{\ln(3)}3^x\right]_1^2$

$= \frac{9}{\ln(3)} - \frac{3}{\ln(3)} = \frac{6}{\ln(3)} \approx 5,46$

d) $\left|\int_{-2}^{0} \left(4^{-\frac{x}{2}} - 4dx\right)\right| = \left|\left[-\frac{2}{\ln(4)}4^{-\frac{x}{2}} - 4x\right]_{-2}^{0}\right|$

$= \left|-\frac{2}{\ln(4)} + \frac{2}{\ln(4)}4 - 8\right|$

$= \left|\frac{6}{\ln(4)} - 8\right| \approx 3,67$

S. 130, 8.

a) $F(x) = 4e^x$ b) $F(t) = e^t - 4t$
c) $F(x) = -\frac{1}{3}e^{-3x} + x$ d) $F(x) = 3e^{2x}$
e) $F(t) = e^{-t-1}$ f) $F(x) = 2x - 5e^{\frac{3}{5}x+1}$
g) $F(x) = -2e^{2x-2} - 2x$ h) $F(x) = -\frac{1}{3}(-e^{-x} + e^x)$
i) $F(t) = \frac{1}{5}e^{2+5t} - e^2 t$

S. 130, 9.

a) $t(x) = -\frac{2}{e}x + \frac{10}{e}$
b) $A = \frac{1}{2} \cdot 5 \cdot \frac{10}{e} = \frac{25}{e} \approx 9{,}2$ FE

S. 130, 10.

a) $f'(x) = -12a \cdot e^{-2ax}$; $F(x) = -\frac{3}{a} \cdot e^{-2ax}$
b) $f'(x) = 2ax - 4a \cdot e^{4x}$; $F(x) = \frac{a}{3}x^3 - \frac{a}{4} \cdot e^{4x}$
c) $f'(x) = 8a^2 \cdot e^{5a + \frac{2}{3}a \cdot t}$; $F(t) = 18e^{5a + \frac{2}{3}a \cdot t} - a^2 t$
d) $f'(x) = (-8a + 10) \cdot e^{-2x+3a}$;
$F(x) = \left(-2a + \frac{5}{2}\right) \cdot e^{-2x+3a} - x$

S. 131, 11.

a) $0{,}9 = 1 \cdot e^{-0{,}0004t} \Rightarrow t = -\ln(0{,}9) \cdot 2500 \approx 263{,}4$
Nach ca. 263 Jahren sind 0,1 g Radium zerfallen.
$0{,}5 = 1 \cdot e^{-0{,}0004t} \Rightarrow t = -\ln(0{,}5) \cdot 2500 \approx 1732{,}9$
Die Halbwertszeit von Radium beträgt ca. 1733 Jahre.
b) $m'(t) = -0{,}0004 \cdot e^{-0{,}0004t}$
$m'(t_1) \approx -0{,}000398$
$m'(t_2) \approx -0{,}000268$
Nach 10 Jahren nimmt der Bestand um ca. 0,000398 g pro Jahr ab, nach 1000 Jahren nimmt der Bestand um ca. 0,000268 g pro Jahr ab.

S. 131, 12.

a) $5 = 2e^{0{,}2t} \Rightarrow t \approx 4{,}58$
Die Wachstumsgeschwindigkeit beträgt nach etwa 4,6 Stunden 5000 Bakterien pro Stunde.
b) $\int_3^6 2e^{0{,}2t}\,dt = \left[10\,e^{0{,}2t}\right]_3^6 \approx 14{,}980$
Zwischen der 3. und 6. Stunde wächst die Bakterienkultur um 14 980 Bakterien.

S. 131, 13.

a) $f'(x) = 4(1 + 2x)$ b) $f'(x) = -\frac{1}{2\sqrt{4-x}}$
c) $f'(x) = 3x\sqrt{x^2 - 1}$ d) $f'(x) = \frac{a}{2\sqrt{ax}}$

S. 131, 14.

a) $\left[\frac{1}{3}x^3 + e^{-x}\right]_0^1 = e^{-1} - \frac{2}{3} \approx -0{,}30$
b) $\left[\frac{1}{5}e^{5x-5} - x^2\right]_{-1}^1 = \frac{1}{5}(1 - e^{-10}) \approx 0{,}20$
c) $\left[-\frac{3}{2}e^{4-2x}\right]_{-1}^2 = \frac{3}{2}(e^6 - 1) \approx 603{,}6$
d) $\left[\frac{1}{3}e^{3x-5}\right]_1^3 = \frac{(e^6 - 1) \cdot e^{-2}}{3} \approx 18{,}15$
e) $\left[-\frac{1}{2}e^{4x-5} + \frac{1}{3}x^3\right]_2^4 = -\frac{e^{11}}{2} + \frac{e^3}{2} + \frac{56}{3} \approx -29\,908{,}36$
f) $\left[\frac{a^2}{b}e^{bt-2} - t^3\right]_2^3 = \frac{a^2(e^b - 1) \cdot e^{2b-2}}{b} - 19$

S. 131, 15.

a) Zum Beginn der Beobachtung bewegt sich die Lok nicht. Sie beschleunigt in den ersten ca. 12 Sekunden, danach nimmt ihre Geschwindigkeit wieder ab, bis sie nach 28 Sekunden Stillstand erreicht. Danach fährt sie rückwärts (negative Geschwindigkeit), wobei sie bis ca. Sekunde 44 beschleunigt und danach ihre Geschwindigkeit wieder sinkt. Zum Ende der Beobachtung steht die Lok wieder still.
b) Die Entfernung vom Startpunkt entspricht der Fläche unter dem Graphen. Da Flächen über der x-Achse als positiv und unter der x-Achse als negativ gewertet werden und beide in diesem Fall etwa gleich groß sind, ist die Fläche etwa null. Damit befindet sich die Lok nach 5 Sekunden wieder ungefähr am Startpunkt.
c) $0{,}0013t^3 - 0{,}1072t^2 + 1{,}9663t = 0$; $t = 27{,}54$
$V(t) = 0{,}000325t^4 - \frac{1}{3} \cdot 0{,}1072t^3 + 0{,}98315t^2$
$\left|\int_0^{27{,}54} v(t)dt\right| + \left|\int_{27{,}54}^{55} v(t)dt\right| = 186{,}238 + 183{,}39$
$= 369{,}628$
Die Lok hat nach 55 s etwa 370 m zurückgelegt.

S. 131, 16.

a) $F(t) = 12t - \frac{1}{100}t^2 - \frac{1}{150}t^3 + 50$; $F(12) \approx 181{,}04$ ml
b) $\int_5^{10} f(t)\,dt = F(10) - F(5) \approx 53{,}42$ ml
c) $F(24) \approx 240{,}08$ ml < 250 ml. Die Schale läuft im Beobachtungszeitraum nicht über.

Prüfen Sie Ihr neues Fundament (S. 150/151)

S. 150, 1.

a) $f'(x) = (2x + 2)e^x$; $f''(x) = (2x + 4)e^x$
b) $f'(x) = (-2x^2 - 2x + 2)e^{2x}$; $f''(x) = (-4x^2 - 8x + 2)e^{2x}$
c) $f'(x) = \left(-\frac{1}{2}t^2 + \frac{5}{2}t - 1\right)e^{-0{,}5t}$; $f''(t) = \left(\frac{1}{4}t^2 - \frac{9}{4}t + 3\right)e^{-0{,}5t}$
d) $f'(x) = \frac{1-x}{e^x}$; $f''(x) = \frac{x-2}{e^x}$; $F(x) = \frac{-x-1}{e^x}$
e) $f_a'(x) = (x - ax^2) \cdot 2ae^{-2ax}$
$f_a''(x) = (2a^2x^2 - 4ax + 1) \cdot 2ae^{-2ax}$
f) $g'(x) = \frac{2x+3}{2\sqrt{x+1}} \cdot e^x$; $g''(x) = \frac{4x^2 + 12x + 7}{2(x+1)^{\frac{3}{2}}} \cdot e^x$

S. 150, 2.

a) Nullstellen: $x_1 = 1$ und $x_2 = -1$
$f'(x) = e^{x-1}(x^2 + 2x - 1)$
$T\left(-1 - \sqrt{2} \,\middle|\, (2 + 2\sqrt{2}) \cdot e^{-2-\sqrt{2}}\right)$
$H\left(-1 + \sqrt{2} \,\middle|\, (2 - 2\sqrt{2}) \cdot e^{-2+\sqrt{2}}\right)$
$f''(x) = e^{x-1}(x^2 + 4x + 1)$
$W_1\left(-2 - \sqrt{3} \,\middle|\, (4\sqrt{3} + 6) \cdot e^{-3-\sqrt{3}}\right)$
$W_2\left(-2 + \sqrt{3} \,\middle|\, (-4\sqrt{3} + 6) \cdot e^{-3+\sqrt{3}}\right)$
b) Nullstelle: $x = 1$, $f'(x) = e^x(x^2 - 1)$
$H(-1 \,|\, 4e^{-1})$, $T(1 \,|\, 0)$
$f''(x) = e^{x-1}(x^2 + 2x - 1)$
$W_1\left(-1 - \sqrt{2} \,\middle|\, (6 + 4\sqrt{2}) \cdot e^{-1-\sqrt{2}}\right)$
$W_2\left(-1 + \sqrt{2} \,\middle|\, (6 - 4\sqrt{2}) \cdot e^{-1+\sqrt{2}}\right)$
c) Nullstellen: $t_1 = -1$ und $t_2 = 2$
$f'(t) = e^{2t}(2t^2 - 5)$
$H\left(-\frac{\sqrt{10}}{2} \,\middle|\, \left(\frac{\sqrt{10}}{2} + \frac{1}{2}\right) \cdot e^{-\sqrt{10}}\right)$
$T\left(\frac{\sqrt{10}}{2} \,\middle|\, \left(-\frac{\sqrt{10}}{2} + \frac{1}{2}\right) \cdot e^{\sqrt{10}}\right)$
$f''(t) = e^{2t}(4t^2 + 4t - 10)$
$W_1\left(-\frac{1}{2} + \frac{\sqrt{11}}{2} \,\middle|\, -18{,}42\right)$, $W_2\left(-\frac{1}{2} - \frac{\sqrt{11}}{2} \,\middle|\, 0{,}06\right)$

d) Nullstelle: $t = 0$
$f'(t) = e^{-2t}(-8t + 4), H\left(\frac{1}{2}\middle|2e^{-1}\right)$
$f''(t) = e^{-2t}(16t - 16), W(1\,|\,4e^{-2})$

e) Nullstelle: $x = 0$
$f'(x) = e^{-x}(3x^2 - x^3), H(3\,|\,27e^{-3})$
$f''(x) = e^{-x}(x^3 - 6x^2 + 6x), S(0\,|\,0)$,
$W_1(3 + \sqrt{3}\,|\,0{,}93), W_2(3 - \sqrt{3}\,|\,0{,}57)$

f) Nullstellen: $x_1 = 0; x_2 = 0{,}5$
$f'(x) = \frac{-40x^2 + 16x}{\sqrt{1-2x}}, T(0\,|\,0); H(0{,}4\,|\,0{,}57)$
$f''(x) = \frac{120x^2 - 96x + 16}{(\sqrt{1-2x})^3}, W(0{,}24\,|\,0{,}33)$

S. 150, 3.

a) $F(x) = x^2 + \frac{1}{3}e^{3x+1}$ b) $F(x) = -e^{-x-1} - x$
c) $F(t) = \frac{2}{3}t^{\frac{3}{2}} - \frac{2}{5}e^{5t+2} - \frac{1}{2}t^2$

S. 150, 4.

a) $f(x) = 0$, wenn $x - 1 = 0$, also $x = 1$
$f(0) = -4e$, also $S_y(0\,|\,-4e)$

b) $f'(x) = -4(x-2)e^{1-x}$, also $f'(x) = 0$ für $x = 2$
$f''(x) = 4(x-3)e^{1-x}$, also $f''(2) = -4e^{-1} < 0$
$H\left(2\middle|\frac{4}{e}\right)$ ist ein Hochpunkt, also steigt der Graph für $x < 2$ und fällt für $x > 2$.

c) $f'''(x) = -4(x-4)e^{1-x}$
$f''(3) = 0$ und $f'''(3) \neq 0$, also Wendepunkt $W\left(3\middle|\frac{8}{e^2}\right)$
Tangente $t(x) = mx + b$; $m = f'(3) = \frac{-4}{e^2}$
$t(3) = \frac{8}{e^2} = \frac{-12}{e^2} + b$, also $b = \frac{20}{e^2}$
$t(x) = -\frac{4}{e^2}x + \frac{20}{e^2}$

d) $f(-x) = 4(-x-1)e^{-(-x-1)} = -4(x+1)e^{(x+1)} \neq f(x)$,
$-f(x) = -4(x-1)e^{-(x-1)} \neq f(x)$
Also liegt weder Achsensymmetrie zur y-Achse noch Punktsymmetrie zum Ursprung vor.

e)

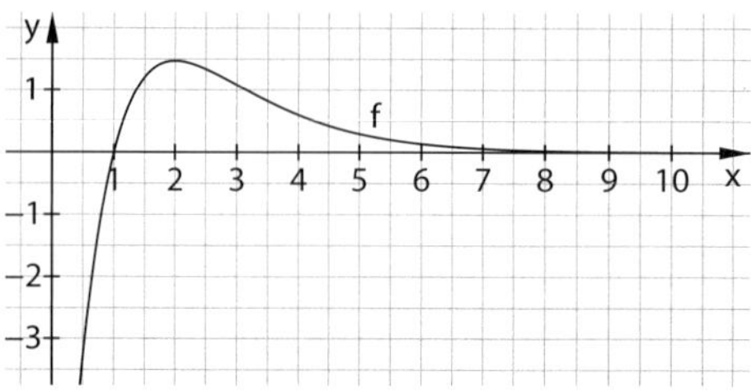

f) $F'(x) = -4e^{1-x} + 4x \cdot e^{1-x} = (-4 + 4x) \cdot e^{1-x} = f(x)$
$\int_1^5 f(x)\,dx = F(5) - F(1) = -20e^{-4} + 4 \approx 3{,}63$ FE

S. 150, 5.

a) $f'(t) = \left(-\frac{1}{4}t^2 + \frac{7}{2}t - \frac{33}{4}\right)e^{-\frac{t}{4}}; f''(t) = \left(\frac{1}{16}t^2 - \frac{11}{8}t + \frac{89}{16}\right)e^{-\frac{t}{4}}$
Tiefpunkt $T(3\,|\,0)$; Hochpunkt $H(11\,|\,4{,}09)$;
Wendepunkt im Intervall [0; 15]: $W(5{,}34\,|\,1{,}44)$

b)

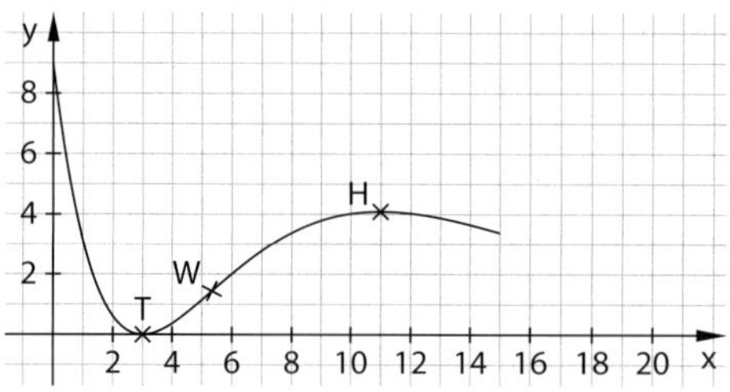

c) f beschreibt die Wachstumsgeschwindigkeit und nicht den Bestand. Alle Aussagen sind falsch.
A: Für $0 \leq t \leq 3$ ist $f(t) \geq 0$, und damit nimmt die Bakterienzahl nicht ab.
B: Für $t = 3$ ist die Wachstumsgeschwindigkeit gleich null, aber nicht die Bakterienzahl. Die Bakterienanzahl ist größer als zu Beginn.
C: Die Wachstumsgeschwindigkeit ist für $t > 3$ immer größer als null. Damit nimmt die Zahl der Bakterien stets zu.

d) $F'(t) = e^{-\frac{t}{4}}(t^2 - 6t + 9) = f(t)$

e) Zunahme der Bakterienanzahl in den ersten 5 Stunden in 1000:
$\int_0^5 f(t)\,dt = F(5) - F(0) \approx 8{,}407$
Fünf Stunden nach Beobachtungsbeginn sind es etwa $2000 + 8400 = 10\,400$ Bakterien.

S. 150, 6.

a) $f_a'(x) = (1 + ax)e^{ax}$ $f_a''(x) = (a^2x + 2a)e^{ax}$
$f_a'''(x) = (a^3x + 3a^2)e^{ax}$

b) $\left(-\frac{1}{a}\middle|-\frac{1}{ae}\right)$ ist für $a > 0$ ein Tiefpunkt und für $a > 0$ ein Hochpunkt. Für alle $a \neq 0$: R-L-WP$\left(-\frac{2}{a}\middle|-\frac{2}{ae^2}\right)$

c) $F_a'(x) = \frac{1}{a^2}e^{ax}(a + a^2x - a) = f_a(x)$

S. 151, 7.

a) $\lim\limits_{t\to\infty} 100 - \underbrace{80e^{\overbrace{-k \cdot t}^{\to -\infty\,(k>0)}}}_{\to 0} = 100$

b) $L'(t) = 80ke^{-kt}$
Die Ladegeschwindigkeit wird mit wachsendem t immer kleiner, bleibt aber immer positiv.

c) $100 - 80e^{-1{,}5 \cdot k} \geq 60$
$0{,}5 \geq e^{-1{,}5 \cdot k} \Rightarrow \ln(0{,}5) \geq -1{,}5 \cdot k \Rightarrow -\frac{\ln(0{,}5)}{1{,}5} \leq k$
$k \geq 0{,}462$

d) $g(t) = a \cdot e^{k \cdot t}$ mit $g(0) = 100; g(12) = 75$
$a = 100; k = \frac{\ln(0{,}75)}{12} \approx -0{,}024; g(t) = 100 \cdot e^{-0{,}024 \cdot t}$

S. 151, 8.

a) $v'(t) = (10 - 2t)e^{0{,}2t}$ $v''(t) = \frac{2}{5}(t - 10)e^{-0{,}2t}$
Hochpunkt $H(5\,|\,18{,}39)$
Höchstgeschwindigkeit: 66,2 km/h

b) Wegen $a(t) = v'(t)$ ist a die lokale Änderungsrate der Geschwindigkeit v, also die Beschleunigung.

c) $a'(t) = v''(t)$ $a''(t) = \frac{2}{25}(15 - t)e^{-0{,}2t}$
Tiefpunkt bei $t = 10$ mit $v(10) = 100e^{-2} \approx 13{,}53$
Geringste Beschleunigung nach 10 Sekunden bei einer Geschwindigkeit von 13,53 m/s ≈ 48,72 km/h.

d) Es gilt $s'(t) = v(t)$. Als Stammfunktion von v beschreibt s den zurückgelegten Weg des Autos.

e) $s(0) = 0; s(5) = -500e^{-1} + 250 \approx 66{,}06$ Meter.

S. 151, 9.

a) $f\left(\frac{10}{7}\right) \approx 3{,}5$ mg/l

b) $f'(t) = \left(5 - \frac{5}{2}t\right) \cdot e^{-0{,}5t}; f''(t) = \left(-5 + \frac{5}{4}t\right) \cdot e^{-0{,}5t}$
Hochpunkt $(2\,|\,3{,}68)$
Die höchste Schadstoffkonzentration ist nach 2 Wochen mit 3,68 mg/l erreicht.

c) $F'(t) = (-10 + 10t + 10) \cdot e^{-0{,}5t} = f(t)$

d) $\frac{1}{5-0} \cdot \int_0^5 f(t)dt = \frac{1}{5}(F(5) - F(0))$
$= \frac{1}{5}(-70e^{-25} + 20) \approx 4$ mg/l

e) $f''(t) = 0$ für $t = 4$
$f'''(t) = \left(\frac{15}{4} - \frac{5}{8}t\right) \cdot e^{-0{,}5t}$; $f'''(4) > 0$
Nach 4 Wochen nimmt die Konzentration am stärksten ab.

f) $t(x) = -\frac{5}{e^2}t + \frac{40}{e^2} = 0$ für $x = 8$.
Nach 8 Wochen liegt die Konzentration bei null.

Lösungen zu Kapitel 5: Geraden und Ebenen

Ihr Fundament (S. 154/155)

S. 154, 1.

a) gleichschenklig: 2 gleich lange Seiten, die dritte Seite heißt Basis, Basiswinkel sind gleich groß, Höhe auf der Basis ist auch Seitenhalbierende.
gleichseitiges Dreieck: 3 gleich lange Seiten, alle Winkel 60°, Höhen sind Seitenhalbierende.

b) $a^2 = h^2 + \left(\frac{a}{2}\right)^2$ (Pythagoras)
$h^2 = 5^2 - 2{,}5^2 = 18{,}75$ und damit $h = \sqrt{18{,}75} \approx 4{,}33$

S. 154, 2.

a) ① Quadrat; ② Rechteck; ③ Raute;
④ Parallelogramm; ⑤ Trapez;
⑥ Drachenviereck;
⑦ gleichschenkliges Trapez; ⑧ allgemeines Viereck

b) ④ Parallelogramm: gegenüberliegende Seiten parallel
③ Raute: Vier gleich lange Seiten
② Rechteck: Parallelogramm mit mindestens einem Paar zueinander senkrechter Seiten
① Quadrat: Raute mit mindestens einem Paar zueinander senkrechter Seiten
⑤ Trapez: Ein Paar gegenüberliegender paralleler Seiten

c) Zeichenübung
④ Parallelogramm: Diagonalen halbieren sich
③ Raute: halbieren sich, zueinander orthogonal
② Rechteck: halbieren sich, gleich lang
① Quadrat: halbieren sich, orthogonal, gleich lang
⑤ Trapez: keine besondere Eigenschaft
⑥ Drachenviereck: Eine Diagonale wird halbiert, orthogonal zueinander
⑦ gleichschenkliges Trapez: gleich lang

d) ①, ②, ③ und ④

S. 154, 3.

a)

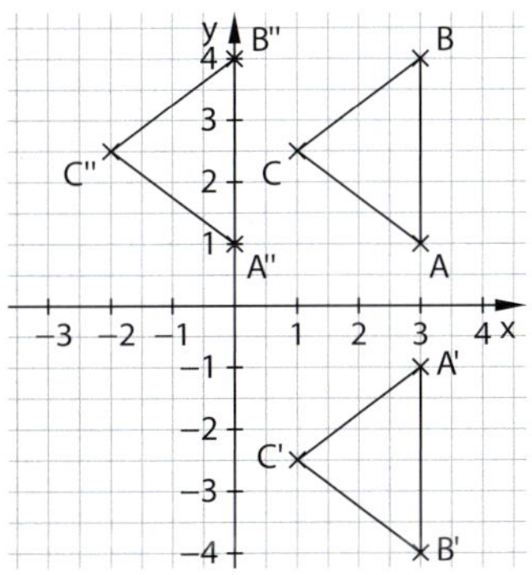

b) $A'(3\,|\,-1)$; $B'(3\,|\,-4)$; $C'(1\,|\,-2{,}5)$

c) $\overline{AB} = 3$ LE $\quad \overline{BC} = 2{,}5$ LE $\quad \overline{AC} = 2{,}5$ LE

d) $M_{\overline{AB}} = (3\,|\,2{,}5)$ $\quad M_{\overline{BC}} = (2\,|\,3{,}25)$ $\quad M_{\overline{AC}} = (2\,|\,1{,}75)$

S. 154, 4.

a)

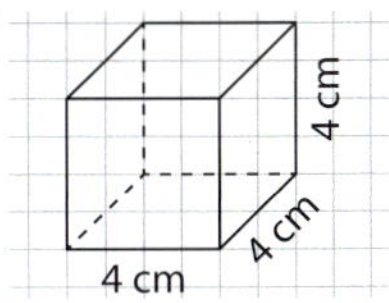

b)

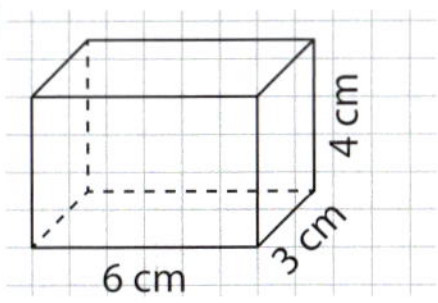

c)

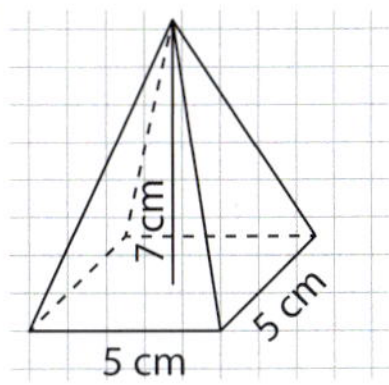

S. 154, 5.

a) Diagonale der Grundfläche:
$\overline{BD} = \sqrt{a^2 + b^2} = \sqrt{16 + 4} = \sqrt{20}$
$\overline{BH} = \sqrt{\overline{BD}^2 + c^2} = \sqrt{20 + 9} = \sqrt{29} \approx 5{,}34$

b) $O = 52\,\text{cm}^2$; $V = 24\,\text{cm}^3$

c) $V = \frac{80}{3}\,\text{cm}^3$

d) $h^2 + \left(\frac{a}{2}\right)^2 = h_s^2$ ergibt $h_s = \sqrt{5^2 + 2^2} = \sqrt{29}$
Seitendreieck: $A = \frac{1}{2} \cdot 4 \cdot \sqrt{29} = 2\sqrt{29}$
Oberfläche: $O = 16 + 4 \cdot 2\sqrt{29} = 16 + 8\sqrt{29}$
$O \approx 59{,}1\,\text{cm}^2$

S. 154, 6

a) $F(2\,|\,3\,|\,3), G(-2\,|\,3\,|\,3), H(-2\,|\,-2\,|\,3)$

b) $B(1\,|\,2\,|\,0), E(1\,|\,-1\,|\,2), G(-2\,|\,2\,|\,2)$

c) $A(3\,|\,0\,|\,0)$; $D(0\,|\,0\,|\,0)$; $F(3\,|\,3\,|\,3)$

S. 155, 7.

a) $\overrightarrow{AB} = \begin{pmatrix} 2 \\ 6 \\ -2 \end{pmatrix} \quad \overrightarrow{BC} = \begin{pmatrix} -6 \\ -1 \\ 1 \end{pmatrix} \quad \overrightarrow{AC} = \begin{pmatrix} -4 \\ 5 \\ -1 \end{pmatrix}$

b) $|\overrightarrow{AB}| = \left|\begin{pmatrix} 2 \\ 6 \\ -2 \end{pmatrix}\right| = \sqrt{2^2 + 6^2 + 2^2} = \sqrt{44} \approx 6{,}6$

$|\overrightarrow{BC}| = \left|\begin{pmatrix} -6 \\ -1 \\ 1 \end{pmatrix}\right| = \sqrt{6^2 + 1^2 + 1^2} = \sqrt{38} \approx 6{,}2$

$|\overrightarrow{AC}| = \left|\begin{pmatrix} -4 \\ 5 \\ -1 \end{pmatrix}\right| = \sqrt{4^2 + 5^2 + 1^2} = \sqrt{42} \approx 6{,}5$

c) $\overrightarrow{EF} = \begin{pmatrix} -6 \\ -1 \\ 1 \end{pmatrix} = \overrightarrow{BC}$

d) $\overrightarrow{OD} = \overrightarrow{OA} + \overrightarrow{AD} = \overrightarrow{OA} + \overrightarrow{BE} = \begin{pmatrix} 2 \\ -1 \\ 1 \end{pmatrix} + \begin{pmatrix} 0 \\ -2 \\ 6 \end{pmatrix} = \begin{pmatrix} 2 \\ -3 \\ 7 \end{pmatrix}$

S. 155, 8.

a)

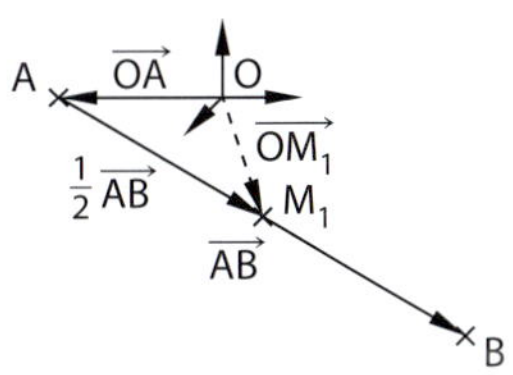

b) $\overrightarrow{OM_1} = \overrightarrow{OA} + \frac{1}{2}\overrightarrow{AB} = \overrightarrow{OA} + \frac{1}{2}\left(-\overrightarrow{OA} + \overrightarrow{OB}\right)$

$= \overrightarrow{OA} - \frac{1}{2}\overrightarrow{OA} + \frac{1}{2}\overrightarrow{OB} = \frac{1}{2}\overrightarrow{OA} + \frac{1}{2}\overrightarrow{OB} = \frac{1}{2}\left(\overrightarrow{OA} + \overrightarrow{OB}\right)$

c) $\overrightarrow{OM_1} = \frac{1}{2}\left(\overrightarrow{OA} + \overrightarrow{OB}\right) = \frac{1}{2}\left[\begin{pmatrix}2\\-1\\1\end{pmatrix} + \begin{pmatrix}4\\5\\-1\end{pmatrix}\right] = \begin{pmatrix}3\\2\\0\end{pmatrix}$

$\overrightarrow{OM_2} = \frac{1}{2}\left[\begin{pmatrix}-2\\4\\0\end{pmatrix} + \begin{pmatrix}-2\\2\\6\end{pmatrix}\right] = \begin{pmatrix}-2\\3\\3\end{pmatrix}$

d) $\overrightarrow{AF} = \begin{pmatrix}-4\\3\\5\end{pmatrix} \quad \overrightarrow{M_1M_2} = \begin{pmatrix}-5\\1\\3\end{pmatrix}$

Prüfen, ob $\overrightarrow{AF}$ kollinear ist zu $\overrightarrow{M_1M_2}$:

$r \cdot \begin{pmatrix}-4\\3\\5\end{pmatrix} = \begin{pmatrix}-5\\1\\3\end{pmatrix} \Rightarrow \begin{cases} -4r = -5 & r = \frac{5}{4} \\ 3r = 1 & r = \frac{1}{3} \\ 5r = 3 & r = \frac{3}{5} \end{cases}$

$\overline{AF}$ ist nicht parallel zu $\overline{M_1M_2}$

S. 155, 9.

a) $\vec{b} = \vec{v} + \vec{w} = \begin{pmatrix}150\\-100\end{pmatrix} + \begin{pmatrix}-100\\-50\end{pmatrix} = \begin{pmatrix}50\\-150\end{pmatrix}$

b) $|\vec{b}| = \sqrt{50^2 + 150^2} = \sqrt{25\,000} \approx 158{,}1$

Die Fähre fährt mit 158,1 m/min = 9,486 km/h.

c) Wie oft muss man $\vec{b}$ zu $\overrightarrow{OA}$ addieren, um $\overrightarrow{OB}$ zu erhalten?

$\overrightarrow{OB} = \overrightarrow{OA} + n \cdot \vec{b} \Leftrightarrow \begin{pmatrix}100\\-100\end{pmatrix} = \begin{pmatrix}-100\\500\end{pmatrix} + n \cdot \begin{pmatrix}50\\-150\end{pmatrix}$

Man erhält n = 4, also erreicht die Fähre nach 4 Minuten den Punkt B.

S. 155, 10.

a) Gleichsetzungsverfahren

$\left|\begin{array}{l} y = -2x + 19 \\ y = x - 2 \end{array}\right| \Leftrightarrow \left|\begin{array}{l} -2x + 19 = x - 2 \\ y = x - 2 \end{array}\right|$

$\Leftrightarrow \left|\begin{array}{l} 21 = 3x \\ y = x - 2 \end{array}\right| \Leftrightarrow \left|\begin{array}{l} x = 7 \\ y = 5 \end{array}\right|$

b) Einsetzungsverfahren

$\left|\begin{array}{l} y = 3x - 7 \\ 4x + 2y = 16 \end{array}\right| \Leftrightarrow \left|\begin{array}{l} y = 3x - 7 \\ 4x + 2(3x - 7) = 16 \end{array}\right|$

$\Leftrightarrow \left|\begin{array}{l} y = 3x - 7 \\ x = 3 \end{array}\right| \Leftrightarrow \left|\begin{array}{l} y = 2 \\ x = 3 \end{array}\right|$

c) Additionsverfahren

$\left|\begin{array}{l} 2x + 5y = 2 \\ 6x - 2y = 40 \end{array}\right| \cdot (-3) \Leftrightarrow \left|\begin{array}{l} 2x + 5y = 2 \\ -17y = 34 \end{array}\right|$

$\Leftrightarrow \left|\begin{array}{l} 2x - 10 = 2 \\ y = -2 \end{array}\right| \Leftrightarrow \left|\begin{array}{l} x = 6 \\ y = -2 \end{array}\right|$

d) Additionsverfahren

$\left|\begin{array}{l} 2x + 5y = 16 \\ 5x + 7y = 18 \end{array}\right| \begin{array}{l} \cdot(-5) \\ \cdot 2 \end{array} \Leftrightarrow \left|\begin{array}{l} 2x + 5y = 16 \\ -11y = -44 \end{array}\right|$

$\Leftrightarrow \left|\begin{array}{l} 2x + 20 = 16 \\ y = 4 \end{array}\right| \Leftrightarrow \left|\begin{array}{l} x = -2 \\ y = 4 \end{array}\right|$

S. 155, 11.

a) $\begin{array}{lll} 2x & -3y & = 14 \\ 4x & +3y & = 10 \quad \leftarrow + \\ \hline 2x & -3y & = 14 \\ 6x & & = 24 \\ \hline 8 & -3y & = 14 \\ x & & = 4 \\ \hline & y & = -2 \\ & x & = 4 \end{array}$

b) $\begin{array}{lll} -x & +6y & = 3 \quad |\cdot 3 \\ 3x & -2y & = 7 \quad \leftarrow + \\ \hline -x & +6y & = 3 \\ & 16y & = 16 \\ \hline -x & +6 & = 3 \\ & y & = 1 \\ \hline & x & = 3 \\ & y & = 1 \end{array}$

c) $\begin{array}{lll} \frac{1}{2}x & +\frac{3}{4}y & = 5 \quad |\cdot 4 \leftarrow + \\ -2x & +y & = 12 \\ \hline -2x & +y & = 12 \\ & 4y & = 32 \\ \hline -2x & +8 & = 12 \\ & y & = 8 \\ \hline & x & = -2 \\ & y & = 8 \end{array}$

d) $\begin{array}{lll} 27x & -2y & = 1 \quad \leftarrow + \\ -12x & +y & = 0 \quad |\cdot 2 \\ \hline -12x & +y & = 0 \\ 3x & & = 1 \\ \hline -4 & +y & = 0 \\ & x & = \frac{1}{3} \\ \hline & y & = 4 \\ & x & = \frac{1}{3} \end{array}$

e) $\begin{array}{lll} 4x & -2y & = 3 \quad |\cdot(-2) \\ 8x & -4y & = 4 \quad \leftarrow + \\ \hline 4x & -2y & = 3 \\ & 0 & = -2 \end{array}$

$L = \{\,\}$

f) $\begin{array}{lll} -3x & -2y & = -6 \quad |\cdot 5 \\ 5x & +3y & = 8 \quad |\cdot 3 \leftarrow + \\ \hline 3x & +2y & = 6 \\ & -y & = -6 \\ \hline 3x & +2y & = 6 \\ & y & = 6 \\ \hline 3x & +12 & = 6 \\ & y & = 6 \\ \hline & x & = -2 \\ & y & = 6 \end{array}$

g) $\begin{array}{lll} \frac{1}{2}x & -\frac{3}{4}y & = -6 \quad |\cdot(-4) \leftarrow + \\ \frac{1}{3}x & -\frac{1}{2}y & = -4 \quad |\cdot 6 \\ \hline -2x & +3y & = 24 \\ 2x & -3y & = -24 \\ \hline 2x & -3y & = -24 \\ & 0 & = 0 \end{array}$

$L = \{(-12 + 1{,}5y \,|\, y)\}$

h) $\begin{array}{lll} 19x & -3y & = -23 \quad |\cdot(-2) \\ -7x & -2y & = 24 \quad |\cdot 3 \leftarrow \\ \hline 19x & -3y & = -23 \\ -59x & & = 118 \\ \hline -38 & -3y & = -23 \\ x & & = -2 \\ \hline & y & = -5 \\ & x & = -2 \end{array}$

S. 155, 12.

a) $\sqrt{(3 \cdot 12)^2 + (3 \cdot 5)^2} = \sqrt{36^2 + 15^2} = 39$

$3\sqrt{12^2 + 5^2} = 3\sqrt{169} = 39$

b) $\sqrt{(3a)^2 + (3b)^2} = \sqrt{3^2a^2 + 3^2b^2} = \sqrt{3^2(a^2 + b^2)}$

$= 3\sqrt{a^2 + b^2}$

Prüfen Sie Ihr neues Fundament (S. 214/215)

S. 214, 1.

a) $\begin{array}{rrr|r} x_1 & x_2 & x_3 & \\ 1 & -2 & 1 & 4 \quad |\cdot(-2) \;|\cdot 3 \\ 2 & 1 & -1 & 7 \quad \leftarrow + \\ -3 & -1 & 4 & -5 \quad \leftarrow + \\ \hline 1 & -2 & 1 & 4 \\ 0 & 5 & -3 & -1 \\ 0 & -7 & 7 & 7 \quad |:7 \\ \hline 1 & -2 & 1 & 4 \\ 0 & -1 & 1 & 1 \quad |\cdot 5 \\ 0 & 5 & -3 & -1 \quad \leftarrow + \\ \hline 1 & -2 & 1 & 4 \\ 0 & -1 & 1 & 1 \\ 0 & 0 & 2 & 4 \end{array}$

$x_3 = 2 \quad x_2 = 1 \quad x_1 = 4$

b)
$$\begin{array}{cccc|c|l} x_1 & x_2 & x_3 & x_4 & & \\ 2 & -4 & 1 & -6 & 1 & |\cdot(-3) \\ 6 & -4 & -5 & 2 & -1 & \leftarrow + \\ -2 & 2 & 1 & 1 & 2 & \leftarrow + \\ \hline 2 & -4 & 1 & -6 & 1 & \\ 0 & 8 & -8 & 20 & -4 & |:4 \\ 0 & -2 & 2 & -5 & 3 & \\ \hline 2 & -4 & 1 & -6 & 1 & \\ 0 & 2 & -2 & 5 & -1 & \\ 0 & -2 & 2 & -5 & 3 & \leftarrow + \\ \hline 2 & -4 & 1 & -6 & 1 & \\ 0 & 2 & -2 & 5 & -1 & \\ 0 & 0 & 0 & 0 & 2 & \end{array}$$

$L = \{\}$

c)
$$\begin{array}{ccc|c|l} x_1 & x_2 & x_3 & & \\ 2 & 4 & 6 & 2 & |\cdot(-1)\ |\cdot(-2) \\ 2 & 2 & 9 & 3 & \leftarrow \\ 4 & 10 & 9 & 3 & \leftarrow + \\ 4 & 6 & 15 & 5 & \leftarrow + \\ \hline 2 & 4 & 6 & 2 & \\ 0 & -2 & 3 & 1 & \\ 0 & 2 & -3 & -1 & \\ 0 & -2 & 3 & 1 & \\ \hline 2 & 4 & 6 & 2 & \\ 0 & -2 & 3 & 1 & \\ 0 & 0 & 0 & 0 & \\ 0 & 0 & 0 & 0 & \end{array}$$

$x_2 = -\frac{1}{2} + \frac{3}{2}x_3$

$x_1 - 1 + 3x_3 + 3x_3 = 1 \Leftrightarrow x_1 = 2 - 6x_3$

$\left(2 - 6t \middle| -\frac{1}{2} + \frac{3}{2}t \middle| t\right)$

S. 214, 2.

a) Die Gleichung ① beschreibt g nicht. Sie verläuft durch den Stützpunkt A, aber ihr Richtungsvektor ist nicht der Vektor $\overrightarrow{AB}$, sondern der Ortsvektor von B. Die Gleichung ② beschreibt g. Ihr Stützpunkt ist B und ihr Richtungsvektor ist der Vektor von A zu B. Die Gleichung ③ beschreibt g ebenfalls. Ihr Richtungsvektor ist ein Vielfaches des Vektors $\overrightarrow{AB}$ und ihr Stützvektor liegt auf der Geraden g (r = 3 in ②).

b) z. B. $\vec{x} = \begin{pmatrix} -1 \\ 3 \\ 2 \end{pmatrix} + r \cdot \begin{pmatrix} -5 \\ 10 \\ 5 \end{pmatrix}; r \in \mathbb{R}$

S. 214, 3.

a) $\vec{x} = \overrightarrow{OA} + r \cdot \overrightarrow{AB} = \begin{pmatrix} 1 \\ 2 \\ 1 \end{pmatrix} + r \cdot \begin{pmatrix} 1 \\ 2 \\ 5 \end{pmatrix}, r \in \mathbb{R}$

b) $\begin{pmatrix} 0 \\ 0 \\ 0 \end{pmatrix} = \begin{pmatrix} 1 \\ 2 \\ 1 \end{pmatrix} + r \cdot \begin{pmatrix} 1 \\ 2 \\ 5 \end{pmatrix} = \begin{pmatrix} 1 + r \\ 2 + 2r \\ 1 + 5r \end{pmatrix},$

$r = -1$ und $r = -\frac{1}{5}$ (Widerspruch)

Der Punkt O liegt nicht auf der Geraden g.

c) Die Gleichung $\vec{x} = \overrightarrow{OA} + r \cdot \overrightarrow{AB}$ mit $r \in \mathbb{R}$ und $0 \leq r \leq 2$ beschreibt eine Strecke. Die Strecke verläuft von Punkt A (r = 0), über den Punkt B (r = 1) zu einem Punkt auf der Geraden g, der doppelt so weit von A entfernt ist wie B (r = 2).

d) Da der Punkt C von Punkt B doppelt so weit entfernt ist wie von Punkt A, erreicht man ihn, indem man von Punkt A einmal den Vektor von A nach B abträgt. Dieser Vektor liegt entgegengesetzt der Richtung, in der sich B befindet. Das entspricht dem Parameter r = –1.

Somit lässt sich C berechnen durch die Gleichung $\overrightarrow{OC} = \overrightarrow{OA} + (-1) \cdot \overrightarrow{AB}$.

e) $h: \vec{x} = \begin{pmatrix} 2 \\ 3 \\ 4 \end{pmatrix} + r \cdot \begin{pmatrix} 1 \\ 2 \\ 5 \end{pmatrix}$

S. 214, 4.

a) $\vec{x} = \begin{pmatrix} -2 \\ 1 \\ 0 \end{pmatrix} + r \cdot \begin{pmatrix} 5 \\ 3 \\ 5 \end{pmatrix}$ mit $r \in \mathbb{R}$ und $0 \leq r \leq 1$

b) $|\overrightarrow{AB}| = \left|\begin{pmatrix} 5 \\ 3 \\ 5 \end{pmatrix}\right| = \sqrt{5^2 + 3^2 + 5^2} = \sqrt{59} \approx 7{,}68$

c) $\overrightarrow{OM} = \begin{pmatrix} -2 \\ 1 \\ 0 \end{pmatrix} + 0{,}5 \cdot \begin{pmatrix} 5 \\ 3 \\ 5 \end{pmatrix} = \begin{pmatrix} 0{,}5 \\ 2{,}5 \\ 2{,}5 \end{pmatrix}, M\left(\frac{1}{2} \middle| \frac{5}{2} \middle| \frac{5}{2}\right)$

S. 214, 5.

a) g und h haben einen Schnittpunkt: $S(7|0|4)$ $(r = 2, s = -1)$

b) g und h sind windschief (kein Schnittpunkt, nicht parallel).

c) g und h sind echt parallel (Richtungsvektoren sind kollinear, es gibt keinen Schnittpunkt)

S. 214, 6.

$$\begin{pmatrix} -1 \\ 0 \\ -1 \end{pmatrix} + r \cdot \begin{pmatrix} 3 \\ 1 \\ -2 \end{pmatrix} = \begin{pmatrix} 2 \\ 1 \\ -3 \end{pmatrix} + t \cdot \begin{pmatrix} 1 \\ 1 \\ 1 \end{pmatrix}$$

$$\left(\begin{array}{cc|c} 3 & -1 & 3 \\ 1 & -1 & 1 \\ -2 & -1 & -2 \end{array}\right) \xrightarrow{ZSF} \left(\begin{array}{cc|c} 3 & -1 & 3 \\ 0 & -\frac{2}{3} & 0 \\ 0 & 0 & 0 \end{array}\right) \rightarrow r = 1 \text{ und } t = 0$$

$$\alpha = \cos^{-1}\left(\frac{\left(\begin{pmatrix} 3 \\ 1 \\ -2 \end{pmatrix} \cdot \begin{pmatrix} 1 \\ 1 \\ 1 \end{pmatrix}\right)}{\sqrt{3^2 + 1^2 + (-2)^2} \cdot \sqrt{1^2 + 1^2 + 1^2}}\right) \approx 72°$$

Die Geraden scheiden sich im Punkt $S(2|1|-3)$ in einem Winkel von 72°.

S. 214, 7.

a) $\cos(\alpha) = \frac{\overrightarrow{AB} \cdot \overrightarrow{AC}}{|\overrightarrow{AB}| \cdot |\overrightarrow{AC}|} = \frac{\begin{pmatrix} 4 \\ 0 \\ 2 \end{pmatrix} \cdot \begin{pmatrix} -2 \\ 1 \\ 14 \end{pmatrix}}{\sqrt{20} \cdot \sqrt{201}} \approx 0{,}315$

$\alpha = 71{,}6°$

$\cos(\beta) = 0$, also $\beta = 90°$;

$\cos(\gamma) \approx 0{,}949$, also $\gamma \approx 18{,}4°$

Das Dreieck ist rechtwinklig mit $\beta = 90°$.

b) $\cos(\alpha) \approx -0{,}478, \alpha \approx 118{,}6°$

$\cos(\beta) \approx 0{,}866, \beta \approx 30°$

$\cos(\gamma) \approx 0{,}853, \gamma \approx 31{,}5°$

Das Dreieck besitzt keinen rechten Innenwinkel, es ist stumpfwinklig.

S. 214, 8.

a) $0 = \vec{a} \cdot \vec{b} = \begin{pmatrix} 4 \\ 2 \\ 1 \end{pmatrix} \cdot \begin{pmatrix} b_1 \\ b_2 \\ b_3 \end{pmatrix} = 4b_1 + 2b_2 + b_3$

Diese Gleichung hat unendlich viele Lösungen, es gibt also unendlich viele Vektoren, die senkrecht auf $\vec{a}$ stehen, z. B. $\vec{b} = \begin{pmatrix} -1 \\ 1 \\ 2 \end{pmatrix}$.

b) $\vec{a} \cdot \vec{c} = 0$ und $\vec{b} \cdot \vec{c} = 0$

$\left(\begin{array}{ccc|c} 4 & 2 & 1 & 0 \\ -1 & 1 & 2 & 0 \end{array}\right)$

Auch dieses Gleichungssystem hat unendlich viele Lösungen, einer der unendlich vielen Vektoren, die orthogonal zu $\vec{a}$ und zu $\vec{b}$ sind, ist $\vec{c} = \begin{pmatrix} 1 \\ -3 \\ 2 \end{pmatrix}$.

Die Vektoren $\vec{a}, \vec{b}$ und $\vec{c}$ sind orthogonal zueinander.

S. 215, 9.

a) $\overrightarrow{OP_t} = \begin{pmatrix} -t \\ 3-t \\ 3 \end{pmatrix} = \begin{pmatrix} 0 \\ 3 \\ 3 \end{pmatrix} + t \cdot \begin{pmatrix} -1 \\ -1 \\ 0 \end{pmatrix}$

Die Gerade verläuft parallel zur x_1x_2-Ebene.

b) z. B.:

① $\vec{x} = \begin{pmatrix} 1 \\ 3 \\ 3 \end{pmatrix} + t \cdot \begin{pmatrix} -1 \\ -1 \\ 0 \end{pmatrix}$

② $\vec{x} = \begin{pmatrix} 0 \\ 3 \\ 3 \end{pmatrix} + t \cdot \begin{pmatrix} 0 \\ 0 \\ 1 \end{pmatrix}$

③ $\vec{x} = \begin{pmatrix} 1 \\ 3 \\ 3 \end{pmatrix} + t \cdot \begin{pmatrix} 0 \\ 0 \\ 1 \end{pmatrix}$

S. 215, 10.

a) Da die Punkte P, Q und R jeweils nur eine von null verschiedene Koordinate haben, liegen sie auf den Koordinatenachsen (Spurpunkte). Die von null verschiedene Koordinate zeigt die Achse: P auf der x_1-Achse, Q auf der x_2-Achse, R auf der x_3-Achse. Drei Punkte, die nicht auf einer Geraden liegen, spannen eine Ebene auf.

b) ① beschreibt eine Parametergleichung von E. Der Ortsvektor zu P ist Stützvektor und $\overrightarrow{PQ}$ und $\overrightarrow{PR}$ sind die beiden Richtungsvektoren.

② beschreibt keine Parametergleichung von E, da z. B. Q nicht in der von ② beschriebenen Ebene liegt.

c) z. B.

$\vec{x} = \overrightarrow{OQ} + s \cdot \overrightarrow{QP} + t \cdot \overrightarrow{QR} = \begin{pmatrix} 0 \\ 3 \\ 0 \end{pmatrix} + s \cdot \begin{pmatrix} -1 \\ -3 \\ 0 \end{pmatrix} + t \cdot \begin{pmatrix} 0 \\ -3 \\ 2 \end{pmatrix}$

d) z. B.

① mit s = 2 bzw. s = 3:

Die Punkte $S(0|6|-2)$ und $T(2|0|6)$ liegen in der Ebene E.

e) $\begin{pmatrix} 0 \\ 0 \\ 0 \end{pmatrix} = \begin{pmatrix} -1 \\ 0 \\ 0 \end{pmatrix} + s \cdot \begin{pmatrix} 1 \\ 3 \\ 0 \end{pmatrix} + t \cdot \begin{pmatrix} 1 \\ 0 \\ 2 \end{pmatrix}$

Das LGS hat keine Lösung, O liegt nicht in E.

$\begin{pmatrix} 2 \\ 3 \\ 4 \end{pmatrix} = \begin{pmatrix} -1 \\ 0 \\ 0 \end{pmatrix} + s \cdot \begin{pmatrix} 1 \\ 3 \\ 0 \end{pmatrix} + t \cdot \begin{pmatrix} 1 \\ 0 \\ 2 \end{pmatrix}$, t = 2 und s = 1:

Das LGS hat eine Lösung, U liegt in E.

S. 215, 11.

a) z. B.

$\vec{x} = \overrightarrow{OA} + s \cdot \overrightarrow{AB} + t \cdot \overrightarrow{AC} = \begin{pmatrix} 5 \\ 2 \\ 1 \end{pmatrix} + s \cdot \begin{pmatrix} -3 \\ 2 \\ 5 \end{pmatrix} + t \cdot \begin{pmatrix} -1 \\ 2 \\ 3 \end{pmatrix}$

b) Die Seite $\overline{CD}$ des Parallelogramms ist parallel zur Seite $\overline{BA}$ und gleich lang.

Legt man also den Vektor $\overrightarrow{BA}$ an den Punkt C an, so erhält man den Punkt D.

$\overrightarrow{OD} = \overrightarrow{OC} + \overrightarrow{BA} = \begin{pmatrix} 4 \\ 4 \\ 4 \end{pmatrix} + \begin{pmatrix} 3 \\ -2 \\ -5 \end{pmatrix} = \begin{pmatrix} 7 \\ 2 \\ -1 \end{pmatrix}$

c) Die Diagonalen sind die Strecken

e: $\vec{x} = \overrightarrow{OA} + r \cdot \overrightarrow{AC} = \begin{pmatrix} 5 \\ 2 \\ 1 \end{pmatrix} + r \cdot \begin{pmatrix} -1 \\ 2 \\ 3 \end{pmatrix}$ und

f: $\vec{x} = \overrightarrow{OB} + r \cdot \overrightarrow{BD} = \begin{pmatrix} 2 \\ 4 \\ 6 \end{pmatrix} + s \cdot \begin{pmatrix} 5 \\ -2 \\ -7 \end{pmatrix}$

mit $r, s \in \mathbb{R}$ und $0 \le r \le 1, 0 \le s \le 1$

Für den Schnittpunkt gilt:

$\begin{pmatrix} 5 \\ 2 \\ 1 \end{pmatrix} + r \cdot \begin{pmatrix} -1 \\ 2 \\ 3 \end{pmatrix} = \begin{pmatrix} 2 \\ 4 \\ 6 \end{pmatrix} + s \cdot \begin{pmatrix} 5 \\ -2 \\ -7 \end{pmatrix}$; $s = \frac{1}{2}$ und $r = \frac{1}{2}$

Da die Parameter für den Schnittpunkt S bei beiden Diagonalen $\frac{1}{2}$ betragen, halbieren sich die beiden Diagonalen. Der Diagonalenschnittpunkt ist $S(4{,}5|3|2{,}5)$.

d) $\begin{pmatrix} -1 \\ 2 \\ 3 \end{pmatrix} \cdot \begin{pmatrix} 5 \\ -2 \\ -7 \end{pmatrix} = -5 + (-4) + (-21) = -30 \neq 0$

Die beiden Diagonalen stehen nicht senkrecht aufeinander.

S. 215, 12.

a) E_1: $\vec{x} = \begin{pmatrix} 0 \\ 0 \\ 0 \end{pmatrix} + s \cdot \begin{pmatrix} 3 \\ 0 \\ 0 \end{pmatrix} + t \cdot \begin{pmatrix} 0 \\ 4 \\ 0 \end{pmatrix}$

E_2: $\vec{x} = \begin{pmatrix} 0 \\ 0 \\ 0 \end{pmatrix} + s \cdot \begin{pmatrix} 0 \\ 4 \\ 0 \end{pmatrix} + t \cdot \begin{pmatrix} 0 \\ 0 \\ 4 \end{pmatrix}$

E_3: $\vec{x} = \begin{pmatrix} 0 \\ 0 \\ 0 \end{pmatrix} + s \cdot \begin{pmatrix} 3 \\ 0 \\ 0 \end{pmatrix} + t \cdot \begin{pmatrix} 0 \\ 0 \\ 4 \end{pmatrix}$

E_4: $\vec{x} = \begin{pmatrix} 3 \\ 0 \\ 0 \end{pmatrix} + s \cdot \begin{pmatrix} -3 \\ 4 \\ 0 \end{pmatrix} + t \cdot \begin{pmatrix} -3 \\ 0 \\ 4 \end{pmatrix}$

b) $\overline{AB}$: $\vec{x} = \begin{pmatrix} 3 \\ 0 \\ 0 \end{pmatrix} + r \cdot \begin{pmatrix} -3 \\ 4 \\ 0 \end{pmatrix}$ mit $r \in \mathbb{R}$ und $0 \le r \le 1$

$\overrightarrow{OM} = \begin{pmatrix} 3 \\ 0 \\ 0 \end{pmatrix} + 0{,}5 \cdot \begin{pmatrix} -3 \\ 4 \\ 0 \end{pmatrix} = \begin{pmatrix} 1{,}5 \\ 2 \\ 0 \end{pmatrix}$

$\overrightarrow{MC} = \begin{pmatrix} -1{,}5 \\ -2 \\ 4 \end{pmatrix}$

$\cos(\alpha) = \frac{\overrightarrow{MO} \cdot \overrightarrow{MC}}{|\overrightarrow{MO}| \cdot |\overrightarrow{MC}|} \approx 0{,}53, \alpha \approx 58°$

c) $\overline{MC}$: $x = \begin{pmatrix} 1{,}5 \\ 2 \\ 0 \end{pmatrix} + r \cdot \begin{pmatrix} -1{,}5 \\ -2 \\ 4 \end{pmatrix}$ mit $r \in \mathbb{R}$ und $0 \le r \le 1$

Der Schnittpunkt der Seitenhalbierenden teilt jede Seitenhalbierende im Verhältnis 2 : 1, wobei die Strecke zwischen Schnittpunkt und Ecke doppelt so lang ist wie die Strecke zwischen Schnittpunkt und Seitenmittelpunkt. Daher kann man die Koordinaten des Schnittpunktes berechnen, indem man auf einer Seitenhalbierenden vom Seitenmittelpunkt aus ($\overline{MC}$) ein Drittel der Strecke abträgt.

$\overrightarrow{OS} = \begin{pmatrix} 1{,}5 \\ 2 \\ 0 \end{pmatrix} + \frac{1}{3} \cdot \begin{pmatrix} -1{,}5 \\ -2 \\ 4 \end{pmatrix} = \begin{pmatrix} 1 \\ \frac{4}{3} \\ \frac{4}{3} \end{pmatrix} \approx \begin{pmatrix} 1 \\ 1{,}33 \\ 1{,}33 \end{pmatrix}$

Die Seitenhalbierenden schneiden sich im Punkt $S\left(1\middle|\frac{4}{3}\middle|\frac{4}{3}\right)$.

d) Das Volumen einer Pyramide berechnet man mithilfe der Grundfläche und Höhe. Man kann eine Pyramide in volumengleiche Teilkörper (Pyramiden) zerlegen, indem man die Grundfläche zerlegt und mit der Spitze der Pyramide zu einer Ebene ergänzt – mit derselben Höhe. Die dreieckige Grundfläche ABC wird durch eine Seitenhalbierende in zwei Dreiecke gleicher Fläche zerlegt. Die Pyramide wird durch die Ebene durch O, M und C in zwei volumengleiche Teilkörper zerlegt.

$$\vec{x} = \begin{pmatrix} 0 \\ 0 \\ 0 \end{pmatrix} + s \cdot \begin{pmatrix} 1{,}5 \\ 2 \\ 0 \end{pmatrix} + t \cdot \begin{pmatrix} 0 \\ 0 \\ 4 \end{pmatrix}$$

S. 215, 13.

a) Der Boden wird durch die x_1x_2-Ebene beschrieben. Die Eckpunkte des Schattens sind daher die Schnittpunkte der x_1x_2-Ebene mit der Geraden durch die Ecken des Sonnensegels entlang der Sonnenstrahlen.
Ein Punkt liegt auf der x_1x_2-Ebene, wenn seine dritte Koordinate null ist.

$$\overrightarrow{OA'} = \begin{pmatrix} 0 \\ -2 \\ 2 \end{pmatrix} + 1 \cdot \begin{pmatrix} -6 \\ 4 \\ -2 \end{pmatrix} = \begin{pmatrix} -6 \\ 2 \\ 0 \end{pmatrix}$$

$$\overrightarrow{OB'} = \begin{pmatrix} 2 \\ -2 \\ 2 \end{pmatrix} + 1 \cdot \begin{pmatrix} -6 \\ 4 \\ -2 \end{pmatrix} = \begin{pmatrix} -4 \\ 2 \\ 0 \end{pmatrix}$$

$$\overrightarrow{OC'} = \begin{pmatrix} 2 \\ 0 \\ 2 \end{pmatrix} + 1 \cdot \begin{pmatrix} -6 \\ 4 \\ -2 \end{pmatrix} = \begin{pmatrix} -4 \\ 4 \\ 0 \end{pmatrix}$$

$$\overrightarrow{OD'} = \begin{pmatrix} 0 \\ 0 \\ 2 \end{pmatrix} + 1 \cdot \begin{pmatrix} -6 \\ 4 \\ -2 \end{pmatrix} = \begin{pmatrix} -6 \\ 4 \\ 0 \end{pmatrix}$$

b) Der Schatten ist quadratisch.

c) $|\overrightarrow{A'B'}| = \left|\begin{pmatrix} 2 \\ 0 \\ 0 \end{pmatrix}\right| = \sqrt{2^2} = 2\,\text{m}$

$A = (2\,\text{m})^2 = 4\,\text{m}^2$

Das Sonnensegel wirft einen Schatten mit einer Fläche von $4\,\text{m}^2$.

Lösungen zu Kapitel 6: Grundbegriffe der Wahrscheinlichkeitsrechnung

Ihr Fundament (S. 218/219)

S. 218, 1.

Gruppe	A	B	C	gesamt
absolute Häufigkeit	12	3	45	60
relative Häufigkeit	20 %	5 %	75 %	100 %

S. 218, 2.
Maximum: 11,20 m
Minimum: 6,85 m
Spannweite: 4,35 m
Arithmetisches Mittel: 8,92 m
Median: 9,425 m

S. 218, 3.
Klasse 10a: 3,0
Klasse 10b: 3,2 (gerundet)
In der Klasse 10b gab es absolut gesehen mehr Schülerinnen und Schüler, die in der Mathematikklausur Einsen und Zweien erhalten haben, nämlich 6 (5 in Klasse 10a).
Relativ haben in beiden Klassen in der Mathematikklausur gleich viele Schülerinnen und Schüler die Zensuren 1 und 2 erhalten, nämlich 25 %.

S. 218, 4.
Beispiele:
a) 9,5 cm; 10,0 cm; 10,0 cm; 10,0 cm; 10,5 cm
b) 7,0 cm; 7,5 cm; 8,0 cm; 10,5 cm; 12,0 cm
c) 8,5 cm; 8,5 cm; 10,5 cm; 10,5 cm; 10,5 cm

S. 218, 5.
a) 31 Jungen b) 63 Schülerinnen und Schüler

S. 218, 6.
a) Schülerzahlen 2015/2016 (in Mio.)

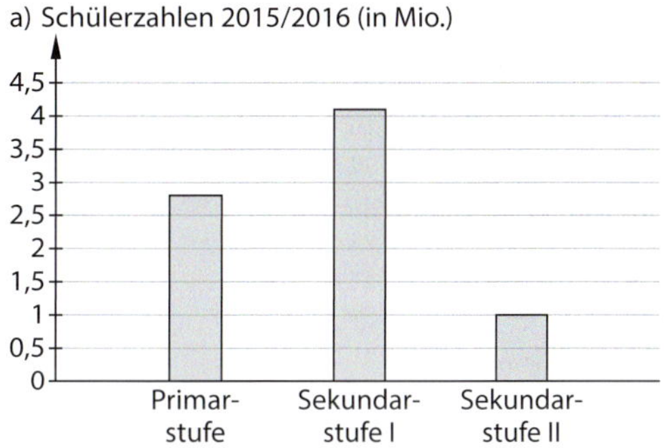

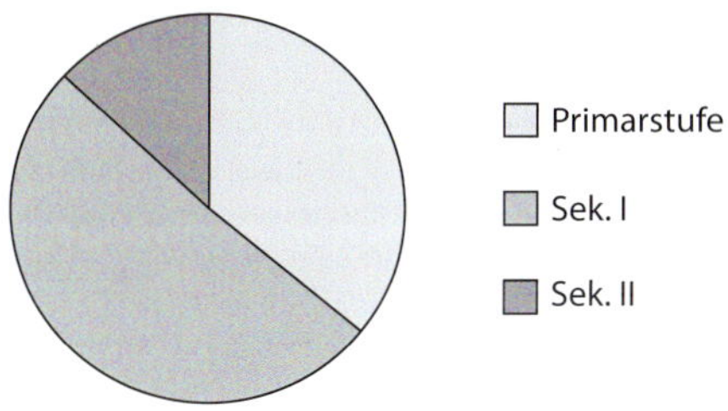

b) Schülerzahlen 2015/2016 und 2030 (in Mio.)

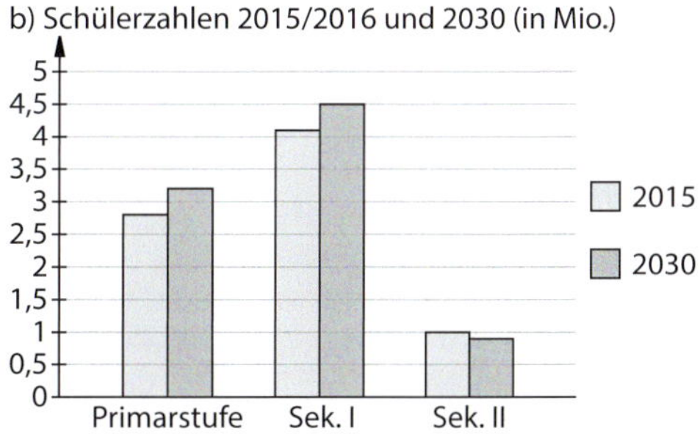

S. 218, 7.
Beispiele:
Säulendiagramm: Kreisdiagramm:

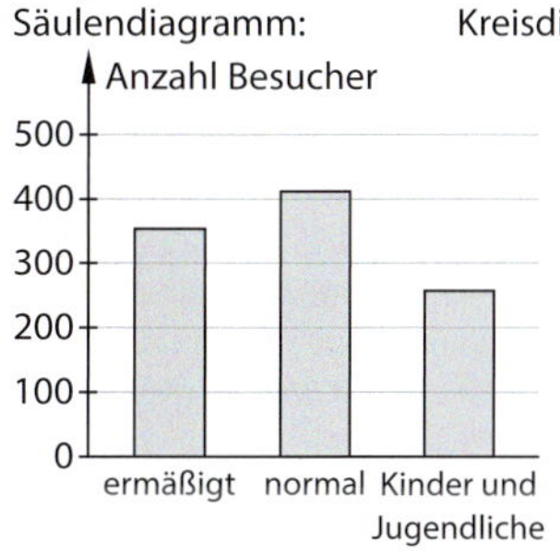

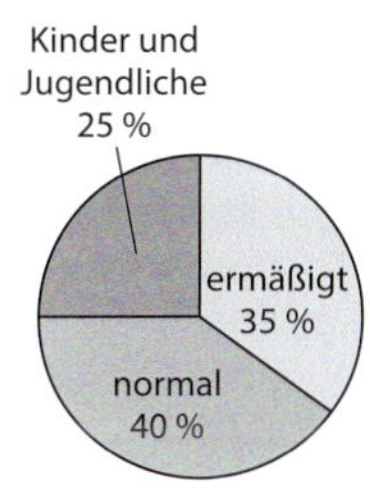

S. 219, 8.

a) Laplace-Experiment mit $P(E) = \frac{4}{9}$

b) Laplace-Experiment mit $P(E) = \frac{1}{6}$

c) kein Laplace-Experiment

S. 219, 9.

a) $P(5) = \frac{1}{20}$

Sektor X	1	2	3	4	5
Gradzahl	75	90	120	60	18

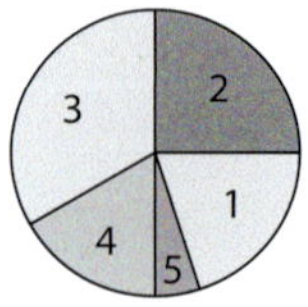

b) $P(E) = \frac{1}{5} + \frac{1}{3} + \frac{1}{20} = \frac{7}{12}$

c) $\overline{E} = \{2; 4\}, P(\overline{E}) = \frac{5}{12}$

S. 219, 10.

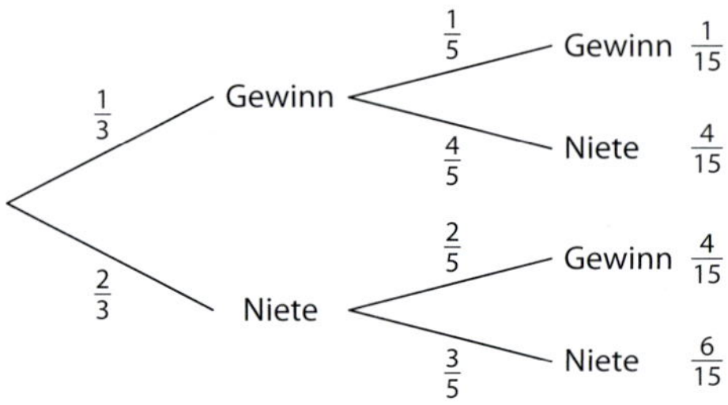

S. 219, 11.

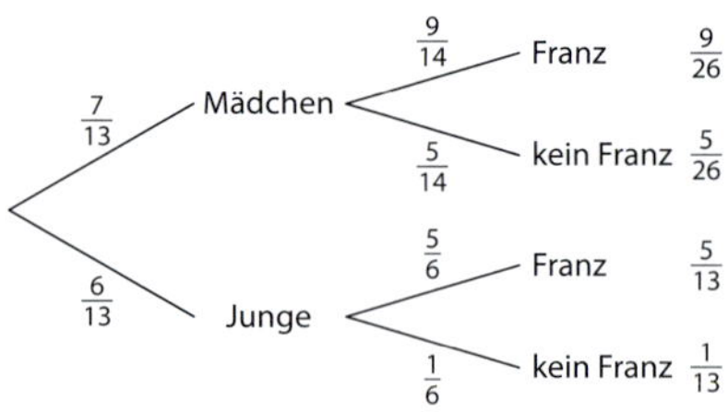

S. 219, 12.

a) 4,5 b) 0,05 c) $\frac{2}{3}$ d) 0,184 e) $\frac{76}{15}$

S. 219, 13.

$\frac{1}{100}$	$\frac{1}{10}$	$\frac{1}{4}$	$\frac{2}{5}$	$\frac{1}{3}$	$\frac{1}{8}$	$\frac{2}{3}$
0,01	0,1	0,25	0,4	$0,\overline{3}$	0,125	$0,\overline{6}$
1 %	10 %	25 %	40 %	$33,\overline{3}$ %	12,5 %	$66,\overline{6}$ %

S. 219, 14.

a) 10 % b) $16,\overline{6}$ % c) 50 % d) 25 % e) 40 %

Prüfen Sie Ihr neues Fundament (S. 244/245)

S. 244, 1.

a) Arithmetisches Mittel: 66 : 7 ≈ 9,4; Median: 9

b) Arithmetisches Mittel: 70 : 9 ≈ 7,8; Median: 8

c) Man muss den Wert 30 hinzufügen, damit das arithmetisches Mittel 12 beträgt (96 : 8). Median: 9

S. 244, 2.

a) Arithmetisches Mittel: 18,7 Klimmzüge

b) Median: 18,5 Klimmzüge
Spannweite: 6 Klimmzüge

c) z. B. Säulendiagramm

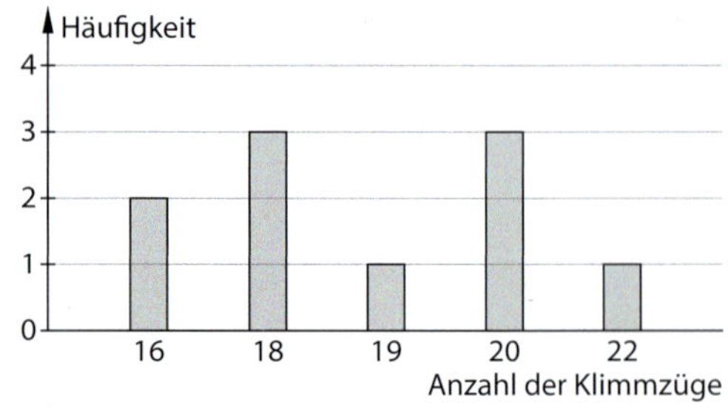

S. 244, 3.

Median: 5 richtige Antworten
Arithmetisches Mittel: 5,25 richtige Antworten

S. 244, 4.

a) Arithmetisches Mittel: 8,5
Varianz: 11,65
Standardabweichung: ≈ 3,41

b) Arithmetisches Mittel: 2,56 g
Varianz: 0,1944 g^2
Standardabweichung: ≈ 0,44 g

S. 244, 5.

a) Janins Werte liegen weiter auseinander und werden deshalb die größere Standardabweichung haben.

b) Janin: Arithmetisches Mittel: 4,36 m
Standardabweichung: ≈ 0,28 m
Paula: Arithmetisches Mittel: 4,46 m
Standardabweichung: ≈ 0,16 m

S. 244, 6.

Es bietet sich die Berechnung des arithmetischen Mittels sowie der empirischen Standardabweichung an.
Arithmetisches Mittel sowohl in der 10a als auch in der 10b: jeweils 2,7
Empirische Standardabweichung:
Klasse 10a: $s^2 = 1{,}61$ $s \approx 1{,}27$
Klasse 10b: $s^2 = 3{,}01$ $s \approx 1{,}73$
Beide Klassen haben im Durchschnitt die gleiche Anzahl von Aufgaben richtig gelöst, nämlich 2,7 Aufgaben von 5 Aufgaben. Die Klassen unterscheiden sich aber in der Streuung der Anzahl richtig gelöster Aufgaben, wie die berechneten Standardabweichungen zeigen.
Sie ist in Klasse 10b deutlich größer als in Klasse 10a. In der Klasse 10a gibt es mehr richtig gelöste Aufgaben in der Nähe des arithmetischen Mittels und weniger „Ausreißer" als in der Klasse 10b.

S. 244, 7.

a) $P(X < 5) = 0{,}8$ b) $P(X < 3) = 0{,}3$

c) $P(2 \le X \le 5) = P(X > 1) = 0{,}9$

d) $P(X > 0) = 1$

S. 245, 8.

a) Individuelle Lösungen.

b) ① $\sigma = \sqrt{0{,}5} \approx 0{,}7$
② $\sigma = \sqrt{2} \approx 1{,}4$
③ $\sigma = \sqrt{0{,}8} \approx 0{,}9$

S. 245, 9.

a) Ereignis R: „zweimal rot"

Ereignis G: „zweimal grün"

Ereignis B: „zweimal blau"

$P(R) = \frac{1}{2} \cdot \frac{1}{2} = \frac{1}{4}$; $P(G) = \frac{1}{3} \cdot \frac{1}{3} = \frac{1}{9}$; $P(B) = \frac{1}{6} \cdot \frac{1}{6} = \frac{1}{36}$

$P(\text{kein Gewinn}) = 1 - P(R) - P(G) - P(B) = \frac{11}{18}$

$E(X) = \frac{1}{4} \cdot 5€ + \frac{1}{9} \cdot 8€ + \frac{1}{36} \cdot 13€ - \frac{11}{18} \cdot 0€$

$= 2{,}50€$ Auszahlung

b) $E(X) = 0$

$\frac{1}{4} \cdot (5 - x) + \frac{1}{9} \cdot (8 - x) + \frac{1}{36} \cdot (13 - x) - \frac{11}{18} \cdot x = 0$

$x = 2{,}5$ Der Einsatz müsste 2,50 € betragen.

S. 245, 10.

a) – d)

①

x	1	2	3	4
P(X = x)	$\frac{1}{4}$	$\frac{1}{4}$	$\frac{1}{4}$	$\frac{1}{4}$

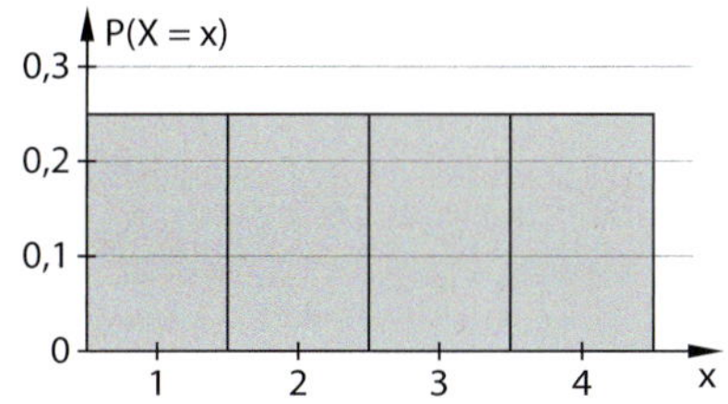

$E(X) = 2{,}5$

②

x	4	6	8	10	12
P(X = x)	$\frac{1}{9}$	$\frac{2}{9}$	$\frac{3}{9}$	$\frac{2}{9}$	$\frac{1}{9}$

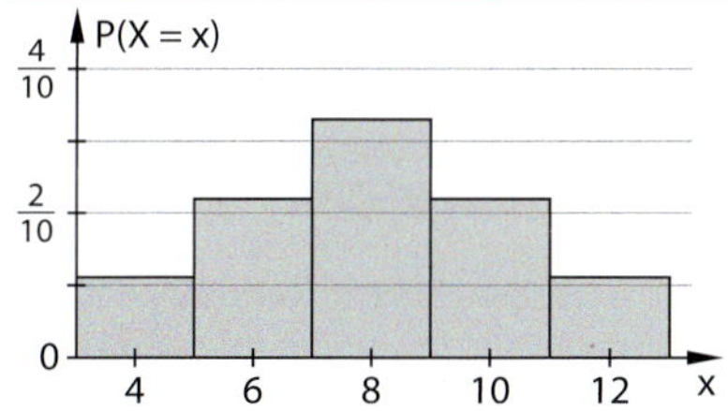

$E(X) = 8$

③

x	0	1	2	3
P(X = x)	$\frac{1}{8}$	$\frac{3}{8}$	$\frac{3}{8}$	$\frac{1}{8}$

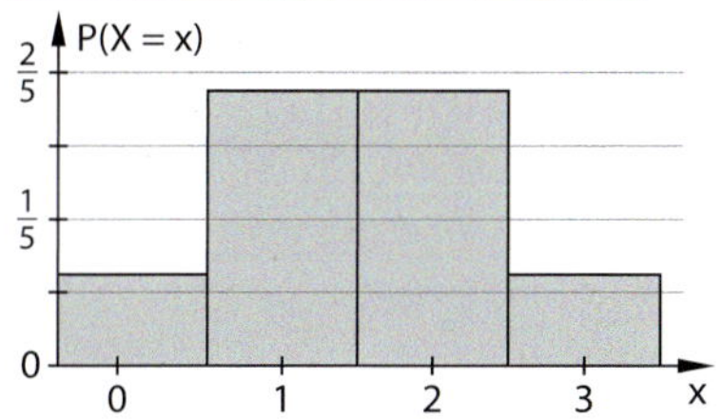

$E(X) = 1{,}5$

④

x	−3	−2	−1	0	1	2	3
P(X = x)	$\frac{1}{7}$	$\frac{1}{7}$	$\frac{1}{7}$	$\frac{1}{7}$	$\frac{1}{7}$	$\frac{1}{7}$	$\frac{1}{7}$

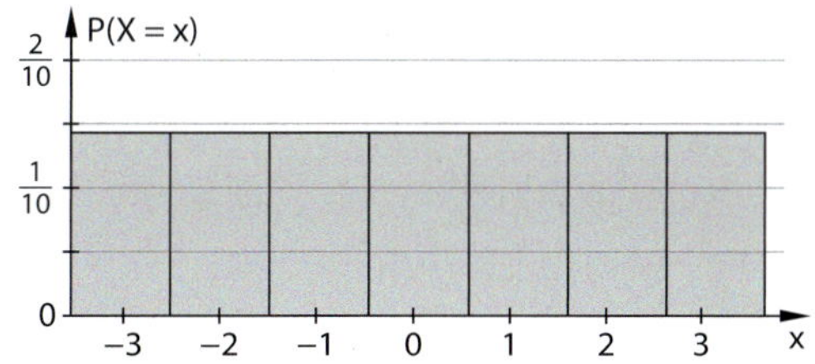

$E(X) = 0$

S. 245, 11.

a) – c) x: Gewinn des Spielers

Glücksspiel 1

x	−1	5
P(X = x)	$\frac{5}{6}$	$\frac{1}{6}$

$E(X) = 0$

$\sigma = \sqrt{5} \approx 2{,}2$

Glücksspiel 2

x	−1	10	13
P(X = x)	$\frac{33}{36}$	$\frac{1}{18}$	$\frac{1}{36}$

$E(X) = 0$

$\sigma = \sqrt{11\frac{1}{6}} \approx 3{,}3$

d) Die Erwartungswerte der zwei Glücksspiele sind identisch. Auf lange Sicht gesehen beträgt der durchschnittliche Gewinn folglich jeweils 0 €. Die Streuung um E(X) ist bei Glücksspiel 2 aber größer als bei Glücksspiel 1. Folglich liegen die tatsächlich erreichten Gewinne bei Glücksspiel 1 näher an 0 € als bei Glücksspiel 2. Wegen der größeren möglichen Gewinne und der beiden Gewinnmöglichkeiten kann man sich bei wenigen Durchführungen für Spiel 2 entscheiden.

Lösungen zu Kapitel 7: Binomialverteilung

Ihr Fundament (S. 248/249)

S. 248, 1.

a)

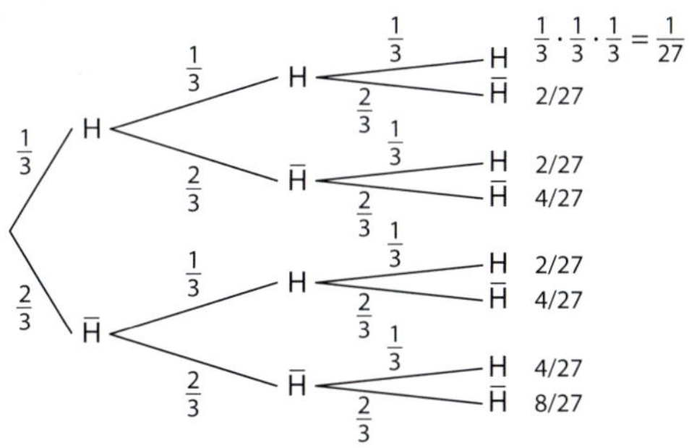

b) $3 \cdot \frac{2}{27} = \frac{6}{27} = \frac{2}{9} \approx 0{,}2$

S. 248, 2.

a)

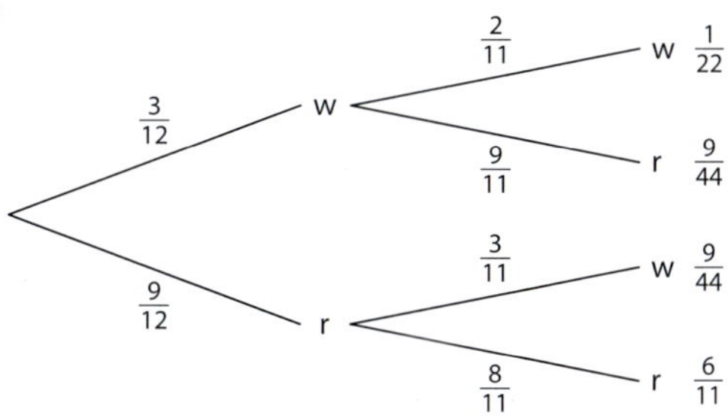

b) Die Summe der Pfadwahrscheinlichkeiten aller Pfade ergibt 1.
$\frac{1}{22}+\frac{9}{44}+\frac{9}{44}+\frac{6}{11}=\frac{2}{44}+\frac{9}{44}+\frac{9}{44}+\frac{24}{44}=\frac{44}{44}=1$

S. 248, 3.

a)

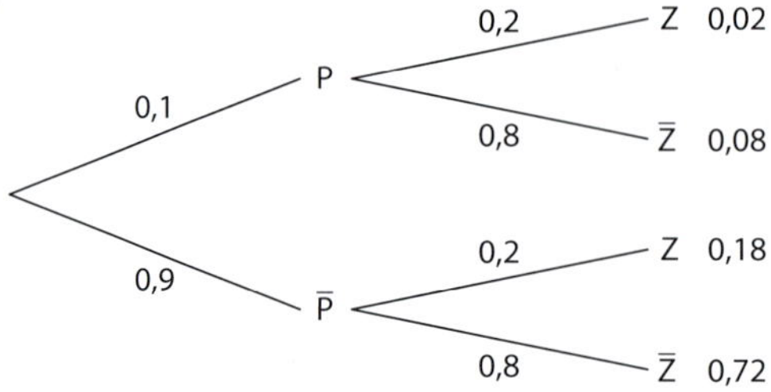

b) $0{,}1\cdot 0{,}2=0{,}02$
2 % der Fluggäste werden wahrscheinlich beide Kontrollen durchlaufen.

S. 248, 4.

a) ① $P(X<4)=P(X=2)=\frac{1}{2}$
② $P(X\leq 4)=P(X<4)+P(X=4)=\frac{1}{2}+\frac{1}{4}=\frac{3}{4}$
③ $P(X\geq 4)=1-P(X<4)=\frac{1}{2}$
④ $P(X>6)=P(X=8)=\frac{1}{8}$

b) $E(X)=2\cdot\frac{1}{2}+4\cdot\frac{1}{4}+6\cdot\frac{1}{8}+8\cdot\frac{1}{8}=3{,}75$
Varianz:
$V(X)=(2-3{,}75)^2\cdot\frac{1}{2}+(4-3{,}75)^2\cdot\frac{1}{4}+(6-3{,}75)^2\cdot\frac{1}{8}$
$+(8-3{,}75)^2\cdot\frac{1}{8}=\frac{49}{32}+\frac{1}{64}+\frac{81}{128}+\frac{289}{128}=\frac{71}{16}$
Standardabweichung: $\sigma=\sqrt{V(X)}\approx 2{,}11$

S. 248, 5.

a) $P(X=38)=1-(0{,}253+0{,}362+0{,}231+0{,}054)$
$=1-0{,}9=0{,}1$
$E(X)=0{,}1\cdot 38+0{,}253\cdot 39+0{,}362\cdot 40+0{,}231\cdot 41$
$+0{,}054\cdot 42\approx 39{,}89$

b) Die Wahrscheinlichkeit, dass in einer Packung 38 Muttern sind, beträgt 10 %. Es ist zu erwarten, dass im Durchschnitt 40 Muttern in einer Schachtel sind.

S. 248, 6.

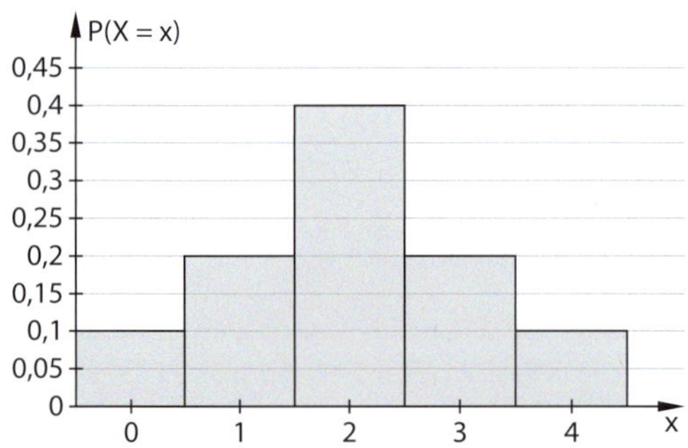

Da die Verteilung symmetrisch ist, liegt der Erwartungswert in der Mitte bei der Symmetrieachse und beträgt 2. Je größer der Erwartungswert ist, desto weiter rechts liegt der „Schwerpunkt" der Verteilung. Je kleiner die Standardabweichung ist, desto höher werden die Säulen direkt um den Erwartungswert herum.

S. 249, 7.

a)

x	1	2	3	4	5	6
P(X = x)	0,1	0,2	0,15	0,1	0,25	0,2

b) ① mindestens 4: $P(X\geq 4)=0{,}55$
② kleiner als 3: $P(X<3)=0{,}3$
③ höchstens 3: $P(X\leq 3)=0{,}45$
④ größer als 4: $P(X>4)=0{,}45$
⑤ mindestens 2 und höchstens 5: $P(2\leq X\leq 5)$
$=0{,}7$
⑥ größer als 2 und kleiner als 5: $P(2<X<5)=0{,}25$

S. 249, 8.

a)

x	−1 €	1 €	2 €
P(X = x)	$\frac{25}{36}$	$\frac{10}{36}$	$\frac{1}{36}$

$E(X)=-1\,€\cdot\frac{25}{36}+1\,€\cdot\frac{10}{36}+2\,€\cdot\frac{1}{36}\approx -0{,}36\,€$

b)

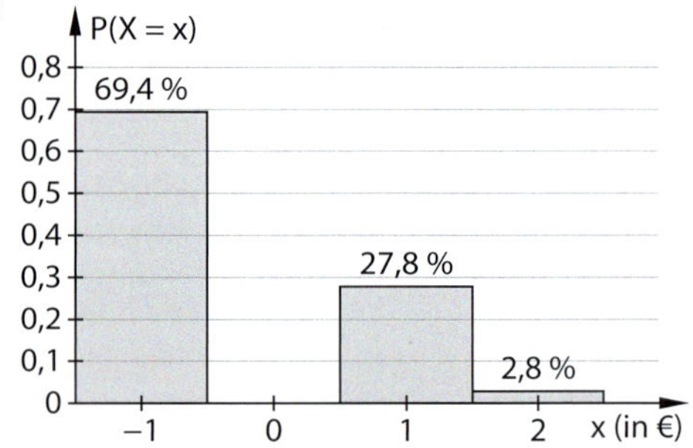

c) Da der Erwartungswert negativ ist, kann im Durchschnitt mit einem Verlust für den Spieler gerechnet werden.

d) Das Spiel wäre bei einem Erwartungswert von 0 € fair.
Option 1:
$0=E(X)=(-1\,€)\cdot\frac{25}{36}+x\cdot\frac{10}{36}+2x\cdot\frac{1}{36};\ x=\frac{25}{12}\,€$
$\approx 2{,}08\,€$
Das Spiel ist (annähernd) fair, wenn man für jede „6" 2,08 € ausgezahlt bekommt.
Option 2:
$0=E(X)=(-x\,€)\cdot\frac{25}{36}+1\,€\cdot\frac{10}{36}+2\,€\cdot\frac{1}{36}$
$x=\frac{12}{25}=0{,}48$
Das Spiel ist fair, wenn man 0,48 € zahlt, falls man keine „6" würfelt.

S. 249, 9.

a) $P(\text{grün})=\frac{1}{8}$, $P(\text{gelb})=\frac{1}{2}$, $P(\text{rot})=\frac{3}{8}$
b) Individuelle Lösung.

S. 249, 10.

a) $3!=6$
b) $3^3=27$

S. 249, 11.

a) $7\cdot 5=35$
b) $2\cdot 9\cdot 2\cdot 7=4\cdot 63=252$
c) $6^2=36$
d) $\frac{2\cdot 3}{11}=\frac{6}{11}$
e) $\frac{5\cdot 2}{2}=5$

S. 249, 12.
a) $\frac{81}{25}$
b) $\frac{33}{10}$
c) $\sqrt{0{,}24} \approx 0{,}49$
d) $\frac{899}{625} \approx 1{,}44$

S. 249, 13.
a) $-0{,}21$
b) 1,2
c) $\approx -3{,}32$
d) 2

S. 249, 14.
a) $x \approx 2{,}33$
b) $x \approx 5{,}03$
c) $n = 5$
d) $x = 4$

Prüfen Sie Ihr neues Fundament (S. 286/287)

S. 286, 1.
a) 6
b) 10
c) $n \cdot (n-1)$
d) 45
e) 1
f) $\frac{2}{9}$

S. 286, 2.
a) Es liegt eine Bernoulli-Kette vor, wenn die Befragten zufällig ausgewählt wurden (nicht zum Beispiel in einer auf Schlafprobleme spezialisierten Praxis) und jeder der Befragten unabhängig von den anderen antwortet.
Treffer: Antwort „Ja, ich habe Schlafprobleme".
Länge der Bernoulli-Kette: Anzahl der befragten Personen $n = 2100$
b) Die Trefferwahrscheinlichkeit ist $\frac{1}{3}$.

S. 286, 3.
a) Es wird nur zwischen zwei Ergebnissen unterschieden (schwarz oder nicht schwarz). Durch das Zurücklegen der gezogenen Kugeln sind die Ergebnisse der einzelnen Ziehungen unabhängig voneinander. Die Wahrscheinlichkeit, eine schwarze Kugel zu ziehen, ist konstant $p = 0{,}6$.
b) Baumdiagramm:

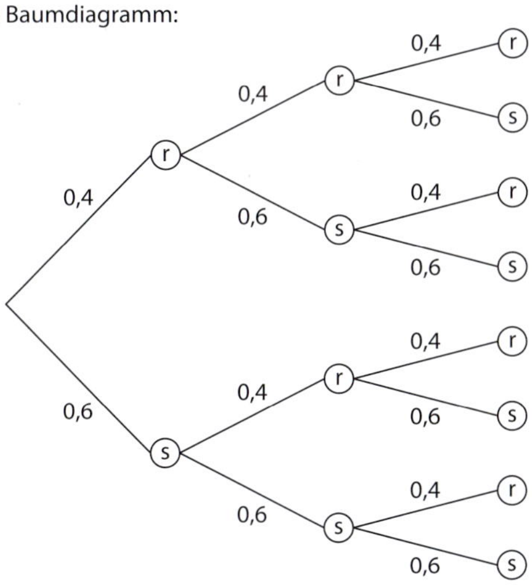

Verteilung:

k	P(X = k)
0	$\binom{3}{0} \cdot 0{,}6^0 \cdot 0{,}4^3$
1	$\binom{3}{1} \cdot 0{,}6^1 \cdot 0{,}4^2$
2	$\binom{3}{2} \cdot 0{,}6^2 \cdot 0{,}4^1$
3	$\binom{3}{3} \cdot 0{,}6^3 \cdot 0{,}4^0$

Histogramm:

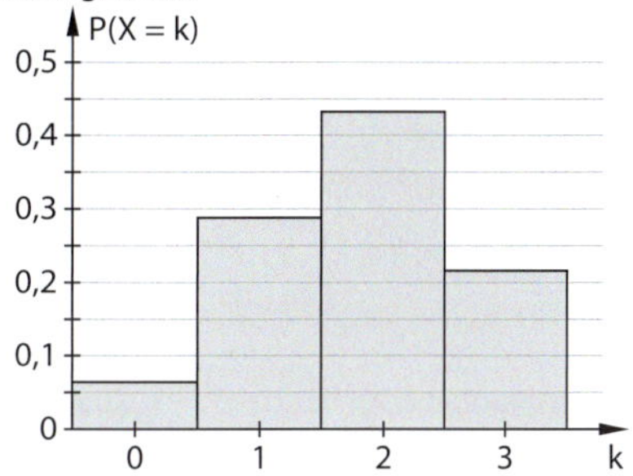

S. 286, 4.
a) $P(X = 0) \approx 0{,}66$
b) $P(X > 0) = 1 - P(X = 0) \approx 0{,}34$
c) $P(X < 2) = P(X \le 1) \approx 0{,}95$
d) $P(1 \le X \le 3) = P(X \le 3) - P(X = 0) \approx 0{,}34$

S. 286, 5.
a) z. B.: Das Tetraeder wird fünfmal geworfen.
Treffer: Es wird eine 3 geworfen.
Trefferwahrscheinlichkeit $p = \frac{1}{4}$.
$P(X = 2) = \binom{5}{2} \cdot \left(\frac{1}{4}\right)^2 \cdot \left(\frac{3}{4}\right)^3$; $P(X \le 3) = 1 - P(X > 3)$;
$P(X > 3) = \binom{5}{4} \cdot \left(\frac{1}{4}\right)^4 \cdot \left(\frac{3}{4}\right)^1 + \left(\frac{1}{4}\right)^5$

b) z. B.: Die drei Münzen werden fünfmal gleichzeitig geworfen. Treffer: Es fällt dreimal Kopf.
Trefferwahrscheinlichkeit $p = \frac{1}{8}$.
$P(X = 2) = \binom{5}{2} \cdot \left(\frac{1}{8}\right)^2 \cdot \left(\frac{7}{8}\right)^3$; $P(X \le 3) = 1 - P(X > 3)$;
$P(X > 3) = \binom{5}{4} \cdot \left(\frac{1}{8}\right)^4 \cdot \left(\frac{7}{8}\right)^1 + \left(\frac{1}{8}\right)^5$

c) z. B.: Es werden genau fünf Lose gezogen.
Treffer: Gewinnlos wird gezogen.
Trefferwahrscheinlichkeit $p = \frac{1}{5}$.
$P(X = 2) = \binom{5}{2} \cdot \left(\frac{1}{5}\right)^2 \cdot \left(\frac{4}{5}\right)^3$; $P(X \le 3) = 1 - P(X > 3)$;
$P(X > 3) = \binom{5}{4} \cdot \left(\frac{1}{5}\right)^4 \cdot \left(\frac{4}{5}\right)^1 + \left(\frac{1}{5}\right)^5$

S. 286, 6.
a) $P(X = 3) \approx 0{,}26$
b) $P(X \geq 5) = 1 - P(X \leq 4) \approx 0{,}21$
c) $P(X > 3) = 1 - P(X \leq 3) \approx 0{,}44$
d) $P(X \leq 5) \approx 0{,}92$
e) $P(X = 0) \approx 0{,}02$
f) $\left(\frac{2}{3}\right)^8 \cdot \left(\frac{1}{3}\right)^2 \approx 0{,}004$ (keine Binomialverteilung)

S. 286, 7.
a) ① $p = 0{,}2$, $\mu = 2$, $\sigma \approx 1{,}26$
② $p = 0{,}8$, $\mu = 8$, $\sigma \approx 1{,}26$
③ $p = 0{,}5$, $\mu = 5$, $\sigma \approx 1{,}58$
b) ① „Jedes fünfte Los gewinnt"; X: Anzahl der Gewinnlose
② Ziehen mit Zurücklegen aus einer Urne mit vier roten und einer weißen Kugel; X: Anzahl der roten Kugeln
③ Münzwurf; X: Anzahl der Wappen

S. 287, 8.
Aus $\mu = n \cdot p = 4$; $\sigma = \sqrt{n \cdot p \cdot (1 - p)} = \sqrt{3}$ folgt als Lösung $n = 16$ und $p = \frac{1}{4}$.

S. 287, 9.
a)

binomCdf(60,0.05,0,4)	0.819665

b)

binomCdf(n,0.05,2,n)|n=92	0.947864
binomCdf(n,0.05,2,n)|n=93	0.950024

Man müsste mindestens 93 Gläser entnehmen.

S. 287, 10.
a) Insgesamt gibt es 3^5 Möglichkeiten. Durch Abzählen ergeben sich die Wahrscheinlichkeiten:
$P(A) = \frac{40}{243} \approx 16{,}5\,\%$
$P(B) = 1 - \frac{32}{243} \approx 86{,}8\,\%$
$P(C) = \frac{112}{243} \approx 46{,}1\,\%$
$P(D) = \frac{32}{243} \approx 13{,}2\,\%$
Alternativ kann die Binomialverteilung verwendet werden.
b) A–①, B–④, C–⑤, D–②

S. 287, 11.
a) $P(X = 130) \approx 0{,}033 = 3{,}3\,\%$
b) Es müssten mindestens 6 Jugendliche befragt werden.
c) Es müssten mindestens 34 Jugendliche befragt werden.

S. 287, 12.
a) Der Anteil p müsste mindestens 10,2 % betragen.
b) Der Anteil p müsste mindestens 24,2 % betragen.

S. 287, 13.
a) 10. Jahrgang: 95 %: [7,42; 21,38];
99 %: [5,22; 23,58]
11. Jahrgang: 95 %: [8,80; 23,60];
99 %: [6,49; 25,94]
12. Jahrgang: 95 %: [6,52; 19,88];
99 %: [4,41; 21,99]
b) Bei den 11. Klassen weicht die tatsächliche Anzahl hochsignifikant vom Erwartungswert ab. Bei den anderen beiden Jahrgängen liegt die Anzahl jeweils im 95 %-Intervall.

S. 287, 14.
Binomialverteilung mit $n = 500$, $p = 0{,}9$
a) Erwartungswert: 450 keimende Zwiebeln
Mit 95 % Wahrscheinlichkeit keimen zwischen 437 und 463 Zwiebeln.
b) Wenn 443 (500 – 57) Zwiebeln keimen, liegt der Wert im 95 %-Intervall. Die Angabe muss man nicht anzweifeln.

Stichwortverzeichnis

Bildquellenverzeichnis

Technische Zeichnungen:

Cornelsen/Christian Böhning

Screenshots:

Cornelsen/Inhouse/© Microsoft® Office. Nutzung mit Genehmigung von Microsoft: 226, 227, 228, 278, 324

Cornelsen/Inhouse/© Texas Instruments. Nutzung mit Genehmigung von Texas Instruments: 47, 102, 105, 164, 183, 196, 251, 262, 269, 272, 274, 278, 281, 310, 314, 315, 316, 317, 318, 319, 320, 321, 322, 323, 344

Abbildungen:

Cover Shutterstock.com/Jule_Berlin; hawemannundmosch, Berlin (Mathesymbole);

5 Shutterstock.com/ABB Photo; **8** Shutterstock.com/ssuaphotos; **14** Shutterstock.com/anmbph; **19** stock.adobe.com/Visions-AD; **20** stock.adobe.com/Wolfilser; **23** stock.adobe.com/Andrey Armyagov; **24 Mi.** Shutterstock.com/StockLite; **24 u.** stock.adobe.com/fotoyou; **25 o. l.** stock.adobe.com/Pixelmixel; **25 o. r.** imago stock&people GmbH/blickwinkel; **25 Mi.** Shutterstock.com/YanLev; **27** Shutterstock.com/YuriyZhuravov; **29** Shutterstock.com/Asier Romero; **31 o.** Shutterstock.com/Pixel-Shot; **31 u.** Shutterstock.com/W. Scott McGill; **38 o.** Shutterstock.com/Foto-Ruhrgebiet; **38 u.** Shutterstock.com/ABC Vector Illustration; **39** Cornelsen/Christian Böhning, Berlin/shutterstock/bump23; **40** Cornelsen/Christian Böhning/Shutterstock.com/Thorben Ecke; **41** Shutterstock.com/Dudarev Mikhail; **44** Cornelsen/Christian Böhning, Berlin/mauritius images/imageBROKER/Cordelia Ewerth; **46** Shutterstock.com/Jan Schneckenhaus; **47** Shutterstock.com/Bojan Milinkov; **49** Shutterstock.com/Funtap; **50** stock.adobe.com/Ѐonore H; **53** Shutterstock.com/Pen_85; **72** Shutterstock.com/effective stock photos; **75** Shutterstock.com/a-image; **78** Shutterstock.com/Scott E Read; **79 Mi.** Shutterstock.com/Digital Storm; **79 u.** Shutterstock.com/Jacob Lund; **81 o.** Shutterstock.com/anatolypareev; **81 Mi.** stock.adobe.com/Irina; **82** Shutterstock.com/Rich Carey; **83** Shutterstock.com/Cesare Andrea Ferrari; **85** Shutterstock.com/Darren J. Bradley; **87** Shutterstock.com/FLUKY FLUKY; **90** Shutterstock.com/Alaettin YILDIRIM; **97** stock.adobe.com/animaflora; **98 o.** stock.adobe.com/jokatoons; **99** Shutterstock.com/Antonio Guillem; **103** Shutterstock.com/Evgeny Atamanenko; **109 o.** stock.adobe.com/storm; **109 Mi.** Shutterstock.com/New Africa; **109 u.** Shutterstock.com/Tappasan Phurisamrit; **111 o.** Shutterstock.com/Mark Medcalf; **111 Mi.** Shutterstock.com/Dima Moroz; **112 o.** stock.adobe.com/euthymia; **112 Mi.** Shutterstock.com/frantic00; **113 Mi.** Shutterstock.com/TheBlackRhino; **113 u.** Shutterstock.com/Thawornnurak; **119** stock.adobe.com/dietwalther; **123** Shutterstock.com/Kodda; **127 o.** Shutterstock.com/sruilk; **127 u.** Shutterstock.com/Inna Dodor; **129** Shutterstock.com/Satit Sorahong; **131** Shutterstock.com/Lipskiy; **146 Mi.** stock.adobe.com/Petra Steinkuehler-Nitschke/dispicture; **146 u.** Shutterstock.com/unpict; **147** stock.adobe.com/tauav, Rowan Gillespie: Famine Monument, Dublin; **149** Shutterstock.com/UGREEN 3S; **150** Shutterstock.com/Salov Evgeniy; **151 o.** Shutterstock.com/Dean Drobot; **151 u.** Shutterstock.com/FrameStockFootages; **153** stock.adobe.com/ablokhin; **166** Cornelsen/Christian Böhning, Berlin/shutterstock/pim pic; **169** Shutterstock.com/zhu difeng; **170 Getränke** Shutterstock.com/Barbara Dudzinska; **170 Spinat** Shutterstock.com/Volosina; **170 Rotkohl** Shutterstock.com/NIPAPORN PANYACHAROEN; **170 Paprika** Shutterstock.com/Olga Danylenko; **170 Pastinake** Shutterstock.com/Lepas; **184** Shutterstock.com/BMJ; **213** Shutterstock.com/motive56; **215** Shutterstock.com/Richard Peterson; **217** Shutterstock.com/FooTToo; **220** stock.adobe.com/oneinchpunch; **223** Shutterstock.com/baranq; **224** stock.adobe.com/seanlockephotography; **225** stock.adobe.com/tomeis; **226** Shutterstock.com/Ken Browning; **227** Shutterstock.com/EFKS; **228 Spielwürfel** stock.adobe.com/tang90246; **228 Tetraeder-Würfel** stock.adobe.com/Grum_l; **231** stock.adobe.com/Grum_l; **232** stock.adobe.com/Grum_l; **241 Mi.** Shutterstock.com/diego erazo; **241 u.** Shutterstock.com/Oxy_gen; **247** Shutterstock.com/Standret; **248** stock.adobe.com/markus_marb; **250** Shutterstock.com/sportpoint; **253 Mi.** stock.adobe.com/deagreez; **253 u.** Shutterstock.com/Phovoir; **255** Shutterstock.com/Phovoir; **257** stock.adobe.com/Dan Race; **258** Shutterstock.com/MilanB; **259** Shutterstock.com/Have a nice day Photo; **260** stock.adobe.com/Mariusz Blach; **261** Shutterstock.com/Studio Light and Shade; **263** Shutterstock.com/Unkas Photo; **265** Shutterstock.com/connel; **266** stock.adobe.com/Daniel Lee; **267 o.** Shutterstock.com/virtu studio; **267 Mi.** Shutterstock.com/ALF Sniper; **268** stock.adobe.com/Kara; **269** Shutterstock.com/Monkey Business Images; **271** stock.adobe.com/Nordreisender; **273** Shutterstock.com/Tamara Iva; **274** Shutterstock.com/Ivan Smuk; **275** Shutterstock.com/Fotokostic; **277** stock.adobe.com/txakel; **280** stock.adobe.com/chatri; **282** stock.adobe.com/Stockfotos-MG; **283** Shutterstock.com/Nejron Photo; **287** stock.adobe.com/karepa; **289** Shutterstock.com/Rawpixel.comShutterstock/Rawpixel.com; **299** Shutterstock.com/l000s_pixels; **300** Shutterstock.com/s_oleg; **302** Shutterstock.com/showcake; **303** stock.adobe.com/Frank Wagner; **304** stock.adobe.com/Comofoto; **306** Shutterstock.com/Oliver Denker; **310** stock.adobe.com/fototheobald; **311** Shutterstock.com/Carregui; **312** Shutterstock.com/Kzenon; **313** Shutterstock.com/josefkubes; **325** Shutterstock.com/Kleber Cordeiro; **348** PEFC Deutschland e.V.

Fundamente
| der Mathematik |

Autoren: Jan Block, Dr. Lothar Flade, Jan Füller, Daniel Geukes, Roman Knost, Markus Krysmalski, Dr. Hubert Langlotz, Renatus Lütticken, Arne Mentzendorff, Daniel Meyer, Thorsten Niemann, Reinhard Oselies, Dr. habil. Manfred Pruzina, Sebastian Schweitzer, Ugur Yasar, Dr. Wilfried Zappe

Berater: Markus Krysmalski, Renatus Lütticken, Reinhard Oselies
Redaktion: Felix Arndt, Torsten Gebauer, Martha Hubski, Antonia Kraus
Grafik: Christian Böhning
Umschlaggestaltung: hawemannundmosch GbR
Layoutkonzept: klein & halm GbR
Bildrecherche: Kai Mehnert
Technische Umsetzung: Straive

Begleitmaterialien zum Lehrwerk

für Schülerinnen und Schüler

Schülerbuch als E-Book	978-3-06-040532-9

für Lehrerinnen und Lehrer

Lösungen zum Schülerbuch	978-3-06-040537-4
Unterrichtsmanager Plus online	978-3-06-040557-2

www.cornelsen.de

1. Auflage, 1. Druck 2021

Alle Drucke dieser Auflage sind inhaltlich unverändert und können im Unterricht verwendet werden.

Druck: Firmengruppe APPL, aprinta Druck, Wemding

ISBN 978-3-06-040531-2 (Schülerbuch)
ISBN 978-3-06-040532-9 (E-Book)

PEFC
PEFC/04-32-0928

PEFC zertifiziert
Dieses Produkt stammt aus nachhaltig bewirtschafteten Wäldern und kontrollierten Quellen.

www.pefc.de